高等数学180问

高等数学全程同步辅导

赵振海 刘自新 编著

清华大学出版社
北 京

内容简介

本书是依据全国高等学校工科数学课程指导委员会所制订的高等数学教学基本要求，结合作者多年的教学经验、读书心得和体会及发表的教学研究论文，将大学生在高等数学学习中普遍遇到的困惑、疑难问题按章节编写成180个问题，其内容包括：函数与极限、导数与微分、微分中值定理与导数的应用、不定积分、定积分、定积分的应用、微分方程、空间解析几何与向量代数、多元函数微分法及其应用、重积分、曲线积分与曲面积分、无穷级数。每章的最后还配备了重点院校的期末试题及解析。

本书对每一个问题都进行了详细的分析和论证，既可以作为大学生学习高等数学的同步辅导书，也可以作为考研的学习参考用书。

图书在版编目(CIP)数据

高等数学180问：高等数学全程同步辅导/赵振海，刘自新编著.—北京：清华大学出版社，2020.8(2023.10重印)

ISBN 978-7-302-54198-1

Ⅰ.①高… Ⅱ.①赵… ②刘… Ⅲ.①高等数学—高等学校—教学参考资料 Ⅳ.①O13

中国版本图书馆CIP数据核字(2019)第255977号

责任编辑：佟丽霞
封面设计：何凤霞
责任校对：王淑云
责任印制：宋 林

出版发行：清华大学出版社
网　　址：http://www.tup.com.cn，http://www.wqbook.com
地　　址：北京清华大学学研大厦A座　　**邮　　编**：100084
社 总 机：010-83470000　　**邮　　购**：010-62786544
投稿与读者服务：010-62776969，c-service@tup.tsinghua.edu.cn
质量反馈：010-62772015，zhiliang@tup.tsinghua.edu.cn
印 装 者：涿州市般润文化传播有限公司
经　　销：全国新华书店
开　　本：185mm×260mm　　**印　　张**：25.75　　**字　　数**：624千字
版　　次：2020年9月第1版　　**印　　次**：2023年10月第4次印刷
定　　价：75.00元

产品编号：074188-01

前　言

本书是依据全国高等学校工科数学课程指导委员会所制订的高等数学教学基本要求，结合作者从事工科数学教学四十多年的教学经验，将高等数学的各章各节的重点和难点编写成180个问题。这些问题都是大学生在高等数学学习中普遍遇到的疑难问题，取材于作者多年来读书心得和体会及发表的教学研究论文，编写成《高等数学180问——高等数学全程同步辅导》。适用于所有高等数学教材。本书具有下列特点。

1. 教会读书，教会学习

人的一生中无师指导是长期的，因此，培养自己会读书、会学习是非常必要的。书中许多问题都是教读者如何读书，如何学习，教会读懂定义、概念、定理和例题，比如：

问题9　如何读懂数列极限的“ε-N”定义？

问题22　如何读懂无穷小比较一节中的定理1？

问题23　什么叫无穷小的阶？是否所有无穷小都有阶呢？如何理解等价无穷小？是否所有无穷小都有等价无穷小？

问题43　为什么分段函数在衔接点处的导数必须用导数定义（三步法则）求？能否用学过的高等数学知识解释？

问题169　如何读懂例题？何谓没有最低阶数的低阶无穷小？何谓没有最高阶数的高阶无穷小？

2. 教会归纳，教会总结

欲想使自己成才，进一步想使自己成为著名的科学家，必须学会归纳，学会总结。

问题37　导数只在一点 x_0 处有定义的三种等价说法是什么？相当于给出什么条件？

问题39　求一点处的导数必须用导数定义（三步法则）来求的四种情况是什么？

问题53　什么样类型题必须应用罗尔中值定理证明？证题时的四个步骤和三种方法是什么？

问题84　何谓积分变上限函数求导方法？积分变上限函数的四种题型是什么？

问题 154　在什么条件下,平面对坐标的非闭曲线积分的四种算法是什么?

问题 176　求幂级数的和函数的三种方法是什么?

3. 传授解题经验和方法

通过大量例题,从分析题目的条件与结论间的因果关系、逻辑关系入手,理清解题思路,从而帮助读者提高分析问题解决问题的能力,掌握综合运用有关理论解决具体问题的方法和技巧,从中传授解题经验和方法。

经验:(1)类型确定,解(证)法固定;(2)不能用公式求,必须用定义求。

方法:猜想验证法;夹挤作图法;分段函数求导法;应用微分中值定理证题时的确定区间法;不定积分的待定系数法;不定积分分部积分法中的"抵消法"及破译;三重积分计算的"先重后单法";对坐标的曲面积分化为二重积分的"一解、二代、三投、四定号"法;匹配法。

本书由笔者与大连大学刘自新副教授共同编写完成,大连海事大学杜祖缔教授审阅了书稿,在此对杜老师表示衷心感谢!本书能够出版,刘学生教授做了大量卓有成效的工作,表示感谢!

此书可以作为工科高等院校学生的学习辅导参考书,也可以作为从事工科院校教学的教师教学参考书,还可以作为报考工科硕士研究生者的备考参考书。

书中的缺点和不足在所难免,恳请同行与读者批评指正。

赵振海

2019 年 12 月

目　录

第一章　函数与极限

第一节　映射与函数

函数是高等数学全书研究的对象，读者必须深刻理解。

问题 1　课委会制订的教学基本要求指出“理解函数的概念”，要达到此要求，最低应该明确些什么？

最低明确：(1) 函数的本质是对应关系（或映射关系）；

(2) 函数概念的两个要素；

(3) 函数 $y=f(x)$ 在点 x_0 处有定义是指函数 $y=f(x)$ 在点 x_0 处有对应值。

例 1　已知狄利克雷函数 $D(x)=\begin{cases}1, & x\text{ 为有理数},\\ 0, & x\text{ 为无理数},\end{cases}$ 求 $D(100)$，$D(2\pi)$。

分析　函数的本质是对应关系，函数 $y=f(x)$ 在一点 x_0 处有定义是指函数在 x_0 处有对应值。

解　当 $x=100$ 时，没有数学式计算，在 1837 年狄利克雷给出的函数定义以前就说函数 $D(x)$ 在 $x=100$ 处没有定义。但根据狄利克雷的定义知，函数的本质是对应关系，有没有定义不完全取决于算出算不出数值来，而取决于函数在该点处有没有对应值。因为 $x=100$ 是有理数，它的对应值为 1，所以 $D(x)$ 在 $x=100$ 处有定义，且 $D(100)=1$。同理，$D(x)$ 在 $x=2\pi$ 处有对应值，且 $D(2\pi)=0$。

问题 2　函数概念的两个要素是什么？

两个要素：(1)定义域：使函数 y 有对应值的自变量 x 的取值范围。

(2) 对应关系：给定 x 值，求得 y 值的某种对应规律，如例 1。称(1)、(2)为构成函数概念的两个要素，同时也是判断两个函数是否是同一个函数的准则。

例 2　下列各题中，函数 $f(x)$ 和 $g(x)$ 是否相同？为什么？

(1) $f(x)=\lg x^2$，$g(x)=2\lg x$；

(2) $f(x)=x$，$g(x)=\sqrt{x^2}$；

(3) $f(x)=\sqrt[3]{x^4-x^3}$，$g(x)=x\sqrt[3]{x-1}$；

(4) $f(x)=1$，$g(x)=\sec^2 x-\tan^2 x$；

(5) $y=f(x)$，$s=f(t)$。

分析　要判断两个函数是否相同，主要依据函数概念的两个要素——定义域和对应关系。若两个函数的定义域和对应关系都相同，则两个函数是同一个函数，否则就是不同的函数。

解　(1) $f(x)$的定义域为$(-\infty,0)\cup(0,+\infty)$，$g(x)$的定义域为$(0,+\infty)$，所以$f(x)$和$g(x)$不相同。

(2) $f(x)$与$g(x)$的定义域均为$(-\infty,+\infty)$，当$x>0$时$g(x)=x$，当$x<0$时$g(x)=-x\neq f(x)$，可见$f(x)$和$g(x)$对应关系不同，所以$f(x)$和$g(x)$不相同。

(3) $f(x)$和$g(x)$的定义域均为$(-\infty,+\infty)$，且$\forall x\in(-\infty,+\infty)$有$f(x)=\sqrt[3]{x^4-x^3}=x\sqrt[3]{x-1}=g(x)$，可见$f(x)=g(x)$。

(4) $f(x)$的定义域为$(-\infty,+\infty)$，而$g(x)$当$\cos^2 x=0$时，即$x=\left(k+\dfrac{1}{2}\right)\pi(k=0,\pm1,\cdots)$时，无定义，所以$f(x)\neq g(x)$。

(5) 因定义域与对应规律都相同，所以两个函数相同。(5)小题告诉我们一个函数的表示法与构成函数概念的两个要素有关，而与自变量、因变量(函数)用什么字母表示无关。即$f(x)=f(t)=f(u)=\cdots$简称函数表示法的"无关性"。函数表示法的"无关性"是由$f[g(x)]$的表达式去求$f(x)$的表达式的有效方法。

问题3　"函数的本质是对应关系"在本节有哪些应用？考试中常出现的两种题型是什么？

函数的本质是对应关系在考试中常出现的两种题型是：

(1) 由$f[g(x)]$表达式求出$f(x)$的表达式；(2) 构造复合函数。

例3　设$f\left(x+\dfrac{1}{x}\right)=\dfrac{x+x^3}{1+x^4}$，求$f(x)$。

分析　从$f[g(x)]$的表达式求出$f(x)$的表达式。由于$f\left(x+\dfrac{1}{x}\right)$表示关于"$x+\dfrac{1}{x}$"的对应值，理应它的右端为"$x+\dfrac{1}{x}$"的表达式，由于化简而变成现在的表达式右端的情形："$\dfrac{x+x^3}{1+x^4}$"。这是属于从$f[g(x)]$的表达式求出$f(x)$的表达式的题型。若要求出$f(x)$的表达式，必须将$f[g(x)]$的表达式还原为$g(x)$的表达式。因此有两种作法：①凑出法；②设出法。

解　方法1　(凑出法) $f\left(x+\dfrac{1}{x}\right)=\dfrac{\dfrac{1}{x}+x}{\dfrac{1}{x^2}+x^2}=\dfrac{x+\dfrac{1}{x}}{\left(x+\dfrac{1}{x}\right)^2-2}$，由函数表示法的"无关性"知，$f(x)=\dfrac{x}{x^2-2}$。

方法2　(设出法) 设$u=x+\dfrac{1}{x}$，$u^2=x^2+\dfrac{1}{x^2}+2$，$x^2+\dfrac{1}{x^2}=u^2-2$，$f(u)=\dfrac{u}{u^2-2}$，由函数表示法的"无关性"知，$f(x)=\dfrac{x}{x^2-2}$。

例4　设$f(\sin^2 x)=\dfrac{x}{\sin x}$，求$f(x)$。

分析　属于从$f[\sin^2 x]$的表达式求出$f(x)$表达式的题型，由$f(\sin^2 x)=\dfrac{x}{\sin x}$，暗示

$\sqrt{\sin^2 x}=\sin x$。

解　方法 1　(设出法) 设 $\sin^2 x=u$ 则 $\sin x=\sqrt{u}$, $x=\arcsin\sqrt{u}$, 从而 $f(u)=\dfrac{\arcsin\sqrt{u}}{\sqrt{u}}$, 由函数表示的"无关性"知 $f(x)=\dfrac{\arcsin\sqrt{x}}{\sqrt{x}}$。

方法 2　(凑出法) $f(\sin^2 x)=\dfrac{\arcsin\sin x}{\sqrt{\sin^2 x}}=\dfrac{\arcsin\sqrt{\sin^2 x}}{\sqrt{\sin^2 x}}$, 由函数表示法的"无关性"知, $f(x)=\dfrac{\arcsin\sqrt{x}}{\sqrt{x}}$。

小结　从 $f[g(x)]$ 的表达式求出 $f(x)$ 的表达式的理论基础是函数的本质是对应关系。因为 $f[g(x)]$ 表示"$g(x)$"的对应值, 理应 $f[g(x)]$ 的右端是关于"$g(x)$"的表达式, 由于化简变为现在的形式, 因此为了求出 $f(x)$ 的表达式, 必须将 $f[g(x)]$ 的右端恢复为"$g(x)$"的表达式, 再利用函数表示法的"无关性"便得所求。而恢复的方法有两个: ①凑出法; ②设出法。

例 5　设 $f(x)=\begin{cases}1, & |x|\leqslant 1,\\ 0, & |x|>1,\end{cases}$ 则 $f\{f[f(x)]\}=$________。

(A) 0　　(B) 1　　(C) $\begin{cases}1, & |x|\leqslant 1,\\ 0, & |x|>1\end{cases}$　　(D) $\begin{cases}0, & |x|\leqslant 1,\\ 1, & |x|>1\end{cases}$

分析　属于构造复合函数题型。由 $f(x)$ 的表达式求 $f[g(x)]$ 的表达式, 解此类题的关键是求中间变量 u 的值域。设 $y=f(u)$, $u=f(v)$, $v=f(x)$。因为 $x\in(-\infty,+\infty)$ 时, v 的值域为 0,1 两个数, 所以 $|v|\leqslant 1$, 从而 $u\equiv 1$, $\forall x\in(-\infty,+\infty)$, 所以 $y=f(u)|_{u\equiv 1}=1$, $\forall x\in(-\infty,+\infty)$, 故应选 B。

例 6　设 $f(x)=\begin{cases}1, & |x|<1,\\ 0, & |x|=1,\\ -1, & |x|>1,\end{cases}$ $g(x)=\mathrm{e}^x$, 求 $f[g(x)]$ 和 $g[f(x)]$。

分析　属于构造复合函数题型。

解　$g(x)$ 的值域为 $(0,+\infty)$, 所以 $f[g(x)]=\begin{cases}1, & |\mathrm{e}^x|<1,\\ 0, & |\mathrm{e}^x|=1,\\ -1, & |\mathrm{e}^x|>1。\end{cases}$ 因为当 $x<0$ 时, $|\mathrm{e}^x|<1$; 当 $x=0$ 时, $|\mathrm{e}^x|=1$; 当 $x>0$ 时, $|\mathrm{e}^x|>1$, 所以 $f[g(x)]=\begin{cases}1, & x<0,\\ 0, & x=0,\\ -1, & x>0。\end{cases}$

仿上面的方法, 易得 $g[f(x)]=\mathrm{e}^{f(x)}=\begin{cases}\mathrm{e}, & |x|<1,\\ 1, & |x|=1,\\ \dfrac{1}{\mathrm{e}}, & |x|>1。\end{cases}$

例 7　设 $f(x)=\begin{cases}1, & |x|\leqslant 1,\\ 0, & |x|>1,\end{cases}$ $g(x)=\begin{cases}2-x^2, & |x|\leqslant 2,\\ 2, & |x|>2,\end{cases}$ 求 $f[g(x)]$。

分析　属于构造复合函数题型，解本题需要解两个不等式组。

解　$f[g(x)]=\begin{cases}1, & |g(x)|\leqslant 1,\\ 0, & |g(x)|>1。\end{cases}$

先看中间变量 $g(x)$ 的值域满足 $|g(x)|\leqslant 1$ 时，需解不等式组：$\begin{cases}|2-x^2|\leqslant 1,\\ |x|\leqslant 2,\end{cases}$ $\Rightarrow$

$\begin{cases}\{-\sqrt{3}\leqslant x\leqslant -1\}\cup\{1\leqslant x\leqslant\sqrt{3}\},\\ -2\leqslant x\leqslant 2,\end{cases}$ 取交集可得 $x\in[-\sqrt{3},-1]\cup[1,\sqrt{3}]$。

再考查 $g(x)$ 的值域满足 $|g(x)|>1$，其中包含两部分：

(1) $\{|g(x)|>1\}\cap\{|x|\leqslant 2\}$；　　(2) $\{|g(x)|>1\}\cap\{|x|>2\}$。

解不等式组(1)得 $\{-1<x<1\}\cap\{|x|\leqslant 2\}$ 或者 $\{x<-\sqrt{3}\}\cup(x>\sqrt{3})\cap\{|x|\leqslant 2\}\Rightarrow$ $x\in[-2,-\sqrt{3})\cup(-1,1)\cup[\sqrt{3},2]$，解不等式组(2)得 $x\in(-\infty,-2)\cup(2,+\infty)$。综上所述得，当 $|g(x)|>1$ 时，$x\in(-\infty,-\sqrt{3})\cup(-1,1)\cup(\sqrt{3},+\infty)$。所以

$$f[g(x)]=\begin{cases}1, & x\in[-\sqrt{3},-1]\cup[1,\sqrt{3}],\\ 0, & x\in(-\infty,-\sqrt{3})\cup(-1,1)\cup(\sqrt{3},+\infty)。\end{cases}$$

小结　构造复合函数的实质也是函数符号的应用，其理论基础仍然是函数的本质是对应关系。因为 $f(x)$ 是 x 的对应值，所以为了求出 $f[g(x)]$，需将 $f(x)$ 的 x 换为 $g(x)$，便得出 $f[g(x)]$ 关于“$g(x)$”的表达式，化简，余下的问题是求关系式 $f[g(x)]$ 成立的条件，其关键是求中间变量 $g(x)$ 的值域并解值域满足的不等式，从而问题便得到解决。

问题 4　何谓分段函数？分段函数是客观存在的，还是人为的？用分段函数考什么概念？

1. **定义**：如果一个函数在其定义域内对应于不同的区间段有着不同的表达式，则称该函数为分段函数。

2. 分段函数客观存在吗？它是否是人为的？

分段函数是客观存在的。事物发展有渐变和突变，突变前后事物常常存在着不同的变化规律，这就产生了以突变点为衔接点的分段函数。

例 8　1 克的水(冰)，当温度 t 由 -10℃到 10℃变化时，求水(冰)所需的热量 Q 与温度 t 之间的函数关系。

解　1 克的水(冰)，温度 t 在 -10℃到 10℃的变化过程中，热量 Q 难以用一个公式表示。现在我们分段来研究它。由物理学知道，冰的比热容为 0.5 卡/(g·℃)，而水的比热容为 1 卡/(g·℃)。又知从 0℃的冰化为 0℃的水，需要吸收 80 卡的热量，若取 $t=-10$℃时，$Q=0$，则当 t 在区间 $-10℃\leqslant t<0$ 时，热量 Q 可由公式 $Q=0.5t+5$ 表示。

当 t 在区间 $0<t\leqslant 10℃$ 时，Q 可由另一公式 $Q=t+85$ 表示。

当 $t=0$ 时，这个函数 Q 是多值的，为了方便起见我们可以规定 $t=0$ 时，$Q=85$，这样 Q 可以由下面式子完全表示出来：$Q=\begin{cases}0.5t+5, & -10℃\leqslant t<0,\\ 85, & t=0,\\ t+85, & 0<t\leqslant 10℃,\end{cases}$ 这说明了分段函数是客

观存在的。

3. 分段函数在各种试题中出现的种类。

1) 显式分段函数(直接给出的分段函数)。

例 9　符号函数 $y=\operatorname{sgn}x=\begin{cases}1, & x>0,\\ 0, & x=0,\\ -1, & x<0,\end{cases}$ 是分段函数的显式。

其定义域为$(-\infty,+\infty)$,点 $x=0$ 为分段函数的衔接点。

一般地,关于点 $x=x_0$ 的左、右两侧的数学表达式不同,称此点 $x=x_0$ 为分段函数 $f(x)$ 的第一类衔接点。例 9 中 $x=0$ 为符号函数的第一类衔接点。

例 10　设 $f(x)=\begin{cases}x^2\sin\dfrac{1}{x}, & x\neq 0,\\ 0, & x=0,\end{cases}$ 此函数是分段函数的显式,其定义域为$(-\infty,+\infty)$,称点 $x=0$ 为分段函数 $f(x)$的第二类衔接点。

2) 对于隐式分段函数(间接给出的分段函数),解题必须先将隐式化为显式。

(1) 以极限形式给出的分段函数。

例 11　化下列隐式分段函数为显式。

(Ⅰ) $f(x)=\lim\limits_{n\to\infty}\dfrac{(n-1)x}{nx^2+1}$;　(Ⅱ) $f(x)=\lim\limits_{n\to\infty}\sqrt[n]{1+|x|^{3n}}$。

解　(Ⅰ) 当 $x\neq 0$ 时,$f(x)=\lim\limits_{n\to\infty}\dfrac{\left(1-\dfrac{1}{n}\right)x}{x^2+\dfrac{1}{n}}=\dfrac{1}{x}$;当 $x=0$ 时,$f(x)=0$,所以 $f(x)=\begin{cases}\dfrac{1}{x}, & x\neq 0,\\ 0, & x=0,\end{cases}$ 其中 $x=0$ 为分段函数的第二类衔接点。

(Ⅱ) 当$|x|=1$ 时,$f(x)=1$;当$|x|<1$ 时,$f(x)=1$;

当$|x|>1$ 时,$f(x)=\lim\limits_{n\to\infty}|x|^3\sqrt[n]{\dfrac{1}{|x|^{3n}}+1}=|x|^3$。所以

$f(x)=\begin{cases}-x^3, & x<-1,\\ 1, & |x|\leqslant 1,\\ x^3, & x>1,\end{cases}$ 其中 $x=-1,x=1$ 为分段函数 $f(x)$的第一类衔接点。

(2) 带有绝对值符号给出的分段函数。

例 12　设 $\varphi(x)=|x-1|$,化为显式。

解　$\varphi(x)=\begin{cases}1-x, & x<1,\\ 0, & x=1,\\ x-1, & x>1。\end{cases}$ 其中 $x=1$ 为第一类衔接点

(3) 用 max,min 符号给出的分段函数。

例 13　求 $f(x)=\max\{1,x^2,x^3\}$的分段表达式。

解　画出 $y=1$, $y=x^2$, $y=x^3$ 的图形如图 1-1 所示,由

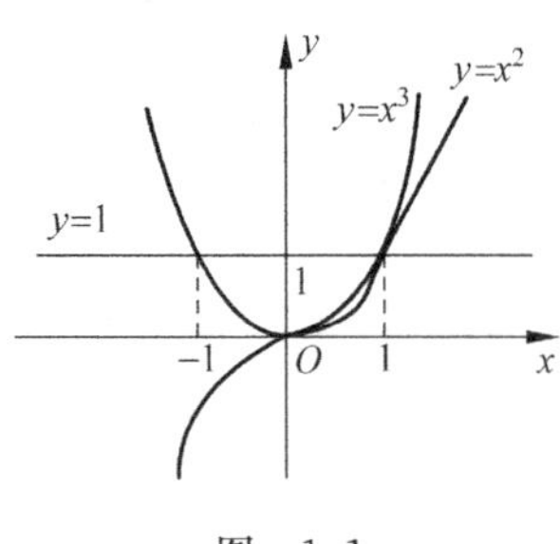

图　1-1

图 1-1 知 $f(x)=\begin{cases}x^2, & x<-1,\\ 1, & |x|\leqslant 1,\\ x^3, & x>1。\end{cases}$

(4) 用取整符号[]给出的分段函数。

如 $y=[x]$。

4. 用分段函数考点的概念，高等数学中的单、多元函数的微分学的概念都是点概念。如连续、导数、偏导数、方向导数，……。

问题 5　函数 $y=f(x)$ 在定义区间 X 上是奇(偶)函数的必要条件是什么？

分析　由函数 $f(x)$ 的奇偶性定义知，对于 $\forall x\in X$，有 $-x\in X$ 且恒有 $f(-x)=-f(x)$ $(f(-x)=f(x))$，从而得出 $y=f(x)$ 在 X 上是奇(偶)函数的必要条件是定义区间 X 关于坐标原点对称。

例 14　下列函数中哪些是偶函数，哪些是奇函数？哪些是非奇非偶函数？

(1) $y=x^2(1-x^2)$；　　(2) $y=x(x-1)(x+1)$；

(3) $y=\cos x, x\in[-10,20\pi]$；　　(4) $y=\sin x$，$\left[-50,-\dfrac{\pi}{2}\right]\cup\left[\dfrac{\pi}{2},50\right]$。

解　(1) 因为 $y(-x)=(-x)^2(1-(-x)^2)=x^2(1-x^2)=y(x)$，所以该函数为偶函数。

(2) $y(-x)=(-x)[(-x)-1][(-x)+1]=-x[-(x+1)][-(x-1)]=-x(x-1)(x+1)=-y(x)$，所以该函数为奇函数。

(3) 因定义区间 $[-10,20\pi]$ 不关于坐标原点对称，由奇(偶)函数的必要条件知该函数是非奇非偶函数。

(4) 因为定义区间 $\left[-50,-\dfrac{\pi}{2}\right]\cup\left[\dfrac{\pi}{2},50\right]$ 关于坐标原点对称且当 $x\in\left[-50,-\dfrac{\pi}{2}\right]\cup\left[\dfrac{\pi}{2},50\right]$ 时，有 $\sin(-x)=-\sin x$。所以该函数是奇函数。

例 15　设下面所考虑的函数都是定义在区间 $(-l,l)$ 上的。证明：(1)两个偶函数的和是偶函数，两个奇函数的和是奇函数；(2)两个偶函数的乘积是偶函数，两个奇函数的乘积是偶函数，偶函数与奇函数的乘积是奇函数。

证明　(1) 设 $f(x)$ 和 $g(x)$ 皆为偶函数，于是 $f(-x)+g(-x)=f(x)+g(x)$，所以 $f(x)+g(x)$ 为偶函数。同理可证，两个奇函数之和为奇函数。

(2) 设 $\varphi(x)=f(x)\cdot g(x)$，其中 $f(x)$ 和 $g(x)$ 皆为偶函数。

因为 $\varphi(-x)=f(-x)\cdot g(-x)=f(x)\cdot g(x)=\varphi(x)$，故两个偶函数的乘积是偶函数。同理可证，两个奇函数的乘积是偶函数，偶函数与奇函数的乘积是奇函数。

例 16　证明定义在对称区间 $(-l,l)$ 上的任意函数 $f(x)$ 可表示为一个奇函数与一个偶函数之和。

分析　对于在 $(-l,l)$ 上有定义的函数 $f(x)$，假设 $f(x)$ 可以写成待定的偶函数 $\varphi(x)$ 和奇函数 $g(x)$ 之和，然后利用偶函数和奇函数的定义求出 $\varphi(x)$ 和 $g(x)$。若能够确定 $\varphi(x)$ 和 $g(x)$ 则命题得证。此种证题方法称为构造证题法。

证明 $f(x)$是定义在$(-l,l)$上的任意函数,并假设可以写成

$$f(x)=\varphi(x)+g(x), \quad ①$$

其中$\varphi(x)$是偶函数,$g(x)$是奇函数。

由①式可得$f(-x)=\varphi(-x)+g(-x)=\varphi(x)-g(x)$,即

$$f(-x)=\varphi(x)-g(x), \quad ②$$

①式+②式得 $\varphi(x)=\dfrac{f(x)+f(-x)}{2}$;

①式-②式得 $g(x)=\dfrac{f(x)-f(-x)}{2}$。

容易验证$\varphi(x)=\dfrac{f(x)+f(-x)}{2}$是偶函数,$g(x)=\dfrac{f(x)-f(-x)}{2}$是奇函数,并且下式恒成立:

$$f(x)=\frac{f(x)+f(-x)}{2}+\frac{f(x)-f(-x)}{2}。$$

命题得证。

问题6 若$y=f(x)$在包含坐标原点的对称区间X上处处有定义,则$y=f(x)$在X上是奇函数的必要条件是什么?

分析 由奇函数定义知,对于$\forall x\in X$,有$-x\in X$且$f(-x)=-f(x)$。又已知$0\in X$,由于x的任意性,所以取$x=0$则上式也成立,即$f(0)=-f(0)$,故$f(0)=0$。所以在包含坐标原点的对称区间X上$y=f(x)$是奇函数的必要条件$f(0)=0$。

例17 设$y=f(x)$定义在$(-\infty,+\infty)$上,且在包含坐标原点的对称区间$(-\infty,+\infty)$上是奇函数,求$f(0)$。

解 因为$y=f(x)$在$x=0$处有定义且为奇函数,所以由奇函数的必要条件知$f(0)=0$。

问题7 函数$y=f(x)$在定义域X上是周期函数的必要条件是什么?

分析 由周期函数定义知:对$\forall x\in X$,有$x\pm T\in X$,对任意的正整数n,有$f(x)=f(x+T)=\cdots=f(x+nT)=\cdots=f(x-nT)$。由于$x$及$n$的任意性推得$X$必为$(-\infty,+\infty)$。从而得$y=f(x)$为周期函数的必要条件是它的定义域为$(-\infty,+\infty)$,即定义域必为双向无界区间。

例18 判断下列函数是否为周期函数:

(1) $y=\cos(x-2)$; (2) $y=\cos 4x$; (3) $y=1+\sin\pi x$;

(4) $y=\sin\sqrt{x+1}$; (5) $y=\cos\sqrt{1-x}$。

分析 利用周期函数定义求。设$f(x)$是以$T>0$为周期的函数,则$f(ax)$是以$\dfrac{T}{a}$为周期的函数。

解 (1) 因为$f(x+2\pi)=\cos[(x+2\pi)-2]=\cos[(x-2)+2\pi]=\cos(x-2)$,所以$f(x)=\cos(x-2)$是周期函数,周期$T=2\pi$。

(2) 因为$\cos x$是以2π为周期的函数,所以$f(x)=\cos 4x$是以$\dfrac{2\pi}{4}=\dfrac{\pi}{2}$为周期的函数,周

期 $T=\frac{\pi}{2}$。

(3) 因为 $\sin x$ 是以 2π 为周期的函数，所以 $\sin\pi x$ 是以 $\frac{2\pi}{\pi}=2$ 为周期的函数，故 $y=1+\sin\pi x$ 是以 2 为周期的函数。

(4) 定义域为 $[-1,+\infty)$。

(5) 定义域为 $(-\infty,1]$。因为(4)(5)的定义域不是双向无界区间，由周期函数的必要条件知，(4)和(5)都不是周期函数。

例 19 证明：如果函数 $y=f(x)$ 的图像关于直线 $x=a$ 及 $x=b(a\neq b)$ 对称，则 $f(x)$ 是周期函数。

证明 因为 $y=\sin x$ 的图像关于直线 $x=\frac{\pi}{2}$ 及 $x=\frac{3\pi}{2}$ 对称，其周期 $T=2\left(\frac{3\pi}{2}-\frac{\pi}{2}\right)=2\pi$。又 $y=\cos x$ 的图像关于直线 $x=0$ 及 $x=\pi$ 对称，其周期 $T=2(\pi-0)=2\pi$。

猜想：不妨设 $b>a$。$y=f(x)$ 的周期 $T=2(b-a)>0$。

验证 $f(x)$ 的图像关于 $x=a$ 对称，有

$$f(x)=f(2a-x),$$

关于 $x=b$ 对称，有

$$f(x)=f(2b-x),$$

而 $f[x+2(b-a)]=f(x+2b-2a)=f[2b-(2a-x)]=f(2a-x)=f(x)$，所以 $y=f(x)$ 是以 $T=2(b-a)>0$ 为周期的周期函数。

点评 本题给出高等数学常用的证题方法“猜想验证法”。

例 20 $f(x)=|x\sin x|e^{\cos x},x\in(-\infty,+\infty)$ 是________。

(A) 有界函数 (B) 单调函数 (C) 周期函数 (D) 偶函数

分析 考查函数的有界性、单调性、周期性、奇偶性等四个性质。

解 因为含有 $|x|$ 因子，所以不是有界的，也不是周期的，故(A)(C)不正确。因为含有 $|\sin x|$，则当 $x=0$ 时，$|\sin x|=0$；当 $x=\frac{\pi}{2}$ 时，$|\sin x|=1$；当 $x=\pi$ 时，$|\sin x|=0$。所以不是单调的，故(B)不正确，只有(D)正确。

事实上，$f(-x)=|(-x)\sin(-x)|e^{\cos(-x)}=|x\sin x|e^{\cos x}=f(x)$，所以 $f(x)$ 是偶函数，故应选(D)。

问题 8 如何求反函数？反函数有哪些性质？

1. 反函数的求法：(1)由直接函数解出 x；(2)将 x 换为 y，同时将 y 换为 x，得反函数 $y=f^{-1}(x)$。

2. 反函数的性质(只列出其中两个性质)：

性质 1 设 $y=f(x)$ 与 $y=g(x)$ 是定义在区间 I 上的两个互为反函数，则它们的图像关于直线 $y=x$ 对称。

性质 2 设 $y=f(x)$ 与 $y=g(x)$ 是定义在区间 I 上的两个互为反函数，则 $f[g(x)]=x,g[f(x)]=x$。

例 21 求下列函数的反函数：

(1) $y=2\sin 3x\left(-\frac{\pi}{6}\leqslant x\leqslant\frac{\pi}{6}\right)$；(2) $y=1+\ln(x+2)$；(3) $y=\frac{2^x}{2^x+1}$。

解 (1) 解出 $x=\frac{1}{3}\arcsin\frac{y}{2}$，得反函数 $y=\frac{1}{3}\arcsin\frac{x}{2}$，$x\in[-2,2]$。

(2) 解出 $x=e^{y-1}-2$，得反函数 $y=e^{x-1}-2$。

(3) 由 $2^x(1-y)=y$ 解出 $2^x=\frac{y}{1-y}$，$x=\log_2\left(\frac{y}{1-y}\right)$。所以反函数为 $y=\log_2\left(\frac{x}{1-x}\right)$。

例 22 求 $y=\sqrt[3]{x+\sqrt{1+x^2}}+\sqrt[3]{x-\sqrt{1+x^2}}$ 的反函数，并求定义域。

分析 由直接函数 $y=f(x)$ 解出 $x=\varphi(y)$。这里欲解出 x，显然需先将 y 的表达式两端三次方，再设法解之。

解
$$\begin{aligned}y^3&=x+\sqrt{1+x^2}+3\left(x+\sqrt{1+x^2}\right)^{\frac{2}{3}}\left(x-\sqrt{1+x^2}\right)^{\frac{1}{3}}+\\&\quad 3\left(x+\sqrt{1+x^2}\right)^{\frac{1}{3}}\left(x-\sqrt{1+x^2}\right)^{\frac{2}{3}}+x-\sqrt{1+x^2}\\&=2x+3\left(x+\sqrt{1+x^2}\right)^{\frac{1}{3}}\left(x-\sqrt{1+x^2}\right)^{\frac{1}{3}}\left[\left(x+\sqrt{1+x^2}\right)^{\frac{1}{3}}+\left(x-\sqrt{1+x^2}\right)^{\frac{1}{3}}\right]\\&=2x+3(-1)^{\frac{1}{3}}y=2x-3y,\end{aligned}$$

解得 $x=\frac{y^3+3y}{2}$，即所求反函数为 $y=\frac{x^3+3x}{2}$，其定义域为 $(-\infty,+\infty)$。

第二节 数列的极限

问题 9 如何读懂数列极限的“ε-N”定义？

分析 数列极限的严格定义要用不等式表达：$\forall\varepsilon>0$，$\exists N>0$，当 $n>N$ 时，有 $|x_n-a|<\varepsilon$。因此，在学习数列极限概念时，首先必须弄清(或称读懂)有关不等式的含义。

(1) 在定义中的“$\forall\varepsilon>0$”表示什么意思呢？ε 是任意给定的，这里符号“$\forall$”表示任意给定。ε 的任意性是不可缺少的，而 ε 一经给定之后，ε 就是已知数了。因此 ε 具有任意性和确定性(或已知性)这样双重性质，这就是“$\forall\varepsilon>0$”的含义。

(2) 在定义中的“$\exists N>0$”表示什么意思呢？“$\exists$”是什么意思呢？符号“$\exists$”表示存在，“$\exists$”的含义是：表示存在，不是唯一的。$\exists N>0$ 表示存在的 N 不是唯一的，只要找到某一个 N 就可以。但 N 与给定的 ε 有关，所以找 N 时要合理，这就决定找 N 的方法可以采取“放大法”，但放大要合理。因此“$\exists N>0$”的含义是 N 具有不唯一性和合理性这样的双重性质。值得注意的是 N 与 ε 有关，但不是 ε 的函数。

(3) 定义中的“$|x_n-a|$”表示什么？绝对值 $|x_n-a|$ 表示数轴上的动点 $M(x_n)$ 与定点 $A(a)$ 之间的距离，即 $|AM|=|x_n-a|$。

(4) 定义中的不等式“$|x_n-a|<\varepsilon$”表示什么意思呢？不等式 $|x_n-a|<\varepsilon$ 表示数轴上的动点 $M(x_n)$ 与定点 $A(a)$ 之间的距离小于任意给定的正数 ε。由于 ε 可以任意小，则不等式 $|x_n-a|<\varepsilon$ 表示点 x_n 无限接近于 a。

(5) 定义中的“当 $n>N$ 时，有 $|x_n-a|<\varepsilon$”表示什么意思？由(2)知，这里的 N 是由一个已经任意给定的 $\varepsilon>0$ 确定好的项序数，大于 N 的项的序数就是 $N+1,N+2,\cdots$。因此对于 $n>N$ 时的一切 x_n，不等式 $|x_n-a|<\varepsilon$ 都成立，即 $n>N$ 是不等式 $|x_n-a|<\varepsilon$ 成立的条件，也就是说当 $n>N$ 时下列无穷多个不等式：$|x_{N+1}-a|<\varepsilon$，$|x_{N+2}-a|<\varepsilon$，…都成立。由 ε 的任意性知，x_n 无限接近于 a，即 $\lim\limits_{n\to\infty}x_n=a$。

上述(1)～(5)的分析是作者的读书体会，也是在教读者如何看书，看书时对书中的定义或定理的每句话、每个式子都要读懂。

问题 10　如何用数列极限“ε-N”定义验证极限？

分析　弄清或读懂极限“ε-N”定义中各项不等式的含义，就不难得出用数列极限“ε-N”定义验证极限的一般步骤。

如用“ε-N”定义证明 $\lim\limits_{n\to\infty}\dfrac{2n-1}{4n+2}=\dfrac{1}{2}$，这里 $x_n=\dfrac{2n-1}{4n+2}$，$a=\dfrac{1}{2}$ 都是已知的，$\forall\varepsilon>0$，ε 是任意给定的，一经给定后，ε 也是已知的，从而不等式 $\left|\dfrac{2n-1}{4n+2}-\dfrac{1}{2}\right|<\varepsilon$ 是已知的。用“ε-N”定义验证就是从已知不等式 $\left|\dfrac{2n-1}{4n+2}-\dfrac{1}{2}\right|<\varepsilon$ 求出使此不等式成立的条件：$n>N$，因此问题的实质就是解绝对值不等式 $\left|\dfrac{2n-1}{4n+2}-\dfrac{1}{2}\right|<\varepsilon$。下面给出解此类不等式的一般规律。

按“ε-N”定义，先任意给定 $\varepsilon>0$，则 ε 就是已知数，而题中的 x_n，a 也是已知的，假设结论成立，于是问题就化为从已知不等式 $|x_n-a|<\varepsilon$ 去寻找使该不等式成立的条件：$n>N$。由于 N 不是唯一的，因此 N 的选取具有灵活性，我们可以不必先追求最小的 N。一般采用“放大法”，即放大不等式 $|x_n-a|<\varepsilon$，$|x_n-a|<ME(n)<\varepsilon$，其中 M 是与 n 无关的正数，而从不等式 $ME(n)<\varepsilon$ 容易解出 n，从而找到使不等式 $|x_n-a|<\varepsilon$ 成立的条件：$n>N$，问题便得证。从上述分析知这种证题方法是“逆推法”，也称“分析法”。

例 1　根据数列极限的定义证明：

(1) $\lim\limits_{n\to\infty}\dfrac{3n+1}{2n+1}=\dfrac{3}{2}$；　　(2) $\lim\limits_{n\to\infty}\dfrac{\sqrt{n^2+a^2}}{n}=1$。

证明　(1) $\forall\varepsilon>0$，要证 $\exists N>0$，当 $n>N$ 时，有 $\left|\dfrac{3n+1}{2n+1}-\dfrac{3}{2}\right|<\varepsilon$。只需 $\left|\dfrac{3n+1}{2n+1}-\dfrac{3}{2}\right|=\left|\dfrac{6n+2-6n-3}{2(2n+1)}\right|=\left|\dfrac{-1}{2(2n+1)}\right|=\dfrac{1}{2(2n+1)}<\dfrac{1}{n}<\varepsilon$，则 $n>\dfrac{1}{\varepsilon}$，取($\exists$)$N=\left[\dfrac{1}{\varepsilon}\right]$，当 $n>N$ 时，有 $\left|\dfrac{3n+1}{2n+1}-\dfrac{3}{2}\right|<\varepsilon$，即 $\lim\limits_{n\to\infty}\dfrac{3n+1}{2n+1}=\dfrac{3}{2}$。

(2) $\forall\varepsilon>0$，要证 $\exists N>0$，当 $n>N$ 时，有 $\left|\dfrac{\sqrt{n^2+a^2}}{n}-1\right|<\varepsilon$。只需 $\left|\dfrac{\sqrt{n^2+a^2}}{n}-1\right|<\left|\dfrac{\sqrt{(n+|a|)^2}}{n}-1\right|=\left|\dfrac{n+|a|}{n}-1\right|=\dfrac{|a|}{n}<\varepsilon$。则 $n>\dfrac{|a|}{n}$，取($\exists$)$N=\left[\dfrac{|a|}{\varepsilon}\right]$，当 $n>N$ 时，有 $\left|\dfrac{\sqrt{n^2+a^2}}{n}-1\right|<\varepsilon$，即 $\lim\limits_{n\to\infty}\dfrac{\sqrt{n^2+a^2}}{n}=1$。

例 2　设数列$\{x_n\}$有界，又$\lim\limits_{n\to\infty}y_n=0$，证明$\lim\limits_{n\to\infty}(x_ny_n)=0$。

证明　$\forall\varepsilon>0$，因为数列$\{x_n\}$有界，所以$\exists M>0$，对一切n有$|x_n|\leqslant M$。又$\lim\limits_{n\to\infty}y_n=0$，则对于$\dfrac{\varepsilon}{M}$，$\exists N>0$，当$n>N$时，有$|y_n|\leqslant\dfrac{\varepsilon}{M}$。当$n>N$时，$|x_ny_n|=|x_n||y_n|<M\cdot\dfrac{\varepsilon}{M}=\varepsilon$，所以$\lim\limits_{n\to\infty}(x_ny_n)=0$。

例 3　用“ε-N”定义证明$\lim\limits_{n\to\infty}\dfrac{2n+1}{4n+1}=\dfrac{1}{2}$。

证明　$\forall\varepsilon>0$，要证$\exists N>0$，当$n>N$时，有$\left|\dfrac{2n+1}{4n+1}-\dfrac{1}{2}\right|<\varepsilon$，只需$\left|\dfrac{2n+1}{4n+1}-\dfrac{1}{2}\right|=\dfrac{1}{2(4n+1)}<\dfrac{1}{4n}<\varepsilon$，则$n>\dfrac{1}{4\varepsilon}$。

取$(\exists)N=\left[\dfrac{1}{4\varepsilon}\right]$，当$n>N$时，有$\left|\dfrac{2n+1}{4n+1}-\dfrac{1}{2}\right|<\varepsilon$，即$\lim\limits_{n\to\infty}\dfrac{2n+1}{4n+1}=\dfrac{1}{2}$。

点评　$\forall\varepsilon>0$，将寻求$N>0$的解题过程去掉，便是“ε-N”定义。因此用“ε-N”定义验证极限的主要步骤是$\forall\varepsilon>0$后，去寻求$N>0$，由于$N>0$不是唯一的，所以利用初等数学常用的法则(本例利用分式分母减小，分式变大的法则!)得$|x_n-a|<ME(n)<\varepsilon$，其中$M$为与$n$无关的正数$\left(本例 M=\dfrac{1}{4},E(n)=\dfrac{1}{n},即\dfrac{1}{4n}<\varepsilon\right)$。而$ME(n)<\varepsilon\left(本例\dfrac{1}{4n}<\varepsilon\right)$是比较容易求解的不等式，从中解出$n$，从而得到合理的$N>0\left(本例 N=\left[\dfrac{1}{4n}\right]>0\right)$，问题便得证。

例 4　用“ε-N”定义证明$\lim\limits_{n\to\infty}\dfrac{\sin n}{n}=0$。

证明　$\forall\varepsilon>0$，要证$\exists N>0$，当$n>N$时，有$\left|\dfrac{\sin n}{n}-0\right|<\varepsilon$，只需$\left|\dfrac{\sin n}{n}-0\right|=\dfrac{|\sin n|}{n}<\dfrac{1}{n}<\varepsilon(|\sin n|\leqslant1)$，则$n>\dfrac{1}{\varepsilon}$，取$(\exists)N=\left[\dfrac{1}{\varepsilon}\right]$，当$n>N$时，有$\left|\dfrac{\sin n}{n}-0\right|<\varepsilon$，即$\lim\limits_{n\to\infty}\dfrac{\sin n}{n}=0$。

例 5　设$\lim\limits_{n\to\infty}x_n=0$，$\lim\limits_{n\to\infty}y_n=0$，证明$\lim\limits_{n\to\infty}(x_n+y_n)=0$。

证明　$\forall\varepsilon>0$，要证$\exists N>0$，当$n>N$时，有$|x_n+y_n|<\varepsilon$。因为$\lim\limits_{n\to\infty}x_n=0$，所以对于$\dfrac{\varepsilon}{2}>0$，$\exists N_1>0$，当$n>N_1$时，有

$$|x_n|<\frac{\varepsilon}{2}。$$

又$\lim\limits_{n\to\infty}y_n=0$，所以对于$\dfrac{\varepsilon}{2}>0$，$\exists N_2>0$，当$n>N_2$时，有

$$|y_n|<\frac{\varepsilon}{2}。$$

取$(\exists)N=\max\{N_1,N_2\}$，当$n>N$时，有$|x_n+y_n|\leqslant|x_n|+|y_n|<\varepsilon$，即$\lim\limits_{n\to\infty}(x_n+y_n)=0$。

例 6　设$0<a\neq1$，用“ε-N”定义证明：$\lim\limits_{n\to\infty}\sqrt[n]{a}=1$。

证明　(1) 设$a>1$，$\forall\varepsilon>0$，要证$\exists N>0$，当$n>N$时，有$\left|\sqrt[n]{a}-1\right|<\varepsilon$，只需$\left|\sqrt[n]{a}-1\right|=\sqrt[n]{a}-1<\varepsilon$，设$\left|\sqrt[n]{a}-1\right|=\sqrt[n]{a}-1=\lambda_n$，则$a=(\lambda_n+1)^n=\lambda_n^n+n\lambda_n^{n-1}+\cdots+n\lambda_n+1>n\lambda_n+1$，

$n\lambda_n<a-1$，$\lambda_n<\frac{a-1}{n}$，即只需$\sqrt[n]{a}-1<\frac{a-1}{n}<\varepsilon$，则 $n>\frac{a-1}{\varepsilon}$，取(∃)$N=\left[\frac{a-1}{\varepsilon}\right]$，当 $n>N$ 时，有$\left|\sqrt[n]{a}-1\right|<\varepsilon$，即$\lim\limits_{n\to\infty}\sqrt[n]{a}=1$。

(2) 设 $0<a<1$，$b=\frac{1}{a}$，则$\sqrt[n]{a}=\frac{1}{\sqrt[n]{b}}$，由(1)知$\lim\limits_{n\to\infty}\sqrt[n]{b}=1$，所以$\lim\limits_{n\to\infty}\sqrt[n]{a}=\lim\limits_{n\to\infty}\frac{1}{\sqrt[n]{b}}=1$。综合(1)(2)知当 $0<a\neq1$ 时，$\lim\limits_{n\to\infty}\sqrt[n]{a}=1$。

点评　从例1～例6知，$\forall\varepsilon>0$，寻找 $N>0$ 时，虽然 N 不是唯一的，因与 ε 有关，所以要合理。怎样做才算合理呢？要满足数学法则，这些法则是：

(1) 分式分子放大，如例 1(2)；

(2) 分式分母减小，如例 1(1)，例 3；

(3) 利用有界性，如例 2、例 4；

(4) 利用不等式$|x+y|\leqslant|x|+|y|$，如例 5；

(5) 利用牛顿二项式公式，如例 6。

称(1)(2)(3)(4)(5)为寻求 N 时的放大原则。

问题 11　若 $x_{2k-1}\to a(k\to+\infty)$，$x_{2k}\to a(k\to+\infty)$，则 $x_n\to a(k\to+\infty)$。两个子数列收敛于同一个数 a，则数列$\{x_n\}$收敛于 a，与定理：数列的所有子数列都收敛于同一个数，则数列$\{x_n\}$也收敛。是否矛盾？

分析　不矛盾。下面例 7 与所有子数列收敛于同一个数，都是数列收敛的充分必要条件。为什么？只要奇、偶项组成的两个子数列有相同的极限，则所有子数列就都有相同的极限，数列$\{x_n\}$也就有同一极限。这是因为这两个子数列特殊之处是它们包含了数列$\{x_n\}$的全部项，即全包含了所有子数列。同样可以证明，如果你构造出两个子数列包含数列$\{x_n\}$的全部项或去掉前有限项，且这两个子数列同收敛一个数，则数列$\{x_n\}$也收敛于这个数。如将数列$\{x_n\}$中的所有有理数项组成一个有理数子数列，同时，将数列$\{x_n\}$中的所有无理数项组成另一个无理数子数列，且这两个子数列收敛于同一个数，则数列$\{x_n\}$也收敛于这个数。

例 7　对于数列$\{x_n\}$，若 $x_{2k-1}\to a(k\to\infty)$，$x_{2k}\to a(k\to\infty)$，证明 $x_n\to a(n\to\infty)$。

证明　$\forall\varepsilon>0$，要证$\exists N>0$，当 $n>N$ 时，有$|x_n-a|<\varepsilon$。因为$\lim\limits_{n\to\infty}x_{2n-1}=a$，所以对 $\varepsilon>0$，$\exists N_1>0$，当 $n>N_1$ 时，有$|x_{2n-1}-a|<\varepsilon$。又$\lim\limits_{n\to\infty}x_{2n}=a$，所以对 $\varepsilon>0$，$\exists N_2>0$，当 $n>N_2$ 时，有$|x_{2n}-a|<\varepsilon$。取(∃)$N=\max\{2N_1-1,2N_2\}$，当 $n>N$ 时，有$|x_n-a|<\varepsilon$。即$\lim\limits_{n\to\infty}x_n=a$。

第三节　函数的极限

问题 12　函数极限“ε-δ”定义中的第一句话“设函数 $f(x)$在 x_0 的某一邻域内有定义(点 x_0 可除外)”的含义是什么？

众所周知，极限是高等数学的基本概念，也是基本运算。任何运算都是有条件的，如在实数中，开平方运算的条件是负数不能开平方；再如对数运算，其条件是真数必须大于零。那么极限作为一种运算,它的条件是什么呢?函数极限运算的条件就是函数极限“ε-δ”定义中的第一句话。能否进行极限运算,首先考虑在 x_0 的邻域内函数 $y=f(x)$ 是否有定义,也就是说,在进行函数极限运算时,x 必须有取值过程,即函数极限运算是一种有取值过程的运算。这句话的第二个含义是极限是点的概念,研究函数极限必须在点 x_0 的邻域内进行研究,包括在极限运算过程中有时需要估计一些函数的函数值,也必须在点 x_0 的邻域内对函数进行估值。第三个含义是在求极限时,若分子、分母同时有因子 $x-x_0$ 时,由第一句话 $x\neq x_0$,所以可以约去非零因子 $x-x_0$。如 $\lim\limits_{x\to1}\dfrac{x^3-1}{x^2-1}=\lim\limits_{x\to1}\dfrac{(x-1)(x^2+x+1)}{(x-1)(x+1)}=\lim\limits_{x\to1}\dfrac{x^2+x+1}{x+1}=\dfrac{3}{2}$。

例 1　设 $f(x)=\sqrt{\sin^2x-1}$,求 $\lim\limits_{x\to\frac{\pi}{2}}f(x)$。

解　$f(x)$的定义域为 $x=k\pi+\dfrac{\pi}{2}$, $k=0$, $\pm1,\pm2,\cdots$。当 $k=0$ 时,$x=\dfrac{\pi}{2}$。因为 $f(x)$ 只在 $x=\dfrac{\pi}{2}$ 一点处有定义,而在 $x=\dfrac{\pi}{2}$ 的任何邻域 $U\left(\dfrac{\pi}{2},\delta\right)(0<\delta<\pi)$ 内无定义,不满足函数极限“ε-δ”定义中的第一句话,不能求极限。故 $f(x)$ 在 $x=\dfrac{\pi}{2}$ 处无极限。

点评　函数 $f(x)$ 在孤立点 x_0 处无极限可谈。

例 2　求 $\lim\limits_{x\to0}\dfrac{e^{x^2\sin\frac{1}{x}}-1}{x^2\sin\dfrac{1}{x}}$。

分析　设 $f(x)=\dfrac{e^{x^2\sin\frac{1}{x}}-1}{x^2\sin\dfrac{1}{x}}$, 本题求 $\lim\limits_{x\to0}f(x)$。首先研究 $f(x)$ 是否满足函数极限的定义,或者说是否满足函数极限定义的第一句话,即极限运算条件。$f(x)$ 除了在 $x=0$ 处无定义外,无论 $\delta>0$ 多么小,对充分大的自然数 n,有 $x_n=\dfrac{1}{n\pi}\in\mathring{U}(0,\delta)$,$x_n^2\sin\dfrac{1}{x_n}=0$,即 $f(x)$ 的分母 $x^2\sin\dfrac{1}{x}$ 在 $\mathring{U}(0,\delta)$ 内有无穷多个零点。所以 $f(x)$ 不满足函数极限定义的第一句话,因此不能进行极限运算,即极限式 $\lim\limits_{x\to0}\dfrac{e^{x^2\sin\frac{1}{x}}-1}{x^2\sin\dfrac{1}{x}}$ 毫无意义。

问题 13　如何读懂函数极限的“ε-δ”定义?

分析　函数极限的严格定义是“ε-δ”定义,要用不等式表达。设函数 $f(x)$ 在 x_0 的某去心邻域内有定义,$\forall\varepsilon>0$,$\exists\delta>0$,当 $0<|x-x_0|<\delta$ 时,有 $|f(x)-A|<\varepsilon$。因此在学习函数极限“ε-δ”定义时,首先必须弄清(或读懂)有关不等式的含义。

(1) 定义中的“$\forall\varepsilon>0$”表示什么意思?符号“$\forall$”表示任意给定。表示 ε 具有任意性和确定性这样的双重性质,且任意性是不可缺少的。

(2) 定义中的"$\exists\delta>0$"表示什么意思？符号"$\exists$"表示存在，表示不是唯一的。"$\exists\delta>0$"表明δ不是唯一的，因此选取δ时具有灵活性，又δ与给定的ε有关，所以选取δ时要合理。因此"$\exists\delta>0$"表示δ具有灵活性（不唯一性）和合理性这样的双重性质，且δ与ε有关，但不是ε的函数。

(3) 定义中的"$0<|x-x_0|<\delta$"表示什么意思？绝对值"$|x-x_0|$"表示数轴上的点x与点x_0之间的距离。不等式$|x-x_0|<\delta$与普通不等式$x_0-\delta<x<x_0+\delta$等价，表示在数轴上介于点$x_0-\delta$与点$x_0+\delta$之间点的全体。

不等式$0<|x-x_0|<\delta$表示点x与点x_0之间的距离小于正数δ，但$x\neq x_0$。

(4) 定义中的"$|f(x)-A|<\varepsilon$"表示什么意思？绝对值"$|f(x)-A|$"表示y轴上动点$M(f(x))$与定点A之间的距离。不等式$|f(x)-A|<\varepsilon$表示在y轴上点$f(x)$与点A之间的距离小于ε，由于ε可以任意小，因此，$f(x)$无限接近于A。

(5) 定义中的"当$0<|x-x_0|<\delta$时，有$|f(x)-A|<\varepsilon$"表示什么意思？

不等式$0<|x-x_0|<\delta$是不等式$|f(x)-A|<\varepsilon$成立的条件。

用"ε-δ"定义证明$\lim\limits_{x\to x_0}f(x)=A$，就是从已知不等式$|f(x)-A|<\varepsilon$，去寻找使这个不等式成立的条件：$0<|x-x_0|<\delta$，即求$\delta$。

例3　根据函数极限的定义证明：

(1) $\lim\limits_{x\to 2}(5x+2)=12$；　　　(2) $\lim\limits_{x\to -\frac{1}{2}}\dfrac{1-4x^2}{2x+1}=2$。

证明　(1) $\forall\varepsilon>0$，要证$\exists\delta>0$，当$0<|x-2|<\delta$时，有$|(5x+2)-12|<\varepsilon$。只需$|(5x+2)-12|=5|x-2|<\varepsilon$，则$|x-2|<\dfrac{\varepsilon}{5}$，取($\exists$)$\delta=\dfrac{\varepsilon}{5}$，当$0<|x-2|<\delta$时，有$|(5x+2)-12|=5|x-2|<5\delta=\varepsilon$，即$\lim\limits_{x\to 2}(5x+2)=12$。

(2) $\forall\varepsilon>0$，要证$\exists\delta>0$，当$0<\left|x-\left(-\dfrac{1}{2}\right)\right|<\delta$时，有$\left|\dfrac{1-4x^2}{2x+1}-2\right|<\varepsilon$。

只需$\left|\dfrac{1-4x^2}{2x+1}-2\right|=|1-2x-2|=|-2x-1|=2\left|x+\dfrac{1}{2}\right|<\varepsilon$，则$\left|x+\dfrac{1}{2}\right|<\dfrac{\varepsilon}{2}$，取($\exists$)$\delta=\dfrac{\varepsilon}{2}$，当$0<\left|x+\dfrac{1}{2}\right|<\delta$时，有$\left|\dfrac{1-4x^2}{2x+1}-2\right|<\varepsilon$，即$\lim\limits_{x\to -\frac{1}{2}}\left|\dfrac{1-4x^2}{2x+1}\right|=2$。

例4　用"ε-δ"定义证明$\lim\limits_{x\to 1}\dfrac{x^3-1}{x-1}=3$。

分析　由函数极限"ε-δ"定义的第一句话知，研究当$x\to x_0$时$f(x)$的极限，必须在点x_0的某一去心邻域内进行讨论。因为δ不是唯一的，有时为了计算方便常取$\delta=1$（视题目而定），同时也在$U(x_0,1)$内估计一些函数的值，求δ时，要放大不等式，放大时必须保留$|x-x_0|$因子。

证明　$\forall\varepsilon>0$，要证$\exists\delta>0$，当$0<|x-1|<\delta$时，有$\left|\dfrac{x^3-1}{x-1}-3\right|<\varepsilon$。只需$\left|\dfrac{x^3-1}{x-1}-3\right|=|x^2+x-2|=|(x-1)(x+2)|=|x+2|\cdot|x-1|<\varepsilon$（保留$|x-1|$）。因为$|x+2|$是$x$的函数，放大时要估算$|x+2|$在$U(1,1)$内的最大值，显然有$|x+2|<4$，$x\in$

$(0,2)$，所以$|x+2|\cdot|x-1|<4|x-1|$，因此只需$4|x-1|<\varepsilon$，则$|x-1|<\frac{\varepsilon}{4}$，取$(\exists)\delta=\min\left\{1,\frac{\varepsilon}{4}\right\}$，当$0<|x-1|<\delta$时，有$\left|\frac{x^3-1}{x-1}-3\right|<\varepsilon$，即$\lim\limits_{x\to1}\frac{x^3-1}{x-1}=3$。

例 5 用"ε-δ"定义证明$\lim\limits_{x\to2}\frac{4-x^2}{x^2-3x+2}=-4$。

分析 函数$f(x)=\frac{4-x^2}{x^2-3x+2}$的定义域为$(-\infty,1)\cup(1,2)\cup(2,+\infty)$，点$x=1$和$x=2$都是没有定义的点，在$x=2$处满足函数的极限定义。当$x\to2$时，$f(x)$的极限必须在点$x=2$的某一去心邻域内对$f(x)$变化趋势进行研究。因为$\delta$不是唯一的，本题若选取$\delta=1$时，$x=1$，$f(x)$无定义，所以本题不能取$\delta=1$，为了便于计算本题可选取$\delta=\frac{1}{2}$。

证明 $\forall\varepsilon>0$，要证$\exists\delta>0$，当$0<|x-2|<\delta$时，有$\left|\frac{4-x^2}{x^2-3x+2}-(-4)\right|<\varepsilon$，只需$\left|\frac{4-x^2}{x^2-3x+2}-(-4)\right|=\left|\frac{-x-2}{x-1}+4\right|=\frac{3|x-2|}{|x-1|}<\varepsilon$。在点$x=2$的$\delta=\frac{1}{2}$邻域$U\left(2,\frac{1}{2}\right)$内估计$\frac{1}{|x-1|}$的最大值，有$\frac{1}{|x-1|}<2$，所以只需$\frac{3|x-2|}{|x-1|}<6|x-2|<\varepsilon$，则$|x-2|<\frac{\varepsilon}{6}$，取$(\exists)\delta=\min\left\{\frac{1}{2},\frac{\varepsilon}{6}\right\}$，当$0<|x-2|<\delta$时，有$\left|\frac{4-x^2}{x^2-3x+2}-(-4)\right|<\varepsilon$，即$\lim\limits_{x\to2}\frac{4-x^2}{x^2-3x+2}=-4$。

例 6 用"ε-X"定义证明$\lim\limits_{x\to\infty}\frac{1+x^3}{2x^3}=\frac{1}{2}$。

证明 $\forall\varepsilon>0$，要证$\exists X>0$，当$|x|>X$时，有$\left|\frac{1+x^3}{2x^3}-\frac{1}{2}\right|<\varepsilon$。只需$\left|\frac{1+x^3}{2x^3}-\frac{1}{2}\right|=\frac{1}{2|x|^3}<\varepsilon$，则$2|x|^3>\frac{1}{\varepsilon}$，$|x|>\frac{1}{\sqrt[3]{2\varepsilon}}$，取$(\exists)X=\frac{1}{\sqrt[3]{2\varepsilon}}$，当$|x|>X$时，有$\left|\frac{1+x^3}{2x^3}-\frac{1}{2}\right|<\varepsilon$，即$\lim\limits_{x\to\infty}\frac{1+x^3}{2x^3}=\frac{1}{2}$。

点评 对于用函数极限定义验证极限，理论上因为任意给定$\varepsilon>0$，ε一经给定就是已知数了。题给的$f(x)$与A都是已知的，于是问题化为从已知不等式$|f(x)-A|<\varepsilon$，去寻找出使该不等式成立的条件：$0<|x-x_0|<\delta$。直接解绝对值不等式$|f(x)-A|<\varepsilon$，有时很繁琐，又因$\forall\varepsilon>0$，$\exists\delta>0$，这样的$\delta>0$不是唯一的，选取δ就具有灵活性，故一般需将原不等式做适当的放大，又$\delta>0$与给定的ε有关，所以放大要合理。若$x\to x_0$时，x_0为有限数，在放大的式子中应保留$|x-x_0|$的一个因子，即

$$|f(x)-A|<M|x-x_0| \tag{Ⅰ}$$

若M为常数，则有$M|x-x_0|<\varepsilon$，即$|x-x_0|<\frac{\varepsilon}{M}$，取$(\exists)\delta=\frac{\varepsilon}{M}$。

若M是x的函数，记为$M(x)$，由函数极限定义的第一句话知，要在x_0的某一邻域$U(x_0,\delta)$内估计$M(x)$的最大值。由于$\delta>0$不是唯一的，所以一般地，为了计算方便常取$\delta=1$(视题目而定)，记$\bar{M}=\max\limits_{x\in U(x_0,1)}M(x)$，则式(Ⅰ)化为$|f(x)-A|<M(x)|x-x_0|<\bar{M}|x-x_0|<\varepsilon$，则$|x-x_0|<\frac{\varepsilon}{\bar{M}}$，取$\delta=\min\left\{1,\frac{\varepsilon}{\bar{M}}\right\}$。

第四节　无穷小与无穷大

问题 14　在某一变化过程中，是否所有无穷小的倒数都是无穷大？

分析　不是。反例，设 $\alpha(x)=x\sin\frac{1}{x}$，显然有 $\lim\limits_{x\to0}\alpha(x)=\lim\limits_{x\to0}x\sin\frac{1}{x}=0$，即当 $x\to0$ 时，$\alpha(x)=x\sin\frac{1}{x}$ 是无穷小，但它的倒数 $\frac{1}{\alpha(x)}=\frac{1}{x\sin\frac{1}{x}}$，当 $x\to0$ 时，不是无穷大。这是因为，无论 $\delta>0$ 多么小，$\alpha(x)=x\sin\frac{1}{x}$ 在 0 的 δ 邻域 $U(0,\delta)$ 都有无穷多个点 $x_n=\frac{1}{n\pi}\in U(0,\delta)$，使 $\alpha(x_n)=0$，所以当 $x\to0$ 时，$\frac{1}{\alpha(x)}=\frac{1}{x\sin\frac{1}{x}}$ 不是无穷大，而是无界变量。若在同一变化过程中，$f(x)$ 为无穷小，且 $f(x)\neq0$，则 $\frac{1}{f(x)}$ 为无穷大。

问题 15　无穷小与函数极限间有什么关系？

分析　在自变量的同一变化过程中，当 $x\to x_0$（或 $x\to\infty$）时，函数 $f(x)$ 具有极限 A 的充分必要条件是 $f(x)=A+\alpha(x)$，其中 $\alpha(x)$ 是无穷小。

例 1　求下列极限并说明理由：

(1) $\lim\limits_{x\to\infty}\frac{2x+1}{x}$；　　　(2) $\lim\limits_{x\to0}\frac{1-x^2}{1-x}$。

解　(1) 因为 $\frac{2x+1}{x}=2+\frac{1}{x}=2+\alpha(x)$，而 $\lim\limits_{x\to\infty}\alpha(x)=\lim\limits_{x\to\infty}\frac{1}{x}=0$，所以 $\lim\limits_{x\to\infty}\frac{2x+1}{x}=2$。

(2) 因为 $x\to0$，所以在 $\mathring{U}(0,\delta)$ $(\delta<1)$ 内研究 $\frac{1-x^2}{1-x}$ 的极限。当 $x\in\mathring{U}(0,\delta)$ 时，有 $\frac{1-x^2}{1-x}=1+x$，因为 $\lim\limits_{x\to0}x=0$，所以 $\lim\limits_{x\to0}(1+x)=1$，即 $\lim\limits_{x\to0}\frac{1-x^2}{1-x}=1$。

例 2　如果存在直线 L：$y=kx+b$，使得当 $x\to\infty$（或 $x\to+\infty$，$x\to-\infty$）时，曲线 $y=f(x)$ 上的动点 $M(x,y)$ 到直线 L 的距离 $d(M,L)\to0$，则称 L 为曲线 $y=f(x)$ 的**渐近线**，当直线 L 的斜率 $k\neq0$ 时，称 L 为**斜渐近线**。

(1) 证明直线 L：$y=kx+b$ 为曲线 $y=f(x)$ 的渐近线的充分必要条件是

$$k=\lim_{\substack{x\to\infty\\(x\to+\infty)\\(x\to-\infty)}}\frac{f(x)}{x},\quad b=\lim_{\substack{x\to\infty\\(x\to+\infty)\\(x\to-\infty)}}[f(x)-kx]。$$

(2) 求曲线 $y=(2x-1)e^{\frac{1}{x}}$ 的斜渐近线。

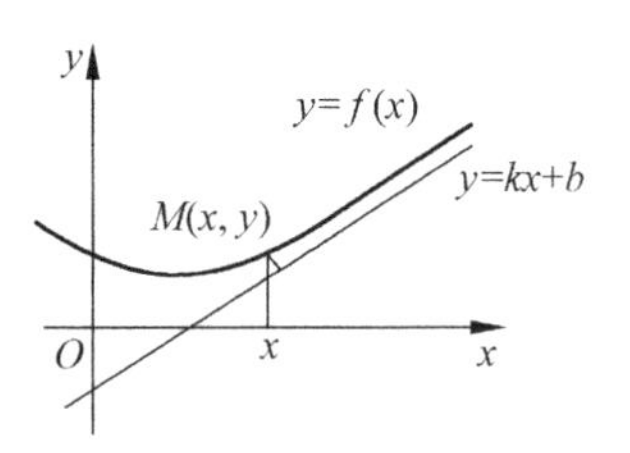

图 1-2

证明　(1) 设 $y=kx+b$ 为曲线 $y=f(x)$ 的斜渐近线（图 1-2）。设 $M(x,y)$ 为曲线 $y=f(x)$ 上任意一点，到已知直线 $y=kx+b$

的距离为 $d(M,L)=\dfrac{|f(x)-(kx+b)|}{\sqrt{1+k^2}}$，当 $x\to\infty$ 时，$d(M,L)\to 0$，从而有 $\lim\limits_{x\to\infty}(f(x)-kx-b)=0$，即 $\lim\limits_{x\to\infty}[(f(x)-kx)-b]=0$。由函数极限与无穷小关系定理知

$$b=\lim_{x\to\infty}(f(x)-kx)=\lim_{x\to\infty}x\left(\frac{f(x)}{x}-k\right)。$$

因为 $\lim\limits_{x\to\infty}x\left(\dfrac{f(x)}{x}-k\right)=b$ 极限存在，知此极限为 $0\cdot\infty$ 型未定式，所以 $\lim\limits_{x\to\infty}\left(\dfrac{f(x)}{x}-k\right)=0$，再由函数极限与无穷小关系定理知 $k=\lim\limits_{x\to\infty}\dfrac{f(x)}{x}$，故得充要条件 $k=\lim\limits_{x\to\infty}\dfrac{f(x)}{x}$，$b=\lim\limits_{x\to\infty}(f(x)-kx)$。

（2）$k=\lim\limits_{x\to\infty}\dfrac{(2x-1)e^{\frac{1}{x}}}{x}=\lim\limits_{x\to\infty}\left(2-\dfrac{1}{x}\right)e^{\frac{1}{x}}=2$，$b=\lim\limits_{x\to\infty}[(2x-1)e^{\frac{1}{x}}-2x]=\lim\limits_{x\to\infty}\left[2\dfrac{e^{\frac{1}{x}}-1}{\frac{1}{x}}-e^{\frac{1}{x}}\right]=2-1=1$，所以斜渐近线为 $y=2x+1$。

问题 16　如何证明一个变量在某一变化过程中是非无穷大的无界变量？何谓夹挤作图法？

分析　1. 若变量在某一变化过程中不是有界的，也不是无穷大，则称为无界变量。由此便得出证法：(1)证明不是有界的；(2)证明不是无穷大。

2. 定义：由 $y=f(x)$ 及 $y=-f(x)$ 的图形，作出(1) $y=f(x)\sin x$；(2) $y=f(x)\cos x$ 图形的方法称为夹挤作图法。因为函数 $y=f(x)\sin x$ 的图形夹在 $y=f(x)$ 与 $y=-f(x)$ 图形之间，且 $x=2n\pi+\dfrac{\pi}{2}$ 时，函数 $y=f(x)\sin x$ 图形上的相应点在 $y=f(x)$ 图形上，而当 $x=2n\pi$ 时，$y=f(x)\sin x$ 图形上的相应点在 x 轴上，当 $x=2n\pi-\dfrac{\pi}{2}$ 时，$y=f(x)\sin x$ 图形上的相应点在 $y=-f(x)$ 图形上。

例 3　函数 $y=x\cos x$ 在 $(-\infty,+\infty)$ 内是否有界？这个函数是否为 $x\to+\infty$ 时的无穷大？为什么？

分析　证明(1) $y=x\cos x$ 不是有界的；(2)不是无穷大。

证　方法 1　利用点列证明。如取 $x_n=2n\pi$，则 $y(2n\pi)=2n\pi$，而 $\lim\limits_{n\to\infty}y(2n\pi)=\lim\limits_{n\to\infty}(2n\pi)=+\infty$。所以 $y=x\cos x$ 在 $(-\infty,+\infty)$ 内不是有界的。

取点列 $\tilde{x}_n=2n\pi+\dfrac{\pi}{2}$，则 $y\left(2n\pi+\dfrac{\pi}{2}\right)=0$。所以 $\lim\limits_{n\to\infty}y\left(2n\pi+\dfrac{\pi}{2}\right)=0$，故当 $n\to\infty$ 时，函数的绝对值时而很大，时而等于零，且两者交替出现，即当 $x\to+\infty$ 时 $y=x\cos x$ 不是无穷大。因此 $y=x\cos x$ 是非无穷大的无界变量。

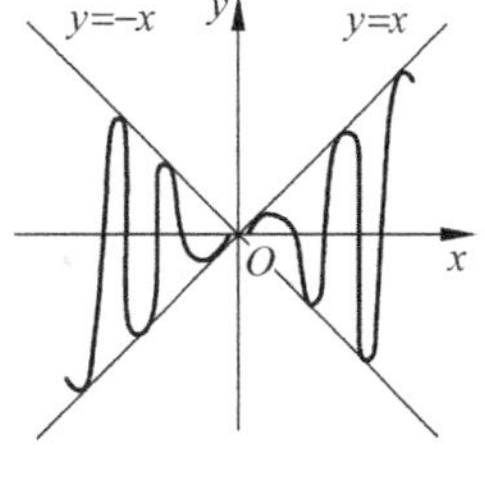

图　1-3

方法 2　利用夹挤作图法，画出 $y=\pm x$ 的图像，由夹挤作图法得 $y=x\cos x$ 的图像(如图 1-3)。从图像知，函数 $y=x\cos x$，当 $x\to+\infty$ 时，$|f(x)|$ 时而很大，时而等于零，而且两者交替出现，故 $x\to+\infty$ 时，$y=x\cos x$ 为无界函数(既不是有界的又不是无穷大)。

例 4　证明函数 $y=\frac{1}{x}\sin\frac{1}{x}$ 在区间(0,1]上无界，但该函数在 $x\to0^+$ 时不是无穷大。

证　方法 1　利用点列证明。取 $x_n=\frac{1}{2n\pi+\frac{\pi}{2}}$，则 $y(x_n)=2n\pi+\frac{\pi}{2}$，所以 $\lim\limits_{n\to\infty}y\left(2n\pi+\frac{\pi}{2}\right)=\lim\limits_{n\to\infty}\left(2n\pi+\frac{\pi}{2}\right)=+\infty$。故 $y=\frac{1}{x}\sin\frac{1}{x}$ 不是有界的。取 $\tilde{x}_n=\frac{1}{2n\pi}$，则 $y(\tilde{x}_n)=0$，$\lim\limits_{n\to\infty}y(\tilde{x}_n)=0$，所以函数不是无穷大，从而证得当 $x\to0^+$ 时，$y=\frac{1}{x}\sin\frac{1}{x}$ 不是无穷大，而是无界变量。

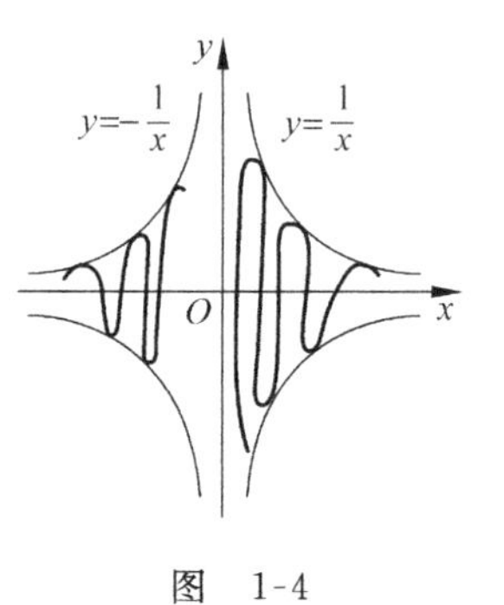

图　1-4

方法 2　利用夹挤作图法。画出 $y=\pm\frac{1}{x}$ 的图像，利用夹挤作图法作出函数 $y=\frac{1}{x}\sin\frac{1}{x}$ 的图像(见图 1-4)。从图像可知，当 $x\to0^+$ 时，$|f(x)|$ 时而很大，时而等于零，且两者交替出现，故当 $x\to0^+$ 时，函数为无界变量，不是无穷大。

自己动手：例 3～例 4 的证法 3 利用有界函数和无穷大定义证。

第五节　极限运算法则

问题 17　求极限的首要问题是什么？

分析　求极限的首要问题是在求极限之前先判断所求极限是否存在，若极限存在，再求极限。极限的四则运算都是以极限存在为前提的，在没有判断极限存在以前，不应随意进行运算，否则难免出错。

求极限的首要问题简言之：**先判断极限是否存在，后求极限**。

问题 18　无穷小有哪些性质？

性质 1　有限个无穷小的和也是无穷小。

性质 2　有界函数与无穷小的乘积是无穷小。

推论 1　常数(有界)与无穷小的乘积也是无穷小。

推论 2　有限个无穷小的乘积也是无穷小。

例 1　设 $\lim\limits_{n\to\infty}x_n=0$，$\lim\limits_{n\to\infty}(x_n+y_n)=a$，求 $\lim\limits_{n\to\infty}y_n$。

学生 A：因为 $\lim\limits_{n\to\infty}(x_n+y_n)=a$，所以 $\lim\limits_{n\to\infty}x_n+\lim\limits_{n\to\infty}y_n=a$，即 $\lim\limits_{n\to\infty}y_n=a-\lim\limits_{n\to\infty}x_n=a-0=a$。

学生 B：因为 $y_n=y_n+x_n-x_n$，所以 $\lim\limits_{n\to\infty}y_n=\lim\limits_{n\to\infty}(x_n+y_n)-\lim\limits_{n\to\infty}x_n=a-0=a$，则(　　)。

(1) A 正确，B 不正确　　(2) A、B 都正确

(3) A 不正确，B 正确　　(4) A、B 都不正确

解　求 $\lim\limits_{n\to\infty}y_n$ 可能有两种结果，可能存在也可能不存在，即 $\lim\limits_{n\to\infty}y_n$ 是否存在不知道，而学生 A 应用和的极限运算法则，这个法则的条件是数列 $\{x_n\}$ 与 $\{y_n\}$ 的极限都存在，而数列 $\{y_n\}$

的极限是否存在不知道，因此学生 A 的作法是错误的。而学生 B 的作法 $y_n=(x_n+y_n)-x_n$，等号右端两项的极限都存在，从而证明了 $\{y_n\}$ 极限存在，然后再求极限，故选(3)。

例 2　设 $x_1=1,x_{n+1}=1+2x_n(n=1,2,\cdots)$，求 $\lim\limits_{n\to\infty}x_n$。

有人求解如下："记 $\lim\limits_{n\to\infty}x_n=a$，对递推等式 $x_{n+1}=1+2x_n$ 两边取极限，得 $a=1+2a$，于是 $a=-1$，所以 $\lim\limits_{n\to\infty}x_n=-1$。但又有人指出，这个结果显然是错误的。因为 $x_n>0$，由极限的不等式性质(保序性)知 $\lim\limits_{n\to\infty}x_n=a\geqslant 0$"，问错在哪里。

解　发生这一错误的原因是：题给求极限 $\lim\limits_{n\to\infty}x_n$，有两种结果，可能存在也可能不存在，即数列 $\{x_n\}$ 的极限是否存在不知道。而记号"$\lim\limits_{n\to\infty}x_n=a$"表示 $\{x_n\}$ 的极限存在且等于 a。而事实上：由 $x_n=1+2x_{n-1}=1+2+2^2x_{n-2}=\cdots=1+2+2^2+\cdots+2^{n-1}$ 知道数列 $\{x_n\}$ 单调增且无上界，是发散的。把发散数列当作收敛数列，自然就错了。

点评　极限的运算(如四则运算)都是以极限存在为前提的，在没有判断极限存在以前，不应随意进行运算，否则难免出错。本例告诉我们，求极限的首要问题是先判断极限是否存在。

例 3　下列运算过程是否正确?

(1) $\lim\limits_{x\to5}\dfrac{x}{x-5}=\dfrac{\lim\limits_{x\to5}x}{\lim\limits_{x\to5}(x-5)}=\infty$；　　(2) $\lim\limits_{x\to\infty}\dfrac{\arctan x}{x}=\lim\limits_{x\to\infty}\dfrac{1}{x}\cdot\lim\limits_{x\to\infty}\arctan x=0$；

(3) $\lim\limits_{n\to\infty}\Big(\underbrace{\dfrac{1}{n}+\dfrac{1}{n}+\cdots+\dfrac{1}{n}}_{n\text{个}}\Big)=\lim\limits_{n\to\infty}\dfrac{1}{n}+\lim\limits_{n\to\infty}\dfrac{1}{n}+\cdots+\lim\limits_{n\to\infty}\dfrac{1}{n}=0$。

解　(1)的做法是不正确的。虽然结果正确，但过程是错误的，在应用商的极限法则时，要求分母的极限不为 0，现在 $\lim\limits_{x\to5}(x-5)=0$，所以商的极限运算法则失效。正确做法是：因为 $\lim\limits_{x\to5}\dfrac{x-5}{x}=\dfrac{\lim\limits_{x\to5}(x-5)}{\lim\limits_{x\to5}x}=\dfrac{0}{5}=0$，所以 $\lim\limits_{x\to5}\dfrac{x}{x-5}=\infty$。

(2)的做法也是错误的。在应用乘积的极限运算法则时，要求每个因子的极限都存在，而现在 $\lim\limits_{x\to\infty}\arctan x$ 是不存在的，所以不能应用乘积的极限运算法则。正确做法是：因为 $\arctan x$ 有界，而 $\lim\limits_{x\to\infty}\dfrac{1}{x}=0$，由无穷小性质知：$\lim\limits_{x\to\infty}\dfrac{\arctan x}{x}=0$。

(3)因为加法的极限运算法则只能应用在有限项之和，而现在不是有限项之和了，所以不能应用加法的极限运算法则，故(3)的做法也是错误的。正确做法是：$\lim\limits_{n\to\infty}\Big(\underbrace{\dfrac{1}{n}+\dfrac{1}{n}+\cdots+\dfrac{1}{n}}_{n\text{个}}\Big)=\lim\limits_{n\to\infty}\dfrac{n}{n}=1$。

例 4　设 $\{a_n\},\{b_n\},\{c_n\}$ 均为非负数列，且 $\lim\limits_{n\to\infty}a_n=0,\lim\limits_{n\to\infty}b_n=1,\lim\limits_{n\to\infty}c_n=\infty$。下列陈述中哪些是对的，哪些是错的?如果是对的，说明理由；如果是错的，试给出一个反例。

(1) $a_n<b_n,n\in\mathbb{N}^+$；　　(2) $b_n<c_n,n\in\mathbb{N}^+$；

(3) $\lim\limits_{n\to\infty}a_nc_n$ 不存在；　　(4) $\lim\limits_{n\to\infty}b_nc_n$ 不存在。

分析　(1)错。因为由数列极限的不等式性质只能得出数列"当 n 充分大时"的情况，不可能得出任意"$n\in\mathbb{N}^+$"成立的性质。反例：$a_n=\dfrac{1}{n},b_n=\dfrac{n}{n+1},n\in\mathbb{N}^+$。

(2)错。理由同(1)。反例：$b_n=\dfrac{n}{n+1},c_n=(-1)^n n,n\in\mathbb{N}^+$。

(3)错。因为无穷小乘以无穷大是未定式，极限可能存在也可能不存在。反例：$a_n=\dfrac{1}{n^2},c_n=n,n\in\mathbb{N}^+$。

(4)正确。因为极限$\lim\limits_{n\to\infty}(b_nc_n)=\infty$。

点评　应当知道，当$\lim\limits_{n\to\infty}b_n=b\neq0,\lim\limits_{n\to\infty}c_n=\infty$时，$\lim\limits_{n\to\infty}(b_nc_n)=\infty$。

例 5　下列陈述中，哪些是对的，哪些是错的？如果是对的，说明理由；如果是错的，试给出一个反例。

(1) 如果$\lim\limits_{x\to x_0}f(x)$存在，但$\lim\limits_{x\to x_0}g(x)$不存在，那么$\lim\limits_{x\to x_0}[f(x)+g(x)]$不存在；

(2) 如果$\lim\limits_{x\to x_0}f(x)$和$\lim\limits_{x\to x_0}g(x)$都不存在，那么$\lim\limits_{x\to x_0}[f(x)+g(x)]$不存在；

(3) 如果$\lim\limits_{x\to x_0}f(x)$存在，但$\lim\limits_{x\to x_0}g(x)$不存在，那么$\lim\limits_{x\to x_0}f(x)\cdot g(x)$不存在。

解　(1) 正确。反证法，假设$\lim\limits_{x\to x_0}[f(x)+g(x)]$存在，则有 $g(x)=f(x)+g(x)-f(x)$，上式右端两项的极限都存在，由差的极限运算法则推出左端 $g(x)$极限存在，与题设矛盾，故原命题正确。

(2) 不一定。反例：$f(x)=1+\dfrac{1}{x},g(x)=2-\dfrac{1}{x}$，显然当 $x\to0$ 时，$\lim\limits_{x\to0}f(x)$与$\lim\limits_{x\to0}g(x)$都不存在，但 $f(x)+g(x)=3\to3(x\to0)$极限存在。

(3) 不一定。反例：设 $f(x)=x^2$，$g(x)=\sin\dfrac{1}{x}$，显然有$\lim\limits_{x\to0}f(x)=\lim\limits_{x\to0}x^2=0,\lim\limits_{x\to0}g(x)=\lim\limits_{x\to0}\sin\dfrac{1}{x}$不存在，但$\lim\limits_{x\to0}f(x)\cdot g(x)=\lim\limits_{x\to0}x^2\sin\dfrac{1}{x}=0$。若$\lim\limits_{x\to x_0}f(x)=A\neq0$，则结论正确。反证法：假设$\lim\limits_{x\to x_0}f(x)\cdot g(x)$存在，则有 $g(x)=[f(x)\cdot g(x)]\cdot\dfrac{1}{f(x)}$，上式右端的极限都存在。由乘积的极限运算法则，推出左端的极限存在，与题设矛盾，故原结论正确。

第六节　极限存在准则　两个重要极限

问题 19　极限存在的两个准则是什么？什么题型应用两个准则证明？

1. 极限存在准则Ⅰ：常称夹逼准则。

2. 极限存在准则Ⅱ：常称单调有界准则。

3. 利用极限存在准则Ⅰ(夹逼准则)求无限项和式的极限，或类似准则Ⅰ的不等式的极限时，重要的是要寻找两个特殊的数列(或函数)，形成夹逼之式，常用的方法是抓"两头"或称"放缩"法：放大，将 n 项都换为其中的最大项，得 n 倍最大项，称为"大头"；缩小：将 n 项都换为其中的最小项，得 n 倍最小项，称为"小头"。若"两头"极限都存在且相等，便得所求。

这就要求我们要熟悉一些和的数列(或函数)及其极限。

4. 利用极限存在准则Ⅱ(单调有界准则)证题的步骤是:

证明数列$\{x_n\}$极限存在,先证有界性。常用方法有:(1)数学归纳法;(2)利用公式$a^2+b^2\geqslant 2ab$;(3)函数的有界性。

其次证明$\{x_n\}$单调性。常用的方法有:(1) 数学归纳法;(2) $x_{n+1}-x_n\geqslant 0$ $(x_{n+1}-x_n\leqslant 0)$;(3) $\dfrac{x_{n+1}}{x_n}>1\left(或\dfrac{x_{n+1}}{x_n}<1\right)$;(4) 从数列给出的递推公式,若能猜出生成此数列的母函数,则利用函数的导数证明函数的单调性,再证明生成数列$\{x_n\}$的单调性是非常方便的。如考研题:设$0<x_1<3, x_{n+1}=\sqrt{x_n(3-x_n)}$ $(n=1,2,\cdots)$,证明:数列$\{x_n\}$的极限存在,并求出此极限。易知生成此数列的母函数为$y=\sqrt{x(3-x)}$,$y'=\dfrac{3-2x}{2\sqrt{x(3-x)}}>0$,则$x\in\left[0,\dfrac{3}{2}\right]$。此题不在此处解。

例 1　利用极限存在准则证明:$\lim\limits_{n\to\infty}n\left(\dfrac{1}{n^2+\pi}+\dfrac{1}{n^2+2\pi}+\cdots+\dfrac{1}{n^2+n\pi}\right)=1$。

证明　因为
$$\frac{n^2}{n^2+n\pi}<n\left(\frac{1}{n^2+\pi}+\frac{1}{n^2+2\pi}+\cdots+\frac{1}{n^2+n\pi}\right)<\frac{n^2}{n^2+\pi},$$
又
$$\lim_{n\to\infty}\frac{n^2}{n^2+n\pi}=\lim_{n\to\infty}\frac{1}{1+\frac{\pi}{n}}=1=\lim_{n\to\infty}\frac{n^2}{n^2+\pi}=\lim_{n\to\infty}\frac{1}{1+\frac{\pi}{n^2}},$$
所以
$$\lim_{n\to\infty}n\left(\frac{1}{n^2+\pi}+\frac{1}{n^2+2\pi}+\cdots+\frac{1}{n^2+n\pi}\right)=1。$$

例 2　求$\lim\limits_{n\to\infty}\left(\dfrac{1}{n^2+n+1}+\dfrac{2}{n^2+n+2}+\cdots+\dfrac{n}{n^2+n+n}\right)$。

解　记$x_n=\sum\limits_{i=1}^{n}\dfrac{i}{n^2+n+i}$,则$y_n\xlongequal{\text{def}}\sum\limits_{i=1}^{n}\dfrac{i}{n^2+n+n}\leqslant x_n\leqslant\sum\limits_{i=1}^{n}\dfrac{i}{n^2+n+1}\xlongequal{\text{def}}z_n$。

又$\lim\limits_{n\to\infty}y_n=\lim\limits_{n\to\infty}\dfrac{\frac{1}{2}n(n+1)}{n^2+n+n}=\dfrac{1}{2}=\lim\limits_{n\to\infty}z_n=\lim\limits_{n\to\infty}\dfrac{\frac{1}{2}n(n+1)}{n^2+n+1}$,由夹逼准则,$\lim\limits_{x\to\infty}x_n=\dfrac{1}{2}$。

例 3　利用极限存在准则证明:

(1) $\lim\limits_{n\to\infty}\sqrt{1+\dfrac{1}{n}}=1$;　　(2) $\lim\limits_{x\to 0}\sqrt[n]{1+x}=1$。

分析　构造准则Ⅰ的不等式。

证明　(1) 因为$1\leqslant\sqrt{1+\dfrac{1}{n}}\leqslant 1+\dfrac{1}{n}$,又$\lim\limits_{n\to\infty}1=1=\lim\limits_{n\to\infty}\left(1+\dfrac{1}{n}\right)=1$,所以$\lim\limits_{n\to\infty}\sqrt{1+\dfrac{1}{n}}=1$。

(2) 因为当$x>0$时,有$1<\sqrt[n]{1+x}<1+x$,又$\lim\limits_{x\to 0^+}1=1$, $\lim\limits_{x\to 0^+}(1+x)=1$,所以由夹逼准则,有$\lim\limits_{x\to 0^+}\sqrt[n]{1+x}=1$。又因为$-1<x<0$时,有$0<x+1<1$,则$1+x<\sqrt[n]{1+x}<1$,又$\lim\limits_{x\to 0^-}(1+x)=1=\lim\limits_{x\to 0^-}1$,所以由夹逼准则有$\lim\limits_{x\to 0^-}\sqrt[n]{1+x}=1$。因为$\lim\limits_{x\to 0^+}\sqrt[n]{1+x}=\lim\limits_{x\to 0^-}\sqrt[n]{1+x}=1$,所以$\lim\limits_{x\to 0}\sqrt[n]{1+x}=1$。

例 4 利用极限存在准则证明：数列$\sqrt{2}$，$\sqrt{2+\sqrt{2}}$，$\sqrt{2+\sqrt{2+\sqrt{2}}}$，…的极限存在。

分析 应用极限存在准则Ⅱ证。

证明 $x_n=\sqrt{2+x_{n-1}}$，$n=1,2,\cdots$。

单调性：由 $x_1=\sqrt{2}$，$x_2=\sqrt{2+\sqrt{2}}$，$x_3=\sqrt{2+\sqrt{2+\sqrt{2}}}$知，$\{x_n\}$单调增加。

有界性：利用数学归纳法证。

当 $n=1$ 时，$x_1=\sqrt{2}<\sqrt{2+2}=2$，设 $x_n<2$，则 $x_{n+1}=\sqrt{2+x_n}<\sqrt{2+2}=2$。由数学归纳法知，对一切 n 有 $x_n<2$，即数列$\{x_n\}$有上界。由极限存在准则Ⅱ知，数列$\{x_n\}$的极限存在。

例 5 设 $x_1=10$，$x_{n+1}=\sqrt{6+x_n}\,(n=1,2,\cdots)$，试证数列$\{x_n\}$极限存在，并求此极限。

证明 有界性：显然有 $x_n>0$，即数列$\{x_n\}$有下界。

单调性：用数学归纳法。$x_2=\sqrt{6+x_1}=\sqrt{16}=4<x_1$，假设 $x_n<x_{n-1}$，则 $x_{n+1}=\sqrt{6+x_n}<\sqrt{6+x_{n-1}}=x_n$。由数学归纳法知，对一切 n 有 $x_{n+1}<x_n$，即证得$\{x_n\}$单调减少。由极限存在准则Ⅱ知，$\lim\limits_{n\to\infty}x_n$ 存在。

设$\lim\limits_{n\to\infty}x_n=a$，求 a，在递推公式 $x_{n+1}=\sqrt{6+x_n}$两边取极限得 $a=\sqrt{a+6}$，解得 $a=3$（$a=-2$ 舍，因为 $x_n>0$），所以$\lim\limits_{n\to\infty}x_n=3$。

问题 20 何谓两个重要极限？其结构是怎样的？何谓两套重要极限？什么样题型应用第一套重要极限 1 加 4 个公式求？“1^∞”未定式快速求极限的方法是什么？

1. 由极限存在准则Ⅰ推出第一个重要极限是$\lim\limits_{x\to0}\dfrac{\sin x}{x}=1$，通常用其结构记为$\lim\limits_{\square\to0}\dfrac{\sin\square}{\square}=1$，其中□是函数且□→0。

由极限存在准则Ⅱ推出第二个重要极限是$\lim\limits_{x\to\infty}\left(1+\dfrac{1}{x}\right)^x=\mathrm{e}$，通常用其结构记为$\lim\limits_{\Delta\to\infty}\left(1+\dfrac{1}{\Delta}\right)^\Delta=\mathrm{e}$，其中 Δ 是函数且 Δ→∞。

例 6 计算下列极限：

(1) $\lim\limits_{x\to0}\dfrac{\sin\omega x}{x}$；　　(2) $\lim\limits_{x\to0}\dfrac{\tan3x}{x}$；

(3) $\lim\limits_{x\to0}\dfrac{1-\cos2x}{x\sin x}$；　　(4) $\lim\limits_{n\to\infty}2^n\sin\dfrac{x}{2^n}$（$x$ 为不等于 0 的常数）。

解 (1) 原式$=\lim\limits_{x\to0}\dfrac{\sin\omega x}{\omega x}\cdot\omega=\omega$。

(2) 原式$=\lim\limits_{x\to0}\dfrac{\tan3x}{3x}\cdot3=3$。

(3) 原式$=\lim\limits_{x\to0}\dfrac{1-\cos2x}{(2x)^2}\cdot\dfrac{x}{\sin x}\cdot2^2=\dfrac{1}{2}\times1\times4=2$。

(4) 原式$=\lim\limits_{n\to\infty}\dfrac{\sin\dfrac{x}{2^n}}{\dfrac{x}{2^n}}\cdot x=x$。

例 7　计算下列极限：

(1) $\lim\limits_{x\to 0}(1-x)^{\frac{1}{x}}$；　　(2) $\lim\limits_{x\to 0}(1+2x)^{\frac{1}{x}}$；

(3) $\lim\limits_{x\to\infty}\left(\frac{1+x}{x}\right)^{2x}$；　　(4) $\lim\limits_{x\to\infty}\left(1-\frac{1}{x}\right)^{kx}$（$k$ 为正整数）。

解　(1) 原式 $=\lim\limits_{x\to 0}\left\{[1+(-x)]^{\frac{1}{-x}}\right\}^{-1}=\mathrm{e}^{-1}$。

(2) 原式 $=\lim\limits_{x\to 0}[(1+2x)^{\frac{1}{2x}}]^2=\mathrm{e}^2$。

(3) 原式 $=\lim\limits_{x\to\infty}\left[\left(1+\frac{1}{x}\right)^x\right]^2=\mathrm{e}^2$。

(4) 原式 $=\lim\limits_{x\to\infty}\left[\left(1+\frac{1}{-x}\right)^{-x}\right]^{-k}=\mathrm{e}^{-k}$。

2. 由第一个重要极限 $\lim\limits_{\square\to 0}\frac{\sin\square}{\square}=1$，导出：$\lim\limits_{\square\to 0}\frac{\tan\square}{\square}=1$，$\lim\limits_{\square\to 0}\frac{1-\cos\square}{\square^2}=\frac{1}{2}$，$\lim\limits_{\square\to 0}\frac{\arcsin\square}{\square}=1$，由 $\lim\limits_{\square\to 0}\frac{\tan\square}{\square}=1$，导出 $\lim\limits_{\square\to 0}\frac{\arctan\square}{\square}=1$。

称 $\lim\limits_{\square\to 0}\frac{\sin\square}{\square}=1$ 及 $\lim\limits_{\square\to 0}\frac{\arcsin\square}{\square}=1$，$\lim\limits_{\square\to 0}\frac{\tan\square}{\square}=1$，$\lim\limits_{\square\to 0}\frac{\arctan\square}{\square}=1$，$\lim\limits_{\square\to 0}\frac{1-\cos\square}{\square^2}=\frac{1}{2}$ 为第一套重要极限 1 加 4 个公式。

同理称 $\lim\limits_{\Delta\to\infty}\left(1+\frac{1}{\Delta}\right)^{\Delta}=\mathrm{e}$ 及 $\lim\limits_{\square\to 0}(1+\square)^{\frac{1}{\square}}=\mathrm{e}$，$\lim\limits_{\square\to 0}\frac{\mathrm{e}^{\square}-1}{\square}=1$，$\lim\limits_{\square\to 0}\frac{\ln(1+\square)}{\square}=1$ 为第二套重要极限 1 加 3 个公式。

3. 什么题型可以应用第一套重要极限 1 加 4 个公式计算？

应满足：

(1) 是(0/0)型或(0・∞)型未定式；

(2) 极限式中含有幂函数、三角函数、反三角函数。

例 8　求下列极限：

(1) $\lim\limits_{x\to 0^+}\frac{1-\sqrt{\cos x}}{x(1-\cos\sqrt{x})}$；　　(2) $\lim\limits_{x\to 0}\frac{x(1-\cos 2x)}{\tan x-\sin x}$。

分析　(1)(2)满足(0/0)型；(2)极限式中含有幂函数、三角函数，应用第一套重要极限 1 加 4 个公式求。

解　(1) 原式 $=\lim\limits_{x\to 0^+}\left[\frac{1-\cos x}{x(1-\cos\sqrt{x})}\cdot\frac{1}{1+\sqrt{\cos x}}\right]$

$$=\frac{1}{2}\lim_{x\to 0^+}\left[\frac{1-\cos x}{x^2}\cdot\frac{x}{1-\cos\sqrt{x}}\right]=\frac{1}{2}\times\left[\frac{1}{2}\times 2\right]=\frac{1}{2}。$$

(2) 原式 $=\lim\limits_{x\to 0}\left[\frac{1-\cos 2x}{(2x)^2}\cdot\frac{4x^3}{\tan x-\sin x}\right]$

$$=\lim_{x\to 0}\left[\frac{1-\cos 2x}{(2x)^2}\cdot\frac{x}{\tan x}\cdot\frac{x^2}{1-\cos x}\cdot 4\right]=4。$$

例 9　设 $\lim\limits_{x\to 0}\frac{x-\sin x}{x^3}=A$，求 A。

分析　记号$\lim\limits_{x\to 0}\frac{x-\sin x}{x^3}=A$表示极限存在且等于$A$，求$A$就是求极限值。因为(1)是$\left(\frac{0}{0}\right)$型未定式；(2)极限式中含有幂函数和三角函数，故可以应用第一套重要极限1加4个公式求。

解　方法1　利用公式$\lim\limits_{\square\to 0}\frac{\sin\square}{\square}=1$，$\lim\limits_{\square\to 0}\frac{1-\cos\square}{\square^2}=\frac{1}{2}$及$\lim\limits_{\square\to 0}\frac{\square-\sin\square}{\square^3}=A$。

因为$\frac{x-\sin x}{x^3}=\frac{x-2\sin\frac{x}{2}\cos\frac{x}{2}}{x^3}=\frac{x-2\sin\frac{x}{2}+2\sin\frac{x}{2}-2\sin\frac{x}{2}\cos\frac{x}{2}}{x^3}$

$$=\frac{2\left(\frac{x}{2}-\sin\frac{x}{2}\right)}{2^3\left(\frac{x}{2}\right)^3}+\frac{2\sin\frac{x}{2}\left(1-\cos\frac{x}{2}\right)}{x^3}=\frac{\frac{x}{2}-\sin\frac{x}{2}}{4\left(\frac{x}{2}\right)^3}+\frac{\sin\frac{x}{2}}{\frac{x}{2}}\cdot\frac{1-\cos\frac{x}{2}}{4\left(\frac{x}{2}\right)^2},$$

上式两边取极限得：$A=\frac{1}{4}A+\frac{1}{8}\Rightarrow A=\frac{1}{6}$，即$\lim\limits_{x\to 0}\frac{x-\sin x}{x^3}=\frac{1}{6}$。

方法2　利用公式$\lim\limits_{\square\to 0}\frac{\sin\square}{\square}=1$，$\lim\limits_{\square\to 0}\frac{\square-\sin\square}{\square^3}=A$。

因为
$$\sin x=\sin\left(3\cdot\frac{x}{3}\right)=3\sin\frac{x}{3}-4\sin^3\frac{x}{3},$$

所以
$$\frac{x-\sin x}{x^3}=\frac{3\left(\frac{x}{3}-\sin\frac{x}{3}\right)}{3^3\left(\frac{x}{3}\right)^3}+4\frac{\sin^3\frac{x}{3}}{3^3\left(\frac{x}{3}\right)^3}。$$

上式两边取极限得$A=\frac{A}{9}+\frac{4}{27}$，所以$A=\frac{1}{6}$，即$\lim\limits_{x\to 0}\frac{x-\sin x}{x^3}=\frac{1}{6}$。

点评　$\lim\limits_{\square\to 0}\frac{\square-\sin\square}{\square^3}=\frac{1}{6}$，可以作为公式用。

例10　求极限$\lim\limits_{x\to 0}\frac{[\sin x-\sin(\sin x)]\sin x}{x^4}$。

解　利用公式$\lim\limits_{\square\to 0}\frac{\square-\sin\square}{\square^3}=\frac{1}{6}$，原式$=\lim\limits_{x\to 0}\left[\frac{\sin x-\sin(\sin x)}{\sin^3 x}\cdot\frac{\sin^4 x}{x^4}\right]=\frac{1}{6}$。

4. 例7的4个小题都是利用数e公式求极限，算过之后经过研究可以发现如下规律：

(1) 1^∞型先将幂指数函数的底化为“$1+$无穷小$=1+\alpha(x)$”形式，其中$\alpha(x)\to 0$；

(2) 求底中的无穷小$\alpha(x)$与幂指数函数的指数无穷大$v(x)$的乘积$\alpha(x)\cdot v(x)$的极限；

(3) 若$\lim(\alpha(x)\cdot v(x))=a$，则所求极限$\lim u(x)^{v(x)}=e^a$。从而总结出$(1^\infty)$型未定式快速求极限方法：设$\lim u(x)=1$，$\lim v(x)=\infty$，且$\lim(u-1)v=a$，则$\lim u^v=e^a$。

证明　因为是(1^∞)型未定式，所以应用数e公式：$\lim u^v=\lim\left[(1+(u-1))^{\frac{1}{u-1}}\right]^{(u-1)v}=$

$$\left[\lim(1+(u-1))^{\frac{1}{u-1}}\right]^{\lim(u-1)\cdot v}=e^a$$（参考文献[3]）。

例11　求下列极限：

(1) $\lim\limits_{x\to\infty}\left(\sin\frac{2}{x}+\cos\frac{1}{x}\right)^x$；　　(2) $\lim\limits_{x\to 0^+}(\cos\sqrt{x})^{\frac{\pi}{x}}$；

(3) $\lim\limits_{t\to x}\left(\frac{\sin t}{\sin x}\right)^{\frac{x}{\sin t-\sin x}}$；　　(4) $\lim\limits_{x\to 0}\left(\frac{\sin x}{x}\right)^{\frac{1}{x^2}}$。

解　(1) 因为是(1^{∞})型，所以设 $u=\sin\frac{2}{x}+\cos\frac{1}{x}$，则

$$\lim_{x\to\infty}(u-1)v=\lim_{x\to\infty}\left(\sin\frac{2}{x}+\cos\frac{1}{x}-1\right)\cdot x=\lim_{x\to\infty}\left(\frac{\sin\frac{2}{x}}{\frac{1}{x}}+\frac{\cos\frac{1}{x}-1}{\frac{1}{x}}\right)=2+0=2。$$

所以$\lim\limits_{x\to\infty}\left(\sin\frac{2}{x}+\cos\frac{1}{x}\right)^x=e^2$。

(2) 因为是(1^{∞})型，所以设 $u=\cos\sqrt{x}$，则

$$\lim_{x\to 0^+}(u-1)v=\lim_{x\to 0^+}\left(\frac{\pi(\cos\sqrt{x}-1)}{x}\right)=-\pi\lim_{x\to 0^+}\left(\frac{1-\cos\sqrt{x}}{(\sqrt{x})^2}\right)=-\frac{\pi}{2},$$

原式 $=e^{-\frac{\pi}{2}}$。

(3) 因为是(1^{∞})型，所以设 $u=\frac{\sin t}{\sin x}$，则

$$\lim_{t\to x}(u-1)v=\lim_{t\to x}\left[\frac{\sin t-\sin x}{\sin x}\cdot\frac{x}{\sin t-\sin x}\right]=\frac{x}{\sin x},$$

原式 $=e^{\frac{x}{\sin x}}$。

(4) 因为是(1^{∞})型，所以设 $u=\frac{\sin x}{x}$，则

$$\lim_{x\to 0}(u-1)v=\lim_{x\to 0}\frac{\sin x-x}{x^3}=-\lim_{x\to 0}\frac{x-\sin x}{x^3}=-\frac{1}{6},$$

原式 $=e^{-\frac{1}{6}}$。

第七节　无穷小的比较

问题 21　如何理解无穷小比较？若$\lim\frac{\alpha(x)}{\beta(x)}\left(\frac{0}{0}\right)=0$，就说 $\alpha(x)$是比 $\beta(x)$高阶的无穷小，能否说 $\beta(x)$是比 $\alpha(x)$低阶的无穷小呢？

(1) 所谓无穷小比较，其实质就是求两个无穷小商的极限，即求$\lim\frac{\alpha(x)}{\beta(x)}\left(\frac{0}{0}\right)$，由求得极限的结果的不同，而给出高阶、低阶、同阶、等价、k 阶无穷小 5 个定义。

(2) 若$\lim\frac{\alpha(x)}{\beta(x)}\left(\frac{0}{0}\right)=0$，就说 $\alpha(x)$是比 $\beta(x)$高阶的无穷小，但不能说 $\beta(x)$是比 $\alpha(x)$低阶的无穷小。反例：如 $\alpha(x)=x^2\sin\frac{1}{x}$，$\beta(x)=x$，显然有$\lim\limits_{x\to 0}\frac{x^2\sin\frac{1}{x}}{x}=\lim\limits_{x\to 0}x\sin\frac{1}{x}=0$，就说 $\alpha(x)=x^2\sin\frac{1}{x}$是比 $\beta(x)=x$ 高阶的无穷小，但不能说 $\beta(x)=x$ 是比 $\alpha(x)=x^2\sin\frac{1}{x}$低阶的

无穷小，这是因为$\lim\limits_{x\to 0}\dfrac{x}{x^2\sin\dfrac{1}{x}}=\lim\limits_{x\to 0}\dfrac{1}{x\sin\dfrac{1}{x}}\neq\infty$。因为分母$\alpha(x)=x^2\sin\dfrac{1}{x}$除了在$x=0$点没定义外，无论多么小的正数$\delta$，在0的$\delta$邻域内，当$x=x_n=\dfrac{1}{n\pi}(n\in\mathbb{N}^+)$时，必有$x_n\in U(0,\delta)$，使$\alpha(x_n)=\left(\dfrac{1}{n\pi}\right)^2\sin n\pi=0$。故当$x\to 0$时，变量$\dfrac{x}{x^2\sin\dfrac{1}{x}}$为不是无穷大的无界变量。

点评　值得注意的是作为高等数学教材高阶与低阶无穷小定义缺一不可，否则初学的大学生会误以为高阶无穷小的倒数必为低阶无穷小。(参看文献[23])

问题22　如何读懂无穷小比较一节中的定理1？

定理1　β与α是等价无穷小的充分必要条件为$\beta=\alpha+o(\alpha)$。

学习之后，定理1告诉我们：

(1) 如何判断两个无穷小是等价无穷小的另一种方法：两个无穷小之差为高阶的无穷小$o(\alpha)$，也是等价无穷小的另一种定义。

(2) 如何从一个无穷小的自身求与其自身等价的无穷小。若一个无穷小β可以分解为另一个无穷小α与$o(\alpha)$之和，则称无穷小α是无穷小β的主部。因此求一个无穷小β与自身等价的无穷小就变成求此无穷小的主部α。

(3) 由定理1知，$\beta-\alpha=o(\alpha)$。所以求极限时，极限式中，无论分子还是分母遇到两个同号无穷小之差时，由定理1知，只能有如下三种情况：

① 若减数与被减数两个同号无穷小是等价无穷小，由定理1知，不能用各自的等价无穷小代换，必须化为乘或除的形式，应用定理2$\Big($定理2　设$\alpha\sim\alpha'$，$\beta\sim\beta'$，且$\lim\dfrac{\beta'}{\alpha'}$存在，则$\lim\dfrac{\beta}{\alpha}=\lim\dfrac{\beta'}{\alpha'}\Big)$求。如例1。

② 若减数与被减数两个同号无穷小不是等价无穷小，而是同阶无穷小，由定理1知，可以用各自的等价无穷小代换。如例2。

③ 若减数与被减数两个同号无穷小既不是等价的也不是同阶的无穷小，由定理1知，整体视为一个无穷小求其主部。如例3。

(4) 关于两个同号无穷小之和，由定理1知，整体视为一个无穷小求其主部后，应用定理2求之。

点评　深刻理解无穷小比较的定理1的内涵和外延，从而解决了两个同号无穷小和差的求极限问题。有些教材和辅导书中的“无穷小量等价代换只能用在乘与除时，而不能用在加和减上”的提法是不全面的，且误导学生犯错。

问题23　什么叫无穷小的阶？是否所有无穷小都有阶呢？如何理解等价无穷小？是否所有无穷小都有等价无穷小？

(1) 定义：无穷小的阶的定义总是和同阶无穷小的定义联系在一起的。设$\alpha(x)$、$\beta(x)$都是当$x\to x_0(x\to\infty)$时的无穷小。如果$\lim\limits_{x\to x_0(x\to\infty)}\dfrac{\alpha(x)}{\beta(x)}=A\neq 0$，就说$\alpha(x)$与$\beta(x)$是同阶无

穷小。如果$\alpha(x)$与$[\beta(x)]^k(k>0)$是当$x\to x_0(x\to\infty)$时的同阶无穷小，则称$\alpha(x)$是关于$\beta(x)$的k阶无穷小。

(2) 不是所有无穷小都有阶。如果当$x\to x_0$时$\alpha(x)$是$(x-x_0)$的k阶无穷小，那么必有x_0的某一去心邻域$\mathring{U}(x_0,\delta)$，当$x\in\mathring{U}(x_0,\delta)$时，$\alpha(x)\neq 0$。反之，若在$x_0$的任何去心邻域内总有$\alpha(x)$的零点，则无穷小$\alpha(x)$就没有阶。

(3) 等价无穷小就是两个具有具体阶数的无穷小且二者之商的极限为1，即只有具有具体阶数的无穷小才有等价无穷小。简言之，有阶无穷小才有等价无穷小，也就是说没有具体阶数的无穷小无等价无穷小。由(2)知存在没有阶的无穷小，所以不是所有无穷小都有等价无穷小。如当$x\to 0$时，$\alpha(x)=x^2\sin\dfrac{1}{x}$既是没有阶的无穷小，又是没有等价的无穷小。

例1　求$\lim\limits_{x\to 0}\dfrac{\tan x-\sin x}{x^3}$，下面四种算法哪个正确？

(1) $\lim\limits_{x\to 0}\dfrac{\tan x-\sin x}{x^3}=\lim\limits_{x\to 0}\dfrac{x-x}{x^3}=0$ (用了$\tan x\sim x,\sin x\sim x$)；

(2) $\lim\limits_{x\to 0}\dfrac{\tan x-\sin x}{x^3}=\lim\limits_{x\to 0}\dfrac{x-\sin x}{x^3}=\dfrac{1}{6}$ (用了$\tan x\sim x$)；

(3) $$\lim_{x\to 0}\frac{\tan x-\sin x}{x^3}=\lim_{x\to 0}\frac{\tan x-x}{x^3}=\lim_{x\to 0}\frac{\sin x-x\cos x}{x^3\cos x}$$
$$=\lim_{x\to 0}\frac{1}{\cos x}\left[\frac{\sin x-x}{x^3}+\frac{x(1-\cos x)}{x^3}\right]=-\frac{1}{6}+\frac{1}{2}=\frac{1}{3}\text{(用了 }\sin x\sim x\text{)；}$$

(4) $\lim\limits_{x\to 0}\dfrac{\tan x-\sin x}{x^3}=\lim\limits_{x\to 0}\dfrac{\tan x(1-\cos x)}{x^3}=\lim\limits_{x\to 0}\dfrac{x\cdot\frac{1}{2}x^2}{x^3}=\dfrac{1}{2}\left(\text{用了 }\tan x\sim x,1-\cos x\sim\dfrac{x^2}{2}\right)$。

点评　当$x\to 0$时，$\tan x\sim x$，$\sin x\sim x$，所以$\tan x\sim\sin x$，即极限式子的分子是两个等价无穷小之差。由定理1知，不能用各自的等价无穷小代换，故(1)(2)(3)的做法用了各自等价无穷小代换都是错误的。(4)的做法化差为两个无穷小相乘$\tan x\cdot(1-\cos x)$，再应用定理2用各自的等价无穷小代换，故(4)的做法正确。

例2　求$\lim\limits_{x\to\infty}x\left[\sin\ln\left(1+\dfrac{3}{x}\right)-\sin\ln\left(1+\dfrac{1}{x}\right)\right]$。

分析　化为$\lim\limits_{x\to\infty}\dfrac{\sin\ln\left(1+\frac{3}{x}\right)-\sin\ln\left(1+\frac{1}{x}\right)}{\frac{1}{x}}$，分子是两个同号无穷小之差。

解　设$\alpha(x)=\sin\ln\left(1+\dfrac{3}{x}\right)$，$\beta(x)=\sin\ln\left(1+\dfrac{1}{x}\right)$，当$x\to 0$时，$\alpha(x)=\sin\ln\left(1+\dfrac{3}{x}\right)\sim\ln\left(1+\dfrac{3}{x}\right)\sim\dfrac{3}{x}$，同理$\beta(x)\sim\dfrac{1}{x}$。显然当$x\to\infty$时，$\alpha(x)$与$\beta(x)$不是等价无穷小，而是同阶无穷小，由定理1知，可以用各自的等价无穷小代换，即原式$=\lim\limits_{x\to\infty}x\left[\dfrac{3}{x}-\dfrac{1}{x}\right]=2$。

例3　求$\lim\limits_{x\to 0}\dfrac{\sin 3x-x^2\cos\frac{1}{x}}{\ln(1+x)(2+\cos x)}$。

分析　极限式分子是两个同号无穷小之差。

记 $\alpha(x)=\sin 3x,\beta(x)=x^2\cos\frac{1}{x}$，显然，当 $x\to 0$ 时，两个同号无穷小既不是等价无穷小也不是同阶无穷小，由定理 1 知，将整体视为一个无穷小，记为 $r(x)=\sin 3x-x^2\cos\frac{1}{x}$，取其主部。

因 $\lim\limits_{x\to 0}\dfrac{x^2\cos\frac{1}{x}}{\sin 3x}=\lim\limits_{x\to 0}\dfrac{x^2\cos\frac{1}{x}}{3x}=\dfrac{1}{3}\lim\limits_{x\to 0}x\cos\dfrac{1}{x}=0$，即 $\beta(x)$ 是比 $\alpha(x)$ 高阶无穷小，于是有 $\gamma(x)=\alpha(x)+o(\alpha)$，所以主部为：$\alpha(x)=\sin 3x$。

$$\lim_{x\to 0}\frac{\sin 3x-x^2\cos x\frac{1}{x}}{\ln(1+x)(2+\cos x)}=\lim_{x\to 0}\left[\frac{1}{2+\cos x}\cdot\frac{\sin 3x}{\ln(1+x)}\right]=\frac{1}{3}\lim_{x\to 0}\frac{3x}{x}=1。$$

例 4 $\lim\limits_{x\to 0}\dfrac{\sin\left(x^2\sin\frac{1}{x}\right)}{x}=\lim\limits_{x\to 0}\dfrac{x^2\sin\frac{1}{x}}{x}\ \left(\sin\left(x^2\sin\frac{1}{x}\right)\sim x^2\sin\frac{1}{x}\right)=\lim\limits_{x\to 0}x\sin\dfrac{1}{x}=0$，上述运算对吗？

解 错。结果正确，但算法不对。这里演算的第一步，应用了等价无穷小代换：$\sin\left(x^2\sin\frac{1}{x}\right)\sim x^2\sin\frac{1}{x}(x\to 0)$。由本问题(3)知，当 $x\to 0$ 时，$\alpha(x)=x^2\sin\frac{1}{x}$ 既是无阶无穷小，又没有等价的无穷小，故算法不对。正确算法是：当 $x\neq 0$ 时，有 $0<\left|\dfrac{\sin\left(x^2\sin\frac{1}{x}\right)}{x}\right|\leqslant\left|\dfrac{x^2\sin\frac{1}{x}}{x}\right|\leqslant\left|\dfrac{x^2}{x}\right|=|x|\to 0$（当 $x\to 0$ 时），由夹逼准则知 $\lim\limits_{x\to 0}\dfrac{\sin\left(x^2\sin\frac{1}{x}\right)}{x}=0$。

例 5 证明当 $x\to 0$ 时，有(1) $\arctan x\sim x$；(2) $\sec x-1\sim\dfrac{x^2}{2}$。

证明 (1) 设 $\arctan x=t$，则 $x=\tan t$，且当 $x\to 0$ 时，$t\to 0$，$\lim\limits_{x\to 0}\dfrac{x}{\arctan x}=\lim\limits_{t\to 0}\dfrac{\tan t}{t}=1$，即当 $x\to 0$ 时，$\arctan x\sim x$。

(2) $\lim\limits_{x\to 0}\dfrac{\sec x-1}{\frac{x^2}{2}}=\lim\limits_{x\to 0}\left(\dfrac{1-\cos x}{\frac{x^2}{2}}\dfrac{1}{\cos x}\right)=1\times 1=1$，即当 $x\to 0$ 时，$\sec x-1\sim\dfrac{x^2}{2}$。

例 6 利用等价无穷小的性质，求下列极限：

(1) $\lim\limits_{x\to 0}\dfrac{\tan x-\sin x}{\sin^3 x}$；　　(2) $\lim\limits_{x\to 0}\dfrac{\sin x-\tan x}{(\sqrt[3]{1+x^2}-1)(\sqrt{1+\sin x}-1)}$。

解 (1) 原式 $=\lim\limits_{x\to 0}\dfrac{\tan x(1-\cos x)}{\sin^3 x}=\lim\limits_{x\to 0}\dfrac{x\cdot\frac{1}{2}x^2}{x^3}=\dfrac{1}{2}$。

(2) 原式 $=\lim\limits_{x\to 0}\dfrac{\tan x(\cos x-1)}{(\sqrt[3]{1+x^2}-1)(\sqrt{1+\sin x}-1)}=\lim\limits_{x\to 0}\dfrac{x\left(-\frac{1}{2}x^2\right)}{\frac{1}{3}x^2\cdot\frac{1}{2}\sin x}=\lim\limits_{x\to 0}\dfrac{-3x}{\sin x}=-3$。

第八节　函数连续性与间断

问题 24　函数 $f(x)$在点 x_0 处有定义、有极限、连续三者间有什么关系？请用记号“→”或“↛”表示下列命题间的因果关系：

$f(x)$在点x_0处连续

$f(x)$在点x_0处有定义　　$f(x)$在x_0处有极限

分析　因为函数 $f(x)$在点 x_0 处有定义、有极限、连续这三个基本概念都是点的概念。$f(x)$在点 x_0 处有定义是指函数 $f(x)$只在一点 x_0 处有对应值 $f(x_0)$，当 $x\neq x_0$ 时，$f(x)$在点 x 处有没有定义不知道，即在点 x_0 的附近有没有定义不知道，所以说函数 $f(x)$在点 x_0 处有定义是管自己(x_0)不管附近($x\neq x_0$)；$f(x)$在点 x_0 处有极限，按函数极限定义的第一句话知，$f(x)$必须在点 x_0 的某一去心邻域内有定义，但在点 x_0 处可以没有定义，因此函数 $f(x)$在点 x_0 处有极限，可理解为不管自己(x_0)，但必须管附近；因此函数 $f(x)$在点 x_0 处有极限比 $f(x)$在点 x_0 处有定义条件强，且两者间毫无因果关系。函数 $f(x)$在点 x_0 处连续，由连续定义$\lim\limits_{x\to x_0}f(x)=f(x_0)$知，函数 $f(x)$在点 x_0 处连续，既管自己(在点 x_0 处有定义)又管附近(由$\lim\limits_{x\to x_0}f(x)$存在知在 x_0 的某一去心邻域内有定义)且函数值 $f(x_0)$等于极限值。由此知三者关系为

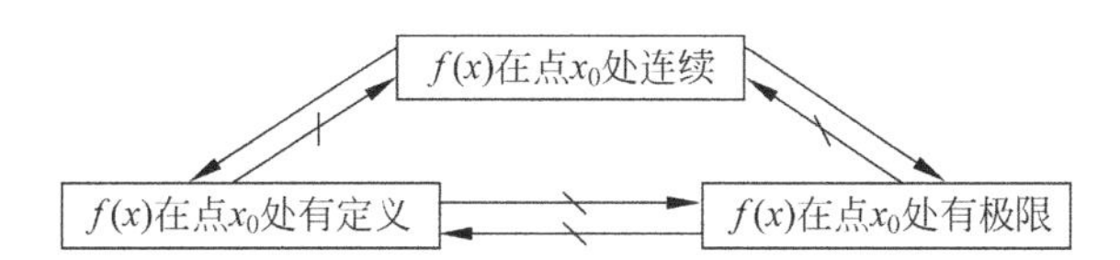

从函数 $f(x)$在点 x_0 处有定义，到在点 x_0 处有极限，再到在点 x_0 处连续的过程中，从条件角度说是由低级到高级，这个顺序：(1)$f(x)$在点 x_0 处有定义；(2)在点 x_0 处有极限；(3)在点 x_0 处极限值等于函数值，即$\lim\limits_{x\to x_0}f(x)=f(x_0)$，是函数连续的三要素，也是用连续定义检验函数 $f(x)$在点 x_0 处是否连续的解题步骤(或程序)，同时也是求函数 $f(x)$的间断点的三种方法。

问题 25　什么叫间断点？如何求间断点？间断点有几种类型？如何判断间断点类型？

分析　1. 设函数 $f(x)$有下列三种情形之一：

(1) 在点 $x=x_0$ 没有定义；(2)虽在 $x=x_0$ 处有定义，但$\lim\limits_{x\to x_0}f(x)$不存在；(3)虽在 $x=x_0$ 处有定义，且$\lim\limits_{x\to x_0}f(x)$存在，但$\lim\limits_{x\to x_0}f(x)\neq f(x_0)$。

则函数 $f(x)$在点 x_0 不连续，而点 x_0 称为函数 $f(x)$的不连续点或间断点。

上述(1)(2)(3)也是求函数 $f(x)$的间断点的三种方法。

2. 间断点种类：

如果 x_0 是函数 $f(x)$的间断点，但左极限 $f(x_0^-)$及右极限 $f(x_0^+)$都存在，那么 x_0 称为函数 $f(x)$的第一类间断点。不是第一类间断点的任何间断点，称为第二类间断点。

在第一类间断点中，左、右极限相等者称为可去间断点，不相等者称为跳跃间断点。无穷间断点和振荡间断点显然是第二类间断点。

3. 用函数 $f(x)$在间断点 x_0 处的极限结果判断间断点的类型。

例 1　下列函数在指出的点处间断，说明这些间断点属于哪一类。如果是可去间断点，则补充或改变函数的定义使它连续。

(1) $y=\dfrac{x}{\tan x},x=k\pi,x=k\pi+\dfrac{\pi}{2}\ (k=0,\pm1,\pm2,\cdots)$；

(2) $y=\begin{cases}x-1, & x\leqslant 1,\\ 3-x, & x>1。\end{cases}$

解　(1) 当 $k=0$ 时，$x=0$。因为$\lim\limits_{x\to0}\dfrac{x}{\tan x}=1$，所以 $x=0$ 为第一类可去间断点，如令 $y(0)=1,x=0$ 就为连续点。

当 $k=\pm1,\pm2,\cdots$时，$x=\pm\pi,\pm2\pi,\cdots$。

因为 $\lim\limits_{x\to k\pi(k\neq0)}\dfrac{\tan x}{x}=0$，所以 $\lim\limits_{x\to k\pi(k\neq0)}\dfrac{x}{\tan x}=\infty$，故 $x=\pm\pi,\pm2\pi,\cdots$为第二类无穷间断点。

因为 $\lim\limits_{x\to k\pi+\frac{\pi}{2}}\dfrac{x}{\tan x}=0$，所以 $x=k\pi+\dfrac{\pi}{2}$为第一类可去间断点，如令 $y\left(k\pi+\dfrac{\pi}{2}\right)=0$，则 $x=k\pi+\dfrac{\pi}{2}\ (k=0,\pm1,\pm2,\cdots)$就为连续点。

(2) $y(1)=(x-1)\big|_{x=1}=0,y(1-0)=\lim\limits_{x\to1^-}(x-1)=0,y(1+0)=\lim\limits_{x\to1^+}(3-x)=2$。

因为 $y(1-0)\neq y(1+0)$，所以 $x=1$ 为第一类跳跃间断点。

例 2　讨论函数 $f(x)=\lim\limits_{n\to\infty}\dfrac{1-x^{2n}}{1+x^{2n}}x$ 的连续性，若有间断点，判别其类型。

分析　以极限形式给出的隐式分段函数，必须先化为显式。

解　因为 $f(x)=\lim\limits_{n\to\infty}\dfrac{1-x^{2n}}{1+x^{2n}}x=\begin{cases}x, & |x|<1,\\ 0, & |x|=1,\\ -x, & |x|>1。\end{cases}=\begin{cases}x, & -1<x<1,\\ 0, & x=-1\text{ 或 }x=1,\\ -x, & x<-1\text{ 或 }x>1。\end{cases}$

$\lim\limits_{x\to-1^-}f(x)=\lim\limits_{x\to-1^-}(-x)=1$，$\lim\limits_{x\to-1^+}f(x)=\lim\limits_{x\to-1^+}x=-1$，所以 $x=-1$ 为第一类跳跃间断点。同理知 $x=1$ 也是跳跃间断点。综上 $f(x)$在$(-\infty,-1),(-1,1),(1,+\infty)$内连续。

例 3　证明若函数 $f(x)$在点 x_0 连续且 $f(x_0)\neq0$，则存在 x_0 的某一邻域$U(x_0)$，当 $x\in U(x_0)$时，$f(x)\neq0$。

证明　因为 $f(x_0)\neq0$，不妨设 $f(x_0)>0$。

因为 $f(x)$在点 x_0 处连续，所以$\lim\limits_{x\to x_0}f(x)=f(x_0)>0$。

对于 $\varepsilon=\dfrac{f(x_0)}{2}>0$，$\exists\delta>0$，当$|x-x_0|<\delta$ 时，有$|f(x)-f(x_0)|<\varepsilon\Rightarrow-\dfrac{f(x_0)}{2}<f(x)-f(x_0)<\dfrac{f(x_0)}{2}\Rightarrow f(x)>\dfrac{f(x_0)}{2}>0$。当 $f(x_0)<0$ 时，同理可证。证毕。

问题 26 讨论函数极限时，何时要考虑左、右极限？

一般来说，讨论函数 $f(x)$ 在点 x_0 处的极限，都应先看一看单侧极限的情况，如果当 $x\to x_0$ 时，$f(x)$ 在点 x_0 的两侧变化趋势一致，则不必分开研究；如果 $f(x)$ 在点 x_0 处的两侧变化趋势可能有差别，就应分别研究左、右极限。请看下面两种情况：

(1) 若 x_0 为分段函数的第一间断接点，由于分段函数 $f(x)$ 在第一类间断点 x_0 的左、右两侧的数学式子不一样(即两侧对应规律不一样)，所以讨论分段函数 $f(x)$ 在第一类间断点 x_0 处的极限，必须研究左、右极限。

(2) 若函数 $f(x)$ 在点 x_0 处的左、右两侧，当 $x\to x_0$ 时，函数值趋于相反无穷大(称两边性态不一样)，讨论函数 $f(x)$ 在这样点 x_0 处的极限，必须研究左、右极限。此类函数有 $\tan x$ 在 $x_0=\frac{\pi}{2}$ 时，$\sec x$ 在 $x_0=\frac{\pi}{2}$ 时，$\arctan\frac{1}{x}$，$e^{\frac{1}{x}}$ 在 $x=0$ 时，请读者自己归纳总结。

上述两种情况为了便于记忆，简称为两个不一样：

(1) $f(x)$ 在点 x_0 处两侧函数的对应规律不一样，即数学解析式子不一样；

(2) 在点 x_0 处的两侧，当 $x\to x_0$ 时，函数的性态不一样。

例 4 (1) $f(x)=\arctan\frac{1}{x}$，则 $x=0$ 是________。

(A) 可去间断点 (B) 振荡间断点

(C) 跳跃间断点 (D) 无穷间断点

(2) 设 $f(x)=\frac{1}{e^{\frac{x}{x-1}}-1}$，则________。

(A) $x=0,x=1$ 都是 $f(x)$ 的第一类间断点

(B) $x=0,x=1$ 都是 $f(x)$ 的第二类间断点

(C) $x=0$ 是第一类间断点，$x=1$ 是 $f(x)$ 的第二类间断点

(D) $x=0$ 是 $f(x)$ 的第二类间断点，$x=1$ 是 $f(x)$ 的第一类间断点

(3) 设函数 $f(x)=\frac{\left(e^{\frac{1}{x}}+e\right)\tan x}{x\left(e^{\frac{1}{x}}-e\right)}$ 在 $[-\pi,\pi]$ 上的第一类间断点是 $x=$________。

(A) 0 (B) 1 (C) $-\frac{\pi}{2}$ (D) $\frac{\pi}{2}$

(4) 设 $f(x)=\frac{e^{\frac{1}{x}}-1}{e^{\frac{1}{x}}+1}$，则 $x=0$ 是 $f(x)$ 的________。

(A) 可去间断点 (B) 跳跃间断点

(C) 第二类间断点 (D) 连续点

(5) 设 $f(x)=\frac{x-x^3}{\sin\pi x}$ 的可去间断点的个数为________。

(A) 1 (B) 2 (C) 3 (D) 无穷多个

解 (1) $f(x)$ 在 $x=0$ 无定义，所以 $x=0$ 是间断点。因为在 $x=0$ 处的两侧 $f(x)$ 的性态不一样，所以必须研究左、右极限。$f(0-0)=\lim\limits_{x\to 0^-}f(x)=\lim\limits_{x\to 0^-}\arctan\frac{1}{x}=-\frac{\pi}{2}$；$f(0+0)=$

$\lim\limits_{x\to0^+}f(x)=\lim\limits_{x\to0^+}\arctan\dfrac{1}{x}=\dfrac{\pi}{2}$。

由于 $f(0-0)\neq f(0+0)$，故 $x=0$ 是 $f(x)$ 的跳跃间断点，选(C)。

(2) $f(x)$ 在 $x=0,x=1$ 处无定义，所以 $x=0,x=1$ 是间断点。

又 $\lim\limits_{x\to0}f(x)=\lim\limits_{x\to0}\dfrac{1}{\dfrac{x}{x-1}}$ $\left(因为\ e^{\frac{x}{x-1}}-1\sim\dfrac{x}{x-1}\right)=\lim\limits_{x\to0}\dfrac{x-1}{x}=\infty$，

故 $x=0$ 是 $f(x)$ 的第二类中的无穷间断点。

因为 $e^{\frac{x}{x-1}}$ 的指数 $\dfrac{x}{x-1}$ 在 $x=1$ 的两侧趋于相反无穷大，即在 $x=1$ 两侧函数性态不一样，必须研究左、右极限。$f(1-0)=\lim\limits_{x\to1^-}\dfrac{1}{e^{\frac{x}{x-1}}-1}=-1$，$f(1+0)=\lim\limits_{x\to1^+}\dfrac{1}{e^{\frac{x}{x-1}}-1}=\lim\limits_{x\to1^+}\dfrac{\dfrac{1}{e^{\frac{x}{x-1}}}}{1-\dfrac{1}{e^{\frac{x}{x-1}}}}=0$，由于 $f(1-0)\neq f(1+0)$，$x=1$ 是 $f(x)$ 的第一类间断点，选(D)。

(3) $x=-\dfrac{\pi}{2},0,1,\dfrac{\pi}{2}$ 是 $f(x)$ 的间断点。$\lim\limits_{x\to-\frac{\pi}{2}}f(x)=\infty$，$\lim\limits_{x\to\frac{\pi}{2}}f(x)=\infty$，所以 $x=-\dfrac{\pi}{2}$，$\dfrac{\pi}{2}$ 是 $f(x)$ 的第二类无穷间断点。

又 $f(x)$ 在 $x=0$ 的两侧性态不一样，所以必须研究左、右极限。

$$f(0-0)=\lim_{x\to0^-}\left[\frac{e^{\frac{1}{x}}+e}{e^{\frac{1}{x}}-e}\cdot\frac{\tan x}{x}\right]=\frac{e}{-e}\times1=-1,$$

$$f(0+0)=\lim_{x\to0^+}\left[\frac{1+\dfrac{e}{e^{\frac{1}{x}}}}{1-\dfrac{e}{e^{\frac{1}{x}}}}\cdot\frac{\tan x}{x}\right]=1。$$

因为 $f(0-0)\neq f(0+0)$，所以 $x=0$ 是第一类跳跃间断点。

$\lim\limits_{x\to1}f(x)=\lim\limits_{x\to1}\dfrac{(e^{\frac{1}{x}}+e)\tan x}{x(e^{\frac{1}{x}}-e)}=\infty$，故 $x=1$ 是 $f(x)$ 的第二类无穷间断点，选(A)。

(4) 因函数 $f(x)$ 在 $x=0$ 的两侧性态不一样，所以必须应用左、右极限求。$f(0-0)=\lim\limits_{x\to0^-}\dfrac{e^{\frac{1}{x}}-1}{e^{\frac{1}{x}}+1}=\dfrac{0-1}{0+1}=-1$，$f(0+0)=\lim\limits_{x\to0^+}\dfrac{1-\dfrac{1}{e^{\frac{1}{x}}}}{1+\dfrac{1}{e^{\frac{1}{x}}}}=1$。

因为 $f(0-0)\neq f(0+0)$，所以 $x=0$ 是 $f(x)$ 的第一类跳跃间断点，选(B)。

(5) $x=k(k=0,\pm1,\pm2,\cdots)$，即 $x=0,\pm1,\pm2,\cdots$ 是 $f(x)$ 的间断点。又分子 $x-x^3=x(1+x)(1-x)$。当 $k=0$ 时，$x=0$ 是 $f(x)$ 的间断点，且 $\lim\limits_{x\to0}f(x)=\lim\limits_{x\to0}\dfrac{x(1+x)(1-x)}{\sin\pi x}=\lim\limits_{x\to0}\dfrac{x(1-x^2)}{\sin\pi x}=\dfrac{1}{\pi}$。当 $k=\pm1$ 时，$x=-1,1$ 是 $f(x)$ 的间断点，$\lim\limits_{x\to1}\dfrac{x-x^3}{\sin\pi x}=\lim\limits_{x\to1}\dfrac{\pi(1-x)}{\sin\pi(1-x)}\cdot\dfrac{x+x^2}{\pi}=\dfrac{2}{\pi}$，$\lim\limits_{x\to-1}\dfrac{x-x^3}{\sin\pi x}=\lim\limits_{x\to-1}\dfrac{\pi(1+x)}{-\pi\sin\pi(1+x)}x(1-x)=\dfrac{2}{\pi}$。当 $k\geqslant2$ 时，$x=\pm k$ 是 $f(x)$ 的

无穷间断点，可见 $f(x)$ 只有三个可去间断点 $x=-1,0,1$，故选(C)。

例 5　设 $f(x)=\begin{cases} e^{\frac{1}{x-1}}, & x>0, \\ \ln(1+x), & -1<x\leqslant 0, \end{cases}$ 求 $f(x)$ 的间断点，并说明间断点所属类型。

分析　求分段函数的间断点，除了初等函数求间断点三种方法：①没有定义的点；②有定义没有极限的点；③有定义，有极限两者不相等的点外，要考虑衔接点。

解　当 $x=1$ 时，$f(x)$ 无定义，是间断点。又在 $x=1$ 的两侧函数性态不一样，所以研究左、右极限。$f(1-0)=\lim\limits_{x\to 1^-} e^{\frac{1}{x-1}}=0$，$f(1+0)=\lim\limits_{x\to 1^+} f(x)=\lim\limits_{x\to 1^+} e^{\frac{1}{x-1}}=+\infty$，所以 $x=1$ 是 $f(x)$ 的第二类间断点。再考查衔接点 $x=0$。因 $f(x)$ 在 $x=0$ 的两侧数学式子不一样，所以研究左、右极限。$f(0-0)=\lim\limits_{x\to 0^-} f(x)=\lim\limits_{x\to 0^-}\ln(1+x)=0$，$f(0+0)=\lim\limits_{x\to 0^+} f(x)=\lim\limits_{x\to 0^+} e^{\frac{1}{x-1}}=e^{-1}$，由于 $f(0-0)\neq f(0+0)$，所以 $x=0$ 是 $f(x)$ 的第一类跳跃间断点。

问题 27　当 $x\to 0$ 时，常用的 8 个等价无穷小是什么？

分析　当 $x\to 0$ 时，常用的 8 个等价无穷小是：

(1) $\sin x\sim x$；　(2) $\arcsin x\sim x$；

(3) $\tan x\sim x$；　(4) $\arctan x\sim x$；

(5) $1-\cos x\sim \dfrac{x^2}{2}$；　(6) $e^x-1\sim x$；

(7) $\ln(1+x)\sim x$；　(8) $\sqrt[n]{1+x}-1\sim \dfrac{x}{n}$。

例 6　求 $\lim\limits_{x\to 0}\dfrac{(3+2\sin x)^x-3^x}{\tan^2 x}$ 的极限。

解　因为当 $x\to 0$ 时，$\tan^2 x\sim x^2$，且 $\lim\limits_{x\to 0} 3^x=1$，所以

$$原式=\lim_{x\to 0} 3^x\cdot\frac{\left(1+\frac{2}{3}\sin x\right)^x-1}{x^2}=\lim_{x\to 0}\frac{e^{x\ln\left(1+\frac{2}{3}\sin x\right)}-1}{x^2}=\lim_{x\to 0}\frac{x\ln\left(1+\frac{2}{3}\sin x\right)}{x^2}$$

$$=\lim_{x\to 0}\frac{\frac{2}{3}x^2}{x^2}=\frac{2}{3}。$$

问题 28　等价无穷小在判断间断点类型时有什么应用？

分析　一般教材中都介绍了等价无穷小在求极限时的应用及利用 $\sin x\sim x$，$\tan x\sim x$，…，$\ln(1+x)\sim x\ (x\to 0)$ 作近似计算等，本问题给出等价无穷小在判别间断点类型中的应用。

例 7　求函数 $f(x)=(1+x)^{\frac{x}{\tan\left(x-\frac{\pi}{4}\right)}}$ 在 $(0,2\pi)$ 内的间断点，并判断其类型。

分析　在区间 $(0,2\pi)$ 内 $1+x>0$，函数的间断点仅在使 $\tan\left(x-\dfrac{\pi}{4}\right)=0$ 的点处及使 $\tan\left(x-\dfrac{\pi}{4}\right)$ 不存在的点处。由此确定间断点后，再由 $f(x)$ 在间断点处的极限确定类型。

解　(1) 求间断点：①分母等于零的点，即 $\tan\left(x-\dfrac{\pi}{4}\right)=0$，得 $x_1=\dfrac{\pi}{4}$，$x_2=\dfrac{5\pi}{4}$；②正切

无定义的点：$x_3=\frac{3\pi}{4}, x_4=\frac{7\pi}{4}$。

(2) 判别类型：当 $x\to\frac{\pi}{4}$ 时，$\tan\left(x-\frac{\pi}{4}\right)\sim\left(x-\frac{\pi}{4}\right)$，故 $\frac{1}{\tan\left(x-\frac{\pi}{4}\right)}$ 与 $\frac{1}{x-\frac{\pi}{4}}$ 在 $x=\frac{\pi}{4}$ 的邻域具有相似的性态。

当 $x\to\left(\frac{\pi}{4}\right)^-$ 时，$\frac{1}{x-\frac{\pi}{4}}\to-\infty$，亦有 $\frac{1}{\tan\left(x-\frac{\pi}{4}\right)}\to-\infty$；

当 $x\to\left(\frac{\pi}{4}\right)^+$ 时，$\frac{1}{x-\frac{\pi}{4}}\to+\infty$，亦有 $\frac{1}{\tan\left(x-\frac{\pi}{4}\right)}\to+\infty$。$f\left(\frac{\pi}{4}+0\right)=\lim\limits_{x\to\left(\frac{\pi}{4}\right)^+}(1+x)^{\frac{x}{\tan\left(x-\frac{\pi}{4}\right)}}=+\infty$，$f\left(\frac{\pi}{4}-0\right)=\lim\limits_{x\to\left(\frac{\pi}{4}\right)^-}(1+x)^{\frac{x}{\tan\left(x-\frac{\pi}{4}\right)}}=0$。同理，$\lim\limits_{x\to\left(\frac{5\pi}{4}\right)^+}(1+x)^{\frac{x}{\tan\left(x-\frac{\pi}{4}\right)}}=+\infty$，$\lim\limits_{x\to\left(\frac{5\pi}{4}\right)^-}(1+x)^{\frac{x}{\tan\left(x-\frac{\pi}{4}\right)}}=0$。

所以 $x=\frac{\pi}{4},\frac{5\pi}{4}$ 为 $f(x)$ 的第二类间断点。又 $\lim\limits_{x\to\frac{3\pi}{4}}\frac{x}{\tan\left(x-\frac{\pi}{4}\right)}=0$，所以 $\lim\limits_{x\to\frac{3\pi}{4}}(1+x)^{\frac{x}{\tan\left(x-\frac{\pi}{4}\right)}}=1$。同理，$\lim\limits_{x\to\frac{7\pi}{4}}(1+x)^{\frac{x}{\tan\left(x-\frac{\pi}{4}\right)}}=1$，所以 $x=\frac{3\pi}{4},\frac{7\pi}{4}$ 为 $f(x)$ 的第一类可去间断点。

例 8　求 $\lim\limits_{x\to 0}\left(\frac{2+e^{\frac{1}{x}}}{1+e^{\frac{4}{x}}}+\frac{\sin x}{|x|}\right)$。

分析　因为 $\frac{2+e^{\frac{1}{x}}}{1+e^{\frac{4}{x}}}$ 中含有因子 $\frac{1}{x}\left(\text{或}\frac{4}{x}\right)$，所以该项在 $x=0$ 处的两侧趋于相反无穷大，即性态不一样；而 $\frac{\sin x}{|x|}$ 在 $x=0$ 处的两侧数学式子不一样。故本题将研究左、右极限的两种类型都包含在内了。

解　$\lim\limits_{x\to 0^+}\left(\frac{2+e^{\frac{1}{x}}}{1+e^{\frac{4}{x}}}+\frac{\sin x}{|x|}\right)=\lim\limits_{x\to 0^+}\left(\frac{\frac{2}{e^{\frac{4}{x}}}+e^{-\frac{3}{x}}}{e^{-\frac{4}{x}}+1}+\frac{\sin x}{x}\right)=1$，

$\lim\limits_{x\to 0^-}\left(\frac{2+e^{\frac{1}{x}}}{1+e^{\frac{4}{x}}}-\frac{\sin x}{x}\right)=2-1=1$，所以 $\lim\limits_{x\to 0}\left(\frac{2+e^{\frac{1}{x}}}{1+e^{\frac{4}{x}}}+\frac{\sin x}{|x|}\right)=1$。

第九节　连续函数的运算与初等函数的连续性

问题 29　下列问题给出答案，若答案确定说明理由，若答案不确定举例说明。

(1) 若 $f(x)$ 在 $x=x_0$ 处连续，而 $g(x)$ 在 $x=x_0$ 处不连续，则 $f(x)+g(x)$ 在 $x=x_0$ 处

是否连续？

(2) 若 $f(x)$在 $x=x_0$ 处连续，而 $g(x)$在 $x=x_0$ 处不连续，则 $f(x)\cdot g(x)$在 $x=x_0$ 处是否连续？

(3) 若 $f(x)$，$g(x)$在 $x=x_0$ 处都不连续，则 $f(x)+g(x)$在 $x=x_0$ 处是否连续？

(4) 若 $f(x)$，$g(x)$在 $x=x_0$ 处都不连续，则 $f(x)\cdot g(x)$在 $x=x_0$ 处是否连续？

解　(1) $f(x)+g(x)$在 $x=x_0$ 处一定不连续。反证法：设 $f(x)+g(x)$在 $x=x_0$ 处连续，则有 $g(x)=[f(x)+g(x)]-f(x)$。上式右端两项在 $x=x_0$ 处都连续，从而推出左端 $g(x)$在 $x=x_0$ 处连续，与题设矛盾。

(2) 如 $f(x)=x^2$，在 $x=0$ 处连续，$g(x)=\begin{cases}\sin\dfrac{1}{x}, & x\neq 0,\\ 0, & x=0\end{cases}$ 在 $x=0$ 处不连续，但 $f(x)\cdot g(x)=\begin{cases}x^2\sin\dfrac{1}{x}, & x\neq 0,\\ 0, & x=0\end{cases}$ 在 $x=0$ 处连续。再如 $f(x)=x^2$ 在 $x=0$ 处连续，$g(x)=\begin{cases}\dfrac{1}{x^3}, & x\neq 0,\\ 0, & x=0\end{cases}$ 在 $x=0$ 处不连续，显然 $f(x)\cdot g(x)=\begin{cases}\dfrac{1}{x}, & x\neq 0,\\ 0, & x=0\end{cases}$ 在 $x=0$ 处不连续。

若加上条件 $f(x_0)\neq 0$，则 $f(x)\cdot g(x)$在 $x=x_0$ 处必不连续。反证法：假设 $f(x)\cdot g(x)$在$x=x_0$ 处连续，则 $g(x)=(f(x)\cdot g(x))\cdot\dfrac{1}{f(x)}$。上式右端两项在 $x=x_0$ 处都连续，从而推出左端 $g(x)$在 $x=x_0$ 处连续，矛盾。

(3) 可能连续，可能不连续。如 $f(x)=\begin{cases}x+\dfrac{1}{x}, & x\neq 0,\\ 0, & x=0,\end{cases}$ $g(x)=\begin{cases}x^2-\dfrac{1}{x}, & x\neq 0,\\ 0, & x=0,\end{cases}$ 在 $x=0$ 处 $f(x)$，$g(x)$都不连续，但 $f(x)+g(x)=x+x^2$，$x\in\mathbb{R}$，在 $x=0$ 处连续。

(4) 可能连续，可能不连续。如 $f(x)=\begin{cases}1, & x\neq 0,\\ 0, & x=0,\end{cases}$ $g(x)=\begin{cases}0, & x\neq 0,\\ 1, & x=0,\end{cases}$ 在 $x=0$ 处 $f(x)$，$g(x)$都不连续，但 $f(x)\cdot g(x)=0$，$x\in\mathbb{R}$ 在 $x=0$ 处连续。

点评　(1) 连续函数的和、差、积、商(分母$\neq 0$)的连续定理都是充分条件，而非必要条件。

(2) 若要说明某一命题为正确的，必须给出严格的证明；反之，表明某一命题为错误的，只需举出一个反例即可。

例 1　求函数 $f(x)=\dfrac{x^3+3x^2-x-3}{x^2+x-6}$的连续区间，并求极限$\lim\limits_{x\to 0}f(x)$，$\lim\limits_{x\to -3}f(x)$及$\lim\limits_{x\to 2}f(x)$。

解　$f(x)=\dfrac{(x^3-x)+(3x^2-3)}{x^2+x-6}=\dfrac{x(x-1)(x+1)+3(x-1)(x+1)}{(x+3)(x-2)}=\dfrac{(x-1)(x+1)(x+3)}{(x+3)(x-2)}$

显然 $x_1=2$，$x_2=-3$ 为间断点，$f(x)$的连续区间为$(-\infty,-3)$，$(-3,2)$，$(2,+\infty)$。

$\lim\limits_{x\to 0}f(x)=f(0)=\dfrac{1}{2}$，$\lim\limits_{x\to -3}f(x)=\lim\limits_{x\to -3}\dfrac{(x-1)(x+1)}{(x-2)}=-\dfrac{8}{5}$，$\lim\limits_{x\to 2}f(x)=\lim\limits_{x\to 2}\dfrac{(x-1)(x+1)}{(x-2)}=\infty$。

下面是学生作业中的错误：$f(x)=\dfrac{(x-1)(x+1)(x+3)}{(x+3)(x-2)}=\dfrac{(x-1)(x+1)}{x-2}$。

上式最后一个等号不成立，因为两边函数定义域不同，故不是同一个函数。

例 2　求下列极限：

(1) $\lim\limits_{x\to\infty}\left(1+\dfrac{1}{x}\right)^{\frac{x}{2}}$；　　(2) $\lim\limits_{x\to 0}(1+3\tan^2 x)^{\cot^2 x}$；

(3) $\lim\limits_{x\to\infty}\left(\dfrac{3+x}{6+x}\right)^{\frac{x-1}{2}}$；　　(4) $\lim\limits_{x\to 0}\dfrac{\sqrt{1+\tan x}-\sqrt{1+\sin x}}{x(\sqrt{1+\sin^2 x}-1)}$；

(5) $\lim\limits_{x\to+\infty}x(\sqrt{x^2+1}-x)$。

解　(1) 因为是(1^{∞})型，设 $u=1+\dfrac{1}{x}$，则 $\lim\limits_{x\to\infty}(u-1)v=\lim\limits_{x\to\infty}\dfrac{x}{2x}=\dfrac{1}{2}$，所以，原式$=\sqrt{e}$。

(2) 因为是(1^{∞})型，设 $u=1+3\tan^2 x$，则 $\lim\limits_{x\to 0}(u-1)v=\lim\limits_{x\to 0}3\tan^2 x\cot^2 x=3$，所以 $\lim\limits_{x\to 0}(1+3\tan^2 x)^{\cot^2 x}=e^3$。

下面是学生作业中出现的错误：

$\lim\limits_{x\to 0}(1+3\tan^2 x)^{\cot^2 x}=\lim\limits_{x\to 0}\left[(1+3\tan^2 x)^{\frac{1}{3\tan^2 x}}\right]^{3\tan^2 x\cdot\cot^2 x}\overset{*}{=}\lim\limits_{x\to 0}e^{3\tan^2 x\cdot\cot^2 x}=e^3$，错在 * 号处，因为极限运算没有先求底的极限再求指数极限的运算法则，所以上述做法是错误的，不同于 $\lim\limits_{x\to 0}e^{x+\sin x}=e^0=1$。有的辅导书也犯同样错误。

(3) 因为是(1^{∞})型，设 $u=\dfrac{3+x}{6+x}$，则 $\lim\limits_{x\to\infty}(u-1)v=\lim\limits_{x\to\infty}\dfrac{-3}{x+6}\cdot\dfrac{x-1}{2}=-\dfrac{3}{2}$，所以，原式$=e^{-\frac{3}{2}}$。

(4) 原式$=\lim\limits_{x\to 0}\left[\dfrac{\tan x-\sin x}{x(\sqrt{1+\sin^2 x}-1)}\cdot\dfrac{1}{\sqrt{1+\tan x}+\sqrt{1+\sin x}}\right]$

$$=\frac{1}{2}\lim_{x\to 0}\frac{\tan x(1-\cos x)}{x\cdot\frac{1}{2}\sin^2 x}=\lim_{x\to 0}\frac{x\cdot\frac{1}{2}x^2}{x^3}=\frac{1}{2}。$$

(5) 原式$=\lim\limits_{x\to+\infty}\dfrac{x}{\sqrt{x^2+1}+x}=\lim\limits_{x\to+\infty}\dfrac{1}{\sqrt{1+\dfrac{1}{x^2}}+1}=\dfrac{1}{2}$。

例 3　设 $f(x)$在$\mathbb{R}$上连续，且 $f(x)\neq 0$，$\varphi(x)$在$\mathbb{R}$上有定义，且有间断点，则下列陈述中哪些是对的，哪些是错的？如果是对的，说明理由；如果是错的，试给出一个反例。

(1) $\varphi[f(x)]$必有间断点；　(2) $[\varphi(x)]^2$ 必有间断点；

(3) $f[\varphi(x)]$未必有间断点；(4) $\dfrac{\varphi(x)}{f(x)}$必有间断点。

解　(1) 不对。如 $f(x)=1,x\in\mathbb{R}$，$\varphi(x)=\begin{cases}1, & x>0,\\ 0, & x=0,\\ -1, & x<0。\end{cases}$ 显然 $f(x)$在$\mathbb{R}$上连续，$\varphi(x)$在$\mathbb{R}$上有间断点 $x=0$，但 $\varphi[f(x)]=1,x\in\mathbb{R}$ 无间断点。

(2) 不对。如 $\varphi(x)=\begin{cases}1, & x\geqslant 0,\\ -1, & x<0,\end{cases}$ $x=0$ 是 $\varphi(x)$的间断点，但$[\varphi(x)]^2=1,x\in\mathbb{R}$，在$\mathbb{R}$上连续。

(3) 对。如 $\varphi(x)=\begin{cases}1, & x\geqslant 0,\\ -1, & x<0,\end{cases}$ $f(x)=|x|+1$,则 $f[\varphi(x)]=|\varphi(x)|+1=2$,$f[\varphi(x)]$ 在$\mathbb{R}$上连续。

(4) 对。设 $F(x)=\dfrac{\varphi(x)}{f(x)}$,反证法:假设 $F(x)$在$\mathbb{R}$上连续,则有 $\varphi(x)=F(x)\cdot f(x)$,因为 $F(x)$和 $f(x)$在$\mathbb{R}$上连续,从而推出 $\varphi(x)$在$\mathbb{R}$上连续,矛盾。

第十节　闭区间上连续函数的性质

问题 30　什么样的题型应用介值定理证明?

分析　若函数 $f(x)$在闭区间连续,且题目中有 $f(\xi)=C(a<\xi<b)$,则这种类型题可以应用介值定理证明。

例 1　若 $f(x)$在$[a,b]$上连续,$a<x_1<x_2<\cdots<x_n<b$,$(n\geqslant 3)$,则在(x_1,x_n)内至少有一点 ξ,使 $f(\xi)=\dfrac{f(x_1)+f(x_2)+\cdots+f(x_n)}{n}$。

分析　题给出的条件为闭区间上连续,欲证的结论为 $f(\xi)=C$,其中 $C=\dfrac{f(x_1)+f(x_2)+\cdots+f(x_n)}{n}$(为常数),所以应该利用介值定理证明。

证明　因为 $f(x)$在$[a,b]$上连续,所以在$[x_1,x_n]$上也连续。设 $f(x)$在$[x_1,x_n]$上的最大值为 M,最小值为 m,于是有

$$\begin{gathered}m\leqslant f(x_1)\leqslant M,\\ m\leqslant f(x_2)\leqslant M,\\ \vdots\\ m\leqslant f(x_n)\leqslant M,\end{gathered}$$

即有　$m\leqslant\dfrac{f(x_1)+f(x_2)+\cdots+f(x_n)}{n}\leqslant M$。

根据闭区间上连续函数必取得介于最大值与最小值之间的任何值,所以至少存在一点 $\xi\in[x_1,x_n]$,使 $f(\xi)=\dfrac{f(x_1)+f(x_2)+\cdots+f(x_n)}{n}$。

点评　要证明一个数值被一个连续函数在某个区间上取到,只需要证明这个数值是介于这个连续函数在此闭区间上的最大值与最小值之间即可。

例 2　设 $f(x)$在$[a,b]$上连续,$x_i\in[a,b]$,$t_i>0(i=1,2,\cdots,n)$,且 $\sum\limits_{i=1}^{n}t_i=1$。试证明至少存在一点 $\xi\in[a,b]$,使 $f(\xi)=t_1f(x_1)+t_2f(x_2)+\cdots+t_nf(x_n)$。

分析　题给出的条件在闭区间上连续,欲证的结论为 $f(\xi)=\mu$,其中 $\mu=\sum\limits_{i=1}^{n}t_if(x_i)$(常数),所以所要证明的结论化为 $f(\xi)=\mu$,这正是介值定理的结论。

证明　因为 $f(x)$在$[a,b]$上连续,所以有 $M=\max\limits_{x\in[a,b]}f(x)$,$m=\min\limits_{x\in[a,b]}f(x)$,使得对 $\forall x\in$

$[a,b]$都有 $m\leqslant f(x)\leqslant M$。由于 $x_i\in[a,b]$，$t_i>0$，且 $\sum_{i=1}^{n}t_i=1(i=1,2,\cdots,n)$，所以 $m=\sum_{i=1}^{n}t_im\leqslant\sum_{i=1}^{n}t_if(x_i)=\mu\leqslant\sum_{i=1}^{n}t_iM=M$。

由介值定理知至少存在一点 $\xi\in[a,b]$，使 $f(\xi)=t_1f(x_1)+t_2f(x_2)+\cdots+t_nf(x_n)$。

问题 31 什么题型应用闭区间上连续函数的零点定理证明?

分析 题给出的条件是函数在闭区间上连续，欲证的结论是函数方程 $f(x)=0$ 的根存在，应该利用零点定理证明。

例 3 假设函数 $f(x)$在闭区间$[0,1]$上连续，并且对$[0,1]$中任一点 x 有 $0\leqslant f(x)\leqslant 1$。试证明在$[0,1]$中必存在一点 C，使得 $f(C)=C$(C 称为函数 $f(x)$的不动点)。

分析 题给出的条件是函数在闭区间上连续，欲证结论是函数方程的根存在，即证明 C 是函数方程 $f(x)-x=0$ 的一个根，所以利用零点定理证明。证题步骤是：(1)设辅助函数；(2)确定区间；(3)验证定理条件；(4)应用定理结论。

证明 设辅助函数 $F(x)=f(x)-x,x\in[0,1]$。显然 $F(x)$在$[0,1]$上连续，且 $F(0)=f(0)\geqslant 0,F(1)=f(1)-1\leqslant 0$。

(1) 若 $f(0)=0$，命题得证；(2) $F(1)=0$，即 $f(1)=1$，命题得证；

(3) $F(0)=f(0)>0,F(1)=f(1)-1<0$。因为 $F(0)F(1)<0$，由闭区间上连续函数的零点定理知，必存在一点 $C\in(0,1)$，使得 $F(C)=0$，即 $f(C)=C$。

例 4 设函数 $f(x)$对于闭区间$[a,b]$上的任意两点 x,y，恒有$|f(x)-f(y)|\leqslant L|x-y|$，其中 L 为正常数，且 $f(a)\cdot f(b)<0$。证明至少有一点 $\xi\in(a,b)$，使得 $f(\xi)=0$。

证明 先证明 $f(x)$在$[a,b]$上一致连续，来证明 $f(x)$在$[a,b]$上连续。$\forall\varepsilon>0$，对于$[a,b]$上的任意两点 x_1,x_2，依题意有$|f(x_2)-f(x_1)|\leqslant L|x_2-x_1|$。欲使$|f(x_2)-f(x_1)|<\varepsilon$，只需 $L|x_2-x_1|<\varepsilon$，即$|x_2-x_1|<\dfrac{\varepsilon}{L}$，取 $\delta=\dfrac{\varepsilon}{L}$，则当$|x_2-x_1|<\delta$ 时，就有$|f(x_2)-f(x_1)|<\varepsilon$，可见 $f(x)$在$[a,b]$上一致连续，亦即是连续的。又 $f(a)\cdot f(b)<0$，由零点定理知，至少存在一点 $\xi\in(a,b)$，使得 $f(\xi)=0$。

例 5 设在全区间上的连续函数 $f(x)$的周期为 2，证明在每个长度为 1 的闭区间上，方程 $f(x)-f(x-1)=0$ 至少有一个实根。

分析 求连续函数的函数方程 $f(x)-f(x-1)=0$ 的一个实根，利用零点定理。设$[a,a+1]$是任意长度为 1 的闭区间，设辅助函数为 $F(x)=f(x)-f(x-1)$。

证明 显然 $F(x)=f(x)-f(x-1)$在$[a,a+1]$上连续。且 $F(a)=f(a)-f(a-1)$，$F(a+1)=f(a+1)-f(a)=f(a-1)-f(a)$。

若 $f(a)-f(a-1)=0$，则 a 与 $a+1$ 均是方程在$[a,a+1]$上的实根；

若 $f(a)-f(a-1)\neq 0$，则 $F(a)\cdot F(a+1)<0$，于是由零点定理可知，必有一点 $x\in(a,a+1)$，使得 $F(x)=f(x)-f(x-1)=0$，即 $f(x)-f(x-1)=0$。

例 6 设 $f(x)$在$[0,1]$上连续，且 $f(0)=f(1)$。证明对任意自然数 n 存在 $x_0\in[0,1]$，使 $f(x_0)=f\left(x_0+\dfrac{1}{n}\right)$。

分析　属于连续函数的函数方程 $f(x)-f\left(x+\frac{1}{n}\right)=0$ 的根存在问题，利用零点定理证。

证明　设辅助函数 $F(x)=f(x)-f\left(x+\frac{1}{n}\right)$，显然 $F(x)$ 在 $\left[0,\frac{n-1}{n}\right]$ 上连续。反证法：若对 $\forall x\in\left[0,\frac{n-1}{n}\right]$ 都有 $F(x)\neq 0$，那么在 $\left[0,\frac{n-1}{n}\right]$ 上必有 $F(x)>0$ 或 $F(x)<0$。现不妨设 $F(x)>0$，这样当 x 分别取 $0,\frac{1}{n},\frac{2}{n},\cdots,\frac{n-1}{n}$ 时，就有

$$
\begin{aligned}
&f(0)-f\left(\frac{1}{n}\right)=F(0)>0,\\
&f\left(\frac{1}{n}\right)-f\left(\frac{2}{n}\right)=F\left(\frac{1}{n}\right)>0,\\
&f\left(\frac{2}{n}\right)-f\left(\frac{3}{n}\right)=F\left(\frac{2}{n}\right)>0,\\
&\vdots\\
&f\left(\frac{n-1}{n}\right)-f(1)=F\left(\frac{n-1}{n}\right)>0。
\end{aligned}
$$

上面一系列式子相加，得 $f(0)-f(1)>0$，即 $f(0)>f(1)$，这与 $f(0)=f(1)$ 矛盾。故存在 $x_0\in\left[0,\frac{n-1}{n}\right]$，使 $F(x_0)=0$，即有 $x_0\in[0,1]$，使 $f(x_0)-f\left(x_0+\frac{1}{n}\right)=0$。

问题 32　何谓两个有界性？有什么应用？

函数 $f(x)$ 在闭区间 $[a,b]$ 上连续，则函数 $f(x)$ 在 $[a,b]$ 上必有界。函数 $f(x)$ 在点 x_0 处有极限，则函数 $f(x)$ 在开区间 $(x_0-\delta,x_0+\delta)$ 内有界。两者合起来称为两个有界性，用于证明开区间上连续函数的有界性。证题时只需要讨论两个开区间端点处极限存在便得证。

例 7　函数 $f(x)=\frac{|x|\sin(x-2)}{x(x-1)(x-2)^2}$ 在下列哪个区间有界________。

(A) $(-1,0)$　　(B) $(0,1)$　　(C) $(1,2)$　　(D) $(2,3)$

分析　开区间上连续函数的有界性，应该利用两个有界性证明。只需要证明两个区间端点极限存在。

解　因为 $\lim\limits_{x\to 1}f(x)=\infty$，$\lim\limits_{x\to 2}f(x)=\infty$，所以选项(B)(C)(D)都不能入选，故选(A)。事实上 $\lim\limits_{x\to -1^+}f(x)=f(-1)=\frac{\sin(-3)}{18}$，$\lim\limits_{x\to 0^-}f(x)=f(0)=\frac{\sin(-2)}{4}$。

例 8　证明：若 $f(x)$ 在 $(-\infty,+\infty)$ 内连续，且 $\lim\limits_{x\to\infty}f(x)$ 存在，则 $f(x)$ 必在 $(-\infty,+\infty)$ 内有界。

分析　属于证明在开区间 $(-\infty,+\infty)$ 内连续函数的有界性。

证明　设 $\lim\limits_{x\to\infty}f(x)=A$，对于 $\varepsilon=1$，$\exists X>0$，当 $|x|>X$ 时，有 $|f(x)-A|<1$，则 $|f(x)|=|f(x)-A+A|\leqslant|f(x)-A|+|A|<1+|A|$。取($\exists$)$M_1=1+|A|>0$，当 $|x|>X$ 时，有 $|f(x)|\leqslant M_1$，又 $f(x)$ 在闭区间 $[-X,X]$ 上连续，所以当 $x\in[-X,X]$ 时，$\exists M_2>0$，有 $|f(x)|\leqslant M_2$，取 $M=\max\{M_1,M_2\}$，则对 $\forall x\in(-\infty,+\infty)$ 时，有 $|f(x)|\leqslant M$，即 $f(x)$ 在 $(-\infty,+\infty)$ 内有界。

国内高校期末试题解析

1. 判断题(正确的打"√";错误的打"×")(西安电子科技大学学,1990)

(1) 如果$\lim\limits_{x\to x_0}f(x)=\lim\limits_{x\to x_0}g(x)$,则$\lim\limits_{x\to x_0}\dfrac{f(x)}{g(x)}=1$(　　)。

解　(1)"×"。如 $f(x)=x^2,g(x)=x,\lim\limits_{x\to 0}f(x)=\lim\limits_{x\to 0}g(x)=0$,但$\lim\limits_{x\to 0}\dfrac{f(x)}{g(x)}=\lim\limits_{x\to 0}\dfrac{x^2}{x}=0$。若 $f(x)=x\sin\dfrac{1}{x},g(x)=x$,显然有$\lim\limits_{x\to 0}f(x)=\lim\limits_{x\to 0}g(x)=0$,但$\lim\limits_{x\to 0}\dfrac{f(x)}{g(x)}=\lim\limits_{x\to 0}\dfrac{x\sin\dfrac{1}{x}}{x}=\lim\limits_{x\to 0}\sin\dfrac{1}{x}$不存在。若$\lim\limits_{x\to x_0}f(x)=\lim\limits_{x\to x_0}g(x)=a\neq 0$,结论正确。

2. 填空题

(1) (大连理工大学,1991)$\lim\limits_{x\to\infty}\left(\cos x\cdot\sin\dfrac{1}{x}\right)=$________。

(2) (大连理工大学,1991)若 $f(x)=\dfrac{e^x-a}{x(x-1)}$有无穷间断点 $x=0$ 及可去间断点 $x=1$,则$a=$________。

(3) (大连理工大学,1991) $\lim\limits_{x\to 0^+}\left(\dfrac{1}{\sqrt{x}}\right)^{\tan x}=$________。

(4) (西安电子科技大学,1993)要使 $f(x)=\begin{cases}\dfrac{\ln(1-2x)}{x}, & x<0,\\ a+1, & x=0,\\ \dfrac{\sin bx}{x}, & x>0\end{cases}$

在 $x=0$ 处连续,必须 $a=$________,$b=$________。

解　(1) 0;　　(2) $a=e$;　　(3) 1;　　(4) $a=-3,b=-2$

3. 单项选择题

(1) (大连理工大学,1991)设 $f(x)$和 $\varphi(x)$在$(-\infty,+\infty)$内定义,$f(x)$为连续函数,且$f(x)\neq 0$,$\varphi(x)$有间断点,则(　　)。

(A) $\varphi[f(x)]$必有间断点　　(B) $[\varphi(x)]^2$ 必有间断点

(C) $f[\varphi(x)]$必有间断点　　(D) $\dfrac{\varphi(x)}{f(x)}$必有间断点

(2) (大连理工大学,1997)当 $x\to 0$ 时,变量$\dfrac{1}{x^2}\sin\dfrac{1}{x}$是(　　)。

(A) 无穷小　　(B) 无穷大

(C)有界的但不是无穷小　　(D) 无界的但不是无穷大

(3) (西安电子科技大学,1997)设 $f(x)=2x\ln(1-x)$,$g(x)=\sin^2 x$,则当 $x\to 0$ 时,$f(x)$是$g(x)$的(　　)。

(A) 等价无穷小　　(B) 同阶但非等价无穷小

(C) 高阶无穷小　　　　　(D) 低阶无穷小

解　(1)选(D)；(2)选(D)；(3)选(B)。

4. (上海交通大学,1985)用极限的"ε-δ"定义验证：$\lim\limits_{x\to-1}\dfrac{x-3}{x^2-9}=\dfrac{1}{2}$。

证明　$\forall\varepsilon>0$,要证$\exists\delta>0$,当$0<|x-(-1)|<\delta$时,有$\left|\dfrac{x-3}{x^2-9}-\dfrac{1}{2}\right|<\varepsilon$,只需$\left|\dfrac{x-3}{x^2-9}-\dfrac{1}{2}\right|=\left|\dfrac{1}{x+3}-\dfrac{1}{2}\right|=\left|\dfrac{2-x-3}{2(x+3)}\right|=\dfrac{|x+1|}{2|x+3|}$,下面估计$\dfrac{1}{|x+3|}$在$|x+1|<1$内的最大值。因为$\dfrac{1}{3}<\dfrac{1}{|x+3|}<1$,所以$\dfrac{|x+1|}{2|x+3|}<\dfrac{|x+1|}{2}<\varepsilon$,$|x+1|<2\varepsilon$。取$\delta=\min\{1,2\varepsilon\}$,当$0<|x+1|<\delta$时,有$\left|\dfrac{x-3}{x^2-9}-\dfrac{1}{2}\right|<\varepsilon$,$\lim\limits_{x\to-1}\dfrac{x-3}{x^2-9}=\dfrac{1}{2}$。

5. (上海交通大学,1986)设数列$\{a_n\}$：$a_1=4,a_n=\sqrt{a_{n-1}+6}$ $(n=2,3,\cdots)$。

试证$|a_n-3|<\dfrac{1}{3}|a_{n-1}-3|$,并求$\lim\limits_{n\to\infty}a_n$。

证明　$|a_n-3|=|\sqrt{a_{n-1}+6}-3|=\left|\dfrac{(\sqrt{a_{n-1}+6}-3)(\sqrt{a_{n-1}+6}+3)}{\sqrt{a_{n-1}+6}+3}\right|=\dfrac{|a_{n-1}-3|}{\sqrt{a_{n-1}+6}+3}<\dfrac{1}{3}|a_{n-1}-3|$。

因为$|a_n-3|<\dfrac{1}{3}|a_{n-1}-3|<\dfrac{1}{3^2}|a_{n-2}-3|<\cdots<\dfrac{1}{3^{n-1}}|a_1-3|=\dfrac{1}{3^{n-1}}$,且$\lim\limits_{n\to\infty}\dfrac{1}{3^{n-1}}=0$,所以$\lim\limits_{n\to\infty}|a_n-3|=0$,于是$\lim\limits_{n\to\infty}a_n=3$。

6. (上海交通大学,1978)设$f(x)$在闭区间$[0,2a]$上连续,且$f(0)=f(2a)$。试证在$[0,a]$上至少存在一点x,使$f(x)=f(x+a)$。

证明　设辅助函数为$F(x)=f(x)-f(x+a)$,则$f(x+a)$可看成由$f(u)$和$u=x+a$复合而成,所以$f(u)$在$[0,a]$上连续,于是$F(x)$在$[0,a]$上连续。又$F(0)=f(0)-f(a)$,$F(a)=-(f(0)-f(a))$(因为$f(0)=f(2a)$)。

(1) 若$f(0)-f(a)=0$,则$f(a)=f(0)=f(2a)$,即当$x=0,a$时,有$f(x)=f(x+a)$。

(2) 若$f(0)-f(a)\neq0$,则$F(0)F(a)<0$,于是由闭区间上连续函数的零点定理可知,在$(0,a)$内至少存在一点ξ,使$F(\xi)=0$,即$f(\xi)=f(\xi+a)$。

综合(1)(2)得在$[0,a]$上至少存在一点x,使$f(x)=f(x+a)$。

7. (上海交通大学,1985)设函数$f(x)$在有限区间$[a,b]$上有定义,且满足条件：①对任意的$x_1,x_2\in[a,b]$,$|f(x_1)-f(x_2)|\leqslant k|x_1-x_2|$ $(0<k<1)$；②对任意的$x\in[a,b]$,$a\leqslant f(x)\leqslant b$。

试证：(1)$f(x)$在$[a,b]$上连续；(2)存在$\xi\in[a,b]$,使$f(\xi)=\xi$,且ξ为唯一的；(3)设$x_1\in[a,b]$,$x_{n+1}=f(x_n)$ $(n=1,2,\cdots)$,则$\lim\limits_{n\to\infty}x_n$存在且等于$\xi$。

证明　(1) $\forall\varepsilon>0,x_0\in[a,b]$,$\exists\delta=\dfrac{\varepsilon}{k}$,于是对任意的$x\in[a,b]$,当$|x-x_0|<\delta$时,由条件①,有$|f(x)-f(x_0)|\leqslant k|x-x_0|<\varepsilon$。由$x_0$的任意性可得函数$f(x)$在$[a,b]$上连续。

(2) 令$g(x)=f(x)-x$,则$g(x)$在$[a,b]$上连续,且由条件②知,$g(a)=f(a)-a\geqslant0$,

$g(b)=f(b)-b\leqslant 0$，于是 $g(a)\cdot g(b)\leqslant 0$。

若 $g(a)\cdot g(b)=0$，即有 $g(a)=0$ 或 $g(b)=0$，则 $f(a)=a$，或 $f(b)=b$。

若 $g(a)\cdot g(b)<0$，则根据闭区间上连续函数的零点定理知，至少存在一点 $\xi\in(a,b)$，使 $g(\xi)=0$，即 $f(\xi)=\xi$。综上所述，至少存在一点 $\xi\in[a,b]$，使 $f(\xi)=\xi$。

证明唯一性，利用反证法，假设有 $\xi_1\in(a,b)$，$\xi_1\neq\xi$，使 $f(\xi_1)=\xi_1$，则因为 $|\xi_1-\xi|=|f(\xi_1)-f(\xi)|\leqslant k|\xi_1-\xi|<|\xi_1-\xi|$，这是矛盾的，所以 ξ 是唯一的。

(3) 由题设，$x_1\in[a,b]$，$a\leqslant x_{n+1}=f(x_n)\leqslant b(n=1,2,\cdots)$，则数列 $\{x_n\}$ 有界，即 $x_{n+1}\in[a,b]$。于是 $|x_{n+1}-\xi|=|f(x_n)-f(\xi)|\leqslant k|x_n-\xi|\leqslant k^2|x_{n-1}-\xi|\leqslant\cdots\leqslant k^n|x_1-\xi|(0<k<1)$，从而由 $\lim\limits_{n\to\infty}k^n=0$，即得 $\lim\limits_{n\to\infty}x_n=\xi$。

第二章　导数与微分

第一节　导数的概念

问题 33　为什么说导数是点的概念？

1. 导数是研究函数 $y=f(x)$ 在一点 x_0 处，当自变量 x 有一个改变量，函数改变多少，即研究函数 $y=f(x)$ 在点 x_0 处的变化率

$$\lim_{\Delta x\to 0}\frac{\Delta y}{\Delta x}=\lim_{\Delta x\to 0}\frac{f(x_0+\Delta x)-f(x_0)}{\Delta x}。\tag{Ⅰ}$$

若式(Ⅰ)极限存在，称此极限值为函数 $y=f(x)$ 在点 x_0 处的导数，从而引出导数概念。由于导数是由极限界定的，而极限是点的概念，所以导数也是点的概念。既然导数是点的概念，那么如何求一点处的导数呢？当然是一点一点地求。具体求法是：求一点，取一段，求平均，取极限。即① $\Delta y=f(x_0+\Delta x)-f(x_0)$（取一段）；② $\frac{\Delta y}{\Delta x}=\frac{f(x_0+\Delta x)-f(x_0)}{\Delta x}$（求平均）；③取极限 $\lim\limits_{\Delta x\to 0}\frac{\Delta y}{\Delta x}=\lim\limits_{\Delta x\to 0}\frac{f(x_0+\Delta x)-f(x_0)}{\Delta x}$，若存在，则称此极限值为函数 $y=f(x)$ 在点 x_0 处的导数，记为 $f'(x_0)$，$y'|_{x=x_0}$，$\left.\frac{\mathrm{d}y}{\mathrm{d}x}\right|_{x=x_0}$，$\left.\frac{\mathrm{d}f}{\mathrm{d}x}\right|_{x=x_0}$ 等。所以导数 $f'(x_0)$ 是由函数 $y=f(x)$ 经过上面三点构造而得出的，故称导数是构造性定义。也称①求增量 Δy；②增量比；③比的极限为用导数定义求导的三步法则。

2. 导函数 $f'(x)$ 在 $x=x_0$ 处有定义是指其对应值——增量比的极限 $\lim\limits_{\Delta x\to 0}\frac{\Delta y}{\Delta x}=\lim\limits_{\Delta x\to 0}\frac{f(x_0+\Delta x)-f(x_0)}{\Delta x}$ 存在，此时才说函数 $y=f(x)$ 的导数在 $x=x_0$ 处有定义。若 $\lim\limits_{\Delta x\to 0}\frac{f(x_0+\Delta x)-f(x_0)}{\Delta x}$ 不存在，则说函数 $y=f(x)$ 的导数在 x_0 处没有定义或 $y=f(x)$ 在点 $x=x_0$ 处不可导。

3. 导数定义的两种形式：

(1) $f'(x_0)=\lim\limits_{\Delta x\to 0}\frac{f(x_0+\Delta x)-f(x_0)}{\Delta x}$；(2) $f'(x_0)=\lim\limits_{x\to x_0}\frac{f(x)-f(x_0)}{x-x_0}$。

例 1　讨论函数 $f(x)=\begin{cases}x^2, & x\text{ 为有理数},\\ 0, & x\text{ 为无理数}\end{cases}$ 在 $x=0$ 处的连续性和可导性。

分析　所给函数从几何直观上很难想像出它的连续性和可导性，我们只有从连续或可导的定义出发去判断它。

解　因为 $f(0)=\lim\limits_{x\to0}f(x)$，所以 $f(x)$ 在 $x=0$ 处连续。只需注意到 $\dfrac{f(x)-f(0)}{x-0}=\begin{cases}\dfrac{x^2}{x}=x, & x\text{ 为有理数},\\ \dfrac{0}{x}=0, & x\text{ 为无理数},\end{cases}$ 则有 $f'(0)=\lim\limits_{x\to0}\dfrac{f(x)-f(0)}{x-0}=0$，即 $f(x)$ 在 $x=0$ 处是可导的。当 $x\neq0$ 时，$f(x)$ 是不连续的，从而也是不可导的。此题告诉我们导数是点的概念。

例 2　证明 $(\cos x)'=-\sin x$。

证明　设 $f(x)=\cos x$，$\forall x\in(-\infty,+\infty)$，则有

(1) $\Delta y=f(x+\Delta x)-f(x)=\cos(x+\Delta x)-\cos x=-2\sin\left(\dfrac{\Delta x}{2}\right)\cdot\sin\left(x+\dfrac{\Delta x}{2}\right)$；

(2) $\dfrac{\Delta y}{\Delta x}=-\dfrac{\sin\left(\dfrac{\Delta x}{2}\right)}{\dfrac{\Delta x}{2}}\cdot\sin\left(x+\dfrac{\Delta x}{2}\right)$；

(3) $\lim\limits_{\Delta x\to0}\dfrac{\Delta y}{\Delta x}=-\lim\limits_{\Delta x\to0}\left[\dfrac{\sin\left(\dfrac{\Delta x}{2}\right)}{\dfrac{\Delta x}{2}}\cdot\sin\left(x+\dfrac{\Delta x}{2}\right)\right]=-\sin x$。

问题 34　导数定义的增量比的极限有什么特点？（即什么类型的极限是导数定义？）

以导数定义的第一种形式 $f'(x_0)=\lim\limits_{\Delta x\to0}\dfrac{f(x_0+\Delta x)-f(x_0)}{\Delta x}$ 为例，不难发现，它具有下面三个特点：

(1) 属于 $\left(\dfrac{0}{0}\right)$ 型未定式，在结构上，增量比的分子是函数 $y=f(x)$ 在 x_0 处的增量 $\Delta y=f(x_0+\Delta x)-f(x_0)$，因此增量比的分子必须含有 $f(x_0)$，即分子是 $f(x_0+\Delta x)$ 与定点 x_0 处的函数值 $f(x_0)$ 之差；

(2) 在结构上，增量比的分子 Δy 中的 Δx 与分母的 Δx 要一样；

(3) 在性质上，当 $\Delta x\to0$ 时，增量比的分母必须是 Δx 的一阶无穷小；当 $f'(x_0)\neq0$ 时，增量比的分子与分母都是 Δx 的一阶无穷小，即是 Δx 的两个一阶无穷小商的极限。总之，当 $\Delta x\to0$ 时，增量比的分母必须是 Δx 的一阶无穷小，或是 Δx 的一阶的同阶无穷小。

例 3　下列各题中均假定 $f'(x_0)$ 或 $f'(0)$ 存在，按照导数定义观察下列极限，指出 A 表示什么。

(1) $\lim\limits_{\Delta x\to0}\dfrac{f(x_0-\Delta x)-f(x_0)}{\Delta x}=A$；　　(2) $\lim\limits_{x\to0}\dfrac{f(x)}{x}=A$，其中 $f(0)=0$；

(3) $\lim\limits_{h\to0}\dfrac{f(x_0+h)-f(x_0-h)}{h}=A$。

解　(1) 因为 $f'(x_0)$ 存在，所以 $\lim\limits_{\Delta x\to0}\dfrac{f(x_0-\Delta x)-f(x_0)}{\Delta x}=-\lim\limits_{\Delta x\to0}\dfrac{f(x_0\underline{-\Delta x})-f(x_0)}{\underline{-\Delta x}}$（分子、分母要一样）$=-f'(x_0)=A$，故 $A=-f'(x_0)$。

(2) 因为 $f'(0)$ 存在，所以 $\lim\limits_{x\to0}\dfrac{f(x)}{x}=\lim\limits_{x\to0}\dfrac{f(x)-f(0)}{x-0}=f'(0)=A$。故 $A=f'(0)$。

(3) 因为 $f'(x_0)$ 存在，所以 $f'(x_0)=\lim\limits_{h\to 0}\dfrac{f(x_0+h)-f(x_0)}{h}$，

$$\lim_{h\to 0}\frac{f(x_0+h)-f(x_0-h)}{h}=\lim_{h\to 0}\frac{f(x_0+h)-f(x_0)+f(x_0)-f(x_0-h)}{h}$$

$$=\lim_{h\to 0}\left[\frac{f(x_0+h)-f(x_0)}{h}+\frac{f(x_0-h)-f(x_0)}{-h}\right]=2f'(x_0)\text{，即 }A=2f'(x_0)\text{。}$$

例 4 从下述给出的四个结论中选择一个正确的结论：设 $f(x)$ 在 $x=a$ 点的某个邻域内有定义，则 $y=f(x)$ 在 $x=a$ 处可导的一个充分条件是(　　)。

(A) $\lim\limits_{h\to +\infty}h\left[f\left(a+\dfrac{1}{h}\right)-f(a)\right]$ 存在　　(B) $\lim\limits_{h\to 0}\dfrac{f(a+2h)-f(a-h)}{h}$ 存在

(C) $\lim\limits_{h\to 0}\dfrac{f(a+h)-f(a-h)}{2h}$ 存在　　(D) $\lim\limits_{h\to 0}\dfrac{f(a)-f(a-h)}{h}$ 存在

分析 显然(A)(B)(C)(D)都是 $f(x)$ 在 $x=a$ 处可导的必要条件。

解 利用排除法。(A)设 $\Delta x=\dfrac{1}{h}\to 0^+$，则原式 $=\lim\limits_{\Delta x\to 0^+}\dfrac{f(a+\Delta x)-f(a)}{\Delta x}=f'_+(a)$ 是右导数，故不选(A)。(B)(C)极限分子不含有 $f(a)$，由导数定义的极限特点(1)知，(B)(C)极限存在不是函数 $f(x)$ 在 $x=a$ 处可导的充分条件，不选。反例，如 $f(x)=\begin{cases}0, & x\neq a,\\ 1, & x=a。\end{cases}$ 显然 $f(x)$ 在 $x=a$ 处不连续，即 $f(x)$ 在 $x=a$ 处不可导。但 $\lim\limits_{h\to 0}\dfrac{f(a+2h)-f(a-h)}{h}=\lim\limits_{h\to 0}\dfrac{0-0}{h}=0$，同理 $\lim\limits_{h\to 0}\dfrac{f(a+h)-f(a-h)}{2h}=\lim\limits_{h\to 0}\dfrac{0-0}{2h}=0$。

故选(D)。事实上，$\lim\limits_{h\to 0}\dfrac{f(a)-f(a-h)}{h}=\lim\limits_{h\to 0}\dfrac{f(a\underline{-h})-f(a)}{\underline{-h}}=f'(a)$。

例 5 设 $f(0)=0$，则 $f(x)$ 在 $x=0$ 处可导的充要条件为(　　)。

(A) $\lim\limits_{h\to 0}\dfrac{1}{h^2}f(1-\cos h)$ 存在　　(B) $\lim\limits_{h\to 0}\dfrac{1}{h}f(1-\mathrm{e}^h)$ 存在

(C) $\lim\limits_{h\to 0}\dfrac{1}{h^2}f(h-\sin h)$ 存在　　(D) $\lim\limits_{h\to 0}\dfrac{1}{h}[f(2h)-f(h)]$ 存在

分析 这是一道考查导数概念的题。在 $x=0$ 处可导是导数在 $x=0$ 一点有定义的等价说法，即告诉我们其对应值增量比的极限 $\lim\limits_{x\to 0}\dfrac{f(x)-f(0)}{x}$ 存在，即 $\lim\limits_{x\to 0}\dfrac{f(x)-f(0)}{x}=f'(0)$。

解 必要条件。假设 $y=f(x)$ 在 0 处可导，即有 $f'(0)=\lim\limits_{x\to 0}\dfrac{f(x)-f(0)}{x}=\lim\limits_{x\to 0}\dfrac{f(x)}{x}$，可以推导出(A)(B)(C)(D)，即(A)(B)(C)(D)是函数 $f(x)$ 在 $x=0$ 处可导的必要条件。

充分条件：利用排除法。对于(A)(C)，当 $h\to 0$ 时，极限式的分母不是 h 的一阶无穷小，而是二阶无穷小，所以不满足导数定义的极限特点(3)，故不选(A)(C)。反例，设 $f(x)=|x|$，因为 $x=0$ 是尖点，所以 $f(x)$ 在 $x=0$ 处不可导，但 $\lim\limits_{h\to 0}\dfrac{f(1-\cos h)}{h^2}=\lim\limits_{h\to 0}\dfrac{|1-\cos h|}{h^2}=\lim\limits_{h\to 0}\dfrac{1-\cos h}{h^2}=\dfrac{1}{2}$，即极限 $\lim\limits_{h\to 0}\dfrac{f(1-\cos h)}{h^2}$ 存在，所以不能由 $\lim\limits_{h\to 0}\dfrac{f(1-\cos h)}{h^2}$ 存在推出 $f(x)=|x|$ 在 $x=0$ 处可导。同理，显然有 $\lim\limits_{h\to 0}\dfrac{f(h-\sin h)}{h^2}=\lim\limits_{h\to 0}\dfrac{|h-\sin h|}{h^2}=\lim\limits_{h\to 0}\left(\dfrac{h-\sin h}{h^3}\cdot h\right)=$

$\frac{1}{6}\cdot 0=0$，即$\lim\limits_{h\to 0}\frac{f(h-\sin h)}{h^2}$存在，但不能推出 $f(x)=|x|$在 $x=0$ 处可导。

对于(D)，因为极限式的分子不含有 $f(0)$，不满足导数定义的极限特点(1)，故不选(D)。反例，设 $f(x)=\begin{cases}0, & x\neq 0,\\ 1, & x=0。\end{cases}$显然 $f(x)$在 $x=0$ 处不连续，即 $f(x)$在 $x=0$ 处不可导。但$\lim\limits_{h\to 0}\frac{f(2h)-f(h)}{h}=\lim\limits_{h\to 0}\frac{0-0}{h}=0$，即$\lim\limits_{h\to 0}\frac{f(2h)-f(h)}{h}$存在，但不能推出 $f(x)=\begin{cases}0, & x\neq 0,\\ 1, & x=0\end{cases}$在 $x=0$ 处可导。

故选(B)。事实上若$\lim\limits_{h\to 0}\frac{f(1-\mathrm{e}^h)}{h}$存在，当 $h\to 0$ 时，分母是 h 的一阶无穷小，从而推知分子必为 h 的一阶无穷小，即它是两个关于 h 的一阶无穷小商的极限，并满足导数定义极限的特点(1)(2)(3)。设$\lim\limits_{h\to 0}\frac{f(1-\mathrm{e}^h)}{h}=A\Rightarrow\lim\limits_{h\to 0}\left[\frac{f(1-\mathrm{e}^h)-f(0)}{1-\mathrm{e}^h}\cdot\frac{1-\mathrm{e}^h}{h}\right]=-f'(0)$，即 $A=-f'(0)$。故(B)正确。

点评　知道导数定义极限所具有的三个特点，对加深理解导数概念、无穷小比较和无穷小的阶以及这些概念间的联系都是有益的。

问题 35　**导数的几何意义是什么？两曲线 $y=f(x)$，$y=g(x)$在点 x_0 的对应点处相切相当于给出了什么条件？**

1. 函数 $y=f(x)$在点 x_0 处的导数 $f'(x_0)$在几何上表示曲线 $y=f(x)$在点 $M(x_0,f(x_0))$处的切线斜率，即 $f'(x_0)=\tan\alpha$，其中 α 是切线的倾角。

曲线 $y=f(x)$在 $M(x_0,f(x_0))$处的切线方程为 $y-f(x_0)=f'(x_0)(x-x_0)$，法线方程为 $y-f(x_0)=-\frac{1}{f'(x_0)}(x-x_0)$。

2. 两曲线 $y=f(x)$，$y=g(x)$在点 $M(x_0,y_0)$处相切满足函数值相等和一阶导数值相等，即满足两个条件：(1) $f(x_0)=g(x_0)$；(2) $f'(x_0)=g'(x_0)$。

例 6　求曲线 $y=\cos x$ 上点$\left(\frac{\pi}{3},\frac{1}{2}\right)$处的切线方程和法线方程。

解　$y'=-\sin x$，$y'|_{x=\frac{\pi}{3}}=-\sin\frac{\pi}{3}=-\frac{\sqrt{3}}{2}=k_{切}$，$k_{法}=\frac{2}{\sqrt{3}}$。

切线方程为 $y-\frac{1}{2}=-\frac{\sqrt{3}}{2}\left(x-\frac{\pi}{3}\right)$，即$\frac{\sqrt{3}x}{2}+y-\left(\frac{1}{2}+\frac{\sqrt{3}}{6}\pi\right)=0$；

法线方程为 $y-\frac{1}{2}=\frac{2}{\sqrt{3}}\left(x-\frac{\pi}{3}\right)$，即$\frac{2\sqrt{3}x}{3}-y+\left(\frac{1}{2}-\frac{2\sqrt{3}\pi}{9}\right)=0$。

例 7　证明双曲线 $xy=a^2$ 上任一点处的切线与两坐标轴构成的三角形面积都等于 $2a^2$。

证明　设切点为(x_0,y_0)，求过切点的切线方程。

由 $y'=(a^2x^{-1})'=-a^2x^{-2}$，可得 $k_{切}=y'|_{x=x_0}=-a^2x_0^{-2}$。切线方程为 $y-y_0=-a^2x_0^{-2}(x-x_0)$，切线在 x 轴上的截距：令 $y=0$，得 $A=2x_0$，在 y 轴上的截距：令 $x=0$，得

$B=2y_0$。于是 Rt$\triangle OAB$ 的面积 $S=\frac{1}{2}AB=\frac{1}{2}\cdot 2x_0\cdot 2y_0=2x_0y_0=2a^2$。

例 8　可导函数 $y=f(x)$ 的图像与曲线 $y=g(x)=\sin x$ 相切于原点，试求极限 $\lim\limits_{n\to\infty}nf\left(\frac{3}{n}\right)$。

解　由两曲线相切知 $f(0)=g(0)=\sin 0=0, f'(0)=g'(0)=\cos x|_{x=0}=1$。余下的问题是将极限化为导数定义的极限

$$\lim_{n\to\infty}nf\left(\frac{3}{n}\right)=\lim_{n\to\infty}\left[\frac{f\left(\frac{3}{n}\right)-f(0)}{\frac{3}{n}}\cdot 3\right]=3f'(0)=3。$$

问题 36　函数 $f(x)$ 在点 x_0 处的连续性与可导性间有什么关系？导数在 x_0 处不存在的三种情况是什么？

如果函数 $y=f(x)$ 在点 x_0 处可导，则函数 $f(x)$ 在该点必连续。反之，一个函数 $y=f(x)$ 在点 x_0 处连续，却不一定在该点可导。

导数在点 x_0 处不存在的三种情况，其实质就是极限不存在的三种情况：

(1) 无穷不存在；(2)跳跃不存在；(3)摆动不存在。

例 9　讨论下列函数在 $x=0$ 处的连续性与可导性：

(1) $y=|\sin x|$；　　(2) $y=\begin{cases}x^2\sin\frac{1}{x}, & x\neq 0,\\ 0, & x=0。\end{cases}$

解　(1) 分段函数隐式化为显式，$y=\begin{cases}\sin x, & x>0,\\ 0, & x=0,\\ -\sin x, & x<0。\end{cases}$显然有

$$f(0)=f(0-0)=f(0+0)=0,$$

所以函数在 $x=0$ 处的连续。

$f'_+(0)=\lim\limits_{x\to 0^+}\frac{\sin x-0}{x}=1, f'_-(0)=\lim\limits_{x\to 0^-}\frac{-\sin x-0}{x}=-1$。因为 $f'_+(0)\neq f'_-(0)$，所以函数在 $x=0$ 处的导数不存在，且是跳跃不存在。故 $y=|\sin x|$ 在 $x=0$ 处连续但不可导。

(2) 分段函数显式。$y(0)=0=\lim\limits_{x\to 0}y=\lim\limits_{x\to 0}x^2\sin\frac{1}{x}=0$，所以函数 y 在 $x=0$ 处连续。

$$f'(0)=\lim_{x\to 0}\frac{f(x)-f(0)}{x}=\lim_{x\to 0}\frac{x^2\sin\frac{1}{x}-0}{x}=\lim_{x\to 0}x\sin\frac{1}{x}=0,$$

故函数 y 在 $x=0$ 处连续且可导。

例 10　讨论函数 $f(x)=\begin{cases}x\sin\frac{1}{x}, & x\neq 0,\\ 0, & x=0\end{cases}$ 在 $x=0$ 处的连续性和可导性。

解　$f(0)=0=\lim\limits_{x\to 0}f(x)=\lim\limits_{x\to 0}x\sin\frac{1}{x}=0$，所以函数 $f(x)$ 在 $x=0$ 处连续。

$$\lim_{x\to 0}\frac{f(x)-f(0)}{x}=\lim_{x\to 0}\frac{x\sin\frac{1}{x}-0}{x}=\lim_{x\to 0}\sin\frac{1}{x}\text{不存在，}$$

所以函数 $f(x)$ 在点 $x=0$ 的导数不存在，且属于摆动不存在。

例 11 讨论函数 $y=x^{\frac{1}{5}}$ 在 $x=0$ 处的连续性与可导性。

解 因为 $y(0)=0=\lim\limits_{x\to 0}y=\lim\limits_{x\to 0}x^{\frac{1}{5}}=0$，所以 $y=x^{\frac{1}{5}}$ 在 $x=0$ 处连续。$\lim\limits_{x\to 0}\frac{x^{\frac{1}{5}}-0}{x}=\lim\limits_{x\to 0}\frac{1}{x^{\frac{4}{5}}}=+\infty$，所以 $y=x^{\frac{1}{5}}$ 在 $x=0$ 处的导数不存在，且属于无穷不存在。

问题 37 导数在一点 x_0 处有定义的三种等价说法是什么？相当于给出什么条件？

书上的例题、书后习题以及各类试题常出现的三种提法：①函数 $y=f(x)$ 在点 x_0 处可导（或有导数）；②函数 $f(x)$ 在点 x_0 处导数存在；③$f'(x_0)=A$（A 为有限数）。这三种常见的提法都是导数在一点 x_0 处有定义的等价说法。

上述三种等价说法都是指导数在 x_0 一点处有定义，从而给出下列条件：导数在点 x_0 处有定义，则函数 $y=f(x)$ 在点 x_0 处必连续，即有条件 $\lim\limits_{x\to x_0}f(x)=f(x_0)$，函数 $f(x)$ 在 x_0 处可导，就是导数在 x_0 处有定义，即指其增量比的极限 $\lim\limits_{\Delta x\to 0}\frac{f(x_0+\Delta x)-f(x_0)}{\Delta x}$ 存在，记为

$$f'(x_0)=\lim_{\Delta x\to 0}\frac{f(x_0+\Delta x)-f(x_0)}{\Delta x}。$$

综上所述，函数 $f(x)$ 在 x_0 处的导数有定义及其三种等价说法相当于给出两个条件：

$$\begin{cases}\lim\limits_{x\to x_0}f(x)=f(x_0), & (\text{I})\\ \lim\limits_{\Delta x\to 0}\dfrac{f(x_0+\Delta x)-f(x_0)}{\Delta x}=f'(x_0)。 & (\text{II})\end{cases}$$

各类试题多数考查分段函数 $f(x)$ 在第一类衔接点 x_0 处导数有定义及三种等价说法，于是上述两个条件变为

$$\begin{cases}f(x_0+0)=f(x_0-0)=f(x_0), & (\text{III})\\ f'_+(x_0)=f'_-(x_0)。 & (\text{IV})\end{cases}$$

对于二阶及以上的高阶导数也有上述三种等价说法。

例 12 设函数 $f(x)=\begin{cases}x^2, & x\leqslant 1,\\ ax+b, & x>1。\end{cases}$ 为了使函数 $f(x)$ 在 $x=1$ 处连续且可导，a,b 应取什么值？

分析 $f(x)$ 是分段函数显式，$x=1$ 是分段函数 $f(x)$ 的第一类衔接点，题目要求 $f(x)$ 在 $x=1$ 可导，是函数 $f(x)$ 在 $x=1$ 处导数有定义的三种等价说法之一。相当于给出下列两个条件：①$f(1+0)=f(1-0)=f(1)$；②$f'_+(1)=f'_-(1)$。

解 $f(1)=x^2\big|_{x=1}=1$，$f(1-0)=\lim\limits_{x\to 1^-}f(x)=\lim\limits_{x\to 1^-}x^2=1$，

$$f(1+0)=\lim_{x\to 1^+}(ax+b)=a+b,$$

由 $f(1+0)=f(1-0)=f(1)$ 得

$$a+b=1。\tag{Ⅰ}$$

$$f'_-(1)=\lim_{\Delta x\to 0^-}\frac{f(1+\Delta x)-f(1)}{\Delta x}=\lim_{\Delta x\to 0^-}\frac{(1+\Delta x)^2-1}{\Delta x}=\lim_{\Delta x\to 0^-}\frac{(2+\Delta x)\Delta x}{\Delta x}=2,$$

$$f'_+(1)=\lim_{\Delta x\to 0^+}\frac{a(1+\Delta x)+b-1}{\Delta x}=\lim_{\Delta x\to 0^+}\frac{a\Delta x+a+b-1}{\Delta x}=\lim_{\Delta x\to 0^+}\frac{a\Delta x}{\Delta x}=a,$$

所以欲使 $f(x)$在 $x=1$ 处可导，则必有 $f'_-(1)=f'_+(1)$，即 $a=2$。代入式(Ⅰ)得，$b=-1$，故当 $a=2,b=-1$ 时，$f(x)$在 $x=1$ 处连续且可导。

问题 38　设函数 $y=f(x)$在 x_0 处可导，$y=g(x)$在 x_0 处连续不可导，则 $F(x)=f(x)\cdot g(x)$在 x_0 处可导的充分必要条件是什么？

引理　设函数 $y=f(x)$在 x_0 处可导，$y=g(x)$在 x_0 处连续不可导，则 $F(x)=f(x)\cdot g(x)$在 x_0 处可导的充分必要条件是 $f(x_0)=0$。

证明　充分性：显然。

必要性：设 $F(x)$在 x_0 处可导，则 $F'(x_0)=\lim\limits_{\Delta x\to 0}\dfrac{F(x_0+\Delta x)-F(x_0)}{\Delta x}$存在，而

$$\frac{F(x_0+\Delta x)-F(x_0)}{\Delta x}=\frac{f(x_0+\Delta x)g(x_0+\Delta x)-f(x_0)g(x_0)}{\Delta x},$$

又

$$f'(x_0)=\lim_{\Delta x\to 0}\frac{f(x_0+\Delta x)-f(x_0)}{\Delta x},$$

所以

$$\begin{aligned}\lim_{\Delta x\to 0}\frac{F(x_0+\Delta x)-F(x_0)}{\Delta x}&=\lim_{\Delta x\to 0}\frac{f(x_0+\Delta x)g(x_0+\Delta x)-f(x_0)g(x_0)}{\Delta x}\\&=\lim_{\Delta x\to 0}\frac{f(x_0+\Delta x)g(x_0+\Delta x)-f(x_0)g(x_0+\Delta x)+f(x_0)g(x_0+\Delta x)-f(x_0)g(x_0)}{\Delta x}\\&=\lim_{\Delta x\to 0}\left[g(x_0+\Delta x)\frac{f(x_0+\Delta x)-f(x_0)}{\Delta x}+f(x_0)\frac{g(x_0+\Delta x)-g(x_0)}{\Delta x}\right]\end{aligned}$$

存在，而在方括号内第一项极限存在，第二项常数 $f(x_0)$极限一定存在，$\dfrac{g(x_0+\Delta x)-g(x_0)}{\Delta x}$当 $\Delta x\to 0$ 时，不存在。若 $f(x_0)\neq 0$，则整个方括号内表达式的极限不存在，这与 $F(x)$在 x_0 处可导矛盾。因为 $F(x)$在 x_0 处可导，所以整个方括号内表达式的极限一定存在，则必有 $f(x_0)=0$。

例 13　设 $f(x)$可导，$F(x)=f(x)(1+|\sin x|)$，则 $f(0)=0$ 是 $F(x)$在 $x=0$ 处可导的(　　)。

(A) 充分必要条件　　(B) 充分条件但非必要条件

(C) 必要条件但非充分条件　　(D) 既非充分条件又非必要条件

分析　设 $g(x)=1+|\sin x|$，显然 $g(x)$在 $x=0$ 处不可导但连续，而 $f(x)$在 $x=0$ 处可导。由本问题的引理知，$F(x)$在 $x=0$ 处可导的充分必要条件是 $f(0)=0$，故选(A)。

例 14　设函数 $f(x)$和 $g(x)$均在点 x_0 的某一邻域内有定义，$f(x)$在 x_0 处可导，$f(x_0)=0$，$g(x)$在点 x_0 处连续，试讨论 $f(x)g(x)$在 x_0 处的可导性。

解　设 $F(x)=f(x)g(x)$。由于 $f(x)$在 x_0 处可导，$g(x)$在 x_0 处连续，由本问题给出的引理知，$F(x)=f(x)g(x)$在 x_0 处可导的充分必要条件是 $f(x_0)=0$，所以 $f(x)g(x)$在 x_0 处可导。

例 15 (1) 设 $f(x)=3x^3+x^2|x|$，则使 $f^{(n)}(0)$存在的最高阶数 n 为( )。

(A) 0 (B) 1 (C) 2 (D) 3

(2) 函数 $f(x)=(x^2-x-2)|x^3-x|$不可导点的个数是( )。

(A) 3 (B) 2 (C) 1 (D) 0

(1) **分析** $f(x)$是分段函数隐式，化为显式后，如果按分段函数在第一类衔接点$x=0$处讨论各阶导数是否存在，需要按导数定义分别求左、右导数，比较繁琐！应用本问题的引理来处理较简单。

方法 1 第一项 $3x^3$ 具有任意阶导数，所以只需讨论第二项 $x^2|x|$即可。

设 $F(x)=x^2|x|$，先研究简单情况 $F_1(x)=x|x|$。设 $g(x)=|x|$，$f(x)=x$，$f'(x)=(x)'=1$，且 $f(0)=0$，而 $g(x)=|x|$在 $x=0$ 处连续不可导。由引理知 $F_1(x)$在 $x=0$ 处一阶可导，且 $F_1'(x)=2|x|$，$F(x)=x^2|x|$，显然有

$$F'_+(0)=F'_-(0)=0\Rightarrow F'(0)=0。\tag{Ⅰ}$$

当 $x\neq0$ 时，$F'(x)=2x|x|+x^2(|x|)'=2x|x|+x^2\cdot\begin{cases}1, & x>0,\\ -1, & x<0\end{cases}$ (Ⅱ)

$$=2x|x|+\begin{cases}x^2, & x>0,\\ -x^2, & x<0\end{cases}=2x|x|+\begin{cases}x|x|, & x>0,\\ x|x|, & x<0\end{cases}=3x|x|=3F_1(x)。$$

由式(Ⅰ)、式(Ⅱ)及 $F_1(x)$在 $x=0$ 处一阶可导，故 $F(x)$在 $x=0$ 处二阶可导，故选(C)。

方法 2 设 $F(x)=xF_1(x)$，$F'(x)=F_1(x)+xF_1'(x)=x|x|+x\cdot2|x|=3x|x|=3F_1(x)$，由 $F_1(x)$在 $x=0$ 处一阶可导，故 $F(x)$在 $x=0$ 处二阶可导，故选(C)。

(2) **分析** $f(x)$是分段函数隐式，且 $x=-1,0,1$ 为第一类衔接点。如果每个衔接点处按导数定义分别求左、右导数，则非常繁琐，应用本问题的引理处理较简单。

解 $f(x)=(x-2)(x+1)|x||x+1||x-1|=(x-2)\cdot[(x+1)|x+1|]\cdot|x|\cdot|x-1|$。对于$[(x+1)|x+1|]$，因为$(x+1)'=1$且$(x+1)|_{x=-1}=0$，又$|x+1|$在 $x=-1$ 处连续不可导，由引理知$[(x+1)|x+1|]$在 $x=-1$ 处可导。$(x-2)$可导，又 $x=0$，$x=1$ 既是衔接点又是尖点，导数不存在，即 $f(x)$在 $x=0,1$ 处不可导。故选(B)。

点评 $x^4|x|$在 $x=0$ 处 4 阶可导，所以 $x^k|x|$在 $x=0$ 处 k 阶可导，其中 $k=1,2,\cdots$。

问题 39 求一点处的导数必须用导数定义(三步法则)来求的四种情况是什么？

因为导数是点的概念，所以当事先不知道函数 $y=f(x)$在点 x_0 处是否可导，或只知道函数 $y=f(x)$在点 x_0 处可导，或导函数 $f'(x)$在点 x_0 处计算不出数值时，分段函数在衔接点 x_0 处的导数必须用导数定义(三步法则)求(参见文献[5])。

1. $f(x)$在 x_0 处是否可导事先不知道(即无法判断)。

例 16 设 $F(x)=\sin^2(x-a)\varphi(x)$，其中 $\varphi(x)$在 $x=a$ 处有定义且在点a 的某个邻域内有界，求 $F'(a)$。

分析 $\varphi(x)$在 a 处有定义，在 $U(a,\delta)$内有界，不一定连续，所以未必可导，即 $F(x)=\sin^2(x-a)\varphi(x)$在 a 处是否可导事先不知道，必须用定义求。

解 $\Delta y=F(a+\Delta x)-F(a)=\sin^2(\Delta x)\varphi(a+\Delta x)-0=\sin^2(\Delta x)\varphi(a+\Delta x)$，

$$\frac{\Delta y}{\Delta x}=\frac{F(a+\Delta x)-F(a)}{\Delta x}=\frac{\sin^2(\Delta x)\varphi(a+\Delta x)}{\Delta x},$$

$$F'(a)=\lim_{\Delta x\to 0}\frac{F(a+\Delta x)-F(a)}{\Delta x}=\lim_{\Delta x\to 0}\left[\frac{\sin^2(\Delta x)}{\Delta x^2}\cdot\Delta x\cdot\varphi(a+\Delta x)\right]=0。$$

2. 只知道 $y=f(x)$ 在 x_0 一点处可导，适用于导数只在点 x_0 一点处有定义及三种等价说法。

例 17　如果 $f(x)$ 为偶函数，且 $f'(0)$ 存在，证明 $f'(0)=0$。

分析　$f'(0)$ 存在是导数在 $x=0$ 一点处有定义的三种等价说法之一，当 $x\neq 0$ 时在 x 处导数是否有定义，在题所给条件下不知道。导数在 $x=0$ 处有定义是指其对应值增量比的极限 $\lim\limits_{x\to 0}\frac{f(x)-f(0)}{x}$ 存在，即已知 $f'(0)=\lim\limits_{x\to 0}\frac{f(x)-f(0)}{x}$。

证明　$f'(0)=\lim\limits_{x\to 0}\frac{f(x)-f(0)}{x}$（导数定义）$=\lim\limits_{x\to 0}\frac{f(-x)-f(0)}{x}$（偶函数）

$=\lim\limits_{x\to 0}-\frac{f(-x)-f(0)}{-x}$（导数定义）$=-f'(0)$，$2f'(0)=0$，

所以 $f'(0)=0$。

下面是学生作业中的错误。因为 $f(x)$ 为偶函数，所以 $f(-x)=f(x)$，从而有 $f'(x)=-f'(-x)$，当 $x=0$ 时，有 $f'(0)=-f'(-0)$，即 $2f'(0)=0$，所以 $f'(0)=0$。此做法错在何处？错在题给导数只在 $x=0$ 一点处有定义，当 $x\neq 0$ 时，导数是否有定义不知道，所以记号 $f'(x)$ 和 $f'(-x)$ 在题给出的条件下毫无意义。简言之，错在对“$f'(0)$ 存在”的理解。

3. 函数 $f(x)$ 的具体数学解析表达式没有给出。

因为 $f(x)$ 的数学表达式没有给出，所以不能应用公式和法则求导，只能用定义求。

例 18　设函数 $f(x)$ 满足下列条件：

(1) $f(x+y)=f(x)\cdot f(y)\quad \forall x,y\in\mathbb{R}$；(2) $f(x)=1+xg(x)$，而 $\lim\limits_{x\to 0}g(x)=1$。

试证明 $f(x)$ 在 $\mathbb{R}$ 上处处可导，且 $f'(x)=f(x)$。

证明　$\forall x\in\mathbb{R}$，有

$$\begin{aligned}\Delta y &= f(x+\Delta x)-f(x)=f(x)\cdot f(\Delta x)-f(x)=f(x)\cdot(f(\Delta x)-1)\\&=f(x)[1+\Delta x g(\Delta x)-1]=\Delta x g(\Delta x)f(x),\end{aligned}$$

$$\frac{\Delta y}{\Delta x}=f(x)g(\Delta x),$$

所以　$$f'(x)=\lim_{\Delta x\to 0}\frac{\Delta y}{\Delta x}=\lim_{\Delta x\to 0}f(x)g(\Delta x)=f(x)\lim_{\Delta x\to 0}g(\Delta x)=f(x)\cdot 1=f(x)。$$

由 x 的任意性可得，$f(x)$ 在 $\mathbb{R}$ 上处处可导，且 $f'(x)=f(x)$。

4. 求分段函数 $f(x)$ 在衔接点 x_0 处的导数。

若题目没有给出分段函数在衔接点处具有一阶连续导数的条件，只给出在衔接点处导数有定义及三种等价说法时，必须用导数定义（三步法则）求。分段函数在第一类衔接点 x_0 处导数有定义的充分必要条件是 $f'_+(x_0)=f'_-(x_0)$。

例 19　(1) 设 $f(x)=\begin{cases}\frac{2}{3}x^3, & x\leqslant 1,\\ x^2, & x>1,\end{cases}$ 则 $f(x)$ 在 $x=1$ 处的(　　)。

(A) 左、右导数都存在　　(B) 左导数存在，右导数不存在

(C) 左导数不存在,右导数存在　　　　(D) 左、右导数都不存在

(2) 设 $f(x)=\begin{cases}\dfrac{1-\cos x}{\sqrt{x}}, & x>0,\\ x^2 g(x), & x\leqslant 0,\end{cases}$ 其中 $g(x)$ 是有界函数,则 $f(x)$ 在 $x=0$ 处________。

(A) 极限不存在　　　　(B) 极限存在,但不连续

(C) 连续但不可导　　　　(D) 可导

解　(1) $f(1)=\dfrac{2}{3}$,$f(1-0)=\lim\limits_{x\to 1^-}f(x)=\lim\limits_{x\to 1^-}\dfrac{2x^3}{3}=\dfrac{2}{3}$,$f(1+0)=\lim\limits_{x\to 1^+}x^2=1$。因为 $f(1-0)\neq f(1+0)$,所以 $f(x)$ 在 $x=1$ 处不连续,故 $f(x)$ 在 $x=1$ 处不可导,因为 $x=1$ 是分段函数的第一类衔接点,所以考虑单侧导数。

$$f'_-(1)=\lim_{\Delta x\to 0^-}\frac{f(1+\Delta x)-f(1)}{\Delta x}=\lim_{\Delta x\to 0^-}\frac{\frac{2}{3}(1+\Delta x)^3-\frac{2}{3}}{\Delta x}=\lim_{\Delta x\to 0^-}\frac{2\Delta x+2(\Delta x)^2+\frac{2}{3}(\Delta x)^3}{\Delta x}=2,$$

即左导数存在,且 $f'_-(1)=2$。

$$\lim_{\Delta x\to 0^+}\frac{f(1+\Delta x)-f(1)}{\Delta x}=\lim_{\Delta x\to 0^+}\frac{(1+\Delta x)^2-\frac{2}{3}}{\Delta x}=\lim_{\Delta x\to 0^+}\frac{2\Delta x+\Delta x^2+\frac{1}{3}}{\Delta x}=\infty,$$

即 $f'_+(1)$ 不存在,故选(B)。

(2) 从简到繁逐项判断,先看连续性。$f(0)=0$,$f(0+0)=\lim\limits_{x\to 0^+}f(x)=\lim\limits_{x\to 0^+}\dfrac{1-\cos x}{\sqrt{x}}=\lim\limits_{x\to 0^+}\dfrac{1-\cos x}{x^2}\cdot\sqrt{x^3}=0$,$f(0-0)=\lim\limits_{x\to 0^-}f(x)=\lim\limits_{x\to 0^-}x^2 g(x)=0$。由于 $f(0)=f(0-0)=f(0+0)=0$,所以 $f(x)$ 在 $x=0$ 处连续。再看可导性。由于 $x=0$ 是分段函数的第一类衔接点,所以必须用导数定义(三步法则),分别求左、右导数。

$$f'_+(0)=\lim_{x\to 0^+}\frac{f(x)-f(0)}{x}=\lim_{x\to 0^+}\frac{1-\cos x}{x\sqrt{x}}=\lim_{x\to 0^+}\frac{\frac{x^2}{2}}{x\sqrt{x}}=0,$$

$f'_-(0)=\lim\limits_{x\to 0^-}\dfrac{f(x)-f(0)}{x}=\lim\limits_{x\to 0^-}xg(x)=0$。因为 $f'_+(0)=f'_-(0)=0$,所以 $f'(0)=0$,应选(D)。

例 20　设 $f(x)=x(x+1)(x+2)\cdots(x+n)(n\geqslant 2)$,则 $f'(0)=$________。

分析　此题不是必须用导数定义(三步法则)求导的题型,但本题应用求导法则和公式求繁琐,故本题是用定义求导数过程简单的题型。

解　$f'(0)=\lim\limits_{x\to 0}\dfrac{f(x)-f(0)}{x}=\lim\limits_{x\to 0}(x+1)(x+2)\cdots(x+n)=n!$。

小结　除上述四种情况必须用导数定义(三步法则)求导外,请读者放心大胆地应用 16 个求导公式、7 个求导法则和 4 种求导方法进行求导。由上述四种情况归纳总结出高等数学的一个常用解题方法就是,不能用公式 $f'(x)|_{x=x_0}=f'(x_0)$ 求一点 x_0 处的导数时,必须用导数定义(三步法则)求。

第二节　函数的求导法则

问题 40　什么叫分解复合步骤正确？如何求复合函数的导数？

分析　求导的基本原则是千方百计套公式，到目前为止我们学过的求导公式都是基本初等函数的求导公式(包括常数的导数$(c)'=0$)。因此求一个比较复杂的初等函数如$y=e^{\sin^2\frac{1}{x}}$的导数，必须先将该初等函数分解为公式型，即分解为若干个基本初等函数的复合。所以分解的每一步都必须是基本初等函数或基本初等函数的四则运算，这叫分解正确。如$y=e^{\sin^2\frac{1}{x}}$，分解为$y=e^u,u=v^2,v=\sin w,w=\frac{1}{x}$。每一步都是基本初等函数，故分解正确。利用复合函数求导法则求复合函数的导数，其法则是：如果$u=g(x)$在点x可导，而$y=f(u)$在点$u=g(x)$可导，则复合函数$y=f[g(x)]$在点x可导，且其导数为$\frac{dy}{dx}=f'(u)\cdot g'(x)$或$\frac{dy}{dx}=\frac{dy}{du}\cdot\frac{du}{dx}$。

注　解题时先分解复合步骤，熟练后心记复合步骤。

例 1　求下列函数的导数：

(1) $y=\arcsin\sqrt{x}$；　(2) $y=\ln(x+\sqrt{a^2+x^2})$；

(3) $y=\ln(\sec x+\tan x)$；　(4) $y=\ln(\csc x-\cot x)$。

解　(1) 设$y=\arcsin u,u=\sqrt{x}$，则

$$\frac{dy}{dx}=\frac{dy}{du}\cdot\frac{du}{dx}=\frac{1}{\sqrt{1-(\sqrt{x})^2}}\frac{1}{2\sqrt{x}}=\frac{1}{2\sqrt{x-x^2}}。$$

(2) $\frac{dy}{dx}=\frac{1}{x+\sqrt{a^2+x^2}}\cdot\left(1+\frac{2x}{2\sqrt{a^2+x^2}}\right)=\frac{1}{\sqrt{a^2+x^2}}$。

(3) $\frac{dy}{dx}=\frac{1}{\sec x+\tan x}(\sec x\cdot\tan x+\sec^2x)=\sec x$。

(4) $\frac{dy}{dx}=\frac{1}{\csc x-\cot x}(-\csc x\cdot\cot x+\csc^2x)=\csc x$。

例 2　求下列函数的导数：

(1) $y=\ln\tan\frac{x}{2}$；　(2) $y=\arctan\frac{x+1}{x-1}$；

(3) $y=\arcsin\sqrt{\frac{1-x}{1+x}}$。

解　(1) $\frac{dy}{dx}=\frac{1}{\tan\frac{x}{2}}\cdot\sec^2\frac{x}{2}\cdot\frac{1}{2}=\frac{1}{\sin x}=\csc x$；

(2) $\frac{dy}{dx}=\frac{1}{1+\left(\frac{x+1}{x-1}\right)^2}\cdot\frac{x-1-(x+1)}{(x-1)^2}=-\frac{1}{1+x^2}$；

(3) $\frac{dy}{dx}=\frac{1}{\sqrt{1-\frac{1-x}{1+x}}}\cdot\left(\sqrt{\frac{1-x}{1+x}}\right)'$

$=\frac{\sqrt{1+x}}{\sqrt{2x}}\cdot\frac{\sqrt{1+x}(\sqrt{1-x})'-\sqrt{1-x}(\sqrt{1+x})'}{1+x}$

$=\frac{\sqrt{1+x}}{\sqrt{2x}}\cdot\frac{-2}{2(1+x)\sqrt{(1+x)(1-x)}}=-\frac{1}{\sqrt{2}(1+x)\cdot\sqrt{x-x^2}}$。

例 3　求下列函数的导数：

(1) $y=\left(\arctan\frac{x}{2}\right)^2$；　(2) $y=e^{-\sin^2\frac{1}{x}}$；

(3) $y=x\arcsin\frac{x}{2}+\sqrt{4-x^2}$；　(4) $y=\arcsin\frac{2t}{1+t^2}$。

解　(1) $\frac{dy}{dx}=2\arctan\frac{x}{2}\cdot\frac{1}{1+\frac{x^2}{4}}\cdot\frac{1}{2}=\frac{4\arctan\frac{x}{2}}{4+x^2}$；

(2) $\frac{dy}{dx}=e^{-\sin^2\frac{1}{x}}\cdot\left(-2\sin\frac{1}{x}\right)\cdot\cos\frac{1}{x}\cdot\frac{-1}{x^2}=\frac{1}{x^2}\sin\frac{2}{x}e^{-\sin^2\frac{1}{x}}$；

(3) $\frac{dy}{dx}=\arcsin\frac{x}{2}+x\frac{\frac{1}{2}}{\sqrt{1-\left(\frac{x}{2}\right)^2}}+\frac{-2x}{2\sqrt{4-x^2}}=\arcsin\frac{x}{2}$；

(4) $\frac{dy}{dt}=\frac{1}{\sqrt{1-\frac{4t^2}{(1+t^2)^2}}}\cdot\frac{(1+t^2)\cdot 2-2t\cdot 2t}{(1+t^2)^2}=\frac{2(1-t^2)}{(1+t^2)\sqrt{(t^2-1)^2}}$。

因为当 $t^2>1$ 时，$\sqrt{(t^2-1)^2}=t^2-1$；当 $t^2<1$ 时，$\sqrt{(t^2-1)^2}=-(t^2-1)$，所以

$$\frac{dy}{dx}=\begin{cases}\frac{2}{1+t^2}, & t^2<1,\\ -\frac{2}{1+t^2}, & t^2>1。\end{cases}$$

例 4　(1) 设函数 $f(x)$ 在 $x=1$ 处有一阶连续导数，且 $f'(1)=-\frac{1}{2}$，求 $\lim\limits_{x\to\sqrt{2}^+}\frac{d}{dx}f(\cos^2\sqrt{x^2-2})$；

(2) 已知 $y=f\left(\frac{3x-2}{3x+2}\right)$，$f'(x)=\arctan x^2$，求 $\left.\frac{dy}{dx}\right|_{x=0}$。

解　(1) 设 $y=f(u)$，$u=v^2$，$v=\cos w$，$w=\sqrt{x^2-2}$，则

$\frac{dy}{dx}=\frac{dy}{du}\cdot\frac{du}{dv}\cdot\frac{dv}{dw}\cdot\frac{dw}{dx}=f'(u)\cdot 2v\cdot(-\sin w)\cdot\frac{2x}{2\sqrt{x^2-2}}$

$=-f'(\cos^2\sqrt{x^2-2})\cdot(\sin 2\sqrt{x^2-2})\cdot\frac{x}{\sqrt{x^2-2}}$；

$\lim\limits_{x\to\sqrt{2}^+}\frac{d}{dx}f(\cos^2\sqrt{x^2-2})=\lim\limits_{x\to\sqrt{2}^+}\left(-f'(\cos^2\sqrt{x^2-2})\sin 2\sqrt{x^2-2}\frac{x}{\sqrt{x^2-2}}\right)$

$$=\lim_{x\to\sqrt{2}^+}\left[f'(\cos^2\sqrt{x^2-2})\cdot\frac{\sin 2\sqrt{x^2-2}}{2\sqrt{x^2-2}}\cdot 2x\right]$$

$$=-f'(1)\times 1\times 2\sqrt{2}=\sqrt{2}。$$

(2) 设 $y=f(u),u=\dfrac{3x-2}{3x+2}$,则

$$\frac{\mathrm{d}y}{\mathrm{d}x}=f'(u)\cdot\frac{(3x+2)\cdot 3-(3x-2)\cdot 3}{(3x+2)^2}=f'(u)\frac{12}{(3x+2)^2}=f'\left(\frac{3x-2}{3x+2}\right)\frac{12}{(3x+2)^2}。$$

由题设有$\dfrac{\mathrm{d}y}{\mathrm{d}x}=\arctan\left(\dfrac{3x-2}{3x+2}\right)^2\dfrac{12}{(3x+2)^2}$,所以$\left.\dfrac{\mathrm{d}y}{\mathrm{d}x}\right|_{x=0}=\dfrac{\pi}{4}\times 3=\dfrac{3}{4}\pi$。

问题 41 如何应用导数概念求有关极限问题或反问题:已知有关极限值,求可导函数在指定点处的导数?解这两类问题的关键是什么?

解这两类问题的关键是将题中的有关极限式化为导数定义的极限的两种形式之一。

例 5 (1) 已知 $f'(3)=2$,则$\lim\limits_{h\to 0}\dfrac{f(3-h)-f(3)}{2h}=$________;

(2) 已知 $f'(x_0)=-1$,则$\lim\limits_{x\to 0}\dfrac{x}{f(x_0-2x)-f(x_0-x)}=$________。

解 (1) $f'(3)=2$ 是导数在 $x=3$ 一点处有定义的等价说法,有定义是指在 $x=3$ 处有对应值增量比的极限$\lim\limits_{h\to 0}\dfrac{f(3+h)-f(3)}{h}=f'(3)$。本题已知导数值 $f'(3)=2$ 求有关极限值问题,其关键是将极限式化为导数定义的极限形式,即

$$\lim_{h\to 0}\frac{f(3-h)-f(3)}{2h}=-\frac{1}{2}\lim_{h\to 0}\frac{f(3-h)-f(3)}{-h}=-\frac{1}{2}f'(3)=-1。$$

(2) 已知 $f'(x_0)=\lim\limits_{x\to 0}\dfrac{f(x_0+x)-f(x_0)}{x}=-1$,则有

$$\lim_{x\to 0}\frac{f(x_0-2x)-f(x_0-x)}{x}=\lim_{x\to 0}\frac{f(x_0-2x)-f(x_0)+f(x_0)-f(x_0-x)}{x}$$

$$=\lim_{x\to 0}\left[(-2)\frac{f(x_0-2x)-f(x_0)}{-2x}+\frac{f(x_0-x)-f(x_0)}{-x}\right]=-2f'(x_0)+f'(x_0)$$

$=-f'(x_0)$,所以$\lim\limits_{x\to 0}\dfrac{x}{f(x_0-2x)-f(x_0-x)}=-\dfrac{1}{f'(x_0)}=1$。

例 6 设 $f(x)$为可导函数,且满足$\lim\limits_{x\to 0}\dfrac{f(1)-f(1-x)}{2x}=-1$,则曲线 $y=f(x)$在点$(1,f(1))$处的切线斜率为( )。

(A) 2 (B) -1 (C) $\dfrac{1}{2}$ (D) -2

分析 这是反问题,已知极限值,求可导函数在一点处的导数。解题关键是将题中的极限式化为导数定义的极限形式。

解 因为$-1=\lim\limits_{x\to 0}\dfrac{f(1)-f(1-x)}{2x}=\dfrac{1}{2}\lim\limits_{x\to 0}\dfrac{f(1-x)-f(1)}{-x}=\dfrac{1}{2}f'(1)$,所以 $f'(1)=-2$。故曲线 $y=f(x)$在点$(1,f(1))$处的切线斜率为-2。应选(D)。

例 7　已知 $f(x)$是周期为 5 的连续函数，它在 $x=0$ 的某个邻域内满足关系式 $f(1+\sin x)-3f(1-\sin x)=8x+o(x)$，且 $f(x)$在 $x=1$ 处可导，求曲线 $y=f(x)$在点$(6,f(6))$处的切线方程。

分析　$f(x)$在 $x=1$ 处可导，是导数在 $x=1$ 一点处有定义的等价说法，要证 $f(x)$在 $x=6$ 处可导，因周期函数的导数仍为周期函数，证明如下。

$f'(6)=\lim\limits_{\Delta x\to 0}\dfrac{f(6+\Delta x)-f(6)}{\Delta x}=\lim\limits_{\Delta x\to 0}\dfrac{f(1+\Delta x)-f(1)}{\Delta x}$(周期函数)$=f'(1)$存在，所以 $f(x)$在 $x=6$ 处可导，且 $f'(6)=f'(1)$，则曲线 $y=f(x)$在点$(6,f(6))$处的切线方程为 $y-f(6)=f'(6)(x-6)$，从而需求出 $f(6)$，$f'(6)$。由于 $f(6)=f(1)$，$f'(6)=f'(1)$，问题化为求出 $f(1)$，$f'(1)$的具体数值。如何求出 $f(1)$和 $f'(1)$呢？可由关系式 $f(1+\sin x)-3f(1-\sin x)=8x+o(x)$求出。由关系式的形式，自然想到利用函数极限与无穷小关系定理。

解　由函数极限与无穷小关系定理知，

$\lim\limits_{x\to 0}[f(1+\sin x)-3f(1-\sin x)]=\lim\limits_{x\to 0}[8x+o(x)]=0$ 得 $f(1)-3f(1)=0$，故 $f(1)=0$。

又$\lim\limits_{x\to 0}\dfrac{f(1+\sin x)-3f(1-\sin x)}{x}=\lim\limits_{x\to 0}\dfrac{8x+o(x)}{x}=8$，这是已知极限值求可导函数 $f(x)$在 $x=1$ 处导数 $f'(1)$的问题，其解题关键是将有关极限式$\lim\limits_{x\to 0}\dfrac{f(1+\sin x)-3f(1-\sin x)}{x}=8$化为导数定义极限的形式。于是

$$\begin{aligned}&\lim_{x\to 0}\frac{f(1+\sin x)-f(1)+f(1)-3f(1-\sin x)}{x}\\&=\lim_{x\to 0}\left[\frac{\sin x}{x}\left(\frac{f(1+\sin x)-f(1)}{\sin x}+3\ \frac{f(1-\sin x)-f(1)}{-\sin x}\right)\right](\text{因为 } f(1)=0\text{，所以 } 3f(1)=0)\\&=4f'(1)=8,\end{aligned}$$

所以 $f'(1)=2$，即 $f'(6)=2$，$f(6)=f(1)=0$，故所求切线方程为 $y=2(x-6)$，即 $y=2x-12$。

问题 42　"函数的本质是对应关系"在求一元函数 $f(x)$的导数中有何应用？

函数 $f(x)$在 x_0 处有定义是指函数 $f(x)$在 x_0 处有对应值。而对导数而言，函数的导数在 x_0 处有定义是指其对应值增量比的极限存在，$\lim\limits_{\Delta x\to 0}\dfrac{\Delta y}{\Delta x}=\lim\limits_{\Delta x\to 0}\dfrac{f(x_0+\Delta x)-f(x_0)}{\Delta x}\overset{\text{记为}}{=\!=\!=}f'(x_0)$。当$\lim\limits_{\Delta x\to 0}\dfrac{f(x_0+\Delta x)-f(x_0)}{\Delta x}$不存在时，称导数在 x_0 处无定义，或者称函数 $f(x)$在 x_0 处不可导，上述关系即函数的本质是对应关系，也称函数关系是对应关系。

例 8　$f(x)=\cos\sqrt[3]{x^2}$，求 $f'(0)$。

解　设 $f=\cos u$，$u=x^{\frac{2}{3}}$，则 $f'(x)=-\sin u\cdot\dfrac{2}{3}\cdot x^{-\frac{1}{3}}=-\dfrac{2}{3}\sin x^{\frac{2}{3}}\cdot x^{-\frac{1}{3}}$。

显然 $f'(x)$在 $x=0$ 处计算不出数值，那么能否马上说导数在 $x=0$ 处无定义，或者说 $f(x)$在 $x=0$ 处不可导？不能，因为函数的本质是对应关系，导函数 $f'(x)$在 $x=0$ 处有无定义，不全取决于计算不出数值，而取决于在 $x=0$ 处有没有对应值，而 $f'(0)$的对应值是增量比的极限

$$\lim_{x\to 0}\frac{f(x)-f(0)}{x}=\lim_{x\to 0}\frac{\cos\sqrt[3]{x^2}-1}{x}=-\lim_{x\to 0}\frac{1-\cos\sqrt[3]{x^2}}{(x^{\frac{2}{3}})^2}\cdot x^{\frac{1}{3}}=-\frac{1}{2}\cdot 0=0,$$

所以 $f'(x)$在 $x=0$ 处有对应值，故 $f(x)=\cos\sqrt[3]{x^2}$ 在 $x=0$ 处可导，且 $f'(0)=0$。

例 9　设 $f(x)=\sqrt[3]{x}-\sin\sqrt[3]{x}$，求 $f'(0)$。

解　$f'(x)=\frac{1}{3}\cdot x^{-\frac{2}{3}}-\cos\sqrt[3]{x}\cdot\frac{1}{3}\cdot x^{-\frac{2}{3}}$，显然 $f'(x)$在 $x=0$ 处计算不出数值。分析同例 8 的分析。因为 $f'(0)$在 $x=0$ 处的对应值 $f'(0)=\lim\limits_{x\to0}\frac{f(x)-f(0)}{x}=\lim\limits_{x\to0}\frac{\sqrt[3]{x}-\sin\sqrt[3]{x}}{x}=\lim\limits_{x\to0}\frac{\sqrt[3]{x}-\sin\sqrt[3]{x}}{(\sqrt[3]{x})^3}=\frac{1}{6}\left(\lim\limits_{\square\to0}\frac{\square-\sin\square}{\square^3}=\frac{1}{6}\right)$，所以 $f'(x)$在 $x=0$ 处有对应值，即 $f'(0)=\frac{1}{6}$。

问题 43　为什么分段函数在衔接点处的导数必须用导数定义(三步法则)求？能否用学过的高等数学知识解释？何谓分段函数求导方法？

例 10　下面做法是否正确？

(1) 设 $f(x)=\begin{cases}x^2\sin\frac{1}{x}, & x\neq0,\\ 0, & x=0,\end{cases}$ 求 $f'(0)$。

当 $x\neq0$ 时，$f'(x)=2x\sin\frac{1}{x}-\cos\frac{1}{x}$，显然在 $x=0$ 时，$f'(x)$计算不出数值，又 $\lim\limits_{x\to0}f'(x)=\lim\limits_{x\to0}\left(2x\sin\frac{1}{x}-\cos\frac{1}{x}\right)$摆动不存在，所以 $f(x)$的导数在 $x=0$ 处无定义，或者说函数 $f(x)$在 $x=0$ 处不可导。

(2) 设 $f(x)=\begin{cases}x+x^2\sin\frac{1}{x}, & x>0,\\ 0, & x=0\\ \sin x+x^2\cos\frac{1}{x}, & x<0,\end{cases}$，求 $f'(0)$。

当 $x>0$ 时，$f'(x)=1+2x\sin\frac{1}{x}-\cos\frac{1}{x}$，显然 $f'(x)$在 $x=0$ 处计算不出数值，又 $f'(0+0)=\lim\limits_{x\to0^+}f'(x)=\lim\limits_{x\to0^+}\left(1+2x\sin\frac{1}{x}-\cos\frac{1}{x}\right)$，摆动不存在。

当 $x<0$ 时，$f'(x)=\cos x+2x\cos\frac{1}{x}+\sin\frac{1}{x}$，显然 $f'(x)$在 $x=0$ 处计算不出数值，又 $f'(0-0)=\lim\limits_{x\to0^-}f'(x)=\lim\limits_{x\to0^-}\left(\cos x+2x\cos\frac{1}{x}+\sin\frac{1}{x}\right)$，摆动不存在。则 $f'_+(0)$与 $f'_-(0)$都不存在，从而 $f(x)$在 $x=0$ 处不可导，或者说导数在 $x=0$ 处无定义。

解　(1)、(2)解法及给出的结论都是错误的，即 $f(x)$在 $x=0$ 处不可导(或导数在 $x=0$ 处无定义)的结论是错误的。用学过的高等数学知识解释如下：因为函数的本质是对应关系，一个函数在一点处是否有定义，不完全取决于能否计算出数值，而取决于函数在该点处有没有对应值。导函数 $f'(x)$在 $x=0$ 处的对应值是增量比的极限$\lim\limits_{x\to0}\frac{f(x)-f(0)}{x}$，若上述极限存在则可导或导数在 $x=0$ 处有定义，否则不可导。

(1) $f'(0)=\lim\limits_{x\to 0}\dfrac{f(x)-f(0)}{x}=\lim\limits_{x\to 0}\dfrac{x^2\sin\frac{1}{x}}{x}=\lim\limits_{x\to 0}x\sin\dfrac{1}{x}=0$(无穷小性质),即 $f'(x)$在 $x=0$处有对应值 0,所以 $f(x)$在 $x=0$ 处可导,或导数在 $x=0$ 处有定义,且 $f'(0)=0$。

(2) 分段函数有第一类衔接点时,其函数增量仍为分段函数,且分段函数增量在 $x=0$ 的两侧数学式子不一样,所以求这样的增量比的极限必须讨论左、右极限。$f'_+(0)$与 $f'_-(0)$ 的对应值分别为

$$f'_+(0)=\lim_{x\to 0^+}\frac{f(x)-f(0)}{x}=\lim_{x\to 0}\frac{x+x^2\sin\frac{1}{x}}{x}=\lim_{x\to 0^+}\left(1+x\sin\frac{1}{x}\right)=1,$$

$$f'_-(0)=\lim_{x\to 0^-}\frac{\sin x+x^2\cos\frac{1}{x}}{x}=\lim_{x\to 0^+}\left[\frac{\sin x}{x}+x\cos\frac{1}{x}\right]=1,$$

因为 $f'_+(0)=f'_-(0)$是导数在 $x=0$ 处有定义的充分必要条件,所以 $f'(0)=1$。

点评　符号 $f'_+(0)$与 $f'(0+0)$,$f'_-(0)$与 $f'(0-0)$是有区别的,$f'_+(0)$与 $f'_-(0)$称为函数 $f(x)$在点 $x=0$ 处的右导数与左导数;而 $f'(0+0)$与 $f'(0-0)$称为导函数 $f'(x)$在 $x=0$ 处的右极限与左极限。本题 $f'(0+0)$与 $f'(0-0)$均不存在,而 $f'_+(0)$与 $f'_-(0)$均存在且相等。请读者进一步考虑:在什么条件 $f'_+(0)=f'(0+0)$,$f'_-(0)=f'(0-0)$。

小结　分段函数求导方法:

(1) 求分段函数第一类衔接点处的导数,必须用导数定义(三步法则)分别求增量比$\dfrac{\Delta y}{\Delta x}$的左、右极限,若存在且相等,则可导,否则不可导;

(2) 求分段函数第二类衔接点处的导数,必须用导数定义(三步法则)求增量比$\dfrac{\Delta y}{\Delta x}$的极限,若存在,则可导,否则不可导;

(3) 求分段函数非衔接点处的导数时,应用求导法则和公式(参见文献[6])。

例 11　设 $f(x)=\begin{cases}x\arctan\dfrac{1}{x^2}, & x\neq 0,\\ 0, & x=0,\end{cases}$试讨论 $f'(x)$在 $x=0$ 处的连续性。

分析　因为 $x=0$ 是分段函数的第二类衔接点,所以求导时应用分段函数求导方法的(2)(3)求。

解　当 $x\neq 0$ 时应用法则和公式求,即

$$f'(x)=\arctan\frac{1}{x^2}+x\cdot\frac{1}{1+\left(\frac{1}{x^2}\right)^2}\cdot\frac{-2}{x^3}=\arctan\frac{1}{x^2}-\frac{2x^2}{1+x^4},$$

$$f'(0)=\lim_{x\to 0}\frac{f(x)-f(0)}{x}=\lim_{x\to 0}\frac{x\arctan\frac{1}{x^2}}{x}=\lim_{x\to 0}\arctan\frac{1}{x^2}=\frac{\pi}{2},$$

$$\lim_{x\to 0}f'(x)=\lim_{x\to 0}\left[\arctan\frac{1}{x^2}-\frac{2x^2}{1+x^4}\right]=\frac{\pi}{2}。$$

因为$\lim\limits_{x\to 0}f'(x)=f'(0)=\dfrac{\pi}{2}$,所以 $f'(x)$在 $x=0$ 处连续。

第三节　高阶导数

问题 44　何谓反函数求导法则？如何利用反函数求导法则求反函数的二阶以上的导数？

如果函数 $x=\varphi(y)$在某区间 I_y 内单调可导且$\varphi'(y)\neq 0$，那么它的反函数 $y=f(x)$在对应区间 I_x 内也可导，且有 $f'(x)=\dfrac{1}{\varphi'(y)}$成立。

简言之，反函数导数 $f'(x)$等于直接函数导数 $\varphi'(y)$的倒数，称此求导法则为反函数求导法则。

例 1　试从$\dfrac{dx}{dy}=\dfrac{1}{y'}$导出：

(1) $\dfrac{d^2x}{dy^2}=-\dfrac{y''}{(y')^3}$；　　(2) $\dfrac{d^3x}{dy^3}=\dfrac{3(y'')^2-y'y'''}{(y')^5}$。

分析　属于利用反函数求导法则求反函数二阶以上导数的题型。

(1) 弄清楚记号：$\dfrac{dx}{dy}$，$\dfrac{d^2x}{dy^2}$，$\dfrac{d^3x}{dy^3}$及 y'，y''，y'''的意义。记号$\dfrac{dx}{dy}$表示x 是函数，y 是自变量，且是函数 x 对自变量 y 的一阶导数，因此$\dfrac{dx}{dy}$是 y 的函数；同理记号$\dfrac{d^2x}{dy^2}$，$\dfrac{d^3x}{dy^3}$都是自变量y 的函数。记号 $y'=\dfrac{dy}{dx}$，$y''=\dfrac{d^2y}{dx^2}$，$y'''=\dfrac{d^3y}{dx^3}$都是自变量 x 的函数。

(2) 分析$\dfrac{dx}{dy}=\dfrac{1}{y'}$的函数关系，上式右端$\dfrac{1}{y'}$是 x 的函数，左端$\dfrac{dx}{dy}$是 y 的函数，整个等式$\dfrac{dx}{dy}=\dfrac{1}{y'}$的自变量取决于左端，故 y 是自变量，所以右端$\dfrac{1}{y'}$是自变量 y 的复合函数，即右端的 x 既是中间变量，又是自变量 y 的函数。由上述分析得，$\dfrac{dx}{dy}=\dfrac{1}{y'}$的右端$\dfrac{1}{y'}$是复合函数。从而得到函数$\left(\text{左端}\dfrac{dx}{dy}\right)$、中间变量$(x)$、自变量$(y)$的关系图为$\dfrac{dx}{dy}$—$x$—$y$，所以求$\dfrac{d^2x}{dy^2}=\dfrac{d}{dy}\left(\dfrac{dx}{dy}\right)$时，应用复合函数求导法则，再应用一次反函数求导法则，便得所求。同理可得求反函数的三阶导数的函数$\left(\dfrac{d^2x}{dy^2}\right)$、中间变量$(x)$、自变量$(y)$间的关系图为$\dfrac{d^2x}{dy^2}$—$x$—$y$。

解　(1) 应用复合函数求导法则，得 $\dfrac{d^2x}{dy^2}=\dfrac{d}{dy}\left(\dfrac{dx}{dy}\right)=\dfrac{d}{dy}\left(\dfrac{1}{y'}\right)=\dfrac{d}{dx}\left(\dfrac{1}{y'}\right)\cdot\dfrac{dx}{dy}$ $\left(\text{应用一次反函数求导法则}\dfrac{dx}{dy}=\dfrac{1}{y'}\right)=\dfrac{-y''}{(y')^2}\cdot\dfrac{1}{y'}=\dfrac{-y''}{(y')^3}$。

(2) 应用一次复合函数求导法则，得

$$\frac{d^3x}{dy^3}=\frac{d}{dy}\left(\frac{d^2x}{dy^2}\right)=\frac{d}{dy}\left(\frac{-y''}{(y')^3}\right)=\frac{d}{dx}\left(\frac{-y''}{(y')^3}\right)\cdot\frac{dx}{dy}\text{(应用一次反函数求导法则)}$$

$$=\frac{-y'''(y')^3+y''\cdot 3(y')^2\cdot y''}{(y')^6}\cdot\frac{1}{y'}=\frac{3(y'')^2-y'y'''}{(y')^5}。$$

例 2　设函数 $y=y(x)$ 在 $(-\infty,+\infty)$ 内具有二阶导数，且 $y'\neq 0$，$x=x(y)$ 是 $y=y(x)$ 的反函数，试将 $x=x(y)$ 所满足的微分方程 $\frac{d^2x}{dy^2}+(y+\sin x)\left(\frac{dx}{dy}\right)^3=0$ 变换为 $y=y(x)$ 满足的微分方程。

分析　应用反函数求导法则，将直接函数 $x=x(y)$ 所满足的微分方程化为其反函数 $y=y(x)$ 所满足的微分方程。

解　因为 $\frac{dx}{dy}=\frac{1}{y'}$，所以 $\frac{d^2x}{dy^2}=\frac{d}{dy}\left(\frac{1}{y'}\right)$（应用一次复合函数求导法则）$=\frac{d}{dx}\left(\frac{1}{y'}\right)\cdot\frac{dx}{dy}$（再应用一次反函数求导法则）$=\frac{-y''}{(y')^2}\cdot\frac{1}{y'}=\frac{-y''}{(y')^3}$，代入所给的微分方程得，$\frac{-y''}{(y')^3}+(y+\sin x)\left(\frac{1}{y'}\right)^3\Rightarrow y''-y=\sin x$ 为所求。

点评　应用反函数求导法则，求二阶以上的导数，每求一阶导数，应用复合函数求导法则和反函数求导法则各一次。

问题 45　何谓"会求简单函数的 n 阶导数"？

"会求简单函数的 n 阶导数"是全国高校高等数学课委会所制订的教学基本要求中提出的。会求是指会用下面五个 n 阶求导数公式：

(1) $\sin^{(n)}x=\sin\left(x+\frac{n\pi}{2}\right)$；　　(2) $\cos^{(n)}x=\cos\left(x+\frac{n\pi}{2}\right)$；

(3) $\left(\frac{1}{1+x}\right)^{(n)}=\frac{(-1)^n n!}{(1+x)^{n+1}}\left(一般\left(\frac{1}{a+x}\right)^{(n)}=\frac{(-1)^n n!}{(a+x)^{n+1}}\right)$；

(4) $\left(\frac{1}{1-x}\right)^{(n)}=\frac{n!}{(1-x)^{n+1}}\left(一般\left(\frac{1}{a-x}\right)^{(n)}=\frac{n!}{(a-x)^{n+1}}\right)$；

(5) 莱布尼茨公式 $(uv)^{(n)}=\sum_{k=0}^{n}C_n^k u^{(n-k)}v^{(k)}$。

例 3　求下列函数的二阶导数：

(1) $y=x\cos x$；　　(2) $y=e^{-t}\sin t$；

(3) $y=(1+x^2)\arctan x$；　　(4) $y=xe^{x^2}$；

(5) $y=\ln(x+\sqrt{1+x^2})$；

解　(1) $y'=\cos x-x\sin x$，$y''=-2\sin x-x\cos x$。

(2) $\frac{dy}{dt}=-e^{-t}\sin t+e^{-t}\cos t=e^{-t}(\cos t-\sin t)$，

$\frac{d^2y}{dt^2}=-e^{-t}(\cos t-\sin t)+e^{-t}(-\sin t-\cos t)=-2e^{-t}\cos t$。

(3) $y'=2x\arctan x+1$，$y''=2\arctan x+\frac{2x}{1+x^2}$。

(4) $y'=e^{x^2}+2x^2e^{x^2}=e^{x^2}(2x^2+1)$，

$y''=2xe^{x^2}(2x^2+1)+4xe^{x^2}=e^{x^2}(4x^3+6x)$。

(5) $y'=\frac{1}{x+\sqrt{1+x^2}}\left[1+\frac{2x}{2\sqrt{1+x^2}}\right]=\frac{1}{\sqrt{1+x^2}}$，

$$y''=\left((1+x^2)^{-\frac{1}{2}}\right)'=-(1+x^2)^{-\frac{3}{2}}\frac{2x}{2}=\frac{-x}{(1+x^2)^{\frac{3}{2}}}。$$

例 4　求下列函数所指定的阶的导数：

(1) $y=e^x\cos x$，求 $y^{(4)}$；　　(2) $y=x^2\sin 2x$，求 $y^{(50)}$；

提示　莱布尼茨公式 $(uv)^{(n)}=\sum_{k=0}^{n}C_n^k u^{(n-k)}v^{(k)}$。

解　(1) $y^{(4)}=(e^x\cos x)^{(4)}=(e^x)^{(4)}\cos x+4(e^x)^{(3)}(\cos x)'+\left(\frac{4\cdot 3}{2!}\right)(e^x)''(\cos x)''+$

$$\left(\frac{4\cdot 3\cdot 2}{3!}\right)(e^x)'(\cos x)'''+e^x(\cos x)^{(4)}$$

$$=e^x\cos x-4e^x\sin x-6e^x\cos x+4e^x\sin x+e^x\cos x=-4e^x\cos x。$$

(2) $y^{(50)}=(x^2\sin 2x)^{(50)}$

$$=(\sin 2x)^{(50)}\cdot x^2+50\cdot(\sin 2x)^{(49)}\cdot 2x+1225\cdot(\sin x)^{(48)}\cdot 2+0。$$

因为

$$(\sin 2x)^{(50)}=\sin\left(2x+50\times\frac{\pi}{2}\right)\cdot 2^{50}=-2^{50}\sin 2x;$$

$$(\sin 2x)^{49}=2^{49}\sin\left(2x+49\times\frac{\pi}{2}\right)=2^{49}\cos 2x;$$

$$(\sin 2x)^{48}=2^{48}\sin 2x;$$

所以 $y^{(50)}=2^{50}\cdot\left(-x^2\sin 2x+50x\cdot\cos 2x+1225\cdot\frac{\sin 2x}{2}\right)$。

例 5　求下列函数的 n 阶导数：

(1) $y=\sin^2 x$；　　(2) $y=\frac{1}{6-x-x^2}$；

(3) $y=\sin^4 x+\cos^4 x$；　　(4) $y=\ln(1-x^2)$。

解　(1) $y'=2\sin x\cos x=\sin 2x$，$y''=\cos 2x\cdot 2=2\sin\left(2x+\frac{\pi}{2}\right),\cdots$，

所以　$y^{(n)}=(\sin 2x)^{(n-1)}=2^{n-1}\sin\left(2x+(n-1)\frac{\pi}{2}\right)$。

(2) $y=\frac{1}{(2-x)(3+x)}=\frac{1}{5}\left[\frac{1}{2-x}+\frac{1}{3+x}\right]$，

所以　$y^{(n)}=\frac{1}{5}\left[\frac{1}{2-x}+\frac{1}{3+x}\right]^{(n)}=\frac{1}{5}\left[\frac{n!}{(2-x)^{n+1}}+\frac{(-1)^n n!}{(3+x)^{n+1}}\right]$。

(3) $y'=4\sin^3 x\cos x-4\cos^3 x\sin x=4\sin x\cos x(\sin^2 x-\cos^2 x)=-\sin 4x$，

所以　$y^{(n)}=(-\sin 4x)^{(n-1)}=-4^{n-1}\sin\left[\left(4x+(n-1)\frac{\pi}{2}\right)\right]$。

点评　利用公式 $\sin^{(n)}x=\sin\left(x+\frac{n\pi}{2}\right)$(或 $\cos^{(n)}x$)求 n 阶导数，若一阶一阶求时，每求一阶导数必须都化为用 sin 符号表示(同理 $\cos^{(n)}x$ 每求一阶导数都用 cos 符号表示)，这样才能找出一般规律。

(4) $y=\ln(1-x)+\ln(1+x)$，$y'=\frac{1}{1+x}-\frac{1}{1-x}$，

$$y^{(n)}=\left[\frac{1}{1+x}-\frac{1}{1-x}\right]^{(n-1)}=\frac{(-1)^{n-1}(n-1)!}{(1+x)^n}-\frac{(n-1)!}{(1-x)^n}。$$

例 6　求函数 $f(x)=x^2\ln(1+x)$ 在 $x=0$ 处的 n 阶导数 $f^{(n)}(0)(n\geqslant 3)$。

分析　利用 $(uv)^{(n)}=\sum\limits_{k=0}^{n}C_n^k u^{(n-k)}v^{(k)}$，先求出 $f^{(n)}(x)$ 后令 $x=0$，求 $f^{(n)}(0)$。

解

$$\begin{aligned}f^{(n)}(x)&=(x^2\ln(1+x))^{(n)}=[\ln(1+x)]^{(n)}\cdot x^2+n[\ln(1+x)]^{(n-1)}\cdot 2x+\\&\quad\frac{n(n-1)}{2}[\ln(1+x)]^{(n-2)}\cdot 2+0\\&=x^2\frac{(-1)^{n-1}(n-1)!}{(1+x)^n}+2nx\frac{(-1)^{n-2}(n-2)!}{(1+x)^{n-1}}+n(n-1)\frac{(-1)^{n-3}(n-3)!}{(1+x)^{n-2}}。\end{aligned}$$

所以

$$f^{(n)}(0)=(-1)^{n-3}n(n-1)(n-3)!=\frac{(-1)^{n-1}n!}{n-2}(n\geqslant 3)。$$

第四节　隐函数及由参数方程所确定的函数的导数，相关变化率

问题 46　何谓隐函数求导法则?

隐函数求导法则: 假设已知方程 $F(x,y)=0$ 确定了一个隐函数 $y=y(x)$。

(1) 将方程 $F(x,y)=0$ 中的 y 视为 x 的函数，记作 $y=y(x)$;

(2) 在方程的两边同时对 x 求导，求导时应用和、差、积、商及复合函数(方程中的 y^2，y^3，e^y，$\sin y$，…都是 x 的复合函数)求导法则，得一个含有一阶导数的新方程 $\Phi(x,y,y'(x))=0$;

(3) 从新方程 $\Phi(x,y,y'(x))=0$ 中解出一阶导数 $y'(x)$。

称(1)(2)(3)为隐函数求导法则。

例 1　求由下列方程所确定的隐函数的导数 $\frac{dy}{dx}$:

(1) $xy=e^{x+y}$;　　　　(2) $y=1-xe^y$。

解　(1) 设 $y=y(x)$，则 $\frac{d}{dx}(xy)=\frac{d}{dx}e^{x+y}$，$y+xy'=e^{x+y}(1+y')$，解得 $y'=\frac{y-e^{x+y}}{e^{x+y}-x}$。

(2) 设 $y=y(x)$，则 $\frac{dy}{dx}=\frac{d}{dx}(1-xe^y)$，$y'=-e^y-xe^yy'$，解得 $y'=\frac{-e^y}{1+xe^y}$。

例 2　求曲线 $x^{\frac{2}{3}}+y^{\frac{2}{3}}=a^{\frac{2}{3}}$ 在点 $\left(\frac{\sqrt{2}}{4}a,\frac{\sqrt{2}}{4}a\right)$ 处的切线方程和法线方程。

解　设 $y=y(x)$，则 $\frac{d}{dx}\left(x^{\frac{2}{3}}+y^{\frac{2}{3}}\right)=\frac{d}{dx}a^{\frac{2}{3}}$，$\frac{2}{3}x^{-\frac{1}{3}}+\frac{2}{3}y^{-\frac{1}{3}}y'=0$。

所以

$$y'=-\frac{y^{\frac{1}{3}}}{x^{\frac{1}{3}}},k_{切}=y'\Big|_{\left(\frac{\sqrt{2}}{4}a,\frac{\sqrt{2}}{4}a\right)}=-1,k_{法}=1。$$

切线方程为 $y-\frac{\sqrt{2}a}{4}=-\left(x-\frac{\sqrt{2}a}{4}\right)$，即 $x+y-\frac{\sqrt{2}a}{2}=0$。

法线方程为 $y-\frac{\sqrt{2}a}{4}=x-\frac{\sqrt{2}a}{4}$，即 $y=x$。

例 3　求由下列方程所确定的隐函数的二阶导数$\frac{d^2y}{dx^2}$：

(1) $b^2x^2+a^2y^2=a^2b^2$；　　(2) $y=1+xe^y$。

解　(1) 设 $y=y(x)$，则$(b^2x^2+a^2y^2)'=(a^2b^2)'$，$2b^2x+2a^2yy'=0$，

$$b^2x+a^2yy'=0。\tag{Ⅰ}$$

对式(Ⅰ)两边求导有$(b^2x+a^2yy')'=0$，

$$b^2+a^2y'^2+a^2yy''=0。\tag{Ⅱ}$$

由式(Ⅰ)得 $y'=-\frac{b^2x}{a^2y}$，代入式(Ⅱ)，得

$$y''=-\frac{b^2(b^2x^2+a^2y^2)}{a^4y^3}=-\frac{b^4}{a^2y^3}。$$

(2) 设 $y=y(x)$，则

$$y'=(1+xe^y)'=e^y+xe^yy',\tag{Ⅲ}$$

因此

$$y''=(e^y+xe^yy')'=e^yy'+e^yy'+xe^yy'^2+xe^yy''。\tag{Ⅳ}$$

由式(Ⅲ)得 $y'=\frac{e^y}{1-xe^y}$，代入式(Ⅳ)得

$$y''=\frac{2e^{2y}-xe^{3y}}{(1-xe^y)^3}\quad 或\quad y''=\frac{(3-y)e^{2y}}{(2-y)^3}。$$

例 4　设函数 $y=y(x)$由方程 $e^y+xy=e$ 所确定，求 $y''(0)$。

解　设 $y=y(x)$，则

$$(e^y+xy)'=(e)',$$

$$e^yy'+y+xy'=0,\tag{Ⅰ}$$

$$(e^yy'+y+xy')'=0。$$

$$e^yy'^2+e^yy''+2y'+xy''=0。\tag{Ⅱ}$$

将 $x=0$ 代入 $e^y+xy=e$，得 $y=1$。将 $x=0,y=1$ 代入式(Ⅰ)，得 $y'(0)=-\frac{1}{e}$。将 $x=0,y=1,y'=-\frac{1}{e}$代入式(Ⅱ)，得 $y''(0)=\frac{1}{e^2}$。

点评　隐函数 $y=y(x)$求给定点处的二阶导数有两种算法：

(1) 应用隐函数求导法则求得一个含有一阶导数的新方程，从新方程中解出 y'，再应用商的求导法则求出 y''，然后将 x_0 代入得 $y''(x_0)$，这种方法计算量大(商求导)，易出错。(2)如例 4 求出式(Ⅰ)和(Ⅱ)，将 $x_0,y(x_0)$代入式(Ⅰ)，得 $y'(x_0)$，再将 $x_0,y(x_0),y'(x_0)$代入式(Ⅱ)求出 $y''(x_0)$，此法减少了运算也就减少了运算错误！

问题 47　何谓对数求导法？

利用对数运算性质：(1)变乘除为加减；(2)变乘方、开方为乘法运算，所以对数求导法是求下面两类函数导数的一种方法。

(1) 幂指函数 $y=u(x)^{v(x)}$，其中 $u(x)>0$，$v(x)$均可导，求 y'时一般常用对数求导法，即 $\ln y=v(x)\ln u(x)$，两边对 x 求导；

(2) 有限次乘、除运算和乘方、开方运算，如

$$y=(x^3+1)^4\cdot\sqrt{\frac{(x-1)(x-2)(x+3)}{(x+4)(x+5)(x+7)}}。$$

例5　用对数求导法求下列函数的导数：

(1) $y=\left(\frac{x}{1+x}\right)^x$；　　(2) $y=\frac{\sqrt{x+2}(3-x)^4}{(x+1)^5}$。

解　(1) $\ln y=x(\ln x-\ln(1+x))$，$(\ln y)'=[x(\ln x-\ln(1+x))]'$，

$$\frac{y'}{y}=(\ln x-\ln(1+x))+x\left(\frac{1}{x}-\frac{1}{1+x}\right),$$

$$y'=\left(\frac{1}{1+x}\right)^x\left[\ln x-\ln(1+x)+\frac{1}{1+x}\right]。$$

(2) $\ln y=\frac{\ln(x+2)}{2}+4\ln(3-x)-5\ln(1+x)$，上式两边求导，得

$$\frac{1}{y}\cdot y'=\frac{1}{2(x+2)}-\frac{4}{3-x}-\frac{5}{1+x},$$

$$y'=\frac{\sqrt{x+2}(3-x)^4}{(x+1)^5}\left[\frac{1}{2(x+2)}-\frac{4}{3-x}-\frac{5}{1+x}\right]。$$

例6　设函数 $y=y(x)$ 由方程 $xe^{f(y)}=e^y$ 确定，其中 f 具有二阶导数，且 $f'\neq 1$，求 $\frac{d^2y}{dx^2}$。

分析　根据所给方程 $xe^{f(y)}=e^y$ 的特点，利用对数求导法解较方便。

解　$\ln(xe^{f(y)})=\ln e^y$，

$$\ln x+f(y)=y,\tag{Ⅰ}$$

对式(Ⅰ)两边关于 x 求导，得

$$\frac{1}{x}+f'(y)y'=y',\tag{Ⅱ}$$

对式(Ⅱ)两边关于 x 求导，得

$$-\frac{1}{x^2}+f''(y)y'^2+f'(y)y''=y''。\tag{Ⅲ}$$

由式(Ⅱ)得 $y'=\frac{1}{x(1-f'(y))}$，代入式(Ⅲ)得

$$y''=\frac{f''(y)-(1-f'(y))^2}{x^2(1-f'(y))^3}。$$

问题48　如何求由参数方程所确定函数的导数？

参数方程所确定的函数的求导方法为：

设参数方程为 $x=\varphi(t)$，$y=\psi(t)$。y 是 t 的函数，t 是 x 的函数，y 通过中间变量 t 是 x 的复合函数，即 $y=\psi(t)$，$t=\varphi^{-1}(x)$。由复合函数求导法则得 $\frac{dy}{dx}=\frac{dy}{dt}\cdot\frac{dt}{dx}$。再由反函数求导法则得 $\frac{dt}{dx}=\frac{1}{\frac{dx}{dt}}$。从而有 $\frac{dy}{dx}=\frac{\frac{dy}{dt}}{\frac{dx}{dt}}$。同理可得 $\frac{d^2y}{dx^2}=\frac{d}{dt}\left(\frac{dy}{dx}\right)\cdot\frac{dt}{dx}$（应用一次反函数求导

法则）$=\dfrac{\dfrac{\mathrm{d}}{\mathrm{d}t}\left(\dfrac{\mathrm{d}y}{\mathrm{d}x}\right)}{\dfrac{\mathrm{d}x}{\mathrm{d}t}}$，…以此类推得$\dfrac{\mathrm{d}^n y}{\mathrm{d}x^n}=\dfrac{\dfrac{\mathrm{d}}{\mathrm{d}t}\left(\dfrac{\mathrm{d}^{n-1}y}{\mathrm{d}x^{n-1}}\right)}{\dfrac{\mathrm{d}x}{\mathrm{d}t}}$。

小结　这种求导方法的实质是，每求一阶导数时，应用复合函数求导法则和反函数求导法则各一次（参见文献[3]）。

例 7　求由参数方程：$x=\theta(1-\sin\theta)$，$y=\theta\cos\theta$ 所确定的函数的导数$\dfrac{\mathrm{d}y}{\mathrm{d}x}$。

解　$$\frac{\mathrm{d}y}{\mathrm{d}x}=\frac{\dfrac{\mathrm{d}y}{\mathrm{d}\theta}}{\dfrac{\mathrm{d}x}{\mathrm{d}\theta}}=\frac{\cos\theta-\theta\sin\theta}{1-\sin\theta+\theta(-\cos\theta)}=\frac{\cos\theta-\theta\sin\theta}{1-\sin\theta-\theta\cos\theta}。$$

例 8　已知 $x=\mathrm{e}^t\sin t$，$y=\mathrm{e}^t\cos t$，求当 $t=\dfrac{\pi}{3}$时，$\dfrac{\mathrm{d}y}{\mathrm{d}x}$的值。

解　$$\frac{\mathrm{d}y}{\mathrm{d}x}=\frac{\dfrac{\mathrm{d}y}{\mathrm{d}t}}{\dfrac{\mathrm{d}x}{\mathrm{d}t}}=\frac{\cos t-\sin t}{\sin t+\cos t},\quad \left.\frac{\mathrm{d}y}{\mathrm{d}x}\right|_{x=\frac{\pi}{3}}=\frac{\cos\dfrac{\pi}{3}-\sin\dfrac{\pi}{3}}{\sin\dfrac{\pi}{3}+\cos\dfrac{\pi}{3}}=\frac{1-\sqrt{3}}{1+\sqrt{3}}。$$

例 9　求下列参数方程所确定的函数的二阶导数$\dfrac{\mathrm{d}^2 y}{\mathrm{d}x^2}$：

(1) $\begin{cases}x=a\cos t,\\ y=b\sin t;\end{cases}$　　(2) $\begin{cases}x=f'(t),\\ y=tf'(t)-f(t),\end{cases}$ 设 $f''(t)$存在且不为零。

解　(1) $$\frac{\mathrm{d}y}{\mathrm{d}x}=\frac{\dfrac{\mathrm{d}y}{\mathrm{d}t}}{\dfrac{\mathrm{d}x}{\mathrm{d}t}}=\frac{b\cos t}{-a\sin t}=-\frac{b}{a}\cot t,$$

$$\frac{\mathrm{d}^2 y}{\mathrm{d}x^2}=\frac{\dfrac{\mathrm{d}}{\mathrm{d}t}\left(\dfrac{\mathrm{d}y}{\mathrm{d}x}\right)}{\dfrac{\mathrm{d}x}{\mathrm{d}t}}=\frac{\dfrac{\mathrm{d}\left(-\dfrac{b}{a}\cot t\right)}{\mathrm{d}t}}{\dfrac{\mathrm{d}(a\cos t)}{\mathrm{d}t}}=\frac{b}{-a^2}\csc^3 t。$$

(2) $$\frac{\mathrm{d}y}{\mathrm{d}x}=\frac{\dfrac{\mathrm{d}y}{\mathrm{d}t}}{\dfrac{\mathrm{d}x}{\mathrm{d}t}}=\frac{\dfrac{\mathrm{d}(tf'(t)-f(t))}{\mathrm{d}t}}{\dfrac{\mathrm{d}f'(t)}{\mathrm{d}t}}=t,\quad \frac{\mathrm{d}^2 y}{\mathrm{d}x^2}=\frac{\dfrac{\mathrm{d}t}{\mathrm{d}t}}{\dfrac{\mathrm{d}f'(t)}{\mathrm{d}t}}=\frac{1}{f''(t)}。$$

例 10　求由参数方程 $x=\ln(1+t^2)$，$y=t-\arctan t$ 所确定的函数的三阶导数$\dfrac{\mathrm{d}^3 y}{\mathrm{d}x^3}$。

解　$$\frac{\mathrm{d}y}{\mathrm{d}x}=\frac{\dfrac{\mathrm{d}y}{\mathrm{d}t}}{\dfrac{\mathrm{d}x}{\mathrm{d}t}}=\frac{\dfrac{\mathrm{d}(t-\arctan t)}{\mathrm{d}t}}{\dfrac{\mathrm{d}\ln(1+t^2)}{\mathrm{d}t}}=\frac{1-\dfrac{1}{1+t^2}}{\dfrac{2t}{1+t^2}}=\frac{t}{2};$$

$$\frac{\mathrm{d}^2 y}{\mathrm{d}x^2}=\frac{\dfrac{\mathrm{d}}{\mathrm{d}t}\left(\dfrac{\mathrm{d}y}{\mathrm{d}x}\right)}{\dfrac{\mathrm{d}x}{\mathrm{d}t}}=\frac{\dfrac{\mathrm{d}\left(\dfrac{t}{2}\right)}{\mathrm{d}t}}{\dfrac{\mathrm{d}\ln(1+t^2)}{\mathrm{d}t}}=\frac{\dfrac{1}{2}}{\dfrac{2t}{1+t^2}}=\frac{1}{4}\left(\frac{1}{t}+t\right);$$

$$\frac{d^3y}{dx^3}=\frac{\frac{d}{dt}\left(\frac{d^2y}{dx^2}\right)}{\frac{dx}{dt}}=\frac{d\left[\frac{1}{4}\left(\frac{1}{t}+t\right)\right]}{dt}\cdot\frac{1}{\frac{d\ln(1+t^2)}{dt}}=\frac{\frac{1}{4}\left(1-\frac{1}{t^2}\right)}{\frac{2t}{1+t^2}}=\frac{t^4-1}{8t^3}。$$

例 11　曲线$\begin{cases}x=\cos^3 t,\\ y=\sin^3 t\end{cases}$上对应于$t=\frac{\pi}{6}$的法线方程是________。

解　求切点$x|_{t=\frac{\pi}{6}}=\frac{3}{8}\sqrt{3}$，$y|_{t=\frac{\pi}{6}}=\frac{1}{8}$，$\frac{dy}{dx}=\frac{\frac{dy}{dt}}{\frac{dx}{dt}}=\frac{3\sin^2 t\cos t}{-3\cos^2 t\sin t}=-\tan t$，$k_{切}=y'|_{t=\frac{\pi}{6}}=-\frac{1}{\sqrt{3}}$，$k_{法}=\sqrt{3}$，所求法线方程为$y-\frac{1}{8}=\sqrt{3}\left(x-\frac{3\sqrt{3}}{8}\right)$。

例 12　已知曲线方程是$\rho=1-\cos\theta$，求该曲线上对应于$\theta=\frac{\pi}{6}$处的切线与法线的直角坐标方程。

解　极坐标曲线$\rho=1-\cos\theta$在直角坐标系的参数方程为

$x=(1-\cos\theta)\cos\theta$，$y=(1-\cos\theta)\sin\theta$，

又$\frac{dy}{dx}=\frac{y'_\theta}{x'_\theta}=\frac{\sin^2\theta-\cos^2\theta+\cos\theta}{\sin\theta(2\cos\theta-1)}$，且$x|_{\theta=\frac{\pi}{6}}=\frac{\sqrt{3}}{2}\left(1-\frac{\sqrt{3}}{2}\right)$，$y|_{\theta=\frac{\pi}{6}}=\frac{1}{2}-\frac{\sqrt{3}}{4}$，而$k_{切}=y'|_{\theta=\frac{\pi}{6}}=1$，于是所求切线方程为$y-\frac{2-\sqrt{3}}{4}=x-\frac{2\sqrt{3}-3}{4}$，法线方程为$y-\frac{2-\sqrt{3}}{4}=-x+\frac{2\sqrt{3}-3}{4}$。

问题 49　何谓相关变化率？

相关变化率问题的一般提法是在某个变化过程中，涉及几个变量，如x,y,z等这几个变量之间存在着某种相互依赖关系，而它们又都是另一个变量t的可导函数。这样$\frac{dx}{dt}$，$\frac{dy}{dt}$，$\frac{dz}{dt}$之间同样也存在某种依赖关系。上述这种关系称为相关变化率。类型确定，解法固定。因此解决相关变化率问题的一般步骤是：

(1) 建立x,y,z之间的等式关系；

(2) 利用复合函数求导法则在等式两边对t求导。

例 13　落在平静水面上的石头，产生同心波纹。若最外一圈波半径的增大速率总是6m/s，问在2s时扰动水面面积增大的速率为多少？

解　设最外一圈波纹半径为r，扰动水面面积为S，则

$S=\pi r^2$，$\frac{dS}{dt}=2\pi r\frac{dr}{dt}$，又已知$\frac{dr}{dt}=6$，$\left.\frac{dS}{dt}\right|_{t=2}=2\pi r\left.\frac{dr}{dt}\right|_{t=2}$，所以$r=6t$，$r|_{t=2}=6\times2=12$，故$\left.\frac{dS}{dt}\right|_{t=2}=144\pi$。即在2s时扰动水面面积增大的速率为$144\pi m^2/s$。

第五节　函数的微分

问题 50　什么叫函数 $y=f(x)$在点 x_0 处可微？

若函数 $y=f(x)$在点 x_0 处的增量 $\Delta y=f(x_0+\Delta x)-f(x_0)$可以表示为 $\Delta y=A\Delta x+o(\Delta x)$，其中 A 为不依赖于 Δx 的量，则称 $y=f(x)$在点 x_0 处可微。线性主部 $A\Delta x$ 称为函数 $y=f(x)$在点 x_0 处的微分，记为 $\mathrm{d}y$，即 $\mathrm{d}y=A\Delta x=A\mathrm{d}x$(参见文献[4])。

例 1　求下列函数的微分：

(1) $y=\mathrm{e}^{-x}\cos(3-x)$；　　(2) $y=\arcsin\sqrt{1-x^2}$；

(3) $y=\tan^2(1+2x^2)$；　　(4) $y=\arctan\dfrac{1-x^2}{1+x^2}$；

(5) $y=A\sin(\omega t+\varphi)$($A,\omega,\varphi$ 为常数)。

解　(1) $\mathrm{d}y=\cos(3-x)\mathrm{d}\mathrm{e}^{-x}+\mathrm{e}^{-x}\mathrm{d}\cos(3-x)=\mathrm{e}^{-x}(\sin(3-x)-\cos(3-x))\mathrm{d}x$。

(2) $$\mathrm{d}y=\frac{1}{\sqrt{1-(\sqrt{1-x^2})^2}}\mathrm{d}\sqrt{1-x^2}=\begin{cases}-\dfrac{\mathrm{d}x}{\sqrt{1-x^2}}, & 0<x<1,\\ \dfrac{\mathrm{d}x}{\sqrt{1-x^2}}, & -1<x<0。\end{cases}$$

(3) $\mathrm{d}y=2\tan(1+2x^2)\mathrm{d}\tan(1+2x^2)=8x\tan(1+2x^2)\sec^2(1+2x^2)\mathrm{d}x$。

(4) $$\mathrm{d}y=\frac{1}{1+\left(\dfrac{1-x^2}{1+x^2}\right)^2}\mathrm{d}\,\frac{1-x^2}{1+x^2}=\frac{-2x}{1+x^4}\mathrm{d}x。$$

(5) $\mathrm{d}y=A\cos(\omega t+\varphi)\mathrm{d}(\omega t+\varphi)=A\omega\cos(\omega t+\varphi)\mathrm{d}t$。

例 2　已知 $y=f(x)$在任意一点 x 处的函数增量为 $\Delta y=\dfrac{y\Delta x}{1+x^2}+o(\Delta x)$，其中当 $\Delta x\to 0$ 时，$o(\Delta x)$是 Δx 的高阶无穷小，求 $\mathrm{d}y$。

解　由微分的定义知：微分是函数增量 Δy 的线性主部$\dfrac{y\Delta x}{1+x^2}$，又 $\Delta x=\mathrm{d}x$，所以 $\mathrm{d}y=\dfrac{y}{1+x^2}\mathrm{d}x$。

例 3　若函数 $y=f(x)$有 $f'(x_0)=\dfrac{1}{2}$，则当 $\Delta x\to 0$ 时，该函数在 $x=x_0$ 点处的微分 $\mathrm{d}y$ 是(　　)。

(A) 与 Δx 等价的无穷小　　(B) 与 Δx 同阶的无穷小

(C) 比 Δx 低阶的无穷小　　(D) 比 Δx 高阶的无穷小

解　由导数与微分的关系$\dfrac{\mathrm{d}y}{\mathrm{d}x}=f'(x_0)=\dfrac{1}{2}\to\dfrac{1}{2}\neq 0(\Delta x=\mathrm{d}x\to 0)$，$\mathrm{d}y$ 是 Δx 同阶且不是等价的无穷小，故选(B)。

问题 51　如何利用微分概念求由参数方程所确定的函数的导数？

将导数$\frac{dy}{dx}$视为函数的微分 dy 与自变量的微分 dx 之商，即$\frac{dy}{dx}=\frac{d\psi(t)}{d\varphi(t)}$，二阶导数是一阶导数$\frac{dy}{dx}$的微分 $d\left(\frac{dy}{dx}\right)$与自变量的微分 dx 之商，即$\frac{d^2y}{dx^2}=\frac{d\left(\frac{dy}{dx}\right)}{dx}=\frac{d\frac{\psi'(t)}{\varphi'(t)}}{d\varphi(t)}$。以此类推，$n$ 阶导数是 $n-1$ 阶导数的微分 $d\left(\frac{d^{n-1}y}{dx^{n-1}}\right)$与自变量的微分 dx 之商，即$\frac{d^ny}{dx^n}=\frac{d\left(\frac{d^{n-1}y}{dx^{n-1}}\right)}{dx}$。

例 4 设 $y=f(x)$由$\begin{cases}x=\arctan t,\\2y-ty^2+e^t=5\end{cases}$所确定，求$\frac{dy}{dx}$。

解 此题利用导数是微商的方法解方便。$dx=\frac{1}{1+t^2}dt$，$2dy-y^2dt-2tydy+e^tdt=0$，解得 $dy=\frac{y^2-e^t}{2-2ty}dt$，所以 $y'=\frac{(y^2-e^t)(1+t^2)}{2-2ty}$。

问题 52 能否将本章如何求导问题做个小结？

可以。一元函数 $y=f(x)$求导是高等数学的重要组成部分，必须熟练掌握。除了必须用导数定义(三步法则)求函数 $y=f(x)$在一点处导数的四种情况(详见问题 39)外，求导问题只需熟记：

1. 16 个导数公式。

(1) $(c')=0$； (2) $(x^n)'=nx^{n-1}\quad n\in\mathbb{R}$；

(3) $(\sin x)'=\cos x$； (4) $(\cos x)'=-\sin x$；

(5) $(\tan x)'=\sec^2 x$； (6) $(\cot x)'=-\csc^2 x$；

(7) $(\sec x)'=\sec x\tan x$； (8) $(\csc x)'=-\csc x\cot x$；

(9) $(\arcsin x)'=\frac{1}{\sqrt{1-x^2}}$； (10) $(\arccos x)'=\frac{-1}{\sqrt{1-x^2}}$；

(11) $(\arctan x)'=\frac{1}{1+x^2}$； (12) $(\mathrm{arccot}x)'=\frac{-1}{1+x^2}$；

(13) $(\ln x)'=\frac{1}{x}$； (14) $(\log_a x)'=\frac{1}{x\ln a}$；

(15) $(e^x)'=e^x$； (16) $(a^x)'=a^x\ln a$。

2. 7 个求导法则，设 y,u,v 均可导且 $v\neq 0$。

(1) $(u\pm v)'=u'\pm v'$； (2) $(uv)'=u'v+uv'$；

(3) $\left(\frac{u}{v}\right)'=\frac{vu'-uv'}{v^2}$； (4) $(cu)'=cu'$；

(5) 复合函数求导法则，设 $y=f(u)$，$u=g(x)$，y 通过中间变量 u 是 x 的复合函数。称$\frac{dy}{dx}=\frac{dy}{du}\cdot\frac{du}{dx}=f'(u)\cdot g'(x)$为复合函数求导法则。

(6) 隐函数求导法则； (7) 反函数求导法则。

称(1)(2)(3)(4)为和、差、积、商求导法则。

3. 4 个求导方法。

(1)对数求导法；(2)参数方程所确定的函数求导方法；(3)分段函数求导方法；(4)积分变上限函数求导方法(第五章给出)。

4. 5 个 n 阶求导公式。

(1) $(\sin x)^{(n)}=\sin\left(x+\dfrac{n\pi}{2}\right)$；　(2) $(\cos x)^{(n)}=\cos\left(x+\dfrac{n\pi}{2}\right)$；

(3) $\left(\dfrac{1}{1+x}\right)^{(n)}=\dfrac{(-1)^n n!}{(1+x)^{n+1}}$；　(4) $\left(\dfrac{1}{1-x}\right)^{(n)}=\dfrac{n!}{(1-x)^{n+1}}$；

(5) 设 u,v 任意阶可导，$(uv)^{(n)}=\sum\limits_{k=0}^{n}C_n^k u^{(n-k)}v^{(k)}$。

只要熟悉 16 个求导公式、7 个求导法则、4 个求导方法及 5 个 n 阶求导公式，求导问题就基本解决了。

国内高校期末试题解析

一、单项选择题

1. (西安交通大学，1997 Ⅰ)设 $f(x)=\begin{cases}\dfrac{(x^2-1)^2}{|x-1|}, & x\neq 1,\\ 0, & x=1,\end{cases}$ 则在点 $x=1$ 处函数 $f(x)$(　　)。

(A) 不连续　(B) 连续但不可导

(C) 可导，但导数不连续　(D)可导且导数连续

2. (大连理工大学，2003 Ⅰ)设函数 $f(x)$在 $x=a$ 处可导，则$\lim\limits_{x\to 0}\dfrac{f(a+2x)-f(a-x)}{x}=$(　　)。

(A) $f'(a)$　(B) $2f'(a)$　(C) $3f'(a)$　(D) 0

3. (西安电子科技大学，2000 Ⅰ)曲线 $xy+e^{x+y}=1$ 在点(0,0)处的切线斜率为(　　)。

(A) 1　(B) -1　(C) 0　(D) $\dfrac{1}{e}$

4. (东南大学，1998 Ⅰ)已知曲线 $y=A\sqrt{x}\,(A>0)$与 $y=\ln\sqrt{x}$在点 P 有公共切线，则常数 A 与点 P 的坐标为(　　)。

(A) $\dfrac{1}{e}$,$(e^2,1)$　(B) $\dfrac{1}{e}$,$(e,1)$　(C) $\dfrac{1}{e^2}$,$(e,1)$　(D) $\dfrac{1}{e^2}$,$(e^2,1)$

5. (华中科技大学，2000 Ⅰ)若函数 $f(x)$有 $f'(x_0)=-\dfrac{1}{3}$，则当 $\Delta x\to 0$ 时，该函数在 $x=x_0$ 的微分 dy 是(　　)。

(A) 与 Δx 同阶的无穷小　(B) 与 Δx 等价的无穷小

(C) 比 Δx 低阶的无穷小　(D) 比 Δx 高阶的无穷小

解　1. (B)；2. (C)；3. (B)；4. (A)；5. (A)。

二、计算下列各题：

1. (大连市统考题，1987 Ⅰ)已知 $f(x)$为偶函数，$f(2)=5$，$f'(-2)=3$，求 $\lim\limits_{h\to 0}\dfrac{f(2h-2)-f(2)}{h}$。

2.（西安电子科技大学，1995 Ⅰ）设 $y=\arctan\sqrt{x^2-1}-\dfrac{\ln x}{\sqrt{x^2-1}}$，求 y'。

3.（西北工业大学，1996 Ⅰ）设 $y=a^{\arctan x^2}+x^{\sin x}$（$a>0$ 为常数，$a\neq1$），求 y'。

4.（大连理工大学，2002 Ⅰ）若 $x=t-2\arctan t$，$y=\dfrac{1}{3}t^3-t$，求 $\dfrac{\mathrm{d}y}{\mathrm{d}x}$ 及 $\dfrac{\mathrm{d}^2y}{\mathrm{d}x^2}$。

5.（大连理工大学，2000 Ⅰ）设 $f(x)=\begin{cases}x^4\sin\dfrac{1}{x}, & x\neq0,\\ 0, & x=0,\end{cases}$ 求 $f''(0)$。

解　1. $\lim\limits_{h\to0}\dfrac{f(2h-2)-f(2)}{h}=\lim\limits_{h\to0}\dfrac{f(-2+2h)-f(2)}{h}$

$$=2\lim_{h\to0}\frac{f(-2+2h)-f(-2)}{2h}\text{（导数定义）}=2f'(-2)=6。$$

2. $$y'=\frac{1}{1+(\sqrt{x^2-1})^2}\frac{2x}{2\cdot\sqrt{x^2-1}}-\frac{\dfrac{\sqrt{x^2-1}}{x}-\dfrac{x\ln x}{\sqrt{x^2-1}}}{(\sqrt{x^2-1})^2}=\frac{x\ln x}{(x^2-1)^{\frac{3}{2}}}。$$

3. $$y'=a^{\arctan x^2}\cdot\frac{2x\ln a}{1+x^4}+(\mathrm{e}^{\sin x\ln x})'$$

$$=\frac{2x}{1+x^4}a^{\arctan x^2}\cdot\ln a+x^{\sin x}\left(\cos x\ln x+\frac{\sin x}{x}\right)。$$

4. $$\frac{\mathrm{d}y}{\mathrm{d}x}=\frac{\dfrac{\mathrm{d}y}{\mathrm{d}t}}{\dfrac{\mathrm{d}x}{\mathrm{d}t}}=\frac{\dfrac{\mathrm{d}}{\mathrm{d}t}\left(\dfrac{1}{3}t^3-t\right)}{\dfrac{\mathrm{d}}{\mathrm{d}t}(t-2\arctan t)}=1+t^2,$$

$$\frac{\mathrm{d}^2y}{\mathrm{d}x^2}=\frac{\dfrac{\mathrm{d}}{\mathrm{d}t}\left(\dfrac{\mathrm{d}y}{\mathrm{d}x}\right)}{\dfrac{\mathrm{d}x}{\mathrm{d}t}}=\frac{\dfrac{\mathrm{d}}{\mathrm{d}t}(1+t^2)}{\dfrac{\mathrm{d}}{\mathrm{d}t}(t-2\arctan t)}=\frac{2t(1+t^2)}{t^2-1}。$$

5. $$f'(0)=\lim_{x\to0}\frac{f(x)-f(0)}{x-0}=\lim_{x\to0}\frac{x^4\sin\dfrac{1}{x}}{x}=\lim_{x\to0}x^3\sin\frac{1}{x}=0。$$

当 $x\neq0$ 时，$f'(x)=4x^3\sin\dfrac{1}{x}+x^4\left(\cos\dfrac{1}{x}\right)\left(-\dfrac{1}{x^2}\right)=4x^3\sin\dfrac{1}{x}-x^2\cos\dfrac{1}{x}$。

$$f''(0)=\lim_{x\to0}\frac{f'(x)-f'(0)}{x-0}=\lim_{x\to0}\frac{4x^3\sin\dfrac{1}{x}-x^2\cos\dfrac{1}{x}}{x}=\lim_{x\to0}\left(4x^2\sin\frac{1}{x}-x\cos\frac{1}{x}\right)=0。$$

提醒　$x=0$ 是分段函数的衔接点，求 $f'(0)$，$f''(0)$ 时必须用定义求导！

三、（西安工业大学，1997 Ⅰ）设 $f(x)$ 在 $x=a$ 处可导，且 $f(a)\neq0$，求 $\lim\limits_{n\to\infty}\left[\dfrac{f\left(a+\dfrac{1}{n}\right)}{f(a)}\right]^n$。

解　方法 1　因为是（1^∞）型，所以设 $u=\dfrac{f\left(a+\dfrac{1}{n}\right)}{f(a)}$，$v=n$，

$$\lim_{n\to\infty}(u-1)v=\lim_{n\to\infty}\left[\frac{f\left(a+\dfrac{1}{n}\right)-f(a)}{f(a)}\right]\cdot n$$

$$=\frac{1}{f(a)}\cdot\lim_{n\to\infty}\frac{f\left(a+\frac{1}{n}\right)-f(a)}{\frac{1}{n}}=\frac{f'(a)}{f(a)},$$

所以原式$=\mathrm{e}^{\frac{f'(a)}{f(a)}}$。

方法 2 凑数 e 公式：原式$=\lim\limits_{n\to\infty}\left[\left(1+\frac{f\left(a+\frac{1}{n}\right)}{f(a)}-1\right)^{\frac{f(a)}{f\left(a+\frac{1}{n}\right)-f(a)}}\right]^{\frac{f\left(a+\frac{1}{n}\right)-f(a)}{f(a)}\cdot n}$

$$=\left[\lim_{n\to\infty}\left(1+\frac{f\left(a+\frac{1}{n}\right)-f(a)}{f(a)}\right)^{\frac{f(a)}{f\left(a+\frac{1}{n}\right)-f(a)}}\right]^{\lim\limits_{n\to\infty}\frac{f\left(a+\frac{1}{n}\right)-f(a)}{\frac{1}{n}}\cdot\frac{1}{f(a)}}=\mathrm{e}^{\frac{f'(a)}{f(a)}}。$$

四、(大连理工大学，1993 Ⅰ)设曲线 $x^3+y^3+(x+1)\cos\pi y+9=0$，试求曲线在横坐标为$x=-1$ 处的法线方程。

解 设 $y=y(x)$，则

$$(x^3+y^3+(x+1)\cos\pi y+9)'=(0)',$$

$$3x^2+3y^2y'+\cos\pi y-\pi(x+1)\sin\pi y\cdot y'=0。\tag{Ⅰ}$$

将 $x=-1$ 代入原方程求得 $y=-2$，再将 $x=-1,y=-2$ 代入式(Ⅰ)，得 $y'|_{x=-1}=-\frac{1}{3}$，$k|_{法}=3$，所求法线方程为 $y=3x+1$。

五、(上海交通大学，1981 Ⅰ)设函数 $f(x)$、$g(x)$定义在$(-\infty,+\infty)$上，并在点 $x=0$ 处均可微，且 $f(x+h)=f(x)g(h)+f(h)g(x)$，试证函数 $f(x)$在$(-\infty,+\infty)$内可微。

分析 因为没有给出 $f(x)$的具体解析表达式，是必须用导数定义求导的情形 3。$\forall x\in(-\infty,+\infty)$，用导数定义求 $f'(x)$。可微⇔可导。

证明 $\forall x\in(-\infty,+\infty)$，则 $f(x)=f(x+0)=f(x)g(0)+f(0)g(x)$，

$$f'(x)=\lim_{\Delta x\to 0}\frac{f(x+\Delta x)-f(x)}{\Delta x}=\lim_{\Delta x\to 0}\frac{f(x)g(\Delta x)+f(\Delta x)g(x)-f(x)g(0)-f(0)g(x)}{\Delta x}$$

$$=\lim_{\Delta x\to 0}\left[f(x)\frac{g(\Delta x)-g(0)}{\Delta x}+g(x)\frac{f(\Delta x)-f(0)}{\Delta x}\right]=f(x)g'(0)+f'(0)g(x),$$

即 $f(x)$在x 处可导，且 $f'(x)=f(x)g'(0)+f'(0)g(x)$，由 x 的任意性知 $f(x)$在$(-\infty,+\infty)$内可微。

六、(上海交通大学，1980 Ⅰ)设 $f(x)=\frac{1+x}{1-x}$，试证$\lim\limits_{n\to\infty}\frac{1}{f^{(n)}(-1)}=0$。

分析 因为 $f(x)$的分母为 $1-x$，所以套公式$\left(\frac{1}{1-x}\right)^{(n)}=\frac{n!}{(1-x)^{n+1}}$。

证明 $f(x)=\frac{1+x}{1-x}=-1+\frac{2}{1-x}$，$f^{(n)}(x)=\frac{2n!}{(1-x)^{n+1}}$，$f^{(n)}(-1)=\frac{n!}{2^n}$。

以下证明$\lim\limits_{n\to\infty}\frac{1}{f^{(n)}(-1)}=\lim\limits_{n\to\infty}\frac{2^n}{n!}=0$。

方法 1 因 $0<\left|\frac{2^n}{n!}-0\right|=\frac{2^n}{n!}=\frac{2}{1}\cdot\frac{2}{2}\cdot\frac{2}{3}\cdot\frac{2}{4}\cdot\cdots\cdot\frac{2}{n}<\frac{2}{n}$，

又$\lim\limits_{n\to\infty}0=0=\lim\limits_{n\to\infty}\frac{2}{n}$，由极限存在准则Ⅰ知$\lim\limits_{n\to\infty}\frac{2^n}{n!}=0$，即$\lim\limits_{n\to\infty}\frac{1}{f^{(n)}(-1)}=0$。

方法2　$\forall\varepsilon>0$，要证$\exists N>0$，当$n>N$时，有$\left|\frac{2^n}{n!}-0\right|<\varepsilon$，只需

$$\left|\frac{2^n}{n!}-0\right|=\frac{2}{1}\cdot\frac{2}{2}\cdot\frac{2}{3}\cdot\cdots\cdot\frac{2}{n}<\frac{2}{n}<\varepsilon,n>\frac{2}{\varepsilon},$$

取($\exists$)$N=\left[\frac{2}{\varepsilon}\right]$，当$n>N$时，有$\left|\frac{2^n}{n!}-0\right|<\varepsilon$，即$\lim\limits_{n\to\infty}\frac{2^n}{n!}=0$，亦即$\lim\limits_{n\to\infty}\frac{1}{f^{(n)}(-1)}=0$。

第三章　微分中值定理与导数的应用

第一节　微分中值定理

问题 53　什么类型的题必须应用罗尔中值定理证明？证题时的四个步骤和三种方法是什么？

若题给出的条件是 $f(x)$在闭区间上连续，开区间内可导（或隐含上述条件），结论是导函数方程 $f'(x)=0$ 的根存在问题，则自然想到应用罗尔中值定理证明。

证题的四个步骤是：(1)设辅助函数；(2)确定区间；(3)验证定理条件；(4)应用定理结论。

证题的三种方法是：(1)设辅助函数法。(2)确定区间法。无论是设辅助函数法还是确定区间法，其本质都在寻找一个函数在区间$[a,b]$上的等值点，从而得(3)寻找等值点法（参见文献[4]）。

1. 设辅助函数法（分析法）

例 1　$f(x)$在$[0,a]$上连续，在$(0,a)$内可导，且 $f(a)=0$，证明：存在一点 $\xi\in(0,a)$，使 $f(\xi)+\xi f'(\xi)=0$。

分析　题给出的条件是 $f(x)$在闭区间$[0,a]$上连续，在开区间$(0,a)$内可导，欲证的结论是导函数方程 $f(x)+xf'(x)=0$ 的根存在问题，应该利用罗尔定理证明。

本题应找到函数 $F(x)$，对 $F(x)$应用罗尔定理，使 $F'(\xi)=f(\xi)+\xi f'(\xi)$。而本题的导数是两项之和（包括代数和）$f(x)+xf'(x)$，所以它应是两个函数的乘积求导得来的，将结论写为 $1\cdot f(x)+x\cdot f'(x)=0$，所以设辅助函数为 $F(x)=xf(x)$。

证明　设辅助函数 $F(x)=xf(x)$，$x\in[0,a]$，显然 $F(x)$在$[0,a]$上连续，在$(0,a)$内可导，$F(0)=0$，$F(a)=af(a)=0$，则由罗尔定理知，在$(0,a)$内至少存在一点 ξ，使 $F'(\xi)=0$，即 $f(\xi)+\xi f'(\xi)=0$。

例 2　设 $f(x)$，$g(x)$在$[a,b]$上连续，在(a,b)内可导，且 $f(a)=f(b)=0$，$g(x)\neq0$，则在(a,b)内至少存在一点 ξ，使得 $f'(\xi)g(\xi)=f(\xi)g'(\xi)$。

分析　题给条件是 $f(x)$，$g(x)$在$[a,b]$上连续，在(a,b)内可导，欲证结论是 $f'(x)g(x)-f(x)g'(x)\big|_{x=\xi}=0$，即为导函数方程的根存在问题，应该利用罗尔定理证明。已知 $g(x)\neq0$ 及

$$f'(x)g(x)-f(x)g'(x)\Big|_{x=\xi}=0,\text{则有}\frac{g(x)f'(x)-f(x)g'(x)}{g^2(x)}\Bigg|_{x=\xi}=0,\text{即}\frac{\mathrm{d}\left(\dfrac{f(x)}{g(x)}\right)}{\mathrm{d}x}\Bigg|_{x=\xi}=0,\text{故}$$

设辅助函数 $F(x)=\dfrac{f(x)}{g(x)}$。

证明　设辅助函数为 $F(x)=\dfrac{f(x)}{g(x)}$，$x\in[a,b]$，显然 $F(x)$ 在 $[a,b]$ 上满足罗尔定理的三个条件，则在 (a,b) 内至少存在一点 ξ，使得 $F'(\xi)=0$，即 $\dfrac{g(\xi)f'(\xi)-f(\xi)g'(\xi)}{g^2(\xi)}=0$，亦即 $f'(\xi)g(\xi)=f(\xi)g'(\xi)$。

例 3　设 $a_0+\dfrac{a_1}{2}+\cdots+\dfrac{a_n}{n+1}=0$，证明：多项式 $f(x)=a_0+a_1x+\cdots+a_nx^n$ 在 $(0,1)$ 内至少有一个零点。

证明　设辅助函数为 $F(x)=a_0x+\dfrac{a_1}{2}x^2+\cdots+\dfrac{a_n}{n+1}x^{n+1}$，$x\in[0,1]$，显然 $F(x)$ 在 $[0,1]$ 上连续，在 $(0,1)$ 内可导，$F(0)=F(1)=0$。则在 $(0,1)$ 内至少有一点 ξ，使 $F'(\xi)=0$，即 $a_0+a_1\xi+\cdots+a_n\xi^n=0$，命题得证。

点评　由例 1、例 2 可以总结出一般规律：应用罗尔定理证题时，设辅助函数的分析法的实质是乘积求导法则 $(uv)'=u'v+uv'$（两项和）和商的求导法则 $\left(\dfrac{u}{v}\right)'=\dfrac{u'v-uv'}{v^2}$ $\left(\text{可看作为乘积法则}\left(u\cdot\dfrac{1}{v}\right)'=u'\cdot\dfrac{1}{v}-u\cdot\dfrac{v'}{v^2}\right)$ 的应用。因此可以得出如下结论：已知是应用罗尔定理证明的题型，若所证的结论是某个函数的导数且是和（或差）的形式，则它是由两个函数乘积求导得来的 $\left(\text{商}\dfrac{f(x)}{g(x)}\text{视为 } f(x)\cdot\dfrac{1}{g(x)}\right)$。故将上述方法简称为“设辅助函数的和差化积法”。若 $f(x)$，$g(x)$ 设为具体函数可以得出许多应用罗尔定理证题时的辅助函数。举例如下：

(1) $f(x)$，$g(x)=e^x$。

设 $F(x)=e^xf(x)$，且 $f(a)=f(b)=0$，$F'(x)=e^x(f(x)+f'(x))$，所以若欲证的结论为 $f(\xi)+f'(\xi)=0$，其辅助函数应设为 $F(x)=e^xf(x)$。

(2) $f(x)$，$g(x)=e^{nx}$。

设 $F(x)=e^{nx}f(x)$，且 $f(0)=f(1)=0$，$F'(x)=e^{nx}(f'(x)+nf(x))$，所以若欲证的结论为 $f'(\xi)+nf(\xi)=0$，其辅助函数应设为 $F(x)=e^{nx}f(x)$。

(3) $f(x)$，$g(x)=e^{\varphi(x)}$。

设 $F(x)=e^{\varphi(x)}f(x)$，且 $f(0)=f(1)=0$，$F'(x)=e^{\varphi(x)}(f'(x)+f(x)\varphi'(x))$，所以若欲证的结论为 $f'(\xi)+f(\xi)\varphi'(\xi)=0$，其辅助函数应设为 $F(x)=e^{\varphi(x)}f(x)$。

(4) $f^n(x)$，$g(x)=e^x$，其中 $f(x)\neq0$，$x\in(0,1)$，n 为任意正整数。

设 $F(x)=e^xf^n(x)$，且 $f(0)=f(1)=0$，$F'(x)=e^xf^{n-1}(x)(f(x)+nf'(x))$，所以若欲证的结论为 $f(\xi)+nf'(\xi)=0$，其辅助函数应设为 $F(x)=e^xf^n(x)$。

(5) $f^n(x)$，$g(x)=e^{\varphi(x)}$，其中 $f(x)\neq0$，n 为任意的正整数。

设 $F(x)=e^{\varphi(x)}f^n(x)$，且 $f(a)=f(b)=0$，$F'(x)=e^{\varphi(x)}f^{n-1}(x)(f(x)\varphi'(x)+nf'(x))$，所以若欲证的结论为 $f(\xi)\varphi'(\xi)+nf'(\xi)=0$，其辅助函数应设为 $F(x)=e^{\varphi(x)}f^n(x)$。

(6) $f^n(x)$，$f^m(1-x)$，其中 $f(x)\neq0$，$f(0)=0$，m、n 为不同的任意正整数。

设 $F(x)=f^n(x)f^m(1-x)$，令 $F'(x)=f^{n-1}(x)f^{m-1}(1-x)(nf(1-x)f'(x)-$

$mf(x)f'(1-x))=0\Rightarrow\dfrac{nf'(x)}{f(x)}=\dfrac{mf'(1-x)}{f(1-x)}$，所以欲证的结论为$\dfrac{nf'(\xi)}{f(\xi)}=\dfrac{mf'(1-\xi)}{f(1-\xi)}$，设$x_1=\xi,x_2=1-\xi$，得所证问题的更一般的结论为$\dfrac{nf'(x_1)}{f(x_1)}=\dfrac{mf'(x_2)}{f(x_2)}$，其辅助函数应设为$F(x)=f^n(x)f^m(1-x)$。

仿此可以举出许多辅助函数。上述蕴含一个道理就是难题寓于简单概念之中，这就是老师为什么一再强调注意基本概念、基本理论学习的原因(参见文献[8])。

2. 确定区间法(参见文献[9])

例 4　若方程 $a_0x^n+a_1x^{n-1}+\cdots+a_{n-1}x=0$ 有一个正根 x_0，证明：方程 $a_0nx^{n-1}+a_1(n-1)x^{n-2}+\cdots+a_{n-1}=0$ 必有一个小于 x_0 的正根。

分析　设 $f(x)=a_0x^n+a_1x^{n-1}+\cdots+a_{n-1}x$，从两个方程间的关系知，欲证的方程为 $f'(x)=0$，即是导函数方程 $f'(x)=0$ 的根存在问题，所以应该利用罗尔定理证明。辅助函数已知为 $f(x)$，余下的问题是在什么区间上应用罗尔定理，故称为确定区间法。由题意知，$f(x_0)=0=f(0)$，故在$[0,x_0]$上应用罗尔定理。

证明　显然 $f(x)=a_0x^n+a_1x^{n-1}+\cdots+a_{n-1}x$ 在$[0,x_0]$上满足罗尔定理的三个条件，则在$(0,x_0)$内至少有一点 ξ，使 $f'(\xi)=0$，即 $a_0n\xi^{n-1}+a_1(n-1)\xi^{n-2}+\cdots+a_{n-1}=0$。因为 $0<\xi<x_0$，即方程 $f'(x)=0$ 必有一个小于 x_0 的正根 ξ。

例 5　设函数 $f(x)$在$[0,3]$上连续，在$(0,3)$内可导，且 $f(0)+f(1)+f(2)=3,f(3)=1$，试证必存在 $\xi\in(0,3)$，使 $f'(\xi)=0$。

分析　$f(x)$在$[0,3]$上连续，在$(0,3)$内可导，结论为 $x=\xi$ 是导函数方程 $f'(x)=0$ 的一个实根，所以本题是导函数方程的根存在问题，应该利用罗尔定理证明。辅助函数已知为 $f(x)$，余下的问题是在什么区间上应用罗尔定理，故称确定区间法。

证明　因为 $f(3)=1$，所以寻找一点 $x_0\in(0,3)$，使 $f(x_0)=f(3)=1$。又 $f(0)+f(1)+f(2)=3$，从而有 $\dfrac{f(0)+f(1)+f(2)}{3}=1$，设 $\mu=\dfrac{f(0)+f(1)+f(2)}{3}=1$，即寻求一点，使 $f(x_0)=\mu(\mu=1)$，此式正是闭区间上连续函数性质中的介值定理结论。设$M=\max\limits_{0\leqslant x\leqslant 2}f(x)$，$m=\min\limits_{0\leqslant x\leqslant 2}f(x)$，于是 $m\leqslant\mu=1\leqslant M$，由介值定理知，在$(0,2)$内至少存在一点 x_0，使得 $f(x_0)=1$。所以 $f(x)$在$[x_0,3]$上连续，在$(x_0,3)$内可导，且 $f(x_0)=f(3)=1$，则在$(x_0,3)$内至少存在一点 ξ，使得 $f'(\xi)=0,\xi\in(x_0,3)\subset(0,3)$。

3. 寻找等值点法

例 6　不用求出函数 $f(x)=(x-1)(x-2)(x-3)(x-4)$的导数，说明方程 $f'(x)=0$ 有几个实根，并指出它们所在的区间。

分析　多项式函数在$(-\infty,+\infty)$内连续且可导，结论为导函数方程 $f'(x)=0$ 的根存在问题，应该利用罗尔定理证明。由罗尔定理知，若 $f(x)$在$[a,b]$上有两个等值点，则$f'(x)$在(a,b)内至少有 1 个零点。同理，若 $f(x)$在$[a,b]$上有 n 个零点，则 $f'(x)$在(a,b)内至少有$n-1$ 个零点。

解　$f(x)=(x-1)(x-2)(x-3)(x-4)$在$[1,4]$上连续且可导，又 $f(1)=f(2)=f(3)=f(4)=0$，即 $f(x)$在$[1,4]$上有四个等值点，则 $f'(x)$在$(1,4)$内至少有三个零点。故方程 $f'(x)=0$ 有 3 个实根，分别位于$(1,2)$，$(2,3)$，$(3,4)$内。

例 7　若函数 $f(x)$在(a,b)内具有二阶导数，且 $f(x_1)=f(x_2)=f(x_3)$，其中 $a<x_1<x_2<x_3<b$。证明：在(x_1,x_3)内至少有一点 ξ，使得 $f''(\xi)=0$。

分析　$f(x)$在$[x_1,x_3]\subset(a,b)$上有三个等值点 $f(x_1)=f(x_2)=f(x_3)$，则 $f'(x)$在(x_1,x_3)内至少有两个零点，从而 $f''(x)$在(x_1,x_3)内有一零点。

证明　$f(x)$在$[x_1,x_2]$和$[x_2,x_3]$上满足罗尔定理条件，则至少存在 $\xi_1\in(x_1,x_2)$使 $f'(\xi_1)=0$，$\xi_2\in(x_2,x_3)$使 $f'(\xi_2)=0$。因为 $f(x)$在(a,b)内二阶可导，所以 $f'(x)$在$[\xi_1,\xi_2]$上满足罗尔定理条件，则在(ξ_1,ξ_2)内至少有一点 ξ，使 $f''(\xi)=0$，$\xi\in(\xi_1,\xi_2)\subset(a,b)$。

例 8　设 $f(x)$在$[0,4]$上二阶可导，且 $f(0)=0$，$f(1)=1$，$f(4)=2$，证明：存在一点 $\xi\in(0,4)$，使得 $f''(\xi)=-\dfrac{1}{3}$。

分析　显然 ξ 是导函数方程 $f''(x)+\dfrac{1}{3}=0$ 的一个根。本题是导函数方程的根存在问题，应该利用罗尔定理证明。由平面解析几何知，已知 $f(x)$在 $x=0,1,4$ 三点的值，而三点确定一条抛物线 $g(x)=Ax^2+Bx+C$，将三点值代入得 $g(x)=-\dfrac{1}{6}x^2+\dfrac{7}{6}x$。设 $F(x)=f(x)-g(x)$，则 $F(x)$在$[0,4]$上有三个零点，$F(0)=F(1)=F(4)=0$，则 $F''(x)$在$(0,4)$内有一个零点。问题得证。

证明　先求抛物线 $g(x)=Ax^2+Bx+C$，使 $g(0)=0$，$g(1)=1$，$g(4)=2$，得 $g(x)=-\dfrac{1}{6}x^2+\dfrac{7}{6}x$。设 $F(x)=f(x)-g(x)$，显然，$F(x)$在$[0,1]$和$[1,4]$上满足罗尔定理条件，则存在 $\xi_1\in(0,1)$，使 $F'(\xi_1)=0$，存在 $\xi_2\in(1,4)$，使 $F'(\xi_2)=0$。$F'(x)$在$[\xi_1,\xi_2]$上应用罗尔定理，则 $\exists\,\xi\in(\xi_1,\xi_2)$，使 $F''(\xi)=0$，即 $f''(\xi)+\dfrac{1}{3}=0$，亦即 $f''(\xi)=-\dfrac{1}{3}$，$\xi\in(\xi_1,\xi_2)\subset(0,4)$。

问题 54　什么类型的题应该利用拉格朗日中值定理证明？证题时的两种方法是什么？(参见文献[4])

1. 类型：若题给出的条件是在闭区间上连续，在开区间内可导，欲证的结论是函数的增量与区间内某一点处的导数值间的等式关系或是函数值与函数值间的不等式关系，自然想到利用拉格朗日中值定理证明。

2. 证题的两种方法：1)设辅助函数法，包括三种：①分析法；②待定系数法，即将欲证结论中含有 ξ 的部分设为待定常数 M，再将等式中的一个端点，例如 b 换成变量 x，使其成为函数，等式两端作差构造出辅助函数 $\varphi(x)$，这样首先保证 $\varphi(b)=0$，而由等式关系 $\varphi(a)=0$ 自然成立(参见文献[8])；* ③不定积分法(第四章给出)。2)确定区间法(参见文献[9])。

3. 拉格朗日中值定理结论的三种形式。

(1) $\dfrac{f(b)-f(a)}{b-a}=f'(\xi)$，　$a<\xi<b$；

(2) $f(b)-f(a)=f'(\xi)(b-a)$，　$a<\xi<b$；

(3) $\dfrac{f(b)-f(a)}{f'(\xi)}=b-a$(区间长度)，　$a<\xi<b$。

1）设辅助函数法

例 9　设 $f(x)$在$[a,b]$上可导，且 $f(x)>0$，证明：存在一点 $\xi\in(a,b)$使得 $\ln\dfrac{f(b)}{f(a)}=\dfrac{f'(\xi)}{f(\xi)}(b-a)$。

证　方法 1　分析法：将结论改写为$\dfrac{\ln f(b)-\ln f(a)}{b-a}=\dfrac{f'(\xi)}{f(\xi)}$，上述等式是拉格朗日中值定理结论的第一种形式。

设辅助函数为 $F(x)=\ln f(x),x\in[a,b]$，显然 $F(x)$在$[a,b]$上满足拉格朗日中值定理条件，则在(a,b)内至少有一点 ξ，使得$\dfrac{\ln f(b)-\ln f(a)}{b-a}=[\ln f(x)]'|_{x=\xi}=\dfrac{f'(\xi)}{f(\xi)}$，即 $\ln\dfrac{f(b)}{f(a)}=\dfrac{f'(\xi)}{f(\xi)}(b-a)$。

方法 2　待定系数法：设 $M=\dfrac{f'(\xi)}{f(\xi)}$，则 $\ln f(b)-\ln f(a)=M(b-a)$，将 b 换为 x 得 $\ln f(x)-\ln f(a)=M(x-a)$，设 $\varphi(x)=\ln f(x)-\ln f(a)-M(x-a)$，显然 $\varphi(x)$在$[a,b]$上连续，在(a,b)内可导，$\varphi(b)=0=\varphi(a)$，则由罗尔定理知，在(a,b)内至少存在一点 ξ，使 $\varphi'(\xi)=0$，即$\dfrac{f'(\xi)}{f(\xi)}-M=0$，所以 $M=\dfrac{f'(\xi)}{f(\xi)}$，即 $\ln\dfrac{f(b)}{f(a)}=\dfrac{f'(\xi)}{f(\xi)}(b-a)$。

例 10　设 $a>b>0,n>1$，证明：$nb^{n-1}(a-b)<a^n-b^n<na^{n-1}(a-b)$。

分析　将不等式改写为 $nb^{n-1}<\dfrac{a^n-b^n}{a-b}<na^{n-1}$，由上述不等式的中间部分，提示我们设辅助函数为 $f(x)=x^n,x\in[b,a]$。

证明　显然 $f(x)=x^n$ 在$[b,a]$上满足拉格朗日中值定理条件，则在(b,a)内至少有一点 ξ，使得$\dfrac{a^n-b^n}{a-b}=n\xi^{n-1}$，$b<\xi<a$，$nb^{n-1}<n\xi^{n-1}<na^{n-1}$，即 $nb^{n-1}<\dfrac{a^n-b^n}{a-b}<na^{n-1}$，亦即 $nb^{n-1}(a-b)<a^n-b^n<na^{n-1}(a-b)$。

2）确定区间法

例 11　已知 $f'(x)$单调减少，试证对任意二正数 x_1,x_2，恒有 $f(x_1+x_2)+f(0)<f(x_1)+f(x_2)$。

分析　欲证不等式变形为 $f(x_1+x_2)-f(x_2)<f(x_1)-f(0)$，上述不等式是比较函数两个增量的大小，且区间长度相等，应该利用有限增量定理——拉格朗日中值定理证明。而辅助函数已知为 $f(x)$，余下问题是在什么区间上应用拉格朗日中值定理，故称确定区间法。

证明　不妨设 $0<x_1<x_2$，于是函数 $f(x)$分别在区间$[0,x_1]$和$[x_2,x_1+x_2]$上应用拉格朗日中值定理，则有

$$f(x_1)-f(0)=f'(\xi_1)x_1,\quad 0<\xi_1<x_1,$$
$$f(x_1+x_2)-f(x_2)=f'(\xi_2)x_1,\quad x_2<\xi_2<x_1+x_2。$$

因为 $0<x_1<x_2$，所以 $\xi_1<\xi_2$，又 $f'(x)$单调减少，则有 $f'(\xi_1)>f'(\xi_2)$。又 $x_1>0$，所以 $f'(\xi_1)x_1>f'(\xi_2)x_1$，即 $f(x_1+x_2)-f(x_2)<f(x_1)-f(0)$，亦即 $f(x_1+x_2)+f(0)<f(x_1)+f(x_2)$。

例 12　设 $f(x)$在$[0,1]$上可导，$f(0)=0,f(1)=1$，试证：在$(0,1)$内存在 x_1,x_2，使得

$\frac{1}{f'(x_1)}+\frac{1}{f'(x_2)}=2$。

分析　拉格朗日中值定理结论的第三种形式为$\frac{f(b)-f(a)}{f'(\xi)}=b-a$，因此将欲证的结论变形为$\frac{1}{2}\cdot\frac{1}{f'(x_1)}+\frac{1}{2}\cdot\frac{1}{f'(x_2)}=1$(区间长度)，从而可知将区间$[0,1]$拆成$[0,1]=[0,?]\cup[?,1]$。余下的问题是确定？＝________，故称为“确定区间法”。又 $f(0)=0, f(1)=1$，所以

$$\frac{\frac{1}{2}-f(0)}{f'(x_1)}+\frac{f(1)-\frac{1}{2}}{f'(x_2)}=1。\tag{Ⅰ}$$

由式(Ⅰ)猜出 $f(?)=\frac{1}{2}$，设$?=x_0\in(0,1)$，使 $f(x_0)=\frac{1}{2}$。

因为 $0=f(0)<f(x_0)=\frac{1}{2}<f(1)=1$，由闭区间上连续函数的介值定理知 $\exists x_0\in(0,1)$，使 $f(x_0)=\frac{1}{2}$。

证明　因为 $f(x)$在$[0,1]$上可导，则 $f(x)$在$[0,1]$上必连续，且 $0=f(0)<\mu=\frac{1}{2}<f(1)=1$，故由闭区间上连续函数的介值定理知，必$\exists x_0\in(0,1)$，使 $f(x_0)=\frac{1}{2}$。于是 $f(x)$在$[0,x_0]$和$[x_0,1]$上分别应用拉格朗日中值定理，则有

$$f(x_0)-f(0)=f'(x_1)x_0, \frac{f(x_0)}{f'(x_1)}=x_0, \frac{1}{2}\cdot\frac{1}{f'(x_1)}=x_0,\quad 0<x_1<x_0,\tag{Ⅰ}$$

$$\frac{f(1)-f(x_0)}{f'(x_2)}=(1-x_0), \frac{1}{2}\cdot\frac{1}{f'(x_2)}=1-x_0,\quad x_0<x_2<1,\tag{Ⅱ}$$

式(Ⅰ)+式(Ⅱ)得$\frac{\frac{1}{2}}{f'(x_1)}+\frac{\frac{1}{2}}{f'(x_2)}=x_0+(1-x_0)=1$，即$\frac{1}{f'(x_1)}+\frac{1}{f'(x_2)}=2$。

例 13　设 $f(x)$在$[0,1]$上连续，在$(0,1)$内可导，且 $f(0)=0, f(1)=1$，试证对任意给定的一组正数 $m_1,m_2,\cdots,m_k$，在$(0,1)$内必存在 k 个数 $0<x_1<x_2<\cdots<x_k<1$，使得$\frac{m_1}{f'(x_1)}+\frac{m_2}{f'(x_2)}+\cdots+\frac{m_k}{f'(x_k)}=m_1+m_2+\cdots+m_k$。

分析　本题是例 12 的推广。由拉格朗日中值定理结论的第三种形式，将欲证的结论变形为

$$\frac{\frac{m_1}{\sum_{i=1}^{k}m_i}}{f'(x_1)}+\frac{\frac{m_2}{\sum_{i=1}^{k}m_i}}{f'(x_2)}+\cdots+\frac{\frac{m_k}{\sum_{i=1}^{k}m_i}}{f'(x_k)}=1(区间长度)。$$

因为上式左端为 k 项之和，所以仿照例 12，将区间$[0,1]$拆成 k 个小区间，即$[0,1]=[0,c_1]\cup[c_1,c_2]\cup\cdots\cup[c_{k-1},1]$。这 k 个小区间利用连续函数的介值定理确定，故称为“确定区间法”。

证明　设$\mu_1=\frac{m_1}{\sum_{i=1}^{k}m_i}, \mu_2=\frac{m_1+m_2}{\sum_{i=1}^{k}m_i},\cdots,\mu_{k-1}=\frac{m_1+m_2+\cdots+m_{k-1}}{\sum_{i=1}^{k}m_i}$，显然 $0<\mu_1<$

$\mu_2 < \cdots < \mu_{k-1} < 1$。因为 $f(x)$ 在$[0,1]$上连续，又 $0 = f(0) < \mu_1 < f(1) = 1$，所以由介值定理知，必存在一点 $c_1 \in (0,1)$，使 $f(c_1) = \mu_1$。同理因 $f(x)$ 在$[c_1,1]$上连续，又 $\mu_1 = f(c_1) < \mu_2 < f(1) = 1$，由介值定理知在$(c_1,1)$内存在一点 c_2，使 $f(c_2) = \mu_2$，……，以此类推，存在 $c_{k-1} \in (c_{k-2},1)$，使 $f(c_{k-1}) = \mu_{k-1}$。于是 $f(x)$ 在$[0,c_1]$，$[c_1,c_2]$，…，$[c_{k-1},1]$上分别应用拉格朗日中值定理，有

$$\frac{f(c_1)-f(0)}{f'(x_1)} = c_1,\quad \frac{\frac{m_1}{\sum_{i=1}^{k} m_i}}{f'(x_1)} = c_1,\quad 0 < x_1 < c_1, \tag{Ⅰ}$$

$$\frac{f(c_2)-f(c_1)}{f'(x_2)} = c_2 - c_1,\quad \frac{\frac{m_2}{\sum_{i=1}^{k} m_i}}{f'(x_2)} = c_2 - c_1,\quad c_1 < x_2 < c_2, \tag{Ⅱ}$$

$$\vdots$$

$$\frac{f(1)-f(c_{k-1})}{f'(x_k)} = 1 - c_{k-1},\quad \frac{\frac{m_k}{\sum_{i=1}^{k} m_i}}{f'(x_k)} = 1 - c_{k-1},\ c_{k-1} < x_k < 1。 \tag{k}$$

式(Ⅰ)+式(Ⅱ)+…+式(k)得，$\dfrac{\frac{m_1}{\sum_{i=1}^{k} m_i}}{f'(x_1)} + \dfrac{\frac{m_2}{\sum_{i=1}^{k} m_i}}{f'(x_2)} + \cdots + \dfrac{\frac{m_k}{\sum_{i=1}^{k} m_i}}{f'(x_k)} = (c_1 - 0) + (c_2 - c_1) + \cdots + (1 - c_{k-1}) = 1$(区间长度)，即$\dfrac{m_1}{f'(x_1)} + \dfrac{m_2}{f'(x_2)} + \cdots + \dfrac{m_k}{f'(x_k)} = m_1 + m_2 + \cdots + m_k$。

例 14 证明恒等式：$\arcsin x + \arccos x = \dfrac{\pi}{2}\quad(-1 \leqslant x \leqslant 1)$。

分析 证明函数 $f(x) = \arcsin x + \arccos x$ 在$[-1,1]$上为常数，由拉格朗日中值定理的推论只需证明 $f'(x) = 0, x \in [-1,1]$。

证明 设 $f(x) = \arcsin x + \arccos x, x \in [-1,1]$，则

$$f'(x) = \frac{1}{\sqrt{1-x^2}} + \frac{-1}{\sqrt{1-x^2}} = 0,$$

所以 $f(x) = c$，$f(0) = 0 + \dfrac{\pi}{2} = c$，则 $\arcsin x + \arccos x = \dfrac{\pi}{2}, x \in [-1,1]$。

问题 55 什么样的类型题应该用柯西中值定理证明？

若题给出的条件是在闭区间上连续，在开区间内可导，欲证的结论中含有 ξ(或 η)且涉及两个不同函数的增量或函数值与导数值间的等式或不等式关系或相关的命题，自然想到利用柯西中值定理证明(参见文献[4])。

例 15 设 $0 < a < b$，函数 $f(x)$ 在$[a,b]$上连续，在(a,b)内可导，证明：存在一点 $\xi \in (a,b)$，使 $f(b) - f(a) = \xi f'(\xi) \ln \dfrac{b}{a}$。

分析　欲证等式中含有 ξ，且是两个不同函数 $f(x)$ 和 $\ln x$ 的增量与导数值间的等式关系。将结论改写为 $\dfrac{f(b)-f(a)}{\ln b-\ln a}=\dfrac{f'(\xi)}{\dfrac{1}{\xi}}$，上式恰是 $f(x)$ 和 $\ln x$ 在 $[a,b]$ 上应用柯西中值定理所得的结果。

证明　$f(x)$ 和 $\ln x$ 在 $[a,b]$ 上满足柯西中值定理条件，则在 (a,b) 内至少存在一点 ξ，使 $\dfrac{f(b)-f(a)}{\ln b-\ln a}=\dfrac{f'(\xi)}{\dfrac{1}{\xi}}$，即 $f(b)-f(a)=\xi f'(\xi)\ln\dfrac{b}{a}$。

例 16　设函数 $y=f(x)$ 在 $x=0$ 的某邻域内具有 n 阶导数，且 $f(0)=f'(0)=\cdots=f^{(n-1)}(0)=0$，证明：$\dfrac{f(x)}{x^n}=\dfrac{f^{(n)}(\theta x)}{n!}(0<\theta<1)$。

证明　对 $f(t)$，$F(t)=t^n$ 在 $[0,x]$ 上应用柯西中值定理，并注意到 $f(0)=f'(0)=\cdots f^{(n-1)}(0)=0$，$\dfrac{f(x)}{x^n}=\dfrac{f(x)-f(0)}{x^n-0^n}=\dfrac{f'(\xi_1)}{n\xi_1^{n-1}}$，$\xi_1$ 在 0 与 x 之间，$\dfrac{f'(\xi_1)}{n\xi_1^{n-1}}=\dfrac{f'(\xi_1)-f'(0)}{n\xi_1^{n-1}-n\cdot 0^{n-1}}=\dfrac{f''(\xi_2)}{n(n-1)\xi_2^{n-2}}$，$\xi_2$ 在 0 与 ξ_1 之间，以此类推，并注意到 $(x^n)^{(n)}=n!$，可得 $\dfrac{f(x)}{x^n}=\cdots=\dfrac{f^{(n)}(\xi_n)}{n!}$，即 $\dfrac{f(x)}{x^n}=\dfrac{f^{(n)}(\xi_n)}{n!}$，$\xi_n$ 在 0 与 x 之间，故可令 $\xi_n=\theta x(0<\theta<1)$，于是有 $\dfrac{f(x)}{x^n}=\dfrac{f^{(n)}(\theta x)}{n!}$ $(0<\theta<1)$。

例 17　设 $f(x)$、$g(x)$ 都是可导函数，且 $|f'(x)|<g'(x)$，证明：当 $x>a$ 时，$|f(x)-f(a)|<|g(x)-g(a)|$。

分析　由 $0\leqslant|f'(x)|<g'(x)$ 知，$g(x)$ 单调增加，当 $x>a$ 时，$0<g(x)-g(a)$，所以将欲证不等式改写为 $\dfrac{|f(x)-f(a)|}{g(x)-g(a)}=\left|\dfrac{f(x)-f(a)}{g(x)-g(a)}\right|<1$，由此式知，应该利用柯西中值定理证。

证明　显然 $f(x)$，$g(x)$ 在 $[a,x]$ 上满足柯西中值定理条件，则在 (a,x) 内至少存在一点 ξ，使 $\dfrac{f(x)-f(a)}{g(x)-g(a)}=\dfrac{f'(\xi)}{g'(\xi)}$，$\left|\dfrac{f(x)-f(a)}{g(x)-g(a)}\right|=\left|\dfrac{f'(\xi)}{g'(\xi)}\right|=\dfrac{|f'(\xi)|}{g'(\xi)}<1$，又 $g(x)-g(a)>0$，故 $|f(x)-f(a)|<g(x)-g(a)$。

第二节　洛必达法则

问题 56　应用洛必达法则求极限时应注意什么？

洛必达法则可用来确定未定式“$\dfrac{0}{0}$”与“$\dfrac{\infty}{\infty}$”的极限。在运用洛必达法则时，必须注意以下几点：

1. 洛必达法则仅适用于“$\dfrac{0}{0}$”与“$\dfrac{\infty}{\infty}$”型未定式，其他五种类型未定式，如“$0\cdot\infty$”“$\infty-\infty$”“1^∞”“∞^0”“0^0”等要先化为“$\dfrac{0}{0}$”与“$\dfrac{\infty}{\infty}$”型，再用洛必达法则求极限；

2. 当$\lim\frac{f'(x)}{g'(x)}$不存在且不是∞时，洛必达法则不能使用，不能由此得出$\lim\frac{f(x)}{g(x)}$不存在的结论，必须寻求其他方法求极限。

例 1 验证极限$\lim\limits_{x\to 0}\frac{x^2\sin\frac{1}{x}}{\sin x}$存在，但不能用洛必达法则得出。

解 $\lim\limits_{x\to 0}\frac{x^2\sin\frac{1}{x}}{\sin x}=\lim\limits_{x\to 0}\left[\frac{x}{\sin x}\cdot x\sin\frac{1}{x}\right]=1\cdot 0=0$。

但若应用洛必达法则，则原式$=\lim\limits_{x\to 0}\frac{2x\sin\frac{1}{x}-\cos\frac{1}{x}}{\cos x}$，摆动不存在极限，所以不能用洛必达法则求其极限。

3. 使用洛必达法则的程序：(1)判类，若为"$\frac{0}{0}$"或"$\frac{\infty}{\infty}$"时，分子、分母分别求导，若为其他五种未定式要先化为"$\frac{0}{0}$"或"$\frac{\infty}{\infty}$"型，再使用洛必达法则；(2)化简，将常数因子及有极限因子分离出去，余下部分再使用(1)直到得出正确结果。

4. 在求极限过程中，应恰当使用恒等式变形、使用等价无穷小代换，或使用带佩亚诺余项的泰勒公式，以简化计算。

5. 当数列的极限为未定式时，不能对自然数n求导。先将整标变量n换成连续变量x，然后再使用洛必达法则求极限(参见文献[4])。

点评 证明洛必达法则需用柯西中值定理，作为教材要遵守知识的科学性和系统性，因此必须先讲中值定理，后讲洛必达法则。

例 2 求下列极限：

(1) $\lim\limits_{x\to 0}\frac{(1+x)^{\frac{1}{x}}-\mathrm{e}}{x}$； (2) $\lim\limits_{x\to 0}\frac{\mathrm{e}^x-\mathrm{e}^{\sin x}}{1-\cos\sqrt{x(1-\cos x)}}$。

解 (1) "$\frac{0}{0}$"型。

$$原式=\lim_{x\to 0}\frac{\mathrm{e}^{\frac{\ln(1+x)}{x}}-\mathrm{e}}{x}=\mathrm{e}\lim_{x\to 0}\frac{\mathrm{e}^{\frac{\ln(1+x)}{x}-1}-1}{x}=\mathrm{e}\lim_{x\to 0}\frac{\frac{\ln(1+x)}{x}-1}{x}$$

$$=\mathrm{e}\lim_{x\to 0}\frac{\frac{1}{1+x}-1}{2x}=\mathrm{e}\lim_{x\to 0}\left[\frac{-x}{2x}\cdot\frac{1}{x+1}\right]=-\frac{\mathrm{e}}{2}。$$

(2) "$\frac{0}{0}$"型。但直接使用洛必达法则求太繁琐，所以先应用恒等变形及等价无穷小代换，使计算变得简单。

当$x\to 0$时，$\mathrm{e}^x-\mathrm{e}^{\sin x}=\mathrm{e}^{\sin x}(\mathrm{e}^{x-\sin x}-1)\sim x-\sin x$，

$$1-\cos\sqrt{x(1-\cos x)}\sim\frac{x(1-\cos x)}{2}\sim\frac{x}{2}\cdot\frac{x^2}{2}\sim\frac{x^3}{4}。$$

原式$=\lim\limits_{x\to 0}\dfrac{x-\sin x}{\dfrac{x^3}{4}}=4\lim\limits_{x\to 0}\dfrac{1-\cos x}{3x^2}=4\times\dfrac{1}{3}\times\dfrac{1}{2}=\dfrac{2}{3}$。

例 3 求下列极限：

(1) $\lim\limits_{x\to\frac{\pi}{2}}\dfrac{\ln\sin x}{(\pi-2x)^2}$； (2) $\lim\limits_{x\to 0^+}\dfrac{\ln\tan 7x}{\ln\tan 2x}$；

(3) $\lim\limits_{x\to+\infty}\dfrac{\ln\left(1+\dfrac{1}{x}\right)}{\operatorname{arccot}x}$； (4) $\lim\limits_{x\to 0}\dfrac{\ln(1+x^2)}{\sec x-\cos x}$；

(5) $\lim\limits_{x\to 0}x^2\mathrm{e}^{\frac{1}{x^2}}$； (6) $\lim\limits_{x\to 1}\left(\dfrac{2}{x^2-1}-\dfrac{1}{x-1}\right)$；

(7) $\lim\limits_{x\to 0^+}x^{\sin x}$； (8) $\lim\limits_{x\to 0^+}\left(\dfrac{1}{x}\right)^{\tan x}$；

(9) $\lim\limits_{x\to 1}\dfrac{x-x^x}{1-x+\ln x}$； (10) $\lim\limits_{x\to 0}\left(\dfrac{1}{\ln(1+x)}-\dfrac{1}{x}\right)$。

解 (1) “$\dfrac{0}{0}$”型。当 $x\to\dfrac{\pi}{2}$时，$\ln\sin x=\ln[1+\sin x-1]\sim\sin x-1$。

原式$=\lim\limits_{x\to\frac{\pi}{2}}\dfrac{\sin x-1}{(\pi-2x)^2}=\lim\limits_{x\to\frac{\pi}{2}}\dfrac{\cos x}{-2(\pi-2x)\cdot 2}=\dfrac{1}{4}\lim\limits_{x\to\frac{\pi}{2}}\dfrac{-\sin x}{2}=-\dfrac{1}{8}$。

(2) “$\dfrac{\infty}{\infty}$”型，原式$=\lim\limits_{x\to 0^+}\dfrac{\cot 7x\cdot\sec^2 7x\cdot 7}{\cot 2x\cdot\sec^2 2x\cdot 2}=\dfrac{7}{2}\cdot\lim\limits_{x\to 0^+}\dfrac{2x}{7x}=1$。

(3) “$\dfrac{0}{0}$”型，原式$=\lim\limits_{x\to+\infty}\dfrac{\dfrac{1}{x}}{\operatorname{arccot}x}=\lim\limits_{x\to+\infty}\dfrac{-\dfrac{1}{x^2}}{\dfrac{-1}{1+x^2}}=1$。

(4) “$\dfrac{0}{0}$”型。当 $x\to 0$ 时，$\ln(1+x^2)\sim x^2$，

原式$=\lim\limits_{x\to 0}\left[\dfrac{x^2}{\sin^2 x}\cdot\cos x\right]=1$。$\left(因为\ \sec x-\cos x=\dfrac{1-\cos^2 x}{\cos x}=\dfrac{\sin^2 x}{\cos x}\right)$

(5) “$0\cdot\infty$”型。设 $x^2=\dfrac{1}{t^2}$，当 $x\to 0$ 时，$t\to+\infty$，

原式$=\lim\limits_{t\to+\infty}\dfrac{\mathrm{e}^{t^2}}{t^2}=\lim\limits_{t\to+\infty}\dfrac{\mathrm{e}^{t^2}\cdot 2t}{2t}=+\infty$。

(6) “$\infty-\infty$”型，原式$=\lim\limits_{x\to 1}\dfrac{2-(x+1)}{x^2-1}=\lim\limits_{x\to 1}\dfrac{-1}{2x}=-\dfrac{1}{2}$。

(7) “0^0”型，原式$=\lim\limits_{x\to 0^+}\mathrm{e}^{\sin x\ln x}=\mathrm{e}^{\lim\limits_{x\to 0^+}\frac{\ln x}{\csc x}}=\mathrm{e}^{\lim\limits_{x\to 0^+}\frac{\frac{1}{x}}{-\csc x\cot x}}=\mathrm{e}^0=1$。

(8) “∞^0”型，原式$=\lim\limits_{x\to 0^+}\mathrm{e}^{\tan x\ln\frac{1}{x}}=\mathrm{e}^{\lim\limits_{x\to 0^+}\frac{-\ln x}{\cot x}}=\mathrm{e}^{\lim\limits_{x\to 0^+}\frac{\frac{-1}{x}}{-\csc^2 x}}=\mathrm{e}^0=1$。

(9) “$\dfrac{0}{0}$”型，原式$=\lim\limits_{x\to 1}\dfrac{x-\mathrm{e}^{x\ln x}}{1-x+\ln x}=\lim\limits_{x\to 1}\dfrac{1-\mathrm{e}^{x\ln x}\cdot(\ln x+1)}{-1+\dfrac{1}{x}}=\lim\limits_{x\to 1}\left[\dfrac{1-\mathrm{e}^{x\ln x}(\ln x+1)}{1-x}\cdot x\right]$

$$=\lim_{x\to 1}\frac{-\mathrm{e}^{x\ln x}\cdot(\ln x+1)^2-\mathrm{e}^{x\ln x}\cdot\dfrac{1}{x}}{-1}=2。$$

(10) "$\infty-\infty$"型,原式$=\lim\limits_{x\to 0}\dfrac{x-\ln(1+x)}{x\ln(1+x)}=\lim\limits_{x\to 0}\dfrac{x-\ln(1+x)}{x^2}$

$$=\lim_{x\to 0}\frac{1-\dfrac{1}{1+x}}{2x}=\lim_{x\to 0}\left[\frac{x}{2x}\cdot\frac{1}{1+x}\right]=\frac{1}{2}。$$

例 4　求下列极限：

(1) $\lim\limits_{x\to\infty}\left(1+\dfrac{a}{x}\right)^x$;　　(2) $\lim\limits_{x\to+\infty}\left(\dfrac{2}{\pi}\arctan x\right)^x$;

(3) $\lim\limits_{x\to+\infty}\left[\dfrac{a_1^{\frac{1}{x}}+a_2^{\frac{1}{x}}+\cdots+a_n^{\frac{1}{x}}}{n}\right]^{nx}$(其中 $a_1,a_2,\cdots,a_n>0$)。

分析　(1)(2)(3)题都是"1^∞"型,所以利用第一章给出的求"1^∞"型极限的快速方法求之。

解　(1) 因为是"1^∞"型,所以设 $u=1+\dfrac{a}{x}$,$v=x$,则$\lim\limits_{x\to\infty}(u-1)v=\lim\limits_{x\to\infty}\dfrac{a}{x}\cdot x=a$,故原式$=e^a$。

(2) 因为是"1^∞"型,所以设 $u=\dfrac{2}{\pi}\arctan x$,$v=x$,则

$$\lim_{x\to+\infty}(u-1)v=\lim_{x\to+\infty}\left(\frac{2}{\pi}\arctan x-1\right)x=\lim_{x\to+\infty}\frac{\dfrac{2}{\pi}\arctan x-1}{\dfrac{1}{x}}\left(\frac{0}{0}\right)=\lim_{x\to+\infty}\frac{\dfrac{2}{\pi(1+x^2)}}{\dfrac{-1}{x^2}}$$

$$=-\frac{2}{\pi}\lim_{x\to+\infty}\frac{x^2}{1+x^2}=-\frac{2}{\pi},$$

故原式$=e^{-\frac{2}{\pi}}$。

(3) 因为是"1^∞"型,所以设 $u=\dfrac{a_1^{\frac{1}{x}}+a_2^{\frac{1}{x}}+\cdots+a_n^{\frac{1}{x}}}{n}$,$v=nx$,则

$$\lim_{x\to+\infty}(u-1)v=\lim_{x\to+\infty}\frac{\sum\limits_{i=1}^{n}a_i^{\frac{1}{x}}-n}{\dfrac{1}{x}}=\lim_{x\to+\infty}\frac{a_1^{\frac{1}{x}}\ln a_1\cdot\left(\dfrac{-1}{x^2}\right)+a_2^{\frac{1}{x}}\ln a_2\cdot\left(\dfrac{-1}{x^2}\right)+\cdots+a_n^{\frac{1}{x}}\ln a_n\cdot\left(\dfrac{-1}{x^2}\right)}{\dfrac{-1}{x^2}}$$

$$=\ln a_1+\ln a_2+\cdots+\ln a_n=\ln(a_1a_2\cdots a_n),$$

原式$=e^{\ln(a_1a_2\cdots a_n)}=a_1a_2\cdots a_n$。

例 5　求下列极限：

(1) $\lim\limits_{x\to 0}\dfrac{\arctan x-x}{\ln(1+2x^3)}$;　　(2) $\lim\limits_{x\to 0}\dfrac{(1-\cos x)(x-\ln(1+\tan x))}{\sin^4 x}$;

(3) $\lim\limits_{x\to 0}\dfrac{1}{x^2}\ln\dfrac{\sin x}{x}$;　　(4) $\lim\limits_{x\to 0}\cot x\left(\dfrac{1}{\sin x}-\dfrac{1}{x}\right)$;

(5) $\lim\limits_{x\to 0}\left(\dfrac{1}{\sin^2 x}-\dfrac{\cos^2 x}{x^2}\right)$。

解　(1) "$\dfrac{0}{0}$"型。当 $x\to 0$ 时,$\ln(1+2x^3)\sim 2x^3$。

原式$=\lim\limits_{x\to 0}\dfrac{\arctan x-x}{2x^3}=\lim\limits_{x\to 0}\dfrac{\dfrac{1}{1+x^2}-1}{6x^2}=\dfrac{1}{6}\lim\limits_{x\to 0}\left(\dfrac{-x^2}{x^2}\cdot\dfrac{1}{1+x^2}\right)=-\dfrac{1}{6}$。

(2) “$\frac{0}{0}$”型。当 $x\to 0$ 时，$\sin^4 x\sim x^4$，$1-\cos x\sim\frac{x^2}{2}$。

$$原式=\lim_{x\to 0}\frac{\left(\frac{x^2}{2}\right)(x-\ln(1+\tan x))}{x^4}=\frac{1}{2}\lim_{x\to 0}\frac{x-\ln(1+\tan x)}{x^2}=\frac{1}{2}\lim_{x\to 0}\frac{1-\frac{\sec^2 x}{1+\tan x}}{2x}$$

$$=\frac{1}{2}\lim_{x\to 0}\frac{1+\tan x-\sec^2 x}{2x}\cdot\frac{1}{1+\tan x}=\frac{1}{2}\lim_{x\to 0}\frac{\tan x-\tan^2 x}{2x}=\frac{1}{4}。$$

(3) “$0\cdot\infty$”型。当 $x\to 0$ 时，$\ln\frac{\sin x}{x}=\ln\left[1+\frac{\sin x}{x}-1\right]\sim\frac{\sin x}{x}-1=\frac{\sin x-x}{x}$。

$$原式=\lim_{x\to 0}\frac{\sin x-x}{x^3}=\lim_{x\to 0}\frac{\cos x-1}{3x^2}=-\frac{1}{6}。$$

(4) “$0\cdot\infty$”型。原式$=\lim\limits_{x\to 0}\frac{x-\sin x}{x\sin x\tan x}$。

因为分母为三个不同函数的乘积，由上题知分子 $x-\sin x\sim\frac{x^3}{6}$，即是 x 的三阶无穷小，故应用三次洛必达法则，又$(f(x)\cdot g(x)\cdot h(x))'''$有 27 项！故利用等价无穷小化为 x 的幂函数，以简化计算。当 $x\to 0$ 时，$\sin x\sim x$，$\tan x\sim x$。则

$$原式=\lim_{x\to 0}\frac{x-\sin x}{x^3}=\lim_{x\to 0}\frac{1-\cos x}{3x^2}=\frac{1}{6}。$$

(5) “$\infty-\infty$”型。当 $x\to 0$ 时，$\sin^2 x\sim x^2$。

$$原式=\lim_{x\to 0}\frac{x^2-\sin^2 x\cos^2 x}{x^4}=\lim_{x\to 0}\frac{\left(x+\frac{1}{2}\sin 2x\right)\left(x-\frac{1}{2}\sin 2x\right)}{x^4}$$

$$=\lim_{x\to 0}\left[\frac{x+\frac{1}{2}\sin 2x}{x}\cdot\frac{1}{2}\cdot\frac{2x-\sin 2x}{(2x)^3}\cdot 2^3\right]$$

$$=\left[(1+1)\times\left(4\times\frac{1}{6}\right)\right]=\frac{4}{3}\quad\left(因为\lim_{x\to 0}\frac{2x-\sin 2x}{(2x)^3}=\frac{1}{6}\right)。$$

例 6　设数列$\{x_n\}$满足 $0<x_1<\pi$，$x_{n+1}=\sin x_n$　$(n=1,2,\cdots)$。

(1) 证明 $\lim\limits_{n\to\infty}x_n$ 存在，并求该极限；(2) 计算$\lim\limits_{n\to\infty}\left(\frac{x_{n+1}}{x_n}\right)^{\frac{1}{x_n^2}}$。

分析　(1) 利用极限存在准则Ⅱ证明；(2) “1^∞”型，但是数列不能直接使用洛必达法则。有下面两种做法：①将数列的一般项$\{x_n\}$设为连续变量 x 后利用洛必达法则；②套公式。

解　(1) 用归纳法证明$\{x_n\}$单调递减有下界。由 $0<x_1<\pi$ 得 $0<x_2=\sin x_1<x_1<\pi$。设 $0<x_n<\pi$，则 $0<x_{n+1}=\sin x_n<x_n<\pi$，由归纳法知$\{x_n\}$单调递减且有下界，所以$\lim\limits_{n\to\infty}x_n$存在。设$\lim\limits_{n\to\infty}x_n=A$，由 $x_{n+1}=\sin x_n$ 得 $A=\sin A$，所以 $A=0$，即$\lim\limits_{n\to\infty}x_n=0$。

(2) 方法 1　设 $x=x_n$，则 $x_{n+1}=\sin x$，所以原式$=\lim\limits_{x\to 0}\left(\frac{\sin x}{x}\right)^{\frac{1}{x^2}}$是“$1^\infty$”型。

设 $u=\frac{\sin x}{x}$，$v=\frac{1}{x^2}$，$\lim\limits_{x\to 0}(u-1)v=\lim\limits_{x\to 0}\frac{(\sin x-x)}{x^3}=-\frac{1}{6}$(利用例 5(3)的结果)，所以

$$\lim_{x\to 0}\left(\frac{\sin x}{x}\right)^{\frac{1}{x^2}}=e^{-\frac{1}{6}}。$$

由(1)$\lim\limits_{n\to\infty}x_n=0$ 得，$\lim\limits_{n\to\infty}\left(\dfrac{x_{n+1}}{x_n}\right)^{\frac{1}{x_n^2}}=\lim\limits_{x_n\to 0}\left(\dfrac{\sin x_n}{x_n}\right)^{\frac{1}{x_n^2}}=\mathrm{e}^{-\frac{1}{6}}$。

方法 2　套公式$\lim\limits_{\square\to 0}\left(\dfrac{\sin\square}{\square}\right)^{\frac{1}{\square^2}}=\mathrm{e}^{-\frac{1}{6}}$，得$\lim\limits_{n\to\infty}\left(\dfrac{x_{n+1}}{x_n}\right)^{-\frac{1}{x_n^2}}=\lim\limits_{x_n\to 0}\left(\dfrac{\sin x_n}{x_n}\right)^{-\frac{1}{x_n^2}}=\mathrm{e}^{-\frac{1}{6}}$。

例 7　讨论函数 $f(x)=\begin{cases}\left[\dfrac{(1+x)^{\frac{1}{x}}}{\mathrm{e}}\right]^{\frac{1}{x}}, & x>0,\\ \mathrm{e}^{-\frac{1}{2}}, & x\leqslant 0\end{cases}$在点 $x=0$ 处的连续性。

分析　因为 $f(x)$是分段函数，$x=0$ 是分段函数 $f(x)$的第一类衔接点。请读者注意分段函数是非初等函数，所以书上有关初等函数连续性的结论在衔接点不适用。

分段函数 $f(x)$在衔接点 $x=0$ 处的连续定义是 $f(0)=f(0-0)=f(0+0)$。

解　$f(0)=\mathrm{e}^{-\frac{1}{2}}$，$f(0-0)=\lim\limits_{x\to 0^-}f(x)=\lim\limits_{x\to 0^-}\mathrm{e}^{-\frac{1}{2}}=\mathrm{e}^{-\frac{1}{2}}$，$f(0+0)=\lim\limits_{x\to 0^+}f(x)$是“$1^\infty$”型，所以设 $u=\dfrac{(1+x)^{\frac{1}{x}}}{\mathrm{e}}$，$v=\dfrac{1}{x}$，则

$$\lim_{x\to 0^+}(u-1)v=\lim_{x\to 0^+}\frac{(1+x)^{\frac{1}{x}}-\mathrm{e}}{\mathrm{e}x}=\lim_{x\to 0^+}\frac{\mathrm{e}^{\frac{\ln(1+x)}{x}}-\mathrm{e}}{\mathrm{e}x}$$

$$=\lim_{x\to 0^+}\frac{\mathrm{e}^{\frac{\ln(1+x)}{x}-1}-1}{x}=\lim_{x\to 0^+}\frac{\ln(1+x)-x}{x^2}(\text{公式：}x\to 0^+,\mathrm{e}^x-1\sim x)$$

$$=\lim_{x\to 0^+}\frac{x-\dfrac{x^2}{2}+o(x^2)-x}{x^2}=-\frac{1}{2},$$

所以 $f(0+0)=\mathrm{e}^{-\frac{1}{2}}$。

因为 $f(0)=f(0-0)=f(0+0)$，所以 $f(x)$在 $x=0$ 处连续。

例 8　证明下列各题：

(1) 当 $x\to 0$ 时，$\mathrm{e}^{x^2\sin\frac{1}{x}}-1$ 是比 x 高阶的无穷小；

(2) 当 $x\to 0$ 时，$\tan\left(x^2\sin\dfrac{1}{x}\right)$是比 x 高阶的无穷小。

分析　要证(1)$\lim\limits_{x\to 0}\dfrac{\mathrm{e}^{x^2\sin\frac{1}{x}}-1}{x}=0$；(2)$\lim\limits_{x\to 0}\dfrac{\tan\left(x^2\sin\dfrac{1}{x}\right)}{x}=0$，求上述极限常用三种方法：①因为$\left(x^2\sin\dfrac{1}{x}\right)'=2x\sin\dfrac{1}{x}-\cos\dfrac{1}{x}$，所以不能利用洛必达法则求；②因为当 $x\to 0$ 时，$\left(x^2\sin\dfrac{1}{x}\right)$没有等价无穷小，所以不能利用等价无穷小代换求；③在 $x=0$ 处不能展开带佩亚诺余项的泰勒公式，展开带 $o(x)$的泰勒公式求极限也不能用。综上可知求这两个极限的三种方法均失效！想想如何求这两个极限？显然应利用极限存在准则Ⅰ(夹逼准则)求。

证明　(1) $\forall x\in U(0)$，有 $0\leqslant \mathrm{e}^x\leqslant \mathrm{e}^{|x|}$。当 $x\neq 0$ 时，有

$$0\leqslant\left|\frac{\mathrm{e}^{x^2\sin\frac{1}{x}}-1}{x}\right|\leqslant\frac{\mathrm{e}^{|x^2\sin\frac{1}{x}|}-1}{|x|}\leqslant\frac{\mathrm{e}^{|x|^2}-1}{|x|}=\frac{\mathrm{e}^{|x|^2}-1}{|x|^2}\cdot|x|\to 0\quad(\text{当 }x\to 0\text{ 时}),$$

所以由极限存在准则Ⅰ(夹逼准则)，有$\lim\limits_{x\to 0}\dfrac{\mathrm{e}^{x^2\sin\frac{1}{x}}-1}{x}=0$，即命题得证。

(2) $\forall x\in U(0)$，有 $0\leqslant|\tan x|\leqslant\tan|x|$。当 $x\neq0$ 时，有

$$0\leqslant\left|\frac{\tan\left(x^2\sin\frac{1}{x}\right)}{x}\right|\leqslant\frac{\tan\left|x^2\sin\frac{1}{x}\right|}{|x|}\leqslant\frac{\tan|x^2|}{|x|}=\frac{\tan|x^2|}{|x|^2}\cdot|x|\to0\quad(\text{当 }x\to0\text{ 时}),$$

所以由极限存在准则Ⅰ(夹逼准则)，有 $\lim\limits_{x\to0}\frac{\tan\left(x^2\sin\frac{1}{x}\right)}{x}=0$，即命题得证。

点评 深刻理解极限存在准则在极限论中的重要性!

第三节 泰勒公式

问题 57 什么类型的题应用泰勒公式证明?证明时的三种题型是什么?无穷小的阶数在求极限中有何应用?(参见文献[4])

若题给出的条件涉及二阶或二阶以上的导数，欲证的结论是多个函数值间或函数值与各阶导数值间的等式或不等式关系，自然想到利用泰勒公式证明。

三种题型：1)隐含三点内容题型；2)带有极限条件的题型；3)局部泰勒公式题型。

1) 隐含三点内容题型

判明此题是利用泰勒公式证明的题型后，要全力分析题中是否隐含下面三点内容：①展开几阶泰勒公式，由泰勒定理知，条件给出三阶可导，可展开二阶泰勒公式，……，给出 $n+1$ 阶可导，可展开 n 阶泰勒公式；②在何处展开(也称展开点)；③展开后，x 取何值。将上述三点内容写出来便得证。

例 1 设函数 $f(x)$ 在 (a,b) 上存在二阶导数，且 $f''(x)<0$，试证，若 $x_1,x_2,\cdots,x_n\in(a,b)$，且 $x_i<x_{i+1}(i=1,2,\cdots,n-1)$，则 $f\left(\frac{x_1+x_2+\cdots+x_n}{n}\right)>\frac{f(x_1)+f(x_2)+\cdots+f(x_n)}{n}$。

分析 题给出的条件涉及二阶可导，欲证的结论是多个函数值间的不等式关系，应该利用泰勒公式证明。隐含的三点内容是：① 因为二阶可导，所以展开一阶泰勒公式；② 因为欲证的结论中含有 $f\left(\frac{1}{n}\sum\limits_{i=1}^{n}x_i\right)$ 项(这是泰勒公式的首项)及不含有一阶导数项，所以在所给的 n 个点 $x_1,x_2,\cdots,x_n$ 的算术平均值 $x_0=\frac{1}{n}\sum\limits_{i=1}^{n}x_i$ 处展开；③ 因为欲证的结论中含有 $f(x_1),f(x_2),\cdots,f(x_n)$，所以展开后，$x$ 取值 $x_1,x_2,\cdots,x_n$。

证明 设 $x_0=\frac{1}{n}\sum\limits_{i=1}^{n}x_i$。将 $f(x)$ 在 x_0 处展开一阶泰勒公式，

$$f(x)=f(x_0)+f'(x_0)(x-x_0)+\frac{f''(\bar{\xi})}{2!}(x-x_0)^2,\bar{\xi}\text{ 在 }x\text{ 与 }x_0\text{ 之间},$$

$$f(x_1)=f(x_0)+f'(x_0)(x_1-x_0)+\frac{f''(\xi_1)}{2!}(x_1-x_0)^2,\xi_1\text{ 在 }x_1\text{ 与 }x_0\text{ 之间},\quad(\text{Ⅰ})$$

$$f(x_2)=f(x_0)+f'(x_0)(x_2-x_0)+\frac{f''(\xi_2)}{2!}(x_2-x_0)^2,\xi_2\text{ 在 }x_2\text{ 与 }x_0\text{ 之间},\quad(\text{Ⅱ})$$

⋮

$$f(x_n)=f(x_0)+f'(x_0)(x_n-x_0)+\frac{f''(\xi_n)}{2!}(x_n-x_0)^2,\xi_n \text{ 在 } x_n \text{ 与 } x_0 \text{ 之间。} \quad (n)$$

式(Ⅰ)+式(Ⅱ)+…+式(n)，注意到相加后 $f'(x_0)$的系数为

$(x_1+x_2+\cdots+x_n-nx_0)=0$，有

$$\sum_{i=1}^{n}f(x_i)=nf(x_0)+\frac{[f''(\xi_1)(x_1-x_0)^2+f''(\xi_2)(x_2-x_0)^2+\cdots+f''(\xi_n)(x_n-x_0)^2]}{2}。$$

因为 $f''(x)<0$，所以

$$[f''(\xi_1)(x_1-x_0)^2+f''(\xi_2)(x_2-x_0)^2+\cdots+f''(\xi_n)(x_n-x_0)^2]<0,$$

于是，$\sum_{i=1}^{n}f(x_i)<nf(x_0)$，将 $x_0=\frac{1}{n}\sum_{i=1}^{n}x_i$ 代入上式得

$$f\left(\frac{x_1+x_2+\cdots+x_n}{n}\right)>\frac{f(x_1)+f(x_2)+\cdots+f(x_n)}{n}。$$

例 2　设 $f(x)$在$[0,2]$上二次可微，且$|f(x)|\leqslant 1$，$|f''(x)|\leqslant 1$，$x\in[0,2]$，证明：对于一切 $x\in[0,2]$，不等式$|f'(x)|\leqslant 2$ 成立。

分析　题给出的条件是二次可微(⇔二阶可导)，欲证的结论是一阶导数值$|f'(x)|$与函数值、二阶导数值之间的不等式关系，应该利用泰勒公式证明。题目中隐含的三点内容是：①因为二阶可导，所以展开一阶泰勒公式；②在欲证的结论中含有$|f'(x)|$，而 $f'(x)$是泰勒公式一次项的系数，所以在 x 点处展开；③因为题给的条件$|f(x)|\leqslant 1$，所以展开后，x 取值 0，2。

证明　将 $y=f(t)$在 x 处展开一阶泰勒公式

$$f(t)=f(x)+f'(x)(t-x)+\frac{f''(\bar{\xi})}{2!}(t-x)^2,\bar{\xi} \text{ 在 } t \text{ 与 } x \text{ 之间，}$$

$$f(0)=f(x)+f'(x)(0-x)+\frac{f''(\xi_1)}{2!}(-x)^2,\xi_1 \text{ 在 } 0 \text{ 与 } x \text{ 之间，} \quad (Ⅰ)$$

$$f(2)=f(x)+f'(x)(2-x)+\frac{f''(\xi_2)}{2!}(2-x)^2,\xi_2 \text{ 在 } 2 \text{ 与 } x \text{ 之间。} \quad (Ⅱ)$$

式(Ⅱ)－式(Ⅰ)得

$$f(2)-f(0)=2f'(x)+\frac{f''(\xi_2)(2-x)^2-f''(\xi_1)x^2}{2},$$

$$f'(x)=\frac{f(2)-f(0)+\frac{f''(\xi_1)x^2-f''(\xi_2)(2-x)^2}{2}}{2},$$

$$|f'(x)|\leqslant\frac{|f(2)|+|f(0)|+\frac{|f''(\xi_1)|x^2+|f''(\xi_2)|(2-x)^2}{2}}{2}\leqslant\frac{2+\frac{x^2+(2-x)^2}{2}}{2}。$$

因为 $M=\max\limits_{0\leqslant x\leqslant 2}(x^2+(x-2)^2)=4$，故$|f'(x)|\leqslant 2$。

例 3　设 $f(x)$在(a,b)内二阶可导，且 $f''(x)\geqslant 0$。证明：对于(a,b)内任意两点 x_1,x_2 及 $0\leqslant t\leqslant 1$，有 $f[(1-t)x_1+tx_2]\leqslant(1-t)f(x_1)+tf(x_2)$。

分析　题给条件涉及二阶可导，欲证的结论是多个函数值间的不等式关系，应该利用泰勒公式证明。题中隐含的三点内容是：①因为二阶可导，所以展开一阶泰勒公式；②在结

论中含有 $f[(1-t)x_1+tx_2]$ 项，它是泰勒公式的首项，所以在 $x_0=(1-t)x_1+tx_2$ 处展开；③在结论中含有 $f(x_1)$，$f(x_2)$，所以展开后，x 取值 x_1，x_2。

证明　设 $x_0=(1-t)x_1+tx_2$，将 $f(x)$ 在 x_0 处展开一阶泰勒公式：

$$f(x)=f(x_0)+f'(x_0)(x-x_0)+\frac{f''(\bar{\xi})}{2!}(x-x_0)^2,\bar{\xi} \text{ 在 } x_0 \text{ 与 } x \text{ 之间},$$

$$f(x_1)=f(x_0)+f'(x_0)(x_1-x_0)+\frac{f''(\xi_1)}{2!}(x_1-x_0)^2,\xi_1 \text{ 在 } x_0 \text{ 与 } x_1 \text{ 之间},\tag{Ⅰ}$$

$$f(x_2)=f(x_0)+f'(x_0)(x_2-x_0)+\frac{f''(\xi_2)}{2!}(x_2-x_0)^2,\xi_2 \text{ 在 } x_0 \text{ 与 } x_2 \text{ 之间}。\tag{Ⅱ}$$

因为 $f''(x)\geqslant 0$，所以 $f''(\xi_1)\geqslant 0$，$f''(\xi_2)\geqslant 0$，从而有

$$f(x_1)\geqslant f(x_0)+f'(x_0)(x_1-x_0),\tag{Ⅲ}$$

$$f(x_2)\geqslant f(x_0)+f'(x_0)(x_2-x_0)。\tag{Ⅳ}$$

$(1-t)\times$式(Ⅲ)$+t\times$式(Ⅳ)得

$$(1-t)f(x_1)+tf(x_2)\geqslant(1-t)f(x_0)+tf(x_0)+(1-t)f'(x_0)(x_1-x_0)+tf'(x_0)(x_2-x_0),$$

整理得 $f(x_0)\leqslant(1-t)f(x_1)+tf(x_2)$，即 $f[(1-t)x_1+tx_2]\leqslant(1-t)f(x_1)+tf(x_2)$。

点评　泰勒公式的展开点的选取是重点也是难点，但它是有规律的：①选在给出的有限个点的算术平均值处，如例 1 选 $x_0=\frac{1}{n}\sum_{i=1}^{n}x_i$；② 题目中直接给出，如例 2、例 3；③ 选在一阶导数等于零的点。

同一个函数 $f(x)$ 在不同区间(如例 1 中的 n 个子区间)中泰勒公式余项中的 ξ 是不同的，分别记为 $\xi_1,\xi_2,\cdots,\xi_n$。同样两个不同函数在同一个区间上的泰勒公式余项中的 ξ 也是不同的。此条也适应用于拉格朗日中值定理和柯西中值定理。

2) 带有极限条件的题型

点评　极限条件如例 5　$\lim\limits_{x\to 0}\frac{f(x)-(5+3x+4x^2)}{x^n}=-1$，此条件给出展开点 $x=0$ 及展开点 $x=0$ 的函数值 $f(0)$ 及各阶导数值 $f'(0)$，$f''(0)$，$\cdots$，$f^{(n-1)}(0)$。

请读者注意：不要将极限给出的条件与 $f(x)$ 展开泰勒公式的条件混淆。

例 4　设 $\lim\limits_{x\to 0}\frac{f(x)}{x}=1$，且 $f''(x)\geqslant 0$，证明 $f(x)\geqslant x$。

分析　条件 $\lim\limits_{x\to 0}\frac{f(x)}{x}=1$ 给出展开点 $x=0$ 及 $f(0)=0$，$f'(0)=\lim\limits_{x\to 0}\frac{f(x)-f(0)}{x-0}=\lim\limits_{x\to 0}\frac{f(x)}{x}=1$。

解　因为 $f(x)$ 二阶可导，所以展开一阶泰勒公式且在 $x=0$ 处展开。

$$f(x)=f(0)+f'(0)x+\frac{1}{2!}f''(\theta x)x^2=x+\frac{1}{2}f''(\theta x)x^2,\quad 0<\theta<1,$$

由于 $f''(x)\geqslant 0$，所以 $f''(\theta x)\frac{x^2}{2}>0$，故 $f(x)\geqslant x$。

例 5　设 $f(x)$ 在 $[a,b]$ 上 $(ab<0)$ 具有 n 阶导数，又 $f^{(n)}(x)<0$，$x\in(a,b)$，且 $\lim\limits_{x\to 0}\frac{f(x)-(5+3x+4x^2)}{x^n}=-1$，试证：当 $x>0$，即 $x\in(0,b]$ 时，$f(x)<5+3x+4x^2$。

分析　题给条件 $f(x)n$ 阶可导，欲证结论为含有 $f(x)$的不等式，所以应该利用泰勒公式证明。因为 $f(x)n$ 阶可导，所以展开成 $n-1$ 阶泰勒公式。在何处展开呢？由条件 $\lim\limits_{x\to 0}\frac{f(x)-(5+3x+4x^2)}{x^n}=-1$ 给出展开点 $x=0$ 及 $f(0),f'(0),f''(0),\cdots,f^{(n-1)}(0)$值。

证明　将 $f(x)$在 $x=0$ 处展开成 $n-1$ 阶麦克劳林公式：

$$f(x)=f(0)+f'(0)x+\frac{1}{2!}f''(0)x^2+\cdots+\frac{1}{(n-1)!}f^{(n-1)}(0)x^{n-1}+\frac{f^{(n)}(\xi)}{n!}x^n,$$

ξ在 x 与 0 之间，于是问题转化为求展开系数 $f(0),f'(0),f''(0),\cdots,f^{(n-1)}(0)$的值。因为 $f(x)n$ 阶可导，所以 $f(x),f'(x),\cdots,f^{(n-1)}(x)$在$(a,b)$内连续。又

$$\begin{aligned}\lim_{x\to 0}\frac{f(x)-(5+3x+4x^2)}{x^n}&=\lim_{x\to 0}\frac{f'(x)-(3+8x)}{nx^{n-1}}=\lim_{x\to 0}\frac{f''(x)-8}{n(n-1)x^{n-2}}\\&=\lim_{x\to 0}\frac{f'''(x)}{n(n-1)(n-2)x^{n-3}}=\cdots\\&=\lim_{x\to 0}\frac{f^{(n-1)}(x)}{n!x}=-1。\end{aligned}$$

因为$\lim\limits_{x\to 0}x^n=0$，所以$\lim\limits_{x\to 0}[f(x)-(5+3x+4x^2)]=0$，以此类推，

$$\lim_{x\to 0}[f'(x)-(3+8x)]=0,\lim_{x\to 0}[f''(x)-8]=0,$$

$$\lim_{x\to 0}f'''(x)=0,\cdots,\lim_{x\to 0}f^{(n-1)}(x)=0。$$

又

$$\begin{aligned}f(0)&=\lim_{x\to 0}f(x)=\lim_{x\to 0}[(f(x)-(5+3x+4x^2))+(5+3x+4x^2)]\\&=\lim_{x\to 0}[f(x)-(5+3x+4x^2)]+\lim_{x\to 0}(5+3x+4x^2)=0+5=5。\end{aligned}$$

同理可得 $f'(0)=3,f''(0)=8,f'''(0)=f^{(4)}(0)=\cdots=f^{(n-1)}(0)=0$。于是有

$$f(x)=5+3x+\frac{8}{2!}x^2+\frac{f^{(n)}(\theta x)}{n!}x^n,0<\theta<1。$$

因为 $x\in(a,b)$时，$f^{(n)}(x)<0$，所以当 $x\in(0,b)$时，则有 $f^{(n)}(\theta x)x^n<0$，故 $f(x)\leqslant 5+3x+4x^2$。

3）局部泰勒公式题型

何谓局部泰勒公式？就是带佩亚诺余项的泰勒公式。请读者熟练掌握下列函数的带佩亚诺余项的泰勒公式：

(1) $\mathrm{e}^x=1+x+\frac{1}{2!}x^2+\cdots+\frac{1}{n!}x^n+o(x^n)$；

(2) $\sin x=x-\frac{1}{3!}x^3+\cdots+\frac{\sin\frac{n\pi}{2}}{n!}x^n+o(x^n)$；

(3) $\cos x=1-\frac{x^2}{2!}+\cdots+\frac{\cos\frac{n\pi}{2}}{n!}x^n+o(x^n)$；

(4) $\ln(1+x)=x-\frac{1}{2}x^2+\cdots+\frac{(-1)^{n-1}}{n}x^n+o(x^n)$；

(5) $(1+x)^m=1+mx+\frac{m(m-1)}{2!}x^2+\cdots+\frac{m(m-1)\cdots(m-n+1)}{n!}x^n+o(x^n)$。

例 6　设 $f(x)$在 $x=0$ 的邻域内具有二阶导数，且$\lim\limits_{x\to 0}\left[1+x+\frac{f(x)}{x}\right]^{\frac{1}{x}}=\mathrm{e}^3$。

(1) 求 $f(0),f'(0),f''(0)$；(2)求$\lim\limits_{x\to 0}\left[1+\frac{f(x)}{x}\right]^{\frac{1}{x}}$。

分析 题给条件涉及二阶可导，求 $f''(0)$及极限值$\lim\limits_{x\to 0}\left[1+\frac{f(x)}{x}\right]^{\frac{1}{x}}$，因给出 $f(x)$二阶可导且求 $f''(0)$，所以它不是带有极限条件的拉格朗日余项的泰勒公式(因为二阶可导只能展开一阶泰勒公式，余项含有 $f''(\xi)$)，故本题是局部泰勒公式题型。

解 (1) 因为$\lim\limits_{x\to 0}\left[1+x+\frac{f(x)}{x}\right]^{\frac{1}{x}}=e^3$，左端是"$1^\infty$"型，所以设 $u=1+x+\frac{f(x)}{x}$，$v=\frac{1}{x}$，$\lim\limits_{x\to 0}(u-1)v=\lim\limits_{x\to 0}\left[\left(x+\frac{f(x)}{x}\right)\cdot\frac{1}{x}\right]=\lim\limits_{x\to 0}\left[1+\frac{f(x)}{x^2}\right]=3$。由函数极限与无穷小关系定理知$1+\frac{f(x)}{x^2}=3+\alpha(\alpha\to 0)$，所以

$$f(x)=2x^2+o(x^2), \tag{Ⅰ}$$

其中 $o(x^2)=\alpha x^2$ 是 x^2 的高阶无穷小($x\to 0$)。上式正是 $f(x)$在 $x=0$ 处带佩亚诺余项的二阶泰勒公式。由泰勒展开式的唯一性 $f(x)=f(0)+f'(0)x+\frac{f''(0)x^2}{2!}+o(x^2)$，与式(Ⅰ)比较得 $f(0)=0,f'(0)=0,f''(0)=4$。

(2) 因为 $f(x)=2x^2+o(x^2)$，所以$\lim\limits_{x\to 0}\left[1+\frac{f(x)}{x}\right]^{\frac{1}{x}}=\lim\limits_{x\to 0}\left[1+2x+\frac{o(x^2)}{x}\right]^{\frac{1}{x}}$是"$1^\infty$"型，设 $u=1+2x+\frac{o(x^2)}{x}$，$v=\frac{1}{x}$，$\lim\limits_{x\to 0}(u-1)v=\lim\limits_{x\to 0}\left(2+\frac{o(x^2)}{x^2}\right)=2$，故$\lim\limits_{x\to 0}\left[1+\frac{f(x)}{x}\right]^{\frac{1}{x}}=e^2$。

例 7 利用泰勒公式求下列极限：

(1) $\lim\limits_{x\to+\infty}\left(\sqrt[3]{x^3+3x^2}-\sqrt[4]{x^4-2x^3}\right)$；

(2) $\lim\limits_{x\to 0}\frac{\cos x-e^{\frac{-x^2}{2}}}{x^2[x+\ln(1-x)]}$；

(3) $\lim\limits_{x\to 0}\frac{1+\frac{x^2}{2}-\sqrt{1+x^2}}{(\cos x-e^{x^2})\sin x^2}$；

(4) $\lim\limits_{x\to 0}\frac{e^x\sin x-(x+x^2)\cos x}{x^3}$。

分析 因为极限是点概念，所以求极限具有局部性质，题要求利用泰勒公式求极限，这个泰勒公式必是局部泰勒公式，即是带佩亚诺余项的泰勒公式。解这类极限题的关键是极限式中的函数应展开几阶带佩亚诺余项的泰勒公式，由极限式中分子或分母的无穷小的阶数决定，这就是无穷小的阶数在求极限中的应用。

解 (1) 利用$\sqrt[n]{1+x}=1+\frac{x}{n}+o(x)$，则

$$\sqrt[3]{x^3+3x^2}=x\sqrt[3]{1+\frac{3}{x}}=x\left[1+\frac{3}{3x}+o\left(\frac{1}{x}\right)\right],$$

$$\sqrt[4]{x^4-2x^3}=x\sqrt[4]{1-\frac{2}{x}}=x\left[1-\frac{2}{4x}+o\left(\frac{1}{x}\right)\right],$$

所以$\lim\limits_{x\to+\infty}\left[\sqrt[3]{x^3+3x^2}-\sqrt[4]{x^4-2x^3}\right]=\lim\limits_{x\to+\infty}\left[\frac{3}{2}+x\cdot o\left(\frac{1}{x}\right)\right]=\frac{3}{2}$。

(2) 当 $x\to 0$ 时，分母

$$x^2[x+\ln(1-x)]=x^2\left[x+(-x)-\frac{(-x)^2}{2}+o(x^2)\right]=\frac{-x^4}{2}+o(x^4)\sim-\frac{x^4}{2},$$

是 x 的 4 阶无穷小，而

$$\cos x=1-\frac{x^2}{2!}+\frac{x^4}{4!}+o(x^4),\mathrm{e}^{\frac{-x^2}{2}}=1-\frac{x^2}{2}+\frac{\left(\frac{-x^2}{2}\right)^2}{2!}+o(x^4),\cos x-\mathrm{e}^{\frac{-x^2}{2}}=\frac{-x^4}{12}+o(x^4)。$$

所以　原式$=\lim\limits_{x\to0}\dfrac{\frac{-x^4}{12}+o(x^4)}{\frac{-x^4}{2}+o(x^4)}=\dfrac{1}{6}$。

(3) 因为 $(\cos x-\mathrm{e}^{x^2})\sin x^2=\left(1-\dfrac{x^2}{2!}+o(x^2)-(1+x^2+o(x^2))\right)\sin x^2$

$$=\left(\frac{-3x^2}{2}+o(x^2)\right)\sin x^2\sim\frac{-3x^4}{2},$$

$$\sqrt{1+x^2}=1+\frac{x^2}{2}+\frac{-x^4}{8}+o(x^4),$$

所以　原式$=\lim\limits_{x\to0}\dfrac{1+\frac{x^2}{2}-\left(1+\frac{x^2}{2}-\frac{x^4}{8}+o(x^4)\right)}{\frac{-3x^4}{2}}=\lim\limits_{x\to0}\dfrac{\frac{x^4}{8}+o(x^4)}{\frac{-3x^4}{2}}=-\dfrac{1}{12}$。

(4) 无穷小的阶在求极限中的应用。因为当 $x\to0$ 时，分母 x^3 是 x 的三阶无穷小，所以应将 e^x，$\sin x$ 和 $(x+x^2)\cos x$ 展开成带 $o(x^3)$ 的三阶泰勒公式，即

$$\mathrm{e}^x=1+x+\frac{x^2}{2!}+\frac{x^3}{3!}+o(x^3),\sin x=x-\frac{x^3}{3!}+o(x^3),$$

$$(x+x^2)\cos x=(x+x^2)\left(1-\frac{x^2}{2!}+o(x^2)\right)=x+x^2-\frac{x^3}{2!}+o(x^3),$$

所以

$$\mathrm{e}^x\sin x-(x+x^2)\cos x=\left(x+x^2+\frac{x^3}{3}+o(x^3)\right)-\left(x+x^2-\frac{x^3}{2!}+o(x^3)\right)=\frac{5x^3}{6}+o(x^3),$$

所以　原式$=\lim\limits_{x\to0}\dfrac{\frac{5x^3}{6}+o(x^3)}{x^3}=\dfrac{5}{6}$。

例 8　求函数 $f(x)=\dfrac{1}{x}$ 按 $(x+1)$ 的幂展开为带拉格朗日型余项的 n 阶泰勒公式。

分析　展开式为 $f(x)=f(-1)+f'(-1)(x+1)+\dfrac{f''(-1)}{2}(x+1)^2+\cdots+\dfrac{f^{(n)}(-1)}{n!}(x+1)^n+\dfrac{f^{(n+1)}(\xi)}{(n+1)!}(x+1)^{n+1}$，$\xi$ 在 x 与 -1 之间。问题转化为求 $f(x)$ 在 $x=-1$ 处的函数值 $f(-1)$ 及各阶导数值 $f^{(k)}(-1)(k=1,2,\cdots,n)$ 及 $f^{(n+1)}(\xi)$，即训练求 $f(x)$ 的高阶导数。

解　$f(-1)=-1,f'(x)=-x^{-2},f''(x)=(-1)(-2)x^{-3}=(-1)^2 2!x^{-3}$，

$f'''(x)=(-1)(-2)(-3)x^{-4}=(-1)^3 3!x^{-4},\cdots$，

$f^{(n)}(x)=(-1)^n n!x^{-(n+1)},f^{(n+1)}(x)=(-1)^{(n+1)}(n+1)!\ x^{-(n+2)}$。

$f'(-1)=-1,f''(-1)=(-1)^3 2!,f'''(-1)=(-1)^3 3!,\cdots$，

$f^{(n)}(-1)=(-1)^n\cdot n!,f^{(n+1)}(\xi)=(-1)^{n+1}(n+1)!\ \xi^{-(n+2)}$，

$f(x)=\frac{1}{x}=-1-(x+1)-(x+1)^2-(x+1)^3-\cdots-(x+1)^n+\frac{(-1)^{n+1}}{\xi^{n+2}}$，$\xi$ 在 x 与 -1 之间。

例 9　求函数 $f(x)=x\mathrm{e}^x$ 的带佩亚诺余项的 n 阶麦克劳林公式。

解　$f(0)=0, f^{(k)}(x)=(x+k)\mathrm{e}^x(k=1,2,\cdots,n), f^{(k)}(0)=k$，

$$f(x)=x\mathrm{e}^x=x+x^2+\frac{1}{2!}x^3+\cdots+\frac{1}{(n-1)!}x^n+o(x^n)。$$

小结　微分中值定理建立了函数与导数之间的联系，即微分中值定理是函数与导数间联系的桥梁，因此根据函数的性质研究导数的性质，或根据导数的性质研究函数的性质，常要用到中值定理。罗尔定理是拉格朗日中值定理在 $f(a)=f(b)$ 时的特殊情形，柯西定理是拉格朗日中值定理当 $y=f(x)$ 取参数形式 $x=x(t), y=y(t)$ 的情形，它们都仅涉及函数及其一阶导数，常用来研究函数及其一阶导数的关系。若所要讨论的问题涉及高阶导数，则需采用泰勒定理来处理。

问题 58　何谓微分中值定理的综合应用？

所证的命题中涉及微分中值定理与其他定理相结合的综合题，或拉格朗日中值定理、柯西中值定理、泰勒中值定理相结合的综合题（此类题欲证的结论中含有不同的 ξ,η），称为微分中值定理的综合应用（参见文献[4]）。

例 10　已知函数 $f(x)$ 在 $[0,1]$ 上连续，在 $(0,1)$ 内可导，且 $f(0)=0, f(1)=1$。证明：(1) 存在 $\xi\in(0,1)$，使得 $f(\xi)=1-\xi$；(2) 存在两个不同的点 $\eta,\zeta\in(0,1)$，使得 $f'(\eta)f'(\zeta)=1$。

分析　(1)的结论是函数方程 $f(x)=1-x$ 的根存在问题，应该利用连续函数的零点定理证明；(2)应用拉格朗日中值定理证明。

证明　(1) 设 $g(x)=f(x)+x-1, x\in[0,1]$。显然 $g(x)$ 在 $[0,1]$ 上连续且 $g(0)=-1, g(1)=1$，因为 $g(0)g(1)<0$，由零点定理知，存在 $\xi\in(0,1)$，使得 $g(\xi)=f(\xi)+\xi-1=0$，即 $f(\xi)=1-\xi$。

(2) $f(x)$ 在 $[0,\xi]$ 和 $[\xi,1]$ 满足拉格朗日中值定理条件，则有 $\eta\in(0,\xi), \zeta\in(\xi,1)$，使得 $f'(\eta)=\frac{f(\xi)-f(0)}{\xi-0}=\frac{1-\xi}{\xi}, f'(\zeta)=\frac{f(1)-f(\xi)}{1-\xi}=\frac{1-(1-\xi)}{1-\xi}=\frac{\xi}{1-\xi}$，从而 $f'(\eta)f'(\zeta)=1$。

例 11　设函数 $f(x)$ 在 $[a,b]$ 上连续，在 (a,b) 内可导且 $f'(x)\neq 0$，试证存在 $\xi,\eta\in(a,b)$ 使得 $\frac{f'(\xi)}{f'(\eta)}=\frac{\mathrm{e}^b-\mathrm{e}^a}{b-a}\mathrm{e}^{-\eta}$。

分析　所证的结论中涉及两个不同函数 $f(x)$，e^x 及其导数之间的等式关系，应考虑用柯西中值定理加以证明。又因为含有 ξ,η，所以可以猜想是柯西中值定理与另一个中值定理相结合的综合题。将结论变形为 $\frac{\mathrm{e}^\eta}{f'(\eta)}f'(\xi)=\frac{\mathrm{e}^b-\mathrm{e}^a}{b-a}=\frac{\mathrm{e}^b-\mathrm{e}^a}{f(b)-f(a)}\cdot\frac{f(b)-f(a)}{b-a}$。而 $\frac{\mathrm{e}^\eta}{f'(\eta)}=\frac{\mathrm{e}^b-\mathrm{e}^a}{f(b)-f(a)}, f'(\xi)=\frac{f(b)-f(a)}{b-a}$，故本题为 $f(x)$，e^x 在 $[a,b]$ 上应用柯西中值定理，$f(x)$ 在 $[a,b]$ 上应用拉格朗日中值定理，是一个综合题。

证明　函数 $f(x)$，e^x 在 $[a,b]$ 上连续，在 (a,b) 内可导且 $f'(x)\neq 0$，由柯西中值定理得

$$\frac{e^b - e^a}{f(b) - f(a)} = \frac{e^\eta}{f'(\eta)}, \quad a < \eta < b。 \tag{Ⅰ}$$

$f(x)$在$[a,b]$上满足拉格朗日中值定理条件,则有

$$f(b) - f(a) = f'(\xi)(b-a), \quad a < \xi < b。 \tag{Ⅱ}$$

将式(Ⅱ)代入式(Ⅰ)得$\dfrac{e^b - e^a}{f'(\xi)(b-a)} = \dfrac{e^\eta}{f'(\eta)}$,即$\dfrac{f'(\xi)}{f'(\eta)} = \dfrac{e^b - e^a}{b-a}e^{-\eta}$。

例 12 设 $f(x)$在$[0,1]$上具有三阶连续导数,且 $f'(0)=0, f''(0)=0$,证明:存在 $\xi,\eta,\zeta\in(0,1)$,使得 $e^\xi f'''(\eta) = 6e^\zeta f'(\xi)$。

分析 所证的结论涉及两个函数 $f(x)$,e^x 及其导数间的等式关系,应该考虑用柯西中值定理证明。又因为含 ξ,η,ζ 及三阶导数,所以可以猜想是柯西中值定理与泰勒中值定理及另一个中值定理相结合的综合题。将结论变形为$\dfrac{\frac{f'''(\eta)}{6}}{e^\zeta} = \dfrac{f'(\xi)}{e^\xi}$。

证明 函数 $f(x)$,e^x 在$[0,1]$上满足柯西中值定理条件,则有

$$\frac{f(1) - f(0)}{e-1} = \frac{f'(\xi)}{e^\xi}, \quad 0 < \xi < 1, \tag{Ⅰ}$$

将函数 $f(x)$在 $x=0$ 处展开二阶泰勒公式,注意到 $f'(0)=f''(0)=0$,得

$f(x) = f(0) + f'''(\bar{\eta})\dfrac{x^3}{3!}$,$\bar{\eta}$ 在 0 与 x 之间,

$$f(1) = f(0) + \frac{f'''(\eta)}{6}, \quad 0 < \eta < 1。 \tag{Ⅱ}$$

e^x 在$[0,1]$上满足拉格朗日中值定理条件,则有

$$e - 1 = e^\zeta, \quad 0 < \zeta < 1。 \tag{Ⅲ}$$

将式(Ⅱ)、式(Ⅲ)代入式(Ⅰ),得$\dfrac{\frac{f'''(\eta)}{6}}{e^\zeta} = \dfrac{f'(\xi)}{e^\xi}$,即 $e^\xi f'''(\eta) = 6e^\zeta f'(\xi)$。

问题 59 极限式中常数如何确定?(参见文献[4])

各类试题中关于极限式中确定常数的题型出现的频率较高,因此确定极限式中的常数是备考的重点。主要考查下面 5 个方面的知识:(1)7 种未定式,即“$\frac{0}{0}$”“$\frac{\infty}{\infty}$”“$0\cdot\infty$”“$\infty-\infty$”“1^∞”“∞^0”“0^0”;(2)无穷小的阶;(3)等价无穷小;(4)带佩亚诺余项的泰勒公式;(5)洛必达法则。

例 13 $\lim\limits_{x\to 0}\dfrac{\ln(1+x)-(ax+bx^2)}{x^2}=2$,则( )。

(A) $a=1,b=-\frac{5}{2}$ (B) $a=0,b=-2$ (C) $a=0,b=-\frac{5}{2}$ (D) $a=1,b=-2$

分析 考查无穷小的阶的概念及带佩亚诺余项的泰勒公式或洛必达法则。

解 当 $x\to 0$ 时,分母 x^2 是 x 的二阶无穷小,又极限值为 2,所以分子 $\ln(1+x)-(ax+bx^2)$必为 x 的二阶无穷小,因此它的一次项系数必为零,将 $\ln(1+x)$展开为二阶麦克劳林公式 $\ln(1+x) = x - \frac{x^2}{2} + o(x^2)$,所以 $\ln(1+x) - (ax+bx^2) = (1-a)x - \left(b+\frac{1}{2}\right)x^2 +$

$o(x^2)$，当 $x\to 0$ 时，此式是 x 的二阶无穷小，所以 $a=1$。又 $\lim\limits_{x\to 0}\dfrac{\ln(1+x)-(ax+bx^2)}{x^2}=$

$\lim\limits_{x\to 0}\dfrac{-\left(b+\dfrac{1}{2}\right)x^2+o(x^2)}{x^2}=-\left(b+\dfrac{1}{2}\right)=2, b=-\dfrac{5}{2}$，综上有 $a=1, b=-\dfrac{5}{2}$，故选(A)。

例 14　试确定常数 a,b，使 $\lim\limits_{x\to\infty}(\sqrt[3]{1-x^6}-ax^2-b)=0$ 成立。

分析　此题是"$0\cdot\infty$"型未定式及极限与无穷小关系定理的一个应用。

解　因为 $\sqrt[3]{1-x^6}-ax^2-b=x^2(\sqrt[3]{x^{-6}-1}-a-bx^{-2})$，又 $\lim\limits_{x\to\infty}(\sqrt[3]{1-x^6}-ax^2-b)=$ $\lim\limits_{x\to\infty}x^2(\sqrt[3]{x^{-6}}-1-a-bx^{-2})=0(0\cdot\infty)$，$\lim\limits_{x\to\infty}x^2=\infty$，所以必有 $\lim\limits_{x\to\infty}(\sqrt[3]{x^{-6}-1}-a-bx^{-2})=0$。

由函数极限与无穷小关系定理知 $a=\lim\limits_{x\to\infty}(\sqrt[3]{x^{-6}-1}-bx^{-2})=-1$，将 $a=-1$ 代回原式，得 $\lim\limits_{x\to\infty}(\sqrt[3]{1-x^6}+x^2-b)=0$，得

$$b=\lim_{x\to\infty}(\sqrt[3]{1-x^6}+x^2)=\lim_{x\to\infty}\frac{1}{(\sqrt[3]{1-x^6})^2-x^2\sqrt[3]{1-x^6}+x^4}=0,$$

所以 $a=-1, b=0$。

例 15　设函数 $f(x)$ 在 $x=0$ 的某个邻域内具有二阶连续导数，且 $f(0)\neq 0, f'(0)\neq 0$, $f''(0)\neq 0$，证明：存在唯一的一组实数 $\lambda_1,\lambda_2,\lambda_3$，使得当 $h\to 0$ 时，$\lambda_1 f(h)+\lambda_2 f(2h)+\lambda_3 f(3h)-f(0)$ 是比 h^2 高阶的无穷小。

分析　此题是无穷小比较、洛必达法则、带佩亚诺余项的泰勒公式与代数方程组克莱姆法则相结合的综合题。

证明　方法 1　只需证明存在唯一的一组实数 $\lambda_1,\lambda_2,\lambda_3$，使 $\lim\limits_{h\to 0}\dfrac{\lambda_1 f(h)+\lambda_2 f(2h)+\lambda_3 f(3h)-f(0)}{h^2}$ $=0$，由题设及洛必达法则得

$$0=\lim_{h\to 0}\frac{\lambda_1 f(h)+\lambda_2 f(2h)+\lambda_3 f(3h)-f(0)}{h^2}=\lim_{h\to 0}\frac{\lambda_1 f'(h)+\lambda_2 f'(2h)\cdot 2+\lambda_3 f'(3h)\cdot 3}{2h}$$
$$=\lim_{h\to 0}\frac{\lambda_1 f''(h)+4\lambda_2 f''(2h)+9\lambda_3 f''(3h)}{2}=\frac{1}{2}(\lambda_1+4\lambda_2+9\lambda_3)f''(0)。$$

因为 $f''(0)\neq 0$，所以 $\lambda_1+4\lambda_2+9\lambda_3=0$。又 $\lim\limits_{h\to 0}[\lambda_1 f'(h)+2\lambda_2 f'(2h)+3\lambda_3 f'(3h)]=$ $(\lambda_1+2\lambda_2+3\lambda_3)f'(0)=0, f'(0)\neq 0$，所以

$\lambda_1+2\lambda_2+3\lambda_3=0$，$\lim\limits_{h\to 0}[\lambda_1 f(h)+\lambda_2 f(2h)+\lambda_3 f(3h)-f(0)]=(\lambda_1+\lambda_2+\lambda_3-1)f(0)=0$。
因为 $f(0)\neq 0$，所以 $\lambda_1+\lambda_2+\lambda_3=1$。

$$\begin{cases}\lambda_1+\lambda_2+\lambda_3=1,\\ \lambda_1+2\lambda_2+3\lambda_3=0,\\ \lambda_1+4\lambda_2+9\lambda_3=0,\end{cases}$$

这里系数行列式 $D=\begin{vmatrix}1&1&1\\1&2&3\\1&4&9\end{vmatrix}=2\neq 0$，所以线性方程组存在唯一解，即存在唯一的一组实数 $\lambda_1,\lambda_2,\lambda_3$，使得当 $h\to 0$ 时，$\lambda_1 f(h)+\lambda_2 f(2h)+\lambda_3 f(3h)-f(0)$ 是 h^2 的高阶无穷小。

方法 2　由带佩亚诺余项的麦克劳林公式，得

$$f(h)=f(0)+f'(0)h+\frac{f''(0)h^2}{2}+o(h^2),$$

$$f(2h)=f(0)+2f'(0)h+2f''(0)h^2+o(h^2),$$

$$f(3h)=f(0)+3f'(0)h+\frac{9f''(0)h^2}{2}+o(h^2),$$

所以有

$$\lambda_1 f(h)+\lambda_2 f(2h)+\lambda_3 f(3h)-f(0)=(\lambda_1+\lambda_2+\lambda_3-1)f(0)+(\lambda_1+2\lambda_2+3\lambda_3)f'(0)h+(\lambda_1+4\lambda_2+9\lambda_3)\frac{f''(0)h^2}{2}+o(h^2)。\quad(\text{I})$$

因为当 $h\to0$ 时，式(Ⅰ)是 h^2 的高阶无穷小，所以式(Ⅰ)中常数项、一次项系数、二次项系数均等于零，即有 $\begin{cases}\lambda_1+\lambda_2+\lambda_3=1,\\ \lambda_1+2\lambda_2+3\lambda_3=0,\\ \lambda_1+4\lambda_2+9\lambda_3=0,\end{cases}$ 余下同方法 1。

第四节　函数的单调性与曲线的凹凸性

问题 60　怎样利用导数概念判断函数的单调性？如何求单调区间？

若 $f'(x)>0$(或 <0)，$x\in(a,b)$，则 $f(x)$ 在 $[a,b]$ 上单调增加(或单调减少)。

单调区间求法：(1)求 $y'=0$ 及 y' 不存在的点；(2)用(1)中所求出的点将 $y=f(x)$ 的定义域分为若干个小区间，列表判断在每个小区间内一阶导数 $f'(x)$ 的正负号，便得所求。

例 1　研究下列函数的单调区间：

(1) $y=\dfrac{10}{4x^3-9x^2+6x}$；　　(2) $y=\sqrt[3]{(2x-a)(a-x)^2}\quad(a>0)$；

(3) $y=x^n\mathrm{e}^{-x}\quad(n>0,x\geqslant0)$；　　(4) $y=x+|\sin2x|$。

解　(1) 令 $g(x)=4x^3-9x^2+6x=x(4x^2-9x+6)=0$，$x\neq0$，所以函数 y 的定义域为 $(-\infty,0)\cup(0,+\infty)$，则 y 与 $g(x)$ 的单调性相反。令 $g'(x)=6(2x-1)(x-1)=0$，得 $x_1=\dfrac{1}{2}$，$x_2=1$。列表分析：

x	$(-\infty,0)$	$\left(0,\frac{1}{2}\right)$	$\frac{1}{2}$	$\left(\frac{1}{2},1\right)$	1	$(1,+\infty)$
$g'(x)$	$+$	$+$	0	$-$	0	$+$
$g(x)$	↗	↗		↘		↗
y	↘	↘		↗		↘

y 的单调减区间为 $(-\infty,0)$，$\left(0,\dfrac{1}{2}\right)$，$(1,+\infty)$，$y$ 的单调增区间为 $\left[\dfrac{1}{2},1\right]$。

(2) 定义域为 $(-\infty,+\infty)$，令 $y'=\dfrac{-6\left(x-\dfrac{2a}{3}\right)}{3(2x-a)^{\frac{2}{3}}(a-x)^{\frac{1}{3}}}=0$，得 $x=\dfrac{2a}{3}$。

导数不存在的点 $x_2=\frac{a}{2}, x_3=a$。列表分析：

x	$\left(-\infty,\frac{a}{2}\right)$	$\frac{a}{2}$	$\left(\frac{a}{2},\frac{2a}{3}\right)$	$\frac{2a}{3}$	$\left(\frac{2a}{3},a\right)$	a	$(a,+\infty)$
y'	+	×	+	0	−	×	+
y	↗		↗		↘		↗

单调增区间为$\left(-\infty,\frac{2a}{3}\right)$，$(a,+\infty)$，单调减区间为$\left[\frac{2a}{3},a\right]$。

(3) 定义域为$[0,+\infty)$，令 $y'=e^{-x}x^{n-1}(n-x)=0$，得 $x_1=n$。当 $x>n$ 时，$y'<0$，当 $0<x<n$ 时，$y'>0$。可见，函数在$[0,n]$上单调增加，在$[n,+\infty)$内单调减少。

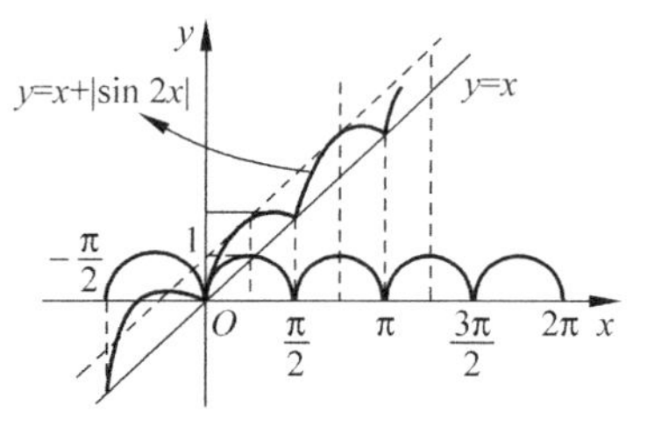

图　3-1

(4) 定义域为$(-\infty,+\infty)$。利用叠加作图法作出 $y=x+|\sin 2x|$的图形如图 3-1 所示。显然函数 $y=x+|\sin 2x|$不是周期函数，但是从图 3-1 可以看出它的单调性却是呈现出周期性(这是由于周期函数$|\sin 2x|$引起的)，因此只在$\left[0,\frac{\pi}{2}\right]$上研究它的单调性即可。

$y=x+\sin 2x, x\in\left[0,\frac{\pi}{2}\right]$，令 $y'=1+2\cos 2x=0$，得 $x=\frac{\pi}{3}\in\left[0,\frac{\pi}{2}\right]$。当 $0<x<\frac{\pi}{3}$时，$y'>0$，所以 $y=x+\sin 2x$ 在$\left[0,\frac{\pi}{3}\right]$上单调增加，当$\frac{\pi}{3}<x<\frac{\pi}{2}$时，$y'<0$，所以函数在$\left[\frac{\pi}{3},\frac{\pi}{2}\right]$单调减少，从而 $y=x+|\sin 2x|$在$\left[\frac{k\pi}{2},\frac{\pi}{3}+\frac{k\pi}{2}\right]$上单调增加，在$\left[\frac{k\pi}{2}+\frac{\pi}{3},\frac{k\pi}{2}+\frac{\pi}{2}\right]$上单调减少，$k=0,\pm1,\pm2,\cdots$。

例 2　证明下列不等式：

(1) 当 $x>0$ 时，$1+x\ln(x+\sqrt{1+x^2})>\sqrt{1+x^2}$；

(2) 当 $0<x<\frac{\pi}{2}$时，$\sin x+\tan x>2x$；

(3) 当 $x>4$ 时，$2^x>x^2$。

证明　(1) 设 $f(x)=1+x\ln(x+\sqrt{1+x^2})-\sqrt{1+x^2}, x>0$。

$$f'(x)=\ln(x+\sqrt{1+x^2})+x\cdot\frac{1}{x+\sqrt{1+x^2}}\left(1+\frac{2x}{2\sqrt{1+x^2}}\right)-\frac{2x}{2\sqrt{1+x^2}}=\ln(x+\sqrt{1+x^2})\geqslant 0,$$

故 $f(x)$在$[0,+\infty)$上单调增加，所以 $f(x)>f(0)=0$，即 $1+x\ln(x+\sqrt{1+x^2})>\sqrt{1+x^2}$。

(2) 设 $f(x)=\sin x+\tan x-2x, 0<x<\frac{\pi}{2}$，则

$$f'(x)=\cos x+\sec^2 x-2,\quad f''(x)=-\sin x+2\sec^2 x\tan x=\sin x(2\sec^3 x-1)>0,$$

所以 $f'(x)$在$\left(0,\frac{\pi}{2}\right)$内单调增加，且 $f'(0)=0$，所以 $f'(x)>0$，故 $f(x)$在$\left(0,\frac{\pi}{2}\right)$内单调增加，且 $f(0)=0$，所以 $f(x)>0$，即 $\sin x+\tan x>2x$。

(3) 欲证 $2^x>x^2\Leftrightarrow x\ln 2>2\ln x$，设 $f(x)=x\ln 2-2\ln x$，$f'(x)=\ln 2-\frac{2}{x}>0$，所以 $f(x)$

单调增加，且 $m=f(4)=0\Rightarrow f(x)>0$，即 $x\ln 2>2\ln x$，亦即 $2^x>x^2$。

例 3 证明下列各题：

(1) 设 $f(x)=\left(1+\frac{1}{x}\right)^x$，证明 $f(x)$ 在 $(0,+\infty)$ 内单调增加；

(2) 设 $f(x)$ 在 $[a,+\infty)$ 上连续，$f''(x)$ 在 $[a,+\infty)$ 内存在且大于零，记 $F(x)=\frac{f(x)-f(a)}{x-a}$，$x>a$，证明 $F(x)$ 在 $[a,+\infty)$ 内单调增加。

证明 (1) $f(x)=\left(1+\frac{1}{x}\right)^x=e^{x[\ln(x+1)-\ln x]}$，

$$f'(x)=e^{x[\ln(x+1)-\ln x]}\cdot\left[\ln(x+1)-\ln x+x\left(\frac{1}{x+1}-\frac{1}{x}\right)\right]=\left(1+\frac{1}{x}\right)^x\left[\ln(x+1)-\ln x-\frac{1}{1+x}\right]。$$

因为 $\left(1+\frac{1}{x}\right)^x>0$，于是问题转化为证明不等式 $\ln(1+x)-\ln x-\frac{1}{1+x}>0$。

方法 1 因为含有 $\ln(1+x)-\ln x$，所以利用拉格朗日中值定理证。设 $F(t)=\ln t$ 在 $[x,x+1]$ 上满足拉格朗日中值定理条件，则有 $\ln(1+x)-\ln x=\frac{1}{\xi}$，$x<\xi<1+x$，从而有 $\frac{1}{x+1}<\frac{1}{\xi}<\frac{1}{x}$，即 $\frac{1}{x+1}<\ln(1+x)-\ln x$，亦即 $\ln(1+x)-\ln x-\frac{1}{x+1}>0$，于是 $f'(x)>0$，故 $f(x)$ 在 $(0,+\infty)$ 内单调增加。

方法 2 利用单调性。设 $\varphi(x)=\ln(1+x)-\ln x-\frac{1}{1+x}$，$\varphi'(x)=\frac{1}{x+1}-\frac{1}{x}+\frac{1}{(x+1)^2}=\frac{1}{x+1}\left(\frac{1}{x+1}-\frac{1}{x}\right)<0$，$\varphi(x)$ 单调减少，且 $\lim\limits_{x\to+\infty}\varphi(x)=\lim\limits_{x\to+\infty}\left[\ln\frac{x+1}{x}-\frac{1}{x+1}\right]=0$，故 $\varphi(x)>0$，命题得证。

(2) 证明 $F'(x)=\frac{(x-a)f'(x)-(f(x)-f(a))}{(x-a)^2}>0$，由于 $(x-a)^2>0$，所以只需证 $(x-a)f'(x)-(f(x)-f(a))>0$，证上述不等式有以下两种方法。

方法 1 设 $G(x)=(x-a)f'(x)-(f(x)-f(a))$，则 $G'(x)=f'(x)+(x-a)f''(x)-f'(x)=(x-a)f''(x)>0\,(f''(x)>0)$，$G(x)$ 单调增加，且 $G(a)=0$，所以 $G(x)>0$，故 $F'(x)>0$，则 $F(x)$ 单调增加。

方法 2 因为 $f(x)-f(a)=f'(\xi)(x-a)$，$a<\xi<x$，所以

$$F'(x)=\frac{(x-a)(f'(x)-f'(\xi))}{(x-a)^2}>0。（因为 a<\xi<x，所以 f'(x)>f'(\xi)）$$

故 $F(x)$ 单调增加。

问题 61 如何利用导数概念判断曲线 $y=f(x)$ 的凹凸性？如何求凹凸区间和拐点？

1. 若在 $[a,b]$ 内，$f''(x)>0$（或 <0），则曲线 $y=f(x)$ 在 $[a,b]$ 上是凹（$\cup$）（或凸（$\cap$））的。

2. 凹凸区间求法：(1)求 $y''=0$ 或 y'' 不存在的点；(2)用(1)中求出的所有点将函数的定义域分为若干个小区间，列表判断 y'' 在每个小区间内的正负号，便得所求。

3. 拐点求法：(1)求 $y''=0$ 或 y'' 不存在的点；(2)应用拐点的第一(第二)充分条件对

(1)中求出的所有点逐点判断(参见文献[10])。

例 4 判断下列曲线的凹凸性:

(1) $y=x+\frac{1}{x}\quad(x>0)$; (2) $y=x\arctan x$;

(3) $\begin{cases}x=a(t-\sin t),\\ y=a(1-\cos t)。\end{cases}$

解 (1) $y'=1-\frac{1}{x^2}$, $y''=\frac{2}{x^3}>0(x>0)$,所以曲线 y 在$(0,+\infty)$内是凹的。

(2) $y'=\arctan x+\frac{x}{1+x^2}$, $y''=\frac{1}{1+x^2}+\frac{1-x^2}{(1+x^2)^2}=\frac{2}{(1+x^2)^2}>0$,所以曲线在$(-\infty,+\infty)$内是凹的。

(3) $\frac{\mathrm{d}y}{\mathrm{d}x}=\frac{\frac{\mathrm{d}y}{\mathrm{d}t}}{\frac{\mathrm{d}x}{\mathrm{d}t}}=\frac{a\sin t}{a(1-\cos t)}=\frac{\sin t}{1-\cos t}$,

$$\frac{\mathrm{d}^2y}{\mathrm{d}x^2}=\frac{\frac{\mathrm{d}}{\mathrm{d}t}\left(\frac{\mathrm{d}y}{\mathrm{d}x}\right)}{\frac{\mathrm{d}x}{\mathrm{d}t}}=\frac{\left[\frac{(1-\cos t)\cos t-\sin t(\sin t)}{(1-\cos t)^2}\right]}{a(1-\cos t)}=-\frac{1}{a(1-\cos t)^2}。$$

令$\frac{1}{y''}=0$,得 $t=2k\pi$,$(k=0,\pm1,\pm2,\cdots)$,即 $t=2k\pi$ 所对应的 x 是二阶导数不存在的点,当 $t\neq2k\pi$ 时,$y''<0$,旋轮线在每拱区间$(2ak\pi,2(k+1)a\pi)$上是凸的,$k=0,\pm1,\pm2,\cdots$。

例 5 设 $a<x<b$, $f'(x)<0$, $f''(x)<0$,则在区间(a,b)内 $y=f(x)$的图形为( )。

(A) 沿 x 轴正向下降且为凹的 (B) 沿 x 轴正向下降且为凸的

(C) 沿 x 轴正向上升且为凹的 (D) 沿 x 轴正向上升且为凸的

解 当 $a<x<b$ 时,$f'(x)<0$,所以曲线 $y=f(x)$在(a,b)内下降,又因为 $f''(x)<0$,所以曲线 $y=f(x)$在(a,b)内为凸的。故选(B)。

例 6 求下列函数图形的拐点及凹或凸的区间:

(1) $y=\ln(x^2+1)$; (2) $y=x^4(12\ln x-7)$;

(3) $\begin{cases}x=t^2,\\ y=3t+t^3,\end{cases}$ 只求拐点。

解 (1) $y'=\frac{2x}{x^2+1}$, $y''=\frac{2(x^2+1)-2x\cdot2x}{(x^2+1)^2}=\frac{2(1-x)(1+x)}{(x^2+1)^2}\overset{令}{=\!=}0$,

得 $x_1=-1$, $x_2=1$。列表分析:

x	$(-\infty,-1)$	-1	$(-1,1)$	1	$(1,+\infty)$
y''	$-$	0	$+$	0	$-$
y	$\cap$	拐点	$\cup$	拐点	$\cap$

曲线在$(-\infty,-1)$,$(1,+\infty)$内为凸的,在$[-1,1]$内为凹的,拐点为$(-1,\ln2)$,$(1,\ln2)$。

(2) $y'=4x^3(12\ln x-7)+\dfrac{12x^4}{x}=48x^3\ln x-16x^3$，$y''=144x^2\ln x\xlongequal{令}0$，

得 $x=1$。当 $0<x<1$ 时，$y''<0$；当 $x>1$ 时，$y''>0$。所以曲线在 $(0,1]$ 是凸($\cap$)的，在 $[1,+\infty)$ 内是凹($\cup$)的，拐点为 $(1,-7)$。

(3) $\dfrac{\mathrm{d}y}{\mathrm{d}x}=\dfrac{\frac{\mathrm{d}y}{\mathrm{d}t}}{\frac{\mathrm{d}x}{\mathrm{d}t}}=\dfrac{3+3t^2}{2t}$，$\dfrac{\mathrm{d}^2y}{\mathrm{d}x^2}=\dfrac{\frac{\mathrm{d}}{\mathrm{d}t}\left(\frac{\mathrm{d}y}{\mathrm{d}x}\right)}{\frac{\mathrm{d}x}{\mathrm{d}t}}=\dfrac{-\frac{3}{2t^2}+\frac{3}{2}}{2t}=\dfrac{3(t^2-1)}{4t^3}\xlongequal{令}0$，

得 $t=\pm1$，令 $\dfrac{1}{\frac{\mathrm{d}^2y}{\mathrm{d}x^2}}=0$ 得 $t=0$，即得曲线上的点 $(1,-4)$，$(1,4)$，$(0,0)$。$P_1(1,4)$ 对应于 $t=1$，当 $x<1$，即 $t<1$ 时，$y''<0$；当 $x>1$，即 $t>1$ 时，$y''>0$，二阶导数 y'' 经过 $x=1$ 时变号，故 $P_1(1,4)$ 为拐点。同理点 $P_2(1,-4)$ 也是拐点。对于点 $P_0(0,0)$，当 $x<0$，即 $t<0$ 时，$y''>0$；当 $x>0$，即 $t>0$ 时，$y''<0$，二阶导数经过 $x=0$ 时变号，故 $P_0(0,0)$ 为拐点。

例 7　利用函数图形的凹凸性，证明下列不等式：

(1) $\dfrac{\mathrm{e}^x+\mathrm{e}^y}{2}>\mathrm{e}^{\frac{x+y}{2}}\quad(x\neq y)$；　　(2) $\dfrac{2}{\pi}x<\sin x<x$，$0<x<\dfrac{\pi}{2}$；

(3) 设 $f(x)$ 在 (a,b) 内二阶可导，且 $f''(x)>0$，证明：$f(x)>f(x_0)+f'(x_0)(x-x_0)$，$x_0\in(a,b)$。

证明　(1) 利用凹凸性定义证。设 $f(x)=\mathrm{e}^x$，则 $f'(x)=\mathrm{e}^x$，$f''(x)=\mathrm{e}^x>0$，所以曲线 $y=\mathrm{e}^x$ 为凹的。由凹的定义知 $\dfrac{f(x)+f(y)}{2}>f\left(\dfrac{x+y}{2}\right)$，即 $\dfrac{\mathrm{e}^x+\mathrm{e}^y}{2}>\mathrm{e}^{\frac{x+y}{2}}$。

(2) 利用曲线 $y=\sin x$ 凹凸性态证。设 $f(x)=\sin x$，则 $f'(x)=\cos x$，$f''(x)=-\sin x<0$，$x\in\left(0,\dfrac{\pi}{2}\right)$，所以曲线 $y=\sin x$ 在 $\left(0,\dfrac{\pi}{2}\right)$ 内为凸的。故曲线 $y=\sin x$ 在其上的任意一点处的切线下方，在其上任意两点连线的割线上方。而 $y=\sin x$ 在 $(0,0)$ 处的切线方程为 $y=x$，所以 $\sin x<x$，过两点 $O(0,0)$，$A\left(\dfrac{\pi}{2},1\right)$ 的割线方程为 $y=\dfrac{2x}{\pi}$，所以 $\dfrac{2x}{\pi}<\sin x$。综上，当 $0<x<\dfrac{\pi}{2}$ 时，$\dfrac{2x}{\pi}<\sin x<x$。

(3) 因为 $f''(x)>0$，$x\in(a,b)$，所以曲线 $y=f(x)$ 在 (a,b) 内为凹的。故曲线 $y=f(x)$ 在其上任意一点处的切线上方，而曲线 $y=f(x)$ 在点 $(x_0,f(x_0))$ 处的切线方程为 $y=f(x_0)+f'(x_0)(x-x_0)$，从而有 $f(x)>f(x_0)+f'(x_0)(x-x_0)$，$x\in(a,b)$。

例 8　试证明曲线 $y=\dfrac{x-1}{x^2+1}$ 有三个拐点位于同一直线上。

证明　$y'=\dfrac{1+2x-x^2}{(x^2+1)^2}$，$y''=\dfrac{2x^3-6x^2-6x+2}{(x^2+1)^3}$，

令 $y''=0$，得 $x_1=-1$，$x_2=2-\sqrt{3}$，$x_3=2+\sqrt{3}$。列表分析：

x	$(-\infty,-1)$	-1	$(-1,2-\sqrt{3})$	$2-\sqrt{3}$	$(2-\sqrt{3},2+\sqrt{3})$	$2+\sqrt{3}$	$(2+\sqrt{3},+\infty)$
y''	$-$	0	$+$	0	$-$	0	$+$
y	$\cap$	拐点	$\cup$	拐点	$\cap$	拐点	$\cup$

所以 $A(-1,-1)$，$B\left(2-\sqrt{3},\dfrac{1-\sqrt{3}}{4(2-\sqrt{3})}\right)$，$C\left(2+\sqrt{3},\dfrac{1+\sqrt{3}}{4(2+\sqrt{3})}\right)$ 为三个拐点。线段 AB 斜率 $k_{AB}=\dfrac{1}{4}=k_{BC}=\dfrac{\left[\dfrac{1+\sqrt{3}}{4(2+\sqrt{3})}-\dfrac{1-\sqrt{3}}{4(2-\sqrt{3})}\right]}{\left[(2+\sqrt{3})-(2-\sqrt{3})\right]}=\dfrac{1}{4}$，所以 A,B,C 三个拐点在同一条直线上。

例 9　试确定曲线 $y=ax^3+bx^2+cx+d$ 中的 a,b,c,d 使得在 $x=-2$ 处曲线有水平切线，$(1,-10)$ 为拐点，且点 $(-2,44)$ 在曲线上。

解　因为点 $(-2,44)$ 在曲线上，则有

$$44=-8a+4b-2c+d。\tag{Ⅰ}$$

因为在点 $x=-2$ 处曲线有水平切线，$y'=3ax^2+2bx+c$，$y'|_{x=-2}=0$，得

$$12a-4b+c=0。\tag{Ⅱ}$$

$y''=6ax+2b$，因为 $(1,-10)$ 为拐点，所以有 $y''(1)=0$，即

$$6a+2b=0。\tag{Ⅲ}$$

又

$$a+b+c+d=-10。\tag{Ⅳ}$$

解(Ⅰ)(Ⅱ)(Ⅲ)(Ⅳ)方程组，得 $a=1,b=-3,c=-24,d=16$。

例 10　试确定 $y=k(x^2-3)^2$ 中 k 的值，使曲线拐点处的法线通过原点。

解　$y'=4kx(x^2-3)$，$y''=12k(x^2-1)\xlongequal{令}0$，得 $x=\pm1$。因为二阶导数经过 $x=\pm1$ 时变号，所以点 $(-1,4k)$，$(1,4k)$ 都是曲线的拐点。由于 $y'|_{x=1}=-8k$，$y'|_{x=-1}=8k$，所以过拐点 $(1,4k)$ 的法线方程为 $y-4k=\dfrac{x-1}{8k}$，即 $x-8ky=-32k^2+1$。欲使过原点则直线方程中的常数项为零，即 $-32k^2+1=0$，解得 $k=\pm\dfrac{\sqrt{2}}{8}$。过拐点 $(-1,4k)$ 的法线方程为 $y-4k=-\dfrac{x+1}{8k}$，即 $x+8ky=32k^2-1$，令 $32k^2-1=0$，得 $k=\pm\dfrac{\sqrt{2}}{8}$。故当 $k=\pm\dfrac{\sqrt{2}}{8}$ 时，曲线 $y=k(x^2-3)^2$ 拐点处的法线过坐标原点。

例 11　设 $y=f(x)$ 在 $x=x_0$ 的某邻域内具有三阶连续导数，如果 $f''(x_0)=0$，而 $f'''(x_0)\neq0$，试问 $(x_0,f(x_0))$ 是否为拐点？为什么？

证明　因为 $f'''(x_0)\neq0$，所以不妨设 $f'''(x_0)>0$（$f'''(x_0)<0$ 同理可证），$0<f'''(x_0)=\lim\limits_{x\to x_0}\dfrac{f''(x)-f''(x_0)}{x-x_0}=\lim\limits_{x\to x_0}\dfrac{f''(x)}{x-x_0}$，由极限的局部保号性质知，必存在 $\mathring{U}(x_0,\delta)$，当 $x\in\mathring{U}(x_0,\delta)$ 时，有 $\dfrac{f''(x)}{x-x_0}>0$，当 $x<x_0$ 时，$f''(x)<0$，当 $x>x_0$ 时，$f''(x)>0$，可见 $(x_0,f(x_0))$ 为曲线的拐点。

注　此题也称为拐点的第二充分条件！

第五节　函数的极值与最大值、最小值

问题 62　求极值的六字方法是什么？

1. 定义：称 $y'=0$ 及 y' 不存在的点为取得极值的可疑点，简称可疑点。

2. 求极值的六字方法是：(1)求可疑点；(2)判断。

求可疑点：就是求 $y'=0$ 及 y'不存在的点。

判断：①若求得多个可疑点中含有 y'不存在的点，这时利用极值的第一充分条件列表判断方便；②若求得的可疑点中不含有 y'不存在的点且二阶导数容易求出，这时利用极值的第二充分条件判断方便(参见文献[4])。

思考题 极值点与拐点的表示法有什么不同?

极值点 x_0 是 $f(x)$达到极值时点的横坐标 x_0，常称 x_0 为函数 $f(x)$的极值点，它是 x 轴上的点。而拐点为曲线 $y=f(x)$上的点$(x_0,f(x_0))$，拐点需用点的横、纵坐标来表示，常称点$(x_0,f(x_0))$为曲线 $y=f(x)$的拐点，或说拐点是曲线上的点(参见文献[10])。

例 1 求下列函数的极值：

(1) $y=\dfrac{3x^2+4x+4}{x^2+x+1}$； (2) $y=e^x\cos x$；

(3) $y=x^{\frac{1}{x}}$； (4) $y=3-2(x+1)^{\frac{1}{3}}$。

解 (1) $y'=\left(3+\dfrac{x+1}{x^2+x+1}\right)'=\dfrac{-x(x+2)}{(x^2+x+1)^2}\xlongequal{令}0$，得 $x_1=-2,x_2=0$。列表分析：

x	$(-\infty,-2)$	-2	$(-2,0)$	0	$(0,+\infty)$
y'	$-$	0	$+$	0	$-$
y	↘	极值	↗	极值	↘

$x_1=-2$ 为极小值点，极小值 $y(-2)=\dfrac{8}{3}$； $x_2=0$ 为极大值点，极大值 $y(0)=4$。

(2) $y'=e^x(\cos x-\sin x)\xlongequal{令}0,\cos x-\sin x=0,\tan x=1$，得 $x=k\pi+\dfrac{\pi}{4},k=0,\pm1,\pm2,\cdots,y''=-2e^x\sin x$。当 $k=2n$ 时，$y''\left(2n\pi+\dfrac{\pi}{4}\right)=-\sqrt{2}\,e^{2n\pi+\frac{\pi}{4}}<0$，所以 $x_1=2n\pi+\dfrac{\pi}{4}$ 为极大值点，极大值 $y\left(2n\pi+\dfrac{\pi}{4}\right)=\dfrac{\sqrt{2}\,e^{2n\pi+\frac{\pi}{4}}}{2}$；当 $k=2n+1$ 时，$y''\left((2n+1)\pi+\dfrac{\pi}{4}\right)=\sqrt{2}\,e^{(2n+1)\pi+\frac{\pi}{4}}>0$，所以 $x_2=(2n+1)\pi+\dfrac{\pi}{4}$ 为极小值点，极小值 $y\left((2n+1)\pi+\dfrac{\pi}{4}\right)=\dfrac{-\sqrt{2}\,e^{2n\pi+\frac{\pi}{4}}}{2},n=0,\pm1,\pm2,\cdots$。

(3) $y'=(e^{\frac{\ln x}{x}})'=e^{\frac{\ln x}{x}}\dfrac{1-\ln x}{x^2}=x^{\frac{1}{x}}\dfrac{1-\ln x}{x^2}\xlongequal{令}0$，得 $x=e$。当 $x>e$ 时，$y'<0$；当 $x<e$ 时，$y'>0$。可见 $x=e$ 是极大值点，极大值 $y(e)=e^{\frac{1}{e}}$。

(4) $y'=\dfrac{-2(x+1)^{-\frac{2}{3}}}{3}<0$，令$\dfrac{1}{y'}=0$，得 y'不存在的点 $x=-1$，但 y'经过点 $x=-1$ 时不变号，故函数没有极值。

例 2 已知 $f(x)$在 $x=0$ 的某个邻域内连续，且 $f(0)=0,\lim\limits_{x\to0}\dfrac{f(x)}{1-\cos x}=2$，则在点 $x=0$ 处 $f(x)$(　　)。

(A) 不可导 (B) 可导且 $f(0)\neq0$

(C) 取得极大值　　　　　　　　(D) 取得极小值

分析　四个选项都与 $f(x)$ 在 $x=0$ 处的导数有关，所以先从求 $f'(0)$ 入手。

解　因为当 $x\to 0$ 时，$1-\cos x\sim\frac{1}{2}x^2$，所以 $\lim\limits_{x\to 0}\frac{f(x)}{1-\cos x}=\lim\limits_{x\to 0}\frac{f(x)}{\frac{x^2}{2}}=2$。

$f'(0)=\lim\limits_{x\to 0}\frac{f(x)-0}{x-0}=\lim\limits_{x\to 0}\frac{f(x)}{x}=\lim\limits_{x\to 0}\left[\frac{f(x)}{\frac{x^2}{2}}\cdot\frac{x}{2}\right]=0$，即 $f'(0)=0$，所以排除(A)(B)选项。现在由 $f(0)=0$，$f'(0)=0$ 知，$f(0)$ 可能为极值。至于是极大值还是极小值，需进一步研究 $f(x)$ 在 $x=0$ 邻域内的性态。

方法 1　利用极限的局部保号性质。因为 $0<2=\lim\limits_{x\to 0}\frac{f(x)}{1-\cos x}$，所以 $\exists \mathring{U}(0,\delta)$，当 $x\in\mathring{U}(0,\delta)$ 时，有 $\frac{f(x)}{1-\cos x}>0$，又 $1-\cos x>0$，所以 $f(x)>0\Rightarrow f(x)>f(0)=0$，所以 $f(x)$ 在 $x=0$ 处取极小值 $f(0)=0$，故选(D)。

方法 2　$\lim\limits_{x\to 0}\frac{f(x)}{1-\cos x}=\lim\limits_{x\to 0}\frac{f(x)}{\frac{x^2}{2}}=2$，由函数极限与无穷小关系定理知 $\frac{f(x)}{\frac{x^2}{2}}=2+\alpha$，其中 $\lim\limits_{x\to 0}\alpha=0$，所以

$$f(x)=x^2+\frac{\alpha x^2}{2}=x^2+o(x^2)。\tag{Ⅰ}$$

式(Ⅰ)是 $f(x)$ 在 $x=0$ 的带佩亚诺余项的二阶泰勒公式，由泰勒展开式的唯一性知 $f(0)=0$，$f'(0)=0$，$f''(0)=2>0$，由极值的第二充分条件知 $f(0)$ 是 $f(x)$ 在 $x=0$ 处的极小值，故选(D)。

例 3　设函数 $f(x)$ 在 $(-\infty,+\infty)$ 内连续，其导函数的图形如图 3-2 所示，则 $f(x)$ 有(　　)。

(A) 一个极小值点和两个极大值点

(B) 两个极小值点和一个极大值点

(C) 两个极小值点和两个极大值点

(D) 三个极小值点和一个极大值点

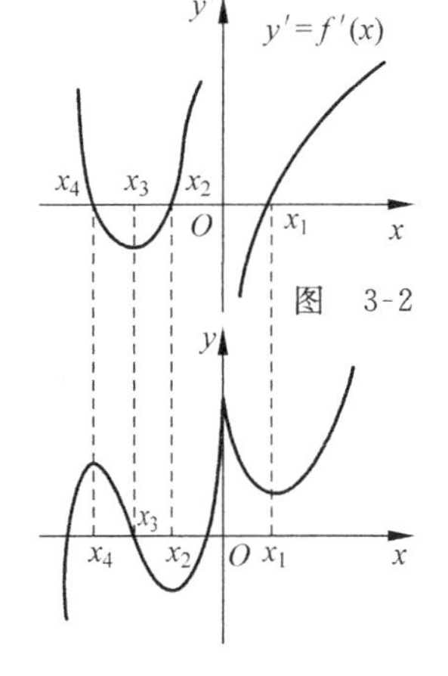

图　3-2

图　3-3

解　方法 1　由图 3-2 知，$f'(x_1)=0$，$f'(x_2)=0$，$f'(x_4)=0$，$x=0$ 为一阶导数 $f'(x)$ 不存在的点。由此信息画出函数 $y=f(x)$ 的图形如图 3-3 所示，可见有两个极小值点 x_1，x_2，两个极大值点 $x=0$，x_4。故选(C)。

方法 2　由图 3-2 列表分析：

x	$(-\infty,x_4)$	x_4	(x_4,x_2)	x_2	$(x_2,0)$	0	$(0,x_1)$	x_1	$(x_1,+\infty)$
$f'(x)$	+	0	−	0	+	×	−	0	+
$f(x)$	↗	极大	↘	极小	↗	极大	↘	极小	↗

故选(C)。

例 4　求函数 $y=\frac{2}{3}x-\sqrt[3]{x}$ 的极值点与极值并求相应曲线的拐点,凹、凸区间。

解　定义域为$(-\infty,+\infty)$,$y'=\frac{2}{3}-\frac{1}{3}x^{-\frac{2}{3}}=\frac{2\sqrt[3]{x^2}-1}{3\sqrt[3]{x^2}}\overset{令}{=\!=}0$,得 $x_1=-\frac{\sqrt{2}}{4}$,$x_2=\frac{\sqrt{2}}{4}$,令$\frac{1}{y'}=0$,得 y'不存在的点 $x_3=0$,$y''=\frac{2}{9\sqrt[3]{x^5}}$。列表分析:

x	$-\infty,-\frac{\sqrt{2}}{4}$	$-\frac{\sqrt{2}}{4}$	$\left(-\frac{\sqrt{2}}{4},0\right)$	0	$\left(0,\frac{\sqrt{2}}{4}\right)$	$\frac{\sqrt{2}}{4}$	$\left(\frac{\sqrt{2}}{4},+\infty\right)$
y'	+	0	−	×	−	0	+
y''	−	−	−	×	+	+	+
y	↗∩	极大	↘∩	拐点	↘∪	极小	↗∪

极大值点 $x=-\frac{\sqrt{2}}{4}$,极大值 $f\left(-\frac{\sqrt{2}}{4}\right)=\frac{\sqrt{2}}{3}$,极小值点 $x=\frac{\sqrt{2}}{4}$,极小值 $f\left(\frac{\sqrt{2}}{4}\right)=-\frac{\sqrt{2}}{3}$,曲线的拐点为$(0,0)$,$(-\infty,0]$为曲线的凸区间,$[0,+\infty)$为曲线的凹区间。

例 5　设 $f(x)=e^x+e^{-x}+2\cos x$,试判定 $f(x)$是否在 $x=0$ 处取得极值?

解　$f'(x)=e^x-e^{-x}-2\sin x$,$f'(0)=0$,$f''(x)=e^x+e^{-x}-2\cos x$,$f''(0)=0$,$f'''(x)=e^x-e^{-x}+2\sin x$,$f'''(0)=0$,$f^{(4)}(x)=e^x+e^{-x}+2\cos x$,$f^{(4)}(0)=4$,$f(0)=4$。将 $f(x)$在 $x=0$ 展开为四阶泰勒公式,有 $f(x)=f(0)+f'(0)x+\frac{f''(0)}{2!}x^2+\frac{f'''(0)}{3!}x^3+\frac{f^{(4)}(0)}{4!}x^4+o(x^4)=f(0)+\frac{x^4}{3!}+o(x^4)\geqslant f(0)$,可知 $x=0$ 为 $f(x)$的极小值点,$f(0)=4$ 为 $f(x)$的极小值。

注: 若 $f'(x_0)=f''(x_0)=\cdots=f^{(2n-1)}(x_0)=0$,而 $f^{(2n)}(x_0)\neq0$。(1)当 $f^{(2n)}(x_0)>0$ 时,$f(x_0)$为极小值;(2)当 $f^{2n}(x_0)<0$ 时,$f(x_0)$为极大值。有的书将此称为极值的第三充分条件。

例 6　设函数 $f(x)$,$g(x)$在$[a,b]$上连续,在(a,b)内具有二阶导数且存在相等的最大值,$f(a)=g(a)$,$f(b)=g(b)$。证明:存在 $\xi\in(a,b)$,使得 $f''(\xi)=g''(\xi)$。

分析　由 $f''(\xi)=g''(\xi)$知,设辅助函数为 $F(x)=f(x)-g(x)$,由题给出的条件知$F(x)$在$[a,b]$上有两个零点 $x=a$,$x=b$,即 $F(a)=F(b)=0$。如果在(a,b)内还存在 $F(x)$的一个零点 $x\in(a,b)$,则函数 $F(x)$在$[a,b]$上有三个零点,由罗尔定理知必存在 $\xi\in(a,b)$,使 $F''(\xi)=0$,即 $f''(\xi)=g''(\xi)$,所以证明此题的关键是证得 $F(x)$在(a,b)内还有一个零点。

证明　寻找等值点法。因为题给在(a,b)内 $f(x)$,$g(x)$存在相等的最大值,$M=f(\xi_1)=g(\xi_2)$。①若 $\xi_1\neq\xi_2\in(a,b)$,不妨设 $\xi_1<\xi_2$,则 $F(x)=f(x)-g(x)$在$[\xi_1,\xi_2]$上连续,且 $F[\xi_1]=f(\xi_1)-g(\xi_1)>0$,$F(\xi_2)=f(\xi_2)-g(\xi_2)<0$,则由连续函数零点定理知在$(\xi_1,\xi_2)$内至少存在一点 x_0,使 $F(x_0)=0$;②若 $\xi_1=\xi_2\overset{记}{=\!=}x_0$,则 $F(x_0)=0$。综上,$\exists x_0\in(a,b)$,使 $F(x_0)=0$。$F(x)$在$[a,x_0]$,$[x_0,b]$上分别应用罗尔定理,则有 $F'(\eta_1)=0$,$a<\eta_1<x_0$,$F'(\eta_2)=0$,$x_0<\eta_2<b$。$F'(x)$在$[\eta_1,\eta_2]$上应用罗尔定理,则有 $F''(\xi)=0$,即 $f''(\xi)=g''(\xi)$,$\xi\in(\eta_1,\eta_2)\subset(a,b)$。

问题 63　求最值的六字方法是什么?解最大(小)值应用问题的步骤是什么?

1. 求最值的六字方法是：(1)求可疑点；(2)比较。

求可疑点：就是求 $y'=0$ 及 y'不存在的点。

比较：求出所有可疑点处的函数值，与两个区间端点处的函数值比较，它们中最大者为最大值，最小者为最小值。

2. 解最值应用问题的一般步骤是：(1)建立目标函数，将目标函数化为一元函数；(2)按求一元函数最值的六字方法求(参见文献[4])。

问题 64　最大(小)值与极大(小)值间有何异同？

1. 极大(小)值是函数 $f(x)$在 x_0 处的某邻域内满足 $f(x)<f(x_0)$(或 $f(x)>f(x_0)$)，因此说极大(小)值是函数 $f(x)$在局部范围($\bigcup(x_0,\delta)$)内的性质，即是函数的局部性质。最大(小)值是 $f(x)<f(x_0)$(或 $f(x)>f(x_0)$)对区间$[a,b]$上的所有点都成立，因此说最大(小)值是函数 $f(x)$在区间$[a,b]$上的整体性质。

2. 极大(小)值只能在区间(a,b)内部取得，而最大(小)值可以在两个区间端点处取得。若在(a,b)内仅有一个极大(小)值，则必为最大(小)值。

例 7　求下列函数的最大值、最小值：

(1) $y=x+\sqrt{1-x}$，　$-5\leqslant x\leqslant 1$；　　　(2) $y=(x-2)^2(x+1)^{\frac{2}{3}}$，$x\in[-2,2]$。

解　(1) $y'=\dfrac{2\sqrt{1-x}-1}{2\sqrt{1-x}}\overset{令}{=\!=}0$，得 $x=\dfrac{3}{4}$。$y\left(\dfrac{3}{4}\right)=\dfrac{5}{4}$，$y(-5)=-5+\sqrt{6}<0$，$y(1)=1$。比较 $y(1)$，$y\left(\dfrac{3}{4}\right)$，$y(-5)$得最大值 $M=y\left(\dfrac{3}{4}\right)=\dfrac{5}{4}$，最小值 $y(-5)=-5+\sqrt{6}$。

(2) $y'=\dfrac{2(x-2)(4x+1)}{3(x+1)^{\frac{1}{3}}}\overset{令}{=\!=}0$，得在$(-2,2)$内的驻点 $x=-\dfrac{1}{4}$，$x=-1$ 为 y'不存在的点。比较 $y\left(-\dfrac{1}{4}\right)$，$y(-1)$，$y(2)$及 $y(-2)$得最大值 $y(-2)=16$，最小值 $y(-1)=y(2)=0$。

例 8　试求使不等式 $5x^2+Ax^{-5}\geqslant 24(x>0)$成立的最小数 A。

解　变形为 $x^5(24-5x^2)\leqslant A(x>0)$，问题化为求函数 $f(x)=x^5(24-5x^2)$在区间$(0,+\infty)$内的最大值。求 $f'(x)$并令 $f'(x)=0$，得唯一极大值点 $x=\sqrt{\dfrac{24}{7}}$，即为最大值点，最大值 $f\left(\sqrt{\dfrac{24}{7}}\right)=2\left(\dfrac{24}{7}\right)^{\frac{7}{2}}$，故所求最小正数 $A=2\left(\dfrac{24}{7}\right)^{\frac{7}{2}}$。

例 9　某车间靠墙壁要盖一间长方形小屋，现有存砖只够砌 20m 长的墙壁。问应围成怎样的长方形才能使这间小屋的面积最大？

解　设小屋的宽为 x(垂直墙壁为宽)，长为 y，小屋面积为 S。

由题意知 $2x+y=20$，则 $S=xy=x(20-2x)=20x-2x^2$，$S'=(20-4x)\overset{令}{=\!=}0$，得 $x=5$，$S''=-4<0$，$x=5$ 为唯一的极大值点即为最大值点，$y=10$，所以面积最大值为 $S|_{x=5}=50\text{m}^2$。

例 10　某地区防空洞的截面拟建成矩形加半圆(图 3-4)截面的面积为 5m^2。问底宽 x 为多少时才能使截面的周长最小，从而使建造时所用的材料最省？

解 设周长 $p=x+2y+\frac{\pi x}{2}$,截面的面积 $xy+\frac{\pi\left(\frac{x}{2}\right)^2}{2}=5$,于是 $p=x+\frac{\pi x}{4}+\frac{10}{x}$,$\frac{\mathrm{d}p}{\mathrm{d}x}=1+\frac{\pi}{4}-\frac{10}{x^2}\overset{令}{=\!=}0$,得唯一驻点 $x=\sqrt{\frac{40}{\pi+4}}$。因为$\frac{\mathrm{d}^2p}{\mathrm{d}x^2}=\frac{20}{x^3}>0$,所以当宽为$\sqrt{\frac{40}{\pi+4}}$m 时,所用材料最省。

例 11 从一块半径为 R 的圆铁片上挖去一个扇形做成一个漏斗(图 3-5),问留下扇形的中心角 φ 取多大时,做成的漏斗的容积最大?

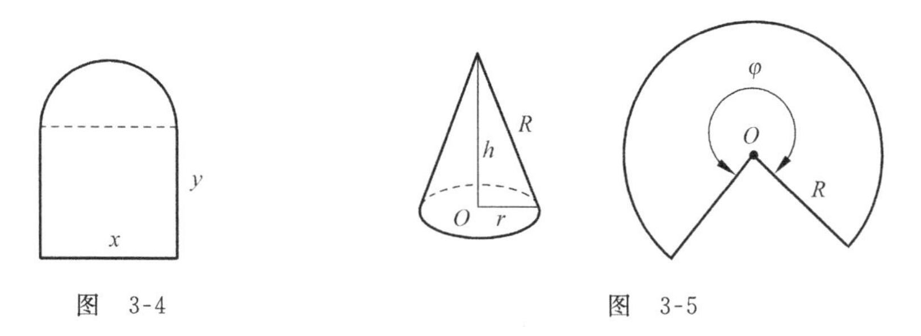

图 3-4　　　　图 3-5

解 $h=\sqrt{R^2-r^2}$,$2\pi r=R\cdot\varphi$,即 $r=\frac{R\varphi}{2\pi}$,漏斗的容积

$$V=\left(\frac{\pi r^2}{3}\right)\cdot h=\frac{R^3\varphi^2}{24\pi^2}\sqrt{4\pi^2-\varphi^2}\quad(0<\varphi<2\pi),$$

$$\frac{\mathrm{d}V}{\mathrm{d}\varphi}=\frac{R^3}{24\pi^2}\left[2\varphi\sqrt{4\pi^2-\varphi^2}-\frac{\varphi^3}{\sqrt{4\pi^2-\varphi^2}}\right]\overset{令}{=\!=}0,$$

得

$$2\varphi\sqrt{4\pi^2-\varphi^2}-\frac{\varphi^3}{\sqrt{4\pi^2-\varphi^2}}=0,$$

解得 $\varphi=\sqrt{\frac{8}{3}}\pi$,由实际意义得,唯一驻点为所求,即当留下的扇形中心角 $\varphi=\sqrt{\frac{8}{3}}\pi$ 时,漏斗容积最大。

例 12 某一吊车的车身为 1.5m,吊臂长 15m,现在要把一个 6m 宽、2m 高的屋架水平地吊到 6m 的柱子上去(图 3-6(a)),问能否吊得上去?

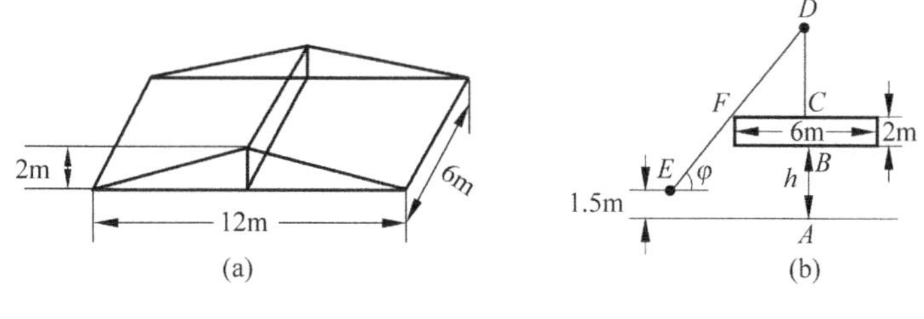

图 3-6

分析 设吊臂对地面的倾角为 φ 时,屋架能够吊起的最大高度 h,建立 h 与 φ 之间的函数关系式,然后求出 h 的最大值。

解 建立目标函数,如图 3-6(b),设吊臂对地面的倾角为 φ 时,屋架被吊到的高度为 h,则 $ED\sin\varphi=(AB-1.5)+BC+CD$,即

$$15\sin\varphi=(h-1.5)+2+3\tan\varphi。$$

由此解得 $h=15\sin\varphi-3\tan\varphi-\dfrac{1}{2}$，$\dfrac{\mathrm{d}h}{\mathrm{d}\varphi}=15\cos\varphi-3\sec^2\varphi\overset{令}{=\!=}0$，得

$$15\cos\varphi=3\sec^2\varphi=0,\quad \cos^3\varphi=\frac{1}{5},$$

解得
$$\cos\varphi=\sqrt[3]{\frac{1}{5}}=\sqrt[3]{0.2},\quad \varphi\approx 54°。$$

由实际意义得，只有唯一的驻点 $\varphi\approx 54°$，即为所求。所以，吊车吊起的最大高度为 $h|_{\varphi=54°}=\left(15\sin 54°-\dfrac{1}{2}\right)\mathrm{m}\approx 7.5\mathrm{m}$，故能将屋架吊上去。

例 13　在椭圆 $\dfrac{x^2}{a^2}+\dfrac{y^2}{b^2}=1$ 的第一象限部分求一点 P，使该点处的切线、椭圆及两标轴所围成图形面积为最小。

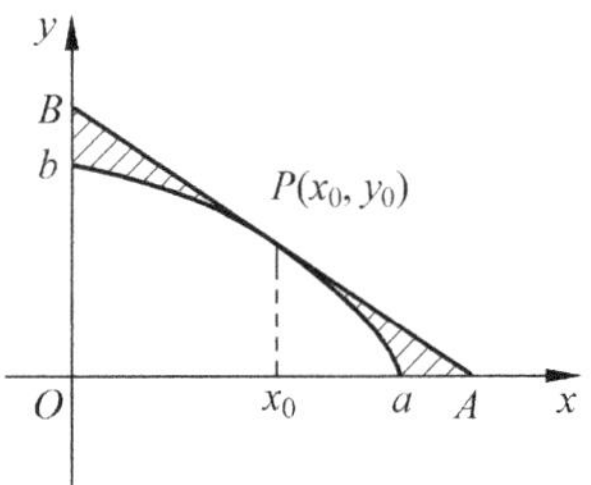

图　3-7

解　图 3-7 阴影部分面积是三角形 OAB 面积减去 $\dfrac{1}{4}$ 椭圆面积，得目标函数 $S=S_{\triangle}-\dfrac{\pi ab}{4}$。点 P 处切线方程为

$$\frac{x_0}{a^2}x+\frac{y_0}{b^2}y=1,\quad \frac{x}{\dfrac{a^2}{x_0}}+\frac{y}{\dfrac{b^2}{y_0}}=1,$$

在 x，y 轴上的截距分别为 $A=\dfrac{a^2}{x_0}$，$B=\dfrac{b^2}{y_0}$。所以 $S_{\triangle}=\dfrac{a^2b^2}{2x_0y_0}$，$S=\dfrac{a^2b^2}{2x_0y_0}-\dfrac{\pi ab}{4}$。设 $C=x_0y_0$，若 C 最大则 S 最小，而 $C=x_0y_0>0$ 与 $F=x_0^2y_0^2$ 具有相同极值点，所以设目标函数为

$$F=x_0^2y_0^2=\frac{b^2x_0^2(a^2-x_0^2)}{a^2}。$$

令 $F'(x_0)=\dfrac{b^2x_0(2a^2-4x_0^2)}{a^2}=0$，得唯一驻点 $x_0=\dfrac{a}{\sqrt{2}}$，又 $F(a)=F(0)=0$，且 $F''\left(\dfrac{a}{\sqrt{2}}\right)=-4b^2<0$。所以 $x_0=\dfrac{a}{\sqrt{2}}$ 为最大值点，这时 $y_0=\dfrac{b}{\sqrt{2}}$，所以当切点为 $\left(\dfrac{a}{\sqrt{2}},\dfrac{b}{\sqrt{2}}\right)$ 时，面积 S 最小。

点评　本题利用了好多解题技巧，请读者体会。

问题 65　利用导数知识证明不等式常用的方法有哪些？

1. 利用微分中值定理

1) 利用拉格朗日中值定理

例 14　设不恒为常数的函数 $f(x)$ 在闭区间上连续，在开区间 (a,b) 内可导，且 $f(a)=f(b)$，证明：在 (a,b) 内至少存在一点 ξ，使得 $f'(\xi)>0$。

证明　由 $f(x)\neq c$，有 $f(x)\neq f(a)=f(b)$。所以 $\exists x_0\in(a,b)$，使 $f(x_0)\neq f(a)$。若 $f(x_0)>f(a)=f(b)$，在 $[a,x_0]$ 上应用拉格朗日中值定理，则 $\exists\xi\in[a,x_0]\subset[a,b]$，使得 $f'(\xi)=\dfrac{f(x_0)-f(a)}{x_0-a}>0$；若 $f(x_0)<f(a)=f(b)$，在 $[x_0,b]$ 上应用拉格朗日中值定理，问题得证。余下请读者写出。

例 15　设 $0<a<b$，证明不等式 $\frac{2a}{a^2+b^2}<\frac{\ln b-\ln a}{b-a}<\frac{1}{\sqrt{ab}}$。

分析　欲证不等式的中间部分给出的信息，提示我们应该利用拉格朗日中值定理证明。要证只存在一点 ξ，即找到了 ξ 存在的子区间，问题得证。

证明　设辅助函数为 $f(x)=\ln x, x\in[a,b]$。显然 $f(x)$ 在 $[a,b]$ 上满足拉格朗日中值定理条件，则 $\exists\xi\in(a,b)$，使得 $\frac{\ln b-\ln a}{b-a}=\frac{1}{\xi}\Rightarrow\frac{1}{b}<\frac{\ln b-\ln a}{b-a}<\frac{1}{a}$，与欲证结论不符。本题是属于证明"只存在一点 ξ"的题型。何谓在 (a,b) 内确实存在一点 ξ？确实存在就是在 (a,b) 内找到 ξ 存在的子区间。

由不等式右端 $\frac{1}{\sqrt{ab}}$ 提供的信息知将区间 $[a,b]$ 拆成 $[a,\sqrt{ab}]\cup[\sqrt{ab},b]$。

显然当 $\xi\in(\sqrt{ab},b)$ 时，有 $\frac{1}{b}<\frac{1}{\xi}<\frac{1}{\sqrt{ab}}$。

又因为 $\frac{a^2+b^2}{2a}\geqslant\frac{2ab}{2a}=b$，所以 $\frac{2a}{a^2+b^2}<\frac{1}{\xi}<\frac{1}{\sqrt{ab}}$，即 $\frac{2a}{a^2+b^2}<\frac{\ln b-\ln a}{b-a}<\frac{1}{\sqrt{ab}}$。

例 16　设 $x>0$，证明：$\frac{2}{2x+1}<\ln\left(1+\frac{1}{x}\right)<\frac{1}{\sqrt{x^2+x}}$。

分析　将中间项写为 $\ln\left(1+\frac{1}{x}\right)=\ln(1+x)-\ln x$，由此信息，提示我们应用拉格朗日中值定理证明。

证明　设辅助函数为 $f(t)=\ln t, t\in[x,x+1]$，显然 $f(t)$ 在 $[x,x+1]$ 上满足拉格朗日中值定理条件，则 $\exists\xi\in(x,x+1)$，使得 $\ln(1+x)-\ln x=\frac{1}{\xi}\Rightarrow\frac{1}{x+1}<\ln(1+x)-\ln x<\frac{1}{x}$，与欲证结论不符，故本题是属于证明"只存在一点 ξ"的题型。何谓证明在 $(x,x+1)$ 内确实存在一点 ξ？确实存在就是在 $(x,x+1)$ 内找到 ξ 存在的子区间。由欲证的不等式 $\frac{1}{x+\frac{1}{2}}<\ln(1+x)-\ln x<\frac{1}{\sqrt{x^2+x}}$ 提示我们将区间 $[x,x+1]$ 拆成 $[x,\sqrt{x^2+x}]\cup\left[\sqrt{x^2+x},x+\frac{1}{2}\right]\cup\left[x+\frac{1}{2},1+x\right]$，显然找到了子区间，当 $\xi\in\left(\sqrt{x^2+x},x+\frac{1}{2}\right)$，有 $\frac{1}{x+\frac{1}{2}}<\frac{1}{\xi}<\frac{1}{\sqrt{x^2+x}}$，即 $\frac{1}{x+\frac{1}{2}}<\frac{\ln(1+x)-\ln x}{1+x-x}<\frac{1}{\sqrt{x^2+x}}$，亦即 $\frac{2}{2x+1}<\ln\left(1+\frac{1}{x}\right)<\frac{1}{\sqrt{x^2+x}}$。

点评　拉格朗日中值定理中"在 (a,b) 内至少存在一点 ξ"的含义是什么？在证题中有什么应用？至少存在一点 ξ 的含义是指存在一个及一个以上的有限个，证题时不可能将所有的有限个 ξ 都找到，所以至少存在一点 ξ 定理就成立了，这是常规证法。有的题要证，只找到一个 ξ，那么找到一个是什么意思？换句话说，找到一个 ξ 这件事，如何用数学语言表达？找到一个 ξ 就是要指出 ξ 在 (a,b) 内位于何处，即要指出一个 ξ 在大区间 (a,b) 内的子区间，例如例 16。当 $\xi\in\left(\sqrt{x^2+x},x+\frac{1}{2}\right)$ 时，而 $\left(\sqrt{x^2+x},x+\frac{1}{2}\right)$ 是 $[x,x+1]$ 的一个子区间。证题时找到这样的子区间$\left(\sqrt{x^2+x},x+\frac{1}{2}\right)$，即确实找到了一个$\xi$。这就是定理中“在$(a,b)$内至少存在一点$\xi$”的含义及在证题中的应用。这是作者读书的心得和体会。

2）利用泰勒公式

例 17　设函数$f(x)$在$[a,b]$上二阶可导，且$f'(a)=f'(b)=0$，则在(a,b)内必存在一点c，使$|f''(c)|\geqslant\frac{4}{(b-a)^2}|f(b)-f(a)|$。

分析　题给条件涉及二阶可导，欲证结论是函数值$f(a)$，$f(b)$与二阶导数值$f''(c)$间的不等式关系，应该利用泰勒公式证明。题目隐含的三点内容是：①因为二阶可导，所以展开一阶泰勒公式；②因为$f'(a)=0$和$f'(b)=0$，所以分别在a和b点展开；③因为欲使两个展开式的余项中的因子$(x-a)^2=(x-b)^2$，所以展开后x取值$\frac{(a+b)}{2}$。

证明　将$f(x)$在a,b点分别展开一阶泰勒公式：

$$f(x)=f(a)+\frac{1}{2!}f''(\bar{\xi}_1)(x-a)^2,\bar{\xi}_1\text{ 在 }x\text{ 与 }a\text{ 之间；}$$

$$f(x)=f(b)+\frac{1}{2!}f''(\bar{\xi}_2)(x-b)^2,\bar{\xi}_2\text{ 在 }x\text{ 与 }b\text{ 之间。}$$

$$f\left(\frac{a+b}{2}\right)=f(a)+f''(\xi_1)\frac{\left(\frac{b-a}{2}\right)^2}{2},\quad a<\xi_1<\frac{a+b}{2},\tag{Ⅰ}$$

$$f\left(\frac{a+b}{2}\right)=f(b)+f''(\xi_2)\frac{\left(\frac{b-a}{2}\right)^2}{2},\quad \frac{a+b}{2}<\xi_2<b。\tag{Ⅱ}$$

式(Ⅱ)－式(Ⅰ)得

$$0=f(b)-f(a)+(b-a)^2\frac{f''(\xi_2)-f''(\xi_1)}{8},$$

$$|f(b)-f(a)|\leqslant(b-a)^2\frac{|f''(\xi_2)|+|f''(\xi_1)|}{8},$$

设$|f''(c)|=\max\{|f''(\xi_2)|,|f''(\xi_1)|\}$，故$|f''(c)|\geqslant\frac{4}{(b-a)^2}|f(b)-f(a)|$。

2. 利用单调性

例 18　当$x>0$时，$\ln(1+x)>\frac{\arctan x}{1+x}$。

证明　设$f(x)=(1+x)\ln(1+x)-\arctan x,x>0$，得

$$f'(x)=\ln(1+x)+1-\frac{1}{1+x^2}=\ln(1+x)+\frac{x^2}{1+x^2}>0。$$

$f(x)$在$(0,+\infty)$内单调增加，且$f(0)=0$，即当$x>0$时$f(x)>0$。因为$1+x>0$，所以$\ln(1+x)>\frac{\arctan x}{1+x}$。

3. 利用最值

例 19　设$0\leqslant x\leqslant 1,p>0$，证明不等式：$\frac{1}{2^{p-1}}\leqslant x^p+(1-x)^p\leqslant 1$。

证明　设$f(x)=x^p+(1-x)^p,x\in[0,1]$，$f'(x)=px^{p-1}-p(1-x)^{p-1}\xlongequal{\text{令}}0$，得唯一驻

点 $x=\frac{1}{2}$。比较 $f(0)=1, f\left(\frac{1}{2}\right)=\frac{1}{2^{p-1}}, f(1)=1$，得最大值 $M=1$，最小值 $m=f\left(\frac{1}{2}\right)=\frac{1}{2^{p-1}}$，所以 $\frac{1}{2^{p-1}}\leqslant x^p+(1-x)^p\leqslant 1$。

问题 66　将判定函数性态的判定定理及其应用归纳总结一下可以吗？

可以，见下表。

单调性判别准则	若 $f'(x)>0, x\in[a,b]$，则 $y=f(x)$ 在 $[a,b]$ 上单调增加；若 $f'(x)<0, x\in[a,b]$，则 $y=f(x)$ 在 $[a,b]$ 上单调减少	曲线凹凸性判别准则	若 $f''(x)>0, x\in[a,b]$，则曲线 $y=f(x)$ 在 $[a,b]$ 上为凹；若 $f''(x)<0, x\in[a,b]$，则曲线 $y=f(x)$ 在 $[a,b]$ 上为凸
单调区间求法	(1) 求 $y'=0$ 及 y' 不存在的点；(2)用(1)中的点将定义域分为若干个小区间，列表判断一阶导数在每个小区间内的正负号	凹凸区间求法	(1) 求 $y''=0$ 及 y'' 不存在的点；(2)用(1)中的点将定义域分为若干个小区间，列表判断 y'' 在每个小区间内的正负号
极大值定义	若 $f(x)-f(x_0)<0, x\in U(x_0,\delta)$	拐点定义	曲线 $y=f(x)$ 上凹凸分界点
极小值定义	若 $f(x)-f(x_0)>0, x\in U(x_0,\delta)$		
极值的必要条件	若 $f(x)$ 在 x_0 处可导且在 x_0 处取得极值，则 $f'(x_0)=0$	拐点的必要条件	若点 $(x_0, f(x_0))$ 为曲线 $y=f(x)$ 的拐点，且在 x_0 处二阶可导，则 $f''(x_0)=0$
极值的第一充分条件	设 x_0 为 $y=f(x)$ 的 $y'=0$ 或 y' 不存在的点，若 $f'(x)$ 经过 x_0 时由正变负，则 $f(x_0)$ 为极大值；若 $f'(x)$ 经过 x_0 时由负变正，则 $f(x_0)$ 为极小值	拐点的第一充分条件	设 x_0 为 $y=f(x)$ 的 $y''=0$ 或 y'' 不存在的点，若 y'' 经过 x_0 时变号，则点 $(x_0, f(x_0))$ 为曲线 $y=f(x)$ 的拐点
极值的第二充分条件	若 $f'(x_0)=0, f''(x_0)\neq 0$，则当 $f''(x_0)>0$ 时，$f(x_0)$ 为极小值；当 $f''(x_0)<0$ 时 $f(x_0)$ 为极大值	拐点的第二充分条件	若 $f''(x_0)=0$，则 $f'''(x_0)\neq 0$，点 $(x_0, f(x_0))$ 为曲线 $y=f(x)$ 的拐点
极值的求法	(1) 求 $y'=0$ 及 y' 不存在的点；(2)应用极值的第一(或第二)充分条件对(1)中各点逐个判断	拐点的求法	(1) 求 $y''=0$ 及 y'' 不存在的点；(2)应用拐点的第一(或第二)充分条件对(1)中的各点逐个判断
最大值的求法	(1)求 $y'=0$ 及 y' 不存在的点；(2)算出(1)中的各点的函数值与两个区间端点值 $f(a), f(b)$ 比较，最大者为最大值，最小者为最小值	解最大值应用题的一般步骤	(1) 建立目标并化为单元函数；(2)应用一元函数求最值方法求出

不难发现,右边是左边概念(或定理)在求导层次上的一种推广(参见文献[4])。

第六节 函数图像的描绘

问题 67 描绘函数图像的一般步骤是什么?

(1) 写出定义域,判断奇偶性、周期性;
(2) 求 $y'=0$ 及 y'不存在的点;
(3) 求 $y''=0$ 及 y''不存在的点;
(4) 求渐近线;
(5) 用(2)及(3)中的点将定义域分为若干子区间,列表分析;
(6) 描图。

问题 68 渐近线的三种类型是什么?

(1) 若$\lim\limits_{x\to\infty}f(x)=C$,则称 $y=C$ 是曲线 $y=f(x)$的水平渐近线;
(2) 若$\lim\limits_{x\to x_0}f(x)=\infty$,则称 $x=x_0$ 是曲线 $y=f(x)$的铅直渐近线;
(3) 若$\lim\limits_{x\to\infty}\dfrac{f(x)}{x}=k$($k$ 为非零常数),$\lim\limits_{x\to\infty}(f(x)-kx)=b$($b$ 为常数),则称直线 $y=kx+b$ 是曲线 $y=f(x)$的斜渐线。

例 1 描绘下列函数的图像:

(1) $y=\dfrac{\cos x}{\cos 2x}$;

(2) $y=(x+2)\mathrm{e}^{\frac{1}{x}}$;①描绘函数图像;②讨论方程$(x+2)\mathrm{e}^{\frac{1}{x}}-k=0$ 的根,就 k 的不同取值情况,确定根的个数及所在区间。

解 (1) 令分母等于零,$\cos 2x=0$,得 $x=\dfrac{k\pi}{2}+\dfrac{\pi}{4}$,所以函数的定义域为 $x\neq\left(\dfrac{k}{2}+\dfrac{1}{4}\right)\pi$,($k=0,\pm1,\pm2,\cdots$),周期为 2π,是偶函数,其图像关于 y 轴对称,故只需画出$[0,\pi]$内的图像即可。

$y'=\dfrac{\sin x(3-2\sin^2 x)}{(\cos 2x)^2}\overset{\text{令}}{=\!=}0$,得 $x=0,x=\pi$;$y''=\dfrac{\cos x(3+12\sin^2 x-4\sin^4 x)}{\cos^3 2x}$,令 $y''=0$,得 $x=\dfrac{\pi}{2}$;$x=\dfrac{\pi}{4},\dfrac{3\pi}{4}$为无定义点。

$\lim\limits_{x\to\frac{\pi}{4}^-}\dfrac{\cos x}{\cos 2x}=+\infty$,$\lim\limits_{x\to\frac{\pi}{4}^+}\dfrac{\cos x}{\cos 2x}=-\infty$,$\lim\limits_{x\to\frac{3\pi}{4}^-}\dfrac{\cos x}{\cos 2x}=+\infty$,$\lim\limits_{x\to\frac{3\pi}{4}^+}\dfrac{\cos x}{\cos 2x}=-\infty$。所以 $x=\dfrac{\pi}{4}$,$x=\dfrac{3\pi}{4}$为两条铅直渐近线。列表分析:

x	0	$\left(0,\frac{\pi}{4}\right)$	$\frac{\pi}{4}$	$\left(\frac{\pi}{4},\frac{\pi}{2}\right)$	$\frac{\pi}{2}$	$\left(\frac{\pi}{2},\frac{3\pi}{4}\right)$	$\frac{3\pi}{4}$	$\left(\frac{3\pi}{4},\pi\right)$	π
y'	0	+	×	+	+	+	×	+	0
y''	+	+	×	−	0	+	×	−	−
y	极小	∪↗		∩↗	拐点	∪↗		∩↗	极大

极小值 $y(0)=1$，极大值 $y(\pi)=-1$，拐点$\left(\frac{\pi}{2},0\right)$。

描图如图 3-8 所示。

(2) ① 定义域为$(-\infty,0)\cup(0,+\infty)$；$y'=\frac{(x-2)(x+1)e^{\frac{1}{x}}}{x^2}$，令 $y'=0$，得 $x_1=-1$，$x_2=2$。$y''=\frac{(5x+2)e^{\frac{1}{x}}}{x^4}$，令 $y''=0$，得 $x_3=-\frac{2}{5}$。$\lim\limits_{x\to0^+}(x+2)e^{\frac{1}{x}}=+\infty$，$\lim\limits_{x\to0^-}(x+2)e^{\frac{1}{x}}=0$，所以 $x=0(y\geqslant0)$为铅直渐近线。$k=\lim\limits_{x\to\infty}\frac{(x+2)e^{\frac{1}{x}}}{x}=\lim\limits_{x\to\infty}\left(1+\frac{2}{x}\right)e^{\frac{1}{x}}=1$，$b=\lim\limits_{x\to\infty}(f(x)-kx)=\lim\limits_{x\to\infty}\left[x(e^{\frac{1}{x}}-1)+2e^{\frac{1}{x}}\right]=\lim\limits_{x\to\infty}\left[\frac{x}{x}+2e^{\frac{1}{x}}\right]=3$，所以 $y=x+3$ 为斜渐近线。列表分析：

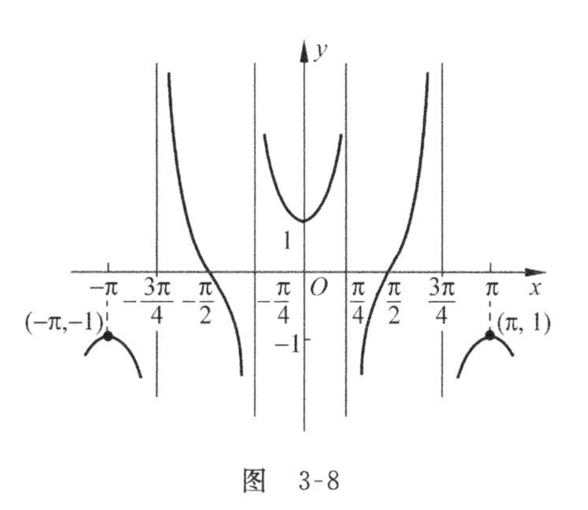

图　3-8

x	$(-\infty,-1)$	-1	$\left(-1,-\frac{2}{5}\right)$	$-\frac{2}{5}$	$\left(-\frac{2}{5},0\right)$	$(0,2)$	2	$(2,+\infty)$
y'	+	0	−	−	−	−	0	+
y''	−	−	−	0	+	+	+	+
y	∩↗	极大	∩↘	拐点	∪↘	∪↘	极小	∪↗

描图如图 3-9 所示。

② 由图 3-9 可以得出(a)当 $k<0$ 时，方程$(x+2)e^{\frac{1}{x}}-k=0$ 仅有一个实根，且在$(-\infty,-2)$内；(b)当 $k=0$ 时，方程仅有一个实根 $x=-2$；(c)当 $0<k<e^{-1}$时，方程仅有两个实根，分别在$(-2,-1)$及$(-1,0)$内；(d)当 $k=e^{-1}$时，方程仅有一个实根 $x=-1$；(e)当 $e^{-1}<k<4e^{\sqrt{e}}$时，方程无根；(f)当 $k=4e^{\sqrt{e}}$时，方程仅有一个实根 $x=2$；(g)当 $k>4e^{\sqrt{e}}$时，方程仅有两个实根，分别在$(0,2)$及$(2,+\infty)$内。

例 2　已知 $f(x)$在$(-\infty,+\infty)$内连续，除 $x=0$ 外均可导，$y'=f'(x)$的图像如图 3-10 所示。试根据 $y'=f'(x)$的图像填写下表，并画出函数 $y=f(x)$的图形。

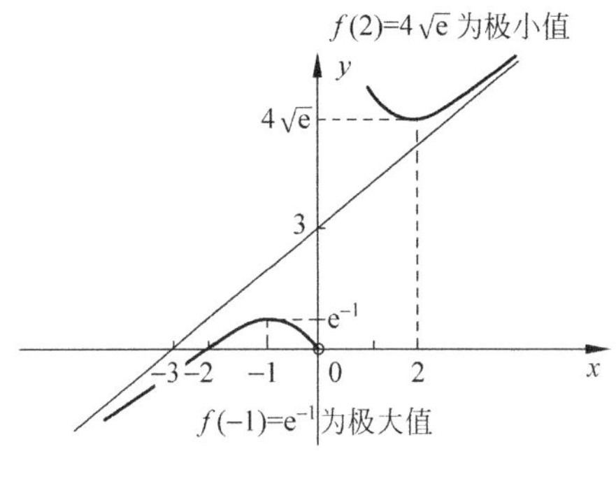

图　3-9

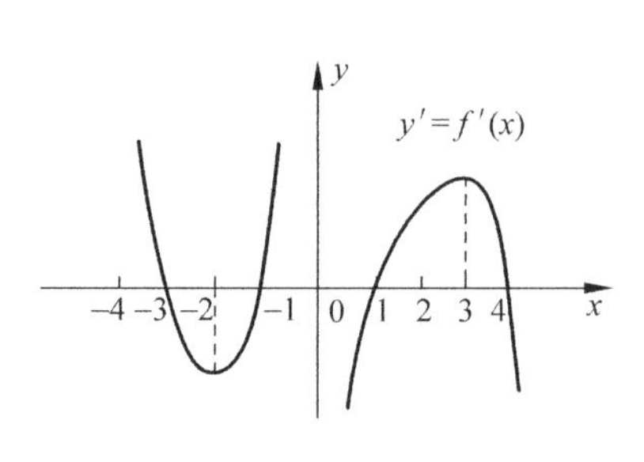

图　3-10

单调增区间		单调减区间	
极值点		极值	
凹(⋃)区间		凸(⋂)区间	
拐点			

解

单增区间	$(-\infty,-3),(-1,0),[1,4]$	单减区间	$[-3,-1],(0,1),[4,+\infty)$
极值点	$x=-3,-1,0,1,4$	极值	$f(-3),f(-1),f(0),f(1),f(4)$
凹(⋃)区间	$(-2,3)$	凸(⋂)区间	$(-\infty,-2),(3,+\infty)$
拐点	$(-2,f(-2)),(3,f(3))$		

由上表描出 $y=f(x)$的图如图 3-11 所示。

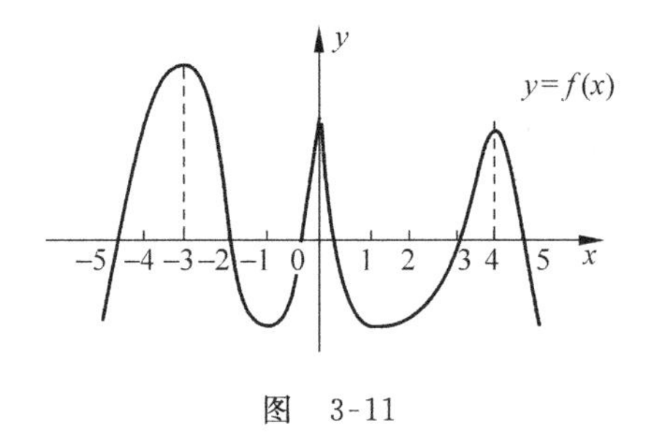

图　3-11

第七节　曲率

问题 69　何谓弧微分三角形？弧微分公式的三种形式是什么？

弧微分三角形 dy ds dx，$(\mathrm{d}s)^2=(\mathrm{d}x)^2+(\mathrm{d}y)^2$，$\mathrm{d}s=\sqrt{(\mathrm{d}x)^2+(\mathrm{d}y)^2}>0$。

弧微分公式的三种形式是由曲线方程三种坐标形式和弧微分三角形推出的。

(1) 直角坐标方程 $y=f(x)$的弧微分公式 $\mathrm{d}s=\sqrt{1+(f'(x))^2}\,\mathrm{d}x$；

(2) 参数方程 $x=\varphi(t)$，$y=\psi(t)$的弧微分公式 $\mathrm{d}s=\sqrt{\varphi'^2(t)+\psi'^2(t)}\,\mathrm{d}t$；

(3) 极坐标方程 $\rho=\rho(\theta)$的弧微分公式：$\mathrm{d}s=\sqrt{\rho^2+\rho'^2}\,\mathrm{d}\theta$。

问题 70　两个函数 $y=f(x)$和 $y=g(x)$都具有二阶连续导数，它们在点 $M_0(x_0,y_0)$处有相同的曲率圆相当于给出什么条件？

曲率公式：$k=\dfrac{|y''|}{[1+y'^2]^{\frac{3}{2}}}$，曲率半径：$\rho=\dfrac{1}{k}$。

若 $y=f(x)$与 $y=g(x)$在 $M_0(x_0,y_0)$处有相同的曲率圆，则有①函数值相等，即 $f(x_0)=g(x_0)$；②因为在 M_0 处 $y=f(x)$与 $y=g(x)$的切线同时垂直于 M_0 处的曲率圆半径，所以有 $f'(x_0)=g'(x_0)$；③在 M_0 处有相同的曲率圆，必有相同的曲率中心和曲率半径，从而有相同的曲率，所以 $f''(x_0)=g''(x_0)$。

综上，相当于给出条件：①$f(x_0)=g(x_0)$；②$f'(x_0)=g'(x_0)$；③$f''(x_0)=g''(x_0)$。

例 1　对数曲线 $y=\ln x$ 上哪一点处的曲率半径最小？求出该点处的曲率半径。

解　$y'=\dfrac{1}{x}$，$y''=-\dfrac{1}{x^2}$，曲率半径 $\rho=\dfrac{[1+y'^2]^{\frac{3}{2}}}{|y''|}=\dfrac{(1+x^2)^{\frac{3}{2}}}{x}$，$\dfrac{\mathrm{d}\rho}{\mathrm{d}x}=\dfrac{(1+x^2)^{\frac{1}{2}}(2x^2-1)}{x^2}$，令$\dfrac{\mathrm{d}\rho}{\mathrm{d}x}=0$，得 $x_1=\dfrac{\sqrt{2}}{2}\left(x_2=\dfrac{-\sqrt{2}}{2}\text{舍去}\right)$。当 $x<\dfrac{\sqrt{2}}{2}$时，$\dfrac{\mathrm{d}\rho}{\mathrm{d}x}<0$，当 $x>\dfrac{\sqrt{2}}{2}$时，$\dfrac{\mathrm{d}\rho}{\mathrm{d}x}>0$，唯一极小值点为最小值点。故曲线在点$\left(\dfrac{\sqrt{2}}{2},-\dfrac{1}{2}\ln 2\right)$处曲率半径最小，$\rho=\dfrac{3\sqrt{3}}{2}$。

例 2　一飞机沿抛物线路径 $y=\dfrac{x^2}{10000}$(y 轴铅直向上，单位为 m)作俯冲飞行。在坐标原点 O 处的速度为 $v=200\mathrm{m/s}$。飞行员体重 $G=70\mathrm{kg}$。求飞机俯冲至最低点即原点 O 处时座椅对飞行员的作用力。

分析　作匀速圆周运动的物体所受的向心力为 $F=\dfrac{mv^2}{R}$，这里 m 为物体的质量，v 为它的速度，R 为圆的半径。

解　$y'=\dfrac{x}{5000}$，$y''=\dfrac{1}{5000}$。在坐标原点 $O(0,0)$，

曲率半径为
$$\rho|_{x=0}=\frac{(1+y'^2)^{\frac{3}{2}}}{|y''|}\bigg|_{x=0}=5000\mathrm{m},$$

向心力为
$$F=\frac{Gv^2}{\rho}=\frac{70\times(200)^2}{5000}\mathrm{N}=560\mathrm{N},$$

由此得座椅对飞行员的作用力为 $70\times9.8\mathrm{N}+560\mathrm{N}=1246\mathrm{N}$。

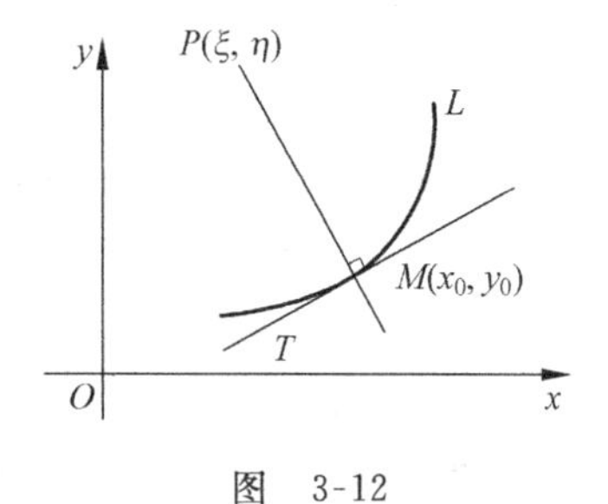

图　3-12

例 3　如图 3-12，设曲线 L 的方程为 $y=f(x)$，且 $y''>0$，又 MT，MP 分别为曲线在点 $M(x_0,y_0)$处的切线和法线。已知线段 MP 的长度为$\dfrac{(1+y_0'^2)^{\frac{3}{2}}}{y_0''}$(其中 $y_0'=f'(x_0)$，$y_0''=$

$f''(x_0)$)，试推导出点 $P(\xi,\eta)$ 的坐标表达式。

解 要求点 P 的坐标 ξ,η，就是要用 x_0,y_0,y_0',y_0'' 表示出 ξ,η。

由 $|MP|=\dfrac{(1+y_0')^{\frac{3}{2}}}{y_0''}$，有

$$(\xi-x_0)^2+(\eta-y_0)^2=\left(\frac{(1+y_0')^{\frac{3}{2}}}{y_0''}\right)^2, \tag{Ⅰ}$$

又由 $MT\perp MP$，有

$$y'_0=-\frac{\xi-x_0}{\eta-y_0}, \tag{Ⅱ}$$

以 $\xi-x_0=-y_0'(\eta-y_0)$ 代入式(Ⅰ)消去 ξ，得

$$(\eta-y_0)^2=\left[\frac{1+y'^2_0}{y''_0}\right]^2,\quad \eta-y_0=\frac{1+y'^2_0}{y''_0}。$$

由 $y''>0$，曲线 L 是凹的，容易看出 $\eta>y_0$，又 $\xi-x_0=-y_0'(\eta-y_0)=-\dfrac{y_0'(1+y'^2_0)}{y_0''}$，于是得

$$\begin{cases}\xi=x_0-\dfrac{y'_0}{y''_0}(1+y'^2_0),\\ \eta=y_0+\dfrac{1}{y''_0}(1+y'^2_0)。\end{cases}$$

例 4 设函数 $f(x)$ 有任意阶导数，$f(x)$ 在 $x=0$ 处与 $g(x)=x^5+3$ 有相同的曲率圆，且满足 $f'''(x)+f''(x)g'(x)+f'(x)g(x)+f(x)x=1+\dfrac{9}{2}x^2-e^{3x}$ (*)，则(　　)。

(A) $f(x)$ 在 $x=0$ 处取得极小值

(B) $f(x)$ 在 $x=0$ 处取得极大值

(C) 点 $(0,3)$ 是曲线 $y=f(x)$ 的拐点

(D) $x=0$ 既不是极值点，点 $(0,3)$ 也不是曲线 $y=f(x)$ 的拐点

解 因为具有相同曲率圆，所以 $f(0)=g(0)=3$，$f'(0)=g'(x)|_{x=0}=5x^4|_{x=0}=0$，$f''(0)=g''(0)=0$。将 $x=0$ 代入式(*)，得 $f'''(0)=0$。对式(*)求导，得

$$\begin{aligned}&f^{(4)}(x)+f'''(x)g'(x)+f''(x)g''(x)+f''(x)g(x)+\\&f'(x)g'(x)+f(x)+f'(x)x=9x-3e^{3x}。\end{aligned} \tag{Ⅰ}$$

将 $x=0$ 代入式(Ⅰ)，得 $f^{(4)}(0)=-6<0$，所以 $f(x)$ 在 $x=0$ 处取得极大值。故选(B)。

问题 71　如何应用导数概念研究函数的零点或方程的根?

分析 研究函数的零点，即函数方程 $f(x)=0$ 的根，一般利用闭区间上连续函数的零点定理。研究 $f'(x)$ 的零点，即导函数方程 $f'(x)=0$ 的根，则往往应用罗尔定理，由函数 $f(x)$ 在闭区间上的等值点(或零点)确定 $f'(x)$ 的零点。要证明函数在某区间上零点的唯一性，一般通过函数在该区间上的单调性来讨论，或应用反证法论证。要证明一个方程根的唯 n 性($n>1$)，一般来说有下面三种证法：(1)应用图解法(即描图)，如问题 68 的例 1(2)；(2)若为无穷区间时，应用极值证；(3)若为有限区间时，应用最值证。

例 5 用分析法讨论方程 $xe^{-x}=a(a>0)$ 有几个实根?

分析 属于唯 n 性题型。设 $f(x)=xe^{-x}-a$，则只需讨论函数方程 $f(x)=0$ 有几个实

根。因为 $f(x)$ 的定义域为 $(-\infty,+\infty)$ 是无穷区间，所以应用极值证明。

解　令 $f'(x)=e^{-x}(1-x)=0$，得驻点 $x=1$。因为 $f''(x)=-e^{-x}(2-x)$，$f''(1)=-e^{-1}<0$，故 $x=1$ 为 $f(x)$ 的极大值点，极大值 $f(1)=e^{-1}-a$，方程 $f(x)=0$ 的实根个数，可按下列三种情形进行讨论。

(1) 当 $f(1)=e^{-1}-a>0$ 时，即 $0<a<e^{-1}$ 时，由于 $\lim\limits_{x\to+\infty}f(x)=-a<0$，$\lim\limits_{x\to-\infty}f(x)=-\infty$，知 $f(x)$ 在 $(-\infty,1)$ 内单调增加，在 $(1,+\infty)$ 内单调减少，故方程 $f(x)=0$ 有两个实根，它们分别在区间 $(-\infty,1)$ 及 $(1,+\infty)$ 内。

(2) 当 $f(1)=e^{-1}-a=0$，即 $a=e^{-1}$ 时，当 $x<1$ 时，$f(x)<0$，当 $x>1$ 时，$f(x)<0$，故方程 $f(x)=0$ 只有一个实根 $x=1$。

(3) 当 $f(1)=e^{-1}-a<0$，即 $a>e^{-1}$ 时，则在 $(-\infty,+\infty)$ 内，$f(x)<0$，故方程 $f(x)=0$ 没有实根。

例 6　就 k 的不同取值情况，确定方程 $x-\frac{\pi}{2}\sin x=k$ 在区间 $\left(0,\frac{\pi}{2}\right)$ 内的根的个数。

分析　设 $f(x)=x-\frac{\pi}{2}\sin x$，$x\in\left(0,\frac{\pi}{2}\right)$。因为 $\left(0,\frac{\pi}{2}\right)$ 是有限区间，所以应用最值证明。研究方程 $x-\frac{\pi}{2}\sin x=k$ 根的个数，等价于确定曲线 $y=f(x)=x-\frac{\pi}{2}\sin x$ 与直线 $y=k$ 交点横坐标的个数。事实上，$f(x)$ 在 $\left[0,\frac{\pi}{2}\right]$ 上连续，必有最大值 M 和最小值 m，当 $m\leqslant k\leqslant M$ 时所讨论的方程有根，当 $k<m$ 或 $k>M$ 时方程无根。

解　令 $f(x)=x-\frac{\pi}{2}\sin x$，$x\in\left[0,\frac{\pi}{2}\right]$，$f'(x)=1-\frac{\pi}{2}\cos x$，令 $f'(x)=0$ 得唯一驻点 $x_0=\arccos\frac{2}{\pi}$，比较 $f(x_0)=x_0-\frac{\pi}{2}\sin x_0=y_0<0$，$f(0)=0=f\left(\frac{\pi}{2}\right)$，得 $f(x)$ 在 $\left[0,\frac{\pi}{2}\right]$ 上的最大值 $M=0$，最小值 $m=f(x_0)=y_0<0$，所以 $f(x)$ 在 $\left(0,\frac{\pi}{2}\right)$ 内的值域为 $[y_0,0)$，于是有以下结论。

(1) 当 $k<y_0$ 或 $k>0$ 时，曲线 $y=f(x)$ 与 $y=k$ 不相交，方程 $f(x)=k$ 在 $\left(0,\frac{\pi}{2}\right)$ 内无根；

(2) 当 $k=y_0$ 时，方程在 $\left(0,\frac{\pi}{2}\right)$ 内有唯一根 x_0；

(3) 当 $y_0<k<0$ 时，方程在 $\left(0,\frac{\pi}{2}\right)$ 内有且仅有两个根，分别位于 $(0,x_0)$ 及 $\left(x_0,\frac{\pi}{2}\right)$ 内。

国内高校期末试题解析

一、计算下列各题：

1. (华中科技大学，2000Ⅰ)设有函数 $y=\frac{1+x}{x^2}$，求它的单调区间、极值点和极值、渐近线。

2. (西安电子科技大学，1993Ⅰ)求 $f(x)=(x-1)x^{\frac{2}{3}}$ 的极值。

3.（大连理工大学，2003 Ⅰ）已知函数 $f(x)=x^3+ax^2+bx+5$，在 $x=-1$ 处有极值 0，试确定系数 a,b，并求出 $f(x)$ 的所有极值和曲线 $y=f(x)$ 的拐点。

解　1. $y'=-\dfrac{x+2}{x^3}$，令 $y'=0$，得驻点 $x=-2$。当 $x<-2$ 时，$y'<0$，故 $(-\infty,-2)$ 为单调减区间；当 $-2<x<0$ 时，$y'>0$，所以 $[-2,0)$ 为单调增区间；当 $x>0$ 时，$y'<0$，所以 $(0,+\infty)$ 为单调减区间，$x=-2$ 为极小值点，极小值 $y(-2)=-\dfrac{1}{4}$。因为 $\lim\limits_{x\to\infty}\dfrac{1+x}{x^2}=0$，所以 $y=0$ 为水平渐近线，$\lim\limits_{x\to 0}\dfrac{1+x}{x^2}=+\infty$，所以 $x=0$ 为铅直渐近线。

2. $f'(x)=\dfrac{\dfrac{5x-2}{3}}{\sqrt[3]{x}}$，令 $y'=0$，得驻点 $x=\dfrac{2}{5}$，$x=0$ 为 y' 不存在的点。

x	$(-\infty,0)$	0	$\left(0,\dfrac{2}{5}\right)$	$\dfrac{2}{5}$	$\left(\dfrac{2}{5},+\infty\right)$
$f'(x)$	+	×	−	0	+
$f(x)$	↗		↘		↗

$x=0$ 是极大值点，极大值为 $f(0)=0$，$x=\dfrac{2}{5}$ 是极小值点，极小值 $f\left(\dfrac{2}{5}\right)=-\dfrac{2\sqrt[3]{\dfrac{4}{25}}}{5}$。

3. 由题意知 $f(-1)=0$，得 $a-b=-4$，　　　　（Ⅰ）

由 $f'(-1)=0$，得 $2a-b=3$。　　　　（Ⅱ）

由式（Ⅰ）、式（Ⅱ）解得 $a=7,b=11$，故 $f(x)=x^3+7x^2+11x+5$。$f'(x)=3x^2+14x+11\overset{令}{=\!=}0$，得驻点 $x_1=-\dfrac{11}{3}$，$x_2=-1$。$f''(x)=6x+14$，$f''\left(-\dfrac{11}{3}\right)=-8<0$，$f''(-1)=8>0$，故 $x_1=-\dfrac{11}{3}$ 为极大值点，极大值 $f\left(-\dfrac{11}{3}\right)=-\dfrac{41}{27}$；$x_2=-1$ 为极小值点，极小值 $f(-1)=0$。令 $f''(x)=0$，得 $x=-\dfrac{7}{3}$，$f'''(x)=6$，$f'''\left(-\dfrac{7}{3}\right)=6\neq 0$，点 $\left(-\dfrac{7}{3},f\left(-\dfrac{7}{3}\right)\right)$ 为 $y=f(x)$ 上的拐点。

二、求下列极限：

1.（大连理工大学，2004 Ⅰ）$\lim\limits_{x\to 0}\dfrac{\arctan x-x}{e^{x^3}-1}$。

2.（上海交通大学，1979 Ⅰ）$\lim\limits_{x\to 0}\dfrac{1-x^3-e^{-x^3}}{\sin^6 2x}$。

3.（华中科技大学，2000 Ⅰ）$\lim\limits_{x\to 0}\dfrac{e^x-1-x-\dfrac{x^2}{2!}-\cdots-\dfrac{x^8}{8!}}{\sin^9 x}$。

解　1. 当 $x\to 0$ 时，$e^{x^3}-1\sim x^3$。

$$原式=\lim_{x\to 0}\frac{\arctan x-x}{x^3}=\lim_{x\to 0}\frac{\dfrac{1}{1+x^2}-1}{3x^2}=\frac{1}{3}\lim_{x\to 0}\left[\frac{-x^2}{x^2}\cdot\frac{1}{1+x^2}\right]=-\frac{1}{3}。$$

2. 当 $x\to 0$ 时，$\sin^6 2x\sim(2x)^6$。

原式 $=\lim\limits_{x\to 0}\dfrac{1-x^3-\mathrm{e}^{-x^3}}{2^6x^6}=\dfrac{1}{2^6}\lim\limits_{x\to 0}\dfrac{-3x^2-\mathrm{e}^{-x^3}(-3x^2)}{6x^5}$

$=\dfrac{1}{2^7}\lim\limits_{x\to 0}\dfrac{\mathrm{e}^{-x^3}-1}{x^3}=\dfrac{1}{2^7}\lim\limits_{x\to 0}\dfrac{-x^3}{x^3}=-\dfrac{1}{2^7}$。

3. 当 $x\to 0$ 时，$\sin^9 x\sim x^9$，$\mathrm{e}^x=1+x+\dfrac{x^2}{2!}+\cdots+\dfrac{x^8}{8!}+\dfrac{x^9}{9!}+o(x^9)$。原式 $=\lim\limits_{x\to 0}\dfrac{\dfrac{x^9}{9!}+o(x^9)}{x^9}=\dfrac{1}{9!}$。

三、证明下列不等式：

1.（西安电子科技大学，1997 Ⅰ）试证当 $x>1$ 时，有不等式 $\dfrac{\ln(1+x)}{\ln x}>\dfrac{x}{x+1}$。

2.（华中科技大学，2000 Ⅰ）设 n 为自然数，证明不等式 $\mathrm{e}^x>\left(1+\dfrac{x}{n}\right)^n\ (x>0)$。

证明 1. $\dfrac{\ln(1+x)}{\ln x}>\dfrac{x}{x+1}\Leftrightarrow(x+1)\ln(1+x)>x\ln x$。设 $f(x)=x\ln x$，$x\in[1,+\infty)$，$f'(x)=\ln x+1>0$，$f(x)$ 在 $[1,+\infty)$ 上单调递增，且 $f(1)=0$，故 $f(x+1)>f(x)$，即 $(x+1)\ln(1+x)>x\ln x$，亦即 $\dfrac{\ln(1+x)}{\ln x}>\dfrac{x}{x+1}$。

2. $\mathrm{e}^x>\left(1+\dfrac{x}{n}\right)^n\Leftrightarrow\mathrm{e}^x>\mathrm{e}^{n\ln(1+\frac{x}{n})}\Leftrightarrow x>n\ln\left(1+\dfrac{x}{n}\right)$。

设 $f(x)=x-n\ln\left(1+\dfrac{x}{n}\right)$，$f'(x)=1-\dfrac{n}{n+x}=\dfrac{x}{n+x}>0\quad(x>0)$。

所以 $f(x)$ 在 $[0,+\infty)$ 上单调递增，且 $f(0)=0$，从而 $f(x)>0$，即 $\mathrm{e}^x>\left(1+\dfrac{x}{n}\right)^n$。

四、（大连理工大学，1996 Ⅰ）设 $f(x)$，$g(x)$ 在 $[a,b]$ 上具有二阶导数，且 $g''(x)\neq 0$，$f(a)=f(b)=g(a)=g(b)=0$。证明：

(1) 在开区间 (a,b) 内 $g(x)\neq 0$；

(2) 在开区间 (a,b) 内至少存在一点 ξ，使 $\dfrac{f(\xi)}{g(\xi)}=\dfrac{f''(\xi)}{g''(\xi)}$。

分析 因为 $g(x)$ 在 $[a,b]$ 上已经有两个零点，即 $g(a)=g(b)=0$。若 $g(x)$ 在 (a,b) 内还有个零点 $x_0\in(a,b)$，使 $g(x_0)=0$，则 $g(x)$ 在 $[a,b]$ 上有三个零点 a,x_0,b。由罗尔定理知，$g'(x)$ 在 (a,b) 内有两个零点，$g''(x)$ 在 (a,b) 内一个零点 ξ，即 $g''(\xi)=0$，这与 $g''(x)\neq 0$，$x\in(a,b)$ 矛盾。故利用反证法证(1)。(2)是属于利用罗尔定理的题型。利用“分析法”设辅助函数。为此将结论改写为 $f(\xi)g''(\xi)-f''(\xi)g(\xi)=0$，即 $[f(x)g''(x)-f''(x)g(x)]|_{x=\xi}=0\Leftrightarrow\{[f(x)g'(x)]'-[f'(x)g(x)]'\}|_{x=\xi}=0\Leftrightarrow\{[f(x)g'(x)-f'(x)g(x)]'\}|_{x=\xi}=0$，从而设辅助函数 $F(x)=f(x)g'(x)-f'(x)g(x)$。自己动手完成(1)(2)的证明。

五、（上海交通大学，1981Ⅰ；西安电子科技大学，1995Ⅰ）设 $f'(x)$ 在 $[a,+\infty)$ 内连续，且 $\lim\limits_{x\to+\infty}f'(x)$ 存在。试证：存在 $M>0$，使对于 $[a,+\infty)$ 上任意两点 x_1,x_2，恒有 $|f(x_1)-f(x_2)|\leqslant M|x_1-x_2|$。

证明 设 $\lim\limits_{x\to+\infty}f'(x)=A$。对于 $\varepsilon=\dfrac{|A|}{2}>0$，$\exists X>0$，当 $x>X$ 时，恒有 $|f'(x)-A|<\dfrac{|A|}{2}$。

当 $x>X$ 时，$|f'(x)|=|f'(x)-A+A|\leqslant|f'(x)-A|+|A|<\dfrac{3|A|}{2}$。又因为 $f'(x)$ 在

闭区间$[a,X]$上连续，所以$f'(x)$在$[a,X]$上有界，即$\exists M_1>0$，使$|f'(x)|\leqslant M_1$，取$M=\max\left\{M_1,\dfrac{3|A|}{2}\right\}$，则对$\forall x\in[a,+\infty)$，有$|f'(x)|\leqslant M$。任取两点$x_1>x_2\in[a,+\infty)$，在$[x_2,x_1]$上利用拉格朗日中值定理有$|f(x_1)-f(x_2)|=|f'(\xi)(x_1-x_2)|\leqslant M|x_1-x_2|$，$x_1<\xi<x_2$。

六、(大连理工大学，2001 Ⅰ)设函数$f(x)$在$[a,b]$上可导，证明：

(1) 若$f(x)$在$x=a$处取得最小值，则$f'_+(a)\geqslant 0$；若$f(x)$在$x=b$处取得最小值，则$f'_-(b)\leqslant 0$；

(2) 若$f'_+(a)<0$，$f'_-(b)>0$，则存在一点$x_0\in(a,b)$，使$f'(x_0)=0$；

(3) 设c为常数，且$f'_+(a)<c<f'_-(b)$，则存在$x_1\in(a,b)$，使$f'(x_1)=c$。

证明　(1) 若$f(a)$为最小值，则$f'_+(a)=\lim\limits_{x\to a^+}\dfrac{f(x)-f(a)}{x-a}\geqslant 0$，即$f'_+(a)\geqslant 0$；若$f(b)$为最小值，则$f'_-(b)=\lim\limits_{x\to b^-}\dfrac{f(x)-f(b)}{x-b}\leqslant 0$，即$f'_-(b)\leqslant 0$。

(2) 因为$f(x)$在$[a,b]$上连续，所以$f(x)$在$[a,b]$上存在最大和最小值，又$f'_+(a)<0$，$f'_-(b)>0$，故最小值必在(a,b)内某点x_0处取得，则必有$f'(x_0)=0$。

(3) 设$\varphi(x)=f(x)-cx$，$\varphi'_+(a)=f'_+(a)-c<0$，$\varphi'_-(b)=f'_-(b)-c>0$，则必存在一点$x_1\in(a,b)$，使$\varphi'(x_1)=0$，即$f'(x_1)=c$。

七、(西安电子科技大学，1990 Ⅰ)定义：设$f(x)$在(a,b)内连续，如果对(a,b)内任意两点x_1,x_2，恒有$f\left(\dfrac{x_1+x_2}{2}\right)<\dfrac{f(x_1)+f(x_2)}{2}$，则称$f(x)$在$(a,b)$内的图像是向上凹的。试证明：若$f(x)$在$(a,b)$内有连续导数，则$f(x)$在$(a,b)$内图形为向上凹的充分必要条件是对$(a,b)$内的任意两点$x_0,x$，恒有$f(x)>f(x_0)+f'(x_0)(x-x_0)$。

证明　充分性：由条件$f(x)>f(x_0)+f'(x_0)(x-x_0)$，令$x_0=\dfrac{x_1+x_2}{2}$，则有

$$f(x_1)>f(x_0)+f'(x_0)(x_1-x_0), \tag{Ⅰ}$$

$$f(x_2)>f(x_0)+f'(x_0)(x_2-x_0)。 \tag{Ⅱ}$$

式(Ⅰ)+式(Ⅱ)得$f(x_1)+f(x_2)>2f(x_0)+f'(x_0)(x_1+x_2-2x_0)$，所以$f\left(\dfrac{x_1+x_2}{2}\right)<\dfrac{f(x_1)+f(x_2)}{2}$。

必要性：设$\forall x_1<x_2\in(a,b)$，由假设$2f\left(\dfrac{x_1+x_2}{2}\right)<f(x_1)+f(x_2)$，令$h=x_2-x_1$，$f\left(x_1+\dfrac{h}{2}\right)-f(x_1)<f(x_2)-f\left(x_2+\dfrac{h}{2}\right)$，重复运用此法，可得$f\left(x_1+\dfrac{h}{2^n}\right)-f(x_1)<f(x_2)-f\left(x_2+\dfrac{h}{2^n}\right)$，于是有$\lim\limits_{n\to\infty}\dfrac{f\left(x_1+\dfrac{h}{2^n}\right)-f(x_1)}{\dfrac{h}{2^n}}\leqslant\lim\limits_{n\to\infty}\dfrac{f(x_2)-f\left(x_2+\dfrac{h}{2^n}\right)}{-\dfrac{h}{2^n}}$，即$f'(x_1)\leqslant f'(x_2)$，证得$f'(x)$单调增加。$\forall x_0,x\in(a,b)$，显然$f(x)$在$[x_0,x]$上满足拉格朗日中值定理条件，则在$(x_0,x)$内至少存在一点$\xi$，使$f(x)-f(x_0)=f'(\xi)(x-x_0)$，$\xi$在$x_0$与$x$之间。当$x>x_0$时，$\xi>x_0$，$x-x_0>0$，则有$f(x)-f(x_0)\geqslant f'(x_0)(x-x_0)$；当$x<x_0$时，$\xi<x_0$，$x-x_0<0$，则有$f(x)-f(x_0)\geqslant f'(x_0)(x-x_0)$。所以$f(x_0)\geqslant f(x_0)+f'(x_0)(x-x_0)$。

八、(大连理工大学,2004 Ⅰ)设 $f(x)$具有三阶连续导数,$\lim\limits_{x\to 0}\dfrac{f(x)}{x^3}=1$。

(1) 试写出 $f(x)$的带有拉格朗日型余项的二阶麦克劳林公式,并证明若$f(1)=0$,则在$(0,1)$内至少有一点 ξ,使 $f'''(\xi)=0$;

(2) 点$(0,0)$是否为曲线 $y=f(x)$的拐点?试说明理由?

分析　(1) 属于带极限条件泰勒公式题型。

解　(1) 由条件$\lim\limits_{x\to 0}\dfrac{f(x)}{x^3}=1$ 知,展开点在 $x=0$ 处,又$\lim\limits_{x\to 0}\dfrac{f(x)}{x^3}=\lim\limits_{x\to 0}\dfrac{f'(x)}{3x^2}=\lim\limits_{x\to 0}\dfrac{f''(x)}{6x}=\lim\limits_{x\to 0}\dfrac{f'''(x)}{6}=1$,由 $f(x)$,$f'(x)$,$f''(x)$,$f'''(x)$的连续性知,$f(0)=\lim\limits_{x\to 0}f(x)=0$,$f'(0)=f''(0)=0$,故$f(x)=\dfrac{f'''(\eta)}{3!}x^3$ 为所求,将 $f(1)=0$ 代入上式得 $0=\dfrac{f'''(\xi)}{3!}1^3\Leftrightarrow f'''(\xi)=0,\xi\in(0,1)$。

(2) 方法 1　由条件$\lim\limits_{x\to 0}\dfrac{f(x)}{x^3}=1$ 及(1)知 $f''(0)=0$,$f'''(0)=6\neq 0$。由拐点的第二充分条件知点$(0,0)$为曲线 $y=f(x)$的拐点。

方法 2　由 $f''(x)=6x+o(x)$,因为 $f''(0)=0$,$f''(x)$经过点 $x=0$ 变号。由拐点的第一充分条件知,点$(0,0)$为曲线 $y=f(x)$上的拐点。

第四章　不定积分

第一节　不定积分的概念与性质

问题 72　在区间 I 内，$F(x)$是 $f(x)$的原函数的必要条件是什么？

由原函数定义知 $F(x)$在 I 内是 $f(x)$的原函数的必要条件是：$F(x)$在 I 内是连续函数。

例 1　设函数 $g(x)=\begin{cases}\cos x+C, & x\geqslant 0,\\ \dfrac{x^2}{2}+C, & x<0,\end{cases}$ $f(x)=\begin{cases}-\sin x, & x\geqslant 0,\\ x, & x<0,\end{cases}$ 问：$g(x)$是 $f(x)$的不定积分吗？证明你的结论，并写出 $f(x)$的不定积分。

解　因为不定积分是带有任意常数的原函数，即不定积分是原函数，它应该满足原函数的必要条件。若 $g(x)$是 $f(x)$的不定积分，则 $g(x)$在$(-\infty,+\infty)$内必须是连续函数。又 $g(x)$是分段函数，所以考查分段函数 $g(x)$在衔接点 $x=0$ 处的连续性。

$$g(0+0)=\lim_{x\to 0^+}g(x)=\lim_{x\to 0^+}(\cos x+C)=1+C,$$

$$g(0-0)=\lim_{x\to 0^-}g(x)=\lim_{x\to 0^-}\left(\frac{x^2}{2}+C\right)=C。$$

因为 $g(0+0)\neq g(0-0)$，所以$\lim\limits_{x\to 0}g(x)$不存在，故 $g(x)$在 $x=0$ 处不连续，从而 $g(x)$不是 $f(x)$的不定积分。若使 $g(0+0)=g(0-0)$，将 $g(x)$表示为

$$g(x)=\begin{cases}\cos x+C_1, & x\geqslant 0,\\ \dfrac{x^2}{2}+C_2, & x<0。\end{cases}$$

由 $g(0+0)=g(0-0)$，得 $1+C_1=C_2$。若令 $C=C_2$，则 $C_1=C_2-1=C-1$。

于是，$g(x)=\begin{cases}\cos x-1+C, & x\geqslant 0,\\ \dfrac{x^2}{2}+C, & x<0,\end{cases}$ 这时 $g(x)$是 $f(x)$的不定积分，即有

$$\int f(x)\mathrm{d}x=\begin{cases}\cos x-1+C, & x\geqslant 0,\\ \dfrac{x^2}{2}+C, & x<0\end{cases}$$ （参见文献[4]）。

例 2　若 $f(x)$的导函数是 $\sin x$，则 $f(x)$有一个原函数是（　　）。

(A) $1+\sin x$　　(B) $1-\sin x$

(C) $1+\cos x$　　(D) $1-\cos x$

解　由 $f'(x)=\sin x$，有 $f(x)=-\cos x+C_1$，从而 $f(x)$的带任意常数 C 的原函数为 $\int f(x)\mathrm{d}x=-\sin x+C_1x+C$。取 $C_1=0,C=1$，则有 $f(x)$的一个原函数$1-\sin x$。应选(B)。

例 3　设$\int \frac{x}{f(x)}\mathrm{d}x = \frac{1}{2}\arctan x^2 + C$，求$\int f(x)\mathrm{d}x$。

解　由不定积分的可微性质，有$\left(\int \frac{x}{f(x)}\mathrm{d}x\right)' = \left(\frac{1}{2}\arctan x^2 + C\right)'$，从而有$\frac{x}{f(x)} = \frac{x}{1+x^4}$，$f(x) = 1 + x^4$，故$\int f(x)\mathrm{d}x = \int (1+x^4)\mathrm{d}x = x + \frac{x^5}{5} + C$。

例 4　证明函数 $\arcsin(2x-1)$，$\arccos(1-2x)$ 和 $2\arctan\sqrt{\frac{x}{1-x}}$ 都是$\frac{1}{\sqrt{x-x^2}}$的原函数。

证明　$(\arcsin(2x-1))' = \frac{2}{\sqrt{1-(2x-1)^2}} = \frac{1}{\sqrt{x-x^2}}$；

$(\arccos(1-2x))' = -\frac{-2}{\sqrt{1-(1-2x)^2}} = \frac{1}{\sqrt{x-x^2}}$；

$\left(2\arctan\sqrt{\frac{x}{1-x}}\right)' = \left(\frac{2}{1+\frac{x}{1-x}}\right)\cdot\left(\frac{1}{2\sqrt{\frac{x}{1-x}}}\right)\cdot\frac{1-x+x}{(1-x)^2} = \frac{1}{\sqrt{x-x^2}}$。故原命题正确。

例 5　求下列不定积分：

(1) $\int \sec x(\sec x - \tan x)\mathrm{d}x$；　　(2) $\int \cos^2\frac{x}{2}\mathrm{d}x$；

(3) $\int \frac{1}{1+\cos 2x}\mathrm{d}x$；　　(4) $\int \frac{\cos 2x}{\cos x - \sin x}\mathrm{d}x$；

(5) $\int \frac{\cos 2x}{\cos^2 x\sin^2 x}\mathrm{d}x$；　　(6) $\int \frac{3x^4+2x^2}{x^2+1}\mathrm{d}x$。

解　(1) 原式 $= \int \sec^2 x\mathrm{d}x - \int \sec x\tan x\mathrm{d}x = \tan x - \sec x + C$。

(2) 原式 $= \frac{1}{2}\left(\int \mathrm{d}x + \int \cos x\mathrm{d}x\right) = \frac{x+\sin x}{2} + C$。

(3) 原式 $= \int \frac{1}{2\cos^2 x}\mathrm{d}x = \frac{1}{2}\tan x + C$。

(4) 原式 $= \int (\cos x + \sin x)\mathrm{d}x = \sin x - \cos x + C$。

(5) 原式 $= \int \left(\frac{1}{\sin^2 x} - \frac{1}{\cos^2 x}\right)\mathrm{d}x = -\cot x - \tan x + C$。

(6) 原式 $= \int \left(3x^2 - \frac{x^2+1-1}{x^2+1}\right)\mathrm{d}x = x^3 - x + \arctan x + C$。

例 6　一曲线通过点$(\mathrm{e}^2,3)$，且在任一点处的切线斜率等于该点横坐标的倒数，求曲线的方程。

解　设所求曲线方程为 $y = f(x)$，由导数的几何意义知，$y' = f'(x)$ 表示曲线 $y = f(x)$ 上任一点(x,y) 处切线斜率。由已知条件知 $f'(x) = \frac{1}{x}$。这说明 $f(x)$ 是$\frac{1}{x}$的一个原函数，因而由不定积分的定义可得 $y = f(x) = \int \frac{1}{x}\mathrm{d}x = \ln|x| + C$。由于所求曲线通过点$(\mathrm{e}^2,3)$，所以 $3 = \ln\mathrm{e}^2 + C$，$3 = 2 + C$，得 $C = 1$。于是所求曲线方程为 $y = \ln|x| + 1$。

第二节　换元积分法

问题 73　什么叫换元积分法?换元积分法分几类?

换元积分法是复合函数微分法的逆运算，又分第一换元积分法和第二换元积分法，第一换元积分法也称“凑微分法”，即从被积表达式“凑出”中间变量 —— 换元函数。因此“凑微分”就是第一换元积分法解题的基本思路。而第二换元积分法是根据被积表达式的特点“设出”中间变量 —— 换元函数。这也是两种换元法的不同之处。

1. 第一换元积分法

设 $f(u)$ 及 $\varphi'(x)$ 连续，则有换元公式

$$\int f[\varphi(x)]\varphi'(x)\mathrm{d}x=\left[\int f(u)\mathrm{d}u\right]_{u=\varphi(x)}=F[\varphi(x)]+C,$$

其中 $F'(u)=f(u)$。

2. 第二换元积分法

设 $f(x)$连续，又 $x=\psi(t)$的导数 $\psi'(t)$也连续，且 $\psi'(t)\neq 0$，则有换元公式

$$\int f(x)\mathrm{d}x=\left[\int f[\psi(t)]\psi'(t)\mathrm{d}t\right]_{t=\psi^{-1}(x)}=G[\psi^{-1}(x)]+C,$$

其中$[G(\psi^{-1}(x))]'=f(x)$。

问题 74　第一换元积分法有没有什么规律？请归纳总结一下。

可用第一换元积分法，即可用“凑微分”法解的题较多，其原因是复合函数求导的习题较多，所以它的逆运算的题型也是非常多的。方法也很灵活，但也有规律可循，按基本初等函数类型进行总结，常见类型有：

1. $\int f(ax+b)\mathrm{d}x=\frac{1}{a}\int f(ax+b)\mathrm{d}(ax+b)$；

2. $\int x^{n-1}f(ax^n+b)\mathrm{d}x=\frac{1}{na}\int f(ax^n+b)\mathrm{d}(ax^n+b)$；

3. $\int\frac{1}{\sqrt{x}}\cdot f(\sqrt{x}+b)\mathrm{d}x=2\int f(\sqrt{x}+b)\mathrm{d}(\sqrt{x}+b)$；

4. $\int\frac{1}{x^2}\cdot f\left(\frac{1}{x}+b\right)\mathrm{d}x=-\int f\left(\frac{1}{x}+b\right)\mathrm{d}\left(\frac{1}{x}+b\right)$；

5. $\int\frac{1}{x}f(\ln x+b)\mathrm{d}x=\int f(\ln x+b)\mathrm{d}(\ln x+b)$；

6. $\int \mathrm{e}^x f(\mathrm{e}^x+1)\mathrm{d}x=\int f(\mathrm{e}^x+1)\mathrm{d}(\mathrm{e}^x+1)$；

7. $\int\cos x f(\sin x)\mathrm{d}x=\int f(\sin x)\mathrm{d}\sin x$；

8. $\int\sec^2 x f(\tan x+b)\mathrm{d}x=\int f(\tan x+b)\mathrm{d}(\tan x+b)$；

9. $\int \frac{f(\arcsin x+b)}{\sqrt{1-x^2}}\mathrm{d}x=\int f(\arcsin x+b)\mathrm{d}(\arcsin x+b)$；

10. $\int \frac{f(\arctan x+b)}{1+x^2}\mathrm{d}x=\int f(\arctan x+b)\mathrm{d}(\arctan x+b)$；

11. $\int \frac{f(\arcsin\sqrt{x}+b)}{\sqrt{x-x^2}}\mathrm{d}x=2\int f(\arcsin\sqrt{x}+b)\mathrm{d}(\arcsin\sqrt{x}+b)$；

12. $\int \frac{f(\ln\ln x+b)}{x\ln x}\mathrm{d}x=\int f(\ln\ln x+b)\mathrm{d}(\ln\ln x+b)$；

13. $\int \frac{1}{x^2}\cdot\sin\left(\frac{2}{x}\right)\cdot \mathrm{e}^{\sin^2\frac{1}{x}}f(\mathrm{e}^{\sin^2\frac{1}{x}})\mathrm{d}x=-\int f(\mathrm{e}^{\sin^2\frac{1}{x}})\mathrm{d}\mathrm{e}^{\sin^2\frac{1}{x}}$。

第一换元积分法的要领是要根据积分表达式的具体特点，熟练地拼凑出各式各样的微分式 $\mathrm{d}u=\mathrm{d}\varphi(x)$，所以第一换元积分法又称“凑微分法”(参见文献[3])。

问题 75　第二换元积分法解题的主要思路是什么？它有哪几种常用的代换？

第一换元积分法是“凑微分”法，即从被积表达式中“凑出”中间变量——换元函数。例如求 $\int\sin(5x+4)\mathrm{d}x$ 时猜出套公式 $\int\sin x\mathrm{d}x$，而公式 $\int\sin\underline{x}\mathrm{d}\underline{x}$ 中横线上方字母是一样的，而在 $\int\sin(\underline{5x+4})\mathrm{d}\underline{x}$ 中横线上方字母是不一样的，要凑成横线上方字母一样，即 $\frac{1}{5}\int\sin(\underline{5x+4})\mathrm{d}(\underline{5x+4})$。上述“凑微分”是利用第一换元积分法解题的基本思路。第二换元积分法是根据被积表达式的特点“设出”中间变量——换元函数，这就决定第二换元积分法常用于被积函数含有根式的积分。选择适当的变量置换式，将其转化为不含有根式的函数积分，解题的主要思路是有理化。将常见类型(主要的)归纳如下：

(1) 当被积函数含有 $\sqrt{a^2-x^2}$、$\sqrt{a^2+x^2}$、$\sqrt{x^2-a^2}$ 时，不是用第一换元积分法，就是用第二换元积分法，换元时作三角函数变换，列表如下。

题　型	被积函数含有	换 元 函 数	还原三角形
$\int\frac{x^2}{\sqrt{a^2-x^2}}\mathrm{d}x$	$\sqrt{a^2-x^2}$	设 $x=a\sin t,\mathrm{d}x=a\cos t\mathrm{d}t$	x, a, t, $\sqrt{a^2-x^2}$
$\int\frac{\mathrm{d}x}{x^2\sqrt{a^2+x^2}}$	$\sqrt{a^2+x^2}$	设 $x=a\tan t,\mathrm{d}x=a\sec^2t\mathrm{d}t$	$\sqrt{a^2+x^2}$, x, t, a
$\int\frac{x^2}{\sqrt{x^2-a^2}}\mathrm{d}x$	$\sqrt{x^2-a^2}$	设 $x=a\sec t,\mathrm{d}x=a\sec t\tan t\mathrm{d}t$	x, $\sqrt{x^2-a^2}$, t, a

(2) 适用于倒置换 $x=\frac{1}{t}$ 的三种类型积分。

① $\int\frac{x^2}{x^k\sqrt{a^2-x^2}}\mathrm{d}x$，且 $k=1,2,4$；

② $\int \frac{1}{x^k\sqrt{a^2+x^2}}\mathrm{d}x$，且 $k=1,2,4$；

③ $\int \frac{1}{x^k\sqrt{x^2-a^2}}\mathrm{d}x$，且 $k=1,2,4$。

(3) 当被积函数含有 $\sqrt[n]{ax+b}$ 时，不是用第一换元积分法，就是用第二换元积分法，设 $t=\sqrt[n]{ax+b}$（参见文献[3]）。

例 1　填空题

(1) $\int \frac{\mathrm{d}x}{\sqrt{x(4-x)}}=$ ________。　　(2) $\int \frac{\mathrm{d}x}{(2-x)\sqrt{1-x}}=$ ________。

(3) 设 $\int f(x)\mathrm{d}x=\sin x+C$，则 $\int \frac{f(\sqrt{x})}{\sqrt{x}}\mathrm{d}x=$ ________。

(4) 设 $\int \frac{\sin x}{f(x)}\mathrm{d}x=\arctan(\cos x)+C$，则 $\int f(x)\mathrm{d}x=$ ________。

(5) 设 $f'(\ln x)=1+x$，则 $f(x)=$ ________。

解　(1) 原式 $=2\int \frac{\mathrm{d}\sqrt{x}}{\sqrt{2^2-(\sqrt{x})^2}}=2\arcsin\frac{\sqrt{x}}{2}+C$；

或　　原式 $=\int \frac{\mathrm{d}(x-2)}{\sqrt{4-(x-2)^2}}=\arcsin\frac{x-2}{2}+C$。

(2) 原式 $=-2\int \frac{\mathrm{d}\sqrt{1-x}}{1+(\sqrt{1-x})^2}=-2\arctan\sqrt{1-x}+C$。

(3) $\int \frac{f(\sqrt{x})}{\sqrt{x}}\mathrm{d}x=2\int f(\sqrt{x})\mathrm{d}\sqrt{x}=2\sin\sqrt{x}+C$。

(4) $\left(\int \frac{\sin x}{f(x)}\mathrm{d}x\right)'=(\arctan(\cos x)+C)'$，$\frac{\sin x}{f(x)}=\frac{-\sin x}{1+\cos^2 x}$。所以 $f(x)=-(1+\cos^2 x)$，$\int f(x)\mathrm{d}x=-\int(1+\cos^2 x)\mathrm{d}x=-\left(\frac{3x}{2}+\frac{1}{4}\sin 2x\right)+C$。

(5) 令 $t=\ln x$，则 $x=\mathrm{e}^t$，由 $f'(\ln x)=1+x$，可得 $f'(t)=1+\mathrm{e}^t$，于是 $f(t)=\int(1+\mathrm{e}^t)\mathrm{d}t=t+\mathrm{e}^t+C$，所以 $f(x)=x+\mathrm{e}^x+C$。

例 2　单项选择题

(1) $\int \mathrm{e}^{-|x|}\mathrm{d}x=$（　　）。

(A) $\begin{cases}-\mathrm{e}^{-x}+C, & x\geqslant 0,\\ \mathrm{e}^x+C, & x<0\end{cases}$　　(B) $\begin{cases}-\mathrm{e}^{-x}+C, & x\geqslant 0,\\ \mathrm{e}^x-2+C, & x<0\end{cases}$

(C) $\begin{cases}-\mathrm{e}^{-x}+C_1, & x\geqslant 0,\\ \mathrm{e}^x+C_2, & x<0\end{cases}$　　(D) $\begin{cases}\mathrm{e}^x+C, & x\geqslant 0,\\ -\mathrm{e}^x+C, & x<0\end{cases}$

(2) 若 $\int f'(x^3)\mathrm{d}x=x^3+C$，则 $f(x)=$（　　）。

(A) $x+C$　　(B) x^3+C　　(C) $\frac{9}{5}x^{\frac{5}{3}}+C$　　(D) $\frac{6}{5}x^{\frac{5}{3}}+C$

解　(1) 利用原函数的必要条件知，选(B)。

(2) 由$\int f'(x^3)\mathrm{d}x = x^3 + C$知，$f'(x^3) = 3x^2$，令$x^3 = t$，则$f'(t) = 3t^{\frac{2}{3}}$，所以$f(t) = 3\int t^{\frac{2}{3}}\mathrm{d}t = \frac{9}{5}t^{\frac{5}{3}} + C$，即$f(x) = \frac{9}{5}x^{\frac{5}{3}} + C$。故选(C)。

例 3　求下列不定积分：

(1) $\int \frac{\sin x + \cos x}{\sqrt[3]{\sin x - \cos x}}\mathrm{d}x$；　(2) $\int \frac{\mathrm{d}x}{(\arcsin x)^2\sqrt{1 - x^2}}$；

(3) $\int \frac{10^{2\arccos x}}{\sqrt{1 - x^2}}\mathrm{d}x$；　(4) $\int \frac{\arctan\sqrt{x}}{\sqrt{x}(1 + x)}\mathrm{d}x$；

(5) $\int \frac{1 + \ln x}{(x\ln x)^2}\mathrm{d}x$；　(6) $\int \frac{\ln\tan x}{\cos x\sin x}\mathrm{d}x$；

(7) $\int \sin 5x\sin 7x\mathrm{d}x$；　(8) $\int \tan^3 x\sec x\mathrm{d}x$；

(9) $\int \frac{1 - x}{\sqrt{9 - 4x^2}}\mathrm{d}x$；　(10) $\int \frac{x^3}{9 + x^2}\mathrm{d}x$。

解　(1) 原式 $= \int (\sin x - \cos x)^{-\frac{1}{3}}\mathrm{d}(\sin x - \cos x) = \frac{3}{2}\sqrt[3]{(\sin x - \cos x)^2} + C$。

(2) 原式 $= \int \frac{\mathrm{d}\arcsin x}{(\arcsin x)^2} = \frac{-1}{\arcsin x} + C$。

(3) 原式 $= -\frac{1}{2}\int 10^{2\arccos x}\mathrm{d}(2\arccos x) = \frac{-10^{2\arccos x}}{2\ln 10} + C$。

(4) 原式 $= 2\int \arctan\sqrt{x}\,\mathrm{d}\arctan\sqrt{x} = (\arctan\sqrt{x})^2 + C$。

(5) 原式 $= \int \frac{\mathrm{d}(x\ln x)}{(x\ln x)^2} = -\frac{1}{x\ln x} + C$。

(6) 原式 $= \int \ln\tan x\,\mathrm{d}\ln\tan x = \frac{(\ln\tan x)^2}{2} + C$。

(7) 原式 $= -\frac{1}{2}\int (\cos 12x - \cos 2x)\mathrm{d}x = \frac{1}{4}\sin 2x - \frac{1}{24}\sin 12x + C$。

(8) 原式 $= \int \tan^2 x\,\mathrm{d}\sec x = \int (\sec^2 x - 1)\mathrm{d}\sec x = \frac{1}{3}\sec^3 x - \sec x + C$。

(9) 原式 $= \frac{1}{2}\int \frac{\mathrm{d}(2x)}{\sqrt{3^2 - (2x)^2}} + \frac{1}{8}\int \frac{\mathrm{d}(9 - 4x^2)}{\sqrt{9 - 4x^2}} = \frac{1}{2}\arcsin\frac{2}{3}x + \frac{1}{4}\sqrt{9 - 4x^2} + C$。

(10) 原式 $= \frac{1}{2}\int \frac{(x^2 + 9 - 9)}{x^2 + 9}\mathrm{d}x^2 = \frac{x^2}{2} - \frac{9}{2}\int \frac{\mathrm{d}(x^2 + 9)}{x^2 + 9} = \frac{x^2}{2} - \frac{9}{2}\ln(x^2 + 9) + C$。

例 4　求下列不定积分：

(1) $\int \frac{x^2}{\sqrt{a^2 - x^2}}\mathrm{d}x \quad (a > 0)$；　(2) $\int \frac{\mathrm{d}x}{\sqrt{(x^2 + 1)^3}}$；

(3) $\int \frac{\sqrt{x^2 - 9}}{x}\mathrm{d}x$；　(4) $\int \frac{1}{1 + \sqrt{2x}}\mathrm{d}x$；

(5) $\int \frac{\mathrm{d}x}{x + \sqrt{1 - x^2}}$；　(6) $\int \frac{x - 1}{x^2 + 2x + 3}\mathrm{d}x$。

解　(1) 原式$(x=a\sin t)=\int\frac{a^2\sin^2 t}{a\cos t}a\cos t\mathrm{d}t=a^2\int\sin^2 t\mathrm{d}t=\frac{a^2}{2}\int(1-\cos 2t)\mathrm{d}t$

$$=\frac{a^2 t}{2}-\frac{a^2}{4}\sin 2t+C=\frac{a^2}{2}\arcsin\frac{x}{a}-\frac{x\sqrt{a^2-x^2}}{2}+C。$$

(2) 原式$(x=\tan t)=\int\cos t\mathrm{d}t=\sin t+C=\frac{\tan t}{\sqrt{1+\tan^2 t}}+C=\frac{x}{\sqrt{1+x^2}}+C。$

(3) 原式$(x=3\sec t)=3\int\tan^2 t\mathrm{d}t=3\int(\sec^2 t-1)\mathrm{d}t=3(\tan t-t)+C$

$$=\sqrt{x^2-9}-3\arccos\frac{3}{x}+C。$$

(4) 原式$(t=\sqrt{2x})=\int\left(\frac{t+1-1}{1+t}\right)\mathrm{d}t=t-\ln|t+1|+C=\sqrt{2x}-\ln(1+\sqrt{2x})+C。$

(5) 原式$(x=\sin t)=\int\frac{\cos t}{\sin t+\cos t}\mathrm{d}t$。设$I_1=\int\frac{\cos t}{\sin t+\cos t}\mathrm{d}t,I_2=\int\frac{\sin t}{\sin t+\cos t}\mathrm{d}t$,则

$$I_1+I_2=\int\mathrm{d}t=t+C_1,\qquad (\text{I})$$

$$I_1-I_2=\int\frac{\mathrm{d}(\sin t+\cos t)}{\sin t+\cos t}=\ln|\sin t+\cos t|+C_2,\qquad (\text{II})$$

式(Ⅰ)+式(Ⅱ),得$I_1=\frac{t+\ln|\sin t+\cos t|}{2}+C$。原式$=\frac{\arcsin x+\ln(x+\sqrt{1-x^2})}{2}+C。$

评述　本题解法利用了“三角函数的互余性在不定积分计算中的应用”(参见文献[13])。

(6) 原式$=\frac{1}{2}\int\frac{2x-2}{x^2+2x+3}\mathrm{d}x$

$$=\frac{1}{2}\int\frac{\mathrm{d}(x^2+2x+3)}{x^2+2x+3}-2\int\frac{\mathrm{d}(x+1)}{(x+1)^2+(\sqrt{2})^2}$$

$$=\frac{1}{2}\ln(x^2+2x+3)-\sqrt{2}\arctan\frac{(x+1)}{\sqrt{2}}+C。$$

例5　求下列不定积分：

(1) $\int\frac{\mathrm{d}x}{x^2\sqrt{a^2+x^2}}(x>0)$；　(2) $\int\frac{\mathrm{d}x}{x\sqrt{1-x^2}}(x>0)$；　(3) $\int\frac{\mathrm{d}x}{(1+x+x^2)^{\frac{3}{2}}}$。

分析　(1)(2)(3) 利用第二换元积分法的倒置换 $x=\frac{1}{t}$ 来求。

解　(1) 原式$\left(令\ x=\frac{1}{t}\right)=\int-\frac{t\mathrm{d}t}{\sqrt{a^2t^2+1}}=\left(-\frac{1}{2a^2}\right)\int\frac{\mathrm{d}(a^2t^2+1)}{\sqrt{a^2t^2+1}}$

$$=\frac{-\sqrt{a^2t^2+1}}{a^2}+C=-\frac{\sqrt{a^2+x^2}}{a^2x}+C。$$

(2) 原式$\left(令\ x=\frac{1}{t}\right)=-\int\frac{\mathrm{d}t}{\sqrt{t^2-1}}=-\ln(t+\sqrt{t^2-1})+C$

$$=-\ln\frac{1+\sqrt{1-x^2}}{x}+C。$$

(3) 化为公式型$\dfrac{1}{(1+x+x^2)^{\frac{3}{2}}}=\dfrac{1}{\left[\left(x+\dfrac{1}{2}\right)^2+\dfrac{3}{4}\right]^{\frac{3}{2}}}$。

设 $x+\dfrac{1}{2}=\dfrac{1}{t}$。

$$\text{原式}=-\int\frac{t\mathrm{d}t}{\left(1+\dfrac{3t^2}{4}\right)^{\frac{3}{2}}}=-\frac{2}{3}\int\left(1+\frac{3t^2}{4}\right)^{-\frac{3}{2}}\mathrm{d}\left(1+\frac{3t^2}{4}\right)$$

$$=\frac{4}{3}\left(1+\frac{3t^2}{4}\right)^{-\frac{1}{2}}+C=\frac{4}{3}\cdot\left[\frac{4(x^2+x+1)}{(2x+1)^2}\right]^{-\frac{1}{2}}+C$$

$$=\frac{2}{3}\cdot\frac{2x+1}{\sqrt{x^2+x+1}}+C。$$

例 6　求下列不定积分：

(1) $\displaystyle\int\frac{\cos 2x}{1+\sin x\cos x}\mathrm{d}x$；　(2) $\displaystyle\int\frac{\mathrm{d}x}{\sin^2 x+2\cos^2 x}$；　(3) $\displaystyle\int\frac{1-\ln x}{(x-\ln x)^2}\mathrm{d}x$；

(4) $\displaystyle\int\frac{2x^3+1}{(x-1)^{100}}\mathrm{d}x$。　(5) $\displaystyle\int\frac{\cos x-\sin x}{(1+\sin 2x)^k}\mathrm{d}x$。

解　(1) 因为 $\cos 2x\mathrm{d}x=(\cos^2 x-\sin^2 x)\mathrm{d}x=\mathrm{d}(1+\sin x\cos x)$，所以

$$\text{原式}=\int\frac{\mathrm{d}(1+\sin x\cos x)}{1+\sin x\cos x}=\ln|1+\sin x\cos x|+C。$$

(2) 原式 $=\displaystyle\int\frac{\mathrm{d}\tan x}{\tan^2 x+2}=\frac{1}{\sqrt{2}}\cdot\arctan\frac{\tan x}{\sqrt{2}}+C$。

(3) 原式 $=\displaystyle\int\frac{\mathrm{d}\left(\dfrac{\ln x}{x}\right)}{\left(1-\dfrac{\ln x}{x}\right)^2}=\frac{1}{\dfrac{x-\ln x}{x}}+C=\frac{x}{x-\ln x}+C$。

(4) 原式(设 $x-1=t$) $=\displaystyle\int(2t^{-97}+6t^{-98}+6t^{-99}+3t^{-100})\mathrm{d}t$

$$=-\frac{1}{33}\frac{1}{(x-1)^{99}}-\frac{3}{49(x-1)^{98}}-\frac{6}{97(x-1)^{97}}-\frac{1}{48(x-1)^{96}}+C。$$

(5) 原式 $=\displaystyle\int\frac{(\cos x-\sin x)\mathrm{d}x}{(\sin x+\cos x)^{2k}}=\int\frac{\mathrm{d}(\sin x+\cos x)}{(\sin x+\cos x)^{2k}}$，

当 $k=\dfrac{1}{2}$ 时，原式 $=\ln|\sin x+\cos x|+C$；

当 $k\neq\dfrac{1}{2}$ 时，原式 $=\dfrac{1}{1-2k}\dfrac{1}{(\sin x+\cos x)^{2k-1}}+C$。

例 7　求下列不定积分：

(1) $\displaystyle\int\frac{\mathrm{d}x}{x\sqrt{x^2-1}}$；　(2) $\displaystyle\int\frac{\mathrm{d}x}{(a^2-x^2)^{\frac{3}{2}}}$　$(a>0)$；

(3) $\displaystyle\int x^3\sqrt{4-x^2}\mathrm{d}x$；　(4) $\displaystyle\int\frac{\sqrt{x}}{\sqrt{x}-\sqrt[3]{x}}\mathrm{d}x$；

(5) $\displaystyle\int\frac{1}{x}\sqrt{\frac{1-x}{1+x}}\mathrm{d}x$　$(x>0)$；　(6) $\displaystyle\int\frac{\mathrm{d}x}{\sqrt{1+\mathrm{e}^x}}$。

解　(1) 因为题中含有 $\sqrt{x^2-1}$，又不能用第一换元积分法。

设 $x=\sec t$，原式 $=\int \mathrm{d}t = t+C = \arccos\dfrac{1}{x}+C$。

自己动手分别设 ①$x^2-1=t^2$；②$x=\cosh t$；③$x=\dfrac{1}{t}$，再求此积分。

(2) 设 $x=a\sin t$。原式 $=\int\dfrac{a\cos t\mathrm{d}t}{a^3\cos^3 t}=\dfrac{1}{a^2}\int\sec^2 t\mathrm{d}t=\dfrac{1}{a^2}\tan t+C=\dfrac{1}{a^2}\cdot\dfrac{x}{\sqrt{a^2-x^2}}+C$。

(3) 原式(令 $x=2\sin t$) $=32\int\cos^2 t\cdot\sin^3 t\mathrm{d}t=-32\int\cos^2 t(1-\cos^2 t)\mathrm{d}\cos t$

$$=\frac{32}{5}\cos^5 t-\frac{32}{3}\cos^3 t+C=\frac{1}{5}(4-x^2)^{\frac{5}{2}}-\frac{4}{3}(4-x^2)^{\frac{3}{2}}+C。$$

(4) 原式(令 $\sqrt[6]{x}=t$) $=6\int\left(t^5+t^4+t^3+t^2+t+1+\dfrac{1}{t-1}\right)\mathrm{d}t$

$$=6\left[\frac{t^6}{6}+\frac{t^5}{5}+\frac{t^4}{4}+\frac{t^3}{3}+\frac{t^2}{2}+t+\ln|t-1|\right]+C$$

$$=x+\frac{6\sqrt[6]{x^5}}{5}+\frac{3\sqrt[6]{x^4}}{2}+2\sqrt[6]{x^3}+3\sqrt[6]{x^2}+6\sqrt[6]{x}+6\ln(\sqrt[6]{x}-1)+C。$$

(5) 分子有理化。

原式 $=\int\dfrac{1-x}{\sqrt{1-x^2}}\cdot\dfrac{1}{x}\mathrm{d}x=\int\dfrac{\mathrm{d}x}{x\sqrt{1-x^2}}-\int\dfrac{\mathrm{d}x}{\sqrt{1-x^2}}$

$$=\int\frac{1}{\frac{1}{t}\sqrt{1-\frac{1}{t^2}}}\left(-\frac{\mathrm{d}t}{t^2}\right)-\arcsin x=-\arcsin x-\int\frac{\mathrm{d}t}{\sqrt{t^2-1}}$$

$$=-\arcsin x-\ln(t+\sqrt{t^2-1})+C=-\arcsin x-\ln\left(\frac{1+\sqrt{1-x^2}}{x}\right)+C。$$

自己动手分别设 ①$x=\cos t$；　②$\dfrac{1-x}{1+x}=t^2$，再求此积分。

(6) 方法 1　原式(令 $t=\sqrt{1+\mathrm{e}^x}$) $=2\int\dfrac{\mathrm{d}t}{t^2-1}=\ln\left|\dfrac{\sqrt{1+\mathrm{e}^x}-1}{\sqrt{1+\mathrm{e}^x}+1}\right|+C$。

方法 2　原式 $=\int\dfrac{\mathrm{e}^{-\frac{x}{2}}\mathrm{d}x}{\sqrt{1+\mathrm{e}^{-x}}}=-2\int\dfrac{\mathrm{d}\mathrm{e}^{-\frac{x}{2}}}{\sqrt{1+(\mathrm{e}^{-\frac{x}{2}})^2}}$

$$=-2\ln(\mathrm{e}^{-\frac{x}{2}}+\sqrt{\mathrm{e}^{-x}+1})+C。$$

例 8　求下列各式的原函数：

(1) $f'(x^2)=\dfrac{1}{\sqrt{x}}$，求 $f(x)$；

(2) 设 $f'(\ln x)=\begin{cases}1, & 0<x\leqslant 1,\\ x, & x>1,\end{cases}$ $f(0)=1$，求 $f(x)$。

解　(1) 方法 1　设出法。设 $x^2=t$，$\sqrt{x}=\sqrt[4]{t}$，则有 $f'(t)=\dfrac{1}{\sqrt[4]{t}}$，$f(t)=\int t^{-\frac{1}{4}}\mathrm{d}t=\dfrac{4}{3}t^{\frac{3}{4}}+C$，所以 $f(x)=\dfrac{4}{3}x^{\frac{3}{4}}+C$。

方法 2　凑出法。因为 $f'(x^2)=\dfrac{1}{\sqrt{x}}$，所以 $f(x^2)=\int f'(x^2)\mathrm{d}x^2=\int\dfrac{2x\mathrm{d}x}{\sqrt{x}}=\int\dfrac{\mathrm{d}x^2}{\sqrt[4]{x^2}}=$ $\int(x^2)^{-\frac{1}{4}}\mathrm{d}x^2=\dfrac{4}{3}(x^2)^{\frac{3}{4}}+C$，所以 $f(x)=\dfrac{4}{3}x^{\frac{3}{4}}+C$。

提醒　注意 $f'(x^2)$ 的含义，它是函数 $f(x^2)$ 对变量 x^2 的导数，故不能写成 $f(x^2)=\int f'(x^2)\mathrm{d}x$，而应写成 $f(x^2)=\int f'(x^2)\mathrm{d}x^2$。

(2) 设出法。设 $\ln x=t, x=\mathrm{e}^t$，则 $f'(t)=\begin{cases}1, & t\leqslant 0,\\ \mathrm{e}^t, & t>0,\end{cases}$ 求分段函数 $f(t)$ 的不定积分。具体求法：① 分段积分加不同的常数 C；② 利用原函数的必要条件确定出常数 C。

当 $t\leqslant 0$ 时，$f(t)=t+C_1$；当 $t>0$ 时，$f(t)=\int\mathrm{e}^t\mathrm{d}t=\mathrm{e}^t+C_2$。在 $t=0$ 处连续，有 $f(0-0)=\lim\limits_{t\to 0^-}f(t)=\lim\limits_{t\to 0^-}(t+C_1)=C_1=f(0+0)=\lim\limits_{t\to 0^+}(\mathrm{e}^t+C_2)=1+C_2=f(0)=1$，得 $C_1=1, C_2=0$，所以 $f(x)=\begin{cases}x+1, & x\leqslant 0,\\ \mathrm{e}^x, & x\geqslant 0。\end{cases}$

第三节　分部积分法

问题 76　何谓分部积分法？哪些类型的积分可选用分部积分法？在分部时，u 和 $\mathrm{d}v$ 应如何选取？

1. 分部积分法是乘积微分法则的逆运算。设函数 $u(x), v(x)$ 都具有连续的导数，两个函数乘积的求导公式为 $(uv)'=u'v+uv'$，移项 $uv'=(uv)'-u'v$，上式两边积分得

$$\int uv'\mathrm{d}x=uv-\int u'v\mathrm{d}x, \tag{Ⅰ}$$

称公式(Ⅰ)为分部积分公式。如果求 $\int uv'\mathrm{d}x$ 有困难，而求 $\int u'v\mathrm{d}x$ 比较容易时，分部积分法就能发挥作用了。分部积分法的作用是化难为易。

2. 分部积分法是乘积微分法则的逆运算，这决定了分部积分法主要用于解决被积函数为两个函数乘积(包括 $u=1$ 情形)类型的积分。若被积函数是两个乘积，不是第一换元积分法，必是分部积分法。适合于分部积分法的题型：

$$\int p_n(x)\cos x\mathrm{d}x,\quad \int p_n(x)\sin x\mathrm{d}x,\quad \int p_n(x)\mathrm{e}^x\mathrm{d}x,\quad \int \mathrm{e}^{ax}\cos x\mathrm{d}x,\quad \int \mathrm{e}^{ax}\sin x\mathrm{d}x,$$

$\int p_n(x)\ln x\mathrm{d}x$，$\int p_n(x)\arcsin x\mathrm{d}x$　…，其中 $p_n(x)$ 是 x 的 n 次多项式。

3. 应用分部积分法时，如何选择 u 和 $\mathrm{d}v$？通过做题不难发现分部积分法的 u 和 $\mathrm{d}v$ 的选择是有规律可循的。总结如下：

1) 利用分部积分法的"消除性"

① $\int x^3\cos x\mathrm{d}x$：被积函数是幂函数(正整数幂)与三角函数乘积，且不是第一换元积分

法，必是分部积分法。分部时设幂函数为 u，余下设为 $\mathrm{d}v$，直至消除幂函数。

② $\int x\mathrm{e}^x\mathrm{d}x$：被积函数是幂函数（正整数幂）与指数函数乘积，且不是第一换元积分法，必是分部积分法。分部时设幂函数为 u，余下设为 $\mathrm{d}v$，直至消除幂函数。称 ①② 为分部积分法的“消除性”，即消除幂函数。

例 1　求下列不定积分：

(1) $\int x\sin x\mathrm{d}x$；　(2) $\int x\mathrm{e}^{-x}\mathrm{d}x$；　(3) $\int x\tan^2 x\mathrm{d}x$；

(4) $\int x^2\cos x\mathrm{d}x$；　(5) $\int t\mathrm{e}^{-2t}\mathrm{d}t$；　(6) $\int (x^2-1)\sin 2x\mathrm{d}x$。

解　(1) 原式 $=-\int x\mathrm{d}\cos x=-x\cos x+\int\cos x\mathrm{d}x=-x\cos x+\sin x+C$。

(2) 原式 $=-\int x\mathrm{d}\mathrm{e}^{-x}=-x\mathrm{e}^{-x}-\int(-\mathrm{e}^{-x})\mathrm{d}x=-x\mathrm{e}^{-x}-\mathrm{e}^{-x}+C$。

(3) 原式 $=\int x(\sec^2 x-1)\mathrm{d}x=\int x\mathrm{d}\tan x-\frac{x^2}{2}=x\tan x+\ln|\cos x|-\frac{x^2}{2}+C$。

(4) 原式 $=\int x^2\mathrm{d}\sin x=x^2\sin x+2x\cos x-2\sin x+C$。

(5) 原式 $=-\frac{1}{2}\int t\mathrm{d}\mathrm{e}^{-2t}=-\mathrm{e}^{-2t}\,\frac{2t+1}{4}+C$。

(6) 原式 $=-\frac{1}{2}\int(x^2-1)\mathrm{d}\cos 2x=-(x^2-1)\,\frac{\cos 2x}{2}+\frac{1}{2}\int\cos 2x\cdot 2x\mathrm{d}x$

$$=-(x^2-1)\,\frac{\cos 2x}{2}+\frac{1}{2}\int x\mathrm{d}\sin 2x=-\left(x^2-\frac{3}{2}\right)\frac{\cos 2x}{2}+\frac{x\sin 2x}{2}+C。$$

2) 利用分部积分法的“去反性”

③ $\int x\ln x\mathrm{d}x$：被积函数含有对数函数（指数函数的反函数），且不是第一换元积分法，必是分部积分法。分部时设对数函数（或含有对数函数的复合函数，如 $\sin\ln x$）为 u，余下设为 $\mathrm{d}v$。

④ $\int x\arcsin x\mathrm{d}x$：被积函数含有反三角函数，且不是第一换元积分法，必是分部积分法。分部时设反三角函数为 u，余下设为 $\mathrm{d}v$。称 ③④ 为分部积分法的“去反性”。

例 2　求下列不定积分：

(1) $\int\arcsin x\mathrm{d}x$；　(2) $\int x^2\ln x\mathrm{d}x$；

(3) $\int x^2\arctan x\mathrm{d}x$；　(4) $\int(\arcsin x)^2\mathrm{d}x$；

(5) $\int\ln(1+x^2)\mathrm{d}x$；　(6) $\int\ln^2(x+\sqrt{1+x^2})\mathrm{d}x$。

点评　用分部积分法解含有反三角函数的不定积分，先换元去反，后分部为好！

解　(1) 设 $t=\arcsin x$。

原式 $=\int t\cos t\mathrm{d}t=\int t\mathrm{d}\sin t=t\sin t-\int\sin t\mathrm{d}t=t\sin t+\cos t+C=x\arcsin x+\sqrt{1-x^2}+C$。

(2) 设 $u=\ln x, dv=x^2dx=d\left(\frac{1}{3}x^3\right)$，由 $\int udv=uv-\int vdu$ 得

原式 $=x^3\frac{\ln x}{3}-\int\frac{x^3}{3x}dx=x^3\frac{\ln x}{3}-\frac{x^3}{9}+C$。

(3) 设 $t=\arctan x$。

$$\text{原式}=\int t\cdot\tan^2t\cdot\sec^2t dt=\frac{1}{3}\int t d\tan^3t$$

$$=\frac{t\cdot\tan^3t}{3}-\frac{1}{3}\int\tan^3t dt=\frac{t\cdot\tan^3t}{3}-\frac{1}{3}\int\tan t(\sec^2t-1)dt$$

$$=\frac{t\cdot\tan^3t}{3}-\frac{\tan^2t}{6}-\frac{\ln|\cos t|}{3}+C=x^3\cdot\frac{\arctan x}{3}-\frac{x^2}{6}+\frac{\ln(1+x^2)}{6}+C。$$

(4) 设 $t=\arcsin x$。

$$\text{原式}=\int t^2\cos t dt=t^2\sin t+2t\cos t-2\sin t+C$$

$$=x(\arcsin x)^2+2\sqrt{1-x^2}\arcsin x-2x+C。$$

(5) 设 $u=\ln(1+x^2), dv=dx$，由 $\int udv=uv-\int vdu$ 得

$$\text{原式}=x\ln(1+x^2)-\int x\cdot\frac{2x}{1+x^2}dx$$

$$=x\ln(1+x^2)-2\left(\int dx-\int\frac{dx}{1+x^2}\right)=x\ln(1+x^2)-2x+2\arctan x+C。$$

(6) 因为 $\left(\int\frac{dx}{\sqrt{1+x^2}}\right)'=(\ln(x+\sqrt{1+x^2})+C)'$，得 $(\ln(x+\sqrt{1+x^2})+C)'=\frac{1}{\sqrt{1+x^2}}$。

设 $u=\ln^2(x+\sqrt{1+x^2}), du=2\ln(x+\sqrt{1+x^2})\frac{dx}{\sqrt{1+x^2}}$。

$$\text{原式}=x\ln^2(x+\sqrt{1+x^2})-\int 2\ln(x+\sqrt{1+x^2})\left(x\frac{dx}{\sqrt{1+x^2}}\right)$$

$$=x\ln^2(x+\sqrt{1+x^2})-2\int\ln(x+\sqrt{1+x^2})d\sqrt{1+x^2}$$

$$=x\ln^2(x+\sqrt{1+x^2})-2\left[\sqrt{1+x^2}\ln(x+\sqrt{1+x^2})-\int\frac{\sqrt{1+x^2}}{\sqrt{1+x^2}}dx\right]$$

$$=x\ln^2(x+\sqrt{1+x^2})-2\sqrt{1+x^2}\ln(x+\sqrt{1+x^2})+2x+C。$$

3) 利用分部积分法的“循环性”

⑤ $\int e^{ax}\sin bx dx$ 或 $\int e^{ax}\cos bx dx$：被积函数是指数函数与三角函数乘积，应用分部积分法时，连续分部两次（两次设同类函数为 u）产生循环回代。

产生循环回代的题型有：

ⓐ $\int e^{ax}\sin bx dx, \int e^{ax}\cos bx dx$；　ⓑ $\int\sin\ln x dx, \int\cos\ln x dx$；

ⓒ $\int\sec^3x dx, \int\csc^3x dx$；　ⓓ $\int\sqrt{a^2+x^2}dx, \int\sqrt{a^2-x^2}dx, \int\sqrt{x^2-a^2}dx$。

例 3 求下列不定积分：

(1) $\int e^{ax}\cos bx\,dx$； (2) $\int \cos\ln x\,dx$；

解 (1) 方法 1 利用三角函数互余性求解(见参考文献[13])。设 $I_1=\int e^{ax}\cos bx\,dx$，$I_2=\int e^{ax}\sin bx\,dx$，则有

$$I_1=e^{ax}\frac{\sin bx}{b}-\int\left(\frac{a}{b}\right)e^{ax}\sin bx\,dx=e^{ax}\frac{\sin bx}{b}-\frac{aI_2}{b}$$

$$\Rightarrow I_1+\frac{a}{b}I_2=e^{ax}\frac{\sin bx}{b}+C_1。\qquad (\text{Ⅰ})$$

$$I_2=-e^{ax}\frac{\cos bx}{b}+\frac{a}{b}\int e^{ax}\cos bx\,dx=-e^{ax}\frac{\cos bx}{b}+\frac{aI_1}{b}$$

$$\Rightarrow \frac{aI_1}{b}-I_2=e^{ax}\frac{\cos bx}{b}+C_2。\qquad (\text{Ⅱ})$$

式(Ⅰ)$+\frac{a}{b}\times$式(Ⅱ)，得 $I_1+\frac{a^2I_1}{b^2}=e^{ax}\frac{\sin bx}{b}+ae^{ax}\frac{\cos bx}{b^2}+\bar{C}\Rightarrow$

$$I_1=\left(\frac{e^{ax}}{a^2+b^2}\right)(a\cos bx+b\sin bx)+C,$$

$$I_2=\left(\frac{e^{ax}}{a^2+b^2}\right)(a\sin bx-b\cos bx)+C。$$

方法 2 待定系数法(见参考文献[11])。设 $e^{ax}\cos bx$ 的一个原函数为 $F(x)=e^{ax}(A\cos bx+B\sin bx)$，$F'(x)=e^{ax}[(aA+bB)\cos bx+(aB-bA)\sin bx]$与 $e^{ax}\cos bx$ 比较同类项系数，得 $aA+bB=1$，$-bA+aB=0$，解得 $A=\frac{a}{a^2+b^2}$，$B=\frac{b}{a^2+b^2}$，故$\int e^{ax}\cos bx\,dx=\frac{e^{ax}(a\cos bx+b\sin bx)}{a^2+b^2}+C$。

方法 3 欧拉公式法。设 $I=\int e^{(a+ib)x}dx=\frac{e^{(a+ib)x}}{a+ib}+C$

$$=\left(\frac{a-ib}{a^2+b^2}\right)e^{ax}(\cos bx+i\sin bx)+C$$

$$=\left(\frac{e^{ax}}{a^2+b^2}\right)[(a\cos bx+b\sin bx)+i(a\sin bx-b\cos bx)]+C,$$

取实部得 $I_1=\int e^{ax}\cos bx\,dx=\left(\frac{e^{ax}}{a^2+b^2}\right)(a\cos bx+b\sin bx)+C$，取虚部得 $I_2=\int e^{ax}\sin bx\,dx=\left(\frac{e^{ax}}{a^2+b^2}\right)(a\sin bx-b\cos bx)+C$。

方法 4 循环回代法。设 $u=e^{ax}$，$dv=\cos bx\,dx$，则有

$$I_1=e^{ax}\frac{\sin bx}{b}-\frac{a}{b}\int e^{ax}\sin bx\,dx(u=e^{ax})=e^{ax}\frac{\sin bx}{b}-\frac{a}{b}\left[-e^{ax}\frac{\cos bx}{b}+\frac{a}{b}\int e^{ax}\cos bx\,dx\right]$$

$$=e^{ax}\frac{\sin bx}{b}+ae^{ax}\frac{\cos bx}{b^2}-\left(\frac{a^2}{b^2}\right)\cdot I_1(\text{出现循环})$$

$$\Rightarrow I_1+\frac{a^2I_1}{b^2}=e^{ax}\frac{\sin bx}{b}+ae^{ax}\frac{\cos bx}{b^2}+C_1,$$

所以 $I_1=\left(\frac{e^{ax}}{a^2+b^2}\right)(a\cos bx+b\sin bx)+C$。

(2) 设 $u=\cos\ln x$。

$$原式=x\cos\ln x-\int x\cdot(-\sin\ln x)\cdot\left(\frac{1}{x}\right)dx=x\cos\ln x+\int \sin\ln x dx(设\ u=\sin\ln x)$$

$$=x\cos\ln x+x\sin\ln x-\int x(\cos\ln x)\left(\frac{1}{x}\right)dx$$

$$=x\cos\ln x+x\sin\ln x-\int \cos\ln x dx(出现循环)$$

$$\Rightarrow\int \cos\ln x dx=\frac{x(\cos\ln x+\sin\ln x)}{2}+C。$$

4) 利用分部积分法的"递推性"

证明积分的递推公式都是利用分部积分法。给出下列递推公式：

① $I_n=\int\frac{dx}{(x^2+a^2)^n}(n\in\mathbb{N}^+)$，　$I_n=\frac{1}{2a^n(n-1)}\left[\frac{x}{(x^2+a^2)^{n-1}}+(2n-3)I_{n-1}\right](n\neq 1)$。

② $I_n=\int\sin^n x dx, I_n=-\frac{\sin^{n-1}x\cos x}{n}+\left(\frac{n-1}{n}\right)I_{n-2}(n\neq 0)$。

③ $I_n=\int\cos^n x dx, I_n=\frac{\sin x\cos^{n-1}x}{n}+\left(\frac{n-1}{n}\right)I_{n-2}(n\neq 0)$。

5) 利用分部积分法的"抵消性"。

何谓分部积分法中的"抵消法"？若不定积分可写为两个不定积分之和(或差)，其中一个不定积分是积不出(或称不可积)，而另一个可以应用分部积分法，分部后将不可积部分予以抵消掉，故称为分部积分法中的"抵消法"(参见文献[4])。

例 4　求下列不定积分：

(1) $\int e^{2x}(\tan x+1)^2 dx$；　　(2) $\int\frac{xe^x}{(1+x)^2}dx$；

(3) $\int\frac{x\cos x\ln x-\sin x}{x\ln^2 x}dx$；　　(4) $\int\left(1+x-\frac{1}{x}\right)e^{x+\frac{1}{x}}dx$。

解　(1) 方法 1　抵消法。

$$原式=\int e^{2x}(\tan^2 x+2\tan x+1)dx=\int 2e^{2x}\tan x dx+\int e^{2x}d\tan x(分部)$$

$$=2\int e^{2x}\tan x dx(积不出)+e^{2x}\tan x-\int 2e^{2x}\tan x dx(抵消)=e^{2x}\tan x+C。$$

方法 2　抵消法破译(参见文献[12])。破译是指能用分部积分法中的"抵消性"求不定积分。其具有下列特点：被积表达式都可化为某函数的微分。

$$原式=\int e^{2x}(\tan^2 x+2\tan x+1)dx=\int[2e^{2x}\tan x+e^{2x}\sec^2 x]dx=\int d(e^{2x}\tan x)$$

$$=e^{2x}\tan x+C。$$

(2) 方法 1　抵消法。

$$原式=\int\frac{e^x}{1+x}dx-\int\frac{e^x}{(1+x)^2}dx=\int\frac{e^x}{1+x}dx(积不出)+\int e^x d\left(\frac{1}{1+x}\right)(分部)$$

$$=\int e^x\frac{dx}{1+x}+\frac{e^x}{1+x}-\int e^x\frac{dx}{1+x}(抵消)=\frac{e^x}{1+x}+C。$$

方法 2　抵消法破译。

$$原式=\int\frac{(1+x-1)e^x}{(1+x)^2}dx=\int\frac{(1+x)(e^x)'-e^x(x+1)'}{(1+x)^2}dx=\int d\left(\frac{e^x}{1+x}\right)=\frac{e^x}{1+x}+C。$$

(3) 方法 1　抵消法。

$$I=\int\frac{\cos x}{\ln x}dx-\int\frac{\sin x}{x\ln^2 x}dx=\int\frac{\cos x}{\ln x}dx+\int\sin x d\left(\frac{1}{\ln x}\right)$$

$$=\int\frac{\cos x}{\ln x}dx+\frac{\sin x}{\ln x}-\int\frac{\cos x}{\ln x}dx(\text{抵消})=\frac{\sin x}{\ln x}+C。$$

方法 2　抵消法破译。

$$I=\int\frac{\ln x\cos x-\dfrac{\sin x}{x}}{\ln^2 x}dx=\int\frac{\ln x\cdot(\sin x)'-\sin x(\ln x)'}{\ln^2 x}dx$$

$$=\int d\left(\frac{\sin x}{\ln x}\right)=\frac{\sin x}{\ln x}+C。$$

(4) 方法 1　抵消法。

$$I=\int e^{x+\frac{1}{x}}dx(\text{积不出})+\int x\left(1-\frac{1}{x^2}\right)e^{x+\frac{1}{x}}dx=\int e^{x+\frac{1}{x}}dx+\int x de^{x+\frac{1}{x}}$$

$$=\int e^{x+\frac{1}{x}}dx+xe^{x+\frac{1}{x}}-\int e^{x+\frac{1}{x}}dx(\text{抵消})=xe^{x+\frac{1}{x}}+C。$$

方法 2　抵消法破译。$I=\int\left[1\cdot e^{x+\frac{1}{x}}+x\left(1-\frac{1}{x^2}\right)e^{x+\frac{1}{x}}\right]dx=\int d(xe^{x+\frac{1}{x}})=xe^{x+\frac{1}{x}}+C$。

例 5　求下列不定积分：

(1) $\int\frac{xe^x}{\sqrt{e^x-2}}dx$；　　(2) $\int\frac{x\cos x}{\sin^3 x}dx$；

(3) $\int\frac{1+\sin x}{1+\cos x}e^x dx$；　　(4) $\int\frac{\text{arccot}e^x}{e^x}dx$。

解　(1) 方法 1　原式 $=2\int x d\sqrt{e^x-2}=2x\sqrt{e^x-2}-2\int\sqrt{e^x-2}dx$（设 $u=\sqrt{e^x-2}$）。

$$\int\sqrt{e^x-2}dx=2\int\frac{u^2+2-2}{u^2+2}du=2u-2\sqrt{2}\arctan\left(\frac{u}{\sqrt{2}}\right)+C,$$

原式 $=2x\sqrt{e^x-2}-4\sqrt{e^x-2}+4\sqrt{2}\arctan\sqrt{\frac{e^x}{2}-1}+C$。

方法 2　令 $t=\sqrt{e^x-2}$，$x=\ln(t^2+2)$，$dx=\frac{2tdt}{t^2+2}$。

原式 $=2\int\ln(t^2+2)dt(u=\ln(t^2+2))=2t\ln(t^2+2)-2\int\frac{2t^2dt}{t^2+2}$

$$=2t\ln(t^2+2)-4t+4\sqrt{2}\arctan\frac{t}{\sqrt{2}}+C$$

$$=2x\sqrt{e^x-2}-4\sqrt{e^x-2}+4\sqrt{2}\arctan\sqrt{\frac{e^x}{2}-1}+C。$$

(2) 原式 $=-\frac{1}{2}\int x d\left(\frac{1}{\sin^2 x}\right)=-\frac{x}{2\sin^2 x}-\frac{\cot x}{2}+C$。

(3) 原式 $=\int(1+\sin x)e^x\frac{dx}{2\cos^2\left(\dfrac{x}{2}\right)}=\int e^x d\tan\left(\frac{x}{2}\right)(\text{分部})+\int\tan\left(\frac{x}{2}\right)e^x dx(\text{积不出})$

$$=e^x\tan\left(\frac{x}{2}\right)-\int e^x\tan\left(\frac{x}{2}\right)dx+\int e^x\tan\left(\frac{x}{2}\right)dx(\text{抵消})=e^x\tan\left(\frac{x}{2}\right)+C。$$

(4) 原式$=-\int \operatorname{arccot}e^{x}\cdot de^{-x}=-e^{-x}\operatorname{arccot}e^{x}-\int\frac{e^{-x}\cdot e^{x}dx}{1+e^{2x}}$

$$=-e^{-x}\operatorname{arccot}e^{x}-\int\frac{1+e^{2x}-e^{2x}}{1+e^{2x}}dx=-e^{-x}\operatorname{arccot}e^{x}-x+\frac{1}{2}\ln(1+e^{2x})+C。$$

例 6　求下列不定积分：

(1) $\int\frac{x^{3}}{\sqrt{1+x^{2}}}dx$；　　(2) $\int\frac{x^{2}e^{x}}{(x+2)^{2}}dx$；

(3) $\int\frac{xe^{\arctan x}}{(1+x^{2})^{\frac{3}{2}}}dx$；　　(4) $\int x\arctan x\ln(1+x^{2})dx$。

解　(1) 第一换元法。

原式$=\frac{1}{2}\int\left(\frac{x^{2}+1-1}{\sqrt{1+x^{2}}}\right)dx^{2}=\frac{1}{2}\int[\sqrt{1+x^{2}}-(1+x^{2})^{-\frac{1}{2}}]d(1+x^{2})$

$$=\frac{1}{3}(1+x^{2})^{\frac{3}{2}}-\sqrt{1+x^{2}}+C。$$

分部积分法。

原式$=\int x^{2}d\sqrt{1+x^{2}}=x^{2}\sqrt{1+x^{2}}-\int\sqrt{1+x^{2}}d(1+x^{2})$

$$=x^{2}\sqrt{1+x^{2}}-\frac{2(x^{2}+1)^{\frac{3}{2}}}{3}+C。$$

第二换元法。设 $x=\tan t$。

原式$=\int\tan^{3}t\sec t dt=\int\tan^{2}t d\sec t=\int(\sec^{2}t-1)d\text{scet}$

$$=\frac{\sec^{3}t}{3}-\sec t+C(\sec t=\sqrt{1+x^{2}})=\frac{1}{3}(1+x^{2})^{\frac{3}{2}}-\sqrt{1+x^{2}}+C。$$

(2) 如何选择 u 和 dv。设 $u=x^{2}e^{x}$, $dv=\frac{dx}{(x+2)^{2}}$。

原式$=-\int x^{2}e^{x}d\left(\frac{1}{x+2}\right)=-\frac{x^{2}e^{x}}{x+2}+\int\left(\frac{1}{x+2}\right)(2xe^{x}+x^{2}e^{x})dx$

$$=\frac{-x^{2}e^{x}}{x+2}+\int xe^{x}dx=-\frac{x^{2}e^{x}}{x+2}+xe^{x}-e^{x}+C。$$

(3) 方法 1　设 $t=\arctan x$。原式 $=\int e^{t}\frac{\tan t}{(1+\tan^{2}t)^{\frac{3}{2}}}\sec^{2}t dt=\int e^{t}\sin t dt$。

待定系数法。设$\int e^{t}\sin t dt=e^{t}(A\cos t+B\sin t)+C$，两边对 t 求导，得 $e^{t}\sin t=e^{t}[(A+B)\cos t+(B-A)\sin t]$，比较系数得 $A=-\frac{1}{2}$，$B=\frac{1}{2}$。则

$$\int e^{t}\sin t dt=e^{t}\left(-\frac{\cos t}{2}+\frac{\sin t}{2}\right)+C,$$

$$原式=e^{\arctan x}\frac{\left(\frac{x}{\sqrt{1+x^{2}}}-\frac{1}{\sqrt{1+x^{2}}}\right)}{2}+C=\frac{(x-1)e^{\arctan x}}{2\sqrt{1+x^{2}}}+C。$$

方法 2　原式$=\int\frac{xde^{\arctan x}}{\sqrt{1+x^{2}}}=\frac{xe^{\arctan x}}{\sqrt{1+x^{2}}}-\int\frac{e^{\arctan x}}{(1+x^{2})^{\frac{3}{2}}}dx=\frac{xe^{\arctan x}}{\sqrt{1+x^{2}}}-\int\frac{de^{\arctan x}}{\sqrt{1+x^{2}}}$

$$=\frac{xe^{\arctan x}}{\sqrt{1+x^2}}-\frac{e^{\arctan x}}{\sqrt{1+x^2}}-\int\frac{xe^{\arctan x}}{(1+x^2)^{\frac{3}{2}}}dx\text{(产生循环)},$$

回代得　　原式 $=\dfrac{(x-1)e^{\arctan x}}{2\sqrt{1+x^2}}+C$。

(4) 本题是三个不同函数相乘的不定积分，这类问题一般都采用本题的解题方法。

由于 $\int x\ln(1+x^2)dx=\dfrac{1}{2}\int\ln(1+x^2)d(1+x^2)=\dfrac{(1+x^2)\ln(1+x^2)}{2}-\dfrac{x^2}{2}+C$。

$$\text{原式}=\int\arctan x\,d\left[\frac{(1+x^2)\ln(1+x^2)}{2}-\frac{x^2}{2}\right]$$

$$=\frac{1}{2}[(1+x^2)\ln(1+x^2)-x^2]\arctan x-\frac{1}{2}\int\frac{(1+x^2)\ln(1+x^2)-x^2}{1+x^2}dx$$

$$=\frac{\arctan x[(1+x^2)\ln(1+x^2)-x^2-3]}{2}-\frac{x\ln(1+x^2)}{2}+\frac{3x}{2}+C。$$

例 7　设 $f(\sin^2 x)=\dfrac{x}{\sin x}$，求 $\int\dfrac{\sqrt{x}}{\sqrt{1-x}}f(x)dx$。

解　利用第一章第一节例 4 的结果 $f(x)=\dfrac{\arcsin\sqrt{x}}{\sqrt{x}}$。

$$\int\frac{\sqrt{x}}{\sqrt{1-x}}\cdot\frac{\arcsin\sqrt{x}}{\sqrt{x}}dx=\int\frac{\arcsin\sqrt{x}}{\sqrt{1-x}}dx=-2\int\arcsin\sqrt{x}\,d\sqrt{1-x}$$

$$=-2\sqrt{1-x}\arcsin\sqrt{x}+2\int\sqrt{1-x}\cdot\frac{d\sqrt{x}}{\sqrt{1-x}}$$

$$=-2\sqrt{1-x}\arcsin\sqrt{x}+2\sqrt{x}+C。$$

例 8　(1)设 $f(x),g(x)$ 在 $[a,b]$ 上连续，在 (a,b) 内可导，对任意 $x\in(a,b)$，有 $g'(x)\neq 0$，证明在 (a,b) 内至少存在一点 ξ，使得 $\dfrac{f(\xi)-f(a)}{g(b)-g(\xi)}=\dfrac{f'(\xi)}{g'(\xi)}$。

(2) 设 $f(x)$ 在 $[a,b]$ 上连续，在 (a,b) 内可导，证明在 (a,b) 内至少存在一点 ξ，使得 $bf(b)-af(a)=[f(\xi)+\xi f'(\xi)](b-a)$。

分析　(1)题给出的条件是闭区间上连续，开区间内可导，欲证的结论是导函数方程 $\left.\dfrac{f(x)-f(a)}{g(b)-g(x)}=\dfrac{f'(x)}{g'(x)}\right|_{x=\xi}$ 的根存在性问题，应该利用罗尔定理证明，设辅助函数应用不定积分法。

(2)是应用拉格朗日中值定理证明的题型。设辅助函数应用不定积分法。

证明　(1) 设辅助函数的不定积分法。将结论中的 ξ 改为 x，假设原结论仍然成立，即 $\dfrac{f(x)-f(a)}{g(b)-g(x)}=\dfrac{f'(x)}{g'(x)},\dfrac{f'(x)}{f(x)-f(a)}=\dfrac{g'(x)}{g(b)-g(x)}$

$$\Rightarrow\frac{d(f(x)-f(a))}{f(x)-f(a)}=\frac{-d(g(b)-g(x))}{g(b)-g(x)},$$

上式两边积分，得

$$\ln(f(x)-f(a))=-\ln(g(b)-g(x))+\ln C\Rightarrow(f(x)-f(a))(g(b)-g(x))=C。$$

设辅助函数 $F(x)=(f(x)-f(a))(g(b)-g(x)),x\in(a,b)$。显然 $F(x)$ 在 $[a,b]$ 上连续，在 (a,b) 内可导，且 $F(a)=F(b)=0$，由罗尔定理知，在 (a,b) 内至少存在一点 ξ，使得

$F'(\xi)=0$，即$\dfrac{f(\xi)-f(a)}{g(b)-g(\xi)}=\dfrac{f'(\xi)}{g'(\xi)}$。

(2) 设辅助函数的不定积分法。将欲证的结论中的 ξ 改为 x，并假设原结论仍然成立，即 $f(x)+xf'(x)=\dfrac{bf(b)-af(a)}{b-a}$。上式两边积分，得 $xf(x)=\dfrac{bf(b)-af(a)}{b-a}x+C$。所以设辅助函数为 $F(x)=xf(x)-\dfrac{bf(b)-af(a)}{b-a}x$，$x\in[a,b]$，显然 $F(x)$在$[a,b]$上连续，在(a,b)内可导，且 $F(a)=F(b)=0$，由罗尔定理知，在(a,b)内至少存在一点 ξ，使得 $F'(\xi)=0$，即 $bf(b)-af(a)=(f(\xi)+\xi'f(\xi))(b-a)$。

第四节　有理函数的积分

问题 77　求有理函数的积分有哪些步骤？

有理函数的积分是两个多项式之商 $R(x)$的积分 $\int R(x)\mathrm{d}x$。解题的步骤如下：

(1) 若 $R(x)$是假分式化为多项式加真分式；

(2) 将真分式的分母 $Q(x)$在实数范围内因式分解，化为 4 类部分分式之和：①$\dfrac{A}{x-a}$；②$\dfrac{A}{(x-a)^k}$；③$\dfrac{Mx+N}{x^2+px+q}$；④$\dfrac{Mx+N}{(x^2+px+q)^k}$，$k>1$，其中 $p^2-4q<0$。

(3) ①②③④都是可积的，所以 $\int R(x)\mathrm{d}x$ 可积。即有理函数积分都可积。

例 1　求下列不定积分：

(1) $\int \dfrac{x^5+x^4-8}{x^3-x}\mathrm{d}x$；　(2) $\int \dfrac{\mathrm{d}x}{(x^2+1)(x^2+x)}\mathrm{d}x$；

(3) $\int \dfrac{1}{(x^2+1)(x^2+x+1)}\mathrm{d}x$；　(4) $\int \dfrac{\mathrm{d}x}{x^8(x^2+1)}$；

(5) $\int \dfrac{x}{x^8-1}\mathrm{d}x$；　(6) $\int \dfrac{\mathrm{d}x}{x^4-1}$。

解　(1) 将假分式化为$\dfrac{x^5+x^4-8}{x^3-x}=x^2+x+1+\dfrac{x^2+x-8}{x(x+1)(x-1)}$。

设$\dfrac{x^2+x-8}{x(x+1)(x-1)}=\dfrac{A}{x}+\dfrac{B}{x-1}+\dfrac{C}{x+1}$，通分去分母，得

$$x^2+x-8=A(x+1)(x-1)+Bx(x+1)+Cx(x-1)。$$

令 $x=0$，得 $A=8$；令 $x=1$，得 $B=-3$；令 $x=-1$，得 $C=-4$。则

$$\begin{aligned}原式&=\int\left(x^2+x+1+\frac{8}{x}-\frac{3}{x-1}-\frac{4}{x+1}\right)\mathrm{d}x\\&=\frac{x^3}{3}+\frac{x^2}{2}+x+8\ln|x|-3\ln|x-1|-4\ln|x+1|+C。\end{aligned}$$

(2) 设$\dfrac{1}{(x^2+1)(x^2+x)}=\dfrac{Ax+B}{x^2+1}+\dfrac{C}{x}+\dfrac{D}{x+1}$,通分去分母得

$$1=(Ax+B)x(x+1)+C(x^2+1)(x+1)+Dx(x^2+1)。$$

令 $x=0$,得 $C=1$; 令 $x=-1$,得 $D=-\dfrac{1}{2}$; 令 $x=1$,得

$$A+B=-1, \tag{Ⅰ}$$

令 $x=-2$,得

$$-2A+B=\frac{1}{2}。 \tag{Ⅱ}$$

由式(Ⅰ)和式(Ⅱ)得 $A=-\dfrac{1}{2}, B=-\dfrac{1}{2}$。

$$\begin{aligned}\text{原式}&=\int\left(-\frac{1}{2}\frac{x+1}{x^2+1}+\frac{1}{x}-\frac{1}{2}\frac{1}{x+1}\right)\mathrm{d}x\\&=-\frac{1}{4}\ln(x^2+1)-\frac{\arctan x}{2}+\ln|x|-\frac{1}{2}\ln|x+1|+C。\end{aligned}$$

(3) 设$\dfrac{1}{(x^2+1)(x^2+x+1)}=\dfrac{Ax+B}{x^2+1}+\dfrac{Cx+D}{x^2+x+1}$,通分去分母得

$$1=(Ax+B)(x^2+x+1)+(Cx+D)(x^2+1)。$$

令 $x=\mathrm{i}$,得 $1=(A\mathrm{i}+B)\mathrm{i}$, $1=-A+B\mathrm{i}$,所以 $A=-1, B=0$; 令 $x=0$,得 $1=B+D, D=1$; 令 $x=-1$, $1=(-A)+2(-C+D)$, $1=1-2C+2$,所以 $C=1$。

$$\begin{aligned}\text{原式}&=\int\left(\frac{-x}{x^2+1}+\frac{x+1}{x^2+x+1}\right)\mathrm{d}x=-\frac{1}{2}\ln(x^2+1)+\frac{1}{2}\int\frac{2x+2}{x^2+x+1}\mathrm{d}x\\&=-\frac{\ln(x^2+1)}{2}+\frac{\ln(x^2+x+1)}{2}+\frac{1}{2}\int\frac{\mathrm{d}\left(x+\frac{1}{2}\right)}{\left(x+\frac{1}{2}\right)^2+\frac{3}{4}}\\&=\frac{1}{2}\ln\left(\frac{x^2+x+1}{x^2+1}\right)+\frac{1}{\sqrt{3}}\arctan\frac{2x+1}{\sqrt{3}}+C。\end{aligned}$$

(4)
$$\begin{aligned}\text{原式}&=\int\frac{(1-x^8+x^8)}{x^8(x^2+1)}\mathrm{d}x\\&=\int\frac{1-x^2+x^4-x^6}{x^8}\mathrm{d}x+\arctan x=-\frac{1}{7x^7}+\frac{1}{5x^5}-\frac{1}{3x^3}+\frac{1}{x}+\arctan x+C。\end{aligned}$$

(5)
$$\begin{aligned}\text{原式}&=\frac{1}{2}\int\frac{\mathrm{d}x^2}{(x^4+1)(x^4-1)}=\frac{1}{4}\int\left(\frac{1}{(x^2)^2-1}-\frac{1}{(x^2)^2+1}\right)\mathrm{d}x^2\\&=\frac{1}{8}\ln\left|\frac{x^2-1}{x^2+1}\right|-\frac{\arctan x^2}{4}+C。\end{aligned}$$

(6)
$$\begin{aligned}\text{原式}&=\frac{1}{2}\int\left(\frac{1}{x^2-1}-\frac{1}{x^2+1}\right)\mathrm{d}x=\frac{1}{2}\left(\frac{1}{2}\ln\left|\frac{x-1}{x+1}\right|-\arctan x\right)+C\\&=\frac{1}{4}\ln\left|\frac{x-1}{x+1}\right|-\frac{\arctan x}{2}+C。\end{aligned}$$

问题 78 三角函数有理式 $R(\sin x,\cos x)$ 积分解题的基本思路是什么?

因为有理函数 $R(x)$ 都可积分,所以三角函数有理式 $R(\sin x,\cos x)$ 积分解题的基本思

路是将三角函数有理式 $R(\sin x,\cos x)$ 化为有理函数 $R(t)$ 的积分。令 $t=\tan\dfrac{x}{2}$（称万能代换），则有 $\sin x=\dfrac{2t}{1+t^2}$，$\cos x=\dfrac{1-t^2}{1+t^2}$，$\mathrm{d}x=\dfrac{2\mathrm{d}t}{1+t^2}$，于是将 $\int R(\sin x,\cos x)\mathrm{d}x$ 化为 $\int R(t)\mathrm{d}t$。值得注意的是上述做法计算量较大，读者要充分利用中学的三角函数公式。因此，总结出下面三种代换：① 当 $R(\sin x,-\cos x)=-R(\sin x,\cos x)$ 时，设 $t=\sin x$；② 当 $R(-\sin x,\cos x)=-R(\sin x,\cos x)$ 时，设 $t=\cos x$；③ 当 $R(-\sin x,-\cos x)=R(\sin x,\cos x)$ 时，设 $t=\tan x$。

例 2　求下列不定积分：

(1) $\displaystyle\int\frac{\mathrm{d}x}{3+\sin^2 x}$；　(2) $\displaystyle\int\frac{\mathrm{d}x}{3+\cos x}$；

(3) $\displaystyle\int\frac{\mathrm{d}x}{2\sin x-\cos x+5}$；　(4) $\displaystyle\int\frac{3\sin x+4\cos x}{2\sin x+\cos x}\mathrm{d}x$；

(5) $\displaystyle\int\frac{\sin x}{\sin^3 x+\cos^3 x}\mathrm{d}x$；　(6) $\displaystyle\int\frac{\mathrm{d}x}{\sin^3 x\cos x}$；

(7) $\displaystyle\int\frac{\mathrm{d}x}{(2+\cos x)\sin x}$。

解　(1) 方法 1　设 $R(\sin x,\cos x)=\dfrac{1}{3+\sin^2 x}$，显然有 $R(-\sin x,-\cos x)=R(\sin x,\cos x)$，所以设 $t=\tan x$，$\sin^2 x=\dfrac{\tan^2 x}{1+\tan^2 x}$，所以

$$\text{原式}=\int\frac{1+t^2}{3+4t^2}\cdot\frac{1}{1+t^2}\mathrm{d}t=\int\frac{\mathrm{d}t}{(\sqrt{3})^2+(2t)^2}=\frac{\arctan\left(\frac{2t}{\sqrt{3}}\right)}{2\sqrt{3}}+C$$

$$=\frac{\arctan\left(\frac{2\tan x}{\sqrt{3}}\right)}{2\sqrt{3}}+C。$$

方法 2　“1 的妙用”。$1=\sin^2 x+\cos^2 x$，$3+\sin^2 x=4\sin^2 x+3\cos^2 x$。

$$\text{原式}=\int\frac{\mathrm{d}x}{4\sin^2 x+3\cos^2 x}=\int\frac{\sec^2 x\mathrm{d}x}{3+4\tan^2 x}=\int\frac{\mathrm{d}\tan x}{(\sqrt{3})^2+(2\tan x)^2}$$

$$=\frac{\arctan\left(\frac{2\tan x}{\sqrt{3}}\right)}{2\sqrt{3}}+C。$$

(2) 方法 1　$\cos x=2\cos^2\left(\dfrac{x}{2}\right)-1$，

$$\text{原式}=\int\frac{\mathrm{d}x}{3+2\cos^2\left(\frac{x}{2}\right)-1}=\int\frac{\mathrm{d}\tan\left(\frac{x}{2}\right)}{2+\left(\tan\left(\frac{x}{2}\right)\right)^2}=\frac{\arctan\left(\tan\left(\frac{x}{2}\right)\frac{1}{\sqrt{2}}\right)}{\sqrt{2}}+C。$$

方法 2　设 $t=\tan\left(\frac{x}{2}\right)$。

原式 $=\int \frac{1}{3+\frac{1-t^2}{1+t^2}}\cdot\left(\frac{2}{1+t^2}\right)\mathrm{d}t=\frac{1}{\sqrt{2}}\int\frac{\mathrm{d}\left(\frac{t}{\sqrt{2}}\right)}{1+\left(\frac{t}{\sqrt{2}}\right)^2}=\frac{\arctan\left(\frac{t}{\sqrt{2}}\right)}{\sqrt{2}}+C$

$=\frac{\arctan\left(\frac{\tan\left(\frac{x}{2}\right)}{\sqrt{2}}\right)}{\sqrt{2}}+C$。

(3) 原式 $=\int\frac{\mathrm{d}x}{4\sin\frac{x}{2}\cos\frac{x}{2}+2\sin^2\frac{x}{2}+4}$

$=\int\frac{\mathrm{d}x}{2\cos^2\frac{x}{2}\left(2\tan\frac{x}{2}+\tan^2\frac{x}{2}+2\sec^2\frac{x}{2}\right)}=\int\frac{\mathrm{d}\left(\tan\frac{x}{2}\right)}{3\tan^2\frac{x}{2}+2\tan\frac{x}{2}+2}$

$=\frac{1}{3}\int\frac{\mathrm{d}\left(\tan\frac{x}{2}+\frac{1}{3}\right)}{\left(\tan\frac{x}{2}+\frac{1}{3}\right)^2+\frac{5}{9}}=\frac{1}{\sqrt{5}}\arctan\left(\frac{3\tan\frac{x}{2}+1}{\sqrt{5}}\right)+C$。

(4) 令 $3\sin x+4\cos x=a(2\sin x+\cos x)+b(2\sin x+\cos x)'$，比较两边系数，得 $a=2$，$b=1$。

原式 $=\int\frac{2(2\sin x+\cos x)+2\cos x-\sin x}{2\sin x+\cos x}\mathrm{d}x=2x+\int\frac{\mathrm{d}(2\sin x+\cos x)}{2\sin x+\cos x}$

$=2x+\ln|2\sin x+\cos x|+C$。

点评　本题给出的方法是处理形如 $\int\frac{C\sin x+D\cos x}{A\sin x+B\cos x}\mathrm{d}x$ 的不定积分的一般解法！

(5) 因为 $R(-\sin x,-\cos x)=R(\sin x,\cos x)$，所以设 $t=\tan x$。

原式 $=\int\frac{t\mathrm{d}t}{1+t^3}=\frac{1}{3}\int\frac{(1+t)^2-(1-t+t^2)}{(1+t)(t^2-t+1)}\mathrm{d}t=\frac{1}{3}\int\frac{1+t}{t^2-t+1}\mathrm{d}t-\frac{1}{3}\int\frac{\mathrm{d}t}{1+t}$

$=\frac{1}{6}\int\frac{(2t-1+3)}{t^2-t+1}\mathrm{d}t-\frac{\ln|1+t|}{3}$

$=\frac{\ln(t^2-t+1)}{6}+\frac{1}{2}\int\frac{\mathrm{d}\left(t-\frac{1}{2}\right)}{\left(t-\frac{1}{2}\right)^2+\frac{3}{4}}-\frac{\ln|1+t|}{3}$

$=\frac{\ln(t^2-t+1)}{6}+\frac{\arctan\left(\frac{2t-1}{\sqrt{3}}\right)}{\sqrt{3}}-\frac{\ln|1+t|}{3}+C$

$=\frac{1}{6}\ln\frac{(\tan^2x-\tan x+1)}{(1+\tan x)^2}+\frac{\arctan\left(\frac{2\tan x-1}{3}\right)}{\sqrt{3}}+C$。

(6) 方法 1 “1 的妙用”。

原式$=\int \frac{(\sin^2 x+\cos^2 x)}{\sin^3 x\cos x}\mathrm{d}x=\int \csc(2x)\mathrm{d}(2x)+\int \sin^{-3}x\mathrm{d}\sin x$

$=\ln|\csc(2x)-\cot(2x)|-\frac{\sin^{-2}x}{2}+C=\ln|\tan x|-\frac{\csc^2 x}{2}+C$。

方法 2　原式$=\int\left(\frac{\sec^4 x}{\tan^3 x}\right)\mathrm{d}x=\int\left(\frac{\tan^2 x+1}{\tan^3 x}\right)\mathrm{d}\tan x$

$=\ln|\tan x|-\frac{1}{2}\tan^{-2}x+C$。

自己动手：因为 $R(-\sin x,-\cos x)=R(\sin x,\cos x)$，所以设 $t=\tan x$。

(7) 方法 1　原式$=\int \frac{\sin x\mathrm{d}x}{(2+\cos x)(1-\cos^2 x)}$

$$=-\int\left[\frac{\frac{1}{2}}{(1+\cos x)}+\frac{\frac{1}{6}}{(1-\cos x)}+\frac{-\frac{1}{3}}{(2+\cos x)}\right]\mathrm{d}\cos x$$

$$=\frac{-\ln|1+\cos x|}{2}+\frac{\ln|1-\cos x|}{6}+\frac{\ln(2+\cos x)}{3}+C。$$

方法 2　自己动手。因为 $R(-\sin x,\cos x)=-R(\sin x,\cos x)$，所以设 $t=\cos x$。

问题 79　简单无理式积分有哪些形式？解题的基本思路是什么？

简单无理式积分有如下类型：

① $\int R(x,\sqrt[n]{ax+b},\sqrt[m]{ax+b})\mathrm{d}x$；

② $\int R\left(x,\sqrt[n]{\frac{ax+b}{cx+d}}\right)\mathrm{d}x, a\neq c, c\neq 0, d\neq 0$；

③ $\int R(x,\sqrt{\alpha x^2+\beta x+\gamma})\mathrm{d}x, \alpha\neq 0$。

解题的基本思路是千方百计有理化：对 ①，设 k 为 m,n 的最小公倍数，令 $\sqrt[k]{ax+b}=t$ 可化为有理函数积分 $\int R(t)\mathrm{d}t$；对 ②，令 $t=\sqrt[n]{\frac{ax+b}{cx+d}}\Rightarrow\int R(t)\mathrm{d}t$；对于 ③，将 $\alpha x^2+\beta x+\gamma$ 配成平方和或平方差，则 $\sqrt{\alpha x^2+\beta x+\gamma}$ 可化为含有 $\sqrt{a^2-x^2}$ 或 $\sqrt{a^2+x^2}$ 或 $\sqrt{x^2-a^2}$ 形式的积分。

例 3　求下列不定积分：

(1) $\int \frac{\sqrt{x+1}-1}{\sqrt{x+1}+1}\mathrm{d}x$；　(2) $\int \frac{\mathrm{d}x}{\sqrt{x}+\sqrt[4]{x}}$；

(3) $\int \sqrt{\frac{1-x}{1+x}}\frac{\mathrm{d}x}{x}$；　(4) $\int \frac{\mathrm{d}x}{\sqrt[3]{(x+1)^2(x-1)^4}}$；

(5) $\int \frac{x\mathrm{d}x}{\sqrt{3x+1}+\sqrt{2x+1}}$；　(6) $\int \frac{x\mathrm{d}x}{x+\sqrt{x^2-1}}$；

(7) $\int \frac{\mathrm{d}x}{1+\sqrt{x}+\sqrt{1+x}}$。

解　(1) 设 $t=\sqrt{x+1}$，

$$原式=\int\left(\frac{t-1}{t+1}\right)2t\mathrm{d}t=\int 2t\mathrm{d}t-4\int\left(\frac{t+1-1}{t+1}\right)\mathrm{d}t=t^2-4t+4\ln|t+1|+C$$

$$=(x+1)-4\sqrt{x+1}+4\ln(1+\sqrt{1+x})+C。$$

(2) 设 $t=\sqrt[4]{x}$，

$$原式=\int\frac{4t^3}{t^2+t}\mathrm{d}t=4\int\frac{t^2-1+1}{t+1}\mathrm{d}t=4\int(t-1)\mathrm{d}t+4\int\frac{1}{t+1}\mathrm{d}t$$

$$=4\left(\frac{t^2}{2}-t\right)+4\ln(t+1)+C=2\sqrt{x}-4\sqrt[4]{x}+4\ln(1+\sqrt[4]{x})+C。$$

(3) $原式=\int\frac{\sqrt{1-x^2}}{x(1+x)}\mathrm{d}x(令\ x=\sin t)=\int\frac{\cos^2 t\mathrm{d}t}{\sin t(1+\sin t)}=\int\frac{(1-\sin t)}{\sin t}\mathrm{d}t$

$$=\ln|\csc t-\cot t|-t+C=\ln\left|\frac{1-\sqrt{1-x^2}}{x}\right|-\arcsin x+C。$$

(4) 令 $x=1+\frac{1}{t}$，

$$原式=\int\frac{-\frac{1}{t^2}\mathrm{d}t}{\frac{\sqrt[3]{(2t+1)^2}}{t^2}}=-\frac{1}{2}\int(2t+1)^{-\frac{2}{3}}\mathrm{d}(2t+1)=-\frac{3(2t+1)^{\frac{1}{3}}}{2}+C=-\frac{3}{2}\sqrt[3]{\frac{x+1}{x-1}}+C。$$

(5) $原式=\int\frac{x(\sqrt{3x+1}-\sqrt{2x+1})}{(3x+1)-(2x+1)}\mathrm{d}x$(**关键是分母有理化!**)

$$=\frac{1}{3}\int\sqrt{3x+1}\,\mathrm{d}(3x+1)-\frac{1}{2}\int\sqrt{2x+1}\,\mathrm{d}(2x+1)$$

$$=\frac{2(3x+1)^{\frac{3}{2}}}{9}-\frac{(2x+1)^{\frac{3}{2}}}{3}+C。$$

(6) 原式(分母有理化) $=\int x(x-\sqrt{x^2-1})\mathrm{d}x=\frac{x^3}{3}-\frac{1}{2}\int\sqrt{x^2-1}\,\mathrm{d}(x^2-1)$

$$=\frac{x^3}{3}-\frac{(x^2-1)^{\frac{3}{2}}}{3}+C。$$

(7) 原式(分母有理化) $=\int\frac{(1+\sqrt{x})-\sqrt{1+x}}{(1+\sqrt{x})^2-(1+x)}\mathrm{d}x=\int\frac{(1+\sqrt{x})-\sqrt{1+x}}{2\sqrt{x}}\mathrm{d}x$

$$=\sqrt{x}+\frac{x}{2}-\frac{1}{2}\int\sqrt{\frac{1+x}{x}}\mathrm{d}x=\sqrt{x}+\frac{x}{2}-\frac{1}{2}\int\frac{1+x}{\sqrt{x(1+x)}}\mathrm{d}x$$

$$=\sqrt{x}+\frac{x}{2}-\frac{1}{4}\int\frac{(2x+1)+1}{\sqrt{x+x^2}}\mathrm{d}x$$

$$=\sqrt{x}+\frac{x}{2}-\frac{1}{2}\sqrt{x+x^2}-\frac{1}{4}\int\frac{\mathrm{d}\left(x+\frac{1}{2}\right)}{\sqrt{\left(x+\frac{1}{2}\right)^2-\frac{1}{4}}}$$

$$=\sqrt{x}+\frac{x}{2}-\frac{\sqrt{x+x^2}}{2}-\frac{1}{4}\ln\left(x+\frac{1}{2}+\sqrt{x+x^2}\right)+C。$$

问题 80　熟练掌握 24 个积分公式是学好积分学的基础，如何记忆？

后面的定积分，二、三重积分，两类曲线积分，两类曲面积分以及微分方程等都要用到 24 个积分基本公式，同时因为求不定积分的基本思路是千方百计套公式，其中两大换元积分法(第一、第二换元积分法)与分部积分法的最后一步，都是要化为不定积分的基本公式，因此熟练掌握不定积分的 24 个基本公式是非常重要的！如何记忆这 24 个公式呢？应该按基本初等函数类型记忆！请看下表：

函数类型	公式
幂函数	$\int 0\mathrm{d}x = C$，$\int 1\mathrm{d}x = x + C$， $\int x^{\mu}\mathrm{d}x = \frac{1}{\mu+1}x^{\mu+1} + C(\mu \neq -1)$，$\int \frac{1}{x}\mathrm{d}x = \ln\|x\| + C$
三角函数	$\int \sin x\mathrm{d}x = -\cos x + C$，$\int \cos x\mathrm{d}x = \sin x + C$， $\int \tan x\mathrm{d}x = -\ln\|\cos x\| + C$，$\int \cot x\mathrm{d}x = \ln\|\sin x\| + C$， $\int \sec x\mathrm{d}x = \ln\|\sec x + \tan x\| + C$， $\int \csc x\mathrm{d}x = \ln\|\csc x - \cot x\| + C$， $\int \sec^2 x\mathrm{d}x = \tan x + C$，$\int \csc^2 x\mathrm{d}x = -\cot x + C$， $\int \sec x\tan x\mathrm{d}x = \sec x + C$，$\int \csc x\cot x\mathrm{d}x = -\csc x + C$
积分结果为反三角函数	$\int \frac{1}{\sqrt{1-x^2}}\mathrm{d}x = \arcsin x + C$， $\int \frac{1}{1+x^2}\mathrm{d}x = \arctan x + C$
指数函数	$\int \mathrm{e}^x\mathrm{d}x = \mathrm{e}^x + C$，$\int a^x\mathrm{d}x = \frac{a^x}{\ln a} + C$
函数为$\frac{Ax+B}{ax^2+bx+c}$ $=M\frac{(ax^2+bx+C)'}{ax^2+bx+C}+$ $\frac{N}{ax^2+bx+C}$类型	$\int \frac{1}{a^2+x^2}\mathrm{d}x = \frac{1}{a}\arctan\frac{x}{a} + C$， $\int \frac{\mathrm{d}x}{a^2-x^2} = \frac{1}{2a}\ln\left\|\frac{a+x}{a-x}\right\| + C$， $\int \frac{\mathrm{d}x}{x^2-a^2} = \frac{1}{2a}\ln\left\|\frac{x-a}{x+a}\right\| + C$
函数为$\frac{Ax+B}{\sqrt{ax^2+bx+c}}$ $=M\frac{(ax^2+bx+C)'}{\sqrt{ax^2+bx+C}}+$ $\frac{N}{\sqrt{ax^2+bx+C}}$类型	$\int \frac{\mathrm{d}x}{\sqrt{a^2+x^2}} = \ln(x+\sqrt{a^2+x^2}) + C$， $\int \frac{\mathrm{d}x}{\sqrt{a^2-x^2}} = \arcsin\frac{x}{a} + C$， $\int \frac{\mathrm{d}x}{\sqrt{x^2-a^2}} = \ln(x+\sqrt{x^2-a^2}) + C$

续表

函数类型	公式
被积函数为商的形式，先考查分子是否为分母的导数	$\int \frac{f'(x)}{f(x)}\mathrm{d}x = \ln\mid f(x)\mid + C$， $\int \frac{f'(x)}{\sqrt{f(x)}}\mathrm{d}x = 2\sqrt{f(x)} + C$

国内高校期末试题解析

一、计算下列各题：

1.（大连理工大学，1993 Ⅰ）$\int \frac{\mathrm{d}x}{\sin^4 x\cos^4 x}$。

2.（西北工业大学，1996 Ⅰ）$\int \frac{x\mathrm{e}^x\mathrm{d}x}{\sqrt{\mathrm{e}^x - 1}}$。

3.（上海交通大学，1982 Ⅰ）$\int \frac{x\arctan x\mathrm{d}x}{\sqrt{1+x^2}}$。

4.（西安电子科技大学，1997 Ⅰ）$\int \frac{x^3\mathrm{d}x}{(1+x^2)^{\frac{3}{2}}}$。

5.（上海交通大学，1991 Ⅰ）$\int \frac{(2\ln x + 1)\mathrm{d}x}{x^3(\ln x)^2}$。

6.（大连理工大学，1993 Ⅰ）设 $f'(x^2) = \frac{1}{x}(x > 0)$，求 $f(x)$。

解 1. 方法 1 利用 $1=\sin^2 x+\cos^2 x=(\sin^2 x+\cos^2 x)^2$，

$$原式= \int \frac{(\sin^2 x + \cos^2 x)^2\mathrm{d}x}{\sin^4 x\cos^4 x} = \int \sec^4 x\mathrm{d}x + 2\int \frac{\mathrm{d}x}{\sin^2 x\cos^2 x} + \int \csc^4 x\mathrm{d}x$$

$$= \int (\tan^2 x + 1)\mathrm{d}\tan x + 2\int \left(\frac{1}{\sin^2 x} + \frac{1}{\cos^2 x}\right)\mathrm{d}x - \int (\cot^2 x + 1)\mathrm{d}\cot x$$

$$= 3\tan x + \frac{\tan^3 x}{3} - 3\cot x - \frac{\cot^3 x}{3} + C。$$

方法 2 $原式 = 8\int \frac{\mathrm{d}(2x)}{\sin^4(2x)} = -8\int (\cot^2 x + 1)\mathrm{d}\cot(2x) = -\frac{8\cot^3(2x)}{3} - 8\cot(2x) + C。$

2. $原式= 2\int x\mathrm{d}\sqrt{\mathrm{e}^x - 1} = 2x\sqrt{\mathrm{e}^x - 1} - 2\int \sqrt{\mathrm{e}^x - 1}\mathrm{d}x \xlongequal{t = \sqrt{\mathrm{e}^x - 1}} 2x\sqrt{\mathrm{e}^x - 1} - 4\int \frac{t^2}{1+t^2}\mathrm{d}t$

$$= 2x\sqrt{\mathrm{e}^x - 1} - 4t + 4\arctan t + C$$

$$= 2x\sqrt{\mathrm{e}^x - 1} - 4\sqrt{\mathrm{e}^x - 1} + 4\arctan\sqrt{\mathrm{e}^x - 1} + C。$$

3. $原式= \int \arctan x\mathrm{d}\sqrt{1+x^2} = \sqrt{1+x^2}\arctan x - \int (1+x^2)^{-\frac{1}{2}}\mathrm{d}x$

$$= \sqrt{1+x^2}\arctan x - \ln(x + \sqrt{1+x^2}) + C。$$

4. 方法 1 $原式= \frac{1}{2}\int \frac{x^2+1-1}{(1+x^2)^{\frac{3}{2}}}\mathrm{d}(x^2+1) = \frac{1}{2}\int ((x^2+1)^{-\frac{1}{2}} - (x^2+1)^{-\frac{3}{2}})\mathrm{d}(x^2+1)$

$$= \sqrt{1+x^2} + \frac{1}{\sqrt{1+x^2}} + C。$$

方法 2 设 $x=\tan t$。

原式 $= \int \frac{\sin^3 t}{\cos^2 t}dt = -\int \frac{1-\cos^2 t}{\cos^2 t}d\cos t = \frac{1}{\cos t} + \cos t + C$

$$= \sqrt{1+x^2} + \frac{1}{\sqrt{1+x^2}} + C。$$

5. 原式 $= \int \frac{(2x\ln x + x)dx}{(x^2\ln x)^2} = \int \frac{d(x^2\ln x)}{(x^2\ln x)^2} = -\frac{1}{(x^2\ln x)} + C$。

6. 因为 $f'(x^2) = \frac{1}{\sqrt{x^2}}(x>0)$，所以

$f'(x) = \frac{1}{\sqrt{x}}$。$f(x) = \int f'(x)dx = \int \frac{dx}{\sqrt{x}} = 2\sqrt{x} + C(x>0)$。

二、(上海交通大学，1981 Ⅰ)已知函数 $f(x)$ 的导函数为 $f'(x)=\begin{cases} x^2, & x\leqslant 0, \\ \sin x, & x>0, \end{cases}$ 求函数 $f(x)$。

解 利用分段函数积分法。

(1) 按段积分：

当 $x\leqslant 0$ 时，$f(x) = \int x^2 dx = \frac{x^3}{3} + C_1$，

当 $x>0$ 时，$f(x) = \int \sin x dx = -\cos x + C_2$。

(2) 利用原函数的必要条件确定 C。

由 $f(0-0) = f(0+0)$ 得 $C_1 = -1 + C_2$，若令 $C = C_1$，则 $C_2 = 1 + C$，故

$$f(x) = \begin{cases} \frac{x^3}{3} + C, & x\leqslant 0, \\ 1-\cos x + C, & x>0。 \end{cases}$$

三、计算下列不定积分：

1. (西安交通大学，1997 Ⅰ) $\int \frac{\ln x dx}{\sqrt{x+1}}$。

2. (西安工业大学，1997 Ⅰ) $\int \frac{\ln(1+x)dx}{x^3}$。

3. (东南大学，1998 Ⅰ) $\int \frac{\arccos x dx}{x^2}$。

4. (华中科技大学，2000 Ⅰ) $\int \sqrt{e^x - 1}dx$。

5. (上海交通大学，1989 Ⅰ) $\int \frac{e^x(x^2-2x-1)dx}{(x^2-1)^2}$。

6. (上海交通大学，1990 Ⅰ) $\int \frac{(1+\sin x)e^x dx}{1+\cos x}$。

解 1. 原式 $= 2\int \ln x d\sqrt{1+x} = 2\sqrt{1+x}\ln x - 2\int \frac{\sqrt{1+x}}{x}dx(t = \sqrt{x+1})$

$= 2\sqrt{1+x}\ln x - 4\int\frac{t^2-1+1}{t^2-1}\mathrm{d}t = 2\sqrt{1+x}\ln x - 4\sqrt{x+1} - 2\ln\left|\frac{\sqrt{x+1}-1}{\sqrt{x+1}+1}\right| + C$。

2. 原式$=-\frac{1}{2}\int\ln(1+x)\mathrm{d}\left(\frac{1}{x^2}\right)=-\frac{\ln(1+x)}{2x^2}+\frac{1}{2}\int\frac{\mathrm{d}x}{x^2(1+x)}$

$=-\frac{\ln(x+1)}{2x^2}+\frac{1}{2}\int\frac{1+x-x}{x^2(1+x)}\mathrm{d}x$

$=-\frac{\ln(x+1)}{2x^2}-\frac{1}{2x}-\frac{\ln|x|}{2}+\frac{\ln|x+1|}{2}+C$。

3. 原式$=-\int\arccos x\mathrm{d}\left(\frac{1}{x}\right)=-\frac{\arccos x}{x}-\int\frac{\mathrm{d}x}{x\sqrt{1-x^2}}=-\frac{\arccos x}{x}+\int\frac{\mathrm{d}\left(\frac{1}{x}\right)}{\sqrt{\left(\frac{1}{x}\right)^2-1}}$

$=-\frac{\arccos x}{x}+\ln\left|\frac{1+\sqrt{1-x^2}}{x}\right|+C$。

4. 原式(设 $t=\sqrt{\mathrm{e}^x-1}$) $=2t-2\arctan t+C=2\sqrt{\mathrm{e}^x-1}-2\arctan\sqrt{\mathrm{e}^x-1}+C$。

5. 方法 1　分部积分抵消法。

原式$=\int\frac{(x^2-1)\mathrm{e}^x-2x\mathrm{e}^x}{(x^2-1)^2}\mathrm{d}x=\int\frac{\mathrm{e}^x}{x^2-1}\mathrm{d}x-\int\frac{2x\mathrm{e}^x}{(x^2-1)^2}\mathrm{d}x$

$=\int\frac{\mathrm{e}^x}{x^2-1}\mathrm{d}x$(积不出)$+\int\mathrm{e}^x\mathrm{d}\frac{1}{x^2-1}$(分部积分)

$=\int\frac{\mathrm{e}^x}{x^2-1}\mathrm{d}x+\frac{\mathrm{e}^x}{x^2-1}-\int\frac{\mathrm{e}^x}{x^2-1}\mathrm{d}x$(抵消) $=\frac{\mathrm{e}^x}{x^2-1}+C$。

方法 2　抵消法破译。

原式 $=\int\frac{(x^2-1)(\mathrm{e}^x)'-\mathrm{e}^x(x^2-1)'}{(x^2-1)^2}\mathrm{d}x=\int\mathrm{d}\left(\frac{\mathrm{e}^x}{x^2-1}\right)=\frac{\mathrm{e}^x}{x^2-1}+C$(见参考文献[12])。

6. 方法 1　利用抵消法：因为$\frac{1+\sin x}{1+\cos x}=\frac{1+2\sin\left(\frac{x}{2}\right)\cos\left(\frac{x}{2}\right)}{2\cos^2\left(\frac{x}{2}\right)}=\frac{1}{2}\sec^2\frac{x}{2}+\tan\frac{x}{2}$，

所以

原式$=\int\left(\frac{1}{2}\sec^2\frac{x}{2}+\tan\frac{x}{2}\right)\mathrm{e}^x\mathrm{d}x=\int\mathrm{e}^x\tan\left(\frac{x}{2}\right)\mathrm{d}x+\frac{1}{2}\int\mathrm{e}^x\sec^2\left(\frac{x}{2}\right)\mathrm{d}x$

$=\int\mathrm{e}^x\tan\left(\frac{x}{2}\right)\mathrm{d}x$(积不出)$+\int\mathrm{e}^x\mathrm{d}\tan\left(\frac{x}{2}\right)$(分部积分)

$=\int\mathrm{e}^x\tan\left(\frac{x}{2}\right)\mathrm{d}x+\mathrm{e}^x\tan\left(\frac{x}{2}\right)-\int\mathrm{e}^x\tan\left(\frac{x}{2}\right)\mathrm{d}x$(抵消) $=\mathrm{e}^x\tan\left(\frac{x}{2}\right)+C$。

方法 2　利用抵消法破译。

原式$=\int\left[\frac{\sec^2\left(\frac{x}{2}\right)}{2}+\tan\left(\frac{x}{2}\right)\right]\mathrm{e}^x\mathrm{d}x=\int\left[\frac{\sec^2\left(\frac{x}{2}\right)\mathrm{e}^x}{2}+\tan\left(\frac{x}{2}\right)\mathrm{e}^x\right]\mathrm{d}x$

$=\int\mathrm{d}\left(\mathrm{e}^x\tan\frac{x}{2}\right)=\mathrm{e}^x\tan\left(\frac{x}{2}\right)+C$。

四、(上海交通大学,1987 Ⅰ)设函数 $f(x)$的导函数 $y'=f'(x)$的图像为如图 4-1 所示的二次抛物线,且 $f(x)$的极小值为 2,极大值为 6,试求函数 $f(x)$。

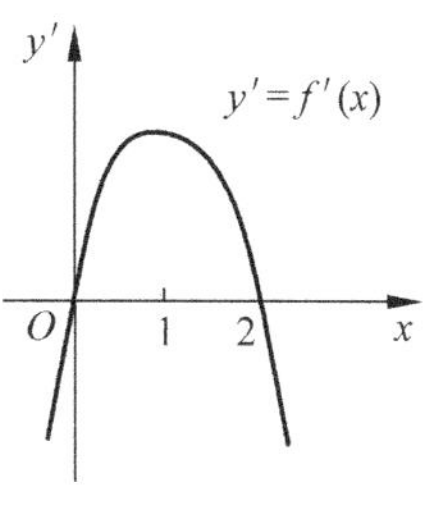

图 4-1

解 由题意设二次抛物线为 $f'(x)=ax(x-2)(a<0)$,则 $f(x)=\int ax(x-2)\mathrm{d}x=a\left(\frac{x^3}{3}-x^2\right)+C$。因 $f'(0)=0$,$f'(2)=0$,由 $y'=f'(x)$的图像(图 4-1)可知,$f'(x)$经过$x=0$由负变正,故极小值 $f(0)=2$,而 $f'(x)$经过 $x=2$时,由正变负知极大值 $f(2)=6$,$f(0)=C\Rightarrow C=2$,则 $f(2)=6=a\left(\frac{8}{3}-4\right)+2$,$a=-3$,于是所求函数为 $f(x)=-x^3+3x^2+2$。

第五章　定　积　分

第一节　定积分的概念与性质

问题 81　什么样的和式极限利用定积分求?

由定积分定义

$$\int_a^b f(x)\mathrm{d}x = \lim_{\lambda\to 0}\sum_{i=1}^{n} f(\xi_i)\Delta x_i \tag{Ⅰ}$$

知:(1) 定积分是代数和的推广,即它表示每项为无穷小的无限项的代数和。因此,只有那些求无限项无穷小的和的极限或者可化为这种和的极限,才有可能用定积分求解。

(2) 在用定积分求极限时,利用定积分的两个无关性,需要将定积分定义式(Ⅰ)中的两个任意量用特殊的值处理。

① 在式(Ⅰ)中将区间$[a,b]$任意划分为 n 个子区间$[x_{i-1},x_i]$,且记 $\Delta x_i=x_i-x_{i-1}(i=1,2,\cdots,n)$,应改为 n 等分$[a,b]$区间,故此时,$\Delta x_i=\dfrac{b-a}{n}$。

② 在式(Ⅰ)中,ξ_i 是在$[x_{i-1},x_i]$中任意选取的,求极限时,常取 ξ_i 为$[x_{i-1},x_i]$的左端点或右端点。

当 ξ_i 取左端点时,$f(\xi_i)=f(a+(i-1)\Delta x_i)=f\left(a+\dfrac{i-1}{n}(b-a)\right)$;

当 ξ_i 取右端点时,$f(\xi_i)=f(a+i\Delta x_i)=f\left(a+\dfrac{i}{n}(b-a)\right)$。

(3) 在解题时,若和式极限能化为

$$\lim_{n\to\infty}\sum_{i=1}^{n} f\left(a+\frac{i-1}{n}(b-a)\right)\frac{b-a}{n},$$

或

$$\lim_{n\to\infty}\sum_{i=1}^{n} f\left(a+\frac{i}{n}(b-a)\right)\frac{b-a}{n}$$

的形式,则此和式极限属于应用定积分定义求极限的题型(参见文献[4])。

例 1　利用定积分定义计算由抛物线 $y=x^2+1$,两直线 $x=a,x=b(b>a)$及横轴所围成的图形的面积。

解　$f(x)=x^2+1$ 在$[a,b]$上连续,所以可积,且与区间的分法、点 ξ_i 的取法无关。将$[a,b]$进行 n 等分,$\Delta x_i=\dfrac{b-a}{n}$,取 ξ_i 为每个小区间的右端点 $\xi_i=a+\dfrac{i(b-a)}{n}$。所以

$$\int_a^b (x^2+1)\mathrm{d}x = \lim_{\lambda\to 0}\sum_{i=1}^{n}(\xi_i^2+1)\Delta x_i = \lim_{n\to\infty}\sum_{i=1}^{n}\left[\left(\frac{a+i(b-a)}{n}\right)^2+1\right]\cdot\frac{b-a}{n}$$

$$=\lim_{n\to\infty}\left[\sum_{i=1}^{n}(a^2+1)+\frac{2a(b-a)}{n}\sum_{i=1}^{n}i+\frac{(b-a)^2}{n^2}\sum_{i=1}^{n}i^2\right]\cdot\frac{b-a}{n}$$

$$=\lim_{n\to\infty}\left[n(a^2+1)+(n+1)a(b-a)+\frac{(b-a)^2}{n^2}\frac{n(n+1)(2n+1)}{6}\right]\cdot\frac{b-a}{n}$$

$$=\left[(a^2+1)+(ab-a^2)+\frac{(b-a)^2}{3}\right](b-a)=\frac{b^3-a^3}{3}+(b-a)。$$

例 2　利用定积分定义计算积分 $\int_0^1 e^x dx$。

解　因为 e^x 在[0,1]上连续，所以 e^x 在[0,1]上可积，且与区间的分法、点 ξ_i 的取法无关。将区间[0,1]等分，$\Delta x_i=\frac{1}{n}$，取每个小区间的右端点为 $\xi_i=\frac{i}{n}$。

$$\int_0^1 e^x dx=\lim_{\lambda\to 0}\sum_{i=1}^{n}e^{\frac{i}{n}}\Delta x_i=\lim_{n\to\infty}\sum_{i=1}^{n}e^{\frac{i}{n}}\cdot\frac{1}{n}=\lim_{n\to\infty}\frac{1}{n}\sum_{i=1}^{n}e^{\frac{i}{n}}=\lim_{n\to\infty}\frac{1}{n}\cdot\frac{e^{\frac{1}{n}}-e^{\frac{n}{n}}\cdot e^{\frac{1}{n}}}{1-e^{\frac{1}{n}}}$$

$$=\lim_{n\to\infty}\frac{1}{n}\cdot\frac{e^{\frac{1}{n}}(e-1)}{e^{\frac{1}{n}}-1}=\lim_{n\to\infty}\frac{1}{n}\cdot\frac{e^{\frac{1}{n}}(e-1)}{\frac{1}{n}}=e-1。\quad\left(e^{\frac{1}{n}}-1\sim\frac{1}{n}\right)$$

例 3　求下列极限：

(1) $\lim\limits_{n\to\infty}n\left(\frac{1}{n^2+1^2}+\frac{1}{n^2+2^2}+\cdots+\frac{1}{n^2+n^2}\right)$；

(2) $\lim\limits_{n\to\infty}\left[\frac{\sin\frac{\pi}{n}}{n+1}+\frac{\sin\frac{2\pi}{n}}{n+\frac{1}{2}}+\cdots+\frac{\sin\frac{n\pi}{n}}{n+\frac{1}{n}}\right]$。

解　(1) 经分析不是夹逼准则求和式极限题型。将所求极限式变形，有

$$n\left(\frac{1}{n^2+1^2}+\frac{1}{n^2+2^2}+\cdots+\frac{1}{n^2+n^2}\right)=\frac{1}{n}\left(\frac{1}{1+\left(\frac{1}{n}\right)^2}+\frac{1}{1+\left(\frac{2}{n}\right)^2}+\cdots+\frac{1}{1+\left(\frac{n}{n}\right)^2}\right)。$$

可以看出，上式是将区间[0,1] n 等分，$\Delta x_i=\frac{1}{n}$，选取子区间右端点为 $\xi_i=\frac{i}{n}(i=1,2,\cdots,n)$ 的积分和式，即是函数 $f(x)=\frac{1}{x^2+1}$ 在[0,1]上的定积分。因此

$$原式=\lim_{n\to\infty}\sum_{i=1}^{n}\frac{1}{1+\left(\frac{i}{n}\right)^2}\cdot\frac{1}{n}=\int_0^1\frac{dx}{1+x^2}=\arctan x\Big|_0^1=\frac{\pi}{4}。$$

(2) 本题是和式极限，先简化将分母都变为 n，即

$$\lim_{n\to\infty}\left[\frac{\sin\frac{\pi}{n}}{n}+\frac{\sin\frac{2\pi}{n}}{n}+\cdots+\frac{\sin\frac{n\pi}{n}}{n}\right]=\lim_{n\to\infty}\sum_{i=1}^{n}\sin\left(\frac{i\pi}{n}\right)\cdot\frac{1}{n}。$$

可以看出，上式是将区间[0,1] n 等分，$\Delta x_i=\frac{1}{n}$，选取子区间右端点为 $\xi_i=\frac{i}{n}(i=1,2,\cdots,n)$ 的积分和式，即是函数 $f(x)=\sin\pi x$ 在[0,1]上的定积分。记原和式为 x_n，则有

$$\frac{n}{n+1}\cdot\frac{1}{n}\left[\sin\frac{\pi}{n}+\sin\frac{2\pi}{n}+\cdots+\sin\frac{n\pi}{n}\right]<x_n<\frac{n}{n+\frac{1}{n}}\cdot\frac{1}{n}\left[\sin\frac{\pi}{n}+\sin\frac{2\pi}{n}+\cdots+\sin\frac{n\pi}{n}\right]。$$

对上述不等式取极限,则有

$$\lim_{n\to\infty}\frac{n}{n+1}\cdot\sum_{i=1}^{n}\sin\left(\frac{i\pi}{n}\right)\cdot\frac{1}{n}<\lim_{n\to\infty}x_n\leqslant\lim_{n\to\infty}\frac{n}{n+\frac{1}{n}}\cdot\sum_{i=1}^{n}\sin\left(\frac{i\pi}{n}\right)\cdot\frac{1}{n},$$

即 $$\int_0^1\sin\pi x\mathrm{d}x\leqslant\lim_{n\to\infty}x_n\leqslant\int_0^1\sin\pi x\mathrm{d}x。$$

由极限存在准则Ⅰ有 $\lim\limits_{n\to\infty}x_n=\int_0^1\sin\pi x\mathrm{d}x=-\frac{1}{\pi}\cos\pi x\Big|_0^1=\frac{2}{\pi}$。

例 4　估计下列各积分的值:

(1) $\int_{\frac{1}{\sqrt{3}}}^{\sqrt{3}}x\arctan x\mathrm{d}x$；　(2) $\int_2^0\mathrm{e}^{x^2-x}\mathrm{d}x$。

分析　要熟记定积分的7条性质,估计定积分的值要利用定积分的性质6(估值性质)。其实质是求被积函数在所给区间上的最大值和最小值。

解　(1) 设 $f(x)=x\arctan x$,由 $f'(x)=\arctan x+\frac{x}{1+x^2}>0$ 知 $f(x)$在$\left[\frac{1}{\sqrt{3}},\sqrt{3}\right]$上单调增加。所以

最大值 $M=f(\sqrt{3})=\frac{\pi}{\sqrt{3}}$,最小值 $m=f\left(\frac{1}{\sqrt{3}}\right)=\frac{1}{\sqrt{3}}\arctan\frac{1}{\sqrt{3}}=\frac{\pi}{6\sqrt{3}}$。

于是有 $\frac{\pi}{6\sqrt{3}}\left(\sqrt{3}-\frac{1}{\sqrt{3}}\right)\leqslant\int_{\frac{1}{\sqrt{3}}}^{\sqrt{3}}\arctan x\mathrm{d}x\leqslant\frac{\pi}{\sqrt{3}}\left(\sqrt{3}-\frac{1}{\sqrt{3}}\right)$,即$\frac{\pi}{9}\leqslant\int_{\frac{1}{\sqrt{3}}}^{\sqrt{3}}x\arctan x\mathrm{d}x\leqslant\frac{2}{3}\pi$。

(2) 设 $f(x)=\mathrm{e}^{x^2-x}$,$x\in[0,2]$,$f'(x)=\mathrm{e}^{x^2-x}(2x-1)\overset{令}{=\!=}0$,得 $x=\frac{1}{2}$。$f(0)=1$,$f(2)=\mathrm{e}^2$,$f\left(\frac{1}{2}\right)=\mathrm{e}^{-\frac{1}{4}}$。比较得最大值 $M=\mathrm{e}^2$,最小值 $m=\mathrm{e}^{-\frac{1}{4}}$。$2\mathrm{e}^{-\frac{1}{4}}\leqslant\int_0^2\mathrm{e}^{x^2-x}\mathrm{d}x\leqslant2\mathrm{e}^2$,即 $-2\mathrm{e}^2\leqslant-\int_0^2\mathrm{e}^{x^2-x}\mathrm{d}x\leqslant-2\mathrm{e}^{-\frac{1}{4}}$,所以 $-2\mathrm{e}^2\leqslant\int_2^0\mathrm{e}^{x^2-x}\mathrm{d}x\leqslant-2\mathrm{e}^{-\frac{1}{4}}$。

例 5　根据定积分性质,说明下列各对积分中哪一个的值较大。

(1) $\int_1^2\ln x\mathrm{d}x$ 还是 $\int_1^2(\ln x)^2\mathrm{d}x$?　　(2) $\int_0^1x\mathrm{d}x$ 还是$\int_0^1\ln(1+x)\mathrm{d}x$?

(3) $\int_0^1\mathrm{e}^x\mathrm{d}x$ 还是$\int_0^1(1+x)\mathrm{d}x$?

分析　利用定积分的性质5比较两个定积分值的大小,其实质是比较两个被积函数在积分区间上的大小,即证明不等式。

解　(1) 因为 $x\in[1,2]$时,$0<\ln x<1$,所以 $\ln^2x<\ln x\Rightarrow\int_1^2\ln x\mathrm{d}x>\int_1^2(\ln x)^2\mathrm{d}x$。

(2) 因为 $x\in[0,1]$时,$\ln(1+x)<x$,所以 $\int_0^1x\mathrm{d}x>\int_0^1\ln(1+x)\mathrm{d}x$。

(3) 设 $f(x)=\mathrm{e}^x-x-1$,$x\in[0,1]$,$f'(x)=\mathrm{e}^x-1$,$f''(x)=\mathrm{e}^x>0$,所以 $f'(x)$在$[0,1]$上单调递增,且 $f'(0)=0$。因此 $f'(x)>0$,$f(x)$在$[0,1]$上单调递增,且 $f(0)=0$。因此 $f(x)>0$,即 $\mathrm{e}^x>x+1$,则有 $\int_0^1\mathrm{e}^x\mathrm{d}x>\int_0^1(1+x)\mathrm{d}x$。

小结　高等数学讲了两类极限:(1)函数极限,以"ε-δ"极限定义为代表;(2)和式极限,以"定积分定义的极限"为代表。函数极限推出一系列点的概念,即推出一元、多元函数微分

学系统，从而引出“微分法”；和式极限推出一系列的区域概念，即推出一元、多元函数积分学系统，从而引出“微元法”。简言之，两类极限是推出微分学和积分学两个系统的基础，从而引出和系统相应的两种方法：(1)微分法；(2)微元法。记为：两类极限⇒两个系统和两种方法，这就是高等数学的结构。

第二节　微积分基本公式

问题 82　为什么说定积分是个数？在算题中有何用处？

由定积分定义知 $\int_a^b f(x)\mathrm{d}x=\lim\limits_{\lambda\to 0}\sum\limits_{i=1}^{n} f(\xi_i)\Delta x_i$。因为 $\int_a^b f(x)\mathrm{d}x$ 是上述和式的极限值，而极限值是个数，故定积分 $\int_a^b f(x)\mathrm{d}x$ 是个数，且定积分的值只与 $f(x)$ 及 $[a,b]$ 有关而与区间的分法和点 ξ_i 的取法无关。其常用来计算含有定积分的题型(参见文献[3])。

例 1　设 $f(x)$ 为连续函数，$f(x)=x+2\int_0^1 f(x)\mathrm{d}x$，则 $f(x)=$________。

分析　因为此题是含有定积分的题型，且定积分 $\int_0^1 f(x)\mathrm{d}x$ 是个数，记 $A=\int_0^1 f(x)\mathrm{d}x$，求出 A 的值，便得所求。

解　设 $A=\int_0^1 f(x)\mathrm{d}x$，则

$$f(x)=x+2A。\tag{Ⅰ}$$

式(Ⅰ)在[0,1]上取定积分，得 $\int_0^1 f(x)\mathrm{d}x=\int_0^1 x\mathrm{d}x+\int_0^1 2A\mathrm{d}x \Leftrightarrow A=\left.\frac{x^2}{2}\right|_0^1+2A$。因此 $A=-\frac{1}{2}$，故 $f(x)=x-1$。

例 2　证明方程 $\ln x=\frac{x}{\mathrm{e}}-\int_0^{\pi}\sqrt{1-\cos 2x}\,\mathrm{d}x$ 在 $(0,+\infty)$ 内有且仅有两个不同的实根。

分析　因定积分 $\int_0^{\pi}\sqrt{1-\cos 2x}\,\mathrm{d}x$ 是个数，此题不必将此定积分计算出来，只须判断出定积分值大于零或小于零即可。

证明　设 $k=\int_0^{\pi}\sqrt{1-\cos 2x}\,\mathrm{d}x>0$，$f(x)=\frac{x}{\mathrm{e}}-\ln x-k$，$x\in(0,+\infty)$，$f'(x)=\frac{1}{\mathrm{e}}-\frac{1}{x}\overset{令}{=\!=}0$，得驻点 $x=\mathrm{e}$，$f''(x)=\frac{1}{x^2}$，$f''(\mathrm{e})=\frac{1}{\mathrm{e}^2}>0$，所以 $x=\mathrm{e}$ 为极小值点，极小值 $f(\mathrm{e})=-k<0$。又 $\lim\limits_{x\to+\infty}f(x)=\lim\limits_{x\to+\infty}\left(\frac{x}{\mathrm{e}}-\ln x-k\right)=+\infty$，$\lim\limits_{x\to 0^+}f(x)=\lim\limits_{x\to 0^+}\left(\frac{x}{\mathrm{e}}-\ln x-k\right)=+\infty$。又 $f(\mathrm{e})=-k<0$，所以方程 $f(x)=0$ 在 $(0,+\infty)$ 内有且仅有两个实根，分别位于 $(0,\mathrm{e})$ 和 $(\mathrm{e},+\infty)$ 内。

问题 83　应用牛顿-莱布尼茨公式时应注意什么？

首先，要注意应用牛顿-莱布尼茨公式是有条件的，就是要求被积函数在有限的积分区间上可积或连续，如果不满足这个条件就不能直接应用牛顿-莱布尼茨公式。

其次，被积函数在积分区间上可积或连续且其在积分区间上的原函数可以用初等函数表示，如 $f(x)=e^{-x^2}$ 在 $[0,1]$ 上连续，但它的原函数不能用初等函数表示，所以 $\int_0^1 e^{-x^2}dx$ 不能直接应用牛顿-莱布尼茨公式计算。

再次，要注意定积分 $\int_a^b f(x)dx$ 的值等于 $f(x)$ 在 $[a,b]$ 上的原函数 $F(x)$ 在上限 $x=b$ 处的函数值 $F(b)$ 减去在下限 $x=a$ 处的函数值 $F(a)$，不能颠倒（参见文献[3]）。

问题 84　何谓积分变上限函数求导方法？积分变上限函数的四种题型是什么？

1. 积分变上限函数求导方法

（1）若 $f(x)$ 在 $[a,b]$ 上连续，则函数 $\Phi(x)=\int_a^x f(t)dt$ 在 $[a,b]$ 上可导，且 $\Phi'(x)=\left(\int_a^x f(t)dt\right)'=f(x)$。$\Phi(x)$ 对变上限 x 的导数 $\Phi'(x)$ 等于被积函数在上限 x 处的函数值。

（2）设 $f(x)$ 在 $[a,b]$ 上连续，$\varphi(x)$ 在 $[a,b]$ 上可导，则 $\Phi(x)=\int_a^{\varphi(x)} f(t)dt$ 在 $[a,b]$ 上可导，且 $\Phi'(x)=\left(\int_a^{\varphi(x)} f(t)dt\right)'=f[\varphi(x)]\cdot\varphi'(x)$。积分变上限函数 $\Phi(x)=\int_a^{\varphi(x)} f(t)dt$ 对 x 的导数 $\Phi'(x)$ 等于被积函数在上限函数 $\varphi(x)$ 处的函数值乘以上限函数的导数。

（3）设 $f(x)$ 在 $[a,b]$ 上连续，$\varphi(x)$，$\psi(x)$ 在 $[a,b]$ 上可导，则积分变上限函数 $\Phi(x)=\int_{\psi(x)}^{\varphi(x)} f(t)dt$ 在 $[a,b]$ 上可导，且 $\Phi'(x)=f[\varphi(x)]\cdot\varphi'(x)-f[\psi(x)]\cdot\psi'(x)$。积分变上限函数 $\Phi(x)=\int_{\psi(x)}^{\varphi(x)} f(t)dt$ 对 x 的导数 $\Phi'(x)$ 等于被积函数在上限函数 $\varphi(x)$ 处的函数值乘以上限函数的导数减去被积函数在下限函数 $\psi(x)$ 处的函数值乘以下限函数的导数。

称（1）（2）（3）为积分变上限函数求导方法（参见文献[14]）。

2. 四种题型

1）公式型：① $\int_a^x f(t)dt$；② $\int_a^{\varphi(x)} f(t)dt$；③ $\int_{\psi(x)}^{\varphi(x)} f(t)dt$。

例 3　设 $f(x)$ 是连续函数，且 $\int_0^{x^3-1} f(t)dt=x-1$，则 $f(7)=$________。

解　$\left(\int_0^{x^3-1} f(t)dt\right)'=(x-1)'$，$3x^2f(x^3-1)=1$，令 $x=2$，得 $f(7)=\frac{1}{12}$。

例 4　求由参数表达式 $x=\int_0^t \sin u du$，$y=\int_0^t \cos u du$ 所给定的函数 y 对 x 的导数 y'。

分析　应用参数方程所确定的函数的求导方法。每求一阶导数应用一次复合函数求导法则和反函数求导法则，本题参数表达式又是由积分变上限函数给出，训练积分变上限函数求导，切不可积分出来再求导！

解　
$$\frac{dy}{dx}=\frac{\frac{dy}{dt}}{\frac{dx}{dt}}=\frac{\frac{d}{dt}\int_0^t \cos u du}{\frac{d}{dt}\int_0^t \sin u du}=\frac{\cos t}{\sin t}=\cot t。$$

例 5　求出由 $\int_0^y e^t dt+\int_0^x \cos t dt=0$ 所确定的隐函数 y 对 x 的导数 y'。

分析　由方程所确定的隐函数，因此可以应用隐函数求导法则。本题方程由积分变上限函数给出，除了应用隐函数求导法则外，同时训练积分变上限函数求导，千万不要先将积分积出来！

解　设 $y=y(x)$，在方程两边同时对 x 求导，有

$$\left(\int_0^y e^t dt+\int_0^x \cos t dt\right)'=0,\quad e^y y'+\cos x=0,$$

因此

$$y'=-e^{-y}\cos x。$$

例 6　计算下列各题导数：

(1) $\frac{d}{dx}\int_0^{x^2}\sqrt{1+t^2}\,dt$；　(2) $\frac{d}{dt}\int_{x^2}^{x^3}\frac{dt}{\sqrt{1+t^4}}$；　(3) $\frac{d}{dt}\int_{\sin x}^{\cos x}\cos(\pi t^2)\,dt$。

解　(1) $\frac{d}{dx}\int_0^{x^2}\sqrt{1+t^2}\,dt=\sqrt{1+x^4}\cdot(x^2)'=2x\sqrt{1+x^4}$。

(2) $\frac{d}{dx}\int_{x^2}^{x^3}\frac{dt}{\sqrt{1+t^4}}=\frac{1}{\sqrt{1+x^{12}}}\cdot(x^3)'-\frac{1}{\sqrt{1+x^8}}\cdot(x^2)'=\frac{3x^2}{\sqrt{1+x^{12}}}-\frac{2x}{\sqrt{1+x^8}}$。

(3) $\frac{d}{dx}\int_{\sin x}^{\cos x}\cos(\pi t^2)\,dt=-\sin x\cos(\pi\cos^2 x)-\cos x\cos(\pi\sin^2 x)$。

思考题　无穷小阶的三种求法是什么？

三种求法：(1) 利用等价无穷小求。如 $x\to0$ 时，$f(x)=\ln(1+x^3)\sim x^3$，故当 $x\to0$ 时，$f(x)=\ln(1+x^3)$是 x 的三阶无穷小；再如 $f(x)=\tan x-\sin x=\tan x(1-\cos x)\sim x\cdot\frac{x^2}{2}=\frac{x^3}{2}$，因此 当 $x\to0$ 时，$f(x)=\tan x-\sin x$ 是 x 的三阶无穷小。

(2) 利用带佩亚诺余项的泰勒公式求。如当 $x\to0$ 时，因为 $\sin x=x-\frac{x^3}{3!}+o(x^3)$，所以 $f(x)=x-\sin x=\frac{x^3}{3!}+o(x^3)\sim\frac{x^3}{6}$。故当 $x\to0$ 时，$f(x)=x-\sin x$ 是 x 的三阶无穷小。

因为

$$\tan x=\frac{\sin x}{\cos x}=\frac{x-\frac{x^3}{3!}+o(x^3)}{1-\frac{x^2}{2!}+o(x^2)}=x+\frac{1}{3}x^3+o(x^3),$$

所以 $\varphi(x)=x-\tan x=-\frac{1}{3}x^3+o(x^3)$，当 $x\to0$ 时，$\varphi(x)=x-\tan x$ 是 x 的三阶无穷小。

(3) 利用积分变上限函数的性质求。设 $\Phi(x)=\int_{x_0}^x f(t)\,dt$，当 $x\to x_0$ 时，$\Phi(x)\to0$ 且 $f(x)\to0$。若当 $x\to x_0$ 时，被积函数 $f(x)$是$(x-x_0)$的 m 阶无穷小，则当 $x\to x_0$ 时，$\Phi(x)=\int_{x_0}^x f(t)\,dt$ 是$(x-x_0)$的 $m+1$ 阶无穷小($m=0,1,2,\cdots,k$)(参见文献[23])。

例 7　(1) 把 $x\to0^+$ 时的无穷小 $\alpha(x)=\int_0^x \cos t^2\,dt$，$\beta(x)=\int_0^{x^2}\tan\sqrt{t}\,dt$，$\gamma(x)=\int_0^{\sqrt{x}}\sin t^3\,dt$ 排列起来，使排在后面的是前一个的高阶无穷小，则正确的排列次序是(　　)。

(A) α,β,γ　　(B) α,γ,β　　(C) β,α,γ　　(D) β,γ,α

(2) 设当 $x\to0$ 时，$F(x)=\int_0^{x^2}\tan t^2\,\mathrm{d}t$ 是 $x(\mathrm{e}^{x^n}-1)$ 的高阶无穷小，而 $x(\mathrm{e}^{x^n}-1)$ 是 $x(x-\sin x)$ 的高阶无穷小，则正整数 n 等于(　　)。

(A) 2　　(B) 3　　(C) 4　　(D) 5

解　(1) 利用无穷小阶的求法知 $\alpha'(x)=\cos x^2$，当 $x\to0^+$ 时，$\alpha'(x)=\cos x^2\to1$，即 $m=0$，$\alpha'(x)$ 不是无穷小，则当 $x\to0^+$ 时，$\alpha(x)$ 是 x 的 $0+1=1$ 阶无穷小，或 $\lim\limits_{x\to0^+}\frac{\int_0^x\cos t^2\,\mathrm{d}t}{x}=\lim\limits_{x\to0^+}\cos x^2=1$，因此当 $x\to0^+$ 时，$\alpha(x)$ 是 x 的一阶无穷小。$\beta'(x)=\tan\sqrt{x^2}\cdot2x=2x\cdot\tan x\sim2x^2(x\to0^+)$，故当 $x\to0^+$ 时，$\beta(x)$ 是 x 的 $2+1=3$ 阶无穷小。$\gamma'(x)=\sin(\sqrt{x})^3\cdot\frac{1}{2\sqrt{x}}\sim\frac{x}{2}$，当 $x\to0^+$ 时，$\gamma'(x)$ 是 x 的一阶无穷小。因此当 $x\to0^+$ 时，$\gamma(x)$ 是 x 的 $1+1=2$ 阶无穷小。故选(B)。

(2) 当 $x\to0$ 时，$F'(x)=\tan x^4\cdot2x\sim2x^5$，当 $x\to0$ 时，$F'(x)$ 是 x 的 5 阶无穷小，所以 $F(x)$ 是 x 的 6 阶无穷小。当 $x\to0$ 时，$x(\mathrm{e}^{x^n}-1)\sim x^{n+1}$ 是 x 的 $n+1$ 阶无穷小，$x(x-\sin x)=\frac{x^4}{3!}+o(x^4)$，故当 $x\to0$ 时，$x(x-\sin x)$ 是 x 的 4 阶无穷小。由题意知 $4<n+1<6$，$3<n<5$，故 $n=4$，选(C)。

例 8　求下列极限：

(1) $\lim\limits_{x\to0}\frac{\int_0^x\cos t^2\,\mathrm{d}t}{x}$；(2) $\lim\limits_{x\to0}\frac{\left(\int_0^x\mathrm{e}^{t^2}\,\mathrm{d}t\right)^2}{\int_0^x t\mathrm{e}^{2t^2}\,\mathrm{d}t}$；(3) $\lim\limits_{x\to0}\frac{\int_0^x f(t)\,\mathrm{d}t}{x(1-\cos x)}$，其中 $f(t)=\int_0^{t^2}\arctan(1+u)\,\mathrm{d}u$。

解　(1) 原式 $=\lim\limits_{x\to0}\frac{\cos x^2}{1}=1$。

(2) 原式 $=\lim\limits_{x\to0}\frac{2\left(\int_0^x\mathrm{e}^{t^2}\,\mathrm{d}t\right)\cdot\mathrm{e}^{x^2}}{x\mathrm{e}^{2x^2}}=\lim\limits_{x\to0}\left[\frac{\int_0^x\mathrm{e}^{t^2}\,\mathrm{d}t}{x}\cdot\frac{2}{\mathrm{e}^{x^2}}\right]=2\lim\limits_{x\to0}\frac{\mathrm{e}^{x^2}}{1}=2$。

(3) 原式 $=\lim\limits_{x\to0}\frac{\int_0^x f(t)\,\mathrm{d}t}{\frac{x^3}{2}}=\lim\limits_{x\to0}\frac{f(x)}{\frac{3x^2}{2}}=\frac{2}{3}\lim\limits_{x\to0}\frac{\int_0^{x^2}\arctan(1+u)\,\mathrm{d}u}{x^2}$

$$=\frac{2}{3}\lim_{x\to0}\frac{\arctan(1+x^2)\cdot2x}{2x}=\frac{2}{3}\arctan1=\frac{\pi}{6}。$$

例 9　设 $f(x)$ 在 $[a,b]$ 上连续，在 (a,b) 内可导且 $f'(x)\leqslant0$，$F(x)=\frac{1}{x-a}\int_a^x f(t)\,\mathrm{d}t$，证明在 (a,b) 内有 $F'(x)\leqslant0$。

证明　因为 $F'(x)=\frac{(x-a)f(x)-\int_a^x f(t)\,\mathrm{d}t}{(x-a)^2}$，在 (a,b) 内 $(x-a)^2>0$，欲证 $F'(x)\leqslant0$，只需证明分子小于等于 0，即证明不等式 $(x-a)f(x)-\int_a^x f(t)\,\mathrm{d}t\leqslant0$。又因为 $f'(x)\leqslant0$，

所以证明上述不等式有三种证法。

方法 1 利用单调性。设 $G(x)=(x-a)f(x)-\int_a^x f(t)\mathrm{d}t$,

$$G'(x)=f(x)+(x-a)f'(x)-f(x)=(x-a)f'(x)\leqslant 0。$$

$G(x)$在$[a,b]$单调减少,且 $G(a)=0=M$,故 $G(x)\leqslant 0$,因此 $F'(x)\leqslant 0$。

方法 2 利用定积分中值定理。

设 $G(x)=(x-a)f(x)-\int_a^x f(t)\mathrm{d}t=(x-a)f(x)-f(\xi)(x-a),a\leqslant\xi\leqslant x$,

$=(f(x)-f(\xi))(x-a)\leqslant 0$(因为 $f'(x)\leqslant 0$)。

所以 $F'(x)\leqslant 0$。

方法 3 因为 $(x-a)f(x)=\int_a^x f(x)\mathrm{d}t$,所以

$G(x)=(x-a)f(x)-\int_a^x f(t)\mathrm{d}t=\int_a^x f(x)\mathrm{d}t-\int_a^x f(t)\mathrm{d}t=\int_a^x (f(x)-f(t))\,\mathrm{d}t\leqslant 0$。(因为 $a\leqslant t\leqslant x,f'(x)\leqslant 0$,所以 $f(x)-f(t)\leqslant 0$)

因此 $F'(x)\leqslant 0$。

点评 证明不等式时,若不等式中含有积分变上限函数,如果已知被积函数可导,有本例的三种证法;如果已知被积函数连续时,只有本例的方法 2 和方法 3 两种方法。

例 10 设 $f(x)$在区间$[a,b]$上连续,$g(x)$在区间$[a,b]$上连续且不变号。证明至少存在一点 $\xi\in(a,b)$,使式 $\int_a^b f(x)g(x)\mathrm{d}x=f(\xi)\int_a^b g(x)\mathrm{d}x$(积分第一中值定理)成立。

证明 若 $g(x)\equiv 0$,则结论显然成立。若 $g(x)\neq 0$,$g(x)$不变号,不妨设 $g(x)\geqslant 0,x\in[a,b]$。由于 $g(x)\geqslant 0$,因此 $\int_a^b g(x)\mathrm{d}x>0$。又因为 $f(x)$在$[a,b]$上连续,所以 $f(x)$在$[a,b]$上取得最大值 M 和最小值 m。则有

$$m\leqslant f(x)\leqslant M,\ mg(x)\leqslant f(x)g(x)\leqslant Mg(x)(\text{因为 } g(x)\geqslant 0)。$$

$$\int_a^b mg(x)\mathrm{d}x\leqslant\int_a^b f(x)g(x)\mathrm{d}x\leqslant\int_a^b Mg(x)\mathrm{d}x,\ m\leqslant\frac{\int_a^b f(x)g(x)\mathrm{d}x}{\int_a^b g(x)\mathrm{d}x}\leqslant M。$$

因为 $f(x)$在$[a,b]$上连续,所以由连续函数的介值定理的推论知至少存在一点 $\xi\in(a,b)$,使得 $f(\xi)=\dfrac{\int_a^b f(x)g(x)\mathrm{d}x}{\int_a^b g(x)\mathrm{d}x}$,即$\int_a^b f(x)g(x)\mathrm{d}x=f(\xi)\int_a^b g(x)\mathrm{d}x$。

2) 乘积型:形如 $F(x)=\int_a^{\varphi(x)}\psi(x)g(t)\mathrm{d}t$,化为$F(x)=\psi(x)\cdot\int_a^{\varphi(x)}g(t)\mathrm{d}t$,求导时应用乘积求导法则,故称“乘积型”。

例 11 求 $\dfrac{\mathrm{d}}{\mathrm{d}x}\int_0^{x^2}(x^2-t)f(t)\mathrm{d}t$,其中 $f(t)$为已知的连续函数。

解

$$\left(\int_0^{x^2}(x^2-t)f(t)\mathrm{d}t\right)'=\left[x^2\int_0^{x^2}f(t)\mathrm{d}t-\int_0^{x^2}tf(t)\mathrm{d}t\right]'$$

$$=2x\int_0^{x^2}f(t)\mathrm{d}t+x^2f(x^2)\cdot 2x-x^2f(x^2)\cdot 2x$$

$$= 2x\int_0^{x^2} f(t)\mathrm{d}t。$$

例如，$\left(\int_{x^2}^{b} x\cos t^2\mathrm{d}t\right)'$ 也是乘积型。

3) 混合型：形如 $F(x) = \int_a^{\varphi(x)} f[u(x,t)]\mathrm{d}t$。这种题型的特点是自变量 x 既出现在积分上限(或下限)，又出现在被积函数的函数符号内部，并且提不出来(与乘积型的区别)。类型确定，解法固定，应用定积分换元法化为"公式型"。

例 12 设函数 $f(x)$可导，且 $f(0)=0$，$F(x) = \int_0^x t^{n-1}f(x^n - t^n)\mathrm{d}t$。求$\lim\limits_{x\to 0}\dfrac{F(x)}{x^{2n}}$。

分析 $f(x)$可导是导数只在 $x=0$ 处有定义的一种等价说法，$F(x)$的右端出现两次 x，一处在上限，一处在被积函数的函数符号内部。因此 $F(x) = \int_0^x t^{n-1}f(x^n - t^n)\mathrm{d}t$ 是积分上限函数的"混合型"。类型确定，解法固定，即应用定积分换元法化为"公式型"。

解 设 $u=x^n-t^n$，则 $F(x) = \dfrac{1}{n}\int_0^{x^n} f(u)\mathrm{d}u$。

$$\lim_{x\to 0}\frac{F(x)}{x^{2n}} = \frac{1}{n}\lim_{x\to 0}\frac{\int_0^{x^n} f(u)\mathrm{d}u}{x^{2n}}\left(\frac{0}{0}\right) = \frac{1}{n}\lim_{x\to 0}\frac{f(x^n)nx^{n-1}}{2nx^{2n-1}} = \frac{1}{2n}\lim_{x\to 0}\frac{f(x^n)}{x^n}$$

$$= \frac{1}{2n}\lim_{x\to 0}\frac{f(x^n)-f(0)}{x^n} = \frac{1}{2n}f'(0)。\text{(可导条件)}$$

下面做法是错误的：

$$\text{原式} = \frac{1}{2n}\lim_{x\to 0}\frac{f(x^n)^*}{x^n} = \frac{1}{2n}\lim_{x\to 0}\frac{f'(x^n)nx^{n-1}}{nx^{n-1}}\left(\frac{0}{0}\right) = \frac{1}{2n}\lim_{x\to 0}f'(x^n) = \frac{1}{2n}f'(0)。(*)$$

点评 错在何处？错在对"可导"概念的理解。式(*)犯了几个概念错误？请读者指出。

例如，$\left(\int_0^x \sin(x-t)^2\mathrm{d}t\right)'$ 也是"混合型"。

4) 隐式型：对工科学生来说，形如 $F(x) = \int_0^1 f(xt)\mathrm{d}t$ 的函数称为积分变上限函数的"隐式型"。先应用定积分换元法，即设 $u=xt$，化为积分变上限函数的"公式型"。

例 13 设 $f(x)$连续，$\varphi(x) = \int_0^1 f(xt)\mathrm{d}t$，且$\lim\limits_{x\to 0}\dfrac{f(x)}{x}=A$($A$ 为常数)，求 $\varphi'(x)$，并讨论 $\varphi'(x)$在 $x=0$ 处的连续性。

分析 工科学生称 $\varphi(x) = \int_0^1 f(xt)\mathrm{d}t$ 为积分变上限函数的隐式。类型确定，解法固定。设 $u=xt$ 化为积分变上限函数的显式。

解 由$\lim\limits_{x\to 0}\dfrac{f(x)}{x}=A$，知 $f(0)=0$，$f'(0)=A\Rightarrow\varphi(0)=0$，设 $u=xt$，$x\neq 0$，得

$$\varphi(x) = \begin{cases}\dfrac{\int_0^x f(u)\mathrm{d}u}{x}, & x\neq 0,\\ 0, & x=0。\end{cases}$$

因为 $x=0$ 是分段函数的第二类衔接点，求 $\varphi'(0)$必须用导数定义求，故

$$\varphi'(0) = \lim_{x\to 0}\frac{\varphi(x)-\varphi(0)}{x-0} = \lim_{x\to 0}\frac{\int_0^x f(t)\mathrm{d}t}{x^2} = \lim_{x\to 0}\frac{f(x)}{2x} = \frac{A}{2}。$$

当 $x\neq 0$ 时，$\varphi'(x)=\dfrac{xf(x)-\int_0^x f(t)\mathrm{d}t}{x^2}$，于是

$$\varphi'(x)=\begin{cases}\dfrac{xf(x)-\int_0^x f(t)\mathrm{d}t}{x^2}, & x\neq 0,\\ \dfrac{A}{2}, & x=0。\end{cases}$$

因为　$\varphi'(0)=\frac{1}{2}A=\lim\limits_{x\to 0}\varphi'(x)=\lim\limits_{x\to 0}\dfrac{xf(x)-\int_0^x f(t)\mathrm{d}t}{x^2}=\lim\limits_{x\to 0}\left(\dfrac{f(x)}{x}-\dfrac{\int_0^x f(t)\mathrm{d}t}{x^2}\right)=\dfrac{A}{2}$，

所以 $\varphi'(x)$ 在 $x=0$ 处是连续的(见参考文献[4])。

第三节　定积分的换元积分法和分部积分法

问题 85　如何计算积分区间关于原点对称的定积分?

(1) 设函数 $f(x)$ 在 $[-a,a]$ 上连续，且 $f(-x)=f(x)$，则 $\int_{-a}^a f(x)\mathrm{d}x=2\int_0^a f(x)\mathrm{d}x$。

(2) 设函数 $f(x)$ 在 $[-a,a]$ 上连续，且 $f(-x)=-f(x)$，则 $\int_{-a}^a f(x)\mathrm{d}x=0$。

进一步设 $f(x)$ 在 $[-a,a]$ 上连续且为非奇非偶函数，会有什么结论呢?

由 $\int_{-a}^a f(x)\mathrm{d}x=\int_{-a}^0 f(x)\mathrm{d}x+\int_0^a f(x)\mathrm{d}x$，对 $\int_{-a}^0 f(x)\mathrm{d}x$ 利用换元法，设 $x=-t$，则 $\int_{-a}^0 f(x)\mathrm{d}x=\int_a^0 f(-t)(-\mathrm{d}t)=\int_0^a f(-x)\mathrm{d}x$，所以 $\int_{-a}^a f(x)\mathrm{d}x=\int_0^a f(-x)\mathrm{d}x+\int_0^a f(x)\mathrm{d}x$。又被积函数 $F(x)=f(x)+f(-x)$ 在 $[-a,a]$ 为偶函数，于是

(3) $\int_{-a}^a f(x)\mathrm{d}x=\int_0^a[f(x)+f(-x)]\mathrm{d}x=\frac{1}{2}\int_{-a}^a[f(x)+f(-x)]\mathrm{d}x$。

从而得积分区间关于坐标原点对称的定积分计算方法：

① 先研究被积函数 $f(x)$ 在对称区间 $[-a,a]$ 上的奇偶性。若 $f(x)$ 为偶函数或奇函数，则应用上述结论中的(1)、(2)，从而简化定积分计算。

② 若被积函数 $f(x)$ 在对称区间 $[-a,a]$ 上为非奇非偶函数，利用(3)中的结论 $\int_{-a}^a f(x)\mathrm{d}x=\int_0^a[f(x)+f(-x)]\mathrm{d}x=\frac{1}{2}\int_{-a}^a[f(x)+f(-x)]\mathrm{d}x$，这个结论告诉我们对于在对称区间 $[-a,a]$ 上的非奇非偶函数，先作负变换 $x=-t$，然后利用公式 $\int_{-a}^a f(x)\mathrm{d}x=\frac{1}{2}\int_{-a}^a[f(x)+f(-x)]\mathrm{d}x$ 计算(参见文献[3])。

例 1　利用函数的奇偶性计算下列积分：

(1) $\int_{-\pi}^{\pi} x^4\sin x\mathrm{d}x$；　(2) $\int_{-\frac{\pi}{2}}^{\frac{\pi}{2}} 4\cos^4\theta\mathrm{d}\theta$；　(3) $\int_{-\frac{1}{2}}^{\frac{1}{2}}\dfrac{(\arcsin x)^2}{\sqrt{1-x^2}}\mathrm{d}x$；

(4) $\int_{-5}^{5}\frac{x^3\sin^2 x}{x^4+2x^2+1}dx$；　　(5) $\int_{-\frac{\pi}{2}}^{\frac{\pi}{2}}\frac{\sin^4 x}{1+e^{-x}}dx$。

解　(1) 因为 $x^4\sin x$ 在$[-\pi,\pi]$上是奇函数，所以原式$=0$。

(2) 因为 $4\cos^4\theta$ 在$\left[-\frac{\pi}{2},\frac{\pi}{2}\right]$上是偶函数，所以

$$\text{原式}=8\int_0^{\frac{\pi}{2}}\cos^4\theta d\theta=8\cdot\frac{3}{4}\cdot\frac{1}{2}\cdot\frac{\pi}{2}=\frac{3\pi}{2}。$$

(3) 因为$\frac{(\arcsin x)^2}{\sqrt{1-x^2}}$在$\left[-\frac{1}{2},\frac{1}{2}\right]$上是偶函数，所以

$$\text{原式}=2\int_0^{\frac{1}{2}}(\arcsin x)^2 d\arcsin x=\frac{2}{3}\cdot(\arcsin x)^3\Big|_0^{\frac{1}{2}}=\frac{\pi^3}{324}。$$

(4) 因为$\frac{x^3\sin^2 x}{x^4+2x^2+1}$在$[-5,5]$上是奇函数，所以原式$=0$。

(5) 因为$\frac{\sin^4 x}{1+e^{-x}}$在$\left[-\frac{\pi}{2},\frac{\pi}{2}\right]$上是非奇非偶函数，设 $x=-t$，所以

$$\text{原式}=\frac{1}{2}\int_{-\frac{\pi}{2}}^{\frac{\pi}{2}}\left[\frac{\sin^4 x}{1+e^{-x}}+\frac{\sin^4 x}{1+e^x}\right]dx=\frac{1}{2}\int_{-\frac{\pi}{2}}^{\frac{\pi}{2}}\sin^4 x\left[\frac{e^x}{1+e^x}+\frac{1}{1+e^x}\right]dx$$

$$=\int_0^{\frac{\pi}{2}}\sin^4 x dx=\frac{3}{4}\cdot\frac{1}{2}\cdot\frac{\pi}{2}=\frac{3\pi}{16}。$$

问题 86　周期函数在定积分计算中的两个性质是什么？

(1) $\int_a^{a+T}f(x)dx=\int_0^T f(x)dx$；　　(2) $\int_a^{a+nT}f(x)dx=n\int_0^T f(x)dx(n\in\mathbb{N}^+)$。

分析　(1) 告诉我们，周期函数在区间长度为一个周期长的定积分值相等！

(2) 告诉我们，周期函数在积分区间长度为 n 个周期长的定积分等于长度为一个周期长的定积分值的 n 倍！

小结　熟练掌握下面三套公式。

这三套公式是中学三角学中的“大于周角化为周角或周角以内，周角化为第一象限”，在高等数学的定积分计算中有广泛的应用。

(1) ① $\int_0^{2n\pi}\sin^n x dx=n\int_0^{2\pi}\sin^n x dx$；② $\int_0^{2n\pi}\cos^n x dx=n\int_0^{2\pi}\cos^n x dx$。①②理解为大于周角化为周角！

(2) ① $\int_0^{2\pi}\sin^n x dx=\begin{cases}0, & n=1,3,5,\cdots,\\ 4\int_0^{\frac{\pi}{2}}\sin^n x dx, & n=2,4,6,\cdots。\end{cases}$

② $\int_0^{2\pi}\cos^n x dx=\begin{cases}0, & n=1,3,5,\cdots,\\ 4\int_0^{\frac{\pi}{2}}\cos^n x dx, & n=2,4,6,\cdots。\end{cases}$

③ $\int_0^{\pi}\sin^n x dx=2\int_0^{\frac{\pi}{2}}\sin^n x dx$。

④ $\int_0^{\pi}\cos^n x\,\mathrm{d}x=\begin{cases}0, & n=1,3,5\cdots,\\ 2\int_0^{\frac{\pi}{2}}\cos^n x\,\mathrm{d}x, & n=2,4,6\cdots。\end{cases}$

(3) $\int_0^{\frac{\pi}{2}}\cos^n x\,\mathrm{d}x=\int_0^{\frac{\pi}{2}}\sin^n x\,\mathrm{d}x=\begin{cases}\dfrac{n-1}{n}\cdot\dfrac{n-3}{n-2}\cdots\dfrac{2}{3}\cdot 1, & n=1,3,5\cdots,\\ \dfrac{n-1}{n}\cdot\dfrac{n-3}{n-2}\cdots\dfrac{1}{2}\cdot\dfrac{\pi}{2}, & n=2,4,6\cdots。\end{cases}$

(2)(3)各项可以理解为周角(或半周角)化为第一象限,即化为利用公式 $\int_0^{\frac{\pi}{2}}\cos^n x\,\mathrm{d}x=\int_0^{\frac{\pi}{2}}\sin^n x\,\mathrm{d}x$ 计算!

例 2　利用周期函数在定积分计算中的两个性质计算下列定积分:

(1) $\int_{\frac{\pi}{2}}^{\frac{21}{2}\pi}\sin^4 x\mathrm{d}x$;　　(2) $\int_{\frac{\pi}{2}}^{\frac{17}{2}\pi}(\sin^5 x+\cos^6 x)\mathrm{d}x$;

(3) $\int_0^{N\pi}\sqrt{1-\sin 2x}\,\mathrm{d}x$, N 为正整数;　　(4) $\int_0^{\pi}\sqrt{1+\cos 2x}\,\mathrm{d}x$。

解　(1) $\sin x$ 以 2π 为周期,所以

原式$=\int_0^{10\pi}\sin^4 x\mathrm{d}x=5\int_0^{2\pi}\sin^4 x\mathrm{d}x=20\int_0^{\frac{\pi}{2}}\sin^4 x\mathrm{d}x=20\cdot\dfrac{3}{4}\cdot\dfrac{1}{2}\cdot\dfrac{\pi}{2}=\dfrac{15\pi}{4}$。

(2) 原式$=\int_0^{8\pi}(\sin^5 x+\cos x^6)\mathrm{d}x=4\int_0^{2\pi}(\sin^5 x+\cos^6 x)\mathrm{d}x$

$$=4\int_0^{2\pi}\cos^6 x\mathrm{d}x=16\int_0^{\frac{\pi}{2}}\cos^6 x\mathrm{d}x=16\cdot\frac{5}{6}\cdot\frac{3}{4}\cdot\frac{1}{2}\cdot\frac{\pi}{2}=\frac{5\pi}{2}。$$

(3) 方法 1　因为 $\sqrt{1-\sin 2x}$ 以 π 为周期,所以

原式$=N\int_0^{\pi}\sqrt{1-\sin 2x}\,\mathrm{d}x$

$$=N\int_0^{\pi}|\sin x-\cos x|\,\mathrm{d}x=N\left[\int_0^{\frac{\pi}{4}}(\cos x-\sin x)\mathrm{d}x+\int_{\frac{\pi}{4}}^{\pi}(\sin x-\cos x)\mathrm{d}x\right]$$

$$=N\left[(\sin x+\cos x)\Big|_0^{\frac{\pi}{4}}-(\cos x+\sin x)\Big|_{\frac{\pi}{4}}^{\pi}\right]=2\sqrt{2}N$$

$\left(令 \sin x-\cos x=0, 得 x=\dfrac{\pi}{4}\in[0,\pi]\right)$。

方法 2　原式$=N\int_0^{\pi}\sqrt{1-\sin 2x}\,\mathrm{d}x$

$$=N\int_{\frac{\pi}{4}}^{\frac{5\pi}{4}}\sqrt{(\sin x-\cos x)^2}\,\mathrm{d}x=N\int_{\frac{\pi}{4}}^{\frac{5\pi}{4}}(\sin x-\cos x)\mathrm{d}x=2\sqrt{2}N。$$

(4) 原式$=\int_{-\frac{\pi}{2}}^{\frac{\pi}{2}}\sqrt{1+\cos 2x}\,\mathrm{d}x=2\sqrt{2}\int_0^{\frac{\pi}{2}}\cos x\mathrm{d}x=2\sqrt{2}$。

问题 87　三角函数的互余性在定积分计算中有什么应用?

定义　设 $\alpha+\beta=\dfrac{\pi}{2}$,则 $\sin\alpha=\cos\beta$, $\tan\alpha=\cot\beta$, $\sec\alpha=\csc\beta$,三角函数的正弦与余弦、正

切与余切、正割与余割间的这种性质称为三角函数的互余性。下面给出它在定积分 $\int_0^{\frac{\pi}{2}} R(\sin x,\cos x)\mathrm{d}x$ 计算中的应用。

例 3　证明 $\int_0^{\frac{\pi}{2}} f(\sin x)\mathrm{d}x=\int_0^{\frac{\pi}{2}} f(\cos x)\mathrm{d}x$，其中 $f(u)$为连续函数。

证明　因为两边积分区间一样为$\left[0,\frac{\pi}{2}\right]$，被积分函数左端为 $f(\sin x)$，右端为$f(\cos x)$，理解为将 $\sin x$ 变换为 $\cos x$。利用中学三角知识“单变双不变，正负看象限”，设 $x=\frac{\pi}{2}-t$ 得

$$\int_0^{\frac{\pi}{2}} f(\sin x)\mathrm{d}x=\int_{\frac{\pi}{2}}^0 f\left[\sin\left(\frac{\pi}{2}-t\right)\right](-\mathrm{d}t)=\int_0^{\frac{\pi}{2}} f(\cos t)\mathrm{d}t=\int_0^{\frac{\pi}{2}} f(\cos x)\mathrm{d}x。$$

若积分区间为$\left[0,\frac{\pi}{2}\right]$时，以后可以直接应用这个结论 $\int_0^{\frac{\pi}{2}} f(\sin x)\mathrm{d}x=\int_0^{\frac{\pi}{2}} f(\cos x)\mathrm{d}x$，这被称为三角函数的互余性在定积分计算中的应用！（见参考文献[13]）

例 4　求下列定积分：

(1) $\int_0^{\frac{\pi}{2}} \frac{\cos^p x}{\sin^p x+\cos^p x}\mathrm{d}x(p>0)$；　　(2) $\int_0^{\frac{\pi}{2}} \frac{\mathrm{e}^{\sin x}}{\mathrm{e}^{\sin x}+\mathrm{e}^{\cos x}}\mathrm{d}x$；

(3) $\int_0^{\frac{\pi}{2}} \frac{1}{1+\tan^{\sqrt{2}} x}\mathrm{d}x$。

解　(1) 由三角函数的互余性(例 3)，有 $I=\int_0^{\frac{\pi}{2}} \frac{\cos^p x}{\sin^p x+\cos^p x}\mathrm{d}x=\int_0^{\frac{\pi}{2}} \frac{\sin^p x}{\cos^p x+\sin^p x}\mathrm{d}x$，所以

$$2I=\int_0^{\frac{\pi}{2}} \frac{\cos^p x}{\sin^p x+\cos^p x}\mathrm{d}x+\int_0^{\frac{\pi}{2}} \frac{\sin^p x}{\cos^p x+\sin^p x}\mathrm{d}x=\int_0^{\frac{\pi}{2}}\mathrm{d}x=\frac{\pi}{2},$$

因此 $I=\frac{\pi}{4}$。

(2) 因为 $I=\int_0^{\frac{\pi}{2}} \frac{\mathrm{e}^{\sin x}}{\mathrm{e}^{\sin x}+\mathrm{e}^{\cos x}}\mathrm{d}x=\int_0^{\frac{\pi}{2}} \frac{\mathrm{e}^{\cos x}}{\mathrm{e}^{\sin x}+\mathrm{e}^{\cos x}}\mathrm{d}x$，所以

$$2I=\int_0^{\frac{\pi}{2}} \frac{\mathrm{e}^{\sin x}}{\mathrm{e}^{\sin x}+\mathrm{e}^{\cos x}}\mathrm{d}x+\int_0^{\frac{\pi}{2}} \frac{\mathrm{e}^{\cos x}}{\mathrm{e}^{\sin x}+\mathrm{e}^{\cos x}}\mathrm{d}x=\int_0^{\frac{\pi}{2}}\mathrm{d}x=\frac{\pi}{2},$$

因此 $I=\frac{\pi}{4}$。

(3) 因为 $I=\int_0^{\frac{\pi}{2}} \frac{1}{1+\tan^{\sqrt{2}} x}\mathrm{d}x=\int_0^{\frac{\pi}{2}} \frac{\mathrm{d}x}{1+\cot^{\sqrt{2}} x}$，所以

$$2I=\int_0^{\frac{\pi}{2}} \frac{\mathrm{d}x}{1+\tan^{\sqrt{2}} x}+\int_0^{\frac{\pi}{2}} \frac{\tan^{\sqrt{2}} x}{1+\tan^{\sqrt{2}} x}\mathrm{d}x=\int_0^{\frac{\pi}{2}}\mathrm{d}x=\frac{\pi}{2},$$

因此 $I=\frac{\pi}{4}$。

问题 88　如何计算分段函数的定积分？

分以下两种情形。

(1) 被积函数为分段函数显式：①被积函数是简单的分段函数显式，考查分段函数的衔接点是否在区间内，若在积分区间内，拆区间后逐段积分求和；②当被积函数是给定的分

段函数与某一简单函数复合而成的函数时，要通过定积分换元积分法将其化为给定的分段函数形式。然后按①处理，切记定积分换元要换限；换限再计算。

(2) 被积函数为分段函数隐式：化为显式按(1)处理(见参考文献[4])。

例 5　求下列定积分：

(1) $\int_{-1}^{1} f(x)\mathrm{d}x$，其中 $f(x)=\begin{cases}x+1, & x\leqslant 0,\\ \mathrm{e}^{x}, & x>0。\end{cases}$

(2) 设 $f(x)=\begin{cases}\dfrac{1}{1+x}, & x\geqslant 0,\\ \dfrac{1}{1+\mathrm{e}^{x}}, & x<0,\end{cases}$ 求 $\int_{0}^{2} f(x-1)\mathrm{d}x$；

(3) $\int_{-2}^{3}\min\{|x|,x^{2}\}\mathrm{d}x$；

(4) $\int_{0}^{\pi}\sqrt{1+\cos 2x}\,\mathrm{d}x$。

解　(1) 因为 $x=0$ 是简单分段函数的衔接点，则有

$$\int_{-1}^{1} f(x)\mathrm{d}x=\int_{-1}^{0} f(x)\mathrm{d}x+\int_{0}^{1} f(x)\mathrm{d}x=\int_{-1}^{0}(x+1)\mathrm{d}x+\int_{0}^{1}\mathrm{e}^{x}\mathrm{d}x=\mathrm{e}-\frac{1}{2}。$$

(2) 因为 $f(x-1)$ 是分段函数与函数 $x-1$ 复合而成的函数，所以设 $u=x-1$，化为简单的分段函数，换限，$x=0,u=-1$；$x=2,u=1$。

$$\begin{aligned}\int_{0}^{2} f(x-1)\mathrm{d}x&=\int_{-1}^{1} f(u)\mathrm{d}u=\int_{-1}^{0} f(u)\mathrm{d}u+\int_{0}^{1} f(u)\mathrm{d}u=\int_{-1}^{0}\frac{\mathrm{d}x}{1+\mathrm{e}^{x}}+\int_{0}^{1}\frac{\mathrm{d}x}{1+x}\\&=\int_{-1}^{0}\frac{(1+\mathrm{e}^{x}-\mathrm{e}^{x})\mathrm{d}x}{1+\mathrm{e}^{x}}+\ln(1+x)\Big|_{0}^{1}=[x-\ln(1+\mathrm{e}^{x})]\Big|_{-1}^{0}+\ln 2\\&=1+\ln(1+\mathrm{e}^{-1})。\end{aligned}$$

(3) 因为　$\min\{|x|,x^{2}\}=\begin{cases}-x, & -2<x<-1,\\ x^{2}, & -1\leqslant x\leqslant 1,\\ x, & 1<x\leqslant 3,\end{cases}$

所以　原式 $=\int_{-2}^{-1}(-x)\mathrm{d}x+\int_{-1}^{1}x^{2}\mathrm{d}x+\int_{1}^{3}x\mathrm{d}x=\dfrac{37}{6}$。

(4) 原式 $=\sqrt{2}\int_{0}^{\pi}|\cos x|\mathrm{d}x$

$$=\sqrt{2}\left[\int_{0}^{\frac{\pi}{2}}\cos x\mathrm{d}x+\int_{\frac{\pi}{2}}^{\pi}(-\cos x)\mathrm{d}x\right]=2\sqrt{2}。$$

$\left(\text{① 求零点，令 } \cos x=0\text{，得 } x=\dfrac{\pi}{2}\text{；② 拆区间，}[0,\pi]=\left[0,\dfrac{\pi}{2}\right]\cup\left[\dfrac{\pi}{2},\pi\right]\right)$

例 6　设函数 $f(x)$ 在 $(-\infty,+\infty)$ 内满足 $f(x)=f(x-\pi)+\sin x$，且 $f(x)=x,x\in(0,\pi)$，计算 $\int_{\pi}^{3\pi} f(x)\mathrm{d}x$。

分析　从 $f(x)$ 给出的表达式知 $f(x)$ 是个分段函数，此题是分段函数的定积分，因此有下面两种作法。

解　方法 1　$\int_{\pi}^{3\pi} f(x)\mathrm{d}x=\int_{\pi}^{3\pi}[f(x-\pi)+\sin x]\mathrm{d}x\left(\int_{\pi}^{3\pi}\sin x\mathrm{d}x=0\right)$

$$=\int_{\pi}^{3\pi}f(x-\pi)\mathrm{d}x\text{（是分段函数与简单函数 }x-\pi\text{ 的复合，设 }u=(x-\pi)\text{）}$$

$$=\int_{0}^{2\pi}f(u)\mathrm{d}u=\int_{0}^{\pi}f(u)\mathrm{d}u+\int_{\pi}^{2\pi}f(u)\mathrm{d}u$$

$$=\int_{0}^{\pi}u\mathrm{d}u+\int_{\pi}^{2\pi}[f(u-\pi)+\sin u]\mathrm{d}u$$

$$=\frac{\pi^2}{2}-2+\int_{\pi}^{2\pi}f(u-\pi)\mathrm{d}u\text{（令 }u-\pi=t\text{）}$$

$$=\frac{\pi^2}{2}-2+\int_{0}^{\pi}t\mathrm{d}t=\pi^2-2\text{。}$$

方法 2 写出分段函数的每段数学表达式，然后按段积分求和。

当 $\pi\leqslant x<2\pi$ 时，$f(x)=f(x-\pi)+\sin x=(x-\pi)+\sin x$；

当 $2\pi\leqslant x<3\pi$ 时，$f(x)=f(x-\pi)+\sin x\ (x-\pi\in(\pi,2\pi))$

$$=f(x-2\pi)+\sin(x-\pi)+\sin x=f(x-2\pi)$$

$$=x-2\pi\text{。}(x-2\pi\in(0,\pi))$$

$$\int_{\pi}^{3\pi}f(x)\mathrm{d}x=\int_{\pi}^{2\pi}[(x-\pi)+\sin x]\mathrm{d}x+\int_{2\pi}^{3\pi}(x-2\pi)\mathrm{d}x=\pi^2-2\text{。}$$

问题 89 如何求分段函数的变限积分？解这类问题的关键是什么？

解这类问题的关键是判断分段函数的衔接点是否在积分区间内，若在积分区间内，用衔接点拆积分区间，然后逐段积分求和。

例 7 求 $\int_{0}^{x}\max\{t^3,t^2,1\}\mathrm{d}t$ 的表达式。

分析 $\max\{t^3,t^2,1\}$ 是分段函数隐式，要化显式。由第一章第一节的例 13 有 $\max\{t^3,t^2,1\}=\begin{cases}t^3, & t>1,\\ 1, & |t|\leqslant 1,\\ t^2, & t<-1,\end{cases}$ 解被积函数为分段函数的变上限积分的关键是先判断衔接点 $-1,1$ 是否在积分区间内，若 $-1,1$ 在 $[0,x]$ 内则拆积分区间！

解 逐段积分。当 $x<-1$ 时，$\int_{0}^{x}f(t)\mathrm{d}t=-\int_{x}^{0}f(t)\mathrm{d}t$

$$=-\int_{x}^{-1}t^2\mathrm{d}t-\int_{-1}^{0}1\mathrm{d}t\text{（注意衔接点 }-1\text{ 在 }[x,0]\text{ 内）}$$

$$=\frac{1}{3}+\frac{x^3}{3}-1=\frac{x^3}{3}-\frac{2}{3}\text{；}$$

当 $0\leqslant x<1$ 时，$\int_{0}^{x}f(t)\mathrm{d}t=\int_{0}^{x}1\mathrm{d}t=x$；

当 $x>1$ 时，$\int_{0}^{x}f(t)\mathrm{d}t=\int_{0}^{1}f(t)\mathrm{d}t+\int_{1}^{x}f(t)\mathrm{d}t=\int_{0}^{1}1\mathrm{d}t+\int_{1}^{x}t^3\mathrm{d}t$

$$=1+\frac{x^4}{4}-\frac{1}{4}=\frac{x^4}{4}+\frac{3}{4}\text{（注意衔接点 1 在 }[0,x]\text{ 内）。}$$

所以
$$\int_0^x \max\{t^3,t^2,1\}\mathrm{d}t=\begin{cases}\dfrac{x^3}{3}-\dfrac{2}{3}, & x<-1,\\ x, & -1\leqslant x\leqslant 1,\\ \dfrac{x^4}{4}+\dfrac{3}{4}, & x>1。\end{cases}$$

例 8　设 $f(x)=\begin{cases}2x+\dfrac{3}{2}x^2, & -1\leqslant x<0,\\ \dfrac{xe^x}{(e^x+1)^2}, & 0\leqslant x\leqslant 1,\end{cases}$ 求函数 $F(x)=\int_{-1}^x f(t)\mathrm{d}t$ 的表达式。

解　当 $-1\leqslant x<0$ 时，$F(x)=\int_{-1}^x\left(2t+\dfrac{3}{2}t^2\right)\mathrm{d}t=\dfrac{1}{2}x^3+x^2-\dfrac{1}{2}$；

当 $0\leqslant x\leqslant 1$ 时(注意衔接点 $x=0\in[-1,x]$，因此 $[-1,x]=[-1,0]+[0,x]$)，

$$F(x)=\int_{-1}^x f(t)\mathrm{d}t=\int_{-1}^0 f(t)\mathrm{d}t+\int_0^x f(t)\mathrm{d}t=\left(t^2+\frac{1}{2}t^3\right)\bigg|_{-1}^0+\int_0^x\frac{te^t}{(e^t+1)^2}\mathrm{d}t$$
$$=-\frac{1}{2}-\int_0^x t\mathrm{d}\left(\frac{1}{e^t+1}\right)=-\frac{1}{2}-\frac{x}{e^x+1}+\int_0^x\left(\frac{1}{e^x}-\frac{1}{e^x+1}\right)\mathrm{d}e^x$$
$$=-\frac{1}{2}-\frac{x}{e^x+1}+\ln\frac{e^x}{e^x+1}+\ln 2。$$

所以
$$F(x)=\begin{cases}\dfrac{1}{2}x^3+x^2-\dfrac{1}{2}, & -1\leqslant x<0,\\ \ln\dfrac{e^x}{e^x+1}-\dfrac{x}{e^x+1}+\ln 2-\dfrac{1}{2}, & 0\leqslant x\leqslant 1。\end{cases}$$

问题 90　如何计算被积函数中含有积分变上限函数的定积分?

利用分部积分法，分部时设积分变上限函数为 u，余下为 $\mathrm{d}v$(见参考文献[4])。

例 9　设 $f(x)=\int_0^x\dfrac{\sin t}{\pi-t}\mathrm{d}t$，计算 $\int_0^\pi f(x)\mathrm{d}x$。

解　$\int_0^\pi f(x)\mathrm{d}x=\int_0^\pi\left[\int_0^x\dfrac{\sin t}{\pi-t}\mathrm{d}t\right]\mathrm{d}x$，这是被积函数含有积分变上限函数 $f(x)=\int_0^x\dfrac{\sin t}{\pi-t}\mathrm{d}t$ 的定积分，类型确定，解法固定，利用定积分的分部积分法。

设 $u=\int_0^x\dfrac{\sin t\mathrm{d}t}{\pi-t}$，$\mathrm{d}v=\mathrm{d}x$，$\mathrm{d}u=\dfrac{\sin x\mathrm{d}x}{\pi-x}$，$v=x$，则

$$\int_0^\pi\left[\int_0^x\frac{\sin t}{\pi-t}\mathrm{d}t\right]\mathrm{d}x=x\int_0^x\frac{\sin t}{\pi-t}\mathrm{d}t\bigg|_0^\pi-\int_0^\pi\frac{x\sin x}{\pi-x}\mathrm{d}x=\pi\int_0^\pi\frac{\sin t}{\pi-t}\mathrm{d}t-\int_0^\pi\frac{x\sin x}{\pi-x}\mathrm{d}x$$
$$=\int_0^\pi\frac{(\pi-x)\sin x}{\pi-x}\mathrm{d}x=\int_0^\pi\sin x\mathrm{d}x=-\cos x\Big|_0^\pi=2。$$

问题 91　积分变上限函数在应用微分中值定理证题中有什么应用?

1. 在运用罗尔定理证题中的应用(参见文献[15])

例 10　设 $f(x)$，$g(x)$ 在 $[a,b]$ 上连续，证明至少存在一点 $\xi\in(a,b)$，使得 $f(\xi)\int_\xi^b g(x)\mathrm{d}x=g(\xi)\int_0^\xi f(x)\mathrm{d}x$。

分析　将结论改写为

$$f(\xi)\int_{\xi}^{b}g(x)\mathrm{d}x-g(\xi)\int_{0}^{\xi}f(x)\mathrm{d}x=0\Leftrightarrow\left[f(x)\int_{x}^{b}g(t)\mathrm{d}t-g(x)\int_{a}^{x}f(t)\mathrm{d}t\right]_{x=\xi}=0$$

$$\Leftrightarrow\left[\left(\int_{a}^{x}f(t)\mathrm{d}t\right)'\int_{x}^{b}g(t)\mathrm{d}t+\left(\int_{x}^{b}g(t)\mathrm{d}t\right)'\int_{a}^{x}f(t)\mathrm{d}t\right]_{x=\xi}=0$$

$$\Leftrightarrow\text{辅助函数 }F(x)=\int_{a}^{x}f(t)\mathrm{d}t\cdot\int_{x}^{b}g(t)\mathrm{d}t。$$

2. 在运用泰勒中值定理证题中的应用

例 11　设 $f(x)$在$[0,1]$上连续可导，且 $f(0)=f(1)=0$，证明 $\left|\int_{0}^{1}f(x)\mathrm{d}x\right|\leqslant\frac{M}{4}$，其中 M 是$|f'(x)|$在$[0,1]$上最大值。

分析　将定积分$\int_{0}^{1}f(t)\mathrm{d}t$ 视为积分上限函数 $F(x)=\int_{0}^{x}f(t)\mathrm{d}t$ 在 $x=1$ 处的函数值，$|F''(x)|=|f'(x)|\leqslant M$，由此知所证的结论是函数值 $F(1)=\int_{0}^{1}f(x)\mathrm{d}x$ 与二阶导数 $F''(x)=f'(x)$值间的不等式关系。隐含的三点内容是：(1)因为二阶可导，所以展开一阶泰勒公式；(2)因为 $F'(0)=f(0)=0$，$F'(1)=f(1)=0$，所以将 $F(x)$在两个一阶导数等于零的点 $x=0$，$x=1$ 处分别展开一阶泰勒公式；(3)因为欲使两个展开式余项中的$(x-0)^2=(x-1)^2$，因此取$x_0=\frac{1}{2}$。

证明　设 $F(x)=\int_{0}^{x}f(t)\mathrm{d}t$，$x\in[0,1]$，

$F(x)=F(0)+F'(0)x+\frac{F''(\bar{\xi}_1)}{2!}x^2$，$\bar{\xi}_1$ 在 0 与 x 之间。

$F(x)=F(1)+F'(1)(x-1)+\frac{F''(\bar{\xi}_2)}{2!}(x-1)^2$，$\bar{\xi}_2$ 在 1 与 x 之间。

$$F\left(\frac{1}{2}\right)=\frac{1}{2}f'(\xi_1)\left(\frac{1}{2}\right)^2,\quad 0<\xi_1<\frac{1}{2},\tag{Ⅰ}$$

$$F\left(\frac{1}{2}\right)=F(1)+\frac{1}{2}f'(\xi_2)\left(\frac{1}{2}\right)^2,\quad \frac{1}{2}<\xi_2<1。\tag{Ⅱ}$$

式(Ⅱ)－式(Ⅰ)得，$\int_{0}^{1}f(x)\mathrm{d}x=\frac{f'(\xi_1)-f'(\xi_2)}{8}$，$\left|\int_{0}^{1}f(x)\,\mathrm{d}x\right|\leqslant\frac{|f'(\xi_1)|+|f'(\xi_2)|}{8}\leqslant\frac{M}{4}$。

例 12　设 $f(x)$在闭区间$[a,b]$上具有二阶连续导数，则在(a,b)内存在 ξ，使得 $\int_{a}^{b}f(x)\mathrm{d}x=(b-a)f\left(\frac{a+b}{2}\right)+\frac{1}{24}(b-a)^3f''(\xi)$。

分析　将定积分$\int_{a}^{b}f(x)\mathrm{d}x$ 视为积分上限函数 $F(x)=\int_{a}^{x}f(t)\mathrm{d}t$ 在 $x=b$ 处的函数值，则所要证的结论属于函数值 $F(b)$与三阶导数 $F'''(x)=f''(x)$值间的关系，隐含的三点内容是：(1)因为三阶可导，所以展开二阶泰勒公式；(2)因为所证的结论中含有 $f\left(\frac{a+b}{2}\right)$，所以应在 $x_0=\frac{a+b}{2}$处展开；(3)又所证的结论中含有$\int_{a}^{b}f(x)\mathrm{d}x$，故 x 应取 a，b 值。

证明　设 $F(x)=\int_a^x f(t)\mathrm{d}t$，$x_0=\dfrac{a+b}{2}$，$x\in[a,b]$，

$$F(x)=F(x_0)+F'(x_0)(x-x_0)+\frac{F''(x_0)}{2!}(x-x_0)^2+\frac{F'''(\bar{\xi})}{3!}(x-x_0)^3，\bar{\xi}\text{ 在 }x_0\text{ 与 }x\text{ 之间。}$$

$$F(a)=F(x_0)+F'(x_0)(a-x_0)+\frac{f'(x_0)}{2}(a-x_0)^2+\frac{f''(\xi_1)}{3!}(a-x_0)^3，\quad a<\xi_1<x_0，\tag{Ⅰ}$$

$$F(b)=F(x_0)+F'(x_0)(b-x_0)+\frac{f'(x_0)}{2}(b-x_0)^2+\frac{f''(\xi_2)}{3!}(b-x_0)^3，\quad x_0<\xi_2<b，\tag{Ⅱ}$$

式(Ⅱ)－式(Ⅰ)得，$\int_a^b f(x)\mathrm{d}x=F'(x_0)(b-a)+\dfrac{1}{3!}\left(\dfrac{b-a}{2}\right)^3(f''(\xi_2)+f''(\xi_1))$

$$=f\left(\frac{a+b}{2}\right)(b-a)+\frac{(b-a)^3}{24}\cdot\frac{f''(\xi_1)+f''(\xi_2)}{2}$$

$$=(b-a)f\left(\frac{a+b}{2}\right)+f''(\xi)\cdot\frac{(b-a)^3}{24}。$$

其中 $f''(\xi)=\dfrac{f''(\xi_1)+f''(\xi_2)}{2}$，因为 $f''(x)$ 在 $[a,b]$ 上连续，由连续函数介值定理知，必存在一点 ξ，使得 $f''(\xi)=\dfrac{f''(\xi_1)+f''(\xi_2)}{2}$，即 $\int_a^b f(x)\mathrm{d}x=(b-a)f\left(\dfrac{a+b}{2}\right)+\dfrac{(b-a)^3}{24}f''(\xi)$（参见参考文献[15]）。

例 13　设 $f(x)$ 在 $[0,\pi]$ 上连续，且 $\int_0^\pi f(x)\mathrm{d}x=0$，$\int_0^\pi f(x)\cos x\mathrm{d}x=0$。试证：在 $(0,\pi)$ 内至少存在两个不同的点 ξ_1 和 ξ_2，使 $f(\xi_1)=f(\xi_2)=0$。

证明　方法 1　设辅助函数为 $F(x)=\int_0^x f(t)\mathrm{d}t$，$x\in[0,\pi]$，显然在 $[0,\pi]$ 上有两个零点 $F(0)=F(\pi)=0$，即 $x=0$，$x=\pi$。只需证明 $F(x)$ 在 $(0,\pi)$ 内还有零点，则由罗尔定理知，$F'(x)$ 在 $(0,\pi)$ 内至少有两个零点，命题得证。考查 $0=\int_0^\pi f(x)\cos x\mathrm{d}x=\int_0^\pi \cos x\mathrm{d}F(x)=\cos xF(x)\Big|_0^\pi+\int_0^\pi F(x)\sin x\mathrm{d}x=\int_0^\pi F(x)\sin x\mathrm{d}x=\pi F(\eta)\sin\eta$（积分中值定理），$0<\eta<\pi$，而 $\sin\eta>0$，故 $F(\eta)=0$。在 $[0,\eta]$ 和 $[\eta,\pi]$ 上分别应用罗尔定理有 $F'(\xi_1)=0$，$0<\xi_1<\eta$，$F'(\xi_2)=0$，$\eta<\xi_2<\pi$，即 $f(\xi_1)=f(\xi_2)=0$。

方法 2　由积分中值定理知，$\exists\,\xi_1\in(0,\pi)$，使 $f(\xi_1)=\dfrac{1}{\pi}\cdot\int_0^\pi f(x)\mathrm{d}x=0$，余下证明 ξ_1 不是 $f(x)$ 的唯一零点。

反证法　假设 ξ_1 是 $f(x)$ 在 $(0,\pi)$ 内的唯一零点，则连续函数 $f(x)$ 在 $(0,\xi_1)$ 与 (ξ_1,π) 内都不变号，且由 $\int_0^\pi f(x)\mathrm{d}x=0$ 知 $f(x)$ 在 $(0,\xi_1)$ 与 (ξ_1,π) 内异号，不妨设在 $(0,\xi_1)$ 内 $f(x)>0$，在 (ξ_1,π) 内 $f(x)<0$。于是再由 $\int_0^\pi f(x)\cos x\mathrm{d}x=0$，$\int_0^\pi f(x)\mathrm{d}x=0$ 及 $\cos x$ 在 $(0,\pi)$ 内的单调性可知，$0=\int_0^\pi f(x)(\cos x-\cos\xi_1)\mathrm{d}x=\int_0^{\xi_1} f(x)(\cos x-\cos\xi_1)\mathrm{d}x+\int_{\xi_1}^\pi f(x)(\cos x-\cos\xi_1)\mathrm{d}x>0$，

矛盾。从而在$(0,\pi)$内除零点ξ_1外，$f(x)$至少有另一个零点ξ_2。因此存在$\xi_1,\xi_2\in(0,\pi)$，$\xi_1\neq\xi_2$，使得$f(\xi_1)=f(\xi_2)$。

第四节　反常积分

问题92　学习反常积分时，应注意什么？

答　学习反常积分时首先要注意两类反常积分的特点：无穷区间反常积分(第一型)的特点是被积函数$f(x)$在积分区间上连续，而积分区间为无穷区间。

无界函数反常积分(第二型)的特点是被积函数$f(x)$在有限区间上存在无穷间断点，养成判断无穷间断点的习惯！

其次要识别两类反常积分，因为两类反常积分不能用牛顿-莱布尼茨公式，牛顿-莱布尼茨公式的条件是：$f(x)$在有限闭区间$[a,b]$上可积或连续！

其中无穷区间的反常积分是容易识别的，只要看一看积分的上、下限中是否至少有一个∞，就知道它是否为无穷区间的反常积分。若是无穷区间反常积分，就要按如下的定义去做。

(1) $\int_a^{+\infty}f(x)\mathrm{d}x=\lim\limits_{b\to+\infty}\int_a^b f(x)\mathrm{d}x$；

(2) $\int_{-\infty}^{b}f(x)\mathrm{d}x=\lim\limits_{a\to-\infty}\int_a^b f(x)\mathrm{d}x$；

(3) $\int_{-\infty}^{+\infty}f(x)\mathrm{d}x=\int_{-\infty}^{0}f(x)\mathrm{d}x+\int_0^{+\infty}f(x)\mathrm{d}x=\lim\limits_{a\to-\infty}\int_a^0 f(x)\mathrm{d}x+\lim\limits_{b\to+\infty}\int_0^b f(x)\mathrm{d}x$。

特别是上述(3)，如果右边两个积分中至少有一个不存在，则反常积分$\int_{-\infty}^{+\infty}f(x)\mathrm{d}x$就不存在，即发散。

例1　计算$\int_{-\infty}^{+\infty}\frac{x}{1+x^2}\mathrm{d}x$。

解　按定义(3)有　$\int_{-\infty}^{+\infty}\frac{x}{1+x^2}\mathrm{d}x=\int_{-\infty}^{0}\frac{x}{1+x^2}\mathrm{d}x+\int_0^{+\infty}\frac{x}{1+x^2}\mathrm{d}x$，

而右边第二个积分$\int_0^{+\infty}\frac{x}{1+x^2}\mathrm{d}x=\frac{1}{2}\lim\limits_{x\to+\infty}\int_0^b\frac{1}{1+x^2}\mathrm{d}(1+x^2)=\lim\limits_{b\to+\infty}\frac{\ln(1+b^2)}{2}=+\infty$。

因此，就可以断言原反常积分$\int_{-\infty}^{+\infty}\frac{x}{1+x^2}\mathrm{d}x$发散。在此，切勿去用“连续的奇函数在关于原点对称区间上的定积分必为零”的结论。因为定积分的概念是在有限闭区间上的定义，所以在$(-\infty,+\infty)$上定积分无定义，即在定积分中关于原点对称区间是指有限区间！因此求$\int_{-\infty}^{+\infty}f(x)\mathrm{d}x$，必须按定义(3)先将它分成$\int_{-\infty}^{+\infty}f(x)\mathrm{d}x=\int_{-\infty}^{0}f(x)\mathrm{d}x+\int_0^{+\infty}f(x)\mathrm{d}x$。

下面做法$\int_{-\infty}^{+\infty}f(x)\mathrm{d}x=\lim\limits_{a\to+\infty}\int_{-a}^{a}\frac{x}{1+x^2}\mathrm{d}x=0$也是错误的。

定义(3)中的a,b是无任何关系的两个数，且$a\to-\infty,b\to+\infty$，因此做题一定按书上的定义去做！关于无界函数的反常积分，从外形上却不易识别，特别是使函数成为无界的那个点位于积分区间内部时。为此，在学习函数这一章的无穷间断点时，应注意总结通常使函

数成为无界的点的题型，它们是：①分母为零的点；②对数 $\ln u(x)$ 中使 $u(x)$ 为零的点；③$\tan u(x)$ 中使 $u(x)=k\pi+\frac{\pi}{2}$ 的点。如果漏看了这种点，将反常积分当作普通定积分来做，就要出错。例如，若将反常积分 $\int_{-1}^{1}\frac{dx}{x^2}$ 当作普通定积分就错成 $\int_{-1}^{1}\frac{1}{x^2}dx=-\frac{1}{x}\Big|_{-1}^{1}=-2$。再如，若将反常积分当作普通定积分就错成 $\int_{-1}^{1}\frac{dx}{x}=\ln|x|\,|_{-1}^{1}=\ln|1|-\ln|-1|=0$，或者只考虑到 $\frac{1}{x}$ 是奇函数，而没有注意到它是无界函数，乱用“连续的奇函数在关于原点的对称区间上积分为零”的结论而造成错误。上面两例正确的做法应用定义去做。

$\int_{-1}^{1}\frac{1}{x^2}dx=\int_{-1}^{0}\frac{1}{x^2}dx+\int_{0}^{1}\frac{1}{x^2}dx$，而前者 $\int_{-1}^{0}\frac{1}{x^2}dx=\lim\limits_{\varepsilon\to0^+}\int_{-1}^{-\varepsilon}\frac{1}{x^2}dx=\lim\limits_{\varepsilon\to0^+}\left[-\frac{1}{x}\right]_{-1}^{-\varepsilon}=\lim\limits_{\varepsilon\to0^+}\left[\frac{1}{\varepsilon}-1\right]=+\infty$，则反常积分 $\int_{-1}^{1}\frac{dx}{x^2}$ 发散。$\int_{-1}^{1}\frac{1}{x}dx=\int_{-1}^{0}\frac{1}{x}dx+\int_{0}^{1}\frac{1}{x}dx$，而后者 $\int_{0}^{1}\frac{dx}{x}=\lim\limits_{\eta\to0^+}\int_{\eta}^{1}\frac{dx}{x}=\lim\limits_{\eta\to0^+}[\ln x]_{\eta}^{1}=\lim\limits_{\eta\to0^+}[-\ln\eta]=+\infty$，故原反常积分 $\int_{-1}^{1}\frac{dx}{x}$ 发散。

再次，为了便于记忆两类反常积分的算法，简言之为“定积分加极限”。即

$$\int_{a}^{+\infty}f(x)dx,\quad \forall b>a,$$

则

$$\lim_{b\to+\infty}\int_{a}^{b}f(x)dx=\int_{a}^{+\infty}f(x)dx。$$

同理，当 $f(a)=\infty$ 时，有 $\lim\limits_{\varepsilon\to0}\int_{a+\varepsilon}^{b}f(x)dx=\int_{a}^{b}f(x)dx$（见参考文献[4]）。

例 2　判定下列各反常积分的收敛性，如果收敛，计算反常积分的值：

(1) $\int_{1}^{+\infty}\frac{1}{x^4}dx$；　　(2) $\int_{0}^{+\infty}e^{-pt}\sin\omega t\,dt\,(p>0,\omega>0)$；

(3) $\int_{0}^{2}\frac{dx}{(1-x)^2}$；　　(4) $\int_{1}^{e}\frac{dx}{x\sqrt{1-(\ln x)^2}}$。

解　(1) 原式 $=\lim\limits_{b\to+\infty}\int_{1}^{b}\frac{dx}{x^4}=\lim\limits_{b\to+\infty}\left(-\frac{1}{3}\left(\frac{1}{b^3}-1\right)\right)=\frac{1}{3}$，故 $\int_{1}^{+\infty}\frac{dx}{x^4}$ 收敛。

(2) 待定系数法。设 $\int e^{-pt}\sin\omega t\,dt=e^{-pt}(A\cos\omega t+B\sin\omega t)+C$。两边求导得

$$e^{-pt}\sin\omega t=e^{-pt}[(-pA+\omega B)\cos\omega t-(\omega A+pB)\sin\omega t]。$$

比较系数得，$-pA+\omega B=0$，$-(\omega A+pB)=1$，解得 $A=-\frac{\omega}{\omega^2+p^2}$，$B=-\frac{p}{\omega^2+p^2}$，所以 $\int_{0}^{+\infty}e^{-pt}\sin\omega t\,dt=e^{-pt}[A\cos\omega t+B\sin\omega t]_{0}^{+\infty}=\lim\limits_{t\to+\infty}e^{-pt}[A\cos\omega t+B\sin\omega t]-e^{0}[A+0]=\frac{\omega}{\omega^2+p^2}$，故反常积分收敛。

(3) 由于 $x=1$ 为无穷间断点，所以原式 $=\lim\limits_{\varepsilon\to0^+}\int_{0}^{1-\varepsilon}\frac{1}{(1-x)^2}dx+\lim\limits_{\eta\to0^+}\int_{1+\eta}^{2}\frac{dx}{(1-x)^2}$。由于 $\lim\limits_{\varepsilon\to0^+}\int_{0}^{1-\varepsilon}d\left(\frac{1}{1-x}\right)=\lim\limits_{\varepsilon\to0^+}\left[\frac{1}{\varepsilon}-1\right]=+\infty$，故反常积分发散。

(4) $x=\mathrm{e}$ 为无穷间断点，所以原式 $=\lim\limits_{\varepsilon\to0^+}\int_1^{\mathrm{e}-\varepsilon}\dfrac{\mathrm{d}\ln x}{\sqrt{1-(\ln x)^2}}=\lim\limits_{\varepsilon\to0^+}\arcsin\ln x\Big|_1^{\mathrm{e}-\varepsilon}=\lim\limits_{\varepsilon\to0^+}[\arcsin\ln(\mathrm{e}-\varepsilon)-0]=\dfrac{\pi}{2}$，故反常积分收敛。

例 3　计算下列各反常积分：

(1) $\displaystyle\int_1^{+\infty}\frac{\arctan x}{x^2}\mathrm{d}x$；　　(2) $\displaystyle\int_0^{+\infty}\frac{\mathrm{d}x}{\mathrm{e}^{x+1}+\mathrm{e}^{3-x}}$；

(3) $\displaystyle\int_{\frac{1}{2}}^{\frac{3}{2}}\frac{\mathrm{d}x}{\sqrt{|x^2-x|}}$；　　(4) $\displaystyle\int_0^{\frac{\pi}{2}}\ln\sin x\mathrm{d}x$；

(5) $\displaystyle\int_0^{+\infty}\frac{\mathrm{d}x}{(1+x^2)(1+x^\alpha)}(\alpha\geqslant0)$。

解　(1) 原式 $\displaystyle=-\int_1^{+\infty}\arctan x\mathrm{d}\left(\frac{1}{x}\right)=-\frac{1}{x}\cdot\arctan x\Big|_1^{+\infty}+\int_1^{+\infty}\frac{\mathrm{d}x}{x(1+x^2)}$

$$=0+\frac{\pi}{4}+\frac{1}{2}\int_1^{+\infty}\left(\frac{1}{x^2}-\frac{1}{1+x^2}\right)\mathrm{d}x^2=\frac{\pi}{4}+\frac{\ln2}{2}。$$

(2) 原式 $\displaystyle=\frac{1}{\mathrm{e}}\int_0^{+\infty}\frac{\mathrm{d}x}{\mathrm{e}^{-x}(\mathrm{e}^{2x}+\mathrm{e}^2)}=\frac{1}{\mathrm{e}}\int_0^{+\infty}\frac{\mathrm{d}\mathrm{e}^x}{(\mathrm{e}^x)^2+(\mathrm{e})^2}=\frac{1}{\mathrm{e}^2}\arctan\frac{\mathrm{e}^x}{\mathrm{e}}\Big|_0^{+\infty}$

$$=\frac{1}{\mathrm{e}^2}\left[\frac{\pi}{2}-\arctan\frac{1}{\mathrm{e}}\right]。$$

(3) 因为 $x=1$ 既是无穷间断点又是分段函数的衔接点，$x=1\in\left[\dfrac{1}{2},\dfrac{3}{2}\right]$。

方法 1　原式 $\displaystyle=\int_{\frac{1}{2}}^1\frac{\mathrm{d}x}{\sqrt{|x^2-x|}}+\int_1^{\frac{3}{2}}\frac{\mathrm{d}x}{\sqrt{|x^2-x|}}=\int_{\frac{1}{2}}^1\frac{\mathrm{d}x}{\sqrt{x-x^2}}+\int_1^{\frac{3}{2}}\frac{\mathrm{d}x}{\sqrt{x^2-x}}$

$$=2\int_{\frac{1}{2}}^1\frac{\mathrm{d}\sqrt{x}}{\sqrt{1-(\sqrt{x})^2}}+2\int_1^{\frac{3}{2}}\frac{\mathrm{d}\sqrt{x}}{\sqrt{(\sqrt{x})^2-1}}$$

$$=2\arcsin\sqrt{x}\Big|_{\frac{1}{2}}^1+2\ln(\sqrt{x}+\sqrt{x-1})\Big|_1^{\frac{3}{2}}=\frac{\pi}{2}+\ln(\sqrt{3}+2)。$$

方法 2　原式 $\displaystyle=\lim_{\varepsilon\to0^+}\int_{\frac{1}{2}}^{1-\varepsilon}\frac{\mathrm{d}\left(x-\frac{1}{2}\right)}{\sqrt{\frac{1}{4}-\left(x-\frac{1}{2}\right)^2}}+\lim_{\eta\to0^+}\int_{1+\eta}^{\frac{3}{2}}\frac{\mathrm{d}\left(x-\frac{1}{2}\right)}{\sqrt{\left(x-\frac{1}{2}\right)^2-\frac{1}{4}}}$

$$=\lim_{\varepsilon\to0^+}\arcsin\frac{x-\frac{1}{2}}{\frac{1}{2}}\Bigg|_{\frac{1}{2}}^{1-\varepsilon}+\lim_{\eta\to0^+}\ln\left[\left(x-\frac{1}{2}\right)+\sqrt{x^2-x}\right]\Bigg|_{1+\eta}^{\frac{3}{2}}$$

$$=\frac{\pi}{2}+\ln(\sqrt{3}+2)。$$

(4) 方法 1　因为 $x=0$ 是无穷间断点，设 $x=2t$，则

原式 $\displaystyle=2\int_0^{\frac{\pi}{4}}\ln\sin2t\mathrm{d}t=2\left[\int_0^{\frac{\pi}{4}}\ln2\mathrm{d}t+\int_0^{\frac{\pi}{4}}\ln\sin t\mathrm{d}t+\int_0^{\frac{\pi}{4}}\ln\cos t\mathrm{d}t\right]$

$$=\pi\frac{\ln2}{2}+2\int_0^{\frac{\pi}{4}}\ln\sin t\mathrm{d}t+2\int_0^{\frac{\pi}{4}}\ln\cos t\mathrm{d}t,$$

而$\int_0^{\frac{\pi}{4}}\ln\cos t\mathrm{d}t\left(设\ t=\frac{\pi}{2}-u\right)=-\int_{\frac{\pi}{2}}^{\frac{\pi}{4}}\ln\cos\left(\frac{\pi}{2}-u\right)\mathrm{d}u=\int_{\frac{\pi}{4}}^{\frac{\pi}{2}}\ln\sin t\mathrm{d}t$。所以

原式$=\pi\frac{\ln2}{2}+2\int_0^{\frac{\pi}{4}}\ln\sin t\mathrm{d}t+2\int_{\frac{\pi}{4}}^{\frac{\pi}{2}}\ln\sin t\mathrm{d}t=\pi\frac{\ln2}{2}+2\int_0^{\frac{\pi}{2}}\ln\sin x\mathrm{d}x$(产生循环)，

因此$\int_0^{\frac{\pi}{2}}\ln\sin x\mathrm{d}x=-\pi\frac{\ln2}{2}$。

方法 2　利用三角函数互余性(见参考文献[13])。设$I_1=\int_0^{\frac{\pi}{2}}\ln\sin x\mathrm{d}x,I_2=\int_0^{\frac{\pi}{2}}\ln\cos x\mathrm{d}x$，且$I_1=I_2$。

$$
\begin{aligned}
2I_1&=I_1+I_2=\int_0^{\frac{\pi}{2}}\ln\sin x\mathrm{d}x+\int_0^{\frac{\pi}{2}}\ln\cos x\mathrm{d}x=\int_0^{\frac{\pi}{2}}\ln\left(\frac{\sin2x}{2}\right)\mathrm{d}x\\
&=-\pi\frac{\ln2}{2}+\int_0^{\frac{\pi}{2}}\ln\sin2x\mathrm{d}x(设\ 2x=t)=-\pi\frac{\ln2}{2}+\frac{1}{2}\cdot\int_0^{\pi}\ln|\sin t|\mathrm{d}t\\
&=-\pi\frac{\ln2}{2}+\frac{1}{2}\cdot\left[\int_0^{\frac{\pi}{2}}\ln\sin t\mathrm{d}t+\int_{\frac{\pi}{2}}^{\pi}\ln\sin t\mathrm{d}t\right](t=\pi-x)\\
&=-\pi\frac{\ln2}{2}+\frac{1}{2}\cdot\int_0^{\frac{\pi}{2}}\ln\sin x\mathrm{d}x+\frac{1}{2}\cdot\left(-\int_{\frac{\pi}{2}}^{0}\ln\sin(\pi-x)\mathrm{d}x\right)\\
&=-\pi\frac{\ln2}{2}+\int_0^{\frac{\pi}{2}}\ln\sin x\mathrm{d}x=-\pi\frac{\ln2}{2}+I_1。
\end{aligned}
$$

故$I_1=-\pi\frac{\ln2}{2}$。

(5) 方法 1　原式$=\int_0^1\frac{\mathrm{d}x}{(1+x^2)(1+x^\alpha)}+\int_1^{+\infty}\frac{\mathrm{d}x}{(1+x^2)(1+x^\alpha)}$。

两个积分相加，要化为相同区间，即将$\int_0^1$化为$\int_1^{+\infty}$。

设$x=\frac{1}{t}$，$\int_0^1\frac{\mathrm{d}x}{(1+x^2)(1+x^\alpha)}=\int_{+\infty}^1\frac{1}{\left(1+\frac{1}{t^2}\right)\left(1+\frac{1}{t^\alpha}\right)}\left(-\frac{1}{t^2}\mathrm{d}t\right)$

$$=\int_1^{+\infty}\frac{t^\alpha}{(1+t^2)(1+t^\alpha)}\mathrm{d}t=\int_1^{+\infty}\frac{x^\alpha\mathrm{d}x}{(1+x^2)(1+x^\alpha)}。$$

$$
\begin{aligned}
原式&=\int_1^{+\infty}\frac{x^\alpha}{(1+x^2)(1+x^\alpha)}\mathrm{d}x+\int_1^{+\infty}\frac{1}{(1+x^2)(1+x^\alpha)}\mathrm{d}x=\int_1^{+\infty}\frac{1}{1+x^2}\mathrm{d}x\\
&=\arctan x\Big|_1^{+\infty}=\frac{\pi}{2}-\frac{\pi}{4}=\frac{\pi}{4}(与\ \alpha\ 无关)。
\end{aligned}
$$

方法 2　原式$=\left(x=\frac{1}{t}\right)\int_0^{+\infty}\frac{x^\alpha}{(1+x^2)(1+x^\alpha)}\mathrm{d}x$，所以

$$
\begin{aligned}
2\int_0^{+\infty}\frac{\mathrm{d}x}{(1+x^2)(1+x^\alpha)}&=\int_0^{+\infty}\frac{1}{(1+x^2)(1+x^\alpha)}\mathrm{d}x+\int_0^{+\infty}\frac{x^\alpha}{(1+x^2)(1+x^\alpha)}\mathrm{d}x\\
&=\int_0^{+\infty}\frac{1}{1+x^2}\mathrm{d}x=\arctan\Big|_0^{+\infty}=\frac{\pi}{2}。
\end{aligned}
$$

故原式$=\frac{\pi}{4}$。

方法 3　设$x=\tan t$，当$x=0$时，$t=0$；当$x\to+\infty$时，$t=\frac{\pi}{2}$。

$$I=\text{原式}=\int_0^{\frac{\pi}{2}}\frac{\sec^2 t}{\sec^2 t(1+\tan^\alpha t)}\mathrm{d}t=\int_0^{\frac{\pi}{2}}\frac{\cos^\alpha t}{\cos^\alpha t+\sin^\alpha t}\mathrm{d}t\left(\text{设 } t=\frac{\pi}{2}-u\right)$$

$$=\int_{\frac{\pi}{2}}^0\frac{\sin^\alpha u}{\sin^\alpha x+\cos^\alpha u}(-\mathrm{d}u)=\int_0^{\frac{\pi}{2}}\frac{\sin^\alpha x}{\sin^\alpha x+\cos^\alpha x}\mathrm{d}x\text{。}$$

$$2I=\int_0^{\frac{\pi}{2}}\frac{\cos^\alpha x}{\sin^\alpha x+\cos^\alpha x}\mathrm{d}x+\int_0^{\frac{\pi}{2}}\frac{\sin^\alpha x}{\sin^\alpha x+\cos^\alpha x}\mathrm{d}x=\int_0^{\frac{\pi}{2}}\mathrm{d}x=\frac{\pi}{2}\text{。}$$

即 $\int_0^{+\infty}\frac{1}{(1+x^2)(1+x^\alpha)}\mathrm{d}x=\frac{\pi}{4}$。

例 4　下列计算是否正确，试说明理由：

(1) $\int_{-1}^1\frac{\mathrm{d}x}{1+x^2}=-\int_{-1}^1\frac{\mathrm{d}\left(\frac{1}{x}\right)}{1+\left(\frac{1}{x}\right)^2}=\left[-\arctan\frac{1}{x}\right]_{-1}^1=-\frac{\pi}{2}$；

(2) $\int_{-1}^1\frac{\mathrm{d}x}{x^2+x+1}\left(x=\frac{1}{t}\right)=-\int_{-1}^1\frac{\mathrm{d}t}{t^2+t+1}$，因此$\int_{-1}^1\frac{\mathrm{d}x}{x^2+x+1}=0$；

(3) $\int_0^\pi\frac{\mathrm{d}x}{1+\sin^2 x}(\tan x=t)=\int_0^0\frac{1}{1+2t^2}\mathrm{d}t=0\left(\text{由于 }\sin^2 x=\frac{\tan^2 x}{1+\tan^2 x}=\frac{t^2}{1+t^2},\mathrm{d}x=\frac{1}{1+t^2}\mathrm{d}t\right)$；

(4) $\int_{-1}^1\frac{1+x}{1+\sqrt[3]{x^2}}\mathrm{d}x(\text{设 }\sqrt[3]{x^2}=t)=\int_1^1\frac{1+\sqrt{t^3}}{1+t}\frac{3}{2}\sqrt{t}\,\mathrm{d}t=0$；

(5) $\int_{-\infty}^{+\infty}\frac{x}{1+x^2}\mathrm{d}x=\lim\limits_{A\to+\infty}\int_{-A}^A\frac{x}{1+x^2}\mathrm{d}x=0$。

解　(1) 因为$\frac{1}{1+x^2}>0$，所以$\int_{-1}^1\frac{1}{1+x^2}\mathrm{d}x>0$。故错误。

因为题中计算是运用了变换 $x=\frac{1}{t}$，而定积分换元法要求换元函数 $x=\varphi(t)$，在 $t\in[\alpha,\beta]$(或$[\beta,\alpha]$)上 $\varphi'(t)$连续，而本题使用的换元函数 $x=\frac{1}{t}$在 $t=0$ 处间断，即 $\varphi'(t)=-\frac{1}{t^2}$在$t=0$ 处不连续，产生错误的原因是 $x=\frac{1}{t}$不满足定积分换元法的条件。$\int_{-1}^1\frac{\mathrm{d}x}{1+x^2}=\arctan x\Big|_{-1}^1=\frac{\pi}{2}$。

(2) 错误。因为 $x=\frac{1}{t}$在 $t=0$ 处不连续所以计算错误。理由同(1)。

(3) 错误。因为 $x=\tan t$ 在 $t=\frac{\pi}{2}$处不连续。

$$\int_0^\pi\frac{\mathrm{d}x}{1+\sin^2 x}=\int_{-\frac{\pi}{2}}^{\frac{\pi}{2}}\frac{\mathrm{d}x}{1+\sin^2 x}(\text{周期函数性质(1)})=2\int_0^{\frac{\pi}{2}}\frac{\mathrm{d}x}{1+\sin^2 x}$$

$$=2\int_0^{\frac{\pi}{2}}\frac{\mathrm{d}x}{\cos^2 x+2\sin^2 x}=2\int_0^{\frac{\pi}{2}}\frac{\mathrm{d}\tan x}{1+2\tan^2 x}=\sqrt{2}\int_0^{\frac{\pi}{2}}\frac{\mathrm{d}(\sqrt{2}\tan x)}{1+2\tan^2 x}$$

$$=\sqrt{2}\arctan(\sqrt{2}\tan x)\Big|_0^{\frac{\pi}{2}}=\lim_{x\to\frac{\pi}{2}}\sqrt{2}\arctan\sqrt{2}\tan x-0=\frac{\sqrt{2}\pi}{2}\text{。}$$

(4) 由 $\sqrt[3]{x^2}=t$，解出 $x=\pm\sqrt{t^3}$，这时的 $x=\varphi(t)$不是单值的，故产生错误！令$\sqrt[3]{x}=t$，

$x=t^3$，$\int_{-1}^{1}\frac{1+x}{1+\sqrt[3]{x^2}}dx=\int_{-1}^{1}\frac{1+t^3}{1+t^2}3t^2dt=3\int_{-1}^{1}\left(t^3-t+1+\frac{t-1}{1+t^2}\right)dt=6\int_{0}^{1}\left(1-\frac{1}{1+t^2}\right)dt=$
$6-\frac{3}{2}\pi$。

点评 熟记定积分换元法的条件。

(5) 错误。由定义知，$\int_{-\infty}^{+\infty}f(x)dx=\int_{-\infty}^{0}f(x)dx+\int_{0}^{+\infty}f(x)dx$。若$\int_{-\infty}^{0}f(x)dx$与$\int_{0}^{+\infty}f(x)dx$同时收敛，则$\int_{-\infty}^{+\infty}f(x)dx$收敛。在本题中，$\int_{-\infty}^{+\infty}\frac{x}{1+x^2}dx=\int_{-\infty}^{0}\frac{x}{1+x^2}dx+\int_{0}^{+\infty}\frac{x}{1+x^2}dx$，而$\int_{0}^{+\infty}\frac{x}{1+x^2}dx=\lim\limits_{A\to+\infty}\int_{0}^{A}\frac{x}{1+x^2}dx=\lim\limits_{A\to+\infty}\frac{1}{2}\ln(1+x^2)\Big|_0^A=+\infty$发散。则$\int_{-\infty}^{+\infty}\frac{x}{1+x^2}dx$发散。

国内高校期末试题解析

一、回答或计算下列各题：

1. (西北工业大学，1996 Ⅰ)求$\int_{0}^{1}x^{\frac{n}{2}}\frac{dx}{\sqrt{x(1-x)}}$($n$为正奇数)。

解 设$\sqrt{x}=\sin t$，原式$=2\int_{0}^{\frac{\pi}{2}}\sin^n t\,dt=2\cdot\frac{n-1}{n}\cdot\frac{n-3}{n-2}\cdot\cdots\cdot\frac{2}{3}\cdot 1$。

2. (上海交通大学，1984 Ⅰ)求$\int_{-\frac{\pi}{2}}^{\frac{\pi}{2}}e^x\frac{\sin^4 x dx}{1+e^x}$。

解 因为在$\left[-\frac{\pi}{2},\frac{\pi}{2}\right]$上，$\frac{e^x}{1+e^x}\cdot\sin^4 x$为非奇非偶函数，所以设$x=-t$，则

$$原式=\frac{1}{2}\cdot\int_{-\frac{\pi}{2}}^{\frac{\pi}{2}}\left[\frac{e^x}{1+e^x}+\frac{1}{1+e^x}\right]\sin^4 x dx=\frac{1}{2}\cdot\int_{-\frac{\pi}{2}}^{\frac{\pi}{2}}\sin^4 x dx$$
$$=\int_{0}^{\frac{\pi}{2}}\sin^4 x dx=\frac{3}{4}\cdot\frac{1}{2}\cdot\frac{\pi}{2}=\frac{3\pi}{16}。$$

3. (上海交通大学，1992 Ⅰ)设$f(x)=\cos^4 x+2\int_{0}^{\frac{\pi}{2}}f(x)dx$，其中$f(x)$为连续函数，试求$f(x)$。

解 因为定积分是数，所以设$A=\int_{0}^{\frac{\pi}{2}}f(x)dx$，则$f(x)=\cos^4 x+2A$。

对上式在$\left[0,\frac{\pi}{2}\right]$上积分，得$\int_{0}^{\frac{\pi}{2}}f(x)dx=\int_{0}^{\frac{\pi}{2}}(\cos^4 x+2A)dx$，$A=\int_{0}^{\frac{\pi}{2}}\cos^4 x dx+2A\int_{0}^{\frac{\pi}{2}}dx$，$A=\frac{3}{4}\cdot\frac{1}{2}\cdot\frac{\pi}{2}+\pi A$，所以$(1-\pi)A=\frac{3\pi}{16}$，$A=\frac{3\pi}{16(1-\pi)}$，故$f(x)=\cos^4 x+\frac{6\pi}{16(1-\pi)}=\cos^4 x+\frac{3\pi}{8(1-\pi)}$。

4. (电子科技大学，2001 Ⅰ)设$f''(x)$在$[0,\pi]$上连续，且$f(0)=2$，$f(\pi)=1$，求$\int_{0}^{\pi}[f(x)+f''(x)]\sin x dx$。

解　利用分部积分法中的“抵消法”。

$\int_0^{\pi}[f(x)+f''(x)]\sin x\mathrm{d}x=\int_0^{\pi}f(x)\sin x\mathrm{d}x+\int_0^{\pi}\sin x\mathrm{d}f'(x)$（分部）

$=\int_0^{\pi}f(x)\sin x\mathrm{d}x$（积不出）$+f'(x)\sin x\big|_0^{\pi}-\int_0^{\pi}f'(x)\cos x\mathrm{d}x$

$=\int_0^{\pi}f(x)\sin x\mathrm{d}x-\int_0^{\pi}\cos x\,\mathrm{d}f(x)$（分部）

$=\int_0^{\pi}f(x)\sin x\mathrm{d}x-\cos xf(x)\big|_0^{\pi}+\int_0^{\pi}f(x)(-\sin x)\mathrm{d}x$（抵消）

$=-\cos\pi f(\pi)+\cos 0f(0)=3$。

5.（东南大学，1998 Ⅰ）设 $f(x)$ 在 $x=0$ 的某邻域内连续，且 $f(0)=0,f'(0)=1$，求 $\lim\limits_{x\to 0}\dfrac{\int_0^x tf(x^2-t^2)\mathrm{d}t}{x^3\sin x}$。

解　因为分子是积分变上限函数的“混合型”，类型确定，解法固定。

设 $u=x^2-t^2$，则 $\int_0^x tf(x^2-t^2)\mathrm{d}t=\dfrac{1}{2}\cdot\int_0^{x^2}f(u)\mathrm{d}u$。当 $x\to 0$ 时，$\sin x\sim x$，原式 $=\lim\limits_{x\to 0}\dfrac{1}{2}\cdot\dfrac{\int_0^{x^2}f(u)\mathrm{d}u}{x^4}=\dfrac{1}{2}\cdot\lim\limits_{x\to 0}\dfrac{f(x^2)2x}{4x^3}=\dfrac{1}{4}\cdot\lim\limits_{x\to 0}\dfrac{f(x^2)}{x^2}=\dfrac{1}{4}\cdot\lim\limits_{x\to 0}\dfrac{f(x^2)-f(0)}{x^2}=\dfrac{f'(0)}{4}=\dfrac{1}{4}$。

学生的下面作法是否正确？

原式 $=\lim\limits_{x\to 0}\dfrac{1}{2}\cdot\dfrac{f(x^2)\cdot 2x}{4x^3}=\dfrac{1}{4}\cdot\lim\limits_{x\to 0}\dfrac{f(x^2)}{x^2}\overset{*}{=\!=}\dfrac{1}{4}\cdot\lim\limits_{x\to 0}\dfrac{f'(x^2)\cdot 2x}{2x}=\dfrac{1}{4}\cdot\lim\limits_{x\to 0}f'(x^2)\overset{**}{=\!=}\dfrac{f'(0)}{4}=\dfrac{1}{4}$。

上述作法是错误的。第一个错在 * 处，因为 $f'(0)=1$ 是导数只在 $x=0$ 处一点有定义的三种等价说法之一，当 $x\neq 0$ 时根据题给的条件是否可导不知道，所以在题给条件下记号 $f'(x^2)$ 无意义。第二个错在 ** 处，$\lim\limits_{x\to 0}f'(x^2)=f'(\lim\limits_{x\to 0}x^2)=f'(0)=1$，这一步利用了导数在 $x=0$ 处连续的概念。

6.（大连理工大学，2004 Ⅰ）已知 $\int_0^{+\infty}\dfrac{\sin x}{x}\mathrm{d}x=\dfrac{\pi}{2}$，求广义积分 $\int_0^{+\infty}\dfrac{\sin^2 x}{x^2}\mathrm{d}x$。

解　原式 $=-\int_0^{+\infty}\sin^2 x\mathrm{d}\dfrac{1}{x}=-\dfrac{\sin^2 x}{x}\Bigg|_0^{+\infty}+\int_0^{+\infty}\dfrac{2\sin x\cos x}{x}\mathrm{d}x$

$=0+\int_0^{+\infty}\dfrac{\sin(2x)\mathrm{d}x}{x}(2x=t)=\int_0^{+\infty}\dfrac{\sin t\mathrm{d}t}{t}=\dfrac{\pi}{2}$。

二、（西安电子科技大学，1994 Ⅰ）设 $f(x)$ 在 $[0,1]$ 上连续，在 $(0,1)$ 内可导，$0<f'(x)\leqslant 1,f(0)=0$，证明：$\left[\int_0^1 f(x)\mathrm{d}x\right]^2\geqslant\int_0^1 f^3(x)\mathrm{d}x$。

点评　因为欲证不等式中含有定积分，所以将定积分视为积分变上限函数在 $x=1$ 处的函数值。故利用积分变上限函数证明定积分不等式非常方便！请读者记住将定积分视为积分变上限函数的函数值这个基本观点！

证明　方法 1　设 $F(x)=\left[\int_0^x f(t)\mathrm{d}t\right]^2-\int_0^x f^3(t)\mathrm{d}t$，$F'(x)=2\int_0^x f(t)\mathrm{d}t\cdot f(x)-f^3(x)=f(x)\left[2\int_0^x f(t)\mathrm{d}t-f^2(x)\right]\overset{\text{记}}{=\!=}f(x)G(x)$。其中 $G(x)=2\int_0^x f(t)\mathrm{d}t-f^2(x)$，$G'(x)=2f(x)-$

$2f(x)f'(x)=2f(x)(1-f'(x))\geqslant 0$。因为 $0<f'(x)\leqslant 1$，而 $G(0)=0$，所以 $G(x)\geqslant 0$，$x\in[0,1]$，有 $F'(x)\geqslant 0$，且 $F(0)=0$，得 $F(x)\geqslant 0$，令 $x=1$，得 $F(1)\geqslant 0$，得证。

方法 2　设 $F(x)=\left[\int_0^x f(t)\mathrm{d}t\right]^2$，$G(x)=\int_0^x f^3(t)\mathrm{d}t$，$x\in[0,1]$，$F(x)$，$G(x)$ 在$[0,1]$上连续，在$(0,1)$ 内可导，且 $G'(x)=f^3(x)\neq 0$，则由柯西中值定理有

$$\frac{F(1)-F(0)}{G(1)-G(0)}=\frac{F(1)}{G(1)}=\frac{2f(\xi)\int_0^{\xi}f(t)\mathrm{d}t}{f^3(\xi)}\quad(0<\xi<1)$$

$$=\frac{2\int_0^{\xi}f(t)\mathrm{d}t}{f^2(\xi)}=\frac{2\int_0^{\xi}f(t)\mathrm{d}t-2\int_0^{0}f(t)\mathrm{d}t}{f^2(\xi)-f^2(0)}$$

$$=\frac{2f(\eta)}{2f(\eta)f'(\eta)}=\frac{1}{f'(\eta)}\geqslant 1\quad(0<\eta<\xi<1),$$

所以 $F(1)\geqslant G(1)$，即 $\left[\int_0^1 f(x)\mathrm{d}x\right]^2\geqslant\int_0^1 f^3(x)\mathrm{d}x$。

三、(大连理工大学，1998 Ⅰ)设在$(-\infty,+\infty)$上 $\varphi(x)$为正值连续函数，若 $f(x)=\int_{-c}^{c}|x-u|\varphi(u)\mathrm{d}u$，$-c\leqslant x\leqslant c$，$c>0$，试证曲线 $y=f(x)$ 在$[-c,c]$上是向上凹的。

解　① 求零值，令 $x-u=0$，$u=x$；② 拆区间，$[-c,c]=[-c,x]+[x,c]$；③ 去绝对值符号，$f(x)=\int_{-c}^{x}(x-u)\varphi(u)\mathrm{d}u+\int_x^c(u-x)\varphi(u)\mathrm{d}u$，$f'(x)=\int_{-c}^{x}\varphi(u)\mathrm{d}u+x\varphi(x)-x\varphi(x)-x\varphi(x)-\int_x^c\varphi(u)\mathrm{d}u+x\varphi(x)=\int_{-c}^{x}\varphi(u)\mathrm{d}u-\int_x^c\varphi(u)\mathrm{d}u$；$f''(x)=\varphi(x)+\varphi(x)=2\varphi(x)>0$，故曲线 $y=f(x)$在$[-c,c]$上是向上凹($\cup$)的。

四、(上海交通大学，1983 Ⅰ)证明函数 $f(x)=\int_0^x(1-t)\ln(1+nt)\mathrm{d}t$ 在区间$[0,+\infty]$上的最大值不超过$\frac{n}{6}$，其中 n 为正整数。

证明　方法 1　$f'(x)=(1-x)\ln(1+nx)\overset{\text{令}}{=\!=}0$，得驻点 $x=1$($x=0$ 为区间端点)，$f(0)=0$，$f(1)=\int_0^1(1-t)\ln(1+nt)\mathrm{d}t>0$，$f(+\infty)=\int_0^{+\infty}(1-t)\ln(1+nt)\mathrm{d}t=\int_0^{+\infty}\ln(1+nt)\mathrm{d}t-\int_0^{+\infty}t\ln(1+nt)\mathrm{d}t$。设 $F(x)=\int_0^x\ln(1+nt)\mathrm{d}t$，$G(x)=\int_0^x t\ln(1+nt)\mathrm{d}t$，则有 $\lim\limits_{x\to+\infty}F(x)=+\infty$，$\lim\limits_{x\to+\infty}G(x)=+\infty$，但 $\lim\limits_{x\to+\infty}\frac{G(x)}{F(x)}=\lim\limits_{x\to+\infty}\frac{x\ln(1+nx)}{\ln(1+nx)}=\lim\limits_{x\to+\infty}x=+\infty$，所以 $f(x)=F(x)-G(x)$，有 $\lim\limits_{x\to+\infty}f(x)=-\infty$。比较函数值 $f(0)$，$f(1)$，$f(+\infty)$，得最大值 $M=f(1)=\int_0^1(1-t)\ln(1+nt)\mathrm{d}t\leqslant\int_0^1(1-t)nt\,\mathrm{d}t=n\left(\frac{t^2}{2}-\frac{t^3}{3}\right)\Big|_0^1=\frac{n}{6}$。(因为 $\ln(1+nt)<nt$)

方法 2　$f'(x)=(1-x)\ln(1+nx)\overset{\text{令}}{=\!=}0$，得驻点 $x=1$。当 $0<x<1$ 时，$f'(x)>0$；当 $x>1$时，$f'(x)<0$。所以 $x=1$ 为极大值点，只有一个极大值为最大值点。最大值 $M=f(1)$ 余下同方法 1。

五、(大连理工大学，1999 Ⅰ)设函数 $f(x)$，$g(x)$在$[0,1]$上连续，证明至少存在一点 $\xi\in$

$(0,1)$，使得 $f(\xi)\int_{\xi}^{1} g(x)\mathrm{d}x = g(\xi)\int_{0}^{x} f(t)\mathrm{d}t$。

分析　因为欲证结论含有积分，所以利用积分变上限函数证明。设 $F(x)=\int_0^x f(t)\mathrm{d}t$，$G(x)=\int_x^1 g(t)\mathrm{d}t$。由题给条件知 $F(x)$，$G(x)$在$[0,1]$上连续且可导 $F'(x)=f(x)$，$G'(x)=-g(x)$。欲证的结论是导函数方程根存在问题，故应用罗尔定理证明。

证明　(1) 分析法。

$$f(x)\cdot\int_x^1 g(t)\mathrm{d}t+\int_0^x f(t)\mathrm{d}t\cdot(-g(x))=0\Leftrightarrow$$

$$\left(\int_0^x f(t)\mathrm{d}t\right)'\cdot\int_x^1 g(t)\mathrm{d}t+\int_0^x f(t)\mathrm{d}t\cdot\left(\int_x^1 g(t)\mathrm{d}t\right)'=0,$$

即 $\dfrac{\mathrm{d}}{\mathrm{d}x}\left(\int_0^x f(t)\mathrm{d}t\cdot\int_x^1 g(t)\mathrm{d}t\right)=0$，从而猜出辅助函数为 $\Phi(x)=\int_0^x f(t)\mathrm{d}t\cdot\int_x^1 g(t)\mathrm{d}t$。显然 $\Phi(x)$ 在$[0,1]$上满足罗尔定理全部条件，则在$(0,1)$内至少存在一点 ξ，使得 $\Phi'(\xi)=0$，即 $f(\xi)\int_\xi^1 g(t)\mathrm{d}t-\int_0^\xi f(t)\mathrm{d}t\cdot g(\xi)=0$，亦即 $f(\xi)\int_\xi^1 g(x)\mathrm{d}x=g(\xi)\int_0^\xi f(x)\mathrm{d}x$。

(2) 不定积分法。将结论中的 ξ 改写为 x，假设原等式成立。即

$$f(x)\int_x^1 g(t)\mathrm{d}t=g(x)\int_0^x f(t)\mathrm{d}t,\frac{\mathrm{d}\int_0^x f(t)\mathrm{d}t}{\int_0^x f(t)\mathrm{d}t}=-\frac{\mathrm{d}\int_x^1 g(t)\mathrm{d}t}{\int_x^1 g(t)\mathrm{d}t},$$

$$\ln\int_0^x f(t)\mathrm{d}t=-\ln\int_x^1 g(t)\mathrm{d}t+\ln c,$$

所以$\int_0^x f(t)\mathrm{d}t\cdot\int_x^1 g(t)\mathrm{d}t=c$。设辅助函数为 $\Phi(x)=\int_0^x f(t)\mathrm{d}t\cdot\int_x^1 g(t)\mathrm{d}t$，余下同(1)。

六、(上海交通大学，1990 Ⅰ)设 $f(x)$在$[0,1]$上连续，且 $\int_0^1 f(x)\mathrm{d}x=0$，试证：在$(0,1)$至少存在一点 ξ，使 $f(\xi)+\int_0^\xi f(x)\mathrm{d}x=0$。

分析　由于题给条件及结论都含定积分，所以利用积分变上限函数证明。设 $F(x)=\int_0^x f(t)\mathrm{d}t$，显然 $F(x)$ 在$[0,1]$上连续且可导，$F'(x)=f(x)$。欲证的结论是导函数方程根存在问题，应该利用罗尔定理证明。

证明　(1) 分析法。因为欲证结论是两项之和，所以它应是两个函数乘积求导得来的。

$$f(x)\cdot\square+\int_0^x f(t)\mathrm{d}t\cdot\square=0\Leftrightarrow\left(\int_0^x f(t)\mathrm{d}t\right)'\cdot\square+\int_0^x f(t)\mathrm{d}t\cdot\square'=0。$$

那么什么样的函数 □ 与其导数□′ 相等呢？自然想到 e^x，所以设辅助函数为 $G(x)=\mathrm{e}^x\cdot\int_0^x f(t)\mathrm{d}t$，余下同五题的(1)。

(2) 不定积分法。假设 $f(x)+\int_0^x f(t)\mathrm{d}t=0$ 仍然成立。

$$\frac{\mathrm{d}\int_0^x f(t)\mathrm{d}t}{\int_0^x f(t)\mathrm{d}t}=-\mathrm{d}x,\quad \ln\int_0^x f(t)\mathrm{d}t=-x+c,$$

因此$\int_0^x f(t)\mathrm{d}t = c\mathrm{e}^{-x}$，$\mathrm{e}^x \cdot \int_0^x f(t)\mathrm{d}t = c$。设辅助函数为$G(x) = \mathrm{e}^x\int_0^x f(t)\mathrm{d}t$，余下读者自己完成。

七、(上海交通大学，1986 Ⅰ)设 $f''(x)<0, x\in[0,1]$，证明：$\int_0^1 f(x^2)\mathrm{d}x \leqslant f\left(\frac{1}{3}\right)$。

分析 因为 $f''(x)<0$(已知二阶导数正或负)，所以有两种固定证法：(1)展开一阶泰勒公式；(2)因为 $f''(x)<0$(或 $f''(x)>0$)，$x\in[0,1]$，所以曲线 $y=f(x)$在$(0,1)$上凸(或凹)的，则曲线 $y=f(x)$在其上一点处的切线下(或上)方。

证明 方法 1 因为 $f''(x)<0, x\in[0,1]$，所以曲线 $y=f(x)$在$[0,1]$上是凸($\cap$)的，则曲线$y=f(x)$在其上任意一点处切线的下方！因为过点$\left(\frac{1}{3}, f\left(\frac{1}{3}\right)\right)$处的切线方程为

$$y = f\left(\frac{1}{3}\right)+f'\left(\frac{1}{3}\right)\left(x-\frac{1}{3}\right),$$

则有

$$f(x)<f\left(\frac{1}{3}\right)+f'\left(\frac{1}{3}\right)\left(x-\frac{1}{3}\right),$$

于是

$$f(t^2)<f\left(\frac{1}{3}\right)+f'\left(\frac{1}{3}\right)\left(t^2-\frac{1}{3}\right),$$

因此$\int_0^1 f(t^2)\mathrm{d}t \leqslant \int_0^1\left[f\left(\frac{1}{3}\right)+f'\left(\frac{1}{3}\right)\left(t^2-\frac{1}{3}\right)\right]\mathrm{d}t = f\left(\frac{1}{3}\right)$，即$\int_0^1 f(x^2)\mathrm{d}x < f\left(\frac{1}{3}\right)$。

方法 2 将 $f(t)$在 $t=\frac{1}{3}$处展开一阶泰勒公式

$f(t)=f\left(\frac{1}{3}\right)+f'\left(\frac{1}{3}\right)\left(t-\frac{1}{3}\right)+\frac{f''(\xi)}{2!}\left(t-\frac{1}{3}\right)^2$，$\xi$在 t 与$\frac{1}{3}$之间。

因为 $f''(t)<0, x\in[0,1]$，所以 $f''(\xi)<0$，$\frac{f''(\xi)}{2!}\left(t-\frac{1}{3}\right)^2<0$。从而 $f(t)<f\left(\frac{1}{3}\right)+f'\left(\frac{1}{3}\right)\left(t-\frac{1}{3}\right)$，余下同方法 1。

八、(西安电子科技大学，2000 Ⅰ)设 $f(x)$在$[-a,a]$上连续，在 $x=0$ 处可导，且 $f'(0)\neq 0$。(1)证明对任意的 $x\in(-a,a)$，存在 $\theta\in(0,1)$，使 $\int_0^x f(t)\mathrm{d}t + \int_0^{-x} f(t)\mathrm{d}t = x[f(\theta x) - f(-\theta x)]$；(2) 求$\lim\limits_{x\to 0^+}\theta(x)$。

证明 (1) 设辅助函数为 $F(x) = \int_0^x f(t)\mathrm{d}t+\int_0^{-x} f(t)\mathrm{d}t$，$F(x)$ 在$[-a,a]$上满足拉格朗日中值定理条件，则在$(0,x)$ 内有 $F(x) - F(0) = F'(\theta x)x, 0<\theta<1$。$\int_0^x f(t)\mathrm{d}t+\int_0^{-x} f(t)\mathrm{d}t = x[f(\theta x) - f(-\theta x)], 0<\theta<1$。

(2) 当 $x\neq 0$ 时，由(1)的结论，得 $\dfrac{\int_0^x f(t)\mathrm{d}t+\int_0^{-x} f(t)\mathrm{d}t}{2x^2} = \dfrac{\theta(f(\theta x) - f(-\theta x))}{2x\theta}$。

上式两边取极限，又 $f'(0)\neq 0$，则

$$\text{左边} = \lim_{x\to 0^+}\frac{\int_0^x f(t)\mathrm{d}t+\int_0^{-x} f(t)\mathrm{d}t}{2x^2} = \lim_{x\to 0^+}\frac{f(x) - f(-x)}{4x}$$

$$=\frac{1}{4}\cdot\lim_{x\to0^+}\frac{f(x)-f(0)+f(0)-f(-x)}{x}$$

$$=\frac{1}{4}\cdot\lim_{x\to0^+}\left[\frac{f(x)-f(0)}{x}+\frac{f(-x)-f(0)}{-x}\right]=\frac{1}{2}\cdot f'(0),$$

$$右边=\lim_{x\to0^+}\left[\frac{\theta(f(\theta x)-f(-\theta x))}{2x\theta}\right]=\frac{1}{2}\cdot\lim_{x\to0^+}\left\{\left[\frac{f(\theta x)-f(0)}{\theta x}+\frac{f(-\theta x)-f(0)}{-\theta x}\right]\theta\right\}$$

$$=\frac{1}{2}\cdot[2f'(0)\cdot\theta]=f'(0)\lim_{x\to0^+}\theta,$$

故 $\lim\limits_{x\to0^+}\theta=\frac{1}{2}$。

注　因为 $x=0$ 处可导是导数只在一点 $x=0$ 处有定义的三种等价说法之一，所以下面做法是错的。

$$左边=\lim_{x\to0^+}\frac{f(x)-f(-x)}{4x}\overset{*}{=\!=}\frac{1}{4}\cdot\lim_{x\to0^+}\frac{f'(x)+f'(-x)}{1}=\frac{1}{2}\cdot f'(0)。$$

九、(天津大学,1987Ⅰ)设 $f(x)$ 是闭区间 $[0,1]$ 上的严格单调递减连续函数，试证明：对于任何 $p\in(0,1)$，恒有不等式 $\frac{1}{p}\cdot\int_0^p f(x)\mathrm{d}x>\int_0^1 f(x)\mathrm{d}x$。

分析　因为欲证不等式含有定积分，所以应用积分变上限函数证。

证明　方法 1　设 $F(p)=\frac{1}{p}\cdot\int_0^p f(x)\mathrm{d}x-\int_0^1 f(x)\mathrm{d}x$，则

$$F'(p)=\frac{pf(p)-\int_0^p f(x)\mathrm{d}x}{p^2}=\frac{\int_0^p f(p)\mathrm{d}x-\int_0^p f(x)\mathrm{d}x}{p^2}$$

$$=\int_0^p\frac{[f(p)-f(x)]\mathrm{d}x}{p^2}<0。（因为 f(p)<f(x)）$$

所以 $F(p)$ 在 $[0,1]$ 上单调减少，且 $F(1)=0$，故 $F(p)>0$，即

$$\frac{1}{p}\cdot\int_0^p f(x)\mathrm{d}x>\int_0^1 f(x)\mathrm{d}x。$$

方法 2　自己动手，利用积分中值定理 $\int_0^p f(x)\mathrm{d}x=f(c)p, 0\leqslant c\leqslant p$。$F'(p)=\frac{p(f(p)-f(c))}{p^2}<0,\cdots$

方法 3　设 $x=pt$，$\frac{1}{p}\cdot\int_0^p f(x)\mathrm{d}x=\int_0^1 f(pt)\mathrm{d}t$，

$$\frac{1}{p}\cdot\int_0^p f(x)\mathrm{d}x-\int_0^1 f(x)\mathrm{d}x=\int_0^1 f(pt)\mathrm{d}t-\int_0^1 f(x)\mathrm{d}x=\int_0^1[f(px)-f(x)]\mathrm{d}x>0,$$

上式因为 $px<x$，所以 $f(px)-f(x)>0$。

方法 4　利用定积分定义 $\sum\limits_{i=1}^n\left[f\left(\frac{pi}{n}\right)-f\left(\frac{i}{n}\right)\right]\left(\frac{i}{n}\right)\geqslant0$ 证明。

第六章　定积分的应用

第一节　定积分在几何学上的应用

问题 93　定积分的几何意义是什么？

1. $S=\int_a^b f(x)\mathrm{d}x$，当 $f(x)>0$ 时，表示曲边梯形 $aABb$ 的面积，如图 6-1(a)所示。

2. $S=\int_c^d \varphi(y)\mathrm{d}y$，当 $\varphi(y)>0$ 时，表示曲边梯形 $cCDd$ 的面积，如图 6-1(b)所示。

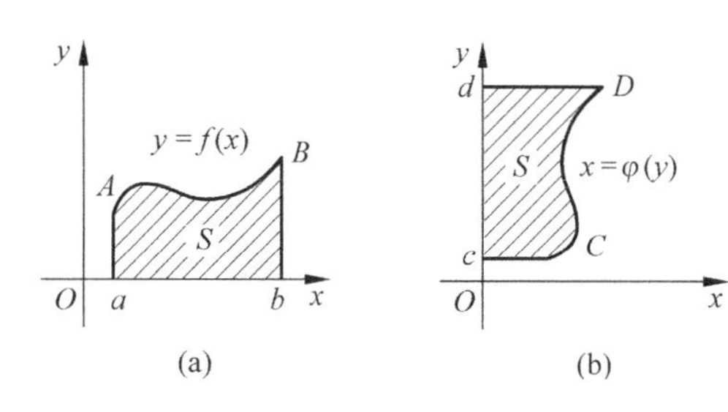

图　6-1

例 1　求由下列各组曲线所围成的图形的面积：

(1) $y=\frac{x^2}{2}$与 $x^2+y^2=8$(两部分都要计算)；

(2) $y=\frac{1}{x}$与直线 $y=x$ 及 $x=2$；

(3) $y=\mathrm{e}^x, y=\mathrm{e}^{-x}$与直线 $x=1$；

(4) $y=\ln x$，y 轴与直线 $y=\ln a$，$y=\ln b(b>a>0)$；

(5) $y^2=x$ 与半圆 $x^2+y^2=2(x>0)$。

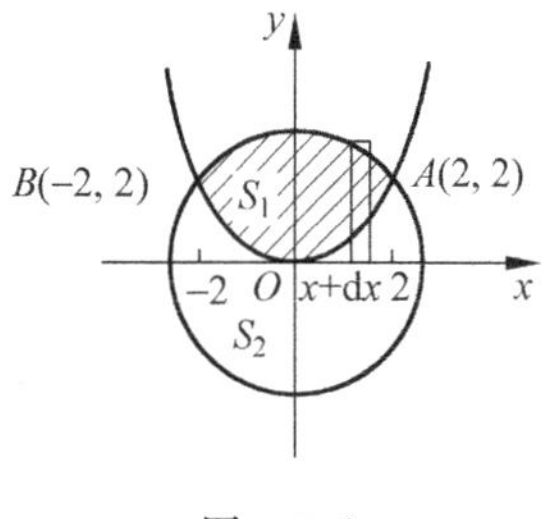

图　6-2

解　(1) 画出草图求交点。得交点 $A(2,2)$，$B(-2,2)$。$S_2=8\pi-S_1$，先求 S_1。根据图 6-2 的特点，选 x 为积分变量，在$[x,x+\mathrm{d}x]$上面积微元为 $\mathrm{d}A_1=(y_{上}-y_{下})\mathrm{d}x=\left(\sqrt{8-x^2}-\frac{x^2}{2}\right)\mathrm{d}x$，则

$$S_1=\int_{-2}^{2}\left(\sqrt{8-x^2}-\frac{x^2}{2}\right)\mathrm{d}x=2\int_0^2\left(\sqrt{8-x^2}-\frac{x^2}{2}\right)\mathrm{d}x(设\ x=\sqrt{8}\sin t),$$

$$=16\int_0^{\frac{\pi}{4}}\cos^2\mathrm{d}t-\frac{x^3}{3}\Big|_0^2=8\int_0^{\frac{\pi}{4}}(1+\cos 2t)\mathrm{d}t-\frac{8}{3}=2\pi+\frac{4}{3},$$

$$S_2=8\pi-S_1=6\pi-\frac{4}{3}。$$

(2) 画草图求交点。得交点 $A(1,1),B(2,2),C=\left(2,\frac{1}{2}\right)$。根据图 6-3 的特点，选 x 为积分变量，在 $[x,x+\mathrm{d}x]$ 上，面积微元为 $\mathrm{d}S=(y_{上}-y_{下})\mathrm{d}x=\left(x-\frac{1}{x}\right)\mathrm{d}x$，则

$$S=\int_1^2\left(x-\frac{1}{x}\right)\mathrm{d}x=\left(\frac{x^2}{2}-\ln x\right)\Big|_1^2=\frac{3}{2}-\ln 2。$$

(3) 画草图求交点。得交点 $A(0,1),B(1,\mathrm{e}),C(1,\mathrm{e}^{-1})$。根据图 6-4 的特点，选 x 为积分变量，在 $[x,x+\mathrm{d}x]$ 上，面积微元为 $\mathrm{d}S=(y_{上}-y_{下})\mathrm{d}x=(\mathrm{e}^x-\mathrm{e}^{-x})\mathrm{d}x$，则

$$S=\int_0^1(\mathrm{e}^x-\mathrm{e}^{-x})\mathrm{d}x=(\mathrm{e}^x+\mathrm{e}^{-x})\Big|_0^1=\mathrm{e}+\mathrm{e}^{-1}-2。$$

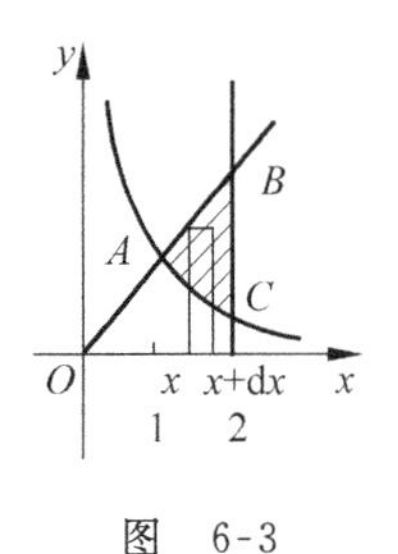

图　6-3

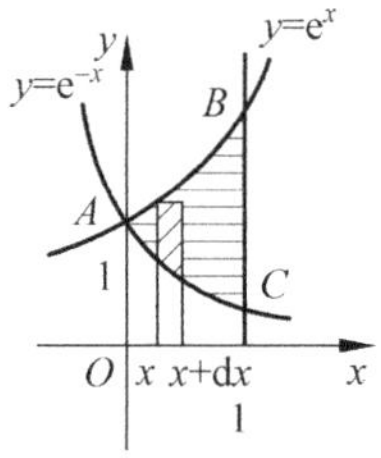

图　6-4

(4) 画草图求交点。得交点 $(a,\ln a)$ 和 $(b,\ln b)$。根据图 6-5 的特点，取 y 为积分变量，$y\in[\ln a,\ln b]$，在 $[y,y+\mathrm{d}y]\subset[\ln a,\ln b]$ 上，面积微元为 $\mathrm{d}S=(x_{右}-x_{左})\mathrm{d}y=(\mathrm{e}^y-0)\mathrm{d}y=\mathrm{e}^y\mathrm{d}y$，所求面积为

$$S=\int_{\ln a}^{\ln b}\mathrm{e}^y\mathrm{d}y=\mathrm{e}^y\Big|_{\ln a}^{\ln b}=\mathrm{e}^{\ln b}-\mathrm{e}^{\ln a}=b-a。$$

(5) 画草图求交点。得交点 $A(1,1),B(1,-1)$。根据图 6-6 的特点，选 y 为积分变量，在 $[y,y+\mathrm{d}y]$ 上，面积微元为 $\mathrm{d}S=(x_{右}-x_{左})\mathrm{d}y=(\sqrt{2-y^2}-y^2)\mathrm{d}y$，则

$$S=\int_{-1}^1(\sqrt{2-y^2}-y^2)\mathrm{d}y=2\int_0^1\sqrt{2-y^2}\,\mathrm{d}y-\frac{2y^3}{3}\Big|_0^1=2\int_0^1\sqrt{2-y^2}\,\mathrm{d}y-\frac{2}{3}。$$

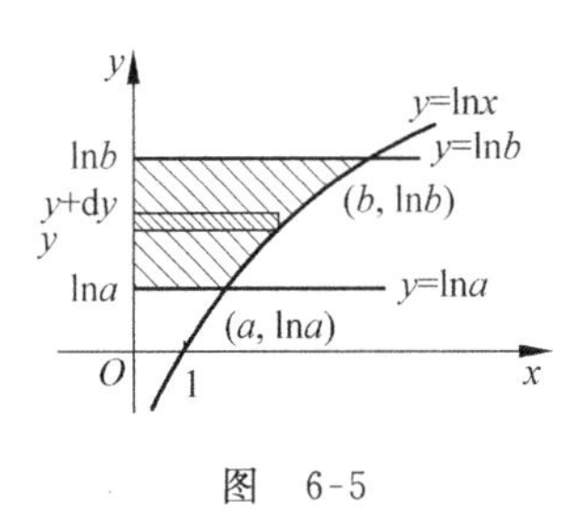

图　6-5

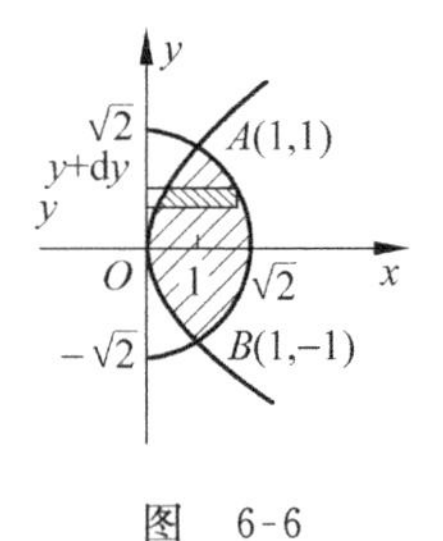

图　6-6

注　分部积分 $\int_0^1\sqrt{2-y^2}\,\mathrm{d}y=y\sqrt{2-y^2}\Big|_0^1-\int_0^1 y\left(\frac{-y}{\sqrt{2-y^2}}\right)\mathrm{d}y=1+\int_0^1\frac{y^2}{\sqrt{2-y^2}}\mathrm{d}y=1-\int_0^1\frac{2-y^2-2}{\sqrt{2-y^2}}\mathrm{d}y=1-\int_0^1\sqrt{2-y^2}\,\mathrm{d}y$(产生循环)$+\frac{\pi}{2}$。所以 $\int_0^1\sqrt{2-y^2}\,\mathrm{d}y=\frac{1}{2}+\frac{\pi}{4}$。所以 $S=\frac{\pi}{2}+\frac{1}{3}$。

例 2　由曲线 $y=\ln x$ 与两直线 $y=(e+1)-x$ 及 $y=0$ 所围成的平面图形的面积是________。

解　画草图求交点。得交点(1,0),(e+1,0),(e,1)。根据图 6-7 的特点,选 y 为积分变量,在$[y,y+dy]$上,面积微元为 $dS=(x_{右}-x_{左})dy=[(e+1)-y-e^y]dy$,则

$$S=\int_0^1(e+1-y-e^y)dy=(e+1)y-y^2\cdot\frac{1}{2}-e^y\Big|_0^1=\frac{3}{2}。$$

填$\frac{3}{2}$。

例 3　求抛物线 $y=-x^2+4x-3$ 及其在点(0,−3)和(3,0)处的切线所围图形的面积。

解　先求在点(0,−3)和(3,0)处的切线方程。

$$y'=-2x+4,\quad y'(0)=4,\quad y'(3)=-2。$$

抛物线在点 $A(0,-3)$ 与点 $B(3,0)$ 处的切线方程分别为 $y=4x-3$ 与 $y=-2x+6$。

两切线的交点为 $C\left(\frac{3}{2},3\right)$,画出 $y=-x^2+4x-3$ 及两条切线的图形如图 6-8 所示,根据图形特点,取 x 为积分变量。当 $x\in\left[0,\frac{3}{2}\right]$时在$[x,x+dx]\subset\left[0,\frac{3}{2}\right]$上,面积微元为

$$dS_1=(y_{上}-y_{下})dx=[(4x-3)-(-x^2+4x-3)]dx,$$

$$S_1=\int_0^{\frac{3}{2}}[(4x-3)-(-x^2+4x-3)]dx=\int_0^{\frac{3}{2}}x^2dx=\frac{9}{8};$$

当 $x\in\left[\frac{3}{2},3\right]$时在$[x,x+dx]\subset\left[\frac{3}{2},3\right]$上,面积微元为

$$dS_2=(y_{上}-y_{下})dx=[(-2x+6)-(-x^2+4x-3)]dx,$$

$$S_2=\int_{\frac{3}{2}}^3[(-2x+6)-(-x^2+4x-3)]dx=\int_{\frac{3}{2}}^3(x^2-6x+9)dx=\frac{9}{8}。$$

所求面积为 $S=S_1+S_2=\frac{9}{4}$。

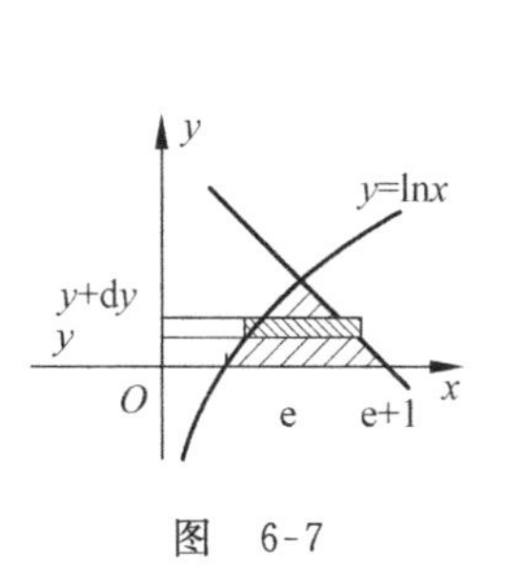

图　6-7

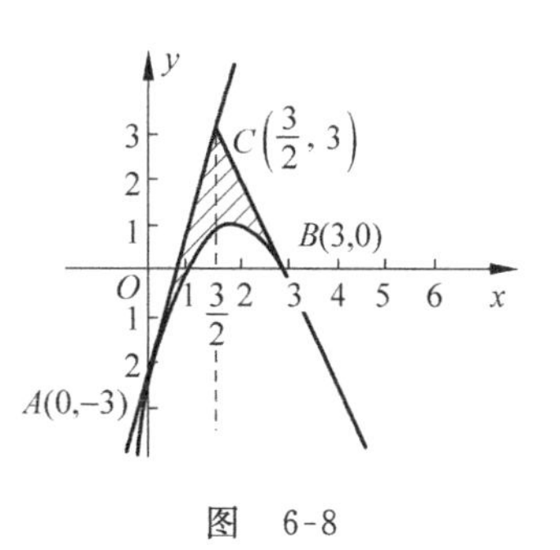

图　6-8

思考题 1　极坐标系下面积微元等于什么?

如何求由极坐标方程所围图形的面积? 利用定积分"微元法",会求极坐标系下面积元素(或面积微元),问题便得解决。

(1) 由曲线 $\rho=\rho(\theta)$ 与射线 $\theta=\alpha,\theta=\beta(\alpha<\beta)$ 所围成的曲边扇形如图 6-9 所示。已知半径 R,中心角为 θ 的圆扇形面积为 $S=R^2\ \frac{\theta}{2}$。选 θ 为积分变量,在$[\theta,\theta+d\theta]\subset[\alpha,\beta]$的窄曲边扇形

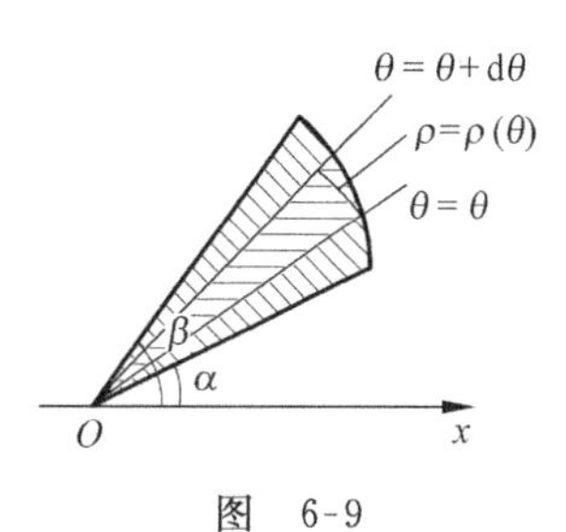

图　6-9

的面积可以用半径为 $\rho=\rho(\theta)$，中心角为 $\mathrm{d}\theta$ 的圆扇形的面积来近似代替，即极坐标系下面积微元为 $\mathrm{d}S=\frac{1}{2}\rho^2(\theta)\mathrm{d}\theta$，$S=\int_\alpha^\beta \frac{1}{2}\rho^2(\theta)\mathrm{d}\theta$。

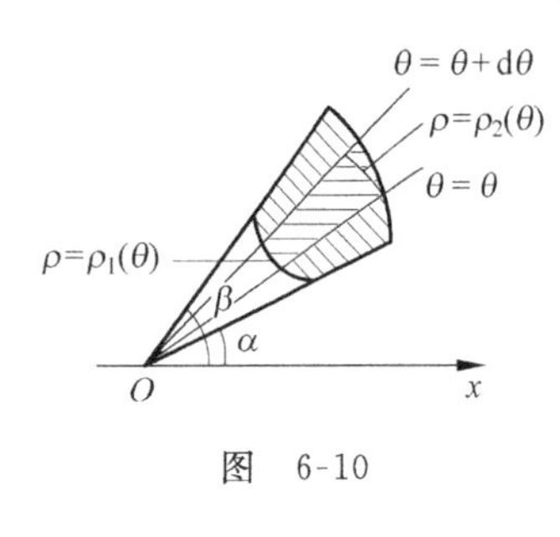

图　6-10

(2) 由曲线 $\rho=\rho_1(\theta)$，$\rho=\rho_2(\theta)$ 及射线 $\theta=\alpha$，$\theta=\beta(\alpha<\beta)$ 所围成图形如图 6-10 所示。其面积微元为 $\mathrm{d}S=\frac{1}{2}\rho_2^2(\theta)\mathrm{d}\theta-\frac{1}{2}\rho_1^2(\theta)\mathrm{d}\theta=\frac{1}{2}(\rho_2^2-\rho_1^2)\mathrm{d}\theta$，$S=\frac{1}{2}\int_\alpha^\beta(\rho_2^2(\theta)-\rho_1^2(\theta))\mathrm{d}\theta$。

例 4　求下列各曲线所围成图形的公共部分的面积：

(1) $\rho=3\cos\theta$ 及 $\rho=1+\cos\theta$；(2) $\rho=\sqrt{2}\sin\theta$ 及 $\rho^2=\cos 2\theta$。

解　(1) 由 $\rho=3\cos\theta$，心形线 $\rho=1+\cos\theta$ 所围成的图形如图 6-11 所示。所求交点为 $\theta=\frac{\pi}{3}$，$\theta=-\frac{\pi}{3}$。在 $[\theta,\theta+\mathrm{d}\theta]\subset\left[\frac{\pi}{3},\frac{\pi}{2}\right]$ 上，面积微元为 $\mathrm{d}S_1=\frac{1}{2}(3\cos\theta)^2\mathrm{d}\theta$；在 $[\theta,\theta+\mathrm{d}\theta]\subset\left[0,\frac{\pi}{3}\right]$ 上，面积微元为 $\mathrm{d}S_2=\frac{1}{2}(1+\cos\theta)^2\mathrm{d}\theta$。由于整个图形关于极轴对称，所以所求面积为

$$
\begin{aligned}
S&=2\int_0^{\frac{\pi}{3}}\frac{1}{2}(1+\cos\theta)^2\mathrm{d}\theta+\int_{\frac{\pi}{3}}^{\frac{\pi}{2}}(3\cos\theta)^2\mathrm{d}\theta\\
&=\int_0^{\frac{\pi}{3}}(1+2\cos\theta+\cos^2\theta)\mathrm{d}\theta+\int_{\frac{\pi}{3}}^{\frac{\pi}{2}}(9\cos^2\theta)\mathrm{d}\theta\\
&=\frac{\pi}{3}+\sqrt{3}+\left[\frac{\theta}{2}+\frac{\sin 2\theta}{4}\right]_0^{\frac{\pi}{3}}+9\left[\frac{\theta}{2}+\frac{\sin 2\theta}{4}\right]_{\frac{\pi}{3}}^{\frac{\pi}{2}}\\
&=\frac{\pi}{3}+\sqrt{3}+\left(\frac{\pi}{6}+\frac{\sqrt{3}}{8}\right)+9\left(\frac{\pi}{4}-\frac{\pi}{6}+0-\frac{1}{4}\cdot\frac{\sqrt{3}}{2}\right)=\frac{5\pi}{4}。
\end{aligned}
$$

(2) 由 $\rho=\sqrt{2}\sin\theta$ 及双纽线 $\rho^2=\cos 2\theta$ 所围成的图形如图 6-12 所示。

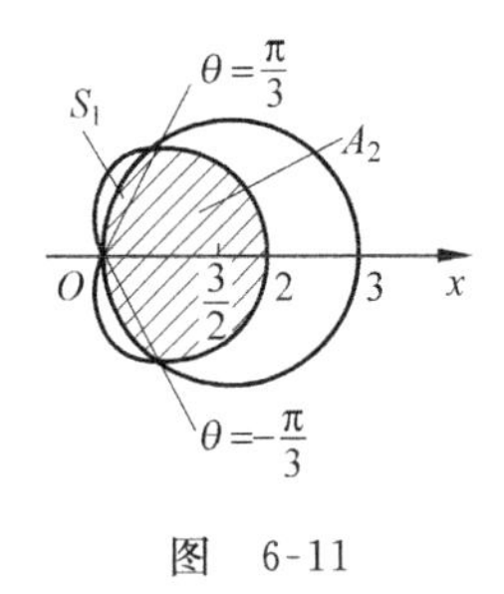

图　6-11

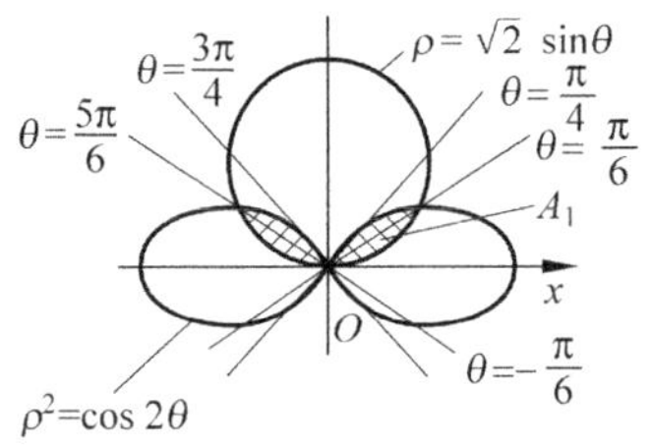

图　6-12

求交点得，$\left(\frac{\sqrt{2}}{2},\frac{\pi}{6}\right)$，$\left(\frac{\sqrt{2}}{2},\frac{5\pi}{6}\right)$。在 $[\theta,\theta+\mathrm{d}\theta]\subset\left[0,\frac{\pi}{6}\right]$ 上，面积微元为

$$\mathrm{d}S_1=\frac{1}{2}(\sqrt{2}\sin\theta)^2\mathrm{d}\theta,$$

在 $[\theta,\theta+\mathrm{d}\theta]\subset\left[\frac{\pi}{6},\frac{\pi}{4}\right]$ 上，面积微元为

$$\mathrm{d}S_2=\frac{1}{2}\cos 2\theta\mathrm{d}\theta。$$

由对称性,所求面积为

$$S=2\left[\int_0^{\frac{\pi}{6}}\frac{1}{2}(\sqrt{2}\sin\theta)^2\mathrm{d}\theta+\int_{\frac{\pi}{6}}^{\frac{\pi}{4}}\frac{1}{2}\cos2\theta\mathrm{d}\theta\right]$$

$$=2\left[\int_0^{\frac{\pi}{6}}\frac{1}{2}(1-\cos2\theta)\mathrm{d}\theta+\frac{1}{4}\int_{\frac{\pi}{6}}^{\frac{\pi}{4}}\cos2\theta\mathrm{d}(2\theta)\right]$$

$$=2\left[\left(\frac{\theta}{2}-\frac{\sin2\theta}{4}\right)\Big|_0^{\frac{\pi}{6}}+\frac{\sin2\theta}{4}\Big|_{\frac{\pi}{6}}^{\frac{\pi}{4}}\right]=\frac{\pi}{6}+\frac{1-\sqrt{3}}{2}。$$

例 5　求由曲线 $\rho=a\sin\theta,\rho=a(\cos\theta+\sin\theta)(a>0)$ 所围成图形公共部分的面积。

解　画出 $\rho=a\sin\theta$,及 $\rho=a(\sin\theta+\cos\theta)=\sqrt{2}a\sin\left(\theta+\frac{\pi}{4}\right)$的图形。两个图形所围的公共部分如图 6-13 中的阴影部分所示,且 $S=S_1+S_2$,而 $S_1=\left(\frac{a}{2}\right)^2\frac{\pi}{2}=\frac{\pi a^2}{8}$。在$[\theta,\theta+\mathrm{d}\theta]\subset\left[\frac{\pi}{2},\frac{3\pi}{4}\right]$上,面积微元为 $\mathrm{d}S_2=\frac{1}{2}[a(\sin\theta+\cos\theta)]^2\mathrm{d}\theta$,所以

$$S_2=\frac{1}{2}\int_{\frac{\pi}{2}}^{\frac{3\pi}{4}}a^2(\sin\theta+\cos\theta)^2\mathrm{d}\theta=\frac{a^2}{2}\int_{\frac{\pi}{2}}^{\frac{3\pi}{4}}(1+\sin2\theta)\mathrm{d}\theta=\frac{a^2}{2}\left[\theta-\frac{\cos2\theta}{2}\right]_{\frac{\pi}{2}}^{\frac{3\pi}{4}}=(\pi-2)\frac{a^2}{8},$$

$$S=S_1+S_2=\frac{\pi a^2}{8}+\frac{\pi a^2}{8}-\frac{a^2}{4}=\frac{(\pi-1)a^2}{4}。$$

思考题 2　如何求由参数方程 $x=\varphi(t),y=\psi(t)$所确定的曲线围成图形的面积?

由参数方程给出的曲线所围成的曲边梯形面积,其面积微元可在直角坐标系求之,得直角坐标系下定积分 $S=\int_a^b y\mathrm{d}x$。计算上面定积分时,将曲线的参数方程 $x=\varphi(t),y=\psi(t)$代入定积分被积表达式,要换定积分的上下限! 换限再计算。

例 6　求由摆线 $x=a(t-\sin t),y=a(1-\cos t)$的一拱$(0\leqslant t\leqslant2\pi)$与 x 轴所围成图形的面积。

解　画出摆线一拱的图形(图 6-14)。在直角坐标系用定积分表示该图形面积,在$[x,x+\mathrm{d}x]\subset[0,2\pi a]$上面积微元 $\mathrm{d}S=y\mathrm{d}x$,所求面积为 $S=\int_0^{2\pi a}y\mathrm{d}x$。计算此定积分时将 $x=a(t-\sin t),y=a(1-\cos t)$代入被积表达式,同时要换限,换限再计算。$x=0$ 时,$y=0$,得 $t=0$;当 $x=2\pi a$,时,$y=0$,得 $t=2\pi$。于是

$$S=\int_0^{2\pi a}y\mathrm{d}x=\int_0^{2\pi}a(1-\cos t)a(1-\cos t)\mathrm{d}t$$

$$=a^2\int_0^{2\pi}(1-2\cos t+\cos^2t)\mathrm{d}t$$

$$=a^2\left(2\pi+4\int_0^{\frac{\pi}{2}}\cos^2t\mathrm{d}t\right)=a^2\left(2\pi+4\cdot\frac{1}{2}\cdot\frac{\pi}{2}\right)=3\pi a^2。$$

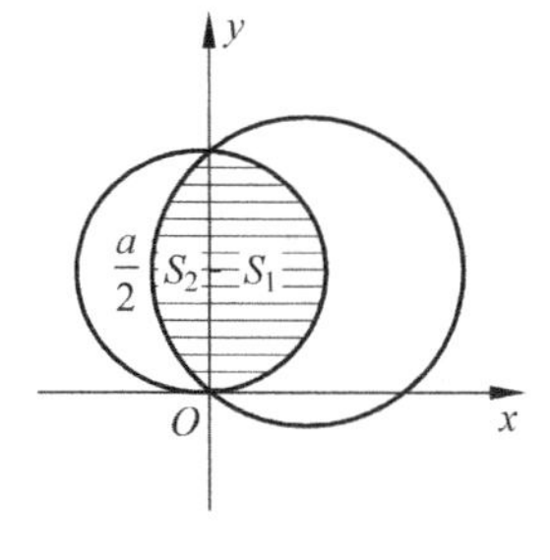

图　6-13

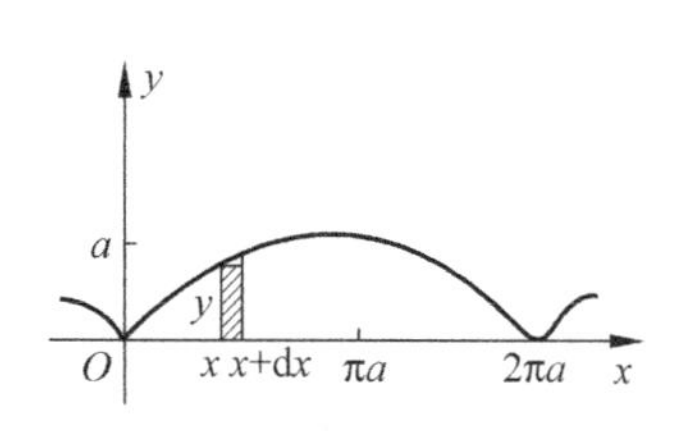

图　6-14

问题 94 求旋转体的体积的两套公式是什么？

两套公式是由绕某坐标轴旋转的平面图形构成的特点决定的。利用定积分的“微元法”求出旋转体的体积微元 $\mathrm{d}V$。

(1) 如图 6-15 所示，求曲边梯形 $aABb$ 绕 x 轴旋转所生成的旋转体的体积 V_x。

由图 6-15 图形的特点，采取切片法，在 $[x,x+\mathrm{d}x]$ 上体积微元为 $\mathrm{d}V_x=\pi y^2\mathrm{d}x=\pi f^2(x)\mathrm{d}x$，所以

$$V_x=\int_a^b \pi f^2(x)\mathrm{d}x。\tag{Ⅰ}$$

(2) 如图 6-16 所示，求曲边梯形 $aABb$ 绕 y 轴旋转所生成的旋转体的体积 V_y。采取圆筒法，在 $[x,x+\mathrm{d}x]$ 上体积微元为 $\mathrm{d}V_y=2\pi xf(x)\mathrm{d}x$，所以

$$V_y=\int_a^b 2\pi xf(x)\mathrm{d}x。\tag{Ⅱ}$$

称式(Ⅰ)、式(Ⅱ)为求旋转体的体积的两套公式。

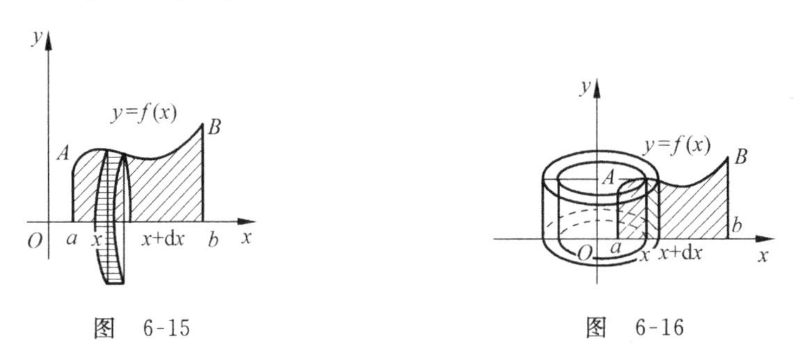

图 6-15 图 6-16

例 7 计算曲线 $y=\sin x(0\leqslant x\leqslant\pi)$ 和 x 轴所围成的图形绕 y 轴旋转所得旋转体的体积。

解 $V=\int_0^{\pi}2\pi x\sin x\mathrm{d}x=2\pi\left(-x\cos x\Big|_0^{\pi}+\int_0^{\pi}\cos x\mathrm{d}x\right)=2\pi^2$。

例 8 求下列已知曲线所围成的图形，按指定的轴旋转所产生的旋转体的体积：

(1) $y=x^2,x=y^2$，绕 y 轴；

(2) $y=\arcsin x,x=1,y=0$，绕 x 轴；

(3) $x^2+(y-5)^2=16$，绕 x 轴；

(4) 摆线 $x=a(t-\sin t),y=a(1-\cos t)$ 的一拱，$y=0$，绕直线 $y=2a$。

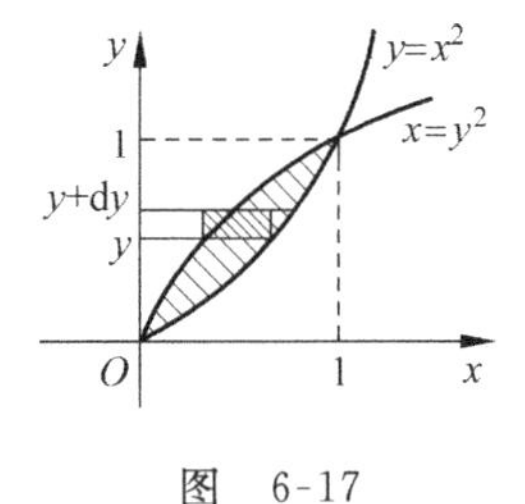

图 6-17

解 (1) 画出草图(图 6-17)。取 y 为积分变量，在 $[y,y+\mathrm{d}y]$ 上旋转体的体积微元 $\mathrm{d}V=\pi x_{外}^2\mathrm{d}y-\pi x_{内}^2\mathrm{d}y=\pi y\mathrm{d}y-\pi y^4\mathrm{d}y$，则

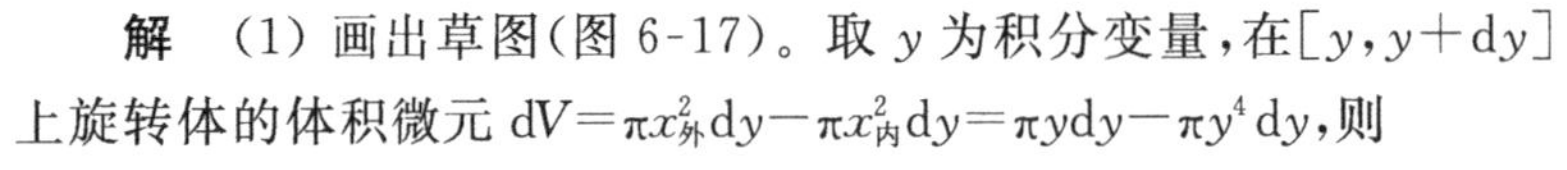

$$V=\int_0^1\pi(y-y^4)\mathrm{d}y=\pi\left(\frac{y^2}{2}-\frac{y^5}{5}\right)\Big|_0^1=\pi\left(\frac{1}{2}-\frac{1}{5}\right)=\frac{3\pi}{10}。$$

(2) $V_x=\int_0^1\pi y^2\mathrm{d}x=\int_0^1\pi\arcsin^2x\mathrm{d}x$，设 $\arcsin x=t$，则

$$V_x=\pi\int_0^{\frac{\pi}{2}}t^2\cos t\mathrm{d}t=\pi\left[t^2\sin t\Big|_0^{\frac{\pi}{2}}-\int_0^{\frac{\pi}{2}}\sin t\cdot 2t\mathrm{d}t\right]=\pi\left[\frac{\pi^2}{4}-2\int_0^{\frac{\pi}{2}}t(-\mathrm{d}\cos t)\right]$$

$$=\frac{\pi^3}{4}-2\pi\left[-t\cos t\Big|_0^{\frac{\pi}{2}}+\int_0^{\frac{\pi}{2}}\cos t\mathrm{d}t\right]=\frac{\pi^3}{4}-2\pi。$$

点评 被积函数为反三角函数先换元后分部计算简单!

(3) 画出草图(图 6-18)。从图中可知,所求旋转体的体积等于曲边梯形 $ABCDE$ 和 $ABCFE$ 分别绕 x 轴旋转而成的旋转体体积之差。在$[x,x+\mathrm{d}x]$上旋转体的体积微元为

$$\mathrm{d}V=\pi y_{上}^2\,\mathrm{d}x-\pi y_{下}^2\,\mathrm{d}x=\pi(5+\sqrt{16-x^2})^2\mathrm{d}x-\pi(5-\sqrt{16-x^2})^2\mathrm{d}x=20\pi\sqrt{16-x^2}\,\mathrm{d}x,$$

所以 $$V=\int_{-4}^{4}20\pi\sqrt{16-x^2}\,\mathrm{d}x=160\pi^2。\text{(定积分几何意义)}$$

(4) 画出草图(图 6-19)。由图可知,所求旋转体的体积微元

$$\mathrm{d}V=\pi R^2\mathrm{d}x-\pi r^2\mathrm{d}x(R=2a-0=2a,r=2a-y)=\pi(2a)^2\mathrm{d}x-\pi(2a-y)^2\mathrm{d}x。$$

而 $$V_1=\int_0^{2\pi a}4\pi a^2\mathrm{d}x=4\pi a^2x\Big|_0^{2\pi a}=8\pi^2a^3,V_2=\int_0^{2\pi a}\pi(2a-y)^2\mathrm{d}x,$$

将参数方程代入被积表达式,并换积分限得

$$V_2=\pi\int_0^{2\pi}a^2(1+\cos t)^2\mathrm{d}[a(t-\sin t)]=\pi a^3\int_0^{2\pi}(1+\cos t)\sin^2t\mathrm{d}t\left(\text{因为}\int_0^{2\pi}\cos t\sin^2t\mathrm{d}t=0\right)$$

$$=\pi a^3\int_0^{2\pi}\sin^2t\mathrm{d}t=4\pi a^3\int_0^{\frac{\pi}{2}}\sin^2t\mathrm{d}t=4\pi a^3\cdot\frac{1}{2}\cdot\frac{\pi}{2}=\pi^2a^3。$$

所求旋转体的体积 $V=V_1-V_2=8\pi a^3-\pi^2a^3=7\pi^2a^3$。

下面是学生作业中的错误:① $\mathrm{d}V=\pi(x_{外}-x_{内})^2\mathrm{d}y=\pi(\sqrt{y}-y^2)^2\mathrm{d}y$;

② $\mathrm{d}V=\pi(y_{上}-y_{下})^2\mathrm{d}x=\pi[(5+\sqrt{16-x^2})-(5-\sqrt{16-x^2})]^2\mathrm{d}x$。

例 9 求圆盘 $x^2+y^2\leqslant a^2$ 绕 $x=-b(b>a>0)$旋转所成旋转体的体积。

解 画出图形(图 6-20)。在$[y,y+\mathrm{d}y]$上旋转体的体积微元为

$$\mathrm{d}V=\pi R^2\mathrm{d}y-\pi r^2\mathrm{d}y(R=\sqrt{a^2-y^2}+b,r=-\sqrt{a^2-y^2}+b)$$

$$=\pi(\sqrt{a^2-y^2}+b)^2\,\mathrm{d}y-\pi(-\sqrt{a^2-y^2}+b)^2\mathrm{d}y=4\pi b\sqrt{a^2-y^2}\,\mathrm{d}y,$$

$$V=\int_{-a}^{a}4\pi b\sqrt{a^2-y^2}\,\mathrm{d}y=4\pi b\cdot\frac{\pi a^2}{2}=2\pi^2a^2b。\text{(定积分几何意义)}$$

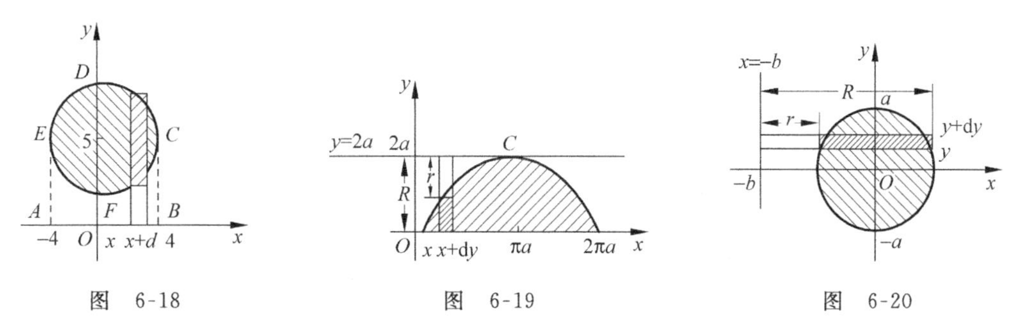

图 6-18 图 6-19 图 6-20

例 10 设抛物线 $y=ax^2+bx+c$ 通过点$(0,0)$,且当 $x\in[0,1]$时,$y\geqslant0$。试确定 a,b,c 的值,使得抛物线 $y=ax^2+bx+c$ 与直线 $x=1,y=0$ 所围成图形的面积为$\frac{4}{9}$,且使该图形绕 x 轴旋转而成的旋转体的体积最小。

解 因为过点$(0,0)$,所以 $c=0$。又 $\int_0^1(ax^2+bx)\mathrm{d}x=\frac{4}{9}$,即

$$\frac{ax^3}{3}+\frac{bx^2}{2}\bigg|_0^1=\frac{a}{3}+\frac{b}{2}=\frac{4}{9},\quad a=\frac{4}{3}+\frac{3b}{2},\tag{Ⅰ}$$

$$V=\int_0^1\pi[ax^2+bx]^2\mathrm{d}x=\pi\int_0^1[a^2x^4+2abx^3+b^2x^2]\mathrm{d}x$$

$$=\pi\left[\frac{a^2x^5}{5}+\frac{abx^4}{2}+\frac{b^2x^3}{3}\right]_0^1=\pi\left[\frac{a^2}{5}+\frac{ab}{2}+\frac{b^2}{3}\right]。$$

将式(Ⅰ)代入上式,得 $V(b)=\frac{\pi(b^2-4b)}{30}+\frac{16\pi}{45}$,$V'(b)=\frac{\pi(2b-4)}{30}\overset{令}{=\!=}0$,得 $b=2$。$V''(b)=\frac{\pi}{15}>0$,由实际意义知 $b=2,a=-\frac{5}{3}$时 V 最小,故 $a=-\frac{5}{3},b=2,c=0$ 为所求,此时 $y=-\frac{5x^2}{3}+2x$。

例 11 设 D_1 是由抛物线 $y=2x^2$ 和直线 $x=a,x=2$ 及 $y=0$ 所围成的平面区域;D_2 是由抛物线 $y=2x^2$ 和直线 $y=0,x=a$ 所围成的平面区域,其中 $0<a<2$。

(1) 试求 D_1 绕 x 轴旋转而成的旋转体体积 V_1;D_2 绕 y 轴旋转而成的旋转体体积 V_2;

(2) 问当 a 为何值时,V_1+V_2 取得最大值?试求此最大值。

解 画出图形(图 6-21)。

(1) $V_1=\int_a^2\pi(2x^2)^2\mathrm{d}x=\frac{4\pi(32-a^5)}{5}$;$V_2=\int_0^a2\pi x\cdot2x^2\mathrm{d}x=\pi x^4\Big|_0^a=\pi a^4$。

(2) $V=V_1+V_2=\frac{4\pi(32-a^5)}{5}+\pi a^4$,令 $V'=4\pi a^3(1-a)=0$,得 $a=1(a=0$ 舍去)。因为 $a=1$ 是区间(0,2)内唯一驻点,且 $V''(1)<0$。所以当 $a=1$ 时,V_1+V_2 取最大值$\frac{129\pi}{5}$。

例 12 计算底面是半径为 R 的圆,而垂直于底面上一条固定直径的所有截面都是等边三角形的立体体积(图 6-22)。

解 底面圆的方程为 $x^2+y^2=R^2$。因此相应于点 x 的截面的底边长为 $2y=2\cdot\sqrt{R^2-x^2}$。由于截面为等边三角形,所以截面面积 $S(x)=\sqrt{3}(R^2-x^2)$,所求立体的体积为

$$V=\int_{-R}^RS(x)\mathrm{d}x=\int_{-R}^R\sqrt{3}(R^2-x^2)\mathrm{d}x=2\int_0^R\sqrt{3}(R^2-x^2)\mathrm{d}x$$

$$=2\sqrt{3}\left(R^2x-\frac{x^3}{3}\right)\bigg|_0^R=\frac{4\sqrt{3}R^3}{3}。$$

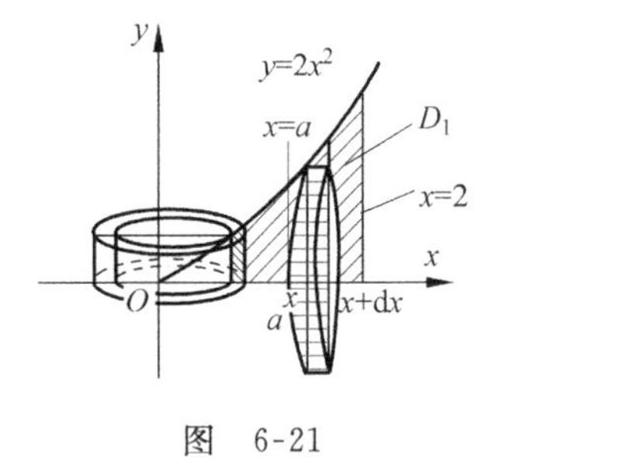

图 6-21

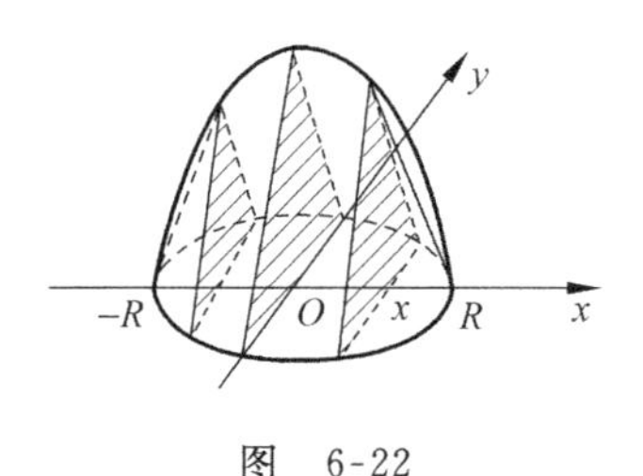

图 6-22

点评 解定积分应用问题的关键一步是求定积分微元,而求定积分微元,就是求所求量在$[x,x+\mathrm{d}x]$(或$[y,y+\mathrm{d}y]$)上增量的主部,即求所求量的微分。如求面积就是求在$[x,x+\mathrm{d}x]$(或$[y,y+\mathrm{d}y]$)上面积增量 ΔS 的主部,即微分 $\mathrm{d}S\approx\Delta S$;体积微元就是求体积增量 ΔV 的主部,即微分 $\mathrm{d}V\approx\Delta V$;求弧长,先求弧在$[x,x+\mathrm{d}x]$(或$[y,y+\mathrm{d}y]$)上增量 Δs 的主

部，即求弧微分 $\mathrm{d}s \approx \Delta s$。

问题 95　如何求曲线的弧长？

求弧长需掌握下面三种情况下的弧微分公式。

（1）直角坐标方程 $y=f(x)$，$a \leqslant x \leqslant b$ 的弧微分公式：$\mathrm{d}s=\sqrt{1+y'^2}\,\mathrm{d}x=\sqrt{1+f'^2(x)}\,\mathrm{d}x$，从而得弧长 $s=\int_a^b \sqrt{1+f'^2(x)}\,\mathrm{d}x$；

（2）参数方程 $x=\varphi(t)$，$y=\psi(t)$，$\alpha \leqslant t \leqslant \beta$ 的弧微分公式：$\mathrm{d}s=\sqrt{\varphi'^2(t)+\psi'^2(t)}\,\mathrm{d}t$，从而得弧长 $s=\int_\alpha^\beta \sqrt{\varphi'^2(t)+\psi'^2(t)}\,\mathrm{d}t$；

（3）极坐标方程 $\rho=\rho(\theta)$，$\alpha \leqslant \theta \leqslant \beta$ 的弧微分公式：$\mathrm{d}s=\sqrt{\rho^2(\theta)+\rho'^2(\theta)}\,\mathrm{d}\theta$，从而得弧长 $s=\int_\alpha^\beta \sqrt{\rho^2(\theta)+\rho'^2(\theta)}\,\mathrm{d}\theta$。

例 13　计算曲线 $y=\ln x$ 上相应于 $\sqrt{3} \leqslant x \leqslant \sqrt{8}$ 的一段弧的长度。

解　$y'=\dfrac{1}{x}$，$\mathrm{d}s=\sqrt{1+y'^2}\,\mathrm{d}x=\sqrt{1+\left(\dfrac{1}{x}\right)^2}\,\mathrm{d}x=\dfrac{\sqrt{x^2+1}}{x}\,\mathrm{d}x$，$s=\displaystyle\int_{\sqrt{3}}^{\sqrt{8}} \frac{\sqrt{x^2+1}}{x}\,\mathrm{d}x$。设 $\sqrt{x^2+1}=t$，$x=\sqrt{3}$，$\sqrt{8}$ 时，$t=2,3$，

$$s=\int_2^3\left(\frac{t}{\sqrt{t^2-1}}\right)\cdot\left(\frac{t}{\sqrt{t^2-1}}\right)\mathrm{d}t=\int_2^3\frac{t^2\,\mathrm{d}t}{t^2-1}=\int_2^3\left(1+\frac{1}{t^2-1}\right)\mathrm{d}t$$
$$=\left[t+\frac{\ln(t-1)}{2}-\frac{\ln(t+1)}{2}\right]\Bigg|_2^3=1+\frac{1}{2}\ln\frac{3}{2}。$$

例 14　计算曲线 $y=\dfrac{\sqrt{x}(3-x)}{3}$ 上相应于 $1 \leqslant x \leqslant 3$ 的一段弧（图 6-23）的长度。

解　$y'=\dfrac{1}{2\sqrt{x}}-\dfrac{\sqrt{x}}{2}$，$\mathrm{d}s=\sqrt{1+y'^2}\,\mathrm{d}x=\sqrt{\left(\dfrac{1}{2\sqrt{x}}+\dfrac{\sqrt{x}}{2}\right)^2}\,\mathrm{d}x=\left|\dfrac{1}{2\sqrt{x}}+\dfrac{\sqrt{x}}{2}\right|\mathrm{d}x$，

$$s=\int_1^3\left|\frac{1}{2\sqrt{x}}+\frac{\sqrt{x}}{2}\right|\mathrm{d}x=\left[\sqrt{x}+\frac{x^{\frac{3}{2}}}{3}\right]_1^3=2\sqrt{3}-\frac{4}{3}。$$

例 15　计算星形线 $x=a\cos^3 t$，$y=a\sin^3 t$（图 6-24）的全长。

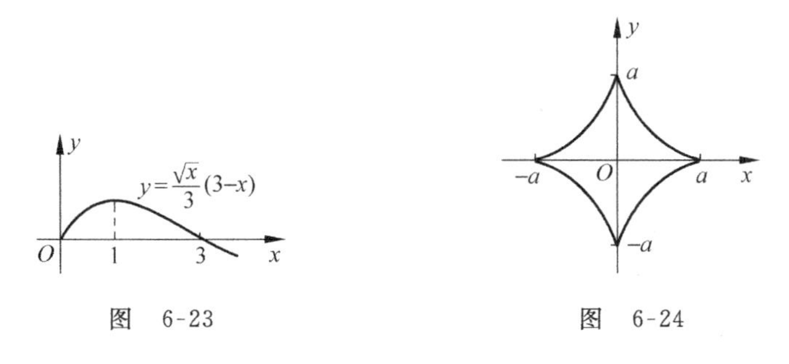

图　6-23　　　　图　6-24

解　因为 $\mathrm{d}s=\sqrt{x'^2(t)+y'^2(t)}\,\mathrm{d}t=3a|\sin t\cos t|\,\mathrm{d}t$，由对称性知

$$s=4\int_0^{\frac{\pi}{2}}3a\sin t\cos t\,\mathrm{d}t=12a\int_0^{\frac{\pi}{2}}\sin t\,\mathrm{d}\sin t=6a[\sin^2 t]_0^{\frac{\pi}{2}}=6a。$$

例 16 求心形线 $\rho=a(1+\cos\theta)$ 的全长。

解 因为 $\mathrm{d}s=\sqrt{\rho^2+\rho'^2}\mathrm{d}\theta=2a\left|\cos\dfrac{\theta}{2}\right|\mathrm{d}\theta$，由于心形线关于极轴对称，所以

$$s=2\int_0^{\pi}2a\left|\cos\frac{\theta}{2}\right|\mathrm{d}\theta=4a\int_0^{\pi}\cos\frac{\theta}{2}\mathrm{d}\theta=4a\left[2\sin\frac{\theta}{2}\right]_0^{\pi}=8a。$$

思考题 3 如何求旋转体的侧面积？

利用定积分的“微元法”，求出旋转体的侧面积的面积微元 $\mathrm{d}A$，问题便得以解决。如图 6-25 所示的曲边梯形 $aABb$，求此平面图形绕 x 轴旋转所生成的旋转体的侧面积。在 $[x,x+\mathrm{d}x]$ 上旋转体的侧面积增量为 $\Delta S=2\pi y\Delta s=2\pi f(x)\Delta s$，其中 Δs 是弧 MN 的长度。求旋转体的侧面积在 $[x,x+\mathrm{d}x]$ 上的面积微元是解这类题的关键。求在 $[x,x+\mathrm{d}x]$ 上的旋转体侧面积的面积微元就是求增量 ΔS 在 $[x,x+\mathrm{d}x]$ 上的主部。由 $\Delta S=2\pi f(x)\Delta s$ 及 $\Delta s\approx\mathrm{d}s$ 知，求弧增量 Δs 的主部，即为求弧微分 $\mathrm{d}s=\sqrt{1+f'^2(x)}\,\mathrm{d}x$，从而得到侧面积的面积微元 $\mathrm{d}S=2\pi f(x)\sqrt{1+f'^2(x)}\,\mathrm{d}x$，所求侧面积为 $S=\displaystyle\int_a^b 2\pi f(x)\sqrt{1+f'^2(x)}\,\mathrm{d}x$。

例 17 设有曲线 $y=\sqrt{x-1}$，过原点作其切线，求由此曲线及其切线和 x 轴所围成的平面图形绕 x 轴旋转一周所生成的旋转体的表面积。

分析 所给曲线为抛物线 $x=y^2+1$ 在第一象限的部分。过原点作切线，设切点为 $M_0(x_0,y_0)$，如图 6-26 所示。所求旋转体的表面积为由切线段 $\overline{OM_0}$ 绕 x 轴旋转形成的锥体侧面积与弧段 $\widehat{AM_0}$ 绕 x 轴旋转所生成的曲面面积之和。

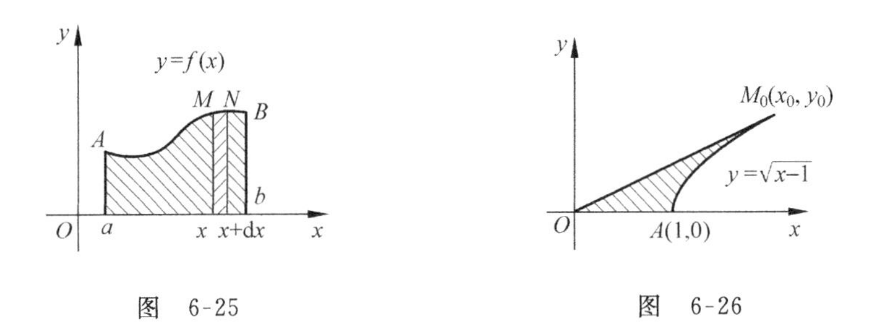

图 6-25　　图 6-26

解 设切点为 $M_0(x_0,y_0)$，$y_0=\sqrt{x_0-1}$，切线方程为 $y-\sqrt{x_0-1}=\dfrac{x-x_0}{2\sqrt{x_0-1}}$。又切线过点 $(0,0)$，得 $x_0=2,y_0=1$，故切线方程为 $y=\dfrac{x}{2}$。切线段 $y=\dfrac{x}{2}$，$0\leqslant x\leqslant 2$ 绕 x 轴旋转一周所生成的旋转曲面的侧面积为 $S_1=\displaystyle\int_0^2 2\pi\cdot\frac{x}{2}\cdot\sqrt{1+\left(\frac{1}{2}\right)^2}\,\mathrm{d}x=\frac{\sqrt{5}\pi}{2}\cdot\int_0^2 x\mathrm{d}x=\sqrt{5}\pi$。抛物线段 $y=\sqrt{x-1}$，$1\leqslant x\leqslant 2$，绕 x 轴旋转一周所生成的旋转体的侧面积为 $S_2=\displaystyle\int_1^2 2\pi\cdot\sqrt{x-1}\cdot\sqrt{1+\frac{1}{4(x-1)}}\,\mathrm{d}x=\pi\int_1^2\sqrt{4x-3}\,\mathrm{d}x=\frac{\pi(5\sqrt{5}-1)}{6}$。所求旋转体的表面积为 $S=S_1+S_2=\dfrac{\pi(11\sqrt{5}-1)}{6}$。

第二节　定积分在物理学上的应用

1. 变力沿直线所做的功

问题 96　什么类型的变力做功用定积分计算?

若变力 F,大小在变,方向不变,具有这样性质的力的做功问题可以用定积分计算,那么什么样的变力是大小在变而方向不变呢?这样的力有①弹簧力做功;②蒸气做功(在气缸内);③抽水做功(重力做功),上述三种类型的力的做功问题可用定积分计算(参见文献[4])。

例 1　由实验可知,在弹簧拉伸过程中,需要的力 F(单位:N)与伸长量 s(单位:cm)成正比,即 $F=ks$(k 是比例常数)。如果把弹簧由原长拉伸 6cm,计算所做的功。

分析　弹簧做功问题总是利用定积分计算。被积表达式和积分上、下限均与坐标系有关,所以必须先选好坐标系,再进行计算。

解　因为 $F=ks$ 函数给定,由平面解析几何知,坐标系固定,在 $[s,s+\mathrm{d}s]$ 上功的微元为 $\mathrm{d}W=F\cdot \mathrm{d}s=ks\mathrm{d}s$,所求的功为 $W=\int_0^6 ks\,\mathrm{d}s=\left.\dfrac{ks^2}{2}\right|_0^6=18k(\mathrm{N}\cdot\mathrm{cm})=0.18\mathrm{J}$。

例 2　直径为 20cm、高为 80cm 的圆柱体内充满压强为 $10\mathrm{N/cm^2}$ 的蒸气,设温度保持不变,要使蒸气体积缩小一半,问需要做多少功?

分析　蒸气做功问题,利用定积分计算。

解　选定坐标系如图 6-27 所示。由物理学可知,一定量的气体在等温条件下,压强 p 与体积 V 的乘积是常数 k,即 $pV=k$ 或 $p=\dfrac{k}{V}$。由已知条件,得 $k=pV=10\times(\pi\times10^2\times80)\mathrm{N}\cdot\mathrm{cm}=80000\pi\ \mathrm{N}\cdot\mathrm{cm}$。

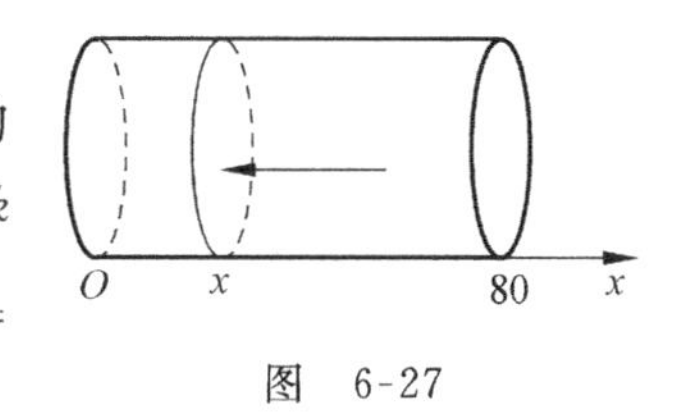

图　6-27

假设圆柱体内有一活塞,压缩过程是通过推动活塞来完成的,并假设在整个压缩过程圆柱体容器不变形,用 $p(x)$ 表示活塞位于 x 时容器内蒸气的压强,$p(x)$ 的单位为 $\mathrm{N/cm^2}$,则有 $p(x)\cdot[\pi\times10^2\cdot x]=80000\pi(\mathrm{N}\cdot\mathrm{cm})$,　$p(x)=\dfrac{800}{x}$。此时,蒸气对活塞产生的压力为 $F(x)=p(x)\cdot(\pi\times10^2)=\dfrac{80000\pi}{x}$,在 $[x,x+\mathrm{d}x]$ 上功的微元为 $\mathrm{d}W=F(x)\mathrm{d}x=\left(\dfrac{80000\pi}{x}\right)\mathrm{d}x$,要使蒸气体积减少一半,即 x 从 80cm 变到 40cm。因此,所求功为

$$W=\int_{80}^{40}\frac{80000\pi\mathrm{d}x}{x}=80000\pi\ln x\Big|_{80}^{40}$$

$$=80000\pi\ln\left(\frac{40}{80}\right)=-80000\pi\ln2(\mathrm{N}\cdot\mathrm{cm})$$

$$=-800\pi\ln2\ \mathrm{J}。$$

答　体积压缩一半需做的功为 $800\pi\ln2$ J。

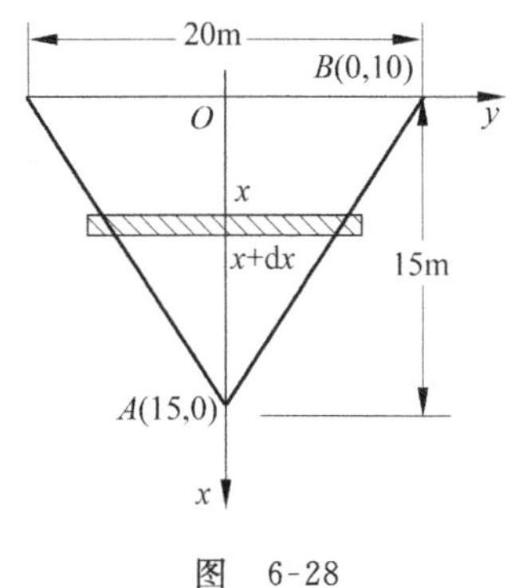

图　6-28

例 3　设一锥形储水池,深 15m,口径 20m,盛满水,今以

唧筒将水吸尽,问要做多少功?

解　建立坐标系如图 6-28 所示。A,B 两点的坐标分别为 $A(15,0)$,$B(0,10)$,过 A,B 两点的直线方程为 $y=-\frac{2x}{3}+10$。用唧筒吸水的过程可以想像成是将水一小层一小层往外吸出的,当 $\mathrm{d}x$ 很小时,相应于$[x,x+\mathrm{d}x]$的这一小层水可以近似看作圆柱形,先求出这个小薄圆柱形水的重量 $\mathrm{d}G$。小圆柱形的容积近似看作为 $\mathrm{d}V=\pi y^2\mathrm{d}x=\pi\left[10-\frac{2x}{3}\right]^2\mathrm{d}x$,这薄层水的重量 $\mathrm{d}G=9.8\cdot\mathrm{d}V=9.8\pi\left(10-\frac{2x}{3}\right)^2\mathrm{d}x(\mathrm{kN})$。把这薄层水的重量提到 x 处所做的功为 $\mathrm{d}W=\mathrm{d}G\cdot x=9.8\pi\left(10-\frac{2x}{3}\right)^2\mathrm{d}x\cdot x(\mathrm{kJ})$,将水吸尽所做的功为 $W=\int_0^{15}\mathrm{d}W=\int_0^{15}9.8\pi\left(10-\frac{2x}{3}\right)^2x\mathrm{d}x=9.8\pi\int_0^{15}\left(100x-\frac{40x^2}{3}+\frac{4x^3}{9}\right)\mathrm{d}x=9.8\pi\left(50x^2-\frac{40x^3}{9}+\frac{x^4}{9}\right)\Big|_0^{15}=18375\pi\ \mathrm{kJ}$。

例 4　半径为 r 的球沉入水中,球的上部与水面相切,球的密度与水相同,现将球从水中取出,需做多少功?

分析　由于球的密度与水相同,所以视为球形水池盛满水。将水抽完所做的功等于将球从水中取出所做的功。

解　方法 1　如图 6-29 所示。以水中球心为原点,构成右手系建立坐标系 xOy。将球从水中取出需做的功,相当于将$[-r,r]$上的许多薄片都上提 $2r$ 高度时,薄片重力所做的功之和的极限。

就图 6-29 中厚度为 $\mathrm{d}x$ 的薄片而言,它由 A 上升到 B 处时,在水中的行程为 $r+x$,在水平面上方的行程为 $2r-(r+x)=r-x$。

因为球的密度与水相同,所以在水中此薄片所受的浮力与重力的合力为零,薄片在水中由 A 上升到水平面时,提升力为零,不做功。由水面再上提到 B 处时,功的微元为 $\mathrm{d}W=(r-x)[1\cdot\pi y^2(x)\mathrm{d}x]=\pi(r-x)(r^2-x^2)\mathrm{d}x$(其中 $1\cdot\pi y^2(x)\mathrm{d}x$ 为小薄片的重量),所求的功 $W=\int_{-r}^{r}\pi(r-x)(r^2-x^2)\mathrm{d}x=\pi r\int_{-r}^{r}(r^2-x^2)\mathrm{d}x-0=2\pi r\left[r^2x-\frac{x^3}{3}\right]_0^r=\frac{4\pi r^4}{3}$。

方法 2　如图 6-30 所示。因为球的密度与水相同,因此将球从水中取出做的功,相当于一个球形储水池,盛满水将球内的水全部抽出所做的功,即将问题转化为抽水做功问题。在$[x,x+\mathrm{d}x]$上水薄片近似看作小圆柱体,且 $\mathrm{d}V=\pi y^2\mathrm{d}x$,则小圆柱体内水的重量为 $\mathrm{d}G=1\cdot\mathrm{d}V=\pi(r^2-x^2)\mathrm{d}x$。将 $\mathrm{d}G$ 提升 $r+x$ 所做的功的微元为 $\mathrm{d}W=\mathrm{d}G\cdot(r+x)=\pi(r+x)(r^2-x^2)\mathrm{d}x$,所求的功 $W=\int_{-r}^{r}\pi(r+x)(r^2-x^2)\mathrm{d}x$(下同方法 1)$=\frac{4\pi r^4}{3}$。

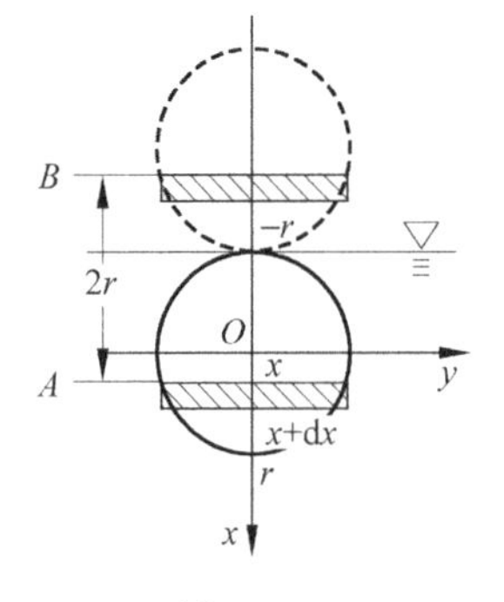

图　6-29

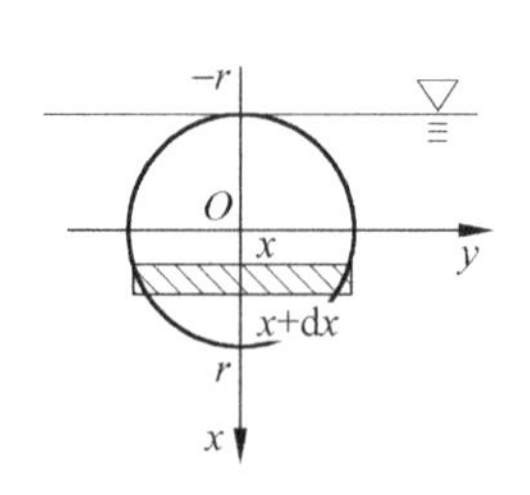

图　6-30

例 5　半径为 R，相对密度为 σ（大于 1）的球沉于水深为 H（大于 $2R$）的水池底，现将其从水中取出需做多少功？

分析　因为 $\sigma>1$，所以将球从水池底取出，所做的功分为两部分，一在水中，二离开水。

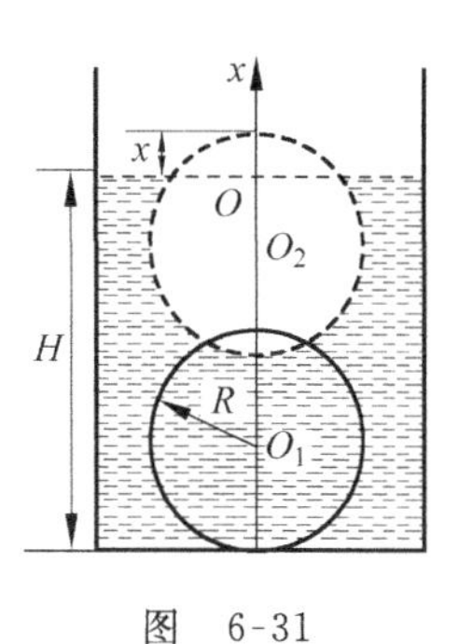

图　6-31

解　建立坐标系如图 6-31 所示。

(1) 在水中，即将球从水池底提升到球顶面与水平面相切时，所需要做的功记为 W_1；

(2) 将球进一步提离水平面所做的功记为 W_2。

先求 W_1，在水中所受的外力 $F_{1外}=$球重$-$浮力$=\frac{4}{3}\cdot\pi R^3\sigma-\frac{4}{3}\pi R^3$。于是，$W_1=F_{1外}\cdot(H-2R)=\frac{4}{3}\cdot\pi R^3(\sigma-1)(H-2R)$。再求 W_2，球从水平面提离高度为 x 单位时所用外力 $F_{2外}=$球重$-$水下部分球缺的浮力$=\frac{4}{3}\cdot\pi R^3\sigma-\pi h^2\left(R-\frac{h}{3}\right)$，其中 $h=2R-x$，$F_{2外}=\frac{\pi}{3}\cdot[4R^3(\sigma-1)-x^3+3Rx^2]$。将球从 x 提高到 $x+\mathrm{d}x$ 所做的功，即在 $[x,x+\mathrm{d}x]$ 上功的微元为 $\mathrm{d}W_2=\frac{\pi}{3}[4R^3(\sigma-1)-x^3+3Rx^2]\mathrm{d}x$，所以 $W_2=\frac{\pi}{3}\cdot\int_0^{2R}[4R^3(\sigma-1)-x^3+3Rx^2]\mathrm{d}x=\frac{4\pi}{3}\cdot R^4(2\sigma-1)$。

于是将球从池底取出，外力所做的功为

$$W=W_1+W_2=\frac{4}{3}\cdot\pi R^3(\sigma-1)(H-2R)+\frac{4}{3}\cdot\pi R^4(2\sigma-1)$$
$$=\frac{4}{3}\cdot\pi R^3[R-(\sigma-1)H]。$$

问题 97　用定积分计算水压力，其被积表达式的物理意义是什么？

由图 6-32 知，$P=\int_a^b\rho gxf(x)\mathrm{d}x$ 的被积表达式 $\mathrm{d}P=\rho gxf(x)\mathrm{d}x$ 的物理意义为小曲边梯形的面积 $\mathrm{d}S=f(x)\mathrm{d}x$ 上所受的侧压力，由于小曲边梯形很窄，它的侧压力近似等于正压力。因此，$\mathrm{d}V=x\mathrm{d}S=xf(x)\mathrm{d}x$ 表示以 $\mathrm{d}S=f(x)\mathrm{d}x$ 为底，高为 x 的小长方体体积，ρg 为液体的比重，所以被积表达式 $\rho g\cdot\mathrm{d}V=\rho gxf(x)\mathrm{d}x$ 表示小长方体的液体的重量 $\mathrm{d}G$，即 $\mathrm{d}P=\rho gxf(x)\mathrm{d}x=\mathrm{d}G$。小长方体的液体的重量在 $[a,b]$ 上积分就是侧压力。（参见文献[4]）。

例 6　有一闸门，它的形状和尺寸如图 6-33 所示。水面超过闸门顶 2m，求闸门上所受的水压力。

解　建立坐标系如图 6-33 所示，取闸门对称轴为 x 轴，原点在水平面上。

当 $\mathrm{d}x$ 很小时，闸门上相应于区间 $[x,x+\mathrm{d}x]$ 的窄条上各点的水深可近似看作一样。因而这窄条上各点处的压强可看作相同，即为 $p=\rho gx=9.8x$。由于小窄条很窄，它的侧压力等于将窄条水平放置所受的正压力。以小窄条为底，水深 x 为高的小长方体体积 $\mathrm{d}V=x\cdot\mathrm{d}S$，水的重量 $\mathrm{d}G=\rho g\cdot x\mathrm{d}S=9.8x\mathrm{d}S$，于是在 $[x,x+\mathrm{d}x]$ 上压力微元为 $\mathrm{d}P=\mathrm{d}G=$

$9.8x\mathrm{d}S$，而 $\mathrm{d}S=2\mathrm{d}x$，所以所求水压力为 $P=\int_2^5 19.6x\mathrm{d}x=[9.8x^2]\Big|_2^5=205.8\mathrm{kN}$。

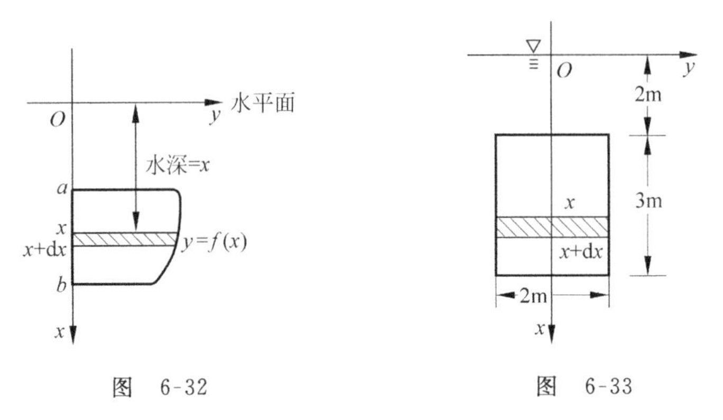

图　6-32　　　　图　6-33

例 7　边长为 a 和 b 的矩形薄板，与液面成 α 角斜沉于液体内，长边平行于液面而位于水深 h 处，设 $a>b$，液体的密度为 ρ，试求薄板每面所受的压力。

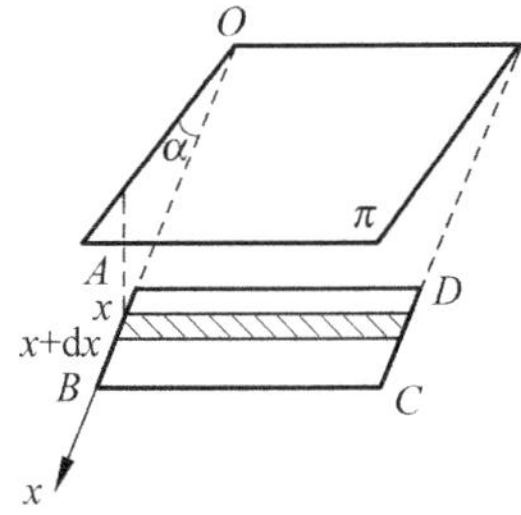

图　6-34

解　如图 6-34 所示，平面 π 表示液面。四边形 $ABCD$ 表示矩形薄板，$AD=a$ 为长边，位于水深 h 处，$AB=b$ 为短边。取直线 AB 与液面 π 的交点为原点 O，以 OA 为 x 轴建立坐标系如图 6-34 所示。取 x 为积分变量，在 $[x,x+\mathrm{d}x]$ 上求压力微元 $\mathrm{d}P$。由于 $\mathrm{d}x$ 很小，该窄条上各点处的深度可近似看作为 $x\sin\alpha$，所受压强近似为 $x\sin\alpha\cdot\rho g$。又因为该窄条的面积 $\mathrm{d}S=a\mathrm{d}x$，故该窄条所受压力微元为 $\mathrm{d}P=x\sin\alpha\cdot\rho g a\mathrm{d}x$。由于在矩形薄片上 x 由 OA 到 OB，而 $OA=\dfrac{h}{\sin\alpha}$，$OB=OA+AB=\dfrac{h}{\sin\alpha}+b$，所以 $P=\int_{\frac{h}{\sin\alpha}}^{\frac{h}{\sin\alpha}+b}\rho g a\sin\alpha\cdot x\mathrm{d}x=\rho g a\sin\alpha\left[\dfrac{x^2}{2}\right]\Bigg|_{\frac{h}{\sin\alpha}}^{\frac{h}{\sin\alpha}+b}=\dfrac{1}{2}\rho g a b(2h+b\sin\alpha)$。

2. 引力

熟悉下列两个公式：

(1) 设质量分别为 m_1,m_2，相距为 r 的两个质点的引力大小为

$$F=G\cdot\frac{m_1m_2}{r^2},\tag{Ⅰ}$$

其中 G 为引力系数，引力的方向沿两质点连线方向。

(2) 设电量分别为 q_1,q_2，相距为 r 的两个点电荷的库伦力大小为

$$F=k\cdot\frac{q_1q_2}{r^2},\tag{Ⅱ}$$

其中 $k>0$，力的方向沿着两个点电荷连线方向。

例 8　设有一长度为 l，线密度为 μ 的均匀细直棒，在棒的一端垂直距离为 a 处有一质量为 m 的质点 M，试求这细棒对质点 M 的引力。

解　取细棒为 x 轴，质点 M 与棒的一端的垂线为 y 轴，构成右手系，如图 6-35 所示。$\forall x\in[0,l]$，在 $[x,x+\mathrm{d}x]$ 上质量微元为 $\mathrm{d}m=\mu\mathrm{d}x$，将 $\mathrm{d}m$ 集中在 N 点处化为具有质量为 $\mathrm{d}m$ 的质点 N。则两个质点 M 与 N 的万有引力大小为 $\mathrm{d}F=|\mathrm{d}\boldsymbol{F}|=\dfrac{Gm\mathrm{d}m}{(\sqrt{a^2+x^2})^2}=\dfrac{Gm\mu\mathrm{d}x}{a^2+x^2}$，

力的方向为 M,N 两点连线方向。显然当点 N 在$[0,l]$内移动时，方向在变，不能应用定积分计算。设 MN 与 x 轴的夹角为 α，则 $\mathrm{d}\boldsymbol{F}$ 在 x 轴方向的分力微元为

$$\mathrm{d}F_x=\mathrm{d}F\cos\alpha=\left(\frac{Gm\mu\,\mathrm{d}x}{a^2+x^2}\right)\cdot\left(\frac{x}{\sqrt{a^2+x^2}}\right)=\frac{Gm\mu x\,\mathrm{d}x}{(a^2+x^2)^{\frac{3}{2}}},$$

$\mathrm{d}\boldsymbol{F}$ 在 y 轴方向的分力微元为

$$\mathrm{d}F_y=\mathrm{d}F\sin\alpha=-\frac{Gm\mu a\,\mathrm{d}x}{(\sqrt{a^2+x^2})^3}。$$

$$F_x=\int_0^l\frac{Gm\mu x\,\mathrm{d}x}{(a^2+x^2)^{\frac{3}{2}}}=\frac{1}{2}\cdot Gm\mu\cdot\int_0^l\frac{\mathrm{d}(x^2+a^2)}{(a^2+x^2)^{\frac{3}{2}}}$$

$$=\frac{1}{2}\cdot Gm\mu\left[-2(a^2+x^2)^{-\frac{1}{2}}\right]\Big|_0^l=Gm\mu\left(\frac{1}{a}-\frac{1}{\sqrt{a^2+l^2}}\right),$$

$$F_y=-\frac{m\mu G}{a}\cdot\int_0^{\arctan\frac{l}{a}}\cos t\,\mathrm{d}t\,(\text{设 }x=a\tan t)$$

$$=-\frac{m\mu G}{a}\sin t\Big|_0^{\arctan\frac{l}{a}}=-\frac{m\mu Gl}{a\sqrt{a^2+l^2}}\left(\text{由 }\sin t=\frac{\tan t}{\sqrt{1+\tan^2 t}}\right)。$$

例 9 如图 6-36 所示，两根长均为 l 的相同的匀质细杆放置在同一水平直线上，最近两端点间距离为 a，试求它们之间的引力。

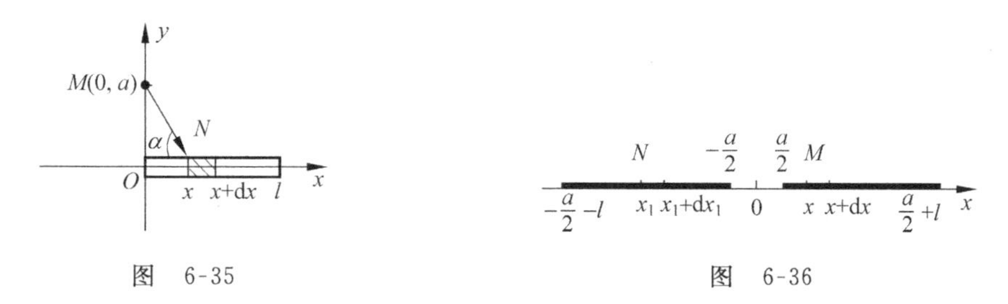

图 6-35　　　　图 6-36

分析 求两杆间引力，应用万有引力定律求之，而万有引力定律是两个质点间的引力。为此，应用定积分微元法，先将两细杆化为两个质点间引力，再积分。

解 取两细杆最近两端点间的中点为原点，两细杆所在水平直线为 x 轴。分割两细杆，在右杆上任取一小段$[x,x+\mathrm{d}x]$，则有 $\mathrm{d}m=\mu\mathrm{d}x$，将 $\mathrm{d}m$ 集中在点 M 处，化为质点 $M(x,\mathrm{d}m)$。在左杆上任取一小段$[x_1,x_1+\mathrm{d}x_1]$，则 $\mathrm{d}m_1=\mu\mathrm{d}x_1$，将 $\mathrm{d}m_1$ 集中在点 N 处，化为质点 $N(x_1,\mathrm{d}m_1)$。于是，两个质点 $M(x,\mathrm{d}m)$，$N(x_1,\mathrm{d}m_1)$间引力的微元为

$$\mathrm{d}F=\frac{G\mathrm{d}m\mathrm{d}m_1}{(x-x_1)^2}=\frac{G\mu^2\mathrm{d}x\mathrm{d}x_1}{(x-x_1)^2},$$

其中 μ 为杆的线密度，是常数。则右杆对左杆上质点 $N(x_1,\mathrm{d}m_1)$的引力为

$$F=\int_{\frac{a}{2}}^{\frac{a}{2}+l}\frac{G\mu^2\mathrm{d}x_1}{(x-x_1)^2}\mathrm{d}x=G\mu^2\mathrm{d}x_1\int_{\frac{a}{2}}^{\frac{a}{2}+l}\frac{\mathrm{d}(x-x_1)}{(x-x_1)^2}$$

$$=-\frac{G\mu^2\mathrm{d}x_1}{x-x_1}\Bigg|_{a/2}^{\frac{a}{2}+l}=G\mu^2\mathrm{d}x_1\left[\frac{1}{\frac{a}{2}-x_1}-\frac{1}{\frac{a}{2}+l-x_1}\right]。$$

再将上式中的 x_1 视为变量，从$\left(-\frac{a}{2}-l\right)$到$-\frac{a}{2}$积分，便得两细杆间的引力

$$F=G\mu^2\int_{-\frac{a}{2}-l}^{-\frac{a}{2}}\left[\frac{1}{\frac{a}{2}-x_1}-\frac{1}{\frac{a}{2}+l-x_1}\right]\mathrm{d}x_1$$

$$=G\mu^2\ln\frac{\frac{a}{2}+l-x_1}{\frac{a}{2}-x_1}\Bigg|_{-\frac{a}{2}-l}^{-\frac{a}{2}}=G\mu^2\ln\frac{(l+a)^2}{a(2l+a)}。$$

例 10　设球体的半径为 R，点密度为 $\mu=r^2$，试就下面三种情况分别讨论该球体的质量。

(1) r 是该点到球心的距离；

(2) r 是该点到球的某直径的距离；

(3) r 是该点到过球心的某平面的距离。

分析　应用定积分的微元法，其关键是如何求微元。因此解本题的关键是如何分割球体得出的小微块，认为其上各点处的点密度 μ 不变，从而列出质量的微元 $\mathrm{d}m$。

(1) 因为点密度 $\mu=r^2$ 与点——球心有关，所以采取球壳分法；(2)因为点密度 $\mu=r^2$ 与轴——球的一条直径有关，所以采取薄壁圆筒分法；(3)因为点密度 $\mu=r^2$ 与面——过球心的平面有关，所以采取平行平面的切片分法。

解　(1) 因为 r 是该点到球心的距离，所以分割$[0,R]$，即分割球的半径，从而将球体分割为一层层球壳。当 $r\in[0,R]$时，在$[r,r+\mathrm{d}r]$上，该球壳的体积微元为 $\mathrm{d}V=4\pi r^2\mathrm{d}r$，则该球壳体的质量微元为 $\mathrm{d}m=\mu\mathrm{d}V=4\pi r^4\mathrm{d}r$，所以

$$m=\int_0^R 4\pi r^4\mathrm{d}r=\frac{4\pi R^5}{5}。$$

(2) 因为 r 是该点到球的某直径的距离。所以作一系列以该直径为对称轴的圆柱面分割此球体。当 $r\in[0,R]$时，在$[r,r+\mathrm{d}r]$上，该薄壁圆柱筒的体积微元为 $\mathrm{d}V=2\pi r\cdot 2\sqrt{R^2-r^2}\,\mathrm{d}r$，则该薄壁圆柱筒的质量微元为 $\mathrm{d}m=\mu\mathrm{d}V=4\pi r^3\sqrt{R^2-r^2}\,\mathrm{d}x$。所以

$$m=\int_0^R 4\pi r^3\sqrt{R^2-r^2}\,\mathrm{d}r=2\pi\int_0^R(R^2-r^2-R^2)(R^2-r^2)^{\frac{1}{2}}\mathrm{d}(R^2-r^2)$$

$$=2\pi\left[\frac{2}{5}\cdot(R^2-r^2)^{\frac{5}{2}}-\frac{2}{3}R^2\cdot(R^2-r^2)^{\frac{3}{2}}\right]_0^R=\frac{8\pi R^5}{15}。$$

或设 $r=R\sin t$，$m=4\pi R^5\int_0^{\frac{\pi}{2}}\sin^3 t(1-\sin^2 t)\mathrm{d}t=4\pi R^5\left(\frac{2}{3}\cdot 1-\frac{4}{5}\cdot\frac{2}{3}\cdot 1\right)=\frac{8\pi R^5}{15}$。

(3) 因为 r 是该点到过球心的某平面的距离。所以作一系列与该平面平行的平面分割此球体，称为切片法。球体被分割为一个个薄片，薄片距原平面的距离为 r。在$[r,r+\mathrm{d}r]$上，小薄片体积微元为 $\mathrm{d}V=\pi(R^2-r^2)\mathrm{d}r$，则该小薄片的质量微元为 $\mathrm{d}m=\mu\mathrm{d}V=\pi(R^2-r^2)r^2\mathrm{d}r$，因此 $m=\int_{-R}^R\pi(R^2-r^2)r^2\mathrm{d}r=\frac{4\pi R^5}{15}$。

点评　此题体积微元 $\mathrm{d}V$，依赖于球体的分割，而球体的分割依赖于点密度 μ 中 r 的定义，根据 r 的定义，如何分割使得在体积微元 $\mathrm{d}V$ 中，r 可视为常量，这是分割的要点。定积分的物理应用，其关键是会正确分割。

思考题　半径为 R 的平面圆板，其上任意一点的点密度为 $\mu=\mathrm{e}^{-r}$。

(1) r 是该点到圆心的距离；

(2) r 是该点到圆的某直径的距离。

求此平面圆板的质量。

问题 98 从几何直观上给出曲线 $y=f(x)$ 的凹凸定义，作为定积分应用能否给出证明？

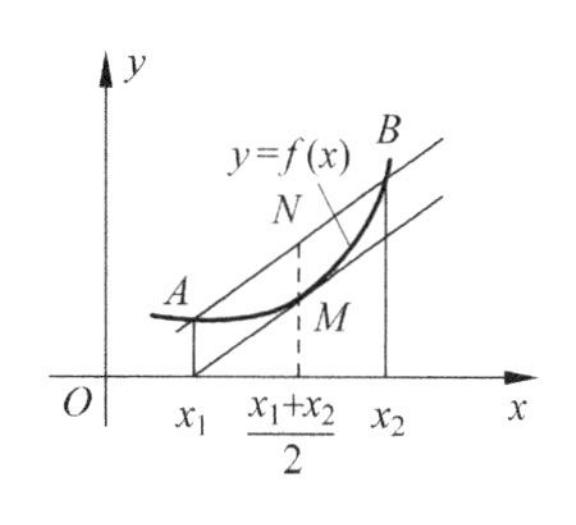

图 6-37

如图 6-37 所示，割线 AB 的中点 N 的纵坐标为 $\frac{f(x_1)+f(x_2)}{2}$，与曲线 $y=f(x)$ 上的相应点 M 的纵坐标 $f\left(\frac{x_1+x_2}{2}\right)$ 间位置关系给出曲线 $y=f(x)$ 在 $[x_1,x_2]$ 上凹的定义：$f\left(\frac{x_1+x_2}{2}\right)<\frac{f(x_1)+f(x_2)}{2}$。

学过函数平均值后，猜想直线段中点纵坐标与应用函数求平均值一致？验证：过 A,B 两点曲线 $y=f(x)$ 的割线方程为

$$y=f(x_1)+\frac{f(x_2)-f(x_1)}{x_2-x_1}\cdot(x-x_1), \tag{Ⅰ}$$

过曲线 $y=f(x)$ 上相应点 M 的切线方程为

$$y=f\left(\frac{x_1+x_2}{2}\right)+f'\left(\frac{x_1+x_2}{2}\right)\left(x-\frac{x_1+x_2}{2}\right)。 \tag{Ⅱ}$$

利用函数 $y=f(x)$ 的平均值公式求割线(Ⅰ)及切线(Ⅱ)在 $[x_1,x_2]$ 上中点的纵坐标：

$$\begin{aligned}\bar{y}_1&=\frac{1}{x_2-x_1}\int_{x_1}^{x_2}\left[f(x_1)+\frac{f(x_2)-f(x_1)}{x_2-x_1}(x-x_1)\right]\mathrm{d}x\\&=\frac{1}{x_2-x_1}\left[f(x_1)(x_2-x_1)+\frac{f(x_2)-f(x_1)}{x_2-x_1}\frac{1}{2}(x_2-x_1)^2\right]=\frac{f(x_1)+f(x_2)}{2},\\\bar{y}_2&=\frac{1}{x_2-x_1}\int_{x_1}^{x_2}\left[f\left(\frac{x_1+x_2}{2}\right)+f'\left(\frac{x_1+x_2}{2}\right)\left(x-\frac{x_1+x_2}{2}\right)\right]\mathrm{d}x\\&=\frac{1}{x_2-x_1}\left[f\left(\frac{x_1+x_2}{2}\right)(x_2-x_1)+0\right]=f\left(\frac{x_1+x_2}{2}\right),\end{aligned}$$

一致。

进一步猜想能否用函数平均值证明曲线 $y=f(x)$ 的凹凸定义？验证：

因为曲线 $y=f(x)$ 是凹的，所以曲线 $y=f(x)$ 在割线下方，在切线的上方，于是有

$$f\left(\frac{x_1+x_2}{2}\right)+f'\left(\frac{x_1+x_2}{2}\right)\left(x-\frac{x_1+x_2}{2}\right)<f(x)<f(x_1)+\frac{f(x_2)-f(x_1)}{x_2-x_1}\cdot(x-x_1)。$$

在中点处有

$$\frac{1}{x_2-x_1}\int_{x_1}^{x_2}\left[f\left(\frac{x_1+x_2}{2}\right)+f'\left(\frac{x_1+x_2}{2}\right)\left(x-\frac{x_1+x_2}{2}\right)\right]\mathrm{d}x<\frac{1}{x_2-x_1}\int_{x_1}^{x_2}f(x)\mathrm{d}x<$$

$$\frac{1}{x_2-x_1}\int_{x_1}^{x_2}\left[f(x_1)+\frac{f(x_2)-f(x_1)}{x_2-x_1}(x-x_1)\right]\mathrm{d}x,$$

即

$$f\left(\frac{x_1+x_2}{2}\right)<\frac{1}{x_2-x_1}\int_{x_1}^{x_2}f(x)\mathrm{d}x<\frac{f(x_1)+f(x_2)}{2},$$

从而有

$$f\left(\frac{x_1+x_2}{2}\right)<\frac{f(x_1)+f(x_2)}{2}。$$

这正是曲线 $y=f(x)$ 凹的定义。我们利用函数平均值给出了证明。同理可证，曲线 $y=f(x)$ 凸的定义：$f\left(\dfrac{x_1+x_2}{2}\right)>\dfrac{f(x_1)+f(x_2)}{2}$。

例 11　设 $f(x)$ 在 $[a,b]$ 上连续，且 $f''(x)>0$，证明：$(b-a)f\left(\dfrac{a+b}{2}\right)<\int_a^b f(x)\mathrm{d}x<\dfrac{b-a}{2}\cdot[f(a)+f(b)]$。

证明　因为 $f''(x)>0$，所以曲线 $y=f(x)$ 在 $[a,b]$ 上是凹的，故曲线 $y=f(x)$ 在其上任一点切线的上方，在两点 $A(a,f(a))$，$B(b,f(b))$ 间割线的下方。即

$$f\left(\frac{a+b}{2}\right)+f'\left(\frac{a+b}{2}\right)\left(x-\frac{a+b}{2}\right)<f(x)<f(a)+\frac{f(b)-f(a)}{b-a}\cdot(x-a),$$

所以 $\int_a^b\left[f\left(\dfrac{a+b}{2}\right)+f'\left(\dfrac{a+b}{2}\right)\left(x-\dfrac{a+b}{2}\right)\right]\mathrm{d}x<\int_a^b f(x)<\int_a^b\left[f(a)+\dfrac{f(b)-f(a)}{b-a}(x-a)\right]\mathrm{d}x$，

即

$$(b-a)f\left(\frac{a+b}{2}\right)<\int_a^b f(x)\mathrm{d}x<\frac{b-a}{2}\cdot(f(a)+f(b))。$$

例 12　函数 $y=\dfrac{x^2}{\sqrt{1-x^2}}$ 在区间 $\left[\dfrac{1}{2},\dfrac{\sqrt{3}}{2}\right]$ 上的平均值为________。

说明　此题是数二 1999 年考研试题，有的教材没讲平均值，但平均值是考研大纲要求。

解　$\bar{y}=\dfrac{1}{\dfrac{\sqrt{3}}{2}-\dfrac{1}{2}}\displaystyle\int_{\frac{1}{2}}^{\frac{\sqrt{3}}{2}}\dfrac{x^2}{\sqrt{1-x^2}}\mathrm{d}x$（设 $x=\sin t$）$=\dfrac{2}{\sqrt{3}-1}\displaystyle\int_{\frac{\pi}{6}}^{\frac{\pi}{3}}\sin^2 t\mathrm{d}t$

$$=\frac{2}{\sqrt{3}-1}\left(\frac{t}{2}-\frac{\sin 2t}{4}\right)\bigg|_{\frac{\pi}{6}}^{\frac{\pi}{3}}=\frac{(\sqrt{3}+1)\pi}{12}。$$

国内高校期末试题解析

1.（西安电子科技大学，1997 Ⅰ）设曲线 $x=at^3$，$y=t^2-bt$，$(a>0,b>0)$ 在 $t=1$ 处的切线斜率为 $\dfrac{1}{3}$。求当 a,b 为何值时，该曲线与 x 轴所围部分的面积为最大？并求出其面积？

解

$$\frac{\mathrm{d}y}{\mathrm{d}x}=\frac{\frac{\mathrm{d}y}{\mathrm{d}t}}{\frac{\mathrm{d}x}{\mathrm{d}t}}=\frac{2t-b}{3at^2},\ \frac{\mathrm{d}y}{\mathrm{d}x}\bigg|_{t=1}=\frac{2-b}{3a}=\frac{1}{3},$$

得

$$a+b=2,\qquad\text{（Ⅰ）}$$

其面积为

$$S=\int_0^{ab^3}|y|\mathrm{d}x=\int_0^b|t^2-bt|\cdot 3at^2\mathrm{d}t=\int_0^b|t-b|\cdot 3at^3\mathrm{d}t$$

$$=\int_0^b(b-t)\cdot 3at^3\mathrm{d}t=\frac{3ab^5}{20}。$$

将式（Ⅰ）代入上式，得 $S=\dfrac{3}{20}\cdot(2-b)b^5$，$S'(b)=\dfrac{9}{10}\cdot\left(\dfrac{5}{3}-b\right)b^4\overset{令}{=\!=}0$，得驻点 $b=$

$\frac{5}{3}$($b=0$ 舍去)，$S''(b)|_{b=\frac{5}{3}}=\frac{9}{10}\cdot\left(\frac{5}{3}\right)^3\left(-\frac{1}{3}\right)<0$。所以当 $a=\frac{1}{3}$，$b=\frac{5}{3}$时，A 取最大值，最大值为$\frac{625}{972}$。

2.（上海交通大学，1992 Ⅰ）计算由抛物线$\sqrt{y}=x$，直线 $y=2-x$ 及 x 轴所围图形绕 y 轴旋转一周所得旋转体的体积。

解　如图 6-38 所示。在$[y,y+\mathrm{d}y]$上旋转体的体积微元为

$$\mathrm{d}V=\pi x_{外}^2\,\mathrm{d}y-\pi x_{内}^2\,\mathrm{d}y=\pi[(2-y)^2-(\sqrt{y})^2]\mathrm{d}y=\pi[4-5y+y^2]\mathrm{d}y,$$

$$V=\int_0^1\pi(4-5y+y^2)\mathrm{d}y=\pi\left(4-\frac{5}{2}+\frac{1}{3}\right)=\frac{11\pi}{6}。$$

3.（大连理工大学，1991 Ⅰ）一个瓷容器内壁和外壁形状分别为抛物线 $y=\frac{x^2}{10}+1$ 和 $y=\frac{x^2}{10}$绕 y 轴的旋转抛物面，容器的外高为 10，比重(ρg)为$\frac{25}{19}$N/cm^3，把它铅直地浮在水中，再注入比重为 3N/cm^3 的液体。试求：(1)容器的重量为多少？(2)若使保持容器不沉没，注入溶液的最大深度为多少？(长度单位为 cm)

解　如图 6-39 所示。

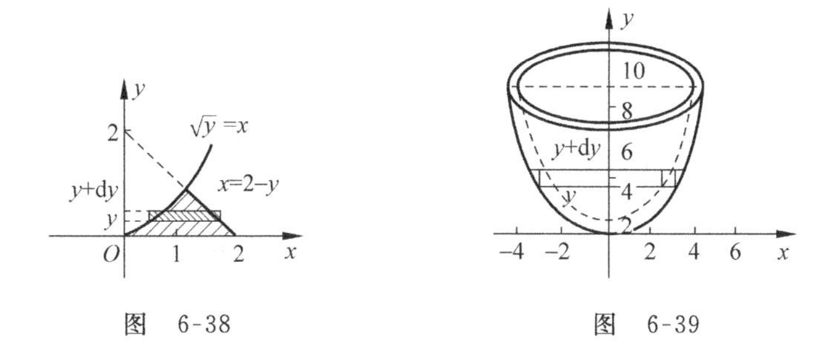

图　6-38　　图　6-39

(1) 在$[y,y+\mathrm{d}y]$上旋转体的体积微元为

$$\mathrm{d}V=\pi x_{外}^2\,\mathrm{d}y-\pi x_{内}^2\,\mathrm{d}y=\pi 10y\mathrm{d}y-\pi 10(y-1)\mathrm{d}y,$$

$$V=10\pi\int_0^{10}y\mathrm{d}y-10\pi\int_1^{10}(y-1)\mathrm{d}y=10\pi\int_0^1 y\mathrm{d}y+10\pi\int_1^{10}\mathrm{d}y$$

$$=5\pi\ \mathrm{cm}^3+90\pi\ \mathrm{cm}^3=95\pi\ \mathrm{cm}^3,$$

所以容器的重量为 $G=95\pi\times\frac{25}{19}=125\pi$ N。

(2) $\int_0^{10}(10\pi y\mathrm{d}y)\cdot 1=500\pi$。设注入比重为 3N/cm^3 的溶液保持不沉没的最大深度为 $h$cm，则由阿基米德原理得 $\left[\int_0^h 10\pi(y-1)\mathrm{d}y\right]\cdot 3+125\pi=500\pi\Rightarrow h^2-2h-24=0$，$(h-6)(h+4)=0$，得 $h=6$cm($h=-4$ 舍去)。故最大深度为 $h=6$cm。

4.（大连理工大学，2001 Ⅰ）一半径为 R m 的半球形容器盛满某种液体。求将液体全部抽出需做的功 W(已知液体的体密度为 $a$kg/m^3，重力加速度为 9.8N/kg)。

解　建立坐标系如图 6-40 所示。在$[x,x+\mathrm{d}x]$上功的微元为 $\mathrm{d}W=\rho g\pi(R^2-x^2)x\mathrm{d}x$，

其中 $\rho=a$，则 $W=\int_0^R \pi g a(R^2-x^2)x\mathrm{d}x=\left[\frac{1}{2}ga\pi R^2x^2-\frac{9.8a\pi x^4}{4}\right]_0^R=2.45a\pi R^4(\mathrm{J})$。

5.（大连理工大学，1998 Ⅰ）有一等腰三角形闸门，三角形的底边长为 6m，高 4m。试求当水面与三角形的底边相距为 2m 时，闸门所受的静水压力。

解　方法 1　选取坐标系如图 6-41 所示。选取积分变量为 x，$x\in[0,4]$。AB 的方程为 $y=-\frac{3x}{4}+3$。在 $[x,x+\mathrm{d}x]$ 上 $\mathrm{d}P=2\rho g(x+2)\left(-\frac{3x}{4}+3\right)\mathrm{d}x$，$P=\int_0^4 2\rho g(x+2)\left(-\frac{3x}{4}+3\right)\mathrm{d}x=40\rho g$。

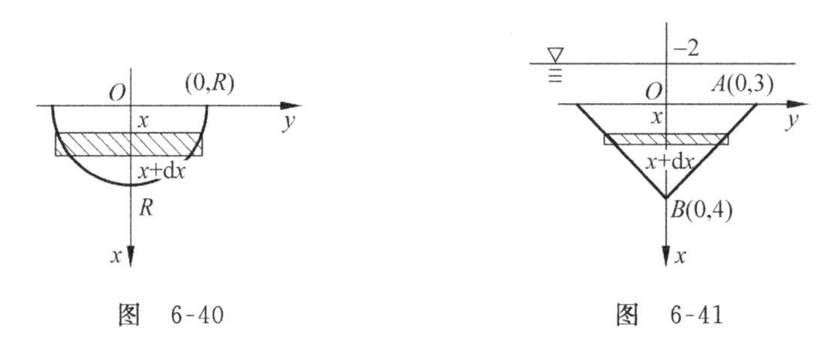

图　6-40　　　　图　6-41

方法 2　选取坐标系如图 6-42 所示，选取积分变量为 x，$x\in[2,6]$。AB 的方程为 $y=-\frac{3x}{4}+\frac{9}{2}$。在 $[x,x+\mathrm{d}x]$ 上 $\mathrm{d}P=\rho gx\mathrm{d}A=2\rho gx\left(-\frac{3x}{4}+\frac{9}{2}\right)\mathrm{d}x$，$P=\int_2^6 2\rho gx\left(-\frac{3x}{4}+\frac{9}{2}\right)\mathrm{d}x=40\rho g$。

点评　本题说明解定积分应用问题时定积分的被积分表达式和积分上、下限与坐标系有关。因此在解定积分应用题时必须先建立坐标系。

6.（上海交通大学，1983 Ⅰ）一长为 l，质量为 M 的均匀直棒，在它的垂线上距棒 a 处有一质量为 m 的质点（如图 6-43），求棒对质点的引力。

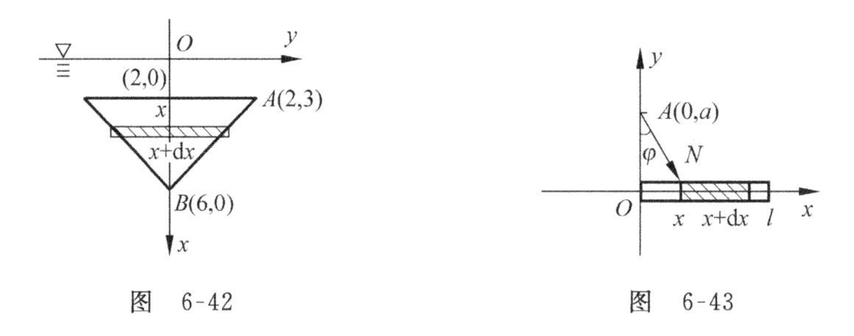

图　6-42　　　　图　6-43

解　建立坐标系如图 6-43 所示。在 $[x,x+\mathrm{d}x]$ 上质量微元为 $\mathrm{d}m=\mu\mathrm{d}x$，将 $\mathrm{d}m$ 集中在点 N 处，化为质点，则两个质点 $A(m)$ 与 $N(\mathrm{d}m)$ 间的引力大小为 $\mathrm{d}F=|\mathrm{d}\boldsymbol{F}|=\frac{Gm\mu\mathrm{d}x}{a^2+x^2}$，$\mathrm{d}\boldsymbol{F}$ 在 x 轴上与 y 轴上的分力分别为

$$\mathrm{d}F_x=\mathrm{d}F\cdot\sin\varphi=\frac{Gm\mu x\mathrm{d}x}{(a^2+x^2)^{\frac{3}{2}}},$$

$$\mathrm{d}F_y=\mathrm{d}F\cdot\cos\varphi=\frac{-Gm\mu a\mathrm{d}x}{(a^2+x^2)^{\frac{3}{2}}}。$$

$$F_x=\int_0^l \frac{Gm\mu x\,\mathrm{d}x}{(a^2+x^2)^{\frac{3}{2}}}=\frac{Gm\mu}{2}\int_0^l \frac{\mathrm{d}(a^2+x^2)}{(a^2+x^2)^{\frac{3}{2}}}$$

$$=-\frac{Gm\mu}{\sqrt{a^2+x^2}}\Big|_0^l=\frac{GmM}{al\sqrt{a^2+l^2}}\cdot(\sqrt{a^2+l^2}-a)\quad\left(\text{其中 }\mu=\frac{M}{l}\right),$$

$$F_y=-\int_0^l \frac{Gm\mu a\,\mathrm{d}x}{(a^2+x^2)^{\frac{3}{2}}}\quad(\text{设 }x=a\tan t)$$

$$=-Gm\mu a\int_0^{\arctan\frac{l}{a}}\frac{a\sec^2 t\mathrm{d}t}{a^3\sec^3 t}=-\frac{Gm\mu}{a}\int_0^{\arctan\frac{l}{a}}\cos t\mathrm{d}t$$

$$=-\frac{Gm\mu}{a}\cdot\sin t\Big|_0^{\arctan\frac{l}{a}}=-\frac{Gm\mu}{a}\cdot\frac{\tan t}{\sqrt{1+\tan^2 t}}\Big|_0^{\arctan\frac{l}{a}}=-\frac{GmM}{a\sqrt{a^2+l^2}}。$$

7.(大连市高校统考题)一半径为 R 的质量非均匀分布的圆盘,其上任一点 C 处的面密度为 $\mu=\mathrm{e}^{-r}$,其中 r 为点 C 到圆心的距离。该圆盘以角速度 ω 绕过圆心且垂直于圆盘的中心轴旋转,求此圆盘的动能。$\left(\text{质量为 }m\text{ 的质点的动能公式为 }E=\frac{mv^2}{2},v=r\omega\right)$。

分析 应用定积分微元法,如何分割圆盘,使得在面积微元 $\mathrm{d}S$ 上,r 视为常量?显然在 $[0,R]$ 上任取一小段 $[r,r+\mathrm{d}r]$,将圆盘分割为小圆环面,其面积微元为 $\mathrm{d}S=2\pi r\mathrm{d}r$,在面积微元 $\mathrm{d}S$ 上,r 视为常量,则质量微元为 $\mathrm{d}m=\mu\mathrm{d}S=2\pi r\mathrm{e}^{-r}\mathrm{d}r$。

解 在 $[r,r+\mathrm{d}r]$ 上,得面积微元 $\mathrm{d}S=2\pi r\mathrm{d}r$,从而得质量微元 $\mathrm{d}m=2\pi r\mathrm{e}^{-r}\mathrm{d}r$,则动能微元为 $\mathrm{d}E=v^2\frac{\mathrm{d}m}{2}=\omega^2r^2 2\pi r\mathrm{e}^{-r}\frac{\mathrm{d}r}{2}=\pi\omega^2r^3\mathrm{e}^{-r}\mathrm{d}r$,因此 $E=\int_0^R\pi\omega^2r^3\mathrm{e}^{-r}\mathrm{d}r=\pi\omega^2\int_0^R r^3\mathrm{e}^{-r}\mathrm{d}r$。

按常规算法,要应用分部积分三次,现应用待定系数法。

设 $r^3\mathrm{e}^{-r}$ 的原函数为 $F(r)=(a_0r^3+a_1r^2+a_2r+a_3)\mathrm{e}^{-r}$,则 $F'(r)=\mathrm{e}^{-r}[(-a_0r^3)+(3a_0-a_1)r^2+(2a_1-a_2)r+(a_2-a_3)]$,与 $r^3\mathrm{e}^{-r}$ 比较系数得 $a_0=-1,a_1=-3,a_2=-6,a_3=-6$。$E=\pi\omega^2\int_0^R r^3\mathrm{e}^{-r}\mathrm{d}r=\pi\omega^2[(-r^3-3r^2-6r-6)\mathrm{e}^{-r}]\Big|_0^R=\pi\omega^2[6-(R^3+3R^2+6R+6)\mathrm{e}^{-R}]$。

评述 $\int_0^R r^3\mathrm{e}^{-r}\mathrm{d}r$ 需要分部积分三次,而待定系数法求一次导数后,比较系数便得所求,所以读者平时应注意总结一些算题方法!

第七章　微分方程

第一节　微分方程的基本概念

问题 99　何谓微分方程的通解？微分方程的通解是否包含它的所有解？

微分方程的通解是微分方程的解，且其中所含任意常数的个数应等于该微分方程的阶数。这里所指的任意常数的个数不是形式上的，而是实质性的。例如，不难验证函数 $y=C_1\ln x+C_2\ln x^2$ 是下面微分方程

$$x^2y''+xy'=0$$

的解。从形式上看，这个解中含有两个任意常数，但由于 $y=C_1\ln x+C_2\ln x^2=C_1\ln x+2C_2\ln x=(C_1+2C_2)\ln x=C\ln x(C=C_1+2C_2)$，所以实质上它只含一个任意常数。因此，这个解不是上述二阶微分方程的通解（因为所给方程是二阶方程，所以通解中应含有两个独立的任意常数），但它也不是上述方程的特解（因为解中任意常数没有被确定）。可见，这个事实还说明了，在微分方程中并非只有通解和特解两种，还存在既非通解又非特解的解。

微分方程的通解不一定包含它的所有解。如方程 $y'^2-4y=0$ 有通解 $y=(x+C)^2$，但它不能包含方程的解 $y=0$。其原因是方程不是线性方程。可以证明，未知函数最高阶导数的系数为 1 的线性方程，它的通解才能包含它的所有解。

例 1　消去下列各式中的任意常数 C,C_1,C_2，写出相应的微分方程：

(1) $y=Cx+C^2$；　　(2) $y=x\tan(x+C)$；

(3) $yx=C_1e^x+C_2e^{-x}$；　　(4) $(y-C_1)^2=C_2x$；

(5) $(x+C)^2+y^2=1$；　　(6) $y=C_1e^x+C_2e^{2x}$。

分析　(1)～(6)已知微分方程的通解求出对应的微分方程，是通解用处之一。

解　(1) $y'=(Cx+C^2)'$，$y'=C$ 代入所给函数得所求微分方程为 $(y')^2+xy'=y$。

(2) $y'=(x\tan(x+C))'=\tan(x+C)+x\sec^2(x+C)=\tan(x+C)+x+x\tan^2(x+C)$，用 $\tan(x+C)=\dfrac{y}{x}$ 代入上式消去 C 得，$y'=\dfrac{y}{x}+x+\dfrac{y^2}{x}$，化简得所求微分方程：$xy'=x^2+y+y^2$。

(3) $(xy)'=(C_1e^x+C_2e^{-x})'$，　$y+xy'=C_1e^x-C_2e^{-x}$，

上式两边对 x 再求导，得 $2y'+xy''=C_1e^x+C_2e^{-x}$，即 $2y'+xy''=xy$ 为所求的微分方程。

(4) $((y-C_1)^2)'=(C_2x)'$，$2(y-C_1)y'=C_2$，

用 $C_2=\dfrac{(y-C_1)^2}{x}$ 代入上式得

$$2xy'=y-C_1(y\neq C_1),$$

上式对 x 求导，得所求的微分方程为 $2xy''+y'=0$。

(5) 消去 C，$2(x+C)+2yy'=0$，$(x+C)=-yy'$ 代入原式，得 $y^2y'^2+y^2=1$ 为所求。

(6) 消去 C_1, C_2，$y'=C_1e^x+2C_2e^{2x}$，$y''=C_1e^x+4C_2e^{2x}$，$y''-y'=2C_2e^{2x}$，$y''-y'=2(y'-y)$，因此 $y''-3y'+2y=0$ 为所求。

第二节　可分离变量的微分方程

问题 100　何谓可分离变量的微分方程？怎样求其解？

可分离变量的微分方程的标准型是

$$g(y)\mathrm{d}y = f(x)\mathrm{d}x$$

或

$$y' = f(x)/g(y)。$$

解法　两边积分，便得通解 $\int g(y)\mathrm{d}y = \int f(x)\mathrm{d}x + C$。

由不定积分的概念可知两边积分后，只要有不定积分符号就可以不写任意常数 C，因为不定积分号中隐含了任意常数。这里明确地写出 C 的意义在于，使方程的通解中明显地表示其所含的任意常数；另外在后面的方程求解还要用到这种表示法。可分离变量方程是一阶方程求解的基础，在本课程内，读者会看到，其他几种类型的一阶方程通过适当的变量变换，最终都可化为可分离变量方程来求解。

例 1　求下列微分方程的通解：

(1) $\sqrt{1-x^2}\,y'=\sqrt{1-y^2}$；　(2) $(e^{x+y}-e^x)\mathrm{d}x+(e^{x+y}+e^y)\mathrm{d}y=0$；

(3) $\cos x\sin y\mathrm{d}x+\sin x\cos y\mathrm{d}y=0$；　(4) $y\mathrm{d}x+(x^2-4x)\mathrm{d}y=0$；

(5) $\sqrt{1+x^2}\,y'=\sqrt{1+y^2}$；　(6) $\cos y\mathrm{d}x+\sin x\mathrm{d}y=0$。

解　(1) 变量分离 $\dfrac{\mathrm{d}y}{\sqrt{1-y^2}}=\dfrac{\mathrm{d}x}{\sqrt{1-x^2}}$，两边积分，得通解为 $\arcsin y=\arcsin x+C$。

(2) 变量分离两边积分 $\int\dfrac{\mathrm{d}(e^y-1)}{e^y-1}=-\int\dfrac{\mathrm{d}(e^x+1)}{e^x+1}$，得 $\ln(e^y-1)=-\ln(e^x+1)+\ln C$，所以通解为 $(e^x+1)(e^y-1)=C$。

(3) 变量分离两边积分 $\int\dfrac{\mathrm{d}\sin y}{\sin y}=-\int\dfrac{\mathrm{d}\sin x}{\sin x}$，得 $\ln\sin y=-\ln\sin x+\ln C$，所以通解为 $\sin x\sin y=C$。

(4) 变量分离 $\dfrac{\mathrm{d}y}{y}=\dfrac{\mathrm{d}x}{4x-x^2}$，两边积分 $\int\dfrac{\mathrm{d}y}{y}=\dfrac{1}{4}\int\left(\dfrac{1}{x}+\dfrac{1}{4-x}\right)\mathrm{d}x$，得 $\ln y=\dfrac{1}{4}\cdot[\ln x-\ln(4-x)]+\ln C$，所以通解为 $(4-x)y^4=Cx$。

(5) 变量分离两边积分 $\int\dfrac{\mathrm{d}y}{\sqrt{1+y^2}}=\int\dfrac{\mathrm{d}x}{\sqrt{1+x^2}}$，得 $\ln(y+\sqrt{1+y^2})=\ln(x+\sqrt{1+x^2})+\ln C$，所以通解为 $y+\sqrt{1+y^2}=C(x+\sqrt{1+x^2})$。

(6) 变量分离两边积分 $\int\dfrac{\mathrm{d}y}{\cos y}=-\int\dfrac{\mathrm{d}x}{\sin x}$，得 $\ln(\sec y+\tan y)=-\ln(\csc x-\cot x)+\ln C$，所以通解为 $(\sec y+\tan y)(\csc x-\cot x)=C$。

例 2　求下列微分方程满足初始条件的特解：

(1) $\cos x\sin y\mathrm{d}y=\cos y\sin x\mathrm{d}x, y|_{x=0}=\frac{\pi}{4}$；

(2) $y'\sin x=y\ln y, y|_{x=\frac{\pi}{2}}=\mathrm{e}$；

(3) $\cos y\mathrm{d}x+(1+\mathrm{e}^{-x})\sin y\mathrm{d}y=0, y|_{x=0}=\frac{\pi}{4}$。

解　(1) 变量分离两边积分 $-\int\frac{\mathrm{d}\cos y}{\cos y}=-\int\frac{\mathrm{d}\cos x}{\cos x}$，得通解为 $\cos y=C\cos x$。由 $y(0)=\frac{\pi}{4}$，得 $C=\frac{\sqrt{2}}{2}$，特解为 $\cos y=\frac{\sqrt{2}\cos x}{2}$。

(2) 变量分离两边积分 $\int\frac{\mathrm{d}\ln y}{\ln y}=\int\frac{\mathrm{d}x}{\sin x}$，得通解为 $\ln\ln y=\ln(\csc x-\cot x)+\ln C$，即 $\ln y=C(\csc x-\cot x)$。当 $x=\frac{\pi}{2}, y=\mathrm{e}$ 时，得 $C=1$。所求特解为 $\ln y=\csc x-\cot x$。

(3) 变量分离两边积分 $\int\frac{\mathrm{d}(\mathrm{e}^x+1)}{\mathrm{e}^x+1}=\int\frac{\mathrm{d}\cos y}{\cos y}$，得通解为 $\ln(\mathrm{e}^x+1)=\ln\cos y+\ln C$，即 $\mathrm{e}^x+1=C\cos y$。当 $y(0)=\frac{\pi}{4}$ 时，得 $C=2\sqrt{2}$，特解为 $\mathrm{e}^x+1=2\sqrt{2}\cos y$。

例 3　有一盛满了水的圆锥形漏斗(如图 7-1)，高为 10cm，顶角为 60°，漏斗下面有面积为 $0.5\mathrm{cm}^2$ 的孔，求水面高度变化的规律及水流完所需的时间。

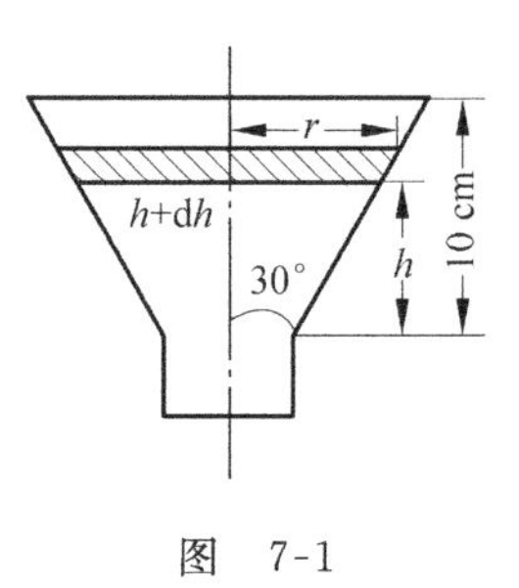

图　7-1

解　由水力学可知，水从孔口流出的流量(即通过孔口横截面的水的体积 V 对时间 t 的变化率)可用式 $V'(t)=0.62S\sqrt{2gh}$ 计算，其中 0.62 为流量系数，S 为孔口横截面面积，g 为重力加速度。现在 $S=0.5\mathrm{cm}^2$，故

$$V'(t)=0.31\sqrt{2gh}\Rightarrow \mathrm{d}V=0.31\sqrt{2gh}\,\mathrm{d}t。\qquad(\mathrm{I})$$

另一方面，设在 $[t,t+\mathrm{d}t]$ 内，水面高度由 h 降至 $h+\mathrm{d}h(\mathrm{d}h<0)$。由于 $\mathrm{d}h$ 很小，这一小薄层水可近似为小薄圆柱体，其体积为

$$\mathrm{d}V=-\pi r^2\mathrm{d}h,\qquad(\mathrm{II})$$

其中 r 是 t 时刻水面的半径(见图 7-1)。因为 $\mathrm{d}V>0, \mathrm{d}h<0$，所以右端取负号。由图 7-1 知，$r=\tan30°\cdot h=\frac{\sqrt{3}}{3}\cdot h$，则式(Ⅱ)变为

$$\mathrm{d}V=-\frac{1}{3}\pi h^2\mathrm{d}h。\qquad(\mathrm{III})$$

比较式(Ⅰ)和(Ⅱ)，得 $0.31\sqrt{2gh}\,\mathrm{d}t=-\frac{\pi}{3}h^2\mathrm{d}h$。变量分离两边积分 $\int\mathrm{d}t=-\int\frac{\pi}{0.93\sqrt{2g}}\cdot h^{\frac{3}{2}}\mathrm{d}h$，得通解为 $t=-\frac{\pi}{0.93\sqrt{2g}}\cdot\frac{2}{5}\cdot h^{\frac{5}{2}}+C$。

又 $g=980(\mathrm{cm/s^2})$，所以 $t\approx0.0305h^{\frac{5}{2}}+C$。将 $t=0, h=10\mathrm{cm}$ 代入上式得 $C=0.0305 10^{\frac{5}{2}}$，故求得水从小孔流出的规律为 $t=0.0305(10^{\frac{5}{2}}-h^{\frac{5}{2}})$。

令 $h=0$，得 $t\approx9.64\mathrm{~s}\approx10\mathrm{~s}$。故水流完所需的时间约为 10 s。

第三节　齐次方程

问题 101　如何理解一阶齐次微分方程的齐次？

一阶齐次微分方程的齐次是指齐次函数的齐次。这与通常所说代数方程(如线性代数中的齐次方程)的齐次在概念上是不同的。

在初等数学中如 $z=x+y$ 是二元一次齐次函数，$z=x^2+xy+y^2$ 是二元二次齐次函数，此概念可以推广到 n 元齐次函数。一阶微分方程的一般形式(显式)均可写为

$$y'=f(x,y)。\tag{Ⅰ}$$

若方程(Ⅰ)右端函数 $f(x,y)$ 可以化为 $\varphi\left(\frac{y}{x}\right)$ 形式，即

$$y'=\varphi\left(\frac{y}{x}\right),\tag{Ⅱ}$$

则称方程(Ⅱ)为一阶齐次微分方程，也称方程(Ⅱ)为一阶齐次微分方程标准型，用于判别类型。一阶齐次微分方程解法要点如下所示：

① 化为一阶可分离变量方程；

② 化法：设 $u=\frac{y}{x}$，则 $y'=u+xu'$，代入式(Ⅱ)化为一阶可分离变量方程(参看文献[4])。

例 1　求下列齐次方程的通解：

(1) $\left(2x\sin\frac{y}{x}+3y\cos\frac{y}{x}\right)\mathrm{d}x-3x\cos\frac{y}{x}\mathrm{d}y=0$；

(2) $(1+2\mathrm{e}^{\frac{x}{y}})\mathrm{d}x+2\mathrm{e}^{\frac{x}{y}}\left(1-\frac{x}{y}\right)\mathrm{d}y=0$。

解　(1) 设 $u=\frac{y}{x}$，$y'=u+xu'$，原方程化为

$$(2x\sin u+3xu\cos u)\mathrm{d}x-3x\cos u(u\mathrm{d}x+x\mathrm{d}u)=0,$$

化简后并变量分离，两边积分得

$$\int 2\frac{\mathrm{d}x}{x}=3\int\frac{\mathrm{d}\sin u}{\sin u},\quad \ln x^2+\ln C=3\ln\sin u,$$

将 $u=\frac{y}{x}$ 代入上式得原方程的通解 $\sin^3\frac{y}{x}=Cx^2$。

(2) 设 $u=\frac{x}{y}$，将原方程化为 $y(1+2\mathrm{e}^u)\mathrm{d}u+(u+2\mathrm{e}^u)\mathrm{d}y=0$，变量分离，两边积分得

$$\int\frac{\mathrm{d}(u+2\mathrm{e}^u)}{u+2\mathrm{e}^u}=-\int\frac{\mathrm{d}y}{y},$$

$$\ln(u+2\mathrm{e}^u)=-\ln y+\ln C。$$

将 $u=\frac{x}{y}$ 代入上式得原方程的通解 $x+2y\mathrm{e}^{\frac{x}{y}}=C$。

点评　作为方程中的 x 与 y 具有同等地位，究竟谁是函数，谁是自变量，要视方程的结

构而定，本题按常规视 y 是 x 的函数，设 $u=\frac{y}{x}$，则出现 $\int e^{\frac{1}{u}}du$，原函数不能表示为初等函数的不定积分，即称 $\int e^{\frac{1}{u}}du$ 为不可积。望平时做题注意归纳总结！

例 2　化下列方程为齐次方程，并求出通解：

(1) $(3y-7x+7)dx+(7y-3x+3)dy=0$；

(2) $(x+y)dx+(3x+3y-4)dy=0$。

提示　方程 $y'=f\left(\frac{ax+by+c}{a_1x+b_1y+c_1}\right)$ 可化为齐次方程。

解　(1) 解方程组 $\begin{cases}3y-7x+7=0,\\7y-3x+3=0,\end{cases}$ 得 $x_0=1, y_0=0$。

设 $X=x-1, Y=y$，则原方程化为 $\frac{dY}{dX}=-\frac{3Y-7X}{7Y-3X}$。

设 $Y=Xu$，有 $u+X\frac{du}{dx}=-\frac{3u-7}{7u-3}$，变量分离，两边积分得

$$\int\frac{dX}{X}=-\frac{1}{7}\int\left[\frac{2}{u-1}+\frac{5}{u+1}\right]du,$$

$$\ln X+\ln C_1=-\frac{1}{7}[2\ln(u-1)+5\ln(u+1)],$$

$$X^7(u-1)^2(u+1)^5=C。$$

将 $u=\frac{Y}{X}=\frac{y}{x-1}$ 代入上式，得原方程的通解 $(y-x+1)^2(y+x-1)^5=C$。

(2) 设 $u=x+y, y'=u'(x)-1$，则原方程化为 $u'(x)=2\frac{u-2}{3u-4}$，变量分离，两边积分得

$$2\int dx=\int\left(3+\frac{2}{u-2}\right),\quad 2x+C_1=3u+2\ln|u-2|。$$

将 $u=x+y$ 代入上式，得原方程的通解

$$x+3y+2\ln|x+y-2|=C。$$

例 3　设有连接点 $O(0,0)$ 和 $A(1,1)$ 的一段向上凸的曲线弧 $\overset{\frown}{OA}$，对于 $\overset{\frown}{OA}$ 上任一点 $P(x,y)$，曲线弧 $\overset{\frown}{OP}$ 与直线段 $\overline{OP}$ 所围图形的面积为 x^2，求曲线弧 $\overset{\frown}{OA}$ 的方程。

解　设曲线方程为 $y=f(x)$，其图形如图 7-2 所示。则曲线弧 $\overset{\frown}{OP}$ 与直线段 $\overline{OP}$ 所围图形的面积为 $\int_0^x f(t)dt-\frac{xf(x)}{2}=x^2$，

$\left[\int_0^x f(t)dt-\frac{xf(x)}{2}\right]'=(x^2)'$，$f(x)-\frac{f(x)}{2}-\frac{xf'(x)}{2}=2x$，

$f'(x)=\frac{f(x)}{x}-4$，即 $y'=\frac{y}{x}-4=\varphi\left(\frac{y}{x}\right)$，这是齐次方程。设 $u=\frac{y}{x}$，$y'=u+u'x$，则上述方程化为 $xu'=-4$。变量分离，两边积分得

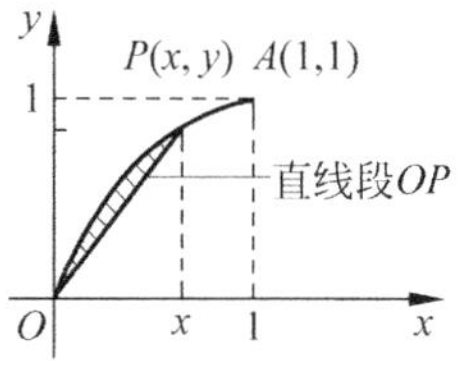

$$\int du=-4\int\frac{dx}{x}, u=-4\ln x+C_1。$$

图 7-2

将 $u=\frac{y}{x}$ 代入上式得通解为

$$y=x(-4\ln x+C_1)。$$

将 $x=1,y=1$ 代入上式，得 $C_1=1$。故曲线弧 $\overset{\frown}{OA}$ 的方程为 $y=x(1-\ln x^4)$。

第四节　一阶线性微分方程

问题 102　一阶线性微分方程的"线性"是什么意思？

"线性"是由平面解析几何中的直线方程 $Ax+By+C=0$ 引申而来的。在平面解析几何中所研究的变量，即动点坐标 (x,y)，它们间的一次关系式即 $Ax+By+C=0$ 表示一条直线。因此，以后在所研究的问题中涉及所研究的变量是"一次"的都称为是"线性"的。若一阶微分方程中出现的未知函数 y 及其一阶导数 y' 都是一次的，则称此一阶微分方程为线性方程。所以一阶线性微分方程的标准型应为

$$y'+P(x)y=Q(x), \tag{Ⅰ}$$

$$y'+P(x)y=0。 \tag{Ⅱ}$$

称方程(Ⅱ)为方程(Ⅰ)的对应齐次方程。

解法要点　①解方程(Ⅰ)的对应齐次方程(Ⅱ)的通解 $y'+P(x)y=0$，变量分离 $\frac{dy}{y}=-P(x)dx$，两边积分得方程(Ⅱ)的通解为 $y=Ce^{-\int P(x)dx}$。

② 常数变易法，设 $y=C(x)e^{-\int P(x)dx}$ 为方程(Ⅰ)的解，求出 $C(x)$ 后，得一阶线性微分方程(Ⅰ)的通解公式 $y(x)=e^{-\int P(x)dx}\left[\int Q(x)e^{\int P(x)dx}dx+C\right]$（参见文献[4]）。

问题 103　何谓伯努利微分方程？如何求解？伯努利方程的解法给我们什么启示？

一阶伯努利微分方程的标准型：

$$y'+P(x)y=Q(x)y^n, \tag{Ⅰ}$$

其中 $n\neq 0,1$。

解法　将伯努利方程(Ⅰ)的右端化为不含有 y，得

$$y^{-n}y'+P(x)y^{1-n}=Q(x)。 \tag{Ⅱ}$$

将方程(Ⅱ)的左端中以 $P(x)$ 为系数的因子设为 $z=y^{1-n}$，则将方程(Ⅱ)化为一阶线性方程，其标准型为

$$z'+(1-n)P(x)z=Q(x)(1-n)。 \tag{Ⅲ}$$

由线性方程的通解公式，得

$$z=e^{\int -(1-n)P(x)dx}\left[\int(1-n)Q(x)e^{\int(1-n)P(x)dx}dx+C\right]。$$

在解一阶微分方程时，如果遇到所求的微分方程不是已学过的一阶方程的类型，试试利用伯努利方程的解法，先将该方程的右端化为不含有 y 的形式，并将左端以 $P(x)$ 为系数的

因子设为 z，看能否将该方程化为已经学过的一阶微分方程的类型。这就是伯努利方程的解法给我们的启示。请看例7。

例1　一阶线性微分方程 $y'+P(x)y=Q(x)$ 的通解为________。

解　通解公式 $y(x)=\mathrm{e}^{-\int P(x)\mathrm{d}x}\left[\int Q(x)\mathrm{e}^{\int P(x)\mathrm{d}x}\mathrm{d}x+C\right]$。

例2　求下列微分方程的通解：

(1) $y'+2xy=4x$；　　(2) $y\ln y\mathrm{d}x+(x-\ln y)\mathrm{d}y=0$；

(3) $(y^2-6x)y'+2y=0$。

解　(1) 判别类型：因为 y 及 y' 都是一次的，是线性方程。先解对应齐次方程 $y'+2xy=0$，变量分离，两边积分，$\int\frac{\mathrm{d}y}{y}=-2\int x\mathrm{d}x$，得 $\ln y=-x^2+C$，$y=C\mathrm{e}^{-x^2}$。常数变易法：设 $y=C(x)\mathrm{e}^{-x^2}$ 为原方程的解，$y'=C'(x)\mathrm{e}^{-x^2}-2xC(x)\mathrm{e}^{-x^2}$，代入原方程得 $C'(x)\mathrm{e}^{-x^2}=4x$，$C'(x)=4x\mathrm{e}^{x^2}$，$C(x)=\int 4x\mathrm{e}^{x^2}\mathrm{d}x=2\mathrm{e}^{x^2}+C$。所求通解为 $y=(2\mathrm{e}^{x^2}+C)\mathrm{e}^{-x^2}=2+C\mathrm{e}^{-x^2}$。

(2) 判别类型：因为方程含 $\ln y$，所以关于 y 是未知函数，则方程不是线性方程。由于在方程中 x 与 y 具有同等地位！若将 x 视为未知函数，则方程改写为 $y\ln y\frac{\mathrm{d}x}{\mathrm{d}y}+x-\ln y=0$。化为标准型

$$\frac{\mathrm{d}x}{\mathrm{d}y}+\frac{1}{y\ln y}x=\frac{1}{y}。\tag{Ⅰ}$$

因为 x 与 $\frac{\mathrm{d}x}{\mathrm{d}y}$ 都是一次的，所以方程(Ⅰ)是关于以 x 为未知函数的一阶线性方程，则通解为

$$x(y)=\mathrm{e}^{-\int\frac{\mathrm{d}y}{y\ln y}}\left[\int\frac{1}{y}\mathrm{e}^{\int\frac{\mathrm{d}y}{y\ln y}}\mathrm{d}y+C\right]=\frac{1}{\ln y}\left(\int\frac{\ln y}{y}\mathrm{d}y+C\right)=\frac{\ln y}{2}+\frac{C}{\ln y}。$$

(3) 判别类型：因为方程含有 $y^2\mathrm{d}y$ 项，关于 y 为未知函数，则方程不是线性方程。

因为在方程中 x 与 y 具有同等地位！如果将 x 视为未知函数，则方程改写为

$$2y\frac{\mathrm{d}x}{\mathrm{d}y}-6x+y^2=0,$$

化为标准型

$$\frac{\mathrm{d}x}{\mathrm{d}y}-\frac{3}{y}x=-\frac{y}{2}。$$

因为 x 及 $\frac{\mathrm{d}x}{\mathrm{d}y}$ 都是一次的，所以其是关于以 x 为未知函数的一阶线性方程，则方程的通解为

$$x(y)=\mathrm{e}^{\int\frac{3\mathrm{d}y}{y}}\left(\int-\frac{y}{2}\mathrm{e}^{\int-\frac{3\mathrm{d}y}{y}}\mathrm{d}y+C\right)=y^3\left(\frac{1}{2y}+C\right)=Cy^3+\frac{y^2}{2}。$$

例3　已知连续函数 $f(x)$ 满足条件 $f(x)=\int_0^{3x}f\left(\frac{t}{3}\right)\mathrm{d}t+\mathrm{e}^{2x}$，求 $f(x)$。

解　因为 e^{2x} 及 $\int_0^{3x}f\left(\frac{t}{3}\right)\mathrm{d}t$ 都可导，所以 $f(x)$ 可导。$f'(x)=\left[\int_0^{3x}f\left(\frac{x}{3}\right)\mathrm{d}t+\mathrm{e}^{2x}\right]'$，令 $y=f(x)$，则 $y'-3y=2\mathrm{e}^{2x}$，这是线性方程的标准型，且 $f(0)=1$。

方法1　$y(x)=\mathrm{e}^{\int 3\mathrm{d}x}\left[\int 2\mathrm{e}^{2x}\mathrm{e}^{\int-3\mathrm{d}x}\mathrm{d}x+C\right]=\mathrm{e}^{3x}\left[\int 2\mathrm{e}^{2x}\mathrm{e}^{-3x}\mathrm{d}x+C\right]=C\mathrm{e}^{3x}-2\mathrm{e}^{2x}$，由 $f(0)=1$ 得 $C=3\Rightarrow f(x)=3\mathrm{e}^{3x}-2\mathrm{e}^{2x}$。

方法 2　方程两边同乘 e^{-3x}，得 $(ye^{-3x})'=2e^{-x}$，则 $ye^{-3x}=\int 2e^{-x}dx=-2e^{-x}+C$，由 $f(0)=1$ 得 $C=3\Rightarrow$ 所求函数 $y=f(x)=3e^{3x}-2e^{2x}$。

例 4　设 $y=f(x)$ 是第一象限内连接点 $A(0,1)$，$B(1,0)$ 的一段连续曲线，$M(x,y)$ 为该曲线上任意一点，点 C 为 M 在 x 轴上的投影，O 为坐标原点，若梯形 $OCMA$ 的面积与曲边三角形 CBM 的面积之和为 $\dfrac{x^3}{6}+\dfrac{1}{3}$，求 $f(x)$ 的表达式。

解　如图 7-3 所示。由题设知 $f(0)=1$，$f(1)=0$。且

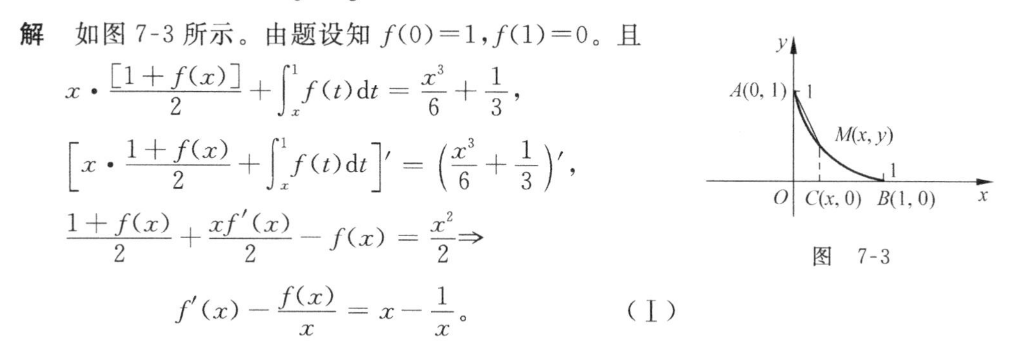

图　7-3

$$x\cdot\frac{[1+f(x)]}{2}+\int_x^1 f(t)dt=\frac{x^3}{6}+\frac{1}{3},$$

$$\left[x\cdot\frac{1+f(x)}{2}+\int_x^1 f(t)dt\right]'=\left(\frac{x^3}{6}+\frac{1}{3}\right)',$$

$$\frac{1+f(x)}{2}+\frac{xf'(x)}{2}-f(x)=\frac{x^2}{2}\Rightarrow$$

$$f'(x)-\frac{f(x)}{x}=x-\frac{1}{x}。\qquad (\text{Ⅰ})$$

方程(Ⅰ)是线性方程，其通解为 $f(x)=e^{\int\frac{dx}{x}}\left[\int\left(x-\dfrac{1}{x}\right)e^{\int-\frac{dx}{x}}dx+C\right]=x\left[x+\dfrac{1}{x}+C\right]=x^2+1+Cx$。由 $f(1)=0$，得 $C=-2$，故 $f(x)$ 的表达式为 $f(x)=(x-1)^2(0\leqslant x\leqslant 1)$。

或方程(Ⅰ)两边除 x，得 $\left(\dfrac{f(x)}{x}\right)'=1-\dfrac{1}{x^2}\Rightarrow\dfrac{f(x)}{x}=x+\dfrac{1}{x}+C$，余下同上。

例 5　设有微分方程 $y'-y=\varphi(x)$，其中 $\varphi(x)=f[g(x)]$，$f(x)=\begin{cases}x, & x<1,\\ \ln x, & x>1,\end{cases}$ $g(x)=e^{x-1}$，试求在 $(-\infty,+\infty)$ 内的连续函数 $y=y(x)$，使之在 $(-\infty,1)$ 和 $(1,+\infty)$ 内都满足所给方程，且满足条件 $y(0)=0$。

提示　线性方程右端函数为分段函数。本题考查的是函数本质是对应关系中由 $f[g(x)]$ 表达式求 $f(x)$ 的表达式及分段函数的不定积分。

解　$\varphi(x)=f[g(x)]=\begin{cases}g(x), & g(x)<1,\\ \ln g(x), & g(x)>1\end{cases}=\begin{cases}e^{x-1}, & e^{x-1}<1,\\ x-1, & e^{x-1}>1\end{cases}=\begin{cases}e^{x-1}, & x<1,\\ x-1, & x>1,\end{cases}$ 则 $y'-y=\varphi(x)$。由通解公式，有 $y=e^{\int dx}\left[\int\varphi(x)e^{\int-dx}dx+C\right]$。而 $\int\varphi(x)e^{-x}dx$ 为分段函数的不定积分，按段积分，加不同常数，有

当 $x<1$ 时，$\int e^{x-1}e^{-x}dx=e^{-1}x+C_1\Rightarrow y=e^x[e^{-1}x+C_1]$。由 $y(0)=0$，得 $C_1=0$，所以 $y=xe^{x-1}$。

当 $x>1$ 时，$\int\varphi(x)e^{-x}dx=\int(x-1)e^{-x}dx=-(x-1)e^{-x}-e^{-x}+C_2$，则

$$y=e^x[-(x-1)e^{-x}-e^{-x}+C_2]=-x+C_2e^x。$$

由原函数的必要条件知 $y(1+0)=\lim\limits_{x\to1^+}[-x+C_2e^x]=\lim\limits_{x\to1^-}xe^{x-1}$，得 $-1+C_2e=1$，$C_2=\dfrac{2}{e}$，因此 $y=-x+2e^{x-1}$。

于是，若补充函数定义 $y|_{x=1}=1$，则得在 $(-\infty,+\infty)$ 内的连续函数 $y=\begin{cases}xe^{x-1}, & x\leqslant 1,\\ -x+2e^{x-1}, & x>1。\end{cases}$ 显然函数 $y=y(x)$ 满足题中所要求的全部条件，故 $y=y(x)$ 为所求。

例6　求下列微分方程的通解：

(1) $y'-y=xy^5$；　　(2) $xdy-[y+xy^3(1+\ln x)]dx=0$。

解　(1) 这是 $n=5$ 的伯努利方程，$y^{-5}\dfrac{dy}{dx}-y^{-4}=x$，令 $z=y^{-4}$，$\dfrac{dz}{dx}=-4y^{-5}\dfrac{dy}{dx}$，则原方程化为 $z'(x)+4z=-4x$。由通解公式有

$$z=e^{\int -4dx}\left[\int -4xe^{\int 4dx}dx+C\right]=e^{-4x}\left[\int -4xe^{4x}dx+C\right]=-x+\frac{1}{4}+Ce^{-4x},$$

故原方程的通解为 $y^{-4}=-x+\dfrac{1}{4}+Ce^{-4x}$。

(2) 原方程写为 $y'-\dfrac{y}{x}=(1+\ln x)y^3$，$y^{-3}y'-\dfrac{y^{-2}}{x}=1+\ln x$，令 $z=y^{-2}$，$z'(x)=-2y^{-3}\cdot y'$，则上面方程化为 $z'+\dfrac{2z}{x}=-2(1+\ln x)$。由一阶线性方程通解公式，有

$$\begin{aligned}z&=e^{\int -\frac{2dx}{x}}\left[\int -2(1+\ln x)e^{\int\frac{2dx}{x}}dx+C\right]=\frac{1}{x^2}\left[-2\int(1+\ln x)x^2dx+C\right]\\&=\left(-\frac{2}{3}\right)\cdot x\ln x-\frac{4x}{9}+\frac{C}{x^2},\end{aligned}$$

将 $z=y^{-2}$ 代入上式得原方程的通解为 $y^2\left[\left(-\dfrac{2}{3}\right)\cdot x\ln x-\dfrac{4x}{9}+\dfrac{C}{x^2}\right]=1$。

例7　求下列微分方程的通解：

(1) $(x^2+3)\cos y\cdot y'+2x\sin y=x(x^2+3)\sin^2 y$；

(2) $yy'-\dfrac{x}{1+x^2}=\dfrac{xe^{y^2}}{1+x^2}$；

(3) $\begin{cases}y'+\dfrac{x\cdot\sin y\cos y}{1+x^2}=x\cos^2 y,\\ y(0)=0。\end{cases}$

分析　(1)(2)(3)题都不是前面学过的一阶微分方程，应用伯努利方程解法尝试求解。为此将原方程的右端化为只含 x 的函数，然后将左端以 $P(x)$ 为系数的因式设为 z，看能否化为 z 的一阶线性方程（或学过的一阶方程）。

解　(1) 原方程化为　　$(x^2+3)\cos y\cdot\dfrac{y'}{\sin^2 y}+2x\sin^{-1}y=x(x^2+3)$。

令 $z=\sin^{-1}y$，$z'=-\sin^{-2}y\cos y\cdot y'$，则上述方程化为

$$z'-\frac{2xz}{x^2+3}=-x,$$

$$\begin{aligned}z&=e^{\int\frac{2xdx}{x^2+3}}\left[\int -xe^{\int -\frac{2xdx}{x^2+3}}dx+C\right]=(x^2+3)\left[\int -\frac{xdx}{x^2+3}+C\right]\\&=(x^2+3)\left(-\frac{\ln(x^2+3)}{2}+C\right),\end{aligned}$$

则原方程的通解为 $\frac{1}{\sin y}=-(x^2+3)\cdot\frac{\ln(x^2+3)}{2}+C(x^2+3)$。

(2) 原方程化为

$$ye^{-y^2}y'-e^{-y^2}\frac{x}{1+x^2}=\frac{x}{1+x^2},$$

令 $z=e^{-y^2}$,则上述方程化为 $z'+\frac{2xz}{1+x^2}=-\frac{2x}{1+x^2}$。由线性方程通解公式有

$$z=e^{\int-\frac{2x\mathrm{d}x}{1+x^2}}\left[e^{\int\frac{2x\mathrm{d}x}{1+x^2}}-\frac{2x\mathrm{d}x}{1+x^2}+C\right]=\frac{-x^2+C}{1+x^2}。$$

原方程的通解为 $e^{-y^2}=\frac{-x^2+C}{1+x^2}$。

(3) 将原方程化为 $y'\sec^2y+\frac{\tan y\cdot x}{1+x^2}=x$,令 $z=\tan y$,$z'=\sec^2y\cdot y'$,则上述方程化为 $z'+z\cdot\frac{x}{1+x^2}=x$。由线性方程通解公式有

$$z=e^{\int-\frac{x\mathrm{d}x}{1+x^2}}\left[\int xe^{\int\frac{x\mathrm{d}x}{1+x^2}}\mathrm{d}x+C\right]=\frac{1}{\sqrt{1+x^2}}\left[\int x\sqrt{1+x^2}\,\mathrm{d}x+C\right]$$

$$=\frac{1}{\sqrt{1+x^2}}\cdot\left[\frac{1}{2}\,\frac{2}{3}(1+x^2)^{\frac{3}{2}}+C\right]=\frac{1+x^2}{3}+\frac{C}{\sqrt{1+x^2}},$$

原方程通解为

$$\tan y=\frac{1+x^2}{3}+\frac{C}{\sqrt{1+x^2}},$$

由 $y(0)=0$,得 $C=-\frac{1}{3}$,原方程特解为

$$\tan y=\frac{1}{3}\left(1+x^2-\frac{1}{\sqrt{1+x^2}}\right)。$$

第五节　可降阶的高阶微分方程

问题 104　可降阶的高阶微分方程有哪几种类型？怎样求其通解？

以二阶微分方程为例,二阶微分方程的一般形式且显式为

$$y''=f(x,y,y')。\tag{Ⅰ}$$

当式(Ⅰ)的右端函数 $f(x,y,y')$ 中不含有 y,y' 时为第一类；当不含 y 时为第二类；当不含 x 时为第三类,即可降阶的高阶微分方程有以下三类：

Ⅰ. $y''=f(x)$型

解法要点　连续积分。

Ⅱ. $y''=f(x,y')$型

解法要点　设 $y'=p$, $y''=p'$,则 $y''=f(x,y')$,化为 $p'=f(x,p)$,这是一阶微分方程,对一阶微分方程进行判别类型,并求解。

Ⅲ. $y''=f(y,y')$型

解法要点　设$y'=p$, $y''=\frac{\mathrm{d}p}{\mathrm{d}y}\cdot\frac{\mathrm{d}y}{\mathrm{d}x}=p\frac{\mathrm{d}p}{\mathrm{d}y}$，将原方程化为$p\frac{\mathrm{d}p}{\mathrm{d}y}=f(y,p)$，这是一阶微分方程，再判别类型并求解。

例1　求下列各微分方程的通解：

(1) $y'''=xe^x$；　(2) $y''=y'+x$；　(3) $yy''-y'^2=-1$。

解　(1) 类型Ⅰ连续积分型，

$$y''=\int xe^x\mathrm{d}x=(x-1)e^x+\overline{C_1},$$

$$y'=\int[(x-1)e^x+\overline{C_1}]\mathrm{d}x=(x-2)e^x+\overline{C_1}x+C_2,$$

$$y=\int[(x-2)e^x+\overline{C_1}x+C_2]\mathrm{d}x=(x-3)e^x+C_1x^2+C_2x+C_3。$$

(2) 类型Ⅱ，设$y'=p$, $y''=p'$，则原方程化为$p'-p=x$，通解为

$$p=e^{\int\mathrm{d}x}\left(\int xe^{\int-\mathrm{d}x}\mathrm{d}x+C_1\right)=e^x(-xe^{-x}-e^{-x}+C_1)=-x-1+C_1e^x。$$

即

$$y'=-x-1+C_1e^x,$$

$$y=-\frac{x^2}{2}-x+C_1e^x+C_2。$$

(3) 类型Ⅲ，设$y'=p$, $y''=p\frac{\mathrm{d}p}{\mathrm{d}y}$，则原方程化为$\frac{p\mathrm{d}p}{p^2-1}=\frac{\mathrm{d}y}{y}$，两边积分得

$$\frac{\ln|p^2-1|}{2}=\ln|y|+\ln C_1,\quad |p^2-1|=(C_1y)^2,$$

将$y'=p$代入上式，得$|y'^2-1|=(C_1y)^2$。

① 当$|y'|>1$时，$y'=\pm\sqrt{1+(C_1y)^2}$，变量分离，两边积分得

$$\int\frac{\mathrm{d}(C_1y)}{\sqrt{1+(C_1y)^2}}=\pm C_1\int\mathrm{d}x,\ln(C_1y+\sqrt{1+(C_1y)^2})=\pm C_1x+\overline{C_2},$$

$$C_1y+\sqrt{1+(C_1y)^2}=C_2e^{\pm C_1x}。$$

② 当$|y'|<1$时，$y'=\pm\sqrt{1-(C_1y)^2}$，变量分离，两边积分得

$$\int\frac{\mathrm{d}(C_1y)}{\sqrt{1-(C_1y)^2}}=\pm C_1\int\mathrm{d}x,\quad \arcsin C_1y=\pm C_1x+C_2, y=\frac{\sin(C_2\pm C_1x)}{C_1}。$$

例2　设$y=y(x)$是一向上凸的连续函数，其上任意一点(x,y)处的曲率为$\frac{1}{\sqrt{1+y'^2}}$，且此曲线上点$(0,1)$处的切线方程为$y=x+1$，求该曲线的方程，并求函数$y=y(x)$的极值。

解　已知$y''<0$，由题意及曲率公式有$\frac{-y''}{(1+y'^2)^{\frac{3}{2}}}=\frac{1}{\sqrt{1+y'^2}}\Rightarrow\frac{y''}{1+y'^2}=-1$，设$y'=p$, $y''=p'$，方程化为$\frac{p'}{1+p^2}=-1$，变量分离，两边积分得$\int\frac{\mathrm{d}p}{1+p^2}=-\int\mathrm{d}x$，$\arctan p=-x+C_1$。

由题意知$y'(0)=1$，所以$p(0)=1$，得$C_1=\frac{\pi}{4}$，故

$$y'=p=\tan\left(\frac{\pi}{4}-x\right),\quad y=\int\tan\left(\frac{\pi}{4}-x\right)\mathrm{d}x=\ln\left|\cos\left(\frac{\pi}{4}-x\right)\right|+C_2。$$

当 $x=0,y=1$ 时,$C_2=1+\frac{\ln2}{2}$,故有 $y=\ln\left|\cos\left(\frac{\pi}{4}-x\right)\right|+1+\frac{\ln2}{2}$。

当 $-\frac{\pi}{2}<\frac{\pi}{4}-x<\frac{\pi}{2}$,即当 $-\frac{\pi}{4}<x<\frac{3\pi}{4}$ 时,$\cos\left(\frac{\pi}{4}-x\right)>0$。

当 $x\to-\frac{\pi}{4}\left(或\to\frac{3\pi}{4}\right)$ 时,$\cos\left(\frac{\pi}{4}-x\right)\to0$,所以 $\ln\left|\cos\left(\frac{\pi}{4}-x\right)\right|\to-\infty$。

故所求连续曲线为 $y=\ln\left|\cos\left(\frac{\pi}{4}-x\right)\right|+1+\frac{\ln2}{2}\left(x\in\left(-\frac{\pi}{4},\frac{3\pi}{4}\right)\right)$。

显然,当 $x=\frac{\pi}{4}$ 时,$\ln\left|\cos\left(\frac{\pi}{4}-x\right)\right|=0$,故 y 在 $x=\frac{\pi}{4}$ 处取极大值 $1+\frac{1}{2}\ln2$,y 在 $\left(-\frac{\pi}{4},\frac{3\pi}{4}\right)$ 内无极小值。

例 3　设函数 $y(x)(x\geqslant0)$ 二阶可导,且 $y'(x)>0$,$y(0)=1$,过曲线 $y=y(x)$ 上任一点 $P(x,y)$ 作该曲线的切线及 x 轴的垂线,上述两直线与 x 轴所围成的三角形的面积为 S_1,区间 $[0,x]$ 上以 $y=y(x)$ 为曲边的曲边梯形面积记为 S_2,并设 $2S_1-S_2$ 恒为 1,求此曲线 $y=y(x)$ 的方程。

解　过曲线上点 $P(x,y)$ 处的切线方程为 $Y-y=y'(X-x)$。它在 x 轴上的截距为 $x-\frac{y}{y'}$,从而有 $2S_1=y\cdot\left[x-\left(x-\frac{y}{y'}\right)\right]=\frac{y^2}{y'}$,而 $S_2=\int_0^x y(t)\mathrm{d}t$ 如图 7-4 所示。由 $2S_1-S_2=1$ 得

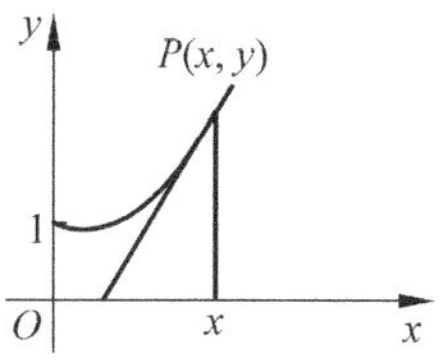

$$\frac{y^2}{y'}-\int_0^x y(t)\mathrm{d}t=1。\qquad (*)$$

图　7-4

$$\left[\frac{y^2}{y'}-\int_0^x y(t)\mathrm{d}t\right]'=(1)',$$

得二阶微分方程 $y'^2-yy''=0$。将 $x=0,y=1$ 代入式$(*)$,得 $y'(0)=1$。于是问题变为在初值条件 $y(0)=1,y'(0)=1$ 下,求 $y'^2-yy''=0$ 的特解。

方法 1　设 $y'=p,y''=p\frac{\mathrm{d}p}{\mathrm{d}y}$,则 $p\left(p-y\frac{\mathrm{d}p}{\mathrm{d}y}\right)=0$,或 $p=0$;变量分离,两边积分得 $\int\frac{\mathrm{d}p}{p}=\int\frac{\mathrm{d}y}{y}$,得 $\ln p=\ln y+\ln C_1$,$p=C_1y(p=0,C_1=0)$,$y'=C_1y$,$\int\frac{\mathrm{d}y}{y}=C_1\int\mathrm{d}x$,$\ln y=C_1x+\overline{C_2}$,$y=C_2\mathrm{e}^{C_1x}$。特解见方法 2。

方法 2　两边乘以 $\frac{1}{y'^2}$,便得 $\left(\frac{y}{y'}\right)'=0$,所以 $\frac{y}{y'}=C_1^{-1}$,$y'=C_1y$,所以 $y=C_2\mathrm{e}^{C_1x}$,当 $y(0)=1,y'(0)=1$ 时,$C_1=C_2=1$,所求函数为 $y=\mathrm{e}^x$。

例 4　求下列各微分方程满足所给初始条件的特解:

(1) $y''-ay'^2=0,y|_{x=0}=0,y'|_{x=0}=-1$;

(2) $y''+(y')^2=1,y|_{x=0}=0,y'|_{x=0}=0$。

解　(1) 设 $y'=p,y''=p\frac{\mathrm{d}p}{\mathrm{d}y}$,原方程化为 $p\frac{\mathrm{d}p}{\mathrm{d}y}-ap^2=0$。

当 $p\neq0$ 时，$\int\frac{\mathrm{d}p}{p}=a\int\mathrm{d}y,\ln p=ay+\overline{C_1}$，则 $y'=p=C_1\mathrm{e}^{ay}$。

当 $y'|_{x=0}=-1$ 时，$C_1=-1$，所以 $y'=-\mathrm{e}^{ay},-\int\mathrm{e}^{-ay}\mathrm{d}y=\int\mathrm{d}x,\mathrm{e}^{-ay}\cdot\frac{1}{a}=x+C_2$。

当 $y(0)=0$ 时，$C_2=\frac{1}{a}$，所求特解为 $\mathrm{e}^{-ay}=ax+1$。

(2) 设 $y'=p,y''=p'$，则原方程化为$\frac{\mathrm{d}p}{1-p^2}=\mathrm{d}x,\int\frac{\mathrm{d}p}{1-p^2}=\int\mathrm{d}x,\ \frac{1}{2}\ln\frac{1+p}{1-p}=x+C_1$。

由 $y'(0)=0$，得 $C_1=0$。于是有 $y'=\frac{\mathrm{e}^{2x}-1}{\mathrm{e}^{2x}+1},\ y=\int\frac{(\mathrm{e}^x-\mathrm{e}^{-x})\mathrm{d}x}{\mathrm{e}^x+\mathrm{e}^{-x}}=\ln(\mathrm{e}^x+\mathrm{e}^{-x})+C_2$。

由 $y(0)=0$，得 $C_2=-\ln2$。所求特解为 $y=\ln\left(\frac{\mathrm{e}^x+\mathrm{e}^{-x}}{2}\right)=\ln\mathrm{ch}x$。

第六节　高阶线性微分方程

问题 105　齐次线性微分方程的解有哪些性质？其通解是怎样构成的？

设二阶齐次线性微分方程

$$y''+p(x)y'+q(x)y=0。\tag{Ⅰ}$$

(1) 若 $y_1(x),y_2(x)$ 是方程(Ⅰ)的两个解，则 $y=C_1y_1+C_2y_2$ 也是方程(Ⅰ)的解。

(2) 若 $y_1(x),y_2(x)$ 线性无关，且都是方程(Ⅰ)的解，则 $y=C_1y_1+C_2y_2$ 是方程(Ⅰ)的通解(参见文献[4])。

例 1　设 $y_1(x),y_2(x)$ 为二阶线性齐次微分方程 $y''+p(x)y'+q(x)y=0$ 的两个特解，则 $y=C_1y_1(x)+C_2y_2(x)$ 是该微分方程的通解，其充分条件是________。

(A) $y_1(x)y_2'(x)-y_1'(x)y_2(x)=0$　(B) $y_1(x)y_2'(x)-y_1'(x)y_2(x)\neq0$

(C) $y_1(x)y_2'(x)+y_1'(x)y_2(x)=0$　(D) $y_1(x)y_2'(x)+y_1'(x)y_2(x)\neq0$

解　由线性齐次方程的通解结构定理知，若 $y_1(x),y_2(x)$ 线性无关，则 $y=C_1y_1(x)+C_2y_2(x)$ 为该微分方程的通解。于是

$$\left(\frac{y_2}{y_1}\right)'=\frac{y_1(x)y_2'(x)-y_1'(x)y_2(x)}{[y_1(x)]^2}\neq0,$$

即

$$y_1(x)y_2'(x)-y_1'(x)y_2(x)\neq0,$$

则 $y_1(x)$ 与 $y_2(x)$ 线性无关，故选(B)。

例 2　已知 $y_1(x)=\mathrm{e}^x$ 是齐次线性方程 $(2x-1)y''-(2x+1)y'+2y=0$ 的一个解，求此方程的通解。

解　设 $y_2(x)=u(x)y_1(x)=\mathrm{e}^xu(x)$，代入原方程得

$$(2x-1)(u''+2u'+u)\mathrm{e}^x-(2x+1)(u'+u)\mathrm{e}^x+2u\mathrm{e}^x=0,$$

化简得

$$(2x-1)u''+(2x-3)u'=0。$$

设 $u'=p, u''=p'$，上面方程化为

$$(2x-1)p'+(2x-3)p=0,$$

$$\int\frac{\mathrm{d}p}{p}=\int-\frac{2x-3}{2x-1}\mathrm{d}x=-\int\mathrm{d}x+\int\frac{2\mathrm{d}x}{2x-1},$$

$$\ln|p|=-x+\ln|2x-1|+\ln\overline{C_1},\quad p=\overline{C_1}(2x-1)\mathrm{e}^{-x},$$

$$u=\int\overline{C_1}(2x-1)\mathrm{e}^{-x}\mathrm{d}x=\overline{C_1}(2x-1)(-\mathrm{e}^{-x})-2\overline{C_1}\mathrm{e}^{-x}+C_2=C_1(2x+1)\mathrm{e}^{-x}+C_2,$$

故所求通解为 $y=u\mathrm{e}^x=C_1(2x+1)+C_2\mathrm{e}^x$。

问题 106　非齐次线性微分方程的解有哪些性质？其通解是怎样构成的？

设二阶非齐次线性微分方程

$$y''+p(x)y'+q(x)y=f(x),\tag{Ⅰ}$$

或 $L(y)=f(x)$，其中 $L(y)=y''+p(x)y'+q(x)y$。对应的齐次方程

$$y''+p(x)y'+q(x)y=0。\tag{Ⅱ}$$

(1) 若 $y_1(x)$ 是方程 $L(y)=f_1(x)$ 的解，$y_2(x)$ 是 $L(y)=f_2(x)$ 的解，则 $y=Ay_1(x)+By_2(x)$ 是 $L(y)=f_1(x)+f_2(x)$ 的解。

(2) 若 $y_1(x), y_2(x)$ 为齐次方程(Ⅱ)的两个线性无关解，$y^*(x)$ 是非齐次方程(Ⅰ)的解，则方程(Ⅰ)的通解为 $y=C_1y_1+C_2y_2+y^*$。此定理也称为非齐次线性方程通解结构定理(参见文献[4])。

例 3　已知 $y_1(x)=x$ 是齐次线性方程 $x^2y''-2xy'+2y=0$ 的一个解，求非齐次线性方程 $x^2y''-2xy'+2y=2x^3$ 的通解。

分析　由非齐次线性微分方程通解结构定理知 $y=Y+y^*$，其中 $Y=C_1y_1+C_2y_2$ 是对应齐次线性方程的通解，y^* 是非齐次线性方程的一个特解，需要求出齐次线性方程的一个与 $y_1(x)$ 线性无关的解 $y_2(x)$。在中学代数方程有观察法求方程的根。同样线性微分方程也有观察法。由观察法知 $y^*=x^3$ 是非齐次线性微分方程的一个特解。于是只需求出一个与 $y_1(x)$ 线性无关的解 $y_2(x)$，便得所求。

解　设 $y_2(x)=u(x)y_1=xu(x)$，代入原齐次方程得 $x^2(2u'+xu'')-2x(u+xu')+2xu=0$，化简，得 $x^3u''=0, u''=0, u'=C_1, u=C_1x+C_2$。取 $C_1=1, C_2=0$，得 $u=x$，所以 $y_2(x)=x^2$，所以非齐次线性方程通解为 $y=C_1x+C_2x^2+x^3$。

例 4　(1) 已知齐次线性方程 $y''+y=0$ 的通解为 $y(x)=C_1\cos x+C_2\sin x$，求非齐次线性方程 $y''+y=\sec x$ 的通解。

(2) 已知齐次线性方程 $x^2y''-xy'+y=0$ 的通解为 $y(x)=C_1x+C_2x\ln|x|$，求非齐次线性方程 $x^2y''-xy'+y=x$ 的通解。

分析　利用常数变易法求解。

解　(1) 常数变易法。设 $y(x)=C_1(x)\cos x+C_2(x)\sin x$ 是方程 $y''+y=\sec x$ 的解，则

$$y'=C_1'(x)\cos x-C_1(x)\sin x+C_2'(x)\sin x+C_2(x)\cos x。$$

在上式中令 $C_1'(x)\cos x+C_2'(x)\sin x=0$，于是

$$y'=-C_1(x)\sin x+C_2(x)\cos x,$$

上式两边对 x 求导，得

$$y''=-C'_1(x)\sin x-C_1(x)\cos x+C'_2(x)\cos x-C_2(x)\sin x。$$

将 y,y',y''代入原方程,化简得

$$-C_1'(x)\sin x+C_2'(x)\cos x=\sec x。$$

解方程组

$$\begin{cases}C_1'(x)\cos x+C_2'(x)\sin x=0,\\-C_1'(x)\sin x+C_2'(x)\cos x=\sec x,\end{cases}$$

得

$$C_1'(x)=-\tan x,\quad C_2'(x)=1,$$

积分得

$$C_1(x)=\ln|\cos x|+C_1,\quad C_2(x)=x+C_2。$$

故所求通解为

$$y=(\ln|\cos x|+C_1)\cos x+(x+C_2)\sin x=C_1\cos x+C_2\sin x+\cos x\ln|\cos x|+x\sin x。$$

(2) 常数变易法。设 $y=C_1(x)x+C_2(x)x\ln x$,代入非齐次方程,则 $C_1(x),C_2(x)$应满足下列方程组

$$\begin{cases}xC_1'(x)+C_2'(x)x\ln x=0,\\C_1'(x)+C_2'(x)(1+\ln|x|)=\dfrac{1}{x}。\end{cases}$$

因为 $\Delta=\begin{vmatrix}x & x\ln x\\1 & 1+\ln|x|\end{vmatrix}=x,\Delta_1=\begin{vmatrix}0 & x\ln x\\\dfrac{1}{x} & 1+\ln|x|\end{vmatrix}=-\ln|x|,\Delta_2=\begin{vmatrix}x & 0\\1 & \dfrac{1}{x}\end{vmatrix}=1$,所以

$$C'_1(x)=\frac{\Delta_1}{\Delta}=-\frac{\ln|x|}{x},\quad C'_2(x)=\frac{\Delta_2}{\Delta}=\frac{1}{x},$$

积分得

$$C_1(x)=-\frac{(\ln|x|)^2}{2}+C_1,\quad C_2(x)=\ln|x|+C_2。$$

故所求方程的通解为

$$y=C_1x+C_2x\ln|x|+\frac{x(\ln|x|)^2}{2}。$$

第七节 常系数齐次微分方程

问题 107 如何求二阶常系数线性齐次微分方程的解?

方程

$$y''+py'+qy=0 \qquad (\text{I})$$

称为二阶常系数线性齐次微分方程,其中 p,q 为常数,简记为

$$L(y)=0。\qquad (\text{II})$$

这类题求解是十分简单的,其解法是化二阶常系数线性齐次微分方程为一元二次代数方程,即其通解可根据对应的特征方程

$$r^2+pr+q=0 \qquad (\text{III})$$

的根的不同情况而写出，见下表：

特征方程 $r^2+pr+q=0$ 的根	$y''+py'+qy=0$ 的通解
一对不相等的实根 $r_1\neq r_2$	$y=C_1e^{r_1x}+C_2e^{r_2x}$
一对相等的实根 $r_1=r_2=r$	$y=(C_1+C_2x)e^{rx}$
一对共轭复数根 $r_{1,2}=\alpha\pm\beta i(\beta>0)$	$y=e^{\alpha x}(C_1\cos\beta x+C_2\sin\beta x)$

上述方法也适用于 n 阶常系数线性齐次微分方程

$$y^{(n)}+p_1y^{(n-1)}+p_2y^{(n-2)}+\cdots+p_{n-1}y'+p_ny=0, \tag{Ⅳ}$$

其中 $p_i(i=1,2,\cdots,n)$ 为常数。

求常微分方程(Ⅳ)的解，可以化为求 n 次代数方程(称(Ⅳ)的特征方程)

$$r^n+p_1r^{n-1}+\cdots+p_{n-1}r+p_n=0 \tag{Ⅴ}$$

的根。

由代数学可知，n 次代数方程有 n 个根，而特征方程(Ⅴ)的每一个根都对应着微分方程通解中的一项，见下表：

特征方程(Ⅴ)的根	微分方程(Ⅳ)通解中的对应项
(1) 单实根 r	给出一项：Ce^{rx}
(2) 一对单复数根 $r_{1,2}=\alpha\pm\beta i$	给出两项：$e^{\alpha x}(C_1\cos\beta x+C_2\sin\beta x)$
(3) k 重实根 r	给出项：$e^{rx}(C_1+C_2x+\cdots+C_kx^{k-1})$
(4) 一对 k 重复数根 $r_{1,2}=\alpha\pm\beta i$	给出项：$e^{\alpha x}[(C_1+C_2x+\cdots+C_kx^{k-1})\cos\beta x+(b_1+b_2x+\cdots+b_kx^{k-1})\sin\beta x]$

方程(Ⅰ)的特征多项式记为 $F(r)=r^2+pr+q$(参看文献[3])。

例 1 求下列微分方程的通解：

(1) $y''+y'-2y=0$； (2) $4x''(t)-20x'(t)+25x(t)=0$；

(3) $y''-4y'+5y=0$； (4) $y^{(4)}+5y''-36y=0$。

解 (1) 特征方程为 $r^2+r-2=0$，其特征根为 $r_1=1,r_2=-2$，所求通解为 $y=C_1e^x+C_2e^{-2x}$。

(2) 特征方程为 $4r^2-20r+25=0$，其特征根为 $r_1=r_2=\dfrac{5}{2}$，所求通解为 $x=(C_1+C_2t)e^{\frac{5t}{2}}$。

(3) 特征方程为 $r^2-4r+5=0$，其特征根为 $r_{1,2}=2\pm i$，所求通解为 $y=e^{2x}(C_1\cos x+C_2\sin x)$。

(4) 特征方程为 $r^4+5r^2-36=0$，其特征根为 $r_1=2,r_2=-2,r_{3,4}=\pm3i$，所求通解为 $y=C_1e^{2x}+C_2e^{-2x}+C_3\cos3x+C_4\sin3x$。

例 2 在图 7-5 所示的电路中先将开关 S 拨向 A，达到稳定状态后再将开关 S 拨向 B，求电压 $u_C(t)$ 及电流 $i(t)$。已知 $E=20V$，$C=0.5\times10^{-6}F$，$L=0.1H$，$R=2000\Omega$。

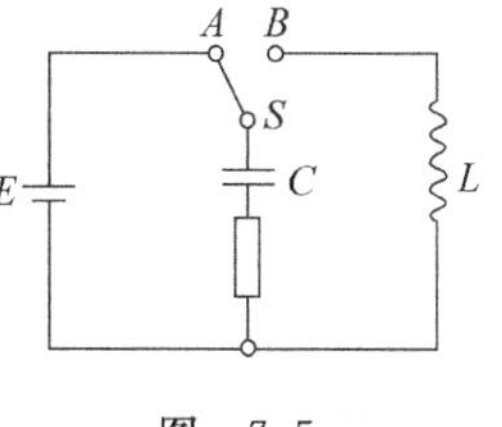

图 7-5

解　由基尔霍夫第二定律——回路电压定律得

$$Li'+Ri+\frac{q}{C}=0, \tag{Ⅰ}$$

$$u_C(0)=E=20\text{V},\quad u'_C|_{t=0}=0。 \tag{Ⅱ}$$

因为 $q=Cu_C$，$i=\frac{\mathrm{d}q}{\mathrm{d}t}=\frac{C\mathrm{d}u_C}{\mathrm{d}t}$，$\frac{\mathrm{d}i}{\mathrm{d}t}=Cu''_C(t)$，代入式（Ⅰ），得 $u''_C+u'_C\cdot\frac{R}{L}+u_C\cdot\frac{1}{LC}=0$，$\frac{R}{L}=\frac{2000}{0.1}=2\times10^4$，$\frac{1}{LC}=\frac{10^8}{5}$，所以 $u''_C+2\times10^4u'_C+u_C\cdot\frac{10^8}{5}=0$。

特征方程为 $r^2+2\times10^4r+\frac{1}{5}\times10^8=0$。其特征根为 $r_1=-1.9\times10^4$，$r_2=-10^3$。通解为 $u_C=C_1\mathrm{e}^{-1.9\times10^4t}+C_2\mathrm{e}^{-10^3t}$。由 $t=0$，$u_C=20$，$u'_C=0$，得 $C_1=-\frac{10}{9}$，$C_2=\frac{190}{9}$，$u_C=\frac{10}{9}(19\mathrm{e}^{-10^3t}-\mathrm{e}^{-1.9\times10^4t})$（V），$i=Cu'_C=\frac{19}{18}\cdot10^{-2}(\mathrm{e}^{-1.9\times10^4t}-\mathrm{e}^{-10^3t})$（A）。

例 3　一个单位质量的质点在数轴上运动，开始时质点在原点 O 处且速度为 v_0。在运动过程中，它受到一个力的作用，这个力的大小与质点到原点的距离成正比（比例系数 $k_1>0$），方向与初速一致。又介质的阻力与速度成正比（比例系数 $k_2>0$）。求反映该质点运动规律的函数。

解　建立方程，选坐标系。设数轴为 x 轴，由题意知，质点在运动过程中所受的力 $F=k_1x-k_2x'$，其中 $x'=v$。由牛顿第二定律 $ma=F$，其中 $m=1$，$a=x''$。于是 $x''+k_2x'-k_1x=0$，特征方程为

$$r^2+k_2r-k_1=0,$$

特征根为

$$r_{1,2}=\frac{-k_2\pm\sqrt{k_2^2+4k_1}}{2},$$

方程的通解为

$$x(t)=C_1\exp\left(\frac{(-k_2+\sqrt{k_2^2+4k_1})t}{2}\right)+C_2\exp\left(\frac{(-k_2-\sqrt{k_2^2+4k_1})t}{2}\right)。$$

由 $x(0)=0$，$x'(0)=v_0$，得 $C_1=\frac{v_0}{\sqrt{k_2^2+4k_1}}$，$C_2=-\frac{v_0}{\sqrt{k_2^2+4k_1}}$，所求质点的运动规律为

$$x(t)=\frac{v_0}{\sqrt{k_2^2+4k_1}}\left[\exp\left(\frac{(-k_2+\sqrt{k_2^2+4k_1})t}{2}\right)-\exp\left(\frac{(-k_2-\sqrt{k_2^2+4k_1})t}{2}\right)\right]。$$

第八节　常系数非齐次线性微分方程

问题 108　如何求二阶常系数线性非齐次微分方程的解？

方程

$$y''+py'+qy=f(x) \tag{Ⅰ}$$

称为二阶常系数线性非齐次微分方程，其中 p、q 为常数。

方程
$$y''+py'+qy=0 \tag{Ⅱ}$$
称为方程(Ⅰ)的对应的齐次微分方程。

方程 $L(y)=f(x)$的通解为 $y=Y(x)+y^*$。其中 $Y(x)$为对应的齐次微分方程(Ⅱ)$L(y)=0$的通解,y^*是非齐次微分方程(Ⅰ)($L(y)=f(x)$)的一个特解。求方程(Ⅰ)的通解便化为求其一个特解 y^*。

y^*的求法:一般方法是常数变易法。

若 $L(y)=f(x)$的右端自由项函数 $f(x)$为一种特殊形式,则可以应用待定系数法求之。这种特殊形式为多项式 $P_n(x)$与指数函数乘积的形式给出的函数,其又分为两种情况即两大类:

(1) $f(x)=P_n(x)e^{\alpha x}$,其中 α 为实数;

(2) $f(x)=P_n(x)e^{(\alpha+\beta i)x}$,由欧拉公式又可化为 $f(x)=P_n(x)e^{\alpha x}\cos\beta x$,或 $f(x)=P_n(x)e^{\alpha x}\sin\beta x$,或 $f(x)=e^{\alpha x}[P_n(x)\cos\beta x+Q_n(x)\sin\beta x]$。

即 $L(y)=f(x)$的右端自由项函数 $f(x)$含有正弦、余弦函数者为第二类,否则为第一类。

(1) $f(x)=P_n(x)e^{\alpha x}$,其中 $P_n(x)$为 x 的已知的 n 次多项式,α 为实常数,则可令 $y^*=x^kQ_n(x)e^{\alpha x}$,其中 $Q_n(x)=a_0x^n+a_1x^{n-1}+\cdots+a_{n-1}x+a_n$,系数 $a_i(i=0,1,\cdots,n)$待定。

k 的取法:① 当 $F(\alpha)\neq 0$,即 α 不是特征方程的根,取 $k=0$;

② 当 $F(\alpha)=0,F'(\alpha)\neq 0$,即 α 是特征方程的单根,取 $k=1$;

③ 当 $F(\alpha)=0,F'(\alpha)=0$,即 α 是特征方程的重根,取 $k=2$。

(2) $f(x)=P_n(x)e^{\alpha x}\cos\beta x$,或 $f(x)=P_n(x)e^{\alpha x}\sin\beta x$,或 $f(x)=e^{\alpha x}[P_n(x)\cos\beta x+Q_n(x)\sin\beta x]$,则可令 $y^*=x^ke^{\alpha x}[R_n(x)\cos\beta x+S_n(x)\sin\beta x]$。其中
$$R_n(x)=a_0x^n+a_1x^{n-1}+\cdots+a_{n-1}x+a_n,$$
$$S_n(x)=b_0x^n+b_1x^{n-1}+\cdots+b_{n-1}x+b_n,$$
$(2n+2)$个系数待定。

k 的取法:① 当 $F(\alpha+\beta i)\neq 0$,即 $\alpha+\beta i$ 不是特征方程的根,取 $k=0$;

② 当 $F(\alpha+\beta i)=0$,即 $\alpha+\beta i$ 是特征方程的单根,取 $k=1$。

(参见文献[3])。

例 1　求下列各微分方程的通解:

(1) $2y''+y'-y=2e^x$;　(2) $y''-2y'+5y=e^x\sin 2x$;

(3) $y''-6y'+9y=(x+1)e^{3x}$;　(4) $y''+y=e^x+\cos x$。

解　(1) 对应齐次方程的特征方程为 $2r^2+r-1=0$,特征根为 $r_1=-1,r_2=\dfrac{1}{2}$。对应齐次方程的通解为 $Y=C_1e^{-x}+C_2e^{\frac{x}{2}}$。

因为 $f(x)=2e^x$,这里 $n=0,\alpha=1$,又因为 $\alpha=1$ 不是特征根,所以 $k=0$。故设 $y^*=Ae^x$,代入所给非齐次方程,$2Ae^x+Ae^x-Ae^x=2e^x,A=1,y^*=e^x$。所求非齐次方程的通解为 $y=C_1e^{-x}+C_2e^{\frac{x}{2}}+e^x$。

(2) 对应齐次方程的特征方程为 $r^2-2r+5=0$,特征根为 $r_{1,2}=1\pm 2i$。对应齐次方程的通解为 $Y=e^x(C_1\cos 2x+C_2\sin 2x)$。

因为 $f(x)=e^x\sin 2x$ 是第二类。这里 $n=0,\alpha=1,\beta=2$。$\alpha+\beta i=1+2i$ 是特征方程的单

根，所以$k=1$。设$y^*=xe^x(a\cos2x+b\sin2x)$，将$y^*$代入非齐次方程，得$e^x(4b\cos2x-4a\sin2x)=e^x\sin2x$，比较上式两边同类项的系数，得$a=-\dfrac{1}{4}$，$b=0$，故$y^*=-\dfrac{1}{4}xe^x\cos2x$。所求通解为$y=e^x\left[C_1\cos2x+C_2\sin2x-\dfrac{x\cos2x}{4}\right]$。

(3) 对应齐次方程的特征方程为$r^2-6r+9=0$，特征根为$r_1=r_2=3$。对应齐次方程的通解为$Y=(C_1+C_2x)e^{3x}$。因为$f(x)=(x+1)e^{3x}$是第一类。这里$n=1,\alpha=3$。又因为$\alpha=3$是特征方程的二重根，所以$k=2$。设$y^*=x^2(a_0x+a_1)e^{3x}$，将y^*代入非齐次方程，得$(6a_0x+2a_1)e^{3x}=(x+1)e^{3x}$，$6a_0x+2a_1=x+1$，比较上式两边同类项的系数，得$a_0=\dfrac{1}{6}$，$a_1=\dfrac{1}{2}$，故$y^*=\left(\dfrac{x^3}{6}+\dfrac{x^2}{2}\right)e^{3x}$。

所求通解为$y=(C_1+C_2x)e^{3x}+\left(\dfrac{x^3}{6}+\dfrac{x^2}{2}\right)e^{3x}$。

(4) 对应齐次方程的特征方程为$r^2+1=0$，特征根为$r_1=\pm i$。对应齐次方程的通解为$Y=C_1\cos x+C_2\sin x$。因为$f(x)=f_1(x)+f_2(x)$。$f(x)=e^x$是第一类。这里$n=0,\alpha=1$。又因为$\alpha=1$不是特征根，所以$k=0$，设$y_1^*=a_0e^x$。$f_2(x)=\cos x$是第二类。这里$n=0,\alpha=0,\beta=1$。因为$\alpha+i\beta=i$是单特征根，所以$k=1$，设$y_2^*=x(b_0\cos x+b_1\sin x)$。则$y^*=y_1^*+y_2^*$是原非齐次方程的特解，代入原非齐次方程，得$2a_0e^x+2b_1\cos x-2b_0\sin x=e^x+\cos x$。比较上式两边同类项的系数，得$a_0=\dfrac{1}{2}$，$b_0=0$，$b_1=\dfrac{1}{2}$。$y^*=y_1^*+y_2^*=\dfrac{e^x+x\cos x}{2}$。所求通解为

$$y=C_1\cos x+C_2\sin x+\frac{e^x+x\cos x}{2}。$$

例2 一链条悬挂在一钉子上，起动时一端离开钉子8m，另一端离开钉子12m，分别在以下两种情况下求链条滑下来所需要的时间。

(1) 若不计钉子对链条所产生的摩擦力；

(2) 若摩擦力的大小等于1m长的链条所受重力的大小。

解 (1) 如图7-6所示，取钉子为原点，过原点垂直向下为x轴。设t时刻链条上较长的一段下垂到x m处，链条的线密度为ρ，则链条在运动中所受的合力F等于较长一段所受的重力与较短一段所受重力之差，即$F=\rho gx-\rho g(20-x)=2\rho g(x-10)$，由牛顿第二定律，得$F=mx''(t)$，$2\rho g(x-10)=mx''(t)$，而$m=20\rho$，$20\rho x''(t)=2\rho g(x-10)$，

$$x''(t)-\frac{g}{10}x=-g, \tag{Ⅰ}$$

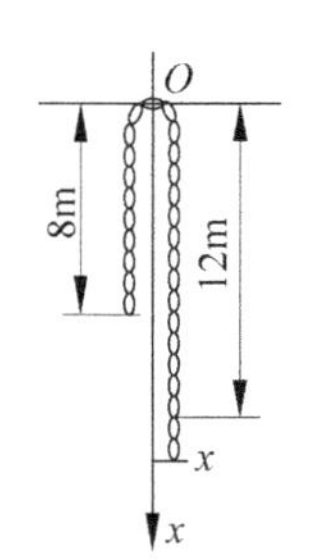

图 7-6

对应齐次方程的特征方程为$r^2-\dfrac{g}{10}=0$。特征根为$r_1=\sqrt{\dfrac{g}{10}}$，$r_2=-\sqrt{\dfrac{g}{10}}$。对应齐次方程的通解为$X=C_1e^{\sqrt{\frac{g}{10}}\cdot t}+C_2e^{-\sqrt{\frac{g}{10}}\cdot t}$。

因为$f(t)=-g$。这里$n=0,\alpha=0$。又因为$\alpha=0$不是特征根，所以$k=0$。设$x^*=a$代入方程(Ⅰ)，得$a=10$，$x^*=10$。方程(Ⅰ)的通解为$x=C_1e^{\sqrt{\frac{g}{10}}\cdot t}+C_2e^{-\sqrt{\frac{g}{10}}\cdot t}+10$。由题意

知，$t=0$ 时，$x=10$，$x'=0$，解得 $C_1=1$，$C_2=1$。故 $x=e^{\sqrt{\frac{g}{10}}\cdot t}+e^{-\sqrt{\frac{g}{10}}\cdot t}+10$。当链条全部离开钉子，即$x=20$ 时，时间 t 满足

$$e^{\sqrt{\frac{g}{10}}\cdot t}+e^{-\sqrt{\frac{g}{10}}\cdot t}+10=20,(e^{\sqrt{\frac{g}{10}}\cdot t})^2-10e^{\sqrt{\frac{g}{10}}\cdot t}+1=0,$$

解出 $e^{\sqrt{\frac{g}{10}}\cdot t}=5\pm2\sqrt{6}$。由于 $t\geqslant0$ 时，$e^{\sqrt{\frac{g}{10}}\cdot t}\geqslant1$，而 $5-2\sqrt{6}<1$，所以 $e^{\sqrt{\frac{g}{10}}\cdot t}=5+2\sqrt{6}$，于是得 $t=\sqrt{\frac{10}{g}}\cdot\ln(5+2\sqrt{6})$。

(2) 因为 $f(x)=x\rho g-(20-x)\rho g-\rho g=2\rho gx-21\rho g$，从而

$$20\rho x''(t)=2\rho gx-21\rho g,\quad x''(t)-\frac{g}{10}\cdot x=1.05g。\tag{Ⅱ}$$

方程(Ⅱ)的对应齐次方程的通解为 $X=C_1\exp\left(\sqrt{\frac{g}{10}}\cdot t\right)+C_2\exp\left(-\sqrt{\frac{g}{10}}\cdot t\right)$。

因为 $f(t)=-1.05g$，$\alpha=0$ 不是特征根，所以 $k=0$，设 $x^*=a$，代入方程(Ⅱ)得，$a=10.5$。故方程(Ⅱ)的通解为 $x=C_1e^{\sqrt{\frac{g}{10}}\cdot t}+C_2e^{-\sqrt{\frac{g}{10}}\cdot t}+10.5$。当 $t=0$，$x=12$，$x'=0$，得 $C_1=\frac{3}{4}$，$C_2=\frac{3}{4}$。故 $x=\frac{3}{4}e^{\sqrt{\frac{g}{10}}\cdot t}+\frac{3}{4}e^{-\sqrt{\frac{g}{10}}\cdot t}+10.5$。

当 $x=20$ 时，t 满足$\frac{3}{4}e^{\sqrt{\frac{g}{10}}\cdot t}+\frac{3}{4}e^{-\sqrt{\frac{g}{10}}\cdot t}+10.5=20$，解出 $e^{\sqrt{\frac{g}{10}}\cdot t}=\frac{19+4\sqrt{22}}{3}$，于是求得 $t=\sqrt{\frac{10}{g}}\cdot\ln\left[\frac{19+4\sqrt{22}}{3}\right]$。

问题 109　线性非齐次微分方程(例如二阶)

$$y''+p(x)y'+q(x)y=f(x)\tag{Ⅰ}$$

与其对应的齐次方程

$$y''+f(x)y'+q(x)y=0\tag{Ⅱ}$$

的解之间有什么关系？

有密切的关系。

(1) 设 y^* 是线性非齐次方程(简称非齐次)的一个解，Y_0 是对应的线性齐次方程(简称对应齐次)的一个解，则 $y=Y_0+y^*$ 是非齐次的一个解。

(2) 设 y^* 是非齐次的一个解，$Y(x)$是对应齐次的通解，则 $y=Y+y^*$ 是非齐次的通解。

(3) 设 $y_1^*(x)$与 $y_2^*(x)$是非齐次的两个解，则 $y_2^*-y_1^*$ 是对应的齐次的一个解。

以上 3 条一般的 n 阶线性方程均适用，而以下(4)只对二阶而言。

(4) 设 y_1，y_2，y_3 为二阶非齐次的 3 个线性无关解，则 y_2-y_1，y_3-y_2 为对应齐次的 2 个线性无关的解。$C_1(y_2-y_1)+C_2(y_3-y_2)+y_1$ 为非齐次的通解。(请读者自证)。

例 3　(1) 设线性无关函数 $y_1(x)$，$y_2(x)$，$y_3(x)$均是二阶线性非齐次方程 $y''+p(x)y'+q(x)y=f(x)$的解，C_1，C_2 是任意常数，则该非齐次微分方程的通解是________。

(A) $C_1y_1+C_2y_2+y_3$　　(B) $C_1y_1+C_2y_2-(C_1+C_2)y_3$

(C) $C_1y_1+C_2y_2-(1-C_1-C_2)y_3$　　(D) $C_1y_1+C_2y_2+(1-C_1-C_2)y_3$

(2) 设非齐次线性微分方程 $y'+p(x)y=q(x)$有两个不同的解 $y_1(x)$，$y_2(x)$，C 为任意

常数，则该方程的通解是________。

(A) $C[y_1(x)-y_2(x)]$　　(B) $y_1(x)+C[y_1(x)-y_2(x)]$

(C) $C[y_1(x)+y_2(x)]$　　(D) $y_1(x)+C[y_1(x)+y_2(x)]$

解　(1) 由非齐次线性方程的通解结构定理知，其通解 $y(x)$ 等于对应的齐次微分方程的通解 $Y(x)$ 加上本身的一个特解 y^*，即 $y(x)=Y(x)+y^*(x)$。现已知非齐次线性方程的三个线性无关特解，由上述规律(4)知，y_1-y_3，y_2-y_3 是对应的齐次微分方程的两个线性无关的解，则 $Y(x)=C_1(y_1-y_3)+C_2(y_2-y_3)$ 为对应的齐次微分方程的通解，取 $y^*=y_3(x)$，则 $y(x)=C_1(y_1-y_3)+C_2(y_2-y_3)+y_3=C_1y_1+C_2y_2+(1-C_1-C_2)y_3$ 为非齐次线性微分方程的通解，故选(D)。

(2) 对于选项(A)，$C[y_1(x)-y_2(x)]$ 是对应的齐次微分方程的通解，不是非齐次线性方程的通解，故(A)不入选。

对于选项(B)，$C[y_1(x)-y_2(x)]$ 是对应的齐次微分方程的通解，$y_1(x)$ 是非齐次微分方程的一个解，故选项(B)满足非齐次线性方程通解结构定理，故选(B)。

例 4　方程 $y''-y=e^x+1$ 的一个特解 y^* 应具有的形式(其中 a，b 为常数)是________。

(A) ae^x+b　　(B) axe^x+b　　(C) ae^x+bx　　(D) axe^x+bx

解　因为 $f(x)=f_1(x)+f_2(x)$，$f_1(x)=e^x$，$n=0$，$\alpha=1$；$f_2(x)=1$，$n=0$，$\alpha=0$。

特征方程为 $r^2-1=0$，$r_1=-1$，$r_2=1$，对应齐次方程的通解为 $Y(x)=C_1e^{-x}+C_2e^x$。

y_1^*：因为 $F(1)=0$，$F'(1)\neq0$，即 1 是单特征根，取 $k=1$，所以 $y_1^*=axe^x$。

y_2^*：因为 $F(0)\neq0$，即 0 不是特征根，所以取 $k=0$，设 $y_2^*=b$，则 $y^*=y_1^*+y_2^*=axe^x+b$，故选(B)。

例 5　求微分方程 $y''+a^2y=\sin x$ 的通解，其中常数 $a>0$。

解　对应齐次微分方程 $y''+a^2y=0$ 的通解为 $Y(x)=C_1\cos ax+C_2\sin ax$。

当 $a\neq1$ 时，因为 $f(x)=\sin x$，$n=0$，$\alpha+\beta i=i$，即 $\alpha=0$，$\beta=1$。

因为 $F(i)\neq0$，即 i 不是特征方程的根，所以取 $k=0$，故 $y^*=A\cos x+B\sin x$，代入原方程得 $A(a^2-1)\sin x+B(a^2-1)\cos x=\sin x$，比较等式两端同类项系数得 $A=\dfrac{1}{a^2-1}$，$B=0$，所以 $y^*=\dfrac{\sin x}{a^2-1}$，原方程的通解为 $y=C_1\cos ax+C_2\sin ax+\dfrac{\sin x}{a^2-1}$。

若 $a=1$，又 $F(i)=0$，即 i 是特征方程的单根，所以取 $k=1$，故非齐次方程的特解 $y^*=x(A\sin x+B\cos x)$，代入原方程得 $2A\cos x-2B\sin x=\sin x$，比较等式两端同类项系数得 $A=0$，$B=-\dfrac{1}{2}$，所以 $y^*=-\dfrac{x\cos x}{2}$，原方程的通解为 $y=C_1\cos x+C_2\sin x-\dfrac{x\cos x}{2}$。

综上，得到原方程的通解为 $y=\begin{cases}C_1\cos ax+C_2\sin ax+\dfrac{\sin x}{a^2-1}, & a\neq1,\\ \left(C_1-\dfrac{x}{2}\right)\cos x+C_2\sin x, & a=1。\end{cases}$

注意　常微分方程中含有常数 $a>0$，解题时不要忘记对 a 进行讨论！

问题 110　如何由特征根或解函数建立微分方程呢？

数学概念总是正反两个概念同时出现的，如加法与减法，乘法与除法，……，微分与积分等，对于常微分方程也是如此。对于二阶常系数线性齐次微分方程，求出特征方程的特征根，每个特征根对应一个解函数，若解函数线性无关就得到微分方程的通解。考研试题经常出现其反问题，已知特征根，或解函数求其所对应的微分方程(参见文献[4])。

1. 已知特征根建立微分方程

例 6　已知一个二阶常系数线性齐次微分方程的一个特征根为 $r_1=1-\mathrm{i}$，求此二阶常系数线性齐次微分方程并写出通解。

解　因为实系数二次方程的复根共轭出现，所以 $r_1=1-\mathrm{i}$，$r_2=1+\mathrm{i}$ 为该二阶常系数线性齐次微分方程的两个特征根。

特征方程为　$[r-(1-\mathrm{i})][r-(1+\mathrm{i})]=0$，　$r^2-2r+2=0$。

对应特征方程的二阶常系数线性齐次微分方程为 $y''-2y'+2y=0$。

通解为

$$y=\mathrm{e}^x(C_1\cos x+C_2\sin x)。$$

2. 已知解函数建立微分方程

例 7　已知 $y_1=\mathrm{e}^x$，$y_2=x\mathrm{e}^x$，$y_3=\mathrm{e}^{-2x}$是一个三阶常系数线性齐次微分方程的三个解函数，求其所对应的三阶常系数线性齐次微分方程并写出通解。

解　因为

$$W(y_1,y_2,y_3)=\begin{vmatrix}\mathrm{e}^x & x\mathrm{e}^x & \mathrm{e}^{-2x}\\ \mathrm{e}^x & (x+1)\mathrm{e}^x & -2\mathrm{e}^{-2x}\\ \mathrm{e}^x & (x+2)\mathrm{e}^x & 4\mathrm{e}^{-2x}\end{vmatrix}$$

$$=\mathrm{e}^x\cdot\mathrm{e}^x\cdot\mathrm{e}^{-2x}\begin{vmatrix}1 & x & 1\\ 1 & x+1 & -2\\ 1 & x+2 & 4\end{vmatrix}=\begin{vmatrix}1 & x & 1\\ 1 & x+1 & -2\\ 1 & x+2 & 4\end{vmatrix}$$

$$=\begin{vmatrix}1 & x & 1\\ 0 & 1 & -3\\ 0 & 2 & 3\end{vmatrix}=\begin{vmatrix}1 & -3\\ 2 & 3\end{vmatrix}=9\neq0,$$

所以 $y_1=\mathrm{e}^x$，$y_2=x\mathrm{e}^x$，$y_3=\mathrm{e}^{-2x}$线性无关。

$y_1=\mathrm{e}^x$，$y_2=x\mathrm{e}^x$ 所对应的特征根为 $r_1=1$；$y_3=\mathrm{e}^{-2x}$所对应的特征根为 $r_3=-2$。

特征方程为　$(r-1)^2(r+2)=0$，　$r^3-3r+2=0$。

所求三阶常系数线性齐次微分方程为 $y'''-3y'+2y=0$。

通解为

$$y=(C_1+C_2x)\mathrm{e}^x+C_3\mathrm{e}^{-2x}。$$

例 8　设二阶常系数线性微分方程 $y''+\alpha y'+\beta y=\gamma\mathrm{e}^x$ 的一个特解为$y=\mathrm{e}^{2x}+(1+x)\mathrm{e}^x$，试确定常数 α,β,γ，并求该方程的通解。

分析　此方程为二阶常系数线性非齐次微分方程，依据非齐次方程通解结构定理知，通解为 $y=C_1\mathrm{e}^{r_1x}+C_2\mathrm{e}^{r_2x}+y^*$，由初始条件确定出 C_1，C_2 的值，得特解 $y=\mathrm{e}^{2x}+(1+x)\mathrm{e}^x=\mathrm{e}^{2x}+\mathrm{e}^x+x\mathrm{e}^x$，从而猜出特征根 $r_1=1$，$r_2=2$，$y^*=x\mathrm{e}^x$。

方法 1　由特解 $y=\mathrm{e}^{2x}+(1+x)\mathrm{e}^x$ 猜出特征根 $r_1=1$，$r_2=2$，$y^*=x\mathrm{e}^x$。

特征方程为　$(r-1)(r-2)=0$，　$r^2-3r+2=0$。

与所给方程的特征方程 $r^2+\alpha r+\beta=0$ 比较得 $\alpha=-3$，$\beta=2$，则有

$$y''-3y'+2y=\gamma\mathrm{e}^x。$$

将 $y^*=x\mathrm{e}^x$ 代入上式得$(x+2)\mathrm{e}^x-3(x+1)\mathrm{e}^x+2x\mathrm{e}^x=-\mathrm{e}^x$，$\gamma=-1$。

所求方程得　　　　$y''-3y'+2y=-e^x$。

通解为　　　　$y=C_1e^x+C_2e^{2x}+xe^x$。

方法2　将 $y=e^{2x}+(1+x)e^x$ 代入原方程得

$$(4+2\alpha+\beta)e^{2x}+(3+2\alpha+\beta-\gamma)e^x+(1+\alpha+\beta)xe^x=0。\tag{Ⅰ}$$

因为 e^{2x},e^x,xe^x 线性无关，所以当且仅当

$$\begin{cases}4+2\alpha+\beta=0,\\3+2\alpha+\beta-\gamma=0,\\1+\alpha+\beta=0\end{cases}\tag{Ⅱ}$$

时式(Ⅰ)成立。于是解得 $\alpha=-3,\beta=2,\gamma=-1$。原方程为 $y''-3y'+2y=-e^x$。再解之得其通解为 $y=C_1e^x+C_2e^{2x}+xe^x$。

例9　已知 $y_1=3,y_2=3+x^2,y_3=3+x^2+e^x$ 都是方程 $a(x)y''+b(x)y'+c(x)y=6x-6$ 的解，求 $a(x),b(x)$ 和 $c(x)$。

解　将 y_1,y_2,y_3 分别代入所给方程，得到含有 $a(x),b(x)$ 和 $c(x)$ 的3个方程的联立方程组，从中解出 $a(x),b(x)$ 和 $c(x)$ 即可。

$$\begin{cases}3c(x)=6x-6,\\2a(x)+2xb(x)+(3+x^2)c(x)=6x-6,\\(2+e^x)a(x)+(2x+e^x)b(x)+(3+x^2+e^x)c(x)=6x+6,\end{cases}$$

解得 $a(x)=x^2-2x,b(x)=-x^2+2,c(x)=2x-2$。

点评　n 阶线性非齐次微分方程，如果其中的自由项 $f(x)$ 或 $y^{(n)}$ 的系数 $a_0(x)$ 已知，又如果已知微分方程的 $n+1$ 个线性无关的解，则可按例9的方法求出它的各项系数。

例10　已知 $y_1=xe^x+e^{2x},y_2=xe^x+e^{-x},y_3=xe^x+e^{2x}-e^{-x}$ 是某二阶线性非齐次微分方程的三个解，求此微分方程。

分析　由线性非齐次方程通解结构定理知，$y=C_1e^{r_1x}+C_2e^{r_2x}+y^*$，其中 $Y=C_1e^{r_1x}+C_2e^{r_2x}$ 为其对应齐次方程的通解，y^* 是它本身的一个特解。而线性非齐次方程的一个特解是由一组初始条件确定 C_1,C_2 的值得 $y_1=xe^x+e^{2x}$，再由另一组初始条件确定 C_1,C_2 的值得 $y_2=xe^x+e^{-x}$，由第三组初始条件确定 C_1,C_2 的值得 $y_3=xe^x+e^{2x}-e^{-x}$，从而可知，y_1,y_2,y_3 同时有的部分为 $y^*=xe^x$，猜出特征根 $r_1=-1,r_2=2$，得特征方程 $(r+1)(r-2)=0$，即 $r^2-r-2=0$。设所求的非齐次方程为 $y''-y'-2y=f(x)$，将 $y^*=xe^x$ 代入求出 $f(x)$。也可以由所给的 y_1,y_2 与 y_3 找出非齐次微分方程的通解为 $y=C_1e^{-x}+C_2e^{2x}+xe^x$，然后通过求导，消去通解中的任意常数，就可以求出微分方程。

方法1　由非齐次微分方程的特解 $y_1=xe^x+e^{2x},y_2=xe^x+e^{-x},y_3=xe^x+e^{2x}-e^x$，猜出 $y^*=xe^x$，特征根 $r_1=-1,r_2=2$。

故特征方程为　　$(r+1)(r-2)=0,\quad r^2-r-2=0$，

因此得相应齐次微分方程　　$y''-y'-2y=0$。

设所求的非齐次微分方程为

$$y''-y'-2y=f(x),\tag{Ⅰ}$$

又 $y^*=xe^x$ 是方程(Ⅰ)的一个特解，代入式(Ⅰ)得 $f(x)=e^x-2xe^x$。

所求微分方程为

$$y''-y'-2y=(1-2x)e^x。$$

方法 2　由于 e^{-x}，e^{2x} 是相应齐次微分方程的两个线性无关解，xe^x 为非齐次微分方程的一个特解，由非齐次方程通解结构定理知 $y=C_1e^{-x}+C_2e^{2x}+xe^x$ 为所求非齐次微分方程的通解。求导得 $y'=-C_1e^{-x}+2C_2e^{2x}+(x+1)e^x$，$y''=C_1e^{-x}+4C_2e^{2x}+(x+2)e^x$，消去 C_1 与 C_2，由以上等式得 $y+y'=3C_2e^{2x}+(2x+1)e^x$，$y'+y''=6C_2e^{2x}+(2x+3)e^x$，故 $y'+y''-2(y+y')=[2x+3-2(2x+1)]e^x$，从而得微分方程 $y''-y'-2y=(1-2x)e^x$。

问题 111　如何解含有积分变上限函数的方程？

解这类方程的总的指导思想是利用积分变上限函数的四种类型和积分变上限函数求导方法将含有积分变上限函数的方程化为微分方程。

例 11　设 $f(x)$ 具有一阶导数，而 $g(x)$ 为 $f(x)$ 的反函数，连续，并满足 $\int_1^{f(x)} g(t)\mathrm{d}t = x^2e^x-4e^2-\int_0^{x-2} f(t+2)\mathrm{d}t$，求 $f(x)$。

分析　这是一个含有积分的方程，属于公式型。它是将积分变上限函数求导、反函数性质与微分方程求解相结合的综合题。

解　两边对 x 求导得 $g[f(x)]f'(x)=2xe^x+x^2e^x-f(x)$。

因为 $g[f(x)]=x$，所以 $xf'(x)=2xe^x+x^2e^x-f(x)$，$f'(x)+\dfrac{f(x)}{x}=(2+x)e^x$。又当 $f(x)=1$ 时，$0=x^2e^x-4e^2-\int_0^{x-2} f(t)\mathrm{d}t$，得 $x=2$，即 $f(2)=1$。从而有初值问题 $\begin{cases} f'(x)+\dfrac{f(x)}{x}=(2+x)e^x, \\ f(2)=1, \end{cases}$ 这是一阶线性方程。由通解公式，有

$$f(x)=e^{-\int\frac{\mathrm{d}x}{x}}\left[\int(2+x)e^x e^{\int\frac{\mathrm{d}x}{x}}\mathrm{d}x+C\right]=\frac{1}{x}\left[\int(x^2+2x)e^x\mathrm{d}x+C\right]$$

$$=\frac{1}{x}\left[\int\mathrm{d}(x^2e^x)+C\right]=\frac{1}{x}[x^2e^x+C]=xe^x+\frac{C}{x}。$$

又 $f(2)=1$，得 $C=1-2e^2$。故 $f(x)=xe^x+\dfrac{1-2e^2}{x}$。

点拨　积分方程(含有积分的方程)，一般隐含定解条件 $f(2)=1$。

例 12　设 $f(x)=\sin x+\dfrac{x^3}{6}-\int_0^x (x-t)f(t)\mathrm{d}t$，其中 f 为连续函数，求 $f(x)$。

分析　此题也是含有积分的方程，与例 11 不同之处是 $\int_0^x (x-t)f(t)\mathrm{d}t=\int_0^x xf(t)\mathrm{d}t-\int_0^x tf(t)\mathrm{d}t$，右端第一项积分符号内含有游离的自变量 x，而积分变量为 t，由定积分性质知与积分变量 t 无关的任何英文字母为常数，因此自变量 x 相对积分变量 t 为常数，常数因子可由积分符号内提取出来。属于乘积型。

解　将原方程变形为

$$f(x)=\sin x-x\int_0^x f(t)\mathrm{d}t+\int_0^x tf(t)\mathrm{d}t+\frac{x^3}{6}。$$

两边对 x 求导得

$$f'(x)=\cos x-\int_0^x f(t)\mathrm{d}t+\frac{x^2}{2}, \tag{Ⅰ}$$

因为 $\cos x$ 与 $\int_0^x f(t)\mathrm{d}t$ 都可导，所以 $f'(x)$ 可导，式(Ⅰ)再对 x 求导，得

$$f''(x)+f(x)=-\sin x+x,$$

又 $f(0)=0$，由式(Ⅰ)，得 $f'(0)=1$。从而有

初值问题
$$\begin{cases}f''(x)+f(x)=-\sin x+x,\\ f(0)=0,f'(0)=1。\end{cases}$$

先求得通解为
$$f(x)=C_1\cos x+C_2\sin x+\frac{x\cos x}{2}+x,$$

再由初始条件 $f(0)=0,f'(0)=1$，得特解 $f(x)=\frac{\sin x}{2}+\frac{x\cos x}{2}+x$。

例 13　求满足 $x=\int_0^x f(t)\mathrm{d}t+\int_0^x tf(t-x)\mathrm{d}t$ 的可微函数 $f(x)$。

分析　此题也是含有积分的方程，但与例 12 不同，方程中含有 $\int_0^x tf(t-x)\mathrm{d}t$，既是积分变上限函数，被积函数符号 f 内又含有自变量 x，分离不出去，称为混合型。为此必须先作定积分换元法，令 $u=t-x$，化为 $\int_0^x tf(t-x)\mathrm{d}t=\int_{-x}^0(x+u)f(u)\mathrm{d}u=\int_{-x}^0 uf(u)\mathrm{d}u+x\int_{-x}^0 f(u)\mathrm{d}u$，变为公式型。

解　设 $u=t-x$，则原方程变为

$$x=\int_0^x f(t)\mathrm{d}t+x\int_{-x}^0 f(u)\mathrm{d}u+\int_{-x}^0 uf(u)\mathrm{d}u。$$

两边对 x 求导，得

$$1=f(x)+\int_{-x}^0 f(u)\mathrm{d}u-xf(-x)+xf(-x)。$$

于是 $1=f(x)+\int_{-x}^0 f(u)\mathrm{d}u$，两边对 x 求导，得

$$f'(x)=-f(-x)。\tag{Ⅰ}$$

因为 $f(-x)$ 可导，所以两边对 x 求导，得

$$f''(x)=f'(-x)。\tag{Ⅱ}$$

由式(Ⅰ)得 $f'(-x)=-f(x)$，代入式(Ⅱ)得 $f''(x)+f(x)=0$。特征方程为 $r^2+1=0$，$r_1=\mathrm{i}$，$r_2=-\mathrm{i}$。于是 $f(x)=C_1\cos x+C_2\sin x$，$f'(x)=-C_1\sin x+C_2\cos x$，注意到 $f(0)=1$，$f'(0)=-1$，故 $f(x)=\cos x-\sin x$。

例 14　设函数 $y(x)$ 为连续函数，且满足方程 $\begin{cases}y'(x)+3\int_0^x y'(t)\mathrm{d}t+2x\int_0^1 y(\alpha x)\mathrm{d}\alpha+\mathrm{e}^{-x}=0,\\ y(0)=1,\end{cases}$

试求函数 $y(x)$。

分析　此题又不同于例 11～例 13，方程中含有 $\int_0^1 y(\alpha x)\mathrm{d}\alpha$，积分上、下限都是常数，但被积函数符号 f 内部含有自变量 x，称为隐式型，因此需先作定积分换元变为积分变上限函数，故称此种题型为积分变上限函数求导题的隐式型。

解　令 $\alpha x=t$，则 $\int_0^1 y(x\alpha)\mathrm{d}\alpha=\int_0^x y(t)\left(\frac{1}{x}\right)\mathrm{d}t=\frac{1}{x}\int_0^x y(t)\mathrm{d}t$，于是原方程化为

$$\begin{cases} y'(x)+3\int_0^x y'(t)\mathrm{d}t+2\int_0^x y(t)\mathrm{d}t+\mathrm{e}^{-x}=0, \\ y'(0)=-1, \end{cases} \qquad (\text{I})$$

方程(Ⅰ)两边对 x 求导,得 $y''+3y'(x)+2y(x)-\mathrm{e}^{-x}=0$,从而有初值问题

$$\begin{cases} y''+3y'(x)+2y=\mathrm{e}^{-x}, \\ y(0)=1, y'(0)=-1。 \end{cases}$$

特征方程 $r^2+3r+2=0, r_1=-1, r_2=-2$,对应齐次方程的通解为 $y=C_1\mathrm{e}^{-x}+C_2\mathrm{e}^{-2x}$。

$f(x)=\mathrm{e}^{-x}, \alpha=-1, n=0$。因为 $F(-1)=0, F'(-1)\neq 0$,即 -1 是特征方程的单根,因此取 $k=1$。设 $y^*=Ax\mathrm{e}^{-x}$,代入方程得 $A=1$,即 $y^*=x\mathrm{e}^{-x}$,非齐次方程通解为 $y=C_1\mathrm{e}^{-x}+C_2\mathrm{e}^{-2x}+x\mathrm{e}^{-x}$。由 $y(0)=1, y'(0)=-1$ 得 $C_1=0, C_2=1$,故 $y=\mathrm{e}^{-2x}+x\mathrm{e}^{-x}$。

第九节 欧拉方程

问题112 何谓“会解欧拉方程”?

“会解欧拉方程”的首要问题是要认得欧拉方程。而欧拉方程是特殊的变系数常微分方程。它的标准型为 $x^2y''+pxy'+qy=f(x)$,其中 p,q 为常数;其次记住变换 $x=\mathrm{e}^t$。

解法要点 设 $x=\mathrm{e}^t$,化变系数常微分方程为常系数微分方程。选取适当的变换可以化一般的变系数常微分方程为常系数微分方程。

设 $x=\mathrm{e}^t, \dfrac{\mathrm{d}y}{\mathrm{d}x}=\dfrac{\mathrm{d}y}{\mathrm{d}t}\dfrac{\mathrm{d}t}{\mathrm{d}x}=\dfrac{1}{x}\dfrac{\mathrm{d}y}{\mathrm{d}t}, \dfrac{\mathrm{d}^2y}{\mathrm{d}x^2}=\dfrac{\mathrm{d}}{\mathrm{d}x}\left(\dfrac{1}{x}\dfrac{\mathrm{d}y}{\mathrm{d}t}\right)=\dfrac{\mathrm{d}}{\mathrm{d}x}\left(\dfrac{1}{x}\right)\cdot\dfrac{\mathrm{d}y}{\mathrm{d}t}+\dfrac{1}{x}\dfrac{\mathrm{d}}{\mathrm{d}x}\left(\dfrac{\mathrm{d}y}{\mathrm{d}t}\right)=-\dfrac{1}{x^2}\dfrac{\mathrm{d}y}{\mathrm{d}t}+\dfrac{1}{x}\dfrac{\mathrm{d}}{\mathrm{d}t}\left(\dfrac{\mathrm{d}y}{\mathrm{d}t}\right)\cdot\dfrac{\mathrm{d}t}{\mathrm{d}x}=-\dfrac{1}{x^2}\dfrac{\mathrm{d}y}{\mathrm{d}t}+\dfrac{1}{x^2}\dfrac{\mathrm{d}^2y}{\mathrm{d}t^2},\cdots$,利用数学归纳法得

$$\frac{\mathrm{d}^ky}{\mathrm{d}x^k}=\frac{1}{x^k}D(D-1)(D-2)\cdots(D-k+1)y, \text{其中 } D=\frac{\mathrm{d}}{\mathrm{d}t}, k=2,3,\cdots。$$

例1 求下列欧拉方程的通解:

(1) $x^2y''+xy'-y=0$;

(2) $x^3y'''+3x^2y''-2xy'+2y=0$;

(3) $x^2y''+4xy'+2y=0(x>0)$;

(4) $x^2y''-3xy'+4y=x+x^2\ln x$;

(5) $x^3y'''+2xy'-2y=x^2\ln x+3x$。

解 (1) 设 $x=\mathrm{e}^t$,则 $x^2y''=D(D-1)y, xy'=Dy$,所以原方程化为 $y''(t)-y=0$,特征根为 $r_1=1, r_2=-1$。方程通解为 $y=C_1\mathrm{e}^t+C_2\mathrm{e}^{-t}$。将 $x=\mathrm{e}^t$ 代入上式得原方程通解 $y=C_1x+\dfrac{C_2}{x}$。

(2) 设 $x=\mathrm{e}^t$,则 $\dfrac{\mathrm{d}y}{\mathrm{d}x}=\dfrac{1}{x}\dfrac{\mathrm{d}y}{\mathrm{d}t}, \dfrac{\mathrm{d}^2y}{\mathrm{d}x^2}=\dfrac{1}{x^2}\dfrac{\mathrm{d}^2y}{\mathrm{d}t^2}-\dfrac{1}{x^2}\dfrac{\mathrm{d}y}{\mathrm{d}t}, \dfrac{\mathrm{d}^3y}{\mathrm{d}x^3}=\dfrac{1}{x^3}D(D-1)(D-2)y(k=3)$。原方程化为 $D(D-1)(D-2)y+3D(D-1)y-2Dy+2y=0$,得 $y'''(t)-3y'(t)+2y=0$。特征根为 $r_1=r_2=1, r_3=-2$。方程通解为 $y=(C_1+C_2t)\mathrm{e}^t+C_3\mathrm{e}^{-2t}$。将 $x=\mathrm{e}^t$ 代入上式得原方程的通解为 $y=(C_1+C_2\ln x)x+\dfrac{C_3}{x^2}$。

(3) 设 $x=\mathrm{e}^t, y''=\dfrac{1}{x^2}D(D-1)y, y'=\dfrac{1}{x}Dy$,原方程化为 $y''(t)+3y'(t)+2y=0$。特征

根为 $r_1=-1, r_2=-2$。方程通解为 $y=C_1e^{-t}+C_2e^{-2t}$，所以原方程的通解为 $y=\frac{C_1}{x}+\frac{C_2}{x^2}$。

(4) 设 $x=e^t$，$x\frac{dy}{dx}=\frac{dy}{dt}=Dy$，$x^2\frac{d^2y}{dx^2}=D(D-1)y$，原方程化为 $D(D-1)y-3Dy+4y=e^t+te^{2t}$，$D^2y-4Dy+4y=e^t+te^{2t}$。特征方程 $r^2-4r+4=0$，$r_1=r_2=2$。齐次方程的通解为 $Y=(C_1+C_2t)e^{2t}$。

因为 $f(t)=f_1(t)+f_2(t)$，$f_1(t)=e^t$，$n=0$，$\alpha=1$。因为 $\alpha=1$ 不是特征根，所以 $k=0$。

设 $y_1^*=Ae^t$，$f_2(t)=te^{2t}$，$n=1$，$\alpha=2$。因为 $\alpha=2$ 是重特征根，所以 $k=2$。

设 $y_2^*=t^2(a_0t+a_1)e^{2t}$，将 $y^*=y_1^*+y_2^*=Ae^t+e^{2t}(a_0t^3+a_1t^2)$ 代入非齐次方程得

$$A=1,\quad a_0=\frac{1}{6},\quad a_1=0,\quad y^*=e^t+\frac{t^3e^{2t}}{6}。$$

非齐次方程的通解为 $$y=(C_1+C_2t)e^{2t}+e^t+\frac{t^3e^{2t}}{6}。$$

将 $x=e^t$ 代入上式得原方程的通解为 $$y=(C_1+C_2\ln x)x^2+\frac{1}{6}x^2\ln^3x+x。$$

(5) 设 $x=e^t$，$x\frac{dy}{dx}=Dy$，$x^2\frac{d^2y}{dx^2}=D(D-1)y$，$x^3\frac{d^3y}{dx^3}=D(D-1)(D-2)y$，

原方程化为 $$y'''(t)-3y''(t)+4y'-2y=te^{2t}+3e^t, \tag{Ⅰ}$$

特征方程 $$r^3-3r^2+4r-2=0,\quad r_1=1,\quad r_{2,3}=1\pm i。$$

齐次方程的通解为 $y=C_1e^t+e^t(C_2\cos t+C_3\sin t)$。

因为 $f(t)=f_1(t)+f_2(t)$，$f_1(t)=te^{2t}$，$n=1$，$\alpha=2$。因为 $\alpha=2$ 不是特征根，所以 $k=0$。

设 $y_1^*=(a_0t+a_1)e^{2t}$，$f_2(t)=3e^t$，$n=0$，$\alpha=1$。因为 $\alpha=1$ 是单特征根，所以 $k=1$。

设 $y_2^*=tAe^t$，将 $y^*=y_1^*+y_2^*=(a_0t+a_1)e^{2t}+Ate^t$ 代入非齐次方程(Ⅰ)得

$$a_0=\frac{1}{2},\quad a_1=-1,\quad A=3,\quad y^*=\left(\frac{t}{2}-1\right)e^{2t}+3te^t。$$

方程(Ⅰ)通解为 $$y=C_1e^t+e^t(C_2\cos t+C_3\sin t)+\left(\frac{t}{2}-1\right)e^{2t}+3te^t,$$

将 $x=e^t$ 代入上式得原方程的通解为

$$y=C_1x+x[C_2\cos\ln x+C_3\sin\ln x]+\frac{x^2(\ln x-2)}{2}+3x\ln x。$$

问题 113　如何求非欧拉方程的变系数微分方程？

根据所给变系数微分方程的特点选取适当的代换将方程化为所学的常系数微分方程并求之。

例 2　利用代换 $y=\frac{u}{\cos x}$，将方程 $y''\cos x-2y'\sin x+3y\cos x=e^x$ 化简，并求原方程的通解。

分析　此题将变系数线性微分方程通过变换 $y=\frac{u}{\cos x}$ 化为 u 的常系数微分方程。

解　代换 $u=y\cos x$，求导得 $u'=y'\cos x-y\sin x$，$u''=y''\cos x-2y'\sin x-y\cos x$，代入原方程化为

$$u''+4u=e^x, \tag{Ⅰ}$$

特征方程 $r^2+4=0, r_1=2i, r_2=-2i$，对应齐次方程的通解为

$$u=C_1\cos 2x+C_2\sin 2x。$$

又 $f(x)=e^x, \alpha=1, n=0$，因为 $F(1)\neq 0$，即 1 不是特征方程的根，所以 $k=0, u^*=Ae^x$，代入方程(Ⅰ)得 $A=\frac{1}{5}$，即 $u^*=\frac{e^x}{5}$。方程(Ⅰ)的通解为 $u=C_1\cos 2x+C_2\sin 2x+\frac{e^x}{5}$，从而原方程的通解为

$$y=C_1\frac{\cos 2x}{\cos x}+2C_2\sin x+\frac{e^x}{5\cos x}。$$

例 3　用变量代换 $x=\cos t(0<t<\pi)$ 化简微分方程 $(1-x^2)y''-xy'+y=0$。并求其满足 $y|_{x=0}=1, y'|_{x=0}=2$ 的特解。

解　$y'=\frac{dy}{dt}\cdot\left(\frac{1}{\frac{dx}{dt}}\right)=-\frac{1}{\sin t}\frac{dy}{dt}$，

$$y''=\frac{d^2y}{dx^2}=\frac{d}{dt}\left(\frac{dy}{dx}\right)\cdot\left(\frac{1}{\frac{dx}{dt}}\right)=\left(y'(t)\cdot\frac{\cos t}{\sin^2 t}-\frac{y''(t)}{\sin t}\right)\left(\frac{-1}{\sin t}\right)$$

$$=\frac{y''(t)}{\sin^2 t}-y'(t)\cdot\frac{\cos t}{\sin^3 t},$$

将 y', y'' 代入原方程，得

$$(1-\cos^2 t)\left(\frac{y''(t)}{\sin^2 t}-y'(t)\cdot\frac{\cos t}{\sin^3 t}\right)+y'(t)\cdot\frac{\cos t}{\sin t}+y=0\Rightarrow y''(t)+y=0。\tag{Ⅰ}$$

其特征方程为 $r^2+1=0$，解得特征根 $r=\pm i$，于是此方程(Ⅰ)的通解为 $y=C_1\cos t+C_2\sin t$。从而原方程的通解为 $y=C_1x+C_2\sqrt{1-x^2}$。由 $y|_{x=0}=1, y'|_{x=0}=2$，得 $C_1=2, C_2=1$。故所求方程的特解为 $y=2x+\sqrt{1-x^2}$。

点评　由问题 112 及问题 113 知，求解一个变系数线性微分方程，其解法要点是选取适当的变量代换将变系数线性微分方程化为所学过的常系数线性微分方程。

问题 114　如何求解常微分方程的应用题?

求解常微分方程应用问题的一般步骤是：

1. 建立微分方程并确定初始条件；
2. 求通解及满足初始条件的特解；
3. 根据所得的特解讨论其实际意义，并求其他所需的结果。

上述步骤中，第 1 步是关键，主要是：

1) 建立坐标系。无论几何问题还是物理问题都需要有坐标系才能正确表示几何量和物理量。

2) 将题中涉及的几何量、物理量"翻译"成数学式子。例如曲线 $y=f(x)$ 上任一点处的切线斜率 $\tan\alpha=y'$，曲率 $k=\frac{|y''|}{(1+y'^2)^{\frac{3}{2}}}$，区间 $[a,x]$ 上的弧长 $s(x)=\int_a^x\sqrt{1+y'^2}\,dx$ 及旋转

体的侧面积 $S(x)=\int_a^x 2\pi f(x)\sqrt{1+f'^2(x)}\,\mathrm{d}x$；直线运动的速度 $v=x'(t)$，加速度 $a=x''(t)$，其中 $x=x(t)$为位移；电路中的电流 $i=Q'(t)$，电容器两极之间电压 u 的导数 $u'(t)=\frac{i}{C}$，电感 L 上的反电动势$-L\frac{\mathrm{d}i}{\mathrm{d}t}$，等等。

3）依据问题中所给的几何或物理规律列出方程。这个规律有的直接给出，那么就根据这个写出的等式，再将有关的量用数学式子代入，便得所求方程；有的没有直接给出，而是用到物理上的某条定律，如牛顿第二定律、牛顿冷却定律、基尔霍夫回路电压定律等，根据这些定律，列出式子，再代入其中有关物理量的数学式子，便得所求方程。微分方程的应用问题极具多样性、广泛性，进一步抽象为以下两种问题。

（1）几何问题：如果已知曲线 $y=f(x)$的切线斜率，或曲线的曲率，或用积分变上限函数表示的弧长，或用积分变上限函数表示的曲边梯形的面积、旋转体的体积或侧面积，或上述的某些组合，求曲线方程，则此问题为求解微分方程问题。如例 4。

（2）物理问题

① 牛顿第二定律：如果已知直线运动的速度规律，或加速度（外力）的规律，求运动的位移和时间的关系，则可由牛顿第二定律建立微分方程。如飞机滑行问题，核废料下沉问题。如例 5、例 6。

② 质量作用定律：t 时刻某变量 y 的变化率与 t 时刻某某量成正比，如化学反应速度$\left(\text{设 } t \text{ 时刻反应物的浓度为 } y(t)\text{，则反应速度 } v=\frac{\mathrm{d}y}{\mathrm{d}t}=-ky\right)$，动植物生长规律，牛顿冷却定律等都是质量作用定律的应用，因为它们都可以表示为 t 时刻的变化率与某某量成正比。如考研题中的雪球问题，技术革新问题。如例 8。

③ 等量关系（或称微元法）：在 Δt 时间间隔内的改变量等于流入量减去流出量，或者说成 t 时刻的变化率等于 t 时刻流入的变化率减去 t 时刻流出的变化率。如考研题中的污染问题、盐水问题、糖水问题以及静脉输液问题、通风问题、与液体或气体流动有关的问题就是此类型的试题。

④ 电路问题：在电工学中，具有储能元件——电容和电感的电路都是用微分方程来描述它们的性态的。由一个储能元件电容 C 或电感 L 以及电源和电阻 R 所组成的电路，描述它的性态的是一阶微分方程，故称为一阶电路，例如 RC 电路或 RL 电路。由电容 C 或电感 L 两个储能元件以及电阻 R 所组成的电路，描述它的性态的是二阶微分方程，故称为二阶电路。RLC 电路就是二阶电路（参见文献[4]）。

例 4　设曲线 L 的极坐标方程为 $r=r(\theta)$，$M(r,\theta)$为 L 上任一点，$M_0(2,0)$为 L 上一定点。若极径 OM，OM_0 与曲线 L 所围成的曲边扇形面积等于 L 上 M_0，M 两点间弧长值的一半，求曲线 L 的方程。

解　设曲边扇形面积 A，则 $A=\int_0^\theta \frac{1}{2}r^2\mathrm{d}\theta$，由已知条件得

$$\frac{1}{2}\int_0^\theta r^2\mathrm{d}\theta=\frac{1}{2}\int_0^\theta \sqrt{r^2+r'^2(\theta)}\,\mathrm{d}\theta,$$

两边对 θ 求导得 $r^2=\sqrt{r^2+r'^2}$，即 $r'=\pm r\sqrt{r^2-1}$。从而$\frac{\mathrm{d}r}{r\sqrt{r^2-1}}=\pm\mathrm{d}\theta$。因为$\int\frac{\mathrm{d}r}{r\sqrt{r^2-1}}=$

$-\arcsin\left(\frac{1}{r}\right)+C$，所以$-\arcsin\left(\frac{1}{r}\right)+C=\pm\theta$，由条件$r(0)=2$，得$C=\frac{\pi}{6}$，故所求曲线$L$的方程为$r\sin\left(\frac{\pi}{6}\mp\theta\right)=1$，即$r=\csc\left(\frac{\pi}{6}\mp\theta\right)$，亦即直线$x\mp\sqrt{3}y=2$。

例 5　从船上向海中沉放某种探测仪器，按探测要求，需确定仪器下沉的深度y(从海平面算起)与下沉速度v之间的函数关系。设仪器在重力作用下，从海平面由静止开始铅直下沉，在下沉过程中还受到阻力和浮力的作用。设仪器的质量为m、体积为B、海水密度为ρ，仪器所受阻力与下沉速度成正比，比例系数为$k>0$，试建立y与v所满足的微分方程，并求出函数关系$y=y(v)$。

分析　探测仪器下沉t时刻所受的力有以下几种。在重力mg作用下下沉；下沉过程中受阻力作用，阻力与运动方向相反且与速度v成正比，故阻力为$-kv$；下沉过程中还受浮力作用，浮力的大小等于探测仪器同体积的海水重量且运动方向相反，故浮力为$-B\rho$。因此下沉过程中所受的合力为$F=mg-kv-B\rho$。利用牛顿第二定律$ma=F$可建立微分方程。

解　取沉放点为原点O，Oy轴正方向垂直向下。则由牛顿第二定律，得

$$mv'(t)=mg-kv-B\rho。\tag{Ⅰ}$$

按题目要求建立y与v所满足的微分方程，因此消去时间变量t。由$v=y'(t)$知

$$y''(t)=\frac{\mathrm{d}v}{\mathrm{d}t}=\left(\frac{\mathrm{d}v}{\mathrm{d}y}\right)\left(\frac{\mathrm{d}y}{\mathrm{d}t}\right)=v\frac{\mathrm{d}v}{\mathrm{d}y},$$

代入方程(Ⅰ)得y与v之间的微分方程为$\frac{mv\mathrm{d}v}{\mathrm{d}y}=mg-kv-B\rho$。变量分离两边积分$\int\frac{mv\mathrm{d}v}{mg-kv-B\rho}=\int\mathrm{d}y$，得

$$y=-\frac{mv}{k}-\frac{m(mg-B\rho)}{k^2}\ln(mg-kv-B\rho)+C。$$

由$v|_{t=0}=0$，$y|_{t=0}=0$，得$C=\frac{m(mg-B\rho)}{k^2}\ln(mg-B\rho)$。故

$$y=-\frac{mv}{k}-\frac{m(mg-B\rho)}{k^2}\ln\frac{mg-kv-B\rho}{mg-B\rho}。$$

例 6　某种飞机在机场降落时，为了减少滑行距离，在触地瞬间，飞机尾部张开减速伞，以增大阻力，使飞机迅速减速并停下。

现在有一质量为9000 kg的飞机，着陆时的水平速度为700 km/h。经测试，减速伞打开后，飞机所受的阻力与飞机的速度成正比(比例关系$k=6.0\times10^4$)。问从着陆点算起滑行的最大距离是多少？

分析　设从飞机接触跑道开始时($t=0$)至t时刻飞机的滑行距离为$x(t)$，则速度$v(t)=x'(t)$。按题设，飞机的质量为9000kg，着陆时的水平速度$v(0)=x'(0)=v_0=700\text{km/h}$，$t$时刻所受的阻力为$-kv$，于是由牛顿第二定律，得初值问题$mv'(t)=-kv$，初始条件$v(0)=v_0$。

解　方法1　先求出初值问题的解$v=v(t)$，然后求$\int_0^{+\infty}v(t)\mathrm{d}t$。求得初值问题的解为$v=v_0\mathrm{e}^{-\frac{k}{m}t}$。飞机滑行的最长距离为$x=\int_0^{+\infty}v(t)\mathrm{d}t=\int_0^{+\infty}v_0\mathrm{e}^{-\frac{k}{m}t}\mathrm{d}t=-\left(\frac{mv_0}{k}\right)\mathrm{e}^{-\frac{k}{m}t}\Big|_0^{+\infty}=$

$\dfrac{mv_0}{k}=1.05\text{km}$。

方法 2　先求出 $x=x(t)$，然后再求出 $\lim\limits_{t\to+\infty}x(t)$。

利用 $v=x'(t)$，$\dfrac{\mathrm{d}v}{\mathrm{d}t}=x''(t)$，将原方程改写成

$$mx''(t)+kx'(t)=0。$$

特征方程 $r^2+\dfrac{k}{m}r=0$，特征根 $r_1=0$，$r_2=-\dfrac{k}{m}$。于是通解为 $x=C_1+C_2\mathrm{e}^{-\frac{k}{m}t}$。由 $x(0)=0$，$x'(0)=v_0$，得 $C_1=-C_2=\dfrac{mv_0}{k}$，于是 $x(t)=(1-\mathrm{e}^{-\frac{k}{m}t})\dfrac{mv_0}{k}$，$\lim\limits_{t\to+\infty}x(t)=\dfrac{mv_0}{k}=1.05\text{km}$，这就是飞机滑行的最长距离。

例 7　一只游船上有 800 人，一名游客患了某种传染病，12 小时后有 3 人发病。由于这种传染病没有早期症状，故感染者不能被及时隔离。直升机将在 60～72 小时将疫苗运到，试估算疫苗运到时患此传染病的人数。设传染病的传播速度与受感染的人数及未受感染人数之积成正比。

分析　此题 t 时刻传播速度与受感染的人数及未受感染人数之积成正比，属于质量作用定律题型。

解　用 $y(t)$（认为连续可导）表示发现首例病后 t 时刻的感染人数，$800-y(t)$ 表示 t 时刻未受感染的数，由题意可列如下方程 $y'(t)=ky(800-y)$，且 $y(0)=1$，得初值问题为

$$\begin{cases}y'(t)=ky(800-y),\\ y(0)=1,\end{cases}$$

其中 $k>0$ 为比例常数。

变量分离　$$\frac{\mathrm{d}y}{y(800-y)}=k\mathrm{d}t,\quad \frac{1}{800}\left(\frac{1}{y}+\frac{1}{800-y}\right)\mathrm{d}y=k\mathrm{d}t。$$

两边积分得　$$\frac{1}{800}[\ln y-\ln(800-y)]=kt+C_1。$$

去掉对数符号和并整理，即得通解为 $y=\dfrac{800}{1+C\mathrm{e}^{-800kt}}$（$C=\mathrm{e}^{-800C_1}$）。

代入初始条件 $y(0)=1$，得 $C=799$。再由 $y(12)=3$，便可确定出 $800k\approx-\dfrac{1}{12}\cdot\ln\dfrac{799}{2397}\approx 0.09176$，所以

$$y(t)=\frac{800}{1+799\mathrm{e}^{-0.09176t}}。$$

下面计算 $t=60$ 小时，72 小时时感染者人数

$$y(60)=\frac{800}{1+799\mathrm{e}^{-0.09176\times60}}\approx188。$$

$$y(72)=\frac{800}{1+799\mathrm{e}^{-0.09176\times72}}\approx385。$$

从上面数字可以看出，在 72 小时疫苗运到时，感染的人数将是 60 小时的感染人数的 2 倍。可见在传染病流行时及时采取措施进行预防是至关重要的。

例 8　在某一人群中推广新技术是通过其中已掌握新技术的人进行的，设该人群的总

人数为 N,在 $t=0$ 时刻已掌握新技术的人数为 x_0,在任意时刻 t 已掌握新技术的人数为 $x(t)$(将 $x(t)$ 视为连续可微变量),其变化率与已掌握新技术人数和未掌握新技术人数之积成正比,比例常数 $k>0$,求 $x(t)$。

解 由题意有 $\begin{cases} x'(t)=kx(N-x), \\ x(0)=x_0, \end{cases}$ 解方程,分离变量 $\dfrac{\mathrm{d}x}{x(N-x)}=k\mathrm{d}t$。

积分得
$$\frac{1}{N}\ln\frac{x}{N-x}=kt+\frac{1}{N}\ln C。$$

化简得
$$x(t)=\frac{NC\mathrm{e}^{kNt}}{1+C\mathrm{e}^{kNt}}。$$

由 $x(0)=x_0$,得 $C=\dfrac{x_0}{N-x_0}$,故所求解为 $x(t)=\dfrac{Nx_0\mathrm{e}^{kNt}}{N-x_0+x_0\mathrm{e}^{kNt}}$。

例 9 某湖泊的水量为 V,每年排入湖泊内含污染物 A 的污水为 $\dfrac{V}{6}$,流入湖泊内不含 A 的水量为 $\dfrac{V}{6}$,流出湖泊的水量为 $\dfrac{V}{3}$。已知 1999 年底湖中 A 的含量为 $5m_0$,超过国家规定指标。为了治理污染,从 2000 年初起,限定排入湖泊中含 A 污水的浓度不超过 $\dfrac{m_0}{V}$。问至多需经过多少年,湖泊中污染物 A 的含量降至 m_0 以内?(注:设湖泊水中 A 的浓度是均匀的)。

解 设从 2000 年初(令此时 $t=0$)开始,第 t 年湖泊中污染物 A 的含量为 m,浓度为 $\dfrac{m}{V}$。

方法 1 m 的变化率 $m'(t)$ 等于污染物 A 排入湖泊中的速率与排出湖泊的速率之差。污染物 A 排入湖泊中的速率 $\dfrac{m_0}{V}\cdot\dfrac{V}{6}=\dfrac{m_0}{6}$。而含有污染物 A 排出湖泊的速率 $\dfrac{m}{V}\cdot\dfrac{V}{3}=\dfrac{m}{3}$,所以 $\dfrac{\mathrm{d}m}{\mathrm{d}t}=\dfrac{m_0}{6}-\dfrac{m}{3}$。变量分离,两边积分得 $m=\dfrac{m_0}{2}-C\mathrm{e}^{-\frac{t}{3}}$,代入初始条件 $m|_{t=0}=5m_0$,得 $C=-\dfrac{9m_0}{2}$,于是 $m=\dfrac{m_0}{2}(1+9\mathrm{e}^{-\frac{t}{3}})$。令 $m=m_0$,得 $t=6\ln 3$。即至多需经过 $6\ln 3$ 年,湖泊中污染物 A 的含量降至 m_0 以内。

方法 2 在时间间隔 $[t,t+\Delta t]$ 内排入湖泊中 A 的量为 $\dfrac{m_0}{V}\cdot\dfrac{V}{6}\mathrm{d}t=\dfrac{m_0}{6}\mathrm{d}t$,而排出湖泊的水中 A 的量为 $\dfrac{m}{V}\cdot\dfrac{V}{3}\mathrm{d}t=\dfrac{m}{3}\mathrm{d}t$。因而在此时间间隔内湖泊中污染物 A 的改变量为 $\mathrm{d}m=\left(\dfrac{m_0}{6}-\dfrac{m}{3}\right)\mathrm{d}t$。余下的解法同方法 1(略)。

例 10 设容器内盛有含量为 S_0kg 的 200 升盐水,现以 5L/min 的速率向容器内注入浓度为 0.2kg/L 的盐水,经充分搅拌后的溶液又以相同的速率流出容器。试求容器内盐水在时间 t 的浓度。

解 设容器内在时间 t 含盐量为 $S(t)$,于是容器内盐量的变化率 $S'(t)$ 是盐流入容器的速率与盐流出容器的速率之差。显然,盐流入容器的速率是
$$0.2\text{kg/L}\times 5\text{L/min}=1\text{kg/min},$$
而流出容器的速率是

$$\left(\frac{S(t)}{100}\right)\text{kg/L}\times 5\text{L/min}=\left(\frac{S(t)}{40}\right)\text{kg/min}。$$

因此 $S'(t)=1-\frac{S(t)}{40}$，这是一阶线性微分方程，且是初值问题。

$$\begin{cases}S'(t)+\dfrac{S(t)}{40}=1,\\ S\mid_{t=0}=S_0,\end{cases}$$

得特解
$$S(t)=S_0\mathrm{e}^{-0.025t}+40(1-\mathrm{e}^{-0.025t})。\tag{Ⅰ}$$

于是得到在时间 t 容器内盐的浓度 $c(t)$ 为

$$c(t)=\frac{S(t)}{200}=\frac{S_0}{200}\mathrm{e}^{-0.025t}+0.2(1-\mathrm{e}^{-0.025t})。$$

式(Ⅰ)的右端第一项表示在时间 t 容器内原来的盐的剩余量。当原来的溶液从容器逐渐排出时，这一项随时间的增加而变小。式(Ⅰ)的右端第二项表示由于流动过程的作用在时间 t 容器内新增加的盐量。显然，容器内盐的总量最终将趋向于极限值 40kg。在式(Ⅰ)中令 t 趋于正无穷大，很容易证明这一点。

例 11　已知某车间的体积为 30m×30m×6m，其中的空气含 0.12%的 CO_2(以体积计算)。现以含 CO_2 0.04%的新鲜空气输入，问每分钟应输入多少，才能在 30min 后使车间空气中的 CO_2 含量不超过 0.06%？(假定输入的新鲜空气与原有空气很快混合均匀后，以相同的流量排出。)

解　设每分钟输入 $a\text{m}^3$ 的新鲜空气，经过 t(min)后，车间的 CO_2 纯含量为 $x(t)\text{m}^3$，于是在$[t,t+\Delta t]$的时间内输入的 CO_2 为 $a\mathrm{d}t\cdot 0.04\%$，排出的 CO_2 为 $a\mathrm{d}t\cdot\frac{x}{30\times30\times6}$，故有

$$\mathrm{d}x=a\mathrm{d}t\cdot0.04\%-a\mathrm{d}t\cdot\frac{x}{5400}(\text{输入}-\text{输出})。$$

分离变量
$$\frac{\mathrm{d}x}{0.0004a-\dfrac{ax}{5400}}=\mathrm{d}t,$$

两边积分得
$$x=2.16+C\mathrm{e}^{-\frac{a}{5400}t}。$$

当 $t=0$ 时 $x=6.48$，得 $C=6.48-2.16=4.32$。于是

$$x(t)=2.16+4.32\mathrm{e}^{-\frac{a}{5400}t}。$$

由题意知$\frac{x(30)}{5400}\leqslant0.06\%$，即
$$2.16+4.32\mathrm{e}^{-\frac{a}{5400}\times30}\leqslant5400\times0.0006\text{m}^3\approx3.24\text{m}^3。$$

则 $\mathrm{e}^{-\frac{a}{180}}<\frac{1.80}{4.32}=0.25=\frac{1}{4}$。故

$$a\geqslant180\ln4\text{m}^3\approx180\times1.386\text{m}^3\approx249.48\text{m}^3。$$

即每分钟应输入约 250m^3 空气。

国内高校期末试题解析

一、1.(辽宁省统考题，1990Ⅱ)求微分方程 $y'=\tan(x+y)$的通解。

2.(大连理工大学，1995)求 $xy'+x+\sin(x+y)=0$ 的通解。

3.（上海交通大学，1981Ⅱ）求微分方程 $x(e^y-y')=2$ 的通解。

解　1. 设 $u=x+y$，则原方程化为 $u'=1+\tan u$，变量分离，两边积分得

$$\int\frac{\cos u\mathrm{d}u}{\sin u+\cos u}=\int\mathrm{d}x,$$

设 $I_1=\int\frac{\cos u\mathrm{d}u}{\sin u+\cos u}$，$I_2=\int\frac{\sin u\mathrm{d}u}{\sin u+\cos u}$，则

$$I_1+I_2=\int\mathrm{d}u=u+C_1,\tag{Ⅰ}$$

$$I_1-I_2=\int\frac{\mathrm{d}(\sin u+\cos u)}{\sin u+\cos u}=\ln|\sin u+\cos u|+C_2。\tag{Ⅱ}$$

式（Ⅰ）+式（Ⅱ），$2I_1=u+\ln|\sin u+\cos u|+\overline{C}$，所以 $I_1=\left(\frac{1}{2}\right)(u+\ln|\sin u+\cos u|)+\overline{C_1}$，从而

$$\frac{1}{2}(u+\ln|\sin u+\cos u|)=x+\overline{C_2}。$$

将 $u=x+y$ 代入上式得原方程的通解为 $y+\ln|\sin(x+y)+\cos(x+y)|=x+C$。

2. 设 $u=x+y$，则原方程化为 $xu'+\sin u=0$，变量分离，两边积分得 $\int\frac{\mathrm{d}u}{\sin u}=-\int\frac{\mathrm{d}x}{x}$，得 $\ln|\csc u-\cot u|=\ln\left(\frac{C}{|x|}\right)$。将 $u=x+y$ 代入上式得原方程的通解为 $\frac{1-\cos(x+y)}{\sin(x+y)}=\frac{C}{x}$。

3. 设 $z=e^y$，再设 $u=\frac{1}{z}$，则原方程化为 $u'-\frac{2}{x}u=-1$。由线性方程通解公式，有

$$u=e^{\int\left(\frac{2}{x}\right)\mathrm{d}x}\left[\int-e^{\int-\frac{2}{x}\mathrm{d}x}\mathrm{d}x+C\right]=x+Cx^2。$$

因为 $u=e^{-y}$。所以 $e^y=\frac{1}{x+Cx^2}$。

二、（西北纺织工学院，1995Ⅱ）求微分方程 $y''+4y'+4y=3e^{-2x}$ 的一个特解，并求其通解。

解　对应的齐次方程的特征方程为 $r^2+4r+4=0$，特征根 $r_1=r_2=-2$。

因为 $f(x)=3e^{-2x}$，则 $n=0$，$\alpha=-2$。因为 $\alpha=-2$ 是二重特征根，所以 $k=2$。$y^*=Ax^2e^{-2x}$ 代入非齐次方程比较同类项系数，得 $A=\frac{3}{2}$，所以 $y^*=\frac{3x^2e^{-2x}}{2}$，非齐次方程的通解为

$$y=(C_1+C_2x)e^{-2x}+\frac{3x^2e^{-2x}}{2}。$$

三、（上海交通大学，1985Ⅱ）已知 $y_1=e^{x^2}$ 为方程 $xy''-y'-4x^3y=0$ 的一个解，求此方程的通解。

解　方法1　公式法。

$y_2=y_1\cdot\int\frac{e^{\int-p(x)\mathrm{d}x}\mathrm{d}x}{y_1^2}=e^{x^2}\int\frac{e^{\int\frac{\mathrm{d}x}{x}}\mathrm{d}x}{(e^{x^2})^2}=e^{x^2}\int xe^{-2x^2}\mathrm{d}x=-\frac{e^{-x^2}}{4}$（令 $C=0$），原方程的通解为 $y=C_1e^{x^2}+C_2e^{-x^2}$。

方法2　由齐次线性方程通解结构定理知：

设 $y_2(x)=u(x)\mathrm{e}^{x^2}$，代入原方程求出 $u(x)$，余下留给读者自己完成。

四、(西安电子科技大学，1999 Ⅱ) 设 $f(x)=\mathrm{e}^{-2x}+4\int_0^x(x-t)f(t)\mathrm{d}t$，其中 $f(x)$ 为连续函数，求 $f(x)$。

分析　题中 $\int_0^x(x-t)f(t)\mathrm{d}t=x\int_0^x f(t)\mathrm{d}t-\int_0^x tf(t)\mathrm{d}t$。

解　$f'(x)=\left[\mathrm{e}^{-2x}+4x\int_0^x f(t)\mathrm{d}t-4\int_0^x tf(t)\mathrm{d}t\right]'$,

$f'(x)=-2\mathrm{e}^{-2x}+4\int_0^x f(t)\mathrm{d}t+4xf(x)-4xf(x)$,

$f'(x)=-2\mathrm{e}^{-2x}+4\int_0^x f(t)\mathrm{d}t$。

上式对 x 求导，得

$$f''(x)=4\mathrm{e}^{-2x}+4f(x),\quad f''(x)-4f(x)=4\mathrm{e}^{-2x}。\tag{Ⅰ}$$

特征方程 $r^2-4=0$，$r_1=2$，$r_2=-2$。

因为 $g(x)=4\mathrm{e}^{-2x}$，则 $n=0$，$\alpha=-2$。因为 $\alpha=-2$ 是单特征根，所以 $k=1$。设 $f^*=Ax\mathrm{e}^{-2x}$，代入方程(Ⅰ)，比较同类项系数，得 $A=-1$，所以 $f^*=-x\mathrm{e}^{-2x}$。方程(Ⅰ)的通解为

$$f(x)=C_1\mathrm{e}^{2x}+C_2\mathrm{e}^{-2x}-x\mathrm{e}^{2x},$$

由 $f(0)=1$，$f'(0)=-2$，得 $C_1=\frac{1}{4}$，$C_2=\frac{3}{4}$。

所求函数为

$$f(x)=\frac{\mathrm{e}^{2x}}{4}+\frac{3\mathrm{e}^{-2x}}{4}-x\mathrm{e}^{-2x}。$$

第八章　空间解析几何与向量代数

第一节　向量及其线性运算

问题 115　何谓向量的线性运算？设 $\boldsymbol{a}\neq\mathbf{0}$，则向量 $\boldsymbol{b}$ 平行于 $\boldsymbol{a}$ 的充分必要条件是什么？

由 $\boldsymbol{a}-\boldsymbol{b}=\boldsymbol{a}+(-\boldsymbol{b})$，因此向量相加及数乘向量统称为向量的线性运算。值得注意的是，向量加法与数量加法不同。向量加法法则有①平行四边形法则；②三角形法则。向量 $\boldsymbol{b}$ 平行于 $\boldsymbol{a}\neq\mathbf{0}$ 的充分必要条件是存在唯一的实数 λ，使 $\boldsymbol{b}=\lambda\boldsymbol{a}$。

例 1　设 $\boldsymbol{u}=\boldsymbol{a}-\boldsymbol{b}+2\boldsymbol{c}$，$\boldsymbol{v}=-\boldsymbol{a}+3\boldsymbol{b}-\boldsymbol{c}$。试用 $\boldsymbol{a},\boldsymbol{b},\boldsymbol{c}$ 表示 $2\boldsymbol{u}-3\boldsymbol{v}$。

解　$2\boldsymbol{u}-3\boldsymbol{v}=2(\boldsymbol{a}-\boldsymbol{b}+2\boldsymbol{c})-3(-\boldsymbol{a}+3\boldsymbol{b}-\boldsymbol{c})=5\boldsymbol{a}-11\boldsymbol{b}+7\boldsymbol{c}$。

例 2　求平行于向量 $\boldsymbol{a}=(6,7,-6)$ 的单位向量。

解　与向量 $\boldsymbol{a}$ 平行的单位向量有两个，一个与 $\boldsymbol{a}$ 同向，另一个与 $\boldsymbol{a}$ 反向。

$$\boldsymbol{a}^{\circ}=\frac{\boldsymbol{a}}{|\boldsymbol{a}|}=\frac{(6,7,-6)}{11}。$$

故平行于 $\boldsymbol{a}$ 的单位向量为 $\pm\left(\frac{6}{11},\frac{7}{11},-\frac{6}{11}\right)$。

例 3　设已知两点 $M_1(4,\sqrt{2},1)$ 和 $M_2(3,0,2)$，计算向量 $\overrightarrow{M_1M_2}$ 的模、方向余弦和方向角。

解　$\overrightarrow{M_1M_2}=(-1,-\sqrt{2},1)$，$|\overrightarrow{M_1M_2}|=\sqrt{(-1)^2+(-\sqrt{2})^2+1^2}=2$。

方向余弦 $\cos\alpha=\dfrac{a_x}{|\overrightarrow{M_1M_2}|}=-\dfrac{1}{2}$，$\cos\beta=-\dfrac{\sqrt{2}}{2}$，$\cos\gamma=\dfrac{1}{2}$。

方向角 $\alpha=\dfrac{2\pi}{3}$，$\beta=\dfrac{3\pi}{4}$，$\gamma=\dfrac{\pi}{3}$。

例 4　设 $\boldsymbol{m}=3\boldsymbol{i}+5\boldsymbol{j}+8\boldsymbol{k}$，$\boldsymbol{n}=2\boldsymbol{i}-4\boldsymbol{j}-7\boldsymbol{k}$ 和 $\boldsymbol{p}=5\boldsymbol{i}+\boldsymbol{j}-4\boldsymbol{k}$，求向量 $\boldsymbol{a}=4\boldsymbol{m}+3\boldsymbol{n}-\boldsymbol{p}$ 在 x 轴上的投影及在 y 轴上的分向量。

解　$\boldsymbol{a}=4(3\boldsymbol{i}+5\boldsymbol{j}+8\boldsymbol{k})+3(2\boldsymbol{i}-4\boldsymbol{j}-7\boldsymbol{k})-(5\boldsymbol{i}+\boldsymbol{j}-4\boldsymbol{k})=13\boldsymbol{i}+7\boldsymbol{j}+15\boldsymbol{k}$。
$\boldsymbol{a}$ 在 x 轴上的投影为 13；$\boldsymbol{a}$ 在 y 轴上的分向量为 $7\boldsymbol{j}$。

例 5　设△ABC 的重心为 G，任一点 O 到三角形三顶点的向量为 $\overrightarrow{OA}=\boldsymbol{r}_1$，$\overrightarrow{OB}=\boldsymbol{r}_2$，$\overrightarrow{OC}=\boldsymbol{r}_3$。求证 $\overrightarrow{OG}=\dfrac{1}{3}(\boldsymbol{r}_1+\boldsymbol{r}_2+\boldsymbol{r}_3)$。

证明　作出图 8-1。设△ABC 的重心为 G，因为 G 是三条边中线的交点。设 D 为 BC 边的中点，则 $\dfrac{AG}{GD}=\dfrac{2}{1}\Rightarrow\overrightarrow{AG}=2\,\overrightarrow{GD}$。

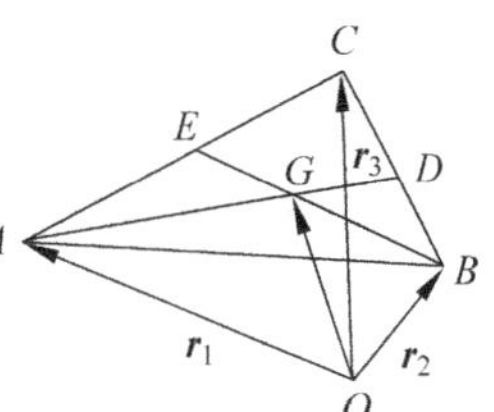

图 8-1

由加法的三角形法则及图 8-1 知 $\overrightarrow{OG}=\overrightarrow{OA}+\overrightarrow{AG}=\boldsymbol{r}_1+\overrightarrow{AG}$，

又
$$\overrightarrow{OG}=\overrightarrow{OB}+\overrightarrow{BG}=\overrightarrow{OB}+\overrightarrow{BD}+\overrightarrow{DG}=\boldsymbol{r}_2+\overrightarrow{BD}+\overrightarrow{DG},$$
$$\overrightarrow{OG}=\overrightarrow{OC}+\overrightarrow{CG}=\overrightarrow{OC}+\overrightarrow{CD}+\overrightarrow{DG}=\boldsymbol{r}_3+\overrightarrow{CD}+\overrightarrow{DG}。$$

上面三式相加，得 $3\overrightarrow{OG}=\boldsymbol{r}_1+\boldsymbol{r}_2+\boldsymbol{r}_3+\overrightarrow{AG}+2\overrightarrow{DG}+\overrightarrow{BD}+\overrightarrow{CD}$。

因为 $\overrightarrow{AG}=2\overrightarrow{GD}$，所以 $\overrightarrow{AG}+2\overrightarrow{DG}=0,\overrightarrow{BD}+\overrightarrow{CD}=\overrightarrow{BD}-\overrightarrow{DC}=0$。

故
$$3\overrightarrow{OG}=\boldsymbol{r}_1+\boldsymbol{r}_2+\boldsymbol{r}_3,\overrightarrow{OG}=\frac{\boldsymbol{r}_1+\boldsymbol{r}_2+\boldsymbol{r}_3}{3}。$$

评述　利用向量来证明一些初等几何问题是向量的应用之一，通常能使得证明简便些。

第二节　数量积、向量积、*混合积

问题 116　向量代数几个重要结论及公式是什么？

1. 几个重要结论

(1) 向量 $\boldsymbol{a}\perp\boldsymbol{b}$ 的充分必要条件是

① $\boldsymbol{a}\cdot\boldsymbol{b}=0$；　② $a_xb_x+a_yb_y+a_zb_z=0$。

(2) 向量 $\boldsymbol{a}/\!/\boldsymbol{b}$ 的充分必要条件是

① $\boldsymbol{a}\times\boldsymbol{b}=\boldsymbol{0}$；　② $\boldsymbol{b}=\lambda\boldsymbol{a}$；　③ $\dfrac{a_x}{b_x}=\dfrac{a_y}{b_y}=\dfrac{a_z}{b_z}$。

(3) 三个非零向量 $\boldsymbol{a},\boldsymbol{b},\boldsymbol{c}$ 共面的充分必要条件是混合数积 $[\boldsymbol{abc}]=0$。

2. 几个重要公式

(1) 数量积公式：(Ⅰ) $\boldsymbol{a}\cdot\boldsymbol{b}=|\boldsymbol{a}|\cdot|\boldsymbol{b}|\cos(\boldsymbol{a},\boldsymbol{b})$；

(Ⅱ) $\boldsymbol{a}\cdot\boldsymbol{b}=a_xb_x+a_yb_y+a_zb_z$；

(Ⅲ) $\boldsymbol{a}\cdot\boldsymbol{b}=|\boldsymbol{a}|\mathrm{Prj}_{\boldsymbol{a}}\boldsymbol{b}=|\boldsymbol{b}|\mathrm{Prj}_{\boldsymbol{b}}\boldsymbol{a}$。

由(Ⅰ)推出公式 $\cos(\boldsymbol{a},\boldsymbol{b})=\dfrac{\boldsymbol{a}\cdot\boldsymbol{b}}{|\boldsymbol{a}|\cdot|\boldsymbol{b}|}$；

由(Ⅲ)推出公式 $\mathrm{Prj}_{\boldsymbol{a}}\boldsymbol{b}=\dfrac{\boldsymbol{a}\cdot\boldsymbol{b}}{|\boldsymbol{a}|}$，　$\mathrm{Prj}_{\boldsymbol{b}}\boldsymbol{a}=\dfrac{\boldsymbol{a}\cdot\boldsymbol{b}}{|\boldsymbol{b}|}$。

(2) 向量积 $\boldsymbol{a}\times\boldsymbol{b}$。$\boldsymbol{a}\times\boldsymbol{b}$ 的模：$|\boldsymbol{a}\times\boldsymbol{b}|=|\boldsymbol{a}|\cdot|\boldsymbol{b}|\sin(\boldsymbol{a},\boldsymbol{b})$，为以 $\boldsymbol{a},\boldsymbol{b}$ 为邻边的平行四边形的面积。$\boldsymbol{a}\times\boldsymbol{b}$ 的方向：$\boldsymbol{a}\times\boldsymbol{b}$ 的方向垂直 $\boldsymbol{a}$ 和 $\boldsymbol{b}$ 所在的平面，且 $\boldsymbol{a},\boldsymbol{b},\boldsymbol{a}\times\boldsymbol{b}$ 顺次成为右手系，用坐标表示 $\boldsymbol{a}\times\boldsymbol{b}=\begin{vmatrix}\boldsymbol{i}&\boldsymbol{j}&\boldsymbol{k}\\a_x&a_y&a_z\\b_x&b_y&b_z\end{vmatrix}$。可以推出 $\boldsymbol{a},\boldsymbol{b}$ 为邻边的平行四边形的面积公式：$S_{\square}=|\boldsymbol{a}\times\boldsymbol{b}|$，或 $S_{\triangle}=\dfrac{|\boldsymbol{a}\times\boldsymbol{b}|}{2}$。

(3) 混合积 $(\boldsymbol{a}\times\boldsymbol{b})\cdot\boldsymbol{c}=\begin{vmatrix}a_x&a_y&a_z\\b_x&b_y&b_z\\c_x&c_y&c_z\end{vmatrix}$，可以推出 $\boldsymbol{a},\boldsymbol{b},\boldsymbol{c}$ 为棱的平行六面体体积公式：

$V=|(\boldsymbol{a}\times\boldsymbol{b})\cdot\boldsymbol{c}|$。

例 1　已知 $\boldsymbol{a}=\{1,0,2\}$，$\boldsymbol{b}=\{1,1,3\}$，$\boldsymbol{d}=\boldsymbol{a}+\lambda(\boldsymbol{a}\times\boldsymbol{b})\times\boldsymbol{a}$，若 $\boldsymbol{b}/\!/\boldsymbol{d}$，则 $\lambda=$(　　)。

解　因为

$$\boldsymbol{a}\times\boldsymbol{b}=\begin{vmatrix}\boldsymbol{i} & \boldsymbol{j} & \boldsymbol{k}\\ 1 & 0 & 2\\ 1 & 1 & 3\end{vmatrix}=\{-2,-1,1\},(\boldsymbol{a}\times\boldsymbol{b})\times\boldsymbol{a}=\{-2,5,1\},$$

所以

$$\boldsymbol{d}=\{1,0,2\}+\lambda\{-2,5,1\}=\{1-2\lambda,5\lambda,2+\lambda\}。$$

又 $\boldsymbol{b}/\!/\boldsymbol{d}$，所以 $\frac{2-\lambda}{1}=\frac{5\lambda}{1}=\frac{2+\lambda}{3}$，故 $\lambda=\frac{1}{7}$。应填 $\lambda=\frac{1}{7}$。

例 2　已知向量 $\boldsymbol{p}$，$\boldsymbol{q}$ 和 $\boldsymbol{r}$ 两两互相垂直，且 $|\boldsymbol{p}|=1$，$|\boldsymbol{q}|=2$，$|\boldsymbol{r}|=3$，求 $\boldsymbol{s}=\boldsymbol{p}+\boldsymbol{q}+\boldsymbol{r}$ 的模。

解

$$\begin{aligned}|\boldsymbol{s}|^2&=\boldsymbol{s}\cdot\boldsymbol{s}=(\boldsymbol{p}+\boldsymbol{q}+\boldsymbol{r})\cdot(\boldsymbol{p}+\boldsymbol{q}+\boldsymbol{r})\\&=\boldsymbol{p}\cdot\boldsymbol{p}+\boldsymbol{p}\cdot\boldsymbol{q}+\boldsymbol{p}\cdot\boldsymbol{r}+\boldsymbol{q}\cdot\boldsymbol{p}+\boldsymbol{q}\cdot\boldsymbol{q}+\boldsymbol{q}\cdot\boldsymbol{r}+\boldsymbol{r}\cdot\boldsymbol{p}+\boldsymbol{r}\cdot\boldsymbol{q}+\boldsymbol{r}\cdot\boldsymbol{r}。\end{aligned}$$

由题设知 $\boldsymbol{p}\cdot\boldsymbol{q}=0$，$\boldsymbol{q}\cdot\boldsymbol{p}=0$，$\boldsymbol{p}\cdot\boldsymbol{r}=0$，$\boldsymbol{r}\cdot\boldsymbol{p}=0$，$\boldsymbol{q}\cdot\boldsymbol{r}=0$，$\boldsymbol{r}\cdot\boldsymbol{q}=0$，于是，$|\boldsymbol{s}|^2=|\boldsymbol{p}|^2+|\boldsymbol{q}|^2+|\boldsymbol{r}|^2$，所以 $|\boldsymbol{s}|=\sqrt{1^2+2^2+3^2}=\sqrt{14}$。

例 3　证明：$(\boldsymbol{a}+\boldsymbol{b})\cdot[(\boldsymbol{b}+\boldsymbol{c})\times(\boldsymbol{a}+\boldsymbol{c})]=2\boldsymbol{a}\cdot(\boldsymbol{b}\times\boldsymbol{c})$。

证明

$$\begin{aligned}&(\boldsymbol{a}+\boldsymbol{b})\cdot[(\boldsymbol{b}+\boldsymbol{c})\times(\boldsymbol{a}+\boldsymbol{c})]\\&=(\boldsymbol{a}+\boldsymbol{b})\cdot[\boldsymbol{b}\times\boldsymbol{a}+\boldsymbol{b}\times\boldsymbol{c}+\boldsymbol{c}\times\boldsymbol{a}+\boldsymbol{c}\times\boldsymbol{c}]=(\boldsymbol{a}+\boldsymbol{b})\cdot[\boldsymbol{b}\times\boldsymbol{a}+\boldsymbol{b}\times\boldsymbol{c}+\boldsymbol{c}\times\boldsymbol{a}]\\&=\boldsymbol{a}\cdot(\boldsymbol{b}\times\boldsymbol{a})+\boldsymbol{a}\cdot(\boldsymbol{b}\times\boldsymbol{c})+\boldsymbol{a}\cdot(\boldsymbol{c}\times\boldsymbol{a})+\boldsymbol{b}\cdot(\boldsymbol{b}\times\boldsymbol{a})+\boldsymbol{b}\cdot(\boldsymbol{b}\times\boldsymbol{c})+\boldsymbol{b}\cdot(\boldsymbol{c}\times\boldsymbol{a})\\&=\boldsymbol{a}\cdot(\boldsymbol{b}\times\boldsymbol{c})+\boldsymbol{b}\cdot(\boldsymbol{c}\times\boldsymbol{a})=2\boldsymbol{a}\cdot(\boldsymbol{b}\times\boldsymbol{c})。\end{aligned}$$

点拨　本题的几何意义在于说明了以平行六面体的任一顶点为起点的三个相邻平行四边形的对角线为棱的平行六面体的体积是原六面体体积的两倍。

例 4　设 $\boldsymbol{a}$，$\boldsymbol{b}$，$\boldsymbol{c}$ 为单位向量，且满足 $\boldsymbol{a}+\boldsymbol{b}+\boldsymbol{c}=\boldsymbol{0}$，求 $\boldsymbol{a}\cdot\boldsymbol{b}+\boldsymbol{b}\cdot\boldsymbol{c}+\boldsymbol{c}\cdot\boldsymbol{a}$。

分析　由求 $\boldsymbol{a}\cdot\boldsymbol{b}+\boldsymbol{b}\cdot\boldsymbol{c}+\boldsymbol{c}\cdot\boldsymbol{a}$ 启发 $(\boldsymbol{a}+\boldsymbol{b}+\boldsymbol{c})\cdot(\boldsymbol{a}+\boldsymbol{b}+\boldsymbol{c})=0$。

解　由 $\boldsymbol{a}+\boldsymbol{b}+\boldsymbol{c}=\boldsymbol{0}$ 得 $(\boldsymbol{a}+\boldsymbol{b}+\boldsymbol{c})\cdot(\boldsymbol{a}+\boldsymbol{b}+\boldsymbol{c})=0$，从而

$$\boldsymbol{a}\cdot\boldsymbol{a}+\boldsymbol{b}\cdot\boldsymbol{a}+\boldsymbol{c}\cdot\boldsymbol{a}+\boldsymbol{a}\cdot\boldsymbol{b}+\boldsymbol{b}\cdot\boldsymbol{b}+\boldsymbol{c}\cdot\boldsymbol{b}+\boldsymbol{a}\cdot\boldsymbol{c}+\boldsymbol{b}\cdot\boldsymbol{c}+\boldsymbol{c}\cdot\boldsymbol{c}=0。$$

因 $\boldsymbol{a}\cdot\boldsymbol{a}=|\boldsymbol{a}|^2=1$，同理 $\boldsymbol{b}\cdot\boldsymbol{b}=1$，$\boldsymbol{c}\cdot\boldsymbol{c}=1$，$\boldsymbol{a}\cdot\boldsymbol{b}=\boldsymbol{b}\cdot\boldsymbol{a}$，则有

$$1+\boldsymbol{a}\cdot\boldsymbol{b}+\boldsymbol{c}\cdot\boldsymbol{a}+\boldsymbol{a}\cdot\boldsymbol{b}+1+\boldsymbol{b}\cdot\boldsymbol{c}+\boldsymbol{c}\cdot\boldsymbol{a}+\boldsymbol{b}\cdot\boldsymbol{c}+1=0\Rightarrow\boldsymbol{a}\cdot\boldsymbol{b}+\boldsymbol{b}\cdot\boldsymbol{c}+\boldsymbol{c}\cdot\boldsymbol{a}=-\frac{3}{2}。$$

例 5　试用向量证明直径所对的圆周角是直角。

证明　如图 8-2 所示。因 $\overrightarrow{BO}=\overrightarrow{OA}$，且 $|\overrightarrow{BO}|=|\overrightarrow{OA}|=a=|\overrightarrow{CO}|$，

$$\overrightarrow{BA}=2\overrightarrow{OA}\Rightarrow\overrightarrow{CA}=\overrightarrow{CO}+\overrightarrow{OA},\tag{Ⅰ}$$

$$\overrightarrow{CO}=\overrightarrow{CB}+\overrightarrow{BO}\Rightarrow\overrightarrow{CB}=\overrightarrow{CO}-\overrightarrow{OA}。\tag{Ⅱ}$$

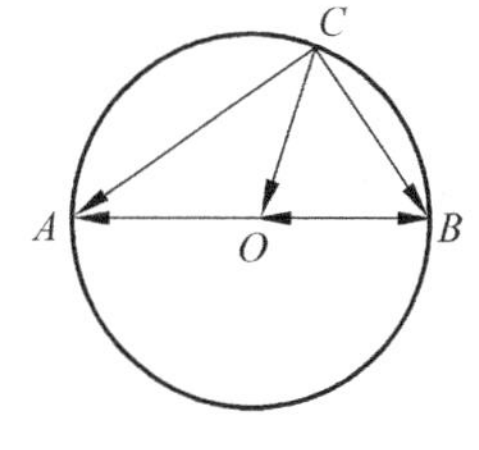

图　8-2

由式(Ⅰ)(Ⅱ)得

$$\begin{aligned}&\overrightarrow{CA}\cdot\overrightarrow{CB}=(\overrightarrow{CO}+\overrightarrow{OA})\cdot(\overrightarrow{CO}-\overrightarrow{OA})\\&=\overrightarrow{CO}\cdot\overrightarrow{CO}+\overrightarrow{OA}\cdot\overrightarrow{CO}-\overrightarrow{CO}\cdot\overrightarrow{OA}-\overrightarrow{OA}\cdot\overrightarrow{OA}\\&=|\overrightarrow{OC}|^2-|\overrightarrow{OA}|^2=a^2-a^2=0。\end{aligned}$$

所以$\overrightarrow{CA}\perp\overrightarrow{CB}$,即直径所对的圆周角是直角。

例6　已知向量$\boldsymbol{a}=2\boldsymbol{i}-3\boldsymbol{j}+\boldsymbol{k}$,$\boldsymbol{b}=\boldsymbol{i}-\boldsymbol{j}+3\boldsymbol{k}$和$\boldsymbol{c}=\boldsymbol{i}-2\boldsymbol{j}$,计算(1)$(\boldsymbol{a}\cdot\boldsymbol{b})\cdot\boldsymbol{c}-(\boldsymbol{a}\cdot\boldsymbol{c})\cdot\boldsymbol{b}$;(2)$(\boldsymbol{a}+\boldsymbol{b})\times(\boldsymbol{b}+\boldsymbol{c})$;(3)$(\boldsymbol{a}\times\boldsymbol{b})\cdot\boldsymbol{c}$。

解　(1) 因为　$\boldsymbol{a}\cdot\boldsymbol{b}=2\times1+(-3)\times(-1)+1\times3=8$,

$\boldsymbol{a}\cdot\boldsymbol{c}=2\times1+(-3)\times(-2)+1\times0=8$,

则　$(\boldsymbol{a}\cdot\boldsymbol{b})\boldsymbol{c}-(\boldsymbol{a}\cdot\boldsymbol{c})\boldsymbol{b}=8(\boldsymbol{c}-\boldsymbol{b})=8(0\boldsymbol{i}-\boldsymbol{j}-3\boldsymbol{k})=-8\boldsymbol{j}-24\boldsymbol{k}$。

(2) 因为$\boldsymbol{a}+\boldsymbol{b}=3\boldsymbol{i}-4\boldsymbol{j}+4\boldsymbol{k}$,$\boldsymbol{b}+\boldsymbol{c}=2\boldsymbol{i}-3\boldsymbol{j}+3\boldsymbol{k}$,所以

$$(\boldsymbol{a}+\boldsymbol{b})\times(\boldsymbol{b}+\boldsymbol{c})=\begin{vmatrix}\boldsymbol{i}&\boldsymbol{j}&\boldsymbol{k}\\3&-4&4\\2&-3&3\end{vmatrix}=0\boldsymbol{i}-\boldsymbol{j}-\boldsymbol{k}=-\boldsymbol{j}-\boldsymbol{k}。$$

(3) $\boldsymbol{a}\times\boldsymbol{b}=\begin{vmatrix}\boldsymbol{i}&\boldsymbol{j}&\boldsymbol{k}\\2&-3&1\\1&-1&3\end{vmatrix}=-8\boldsymbol{i}-5\boldsymbol{j}+\boldsymbol{k}$,

$(\boldsymbol{a}\times\boldsymbol{b})\cdot\boldsymbol{c}=(-8)\times1+(-5)\times(-2)+1\times0=2$,

或　$$(\boldsymbol{a}\times\boldsymbol{b})\cdot\boldsymbol{c}=\begin{vmatrix}2&-3&1\\1&-1&3\\1&-2&0\end{vmatrix}=\begin{vmatrix}2&-3&1\\-5&8&0\\1&-2&0\end{vmatrix}=\begin{vmatrix}-5&8\\1&-2\end{vmatrix}=2。$$

第三节　曲面及其方程

问题117　如何求空间曲线Γ绕某坐标轴旋转生成的旋转曲面的方程?

点评　欲求空间曲线Γ绕z轴旋转所得的旋转曲面方程,须弄清楚空间曲线Γ绕z轴旋转所生成的曲面有什么特性?设Γ的参数方程为$x=\varphi(t),y=\psi(t),z=f(t)$,显然用垂直于$z$轴的平面$z=z$截旋转曲面,该平面与$z$轴的交点$C(0,0,z)$,该平面与旋转曲面的交线是在$z=z$平面上的一条圆周曲线,圆心为$C(0,0,z)$,设此圆周曲线与空间曲线$\Gamma$的交点为$A$,即有$A(\varphi(t),\psi(t),f(t))$,在此圆周曲线上任取异于点$A$的另一点$M(x,y,z)$,则有$|\overrightarrow{CA}|=|\overrightarrow{CM}|$,上式就是旋转曲面所具有的几何特性。由空间两点间距离公式并化简得旋转曲面的参数方程为$x^2+y^2=\varphi^2(t)+\psi^2(t),z=f(t)$。若消去参数$t$得直角坐标系下旋转曲面的一般方程为$x^2+y^2=\varphi^2[f^{-1}(z)]+\psi^2[f^{-1}(z)]$,其中$t=f^{-1}(z)$为$z=f(t)$的反函数。

例1　已知L:$\dfrac{x+1}{1}=\dfrac{y-3}{1}=\dfrac{z}{2}$,求直线$L$绕$z$轴旋转所生成的旋转曲面方程。

解　直线L的参数方程为$x=t-1,y=t+3,z=2t$。由旋转曲面所满足的几何特性知,$x^2+y^2=x^2(t)+y^2(t)=(t-1)^2+(t+3)^2$。将$t=\dfrac{z}{2}$代入上式,得$x^2+y^2=\left(\dfrac{z}{2}-1\right)^2+\left(\dfrac{z}{2}+3\right)^2$,化简得$2x^2+2y^2-z^2-4z-20=0$为所求。

例 2　将 xOy 坐标面上的双曲线 $4x^2-9y^2=36$ 分别绕 x 轴及 y 轴旋转一周，求所生成的旋转曲面的方程。

解　因绕 x 轴旋转，x 不变，将 y 换成 $\pm\sqrt{y^2+z^2}$，则得所求的旋转曲面方程为 $4x^2-9(y^2+z^2)=36$。

同理可得，绕 y 轴旋转曲面方程为 $4(x^2+z^2)-9y^2=36$。

第四节　空间曲线及其方程

问题 118　如何化空间曲线一般方程为空间曲线的参数方程？

点评　将空间曲线一般方程 $\begin{cases}F(x,y,z)=0,\\G(x,y,z)=0,\end{cases}$ 化为空间曲线参数方程 $x=x(t),y=y(t),z=z(t)$，在曲线积分等多处用到，请读者认真体会并掌握化法。其化法分两种情况讨论：其一，若一般方程中的两个方程至少有一个柱面，寻求柱面的准线方程，其准线方程是某个坐标面上的平面曲线，将其准线化为参数方程代入一般方程中的另一个方程，便可得空间曲线的参数方程。其二，若一般方程中的两个方程都不是柱面方程，由于空间曲线方程的表示不是唯一的，所以自己求一个柱面方程——投影柱面方程，将求得的投影柱面方程与原方程中比较简单的一个联立，从而化为情况一。

例 1　化空间曲线一般方程 $\begin{cases}x^2+y^2=1,\\x-y+z=2\end{cases}$ 为空间曲线参数方程。

解　因为一般方程中含有柱面方程 $x^2+y^2=1$，其准线为 $\begin{cases}x^2+y^2=1,\\z=0。\end{cases}$ 将 $x=\cos t,y=\sin t$ 代入一般方程中的另一个方程中得 $z=2-\cos t+\sin t$，于是得空间曲线参数方程为 $x=\cos t,y=\sin t,z=2-\cos t+\sin t(0\leqslant t\leqslant 2\pi)$。

例 2　将空间曲线一般方程 Γ：$\begin{cases}x^2+y^2+z^2=11,\\z=x^2+y^2+1\end{cases}$ 化为空间曲线参数方程。

分析　方程 $x^2+y^2+z^2=11$ 为球心在(0,0,0)，半径为 $\sqrt{11}$ 的球面，而方程 $z=x^2+y^2+1$ 表示以 z 轴为轴的旋转抛物面。易知，该曲线在 xOy 面上的投影柱面为圆柱面(为什么?)。

解　消去 z。由

$$\begin{cases}x^2+y^2+z^2=11, & (\text{Ⅰ})\\x^2+y^2-z=-1, & (\text{Ⅱ})\end{cases}$$

式(Ⅰ)－式(Ⅱ)得，$z^2+z=12$，即 $(z-3)(z+4)=0$。由 $z=x^2+y^2+1>0$，知 $z=-4$ 不适合，得 $z=3$，故得该曲线在 xOy 面上的投影柱面为 $x^2+y^2=2$。

因此 Γ 的方程可表示为

$$\begin{cases}x^2+y^2+z^2=11,\\x^2+y^2=2,\end{cases}\quad\text{或}\quad\begin{cases}z=x^2+y^2+1,\\x^2+y^2=2,\end{cases}\quad\text{或}\quad\begin{cases}z=3,\\x^2+y^2=2。\end{cases}\qquad(\text{Ⅲ})$$

由式(Ⅲ),易得 Γ: $x=\sqrt{2}\cos t, y=\sqrt{2}\sin t, z=3(0\leqslant t\leqslant 2\pi)$,此即为 Γ 的参数方程。

例 3　将下列曲线的一般方程化为参数方程:

(1) $\begin{cases} x^2+y^2+z^2=9, \\ y=x; \end{cases}$　(2) $\begin{cases} (x-1)^2+y^2+(z+1)^2=4, \\ z=0。 \end{cases}$

解　(1) 消去 y 得 xOz 面上的投影柱面方程为 $2x^2+z^2=9$。在 xOz 面投影曲线方程为 $\begin{cases} 2x^2+z^2=9, \\ y=0, \end{cases}$ 则 $x=\frac{3}{\sqrt{2}}\cos t, z=3\sin t$。又 $x=y$,所以所求空间曲线的参数方程为

$$x=\frac{3}{\sqrt{2}}\cos t,\quad y=\frac{3}{\sqrt{2}}\cos t,\quad z=3\sin t。$$

(2) 因为 $\begin{cases} (x-1)^2+y^2+(z+1)^2=4, \\ z=0, \end{cases}$ 可写为

$$\begin{cases} (x-1)^2+y^2=3, \\ z=0, \end{cases} \begin{cases} x-1=\sqrt{3}\cos t, \\ y=\sqrt{3}\sin t, \end{cases} \Rightarrow \begin{cases} x=1+\sqrt{3}\cos t, \\ y=\sqrt{3}\sin t, \end{cases}$$

所求曲线的参数方程为 $x=1+\sqrt{3}\cos t, y=\sqrt{3}\sin t, z=0$。

例 4　分别求母线平行于 x 轴及 y 轴,而且通过曲线 $\begin{cases} 2x^2+y^2+z^2=16, \\ x^2+z^2-y^2=0 \end{cases}$ 的柱面方程。

解　消去 x。第一个方程减去第二个方程的两倍,得 $3y^2-z^2=16$,此方程就是通过已知曲线且母线平行于 x 轴的柱面方程。

消去 y 得 $3x^2+2z^2=16$,是通过已知曲线且母线平行于 y 轴的柱面方程。

第五节　平面及其方程

问题 119　常见的平面方程有几种形式?平面一般方程中的系数与平面的位置有何关系?

常见的平面方程有以下几种:

(1) 平面的点法式方程:过定点 $M_0(x_0, y_0, z_0)$ 且法线向量为 $\boldsymbol{n}=\{A,B,C\}$ 的平面方程为 $A(x-x_0)+B(y-y_0)+C(z-z_0)=0$;

(2) 平面的一般方程:$Ax+By+Cz+D=0$,其中 $\{A,B,C\}$ 为平面的法线向量;

(3) 平面的截距式方程:$\frac{x}{a}+\frac{y}{b}+\frac{z}{c}=1$,其中 a,b,c 分别为平面在 x 轴,y 轴,z 轴上的截距。

平面的一般方程为 $Ax+By+Cz+D=0$,其中系数 A,B,C 不全为零,而 $\boldsymbol{n}=\{A,B,C\}$ 是该平面的法向量,垂直于该平面,其系数 A,B,C 和 D 与该平面的位置有如下关系:

(1) $D=0$ 是该平面过原点的充分必要条件；

(2) 若 A,B,C 中有一项为零，例如 $C=0$，则该平面与 z 轴平行，其余类推；

(3) 若 A,B,C 中有二个为零，例如 $A=B=0$，则该平面与 x 轴及 y 轴平行，或者说平面与 xOy 平行，其余类推。

问题 120　求平面方程最常用的方法有哪些？

通常用平面的点法式方程较方便。如下述问题都可以转化为用点法式方程求平面方程：

(1) 求过一已知点 M_0，且平行于一已知平面的平面方程；

(2) 求过一已知点 M_0，且与一已知直线 L 垂直的平面方程；

(3) 求过一点 M_0，且平行于两条相交直线的平面方程；

(4) 求过一已知点 M_0，且平行于两个已知非零向量的平面方程；

(5) 求过两条相交直线的平面方程；

(6) 求过两条平行直线的平面方程。

要想求出满足上述要求的平面方程，只需要找出所求平面上一点与平面的法线向量。

例 1　求过点$(3,0,-1)$且与平面 $3x-7y+5z-12=0$ 平行的平面方程。

解　已知平面 $3x-7y+5z-12=0$ 的法线向量为 $\boldsymbol{n}_1=(3,-7,5)$，由于所求平面与已知平面平行，由两个平面平行条件知，所求平面的法线向量也是 $\boldsymbol{n}=(3,-7,5)$。又因为所求平面过点$(3,0,-1)$，所求平面的点法式方程为 $3(x-3)-7(y-0)+5(z+1)=0$，即 $3x-7y+5z-4=0$。

例 2　求过$(1,1,-1)$、$(-2,-2,2)$、$(1,-1,2)$三点的平面方程。

解　设 $A(1,1,-1)$，$B(-2,-2,2)$，$C(1,-1,2)$。

方法 1　过点 $A(1,1,-1)$，求法向量 $\boldsymbol{n}$，因$\overrightarrow{AB}$，$\overrightarrow{AC}$在所求平面上，所以取

$$\boldsymbol{n}=\overrightarrow{AB}\times\overrightarrow{AC}=\begin{vmatrix}\boldsymbol{i} & \boldsymbol{j} & \boldsymbol{k}\\ -3 & -3 & 3\\ 0 & -2 & 3\end{vmatrix}=-3\boldsymbol{i}+9\boldsymbol{j}+6\boldsymbol{k}=3(-\boldsymbol{i}+3\boldsymbol{j}+2\boldsymbol{k})。$$

点法式方程为 $-1(x-1)+3(y-1)+2(z+1)=0$，即 $x-3y-2z=0$。

方法 2　过点 $A(1,1,-1)$，设 $\boldsymbol{n}=(a,b,c)$。因 $\boldsymbol{n}\perp\overrightarrow{AB}$，$\boldsymbol{n}\perp\overrightarrow{AC}$，又$\overrightarrow{AB}=(-3,-3,3)$，$\overrightarrow{AC}=(0,-2,3)$，得

$$\begin{cases}\boldsymbol{n}\cdot\overrightarrow{AB}=0,\\ \boldsymbol{n}\cdot\overrightarrow{AC}=0,\end{cases}\quad\begin{cases}-3a-3b+3c=0,\\ -2b+3c=0,\end{cases}$$

$$\frac{a}{\begin{vmatrix}1 & -1\\ -2 & 3\end{vmatrix}}=\frac{b}{\begin{vmatrix}-1 & 1\\ 3 & 0\end{vmatrix}}=\frac{c}{\begin{vmatrix}1 & 1\\ 0 & -2\end{vmatrix}},\quad\frac{a}{1}=\frac{b}{-3}=\frac{c}{-2},$$

所以 $\boldsymbol{n}=(1,-3,-2)$。

点法式方程为 $-1(x-1)+3(y-1)+2(z+1)=0$，即 $x-3y-2z=0$。

第六节　空间直线及其方程

问题 121　常见的空间直线方程有几种形式？点、平面、直线之间有什么关系？

1. 常见的空间直线方程

（1）直线的对称式（或称点向式）方程：过定点 $M_0(x_0,y_0,z_0)$ 且与非零向量 $\boldsymbol{s}=\{m,n,p\}$ 平行的直线方程为 $\frac{x-x_0}{m}=\frac{y-y_0}{n}=\frac{z-z_0}{p}$，$m,n,p$ 也称为直线的方向数。

（2）直线的参数式方程：$\begin{cases}x=mt+x_0,\\y=nt+y_0,\\z=pt+z_0,\end{cases}$ 其中 $M_0(x_0,y_0,z_0)$ 为直线 L 上的一点，m,n,p 也称为直线的方向数。

（3）直线的一般方程（或面交式方程）：直线可以看成是二平面的交线，其一般方程为 $L:\begin{cases}A_1x+B_1y+C_1z+D_1=0,\\A_2x+B_2y+C_2z+D_2=0。\end{cases}$

2. 点、平面、直线之间关系

由两个向量的夹角及平行、垂直条件，可以得到二平面、二直线、直线与平面的夹角及平行、垂直条件。

设有两平面 $\pi_1: A_1x+B_1y+C_1z+D_1=0$，$\pi_2: A_2x+B_2y+C_2z+D_2=0$；及两条直线 $L_1: \frac{x-x_1}{m_1}=\frac{y-y_1}{n_1}=\frac{z-z_1}{p_1}$，$L_2: \frac{x-x_2}{m_2}=\frac{y-y_2}{n_2}=\frac{z-z_2}{p_2}$。

（1）π_1 与 π_2 的夹角 θ 满足 $\cos\theta=\frac{A_1A_2+B_1B_2+C_1C_2}{\sqrt{A_1^2+B_1^2+C_1^2}\sqrt{A_2^2+B_2^2+C_2^2}}$。

（2）$\pi_1 /\!/ \pi_2$ 的充分必要条件为 $\frac{A_1}{A_2}=\frac{B_1}{B_2}=\frac{C_1}{C_2}$。

（3）$\pi_1\perp\pi_2$ 的充分必要条件为 $A_1A_2+B_1B_2+C_1C_2=0$。

（4）L_1 与 L_2 间的夹角 α 满足 $\cos\alpha=\frac{m_1m_2+n_1n_2+p_1p_2}{\sqrt{m_1^2+n_1^2+p_1^2}\sqrt{m_2^2+n_2^2+p_2^2}}$。

（5）$L_1 /\!/ L_2$ 的充分必要条件为 $\frac{m_1}{m_2}=\frac{n_1}{n_2}=\frac{p_1}{p_2}$。

（6）$L_1\perp L_2$ 的充分必要条件为 $m_1m_2+n_1n_2+p_1p_2=0$。

（7）L_1 与 π_1 的夹角 φ 满足 $\cos\varphi=\frac{|A_1m_1+B_1n_1+C_1p_1|}{\sqrt{A_1^2+B_1^2+C_1^2}\sqrt{m_1^2+n_1^2+p_1^2}}$。

（8）$L_1 /\!/ \pi_1$ 的充分必要条件为 $A_1m_1+B_1n_1+C_1p_1=0$。

（9）$L_1\perp\pi_1$ 的充分必要条件为 $\frac{m_1}{A_1}=\frac{n_1}{B_1}=\frac{p_1}{C_1}$。

（10）点 $M_0(x_0,y_0,z_0)$ 到平面 π_1 的距离为 $d=\frac{|A_1x_0+B_1y_0+C_1z_0+D_1|}{\sqrt{A_1^2+B_1^2+C_1^2}}$。

(11) 点 $M_0(x_0,y_0,z_0)$到直线 L_1 的距离为 $d=\frac{|\overrightarrow{M_0M_1}\times \boldsymbol{S}_1|}{|\boldsymbol{S}_1|}$,其中点 $M_1(x_1,y_1,z_1)$为 L_1 上的点,$\boldsymbol{S}_1=(m_1,n_1,p_1)$。

问题 122　求空间直线方程最常用的方法有哪些?

通常是用直线的对称式(或点向式)方程。下列问题都可以转化为用对称式(点向式)求直线方程:

(1) 求过一已知点 M_0,且平行于一已知直线的直线方程;

(2) 求过一已知点 M_0,且垂直于已知平面 π 的直线方程;

(3) 求过一已知点 M_0,且与两条互不平行的已知直线都垂直的直线方程;

(4) 求过两个已知点 M_1 和 M_2 的直线方程;

(5) 求过一已知点 M_0,且与另一条已知直线垂直相交的直线方程。

评述　求直线方程与求平面方程的相同之处都是求一个点与一个向量。若都过已知点,对平面而言求法向量 $\boldsymbol{n}$,对直线而言求方向向量 $\boldsymbol{s}$。求向量都用下面两种方法:①应用数量积求,解线性齐次方程组;②用向量积求,计算三阶行列式。

问题 123　如何将直线的一般方程化为对称式(点向式)方程?

设直线的一般方程为

$$\begin{cases}A_1x+B_1y+C_1z+D_1=0,\\ A_2x+B_2y+C_2z+D_2=0,\end{cases}\tag{Ⅰ}$$

将方程(Ⅰ)化为对称式方程的关键是求出直线的方向向量和直线上的一点 $M_0(x_0,y_0,z_0)$。

先求直线上的一点 $M_0(x_0,y_0,z_0)$,先取 $z=z_0$,代入式(Ⅰ),得二元线性方程组

$$\begin{cases}A_1x+B_1y=-D_1-C_1z_0,\\ A_2x+B_2y=-D_2-C_2z_0。\end{cases}\tag{Ⅱ}$$

解方程组(Ⅱ),得直线上的一定点 $M_0(x_0,y_0,z_0)$(注:取 $z=z_0$ 需保证方程(Ⅱ)有实数解)。

其次求直线(Ⅰ)的方向向量 $\boldsymbol{s}$,

① $\boldsymbol{s}=\boldsymbol{n}_1\times\boldsymbol{n}_2=\begin{vmatrix}\boldsymbol{i}&\boldsymbol{j}&\boldsymbol{k}\\ A_1&B_1&C_1\\ A_2&B_2&C_2\end{vmatrix}=(m,n,p)$;

② $\begin{cases}\boldsymbol{s}\cdot\boldsymbol{n}_1=0,\\ \boldsymbol{s}\cdot\boldsymbol{n}_2=0,\end{cases}\Rightarrow\begin{cases}mA_1+nB_1+pC_1=0,\\ mA_2+nB_2+pC_2=0,\end{cases}\Rightarrow(m,n,p)$。

直线的对称式方程为

$$\frac{x-x_0}{m}=\frac{y-y_0}{n}=\frac{z-z_0}{p}。$$

问题 124　求过一已知点 M_0 和已知直线 L 的平面方程最佳作法是什么?直线 L 在平面 π 上(或平面过已知直线)相当给出什么条件?

最佳作法是平面束。设直线 L 的一般方程为$\begin{cases}A_1x+B_1y+C_1z+D_1=0,\\A_2x+B_2y+C_2z+D_2=0,\end{cases}$则过直线 L 的平面束方程为

$$A_1x+B_1y+C_1z+D_1+\lambda(A_2x+B_2y+C_2z+D_2)=0,$$

或
$$\mu(A_1x+B_1y+C_1z+D_1)+A_2x+B_2y+C_2z+D_2=0。$$

注　前者不包括平面 $A_2x+B_2y+C_2z+D_2=0$，后者不包括平面 $A_1x+B_1y+C_1z+D_1=0$。

直线 L：$\dfrac{x-x_1}{m}=\dfrac{y-y_1}{n}=\dfrac{z-z_1}{p}$在平面 π：$Ax+By+Cz+D=0$ 上相当于给出：(1)直线 L 的任一点在平面 π 上，则 $M_1(x_1,y_1,z_1)\in\pi$，即有 $Ax_1+By_1+Cz_1+D=0$；(2)$\boldsymbol{s}\perp\boldsymbol{n}$，即 $Am+Bn+Cp=0$。

综上所述，相当于给出

$$\begin{cases}Ax_1+By_1+Cz_1+D=0,\\Am+Bn+Cp=0\end{cases}$$

两个条件。

例 1　求过点(3,1,−2)且通过直线$\dfrac{x-4}{5}=\dfrac{y+3}{2}=\dfrac{z}{1}$的平面方程。

分析　求过已知直线的平面方程，一般说来利用平面束方程简单，但平面束方程仅适用于直线的一般方程！

解　方法 1　因为所求平面过直线，所以利用平面束方程求。将直线化为一般式方程，得

$$\begin{cases}\dfrac{x-4}{5}=\dfrac{y+3}{2},\\\dfrac{y+3}{2}=\dfrac{z}{1},\end{cases}\Rightarrow\begin{cases}2x-5y-23=0,\\y-2z+3=0。\end{cases}$$

过已知直线的平面束方程为 $2x-5y-23+\lambda(y-2z+3)=0$，即

$$2x+(\lambda-5)y-2\lambda z-23+3\lambda=0。$$

将过点(3,1,−2)的坐标代入上式得 $\lambda=\dfrac{11}{4}$，所以所求平面方程为

$$2x+\left(\frac{11}{4}-5\right)y-\frac{11}{2}\cdot z-23+\frac{33}{4}=0,$$

$$8x-9y-22z-59=0。$$

方法 2　设 $M_0(3,1,-2)$及 $M_1(4,-3,0)$都在所求平面上，所以所求平面的法线向量 $\boldsymbol{n}\perp\overrightarrow{M_0M_1}$。于是所求平面的法线向量为

$$\boldsymbol{n}=\overrightarrow{M_0M_1}\times\boldsymbol{s}=\begin{vmatrix}\boldsymbol{i}&\boldsymbol{j}&\boldsymbol{k}\\1&-4&2\\5&2&1\end{vmatrix}=\{-8,9,22\},$$

所求平面的点法式方程为
$$-8(x-3)+9(y-1)+22(z+2)=0,$$

$$8x-9y-22z-59=0。$$

问题 125　设两条直线 $L_1: \dfrac{x-x_1}{m_1}=\dfrac{y-y_1}{n_1}=\dfrac{z-z_1}{p_1}$，$L_2: \dfrac{x-x_2}{m_2}=\dfrac{y-y_2}{n_2}=\dfrac{z-z_2}{p_2}$，且 $L_1 \nparallel L_2$，问 L_1 与 L_2 相交的条件是什么？

设 $M_1(x_1,y_1,z_1)$，$M_2(x_2,y_2,z_2)$，$\boldsymbol{s}_1=(m_1,n_1,p_1)$，$\boldsymbol{s}_2=(m_2,n_2,p_2)$，若 L_1 与 L_2 相交，即 L_1 与 L_2 在同一平面上，则 L_1 上的点 M_1 及 L_2 上的点 M_2 均在此平面上，所以向量 $\overrightarrow{M_1M_2}$，$\boldsymbol{s}_1$，$\boldsymbol{s}_2$ 共面，则 $\overrightarrow{M_1M_2}$，$\boldsymbol{s}_1$，$\boldsymbol{s}_2$ 的混合数积为零，从而有 $\begin{vmatrix} x_2-x_1 & y_2-y_1 & z_2-z_1 \\ m_1 & n_1 & p_1 \\ m_2 & n_2 & p_2 \end{vmatrix}=0$，这就是两条不平行直线相交的条件。

请读者想一想两条直线共面是否一定相交呢？

例 2　已知两条直线 $L_1: \dfrac{x-1}{1}=\dfrac{y+1}{-1}=\dfrac{z-1}{2}$ 和 $L_2: \dfrac{x-2}{-1}=\dfrac{y+3}{2}=\dfrac{z}{1}$，证明：这两条直线 L_1 与 L_2 相交，并求此两直线所在平面方程。

证明　$\boldsymbol{s}_1=(1_1,-1_1,2)$，$\boldsymbol{s}_2=(-1,2,1)$，所以 $L_1 \nparallel L_2$。

设 $M_1(1,-1,1)$，$M_2(2,-3,0)$，

$$(\overrightarrow{M_1M_2},\boldsymbol{s}_1,\boldsymbol{s}_2)=\begin{vmatrix} 2-1 & -3+1 & 0-1 \\ 1 & -1 & 2 \\ -1 & 2 & 1 \end{vmatrix}=\begin{vmatrix} 1 & -2 & -1 \\ 1 & -1 & 2 \\ -1 & 2 & 1 \end{vmatrix}=\begin{vmatrix} 1 & -2 & -1 \\ 1 & -1 & 2 \\ 0 & 0 & 0 \end{vmatrix}=0。$$

故 $\overrightarrow{M_1M_2}$，$\boldsymbol{s}_1$，$\boldsymbol{s}_2$ 共面，$L_1 \nparallel L_2$，所以 L_1 与 L_2 相交。

$$\boldsymbol{n}=\boldsymbol{s}_1\times\boldsymbol{s}_2=\begin{vmatrix} \boldsymbol{i} & \boldsymbol{j} & \boldsymbol{k} \\ 1 & -1 & 2 \\ -1 & 2 & 1 \end{vmatrix}=(-5,-3,1)。$$

所求平面方程为 $-5(x-1)-3(y+1)+(z-1)=0$，$5x+3y-z-1=0$。

问题 126　两条异面直线 $L_1: \dfrac{x-x_1}{m_1}=\dfrac{y-y_1}{n_1}=\dfrac{z-z_1}{p_1}$，$L_2: \dfrac{x-x_2}{m_2}=\dfrac{y-y_2}{n_2}=\dfrac{z-z_2}{p_2}$ 的公垂线方程的公式是什么？

公垂线 L 的方程可由下列公式给出：

$$\begin{cases} (n_1C-p_1B)(x-x_1)+(p_1A-m_1C)(y-y_1)+(m_1B-n_1A)(z-z_1)=0, \\ (n_2C-p_2B)(x-x_2)+(p_2A-m_2C)(y-y_2)+(m_2B-n_2A)(z-z_2)=0, \end{cases}$$

其中 $A=\begin{vmatrix} n_1 & p_1 \\ n_2 & p_2 \end{vmatrix}$，$B=\begin{vmatrix} p_1 & m_1 \\ p_2 & m_2 \end{vmatrix}$，$C=\begin{vmatrix} m_1 & p_1 \\ m_2 & p_2 \end{vmatrix}$。

例 3　已知直线 $L_1: \dfrac{x-9}{4}=\dfrac{y+2}{-3}=\dfrac{z}{1}$，$L_2: \dfrac{x}{-2}=\dfrac{y+7}{9}=\dfrac{z-2}{2}$，(1)求 L_1 与 L_2 之间的距离；(2)求 L_1，L_2 的公垂线的方程。

分析　两条异面直线之间的距离是指它们之间的最短距离，假设最短距离是 L_1 上的点 M_1 到 L_2 上的点 M_2 的距离 $\overrightarrow{M_1M_2}$，则 M_1M_2 一定垂直于 L_1 与 L_2，即一定是 L_1 与 L_2 的公

垂线。

(1) 只求最短距离，则可以利用向量工具，或利用平行平面来求，故得下面两种解法。

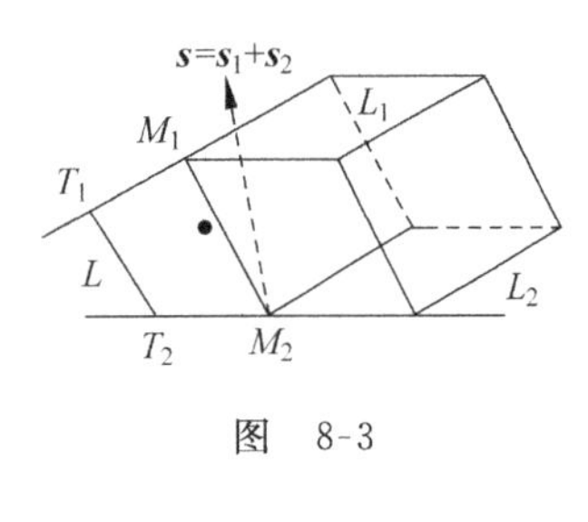

图　8-3

解　方法 1　假设公垂线 T_1T_2 已作出，因为 $L_1\perp\overrightarrow{T_1T_2}$，且交于 T_1，故 L_1 上任一点在 T_1T_2 上的投影是 T_1(垂足)。设 M_1 是 L_1 上的点，则 M_1 在 T_1T_2 上的投影为 T_1，同理 T_2 是 L_2 上任一点 M_2 在 T_1T_2 上的投影，连接$\overrightarrow{M_1M_2}$，则所求最短距离实为$\overrightarrow{M_1M_2}$在$\overrightarrow{T_1T_2}$上的投影长，即在 $\boldsymbol{s}_1\times\boldsymbol{s}_2$ 上的投影长(见图 8-3)。

$$|\overrightarrow{T_1T_2}|=|(\overrightarrow{M_1M_2})_{\boldsymbol{s}_1\times\boldsymbol{s}_2}|=\frac{|(\overrightarrow{M_1M_2})_{\boldsymbol{s}_1\times\boldsymbol{s}_2}||\boldsymbol{s}_1\times\boldsymbol{s}_2|}{|\boldsymbol{s}_1\times\boldsymbol{s}_2|}=\frac{|\overrightarrow{M_1M_2}\cdot(\boldsymbol{s}_1\times\boldsymbol{s}_2)|}{|\boldsymbol{s}_1\times\boldsymbol{s}_2|}。$$

已知 $\boldsymbol{s}_1=4\boldsymbol{i}-3\boldsymbol{j}+\boldsymbol{k},\boldsymbol{s}_2=-2\boldsymbol{i}+9\boldsymbol{j}+2\boldsymbol{k}$，

$$\boldsymbol{s}_1\times\boldsymbol{s}_2=\begin{vmatrix}\boldsymbol{i}&\boldsymbol{j}&\boldsymbol{k}\\4&-3&1\\-2&9&2\end{vmatrix}=-5(3\boldsymbol{i}+2\boldsymbol{j}-6\boldsymbol{k}),$$

$$|\boldsymbol{s}_1\times\boldsymbol{s}_2|=\sqrt{25\cdot(9+4+36)}=35。$$

$$M_1(9,-2,0),\quad M_2(0,-7,2),\quad \overrightarrow{M_1M_2}=-9\boldsymbol{i}-5\boldsymbol{j}+2\boldsymbol{k},$$

$$|\overrightarrow{M_1M_2}\cdot(\boldsymbol{s}_1\times\boldsymbol{s}_2)|=\begin{vmatrix}-9&-5&2\\4&-3&1\\-2&9&2\end{vmatrix}=245,\text{故}|\overrightarrow{T_1T_2}|=\frac{245}{35}=7。$$

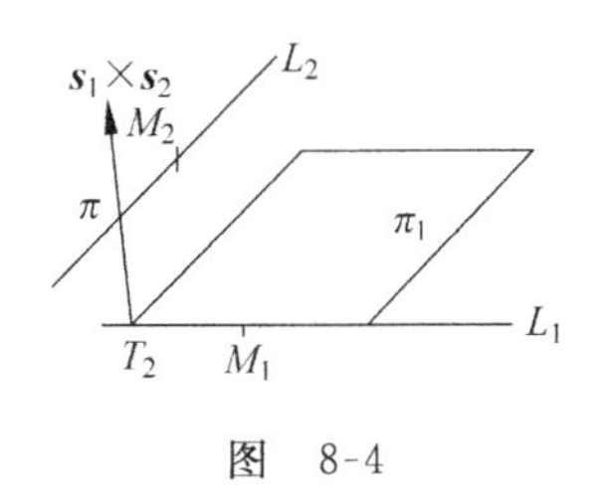

图　8-4

方法 2　如图 8-4 所示。过 L_1 作平行于 L_2 的平面 π_1，即过点 $M_1(9,-2,0)$。$\boldsymbol{n}=\boldsymbol{s}_1\times\boldsymbol{s}_2=-5(3\boldsymbol{i}+2\boldsymbol{j}-6\boldsymbol{k})$。$\pi_1$：$3(x-9)+2(y+2)-6z=0,3x+2y-6z-23=0$。

因为 $L_2 /\!/ \pi_1$，故直线 L_2 任一点到 π_1 的距离即为所求。$M_2(0,-7,2)$到 π_1 的距离为

$$d=\left.\frac{|3x+2y-6z-23|}{\sqrt{3^2+2^2+(-6)^2}}\right|_{M_2}=\frac{|3\cdot0+2\times(-7)-6\times2-23|}{7}=7。$$

(2) 求公垂线方程：因为 $m_1=4,n_1=-3,p_1=1,m_2=-2,n_2=9,p_2=2$，所以

$$A=\begin{vmatrix}-3&1\\9&2\end{vmatrix}=-15,\quad B=\begin{vmatrix}1&4\\2&-2\end{vmatrix}=-10,\quad C=\begin{vmatrix}4&-3\\-2&9\end{vmatrix}=30,$$

代入问题 126 中的公垂线公式有$\begin{cases}16x+27y+17z-90=0,\\5x+6y+31z-20=0,\end{cases}$即为所求。

例 4　已知准线为$\begin{cases}4x^2-y^2=1,\\z=0,\end{cases}$母线的方向数是 0,1,1，求满足此条件的柱面方程。

解　设 $M_0(x_0,y_0,0)$是所给准线上的一点，则过 M_0 平行于$\{0,1,1\}$的直线 L 必在所求柱面上，而 L 的方程为$\frac{x-x_0}{0}=\frac{y-y_0}{1}=\frac{z-0}{1}$，将 $x_0=x,y_0=y-z$ 代入准线方程的第一个方

程中，得所求柱面方程为 $4x^2-(y-z)^2=1$。

例 5　求顶点在原点，准线为$\begin{cases}\dfrac{x^2}{4}+\dfrac{y^2}{8}+\dfrac{z^2}{3}=1,\\ y=2\end{cases}$的锥面方程。

解　设 $M_0(x_0,y_0,z_0)$是准线上的一点，则该点与原点连线而成的直线应在所求的锥面上，而 L 的方程为$\dfrac{x}{x_0}=\dfrac{y}{2}=\dfrac{z}{z_0}$，将 $x_0=\dfrac{2x}{y}$，$z_0=\dfrac{2z}{y}$代入准线方程得所求锥面方程为 $6x^2-3y^2+8z^2=0$。

例 6　设一平面垂直于平面 $z=0$，并通过从点$(1,-1,1)$到直线$\begin{cases}y-z+1=0,\\ x=0\end{cases}$的垂线，求此平面方程。

解　方法 1　令 $z=t$，将已知直线方程化为参数方程：$x=0,y=t-1,z=t,\boldsymbol{s}_1=(0,1,1)$，设自点 $P_0(1,-1,1)$向直线所作垂线的垂足为 $P_1(0,t-1,t)$，则$\overrightarrow{P_0P_1}\perp\boldsymbol{s}_1$，所以$\overrightarrow{P_0P_1}\cdot\boldsymbol{s}_1=0$，得 $t+(t-1)=0,t=\dfrac{1}{2}$。垂足坐标为 $P_1\left(0,-\dfrac{1}{2},\dfrac{1}{2}\right)$。垂线方向向量 $\boldsymbol{s}=\overrightarrow{P_0P_1}=\left(-1,\dfrac{1}{2},-\dfrac{1}{2}\right)$。

垂线方程$\dfrac{x-1}{-2}=\dfrac{y+1}{1}=\dfrac{z-1}{-1}\Rightarrow\begin{cases}x+2y+1=0,\\ y+z=0,\end{cases}$过垂线的平面束方程为 $x+2y+1+\lambda(y+z)=0$，π_λ：$x+(2+\lambda)y+\lambda z+1=0$，$\boldsymbol{n}_\lambda=\boldsymbol{i}+(\lambda+2)\boldsymbol{j}+\lambda\boldsymbol{k}$，因为 $\pi_\lambda\perp z=0$ 平面，所以 $\boldsymbol{n}_\lambda\cdot\boldsymbol{k}=0$ 得 $\lambda=0$，所求平面方程为 $x+2y+1=0$。

方法 2　将直线方程写成对称式$\dfrac{x}{0}=\dfrac{y}{1}=\dfrac{z-1}{1}$，它的方向向量为 $\boldsymbol{s}=(0,1,1)$。过点 $P_0(1,-1,1)$且垂直于直线 L 的平面 π 的方程为

$$0\cdot(x-1)+1\cdot(y+1)+1\cdot(z-1)=0\Rightarrow y+z=0。$$

将直线方程和平面 π 方程联立，求得交点为 $P_1\left(0,-\dfrac{1}{2},\dfrac{1}{2}\right)$，这是自点 P_0 向直线 L 所作垂线的垂足。

设 $P(x,y,z)$为所求平面上的任一点，由题意知，$\overrightarrow{P_0P}$，$\overrightarrow{P_0P_1}$，$\boldsymbol{k}$ 共面，则混合数积等于零。即$(\overrightarrow{P_0P}\ \overrightarrow{P_0P_1}\ \boldsymbol{k})=\begin{vmatrix}x-1 & y+1 & z-1\\ -1 & \dfrac{1}{2} & -\dfrac{1}{2}\\ 0 & 0 & 1\end{vmatrix}=0$，得 $x+2y+1=0$，为所求平面方程。

例 7　求过点$(-1,0,4)$，且平行于平面 $3x-4y+z-10=0$，又与直线$\dfrac{x+1}{1}=\dfrac{y-3}{1}=\dfrac{z}{2}$相交的直线的方程。

解　设所求直线方程为$\dfrac{x+1}{m}=\dfrac{y-0}{n}=\dfrac{z-4}{p}$，因为该直线与已知直线相交，利用相交条件有$\begin{vmatrix}m & n & p\\ 1 & 1 & 2\\ 0 & 3 & -4\end{vmatrix}=0$，得

$$-10m+4n+3p=0。\tag{Ⅰ}$$

又因为所求直线平行于平面 $3x-4y+z-10=0$,所以 $\boldsymbol{s}\perp\boldsymbol{n}$,则 $\boldsymbol{s}\cdot\boldsymbol{n}=0$,得

$$3m-4n+p=0\tag{Ⅱ}$$

解方程(Ⅰ)(Ⅱ)得 $\dfrac{m}{\begin{vmatrix}4 & 3\\-4 & 1\end{vmatrix}}=\dfrac{n}{\begin{vmatrix}3 & -10\\1 & 3\end{vmatrix}}=\dfrac{p}{\begin{vmatrix}-10 & 4\\3 & -4\end{vmatrix}}\Rightarrow\boldsymbol{s}=(16,19,28)$,所求直线方程为 $\dfrac{x+1}{16}=\dfrac{y}{19}=\dfrac{z-4}{28}$。

例 8 求 L:$\dfrac{x-1}{1}=\dfrac{y}{1}=\dfrac{z-1}{-1}$ 在平面 π:$x-y+2z-1=0$ 上的投影直线 L_0 的方程,并求 L_0 绕 y 轴旋转一周所成旋转曲面的方程。

解 先求直线 L 在平面 π 上的投影 L_0。

方法 1 先求出 L 与平面 π 的交点 N_1,将 $x=1+t,y=t,z=1-t$ 代入平面 π 的方程,得 $t=1$,从而交点为 $N_1(2,1,0)$。再过直线 L 上点 $M_1(1,0,1)$ 作平面 π 的垂线 L':$\dfrac{x-1}{1}=\dfrac{y}{-1}=\dfrac{z-1}{2}$,即 L':$x=1+t,y=-t,z=1+2t$,并求出 L' 与平面 π 的交点 N_2:$(1+t)-(-t)+2(1+2t)-1=0$,得 $t=-\dfrac{1}{3}$,交点 $N_2\left(\dfrac{2}{3},\dfrac{1}{3},\dfrac{1}{3}\right)$,$N_1$ 与 N_2 连线即为所求 L_0:$\dfrac{x-2}{4}=\dfrac{y-1}{2}=\dfrac{z}{-1}$。

方法 2 求 L 在平面 π 上的投影直线 L_0 的最简单的方法是过 L 作垂直于平面 π 的平面 π_1,所求投影直线 L_0 就是平面 π 与 π_1 的交线。由已知,$\boldsymbol{s}=(1,1,-1)$(直线方向向量),$\boldsymbol{n}=(1,-1,2)$(平面 π 的法向量)。

又点$(1,0,1)$在 π_1 上,所以 π_1 的方程为 $\begin{vmatrix}x-1 & y & z-1\\1 & 1 & -1\\1 & -1 & 2\end{vmatrix}=0$,即 $x-3y-2z+1=0$,

投影直线 L_0 方程为 $\begin{cases}x-y+2z-1=0,\\x-3y-2z+1=0。\end{cases}$

求 L_0 绕 y 轴的旋转曲面 S。先把 L_0 化为以 y 为参数的参数方程:$x=2y,y=y,z=-\dfrac{1}{2}(y-1)$,按问题 117 给出的结论有 $x^2+z^2=[x(y)]^2+[z(y)]^2\Rightarrow x^2+y^2=(2y)^2+\left(-\dfrac{y-1}{2}\right)^2$,化简得 $4x^2-17y^2+4z^2+2y-1=0$。

国内高校期末试题解析

1. 是非题(若正确请打"√",错误打"×",并举反例)。

(1)(大连理工大学,1992Ⅰ)若向量 $\boldsymbol{a},\boldsymbol{b},\boldsymbol{c}$ 满足 $\boldsymbol{a}\cdot\boldsymbol{b}=\boldsymbol{b}\cdot\boldsymbol{c}$,则 $\boldsymbol{a}=\boldsymbol{c}$( )。

(2)(大连理工大学,1992Ⅰ)若向量 $\boldsymbol{a},\boldsymbol{b},\boldsymbol{c}$ 满足 $\boldsymbol{a}\times\boldsymbol{b}=\boldsymbol{b}\times\boldsymbol{c}$,则 $\boldsymbol{a}=\boldsymbol{c}$( )。

解　(1)(×)。例如$\boldsymbol{a}=(-1,1,0)$，$\boldsymbol{b}=(4,5,5)$，$\boldsymbol{c}=(-1,-2,3)$。显然$\boldsymbol{a}\cdot\boldsymbol{b}=\boldsymbol{b}\cdot\boldsymbol{c}$，但$\boldsymbol{a}\neq\boldsymbol{c}$。

(2)(×)。例如$\boldsymbol{a}=(1,1,0)$，$\boldsymbol{b}=(0,1,-4)$，$\boldsymbol{c}=(-1,-1,0)$。显然$\boldsymbol{a}\times\boldsymbol{b}=\boldsymbol{b}\times\boldsymbol{c}$，但$\boldsymbol{a}\neq\boldsymbol{c}$。

2.(大连理工大学，2000Ⅱ)设向量$\boldsymbol{a}=(1,1,-4)$，$\boldsymbol{b}=(2,-2,1)$，求数量积$\boldsymbol{a}\cdot\boldsymbol{b}$及向量$\boldsymbol{a}$在向量$\boldsymbol{b}$上的投影$\mathrm{Prj}_{\boldsymbol{b}}\boldsymbol{a}$。

解　$\boldsymbol{a}\cdot\boldsymbol{b}=1\times2+1\times(-2)+(-4)\times1=-4$；$\mathrm{Prj}_{\boldsymbol{b}}\boldsymbol{a}=\dfrac{\boldsymbol{a}\cdot\boldsymbol{b}}{|\boldsymbol{b}|}=-\dfrac{4}{3}$。

3.(西安电子科技大学，2001Ⅰ)求过两平面$2x-3y-2z+1=0$和$x+y+z-2=0$的交线且与平面$x+y-5z+3=0$垂直的平面方程。

解　方法1　设过$L:\begin{cases}2x-3y-2z+1=0,\\x+y+z-2=0\end{cases}$的平面束方程为

$$2x-3y-2z+1+\lambda(x+y+z-2)=0,\quad \boldsymbol{n}_\lambda=(2+\lambda,-3+\lambda,-2+\lambda),$$
$$\boldsymbol{n}_1=(1,1,-5)。$$

因为$\boldsymbol{n}_\lambda\perp\boldsymbol{n}_1$，所以$\boldsymbol{n}_\lambda\cdot\boldsymbol{n}_1=0\Rightarrow(2+\lambda)\cdot1+(-3+\lambda)\cdot1+(-2+\lambda)\cdot(-5)=0$，解得$\lambda=3$，所求平面方程为$5x+z-5=0$。

方法2　易求得直线$L:\begin{cases}2x-3y-2z+1=0,\\x+y+z-2=0\end{cases}$上的一点$A(1,1,0)$及其方向向量$\boldsymbol{s}=(2\boldsymbol{i}-3\boldsymbol{j}-2\boldsymbol{k})\times(\boldsymbol{i}+\boldsymbol{j}+\boldsymbol{k})=-\boldsymbol{i}-4\boldsymbol{j}+5\boldsymbol{k}$，则所求平面的法向量为$\boldsymbol{n}=\boldsymbol{s}\times\boldsymbol{n}_1=\begin{vmatrix}\boldsymbol{i}&\boldsymbol{j}&\boldsymbol{k}\\-1&-4&5\\1&1&-5\end{vmatrix}=3(5,0,1)$，所求平面方程为$5x+z-5=0$。

4.(西安电子科技大学，1989Ⅰ)求过点$(2,1,3)$且与直线$\dfrac{x+1}{3}=\dfrac{y-1}{2}=\dfrac{z}{-1}$垂直相交的直线方程。

解　过点$(2,1,3)$且与直线$\dfrac{x+1}{3}=\dfrac{y-1}{2}=\dfrac{z}{-1}$垂直的平面方程为

$$3(x-2)+2(y-1)-(z-3)=0,\quad 即\ 3x+2y-z-5=0。\tag{Ⅰ}$$

又已知直线的参数方程为$x=3t-1$，$y=2t+1$，$z=-t$，代入方程(Ⅰ)，得$t=\dfrac{3}{7}$，从而求得已知直线与平面的交点为$x=\dfrac{2}{7}$，$y_0=\dfrac{13}{7}$，$z_0=-\dfrac{3}{7}$，所求直线的方向向量$\boldsymbol{s}=(2,-1,4)$，故所求直线的方程为

$$\frac{x-2}{2}=\frac{y-1}{-1}=\frac{z-3}{4}。$$

5.(大连理工大学，1998Ⅰ)已知$L_1:\dfrac{x-1}{4}=\dfrac{y+1}{8}=\dfrac{z-1}{5}$与$L_2:\dfrac{x+1}{1}=\dfrac{y-1}{1}=\dfrac{z}{1}$。(1)证明：两条直线$L_1$与$L_2$相交；(2)求这两条直线所确定的平面方程。

证明　(1)设$\boldsymbol{s}_1=(4,8,5)$，$\boldsymbol{s}_2=(1,1,1)$，$\overrightarrow{M_1M_2}=(-2,2,-1)$，其中$M_1(1,-1,1)$，

$M_2(-1,1,0)$。

因为$[\overrightarrow{M_1M_2}\ \boldsymbol{s}_1\ \boldsymbol{s}_2]=\begin{vmatrix}-2 & 2 & -1\\ 4 & 8 & 5\\ 1 & 1 & 1\end{vmatrix}=\begin{vmatrix}-2 & 4 & 1\\ 4 & 4 & 1\\ 1 & 0 & 0\end{vmatrix}=0$,所以 L_1 与 L_2 共面,又 $L_1 \not\parallel L_2$,所以 L_1 与 L_2 相交。

(2) 将 L_1 化为一般方程$\begin{cases}5x-4z-1=0,\\ 2x-y-3=0,\end{cases}$过 L_1 的平面束方程为 $5x-4z-1+\lambda(2x-y-3)=0$,则 $\boldsymbol{n}_\lambda=(5+2\lambda,-\lambda,-4)$。因为 $\boldsymbol{n}_\lambda \perp \boldsymbol{s}_2$,所以 $\boldsymbol{n}_\lambda \cdot \boldsymbol{s}_2=0$,即$(5+2\lambda)\times 1-\lambda\times 1+(-4)\times 1=0$,得 $\lambda=-1$,所求平面方程为 $3x+y-4z+2=0$。

6. (大连理工大学,1992Ⅰ)求点 $O(0,0,0)$到直线 L:$\begin{cases}2x=y+7,\\ 3x=z\end{cases}$的距离。

解 先将直线 L 化为对称式方程$\frac{x}{1}=\frac{y+7}{2}=\frac{z}{3}$,则 $\boldsymbol{s}=(1,2,3)$,$M_1(0,-7,0)\in L$,

$d_L=\frac{|\boldsymbol{s}\times\overrightarrow{OM_1}|}{|\boldsymbol{s}|}$,$\overrightarrow{OM_1}=(0,-7,0)$,$\boldsymbol{s}\times\overrightarrow{OM_1}=(21,0,-7)$,

$d_L=\frac{\sqrt{(21)^2+0^2+(-7)^2}}{\sqrt{1^2+2^2+3^2}}=\sqrt{35}$。

第九章　多元函数微分法及其应用

第一节　多元函数的基本概念

问题 127　二元函数的极限与一元函数的极限有何异同点？

设二元函数 $f(p)=f(x,y)$ 的定义域为 D。$P_0(x_0y_0)$ 是 D 的聚点。如果存在常数 A，对于任意给定的正数 ε，总存在正数 δ，使得当点 $P(x,y)\in D\cap \mathring{U}(P_0,\delta)$ 时，都有 $|f(P)-A|=|f(x,y)-A|<\varepsilon$ 成立，那么就称常数 A 为函数 $f(x,y)$ 当 $(x,y)\to(x_0,y_0)$ 时的极限，记作 $\lim\limits_{(x,y)\to(x_0,y_0)} f(x,y)=A$ 或 $f(x,y)\to A((x,y)\to(x_0,y_0))$。为了区别于一元函数的极限，我们把二元函数的极限称为二重极限。二元函数极限的定义与一元函数极限的定义，在文字叙述上是类似的，都是点的概念。但实际上二元函数极限比一元函数极限自变量变化过程在方式上复杂得多。对于一元函数 $y=f(x)$ 当 $x\to x_0$ 时，如果极限存在且为 A，这里 $x\to x_0$ 的任意性是指 x 始终在 x 轴上满足不等式 $0<|x-x_0|<\delta$ 任意趋近于 x_0，$f(x)$ 都趋近于 A。对于二元函数 $z=f(x,y)$ 当 $(x,y)\to(x_0,y_0)$ 时，如果极限存在且为 A。这里 $(x,y)\to(x_0,y_0)$ 的任意性，是指在定义域 D 内的一个半径为 δ，圆心在 P_0 的开圆域 $\mathring{U}(P_0,\delta)$ 内，即在 $0<(x-x_0)^2+(y-y_0)^2<\delta^2$ 内，点 (x,y) 任意趋于 (x_0,y_0)，其方向可以是四面八方，路径可以是各种各样，由此可以想像出它有多么复杂。因此二元函数极限的复杂性就在这里。故求二元函数极限时必须注意：

(1) 求二元函数极限时，不能限制点 $(x,y)\to(x_0,y_0)$ 的方式（任意方式）；

(2) 如果已经证明二元函数极限存在，那么可用一条特殊的路径求此极限；

(3) 若当 (x,y) 沿着两条不同路径趋于 (x_0,y_0) 时，$f(x,y)$ 趋于不同的数值时，则可断定当 $(x,y)\to(x_0,y_0)$ 时，$f(x,y)$ 的极限不存在（此法可用来判断二元函数极限不存在）；

(4) 二元函数极限的求法比一元函数极限的求法复杂，除了要求利用函数连续性或借助于求一元函数极限的方法，求一些简单的二元函数极限以外，对于比较复杂的二元函数极限的求法对工科学生不作要求（参看文献[18]）。

例 1　求下列各函数的定义域：

(1) $z=\ln(y-x)+\dfrac{\sqrt{x}}{\sqrt{1-x^2-y^2}}$；

(2) $u=\sqrt{R^2-x^2-y^2-z^2}+\dfrac{1}{\sqrt{x^2+y^2+z^2-r^2}}(R>r>0)$；

(3) $z=\sqrt{y}\arcsin\dfrac{\sqrt{2ax-x^2}}{y}+\sqrt{x}\arccos\dfrac{y^2}{2ax}(a>0)$，并画出定义域的图形。

分析　函数 $f(p)$满足什么条件时,下列式子才有意义?

(1) $\dfrac{1}{f(p)}$;　　(2) $\sqrt{f(p)}$;　　(3) $\log_a f(p)(a>0,a\neq1)$;

(4) $\arcsin f(p)$;　(5) $\arccos f(p)$。

显然(1) $f(p)\neq0$;(2) $f(p)\geqslant0$;(3) $f(p)>0$;(4)(5) $|f(p)|\leqslant1$。以上情形是求函数定义域的基础,求函数的定义域,通过解不等式或不等式组求得。当 p 是数轴上的点时,一元函数的定义域是实数轴上的区间;当点 p 是平面 xOy 上的点时,二元函数的定义域是平面上点的集合;当点 p 是空间内的点时,三元函数的定义域是立体空间上点的集合。三元以上的则更复杂,我们只要把握住其定义域需要满足的条件就行了。

解　(1) $y-x>0,x\geqslant0,1-x^2-y^2>0$,得定义域为 $D=\{(x,y)\mid y>x,x\geqslant0,x^2+y^2<1\}$。

(2) $x^2+y^2+z^2\leqslant R^2,x^2+y^2+z^2>r^2$,所以定义域为$\{(x,y,z)\mid r^2<x^2+y^2+z^2\leqslant R^2\}$。

(3) $y>0,-1\leqslant\dfrac{\sqrt{2ax-x^2}}{y}\leqslant1,x>0,-1\leqslant\dfrac{y^2}{2ax}\leqslant1,0\leqslant\sqrt{2ax-x^2}\leqslant y,0<y^2\leqslant2ax$,得定义域为 $0<x\leqslant2a$,且 $\sqrt{2ax-x^2}\leqslant y\leqslant\sqrt{2ax}$,其图形如图 9-1 所示。

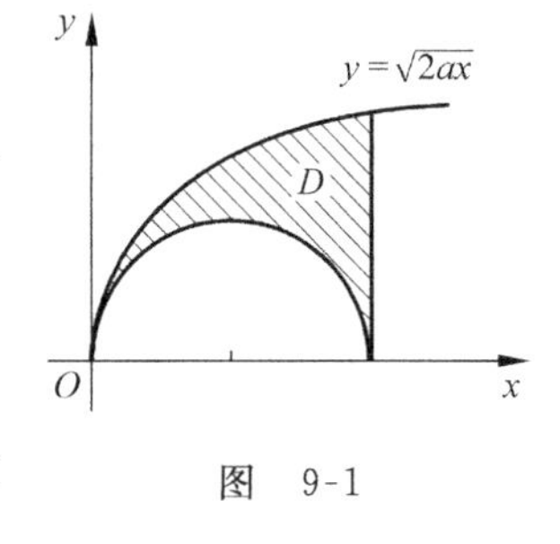

图　9-1

例 2　证明:$\lim\limits_{(x,y)\to(0,0)}\dfrac{xy}{\sqrt{x^2+y^2}}=0$。

证明　$\forall\varepsilon>0$,要证 $\exists\delta>0$,当 $0<\sqrt{x^2+y^2}<\delta$ 时,有 $\left|\dfrac{xy}{\sqrt{x^2+y^2}}-0\right|<\varepsilon$,只需 $\left|\dfrac{xy}{\sqrt{x^2+y^2}}-0\right|=\dfrac{|xy|}{\sqrt{x^2+y^2}}\leqslant\dfrac{\frac{x^2+y^2}{2}}{\sqrt{x^2+y^2}}=\dfrac{1}{2}\sqrt{x^2+y^2}<\varepsilon$,则 $\sqrt{x^2+y^2}<2\varepsilon$。取($\exists$)$\delta=2\varepsilon$,当 $0<\sqrt{x^2+y^2}<\delta$ 时,有 $\left|\dfrac{xy}{\sqrt{x^2+y^2}}-0\right|<\varepsilon$,即 $\lim\limits_{(x,y)\to(0,0)}\dfrac{xy}{\sqrt{x^2+y^2}}=0$。

例 3　求 $\lim\limits_{(x,y)\to(0,0)}\dfrac{2-\sqrt{xy+4}}{xy}$。

解　原式$=\lim\limits_{(x,y)\to(0,0)}\dfrac{4-(xy+4)}{xy(2+\sqrt{xy+4})}=\lim\limits_{(x,y)\to(0,0)}=\dfrac{-1}{2+\sqrt{xy+4}}=-\dfrac{1}{4}$。

例 4　证明下列极限不存在:

(1) $\lim\limits_{(x,y)\to(0,0)}\dfrac{x^2y^2}{x^2y^2+(x-y)^2}$;

(2) $\lim\limits_{(x,y)\to(0,0)}f(x,y)$,其中 $f(x,y)=\begin{cases}\dfrac{x^2y}{x^4+y}, & (x,y)\neq(0,0),\\ 0, & (x,y)=(0,0)。\end{cases}$

证明　(1) 让点(x,y)沿直线 $y=x$ 趋于点$(0,0)$时,$\lim\limits_{\substack{x\to0\\y=x}}\dfrac{x^2y^2}{x^2y^2+(x-y)^2}=\lim\limits_{x\to0}\dfrac{x^4}{x^4}=1$;让点$(x,y)$沿 Ox 轴($y=0$)趋于点$(0,0)$时,原式 $\lim\limits_{x\to0}\dfrac{0}{x^2}=0$。由极限唯一性知 $\lim\limits_{(x,y)\to(0,0)}\dfrac{x^2y^2}{x^2y^2+(x-y)^2}$不存在。

(2) 显然,点(x,y)沿 $y=kx,y=kx^2,y=kx^3$ 和 $y=kx^4$ 等路径趋于点$(0,0)$时,极限值

$\lim\limits_{(x,y)\to(0,0)} f(x,y)$都等于零。因为上述路径都是特殊路径，所以不能确定其极限存在。再取 $y=kx^6-x^4$，则原式$=\lim\limits_{\substack{x\to 0\\ y=kx^6-x^4}} f(x,y)=\lim\limits_{x\to 0}\dfrac{kx^8-x^6}{kx^6}=-\dfrac{1}{k}$，与 k 有关，故极限 $\lim\limits_{(x,y)\to(0,0)}\dfrac{x^2y}{x^4+y}$不存在。

第二节　偏导数

问题 128　怎样求偏导数?

偏导数有两种求法。

(1) 应用公式 $f_x(x,y)\big|_{\substack{x=x_0\\ y=y_0}}=f_x(x_0,y_0)$，$f_y(x,y)\big|_{\substack{x=x_0\\ y=y_0}}=f_y(x_0,y_0)$；

(2) 不能应用公式求的或不易用公式求的可用偏导数定义求。具体情况如下：

① 当二元函数 $z=f(x,y)$为分段函数时，求在衔接点或衔接线上的点(x_0,y_0)处的偏导数时，不能应用公式求，必须根据偏导数的定义来求。即

$$f_x(x_0,y_0)=\lim_{\Delta x\to 0}\frac{f(x_0+\Delta x,y_0)-f(x_0,y_0)}{\Delta x},$$

$$f_y(x_0,y_0)=\lim_{\Delta y\to 0}\frac{f(x_0,y_0+\Delta y)-f(x_0,y_0)}{\Delta y}。$$

② 求多元初等函数偏导数时，可先求出偏导函数 $f_x(x,y)$，$f_y(x,y)$，再求出偏导函数在(x_0,y_0)处的函数值，即应用公式 $f_x(x,y)\big|_{\substack{x=x_0\\ y=y_0}}=f_x(x_0,y_0)$。

具体求法：可先将多元函数视为一元函数，即将不对其求偏导数的那些变量统统看成常量，利用一元函数的求导公式和求导法则求出偏导数；或也可先将 $y=y_0$ 代入 $f(x,y)$，得一元函数 $f(x,y_0)$，再求 $f(x,y_0)$在 $x=x_0$ 处的导数，即$\dfrac{\mathrm{d}}{\mathrm{d}x}f(x,y_0)\big|_{x=x_0}=f_x(x,y_0)\big|_{x=x_0}=f_x(x_0,y_0)$。

值得注意的是，多元函数的偏导数记号与一元函数的导数记号不同。偏导数记号$\dfrac{\partial z}{\partial x}$，$\dfrac{\partial z}{\partial y}$是一个整体，不能分开，不能看成$\partial z$ 与∂x 之商，记号∂z 与∂x 本身无意义。而一元函数的导数记号，如$\dfrac{\mathrm{d}y}{\mathrm{d}x}$可看成两个微分 $\mathrm{d}y$ 与 $\mathrm{d}x$ 之商。

问题 129　函数的本质是对应关系，这在求一阶偏导数中有何应用?

例 1　设 $f(x,y)=\begin{cases}\dfrac{xy}{x^2+y^2}, & x^2+y^2\neq 0,\\ 0, & x^2+y^2=0,\end{cases}$ 求 $f_x(0,0)$，$f_y(0,0)$。

解　$\dfrac{\partial f}{\partial x}=\dfrac{y^3-x^2y}{(x^2+y^2)^2}$，$\dfrac{\partial f}{\partial y}=\dfrac{x^3-xy^2}{(x^2+y^2)^2}$。显然$\dfrac{\partial f}{\partial x}$，$\dfrac{\partial f}{\partial y}$在点$(0,0)$处求不出数值，能否说

$\frac{\partial f}{\partial x},\frac{\partial f}{\partial y}$在点(0,0)无定义,不能。因为函数在一点处有没有定义不取决于算出算不出数值,而取决于在该点处有没有对应值。而 $f_x(0,0)$的对应值是$\lim\limits_{x\to 0}\frac{f(x,0)-f(0,0)}{x-0}=\lim\limits_{x\to 0}\frac{0}{x}=0$,即$f_x(0,0)=0$。同理得 $f_y(0,0)=0$。

例 2　设 $f(x,y)=\sqrt{x^4+y^3}$,求 $f_x(0,0)$,$f_y(0,0)$。

解　$f_x(x,y)=\frac{2x^3}{\sqrt{x^4+y^3}}$,$f_y(x,y)=\frac{3y^2}{2\sqrt{x^4+y^3}}$。显然两个偏导数在(0,0)处计算不出数值,即不能用公式 $f_x(x,y)|_{\substack{x=x_0\\y=y_0}}$,$f_y(x,y)|_{\substack{x=x_0\\y=y_0}}$ 求。因为函数的本质是对应关系,而 $f_x(0,0)$的对应值为

$$\lim_{x\to 0}\frac{f(x,0)-f(0,0)}{x-0}=\lim_{x\to 0}\frac{\sqrt{x^4}}{x}=\lim_{x\to 0}\frac{x^2}{x}=0。$$

同理

$$f_y(0,0)=\lim_{y\to 0}\frac{f(0,y)-f(0,0)}{y}=\lim_{y\to 0}\frac{\sqrt{y^3}}{y},$$

因为 $f_{y^+}(0,0)=\lim\limits_{y\to 0^+}\frac{y\sqrt{y}}{y}=\lim\limits_{y\to 0^+}\sqrt{y}=0$,$f_{y^-}(0,0)=\lim\limits_{y\to 0^-}\frac{-y\sqrt{|y|}}{y}=-\lim\limits_{y\to 0^-}\sqrt{|y|}=0$,则 $f_{y^+}(0,0)=f_{y^-}(0,0)$,所以 $f_y(0,0)=0$。

例 3　设 $f(x,y)=\sqrt{x^2+y^4}$,求 $f_x(0,0)$,$f_y(0,0)$。

解　$f_x(x,y)=\frac{x}{\sqrt{x^2+y^4}}$,$f_y(x,y)=\frac{2y^3}{\sqrt{x^2+y^4}}$。显然两个偏导数在点(0,0)处均计算不出数值,即不能应用公式求。因为函数的本质是对应关系,而 $f_x(0,0)$的对应值是$\lim\limits_{x\to 0}\frac{f(x,0)-f(0,0)}{x-0}=\lim\limits_{x\to 0}\frac{|x|}{x}$,$f_{x^+}(0,0)=\lim\limits_{x\to 0^+}\frac{|x|}{x}=\lim\limits_{x\to 0^+}\frac{x}{x}=1$,$f_{x^-}(0,0)=-\lim\limits_{x\to 0^-}\frac{|x|}{x}=\lim\limits_{x\to 0^-}-\frac{x}{x}=-1$。因为 $f_{x^+}(0,0)\neq f_{x^-}(0,0)$,所以 $f_x(0,0)$不存在。

$$f_y(0,0)=\lim_{y\to 0}\frac{f(0,y)-f(0,0)}{y}=\lim_{y\to 0}\frac{\sqrt{y^4}}{y}=\lim_{y\to 0}\frac{y^2}{y}=0。$$

例 4　求下列函数的偏导数:

(1) $z=\ln\tan\frac{x}{y}$;　　(2) $u=x^{\frac{y}{z}}$;　　(3) $u=\arctan(x-y)^z$。

解　(1) $\frac{\partial z}{\partial x}=\frac{1}{\tan\left(\frac{x}{y}\right)}\cdot\sec^2\left(\frac{x}{y}\right)\left(\frac{1}{y}\right)=\frac{2}{y}\csc\frac{2x}{y}$,

$$\frac{\partial z}{\partial y}=\cot\frac{x}{y}\cdot\sec^2\left(\frac{x}{y}\right)\left(-\frac{x}{y^2}\right)=-\frac{2x}{y^2}\csc\frac{2x}{y}。$$

(2) $\frac{\partial u}{\partial x}=\frac{y}{z}x^{\frac{y}{z}-1}$,　$\frac{\partial u}{\partial y}=x^{\frac{y}{z}}\ln x\cdot\frac{1}{z}$,$\frac{\partial u}{\partial z}=x^{\frac{y}{z}}\cdot\ln x\cdot\frac{-y}{z^2}=-\frac{y}{z^2}x^{\frac{y}{z}}\ln x$。

(3) $\frac{\partial u}{\partial x}=\frac{z(x-y)^{z-1}}{1+(x-y)^{2z}}$,　$\frac{\partial u}{\partial y}=\frac{-z(x-y)^{z-1}}{1+(x-y)^{2z}}$,　$\frac{\partial u}{\partial z}=\frac{(x-y)^z\ln(x-y)}{1+(x-y)^{2z}}$。

例 5　曲线$\begin{cases}z=\frac{x^2+y^2}{4},\\y=4\end{cases}$在点(2,4,5)处的切线与 x 轴正向所成的倾角是多少?

分析 由偏导数的几何意义知，切线对 x 轴倾角的正切值就是函数 z 对 x 的偏导数。

解 $\frac{\partial z}{\partial x}=\frac{2x}{4}+0=\frac{x}{2}$，$\left.\frac{\partial z}{\partial x}\right|_{(2,4,5)}=\frac{2}{2}=1$，则 $\tan\alpha=1$，$\alpha=\frac{\pi}{4}$为所求。

例 6 设 $z=x\ln(xy)$，求$\frac{\partial^3 z}{\partial x^2\partial y}$及$\frac{\partial^3 z}{\partial x\partial y^2}$。

解 $z=x(\ln x+\ln y)$，$\frac{\partial z}{\partial x}=\ln(xy)+x\left(\frac{1}{x}+0\right)=\ln(xy)+1$，

$$\frac{\partial^2 z}{\partial x^2}=\frac{\partial}{\partial x}(\ln x+\ln y+1)=\frac{1}{x},\quad \frac{\partial^3 z}{\partial x^2\partial y}=0;$$

$$\frac{\partial^2 z}{\partial x\partial y}=\frac{\partial}{\partial y}(\ln x+\ln y+1)=\frac{1}{y},\quad \frac{\partial^3 z}{\partial x\partial y^2}=-\frac{1}{y^2}。$$

例 7 验证 $r=\sqrt{x^2+y^2+z^2}$满足$\frac{\partial^2 r}{\partial x^2}+\frac{\partial^2 r}{\partial y^2}+\frac{\partial^2 r}{\partial z^2}=\frac{2}{r}$。

解 $\frac{\partial r}{\partial x}=\frac{2x}{2\sqrt{x^2+y^2+z^2}}=\frac{x}{\sqrt{x^2+y^2+z^2}}=\frac{x}{r}$，$\frac{\partial^2 r}{\partial x^2}=\frac{r-x\cdot\left(\frac{x}{r}\right)}{r^2}=\frac{r^2-x^2}{r^3}$，

由于 r 关于 x,y,z 具有对称性，同理可得$\frac{\partial^2 r}{\partial z^2}=\frac{r^2-z^2}{r^3}$，$\frac{\partial^2 r}{\partial y^2}=\frac{r^2-y^2}{r^3}$。则

$$\frac{\partial^2 r}{\partial x^2}+\frac{\partial^2 r}{\partial y^2}+\frac{\partial^2 r}{\partial z^2}=\frac{1}{r^3}[3r^2-(x^2+y^2+z^2)]=\frac{2r^2}{r^3}=\frac{2}{r}。$$

第三节 全微分

问题 130 多元函数在概念和方法上会出现哪些新问题？它与一元函数有什么区别？(参见文献[4])

由于多元函数微分学的概念都是由多元函数极限界定的。由问题 127 知，二元(多元)函数的极限比一元函数的极限复杂得多。通过本章一、二、三节的学习，易知由一元函数推广到二元函数(二元以上也成立)，出现的新问题是：

(1) 一元函数 $y=f(x)$在 x_0 处可导，则 $y=f(x)$在 x_0 处必连续，而二元函数 $z=f(x,y)$在点(x_0,y_0)处可导，即两个偏导数 $f_x(x_0,y_0)$，$f_y(x_0,y_0)$都存在，则 $z=f(x,y)$在点(x_0,y_0)处不一定连续，因为两个偏导数 $f_x(x_0,y_0)$，$f_y(x_0,y_0)$存在只能保证二元函数 $z=f(x,y)$在点(x_0,y_0)处平行 x 轴和平行 y 轴方向连续；

(2) 一元函数 $y=f(x)$在 x_0 处可导与可微是一回事，而二元函数 $z=f(x,y)$在点(x_0,y_0)处可导是 $z=f(x,y)$在点(x_0,y_0)处可微的必要条件，不是充分条件；

(3) 一元函数 $y=f(x)$在 x_0 处二阶可导，则 $f(x)$，$f'(x)$在 x_0 处必连续，而二元函数 $z=f(x,y)$在点(x_0,y_0)处四个二阶偏导数都存在也推不出 $f(x,y)$，$f_x(x,y)$，$f_y(x,y)$在点(x_0,y_0)处一定连续。这也是多元函数微分学题目中常给出具有连续的一阶或二阶偏导数的理由。

教学基本要求提出“了解二元函数连续、存在偏导数与可微之间的关系”。上述概念与

概念之间的一些因果关系属于基本的知识,必须掌握。便于记忆可用框图表示。$z=f(x,y)$在点(x_0,y_0)处:

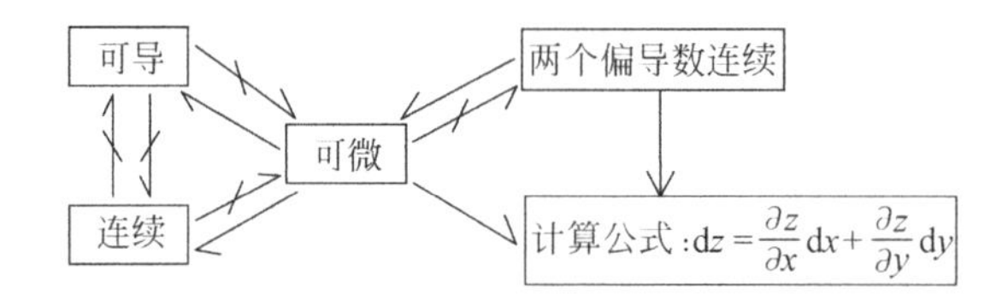

其中可导⇔两个偏导数存在,符号"$A\rightarrow B$"表示由A可推出B,而"$A\nrightarrow B$"表示由A推不出B,无因果关系。由框图知,可微有两个必要条件①连续;②可导。可微的充分条件是两个一阶偏导数$f_x(x,y)$,$f_y(x,y)$在点(x_0,y_0)处连续。应用公式$dz=f_xdx+f_ydy$计算全微分的条件:①$z=f(x,y)$在点(x_0,y_0)处可微;②$f_x(x,y)$,$f_y(x,y)$在点(x_0,y_0)处连续(参见文献[4])。

例 1 讨论下列函数在点$(0,0)$处的连续性和偏导数的存在性(即可导性):

(1) $f_1(x,y)=\begin{cases}1, & xy=0,\\ 0, & xy\neq 0;\end{cases}$ (2) $f_2(x,y)=\sqrt{x^2+y^2}$。

解 (1) 连续性:$f_1(0,0)=1$,沿x轴($y=0$)趋于$(0,0)$时,$\lim\limits_{(x,y)\to(0,0)}f_1(x,y)=\lim\limits_{\substack{x\to0\\y=0}}1=1$;沿$y=x$趋于$(0,0)$时,$\lim\limits_{(x,y)\to(0,0)}f_1(x,y)=\lim\limits_{\substack{x\to0\\y=x}}0=0$,则$\lim\limits_{(x,y)\to(0,0)}f_1(x,y)$不存在。所以$f_1(x,y)$在$(0,0)$处不连续。

可导性:$f_{1x}(0,0)=\lim\limits_{x\to0}\frac{f_1(x,0)-f_1(0,0)}{x}=\lim\limits_{x\to0}\frac{1-1}{x}=0$,

$$f_{1y}(0,0)=\lim_{y\to0}\frac{f_1(0,y)-f_1(0,0)}{y}=\lim_{y\to0}\frac{1-1}{y}=0,$$

$f_1(x,y)$在$(0,0)$处两个偏导数都存在,即$f_1(x,y)$在$(0,0)$处可导,亦即$f_1(x,y)$在$(0,0)$处可导但不连续。

(2) 连续性:$f_2(0,0)=0=\lim\limits_{(x,y)\to(0,0)}\sqrt{x^2+y^2}$,所以$f_2(x,y)$在$(0,0)$处连续。

可导性:$f_{2x}(0,0)=\lim\limits_{x\to0}\frac{f_2(x,0)-f_2(0,0)}{x}=\lim\limits_{x\to0}\frac{|x|}{x}$,因为$\lim\limits_{x\to0^+}\frac{|x|}{x}=\frac{x}{x}=1$,$\lim\limits_{x\to0^-}\frac{|x|}{x}=\lim\limits_{x\to0^-}\frac{-x}{x}=-1$,所以$f_{2x}(0,0)$不存在。同理$f_{2y}(0,0)$也不存在。即$f_2(x,y)$在$(0,0)$处不可导。亦即$f_2(x,y)$在$(0,0)$处连续但不可导。

点评 ① 例1中的2个函数正好说明二元函数在一点处的连续性与可导性间是毫无因果关系的,这就是多元函数与一元函数的区别。

② 由$f_1(x,y)$知,函数在一点处两个偏导数存在,但在该点函数不连续,从而推知在该点函数不可微(因若可微,则在同一点函数必连续)。即从偏导数存在不能推出函数可微。

③ 由$f_2(x,y)$知,函数在一点处连续,但在该点处两个偏导数都不存在,从而推知在该点处函数不可微(因若可微,则在同一点处函数的两个偏导数必存在)。即从函数的连续性不能推出函数可微。

例 2 设 $f(x,y)=\begin{cases}\dfrac{x^2y^2}{(x^2+y^2)^{\frac{3}{2}}}, & x^2+y^2\neq 0,\\ 0, & x^2+y^2=0,\end{cases}$ 证明：$f(x,y)$在点$(0,0)$处连续且偏导存在，但不可微分。

证明 连续性：因为 $f(0,0)=0$，又 $0<\dfrac{x^2y^2}{(x^2+y^2)^{\frac{3}{2}}}<\dfrac{(x^2+y^2)^2}{2(x^2+y^2)^{\frac{3}{2}}}=\dfrac{\sqrt{x^2+y^2}}{2}$，

$\lim\limits_{(x,y)\to(0,0)}\dfrac{\sqrt{x^2+y^2}}{2}=0$，由极限存在准则 I 知 $\lim\limits_{(x,y)\to(0,0)}\dfrac{x^2y^2}{(x^2+y^2)^{\frac{3}{2}}}=0$，所以 $f(x,y)$在点$(0,0)$处连续。

可导性：$f_x(0,0)=\lim\limits_{x\to 0}\dfrac{f(x,0)-f(0,0)}{x}=\lim\limits_{x\to 0}\dfrac{0-0}{x}=0$，同理可得 $f_y(0,0)=0$，即 $f(x,y)$在点$(0,0)$处两个偏导数都存在，但

$$\frac{\Delta z-(f_x(0,0)\Delta x+f_y(0,0)\Delta y)}{\rho}=\frac{\dfrac{x^2y^2}{(x^2+y^2)^{\frac{3}{2}}}-0}{\sqrt{x^2+y^2}}=\frac{x^2y^2}{(x^2+y^2)^2},$$

当点(x,y)沿直线 $y=x$ 趋近于$(0,0)$时，

$$\lim_{\rho\to 0}\frac{\Delta z-(f_x(0,0)\Delta x+f_y(0,0)\Delta y)}{\rho}=\lim_{\substack{x\to 0\\ y=x}}\frac{x^2y^2}{(x^2+y^2)^2}=\lim_{x\to 0}\frac{x^4}{(x^2+x^2)^2}=\frac{1}{4}\neq 0,$$

故 $f(x,y)$在点$(0,0)$处不可微。

例 3 求下列函数的全微分：

(1) $z=xy+\dfrac{x}{y}$； (2) $z=e^{\frac{y}{x}}$； (3) $u=x^{yz}$。

分析 因(1)(2)(3)都是多元初等函数，在其定义域内可微，故可利用公式 $dz=f_x dx+f_y dy$，否则用可微定义求。

解 (1) 因 $z=xy+\dfrac{x}{y}$ 在定义域 $D=\{(x,y)\mid y\neq 0\}$ 内可微，所以

$$dz=\frac{\partial z}{\partial x}dx+\frac{\partial z}{\partial x}dy,\quad \frac{\partial z}{\partial x}=y+\frac{1}{y},\quad \frac{\partial z}{\partial y}=x+\frac{-x}{y^2},$$

所以
$$dz=\left(y+\frac{1}{y}\right)dx+\left(x-\frac{x}{y^2}\right)dy。$$

(2) $dz=-\left(\dfrac{y}{x^2}\right)e^{\frac{y}{x}}dx+\left(\dfrac{1}{x}\right)e^{\frac{y}{x}}dy$。

(3) $\dfrac{\partial u}{\partial x}=yzx^{yz-1}$，$\dfrac{\partial u}{\partial y}=x^{yz}\ln x\cdot z$，$\dfrac{\partial u}{\partial z}=x^{yz}\ln x\cdot y$，

$du=yzx^{yz-1}dx+zx^{yz}\ln x dy+yx^{yz}\ln x dz$。

例 4 考虑二元函数 $f(x,y)$的下面四条性质：

(1) $f(x,y)$在点(x_0,y_0)连续； (2) $f_x(x,y)$，$f_y(x,y)$在点(x_0,y_0)处连续；

(3) $f(x,y)$在点(x_0,y_0)可微分； (4) $f_x(x,y_0)$，$f_y(x_0,y_0)$存在。

若用“$P\Rightarrow Q$”表示可由性质 P 推出性质 Q，则下列四个选项中正确的是( )。

(A) (2)⇒(3)⇒(1) (B) (3)⇒(2)⇒(1)

(C) (3)⇒(4)⇒(1) (D) (3)⇒(1)⇒(4)

解　这是讨论二元函数 $f(x,y)$ 的连续性、可导性、可微分性及偏导数的连续性之间的关系。我们知道 $f(x,y)$ 的两个偏导数的连续是可微分的充分条件，连续是可微分的必要条件，即可微分则必连续。因此，应选(A)。

例 5　计算 $\sqrt{(1.02)^3+(1.97)^3}$ 的近似值。

解　设辅助函数为 $z=f(x,y)=\sqrt{x^3+y^3}$，

$$f_x(x,y)=\frac{3x^2}{2\sqrt{x^3+y^3}},\quad f_y(x,y)=\frac{3y^2}{2\sqrt{x^3+y^3}},\quad f(1,2)=3,$$

$$f_x(1,2)=\frac{1}{2},\quad f_y(1,2)=2,$$

则

$$\begin{aligned}\sqrt{(1.02)^3+(1.97)^3}&=\sqrt{(1+1.02)^3+(2-0.03)^3}\\&\approx f(1,2)+f_x(1,2)\Delta x+f_y(1,2)\Delta y\\&=3+\frac{1}{2}\times 0.02+2\times(-0.03)\\&=3-0.05=2.95。\end{aligned}$$

例 6　测得一块三角形土地的两边边长分别为 (63 ± 0.1)m 和 (78 ± 0.1)m，且两边的夹角为 $60°\pm 1°$，试求三角形面积的近似值，并求其绝对误差和相对误差。

解　三角形面积 $S=\frac{1}{2}ab\sin\theta=\frac{1}{2}\times 63\times 78\times\sin\frac{\pi}{3}\approx 2128\text{m}^2$，

$$\mathrm{d}S=\frac{1}{2}b\sin\theta\Delta a+\frac{1}{2}a\sin\theta\Delta b+\frac{1}{2}ab\cos\theta\Delta\theta。$$

设计算面积的绝对误差为 δ_S，则 $\delta_S=|\mathrm{d}S|=\frac{1}{2}b\sin\theta|\Delta a|+\frac{1}{2}a\sin\theta|\Delta b|+\frac{1}{2}ab\cos\theta|\Delta\theta|$。

当 $a=63,b=78,\theta=\frac{\pi}{3},|\Delta a|=0.1,|\Delta b|=0.1,|\Delta\theta|=\frac{\pi}{180}$ 时，$\delta_S=27.6\text{m}^2$，即绝对误差为 $\delta_S=27.6$，相对误差为 $\frac{\delta_S}{S}=\frac{27.6}{2128}\approx 1.30\%$。

第四节　多元复合函数的求导法则

问题 131　多元复合函数的三种类型是什么？如何求多元复合函数的偏导数？（参见文献[4]）

多元复合函数求偏导数时，由于变量个数的增多而变得复杂了，与一元函数相比容易出现一些新问题。解决这些问题的关键是弄清函数、中间变量及自变量的结构关系。以二元（二元以上自然成立）函数为例，这三者间的关系可归纳为下面三类：

1. $z=f(u,v),u=u(x),v=v(x)$，即两个中间变量（得名二元函数），一个自变量类型。

复合函数结构图为 $z\begin{smallmatrix}\nearrow u\searrow\\ \searrow v\nearrow\end{smallmatrix}x$，称全导数为 $\frac{\mathrm{d}z}{\mathrm{d}x}=\frac{\partial z}{\partial u}\frac{\mathrm{d}u}{\mathrm{d}x}+\frac{\partial z}{\partial v}\frac{\mathrm{d}v}{\mathrm{d}x}=f_u\frac{\mathrm{d}u}{\mathrm{d}x}+f_v\frac{\mathrm{d}v}{\mathrm{d}x}$。

求全导数时，注意区别一元函数导数记号$\frac{\mathrm{d}}{\mathrm{d}x}$与二元函数的偏导数记号$\frac{\partial}{\partial x}$。

2. $z=f(u)$，$u=u(x,y)$，即一个中间变量，两个自变量（得名二元函数）类型。复合函数结构图为 $z-u\left\langle\begin{matrix}x\\y\end{matrix}\right.$，称偏导数$\frac{\partial z}{\partial x}=\frac{\mathrm{d}z}{\mathrm{d}u}\frac{\partial u}{\partial x}=f'(u)\frac{\partial u}{\partial x}$，$\frac{\partial z}{\partial y}=\frac{\mathrm{d}z}{\mathrm{d}u}\frac{\partial u}{\partial y}=f'(u)\frac{\partial u}{\partial y}$。此种类型函数多出现在计算性证明题中，主要考查读者会不会使用一元函数，多元函数的导数记号。

3. $z=f(u,v)$，$u=u(x,y)$，$v=v(x,y)$，即两个中间变量，两个自变量类型。复合函数结构图为$z\left\langle\begin{matrix}u\\v\end{matrix}\right.\!\!\!\times\!\!\begin{matrix}x\\y\end{matrix}$偏导数$\frac{\partial z}{\partial x}=f_u\frac{\partial u}{\partial x}+f_v\frac{\partial v}{\partial x}$，　$\frac{\partial z}{\partial y}=f_u\frac{\partial u}{\partial y}+f_v\frac{\partial v}{\partial y}$。

求偏导数时，不要丢项！首先要审好题，属于上述三种类型中的哪种，画出相应的结构图；其次注意：

(1) 有几个自变量就要求几个一阶偏导数（1 个自变量为全导数），此项也适用于求二阶以上的偏导数。

(2) 从函数 z 到某个自变量经过几个中间变量，关于该自变量的一阶偏导数就有几项之和，此项也适用于求二阶以上的偏导数，求二阶（或二阶以上）偏导数时，请注意下面结构图：

$$f_u\left\langle\begin{matrix}u\\v\end{matrix}\right.\!\!\times\!\!\begin{matrix}x\\y\end{matrix},\quad f_v\left\langle\begin{matrix}u\\v\end{matrix}\right.\!\!\times\!\!\begin{matrix}x\\y\end{matrix},\quad f_{uu}\left\langle\begin{matrix}u\\v\end{matrix}\right.\!\!\times\!\!\begin{matrix}x\\y\end{matrix},\quad f_{uv}\left\langle\begin{matrix}u\\v\end{matrix}\right.\!\!\times\!\!\begin{matrix}x\\y\end{matrix},\quad f_{vv}\left\langle\begin{matrix}u\\v\end{matrix}\right.\!\!\times\!\!\begin{matrix}x\\y\end{matrix},\quad \cdots,$$

有了上述复合函数结构图，求高阶偏导数时，就不会丢项了!!

(3) 从函数到某个中间变量，而该中间变量到自变量又要经过几个中间变量，则该中间变量关于此自变量的偏导数项就有几个因子相乘。

例 1　设 $u=\frac{\mathrm{e}^{ax}(y-z)}{a^2+1}$，而 $y=a\sin x$，$z=\cos x$，求$\frac{\mathrm{d}u}{\mathrm{d}x}$。

解　类型 1：全导数$\frac{\mathrm{d}u}{\mathrm{d}x}=\frac{1}{a^2+1}\left[\mathrm{e}^{ax}(y-z)a+\mathrm{e}^{ax}\left(\frac{\mathrm{d}y}{\mathrm{d}x}-\frac{\mathrm{d}z}{\mathrm{d}x}\right)\right]$

$$=\frac{1}{a^2+1}[a\mathrm{e}^{ax}(a\sin x-\cos x)+\mathrm{e}^{ax}(a\cos x+\sin x)]=\mathrm{e}^{ax}\sin x。$$

例 2　设 $z=\arctan\left(\frac{x}{y}\right)$，而 $x=u+v$，$y=u-v$，验证$\frac{\partial z}{\partial u}+\frac{\partial z}{\partial v}=\frac{u-v}{u^2+v^2}$。

证明　$\mathrm{d}z=\frac{1}{1+\left(\frac{x}{y}\right)^2}\cdot\frac{y\mathrm{d}x-x\mathrm{d}y}{y^2}=\frac{y\mathrm{d}x-x\mathrm{d}y}{x^2+y^2}$，

而
$$\mathrm{d}x=\mathrm{d}u+\mathrm{d}v,\mathrm{d}y=\mathrm{d}u-\mathrm{d}v,$$

$$\mathrm{d}z=\frac{(u-v)(\mathrm{d}u+\mathrm{d}v)-(u+v)(\mathrm{d}u-\mathrm{d}v)}{(u+v)^2+(u-v)^2}=\frac{-v\mathrm{d}u+u\mathrm{d}v}{u^2+v^2},\frac{\partial z}{\partial u}=\frac{-v}{u^2+v^2},\frac{\partial z}{\partial v}=\frac{u}{u^2+v^2},$$

所以$\frac{\partial z}{\partial u}+\frac{\partial z}{\partial v}=\frac{u-v}{u^2+v^2}$。

例 3　求下列函数的$\frac{\partial^2 z}{\partial x^2}$，$\frac{\partial^2 z}{\partial x\partial y}$，$\frac{\partial^2 z}{\partial y^2}$（其中 f 具有二阶连续偏导数）：

(1) $z=f(xy,y)$；　　(2) $z=f(xy^2,x^2y)$；　　(3) $z=f(\sin x,\cos y,\mathrm{e}^{x+y})$。

分析　本例题均属于多元复合函数类型 3。抽象多元复合函数求高阶偏导数主要考查读者不丢项，在每次求$\dfrac{\partial^2 z}{\partial x^2}$，$\dfrac{\partial^2 z}{\partial x\partial y}$，$\dfrac{\partial^2 z}{\partial y^2}$之前先搞清楚有多少项，其关键是画出结构图。

解　(1) 设 $z=f(u,y)$，$u=xy$，$z\langle^{u\,—\,x}_{y\,—\,y}$，$f_u\langle^{u\,—\,x}_{y\,—\,y}$，$f_y\langle^{u\,—\,x}_{y\,—\,y}$。

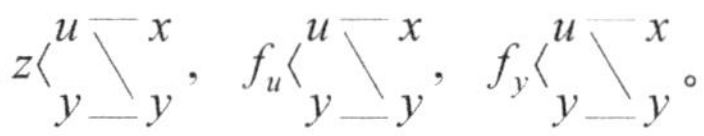

$$\frac{\partial z}{\partial x}=f_u\cdot y,\quad \frac{\partial^2 z}{\partial x^2}=y(f_{uu}\cdot y)=y^2 f_{uu},$$

$$\frac{\partial^2 z}{\partial x\partial y}=f_u+y[f_{uu}\cdot x+f_{uy}]=f_u+xyf_{uu}+yf_{uy},\quad \frac{\partial z}{\partial y}=f_u\cdot x+f_y,$$

$$\frac{\partial^2 z}{\partial y^2}=x[f_{uu}\cdot x+f_{uy}]+f_{yu}\cdot x+f_{yy}=x^2 f_{uu}+2xf_{uy}+f_{yy}。$$

(2) 设 $z=f(u,v)$，$u=xy^2$，$v=x^2y$，$z\langle^{u\,\times\,x}_{v\,\times\,y}$，$f_u\langle^{u\,\times\,x}_{v\,\times\,y}$，$f_v\langle^{u\,\times\,x}_{v\,\times\,y}$。

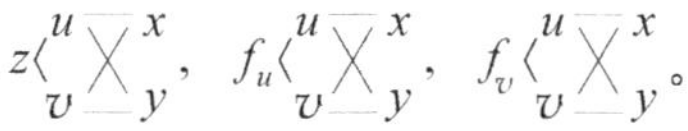

$$\frac{\partial z}{\partial x}=f_u\frac{\partial u}{\partial x}+f_v\frac{\partial v}{\partial x}=y^2 f_u+2xyf_v,\quad \frac{\partial z}{\partial y}=f_u\cdot 2xy+f_v x^2,$$

$$\frac{\partial^2 z}{\partial x^2}=\frac{\partial}{\partial x}[y^2 f_u+2xyf_v]\text{(有多少项?)}$$
$$=y^2[f_{uu}\cdot y^2+f_{uv}\cdot 2xy]+2yf_v+2xy[f_{vu}y^2+f_{vv}2xy]$$
$$=y^4 f_{uu}+4xy^3 f_{uv}+4x^2y^2 f_{vv}+2yf_v,$$

$$\frac{\partial^2 z}{\partial x\partial y}=\frac{\partial}{\partial y}[y^2 f_u+2xyf_v]\text{(有 6 项)}$$
$$=2yf_u+y^2[f_{uu}\cdot 2xy+f_{uv}x^2]+2xf_v+2xy[f_{vu}2xy+f_{vv}x^2]$$
$$=2xy^3 f_{uu}+5x^2y^2 f_{uv}+2x^3yf_{vv}+2yf_u+2xf_v,$$

$$\frac{\partial^2 z}{\partial y^2}=\frac{\partial}{\partial y}[2xyf_u+x^2 f_v]\text{(有多少项?)}$$
$$=2xf_u+2xy[f_{uu}\cdot 2xy+f_{uv}\cdot x^2]+x^2[f_{vu}2xy+f_{vv}x^2]$$
$$=4x^2y^2 f_{uu}+4x^3yf_{uv}+x^4 f_{vv}+2xf_u。$$

(3) 设 $z=f(u,v,w)$，$u=\sin x$，$v=\cos y$，$w=e^{x+y}$，

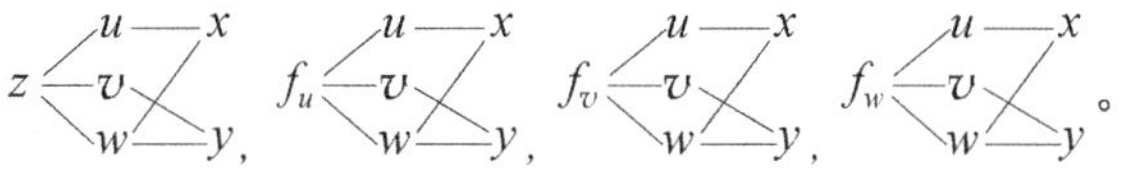

z、f_u、f_v、f_w 的结构图均为：u—x，v—y，w—x，w—y。

$$\frac{\partial z}{\partial x}=f_u\cos x+f_w e^{x+y},\quad \frac{\partial z}{\partial y}=f_v(-\sin y)+f_w e^{x+y},$$

$$\frac{\partial^2 z}{\partial x^2}=\frac{\partial}{\partial x}[\cos xf_u+e^{x+y}f_w]\text{(有 6 项)}$$
$$=-\sin xf_u+\cos x[f_{uu}\cdot\cos x+f_{uw}e^{x+y}]+e^{x+y}f_w+e^{x+y}[f_{wu}\cos x+f_{ww}e^{x+y}]$$
$$=\cos^2 xf_{uu}+2e^{x+y}\cos xf_{uw}+e^{2(x+y)}f_{ww}-\sin xf_u+e^{x+y}f_w。$$

$$\frac{\partial^2 z}{\partial x\partial y}=\frac{\partial}{\partial y}[\cos xf_u+e^{x+y}f_w]\text{(有多少项?)}$$
$$=\cos x[f_{uv}(-\sin y)+f_{uw}e^{x+y}]+e^{x+y}f_w+e^{x+y}[f_{wv}(-\sin y)+f_{ww}e^{x+y}]$$
$$=-\sin y\cos xf_{uv}+e^{x+y}\cos xf_{uw}-\sin ye^{x+y}f_{wv}+e^{2(x+y)}f_{ww}+e^{x+y}f_w。$$

$$\frac{\partial^2 z}{\partial y^2}=\frac{\partial}{\partial y}[-\sin yf_v+e^{x+y}f_w]\text{(有多少项?)}$$

$=-\cos y f_v-\sin y[f_{ww}(-\sin y)+f_{wu}\mathrm{e}^{x+y}]+\mathrm{e}^{x+y}f_w+\mathrm{e}^{x+y}[f_{uw}(-\sin y)+f_{uu}\mathrm{e}^{x+y}]$

$=\sin^2 y f_{ww}-2\mathrm{e}^{x+y}\sin y f_{uw}+\mathrm{e}^{2(x+y)}f_{uu}-\cos y f_v+\mathrm{e}^{x+y}f_w$。

例 4 设函数 $z=f(x,y)$ 在点 $(1,1)$ 处可微，且 $f(1,1)=1,\left.\frac{\partial f}{\partial x}\right|_{(1,1)}=2,\left.\frac{\partial f}{\partial y}\right|_{(1,1)}=3$，$\varphi(x)=f(x,f(x,x))$。求 $\left.\frac{\mathrm{d}}{\mathrm{d}x}\varphi^3(x)\right|_{x=1}$。

分析 从函数、中间变量、自变量间关系易知此题型是属于多元复合函数类型1。即 $\varphi=f(x,y),y=f(x,y),y=x$。

复合函数结构图为 $\varphi\begin{cases}x\\ y\begin{cases}x\\ y\end{cases}\end{cases}x$，从中间变量 y 到自变量 x，又经过两个中间变量，即 $\varphi\begin{cases}\\ y\begin{cases}x\\ y\end{cases}\end{cases}x$，应该出现两个因子之积的和：$f_2\cdot(f_1+f_2)=(f_2\cdot f_1+f_2\cdot f_2)$项。

解 $\frac{\mathrm{d}\varphi^3}{\mathrm{d}x}=3\varphi^2(x)\frac{\mathrm{d}\varphi(x)}{\mathrm{d}x}$

$$=3\varphi^2(x)\left[f_1(x,f(x,x))\frac{\mathrm{d}x}{\mathrm{d}x}+f_2(x,f(x,x))\left(f_1(x,y)\frac{\mathrm{d}x}{\mathrm{d}x}+f_2(x,y)\frac{\mathrm{d}y}{\mathrm{d}x}\right)\right],$$

所以 $\left.\frac{\mathrm{d}\varphi^3}{\mathrm{d}x}\right|_{x=1}=3\times\varphi^2(1)[f_1(1,1)+f_2(1,1)(f_1(1,1)+f_2(1,1))]=3\times[2+3(2+3)]=51$。

例 5 证明：曲面 $z=xf\left(\frac{y}{x}\right)$ 为锥面。

分析 锥面有什么特点呢？由锥面定义知，锥面上任何一点的切平面都经过锥面的顶点，即所有切平面相交一点。

证明 设 $z=xf(u),u=\frac{y}{x}$，所以 $f(u)$ 是一个中间变量的多元复合函数类型2，考查多元函数的偏导数与一元函数的导数记号要区分！

设点 (x_0,y_0,z_0) 为曲面上的任一点，于是曲面在点 (x_0,y_0,z_0) 处的法线向量 $\boldsymbol{n}=\left\{\frac{\partial z}{\partial x},\frac{\partial z}{\partial y},-1\right\}_{x_0,y_0,z_0}$，记 $u_0=\frac{y_0}{x_0}$。

$$\mathrm{d}z=\mathrm{d}(xf(u))=f(u)\mathrm{d}x+xf'(u)\mathrm{d}u=f(u)\mathrm{d}x+xf'(u)\left(\frac{x\mathrm{d}y-y\mathrm{d}x}{x^2}\right)$$

$$=\left(f(u)-\frac{y}{x}f'(u)\right)\mathrm{d}x+f'(u)\mathrm{d}y,$$

$$\frac{\partial z}{\partial x}=f(u)-\frac{y}{x}f'(u),\quad \frac{\partial z}{\partial y}=f'(u),\quad \boldsymbol{n}=\{f(u_0)-u_0f'(u_0),f'(u_0),-1\}。$$

切平面方程为

$(f(u_0)-u_0f'(u_0))(x-x_0)+f'(u_0)(y-y_0)-(z-z_0)=0$,

$(f(u_0)-u_0f'(u_0))x-x_0f(u_0)+y_0f'(u_0)+f'(u_0)y-y_0(f'(u_0)-z+x_0(f(u_0))=0$,

亦即 $(f(u_0)-u_0f'(u_0))x+f'(u_0)y-z=0$。

由于 $x=y=z=0$ 满足上述方程，又由于点 (x_0,y_0,z_0) 是任意的，所以曲面上任一点处的切平面均过点 $(0,0,0)$。故曲面为锥面。

例 6 设函数 $f(u)$ 具有二阶连续导数，而 $z=f(\mathrm{e}^x\sin y)$ 满足方程

$$\frac{\partial^2 z}{\partial x^2}+\frac{\partial^2 z}{\partial y^2}=\mathrm{e}^{2x}z, \tag{I}$$

求 $f(u)$。

分析　$z=f(e^x\sin y)$是由一元函数 $f(u)$与二元函数 $u=e^x\sin y$ 复合而成的二元函数，且属于多元复合函数类型 2。它满足方程（Ⅰ），应用多元复合函数求导法，导出 $f(u)$满足的常微分方程，从而求出 $f(u)$。

解　$\frac{\partial z}{\partial x}=f'(u)\frac{\partial u}{\partial x}=f'(u)e^x\sin y$，　$\frac{\partial z}{\partial y}=f'(u)\frac{\partial u}{\partial y}=f'(u)e^x\cos y$，

$$\frac{\partial^2 z}{\partial x^2}=f''(u)e^{2x}\sin^2 y+f'(u)e^x\sin y,\quad \frac{\partial^2 z}{\partial y^2}=f''(u)e^{2x}\cos^2 y-f'(u)e^x\sin y。$$

$$\frac{\partial^2 z}{\partial x^2}+\frac{\partial^2 z}{\partial y^2}=f''(u)e^{2x}(\sin^2 y+\cos^2 y)=f''(u)e^{2x}。$$

由式（Ⅰ）有 $f''(u)e^{2x}=e^{2x}f(u)$，$f''(u)-f(u)=0$，这是二阶常系数线性齐次方程，相应的特征方程为 $r^2-1=0$，特征根为 $r=\pm 1$。因此求得 $f(u)=C_1e^u+C_2e^{-u}$，其中 C_1，C_2 为任意常数。

例 7　已知 $z=z(x-2y,x+ay)$，设变换 $u=x-2y$，$v=x+ay$，可将 $6\frac{\partial^2 z}{\partial x^2}+\frac{\partial^2 z}{\partial x\partial y}-\frac{\partial^2 z}{\partial y^2}=0$ 化成$\frac{\partial^2 z}{\partial u\partial v}=0$，求常数 a，其中二阶偏导数连续。

分析　z 作为 x，y 的函数满足偏微分方程 $6\frac{\partial^2 z}{\partial x^2}+\frac{\partial^2 z}{\partial x\partial y}-\frac{\partial^2 z}{\partial y^2}=0$，在变换 $u=x-2y$，$v=x+ay$ 下，z 变为 u，v 的函数。利用复合函数求导法，分别将 z 对 x，y 的一、二阶偏导数用 z 对 u，v 的一、二阶偏导数来表示，代入原方程导出 z 关于 u，v 的偏微分方程，由此定出 a 的值，使之化为$\frac{\partial^2 z}{\partial u\partial v}=0$。属于多元复合函数类型 3。

解　将 u，v 看成中间变量，x，y 看成自变量 $z\langle\begin{smallmatrix}u & x\\ v & y\end{smallmatrix}$。

$$\frac{\partial z}{\partial x}=\frac{\partial z}{\partial u}\frac{\partial u}{\partial x}+\frac{\partial z}{\partial v}\frac{\partial v}{\partial x}=\frac{\partial z}{\partial u}+\frac{\partial z}{\partial v},\quad \frac{\partial z}{\partial y}=\frac{\partial z}{\partial u}\frac{\partial u}{\partial y}+\frac{\partial z}{\partial v}\frac{\partial v}{\partial y}=-2\frac{\partial z}{\partial u}+a\frac{\partial z}{\partial v},$$

又　$\frac{\partial z}{\partial u}\langle\begin{smallmatrix}u & x\\ v & y\end{smallmatrix}$，$\frac{\partial z}{\partial v}\langle\begin{smallmatrix}u & x\\ v & y\end{smallmatrix}$，

$$\begin{aligned}\frac{\partial^2 z}{\partial x^2}&=\frac{\partial}{\partial x}\left(\frac{\partial z}{\partial u}+\frac{\partial z}{\partial v}\right)=\frac{\partial^2 z}{\partial u^2}\frac{\partial u}{\partial x}+\frac{\partial^2 z}{\partial u\partial v}\frac{\partial v}{\partial x}+\frac{\partial^2 z}{\partial v\partial u}\frac{\partial u}{\partial x}+\frac{\partial^2 z}{\partial v^2}\frac{\partial v}{\partial x}\\&=\frac{\partial^2 z}{\partial u^2}+2\frac{\partial^2 z}{\partial u\partial v}+\frac{\partial^2 z}{\partial v^2},\end{aligned}$$

$$\frac{\partial^2 z}{\partial y^2}=4\frac{\partial^2 z}{\partial u^2}-4a\frac{\partial^2 z}{\partial u\partial v}+a^2\frac{\partial^2 z}{\partial v^2},$$

$$\frac{\partial^2 z}{\partial x\partial y}=\frac{\partial}{\partial y}\left(\frac{\partial z}{\partial u}\right)+\frac{\partial}{\partial y}\left(\frac{\partial z}{\partial v}\right)=-2\frac{\partial^2 z}{\partial u^2}+(a-2)\frac{\partial^2 z}{\partial u\partial v}+a\frac{\partial^2 z}{\partial v^2},$$

将上述结果代入原方程后，经整理得

$$(10+5a)\frac{\partial^2 z}{\partial u\partial v}+(6+a-a^2)\frac{\partial^2 z}{\partial v^2}=0,$$

按要求得 $10+5a\neq 0$，$6+a-a^2=0$，解之得 $a=3$。此时原方程化为$\frac{\partial^2 z}{\partial u\partial v}=0$。

第五节　隐函数的求导公式

问题 132　多元隐函数是怎样构成的？如何求多元隐函数的导数？(参见文献[4])

1. 隐函数的构成

(1) 一个方程情形：一个二元方程 $F(x,y)=0$，确定一个一元函数 $y=y(x)$。一个三元方程 $F(x,y,z)=0$，确定一个二元函数。由此类推一个 n 元方程确定一个 $n-1$ 元函数。

(2) 方程组情形：方程组由几个方程构成就确定几个函数。两个四元方程组 $F(x,y,u,v)=0,G(x,y,u,v)=0$ 确定两个二元函数。同理推得 3 个五元方程组 $F(x,y,z,u,v)=0,G(x,y,z,u,v)=0,\Phi(x,y,z,u,v)=0$，确定 3 个二元函数。若$\dfrac{\partial(F,G,\Phi)}{\partial(z,u,v)}\neq 0$，则确定 $z=z(x,y),u=u(x,y),v=v(x,y)$ 3 个二元函数(参见文献[4])。

2. 隐函数求导方法

如何求隐函数的导数呢？一个三元方程 $F(x,y,z)=0$ 确定一个二元函数，谁是函数，哪些变量为自变量呢？若 $F_z\neq 0$，则确定 z 是 x,y 的函数，即 $z=z(x,y)$。多元隐函数求导法则：

(1) 将方程中的 z 看作 x,y 的函数，即设 $z=z(x,y)$；

(2) 在方程两边同时对 x(或对 y)求导，得含有一阶偏导数的新的方程；

(3) 从新的方程中解出一阶偏导数。

称上述(1)(2)(3)为多元隐函数求导法则。

$$F\begin{array}{l} x \\ y \\ z \end{array}\begin{array}{l} x \\ y \end{array},\quad \begin{cases} F_x+F_z\dfrac{\partial z}{\partial x}=0, \\ F_y+F_z\dfrac{\partial z}{\partial y}=0, \end{cases}\quad \Rightarrow \begin{cases} \dfrac{\partial z}{\partial x}=-\dfrac{F_x}{F_z}, \\ \dfrac{\partial z}{\partial y}=-\dfrac{F_y}{F_z}。 \end{cases}$$

例 1　设有三元方程 $xy-z\ln y+e^{xz}=1$，根据隐函数存在定理，存在点 $(0,1,1)$ 的一个邻域，在此邻域内该方程(　　)。

(A) 只能确定一个具有连续偏导数的隐函数 $z=z(x,y)$

(B) 可确定两个具有连续偏导数的隐函数 $y=y(x,z)$ 和 $z=z(x,y)$

(C) 可确定两个具有连续偏导数的隐函数 $x=x(y,z)$ 和 $z=z(x,y)$

(D) 可确定两个具有连续偏导数的隐函数 $x=x(y,z)$ 和 $y=y(x,z)$

解　设 $F(x,y,z)=xy-z\ln y+e^{xz}-1$，$F(0,1,1)=0-\ln 1+e^0-1=1-1=0$，即 $F(0,1,1)=0$，$F_x=y+ze^{xz}$，$F_y=x-\dfrac{z}{y}$，$F_z=-\ln y+xe^{xz}$。因为 $F_x(0,1,1)=2\neq 0$，$F_y(0,1,1)=-1\neq 0$，$F_z(0,1,1)=0$，所以在点 $(0,1,1)$ 的邻域内可确定两个具有连续偏导数的隐函数 $x=x(y,z)$ 和 $y=y(x,z)$。故选(D)。

例 2　设 $x=x(y,z),y=y(x,z),z=z(x,y)$ 都是由方程 $F(x,y,z)=0$ 所确定的具有连续偏导数的函数，证明：$\dfrac{\partial x}{\partial y}\cdot\dfrac{\partial y}{\partial z}\cdot\dfrac{\partial z}{\partial x}=-1$。

证明　因为$\frac{\partial x}{\partial y}=-\frac{F_y}{F_x}$，$\frac{\partial y}{\partial z}=-\frac{F_z}{F_y}$，$\frac{\partial z}{\partial x}=-\frac{F_x}{F_z}$，所以

左端$=\left(-\frac{F_y}{F_x}\right)\cdot\left(-\frac{F_z}{F_y}\right)\cdot\left(-\frac{F_x}{F_z}\right)=-1$。

点评　本题说明偏导数记号$\frac{\partial x}{\partial y}$是一个整体，不能像一元函数的导数是微分 $\mathrm{d}y$ 与 $\mathrm{d}x$ 之商一样看待，即不能看作∂y 与∂x 之商！

例 3　设 $\Phi(u,v)$具有连续偏导数，证明：由方程 $\Phi(cx-az,cy-bz)=0$ 所确定的函数 $z=f(x,y)$满足 $a\frac{\partial z}{\partial x}+b\frac{\partial z}{\partial y}=c$。

证明　设 $\Phi(u,v)=0$，$u=cx-az$，$v=cy-bz$，则 $\mathrm{d}\Phi=0$，

$$\Phi_u\mathrm{d}u+\Phi_v\mathrm{d}v=0,\quad \Phi_u(c\mathrm{d}x-a\mathrm{d}z)+\Phi_v(c\mathrm{d}y-b\mathrm{d}z)=0,\quad \mathrm{d}z=\frac{c\Phi_u\mathrm{d}x+c\Phi_v\mathrm{d}y}{a\Phi_u+b\Phi_v},$$

所以
$$\frac{\partial z}{\partial x}=\frac{c\Phi_u}{a\Phi_u+b\Phi_v},\frac{\partial z}{\partial y}=\frac{c\Phi_v}{a\Phi_u+b\Phi_v},a\frac{\partial z}{\partial x}+b\frac{\partial z}{\partial y}=\frac{c(a\Phi_u+b\Phi_v)}{a\Phi_u+b\Phi_v}=c。$$

例 4　设 $\mathrm{e}^z-xyz=0$，求$\frac{\partial^2 z}{\partial x^2}$。

解　方法 1　设 $z=z(x,y)$，在方程的两边同时对 x 求导，得

$$\mathrm{e}^z\frac{\partial z}{\partial x}-yz-xy\frac{\partial z}{\partial x}=0,\tag{Ⅰ}$$

在方程（Ⅰ）两边继续对 x 求导，得

$$\mathrm{e}^z\left(\frac{\partial z}{\partial x}\right)^2+\mathrm{e}^z\frac{\partial^2 z}{\partial x^2}-y\frac{\partial z}{\partial x}-y\frac{\partial z}{\partial x}-xy\frac{\partial^2 z}{\partial x^2}=0。\tag{Ⅱ}$$

由式（Ⅰ）解出$\frac{\partial z}{\partial x}=\frac{yz}{\mathrm{e}^z-xy}$，代入式（Ⅱ）得

$$\mathrm{e}^z\left(\frac{yz}{\mathrm{e}^z-xy}\right)^2-2y\frac{yz}{\mathrm{e}^z-xy}+(\mathrm{e}^z-xy)\frac{\partial^2 z}{\partial x^2}=0,$$

$$\frac{\partial^2 z}{\partial x^2}=\frac{2y^2z\mathrm{e}^z-2xy^3z-y^2z^2\mathrm{e}^z}{(\mathrm{e}^z-xy)^3}。$$

方法 2　设 $z=z(x,y)$，在方程的两边同时对 x 求导，得

$$\mathrm{e}^z\frac{\partial z}{\partial x}-yz-xy\frac{\partial z}{\partial x}=0,\quad \frac{\partial z}{\partial x}=\frac{yz}{\mathrm{e}^z-xy},$$

利用商的求导法则，有

$$\frac{\partial^2 z}{\partial x^2}=\frac{y\frac{\partial z}{\partial x}(\mathrm{e}^z-xy)-yz\left(\mathrm{e}^z\frac{\partial z}{\partial x}-y\right)}{(\mathrm{e}^z-xy)^2}=\frac{y(\mathrm{e}^z-xy)\frac{yz}{\mathrm{e}^z-xy}-yz\left(\mathrm{e}^z\frac{yz}{\mathrm{e}^z-xy}-y\right)}{(\mathrm{e}^z-xy)^2}$$

$$=\frac{2y^2z\mathrm{e}^z-2xy^3z-y^2z^2\mathrm{e}^z}{(\mathrm{e}^z-xy)^3}。$$

点评　多元函数求高阶偏导数（二阶以上）有上述两种求法。

(1) 避开商的求导法则。用方程（Ⅰ）（Ⅱ）求$\frac{\partial z}{\partial x}$及$\frac{\partial^2 z}{\partial x^2}$，这种方法一般来说比第二种做法少出计算错误。

(2) 求出$\frac{\partial z}{\partial x}$后，利用商的求导法则求出$\frac{\partial^2 z}{\partial x^2}$。

例 5　求由下列方程组所确定的函数的导数或偏导数：

(1) 设$\begin{cases} u=f(ux,v+y), \\ v=g(u-x,v^2 y), \end{cases}$其中 f,g 具有一阶连续偏导数，求$\frac{\partial u}{\partial x},\frac{\partial v}{\partial x}$。

(2) 设$\begin{cases} x=\mathrm{e}^u+u\sin v, \\ y=\mathrm{e}^u-u\cos v, \end{cases}$求$\frac{\partial u}{\partial x},\frac{\partial u}{\partial y},\frac{\partial v}{\partial x},\frac{\partial v}{\partial y}$。

解　(1) 本题是两个四元方程组，确定了两个二元函数 $u=u(x,y),v=v(x,y)$。对方程组施以偏导数运算，有

$$\begin{cases} \frac{\partial u}{\partial x}=f_1\cdot\left(u+x\frac{\partial u}{\partial x}\right)+f_2\cdot\frac{\partial v}{\partial x}, \\ \frac{\partial v}{\partial x}=g_1\cdot\left(\frac{\partial u}{\partial x}-1\right)+g_2\cdot 2vy\cdot\frac{\partial v}{\partial x}, \end{cases}$$

则

$$\begin{cases} (1-xf_1)\cdot\frac{\partial u}{\partial x}-f_2\cdot\frac{\partial v}{\partial x}=uf_1, & (\text{I}) \\ -g_1\cdot\frac{\partial u}{\partial x}+(1-2yvg_2)\cdot\frac{\partial v}{\partial x}=-g_1, & (\text{II}) \end{cases}$$

由方程组(Ⅰ)(Ⅱ)解得

$$\frac{\partial u}{\partial x}=\frac{-uf_1\cdot(2yvg_2-1)-f_2\cdot g_1}{(xf_1-1)(2yvg_2-1)-f_2\cdot g_1},\quad \frac{\partial v}{\partial x}=\frac{g_1\cdot(xf_1+uf_1-1)}{(xf_1-1)(2yvg_2-1)-f_2\cdot g_1}。$$

(2) 因为是两个四元方程组，所以确定了两个二元函数 $u=u(x,y),v=v(x,y)$。对方程组施以全微分运算，有

$$\begin{cases} \mathrm{d}x=\mathrm{e}^u\mathrm{d}u+\sin v\mathrm{d}u+u\cos v\mathrm{d}v, \\ \mathrm{d}y=\mathrm{e}^u\mathrm{d}u-\cos v\mathrm{d}u+u\sin v\mathrm{d}v, \end{cases}$$

则

$$\begin{cases} (\mathrm{e}^u+\sin v)\mathrm{d}u+u\cos v\mathrm{d}v=\mathrm{d}x, & (\text{I}) \\ (\mathrm{e}^u-\cos v)\mathrm{d}u+u\sin v\mathrm{d}v=\mathrm{d}y。 & (\text{II}) \end{cases}$$

由方程组(Ⅰ)(Ⅱ)解得

$$\mathrm{d}u=\frac{u\sin v\mathrm{d}x-u\cos v\mathrm{d}y}{u[\mathrm{e}^u(\sin v-\cos v)+1]},\quad \mathrm{d}v=\frac{-(\mathrm{e}^u-\cos v)\mathrm{d}x+(\mathrm{e}^u+\sin v)\mathrm{d}y}{u[\mathrm{e}^u(\sin v-\cos v)+1]}。$$

$$\frac{\partial u}{\partial x}=\frac{\sin v}{\mathrm{e}^u(\sin v-\cos v)+1},\quad \frac{\partial u}{\partial y}=\frac{-\cos v}{\mathrm{e}^u(\sin v-\cos v)+1},$$

$$\frac{\partial v}{\partial x}=\frac{\cos v-\mathrm{e}^u}{u[\mathrm{e}^u(\sin v-\cos v)+1]},\quad \frac{\partial v}{\partial y}=\frac{\mathrm{e}^u+\sin v}{u[\mathrm{e}^u(\sin v-\cos v)+1]}。$$

例 6　设 $y=f(x,t)$，而 $t=t(x,y)$是由方程 $F(x,y,t)=0$ 所确定的函数，其中 f,F 都具有一阶连续偏导数。试证明$\frac{\mathrm{d}y}{\mathrm{d}x}=\frac{\frac{\partial f}{\partial x}\frac{\partial F}{\partial t}-\frac{\partial f}{\partial t}\frac{\partial F}{\partial x}}{\frac{\partial f}{\partial t}\frac{\partial F}{\partial y}+\frac{\partial F}{\partial t}}$。

分析　由两个三元方程组 $y=f(x,t),F(x,y,t)=0$ 确定了两个一元函数 $y=y(x),t=t(x)$。

解　对方程组关于自变量 x 求导，得

$$\begin{cases}\dfrac{\mathrm{d}y}{\mathrm{d}x}=\dfrac{\partial f}{\partial x}\cdot\dfrac{\mathrm{d}x}{\mathrm{d}x}+\dfrac{\partial f}{\partial t}\cdot\dfrac{\mathrm{d}t}{\mathrm{d}x},\\ \dfrac{\partial F}{\partial x}\cdot\dfrac{\mathrm{d}x}{\mathrm{d}x}+\dfrac{\partial F}{\partial y}\cdot\dfrac{\mathrm{d}y}{\mathrm{d}x}+\dfrac{\partial F}{\partial t}\cdot\dfrac{\mathrm{d}t}{\mathrm{d}x}=0,\end{cases}$$

则

$$\begin{cases}\dfrac{\mathrm{d}y}{\mathrm{d}x}-\dfrac{\partial f}{\partial t}\cdot\dfrac{\mathrm{d}t}{\mathrm{d}x}=\dfrac{\partial f}{\partial x},\\ \dfrac{\partial F}{\partial y}\cdot\dfrac{\mathrm{d}y}{\mathrm{d}x}+\dfrac{\partial F}{\partial t}\cdot\dfrac{\mathrm{d}t}{\mathrm{d}x}=-\dfrac{\partial F}{\partial x},\end{cases}$$

$$\Delta=\begin{vmatrix}1 & -\dfrac{\partial f}{\partial t}\\ \dfrac{\partial F}{\partial y} & \dfrac{\partial F}{\partial t}\end{vmatrix}=\frac{\partial F}{\partial t}+\frac{\partial f}{\partial t}\cdot\frac{\partial F}{\partial y},\quad \Delta_1=\begin{vmatrix}\dfrac{\partial f}{\partial x} & -\dfrac{\partial f}{\partial t}\\ -\dfrac{\partial F}{\partial x} & \dfrac{\partial F}{\partial t}\end{vmatrix}=\frac{\partial f}{\partial x}\cdot\frac{\partial F}{\partial t}-\frac{\partial f}{\partial t}\cdot\frac{\partial F}{\partial x},$$

所以

$$\frac{\mathrm{d}y}{\mathrm{d}x}=\frac{\Delta_1}{\Delta}=\frac{\dfrac{\partial f}{\partial x}\cdot\dfrac{\partial F}{\partial t}-\dfrac{\partial f}{\partial t}\cdot\dfrac{\partial F}{\partial x}}{\dfrac{\partial F}{\partial t}+\dfrac{\partial f}{\partial t}\cdot\dfrac{\partial F}{\partial y}}。$$

例 7　设 $u=f(x,y,z)$ 有连续偏导数，且 $z=z(x,y)$ 由方程 $x\mathrm{e}^x-y\mathrm{e}^y=z\mathrm{e}^z$ 确定，求 $\mathrm{d}u$。

解　由两个四元方程组 $\begin{cases}u=f(x,y,z),\\ x\mathrm{e}^x-y\mathrm{e}^y=z\mathrm{e}^z\end{cases}$ 确定两个二元函数 $u=(x,y)$，$z=z(x,y)$。对上述方程组施以全微分运算，得

$$\begin{cases}\mathrm{d}u=\dfrac{\partial f}{\partial x}\mathrm{d}x+\dfrac{\partial f}{\partial y}\mathrm{d}y+\dfrac{\partial f}{\partial z}\mathrm{d}z, & (\text{Ⅰ})\\ \mathrm{e}^x\mathrm{d}x+x\mathrm{e}^x\mathrm{d}x-\mathrm{e}^y\mathrm{d}y-y\mathrm{e}^y\mathrm{d}y=\mathrm{e}^z\mathrm{d}z+z\mathrm{e}^z\mathrm{d}z。 & (\text{Ⅱ})\end{cases}$$

由式(Ⅱ)得，$\mathrm{d}z=\dfrac{(1+x)\mathrm{e}^x\mathrm{d}x-(1+y)\mathrm{e}^y\mathrm{d}y}{(1+z)\mathrm{e}^z}$，代入式(Ⅰ)得

$$\mathrm{d}u=\left(\frac{\partial f}{\partial x}+\frac{\partial f}{\partial z}\frac{1+x}{1+z}\mathrm{e}^{x-z}\right)\mathrm{d}x+\left(\frac{\partial f}{\partial y}-\frac{\partial f}{\partial z}\frac{1+y}{1+z}\mathrm{e}^{y-z}\right)\mathrm{d}y。$$

问题 133　如何求多元积分变上限函数的偏导数？

因为求偏导数只对一个自变量求，其余自变量视为常数，所以多元积分变上限函数求偏导数时，仍然使用一元函数的积分变上限函数的求导方法。

例 8　设 $u=f(x,y,z)$ 有连续的一阶偏导数，又函数 $y=y(x)$ 及 $z=z(x)$ 分别由 $\mathrm{e}^{xy}-xy=2$ 和 $\mathrm{e}^x=\int_0^{x-z}\dfrac{\sin t}{t}\mathrm{d}t$ 确定，求 u'。

解　由三个四元方程组 $u=f(x,y,z)$，$\mathrm{e}^{xy}-xy=2$，$\mathrm{e}^x=\int_0^{x-z}\dfrac{\sin t}{t}\mathrm{d}t$ 确定三个一元函数 $y=y(x)$，$z=z(x)$，$u=u(x)$，且方程组含有多元积分变上限函数。方程组对 x 求导，得

$$\frac{\mathrm{d}u}{\mathrm{d}x}=f_x\frac{\mathrm{d}x}{\mathrm{d}x}+f_y\frac{\mathrm{d}y}{\mathrm{d}x}+f_z\frac{\mathrm{d}z}{\mathrm{d}x},\qquad(\text{Ⅰ})$$

$$e^{xy}\left(y+x\frac{dy}{dx}\right)-\left(y+x\frac{dy}{dx}\right)=0, \tag{Ⅱ}$$

$$e^{x}=\frac{\sin(x-z)}{(x-z)}\cdot(1-z'), \tag{Ⅲ}$$

由式(Ⅱ)(Ⅲ)得，$y'=-\dfrac{y}{x}$，$z'=1-\dfrac{e^{x}(x-z)}{\sin(x-z)}$，代入式(Ⅰ)得

$$\frac{du}{dx}=f_x-\frac{y}{x}\cdot f_y+\left[1-\frac{e^{x}(x-z)}{\sin(x-z)}\right]f_z。$$

例 9　设函数 $z=f(u)$，方程 $u=\varphi(u)+\int_y^x p(t)dt$ 确定 u 是 x,y 的函数，其中 $f(u)$，$\varphi(u)$可微；$p(t)$，$\varphi'(u)$连续，且 $\varphi'(u)\neq1$，求 $p(y)\dfrac{\partial z}{\partial x}+p(x)\dfrac{\partial z}{\partial y}$。

解　由 $z=f(u)$且 u 为 x,y 的函数，得

$$\frac{\partial z}{\partial x}=f'(u)\frac{\partial u}{\partial x},\quad \frac{\partial z}{\partial y}=f'(u)\frac{\partial u}{\partial y};$$

$u=u(x,y)$由方程 $u=\varphi(u)+\int_y^x p(t)dt$ 确定，将方程两端分别对 x,y 求偏导数，得

$$\frac{\partial u}{\partial x}=\varphi'(u)\frac{\partial u}{\partial x}+p(x),\quad \frac{\partial u}{\partial y}=\varphi'(u)\frac{\partial u}{\partial y}-p(y)。$$

所以

$$\frac{\partial u}{\partial x}=\frac{p(x)}{1-\varphi'(u)},\quad \frac{\partial u}{\partial y}=\frac{-p(y)}{1-\varphi'(u)},$$

$$p(y)\frac{\partial z}{\partial x}+p(x)\frac{\partial z}{\partial y}=f'(u)\left[\frac{p(x)p(y)}{1-\varphi'(u)}-\frac{p(x)p(y)}{1-\varphi'(u)}\right]=0。$$

第六节　多元函数微分学的几何应用

问题 134　多元函数微分学在几何上有哪些应用？

(1) 求空间曲线 Γ 在其上一点 M 处的切线方程和法平面方程；

(2) 求空间曲面 Σ 在其上一点 M 处的切平面方程和法线方程。

这两部分内容都具有问题明确、提法相似、解法固定的特点，只要按步骤解之即可。所谓提法相似是指：

(1) 空间曲线 Γ

① 已知切点 $M_0(x_0,y_0,z_0)$，如何求切线方程和法平面方程；

② 未知切点，如何求切线方程和法平面方程。

(2) 空间曲面 Σ

① 已知切点 $M_0(x_0,y_0,z_0)$，如何求切平面和法线方程；

② 未知切点，如何求切平面方程和法线方程。

相似之处还表现在两个问题都涉及一个点及一个向量。空间曲线 Γ 涉及切点及切线方向向量 $\boldsymbol{s}$，空间曲面 Σ 涉及切点及切平面的法线向量 $\boldsymbol{n}$。无论已知切点还是未知切点(设出切

点后)都转化为如何求一个向量的问题,求一个向量又归纳为空间解析几何及向量代数的两个向量的数量积和向量积的问题,所以解法固定。

1. 空间曲线Γ的切线方向向量s公式

① 空间曲线Γ方程为参数方程:$x=x(t),y=y(t),z=z(t)$,切点M_0对应的参数值为t_0,则有$\boldsymbol{s}=\{x'(t_0),y'(t_0),z'(t_0)\}$。

② 空间曲线Γ的方程为一般方程:$\begin{cases}F(x,y,z)=0,\\G(x,y,z)=0,\end{cases}$其中$F,G$具有一阶连续偏导数,切点为$M_0(x_0,y_0,z_0)$,则有

$$\boldsymbol{s}=\boldsymbol{n}_1\times\boldsymbol{n}_2=\begin{vmatrix}\boldsymbol{i}&\boldsymbol{j}&\boldsymbol{k}\\F_x&F_y&F_z\\G_x&G_y&G_z\end{vmatrix}_{M_0}=\left\{\frac{\partial(F,G)}{\partial(y,z)},\frac{\partial(F,G)}{\partial(z,x)},\frac{\partial(F,G)}{\partial(x,y)}\right\}_{M_0},$$

其中$\boldsymbol{n}_1$为曲面Σ_1:$F(x,y,z)=0$在M_0处的法向量,$\boldsymbol{n}_2$为曲面Σ_2:$G(x,y,z)=0$在M_0处的法向量。

2. 空间曲面Σ的切平面法线向量公式

① 设空间曲面Σ方程为,$F(x,y,z)=0$,其中$\boldsymbol{F}$具有一阶连续偏导数,$M_0(x_0,y_0,z_0)$为曲面Σ上的一点,则有$\boldsymbol{n}=\{F_x,F_y,F_z\}|_{M_0}$;

② 曲面Σ方程为$z=f(x,y)$,$M_0\in\Sigma$,则有$\boldsymbol{n}=\{f_x(x_0,y_0),f_y(x_0,y_0),-1\}$。

问题 135　两个曲面Σ_1:$F(x,y,z)=0$,Σ_2:$G(x,y,z)=0$,在点$M_0(x_0,y_0,z_0)$处相切,相当于给出什么条件?

分析　若两曲面相切,在切点$M_0(x_0,y_0,z_0)$处相当给出下面两个条件:(1)$F(x_0,y_0,z_0)=0$及$G(x_0,y_0,z_0)=0$;(2)在切点处的两曲面的切平面重合。

Σ_1在点M处的切平面方程为

$$F_x(x_0,y_0,z_0)(x-x_0)+F_y(x_0,y_0,z_0)(y-y_0)+F_z(x_0,y_0,z_0)(z-z_0)=0,$$

即

$$F_x(x_0,y_0,z_0)x+F_y(x_0,y_0,z_0)y+F_z(x_0,y_0,z_0)z+F_0=0,\tag{Ⅰ}$$

其中$F_0=-(x_0F_x(x_0,y_0,z_0)+y_0F_y(x_0,y_0,z_0)+z_0F_z(x_0,y_0,z_0))$。

同理可得,Σ_2在点M处的切平面方程为

$$G_x(x_0,y_0,z_0)x+G_y(x_0,y_0,z_0)y+G_z(x_0,y_0,z_0)z+G_0=0,\tag{Ⅱ}$$

其中$G_0=-(x_0G_x(x_0,y_0,z_0)+y_0G_y(x_0,y_0,z_0)+z_0G_z(x_0,y_0,z_0))$。

而两平面(Ⅰ)和(Ⅱ)重合的条件为$\dfrac{F_x(x_0,y_0,z_0)}{G_x(x_0,y_0,z_0)}=\dfrac{F_y(x_0,y_0,z_0)}{G_y(x_0,y_0,z_0)}=\dfrac{F_z(x_0,y_0,z_0)}{G_z(x_0,y_0,z_0)}=\dfrac{F_0}{G_0}$。

例 1　求曲线$x=\dfrac{t}{1+t},y=\dfrac{1+t}{t},z=t^2$在对应于$t=1$点处的切线及法平面方程。

分析　本题是空间曲线求切线和法平面题型。该问题分两种类型:①已知切点,其关键是求出切线的方向向量$\boldsymbol{s}$;②未知切点。设出切点(x_0,y_0,z_0)化为情形①。无论哪种情况,求解空间曲线的切线和法平面,关键是求出切线的方向向量$\boldsymbol{s}$。

解　当$t=1$时,$x=\dfrac{1}{2},y=2,z=1$,得切点$M\left(\dfrac{1}{2},2,1\right)$,在$M$处切线向量

$$\boldsymbol{v}=\{x'(t),y'(t),z'(t)\}|_{t=1}=\left\{\frac{1}{(1+t)^2},\frac{-1}{t^2},2t\right\}\bigg|_{t=1}=\left\{\frac{1}{4},-1,2\right\}。$$

所求切线方程为
$$\frac{x-\frac{1}{2}}{\frac{1}{4}}=\frac{y-2}{-1}=\frac{z-1}{2},$$

法平面方程为
$$\frac{x-\frac{1}{2}}{4}-(y-2)+2(z-1)=0,$$

即
$$2x-8y+16z-1=0。$$

例 2　求曲线$\begin{cases}x^2+y^2+z^2-3x=0,\\2x-3y+5z-4=0\end{cases}$在点(1,1,1)处的切线及法平面方程。

解　方法 1　对方程组求全微分，得
$$\begin{cases}2x\mathrm{d}x+2y\mathrm{d}y+2z\mathrm{d}z-3\mathrm{d}x=0,\\2\mathrm{d}x-3\mathrm{d}y+5\mathrm{d}z=0,\end{cases}\tag{Ⅰ}$$

将点(1,1,1)代入式(Ⅰ)，得
$$\begin{cases}-\mathrm{d}x+2\mathrm{d}y+2\mathrm{d}z=0,\\2\mathrm{d}x-3\mathrm{d}y+5\mathrm{d}z=0。\end{cases}$$

$$\frac{\mathrm{d}x}{\begin{vmatrix}2&2\\-3&5\end{vmatrix}}=\frac{\mathrm{d}y}{\begin{vmatrix}2&-1\\5&2\end{vmatrix}}=\frac{\mathrm{d}z}{\begin{vmatrix}-1&2\\2&-3\end{vmatrix}},\quad\frac{\mathrm{d}x}{16}=\frac{\mathrm{d}y}{9}=\frac{\mathrm{d}z}{-1},$$

所以切线方向向量 $\boldsymbol{s}=\{16,9,-1\}$。

切线方程为
$$\frac{x-1}{16}=\frac{y-1}{9}=\frac{z-1}{-1},$$

法平面方程为
$$16x+9y-z-24=0。$$

方法 2　曲面 $x^2+y^2+z^2-3x=0$ 在点(1,1,1)处的切平面方程为
$$-1(x-1)+2(y-1)+2(z-1)=0,\quad -x+2y+2z=3,$$

所以曲线在点(1,1,1)处的切线方程为
$$\begin{cases}-x+2y+2z=3,\\2x-3y+5z=4,\end{cases}$$

$$\boldsymbol{s}=\begin{vmatrix}\boldsymbol{i}&\boldsymbol{j}&\boldsymbol{k}\\-1&2&2\\2&-3&5\end{vmatrix}=\{16,9,-1\},$$

法平面方程为　$16(x-1)+9(y-1)-(z-1)=0,16x+9y-z-24=0$。

例 3　求出曲线 $x=t,y=t^2,z=t^3$ 上的点，使在该点的切线平行于平面 $x+2y+z=4$。

解　本题是未知切点求曲线的切线题型。设切点为 $M(x,y,z)$，在 M 处切线向量 $\boldsymbol{s}=\{x'(t),y'(t),z'(t)\}=\{1,2t,3t^2\}$。已知平面法线向量 $\boldsymbol{n}=\{1,2,1\}$，由题意知该点的切线平行于平面，则 $\boldsymbol{s}\perp\boldsymbol{n}$，故 $\boldsymbol{n}\cdot\boldsymbol{s}=0$，即 $1\times1+2t\times2+3t^2\times1=0$，得 $3t^2+4t+1=0$，$(3t+1)(t+1)=0$，解得 $t_1=-1,t_2=-\frac{1}{3}$。

当 $t_1=-1$ 时，$x=-1,y=1,z=-1$，得切点 $M_1(-1,1,-1)$；当 $t_2=-\frac{1}{3}$时，$x=$

$-\frac{1}{3}, y=\frac{1}{9}, z=-\frac{1}{27}$，得切点 $M_2\left(-\frac{1}{3},\frac{1}{9},-\frac{1}{27}\right)$，故所求的点为 $M_1(-1,1,-1)$ 及 $M_2\left(-\frac{1}{3},\frac{1}{9},-\frac{1}{27}\right)$。

例 4　求椭球面 $x^2+2y^2+z^2=1$ 上平行于平面 $x-y+2z=0$ 的切平面方程。

解　本题是未知切点情形。

设切点为 $M_0(x_0,y_0,z_0)$，$F(x,y,z)=x^2+2y^2+z^2-1$，则

$$\boldsymbol{n}=\{F_x,F_y,F_z\}\big|_{(x_0,y_0,z_0)}=(2x_0,4y_0,2z_0)。$$

又已知平面的法线向量 $\boldsymbol{n}_1=\{1,-1,2\}$，由题意知 $\boldsymbol{n}/\!/\boldsymbol{n}_1$，由两向量平行条件有 $\frac{2x_0}{1}=\frac{4y_0}{-1}=\frac{2z_0}{2}\overset{令}{=\!=}\lambda$，有 $x_0=\frac{\lambda}{2}, y_0=-\frac{\lambda}{4}, z_0=\lambda$。又 (x_0,y_0,z_0) 为切点，故其坐标应满足椭球面方程 $\left(\frac{\lambda}{2}\right)^2+2\left(-\frac{\lambda}{4}\right)^2+\lambda^2=1$，$11\lambda^2=8$，$\lambda=\pm\sqrt{\frac{8}{11}}$，得切点 $M_1\left(\sqrt{\frac{2}{11}},-\frac{\sqrt{2}}{2\sqrt{11}},\frac{2\sqrt{2}}{\sqrt{11}}\right)$，$M_2\left(-\sqrt{\frac{2}{11}},\frac{\sqrt{2}}{2\sqrt{11}},\frac{-2\sqrt{2}}{\sqrt{11}}\right)$。切平面方程为 $x-y+2z=\pm\sqrt{\frac{11}{2}}$。

例 5　设 $F(u,v)$ 是可微分的二元函数，试证明曲面 $F(cx-az,cy-bz)=0$ 为柱面。

分析　柱面有什么特点呢？柱面定义：设 $\boldsymbol{s}$ 为已知常向量，称为柱面母线的方向向量，已知曲线 C 为准线，母线 L 沿准线 C 平行于 $\boldsymbol{s}$ 移动形成的曲面为柱面。由此定义知，柱面有如下特点，柱面上任意一点 $M(x,y,z)$ 处的切平面的法线向量 $\boldsymbol{n}$ 与已知常向量 $\boldsymbol{s}$ 垂直，即有 $\boldsymbol{n}\cdot\boldsymbol{s}=0$。

证明　设曲面任意一点 $M(x,y,z)$ 的法线向量为

$$\boldsymbol{n}=\{F_x,F_y,F_z\}=\{cF_u,cF_v,-(aF_u+bF_v)\},$$

其中 $u=cx-az, v=cy-bz$。取常向量 $\boldsymbol{s}=\{a,b,c\}$，从而

$$\boldsymbol{n}\cdot\boldsymbol{s}=acF_u+bcF_v-(acF_u+bcF_v)=0,$$

即证得 $\boldsymbol{n}\perp\boldsymbol{s}$，由于 $M(x,y,z)$ 是曲面上的任意点，所以曲面为柱面。

例 6　试证曲面 $\sqrt{x}+\sqrt{y}+\sqrt{z}=\sqrt{a}\ (a>0)$ 上任何点处的切平面在各坐标轴上的截距之和等于 a。

证明　设 $F(x,y,z)=\sqrt{x}+\sqrt{y}+\sqrt{z}-\sqrt{a}$，切点为 $M_0(x_0,y_0,z_0)$，则

$$\boldsymbol{n}=\{F_x,F_y,F_z\}\big|_{(M_0)}=\left\{\frac{1}{2\sqrt{x_0}},\frac{1}{2\sqrt{y_0}},\frac{1}{2\sqrt{z_0}}\right\}=\frac{\boldsymbol{n}_1}{2},$$

即

$$\boldsymbol{n}_1=\left\{\frac{1}{\sqrt{x_0}},\frac{1}{\sqrt{y_0}},\frac{1}{\sqrt{z_0}}\right\}。$$

于是在 M_0 处的切平面方程为

$$\frac{1}{\sqrt{x_0}}(x-x_0)+\frac{1}{\sqrt{y_0}}(y-y_0)+\frac{1}{\sqrt{z_0}}(z-z_0)=0,\quad \frac{x}{\sqrt{a}\sqrt{x_0}}+\frac{y}{\sqrt{a}\sqrt{y_0}}+\frac{z}{\sqrt{a}\sqrt{z_0}}=1,$$

故切平面在三个坐标轴上的截距分别为 $A=\sqrt{a}\sqrt{x_0}$，$B=\sqrt{a}\sqrt{y_0}$，$C=\sqrt{a}\sqrt{z_0}$，截距之和为 $\sqrt{a}\sqrt{x_0}+\sqrt{a}\sqrt{y_0}+\sqrt{a}\sqrt{z_0}=\sqrt{a}(\sqrt{x_0}+\sqrt{y_0}+\sqrt{z_0})=\sqrt{a}\cdot\sqrt{a}=a$。

例 7　确定正数 λ，使曲面 $xyz=\lambda$ 与 $\frac{x^2}{a^2}+\frac{y^2}{b^2}+\frac{z^2}{c^2}=1$ 在某一点相切。

解　设切点为 $M_0(x_0,y_0,z_0)$，由两曲面相切条件有

① $x_0y_0z_0=\lambda$，$\frac{x_0^2}{a^2}+\frac{y_0^2}{b^2}+\frac{z_0^2}{c^2}=1$；

② 设 $F(x,y,z)=xyz-\lambda$，则 $\boldsymbol{n}_1=\{F_x,F_y,F_z\}_{M_0}=\{y_0z_0,x_0z_0,x_0y_0\}$，切平面方程为

$$y_0z_0x+x_0z_0y+x_0y_0z-3\lambda=0。\tag{Ⅰ}$$

设 $G(x,y,z)=\frac{x^2}{a^2}+\frac{y^2}{b^2}+\frac{z^2}{c^2}-1$，切平面方程为

$$\frac{x_0x}{a^2}+\frac{y_0y}{b^2}+\frac{z_0z}{c^2}-1=0。\tag{Ⅱ}$$

两平面(Ⅰ)与(Ⅱ)重合，而重合条件为

$$\frac{\frac{x_0}{a^2}}{y_0z_0}=\frac{\frac{y_0}{b^2}}{x_0z_0}=\frac{\frac{z_0}{c^2}}{x_0y_0}=\frac{-1}{-3\lambda}=\frac{1}{3\lambda},$$

$$\frac{\frac{x_0^2}{a^2}}{x_0y_0z_0}=\frac{\frac{y_0^2}{b^2}}{x_0y_0z_0}=\frac{\frac{z_0^2}{c^2}}{x_0y_0z_0}=\frac{1}{3\lambda},\quad \frac{x_0^2}{a^2}=\frac{y_0^2}{b^2}=\frac{z_0^2}{c^2}=\frac{1}{3},$$

所以 $x_0=\frac{a}{\sqrt{3}}$，$y_0=\frac{b}{\sqrt{3}}$，$z_0=\frac{c}{\sqrt{3}}$，故 $\lambda=x_0y_0z_0=\frac{abc}{3\sqrt{3}}>0$。

第七节　方向导数与梯度

问题 136　方向导数与梯度有什么区别？方向导数与梯度间有什么关系？梯度与等值线(或等量面)间有什么关系？

区别：方向导数是变化率，是数量，梯度是向量。

方向导数与梯度间的关系是：

函数 $u=f(x,y,z)$ 在点 P 处沿梯度方向的方向导数值最大，表明梯度方向是函数值增大最快的方向，且最大变化率为 $|\mathbf{grad}u|=\sqrt{\left(\frac{\partial u}{\partial x}\right)^2+\left(\frac{\partial u}{\partial y}\right)^2+\left(\frac{\partial u}{\partial z}\right)^2}$。

函数 u 沿任一方向 l 的方向导数等于梯度 $\mathbf{grad}u$ 在方向 l 的投影，即

$$\frac{\partial u}{\partial l}=\mathbf{grad}u\cdot l^{\circ}=|\mathbf{grad}u|\cos\theta,$$

其中 l° 为 l 方向上的单位向量，θ 为 l° 与 $\mathbf{grad}u$ 的夹角。利用哈米尔顿算子 $\nabla=\frac{\partial}{\partial x}\boldsymbol{i}+\frac{\partial}{\partial y}\boldsymbol{j}+\frac{\partial}{\partial z}\boldsymbol{k}$，$u$ 的梯度 $\mathbf{grad}u$ 可以记为 ∇u。

梯度与等值线(或等量面)间的关系：

函数 $z=f(x,y)$ 在点 $P(x,y)$ 的梯度方向与过点 P 的等值线 $f(x,y)=c$ 在这点的法线的一个方向相同，且从数值较低的等值线指向数值较高的等值线，而梯度的模等于函数在这

个法线方向的方向导数。这个法线方向就是方向导数取得最大值的方向。

函数 $u=f(x,y,z)$ 在点 $P(x,y,z)$ 的梯度方向与过点 $P(x,y,z)$ 的等量面 $f(x,y,z)=c$ 在这点的法线的一个方向相同，且从数值较低的等量面指向数值较高的等量面，而梯度的模等于函数 u 在这个法线方向的方向导数。

计算方向导数时要弄清：①方向导数是点的概念且是个数量；②几元函数；③在何处；④沿什么方向且单位化(参看文献[4])。

例 1　**证明**　(1)函数 $f(x,y)=\sqrt[3]{x^3+y^3}$ 在点 $O(0,0)$ 处具有任意方向的方向导数，但在 $O(0,0)$ 处不可微；(2)函数 $f(x,y)=\sqrt{x^2+y^2}$ 在点 $O(0,0)$ 处具有任意方向的方向导数，但在 $O(0,0)$ 处不可导。

证明　(1) 按方向导数定义 $\left.\frac{\partial f}{\partial l}\right|_{(0,0)}=\lim\limits_{\rho\to 0}\frac{f(x,y)-f(0,0)}{\rho}$，设 l 的方向余弦为 $\cos\alpha,\cos\beta$，于是 $l^{\circ}=\{\cos\alpha,\cos\beta\}$，则 l 上的点 $P(x,y)=P(\rho\cos\alpha,\rho\cos\beta)$，其中 $\rho=|OP|=\sqrt{x^2+y^2}$。

$$\lim_{\rho\to 0}\frac{\sqrt[3]{x^3+y^3}-0}{\sqrt{x^2+y^2}}=\lim_{\rho\to 0}\frac{\sqrt[3]{\rho^3\cos^3\alpha+\rho^3\cos^3\beta}}{\rho}=\sqrt[3]{\cos^3\alpha+\cos^3\beta}。$$

即函数 $f(x,y)$ 在点 $(0,0)$ 沿任意方向 l 的方向导数存在。

又 $f(x,0)=x,f(0,y)=y$，故 $f_x(0,0)=1,f_y(0,0)=1$。又函数 $f(x,y)$ 在点 $O(0,0)$ 的全增量为

$$\Delta f\,|_{(0,0)}=f(\Delta x,\Delta y)-f(0,0)=\sqrt[3]{(\Delta x)^3+(\Delta y)^3},$$

$$\frac{\Delta f\,|_{(0,0)}-(f_x(0,0)\Delta x+f_y(0,0)\Delta y)}{\rho}=\frac{\sqrt[3]{(\Delta x)^3+(\Delta y)^3}-(\Delta x+\Delta y)}{\sqrt{(\Delta x)^2+(\Delta y)^2}}。$$

令 $\Delta y=k\Delta x$，且点 $P(\Delta x,\Delta y)$ 沿 $\Delta y=k\Delta x$ 趋于 $(0,0)$，

$$\lim_{\rho\to 0}\frac{\Delta f\,|_{(0,0)}-\mathrm{d}f\,|_{(0,0)}}{\rho}=\lim_{\substack{\Delta x\to 0\\ \Delta y=k\Delta x\to 0}}\frac{\Delta x\sqrt[3]{1+k^3}-\Delta x(1+k)}{|\Delta x|\sqrt{1+k^2}}。$$

$\lim\limits_{\Delta x\to 0^+}\frac{\Delta x(\sqrt[3]{1+k^3}-(1+k))}{|\Delta x|\sqrt{1+k^2}}=\frac{\sqrt[3]{1+k^3}-(1+k)}{\sqrt{1+k^2}}$ 与 k 有关，由极限唯一性知右极限不存在，因此 $\lim\limits_{\rho\to 0}\frac{\Delta f|_{(0,0)}-(f_x(0,0)\Delta x+f_y(0,0)\Delta y)}{\rho}$ 不存在，所以函数 $f(x,y)$ 在点 $O(0,0)$ 处不可微。

(2) 按方向导数定义 $\left.\frac{\partial f}{\partial l}\right|_{(0,0)}=\lim\limits_{\rho\to 0}\frac{f(x,y)-f(0,0)}{\rho}$。设过点 O 任意方向 l 的方向余弦为 $\cos\alpha,\cos\beta$。于是 $l^{\circ}=\{\cos\alpha,\cos\beta\}$，在 l 上的任一点 $P(x,y)=P(\rho\cos\alpha,\rho\cos\beta)$，其中 $\rho=|OP|=\sqrt{x^2+y^2}$。$\left.\frac{\partial f}{\partial l}\right|_{(0,0)}=\lim\limits_{\rho\to 0}\frac{\rho}{\rho}=1$，即函数 $f(x,y)$ 在点 $O(0,0)$ 沿任意方向 l 的方向导数存在。

$$f_{x^+}(0,0)=\lim_{x\to 0^+}\frac{f(x,0)-f(0,0)}{x}=\lim_{x\to 0^+}\frac{|x|-0}{x}=\lim_{x\to 0^+}\frac{x}{x}=1,$$

$$f_{x^-}(0,0)=\lim_{x\to 0^-}\frac{f(x,0)-f(0,0)}{x}=\lim_{x\to 0^-}\frac{|x|}{x}=\lim_{x\to 0^+}\frac{-x}{x}=-1。$$

因为 $f_{x^+}(0,0)\neq f_{x^-}(0,0)$，所以 $f_x(0,0)$ 不存在。同理可证 $f_y(0,0)$ 不存在，即函数 $f(x,y)$ 在 $O(0,0)$ 处不可导。

点拨　可见，函数 $f(x,y)$ 在一点处可微是函数在该点处方向导数存在的充分条件，而非必要条件。

由(2)知，$f(x,y)$ 在点 (x_0,y_0) 沿任意方向的方向导数存在推不出 $f(x,y)$ 在点 (x_0,y_0) 两个偏导数存在。反之，$f(x,y)$ 在点 (x_0,y_0) 两个偏导数存在只能推出 $f(x,y)$ 在点 (x_0,y_0) 沿 x 轴正方向和负方向及 y 轴正方向和负方向四个方向的方向导数存在，其他方向推不出。即两个偏导数与方向导数间无因果关系。但 $f(x,y)$ 在点 (x_0,y_0) 可微，则 $f(x,y)$ 在点 (x,y_0) 沿任意方向的方向导数必存在且有计算方向导数公式 $\frac{\partial z}{\partial l}=\frac{\partial z}{\partial x}\cos\alpha+\frac{\partial z}{\partial y}\cos\beta$。

点评　二元函数 $z=f(x,y)$ 在点 $P(x_0,y_0)$ 处可导，方向导数存在，可微，与计算公式 $\frac{\partial z}{\partial l}=\frac{\partial z}{\partial x}\cos\alpha+\frac{\partial z}{\partial y}\cos\beta$ 之间的关系可用下面框图表出：

两个偏导数存在(可导) ⇌ 方向导数存在 ⇌ 可微 ⇌ 偏导数连续

可微 ↓，偏导数连续 ↓

$$\frac{\partial z}{\partial l}=\frac{\partial z}{\partial x}\cos\alpha+\frac{\partial z}{\partial y}\cos\beta$$

例 2　求函数 $z=\ln(x+y)$ 在抛物线 $y^2=4x$ 上点(1,2)处，沿着这抛物线在该点处偏向 x 轴正向的切线方向的方向导数。

解　$(y^2)'=(4x)'$，$2yy'=4$，$y'=\frac{2}{y}$，$y'(1,2)=\frac{2}{2}=1$，可见该切线的方向余弦为

$$\cos\left(\frac{\pi}{4}\right)=\frac{1}{\sqrt{2}},\quad \cos\left(\frac{\pi}{4}\right)=\frac{1}{\sqrt{2}}。$$

$$\frac{\partial z}{\partial x}=\frac{1}{x+y},\quad \frac{\partial z}{\partial y}=\frac{1}{x+y},\quad \left.\frac{\partial z}{\partial x}\right|_{(1,2)}=\frac{1}{3},\quad \left.\frac{\partial z}{\partial y}\right|_{(1,2)}=\frac{1}{3},$$

$$\left.\frac{\partial z}{\partial l}\right|_{(1,2)}=\left.\frac{\partial z}{\partial x}\right|_{(1,2)}\cos\alpha+\left.\frac{\partial z}{\partial y}\right|_{(1,2)}\cos\beta=\frac{1}{3}\frac{1}{\sqrt{2}}+\frac{1}{3}\frac{1}{\sqrt{2}}=\frac{\sqrt{2}}{3}。$$

例 3　求函数 $u=x+y+z$ 在球面 $x^2+y^2+z^2=1$ 上点 (x_0,y_0,z_0) 处，沿球面在该点的外法线方向的方向导数。

分析　函数 $u=x+y+z$ 与球面 $x^2+y^2+z^2=1$ 间不存在等量面关系。又 $u=x+y+z$ 在 (x_0,y_0,z_0) 处可微，故可利用下面的公式计算：

$$\left.\frac{\partial u}{\partial n}\right|_{(x_0,y_0,z_0)}=\left.\frac{\partial u}{\partial x}\right|_{(x_0,y_0,z_0)}\cos\alpha+\left.\frac{\partial u}{\partial y}\right|_{(x_0,y_0,z_0)}\cos\beta+\left.\frac{\partial u}{\partial z}\right|_{(x_0,y_0,z_0)}\cos\gamma。$$

解　因球面 $x^2+y^2+z^2=1$ 在点 (x_0,y_0,z_0) 处的外法线单位向量为

$$\boldsymbol{n}^\circ=\left\{\frac{x_0}{1},\frac{y_0}{1},\frac{z_0}{1}\right\}=\{x_0,y_0,z_0\},\quad \frac{\partial u}{\partial x}=1,\quad \frac{\partial u}{\partial y}=1,\quad \frac{\partial u}{\partial z}=1,$$

所以　$\left.\frac{\partial u}{\partial n}\right|_{(x_0,y_0,z_0)}=x_0+y_0+z_0$。

例 4　求函数 $z=1-\left(\frac{x^2}{a^2}+\frac{y^2}{b^2}\right)$ 在点 $P\left(\frac{a}{\sqrt{2}},\frac{b}{\sqrt{2}}\right)$ 处沿曲线 C：$\frac{x^2}{a^2}+\frac{y^2}{b^2}=1$ 在 P 点处的内法线方向 $\boldsymbol{n}$ 的方向导数。

分析　题给函数 z 与曲线 C 间有下列关系：当 $z=0$ 时，函数 z 的等值线就是曲线 C 的

方程，而且等值线具有内大外小的性质，即 $z=-1,-2,-3,\cdots$ 等值线数值变大，因为梯度方向是由等值线数值较低指向数值较高的方向，所以曲线 C 在点 $P\left(\frac{a}{\sqrt{2}},\frac{b}{\sqrt{2}}\right)$ 处的内法线方向就是函数 z 的梯度的方向，再由梯度与方向导数间的关系知，梯度的模就是函数 z 在点 P 处沿内法线方向的方向导数，即 $\left.\frac{\partial z}{\partial n}\right|_P=|\mathbf{grad}z(P)|$。

解 $\left.\frac{\partial z}{\partial x}\right|_P=-\left.\frac{2x}{a^2}\right|_P=-\frac{\sqrt{2}}{a}$，$\left.\frac{\partial z}{\partial y}\right|_P=-\left.\frac{2y}{b^2}\right|_P=-\frac{\sqrt{2}}{b}$，$\mathbf{grad}z(P)=\left\{-\frac{\sqrt{2}}{a},-\frac{\sqrt{2}}{b}\right\}$，

$$\left.\frac{\partial z}{\partial n}\right|_P=|\mathbf{grad}z(P)|=\sqrt{\frac{2}{a^2}+\frac{2}{b^2}}=\frac{\sqrt{2}}{ab}\sqrt{a^2+b^2}。$$

例 5　求函数 $u=4x^2+y^2+z^2-6$ 在曲面 Σ：$4x^2+y^2+z^2=6$ 上的 $M(1,1,1)$ 处沿曲面 Σ 外法线方向 $\boldsymbol{n}$ 的方向导数。

分析　题给函数 u 与曲面 Σ 间有如下关系：当 $u=0$ 时，函数 u 的等量面就是曲面 Σ 的方程且等量面具有内小外大性质，即 $u=0,1,2,3,\cdots$，等量面的数值增大，由梯度与等量面间的关系知，梯度方向是从等量面数值较小的指向等量面数值较大的方向。所以曲面 Σ 在点 M 处外法线方向就是函数 u 梯度方向，故有 $\left.\frac{\partial u}{\partial n}\right|_M=|\mathbf{grad}u(M)|$。

解 $\left.\frac{\partial u}{\partial x}\right|_M=8$，$\left.\frac{\partial u}{\partial y}\right|_M=2$，$\left.\frac{\partial u}{\partial z}\right|_M=2$，$\mathbf{grad}u(M)=\{8,2,2\}$，

$$\left.\frac{\partial u}{\partial n}\right|_M=|\mathbf{grad}u(M)|=6\sqrt{2}。$$

点评　解题前先分析一下题给的二元函数 z 与已知曲线 C（或三元函数 u 与已知曲面 Σ）间有没有等值线（或等量面）关系，若有，可以简化方向导数计算。

例 6　设 $f(x,y,z)=x^2+2y^2+3z^2+xy+3x-2y-6z$，求 $\mathbf{grad}f(0,0,0)$ 及 $\mathbf{grad}f(1,1,1)$。

解 $\frac{\partial f}{\partial x}=2x+y+3$，$\frac{\partial f}{\partial y}=4y+x-2$，$\frac{\partial f}{\partial z}=6z-6$，

$$\mathbf{grad}f(0,0,0)=\left.\left(\frac{\partial f}{\partial x},\frac{\partial f}{\partial y},\frac{\partial f}{\partial z}\right)\right|_{(0,0,0)}=(3,-2,-6),$$

$$\mathbf{grad}f(1,1,1)=(2x+y+3,4y+x-2,6z-6)|_{1,1,1}=(6,3,0)。$$

第八节　多元函数的极值及其求法

问题 137　二元函数 $z=f(x,y)$ 取得极值的必要条件和充分条件各是什么？二元函数求极值的五字方法是什么？

1. 极值存在的必要条件：若函数 $z=f(x,y)$ 在点 $P_0(x_0,y_0)$ 处的偏导数存在，则 $z=f(x,y)$，在点 $P_0(x_0,y_0)$ 处取得极值的必要条件为 $f_x(x_0,y_0)=0,f_y(x_0,y_0)=0$。

2. 极值存在的充分条件：若 $z=f(x,y)$ 在点 $P_0(x_0,y_0)$ 的某邻域内具有一阶及二阶连续偏导数，又 $f_x(x_0,y_0)=0,f_y(x_0,y_0)=0$，记 $A=f_{xx}(x_0,y_0)$，$B=f_{xy}(x_0,y_0)$，$C=f_{yy}(x_0,y_0)$。

(1) $AC-B^2>0$ 时，具有极值，且当 $A<0$ 时有极大值，当 $A>0$ 时有极小值；

(2) $AC-B^2<0$ 时，没有极值；

(3) $AC-B^2=0$ 时，可能有极值，也可能没有极值，还需另作讨论。

小结 由 1 和 2 知，二元函数 $z=f(x,y)$ 极值的 5 字求法为：(1)求驻点，(2)判断。其含义是：(1)求驻点，解方程组 $\begin{cases} f_x(x,y)=0, \\ f_y(x,y)=0, \end{cases}$ 求得一切实数解，即求得一切驻点。(2)判断，就是利用上述充分条件一点一点判断。在每点处求出二阶偏导数的值 A,B,C，确定 $AC-B^2$ 的符号，判定 $f(x_0,y_0)$ 是否是极值，是极大值还是极小值(参见文献[4])。

例 1 已知函数 $f(x,y)$ 在点(0,0)的某个邻域内连续，且 $\lim\limits_{\substack{x\to 0\\y\to 0}}\dfrac{f(x,y)-xy}{(x^2+y^2)^2}=1$，则(　　)。

(A) 点(0,0)不是 $f(x,y)$ 的极值点

(B) 点(0,0)是 $f(x,y)$ 的极大值点

(C) 点(0,0)是 $f(x,y)$ 的极小值点

(D) 根据所给条件无法判断点(0,0)是否为 $f(x,y)$ 的极值点

分析 由条件知

$$\lim_{\substack{x\to 0\\y\to 0}}[f(x,y)-xy]=0,$$

$$f(0,0)=\lim_{\substack{x\to 0\\y\to 0}}f(x,y)=\lim_{\substack{x\to 0\\y\to 0}}[f(x,y)-xy+xy]=\lim_{\substack{x\to 0\\y\to 0}}(f(x,y)-xy)+\lim_{\substack{x\to 0\\y\to 0}}xy=0。$$

由函数极限与无穷小关系定理知

$$\frac{f(x,y)-xy}{(x^2+y^2)^2}=1+o(\rho)(\rho=\sqrt{x^2+y^2}\to 0),$$

得

$$f(x,y)=xy+(x^2+y^2)^2+(x^2+y^2)^2o(\rho)=xy+o(\rho^4),$$

$$\lim_{\substack{x\to 0\\y\to 0}}\frac{f(x,y)}{xy}=1,$$

即当 $\rho\to 0$ 时 $f(x,y)\sim xy$，故 $z=f(x,y)$ 与 $z=xy$ 在点(0,0)的邻域 $U(0,\delta)$ 内具有相似性态，而马鞍面 $z=xy$ 在(0,0)处无极值，所以 $z=f(x,y)$ 在点(0,0)处也无极值，即(0,0)不是 $f(x,y)$ 的极值点，故选(A)。

或
$$f(x,y)=xy+o(\rho^4)(\rho\to 0)。$$

当 $y=x$ 时，$f(x,y)-f(0,0)=x^2+o(x^4)>0(0<\rho<\delta)$；当 $y=-x$ 时，$f(x,y)-f(0,0)=-x^2+o(x^4)<0(0<\rho<\delta)$。其中 δ 是充分小正数。因此，(0,0)不是 $f(x,y)$ 的极值点，应选(A)。

例 2 求函数 $z=3axy-x^3-y^3$ 的极值($a>0$)。

解 (1) 求驻点。令 $z_x=3ay-3x^2=0$，$z_y=3ax-3y^2=0$，得驻点(0,0)，(a,a)。

(2) 判断。

在点(0,0)处，$A=\left.\dfrac{\partial^2 z}{\partial x^2}\right|_{(0,0)}=-6x|_{(0,0)}=0$，$B=\left.\dfrac{\partial^2 z}{\partial x\partial y}\right|_{(0,0)}=3a$，$C=\left.\dfrac{\partial^2 z}{\partial y^2}\right|_{(0,0)}=-6y|_{(0,0)}=0$。

因 $AC-B^2=-9a^2<0$，所以点(0,0)不是极值点。

在点(a,a)处，$A=-6a<0$，$B=3a$，$C=-6a$，因 $AC-B^2=27a^2>0$，且 $A<0$，所以点

(a,a)是极大值点，极大值 $z(a,a)=a^3$。

例 3　求由方程 $2x^2+2y^2+z^2+8xz-z+8=0$ 所确定的二元函数 $z=z(x,y)$的极值。

点评　极值的 5 字求法：(1)求驻点，(2)判断。适用于一切二元函数(显函数、隐函数、二元积分变上限函数，…)。本题是求二元隐函数 $z=z(z,y)$的极值，方法不变。

解　(1) 在方程两边分别对 x，对 y 求导，得

$$4x+2z\frac{\partial z}{\partial x}+8z+8x\frac{\partial z}{\partial x}-\frac{\partial z}{\partial x}=0, \tag{Ⅰ}$$

$$4y+2z\frac{\partial z}{\partial y}+8x\frac{\partial z}{\partial y}-\frac{\partial z}{\partial y}=0。 \tag{Ⅱ}$$

令$\frac{\partial z}{\partial x}=0,\frac{\partial z}{\partial y}=0$，分别代入式(Ⅰ)(Ⅱ)中，得 $x=-2z,y=0$。将其代入原方程，得 $2(-2z)^2+z^2-16z^2-z+8=0,7z^2+z-8=0$，解得 $z_1=1,z_2=-\frac{8}{7}$，得驻点 $P_1(-2,0)$，$P_2\left(\frac{16}{7},0\right)$，其对应点分别为 $M_1(-2,0,1),M_2\left(\frac{16}{7},0,-\frac{8}{7}\right)$。

(2) 判断。在式(Ⅰ)两边分别对 x 和 y 求导，在式(Ⅱ)两边对 y 求导，得

$$4+2\left(\frac{\partial z}{\partial x}\right)^2+2z\frac{\partial^2 z}{\partial x^2}+8\frac{\partial z}{\partial x}+8\frac{\partial z}{\partial x}+8x\frac{\partial^2 z}{\partial x^2}-\frac{\partial^2 z}{\partial x^2}=0, \tag{Ⅲ}$$

$$0+2\frac{\partial z}{\partial x}\cdot\frac{\partial z}{\partial y}+2z\frac{\partial^2 z}{\partial x\partial y}+8\frac{\partial z}{\partial y}+8x\frac{\partial^2 z}{\partial x\partial y}-\frac{\partial^2 z}{\partial x\partial y}=0, \tag{Ⅳ}$$

$$4+2\left(\frac{\partial z}{\partial y}\right)^2+2z\frac{\partial^2 z}{\partial y^2}+8x\frac{\partial^2 z}{\partial y^2}-\frac{\partial^2 z}{\partial y^2}=0。 \tag{Ⅴ}$$

将 $M_1(-2,0,1)$的坐标，$\frac{\partial z}{\partial x}=0,\frac{\partial z}{\partial y}=0$ 代入式(Ⅲ)(Ⅳ)(Ⅴ)得

$$\begin{cases}4+2A-16A-A=0,\\ 2B-16B-B=0,\\ 4+2C-16C=0,\end{cases}$$

解得 $A=\frac{4}{15}>0,B=0,C=\frac{4}{15}$。因为 $AC-B^2=\left(\frac{4}{15}\right)^2>0$，且 $A>0$，可知在点 $P_1(-2,0)$取极小值，且极小值 $z\Big|_{\substack{x=-2\\ y=0}}=1$。

将 $M_2\left(\frac{16}{7},0,-\frac{8}{7}\right)$的坐标，$\frac{\partial z}{\partial x}=0,\frac{\partial z}{\partial y}=0$ 代入式(Ⅲ)(Ⅳ)(Ⅴ)得

$$\begin{cases}4-\frac{16}{7}A+8\times\frac{16}{7}A-A=0,\\ -\frac{16}{7}B+8\times\frac{16}{7}B-B=0,\\ 4-\frac{16}{7}C+8\times\frac{16}{7}C-C=0,\end{cases}$$

解得 $A=-\frac{28}{105}<0,B=0,C=-\frac{28}{105}$。因 $AC-B^2=\left(-\frac{28}{105}\right)^2>0$，且 $A<0$，可知在点 $P_2\left(\frac{16}{7},0\right)$取极大值，极大值 $z\Big|_{\substack{x=\frac{16}{7}\\ y=0}}=-\frac{8}{7}$，所以二元隐函数 $z=z(x,y)$在 $P_1(-2,0)$处取

极小值 $z\Big|_{\substack{x=-2\\y=0}}=1$，在点 $P_2\left(\frac{16}{7},0\right)$ 处取极大值 $z\Big|_{\substack{x=\frac{16}{7}\\y=0}}=-\frac{8}{7}$。

提醒　由此例可见，极值是函数的局部性质，这里极大值小于 0，极小值大于 0。

点评　求驻点时，没有解出 $\frac{\partial z}{\partial x},\frac{\partial z}{\partial y}$，而令 $\frac{\partial z}{\partial x}=0,\frac{\partial z}{\partial y}=0$。应用充分条件时，也没有解出 $\frac{\partial^2 z}{\partial x^2},\frac{\partial^2 z}{\partial x\partial y},\frac{\partial^2 z}{\partial y^2}$ 后求 A,B 和 C 的值。解题时尽量减少解题运算步骤，请考生平时作题时，多归纳总结。

问题 138　如何求多元函数的最大值和最小值？

多元函数，例如 $u=f(x,y,z)$ 在有界闭区域 Ω 上的最大值、最小值的求法：

(1) 求出 $u=f(x,y,z)$ 在区域 Ω 内的一切驻点；

(2) 在 Ω 的边界上求出 $u=f(x,y,z)$ 的最大值、最小值；

(3) 将(1)中所有驻点处函数值与(2)中的最大值、最小值比较，它们中的最大者为最大值，最小者为最小值(参见文献[4])。

例 4　求二元函数 $z=\sin x+\cos y+\cos(x-y)$ 在有界闭区域 D：$0\leqslant x\leqslant\frac{\pi}{2},0\leqslant y\leqslant\frac{\pi}{2}$ 上的最大值和最小值。

解　(1) 在区域 D 内求驻点：$\frac{\partial z}{\partial x}=\cos x-\sin(x-y),\frac{\partial z}{\partial y}=-\sin y+\sin(x-y)$。令 $\frac{\partial z}{\partial x}=0$，$\frac{\partial z}{\partial y}=0$，得驻点 $\left(\frac{\pi}{3},\frac{\pi}{6}\right)$。

(2) 在 D 的边界上求最大值、最小值(实质化为一元函数!)

在边界 $x=0$ 上，将 $x=0$ 代入得 $z=2\cos y,0\leqslant y\leqslant\frac{\pi}{2},\frac{\mathrm{d}z}{\mathrm{d}y}=-2\sin y\xlongequal{令}0$，得驻点 $y=0$，即得$(0,0)$。

在边界 $x=\frac{\pi}{2}$ 上，将 $x=\frac{\pi}{2}$ 代入得 $z=1+\cos y+\sin y,0\leqslant y\leqslant\frac{\pi}{2},\frac{\mathrm{d}z}{\mathrm{d}y}=-\sin y+\cos y\xlongequal{令}0$，得驻点 $y=\frac{\pi}{4}$，即得 $\left(\frac{\pi}{2},\frac{\pi}{4}\right)$。

在边界 $y=0$ 上，将 $y=0$ 代入得 $z=\sin x+1+\cos x,0\leqslant x\leqslant\frac{\pi}{2},\frac{\mathrm{d}z}{\mathrm{d}x}=\cos x-\sin x\xlongequal{令}0$，得驻点 $x=\frac{\pi}{4}$，即得 $\left(\frac{\pi}{4},0\right)$。

在边界 $y=\frac{\pi}{2}$ 上，将 $y=\frac{\pi}{2}$ 代入得 $z=2\sin x,0\leqslant z\leqslant\frac{\pi}{2},\frac{\mathrm{d}z}{\mathrm{d}x}=2\cos x\xlongequal{令}0$，得驻点 $x=\frac{\pi}{2}$，即得 $\left(\frac{\pi}{2},\frac{\pi}{2}\right)$。

D 上没有涉及的尖点 $\left(\frac{\pi}{2},0\right)$，$\left(0,\frac{\pi}{2}\right)$。计算出函数在点 $(0,0)$，$\left(\frac{\pi}{2},0\right)$，$\left(0,\frac{\pi}{2}\right)$，$\left(\frac{\pi}{2},\frac{\pi}{2}\right)$，$\left(\frac{\pi}{2},\frac{\pi}{4}\right)$，$\left(\frac{\pi}{4},0\right)$ 及 $\left(\frac{\pi}{3},\frac{\pi}{6}\right)$ 处的函数值，并比较它们的大小，可知最大值为

$z\left(\frac{\pi}{3},\frac{\pi}{6}\right)=\frac{3\sqrt{3}}{2}$，最小值 $z\left(0,\frac{\pi}{2}\right)=0$。

思考题 1　讨论函数的极值与最大(小)值的区别与联系?

分析　函数的最大(小)值是全局性概念。在有界闭区域上连续的函数必有最大值与最小值，它们既可能在闭区域内部取得，也可能在边界上取得。函数的极值是局部性概念。如果连续函数的最大、最小值在区域内部取得，那么它一定就是此函数的极大、极小值。反之不真。即若(x_0,y_0)为某区域内的一点，且为$f(x,y)$的极值点，但是(x_0,y_0)可能不是$f(x,y)$在该区域上的最大值点，或最小值点。极值点一定是内点。这就是两者的区别与联系。

思考题 2　为什么说"二元函数极值的求法，多元函数最大值、最小值的求法"？而不说成"多元函数极值和最值的求法"？

分析　因为二元函数求极值有充分条件，三元函数、四元函数求极值的充分条件高等数学没有涉及，所以只能提出"二元函数极值的求法"，因为求最大值、最小值不需要充分条件判断，只需求出有关点处的函数值，比较这些点处函数值的大小，就可以了。由于求法不同。所以问题的提法也就不同了。

问题 139　如何求条件极值?

条件极值：若二元函数$f(x,y)$及$\varphi(x,y)$具有一阶连续偏导数，求函数$z=f(x,y)$在约束条件$\varphi(x,y)=0$下的条件极值，通常可用拉格朗日乘数法，即构造拉格朗日函数：

$$L(x,y,\lambda)=f(x,y)+\lambda\varphi(x,y)。$$

由函数$L(x,y,\lambda)$取得极值的必要条件，得联立方程组

$$\begin{cases}L_x=f_x(x,y)+\lambda\varphi_x(x,y)=0, & (\text{I})\\ L_y=f_y(x,y)+\lambda\varphi_y(x,y)=0, & (\text{II})\\ L_\lambda=\varphi(x,y)=0, & (\text{III})\end{cases}$$

解此方程组得x,y及λ，则点(x,y)可能是条件极值点，至于(x,y)是否为条件极值点，要通过实际问题本身的性质来确定。

设目标函数为$W=f(x,y,u,v)$，满足约束条件$\varphi(x,y,u,v)=0$与$\psi(x,y,u,v)=0$且$W=f(x,y,u,v)$，$\varphi(x,y,u,v)$及$\psi(x,y,u,v)$具有一阶连续偏导数，则可采用拉格朗日乘数法求条件极值。

设拉格朗日函数为$L(x,y,u,v,\lambda,\mu)=f(x,y,u,v)+\lambda\varphi(x,y,u,v)+\mu\psi(x,y,u,v)$。

由函数L取得极值的必要条件，得联立方程组

$$\begin{cases}L_x=f_x+\lambda\varphi_x+\mu\psi_x=0,\\ L_y=f_y+\lambda\varphi_y+\mu\psi_y=0,\\ L_u=f_u+\lambda\varphi_u+\mu\psi_u=0,\\ L_v=f_v+\lambda\varphi_v+\mu\psi_v=0,\\ L_\lambda=\varphi(x,y,u,v)=0,\\ L_\mu=\psi(x,y,u,v)=0,\end{cases}$$

解出上述方程组的解(x,y,u,v,λ,μ)，相应的点(x,y,u,v)可能为W取得极值的条件极值点，再根据实际意义判断是否为条件极值。

例 5　在第一卦限内作椭球面$\frac{x^2}{a^2}+\frac{y^2}{b^2}+\frac{z^2}{c^2}=1$的切平面，使该切平面与三坐标面所围成的四面体体积最小，求这切平面的切点，并求此最小体积。

点评　若 $x>0,y>0,z>0$，则 $F(x,y,z)=xyz$ 与 $\varphi(x,y,z)=\ln x+\ln y+\ln z$ 具有相同极值点。设拉格朗日函数为 $L(x,y,z,\lambda)=\ln x+\ln y+\ln z+\lambda\left(\frac{x^2}{a^2}+\frac{y^2}{b^2}+\frac{z^2}{c^2}-1\right)$。

解　设 $P(x_0,y_0,z_0)$为椭球面第一卦限上的一点，令 $F(x,y,z)=\frac{x^2}{a^2}+\frac{y^2}{b^2}+\frac{z^2}{c^2}-1$，则 $F_x|_P=\frac{2x_0}{a^2}$，$F_y|_P=\frac{2y_0}{b^2}$，$F_z|_P=\frac{2z_0}{c^2}$。过点 $P(x_0,y_0,z_0)$的切平面方程为

$$\frac{x_0(x-x_0)}{a^2}+\frac{y_0(y-y_0)}{b^2}+\frac{z_0(z-z_0)}{c^2}=0,$$

即

$$\frac{x}{\frac{a^2}{x_0}}+\frac{y}{\frac{b^2}{y_0}}+\frac{z}{\frac{c^2}{z_0}}=1。$$

该切平面在三个坐标轴上的截距分别为 $A=\frac{a^2}{x_0}$，$B=\frac{b^2}{y_0}$，$C=\frac{c^2}{z_0}$，则切平面与三坐标面所围四面体体积为 $V=\frac{ABC}{6}=\frac{a^2b^2c^2}{6x_0y_0z_0}$，现求 V 在条件$\frac{x_0^2}{a^2}+\frac{y_0^2}{b^2}+\frac{z_0^2}{c^2}=1$下的最小值。

设 $u=x_0y_0z_0$，转化为求 u 在条件$\frac{x_0^2}{a^2}+\frac{y_0^2}{b^2}+\frac{z_0^2}{c^2}=1$下的最大值，而 $u=x_0y_0z_0$ 与 $\ln x_0+\ln y_0+\ln z_0$ 具有相同极值点，故设拉格朗日函数为 $L(x_0,y_0,z_0,\lambda)=\ln x_0+\ln y_0+\ln z_0+\lambda\left(\frac{x_0^2}{a^2}+\frac{y_0^2}{b^2}+\frac{z_0^2}{c^2}-1\right)$。

解方程组

$$\begin{cases}L_{x_0}=\frac{1}{x_0}+\frac{2\lambda x_0}{a^2}=0, & (\text{Ⅰ})\\ L_{y_0}=\frac{1}{y_0}+\frac{2\lambda y_0}{b^2}=0, & (\text{Ⅱ})\\ L_{z_0}=\frac{1}{z_0}+\frac{2\lambda z_0}{c^2}=0, & (\text{Ⅲ})\\ L_{\lambda}=\frac{x_0^2}{a^2}+\frac{y_0^2}{b^2}+\frac{z_0^2}{c^2}-1=0, & (\text{Ⅳ})\end{cases}$$

由式(Ⅰ)(Ⅱ)(Ⅲ)解得$\frac{x_0^2}{a^2}=\frac{y_0^2}{b^2}=\frac{z_0^2}{c^2}=-\frac{1}{2\lambda}$，代入式(Ⅳ)得 $x_0=\frac{a}{\sqrt{3}}$，$y_0=\frac{b}{\sqrt{3}}$，$z_0=\frac{c}{\sqrt{3}}$。由实际意义知，切点$\left(\frac{a}{\sqrt{3}},\frac{b}{\sqrt{3}},\frac{c}{\sqrt{3}}\right)$即为所求，即当切点为$\left(\frac{a}{\sqrt{3}},\frac{b}{\sqrt{3}},\frac{c}{\sqrt{3}}\right)$时，切平面与三坐标面所围成的四面体体积最小，即 $V_{\min}=\frac{\sqrt{3}abc}{2}$。

例 6　设有一小山，取它的底面所在的平面为 xOy 坐标面，其底部所占的区域为 $D=\{(x,y)\,|\,x^2+y^2-xy\leqslant 75\}$，小山的高度函数为 $h(x,y)=75-x^2-y^2+xy$。

(1) 设 $M(x_0,y_0)$为区域 D 上一点，问 $h(x,y)$在该点沿平面上什么方向的方向导数最大？若记此方向导数的最大值为 $g(x_0,y_0)$，试写出 $g(x_0,y_0)$的表达式。

(2) 现欲利用此小山开展攀岩活动,为此需要在山脚寻找一上山坡度最大点作为攀登起点。也就是说,要在 D 的边界线 $x^2+y^2-xy=75$ 上找出使(1)中的 $g(x,y)$ 达到最大值的点。试确定攀登起点的位置。

解 (1) 由梯度与方向导数间的关系知,$h(x,y)$ 在点 $M(x_0,y_0)$ 处沿梯度 $\mathbf{grad}h(x,y)|_{(x_0,y_0)}=(y_0-2x_0)\boldsymbol{i}+(x_0-2y_0)\boldsymbol{j}$ 方向的方向导数最大,方向导数的最大值为该梯度的模,所以 $g(x_0,y_0)=\sqrt{(y_0-2x_0)^2+(x_0-2y_0)^2}=\sqrt{5x_0^2+5y_0^2-8x_0y_0}$。

(2) 令 $f(x,y)=g^2(x,y)=5x^2+5y^2-8xy$,由题意,只需求 $f(x,y)$ 在约束条件 $75-x^2-y^2+xy=0$ 下的最大值点。

设拉格朗日函数为 $L(x,y,\lambda)=5x^2+5y^2-8xy+\lambda(75-x^2-y^2+xy)$,则

$$\begin{cases}L_x=10x-8y+\lambda(y-2x)=0, & (\text{Ⅰ})\\ L_y=10y-8x+\lambda(x-2y)=0, & (\text{Ⅱ})\\ L_\lambda=75-x^2-y^2+xy=0, & (\text{Ⅲ})\end{cases}$$

由式(Ⅰ)(Ⅱ)消去 λ 得 $y=\pm x$,代入式(Ⅲ),得 $x=\pm5\sqrt{3}$,$y=\pm5\sqrt{3}$,$x=\pm5$,$y=\mp5$。于是得到 4 个驻点:$M_1(5,-5)$,$M_2(-5,5)$,$M_3(5\sqrt{3},5\sqrt{3})$,$M_4(-5\sqrt{3},-5\sqrt{3})$。由于 $f(M_1)=f(M_2)=450$,$f(M_3)=f(M_4)=150$,比较得 $M_1(5,-5)$ 或 $M_2(-5,5)$ 可作为攀登起点。

国内高校期末试题解析

一、单项选择题

1. (上海交通大学,1984Ⅱ)若函数 $f(x,y)$ 在区域 D 内具有二阶偏导数:$\frac{\partial^2 z}{\partial x^2}$,$\frac{\partial^2 z}{\partial x\partial y}$,$\frac{\partial^2 z}{\partial y\partial x}$,$\frac{\partial^2 z}{\partial y^2}$,则(　　)。

(A) 必有 $\frac{\partial^2 z}{\partial x\partial y}=\frac{\partial^2 z}{\partial y\partial x}$　　(B) $f(x,y)$ 在 D 内必连续

(C) $f(x,y)$ 在 D 内可微分　　(D) (A)、(B)、(C)结论都不对

2. (大连理工大学,1996Ⅱ)设函数 $f(x,y)$ 在点 $P_0(x_0,y_0)$ 处两个偏导数都存在,则(　　)。

(A) $f(x,y)$ 于 P_0 点处连续　　(B) $f(x,y)$ 于 P_0 点可微

(C) $\lim\limits_{x\to x_0}f(x,y_0)$,$\lim\limits_{y\to y_0}f(x_0,y)$ 都存在　　(D) $\lim\limits_{(x,y)\to(x_0,y_0)}f(x,y)$ 存在

3. (吉林大学,2001Ⅱ)二元函数 $f(x,y)$ 在点 (x_0,y_0) 处两个偏导数 $f_x(x_0,y_0)$,$f_y(x_0,y_0)$ 存在是 $f(x,y)$ 在点 (x_0,y_0) 处连续的(　　)。

(A) 充分条件而非必要条件　　(B) 必要条件而非充分条件

(C) 充分必要条件　　(D) 即非充分又非必要条件

4. (大连理工大学,2000Ⅱ)若 $f_x(x_0,y_0)=0$,$f_y(x_0,y_0)=0$,则函数 $z=f(x,y)$ 在点 (x_0,y_0) 处(　　)。

(A) 连续　　(B) 全微分 $dz=0$

(C) 必取得极值　　(D) 可能取得极值

5. (西安电子科技大学,2000Ⅱ)函数 $z=f(x,y)$ 在点 $P_0(x_0,y_0)$ 处沿任意方向的方向导数存在是 $f(x,y)$ 在该点可微的(　　)。

(A) 充分条件必要条件　　(B) 必要但非充分条件

(C) 充分但非必要条件　　(D) 既非充分又非必要条件

解　1.(D)。2.(C)。3.(D)。4.(D)。5.(D)。反例:$f(x,y)=\sqrt[3]{x^3+y^3}$ 在点(0,0)处不可微。

二、计算下列各题:

1. (西安电子科技大学,1999Ⅱ)设 $u=u(x,y,z)$ 由方程 $u^2+z^2+y^2-x=0$ 所确定,其中 $z=xy^2+y\ln y-y$,求 $\frac{\partial u}{\partial x},\frac{\partial^2 u}{\partial x^2}$。

2. (大连理工大学,2003Ⅱ)设函数 $F(x,y,z)=(z+1)\ln y+e^{xz}-1$,为什么方程 $F(x,y,z)=0$ 在点 $M(1,1,0)$ 的某个邻域内可以确定一个可微的二元函数 $z=z(x,y)$?

3. (辽宁省统考题,1990Ⅱ)已知 $u=\ln\frac{1}{r},r=\sqrt{x^2+y^2+z^2}$,求 $\frac{\partial^2 u}{\partial x^2}+\frac{\partial^2 u}{\partial y^2}+\frac{\partial^2 u}{\partial z^2}$。

4. (辽宁省统考题,1990Ⅱ)已知函数 $z=z(x,y)$ 由方程 $F(x-z,y-z)=0$ 确定,且 $F(u,v)$ 可微,求 dz。

解　1. 由两个四元方程组确定两个二元函数 $z=z(x,y),u=u(x,y)$。

方程组对 x 求偏导数,得

$$\begin{cases}2u\dfrac{\partial u}{\partial x}+2z\dfrac{\partial z}{\partial x}-1=0, & (\text{Ⅰ})\\ \dfrac{\partial z}{\partial x}=y^2, & (\text{Ⅱ})\end{cases}$$

将式(Ⅱ)代入式(Ⅰ),得

$$\frac{\partial u}{\partial x}=\frac{1-2zy^2}{2u},\quad \frac{\partial^2 u}{\partial x^2}=\frac{u\left(0-2y^2\dfrac{\partial z}{\partial x}\right)-(1-2zy^2)\dfrac{\partial u}{\partial x}}{2u^2}=\frac{-4u^2y^4-(1-2zy^2)^2}{4u^3}。$$

2. 因为 $F(1,1,0)=0$,又 $F_z=\ln y+xe^x$,$F_z(1,1,0)=1\neq0$,所以由隐函数存在定理知,在 $M(1,1,0)$ 的某一邻域内由方程 $F(x,y,z)=0$ 可以确定一个可微的二元函数 $z=z(x,y)$。

3. $u=-\ln r,\frac{\partial u}{\partial x}=-\frac{1}{r}\frac{x}{r}=-\frac{x}{r^2},\frac{\partial^2 u}{\partial x^2}=-\frac{r^2-x2r\dfrac{x}{r}}{r^4}=-\frac{r^2-2x^2}{r^4}$,由对称性可得 $\frac{\partial^2 u}{\partial y^2}=-\frac{r^2-2y^2}{r^4},\frac{\partial^2 u}{\partial z^2}=-\frac{r^2-2z^2}{r^4}$,所以 $\frac{\partial^2 u}{\partial x^2}+\frac{\partial^2 u}{\partial y^2}+\frac{\partial^2 u}{\partial z^2}=-\frac{1}{r^2}$。

4. 设 $u=x-z,v=y-z,F(u,v)=0,dF=0,F_u du+F_v dv=0$,

$F_u(dx-dz)+F_v(dy-dz)=0,dz=\frac{F_u}{F_u+F_v}dx+\frac{F_v}{F_u+F_v}dy$。

三、(大连理工大学,1997Ⅱ)求 $u=8-(2x^2+3y^2+3z^2)$ 在曲面 Σ: $2x^2+3y^2+3z^2=8$ 上点 $P(1,1,1)$ 处沿曲面 Σ 在点 P 处的内法线方向的方向导数 $\left.\frac{\partial u}{\partial n}\right|_P$。

分析　题目给出的函数 u 与给出的曲面 Σ 方程间有没有关系?当 $u=0$ 时等量面方程为 $2x^2+3y^2+3z^2=8$,正是曲面 Σ 的方程,且该等量面取值:$u=-1,u=-2,u=-3,\cdots$时,等量面的数值增大,即等量面里面数值较大,具有内大外小性质,又梯度向量的方向是由等量面数值小指向数值大的方向，因此本题曲面 Σ 在点 P 处的内法线方向就是三元函数 u 在 P 处的梯度方向。梯度的模就是三元函数 u 沿曲面 Σ 在该点处内法线方向的方向导数。

解　$\mathbf{grad}(u)|_P=\left\{\frac{\partial u}{\partial x},\frac{\partial u}{\partial y},\frac{\partial u}{\partial z}\right\}\Big|_P=\{-4x,-6y,-6z\}|_P=\{-4,-6,-6\}$，

$$\frac{\partial u}{\partial n}\Big|_P=|\mathbf{grad}(u)|_P|=\sqrt{(-4)^2+(-6)^2+(-6)^2}=2\sqrt{22}。$$

四、(西安电子科技大学，1997Ⅱ)设对任意的 x 和 y 有 $\left(\frac{\partial f}{\partial x}\right)^2+\left(\frac{\partial f}{\partial y}\right)^2=4$，用变量代换：$x=uv,y=\frac{(u^2-v^2)}{2}$将函数 $f(x,y)$变换成 $g(u,v)$，试求满足关系式：$a\left(\frac{\partial g}{\partial u}\right)^2-b\left(\frac{\partial g}{\partial v}\right)^2=u^2+v^2$ 的常数 a 和 b。

解　因为
$$g(u,v)=f\left(uv,\frac{u^2-v^2}{2}\right),x=uv,y=\frac{u^2-v^2}{2},$$

$$\frac{\partial g}{\partial u}=\frac{\partial f}{\partial x}\cdot\frac{\partial x}{\partial u}+\frac{\partial f}{\partial y}\cdot\frac{\partial y}{\partial u}=vf_x+uf_y,\quad \frac{\partial g}{\partial v}=\frac{\partial f}{\partial x}\cdot\frac{\partial x}{\partial v}+\frac{\partial f}{\partial y}\cdot\frac{\partial y}{\partial v}=uf_x-vf_y,$$

将$\frac{\partial g}{\partial u}$及$\frac{\partial g}{\partial v}$代入 $a\left(\frac{\partial g}{\partial u}\right)^2-b\left(\frac{\partial g}{\partial v}\right)^2=u^2+v^2$，得

$$(av^2-bu^2)\left(\frac{\partial f}{\partial x}\right)^2+2(a+b)uv\frac{\partial f}{\partial x}\frac{\partial f}{\partial y}+(au^2-bv^2)\left(\frac{\partial f}{\partial y}\right)^2=u^2+v^2,$$

与$\left(\frac{\partial f}{\partial x}\right)^2+\left(\frac{\partial f}{\partial y}\right)^2=4$ 相比较知：$2(a+b)=0,a=-b$，代入上式，得

$$a(u^2+v^2)[(f_x)^2+(f_y)^2]=u^2+v^2,\quad 4a=1,a=\frac{1}{4},\quad b=-\frac{1}{4}。$$

五、(西安电子科技大学，1991Ⅱ)设 $f(x,y)$在闭合单位圆$\{(x,y)|x^2+y^2\leqslant 1\}$上有连续的偏导数且满足 $f(1,0)=f(0,1)$。证明：在单位圆上至少存在两点满足方程 $y\frac{\partial f(x,y)}{\partial x}=x\frac{\partial f(x,y)}{\partial y}$。(提示：利用圆的参数方程)

解　由提示知：$x=\cos t,y=\sin t,0\leqslant t\leqslant 2\pi$。

设 $\varphi(t)=f(\cos t,\sin t)$是以 2π 为周期的连续函数。

由 $f(1,0)=f(0,1)$知 $\varphi(0)=\varphi\left(\frac{\pi}{2}\right)=\varphi(2\pi)$。由罗尔定理知，至少存在 $t_1\in\left(0,\frac{\pi}{2}\right)$，$t_2\in\left(\frac{\pi}{2},2\pi\right)$，使 $\varphi'(t_1)=0,\varphi'(t_2)=0$，而 $\varphi'(t)=-y\frac{\partial f}{\partial x}+x\frac{\partial f}{\partial y}$，将 t_1,t_2 代入上式，便得所证。

六、(上海交通大学，1986Ⅱ)在椭球面 $2x^2+2y^2+z^2=1$ 上求一点使得函数 $f(x,y,z)=x^2+y^2+z^2$ 沿着点 $A(1,1,1)$到点 $B(2,0,1)$的方向导数具有最大值。(不要求判别)

解　方法 1　设 $l=\boldsymbol{AB}=\{1,-1,0\},l^\circ=\left\{\frac{1}{\sqrt{2}},-\frac{1}{\sqrt{2}},0\right\}$，

$$\frac{\partial f}{\partial l}=\frac{\partial f}{\partial x}\cos\alpha+\frac{\partial f}{\partial y}\cos\beta+\frac{\partial f}{\partial z}\cos\gamma=\sqrt{2}(x-y),$$

求其在约束条件：$2x^2+2y^2+z^2=1$ 下的最大值，设拉格朗日函数为

$$L(x,y,z,\lambda)=\sqrt{2}(x-y)+\lambda(2x^2+2y^2+z^2-1)。$$

由方程组：$\begin{cases} L_x=\sqrt{2}+4\lambda x=0, \\ L_y=-\sqrt{2}+4\lambda y=0, \\ L_z=2\lambda z=0, \\ L_\lambda=2x^2+2y^2+z^2-1=0, \end{cases}$

解得 $x=\dfrac{-1}{2\sqrt{2}\lambda}, y=\dfrac{1}{2\sqrt{2}\lambda}, z=0$，代入 $L_\lambda=0$ 中得 $\lambda=\pm\dfrac{1}{\sqrt{2}}$。

当 $\lambda=\dfrac{1}{\sqrt{2}}$ 时，得椭球面上的 $M_1\left(-\dfrac{1}{2},\dfrac{1}{2},0\right)$，$\left.\dfrac{\partial f}{\partial l}\right|_{M_1}=-\sqrt{2}$，

当 $\lambda=-\dfrac{1}{\sqrt{2}}$ 时，得椭球面上的 $M_2\left(\dfrac{1}{2},-\dfrac{1}{2},0\right)$，$\left.\dfrac{\partial f}{\partial l}\right|_{M_2}=\sqrt{2}$。

于是所求的点为 $M_2\left(\dfrac{1}{2},-\dfrac{1}{2},0\right)$。

方法 2　因为最大方向导数的方向就是函数在该点处的梯度方向。设 $M(x,y,z)$ 为所求的点，$\mathbf{grad}\,f(M)=\{2x,2y,2z\}\,/\!/\,\boldsymbol{AB}=\{1,-1,0\}$，则有 $\dfrac{2x}{1}=\dfrac{2y}{-1}=\dfrac{2z}{0}$，得 $z=0, y=-x$，代入方程 $2x^2+2y^2+z^2=1$，得 $x=\pm\dfrac{1}{2}, y=\mp\dfrac{1}{2}, z=0$，在点 $M_1\left(-\dfrac{1}{2},\dfrac{1}{2},0\right)$ 处 $\left.\dfrac{\partial f}{\partial l}\right|_{M_1}=-\sqrt{2}$，在点 $M_2\left(\dfrac{1}{2},-\dfrac{1}{2},0\right)$ 处 $\left.\dfrac{\partial f}{\partial l}\right|_{M_2}=\sqrt{2}$，所以点 $M_2\left(\dfrac{1}{2},-\dfrac{1}{2},0\right)$ 为所求。

七、(西安电子科技大学，1989 Ⅱ)设函数 $f(x,y,z)$ 在闭合球体 Ω：$x^2+y^2+z^2\leqslant 3$ 上有一阶连续偏导数，且满足：(1)在 Ω 上 $\dfrac{\partial f}{\partial x}=1, \dfrac{\partial f}{\partial y}=1, \dfrac{\partial f}{\partial z}=-1$；(2) $f(1,1,1)=11$，试求函数 $f(x,y,z)$，并证明 $7\leqslant f(x,y,z)\leqslant 13, \forall\,(x,y,z)\in\Omega$。

解　(1) 因为 $\dfrac{\partial f}{\partial x}=1$，所以 $f(x,y,z)=x+\varphi(y,z)$，其中 $\varphi(y,z)$ 是 y,z 的任意可微函数。$\dfrac{\partial f}{\partial y}=1=\dfrac{\partial \varphi}{\partial y}$，所以 $\varphi(y,z)=y+\psi(z)$，$f(x,y,z)=x+y+\psi(z)$，其中 $\psi(z)$ 是 z 的任意可微函数。再由 $\dfrac{\partial f}{\partial z}=-1=\dfrac{\partial \psi}{\partial z}$，所以 $\psi(z)=-z+c$，于是有 $f(x,y,z)=x+y-z+c$，由 $f(1,1,1)=11$，得 $c=10$。故 $f(x,y,z)=x+y-z+10$。

(2) 因为 $\dfrac{\partial f}{\partial x},\dfrac{\partial f}{\partial y},\dfrac{\partial f}{\partial z}$ 在 Ω 内都不为 0，所以 $f(x,y,z)$ 的最大值和最小值必须在 Ω 的边界上取得。于是问题化为求目标函数 $f(x,y,z)$ 在约束条件 $x^2+y^2+z^2=3$ 下的最大值和最小值问题。设拉格朗日函数为

$$L(x,y,z,\lambda)=x+y-z+10+\lambda(x^2+y^2+z^2-3),$$

由方程组：$\begin{cases} L_x=1+2\lambda x=0, \\ L_y=1+2\lambda y=0, \\ L_z=-1+2\lambda z=0, \\ L_\lambda=x^2+y^2+z^2-3=0, \end{cases}$

解得 $x_1=1, y_1=1, z_1=-1$ 和 $x_2=-1, y_2=-1, z_2=1$。比较得：$f(-1,-1,1)=7$ 是最小值，$f(1,1,-1)=13$ 是最大值，即 $7\leqslant f(x,y,z)\leqslant 13$。

八、(大连理工大学,1993—Ⅱ)设函数 $u=F(x,y,z)$,在条件 $\varphi(x,y,z)=0$ 和 $\psi(x,y,z)=0$ 下在点 (x_0,y_0,z_0) 取得极值 m。证明:三曲面:$F(x,y,z)=m$,$\varphi(x,y,z)=0$ 和 $\psi(x,y,z)=0$,在点 (x_0,y_0,z_0) 的三条法线共面。这里出现的三个三元函数 $F(x,y,z)$,$\varphi(x,y,z)$,$\psi(x,y,z)$ 都具有连续的一阶偏导数,且各自的对三个自变量的偏导数都不同时为零。

证明　方法1　设拉格朗日函数为

$$L(x,y,z,\lambda_1,\lambda_2)=F(x,y,z)+\lambda_1\varphi(x,y,z)+\lambda_2\psi(x,y,z)。$$

在 (x_0,y_0,z_0) 处有

$$\begin{cases}L_x=F_x+\lambda_1\varphi_x+\lambda_2\psi_x=0,\\ L_y=F_y+\lambda_1\varphi_y+\lambda_2\psi_y=0,\\ L_z=F_z+\lambda_1\varphi_z+\lambda_2\varphi_z=0,\\ L_{\lambda_1}=\varphi(x,y,z)=0,\\ L_{\lambda_2}=\psi(x,y,z)=0。\end{cases}\tag{Ⅰ}$$

又三个曲面在点 (x_0,y_0,z_0) 处的法线向量分别为

$$\boldsymbol{n}_1=\{F_x,F_y,F_z\},\quad \boldsymbol{n}_2=\{\varphi_x,\varphi_y,\varphi_z\},\quad \boldsymbol{n}_3=\{\psi_x,\psi_y,\psi_z\}。$$

由式(Ⅰ)知:$\boldsymbol{n}_1+\lambda_1\boldsymbol{n}_2+\lambda_2\boldsymbol{n}_3=\boldsymbol{0}$,即 $\boldsymbol{n}_1,\boldsymbol{n}_2,\boldsymbol{n}_3$ 共面,即三条法线共面。

方法2　若三条法线共面,只需证三个向量 $\boldsymbol{n}_1,\boldsymbol{n}_2,\boldsymbol{n}_3$ 的混合数积为 $\boldsymbol{0}$,即证 $[\boldsymbol{n}_1,\boldsymbol{n}_2,\boldsymbol{n}_3]=0$。

$$[\boldsymbol{n}_1,\boldsymbol{n}_2,\boldsymbol{n}_3]=\begin{vmatrix}F_x&F_y&F_z\\ \varphi_x&\varphi_y&\varphi_z\\ \psi_x&\psi_y&\psi_z\end{vmatrix}$$

$$=\begin{vmatrix}F_x+\lambda_1\varphi_x+\lambda_2\psi_x&F_y+\lambda_1\varphi_y+\lambda_2\psi_y&F_z+\lambda_1\varphi_z+\lambda_2\varphi_z\\ \varphi_x&\varphi_y&\varphi_z\\ \psi_x&\psi_y&\psi_z\end{vmatrix}\xlongequal{(Ⅰ)}0。$$

故 $\boldsymbol{n}_1,\boldsymbol{n}_2,\boldsymbol{n}_3$ 共面,即三条法线共面。

第十章　重　积　分

第一节　二重积分的概念与性质

问题 140　为什么说二重积分是个数？有何用处？

二重积分的定义：$\iint\limits_D f(x,y)\mathrm{d}\sigma = \lim\limits_{\lambda\to 0}\sum\limits_{i=1}^{n} f(\xi_i,\eta_i)\Delta\sigma_i$ 是由极限界定的，而极限值是个数，因此二重积分是个数。用来解含有二重积分的题。如例 2。

例 1　选择给出的以下四个结论中正确的一个。

(1) 设有平面闭区域 $D=\{(x,y)\mid -a\leqslant x\leqslant a, x\leqslant y\leqslant a\}$，$D_1=\{(x,y)\mid 0\leqslant x\leqslant a, x\leqslant y\leqslant a\}$，则 $\iint\limits_D (xy+\cos x\sin y)\mathrm{d}x\mathrm{d}y=$ ________。

(A) $2\iint\limits_{D_1}\cos x\sin y\mathrm{d}x\mathrm{d}y$　　　(B) $2\iint\limits_{D_1} xy\mathrm{d}x\mathrm{d}y$

(C) $4\iint\limits_{D_1}(xy+\cos x\sin y)\mathrm{d}x\mathrm{d}y$　　　(D) 0

解　画出 D 的图形如图 10-1 所示。D_1 与 D_2 关于 y 轴对称，D_3 与 D_4 关于 x 轴对称。故 $\iint\limits_{D_1+D_2} xy\mathrm{d}x\mathrm{d}y=0$，

$$\iint\limits_{D_1+D_2}\cos x\sin y\mathrm{d}x\mathrm{d}y = 2\iint\limits_{D_1}\cos x\sin y\mathrm{d}x\mathrm{d}y,$$

$$\iint\limits_{D_3+D_4}(xy+\cos x\sin y)\mathrm{d}x\mathrm{d}y=0,$$

故 $\iint\limits_D (xy+\cos x\sin y)\mathrm{d}x\mathrm{d}y = 2\iint\limits_{D_1}\cos x\sin y\mathrm{d}x\mathrm{d}y$，所以选(A)。

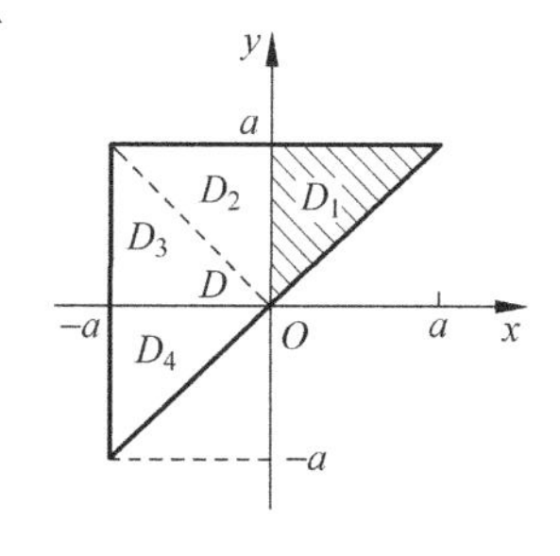

图　10-1

例 2　设 $f(x,y)$ 连续，且 $f(x,y)=xy+\iint\limits_D f(u,v)\mathrm{d}u\mathrm{d}v$，其中 D 是由 $y=0, y=x^2, x=1$ 所围成的区域，则 $f(x,y)$ 等于________。

(A) xy　　　(B) $2xy$　　　(C) $xy+\frac{1}{8}$　　　(D) $xy+1$

分析　因为二重积分是个数，所以设 $A=\iint\limits_D f(u,v)\mathrm{d}u\mathrm{d}v$，求出 A，则 $f(x,y)=xy+A$ 为所求。

解　设 $A=\iint\limits_D f(u,v)\mathrm{d}u\mathrm{d}v$，从而有 $A=\iint\limits_D f(x,y)\mathrm{d}x\mathrm{d}y=\iint\limits_D xy\mathrm{d}x\mathrm{d}y+\iint\limits_D A\mathrm{d}x\mathrm{d}y$，则 $A=$

$\int_0^1 x\mathrm{d}x\int_0^{x^2} y\mathrm{d}y + A\int_0^1 \mathrm{d}x\int_0^{x^2} \mathrm{d}y = \frac{1}{2}\int_0^1 x^5\mathrm{d}x + A\int_0^1 x^2\mathrm{d}x = \frac{1}{12} + \frac{A}{3}$,所以 $A = \frac{1}{8}$,则 $f(x,y) = xy + \frac{1}{8}$,故选(C)。

例 3　根据二重积分的性质,比较下列积分的大小:

(1) $\iint\limits_D (x+y)^2\mathrm{d}\sigma$ 与 $\iint\limits_D (x+y)^3\mathrm{d}\sigma$,其中积分区域 D 是由圆周 $(x-2)^2+(y-1)^2=2$ 所围成的区域;

(2) $\iint\limits_D \ln(x+y)\mathrm{d}\sigma$ 与 $\iint\limits_D [\ln(x+y)]^2\mathrm{d}\sigma$,其中 D 是三角形闭区域,三顶点分别为(1,0),(1,1),(2,0)。

分析　利用二重积分的性质 5:如果在 D 上 $f(x,y)\leqslant g(x,y)$,则有 $\iint\limits_D f(x,y)\mathrm{d}\sigma \leqslant \iint\limits_D g(x,y)\mathrm{d}\sigma$。因此比较两个二重积分的大小就是比较在 D 上两个被积函数的大小。

解　(1) 画出 D 的图形如图 10-2 所示。

由图可知,D 位于直线 $x+y=1$ 的右上方且是圆的切线,所以 $\forall (x,y)\in D$,有 $1\leqslant x+y$。于是有 $(x+y)^2\leqslant(x+y)^3$,因此 $\iint\limits_D (x+y)^2\mathrm{d}\sigma \leqslant \iint\limits_D (x+y)^3\mathrm{d}\sigma$。

(2) 画出 D 的图形如图 10-3 所示。

由图可知,D 位于直线 $x=1$ 的右侧,$x+y=2$ 的下方,$y=0$ 的上方,因此 $\forall (x,y)\in D$,有 $1\leqslant x+y\leqslant 2$。从而 $0\leqslant \ln(x+y)<1$,当 $\forall (x,y)\in D$ 时,有 $\ln(x+y)\geqslant[\ln(x+y)]^2$,因此 $\iint\limits_D \ln(x+y)\mathrm{d}\sigma \geqslant \iint\limits_D [\ln(x+y)]^2\mathrm{d}\sigma$。

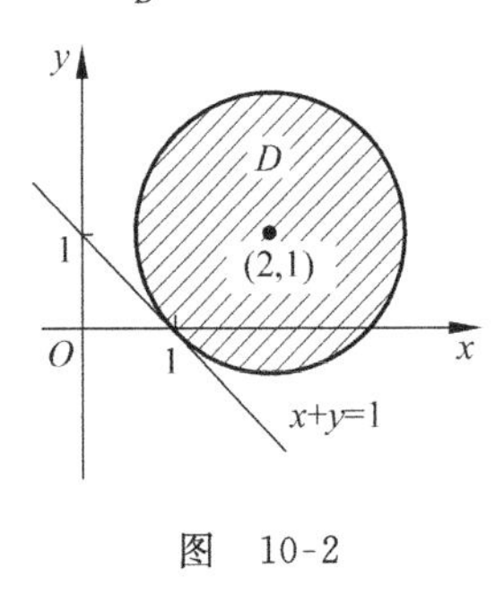

图　10-2

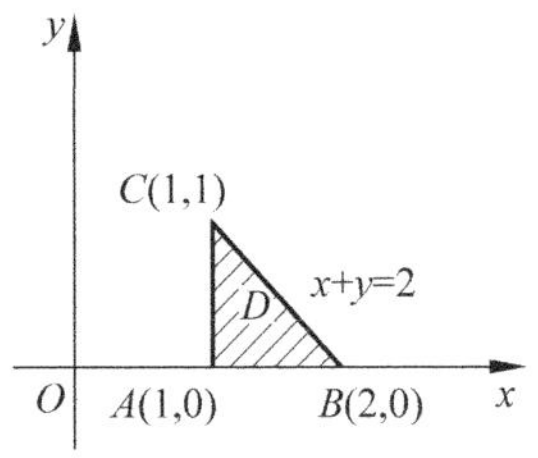

图　10-3

例 4　利用二重积分的性质估计下列积分的值:

(1) $I = \iint\limits_D (x+y+1)\mathrm{d}\sigma$,其中 $D = \{(x,y) \mid 0\leqslant x\leqslant 1, 0\leqslant y\leqslant 2\}$;

(2) $I = \iint\limits_D (x^2+4y^2+9)\mathrm{d}\sigma$,其中 $D = \{(x,y) \mid x^2+y^2\leqslant 4\}$。

分析　利用二重积分的性质 6(估值性质):$m\sigma \leqslant \iint\limits_D f(x,y)\mathrm{d}\sigma \leqslant M\sigma$,其中 m,M 是 $f(x,y)$ 在 D 上的最小值和最大值,σ 是 D 的面积。估值就是求被积函数 $f(x,y)$ 在有界闭区域 D 上的最小值和最大值。

解　(1) 因为 $\forall(x,y)\in D$，有 $0\leqslant x+y\leqslant 3$，$1\leqslant x+y+1\leqslant 4$，又面积 $\sigma=2$，所以 $1\times 2\leqslant \iint\limits_D (x+y+1)\mathrm{d}\sigma\leqslant 4\times 2$，即 $2\leqslant \iint\limits_D (x+y+1)\mathrm{d}\sigma\leqslant 8$。

(2) 因为对 $\forall(x,y)\in D$，有 $9\leqslant x^2+4y^2+9\leqslant 4x^2+4y^2+9\leqslant 16+9=25$ 及 D 的面积 $\sigma=4\pi$，所以 $36\pi\leqslant \iint\limits_D (x^2+4y^2+9)\leqslant 100\pi$。

例 5　求 $\lim\limits_{\rho\to 0}\dfrac{\iint\limits_D f(x,y)\mathrm{d}\sigma}{\pi\rho^2}$，其中 D：$x^2+y^2\leqslant\rho^2$，$f(x,y)$ 为 D 上的连续函数。

解　$f(x,y)$ 在 D 上连续，由二重积分的性质 7 知，在 D 上必存在一点 (ξ,η)，使得 $\iint\limits_D f(x,y)\mathrm{d}\sigma=f(\xi,\eta)\pi\rho^2$，且当 $\rho\to 0$ 时，$(\xi,\eta)\to(0,0)$。

$$\lim_{\rho\to 0}\frac{1}{\pi\rho^2}\iint\limits_D f(x,y)\mathrm{d}\sigma=\lim_{\rho\to 0}\frac{1}{\pi\rho^2}f(\xi,\eta)\pi\rho^2=f(0,0)。$$

第二节　二重积分的计算法

问题 141　如何计算二重积分？计算时如何选择坐标系？如何选择积分顺序？计算二重积分的关键的关键是什么？(参见文献[4])

二重积分的计算方法是化为二次(累次积分)计算，计算的步骤是：

(1) 画出积分区域 D 的草图。

(2) 依据域 D 及被积函数的特点选择坐标系，见下表。

坐标系	积分域 D 特点	被积函数特点	面积元素	变量代换	积分表达式
直角坐标系	D 为棱角较多的区域，如矩形、三角形或任意多边形	$f(x,y)$	$\mathrm{d}\sigma=\mathrm{d}x\mathrm{d}y$		$\iint\limits_D f(x,y)\mathrm{d}x\mathrm{d}y$
极坐标系	D 为圆域 环域 扇域 环扇域	$f(x^2+y^2)$ 或 $f\left(\dfrac{y}{x}\right)$ 或 $f\left(\dfrac{x}{y}\right)$	$\mathrm{d}\sigma=\rho\mathrm{d}\rho\mathrm{d}\theta$	$\begin{cases}x=\rho\cos\theta\\y=\rho\sin\theta\end{cases}$	$\iint\limits_D f(\rho\cos\theta,\rho\sin\theta)\rho\mathrm{d}\rho\mathrm{d}\theta$
一般换元法	D 为曲边四边形域 椭圆域	$f\left(\dfrac{y}{x},xy\right)$ 或 $f\left(\dfrac{x-y}{x+y}\right)$	$\mathrm{d}\sigma=\lvert J\rvert\mathrm{d}u\mathrm{d}v$ $J=\begin{vmatrix}\dfrac{\partial x}{\partial u} & \dfrac{\partial x}{\partial v}\\ \dfrac{\partial y}{\partial u} & \dfrac{\partial y}{\partial v}\end{vmatrix}$	$\begin{cases}x=x(u,v)\\y=y(u,v)\end{cases}$	$\iint\limits_D f(x(u,v),y(u,v))\lvert J\rvert\mathrm{d}u\mathrm{d}v$

(3) 选择积分顺序

选序的原则：①先积分容易求出的部分，并为后积分的部分创造条件；②在好积分前提下，对积分区域 D 的划分，块数越少越好。

(4) 确定累次积分的上下限，计算定积分。

坐标系选定，确定好积分次序。然后，主要工作是定限，定限的关键是画出区域 D 的图形，写出 D 的联立不等式表示。D 的不等式表示是计算二重积分的关键。要求读者熟练画出 D 的图形(参见文献[4])。

例 1　画出下列区域 D 的图形并写出其不等式表示：

(1) $D=\{(x,y)\mid y\leqslant 1+x^2, xy\geqslant 2, x\leqslant 2\}$；

(2) 区域 D 由曲线 $y=(x-1)^2, y=1-x, y=1$ 围成。

解　(1) D 由不等式组给出时，D 的画法：先变不等式为等式，等式即为 D 的边界曲线方程，D 的边界曲线方程分别为 $y=1+x^2, xy=2, x=2$，在 xOy 坐标内画出这三条曲线，这三条曲线所围成的闭区域为所求。如图 10-4 所示，即 $D=\left\{(x,y)\mid 1\leqslant x\leqslant 2, \dfrac{2}{x}\leqslant y\leqslant 1+x^2\right\}$ 或 $D=D_1+D_2, D_1=\left\{(x,y)\mid 1\leqslant y\leqslant 2, \dfrac{2}{y}\leqslant x\leqslant 2\right\}, D_2=\{(x,y)\mid 2\leqslant y\leqslant 5, \sqrt{y-1}\leqslant x\leqslant 2\}$。

(2) D 的边界曲线方程直接给出，在 xOy 坐标系内画出 D 的边界曲线图形。如图 10-5 所示，即 $D=\{(x,y)\mid 0\leqslant y\leqslant 1, 1-y\leqslant x\leqslant 1+\sqrt{y}\}$ 或 $D=D_1+D_2, D_1=\{(x,y)\mid 0\leqslant x\leqslant 1, 1-x\leqslant y\leqslant 1\}, D_2=\{(x,y)\mid 1\leqslant x\leqslant 2, (x-1)^2\leqslant y\leqslant 1\}$。

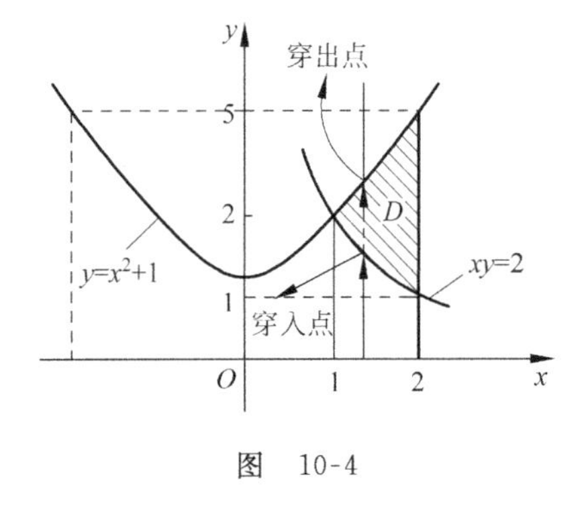

图　10-4

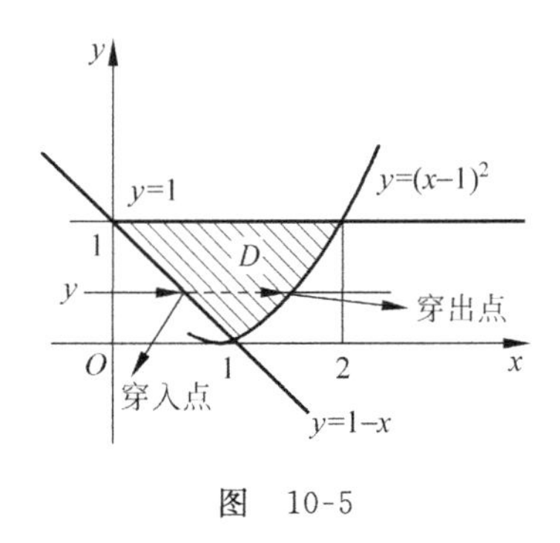

图　10-5

小结　二重积分的积分区域 D，一般常用两种方法给出：(1)用不等式组给出，如例 1 的(1)；(2)用 D 的边界曲线给出，如例 1 的(2)。两种给法，其实质都是由边界曲线确定。画出域 D 就是画出 D 的边界曲线。区域 D 画好后，再根据被积函数及区域 D 的特点选择坐标系，在选好的坐标系内，将 D 按选好的积分顺序用联立不等式表出。这样就在选好的坐标系内将二重积分的积分顺序化为累次(或二次)积分。

点评　由于积分区域 D 的不等式表示是二重积分计算关键的关键，下面给出积分区域 D 的不等式表示的"投影法"。以例 1 的(2)为例加以说明。根据区域 D 的特点：平行于 x 轴的直线与 D 的边界曲线至多交于两点，故将区域 D 向 y 轴作投影，故称投影法。在 y 轴上得 y 的变化范围为 $0\leqslant y\leqslant 1$。然后，$\forall\, y\in[0,1]$，作平行于 x 轴的直线 $y=y$(见图 10-5)，从区域 D 的左边向右边看，直线 $y=y$ 穿入点的横坐标为 $x=1-y$，穿出点的横坐标为 $x=1+$

$\sqrt{y}$，得在直线 $y=y$ 上且介于 D 内的 x 的变化范围为 $1-y\leqslant x\leqslant 1+\sqrt{y}$，从而得 $D_y=\{(x,y)\mid 0\leqslant y\leqslant 1,1-y\leqslant x\leqslant 1+\sqrt{y}\}$。同理，若平行于 y 轴的直线与 D 的边界曲线至多交于两点，如例 1 的(1)，则将 D 向 x 轴作投影在 x 轴上得 x 的变化范围为 $1\leqslant x\leqslant 2$，然后，$\forall x\in[1,2]$，作平行于 y 轴的直线 $x=x$，从区域 D 的下边向上边看，直线 $x=x$ 的穿入点的纵坐标为 $y=\dfrac{2}{x}$，穿出点的纵坐标为 $y=1+x^2$，于是得到在直线上 $x=x$ 且介于 D 内的 y 的变化范围为 $\dfrac{2}{x}\leqslant y\leqslant 1+x^2$，从而得 $D_x\left(1\leqslant x\leqslant 2,\dfrac{2}{x}\leqslant y\leqslant 1+x^2\right)$。虽然平行于坐标轴的直线与 D 的边界曲线至多交于两点，但边界曲线变了，如例 1 的(2)，对于平行于 y 轴的直线 $x=x$ 与 D 的边界曲线也是至多交于两点，这时直线 $x=1$ 将 D 分为 D_1+D_2，而 $D_{1x}(0\leqslant x\leqslant 1,1-x\leqslant y\leqslant 1)$，$D_{2x}(1\leqslant x\leqslant 2,(x-1)^2\leqslant y\leqslant 1)$。

例 2　画出积分区域，并计算下列二重积分：

(1) $\iint\limits_D x\sqrt{y}\,\mathrm{d}\sigma$，其中 D 是由两条抛物线 $y=\sqrt{x}$，$y=x^2$ 所围成的闭区域；

(2) $\iint\limits_D xy^2\,\mathrm{d}\sigma$，其中 D 是由圆周 $x^2+y^2=4$ 及 y 轴所围成的右半闭区域；

(3) $\iint\limits_D \mathrm{e}^{x+y}\,\mathrm{d}\sigma$，其中 $D=\{(x,y)\mid |x|+|y|\leqslant 1\}$；

(4) $\iint\limits_D (x^2+y^2-x)\,\mathrm{d}\sigma$，其中 D 是由直线 $y=2$，$y=x$ 及 $y=2x$ 所围成的闭区域。

解　(1) 画出 D 的图形如图 10-6 所示。

$$D_x=\{(x,y)\mid 0\leqslant x\leqslant 1,x^2\leqslant y\leqslant \sqrt{x}\},$$

$$\begin{aligned}\iint\limits_D x\sqrt{y}\,\mathrm{d}\sigma&=\int_0^1 x\mathrm{d}x\int_{x^2}^{\sqrt{x}}\sqrt{y}\,\mathrm{d}y=\int_0^1 x\cdot\frac{2}{3}y^{\frac{3}{2}}\Big|_{x^2}^{\sqrt{x}}\mathrm{d}x\\&=\frac{2}{3}\int_0^1 x(x^{\frac{3}{4}}-x^3)\mathrm{d}x\\&=\frac{2}{3}\left[\frac{4}{11}x^{\frac{11}{4}}-\frac{1}{5}x^5\right]_0^1=\frac{6}{55}。\end{aligned}$$

(2) 画出 D 的图形如图 10-7 所示。

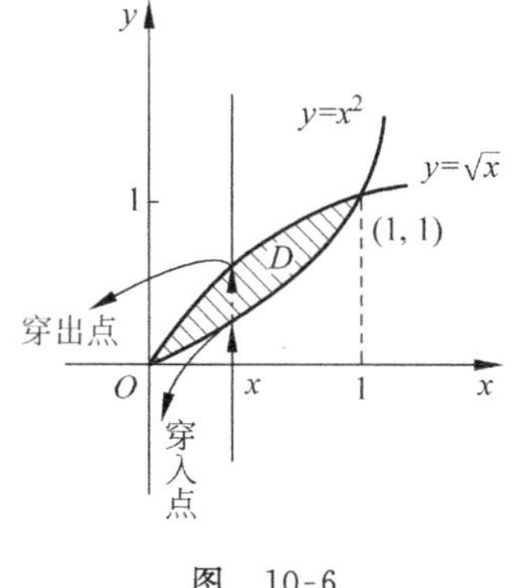

图　10-6

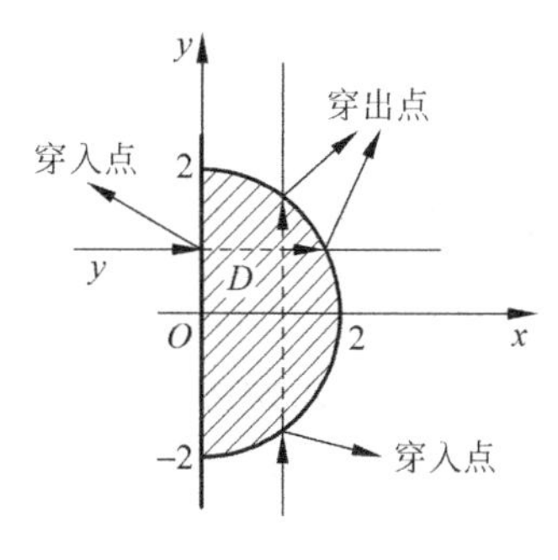

图　10-7

$$D_y=\{(x,y)\mid -2\leqslant y\leqslant 2,0\leqslant x\leqslant \sqrt{4-y^2}\},$$

$$\iint_D xy^2\mathrm{d}\sigma=\int_{-2}^{2}y^2\mathrm{d}y\int_0^{\sqrt{4-y^2}}x\mathrm{d}x=\int_{-2}^{2}y^2\cdot\frac{x^2}{2}\Big|_0^{\sqrt{4-y^2}}\mathrm{d}y$$

$$=\int_0^2(4y^2-y^4)\mathrm{d}y=\left[\frac{4}{3}y^3-\frac{y^5}{5}\right]_0^2=\frac{64}{15}。$$

或

$$D_x=\{(x,y)\mid 0\leqslant x\leqslant 2,-\sqrt{4-x^2}\leqslant y\leqslant \sqrt{4-x^2}\},$$

$$\iint_D xy^2\mathrm{d}\sigma=\int_0^2 x\mathrm{d}x\int_{-\sqrt{4-x^2}}^{\sqrt{4-x^2}}y^2\mathrm{d}y=\frac{2}{3}\int_0^2 x(\sqrt{4-x^2})^3\mathrm{d}x$$

$$=-\frac{1}{3}\int_0^2(4-x^2)^{\frac{3}{2}}\mathrm{d}(4-x^2)=\frac{64}{15}。$$

(3) 画出 D 的图形如图 10-8 所示。

$$D_{1y}=\{(x,y)\mid -1\leqslant y\leqslant 0,-y-1\leqslant x\leqslant y+1\},$$

$$D_{2y}=\{(x,y)\mid 0\leqslant y\leqslant 1,y-1\leqslant x\leqslant 1-y\},$$

$$\iint_D \mathrm{e}^{x+y}\mathrm{d}\sigma=\iint_{D_{1y}}\mathrm{e}^{x+y}\mathrm{d}\sigma+\iint_{D_{2y}}\mathrm{e}^{x+y}\mathrm{d}\sigma$$

$$=\int_{-1}^{0}\mathrm{e}^y\mathrm{d}y\int_{-y-1}^{y+1}\mathrm{e}^x\mathrm{d}x+\int_0^1\mathrm{e}^y\mathrm{d}y\int_{y-1}^{1-y}\mathrm{e}^x\mathrm{d}x$$

$$=\int_{-1}^{0}(\mathrm{e}^{2y+1}-\mathrm{e}^{-1})\mathrm{d}y+\int_0^1(\mathrm{e}-\mathrm{e}^{2y-1})\mathrm{d}y=\mathrm{e}-\mathrm{e}^{-1}。$$

(4) 画出 D 的图形如图 10-9 所示。

$$D_y=\left\{(x,y)\mid 0\leqslant y\leqslant 2,\frac{y}{2}\leqslant x\leqslant y\right\}$$

$$\text{原式}=\int_0^2\mathrm{d}y\int_{\frac{y}{2}}^{y}(x^2+y^2-x)\mathrm{d}x=\int_0^2\left(\frac{19y^3}{24}-\frac{3y^2}{8}\right)\mathrm{d}y$$

$$=\left[\frac{19y^4}{4\times 24}-\frac{y^3}{8}\right]_0^2=\frac{13}{6}。$$

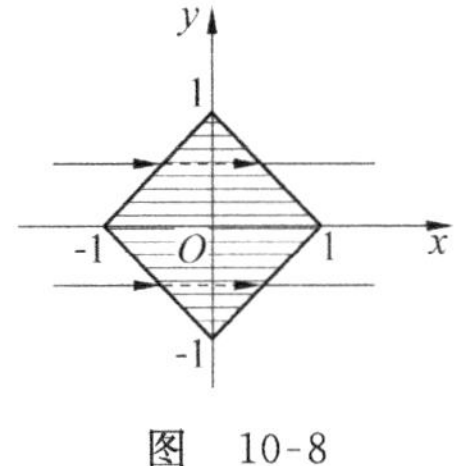

图　10-8

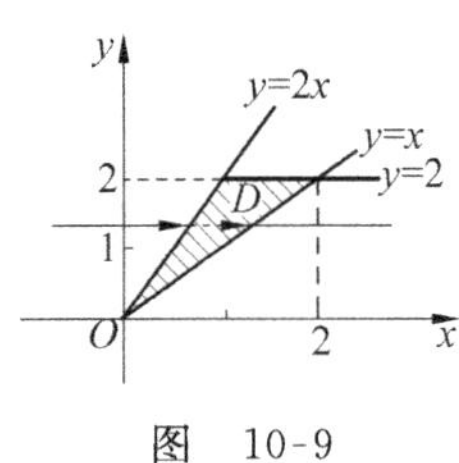

图　10-9

例 3　化二重积分 $I=\iint_D f(x,y)\mathrm{d}\sigma$ 为二次积分(分别列出对两个变量先后次序不同的二次积分),其中积分区域 D 是:

(1) 由直线 $y=x$ 及抛物线 $y^2=4x$ 所围成的闭区域;

(2) 由 x 轴及半圆周 $x^2+y^2=r^2(y\geqslant 0)$ 所围成的闭区域;

(3) 由直线 $y=x,x=2$ 及双曲线 $y=\dfrac{1}{x}(x>0)$ 所围成的闭区域;

(4) 环形闭区域 $\{(x,y)\mid 1\leqslant x^2+y^2\leqslant 4\}$。

解　(1) 画出 D 的图形如图 10-10 所示。得交点 $O(0,0)$，$A(4,4)$。

将 D 向 x 轴作投影得

$$D_x=\{(x,y)\mid 0\leqslant x\leqslant 4, x\leqslant y\leqslant 2\sqrt{x}\}。$$

同理，将 D 向 y 轴作投影得

$$D_y=\left\{(x,y)\mid 0\leqslant y\leqslant 4, \frac{y^2}{4}\leqslant x\leqslant y\right\}。$$

于是

$$I=\iint\limits_D f(x,y)\mathrm{d}\sigma=\int_0^4\mathrm{d}x\int_x^{2\sqrt{x}}f(x,y)\mathrm{d}y=\int_0^4\mathrm{d}y\int_{\frac{y^2}{4}}^{y}f(x,y)\mathrm{d}x。$$

(2) 画出 D 的图形如图 10-11 所示。

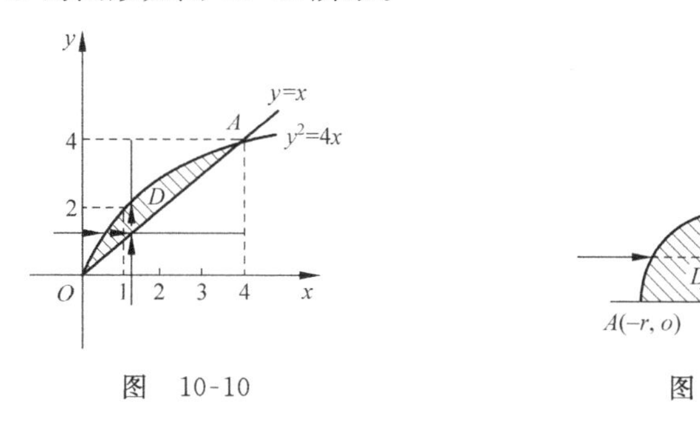

图　10-10　　　图　10-11

将 D 向 x 轴作投影得

$$D_x=\{(x,y)\mid -r\leqslant x\leqslant r, 0\leqslant y\leqslant\sqrt{r^2-x^2}\},$$

将 D 向 y 轴作投影得

$$D_y=\{(x,y)\mid 0\leqslant y\leqslant r, -\sqrt{r^2-y^2}\leqslant x\leqslant\sqrt{r^2-y^2}\}。$$

于是

$$I=\iint\limits_D f(x,y)\mathrm{d}\sigma=\int_{-r}^{r}\mathrm{d}x\int_0^{\sqrt{r^2-x^2}}f(x,y)\mathrm{d}y=\int_0^r\mathrm{d}y\int_{-\sqrt{r^2-y^2}}^{\sqrt{r^2-y^2}}f(x,y)\mathrm{d}x。$$

(3) 画出 D 的图形如图 10-12 所示。

将 D 向 x 轴作投影得　　$D_x=\left\{(x,y)\mid 1\leqslant x\leqslant 2, \frac{1}{x}\leqslant y\leqslant x\right\}$，

将 D 向 y 轴作投影得 $D_{1y}=\left\{(x,y)\mid \frac{1}{2}\leqslant y\leqslant 1, \frac{1}{y}\leqslant x\leqslant 2\right\}$，$D_{2y}=\{(x,y)\mid 1\leqslant y\leqslant 2, y\leqslant x\leqslant 2\}$。

$$\iint\limits_D f(x,y)\mathrm{d}\sigma=\int_1^2\mathrm{d}x\int_{\frac{1}{x}}^{x}f(x,y)\mathrm{d}y=\int_{\frac{1}{2}}^{1}\mathrm{d}y\int_{\frac{1}{y}}^{2}f(x,y)\mathrm{d}x+\int_1^2\mathrm{d}y\int_y^2 f(x,y)\mathrm{d}x。$$

(4) 画出 D 的图形如图 10-13 所示。

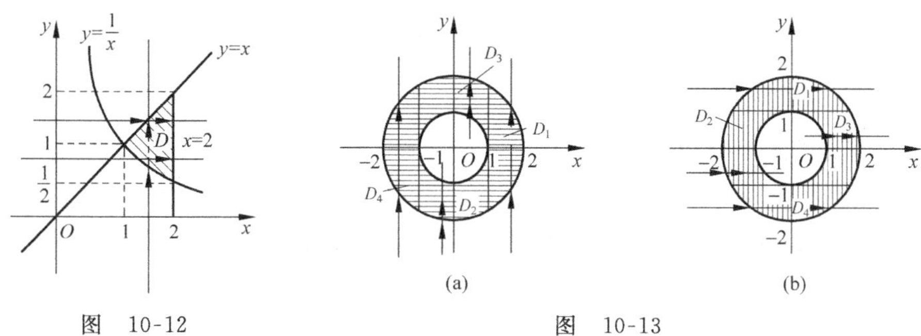

图　10-12　　　图　10-13

将 D 向 x 轴作投影,由图 10-13(a)得

$$D_{1x}=\{(x,y)\mid 1\leqslant x\leqslant 2,-\sqrt{4-x^2}\leqslant y\leqslant \sqrt{4-x^2}\},$$

$$D_{2x}=\{(x,y)\mid -1\leqslant x\leqslant 1,-\sqrt{4-x^2}\leqslant y\leqslant -\sqrt{1-x^2}\},$$

$$D_{3x}=\{(x,y)\mid -1\leqslant x\leqslant 1,\sqrt{1-x^2}\leqslant y\leqslant \sqrt{4-x^2}\},$$

$$D_{4x}=\{(x,y)\mid -2\leqslant x\leqslant -1,-\sqrt{4-x^2}\leqslant y\leqslant \sqrt{4-x^2}\}。$$

将 D 向 y 轴作投影,由图 10-13(b)知

$$D_{1y}=\{(x,y)\mid 1\leqslant y\leqslant 2,-\sqrt{4-y^2}\leqslant x\leqslant \sqrt{4-y^2}\},$$

$$D_{2y}=\{(x,y)\mid -1\leqslant y\leqslant 1,-\sqrt{4-y^2}\leqslant x\leqslant -\sqrt{1-y^2}\},$$

$$D_{3y}=\{(x,y)\mid -1\leqslant y\leqslant 1,\sqrt{1-y^2}\leqslant x\leqslant \sqrt{4-y^2}\},$$

$$D_{4y}=\{(x,y)\mid -2\leqslant y\leqslant -1,-\sqrt{4-y^2}\leqslant x\leqslant \sqrt{4-y^2}\}。$$

$$\begin{aligned}I&=\iint_D f(x,y)\mathrm{d}\sigma\\&=\int_1^2\mathrm{d}x\int_{-\sqrt{4-x^2}}^{\sqrt{4-x^2}}f(x,y)\mathrm{d}y+\int_{-1}^1\mathrm{d}x\int_{-\sqrt{4-x^2}}^{-\sqrt{1-x^2}}f(x,y)\mathrm{d}y+\\&\quad\int_{-1}^1\mathrm{d}x\int_{\sqrt{1-x^2}}^{\sqrt{4-x^2}}f(x,y)\mathrm{d}y+\int_{-2}^{-1}\mathrm{d}x\int_{-\sqrt{4-x^2}}^{\sqrt{4-x^2}}f(x,y)\mathrm{d}y\\&=\int_1^2\mathrm{d}y\int_{-\sqrt{4-y^2}}^{\sqrt{4-y^2}}f(x,y)\mathrm{d}x+\int_{-1}^1\mathrm{d}y\int_{-\sqrt{4-y^2}}^{-\sqrt{1-y^2}}f(x,y)\mathrm{d}x+\\&\quad\int_{-1}^1\mathrm{d}y\int_{\sqrt{1-y^2}}^{\sqrt{4-y^2}}f(x,y)\mathrm{d}x+\int_{-2}^{-1}\mathrm{d}y\int_{-\sqrt{4-x^2}}^{\sqrt{4-y^2}}f(x,y)\mathrm{d}x。\end{aligned}$$

例 4 把下列积分化为极坐标形式,并计算积分值:

(1) $\int_0^{2a}\mathrm{d}x\int_0^{\sqrt{2ax-x^2}}(x^2+y^2)\mathrm{d}y$; (2) $\int_0^a\mathrm{d}x\int_0^x x^2+y^2\mathrm{d}y$;

(3) $\int_0^1\mathrm{d}x\int_{x^2}^x(x^2+y^2)^{-\frac{1}{2}}\mathrm{d}y$; (4) $\int_0^a\mathrm{d}y\int_0^{\sqrt{a^2-y^2}}(x^2+y^2)\mathrm{d}x$。

分析 因为二次积分是由二重积分得来,将其化为极坐标形式,解这类题的步骤是:(1)还原,即将二次积分还原为二重积分 $\iint_D f(x,y)\mathrm{d}\sigma$;(2)画出 D 的图形;(3)利用公式 $x=\rho\cos\theta,y=\rho\sin\theta$,将 D 的边界直角坐标方程化为极坐标方程,称为边界变边界,再将被积函数 $f(x,y)$化为 $f(\rho\cos\theta,\rho\sin\theta)$,面积元素 $\mathrm{d}\sigma$ 化为 $\rho\mathrm{d}\rho\mathrm{d}\theta$。于是 $\iint_D f(x,y)\mathrm{d}\sigma=\iint_{D_{\rho\theta}}f(\rho\cos\theta,\rho\sin\theta)\rho\mathrm{d}\rho\mathrm{d}\theta$。

解 (1) 还原为 $\iint_D(x^2+y^2)\mathrm{d}\sigma$。画出 D 的图形如图 10-14 所示。

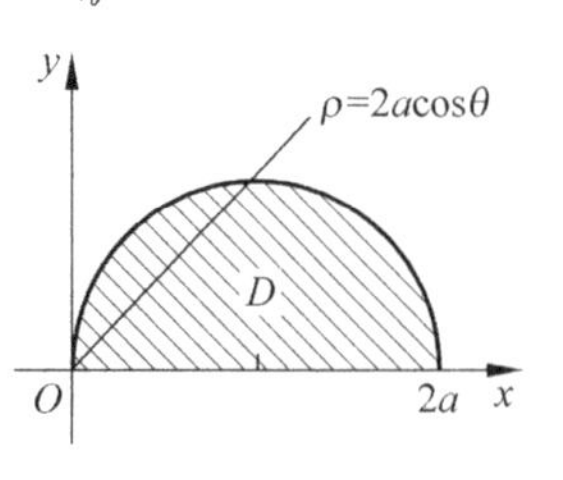

图 10-14

由二次积分的上下限知,

$$D_x=\{(x,y)\mid 0\leqslant x\leqslant 2a,0\leqslant y\leqslant \sqrt{2ax-x^2}\},$$

将 D 的边界曲线方程:$y=0,y=\sqrt{2ax-x^2}$ 化为极坐标方程。边

界曲线 $y=0\Leftrightarrow\theta=0$，$y=\sqrt{2ax-x^2}\Leftrightarrow\rho=2a\cos\theta$，所以 $D_{\rho\theta}=\left\{(\rho,\theta)\mid 0\leqslant\theta\leqslant\frac{\pi}{2},0\leqslant\rho\leqslant 2a\cos\theta\right\}$，

$$\begin{aligned}I&=\int_0^{\frac{\pi}{2}}\mathrm{d}\theta\int_0^{2a\cos\theta}\rho^2\cdot\rho\mathrm{d}\rho=\frac{1}{4}\int_0^{\frac{\pi}{2}}(2a\cos\theta)^4\mathrm{d}\theta=4a^4\int_0^{\frac{\pi}{2}}\cos^4\theta\mathrm{d}\theta\\&=4a^4\cdot\frac{3}{4}\cdot\frac{1}{2}\cdot\frac{\pi}{2}=\frac{3\pi a^4}{4}。\end{aligned}$$

(2) 还原为 $\iint\limits_D(x^2+y^2)\mathrm{d}\sigma$。画出 D 的图形，如图 10-15 所示。由 $0\leqslant x\leqslant a$，$0\leqslant y\leqslant x$，变上述不等式为等式 $y=0$，$y=x$ 及 $x=a$，为 D 的边界曲线方程，将其化为极坐标方程 $y=x\Leftrightarrow\theta=\frac{\pi}{4}$，$x=a\Leftrightarrow\rho=a\sec\theta$，$y=0\Leftrightarrow\theta=0$，所以 $D_{\rho\theta}=\left\{(\rho,\theta)\mid 0\leqslant\theta\leqslant\frac{\pi}{4},0\leqslant\rho\leqslant a\sec\theta\right\}$。

$$\begin{aligned}I&=\int_0^{\frac{\pi}{4}}\mathrm{d}\theta\int_0^{a\sec\theta}\rho^3\mathrm{d}\rho=\frac{a^4}{4}\int_0^{\frac{\pi}{4}}\sec^4\theta\mathrm{d}\theta=\frac{a^4}{4}\int_0^{\frac{\pi}{4}}(1+\tan^2\theta)\mathrm{d}\tan\theta\\&=\frac{a^4}{4}\left(\tan\theta+\frac{1}{3}\tan^3\theta\right)\Big|_0^{\frac{\pi}{4}}=\frac{a^4}{3}。\end{aligned}$$

(3) 还原为 $\iint\limits_D(x^2+y^2)^{-\frac{1}{2}}\mathrm{d}\sigma$。由 $0\leqslant x\leqslant 1$，$x^2\leqslant y\leqslant x$，变上述不等式为等式，得 D 的边界曲线方程为 $y=x^2$，$y=x$，从而画出 D 的图形如图 10-16 所示。

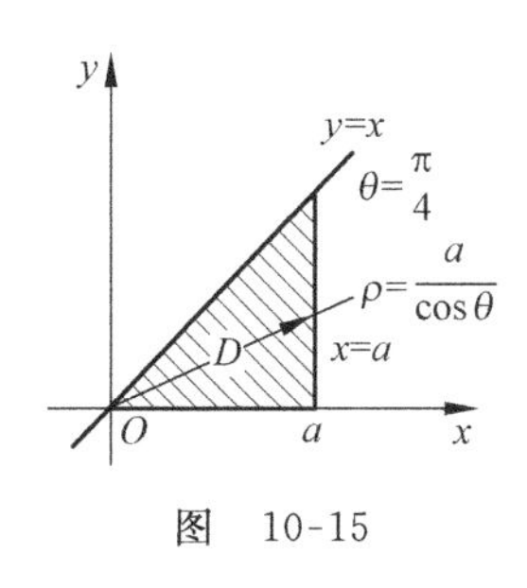

图　10-15

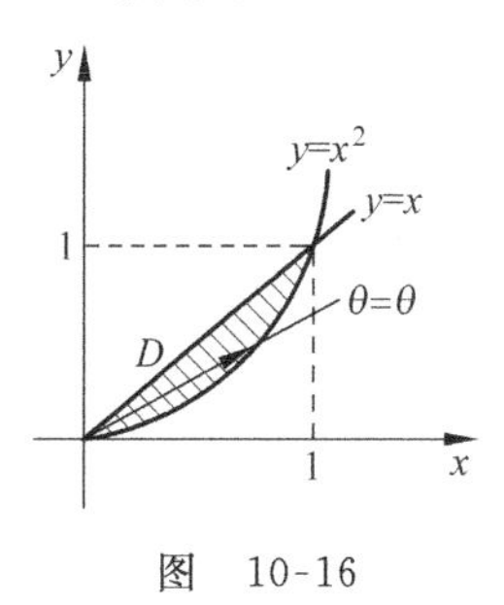

图　10-16

边界曲线方程化为极坐标方程 $y=x\Leftrightarrow\theta=\frac{\pi}{4}$，$y=x^2\Leftrightarrow\rho=\sec\theta\tan\theta$，所以

$$D_{\rho\theta}=\left\{(\rho,\theta)\mid 0\leqslant\theta\leqslant\frac{\pi}{4},0\leqslant\rho\leqslant\sec\theta\tan\theta\right\}。$$

$$\iint\limits_D(x^2+y^2)^{-\frac{1}{2}}\mathrm{d}\sigma=\int_0^{\frac{\pi}{4}}\mathrm{d}\theta\int_0^{\sec\theta\tan\theta}\mathrm{d}\rho=\int_0^{\frac{\pi}{4}}\sec\theta\tan\theta\mathrm{d}\theta=\sec\theta\Big|_0^{\frac{\pi}{4}}=\sqrt{2}-1。$$

(4) 还原为 $\iint\limits_D(x^2+y^2)\mathrm{d}\sigma$。画出 D 的图形如图 10-17 所示。由 $0\leqslant y\leqslant a$，$0\leqslant x\leqslant\sqrt{a^2-y^2}$，变上述不等式为等式，得 D 的边界曲线方程为 $x^2+y^2=a^2$，$y=0$，$x=0$，边界曲线方程化为极坐标方程 $x^2+y^2=a^2\Leftrightarrow\rho=a$，$y=0\Leftrightarrow\theta=0$，$x=0\Leftrightarrow\theta=\frac{\pi}{2}$，所以

$$D_{\rho\theta}=\left\{(\rho,\theta)\mid 0\leqslant\theta\leqslant\frac{\pi}{2},0\leqslant\rho\leqslant a\right\},$$

$$\iint\limits_D(x^2+y^2)\mathrm{d}\sigma=\int_0^{\frac{\pi}{2}}\mathrm{d}\theta\int_0^a\rho^3\mathrm{d}\rho=\frac{\pi a^4}{8}。$$

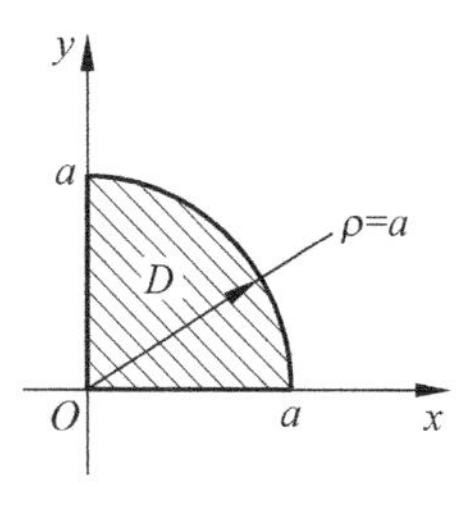

图　10-17

例 5 利用极坐标计算下列各题:

(1) $\iint\limits_D e^{x^2+y^2}\,d\sigma$,其中 D 是由圆周 $x^2+y^2=4$ 所围成的闭区域;

(2) $\iint\limits_D \ln(1+x^2+y^2)\,d\sigma$,其中 D 是由圆周 $x^2+y^2=1$ 及坐标轴所围成的在第一象限内的闭区域;

(3) $\iint\limits_D \arctan\dfrac{y}{x}\,d\sigma$,其中 D 是由圆周 $x^2+y^2=4, x^2+y^2=1$ 及直线 $y=0, y=x$ 所围成的在第一象限内的闭区域。

解 (1) 因为 $D=\{(\rho,\theta)\mid 0\leqslant\theta\leqslant 2\pi, 0\leqslant\rho\leqslant 2\}$,则

$$\iint\limits_D e^{x^2+y^2}\,d\sigma=\int_0^{2\pi}d\theta\int_0^2 e^{\rho^2}\rho\,d\rho=\frac{1}{2}\int_0^{2\pi}d\theta\int_0^2 e^{\rho^2}\,d\rho^2=\pi[e^{\rho^2}]_0^2=\pi(e^4-1)。$$

(2) 因为 $D=\left\{(\rho,\theta)\mid 0\leqslant\theta\leqslant\dfrac{\pi}{2}, 0\leqslant\rho\leqslant 1\right\}$,则

$$\begin{aligned}\iint\limits_D \ln(1+x^2+y^2)\,d\sigma&=\int_0^{\frac{\pi}{2}}d\theta\int_0^1\ln(1+\rho^2)\rho\,d\rho\\&=\frac{1}{2}\int_0^{\frac{\pi}{2}}\left[(1+\rho^2)\ln(1+\rho)^2\Big|_0^1-\int_0^1\frac{1+\rho^2}{1+\rho^2}d(1+\rho^2)\right]d\theta\\&=\frac{1}{2}\int_0^{\frac{\pi}{2}}\left[2\ln 2-(1+\rho^2)\Big|_0^1\right]d\theta=\frac{\pi[2\ln 2-1]}{4}。\end{aligned}$$

(3) 因为 $D=\left\{(\rho,\theta)\mid 0\leqslant\theta\leqslant\dfrac{\pi}{4}, 1\leqslant\rho\leqslant 2\right\}$,则

$$\iint\limits_D \arctan\left(\frac{y}{x}\right)d\sigma=\int_0^{\frac{\pi}{4}}\theta\,d\theta\int_1^2\rho\,d\rho=\frac{\theta^2}{2}\Big|_0^{\frac{\pi}{4}}\cdot\frac{\rho^2}{2}\Big|_1^2=\frac{3\pi^2}{64}。$$

例 6 计算 $\iint\limits_D\dfrac{\sqrt{x^2+y^2}}{\sqrt{4a^2-x^2-y^2}}d\sigma$,其中 D 是由曲线 $y=-a+\sqrt{a^2-x^2}\ (a>0)$ 和直线 $y=-x$ 所围成的闭区域(如图 10-18 所示)。

解 由 D 及被积函数的特点,此题是典型应用极坐标计算的题型。

$$D=\left\{(\rho,\theta)\ \Big|-\frac{\pi}{4}\leqslant\theta\leqslant 0, 0\leqslant\rho\leqslant -2a\sin\theta\right\}。$$

$$\begin{aligned}\text{原式}&=\int_{-\frac{\pi}{4}}^0 d\theta\int_0^{-2a\sin\theta}\frac{\rho^2}{\sqrt{4a^2-\rho^2}}d\rho\ (\text{令}\ \rho=2a\sin t)\\&=4a^2\int_{-\frac{\pi}{4}}^0 d\theta\int_0^{-\theta}\sin^2 t\,dt=2a^2\int_{-\frac{\pi}{4}}^0 d\theta\int_0^{-\theta}(1-\cos 2t)\,dt\\&=2a^2\int_{-\frac{\pi}{4}}^0\left(-\theta+\frac{\sin(2\theta)}{2}\right)d\theta=a^2\left(\frac{\pi^2}{16}-\frac{1}{2}\right)。\end{aligned}$$

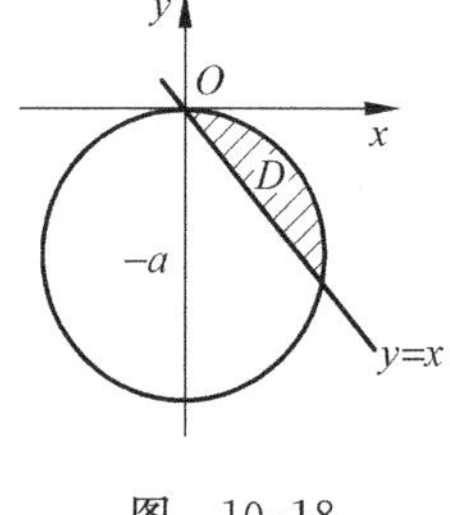

图 10-18

问题 142 为什么要交换二重积分的二次积分的次序?如何交换?(参见文献[4])

按题目给定的二次积分(或称累次积分),常常遇到积分的原函数不能表示为初等函数

的情形(称为不可积),或者积分的计算量太大,这时必须改变原来的二次积分的次序,称为换序。换序的步骤:

(1) 还原。无论所给的二次积分是多少项之和,它都是由一个二重积分得来的,所以必须将所给的二次积分写成一个 D 上的二重积分,即 $I=\iint\limits_D f(x,y)\mathrm{d}\sigma$;

(2) 画出 D 的图形。由二次积分的上下限得积分区域 D 的不等式表示,变不等式为等式,得 D 的边界曲线方程,有了 D 的边界曲线方程就可以画出 D 的图形;

(3) 将 D 按另一种积分顺序的不等式表出。

例 7　改换下列积分的积分次序:

(1) $\int_0^2\mathrm{d}y\int_{y^2}^{2y}f(x,y)\mathrm{d}y$;　　(2) $\int_0^{\pi}\mathrm{d}x\int_{-\sin\frac{x}{2}}^{\sin x}f(x,y)\mathrm{d}y$;

(3) $\int_0^a\mathrm{d}y\int_{\frac{y^2}{2a}}^{a-\sqrt{a^2-y^2}}f(x,y)\mathrm{d}x+\int_0^a\mathrm{d}y\int_{a+\sqrt{a^2-y^2}}^{2a}f(x,y)\mathrm{d}x+\int_a^{2a}\mathrm{d}y\int_{\frac{y^2}{2a}}^{2a}f(x,y)\mathrm{d}x$。

解　(1) 还原为 $I=\iint\limits_D f(x,y)\mathrm{d}\sigma$。由 $D_y=\{(x,y)\mid 0\leqslant y\leqslant 2,y^2\leqslant x\leqslant 2y\}$,变不等式为等式,得边界曲线方程为 $x=2y,x=y^2$,从而画出 D 的图形如图 10-19 所示。

换序:$D_x=\left\{(x,y)\mid 0\leqslant x\leqslant 4,\frac{x}{2}\leqslant y\leqslant\sqrt{x}\right\}$,

$$\iint\limits_D f(x,y)\mathrm{d}\sigma=\int_0^4\mathrm{d}x\int_{\frac{x}{2}}^{\sqrt{x}}f(x,y)\mathrm{d}y。$$

(2) 还原为 $\iint\limits_D f(x,y)\mathrm{d}\sigma$。由 $D_x=\left\{(x,y)\mid 0\leqslant x\leqslant\pi,-\sin\frac{x}{2}\leqslant y\leqslant\sin x\right\}$,变不等式为等式得 D 的边界曲线方程为 $y=-\sin\frac{x}{2},y=\sin x,x=\pi$。从而画出 D 的图形如图 10-20 所示。

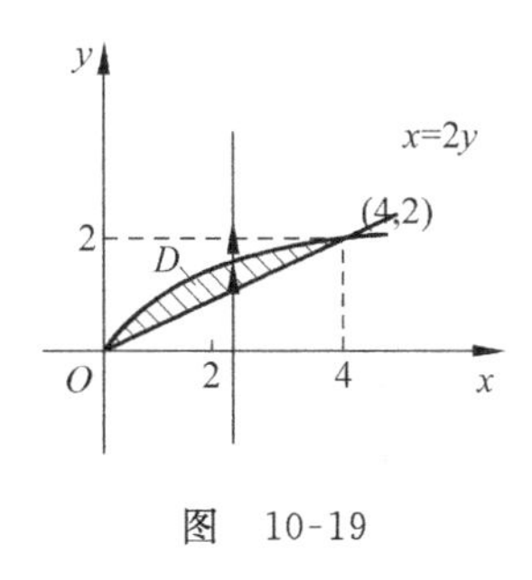

图　10-19

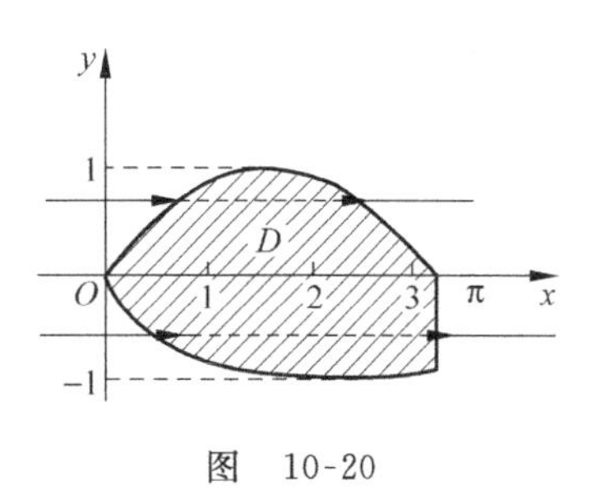

图　10-20

换序:$y=\sin x$ 在 $\left[\frac{\pi}{2},\pi\right]$ 上的反函数为 $x=\pi-\arcsin y$,$D_{1y}(-1\leqslant y\leqslant 0,-2\arcsin y\leqslant x\leqslant\pi)$,$D_{2y}(0\leqslant y\leqslant 1,\arcsin y\leqslant x\leqslant\pi-\arcsin y)$,$\iint\limits_D f(x,y)\mathrm{d}\sigma=\int_{-1}^0\mathrm{d}y\int_{-2\arcsin y}^{\pi}f(x,y)\mathrm{d}x+\int_0^1\mathrm{d}y\int_{\arcsin y}^{\pi-\arcsin y}f(x,y)\mathrm{d}x$。

(3) 还原为 $\iint\limits_D f(x,y)\mathrm{d}\sigma$(三项之和是从一个 D 的二重积分得来的)。

由 $D=D_1+D_2+D_3$，

$$D_1=\left\{(x,y)\mid 0\leqslant y\leqslant a,\frac{y^2}{2a}\leqslant x\leqslant a-\sqrt{a^2-y^2}\right\},$$

$$D_2=\{(x,y)\mid 0\leqslant y\leqslant a,a+\sqrt{a^2-y^2}\leqslant x\leqslant 2a\},$$

$$D_3=\left\{(x,y)\mid a\leqslant y\leqslant 2a,\frac{y^2}{2a}\leqslant x\leqslant 2a\right\}。$$

变不等式为等式，得 D 的边界曲线方程为 $\frac{y^2}{2a}=x$，$x=a-\sqrt{a^2-y^2}$，$x=a+\sqrt{a^2-y^2}$，$x=2a$，从而画出 D 的图形如图 10-21 所示。

换序：$D_x=\{(x,y)\mid 0\leqslant x\leqslant 2a,\sqrt{2ax-x^2}\leqslant y\leqslant\sqrt{2ax}\}$，

$$\iint\limits_D f(x,y)\mathrm{d}\sigma=\int_0^{2a}\mathrm{d}x\int_{\sqrt{2ax-x^2}}^{\sqrt{2ax}}f(x,y)\mathrm{d}y。$$

例 8　计算 $\int_1^2\mathrm{d}x\int_{\sqrt{x}}^{x}\sin\frac{\pi x}{2y}\mathrm{d}y+\int_2^4\mathrm{d}x\int_{\sqrt{x}}^{2}\sin\frac{\pi x}{2y}\mathrm{d}y$。

分析　积分 $\int\sin\frac{\pi x}{2y}\mathrm{d}y$ 的原函数不能用初等函数表示，称 $\int\sin\frac{\pi x}{2y}\mathrm{d}y$ 为不可积，必须将给定的二次积分交换积分次序，称为二重积分换序。

解　还原为 $\iint\limits_D\sin\frac{\pi x}{2y}\mathrm{d}x\mathrm{d}y$。

由 $D_{1x}=\{(x,y)\mid 1\leqslant x\leqslant 2,\sqrt{x}\leqslant y\leqslant x\}$，

$D_{2x}=\{(x,y)\mid 2\leqslant x\leqslant 4,\sqrt{x}\leqslant y\leqslant 2\}$，

变不等式为等式，得 D 的边界曲线方程为 $y=\sqrt{x}$，$y=x$，$y=2$，从而画出 D 的图形如图 10-22 所示。

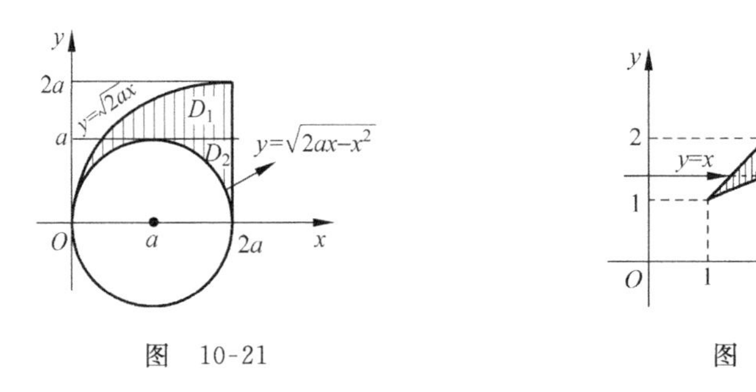

图　10-21　　　　图　10-22

换序：$D_y=\{(x,y)\mid 1\leqslant y\leqslant 2,y\leqslant x\leqslant y^2\}$，

$$I=\int_1^2\mathrm{d}y\int_y^{y^2}\sin\left(\frac{\pi x}{2y}\right)\mathrm{d}x=\int_1^2\mathrm{d}y\int_y^{y^2}\frac{2y}{\pi}\cdot\sin\left(\frac{\pi x}{2y}\right)\mathrm{d}\left(\frac{\pi x}{2y}\right)$$

$$=\int_1^2\frac{2y}{\pi}\left(-\cos\left(\frac{\pi x}{2y}\right)\right)\Big|_y^{y^2}\mathrm{d}y=\int_1^2\frac{2y}{\pi}\left(-\cos\left(\frac{\pi y}{2}\right)+0\right)\mathrm{d}y$$

$$=-\frac{2}{\pi}\int_1^2 y\cdot\frac{2}{\pi}\cdot\mathrm{d}\sin\left(\frac{\pi y}{2}\right)$$

$$=\left(-\frac{2}{\pi}\right)\left[\frac{2y}{\pi}\cdot\sin\left(\frac{\pi y}{2}\right)+\frac{4}{\pi^2}\cdot\cos\left(\frac{\pi y}{2}\right)\right]_1^2=\frac{4(\pi+2)}{\pi^3}。$$

问题 143　二重积分的一般换元积分法的作用是什么？

二重积分的一般换元积分法的作用是简化二重积分的计算，使一些积不出或计算量太大的二重积分经过二重积分的一般换元法容易积出。具体说有三个作用：(1)改善积分区域 D；(2)改善被积函数，将积不出的被积函数化为容易积出的被积函数；(3)证明积分等式。

例 9　作适当的变换，计算下列二重积分：

(1) $\iint\limits_D x^2y^2\mathrm{d}x\mathrm{d}y$，其中 D 是由两条双曲线 $xy=1$ 和 $xy=2$，直线 $y=x$ 和 $y=4x$ 所围成的第一象限内的闭区域；

(2) $\iint\limits_D \mathrm{e}^{\frac{y}{x+y}}\mathrm{d}x\mathrm{d}y$，其中 D 是由 x 轴、y 轴和直线 $x+y=1$ 所围成的闭区域。

解　(1) 因为 D 的边界曲线是由两族曲线 $xy=k$，$\frac{y}{x}=c$，每族曲线各取两条 $k=1,2$，$c=1,4$ 所围成的曲边四边形。直接在 xOy 直角坐标系内计算此二重积分比较繁，变曲边四边形区域为 uOv 平面上的矩形区域，所以此题属于改善积分区域的题型。

设 $u=xy,v=\frac{y}{x}$，解得 $x=\sqrt{\frac{u}{v}}>0,y=\sqrt{uv}>0$。

$$J=\frac{\partial(x,y)}{\partial(u,v)}=\begin{vmatrix}\frac{\partial x}{\partial u} & \frac{\partial x}{\partial v}\\ \frac{\partial y}{\partial u} & \frac{\partial y}{\partial v}\end{vmatrix}=\frac{1}{2v}>0,\quad D_{uv}=\{(u,v)\mid 1\leqslant u\leqslant 2,1\leqslant v\leqslant 4\},$$

$$\iint\limits_D x^2y^2\mathrm{d}\sigma=\iint\limits_{D_{uv}}\left(\frac{u}{v}\right)\cdot uv\cdot\left(\frac{1}{2v}\right)\mathrm{d}u\mathrm{d}v=\frac{1}{2}\int_1^2 u^2\mathrm{d}u\cdot\int_1^4\frac{1}{v}\mathrm{d}v$$

$$=\frac{u^3}{6}\bigg|_1^2\cdot\ln v\bigg|_1^4=\frac{7}{3}\ln 2。$$

(2) 因为无论先对 x 积分 $\int_0^1\mathrm{d}y\int_0^{1-y}\mathrm{e}^{\frac{y}{x+y}}\mathrm{d}x$，还是先对 y 积分 $\int_0^1\mathrm{d}x\int_0^{1-x}\mathrm{e}^{\frac{y}{x+y}}\mathrm{d}y$，它们的原函数都不能用初等函数表示，牛顿-莱布尼茨公式失效，即都是不可积的。为改善被积函数，对二重积分施以一般换元法，此题属于改善被积函数题型。

设 $u=y,v=x+y$ 得 $x=v-u,y=u$。

$$J=\frac{\partial(x,y)}{\partial(u,v)}=\begin{vmatrix}\frac{\partial x}{\partial u} & \frac{\partial x}{\partial v}\\ \frac{\partial y}{\partial u} & \frac{\partial y}{\partial v}\end{vmatrix}=\begin{vmatrix}-1 & 1\\ 1 & 0\end{vmatrix}=-1,\quad |J|=1。$$

D 的直角坐标方程边界：$x+y=1\Leftrightarrow v=1,x=0\Leftrightarrow v=u,y=0\Leftrightarrow u=0$。$D_{uv}=\{(u,v)\mid 0\leqslant v\leqslant 1,0\leqslant u\leqslant v\}$。

$$\iint\limits_D \mathrm{e}^{\frac{y}{x+y}}\mathrm{d}\sigma=\iint\limits_{D_{uv}}\mathrm{e}^{\frac{u}{v}}\mathrm{d}u\mathrm{d}v=\int_0^1\mathrm{d}v\int_0^v\mathrm{e}^{\frac{u}{v}}\mathrm{d}u=\int_0^1\mathrm{d}v\int_0^v\mathrm{e}^{\frac{u}{v}}\cdot v\mathrm{d}\left(\frac{u}{v}\right)=\int_0^1 v\mathrm{e}^{\frac{u}{v}}\bigg|_0^v\mathrm{d}v$$

$$=\int_0^1 v(\mathrm{e}-1)\mathrm{d}v=\frac{\mathrm{e}-1}{2}。$$

例 10　选取适当的变换，证明下列等式：

(1) $\iint\limits_D f(x+y)\mathrm{d}\sigma=\int_{-1}^{1}f(u)\mathrm{d}u$，其中闭区域 $D=\{(x,y)\mid |x|+|y|\leqslant 1\}$；

(2) $\iint\limits_D f(ax+by+c)\mathrm{d}x\mathrm{d}y=2\int_{-1}^{1}\sqrt{1-u^2}f(u\sqrt{a^2+b^2}+c)\mathrm{d}u$，其中 $D=\{(x,y)\mid x^2+y^2\leqslant 1\}$，且 $a^2+b^2\neq 0$。

分析　这是利用二重积分的一般换元法，证明积分等式的题型。

证明　(1) 画出 D 的图形(图 10-23)。作变换：$u=x+y$，$v=x-y$，$x=\dfrac{u+v}{2}$，$y=\dfrac{u-v}{2}$，$|J|=\dfrac{\partial(x,y)}{\partial(u,v)}=\dfrac{1}{2}$，则 $D_{uv}=\{(u,v)\mid -1\leqslant u\leqslant 1,-1\leqslant v\leqslant 1\}$，$I=\iint\limits_D f(x+y)\mathrm{d}\sigma=\int_{-1}^{1}\mathrm{d}u\int_{-1}^{1}\dfrac{1}{2}f(u)\mathrm{d}v=\int_{-1}^{1}f(u)\mathrm{d}u$，得证。

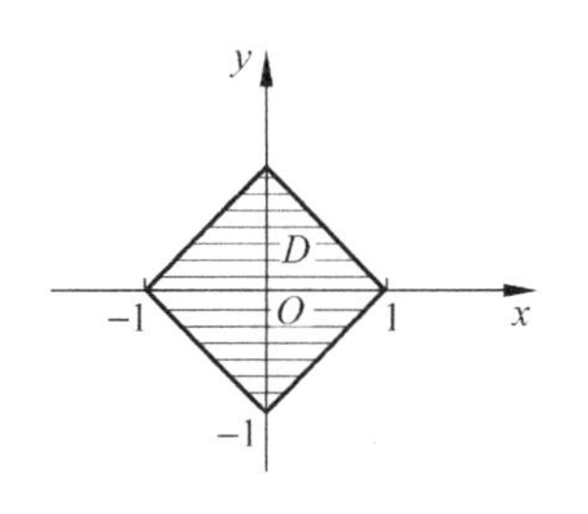

图　10-23

(2) 因为区域 D 为闭合单位圆区域，作坐标旋转变换 $u=x\cos\theta+y\sin\theta$，$v=-x\sin\theta+y\cos\theta$，

$$|J|=\left|\frac{\partial(x,y)}{\partial(u,v)}\right|=\left|\frac{\partial(u,v)}{\partial(x,y)}\right|^{-1}=\frac{1}{\begin{vmatrix}\dfrac{\partial u}{\partial x} & \dfrac{\partial u}{\partial y}\\ \dfrac{\partial v}{\partial x} & \dfrac{\partial v}{\partial y}\end{vmatrix}}=\frac{1}{\begin{vmatrix}\cos\theta & \sin\theta\\ -\sin\theta & \cos\theta\end{vmatrix}}=1。$$

其中 $\cos\theta=\dfrac{a}{\sqrt{a^2+b^2}}$，$\sin\theta=\dfrac{b}{\sqrt{a^2+b^2}}$。则闭合单位圆域变为 uOv 平面上的新区域 $D_{uv}=\{(u,v)\mid u^2+v^2\leqslant 1\}$。故 $\iint\limits_D f(ax+by+c)\mathrm{d}x\mathrm{d}y=\iint\limits_{D_{uv}}f(u\sqrt{a^2+b^2}+c)\mathrm{d}u\mathrm{d}v=\int_{-1}^{1}\mathrm{d}u\int_{-\sqrt{1-u^2}}^{\sqrt{1-u^2}}f(u\sqrt{a^2+b^2}+c)\mathrm{d}v=2\int_{-1}^{1}\sqrt{1-u^2}f(u\sqrt{a^2+b^2}+c)\mathrm{d}u$。得证。

问题 144　如何计算被积函数为二元分段函数的二重积分？(参见文献[4])

在积分区域 D 上，即分段函数的定义域 D 上，在 D 的不同的子区域 $D_i(i=1,2,\cdots,n)$ 上写出相应的二元函数的表达式 $f_i(x,y)$，$(x,y)\in D_i$，则 $\iint\limits_D f(x,y)\mathrm{d}\sigma=\sum\limits_{i=1}^{n}\iint\limits_{D_i}f_i(x,y)\mathrm{d}\sigma$，称上式为按子区域 D_i 积分求和。

若 $f(x,y)$ 是定义域 D 二元分段函数隐式，必须先化为显式。

例 11　计算下列二重积分：

(1) $\iint\limits_D |x^2+y^2-1|\mathrm{d}\sigma$，其中 $D=\{(x,y)\mid 0\leqslant x\leqslant 1,0\leqslant y\leqslant 1\}$；

(2) $\iint\limits_D \mathrm{e}^{\max\{x^2,y^2\}}\mathrm{d}x\mathrm{d}y$，其中 $D=\{(x,y)\mid 0\leqslant x\leqslant 1,0\leqslant y\leqslant 1\}$；

(3) $\iint\limits_D xy[1+x^2+y^2]\mathrm{d}x\mathrm{d}y$，其中 $D=\{(x,y)\mid x^2+y^2\leqslant\sqrt{2},x\geqslant 0,y\geqslant 0\}$，$[1+x^2+y^2]$

表示不超过 $1+x^2+y^2$ 的最大整数；

(4) $\iint\limits_D \operatorname{sgn}(x^2-y^2+2)\mathrm{d}x\mathrm{d}y$，其中 D：$x^2+y^2\leqslant 4$，sgn 为符号函数。

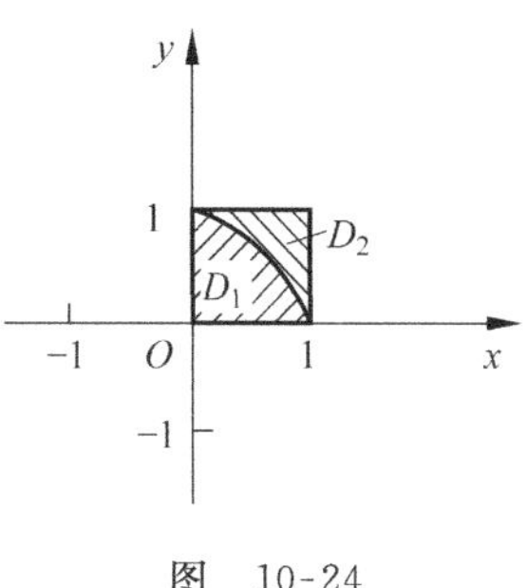

图　10-24

分析　(1)～(4)的被积函数都是分段函数的隐式，所以必须先化为显式后计算。

解　(1) 被积函数为带绝对值符号二元分段函数，去掉绝对值符号，按绝对值定义有①求零值，令 $x^2+y^2-1=0$；②拆区域，用零值曲线 $x^2+y^2=1$ 将 D 拆成 $D=D_1+D_2$（图 10-24）；③去绝对值符号。

$$D_1=\{(x,y)\mid x^2+y^2\leqslant 1,x\geqslant 0,y\geqslant 0\},$$
$$D_2=\{(x,y)\mid x^2+y^2\geqslant 1,0\leqslant x\leqslant 1,0\leqslant y\leqslant 1\}。$$

$$\iint\limits_D |x^2+y^2-1|\mathrm{d}\sigma=\iint\limits_{D_1}|x^2+y^2-1|\mathrm{d}\sigma+\iint\limits_{D_2}|x^2+y^2-1|\mathrm{d}\sigma$$
$$=\iint\limits_{D_1}(1-x^2-y^2)\mathrm{d}\sigma+\iint\limits_{D_2}(x^2+y^2-1)\mathrm{d}\sigma。$$

由于 $\iint\limits_{D_1}(1-x^2-y^2)\mathrm{d}\sigma=\int_0^{\frac{\pi}{2}}\mathrm{d}\theta\int_0^1(1-r^2)r\mathrm{d}r=\frac{\pi}{8}$，

$$\iint\limits_{D_2}(x^2+y^2-1)\mathrm{d}\sigma=\iint\limits_{D}(x^2+y^2-1)\mathrm{d}\sigma-\iint\limits_{D_1}(x^2+y^2-1)\mathrm{d}\sigma$$
$$=\int_0^1\mathrm{d}x\int_0^1(x^2+y^2-1)\mathrm{d}y+\frac{\pi}{8}=\int_0^1\left(x^2+\frac{1}{3}-1\right)\mathrm{d}x+\frac{\pi}{8}$$
$$=\left(\frac{x^3}{3}-\frac{2x}{3}\right)\Big|_0^1+\frac{\pi}{8}=-\frac{1}{3}+\frac{\pi}{8},$$

故
$$\iint\limits_D|x^2+y^2-1|\mathrm{d}\sigma=\frac{\pi}{8}-\frac{1}{3}+\frac{\pi}{8}=\frac{\pi}{4}-\frac{1}{3}。$$

(2) 被积函数是以 max 符号给出二元分段函数隐式，按 max 的定义，将 $\mathrm{e}^{\max\{x^2,y^2\}}$ 化为显式。为此，利用 $y=x$ 的性质，将 D 拆为两个子区域（图 10-25）：

$$D_1=\{(x,y)\mid 0\leqslant x\leqslant 1,0\leqslant y\leqslant x\},\quad D_2=\{(x,y)\mid 0\leqslant x\leqslant 1,x\leqslant y\leqslant 1\},$$

所以
$$\mathrm{e}^{\max\{x^2,y^2\}}=\begin{cases}\mathrm{e}^{x^2} & (x,y)\in D_1,\\ \mathrm{e}^{y^2}, & (x,y)\in D_2。\end{cases}$$

$$\iint\limits_D \mathrm{e}^{\max(x^2,y^2)}\mathrm{d}\sigma=\iint\limits_{D_1}\mathrm{e}^{\max(x^2,y^2)}\mathrm{d}\sigma+\iint\limits_{D_2}\mathrm{e}^{\max(x^2,y^2)}\mathrm{d}\sigma=\int_0^1\mathrm{e}^{x^2}\mathrm{d}x\int_0^x\mathrm{d}y+\int_0^1\mathrm{e}^{y^2}\mathrm{d}y\int_0^y\mathrm{d}x$$
$$=\int_0^1 x\mathrm{e}^{x^2}\mathrm{d}x+\int_0^1 y\mathrm{e}^{y^2}\mathrm{d}y=2\int_0^1 x\mathrm{e}^{x^2}\mathrm{d}x=\mathrm{e}-1。$$

(3) 被积函数是以取整符号[　]给出的二元分段函数隐式，按[　]定义将 $[1+x^2+y^2]$ 化为显式。用 $x^2+y^2=1$ 将 D 拆为 D_1+D_2 两个子区域（图 10-26）。

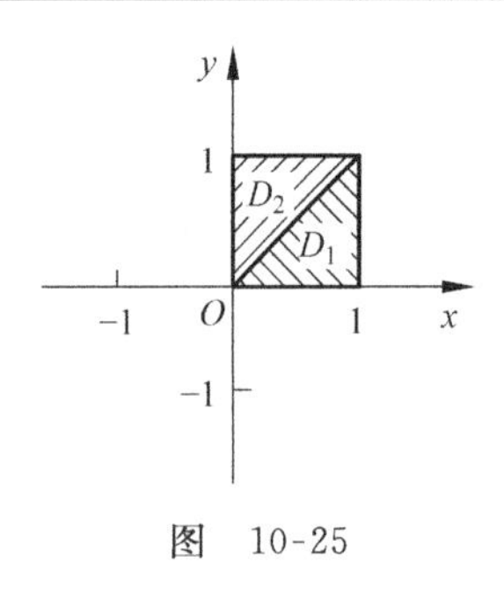

图　10-25

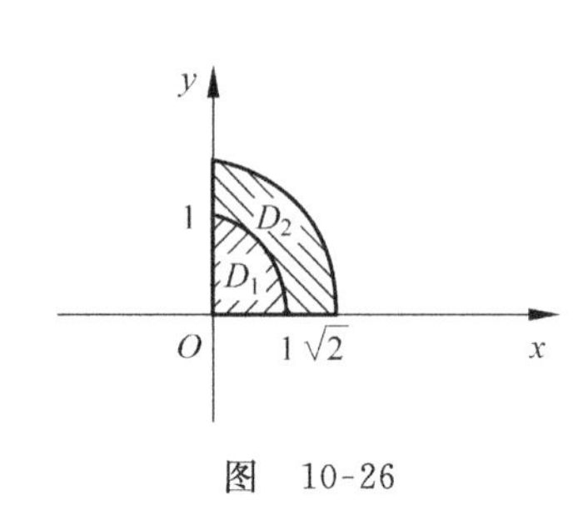

图　10-26

$$f(x,y)=xy[1+x^2+y^2]$$
$$=\begin{cases}xy, & (x,y)\in D_1=\{(x,y)\mid x^2+y^2<1,x\geqslant 0,y\geqslant 0\},\\ 2xy, & (x,y)\in D_2=\{(x,y)\mid 1\leqslant x^2+y^2\leqslant\sqrt{2},x\geqslant 0,y\geqslant 0\},\end{cases}$$

$$\iint\limits_D xy[1+x^2+y^2]\mathrm{d}x\mathrm{d}y=\iint\limits_{D_1}xy\mathrm{d}x\mathrm{d}y+\iint\limits_{D_2}2xy\mathrm{d}x\mathrm{d}y$$
$$=\int_0^{\frac{\pi}{2}}\mathrm{d}\theta\int_0^1\rho^3\sin\theta\cos\theta\mathrm{d}\rho+\int_0^{\frac{\pi}{2}}\mathrm{d}\theta\int_1^{\sqrt{2}}2\rho^3\sin\theta\cos\theta\mathrm{d}\rho$$
$$=\frac{1}{4}\int_0^{\frac{\pi}{2}}\sin\theta\mathrm{d}\sin\theta+\frac{3}{2}\int_0^{\frac{\pi}{2}}\sin\theta\mathrm{d}\sin\theta$$
$$=\frac{1}{8}+\frac{3}{4}=\frac{7}{8}。$$

(4) 被积函数是以"符号函数"给出的二元分段函数隐式,化为显式,

$$f(x,y)=\mathrm{sgn}(x^2-y^2+2)=\begin{cases}-1, & (x,y)\in D_1\cup D_3,\\ 0, & x^2-y^2+2=0,\\ 1, & (x,y)\in D_2。\end{cases}$$

画出 D 的图形(图 10-27)。

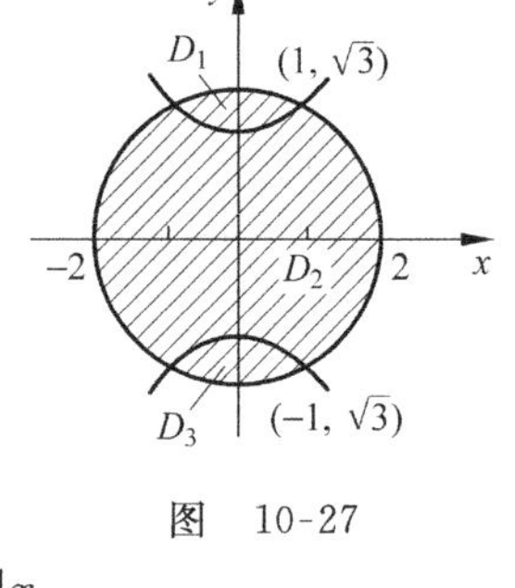

图　10-27

$$I=\iint\limits_{D_2}\mathrm{d}\sigma-\iint\limits_{D_1\cup D_3}\mathrm{d}\sigma$$
$$=\iint\limits_{D_2}\mathrm{d}\sigma-2\iint\limits_{D_1}\mathrm{d}\sigma\left(\text{因}\iint\limits_{D_1}\mathrm{d}\sigma=\iint\limits_{D_3}\mathrm{d}\sigma\right)$$
$$=\iint\limits_{D}\mathrm{d}\sigma-4\iint\limits_{D_1}\mathrm{d}\sigma=\iint\limits_{D}\mathrm{d}\sigma-8\iint\limits_{D_{11}}\mathrm{d}\sigma(D_{11}\text{ 为 }D_1\text{ 在第一象限部分})$$
$$=S(D)-8\int_0^1\mathrm{d}x\int_{\sqrt{2+x^2}}^{\sqrt{4-x^2}}\mathrm{d}y=4\pi-8\int_0^1(\sqrt{4-x^2}-\sqrt{2+x^2})\mathrm{d}x$$
$$=\frac{4\pi}{3}+8\ln(1+\sqrt{3})-4\ln2。$$

$\left(S(D)=4\pi(x^2+y^2\leqslant 4\text{ 的面积});\int_0^1\sqrt{4-x^2}\mathrm{d}x,\text{设 }x=2\sin t;\int_0^1\sqrt{2+x^2}\mathrm{d}x,\text{设}x=\sqrt{2}\tan t\right)$

例 12　设 $f(x,y)$在闭区域 $D=\{(x,y)\mid x^2+y^2\leqslant y,x\geqslant 0\}$上连续,且 $f(x,y)=$

$\sqrt{1-x^2-y^2}-\dfrac{8}{\pi}\iint\limits_D f(x,y)\mathrm{d}x\mathrm{d}y$，求 $f(x,y)$。

分析　属于含有二重积分符号题型。因为二重积分是个数，所以设 $A=\iint\limits_D f(x,y)\mathrm{d}x\mathrm{d}y$，则 $f(x,y)=\sqrt{1-x^2-y^2}-\dfrac{8A}{\pi}$，将 $f(x,y)$ 在 D 上施以二重积分计算求 A，便得所求。

解　设 $A=\iint\limits_D f(x,y)\mathrm{d}\sigma$，则

$$f(x,y)=\sqrt{1-x^2-y^2}-\frac{8A}{\pi}。\tag{Ⅰ}$$

式(Ⅰ)两边在 D 上施以二重积分计算，有

$$\iint\limits_D f(x,y)\mathrm{d}\sigma=\iint\limits_D \sqrt{1-x^2-y^2}\,\mathrm{d}\sigma-\frac{8A}{\pi}\iint\limits_D \mathrm{d}\sigma，从而有$$

$$A=\iint\limits_D \sqrt{1-x^2-y^2}\,\mathrm{d}\sigma-A\left(由图 10\text{-}28 知\iint\limits_D \mathrm{d}\sigma=S(D)=\frac{\pi}{8}\right),$$

$$2A=\iint\limits_D \sqrt{1-x^2-y^2}\,\mathrm{d}\sigma=\int_0^{\frac{\pi}{2}}\mathrm{d}\theta\int_0^{\sin\theta}(1-\rho^2)^{\frac{1}{2}}\rho\mathrm{d}\rho$$

$$=-\frac{1}{2}\int_0^{\frac{\pi}{2}}\mathrm{d}\theta\int_0^{\sin\theta}(1-\rho^2)^{\frac{1}{2}}\mathrm{d}(1-\rho^2)$$

$$=\frac{1}{3}\int_0^{\frac{\pi}{2}}(1-\cos^3\theta)\mathrm{d}\theta=\frac{1}{3}\left(\frac{\pi}{2}-\frac{2}{3}\right),$$

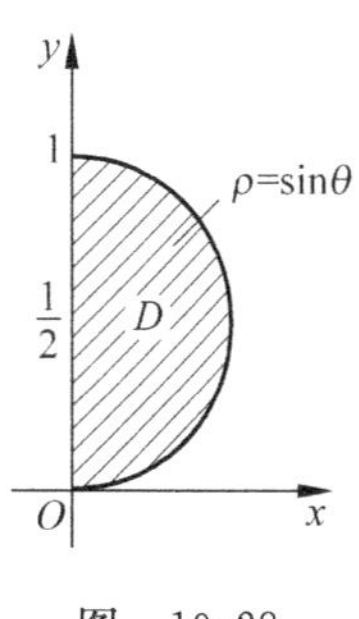

图　10-28

所以 $A=\dfrac{1}{6}\left(\dfrac{\pi}{2}-\dfrac{2}{3}\right)$，于是 $f(x,y)=\sqrt{1-x^2-y^2}-\dfrac{4\left(\dfrac{\pi}{2}-\dfrac{2}{3}\right)}{3\pi}$。

问题 145　函数表示法的"无关性"在二重积分中有何应用?

1. 在计算二重积分中的应用

例 13　设区域 $D=\{(x,y)\mid x^2+y^2\leqslant 4,x\geqslant 0,y\geqslant 0\}$，$f(x)$为 D 上的正值连续函数，a,b 为常数，则 $\iint\limits_D \dfrac{a\sqrt{f(x)}+b\sqrt{f(y)}}{\sqrt{f(x)}+\sqrt{f(y)}}\mathrm{d}\sigma=(\quad)$。

(A) πab　　(B) $\dfrac{ab}{2}\pi$　　(C) $(a+b)\pi$　　(D) $\dfrac{a+b}{2}\pi$

分析　利用函数表示法的"无关性"解。

解　由函数表示法的"无关性"知，

$$I=\iint\limits_D \frac{a\sqrt{f(x)}+b\sqrt{f(y)}}{\sqrt{f(x)}+\sqrt{f(y)}}\mathrm{d}\sigma=\iint\limits_D \frac{a\sqrt{f(y)}+b\sqrt{f(x)}}{\sqrt{f(y)}+\sqrt{f(x)}}\mathrm{d}\sigma,$$

所以

$$2I=\iint\limits_D \frac{a\sqrt{f(x)}+b\sqrt{f(y)}}{\sqrt{f(x)}+\sqrt{f(y)}}\mathrm{d}\sigma+\iint\limits_D \frac{a\sqrt{f(y)}+b\sqrt{f(x)}}{\sqrt{f(y)}+\sqrt{f(x)}}\mathrm{d}\sigma$$

$$=\iint\limits_D (a+b)\mathrm{d}\sigma=(a+b)\iint\limits_D \mathrm{d}\sigma=(a+b)\pi,$$

所以 $I=\frac{a+b}{2}\pi$，选(D)。

2. 在证明积分不等式中的应用

例 14 设 $f(x)$，$g(x)$ 在 $[0,1]$ 上连续，且都是单调减少。试证：$\int_0^1 f(x)g(x)\mathrm{d}x \geqslant \int_0^1 f(x)\mathrm{d}x \cdot \int_0^1 g(x)\mathrm{d}x$。

分析 按证明不等式的一般原则，令 $A=\int_0^1 f(x)g(x)\mathrm{d}x-\int_0^1 f(x)\mathrm{d}x \cdot \int_0^1 g(x)\mathrm{d}x$，并将其化为二重积分以便证明 $A\geqslant 0$。利用函数表示的"无关性"知 $\int_0^1 g(x)\mathrm{d}x=\int_0^1 g(y)\mathrm{d}y$。

证明 设 $A=\int_0^1 f(x)g(x)\mathrm{d}x-\int_0^1 f(x)\mathrm{d}x\int_0^1 g(x)\mathrm{d}x$，则有

$$
\begin{aligned}
A&=\int_0^1 f(x)g(x)\mathrm{d}x\int_0^1 \mathrm{d}y-\int_0^1 f(x)\mathrm{d}x\int_0^1 g(y)\mathrm{d}y \\
&=\int_0^1\int_0^1[f(x)g(x)-f(x)g(y)]\mathrm{d}x\mathrm{d}y\text{（利用“无关性”）} \\
&=\int_0^1\int_0^1[f(y)g(y)-f(y)g(x)]\mathrm{d}x\mathrm{d}y。
\end{aligned}
$$

由此可推知 $2A=\int_0^1\int_0^1[f(x)-f(y)][g(x)-g(y)]\mathrm{d}x\mathrm{d}y$。

由题设 $f(x)$ 与 $g(x)$ 同是单调减少，故不论 $x>y$ 或 $x<y$ 时，$f(x)-f(y)$ 与 $g(x)-g(y)$ 都是同号的，从而知 $[f(x)-f(y)][g(x)-g(y)]>0$，于是 $2A=\int_0^1\int_0^1[f(x)-f(y)][g(x)-g(y)]\mathrm{d}x\mathrm{d}y\geqslant 0$，则 $A\geqslant 0$。从而本命题得证。

例 15 证明：$\left[\int_0^1 \mathrm{e}^{-x^2}\mathrm{d}x\right]^2>\frac{\pi(1-\mathrm{e}^{-1})}{4}$。

分析 不等式出现 e^{-1}，还有 $\frac{\pi}{4}$，因此想到化积分平方为二重积分，再用极坐标计算。由函数表示的"无关性"知 $\int_{-1}^1 \mathrm{e}^{-x^2}\mathrm{d}x=\int_{-1}^1 \mathrm{e}^{-y^2}\mathrm{d}y$。

证明 记 $I=\int_0^1 \mathrm{e}^{-x^2}\mathrm{d}x$，则 $2I=\int_{-1}^1 \mathrm{e}^{-x^2}\mathrm{d}x$，故

$$
(2I)^2=\int_{-1}^1 \mathrm{e}^{-x^2}\mathrm{d}x\int_{-1}^1 \mathrm{e}^{-y^2}\mathrm{d}y>\iint\limits_{x^2+y^2\leqslant 1}\mathrm{e}^{-x^2-y^2}\mathrm{d}x\mathrm{d}y=\int_0^{2\pi}\mathrm{d}\theta\int_0^1\rho\mathrm{e}^{-\rho^2}\mathrm{d}\rho=\pi(1-\mathrm{e}^{-1})>0,
$$

所以 $I^2>\frac{\pi(1-\mathrm{e}^{-1})}{4}$，即 $\left[\int_0^1 \mathrm{e}^{-x^2}\mathrm{d}x\right]^2>\frac{\pi(1-\mathrm{e}^{-1})}{4}$。

第三节 三重积分

问题 146 如何计算三重积分？

三重积分的算法是将其化为三次（累次）积分计算，其关键是确定三次积分的上、下限，

而确定上、下限的关键是在选好的坐标系内写出积分区域 Ω 的联立不等式表示，故空间区域 Ω 的联立不等式表示是计算三重积分的关键。要求读者熟练地掌握积分区域 Ω 的不等式表示。

坐标系的选择：选好坐标系可以简化三重积分的计算，而坐标系选择要兼顾积分区域 Ω 的形状和被积函数 $f(x,y,z)$ 的特点，详见表 10-1。

表 10-1 坐标系选择表

	积分区域 Ω 的形状	被积函数 $f(x,y,z)$ 的形式	变量置换	体积元素	积分形式
直角坐标系	Ω 为棱角比较多的区域如长方体、四面体或任意多面体	$f(x,y,z)$		$dV = dxdydz$	$I = \iiint\limits_{\Omega} f(x,y,z)dxdydz$
柱面坐标系	Ω 为柱体(准线为二次曲线)，锥体，或由柱面、锥面、旋转曲面与其他曲面所围的立体	$zf(x^2+y^2)$，$zf\left(\frac{y}{x}\right)$ 或 $xf(y^2+z^2)$，$xf\left(\frac{z}{y}\right)$ 或 $yf(x^2+z^2)$，$yf\left(\frac{z}{x}\right)$ 或 $\frac{z-a}{\sqrt{x^2+y^2+(z-a)^2}}$	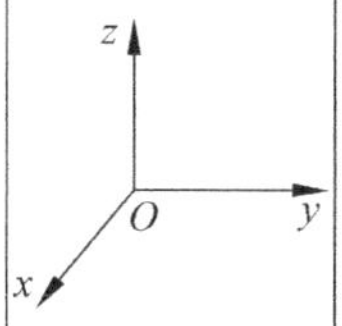 $\begin{cases} x=\rho\cos\theta \\ y=\rho\sin\theta \\ z=z \end{cases}$	$dV = \rho d\rho d\theta dz$	$\iiint\limits_{\Omega} f(\rho\cos\theta, \rho\sin\theta, z)\rho d\rho d\theta dz$
球面坐标系	Ω 为球体，或球体的一部分，或球锥体，锥体	$f(x^2+y^2+z^2)$	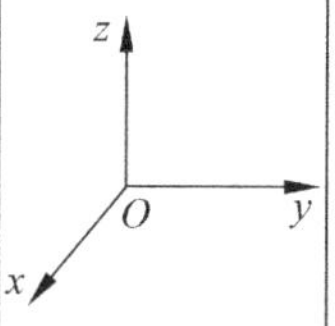 $\begin{cases} x=r\cos\theta\sin\varphi \\ y=r\sin\theta\sin\varphi \\ z=r\cos\varphi \end{cases}$	$dV = r^2\sin\varphi \cdot d\varphi d\theta dr$	$\iiint\limits_{\Omega} f(r\cos\theta\sin\varphi, r\sin\theta\sin\varphi, r\cos\varphi) \cdot r^2\sin\varphi d\theta d\varphi dr$
先重后单法	Ω 与 $z=z$ 的截面为 $D(z)$	只是 z 的函数 $f(z)$(或化为 z 的函数)			$I = \int_a^b f(z)dz \iint\limits_{D(z)} d\sigma$
	Ω 与 $x=x$ 的截面为 $D(x)$	只是 x 的函数 $f(x)$(或化为 x 的函数)			$I = \int_a^b f(x)dx \iint\limits_{D(x)} d\sigma$
	Ω 与 $y=y$ 的截面为 $D(y)$	只是 y 的函数 $f(y)$(或化为 y 的函数)			$I = \int_a^b f(y)dy \iint\limits_{D(y)} d\sigma$

例 1 计算 $\iiint\limits_{\Omega} xy^2z^3 dxdydz$，其中 Ω 是由曲面 $z=xy$ 与平面 $y=x$，$x=1$ 和 $z=0$ 所围成的闭区域。

分析 由坐标系选择表知，Ω 的棱角比较多，被积函数 $f(x,y,z)=xy^2z^3$ 可积，所以选择直角坐标系计算，在直角坐标系内写出 Ω 的不等式表示。

先将 Ω 向坐标面作投影得该坐标面上的平面区域 D。如向 xOy 面投影得 D_{xy}。$\forall P(x,y)\in D$，过点 P 作平行于 z 的直线，从下向上穿空间区域 Ω，穿入点的 z 坐标记为 $z_1(x,y)$，穿出点的 z 坐标记为 $z_2(x,y)$，得在空间区域 Ω 内 z 的变化范围为 $z_1(x,y)\leqslant z\leqslant z_2(x,y)$，且 $(x,y)\in D$。即

$$\Omega=\{(x,y,z)\mid z_1(x,y)\leqslant z\leqslant z_2(x,y),(x,y)\in D\}。$$

然后 D 用联立不等式表示为 $D_x=\{(x,y)\mid a\leqslant x\leqslant b, y_1(x)\leqslant y\leqslant y_2(x)\}$ 或 $D_y=\{(x,y)\mid c\leqslant y\leqslant d, x_1(y)\leqslant x\leqslant x_2(y)\}$，得 Ω 的联立不等式表示

$$\Omega(a\leqslant x\leqslant b, y_1(x)\leqslant y\leqslant y_2(x), z_1(x,y)\leqslant z\leqslant z_2(x,y))$$

或

$$\Omega(c\leqslant y\leqslant d, x_1(y)\leqslant x\leqslant x_2(y), z_1(x,y)\leqslant z\leqslant z_2(x,y))。$$

解　将 Ω 向 xOy 面上投影，得投影区域 D，如图 10-29 中 xOy 面上的阴影部分所示。于是 $\Omega=\{(x,y,z)\mid 0\leqslant x\leqslant 1, 0\leqslant y\leqslant x, 0\leqslant z\leqslant xy\}$，

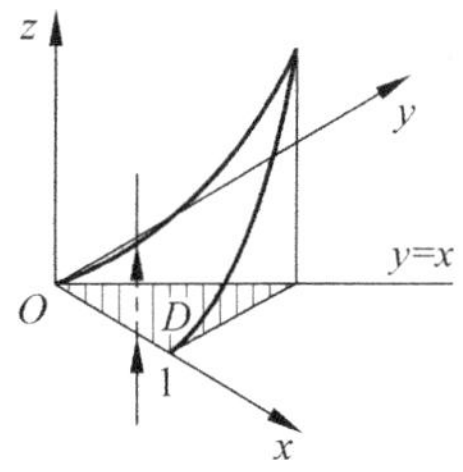

$$\iiint_{\Omega} xy^2z^3\,\mathrm{d}V=\int_0^1 x\,\mathrm{d}x\int_0^x y^2\,\mathrm{d}y\int_0^{xy} z^3\,\mathrm{d}z=\int_0^1 x\,\mathrm{d}x\int_0^x y^2\left(\frac{z^4}{4}\right)\Big|_0^{xy}\mathrm{d}y$$

$$=\frac{1}{4}\int_0^1 x^5\,\mathrm{d}x\int_0^x y^6\,\mathrm{d}y=\frac{1}{28}\int_0^1 x^{12}\,\mathrm{d}x=\frac{1}{364}。$$

图　10-29

例 2　利用柱面坐标计算下列三重积分：

(1) $\iiint_{\Omega} z\,\mathrm{d}V$，其中 Ω 是由曲面 $z=\sqrt{2-x^2-y^2}$ 及 $z=x^2+y^2$ 所围成的闭区域；

(2) $\iiint_{\Omega}(x^2+y^2)\,\mathrm{d}V$，其中 Ω 是由曲面 $x^2+y^2=2z$ 及平面 $z=2$ 所围成的闭区域。

点评　若 Ω 为柱体(准线为二次曲线)、锥体，或由柱面、锥面、旋转曲面与其他曲面所围的立体，被积函数为 x^2+y^2。这类题利用柱面坐标计算方便。将 Ω 向垂直于柱面的母线，锥面的轴及旋转曲面的旋转轴的坐标面作投影，得该平面上的平面域，一般为圆域或二次曲线围成的平面域。

解　(1) 将 Ω 向垂直旋转曲面 $z=x^2+y^2$ 的旋转轴(z 轴)的坐标面 xOy 面投影，即消去 z，得投影区域 D_{xy}：$x^2+y^2\leqslant 1$，如图 10-30 所示。$\forall P(x,y)\in D$，过 P 点作平行于 z 轴的直线 L 从下向上穿 Ω，穿入点的 z 坐标为 $z=x^2+y^2$，穿出点的 z 坐标为 $z=\sqrt{2-x^2-y^2}$，柱面坐标系 Ω：$0\leqslant\theta\leqslant 2\pi, 0\leqslant\rho\leqslant 1, \rho^2\leqslant z\leqslant\sqrt{2-\rho^2}$。

$$\iiint_{\Omega} z\,\mathrm{d}V=\int_0^{2\pi}\mathrm{d}\theta\int_0^1\mathrm{d}\rho\int_{\rho^2}^{\sqrt{2-\rho^2}}\rho z\,\mathrm{d}z=2\pi\int_0^1\rho\left[\frac{z^2}{2}\right]_{\rho^2}^{\sqrt{2-\rho^2}}\mathrm{d}\rho=\frac{7\pi}{12}。$$

(2) 画出 Ω 的图形(图 10-31)。因构成 Ω 的边界曲面有旋转曲面 $x^2+y^2=2z$，所以利用柱面坐标计算且将 Ω 向 xOy 面投影，得投影区域 D_{xy}：$x^2+y^2\leqslant 4$。在 D 内任取一点 P，过点 P 作平行于 z 轴的直线 L 从下向上穿 Ω，穿入点曲面方程为 $2z=x^2+y^2$，穿出点曲面方程为 $z=2$，故 $\frac{1}{2}(x^2+y^2)\leqslant z\leqslant 2$，于是得柱面坐标系 Ω 的不等式表示为 Ω：$0\leqslant\theta\leqslant 2\pi, 0\leqslant\rho\leqslant 2, \frac{\rho^2}{2}\leqslant z\leqslant 2$。

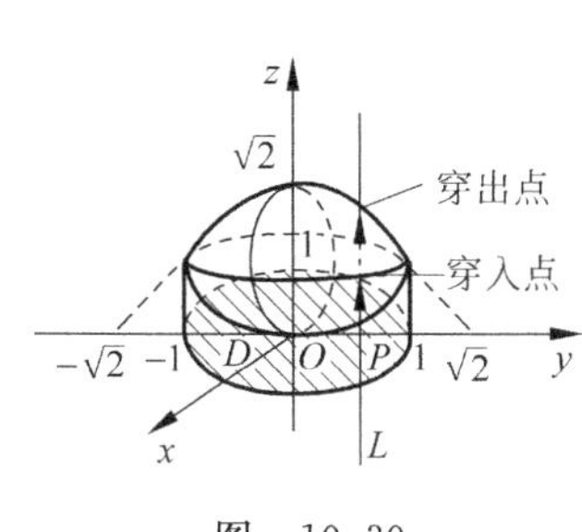

图　10-30

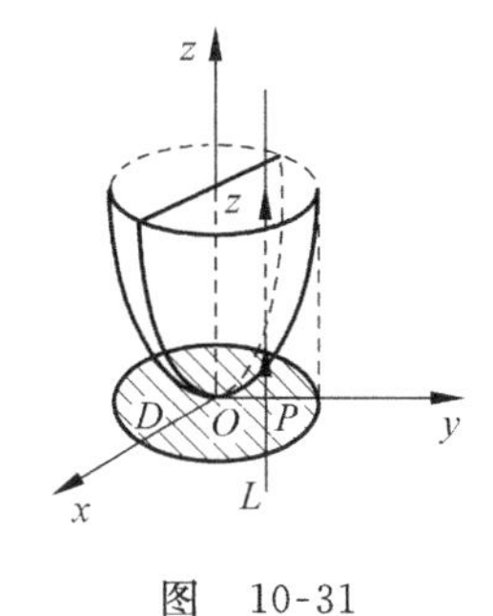

图　10-31

$$I=\int_0^{2\pi}\mathrm{d}\theta\int_0^2\mathrm{d}\rho\int_{\frac{\rho^2}{2}}^2\rho^3\,\mathrm{d}z=2\pi\int_0^2\left(2\rho^3-\frac{\rho^5}{2}\right)\mathrm{d}\rho=2\pi\left[\frac{\rho^4}{2}-\frac{\rho^6}{12}\right]_0^2=\frac{16\pi}{3}。$$

例 3　利用球面坐标计算三重积分 $\iiint\limits_{\Omega}z\,\mathrm{d}V$，其中闭区域 Ω 由不等式 $x^2+y^2+(z-a)^2\leqslant a^2$，$x^2+y^2\leqslant z^2$ 所确定。

分析　若积分区域 Ω 由球体，或锥体或球体的一部分构成，或球锥体等，利用球面坐标计算方便。在球面坐标系内如何写出 Ω 的联立不等式？由于 φ 角是与 z 轴正方向的夹角，所以确定 φ 的变化范围，用 yOz 坐标面（$x=0$）去截立体，此截面在 yOz 坐标面上与 z 轴正向的夹角便得 φ 的变化范围。在 φ 的变化范围内从原点引射线穿空间区域 Ω 便得 r 的范围。由于角 θ 是与 x 轴正向的夹角，所以将 Ω 向 xOy 面作投影，在 xOy 面研究 θ 的变化范围。经过上述三步，便得球面坐标内 Ω 的不等式表示。

解　因为 Ω 是球锥体如图 10-32 所示，因此其是利用球面坐标计算的典型题。用 $x=0$（yOz 坐标面）截 Ω 得断面图（图 10-33），得 φ 的变化范围为 $0\leqslant\varphi\leqslant\frac{\pi}{4}$。在 $\left[0,\frac{\pi}{4}\right]$ 内由原点引射线 L 穿 Ω 得 r 的变化范围为 $0\leqslant r\leqslant 2a\cos\varphi$。由于 θ 是与 x 轴正向的夹角，所以将 Ω 向 xOy 面作投影，在 xOy 面得 θ 的变化范围（图 10-34）为 $0\leqslant\theta\leqslant2\pi$，$\Omega$：$0\leqslant\theta\leqslant2\pi$，$0\leqslant\varphi\leqslant\frac{\pi}{4}$，$0\leqslant r\leqslant 2a\cos\varphi$。

$$\begin{aligned}\iiint\limits_{\Omega}z\,\mathrm{d}V&=\iiint\limits_{\Omega}r\cos\varphi\cdot r^2\sin\varphi\,\mathrm{d}r\mathrm{d}\theta\mathrm{d}\varphi=\int_0^{2\pi}\mathrm{d}\theta\int_0^{\frac{\pi}{4}}\mathrm{d}\varphi\int_0^{2a\cos\varphi}r^3\sin\varphi\cos\varphi\,\mathrm{d}r\\&=2\pi\int_0^{\frac{\pi}{4}}\sin\varphi\cos\varphi\left(\frac{1}{4}\right)\cdot(2a\cos\varphi)^4\,\mathrm{d}\varphi=-8\pi a^4\int_0^{\frac{\pi}{4}}\cos^5\varphi\,\mathrm{d}\cos\varphi\\&=\frac{7\pi a^4}{6}。\end{aligned}$$

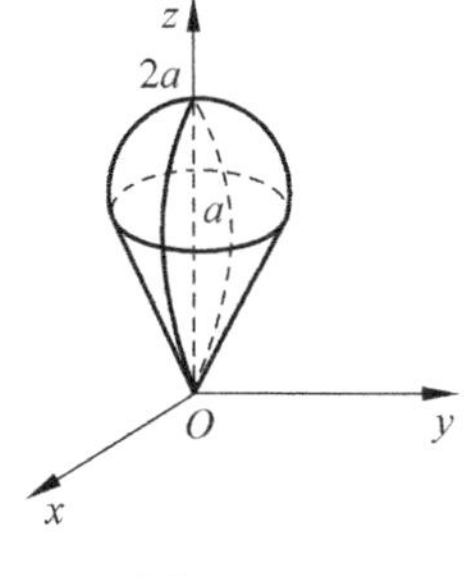

图　10-32

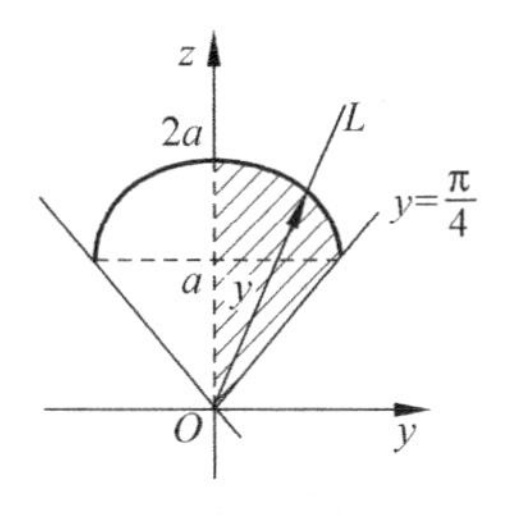

图　10-33

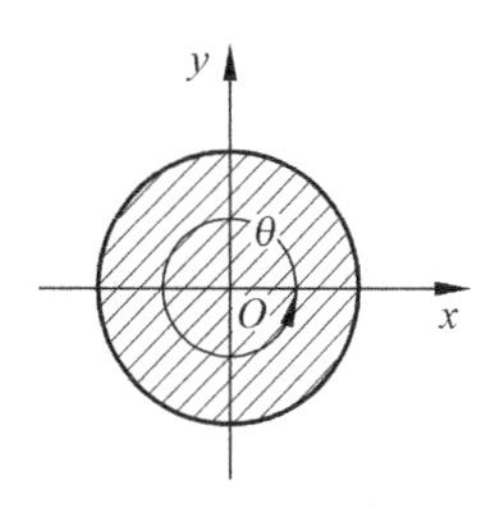

图　10-34

例 4　选用适当的坐标系计算下列三重积分：

(1) 求 $\iiint\limits_{\Omega} y\cos(x+z)\mathrm{d}V$，其中 Ω 是由 $z=0, y=0, y=\sqrt{x}, x+z=\frac{\pi}{2}$ 所围成的立体；

(2) $\iiint\limits_{\Omega} \sqrt{x^2+y^2+z^2}\,\mathrm{d}V$，其中 Ω 是由球面 $x^2+y^2+z^2=z$ 所围成的闭区域；

(3) $\iiint\limits_{\Omega}(x^2+y^2)\mathrm{d}V$，其中 Ω 是由曲面 $4z^2=25(x^2+y^2)$ 及平面 $z=5$ 所围成的闭区域。

解　(1) 因为 Ω 是由多个曲面及平面所围成的，棱角比较多，又被积函数容易积分，按问题 146 给出的坐标系选择表知，利用直角坐标计算，其关键是求出 Ω 的不等式表示。由"投影法"知，平行于 z 轴的直线穿 Ω 至多交于两点，所以将 Ω 向 xOy 面作投影，得投影区域 D_{xy}，在 D_{xy} 内任取一点 $P(x,y)$，过点 $P(x,y)$ 作平行于 z 轴的直线 L，从下往上穿 Ω，穿入点的 z 轴坐标为 $z_1(x,y)=0$，穿出点的 z 轴坐标为 $z_2(x,y)=\frac{\pi}{2}-x$，即得 z 的变化范围为 $0\leqslant z\leqslant\frac{\pi}{2}-x$，将 Ω 向 xOy 面作投影，得投影区域 D_{xy} 如图 10-35 所示，而平面区域

$$D_{xy}=\left\{(x,y)\mid 0\leqslant x\leqslant\frac{\pi}{2}, 0\leqslant y\leqslant\sqrt{x}\right\},$$

$$\Omega:\ 0\leqslant x\leqslant\frac{\pi}{2}, 0\leqslant y\leqslant\sqrt{x}, 0\leqslant z\leqslant\frac{\pi}{2}-x。$$

$$I=\int_0^{\frac{\pi}{2}}\mathrm{d}x\int_0^{\sqrt{x}}y\mathrm{d}y\int_0^{\frac{\pi}{2}-x}\cos(x+z)\mathrm{d}z=\int_0^{\frac{\pi}{2}}(1-\sin x)\int_0^{\sqrt{x}}y\mathrm{d}y\mathrm{d}x$$

$$=\frac{1}{2}\int_0^{\frac{\pi}{2}}x(1-\sin x)\mathrm{d}x=\frac{\pi^2}{16}-\frac{1}{2}\Big[-x\cos x+\sin x\Big]_0^{\frac{\pi}{2}}=\frac{\pi^2}{16}-\frac{1}{2}。$$

(2) 因为 Ω 是球域：$x^2+y^2+z^2\leqslant z$，被积函数为 $\sqrt{x^2+y^2+z^2}$，对照坐标系选择表知，其是利用球面坐标计算的典型题。用 $x=0$(yOz 面)截 Ω 得截面如图 10-36 所示。从剖面图得 φ 的变化范围为 $0\leqslant\varphi\leqslant\frac{\pi}{2}$。将 Ω 向 xOy 面作投影，如图 10-37，得 θ 的变化范围为 $0\leqslant\theta\leqslant 2\pi$。在 $0\leqslant\varphi\leqslant\frac{\pi}{2}$ 内从原点引射线穿 Ω 得 r 的变化范围为 $0\leqslant r\leqslant\cos\varphi$。

$$\Omega:\ 0\leqslant\theta\leqslant 2\pi,\quad 0\leqslant\varphi\leqslant\pi/2,\quad 0\leqslant r\leqslant\cos\varphi。$$

$$I=\int_0^{2\pi}\mathrm{d}\theta\int_0^{\frac{\pi}{2}}\mathrm{d}\varphi\int_0^{\cos\varphi}r^3\sin\varphi\mathrm{d}r=2\pi\int_0^{\frac{\pi}{2}}\sin\varphi\cdot\frac{1}{4}\cos^4\varphi\mathrm{d}\varphi$$

$$=-\frac{\pi}{2}\int_0^{\frac{\pi}{2}}\cos^4\varphi\mathrm{d}\cos\varphi=\frac{\pi}{10}。$$

(3) 因为 Ω 是由锥面和平面所围成的，被积函数为 x^2+y^2，对照坐标系选择表知，利用柱面坐标计算。由"投影法"知，将 Ω 向垂直于锥面对称轴(z 轴)坐标面 xOy 作投影，得投影区域(图 10-38)为圆域：$x^2+y^2\leqslant 4$，化为极坐标：$\rho\leqslant 2$。D：$0\leqslant\theta\leqslant 2\pi, 0\leqslant\rho\leqslant 2$。$\forall P(x,y)\in D$，过点 P 作平行于 z 轴的直线 L，从下往上穿 Ω，穿入点的 z 坐标为 $z_1=5\rho/2$，穿出点的 z 轴坐标为 $z_2=5$。则有 Ω：$0\leqslant\theta\leqslant 2\pi, 0\leqslant\rho\leqslant 2, \frac{5\rho}{2}\leqslant z\leqslant 5$。

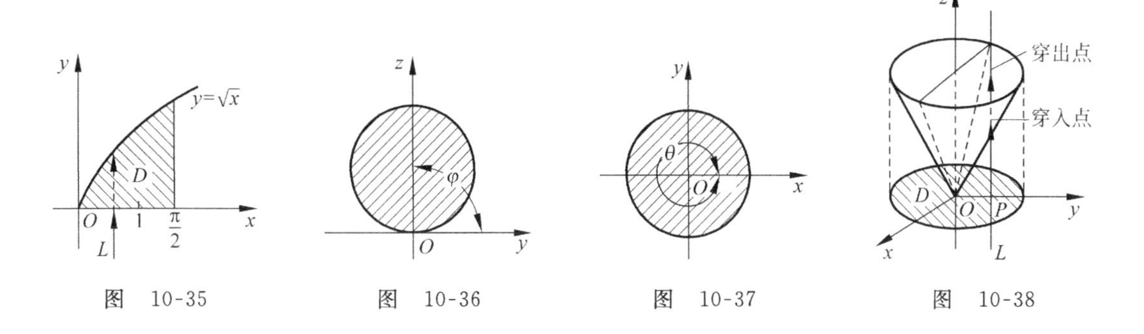

图　10-35　　图　10-36　　图　10-37　　图　10-38

解　方法 1 $I=\iiint\limits_{\Omega}\rho^3\mathrm{d}\theta\mathrm{d}\rho\mathrm{d}z=\int_0^{2\pi}\mathrm{d}\theta\int_0^2\rho^3\mathrm{d}\rho\int_{\frac{5\rho}{2}}^5\mathrm{d}z=2\pi\int_0^2\left(5\rho^3-\frac{5\rho^4}{2}\right)\mathrm{d}\rho$

$$=2\pi\left(\frac{5\rho^4}{4}-\frac{\rho^5}{2}\right)\Big|_0^2=8\pi。$$

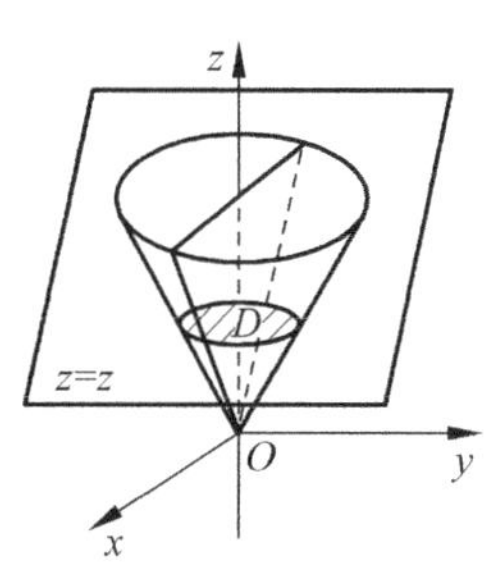

图　10-39

方法 2　截痕法。用 $z=z$ 平面($0\leqslant z\leqslant 5$)去截积分积区域 Ω，得截面 D_z：$\rho\leqslant\frac{2z}{5}$，如图 10-39 所示。

Ω：$0\leqslant\theta\leqslant 2\pi, 0\leqslant z\leqslant 5, 0\leqslant\rho\leqslant\frac{2z}{5}$。

$$I=\int_0^{2\pi}\mathrm{d}\theta\int_0^5\mathrm{d}z\int_0^{\frac{2z}{5}}\rho^3\mathrm{d}\rho=\frac{\pi}{2}\int_0^5\left(\frac{2}{5}\right)^4z^4\mathrm{d}z=8\pi。$$

问题 147　什么叫三重积分计算中的“先重后单法”？

“先重后单法”确实是三重积分计算中的一种运算简单、快速的好方法。如何让学生较快地掌握这个好方法呢？首先总结这类三重积分的特点，让学生认识它，即正确分类。事实上，正确区分和判定问题的类型，也就暗示了解(答案)和解法的类型。判定是否可以用“先重后单法”的具体方法：兼顾积分区域与被积函数，用垂直某坐标轴(如 x 轴)的平面去截区域 Ω 得截面面积是该坐标轴交点(如 x)的函数；而被积函数也仅是该坐标变量(如 x)的函数，或可化为只是该坐标变量(如 x)的函数，如例 6。则有

$$\iiint\limits_{\Omega}f(x,y,z)\mathrm{d}V=\int_a^bF(x)\mathrm{d}x\iint\limits_{D(x)}\mathrm{d}\sigma,\quad\iiint\limits_{\Omega}f(x,y,z)\mathrm{d}v=\int_c^dG(y)\mathrm{d}y\iint\limits_{D(y)}\mathrm{d}\sigma,$$

$$\iiint\limits_{\Omega}f(x,y,z)\mathrm{d}V=\int_e^fH(z)\mathrm{d}z\iint\limits_{D(z)}\mathrm{d}\sigma\text{(参见文献[20])。}$$

例 5　计算 $\iiint\limits_{\Omega}z\mathrm{d}V$，其中 Ω 是由锥面 $z=h\frac{\sqrt{x^2+y^2}}{R}$ 与平面 $z=h(R>0,h>0)$ 所围成的闭区域。

分析　由 Ω 的形状及 $f(x,y,z)=z$ 的特点，故应用“先重后单法”计算。

解　用 $z=z$ 平面截 Ω 得截面 D_z：$x^2+y^2\leqslant\frac{R^2z^2}{h^2}$，$S(D_z)=\pi\left(\frac{R^2}{h^2}\right)z^2$，

所以 $\iiint\limits_{\Omega} z\,\mathrm{d}V=\int_0^h z\,\mathrm{d}z\iint\limits_{D(z)}\mathrm{d}x\mathrm{d}y=\int_0^h \pi\left(\frac{R^2}{h^2}\right)z^3\,\mathrm{d}z=\left(\frac{\pi R^2}{h^2}\right)\left(\frac{z^4}{4}\right)\Big|_0^h=\frac{\pi R^2h^2}{4}$。

例 6　求 $I=\iiint\limits_{\Omega}\left(\frac{x^2}{a^2}+\frac{y^2}{b^2}+\frac{z^2}{c^2}\right)\mathrm{d}V$，其中 Ω 是整个椭球体 $\frac{x^2}{a^2}+\frac{y^2}{b^2}+\frac{z^2}{c^2}\leqslant 1$。

解　本题可以应用三重积分一般换元法，做广义球坐标变换得 $x=ar\cos\theta\sin\varphi$，$y=br\sin\theta\sin\varphi$，$z=cr\cos\varphi$。

下面应用“先重后单法”计算。将题变形为

$$
\begin{aligned}
I&=\iiint\limits_{\Omega}\frac{x^2}{a^2}\mathrm{d}V+\iiint\limits_{\Omega}\frac{y^2}{b^2}\mathrm{d}V+\iiint\limits_{\Omega}\frac{z^2}{c^2}\mathrm{d}V\\
&=\int_{-a}^{a}\frac{x^2}{a^2}\mathrm{d}x\iint\limits_{D(x)}\mathrm{d}\sigma+\int_{-b}^{b}\frac{y^2}{b^2}\mathrm{d}y\iint\limits_{D(y)}\mathrm{d}\sigma+\int_{-c}^{c}\frac{z^2}{c^2}\mathrm{d}z\iint\limits_{D(z)}\mathrm{d}\sigma\\
&=\int_{-a}^{a}\pi bc\,\frac{x^2}{a^2}\left(1-\frac{x^2}{a^2}\right)\mathrm{d}x+\int_{-b}^{b}\pi ac\,\frac{y^2}{b^2}\left(1-\frac{y^2}{b^2}\right)\mathrm{d}y+\int_{-c}^{c}\pi ab\,\frac{z^2}{c^2}\left(1-\frac{z^2}{c^2}\right)\mathrm{d}z\\
&=\frac{2\pi bc}{a^2}\int_0^a\left(x^2-\frac{x^4}{a^2}\right)\mathrm{d}x+\frac{2\pi ac}{b^2}\int_0^b\left(y^2-\frac{y^4}{b^2}\right)\mathrm{d}y+\frac{2\pi ab}{c^2}\int_0^c\left(z^2-\frac{z^4}{c^2}\right)\mathrm{d}z\\
&=\frac{2\pi bc}{a^2}\left(\frac{a^3}{3}-\frac{a^3}{5}\right)+\frac{2\pi ac}{b^2}\left(\frac{b^3}{3}-\frac{b^3}{5}\right)+\frac{2\pi ab}{c^2}\left(\frac{c^3}{3}-\frac{c^3}{5}\right)=\frac{4}{5}\pi abc\text{。}
\end{aligned}
$$

点评　由例 5、例 6 看出，能否用此法的关键是总结出积分区域 Ω 具有什么特点。一般说来，若积分区域 Ω 是由球面围成，或由椭球面、锥面、旋转曲面围成，这样构成的区域 Ω 具有此法所要求的特点。然后再考虑被积函数是否满足此法对函数的要求。

问题 148　何谓三重积分计算的匹配法？什么叫空间直角坐标系与球面坐标系或柱面坐标系间换算公式的匹配关系？它有什么应用？

当空间直角坐标系取 z 轴向上构成右手系，则空间直角坐标系与球面坐标系间的换算公式为 $x=r\cos\theta\sin\varphi$，$y=r\sin\theta\sin\varphi$，$z=r\cos\varphi$，与柱面坐标系间的换算公式为 $x=\rho\cos\theta$，$y=\rho\sin\theta$，$z=z$。

当空间直角坐标系取 y 轴向上构成右手系，则空间直角坐标系与球面坐标系间的换算公式为 $z=r\cos\theta\sin\varphi$，$x=r\sin\theta\sin\varphi$，$y=r\cos\varphi$，与柱面坐标系间的换算公式为 $z=\rho\cos\theta$，$x=\rho\sin\theta$，$y=y$。

当空间直角坐标系取 x 轴向上构成右手系，则空间直角坐标系与球面坐标系间的换算公式为 $y=r\cos\theta\sin\varphi$，$z=r\sin\theta\sin\varphi$，$x=r\cos\varphi$，与柱面坐标系间的换算公式为 $y=\rho\cos\theta$，$z=\rho\sin\theta$，$x=x$。

称上述坐标系间的换算公式为匹配关系（也称匹配法）。其应用请看例 7。正确使用上述匹配关系可以大大简化三重积分计算（参见文献[21]）。

例 7　计算 $I=\iiint\limits_{\Omega}2y\,\mathrm{d}V$，其中 Ω 是由 $x^2+y^2+z^2=1$，$x^2+y^2+z^2=4$ 及 $y=\sqrt{x^2+z^2}$ 所围成的闭区域。

分析　解题关键是如何选择空间直角坐标系。$y=\sqrt{x^2+z^2}$为锥面，顶点在原点(0,0,0)，对称轴为y轴，半顶角为$\frac{\pi}{4}$。而$x^2+y^2+z^2=1$及$x^2+y^2+z^2=4$为球心在原点(0,0,0)的两个球面。因此建立坐标系时将y轴向上放置并构成右手系，这时，Ω为球锥体，是应用球面坐标计算的典型题。

解　方法1　在y轴向上的坐标系有

$$z=r\cos\theta\sin\varphi, x=r\sin\theta\sin\varphi, y=r\cos\varphi, \mathrm{d}V=r^2\sin\varphi\mathrm{d}\theta\mathrm{d}\varphi\mathrm{d}r。$$

$$I=\int_0^{2\pi}\mathrm{d}\theta\int_0^{\frac{\pi}{4}}\mathrm{d}\varphi\int_1^2 2r\cos\varphi r^2\sin\varphi\mathrm{d}r=4\pi\int_0^{\frac{\pi}{4}}\sin\varphi\cos\varphi\mathrm{d}\varphi\int_1^2 r^3\mathrm{d}r=\frac{15\pi}{4}。$$

方法2　利用柱面坐标计算：$z=\rho\cos\theta, x=\rho\sin\theta, y=y$。$\mathrm{d}V=\rho\mathrm{d}\theta\mathrm{d}\rho\mathrm{d}y$。

$$I=\int_0^{2\pi}\mathrm{d}\theta\int_0^{\frac{1}{\sqrt{2}}}\rho\mathrm{d}\rho\int_{\sqrt{1-\rho^2}}^{\sqrt{4-\rho^2}}2y\mathrm{d}y+\int_0^{2\pi}\mathrm{d}\theta\int_{\frac{1}{\sqrt{2}}}^{\sqrt{2}}\rho\mathrm{d}\rho\int_{\rho}^{\sqrt{4-\rho^2}}2y\mathrm{d}y$$

$$=2\pi\int_0^{\frac{1}{\sqrt{2}}}\rho(4-\rho^2-(1-\rho^2))\mathrm{d}\rho+2\pi\int_{\frac{1}{\sqrt{2}}}^{\sqrt{2}}\rho(4-\rho^2-\rho^2)\mathrm{d}\rho=\frac{15\pi}{4}。$$

此题若取z轴向上放置构成右手系的直角坐标系。

方法3　与球面坐标换算公式为

$$x=r\cos\theta\sin\varphi, y=r\sin\theta\sin\varphi, z=r\cos\varphi, \mathrm{d}V=r^2\sin\varphi\mathrm{d}\theta\mathrm{d}\varphi\mathrm{d}r。$$

在球面坐标下Ω的边界曲面方程分别为$r=1, r=2$，锥面方程为$\sin\theta\sin\varphi=\sqrt{\cos^2\theta\sin^2\varphi+\cos^2\varphi}$，将$\Omega$向$xOy$面投影得$\theta$的变化范围为$\frac{\pi}{4}\leqslant\theta\leqslant\frac{3\pi}{4}$。当$\theta=\theta$时与锥面$\sin\theta\sin\varphi=\sqrt{\cos^2\theta\sin^2\varphi+\cos^2\varphi}$联立确定出$\varphi$的变化范围。

因为当$\theta=\theta$时，$\sin^2\theta\sin^2\varphi=\sin^2\varphi-\sin^2\theta\sin^2\varphi+\cos^2\varphi$，$2\sin^2\theta\sin^2\varphi=1$，解得$\sin\varphi=\frac{1}{\sqrt{2}\sin\theta}$，所以$\varphi$的变化范围为$\arcsin\left(\frac{1}{\sqrt{2}\sin\theta}\right)\leqslant\varphi\leqslant\pi-\arcsin\left(\frac{1}{\sqrt{2}\sin\theta}\right)$，$1\leqslant r\leqslant 2$。即

$$\Omega: \frac{\pi}{4}\leqslant\theta\leqslant\frac{3\pi}{4}, \arcsin\left(\frac{1}{\sqrt{2}\sin\theta}\right)\leqslant\varphi\leqslant\pi-\arcsin\left(\frac{1}{\sqrt{2}\sin\theta}\right), 1\leqslant r\leqslant 2。$$

$$I=\int_{\frac{\pi}{4}}^{\frac{3\pi}{4}}\mathrm{d}\theta\int_{\arcsin\frac{1}{\sqrt{2}\sin\theta}}^{\pi-\arcsin\frac{1}{\sqrt{2}\sin\theta}}\mathrm{d}\varphi\int_1^2 2r\sin\theta\sin\varphi\cdot r^2\sin\varphi\mathrm{d}r$$

$$=\frac{15}{2}\int_{\frac{\pi}{4}}^{\frac{3\pi}{4}}\sin\theta\mathrm{d}\theta\int_{\arcsin\frac{1}{\sqrt{2}\sin\theta}}^{\pi-\arcsin\frac{1}{\sqrt{2}\sin\theta}}\frac{1-\cos2\varphi}{2}\mathrm{d}\varphi$$

$$=\frac{15}{4}\left\{\sqrt{2}\pi-2\int_{\frac{\pi}{4}}^{\frac{3\pi}{4}}\left(\arcsin\frac{1}{\sqrt{2}\sin\theta}\right)\sin\theta\mathrm{d}\theta-\right.$$

$$\left.\frac{1}{2}\int_{\frac{\pi}{4}}^{\frac{3\pi}{4}}\left[\sin\left(2\pi-2\arcsin\frac{1}{\sqrt{2}\sin\theta}\right)-\sin\left(2\arcsin\frac{1}{\sqrt{2}\sin\theta}\right)\right]\sin\theta\mathrm{d}\theta\right\}。$$

其中$I_1=\int_{\frac{\pi}{4}}^{\frac{3\pi}{4}}\pi\sin\theta\mathrm{d}\theta=\sqrt{2}\pi$，记

$$I_2=\int_{\frac{\pi}{4}}^{\frac{3\pi}{4}}\sin\theta\cdot\arcsin\frac{1}{\sqrt{2}\sin\theta}\mathrm{d}\theta=-\int_{\frac{\pi}{4}}^{\frac{3\pi}{4}}\arcsin\frac{1}{\sqrt{2}\sin\theta}\mathrm{d}\cos\theta\text{(分部积分)}$$

$$=-\cos\theta\cdot\arcsin\frac{1}{\sqrt{2}\sin\theta}\Big|_{\frac{\pi}{4}}^{\frac{3\pi}{4}}+\int_{\frac{\pi}{4}}^{\frac{3\pi}{4}}\cos\theta\frac{1}{\sqrt{1-\left(\frac{1}{\sqrt{2}\sin\theta}\right)^2}}\cdot\frac{-\cos\theta}{\sqrt{2}\sin^2\theta}d\theta$$

$$=\frac{\pi}{\sqrt{2}}-\int_{\frac{\pi}{4}}^{\frac{3\pi}{4}}\frac{\sin\theta\cos^2\theta}{\sin^2\theta\sqrt{2\sin^2\theta-1}}d\theta。$$

因为 $\theta=\frac{\pi}{4},\frac{3}{4}\pi$ 是上面积分的被积函数的无穷间断点，所以

$$\int_{\frac{\pi}{4}}^{\frac{3\pi}{4}}\frac{\sin\theta\cos^2\theta}{\sin^2\theta\sqrt{2\sin^2\theta-1}}d\theta\text{（是无界函数的广义积分）}$$

$$=\lim_{\varepsilon\to0}\int_{\frac{\pi}{4}+\varepsilon}^{\frac{\pi}{2}}\frac{\sin\theta\cos^2\theta}{\sin^2\theta\sqrt{2\sin^2\theta-1}}d\theta+\lim_{\eta\to0}\int_{\frac{\pi}{2}}^{\frac{3\pi}{4}-\eta}\frac{\sin\theta\cos^2\theta}{\sin^2\theta\sqrt{2\sin^2\theta-1}}d\theta。$$

记 $I_{21}=\int_{\frac{\pi}{4}+\varepsilon}^{\frac{\pi}{2}}\frac{\sin\theta\cos^2\theta}{\sin^2\theta\sqrt{2\sin^2\theta-1}}d\theta$（设 $\cos\theta=t$）

$$=\int_0^{\cos\left(\frac{\pi}{4}+\varepsilon\right)}\frac{t^2}{(1-t^2)\sqrt{1-2t^2}}dt\text{（设}\sqrt{2}t=\sin\theta\text{）}$$

$$=\frac{1}{\sqrt{2}}\int_0^{\arcsin\sqrt{2}\cos\left(\frac{\pi}{4}+\varepsilon\right)}\left(-1+\frac{2}{2-\sin^2\theta}\right)d\theta$$

$$=\frac{1}{\sqrt{2}}\left[-\arcsin\sqrt{2}\cos\left(\frac{\pi}{4}+\varepsilon\right)+2\int_0^{\arcsin\sqrt{2}\cos\left(\frac{\pi}{4}+\varepsilon\right)}\frac{1}{\sin^2\theta+2\cos^2\theta}d\theta\right]$$

$$=\frac{1}{\sqrt{2}}\left[-\arcsin\sqrt{2}\cos\left(\frac{\pi}{4}+\varepsilon\right)+2\int_0^{\arcsin\sqrt{2}\cos\left(\frac{\pi}{4}+\varepsilon\right)}\frac{d\tan\theta}{\tan^2\theta+2}\right]$$

$$=\frac{1}{\sqrt{2}}\left[-\arcsin\sqrt{2}\cos\left(\frac{\pi}{4}+\varepsilon\right)+\sqrt{2}\arctan\left(\frac{\tan\left(\arcsin\sqrt{2}\cos\left(\frac{\pi}{4}+\varepsilon\right)\right)}{\sqrt{2}}\right)\right]$$

$$(\varepsilon\to0)\to\frac{1}{\sqrt{2}}\left[-\frac{\pi}{2}+\sqrt{2}\,\frac{\pi}{2}\right]=\frac{\pi}{2}-\frac{\pi}{2\sqrt{2}}。$$

同理可得，$\lim_{\eta\to0}\int_{\frac{\pi}{2}}^{\frac{3\pi}{4}-\eta}\frac{\sin\theta\cos^2\theta}{\sin^2\theta\sqrt{2\sin^2\theta-1}}d\theta$（①设 $\cos\theta=t$，②$\sqrt{2}t=\sin\theta$，注意定限！）$=\frac{\pi}{2}-\frac{\pi}{2\sqrt{2}}$。因此 $I_2=\sqrt{2}\pi-\pi$。

$$I_3=\int_{\frac{\pi}{4}}^{\frac{3\pi}{4}}\left[\sin\left(2\pi-2\arcsin\frac{1}{\sqrt{2}\sin\theta}\right)-\sin\left(2\arcsin\frac{1}{\sqrt{2}\sin\theta}\right)\right]\sin\theta d\theta\text{（化简）}$$

$$=-\int_{\frac{\pi}{4}}^{\frac{3\pi}{4}}2\sin\left(2\arcsin\frac{1}{\sqrt{2}\sin\theta}\right)\sin\theta d\theta$$

$$=-2\int_{\frac{\pi}{4}}^{\frac{3\pi}{4}}\sin\theta\cdot2\sin\left(\arcsin\frac{1}{\sqrt{2}\sin\theta}\right)\cdot\cos\left(\arcsin\frac{1}{\sqrt{2}\sin\theta}\right)d\theta$$

$$=-\frac{4}{\sqrt{2}}\int_{\frac{\pi}{4}}^{\frac{3\pi}{4}}\cos\left(\arcsin\frac{1}{\sqrt{2}\sin\theta}\right)d\theta$$

$$=-\frac{4}{\sqrt{2}}\int_{\frac{\pi}{4}}^{\frac{3\pi}{4}}\sqrt{1-\sin^2\left(\arcsin\frac{1}{\sqrt{2}\sin\theta}\right)}d\theta$$

$$=-\frac{4}{\sqrt{2}}\int_{\frac{\pi}{4}}^{\frac{3\pi}{4}}\frac{\sqrt{2\sin^2\theta-1}}{\sqrt{2}\sin\theta}\mathrm{d}\theta(\text{设}\cos\theta=t)$$

$$=-2\int_{\frac{1}{\sqrt{2}}}^{\frac{-1}{\sqrt{2}}}\frac{\sqrt{1-2t^2}}{1-t^2}(-\mathrm{d}t)=-4\int_0^{\frac{1}{\sqrt{2}}}\frac{\sqrt{1-2t^2}}{1-t^2}\mathrm{d}t(\text{设}\sqrt{2}t=\sin\theta)=-\frac{4}{\sqrt{2}}\int_0^{\frac{\pi}{2}}\frac{2\cos^2\theta}{2-\sin^2\theta}\mathrm{d}\theta$$

$$=-4\sqrt{2}\int_0^{\frac{\pi}{2}}\left[1-\frac{1}{1+\cos\theta}\right]\mathrm{d}\theta=-4\sqrt{2}\left[\frac{\pi}{2}-\frac{1}{\sqrt{2}}\int_0^{\frac{\pi}{2}}\frac{\mathrm{d}\left(\frac{\tan\theta}{\sqrt{2}}\right)}{1+\left(\frac{\tan\theta}{\sqrt{2}}\right)^2}\right]$$

$$=-4\sqrt{2}\left[\frac{\pi}{2}-\frac{1}{\sqrt{2}}\arctan\left(\frac{\tan\theta}{\sqrt{2}}\right)\Big|_0^{\frac{\pi}{2}}\right]$$

$$=-4\sqrt{2}\left[\frac{\pi}{2}-\frac{1}{\sqrt{2}}\frac{\pi}{2}\right]=2\pi-2\sqrt{2}\pi。$$

因此 $I=\frac{15}{4}\left[I_1-2I_2-\frac{1}{2}I_3\right]=\frac{15}{4}[\sqrt{2}\pi-2\sqrt{2}\pi+2\pi-\pi+\sqrt{2}\pi]$

$=\frac{15}{4}\pi$(计算量太大!)。

方法 4　在取 z 轴向上构成右手系的空间直角坐标系下,应用柱面坐标计算,这时换算公式为 $x=\rho\cos\theta,y=\rho\sin\theta,z=z$。$\Omega$ 的边界曲面在柱面坐标系下的方程为 $z^2=1-\rho^2,z^2=4-\rho^2,z^2=-\rho^2\cos2\theta$。在 xOy 面上确定 θ 的变化范围为 $\frac{\pi}{4}\leqslant\theta\leqslant\frac{3\pi}{4}$。则 $\Omega=\sum_{i=1}^{5}\Omega_i$。其中

$$\Omega_1\left(\frac{\pi}{4}\leqslant\theta\leqslant\frac{\pi}{2},1\leqslant\rho\leqslant\frac{\sqrt{2}}{\sin\theta},-\rho\sqrt{-\cos2\theta}\leqslant z\leqslant\rho\sqrt{-\cos2\theta}\right),$$

$$\Omega_2\left(\frac{\pi}{2}\leqslant\theta\leqslant\frac{3\pi}{4},1\leqslant\rho\leqslant\frac{\sqrt{2}}{\sin\theta},-\rho\sqrt{-\cos2\theta}\leqslant z\leqslant\rho\sqrt{-\cos2\theta}\right),$$

$$\Omega_3\left(\frac{\pi}{4}\leqslant\theta\leqslant\frac{3\pi}{4},\frac{1}{\sqrt{2}\sin\theta}\leqslant\rho\leqslant1,-\rho\sqrt{-\cos2\theta}\leqslant z\leqslant\sqrt{1-\rho^2}\right),$$

$$\Omega_4\left(\frac{\pi}{4}\leqslant\theta\leqslant\frac{3\pi}{4},\frac{1}{\sqrt{2}\sin\theta}\leqslant\rho\leqslant1,\sqrt{1-\rho^2}\leqslant z\leqslant\rho\sqrt{-\cos2\theta}\right),$$

$$\Omega_5\left(\frac{\pi}{4}\leqslant\theta\leqslant\frac{3\pi}{4},\frac{\sqrt{2}}{\sin\theta}\leqslant\rho\leqslant2,-\sqrt{4-\rho^2}\leqslant z\leqslant\sqrt{4-\rho^2}\right)。$$

$$I=\iiint_{\Omega}2\rho\sin\theta\cdot\rho\mathrm{d}\rho\mathrm{d}\theta\mathrm{d}z=\sum_{i=1}^{5}\iiint_{\Omega_i}2\rho^2\sin\theta\cdot\mathrm{d}\rho\mathrm{d}\theta\mathrm{d}z=\frac{15\pi}{4}(\text{计算量太大!})。$$

点评　三重积分计算的匹配法的关键是空间直角坐标系的选取。若三重积分的积分区域 Ω 是属于用柱面系计算或用球面坐标系计算的题型,且 Ω 的边界曲面含有锥面、二次柱面或旋转曲面时,其关键是选取如下直角坐标系:取锥面、柱面或旋转曲面对称轴的向上方向为空间直角坐标系向上坐标轴的正方向,其余两个坐标轴与其构成右手系,称这样选取空间直角坐标系的配置关系为空间直角坐标系与球面坐标系或柱面坐标系间换算公式的匹配关系,它可以大大简化三重积分的计算。

第四节　重积分的应用

问题 149　重积分有哪些几何应用?

1. 利用二重积分求曲面的面积。

2. 利用二重积分或三重积分计算立体的体积。

例 1　计算下列各题:

(1) 求锥面 $z=\sqrt{x^2+y^2}$ 被柱面 $z^2=2x$ 所割下部分的曲面面积;

(2) 求底圆半径相等的两个直交圆柱面 $x^2+y^2=R^2$ 及 $x^2+z^2=R^2$ 所围立体的表面积。

解　(1) 所求曲面方程为 Σ: $z=\sqrt{x^2+y^2}$,所以面积微元为

$$\mathrm{d}S=\sqrt{1+\left(\frac{\partial z}{\partial x}\right)^2+\left(\frac{\partial z}{\partial y}\right)^2}\,\mathrm{d}x\mathrm{d}y=\sqrt{2}\,\mathrm{d}x\mathrm{d}y。$$

由 $z=\sqrt{x^2+y^2}$ 与 $z^2=2x$ 消去 z,得 xOy 面上的投影区域 D_{xy}: $x^2+y^2\leqslant 2x$。$S=\iint\limits_{\Sigma}\mathrm{d}S=\iint\limits_{D_{xy}}\sqrt{2}\,\mathrm{d}x\mathrm{d}y=\sqrt{2}\,S(D_{xy})$,其中 $S(D_{xy})$ 表示圆域: $x^2+y^2\leqslant 2x$ 的面积。

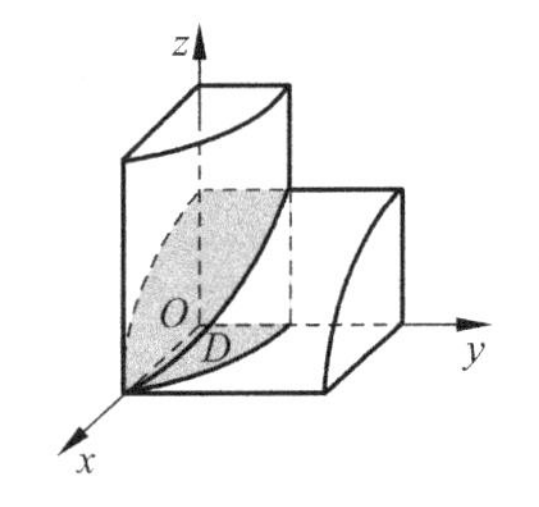

图　10-40

所以 $S(D_{xy})=\pi\cdot 1^2=\pi$。即 $S=\iint\limits_{\Sigma}\mathrm{d}S=\sqrt{2}\,\pi$。

(2) 由对称性知,所求表面积为图 10-40 阴影部分面积的 16 倍。阴影部分对应的曲面方程为

$$z=\sqrt{R^2-x^2},\quad \frac{\partial z}{\partial x}=\frac{-x}{\sqrt{R^2-x^2}},\quad \frac{\partial z}{\partial y}=0。$$

所以

$$\mathrm{d}S=\sqrt{1+\left(\frac{\partial z}{\partial x}\right)^2+\left(\frac{\partial z}{\partial y}\right)^2}\,\mathrm{d}x\mathrm{d}y=\frac{R}{\sqrt{R^2-x^2}}\mathrm{d}x\mathrm{d}y,$$

D_{xy}: $0\leqslant x\leqslant R, 0\leqslant y\leqslant\sqrt{R^2-x^2}$,

$$S=16\iint\limits_{D_{xy}}\frac{R}{\sqrt{R^2-x^2}}\mathrm{d}x\mathrm{d}y=16\int_0^R\mathrm{d}x\int_0^{\sqrt{R^2-x^2}}\frac{R}{\sqrt{R^2-x^2}}\mathrm{d}y=16R\int_0^R\mathrm{d}x=16R^2。$$

例 2　求曲面 $x^2+y^2=2az$ 将球 $x^2+y^2+z^2=4az$ 分成两部分的体积之比($a>0$)。

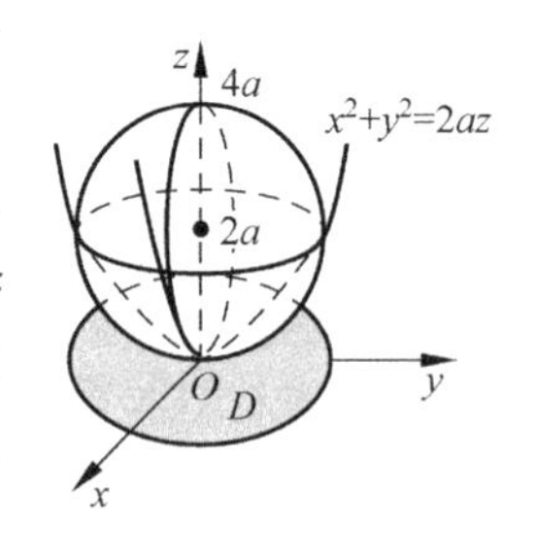

图　10-41

解　画出 Ω 的图形(图 10-41)。先求球面之下,旋转抛物面之上部分的立体的体积 V_1,将 V_1 向 xOy 平面投影,即由 $x^2+y^2=2az$ 与 $x^2+y^2+z^2=4az$ 消去 z,得投影柱面方程: $x^2+y^2=4a^2$,即 V_1 在 xOy 平面上的投影区域为 D_{xy}: $x^2+y^2\leqslant 4a^2$,故 $V_1=\iint\limits_{D}\mathrm{d}\sigma\int_{\frac{x^2+y^2}{2a}}^{2a+\sqrt{4a^2-x^2-y^2}}1\mathrm{d}z$,利用柱面坐标计算得

$$V_1=\int_0^{2\pi}d\theta\int_0^{2a}\rho d\rho\int_{\frac{\rho^2}{2a}}^{2a+\sqrt{4a^2-\rho^2}}dz=\int_0^{2\pi}d\theta\int_0^{2a}\left(2a+\sqrt{4a^2-\rho^2}-\frac{\rho^2}{2a}\right)\rho d\rho$$

$$=2\pi\left[a\rho^2-\frac{(4a^2-\rho^2)^{\frac{3}{2}}}{3}-\frac{\rho^4}{8a}\right]_0^{2a}=\frac{28}{3}\pi a^3。$$

因为球的体积 $V=\frac{4}{3}\pi(2a)^3=\frac{32\pi a^3}{3}$，所以 $V_2=V-V_1=\frac{4}{3}\pi a^3$，故得 $V_1:V_2=7:1$。

问题 150　重积分在物理学中有哪些应用？

1. 平面薄板或空间立体的质量；
2. 静力矩，质心；
3. 转动惯量；
4. 引力。

例 3　设平面薄片所占的闭区域 D 由抛物线 $y=x^2$ 及直线 $y=x$ 所围成，它在点 (x,y) 处的面密度 $\mu(x,y)=x^2y$，求该薄片的质心。

解　方法 1　利用二重积分的微元法。在 D 内任取含点 $M(x,y)$ 的小微块 $d\sigma$。因为 $d\sigma$ 很小，所以以 $M(x,y)$ 处的面密度 $\mu=x^2y$ 为这小块 $d\sigma$ 的均匀分布的密度，则有 $dm=\mu(x,y)d\sigma=x^2yd\sigma$，从而整个薄片的质量为 $m=\iint\limits_D x^2yd\sigma=\int_0^1x^2dx\int_{x^2}^x ydy=\left(\frac{1}{2}\right)\int_0^1(x^4-x^6)dx=\frac{1}{35}$。将 dm 集中在 M 点处，化为具有质量为 $dm=x^2yd\sigma$ 的质点 M，而质点 M 关于 x 轴、y 轴的静力矩分别为 $dM_x=ydm=x^2y^2d\sigma$，$dM_y=xdm=x^3yd\sigma$，则整个 D 关于 x 轴、y 轴的静力矩分别为

$$M_x=\iint\limits_D x^2y^2d\sigma=\int_0^1x^2dx\int_{x^2}^x y^2dy=\frac{1}{3}\int_0^1(x^5-x^8)dx=\frac{1}{54},$$

$$M_y=\iint\limits_D x^3yd\sigma=\int_0^1x^3dx\int_{x^2}^x ydy=\frac{1}{2}\int_0^1(x^5-x^8)dx=\frac{1}{36},$$

所以 $\bar{x}=\frac{M_y}{m}=\frac{\frac{1}{36}}{\frac{1}{35}}=\frac{35}{48}$，$\bar{y}=\frac{M_x}{m}=\frac{\frac{1}{54}}{\frac{1}{35}}=\frac{35}{54}$，所求质心为 $\left(\frac{35}{36},\frac{35}{54}\right)$。

方法 2　公式：$\bar{x}=\frac{M_y}{m}$，$\bar{y}=\frac{M_x}{m}$，余下略。

例 4　一均匀物体（密度 ρ 为常量）占有的闭区域 Ω 由曲面 $z=x^2+y^2$ 和平面 $z=0$，$|x|=a$，$|y|=a$ 所围成。

(1) 求物体的体积；

(2) 求物体的质心；

(3) 求物体关于 z 轴的转动惯量。

解　(1) $V=\iiint\limits_\Omega dV=4\int_0^a dx\int_0^a dy\int_0^{x^2+y^2}dz=4\int_0^a dx\int_0^a(x^2+y^2)dy=4\int_0^a\left(ax^2+\frac{a^3}{3}\right)dx=\frac{8a^4}{3}$。

(2) 由 Ω 的对称性知，质心在 z 轴上，所以 $\bar{x}=\bar{y}=0$，$\bar{z}=\frac{\iiint\limits_\Omega zdV}{\iiint\limits_\Omega dV}$，而

$$\iiint\limits_{\Omega} z\,\mathrm{d}V = 4\int_0^a \mathrm{d}x\int_0^a \mathrm{d}y\int_0^{x^2+y^2} z\,\mathrm{d}z = 2\int_0^a \mathrm{d}x\int_0^a (x^2+y^2)^2\,\mathrm{d}y$$

$$= 2\int_0^a \left(x^4 y + \frac{2x^2y^3}{3} + \frac{y^5}{5}\right)\Big|_0^a \mathrm{d}x = 2\int_0^a \left(ax^4 + \frac{2a^3x^2}{3} + \frac{a^5}{5}\right)\mathrm{d}x = \frac{56a^6}{45},$$

因此$\bar{z} = \dfrac{\left(\dfrac{56a^6}{45}\right)}{\left(\dfrac{8a^4}{3}\right)} = \dfrac{7a^2}{15}$,所以质心为$G\left(0,0,\dfrac{7a^2}{15}\right)$。

(3) $$J_z = \iiint\limits_{\Omega} \rho(x^2+y^2)\,\mathrm{d}V = 4\rho\int_0^a \mathrm{d}x\int_0^a \mathrm{d}y\int_0^{(x^2+y^2)} (x^2+y^2)\,\mathrm{d}z$$

$$= 4\rho\int_0^a \mathrm{d}x\int_0^a (x^4+2x^2y^2+y^4)\,\mathrm{d}y = 4\rho\int_0^a \left(ax^4 + \frac{2a^3x^2}{3} + \frac{a^5}{5}\right)\mathrm{d}x$$

$$= \frac{112\rho a^6}{45}。$$

例 5　设球体占有闭区域$\Omega=\{(x,y,z)\mid x^2+y^2+z^2\leqslant 2Rz\}$,它在内部各点处的密度的大小等于该点到坐标原点的距离的平方。试求这球体的质心。

解　由Ω的对称性知,质心在z轴上,则$\bar{x}=\bar{y}=0$,$\bar{z}=\dfrac{\iiint\limits_{\Omega} z\rho(x,y,z)\,\mathrm{d}V}{m}$,而$\rho(x,y,z)=x^2+y^2+z^2$。

$$m = \iiint\limits_{\Omega} \rho(x,y,z)\,\mathrm{d}V = \iiint\limits_{\Omega} (x^2+y^2+z^2)\,\mathrm{d}V(\text{利用球面坐标计算})$$

$$= \int_0^{2\pi}\mathrm{d}\theta\int_0^{\frac{\pi}{2}}\sin\varphi\,\mathrm{d}\varphi\int_0^{2R\cos\varphi} r^4\,\mathrm{d}r = \frac{2\pi}{5}\int_0^{\frac{\pi}{2}}\sin\varphi(2R)^5\cos^5\varphi\,\mathrm{d}\varphi$$

$$= \frac{64\pi}{5}R^5\left(-\int_0^{\frac{\pi}{2}}\cos^5\varphi\,\mathrm{d}\cos\varphi\right) = \frac{32\pi R^5}{15},$$

$$\iiint\limits_{\Omega} z(x^2+y^2+z^2)\,\mathrm{d}V = \int_0^{2\pi}\mathrm{d}\theta\int_0^{\frac{\pi}{2}}\sin\varphi\,\mathrm{d}\varphi\int_0^{2R\cos\varphi} r\cos\varphi\cdot r^2\cdot r^2\,\mathrm{d}r$$

$$= \frac{2\pi(2R)^6}{6}\int_0^{\frac{\pi}{2}}\sin\varphi\cos\varphi\cdot\cos^6\varphi\,\mathrm{d}\varphi$$

$$= \frac{(2R)^6\pi}{3}\cdot\left(-\int_0^{\frac{\pi}{2}}\cos^7\varphi\,\mathrm{d}\cos\varphi\right)$$

$$= \frac{2^6R^6\pi}{3}\cdot\left(\frac{1}{2^3}\right) = \frac{8\pi R^6}{3},$$

因此$\bar{z} = \dfrac{\dfrac{8\pi R^6}{3}}{\dfrac{32\pi R^5}{15}} = \dfrac{5R}{4}$,所以质心为$G\left(0,0,\dfrac{5R}{4}\right)$。

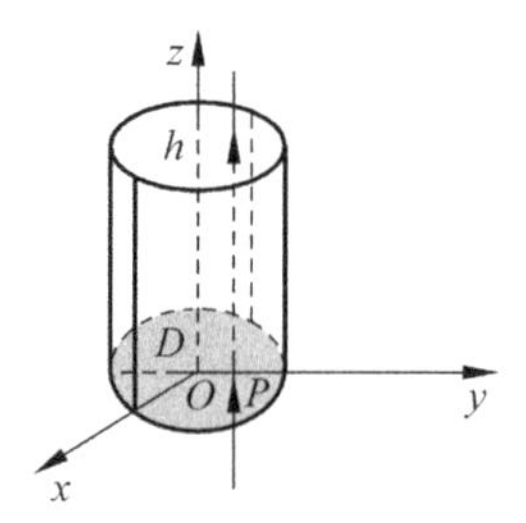

图　10-42

例 6　求半径为a、高为h的均匀圆柱体对过中心而平行于母线的轴的转动惯量(设密度为$\rho=1$)。

解　取圆柱体底面中心为原点,过中心而平行于母线的轴为z轴,构成右手系如图10-42所示。利用柱面坐标计算。Ω: $0\leqslant\theta\leqslant$

$2\pi, 0\leqslant\rho\leqslant a, 0\leqslant z\leqslant h$。

$$J_z=\iiint\limits_{\Omega}(x^2+y^2)\mathrm{d}V=\int_0^{2\pi}\mathrm{d}\theta\int_0^a\rho^3\mathrm{d}\rho\int_0^h\mathrm{d}z$$

$$=\frac{\pi}{2}a^4h=\frac{ma^2}{2},$$

其中 $m=\pi a^2h$ 为圆柱体的质量。

例 7　设均匀柱体密度为 ρ，占有闭区域 $\Omega=\{(x,y,z)\mid x^2+y^2\leqslant R^2, 0\leqslant z\leqslant h\}$，求它对于位于点 $M_0(0,0,a)(a>h)$ 处的单位质量的质点的引力。

解　因引力是两个质点间的万有引力，所以应用三重积分的微元法。在 Ω 内任取含点 $M(x,y,z)$ 的小微块 $\mathrm{d}V$，则 $\mathrm{d}V$ 的质量微元为 $\mathrm{d}m=\rho\mathrm{d}V$，将 $\mathrm{d}m$ 集中在点 M 处，化为具有质量为 $\mathrm{d}m$ 的质点 M，与具有单位质量的质点 M_0 间的引力微元为 $\mathrm{d}\boldsymbol{F}=\dfrac{G1\mathrm{d}m}{|\boldsymbol{M}_0\boldsymbol{M}|^2}\cdot\boldsymbol{M}_0\boldsymbol{M}=$

$$\left\{\frac{G\rho x\mathrm{d}V}{[x^2+y^2+(z-a)^2]^{\frac{3}{2}}},\frac{G\rho y\mathrm{d}V}{[x^2+y^2+(z-a)^2]^{\frac{3}{2}}},\frac{G\rho(z-a)\mathrm{d}V}{[x^2+y^2+(z-a)^2]^{\frac{3}{2}}}\right\}。$$

由 Ω 的对称性知，引力 $\boldsymbol{F}$ 在 x 轴上和 y 轴上的投影均为 0，即 $F_x=F_y=0$，因此为求 $\boldsymbol{F}$ 只需求它在 z 轴上的投影 F_z 即可。而

$$F_z=\iiint\limits_{\Omega}\frac{\rho G(z-a)}{[x^2+y^2+(z-a)^2]^{\frac{3}{2}}}\mathrm{d}V(\text{利用柱面坐标计算})$$

$$=\int_0^{2\pi}\mathrm{d}\theta\int_0^R\rho\mathrm{d}\rho\int_0^h\frac{\rho G(z-a)\mathrm{d}z}{[\rho^2+(z-a)^2]^{\frac{3}{2}}}=\frac{1}{2}\rho G2\pi\int_0^R\rho\mathrm{d}\rho\int_0^h\frac{\mathrm{d}[\rho^2+(z-a)^2]}{[\rho^2+(z-a)^2]^{\frac{3}{2}}}$$

$$=-2\pi\rho G\int_0^R\left[\frac{1}{\sqrt{\rho^2+(h-a)^2}}-\frac{1}{\sqrt{\rho^2+a^2}}\right]\rho\mathrm{d}\rho$$

$$=-\pi\rho G\left[\int_0^R[\rho^2+(h-a)^2]^{-\frac{1}{2}}\mathrm{d}\left[\rho^2+(h-a)^2\right]-\int_0^R(\rho^2+a)^{-\frac{1}{2}}\mathrm{d}(\rho^2+a)^2\right]$$

$$=-\pi\rho G(2\sqrt{\rho^2+(h-a)^2}-2\sqrt{\rho^2+a^2})\Big|_0^R$$

$$=-2\pi\rho G(\sqrt{R^2+(h-a)^2}-\sqrt{R^2+a^2}+h)。$$

国内高校期末试题解析

一、(西北纺织工学院，1995 Ⅱ)设 $f(x)$ 在 $[a,b]$ 上连续，$n>0$，证明：$\int_a^b\mathrm{d}y\int_a^y(y-x)^nf(x)\mathrm{d}x=\dfrac{1}{n+1}\int_a^b(b-x)^{n+1}f(x)\mathrm{d}x$。

证明　还原为 $\iint\limits_D(y-x)^nf(x)\mathrm{d}\sigma$。

由 D：$a\leqslant y\leqslant b, a\leqslant x\leqslant y$ 得 D 的边界曲线方程：$y=x, x=a, y=b$，从而画出 D 的图形(图 10-43)。

换序：D_x：$a\leqslant x\leqslant b, x\leqslant y\leqslant b$。

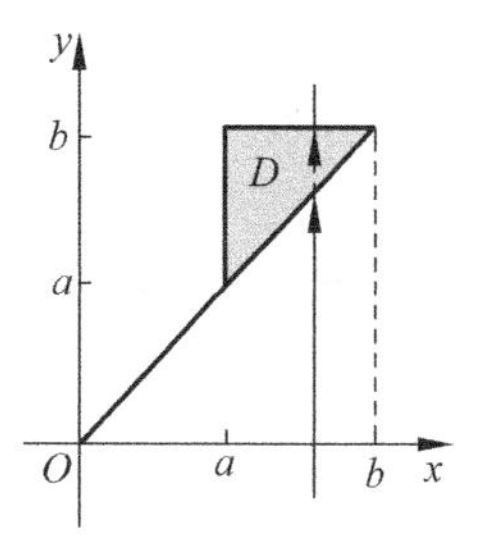

图　10-43

左边 $=\int_a^b f(x)\mathrm{d}x\int_x^b (y-x)^n \mathrm{d}(y-x)=\dfrac{1}{n+1}\int_a^b (b-x)^{n+1}f(x)\mathrm{d}x=$ 右边。

或分部积分：设 $u=\int_a^y (y-x)^n f(x)\mathrm{d}x, V=y$。

二、(清华大学，1998Ⅱ)计算区域 $x^2+y^2+z^2\leqslant 4$ 和 $x^2+y^2\leqslant 3z$ 的公共部分的体积。

解　因为 Ω 的边界曲面有旋转曲面，因此利用柱面坐标计算。由 $x^2+y^2+z^2=4$ 与 $x^2+y^2=3z$ 消去 z 得 xOy 面上投影区域 D_{xy}：$x^2+y^2\leqslant 3$。Ω：$0\leqslant\theta\leqslant 2\pi, 0\leqslant\rho\leqslant\sqrt{3}, \dfrac{\rho^2}{3}\leqslant z\leqslant\sqrt{4-\rho^2}$。

解　方法 1

$$V=\int_0^{2\pi}\mathrm{d}\theta\int_0^{\sqrt{3}}\rho\mathrm{d}\rho\int_{\frac{\rho^2}{3}}^{\sqrt{4-\rho^2}}\mathrm{d}z$$
$$=2\pi\left[\left(-\frac{1}{2}\right)\int_0^{\sqrt{3}}(4-\rho^2)^{\frac{1}{2}}\mathrm{d}(4-\rho^2)-\left(-\frac{1}{12}\right)\rho^4\Big|_0^{\sqrt{3}}\right]=\frac{19\pi}{6}。$$

方法 2

$$V=\iint_D\left(\sqrt{4-x^2-y^2}-\frac{x^2+y^2}{3}\right)\mathrm{d}\sigma$$
$$=\int_0^{2\pi}\mathrm{d}\theta\int_0^{\sqrt{3}}\left(\sqrt{4-\rho^2}-\frac{\rho^2}{3}\right)\rho\mathrm{d}\rho=\frac{19\pi}{6}。$$

三、(大连理工大学，1992Ⅱ)设平面薄片是由曲线 $y=\mathrm{e}^x, x=0, y=0, x=1$ 围成，其上任一点面密度与该点的横坐标成正比，比例常数为 $k(k>0)$。求此平面薄片的重心。

解　面密度为 $\mu(x)=kx$，则

$$m=\iint_D kx\mathrm{d}\sigma=\int_0^1 kx\mathrm{d}x\int_0^{\mathrm{e}^x}\mathrm{d}y=k\int_0^1 x\mathrm{e}^x\mathrm{d}x=k(x\mathrm{e}^x-\mathrm{e}^x)\Big|_0^1=k,$$

$$M_y=\iint_D x\mathrm{d}m=\iint_D kx^2\mathrm{d}\sigma=k\int_0^1 x^2\mathrm{d}x\int_0^{\mathrm{e}^x}\mathrm{d}y=k\int_0^1 x^2\mathrm{e}^x\mathrm{d}x=k(x^2-2x+2)\mathrm{e}^x\Big|_0^1=k(\mathrm{e}-2),$$

$$M_x=\iint_D y\mathrm{d}m=\int_0^1 kx\mathrm{d}x\int_0^{\mathrm{e}^x}y\mathrm{d}y=\frac{k}{2}\left(\frac{x}{2}-\frac{1}{4}\right)\mathrm{e}^{2x}\Big|_0^1=\frac{k(\mathrm{e}^2+1)}{8},$$

因此 $\bar{x}=\mathrm{e}-2, \bar{y}=\dfrac{\mathrm{e}^2+1}{8}$，重心为 $\left(\mathrm{e}-2,\dfrac{\mathrm{e}^2+1}{8}\right)$。

四、(西安电子科技大学，1996Ⅱ)设函数 $f(x)$ 在 $[0,1]$ 上连续，且 $\int_0^1 f(x)\mathrm{d}x=A$。试证：二重积分 $\int_0^1\mathrm{d}x\int_x^1 f(x)f(y)\mathrm{d}y=\dfrac{A^2}{2}$。

证明　方法 1　设 $F(x)=\int_x^1 f(y)\mathrm{d}y$，则 $\mathrm{d}F(x)=-f(x)\mathrm{d}x$。

$$\int_0^1\mathrm{d}x\int_x^1 f(x)f(y)\mathrm{d}y=\int_0^1 -F(x)\mathrm{d}F(x)=\left(-\frac{1}{2}\right)\cdot F^2(x)\Big|_0^1$$
$$=\left(-\frac{1}{2}\right)\cdot[F^2(1)-F^2(0)]$$

$$=\frac{A^2}{2}\text{。(因为 }F(1)=0,F(0)=A\text{)}$$

方法 2　换序：还原为$\iint\limits_D f(x)f(y)\mathrm{d}\sigma$。

由 D：$0\leqslant x\leqslant 1$，$x\leqslant y\leqslant 1$ 得 D 的边界曲线方程：$y=x$，$y=1$，$x=0$，从而画出 D 的图形(图 10-44)。换序：D_y：$0\leqslant y\leqslant 1$，$0\leqslant x\leqslant y$。

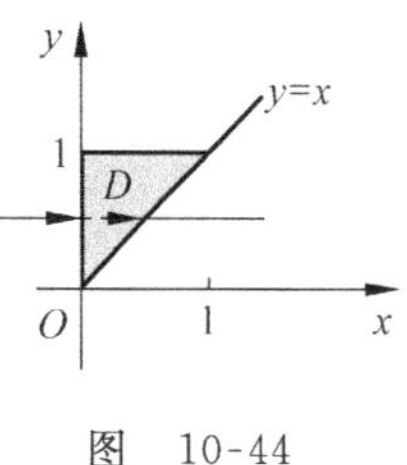

图　10-44

$$\iint\limits_D f(x)f(y)\mathrm{d}\sigma=\int_0^1\mathrm{d}y\int_0^y f(x)f(y)\mathrm{d}x=\int_0^1\mathrm{d}x\int_x^1 f(x)f(y)\mathrm{d}y,$$

$$2\int_0^1\mathrm{d}x\int_x^1 f(x)f(y)\mathrm{d}y=\int_0^1\mathrm{d}x\int_0^x f(x)f(y)\mathrm{d}y+\int_0^1\mathrm{d}x\int_x^1 f(x)f(y)\mathrm{d}y$$

$$=\int_0^1\mathrm{d}x\int_0^1 f(x)f(y)\mathrm{d}y=\int_0^1 f(x)\mathrm{d}x\int_0^1 f(y)\mathrm{d}y$$

$$=A^2,$$

所以$\int_0^1\mathrm{d}x\int_x^1 f(x)f(y)\mathrm{d}y=\frac{A^2}{2}$。

或分部积分：设 $u=\int_x^1 f(y)\mathrm{d}y$，$\mathrm{d}v=f(x)\mathrm{d}x$，$v=-\int_x^1 f(y)\mathrm{d}y$。

五、(西北工业大学，2000 Ⅱ)设函数 $f(x)$ 有连续导数，且 $f(0)=0$，求 $\lim\limits_{t\to 0}\frac{1}{\pi t^4}\iiint\limits_{x^2+y^2+z^2\leqslant t^2} f(\sqrt{x^2+y^2+z^2})\mathrm{d}v$。

解　由 Ω 及 $f(\sqrt{x^2+y^2+z^2})$ 可知，利用球面坐标表出此三重积分。设 $F(t)=\int_0^{2\pi}\mathrm{d}\theta\int_0^{\pi}\sin\varphi\mathrm{d}\varphi\int_0^t f(r)r^2\mathrm{d}r=4\pi\int_0^t f(r)r^2\mathrm{d}r$，则有$\lim\limits_{t\to 0}\frac{F(t)}{\pi t^4}=\lim\limits_{t\to 0}\frac{F'(t)}{4\pi t^3}=\lim\limits_{t\to 0}\frac{4\pi t^2 f(t)}{4\pi t^3}=\lim\limits_{t\to 0}\frac{f(t)}{t}=\lim\limits_{t\to 0}\frac{f(t)-f(0)}{t}=f'(0)$。

六、(大连理工大学，1997 Ⅱ)设空间立体 Ω 为球心在坐标原点，半径为 1 的均匀球体，体密度 $\rho=1$。求此空间立体 Ω 关于直线 Γ：$\frac{x-2}{1}=\frac{y}{1}=\frac{z}{1}$的转动惯量 J_Γ。

解　在 Ω 内任取包含点 $M(x,y,z)$ 的一小微块 $\mathrm{d}V$，则其质量为 $\mathrm{d}m=\mathrm{d}V$。将 $\mathrm{d}m$ 集中在点 M 处化为质点 M，则 $\mathrm{d}J_\Gamma=d_\Gamma^2\mathrm{d}m$。设 $\boldsymbol{s}=\{1,1,1\}$，$M_0(2,0,0)$，$\boldsymbol{M_0M}=\{x-2,y,z\}$，

$$\boldsymbol{s}\times\boldsymbol{M_0M}=\{z-y,-(z-x+2),y-x+2\},$$

$$d_\Gamma=\frac{|\boldsymbol{s}\times\boldsymbol{M_0M}|}{|\boldsymbol{s}|}=\frac{\sqrt{(z-y)^2+[-(z-x+2)]^2+(y-x+2)^2}}{\sqrt{3}},$$

$$\mathrm{d}J_\Gamma=\frac{2(x^2+y^2+z^2)+8-2yz-2zx-2xy+4z-8x+4y}{3}\mathrm{d}V,$$

$$J_\Gamma=\iiint\limits_\Omega\frac{2(x^2+y^2+z^2)+8-2yz-2zx-2xy+4z-8x+4y}{3}\mathrm{d}V$$

$$=\frac{2}{3}\iiint\limits_\Omega(x^2+y^2+z^2)\mathrm{d}V+\frac{8}{3}\iiint\limits_\Omega\mathrm{d}V$$

$$=\frac{2}{3}\int_0^{2\pi}\mathrm{d}\theta\int_0^{\pi}\sin\varphi\mathrm{d}\varphi\int_0^1 r^4\mathrm{d}r+\frac{8}{3}\cdot\frac{4}{3}\pi\cdot 1^3=\frac{184\pi}{45}\text{。}$$

$\left(因为\iiint\limits_{\Omega}(-2yz-2zx-2xy+4z-8x+4y)\mathrm{d}V=0\right)$

另解　过点 $M(x,y,z)$ 作平面 π 垂直于直线 Γ，则平面 π 方程为 $X-x+Y-y+Z-z=0$。又 $d_\Gamma^2=|\boldsymbol{M_0M}|-d_\pi^2$，$d_\pi$ 表示点 $M_0(2,0,0)$ 到平面 π 的距离 $d_\pi=\dfrac{|2-x-y-z|}{\sqrt{3}}$，

$$d_\Gamma^2=\frac{2}{3}(x^2+y^2+z^2)+\frac{8}{3}-\frac{2xy+2xz+2yz+8x-4y-4z}{3},$$

余下略。

第十一章　曲线积分与曲面积分

第一节　对弧长的曲线积分

问题 151　对弧长的曲线积分的物理意义及几何意义是什么？如何计算？

对弧长的曲线积分的物理意义：$\int_{\widehat{AB}} f(x,y)\mathrm{d}s$ 表示线密度为 $f(x,y)$ 的曲线段 $\widehat{AB}$ 的质量。

其几何意义：$\int_{\widehat{AB}} f(x,y)\mathrm{d}s$ 表示以平面曲线 $\widehat{AB}$ 为准线，母线平行于 z 轴的柱面介于 $z=0$ 与 $z=f(x,y)$ 之间的柱面的侧面积，即 $S=\int_{\widehat{AB}} f(x,y)\mathrm{d}s$。

对弧长曲线积分的计算：设 $f(x,y)$ 在曲线 $\widehat{AB}$ 上连续，则 $\int_{\widehat{AB}} f(x,y)\mathrm{d}s$ 的算法是化为定积分计算，而定积分 $\int_a^b \Psi(x)\mathrm{d}x$ 只与 $\Psi(x)$ 及 $[a,b]$ 有关，从而有下面的与 $\widehat{AB}$ 的方程有关的具体化法。若 $\widehat{AB}$ 的方程分别为：

(1) 参数方程：$x=x(t),y=y(t),\alpha\leqslant t\leqslant\beta$；

(2) 直角坐标方程：$y=\varphi(x),a\leqslant x\leqslant b$；

(3) 极坐标方程：$\rho=\rho(\theta),\alpha\leqslant\theta\leqslant\beta$。

① 将 $\widehat{AB}$ 的方程 $x=x(t),y=y(t)$ 代入被积函数 $f(x,y)$ 中，得 $f(x(t),y(t))$；

将 $\widehat{AB}$ 的方程 $y=\varphi(x)$ 代入被积函数 $f(x,y)$ 中，得 $f(x,\varphi(x))$；

将 $x=\rho\cos\theta,y=\rho\sin\theta$ 代入被积函数 $f(x,y)$ 中，得 $f(\rho\cos\theta,\rho\sin\theta)$

此步称为“一代”。

② 对于 $x=x(t),y=y(t)$，求出 $\mathrm{d}s=\sqrt{x'^2(t)+y'^2(t)}\,\mathrm{d}t$；

对于 $y=\varphi(x)$，求出 $\mathrm{d}s=\sqrt{1+\varphi'^2(x)}\,\mathrm{d}x$；

对于 $\rho=\rho(\theta)$，求出 $\mathrm{d}s=\sqrt{\rho^2(\theta)+\rho'^2(\theta)}\,\mathrm{d}\theta$。

此步称为“二求”。

③ 定限原则是上限大于下限。于是有

$$\int_{\widehat{AB}} f(x,y)\mathrm{d}s=\int_\alpha^\beta f(x(t),y(t))\sqrt{x'^2(t)+y'^2(t)}\,\mathrm{d}t;$$

$$\int_{\widehat{AB}} f(x,y)\mathrm{d}s=\int_a^b f(x,\varphi(x))\sqrt{1+\varphi'^2(x)}\,\mathrm{d}x;$$

$$\int_{\widehat{AB}} f(x,y)\mathrm{d}s=\int_\alpha^\beta f(\rho\cos\theta,\rho\sin\theta)\sqrt{\rho^2(\theta)+\rho'^2(\theta)}\,\mathrm{d}\theta。$$

此步称为"三定限"。

经过上述"一代、二求、三定限"方法，将对弧长的曲线积分化为定积分。

例 1 设 L 为椭圆$\frac{x^2}{4}+\frac{y^2}{3}=1$，其周长为 a，则$\oint_L(2xy+3x^2+4y^2)\mathrm{d}s=$ ________。

解 因为 L 关于 x，y 轴对称，所以$\oint_L 2xy\mathrm{d}s=0$。

原式 $=\oint_L(3x^2+4y^2)\mathrm{d}s=\oint_L 12\mathrm{d}s=12a$，故填 $12a$。

例 2 求圆柱面 $x^2+\left(y-\frac{a}{2}\right)^2=\frac{a^2}{4}$界于 $z=0$ 与 $z=\frac{h}{a}\sqrt{x^2+y^2}$之间的侧面积。

分析 本题是属于对弧长曲线积分的几何意义的题型。

解 由对弧长曲线积分的几何意义知，圆柱面的侧面积为 $A=\oint_C z\mathrm{d}s$，其中 C 为 $x^2+\left(y-\frac{a}{2}\right)^2=\frac{a^2}{4}$，所以 $A=\oint_C\frac{h}{a}\sqrt{x^2+y^2}\mathrm{d}s$。

方法 1 C：$x=\frac{a}{2}\cos t,y=\frac{a}{2}+\frac{a}{2}\sin t,0\leqslant t\leqslant 2\pi$。

$$\mathrm{d}s=\sqrt{x'^2(t)+y'^2(t)}\,\mathrm{d}t=\frac{a}{2}\mathrm{d}t。$$

$$A=\int_0^{2\pi}\frac{h}{a}\sqrt{\frac{a^2}{2}+\left(\frac{a^2}{2}\right)\sin t}\cdot\frac{a}{2}\mathrm{d}t=\left(\frac{ah}{2}\right)\int_0^{2\pi}\left|\cos\left(\frac{\pi}{4}-\frac{t}{2}\right)\right|\mathrm{d}t\left(令\ u=\frac{\pi}{4}-\frac{t}{2}\right)$$

$$=ah\int_{\frac{-3\pi}{4}}^{\frac{\pi}{4}}\left|\cos u\right|\mathrm{d}u=2ah\int_0^{\frac{\pi}{2}}\cos u\mathrm{d}u=2ah。$$

方法 2 C：$\rho=a\sin\theta,0\leqslant\theta\leqslant\pi$。

$\mathrm{d}s=\sqrt{\rho^2+\rho'^2}\,\mathrm{d}\theta=a\mathrm{d}\theta$。

$A=\oint_C z\mathrm{d}s=\int_0^{\pi}h\sin\theta a\,\mathrm{d}\theta=2ah\left(因为\ z=\frac{h\rho}{a}=h\sin\theta\right)$。

方法 3 在直角坐标系下将闭曲线 C 拆成两段：$C=C_1+C_2$。

C_1：$x=\sqrt{\frac{a^2}{4}-\left(y-\frac{a}{2}\right)^2}$，$C_2$：$x=-\sqrt{\frac{a^2}{4}-\left(y-\frac{a}{2}\right)^2}$。

$$\mathrm{d}s=\sqrt{1+\left(\frac{\mathrm{d}x}{\mathrm{d}y}\right)^2}\mathrm{d}y=\frac{\frac{a}{2}\mathrm{d}y}{\sqrt{\left(\frac{a}{2}\right)^2-\left(y-\frac{a}{2}\right)^2}}=\frac{a\mathrm{d}y}{2\sqrt{ay-y^2}}。$$

由对称性知，$A=2\int_0^a\frac{h}{a}\sqrt{ay}\cdot\frac{a\mathrm{d}y}{2\sqrt{ay-y^2}}=\sqrt{a}h\int_0^a-\frac{\mathrm{d}(a-y)}{\sqrt{a-y}}=-2\sqrt{a}h\sqrt{a-y}\Big|_0^a=2ah$。

点评 对弧长的曲线积分，若积分路径 C 是圆周曲线时，计算时，用参数方程计算或极坐标方程计算为宜！

例 3 计算下列对弧长的曲线积分：

(1)$\oint_L e^{\sqrt{x^2+y^2}}\mathrm{d}s$，其中 L 为圆周 $x^2+y^2=a^2$，直线 $y=x$ 及 x 轴在第一象限内所围成的扇形的整个边界；

(2) $\oint_{\Gamma} x^2 yz\mathrm{d}s$，其中 Γ 为折线 $ABCD$，这里 A,B,C,D 依次为点 $(0,0,0)$、$(0,0,2)$、$(1,0,2)$、$(1,3,2)$；

(3) $\oint_L (x^2+y^2)\mathrm{d}s$，其中 L 为曲线 $x=a(\cos t+t\sin t)$，$y=a(\sin t-t\cos t)(0\leqslant t\leqslant 2\pi)$。

解　(1) 设 $L=L_1+L_2+L_3$。

L_1 方程：$y=0$，$\mathrm{d}s=\sqrt{1+y'^2}\,\mathrm{d}x=\mathrm{d}x$；

L_2 方程：$x^2+y^2=a^2$，化为参数方程 $x=a\cos t$，$y=a\sin t$，$\mathrm{d}s=a\mathrm{d}t$；

L_3 方程：$y=x$，$\mathrm{d}s=\sqrt{1+y'^2}\,\mathrm{d}x=\sqrt{2}\,\mathrm{d}x$。

所以

$$\oint_L \mathrm{e}^{\sqrt{x^2+y^2}}\mathrm{d}s=\left(\int_{L_1}+\int_{L_2}+\int_{L_3}\right)\mathrm{e}^{\sqrt{x^2+y^2}}\mathrm{d}s=\int_0^a \mathrm{e}^x\mathrm{d}x+\int_0^{\frac{\pi}{4}}\mathrm{e}^a a\,\mathrm{d}t+\int_0^{\frac{a}{\sqrt{2}}}\mathrm{e}^{\sqrt{2}x}\sqrt{2}\,\mathrm{d}x$$

$$=\mathrm{e}^x\Big|_0^a+\frac{\pi a\mathrm{e}^a}{4}+\mathrm{e}^{\sqrt{2}x}\Big|_0^{\frac{a}{\sqrt{2}}}=\mathrm{e}^a\left(2+\frac{\pi a}{4}\right)-2。$$

(2) AB 方程为 $\begin{cases}x=0,\\ y=0,\end{cases}$ $\mathrm{d}s=\mathrm{d}z$，所以 $\int_{AB}x^2yz\mathrm{d}s=0$；

BC 方程为 $\begin{cases}y=0,\\ z=2,\end{cases}$ $\mathrm{d}s=\mathrm{d}x$，所以 $\int_{BC}x^2yz\mathrm{d}s=0$；

CD 方程为 $\begin{cases}x=1,\\ z=2,\end{cases}$ $\mathrm{d}s=\mathrm{d}y$，所以 $\int_{CD}x^2yz\mathrm{d}s=\int_0^3 2y\mathrm{d}y=9$。

因此 $\int_{\Gamma}x^2yz\mathrm{d}s=9$。

(3) $\mathrm{d}s=\sqrt{(at\cos t)^2+(at\sin t)^2}\,\mathrm{d}t=at\mathrm{d}t$。

原式 $=\int_0^{2\pi}[(a(\cos t+t\sin t))^2+(a(\sin t-t\cos t))^2]at\,\mathrm{d}t=a^3\int_0^{2\pi}(t+t^3)\mathrm{d}t$

$$=a^3\left[\frac{t^2}{2}+\frac{t^4}{4}\right]\Bigg|_0^{2\pi}=2\pi^2a^3(1+2\pi^2)。$$

例 4　设螺旋形弹簧一圈的方程为 $x=a\cos t$，$y=a\sin t$，$z=kt$，其中 $0\leqslant t\leqslant 2\pi$，它的线密度 $\rho(x,y,z)=x^2+y^2+z^2$，求：(1)它关于 z 轴的转动惯量；(2)它的质心。

解　(1) $J_z=\int_L(x^2+y^2)\mathrm{d}m=\int_L(x^2+y^2)(x^2+y^2+z^2)\mathrm{d}s$，

$$\mathrm{d}s=\sqrt{x'^2(t)+y'^2(t)+z'^2(t)}\,\mathrm{d}t=\sqrt{a^2+k^2}\,\mathrm{d}t,$$

因为 $x^2+y^2=a^2$，所以 $x^2+y^2+z^2=a^2+k^2t^2$，

$$J_z=\int_0^{2\pi}a^2(a^2+k^2t^2)\sqrt{a^2+k^2}\,\mathrm{d}t=\frac{2\pi a^2(3a^2+4\pi^2k^2)\sqrt{a^2+k^2}}{3}。$$

(2) 设质心为 $G(\bar{x},\bar{y},\bar{z})$，

$$m=\int_L(x^2+y^2+z^2)\mathrm{d}s=\int_0^{2\pi}(a^2+k^2t^2)\sqrt{a^2+k^2}\,\mathrm{d}t=\frac{2\pi}{3}(3a^2+4\pi^2k^2)\sqrt{a^2+k^2},$$

$$\int_L x(x^2+y^2+z^2)\mathrm{d}s=\int_0^{2\pi}a\cos t(a^2+k^2t^2)\sqrt{a^2+k^2}\,\mathrm{d}t=4\pi ak^2\sqrt{a^2+k^2},$$

$$\int_L y(x^2+y^2+z^2)\mathrm{d}s=\int_0^{2\pi}a\sin t(a^2+k^2t^2)\sqrt{a^2+k^2}\,\mathrm{d}t=ak^2(-4\pi^2)\sqrt{a^2+k^2},$$

$$\int_L z(x^2+y^2+z^2)\mathrm{d}s=\int_0^{2\pi}kt(a^2+k^2t^2)\sqrt{a^2+k^2}\,\mathrm{d}t=k(2a^2\pi^2+4k^2\pi^4)\sqrt{a^2+k^2}。$$

所以

$$\bar{x}=\frac{\int_L x(x^2+y^2+z^2)\mathrm{d}s}{m}=\frac{6ak^2}{3a^2+4k^2\pi^2},$$

$$\bar{y}=\frac{\int_L y(x^2+y^2+z^2)\mathrm{d}s}{m}=\frac{-6ak^2}{3a^2+4k^2\pi^2},$$

$$\bar{z}=\frac{\int_L z(x^2+y^2+z^2)\mathrm{d}s}{m}=\frac{3k(a^2\pi+2k^2\pi^3)}{3a^2+4k^2\pi^2}。$$

例 5 计算$\oint_L(x^2+y^2+2z)\mathrm{d}s$,其中 L 是球面 $x^2+y^2+z^2=R^2$ 与平面 $x+y+z=0$ 的交线。

分析 本题是对弧长的空间曲线积分,其算法是化为定积分计算,即将被积函数三元函数化为一元函数,故应用引参定限法,化空间曲线 L 的一般方程$\begin{cases}x^2+y^2+z^2=R^2,\\x+y+z=0\end{cases}$为空间曲线参数方程,其化法在第八章中已经讲过了。

解 将$\begin{cases}x^2+y^2+z^2=R^2,\\x+y+z=0\end{cases}$化为参数方程:$x=\sqrt{\frac{2}{3}}R\cos t, y=\frac{R}{\sqrt{2}}\sin t-\frac{R}{\sqrt{6}}\cos t, z=-\frac{R}{\sqrt{2}}\sin t-\frac{R}{\sqrt{6}}\cos t, 0\leqslant t\leqslant 2\pi, \mathrm{d}s=\sqrt{x'^2(t)+y'^2(t)+z'^2(t)}\,\mathrm{d}t=R\mathrm{d}t$。所以

$$\begin{aligned}原式&=\int_0^{2\pi}\left[\frac{2R^2}{3}\cos^2 t+\left(\frac{R}{\sqrt{2}}\sin t-\frac{R}{\sqrt{6}}\cos t\right)^2-2\frac{R}{\sqrt{2}}\sin t-2\frac{R}{\sqrt{6}}\cos t\right]R\,\mathrm{d}t\\&=\frac{4\pi R^3}{3}。\end{aligned}$$

第二节 对坐标的曲线积分

问题 152 平面对坐标的曲线积分的物理意义是什么?如何计算?

1. 对坐标的曲线积分的物理意义

$\int_{\widehat{AB}}P(x,y)\mathrm{d}x+Q(x,y)\mathrm{d}y$ 表示质点在外力 $\boldsymbol{F}=\{P(x,y),Q(x,y)\}$ 作用下,沿曲线弧 $\widehat{AB}$,由 A 移动到 B 时,外力 $\boldsymbol{F}$ 对质点所作的功。简言之,对坐标的曲线积分$\int_{\widehat{AB}}P\mathrm{d}x+Q\mathrm{d}y$ 表示外力 $\boldsymbol{F}$ 沿曲线弧$\widehat{AB}$ 所作的功(参见文献[4])。

2. 对坐标的曲线积分$\int_{\widehat{AB}}P(x,y)\mathrm{d}x+Q(x,y)\mathrm{d}y$ 的计算方法

化为定积分计算。设 $P(x,y)$，$Q(x,y)$ 为定义在曲线弧$\overset{\frown}{AB}$ 上的连续函数。若$\overset{\frown}{AB}$ 的方程为参数方程 $x=x(t)$，$y=y(t)$，当 t 单调地由 α 变到 β 时，点 $M(x,y)$ 由 A 沿曲线弧$\overset{\frown}{AB}$ 变动到 B。$x(t)$，$y(t)$ 有连续导数，则

$$\int_{\overset{\frown}{AB}} P(x,y)\mathrm{d}x+Q(x,y)\mathrm{d}y=\int_{\alpha}^{\beta}[P(x(t),y(t))x'(t)+Q(x(t),y(t))y'(t)]\mathrm{d}t,$$

其中 α 为起点 A 对应的参数值，β 为终点 B 对应的参数值。

例 1　计算下列对坐标的曲线积分：

(1) $\oint_L xy\mathrm{d}x$，其中 L 为圆周 $(x-a)^2+y^2=a^2(a>0)$ 及 x 轴所围成的在第一象限内的区域的整个边界(按逆时针方向绕行)；

(2) $\int_L x\mathrm{d}x+y\mathrm{d}y+(x+y-1)\mathrm{d}z$，其中 Γ 是从点(1,1,1) 到点(2,3,4) 的一段直线；

(3) $\int_L (x^2-2xy)\mathrm{d}x+(y^2-2xy)\mathrm{d}y$，其中 L 是抛物线 $y=x^2$ 上从点(−1,1)到点(1,1)的一段弧。

分析　对坐标的曲线积分 $\int_L P(x,y)\mathrm{d}x+Q(x,y)\mathrm{d}y$ 的算法，化为定积分计算。其化法与积分路径 L 的方程有关：

① 参数方程：$x=\varphi(t)$，$y=\Psi(t)$。将 $x=\varphi(t)$，$y=\Psi(t)$ 分别代入被积函数 $P(x,y)$，$Q(x,y)$ 中，化为一元函数 $P(\varphi(t),\Psi(t))$，$Q(\varphi(t),\Psi(t))$；将 $\mathrm{d}x$，$\mathrm{d}y$ 变为 $\varphi'(t)\mathrm{d}t$，$\Psi'(t)\mathrm{d}t$。

定限原则：起点对应的 $t=\alpha$ 为下限，终点对应的 $t=\beta$ 为上限，不管谁大谁小！

② 直角坐标方程：$y=\varphi(x)$。将 $y=\varphi(x)$ 分别代入 $P(x,y)$，$Q(x,y)$ 中，化为一元函数 $P(x,\varphi(x))$，$Q(x,\varphi(x))$，将 $\mathrm{d}y$ 变为 $\varphi'(x)\mathrm{d}x$。

定限原则：起点对应的 $x=a$ 为下限，终点对应的 $x=b$ 为上限，即$\int_L P(x,y)\mathrm{d}x+Q(x,y)\mathrm{d}y=\int_a^b[P(x,\varphi(x))+Q(x,\varphi(x))\varphi'(x)]\mathrm{d}x$。

解　(1) 因为 $L=L_1+L_2$。L_1 方程：$y=0$；L_2 方程：$x=a+a\cos t$，$y=a\sin t$，$0\leqslant t\leqslant\pi$。

$$\oint_L xy\mathrm{d}x=\int_{L_1}xy\mathrm{d}x+\int_{L_2}xy\mathrm{d}x=\int_0^{2\pi}0\mathrm{d}x+\int_0^{\pi}(a+a\cos t)a\sin t(-a\sin t\mathrm{d}t)$$

$$=-a^3\int_0^{\pi}(\sin^2 t+\sin^2 t\cos t)\mathrm{d}t=-2a^3\int_0^{\frac{\pi}{2}}\sin^2 t\mathrm{d}t-a^3\int_0^{\pi}\sin^2 t\mathrm{d}\sin t=-\frac{\pi a^3}{2}。$$

(2) 从点(1,1,1) 到点(2,3,4) 的直线方程：$\frac{x-1}{1}=\frac{y-1}{2}=\frac{z-1}{3}$，其参数方程为 $x=t+1$，$y=2t+1$，$z=3t+1$。起点(1,1,1) 对应于 $t=0$ 为下限，终点(2,3,4) 对应于 $t=1$ 为上限。

$$原式=\int_0^1(t+1)\mathrm{d}t+(2t+1)\mathrm{d}(2t+1)+(3t+1)3\mathrm{d}t=\int_0^1(14t+6)\mathrm{d}t=13。$$

(3) L 的参数方程为 $x=x$，$y=x^2$，$-1\leqslant x\leqslant 1$。

$$原式=\int_{-1}^1(x^2-2x\cdot x^2)\mathrm{d}x+(x^4-2x^3)\mathrm{d}x^2=\int_{-1}^1[x^2-2x^3-4x^4+2x^5]\mathrm{d}x$$

$$= 2\int_0^1 (x^2 - 4x^4)\,dx = -\frac{14}{15}。$$

点评　由本例(1)(2)(3)总结出：对坐标的曲线积分的基本算法是化为定积分的引参定限法。

例 2　计算$\int_L (x+y)dx + (y-x)dy$，其中 L 是：

(1) 抛物线 $y^2 = x$ 上从点(1,1) 到点(4,2) 的一段弧；

(2) 从点(1,1) 到点(4,2) 的直线段；

(3) 先沿直线从点(1,1) 到点(1,2)，然后再沿直线到点(4,2) 的折线；

(4) 曲线 $x = 2t^2 + t + 1, y = t^2 + 1$ 从点(1,1) 到点(4,2) 的一段弧。

解　(1) 原式 $= \int_1^4 (x+\sqrt{x})dx + (\sqrt{x}-x)d\sqrt{x} = \int_1^4 \left(x + \frac{\sqrt{x}}{2} + \frac{1}{2}\right)dx = \frac{34}{3}$。

(2) AB 方程：$y = \frac{x}{3} + \frac{2}{3}$。

原式 $= \int_1^4 \left(x + \frac{x}{3} + \frac{2}{3}\right)dx + \left(\frac{x}{3} + \frac{2}{3} - x\right)d\left(\frac{x}{3} + \frac{2}{3}\right) = \int_1^4 \left(\frac{10x}{9} + \frac{8}{9}\right)dx = 11$。

(3) AC 方程：$x = 1$；CB 方程：$y = 2$。

原式 $= \left(\int_{AC} + \int_{CB}\right)(x+y)dx + (y-x)dy = \int_1^2 (y-1)dy + \int_1^4 (x+2)dx = 14$。

(4) 起点(1,1) 对应于 $t = 0$，终点(4,2) 对应于 $t = 1$。

$$原式 = \int_0^1 (2t^2 + t + 1 + t^2 + 1)d(2t^2 + t + 1) + [(t^2+1) - (2t^2 + t + 1)]d(t^2 + 1)$$

$$= \int_0^1 (10t^3 + 5t^2 + 9t + 2)dt = \frac{32}{3}。$$

例 3　一场力由沿横轴正方向的恒力 $\boldsymbol{F}$ 所构成。试求当一质量为 m 的质点沿圆周 $x^2 + y^2 = R^2$ 按逆时针方向移位于第一象限的那一段弧时场力所作的功。

解　因为力 $\boldsymbol{F} = \{|\boldsymbol{F}|, 0\}$，$d\boldsymbol{s} = \{dx, dy\}$，所以

$$dW = \boldsymbol{F} \cdot d\boldsymbol{s} = |\boldsymbol{F}|\,dx,\quad W = \int_R^0 |\boldsymbol{F}|\,dx = -R|\boldsymbol{F}|。$$

问题 153　两类曲线积分之间有什么联系？

平面曲线 L 上的两类曲线积分之间有如下联系：

$$\int_L P\,dx + Q\,dy = \int_L (P\cos\alpha + Q\cos\beta)\,ds,$$

其中 $\alpha(x,y)$，$\beta(x,y)$为有向曲线 L 在点(x,y)处的切线向量的方向角。

空间曲线 Γ 上的两类曲线积分之间有如下的联系：

$$\int_\Gamma P(x,y,z)dx + Q(x,y,z)dy + R(x,y,z)dz = \int_L (P\cos\alpha + Q\cos\beta + R\cos\gamma)\,ds,$$

其中 $\alpha(x,y,z)$，$\beta(x,y,z)$，$\gamma(x,y,z)$为有向曲线弧 Γ 上在点(x,y,z)处的切线向量的方向角。

例 4　设 Γ 为曲线 $x=t, y=t^2, z=t^3$ 上相应于 t 从 0 变到 1 的曲线弧。把对坐标的曲线积分$\int_\Gamma P\,dx + Q\,dy + R\,dz$ 化成对弧长的曲线积分。

解　弧微分 $\mathrm{d}s=\sqrt{x'^2(t)+y'^2(t)+z'^2(t)}\,\mathrm{d}t=\sqrt{1+4t^2+9t^4}\,\mathrm{d}t$。

又 $\mathrm{d}x=\mathrm{d}t,\mathrm{d}y=2t\mathrm{d}t,\mathrm{d}z=3t^2\mathrm{d}t$，于是

$$\frac{\mathrm{d}x}{\mathrm{d}s}=(1+4t^2+9t^4)^{-\frac{1}{2}}=(1+4x^2+9y^2)^{-\frac{1}{2}},$$

$$\frac{\mathrm{d}y}{\mathrm{d}s}=(1+4t^2+9t^4)^{-\frac{1}{2}}2t=(1+4x^2+9y^2)^{-\frac{1}{2}}2x,$$

$$\frac{\mathrm{d}z}{\mathrm{d}s}=(1+4t^2+9t^4)^{-\frac{1}{2}}3t^2=(1+4x^2+9y^2)^{-\frac{1}{2}}3y,$$

又 $\frac{\mathrm{d}x}{\mathrm{d}s}=\cos\alpha,\frac{\mathrm{d}y}{\mathrm{d}s}=\cos\beta,\frac{\mathrm{d}z}{\mathrm{d}s}=\cos\gamma$，于是

$$\int_\Gamma P\mathrm{d}x+Q\mathrm{d}y+R\mathrm{d}z=\int_\Gamma\left[P\frac{\mathrm{d}x}{\mathrm{d}s}+Q\frac{\mathrm{d}y}{\mathrm{d}s}+R\frac{\mathrm{d}z}{\mathrm{d}s}\right]\mathrm{d}s=\int_\Gamma\frac{P+2xQ+3yR}{\sqrt{1+4x^2+9y^2}}\mathrm{d}s。$$

例 5　设 P,Q,R 在 L 上连续，L 为光滑弧段，弧长为 l，证明：$\left|\int_L P\mathrm{d}x+Q\mathrm{d}y+R\mathrm{d}z\right|\leqslant Ml$，其中 $M=\max\limits_{(x,y,z)\in L}\{\sqrt{P^2+Q^2+R^2}\}$。

分析　若题中涉及曲线弧的长度 l 且给出的是对坐标的曲线积分，证题时一定要化为对弧长的曲线积分。

证明　$\frac{\mathrm{d}x}{\mathrm{d}s}=\cos\alpha,\frac{\mathrm{d}y}{\mathrm{d}s}=\cos\beta,\frac{\mathrm{d}z}{\mathrm{d}s}=\cos\gamma,\cos^2\alpha+\cos^2\beta+\cos^2\gamma=1$，于是

$$\begin{aligned}\int_\Gamma P\mathrm{d}x+Q\mathrm{d}y+R\mathrm{d}z&=\int_\Gamma\left(P\frac{\mathrm{d}x}{\mathrm{d}S}+Q\frac{\mathrm{d}y}{\mathrm{d}S}+R\frac{\mathrm{d}z}{\mathrm{d}S}\right)\mathrm{d}s\\&=\int_\Gamma(P\cos\alpha+Q\cos\beta+R\cos\gamma)\mathrm{d}s=\int_\Gamma\{P,Q,R\}\cdot\{\cos\alpha,\cos\beta,\cos\gamma\}\mathrm{d}s\\&=\int_\Gamma\sqrt{P^2+Q^2+R^2}\cdot\sqrt{\cos^2\alpha+\cos^2\beta+\cos^2\gamma}\cos\theta\mathrm{d}s,\end{aligned}$$

其中 θ 为向量 $\{P,Q,R\}$ 与 $\{\cos\alpha,\cos\beta,\cos\gamma\}$ 的夹角。所以

$$\begin{aligned}\left|\int_L P\mathrm{d}x+Q\mathrm{d}y+R\mathrm{d}z\right|&=\left|\int_L\sqrt{P^2+Q^2+R^2}\cos\theta\mathrm{d}s\right|\\&\leqslant\int_L\left|\sqrt{P^2+Q^2+R^2}\cos\theta\right|\mathrm{d}s=\int_L\sqrt{P^2+Q^2+R^2}\;|\cos\theta|\;\mathrm{d}s\\&\leqslant M\int_L\mathrm{d}s=Ml,\text{其中 }M=\max_{(x,y,z)\in L}\{\sqrt{P^2+Q^2+R^2}\}。\end{aligned}$$

第三节　格林公式及其应用

问题 154　在什么条件下，平面对坐标的非闭曲线积分有四种算法，分别是什么？平面对坐标的闭曲线积分能有多少种算法？（参见文献[4]）

设 $\int_L P(x,y)\mathrm{d}x+Q(x,y)\mathrm{d}y$ 是平面对坐标的非闭曲线积分，其中 L 是 xOy 面内的一条有向曲线。

平面对坐标(非闭或闭)的曲线积分的基本算法是化为定积分计算，又已知：若在单连通区域 G 内，恒有$\frac{\partial P}{\partial y}=\frac{\partial Q}{\partial x}$，则平面对坐标的非闭曲线积分有以下四种算法：

(1) 基本算法化为定积分计算，多采用“引参定限法”；

(2) 化非闭曲线为闭曲线正向，应用格林公式计算；

(3) 自选路径法(最佳作法)，使用时注意使用条件；

(4) 凑全微分法(最快作法)，使用时注意使用条件。

若在单连通区域 G 内，恒有$\frac{\partial P}{\partial y}\neq\frac{\partial Q}{\partial x}$，则只有(1)(2) 两种作法，且以(2) 化为闭曲线正向，应用格林公式计算为宜。

平面对坐标的闭曲线积分为$\oint_L P\mathrm{d}x+Q\mathrm{d}y$。因为在单连通区域 G 内，恒有$\frac{\partial P}{\partial y}=\frac{\partial Q}{\partial x}$，则$\oint P\mathrm{d}x+Q\mathrm{d}y=0$，因此当$\frac{\partial P}{\partial y}\neq\frac{\partial Q}{\partial x}$时，由格林公式知，有两种算法：(1) 基本算法化为定积分计算，多采用“引参定限法”(因为用直角坐标计算闭曲线积分必须拆区间计算)；(2) 应用格林公式(注意条件) 计算(最佳作法)(参见文献[4])。

例 1　求$\int_L (x^2+2xy)\mathrm{d}x+(x^2+y^4)\mathrm{d}y$，其中 L 为曲线$x^2+y^2=1$，由点 $A(1,0)$ 到点 $B(0,1)$ 的一段弧。

分析　这是平面对坐标的非闭曲线积分，设 $P(x,y)=x^2+2xy$，$Q(x,y)=x^2+y^4$，$\frac{\partial Q}{\partial x}=2x$，$\frac{\partial P}{\partial y}=2x$，因为在单连通区域 R^2 内恒有$\frac{\partial P}{\partial y}=\frac{\partial Q}{\partial x}$，且 $L\in R^2$，故有以下四种算法。

解　方法 1　自选路径(最佳做法)。AO 方程为 $y=0$，OB 方程为 $x=0$。如图 11-1 所示。

$$\begin{aligned}I&=\left(\int_{AO}+\int_{OB}\right)(x^2+2xy)\mathrm{d}x+(x^2+y^4)\mathrm{d}y\\&=\int_1^0(x^2+0)\mathrm{d}x+\int_0^1(0+y^4)\mathrm{d}y\\&=\left(\frac{x^3}{3}\right)\Big|_1^0+\left(\frac{y^5}{5}\right)\Big|_0^1=-\frac{2}{15}。\end{aligned}$$

方法 2　凑全微分法(最快做法)：拆项组合法：

$$\begin{aligned}I&=\int_L x^2\mathrm{d}x+2xy\mathrm{d}x+x^2\mathrm{d}y+y^4\mathrm{d}y=\int_{A(1,0)}^{B(0,1)}\mathrm{d}\left(\frac{x^3}{3}+x^2y+\frac{y^5}{5}\right)\\&=\left(\frac{x^3}{3}+x^2y+\frac{y^5}{5}\right)\Big|_{(1,0)}^{(0,1)}=-\frac{2}{15}。\end{aligned}$$

方法 3　化为闭曲线正向，应用格林公式计算。为此添加 L_1：$x=0$，方向如图 11-2 所示。L_2：$y=0$，方向从 $O\sim A$，设 $C_+=L+L_1+L_2$ 为闭曲线正向，则

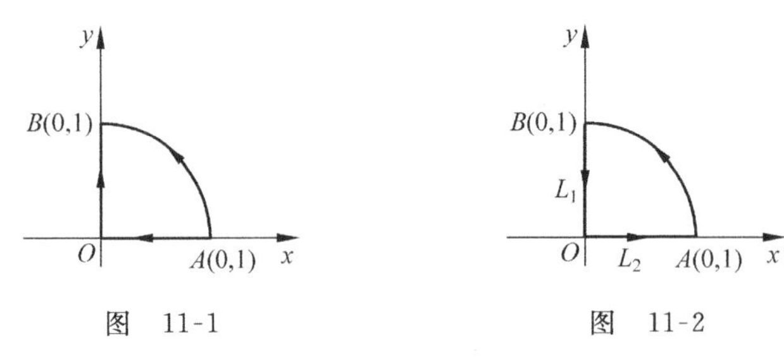

图　11-1　　　　图　11-2

$$I=\left[\oint_{C_+}-\int_{L_1}-\int_{L_2}\right](x^2+2xy)\mathrm{d}x+(x^2+y^4)\mathrm{d}y$$
$$=\iint_D\left(\frac{\partial Q}{\partial x}-\frac{\partial P}{\partial y}\right)\mathrm{d}x\mathrm{d}y-\int_1^0(0+y^4)\mathrm{d}y-\int_0^1(x^2+0)\mathrm{d}x$$
$$=-\frac{2}{15}。$$

方法 4　化为定积分计算(引参定限法)。L 参数方程：$x=\cos t, y=\sin t$，点 $A(1,0)$ 对应 $t=0$，点 $B(0,1)$ 对应 $t=\frac{\pi}{2}$。

$$I=\int_0^{\frac{\pi}{2}}[(\cos^2t+2\sin t\cos t)(-\sin t\mathrm{d}t)+(\cos^2t+\sin^4t)\cos t\mathrm{d}t]$$
$$=\int_0^{\frac{\pi}{2}}\cos^2t\mathrm{d}\cos t-2\int_0^{\frac{\pi}{2}}\sin^2t\mathrm{d}\sin t+\int_0^{\frac{\pi}{2}}(1-\sin^2t+\sin^4t)\mathrm{d}\sin t=-\frac{2}{15}。$$

点评　在单连通区域 G 内，恒有 $\frac{\partial P}{\partial y}=\frac{\partial Q}{\partial x}$ 时，自选路径法：自选路径的方向与原来路径 L 的方向取向相同，如图 11-1 所示，即起点与终点不变。化非闭曲线为闭曲线正向，利用格林公式计算时，添加路径的方向与原来路径 L 的方向要保持围成的闭曲线方向为同正或同负的方向，如图 11-2 所示。此法也适用于当 $\frac{\partial P}{\partial y}\neq\frac{\partial Q}{\partial x}$ 时，化非闭曲线为闭曲线正向的情形。

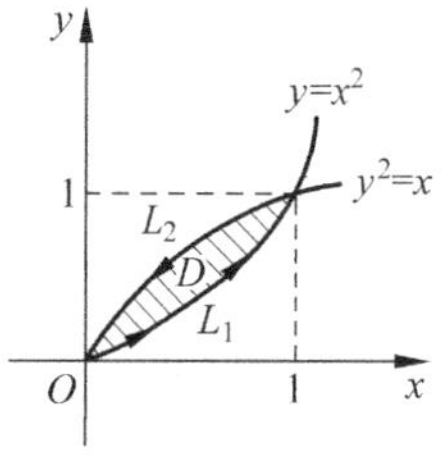

例 2　计算曲线积分 $\oint_L(2xy-x^2)\mathrm{d}x+(x+y^2)\mathrm{d}y$，其中 L 是由抛物线 $y=x^2$ 和 $y^2=x$ 所围成的区域的正向边界曲线，并验证格林公式的正确性。

图　11-3

解　如图 11-3 所示。$P(x,y)=2xy-x^2, Q(x,y)=x+y^2$ 在 xOy 面内具有一阶连续偏导数，$L=L_1+L_2$ 为闭曲线正向。

$$原式=\left(\int_{L_1}+\int_{L_2}\right)(2xy-x^2)\mathrm{d}x+(x+y^2)\mathrm{d}y$$
$$=\int_0^1[(2x^3-x^2)\mathrm{d}x+(x+x^4)\mathrm{d}x^2]+\int_1^0[(2y^3-y^4)2y\mathrm{d}y+(y^2+y^2)\mathrm{d}y]$$
$$=\int_0^1(2x^5+2x^3+x^2)\mathrm{d}x+\int_0^1(2y^5-4y^4-2y^2)\mathrm{d}y=\frac{1}{30},$$
$$\iint_D\left(\frac{\partial Q}{\partial x}-\frac{\partial P}{\partial y}\right)\mathrm{d}x\mathrm{d}y=\iint_D(1-2x)\mathrm{d}x\mathrm{d}y=\int_0^1(1-2x)\mathrm{d}x\int_{x^2}^{\sqrt{x}}\mathrm{d}y$$
$$=\int_0^1[\sqrt{x}+2x^{\frac{3}{2}}-x^2+2x^3]\mathrm{d}x=\frac{1}{30},$$

故格林公式正确。

例 3　利用曲线积分求椭圆 $9x^2+16y^2=144$ 所围成的图形面积。

解　设椭圆的参数方程：$x=4\cos t, y=3\sin t, 0\leqslant t\leqslant 2\pi$。

$$S=\frac{1}{2}\oint_L x\mathrm{d}y-y\mathrm{d}x=\frac{1}{2}\int_0^{2\pi}[4\cos t(3\cos t\mathrm{d}t)-3\sin t(-4\sin t\mathrm{d}t)]$$
$$=6\int_0^{2\pi}\mathrm{d}t=12\pi。$$

例 4　利用格林公式计算下列曲线积分：

(1) $\oint_L (x^2 y\cos x+2xy\sin x-y^2\mathrm{e}^x)\mathrm{d}x+(x^2\sin x-2y\mathrm{e}^x)\mathrm{d}y$，其中 L 是正向星形线 $x^{\frac{2}{3}}+y^{\frac{2}{3}}=a^{\frac{2}{3}}(a>0)$；

(2) $\int_L (x^2-y)\mathrm{d}x-(x+\sin^2 y)\mathrm{d}y$，其中 L 是在圆周 $y=\sqrt{2x-x^2}$ 上由点(0,0)到(1,1)的一段弧。

解　(1) 设 $P(x,y)=x^2 y\cos x+2xy\sin x-y^2\mathrm{e}^x$，$Q(x,y)=x^2\sin x-2y\mathrm{e}^x$，$\frac{\partial P}{\partial y}=x^2\cos x+2x\sin x-2y\mathrm{e}^x$，$\frac{\partial Q}{\partial x}=2x\sin x+x^2\cos x-2y\mathrm{e}^x$。显然 $\frac{\partial P}{\partial y},\frac{\partial Q}{\partial x}$ 在 D 内连续，且 L 为闭曲线正向，满足格林公式的两个条件。

$$原式=\iint_D[2x\sin x+x^2\cos x-2y\mathrm{e}^x-(x^2\cos x+2x\sin x-2y\mathrm{e}^x)]\mathrm{d}x\mathrm{d}y$$
$$=\iint_D 0\mathrm{d}x\mathrm{d}y=0。$$

(2) L 为非闭曲线，化为闭曲线，添加线段 AB，记为 L_1：$x=1$，BO 记为 L_2：$y=0$。记 $C=L+L_1+L_2$ 为闭曲线负向，如图 11-4 所示。

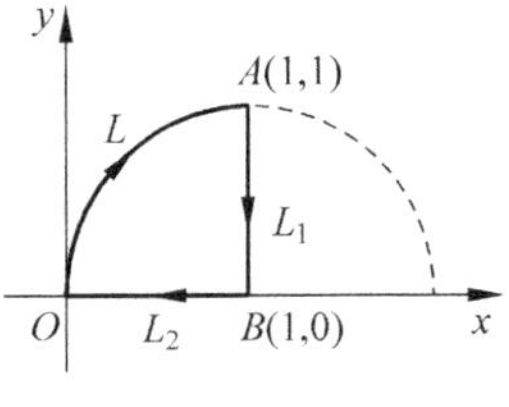

图　11-4

又 $P(x,y)=x^2-y$，$Q(x,y)=-(x+\sin y)$ 在 D 内具有一阶连续偏导数，则有

$$I=\oint_C (x^2-y)\mathrm{d}x-(x+\sin^2 y)\mathrm{d}y-\left[\int_{L_1}+\int_{L_2}\right](x^2-y)\mathrm{d}x-(x+\sin^2 y)\mathrm{d}y$$
$$=-\iint_D[-1-(-1)]\mathrm{d}x\mathrm{d}y-\int_1^0-(1+\sin^2 y)\mathrm{d}y-\int_1^0(x^2-0)\mathrm{d}x$$
$$=0-\int_0^1(1+\sin^2 y)\mathrm{d}y+\frac{1}{3}=-1-\frac{1}{2}\int_0^1(1-\cos 2y)\mathrm{d}y+\frac{1}{3}=-\frac{7}{6}+\frac{\sin 2}{4}。$$

例 5　证明下面曲线积分在整个 xOy 面内与路径无关，并计算积分值：

$$\int_{(1,0)}^{(2,1)}(2xy-y^4+3)\mathrm{d}x+(x^2-4xy^3)\mathrm{d}y。$$

解　整个 xOy 面是单连通区域。设 $P(x,y)=2xy-y^4+3$，$Q(x,y)=x^2-4xy^3$，$\frac{\partial P}{\partial y}=2x-4y^3$，$\frac{\partial Q}{\partial x}=2x-4y^3$，在单连通区域整个 xOy 面内，恒有 $\frac{\partial P}{\partial y}=\frac{\partial Q}{\partial x}$，故曲线积分与路径无关。

自选路径：设 $A(1,0)$，$B(2,1)$，$C(2,0)$，AC 方程：$y=0, 1\leqslant x\leqslant 2$，$CB$ 方程：$x=2, 0\leqslant y\leqslant 1$。

$$\int_{(1,0)}^{(2,1)}(2xy-y^4+3)\mathrm{d}x+(x^2-4xy^3)\mathrm{d}y=\int_1^2 3\mathrm{d}x+\int_0^1(4-8y^3)\mathrm{d}y=5。$$

或凑全微分：原式 $=\int_{(1,0)}^{(2,1)}\mathrm{d}(x^2y-xy^4+3x)=[x^2y-xy^4+3x]_{(1,0)}^{(2,1)}=5$。

例 6　求 $\int_{(1,\pi)}^{(2,\pi)}\left(1-\frac{y^2}{x^2}\cos\frac{y}{x}\right)\mathrm{d}x+\left(\sin\frac{y}{x}+\frac{y}{x}+\cos\frac{y}{x}\right)\mathrm{d}y$。

分析　题没有给出积分路径方程，只给出起点 $A(1,\pi)$，终点 $B(2,\pi)$。本题与例 5 不同，例 5 给出了单连通域在整个 xOy 面内，本题没有给出，解题前需要自己给出。因为 $x\neq 0$，所以选 $D=\{(x,y)\mid x>0,y\in R\}$。

解　$x>0$ 的右半平面是单连通区域。设 $P(x,y)=1-\frac{y^2}{x^2}\cos\frac{y}{x}$，$Q(x,y)=\sin\left(\frac{y}{x}\right)+\left(\frac{y}{x}\right)\cos\left(\frac{y}{x}\right)$，$\frac{\partial P}{\partial y}=-\frac{2y}{x^2}\cos\frac{y}{x}+\frac{y^2}{x^3}\sin\frac{y}{x}=\frac{\partial Q}{\partial x}$，在单连通区域右半平面内恒有 $\frac{\partial P}{\partial y}=\frac{\partial Q}{\partial x}$，故曲线积分与路径无关。

自选路径：设 $A(1,\pi)$，$B(2,\pi)$，给出路径方程：$y=\pi,1\leqslant x\leqslant 2$。

$$\begin{aligned}原式&=\int_1^2\left[1-\left(\frac{\pi^2}{x^2}\right)\cos\left(\frac{\pi}{x}\right)\right]\mathrm{d}x=1+\pi\int_1^2\cos\left(\frac{\pi}{x}\right)\mathrm{d}\left(\frac{\pi}{x}\right)\\&=1+\pi\sin\left(\frac{\pi}{x}\right)\Big|_1^2=1+\pi。\end{aligned}$$

例 7　验证下列 $P(x,y)\mathrm{d}x+Q(x,y)\mathrm{d}y$ 在整个 xOy 平面内是某个二元函数 $u(x,y)$ 的全微分，并求这样的一个 $u(x,y)$：

(1) $(3x^2y+8xy^2)\mathrm{d}x+(x^3+8x^2y+12y\mathrm{e}^y)\mathrm{d}y$；

(2) $(2x\cos y+y^2\cos x)\mathrm{d}x+(2y\sin x-x^2\sin y)\mathrm{d}y$。

分析　因为整个 xOy 面是单连通区域，所以只需验证在 R^2 内是否恒有 $\frac{\partial P}{\partial y}=\frac{\partial Q}{\partial x}$。

解　(1) 设 $P(x,y)=3x^2y+8xy^2$，$Q(x,y)=x^3+8x^2y+12y\mathrm{e}^y$。

因为 $\frac{\partial P}{\partial y}=3x^2+16xy=\frac{\partial Q}{\partial x}$，所以表达式 $(3x^2y+8xy^2)\mathrm{d}x+(x^3+8x^2y+12y\mathrm{e}^y)\mathrm{d}y$ 是某个二元函数 $u(x,y)$ 的全微分。

方法 1　凑全微分法：拆项组合法。

$$\mathrm{d}u=3x^2y\mathrm{d}x+x^3\mathrm{d}y+8xy^2\mathrm{d}x+8x^2y\mathrm{d}y+12y\mathrm{e}^y\mathrm{d}y=\mathrm{d}(x^3y+4x^2y^2+12y\mathrm{e}^y-12\mathrm{e}^y),$$

所以
$$u(x,y)=x^3y+4x^2y^2+12y\mathrm{e}^y-12\mathrm{e}^y+C。$$

方法 2　自选路径法：选取起点为 $O(0,0)$，$A(x,0)$，终点 $B(x,y)$，OA 方程为 $y=0$，AB 方程为 $x=x$。

$$\begin{aligned}u(x,y)&=\int_0^x P(x,0)\mathrm{d}x+\int_0^y Q(x,y)\mathrm{d}y=0+\int_0^y(x^3+8x^2y+12y\mathrm{e}^y)\mathrm{d}y\\&=x^3y+4x^2y^2+12y\mathrm{e}^y-12\mathrm{e}^y+12。\end{aligned}$$

方法 3　不定积分法：设 $\mathrm{d}u=P\mathrm{d}x+Q\mathrm{d}y$，则

$$\frac{\partial u}{\partial x}=P(x,y)=3x^2y+8xy^2,\frac{\partial u}{\partial y}=Q(x,y)=x^3+8x^2y+12y\mathrm{e}^y,\tag{Ⅰ}$$

$$u(x,y)=\int\frac{\partial u}{\partial x}\mathrm{d}x=\int(3x^2y+8xy^2)\mathrm{d}x=x^3y+4x^2y^2+\varphi(y),\tag{Ⅱ}$$

$\frac{\partial u}{\partial y}=x^3+8x^2y+\varphi'(y)$与式(Ⅰ)比较得 $\varphi'(y)=12ye^y$，

$\varphi(y)=12ye^y-12e^y+C$ 代入式(Ⅱ)得 $u(x,y)=x^3y+4x^2y^2+12ye^y-12e^y+C$。

(2) 设 $P(x,y)=2x\cos y+y^2\cos x$，$Q(x,y)=2y\sin x-x^2\sin y$，$\frac{\partial P}{\partial y}=-2x\sin y+2y\cos x=\frac{\partial Q}{\partial x}$，所以表达式 $P(x,y)dx+Q(x,y)dy$ 为某个二元函数的全微分。

方法 1　凑全微分法：$du=2x\cos y dx-x^2\sin y dy+y^2\cos x dx+2y\sin x dy=d(x^2\cos y+y^2\sin x)$，所以 $u(x,y)=x^2\cos y+y^2\sin x+C$。

自己动手：方法 2　自选路径法；方法 3　不定积分法。

例 8　证明$\frac{xdx+ydy}{x^2+y^2}$在整个 xOy 平面除去 y 的负半轴及原点的区域 G 内是某个二元函数的全微分，并求出一个这样的二元函数。

解　因为 G 是单连通区域，又 $P(x,y)=\frac{x}{x^2+y^2}$，$Q(x,y)=\frac{y}{x^2+y^2}$，$\frac{\partial P}{\partial y}=\frac{-2xy}{(x^2+y^2)^2}=\frac{\partial Q}{\partial x}$，因此表达式为某二元函数的全微分。

方法 1　凑全微分法：$du=\left(\frac{1}{2(x^2+y^2)}\right)d(x^2+y^2)$，$u(x,y)=\frac{\ln(x^2+y^2)}{2}+C$。

自己动手：方法 2　自选路径法；方法 3　不定积分法。

例 9　设函数 $f(x)$在$(-\infty,+\infty)$内具有一阶连续导数，L 是上半平面$(y>0)$内的有向分段光滑曲线，其起点为(a,b)，终点为(c,d)。记

$$I=\int_L\frac{1}{y}[1+y^2+f(xy)]dx+\frac{x}{y^2}[y^2f(xy)-1]dy。$$

(1) 证明：曲线积分 I 与路径无关；(2)当 $ab=cd$ 时，求 I 的值。

证明　(1) 上半平面$(y>0)$是单连通区域，

设 $P(x,y)=\frac{1}{y}[1+y^2+f(xy)]$，$Q(x,y)=\frac{x}{y^2}[y^2f(xy)-1]$，$\frac{\partial P}{\partial y}=-\frac{1}{y^2}+f(xy)+xyf'(xy)$，$\frac{\partial Q}{\partial x}=f(xy)+xyf'(xy)-\frac{1}{y^2}$，在上半平面$(y>0)$内，恒有$\frac{\partial P}{\partial y}=\frac{\partial Q}{\partial x}$，因此曲线积分 I 与路径无关。

(2) 方法 1　自选路径法：AC 方程为 $y=b$，CB 方程为 $x=c$。

$$\begin{aligned}I&=\int_a^c\frac{1}{b}[1+b^2f(bx)]dx+\int_b^d\frac{c}{y^2}[y^2f(cy)-1]dy\\&=\frac{(c-a)}{b}+\int_{ab}^{bc}f(t)dt+\int_{bc}^{cd}f(t)dt+\frac{c}{d}-\frac{c}{b}=\frac{c}{d}-\frac{a}{b}。\end{aligned}$$

$$\left(因为\int_{ab}^{bc}f(t)dt+\int_{bc}^{cd}f(t)dt=\int_{ab}^{cd}f(t)dt=0\right)$$

方法 2　凑全微分法：

$$I=\int_{(a,b)}^{(c,d)}d\left[\frac{x}{y}+\int_0^{xy}f(t)dt\right]=\left[\frac{x}{y}+\int_0^{xy}f(t)dt\right]\Bigg|_{(a,b)}^{(c,d)}=\frac{c}{d}-\frac{a}{b}。$$

点评　此种类型题常见的有 ① 求$\int_{(2,1)}^{(1,2)}\frac{ydx-xdy}{x^2}$的值；② 求$\int_{(0,-1)}^{(1,0)}\frac{xdx-ydy}{(x-y)^2}$的值

等。都是只给起点与终点的坐标，没有给出具体的积分路径 L 的方程的题型。这两个题型与例 9 不同之处是题目没有给出单连通区域 G，需要读者自己给出单连通区域 G，再在 G 内验证 $\frac{\partial P}{\partial y}=\frac{\partial Q}{\partial x}$。例 9 给出另一个动向是：考查已知积分变上限函数的微分 $f(xy)\mathrm{d}(xy)$ 或导数 $2xf(x^2)$，求其原函数 $F(xy)=\int_0^{xy}f(t)\mathrm{d}t$，或 $F(x)=\int_0^{x^2}f(t)\mathrm{d}t$。再比如已知(1) $3x^2f(x^3)$；(2) $\frac{f\left(\frac{y}{x}\right)\cdot(x\mathrm{d}y-y\mathrm{d}x)}{x^2}$；(3) $\cos(xy)f(\sin(sy))(y\mathrm{d}x+x\mathrm{d}y)$，求出它们的原函数。

问题 155　何谓全微分方程？全微分方程的三种解法是什么？

一阶微分方程为

$$P(x,y)\mathrm{d}x+Q(x,y)\mathrm{d}y=0。\tag{Ⅰ}$$

方程(Ⅰ)为全微分方程的充分必要条件是：在单连通区域 G 内，恒有 $\frac{\partial P}{\partial y}=\frac{\partial Q}{\partial x}$，即

$$\begin{cases}P(x,y)\mathrm{d}x+Q(x,y)\mathrm{d}y=0,\\ \frac{\partial P}{\partial y}=\frac{\partial Q}{\partial x}。\end{cases}\tag{Ⅱ}$$

方程(Ⅱ)称为全微分方程的标准型。在 G 内恒有 $\frac{\partial P}{\partial y}=\frac{\partial Q}{\partial x}$，故有下面三种解法：

(1) 自选路径法：$u(x,y)=\int_{x_0}^{x}P(x,y_0)\mathrm{d}x+\int_{y_0}^{y}Q(x,y)\mathrm{d}y$；

(2) 凑全微分法：$\mathrm{d}u=0$，则 $u(x,y)=C$；

(3) 不定积分法。

例 10　判别下列方程哪些是全微分方程？对于全微分方程，求出它的通解：

(1) $(a^2-2xy-y^2)\mathrm{d}x-(x+y)^2\mathrm{d}y=0$($a$ 为常数)；

(2) $(x\cos y+\cos x)y'-y\sin x+\sin y=0$；

(3) $y(x-2y)\mathrm{d}x-x^2\mathrm{d}y=0$；

(4) $(x^2+y^2)\mathrm{d}x+xy\mathrm{d}y=0$。

解　(1) 设 $P(x,y)=a^2-2xy-y^2$，$Q(x,y)=-(x+y)^2$，$\frac{\partial Q}{\partial x}=-2(x+y)=\frac{\partial P}{\partial y}$，在单连通区域 R^2 内恒有 $\frac{\partial P}{\partial y}=\frac{\partial Q}{\partial x}$，故方程为全微分方程。

方法 1　凑全微分法：拆项组合法。

$$\begin{aligned}u(x,y)&=\int_{(0,0)}^{(x,y)}(a^2\mathrm{d}x-2xy\mathrm{d}x-x^2\mathrm{d}y-y^2\mathrm{d}x-2xy\mathrm{d}y-y^2\mathrm{d}y)\\&=\int_{(0,0)}^{(x,y)}\mathrm{d}\left(a^2x-x^2y-xy^2-\frac{y^3}{3}\right)=a^2x-x^2y-xy^2-\frac{y^3}{3}。\end{aligned}$$

通解为 $a^2x-x^2y-xy^2-\frac{y^3}{3}=C$。

方法 2　自选路径法：选取 $x_0=0, y_0=0$，则

$$u(x,y)=\int_0^x P(x,0)\mathrm{d}x+\int_0^y Q(x,y)\mathrm{d}y=\int_0^x (a^2-0-0^2)\mathrm{d}x+\int_0^y -(x+y)^2\mathrm{d}y$$
$$=a^2x-x^2y-xy^2-\frac{y^3}{3},$$

故通解为 $a^2x-x^2y-xy^2-\frac{y^3}{3}+C=0$。

方法 3　不定积分法：设 $\mathrm{d}u=P\mathrm{d}x+Q\mathrm{d}y$，则

$$\frac{\partial u}{\partial x}=P(x,y)=a^2-2xy-y^2,\frac{\partial u}{\partial y}=Q(x,y)=-(x+y)^2, \tag{Ⅰ}$$

$$u(x,y)=\int\frac{\partial u}{\partial x}\mathrm{d}x=\int(a^2-2xy-y^2)\mathrm{d}x=a^2x-x^2y-xy^2+\varphi(y),$$

$\frac{\partial u}{\partial y}=-2xy-x^2+\varphi'(y)$，与式（Ⅰ）比较得 $\varphi'(y)=-y^2,\varphi(y)=-\frac{y^3}{3}+C$。

故方程的通解为 $a^2x-x^2y-xy^2-\frac{y^3}{3}+C=0$。

(2) 设 $P(x,y)=-y\sin x+\sin y, Q(x,y)=x\cos y+\cos x, \frac{\partial P}{\partial y}=-\sin x+\cos y, \frac{\partial Q}{\partial x}=\cos y-\sin x$，在 R^2 内恒有 $\frac{\partial P}{\partial y}=\frac{\partial Q}{\partial x}$，所以方程为全微分方程。

自选路径法：选取 $x_0=0, y_0=0$，则 $u(x,y)=\int_0^x P(x,0)\mathrm{d}x+\int_0^y Q(x,y)\mathrm{d}y=0+\int_0^y(x\cos y+\cos x)\mathrm{d}y=x\sin y+y\cos x$，所以通解为 $x\sin y+y\cos x+C=0$。

(3) 设 $P(x,y)=y(x-2y), Q(x,y)=-x^2, \frac{\partial P}{\partial y}=x-4y\neq\frac{\partial Q}{\partial x}=-2$，故该方程不是全微分方程。

(4) 设 $P(x,y)=x^2+y^2, Q(x,y)=xy, \frac{\partial P}{\partial y}=2y\neq\frac{\partial Q}{\partial x}=y$，故该方程不是全微分方程。

例 11　确定常数 λ，使在右半平面 $x>0$ 上的向量 $\boldsymbol{A}(x,y)=2xy(x^4+y^2)^{\lambda}\boldsymbol{i}-x^2(x^4+y^2)^{\lambda}\boldsymbol{j}$ 为某二元函数 $u(x,y)$ 的梯度，并求 $u(x,y)$。

分析　设 $P(x,y)=2xy(x^4+y^2)^{\lambda}, Q(x,y)=-x^2(x^4+y^2)^{\lambda}$，则 $\boldsymbol{A}(x,y)=P(x,y)\boldsymbol{i}+Q(x,y)\boldsymbol{j}$ 在单连通区域 $x>0$ 上为某二元函数 $u(x,y)$ 的梯度 $\Leftrightarrow P(x,y)\mathrm{d}x+Q(x,y)\mathrm{d}y$ 在单连通区域 $x>0$ 上存在原函数 $u(x,y)\Leftrightarrow\frac{\partial P}{\partial y}=\frac{\partial Q}{\partial x}, x>0$。注：记号“$\Leftrightarrow$”表示充要条件。

解　因为

$$\frac{\partial P}{\partial y}=2x(x^4+y^2)^{\lambda}+2\lambda xy(x^4+y^2)^{\lambda-1}2y,$$
$$\frac{\partial Q}{\partial x}=-2x(x^4+y^2)^{\lambda}-\lambda x^2(x^4+y^2)^{\lambda-1}4x^3。$$

由 $\frac{\partial P}{\partial y}=\frac{\partial Q}{\partial x}$，得 $4x(1+\lambda)=0, \lambda=-1$。当 $\lambda=-1$ 时，利用凑全微分法，得

$$\mathrm{d}u=P\mathrm{d}x+Q\mathrm{d}y=\frac{2xy\mathrm{d}x-x^2\mathrm{d}y}{x^4+y^2}=\frac{y\mathrm{d}x^2-x^2\mathrm{d}y}{x^4\left(1+\left(\frac{y}{x^2}\right)\right)^2}$$

$$=-\frac{\mathrm{d}\left(\frac{y}{x^2}\right)}{1+\left(\frac{y}{x^2}\right)^2}=-\mathrm{d}\arctan\frac{y}{x^2},$$

所以 $u(x,y)=-\arctan\frac{y}{x^2}+C$，其中 C 为任意常数。

自己动手：方法 2　自选路径法；方法 3　不定积分法。

问题 156　何谓曲线积分计算的匹配法？通过查看同济版高等数学(第六版)下册 205 页例 4的解答，你能得出哪些结论和解题经验？例 4："计算 $I=\oint_L\frac{x\mathrm{d}y-y\mathrm{d}x}{x^2+y^2}$，其中 L 为一条无重点、分段光滑且不经过原点的连续闭曲线，L 的方向为逆时针方向。"(参见文献[4])

分析　本题是平面对坐标闭曲线积分，且没有给出积分路径 L 的方程，故无法化为定积分计算。这样去掉了闭曲线积分的两种算法中的一种。记 L 所围成的闭区域为 D。当 $(0,0)\in D$ 时，被积函数无定义，称点 $(0,0)$ 为闭曲线积分 $\oint_L\frac{x\mathrm{d}y-y\mathrm{d}x}{x^2+y^2}$ 的奇点。当 $x^2+y^2\neq 0$ 时，有 $\frac{\partial P}{\partial y}=\frac{\partial Q}{\partial x}=\frac{y^2-x^2}{(x^2+y^2)^2}$，在挖去奇点 $O(0,0)$ 的环形有界闭区域 D_1 内恒有 $\frac{\partial P}{\partial y}=\frac{\partial Q}{\partial x}$ 条件下，从而得出如下两个结论：

(1) 在围绕原点(0,0)的任意分段光滑简单闭曲线 C，曲线积分 $\oint_C\frac{x\mathrm{d}y-y\mathrm{d}x}{x^2+y^2}$ 的值恒为同一常数；

(2) 由(1)知，我们可以选取已知曲线，如选取充分小的 $r>0$，使曲线 C_r：$x^2+y^2=r^2$，$C_r\subset L$。这时用 $C_r\subset L$ 将奇点 $O(0,0)$ 挖去，记 L 和 C_r 所围成的闭区域为 D_1，C_r 所围成的闭区域为 D_C，如图 11-5 所示。在 D_1 上应用多连通区域格林公式有：D_1 的外边界曲线 L(正向)上的曲线积分等于 D_1 的内边界曲线 C_r(正向)上的曲线积分(这是用自己语言表述的结论)，即 $\oint_L\frac{x\mathrm{d}y-y\mathrm{d}x}{x^2+y^2}=\oint_{C_{r+}}\frac{x\mathrm{d}y-y\mathrm{d}x}{x^2+y^2}$，其中

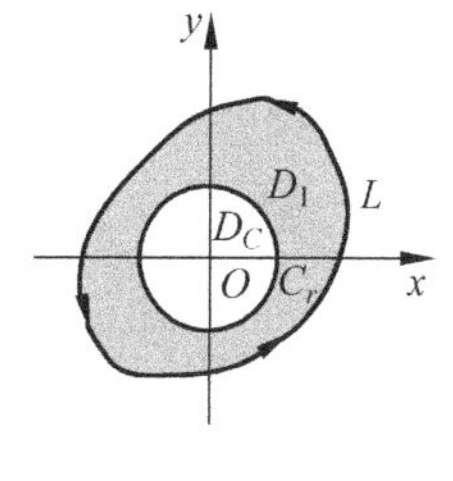

图　11-5

C_{r+}：$x^2+y^2=r^2$ 的正向。而 $\oint_{C_{r+}}\frac{x\mathrm{d}y-y\mathrm{d}x}{x^2+y^2}$ 是已知积分路径 C_{r+} 方程的闭曲线积分，且容易计算。有以下两种算法：

(1) 化为定积分计算，采用引参定限法，C_r 的参数方程为 $x=r\cos t, y=r\sin t, 0\leqslant t\leqslant 2\pi$；

(2) 利用格林公式计算 $I=\oint_{C_{r+}}\frac{x\mathrm{d}y-y\mathrm{d}x}{r^2}$。从而得出如下解题经验，曲线积分计算的匹配法：用什么样曲线 C_r 将奇点 $O(0,0)$ 挖去呢?选取已知曲线 C_r 的方程的系数应与曲线积分的分母各项系数相匹配。何谓相匹配呢?如本题 $\oint_L\frac{x\mathrm{d}y-y\mathrm{d}x}{x^2+y^2}$，若与分母 x^2+y^2 的各项系数相匹配，应选取曲线 C_r 的方程 $x^2+y^2=r^2$。又如例 12 中 $\oint_L\frac{x\mathrm{d}y-y\mathrm{d}x}{4x^2+y^2}$，若与分母 $4x^2+y^2$ 的各项系数相匹配，应选曲线 C_r 的方程为 $4x^2+y^2=r^2$，使 $C_r\subset L$。再如例 13 中

$\oint_L \frac{2xy\mathrm{d}y - y^2\mathrm{d}x}{2x^2+y^4}$,应选取曲线 C_r 的方程为 $2x^2+y^4=r^2$,即曲线积分计算匹配法是指选取曲线 C_r 的方程的各项系数与曲线积分的分母各项系数相匹配。

例 12 计算曲线积分 $I=\oint_L \frac{x\mathrm{d}y - y\mathrm{d}x}{4x^2+y^2}$,其中 L 是以点(1,0)为中心,R 为半径的圆周($R>1$),取逆时针方向。

分析 此题是平面对坐标的闭曲线积分,所以应有两种算法:(1)基本算法化为定积分计算,常用引参定限法,这时此题成为无界函数广义积分(繁);(2)应用格林公式计算,本题 $P(x,y)$,$Q(x,y)$在(0,0)处无定义,不能直接应用格林公式计算,而应用同济版高等数学下册(第六版)205 页例 4 的方法计算,即问题 156 给出的"匹配法"。

解 当 $R>1$ 时,$(0,0)\in D$;$\frac{\partial P}{\partial y}$,$\frac{\partial Q}{\partial x}$在 D 内不连续,不能直接应用格林公式。用曲线 C_r:$4x^2+y^2=r^2$(r 足够小使 $C_r\subset L$),将原点(0,0)挖去,在环形区域 D_1 内,有$\frac{\partial P}{\partial y}=\frac{\partial Q}{\partial x}=\frac{y^2-4x^2}{(4x^2+y^2)^2}$,由问题 156 的结论有 $\oint_L \frac{x\mathrm{d}y-y\mathrm{d}x}{4x^2+y^2}=\oint_{C_{r+}}\frac{x\mathrm{d}y-y\mathrm{d}x}{4x^2+y^2}$。而 $\oint_{C_{r+}}\frac{x\mathrm{d}y-y\mathrm{d}x}{4x^2+y^2}$ 易算得。

(1) 化为定积分计算(引参定限法):$\oint_{C_{r+}}\frac{x\mathrm{d}y-y\mathrm{d}x}{4x^2+y^2}=\int_0^{2\pi}\frac{\frac{r^2}{2}}{r^2}\mathrm{d}t=\pi$;

(2) 应用格林公式:因为 $P(x,y)$,$Q(x,y)$ 定义在 C_r 上,因此分母 $4x^2+y^2=r^2$,于是 $\oint_{C_{r+}}\frac{x\mathrm{d}y-y\mathrm{d}x}{4x^2+y^2}=\oint_{C_{r+}}\frac{x\mathrm{d}y-y\mathrm{d}x}{r^2}=\frac{1}{r^2}\iint_{D_r}2\mathrm{d}\sigma=\frac{1}{r^2}\cdot 2\cdot\pi\frac{1}{2}r\cdot r=\pi$。

例 13 设函数 $\varphi(y)$具有连续导数,在围绕原点的任意分段光滑简单闭曲线 L 上,曲线积分$\oint_L\frac{\varphi(y)\mathrm{d}x+2xy\mathrm{d}y}{2x^2+y^4}$ 的值恒为同一常数。

(1) 证明:对右半平面 $x>0$ 内的任意分段光滑简单闭曲线 C,有$\oint_C\frac{\varphi(y)\mathrm{d}x+2xy\mathrm{d}y}{2x^2+y^4}=0$;

(2) 求函数 $\varphi(y)$ 的表达式;

(3) 计算$\oint_L\frac{\varphi(y)\mathrm{d}x+2xy\mathrm{d}y}{2x^2+y^4}$ 的值。

分析 因为在围绕原点的任意分段光滑简单闭曲线 L 上,曲线积分$\oint_L\frac{\varphi(y)\mathrm{d}x+2xy\mathrm{d}y}{2x^2+y^4}$ 的值恒为同一常数,这正是问题 156 得出的结论之一,余下需要验证在挖去原点的环形区域 D_1 上是否满足条件:$\frac{\partial}{\partial y}\left(\frac{\varphi(y)}{2x^2+y^4}\right)=\frac{\partial}{\partial x}\left(\frac{2xy}{2x^2+y^4}\right)$。

(1) **证明** 在单连通区域 $G=\{(x,y)\mid x>0,y\in R\}$上,任取一条分段光滑简单闭曲线 C,如图 11-6 所示。在 C 上任意取两点 M,N,作围绕原点的闭曲线 $\widehat{MQNRM}$,同时得到另一个围绕原点的闭曲线 $\widehat{MQNPM}$。根据题意知

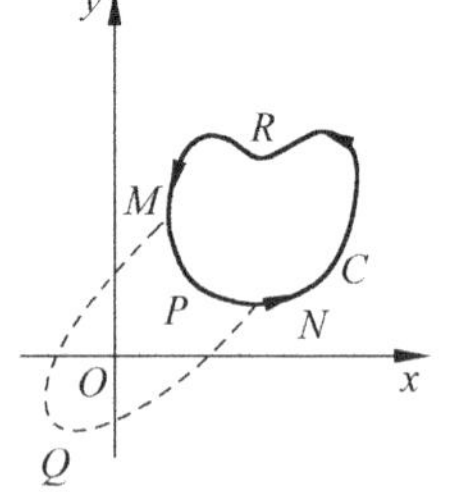

图 11-6

$$\oint_{\widehat{MQNRM}}\frac{\varphi(y)\mathrm{d}x+2xy\mathrm{d}y}{2x^2+y^4}=\oint_{\widehat{MQNPM}}\frac{\varphi(y)\mathrm{d}x+2xy\mathrm{d}y}{2x^2+y^4}$$

$$\Rightarrow\oint_{\widehat{MQNRM}}\frac{\varphi(y)\mathrm{d}x+2xy\mathrm{d}y}{2x^2+y^4}-\oint_{\widehat{MQNPM}}\frac{\varphi(y)\mathrm{d}x+2xy\mathrm{d}y}{2x^2+y^4}=0,$$

根据对坐标的曲线积分的性质，利用上式可得

$$\oint_C\frac{\varphi(y)\mathrm{d}x+2xy\mathrm{d}y}{2x^2+y^4}=\oint_{\widehat{NRM}}\frac{\varphi(y)\mathrm{d}x+2xy\mathrm{d}y}{2x^2+y^4}+\oint_{\widehat{MPN}}\frac{\varphi(y)\mathrm{d}x+2xy\mathrm{d}y}{2x^2+y^4}$$

$$=\oint_{\widehat{NRM}}\frac{\varphi(y)\mathrm{d}x+2xy\mathrm{d}y}{2x^2+y^4}-\oint_{\widehat{NPM}}\frac{\varphi(y)\mathrm{d}x+2xy\mathrm{d}y}{2x^2+y^4}+\oint_{\widehat{MQN}}\frac{\varphi(y)\mathrm{d}x+2xy\mathrm{d}y}{2x^2+y^4}-\oint_{\widehat{MQN}}\frac{\varphi(y)\mathrm{d}x+2xy\mathrm{d}y}{2x^2+y^4}$$

$$=\oint_{\widehat{MQNRM}}\frac{\varphi(y)\mathrm{d}x+2xy\mathrm{d}y}{2x^2+y^4}-\oint_{\widehat{MQNPM}}\frac{\varphi(y)\mathrm{d}x+2xy\mathrm{d}y}{2x^2+y^4}=0。$$

(2) **解**　设 $P(x,y)=\dfrac{\varphi(y)}{2x^2+y^4}$，$Q(x,y)=\dfrac{2xy}{2x^2+y^2}$，$P$，$Q$ 在单连通区域 $x>0$ 内具有一阶连续偏导数。由(1)知，曲线积分 $\oint_C\dfrac{\varphi(y)\mathrm{d}x+2xy\mathrm{d}y}{2x^2+y^4}$ 在区域 $x>0$ 内与路径无关(因为闭曲线积分为零)。故当 $x>0$ 时，恒有 $\dfrac{\partial P}{\partial y}=\dfrac{\partial Q}{\partial x}$。

$\dfrac{\partial P}{\partial y}=\dfrac{-4x^2y+2y^5}{(2x^2+y^4)^2}=\dfrac{\partial Q}{\partial x}=\dfrac{2x^2\varphi'(y)+\varphi'(y)y^4-4\varphi(y)y^3}{(2x^2+y^4)^2}$，由 $\dfrac{\partial P}{\partial y}=\dfrac{\partial Q}{\partial x}$，得

$$\begin{cases}\varphi'(y)=-2y, & (\text{Ⅰ})\\ \varphi'(y)y^4-4\varphi(y)y^3=2y^5。 & (\text{Ⅱ})\end{cases}$$

由式(Ⅰ)得 $\varphi(y)=-y^2+C$，代入式(Ⅱ)得 $2y^5-4Cy^3=2y^5$，所以 $C=0$，从而 $\varphi(y)=-y^2$。

(3) **解**　因为 $O(0,0)$ 为奇点，又分母为 $2x^2+y^4$，所以由匹配法知，选取曲线 C_ε 方程为 $2x^2+y^4=\varepsilon^2$，且 $C_\varepsilon\subset L$。则有 $\oint_L\dfrac{2xy\mathrm{d}y-y^2\mathrm{d}x}{2x^2+y^4}=\oint_{C_\varepsilon}\dfrac{2xy\mathrm{d}y-y^2\mathrm{d}x}{2x^2+y^4}$。而 $\oint_{C_\varepsilon}\dfrac{2xy\mathrm{d}y-y^2\mathrm{d}x}{2x^2+y^4}$(容易计算) $=\dfrac{1}{\varepsilon^2}\oint_{C_\varepsilon}2xy\mathrm{d}y-y^2\mathrm{d}x$。设 $y^2=t$，$x=x$，C_ε：$2x^2+t^2=\varepsilon^2$。令 $\begin{cases}x=\dfrac{\varepsilon}{\sqrt{2}}\cos\theta,\\ t=\varepsilon\sin\theta,\end{cases}$ 则

$$\oint_L\frac{2xy\mathrm{d}y-y^2\mathrm{d}x}{2x^2+y^4}=\frac{1}{\varepsilon^2}\oint_{C_\varepsilon}x\mathrm{d}t-t\mathrm{d}x。$$

方法 1　$\dfrac{1}{\varepsilon^2}\oint_{C_\varepsilon}x\mathrm{d}t-t\mathrm{d}x=\dfrac{1}{\varepsilon^2}\iint\limits_{C_\varepsilon}2\mathrm{d}x\mathrm{d}t=\dfrac{2}{\varepsilon^2}\cdot\pi\cdot\dfrac{\varepsilon}{\sqrt{2}}\cdot\varepsilon=\sqrt{2}\pi$。

方法 2　化为定积分(引参定限法)：$\dfrac{1}{\varepsilon^2}\oint_{C_\varepsilon}x\mathrm{d}t-t\mathrm{d}x=\dfrac{1}{\varepsilon^2}\int_0^{2\pi}\left[\left(\dfrac{\varepsilon}{\sqrt{2}}\right)\cos\theta\cdot\varepsilon\cos\theta\mathrm{d}\theta-\varepsilon\sin\theta\left(-\dfrac{\varepsilon}{\sqrt{2}}\right)\sin\theta\right]\mathrm{d}\theta=\left(\dfrac{1}{\sqrt{2}}\right)\int_0^{2\pi}\mathrm{d}\theta=\sqrt{2}\pi$。

评述　例 11、例 12、例 13 这类题型是同济高等数学(第六版)下册 205 页例 4 的一个具体应用，请读者好好钻研此例！此种类型题的变形有：

① $I=\oint_L \frac{x\mathrm{d}y-y\mathrm{d}x}{x^2+y^2}$,其中 L 是 $(x-a)^2+(y-b)^2=1$ 正向;

② $I=\oint_L \frac{x\mathrm{d}y-y\mathrm{d}x}{b^2x^2+b^2y^2}$,$(ab\neq 0,a\neq b)$,其中 L 是以点$(1,1)$为圆心,$R(R\neq\sqrt{2})$为半径的圆周取逆时针方向;

③ $I=\oint_L \frac{x\mathrm{d}y-y\mathrm{d}x}{x^2+4y^2}$,其中 L 是由 $x+y=k,x+y=k-1,(k\neq 0,k\neq 1),y=x+1$ 与 $y=x-1$ 所围成的四边形区域的正向边界。

点评　平面对坐标的曲线积分几个等价结论:在单连通区域 G 内:$\oint_L P(x,y)\mathrm{d}x+Q(x,y)\mathrm{d}y=0\Leftrightarrow \frac{\partial P}{\partial y}=\frac{\partial Q}{\partial x}\Leftrightarrow\int_L P(x,y)\mathrm{d}x+Q(x,y)\mathrm{d}y$ 与路径无关$\Leftrightarrow$被积表达式 $P(x,y)\mathrm{d}x+Q(x,y)\mathrm{d}y$ 为某二元函数 $u(x,y)$ 的全微分(∃原函数 $u(x,y)$)$\Leftrightarrow$向量 $\boldsymbol{A}=P(x,y)\boldsymbol{i}+Q(x,y)\boldsymbol{j}$ 为某二元函数的梯度 $\mathrm{grad}\,u(x,y)=P(x,y)\boldsymbol{i}+Q(x,y)\boldsymbol{j}$。

第四节　对面积的曲面积分

问题 157　对面积的曲面积分的物理意义和几何意义是什么?如何计算?

物理意义:$\iint_\Sigma f(x,y,z)\mathrm{d}S$ 表示面密度为 $\rho=f(x,y,z),(x,y,z)\in\Sigma$ 的曲面 Σ 的质量,即 $m=\iint_\Sigma f(x,y,z)\mathrm{d}S$。从而与质量有关的物理问题如重心、转动惯量、引力等均可用对面积的曲面积分解决。

几何意义:若 $f(x,y,z)=1$ 时,$\iint_\Sigma 1\mathrm{d}S=\iint_\Sigma \mathrm{d}S$ 表示曲面 Σ 的面积 $S(\Sigma)$,即 $S(\Sigma)=\iint_\Sigma \mathrm{d}S=\iint_\Sigma \sqrt{1+\left(\frac{\partial z}{\partial x}\right)^2+\left(\frac{\partial z}{\partial y}\right)^2}\mathrm{d}x\mathrm{d}y$,即为二重积分中计算曲面 Σ 的面积公式。其中 Σ 的方程为 $z=z(x,y)$。

计算方法:化为二重积分计算。

(1) 若 Σ 的方程为隐式:$F(x,y,z)=0$。若 Σ 在 xOy 平面上的投影域 D_{xy} 简单且化为二重积分计算简单。

① 从方程 $F(x,y,z)=0$ 中解出 $z=z(x,y)$,称为“一解”;

② 将 $z=z(x,y)$ 代入被积函数 $f(x,y,z)$ 中化为二元函数 $f(x,y,z(x,y))$,称为“二代”;

③ 求出面积元素 $\mathrm{d}S=\sqrt{1+\left(\frac{\partial z}{\partial x}\right)^2+\left(\frac{\partial z}{\partial y}\right)^2}\mathrm{d}x\mathrm{d}y$,称为“三求”;

④ 将 Σ 向 xOy 面作投影,得投影区域 D_{xy},也是二重积分的积分区域,称为“四投”。简言之,经过上述一解、二代、三求、四投将对面积的曲面积分化为二重积分,即

$$\iint_\Sigma f(x,y,z)\mathrm{d}S=\iint_{D_{xy}} f(x,y,z(x,y))\sqrt{1+\left(\frac{\partial z}{\partial x}\right)^2+\left(\frac{\partial z}{\partial y}\right)^2}\mathrm{d}x\mathrm{d}y。$$

如果将 Σ 向 yOz(或 xOz)面投影化为二重积分计算简单，这时同理从方程 $F(x,y,z)=0$ 解出单值函数 $x=x(y,z)$(或 $y=y(x,z)$)应用一解、二代、三求、四投化为二重积分：

$$\iint_{\Sigma} f(x,y,z)\mathrm{d}S=\iint_{D_{yz}} f(x(y,z),y,z)\sqrt{1+\left(\frac{\partial x}{\partial y}\right)^2+\left(\frac{\partial x}{\partial z}\right)^2}\mathrm{d}y\mathrm{d}z;$$

$$\iint_{\Sigma} f(x,y,z)\mathrm{d}S=\iint_{D_{xz}} f(x,y(x,z),z)\sqrt{1+\left(\frac{\partial y}{\partial x}\right)^2+\left(\frac{\partial y}{\partial z}\right)^2}\mathrm{d}x\mathrm{d}z。$$

(2) 若 Σ 的方程是显式，即是单值函数 $z=z(x,y)$ 或 $x=x(y,z)$ 或 $y=y(x,z)$。

① 将 Σ 的方程：$z=z(x,y)$ 或 $x=x(y,z)$ 或 $y=y(x,z)$ 代入 $f(x,y,z)$ 得 $f(x,y,z(x,y))$ 或 $f(x(y,z),y,z)$ 或 $f(x,y(x,z),z)$，称为“一代”；

② 求出 $\mathrm{d}S=\sqrt{1+\left(\frac{\partial z}{\partial x}\right)^2+\left(\frac{\partial z}{\partial y}\right)^2}\mathrm{d}x\mathrm{d}y$ 或 $\mathrm{d}S=\sqrt{1+\left(\frac{\partial x}{\partial y}\right)^2+\left(\frac{\partial x}{\partial z}\right)^2}\mathrm{d}y\mathrm{d}z$ 或 $\mathrm{d}S=\sqrt{1+\left(\frac{\partial y}{\partial x}\right)^2+\left(\frac{\partial y}{\partial z}\right)^2}\mathrm{d}z\mathrm{d}x$，称为“二求”；

③ 将 Σ 向 xOy 或 yOz 或 xOz 面作投影，得投影区域 D_{xy} 或 D_{yz} 或 D_{xz}，称为“三投”。

经过一代、二求、三投将对面积的曲面积分化为二重积分，即

$$\iint_{\Sigma} f(x,y,z)\mathrm{d}S=\iint_{D_{xy}} f(x,y,z(x,y))\sqrt{1+\left(\frac{\partial z}{\partial x}\right)^2+\left(\frac{\partial z}{\partial y}\right)^2}\mathrm{d}x\mathrm{d}y;$$

$$\iint_{\Sigma} f(x,y,z)\mathrm{d}S=\iint_{D_{yz}} f(x(y,z),y,z)\sqrt{1+\left(\frac{\partial x}{\partial y}\right)^2+\left(\frac{\partial x}{\partial z}\right)^2}\mathrm{d}y\mathrm{d}z;$$

$$\iint_{\Sigma} f(x,y,z)\mathrm{d}S=\iint_{D_{xz}} f(x,y(x,z),z)\sqrt{1+\left(\frac{\partial y}{\partial x}\right)^2+\left(\frac{\partial y}{\partial z}\right)^2}\mathrm{d}x\mathrm{d}z。$$

例 1　计算 $\iint_{\Sigma}(x^2+y^2)\mathrm{d}S$，其中 Σ 是：(1) 锥面 $z=\sqrt{x^2+y^2}$ 及平面 $z=1$ 所围成的区域的整个边界曲面；(2) 锥面 $z^2=3(x^2+y^2)$ 被平面 $z=0$ 和 $z=3$ 所截得的部分。

解　(1)$\Sigma=\Sigma_1+\Sigma_2$。Σ_1 方程：$z=1$，$\mathrm{d}S=\mathrm{d}x\mathrm{d}y$，$\Sigma_2$ 方程：$z=\sqrt{x^2+y^2}$，$\mathrm{d}S=\sqrt{1+\left(\frac{\partial z}{\partial x}\right)^2+\left(\frac{\partial z}{\partial y}\right)^2}\mathrm{d}x\mathrm{d}y=\sqrt{2}\mathrm{d}x\mathrm{d}y$。$\Sigma$ 在 xOy 面上的投影区域为 D_{xy}：$x^2+y^2\leqslant 1$，D：$0\leqslant\theta\leqslant 2\pi$，$0\leqslant\rho\leqslant 1$。

$$\iint_{\Sigma}=\left(\iint_{\Sigma_1}+\iint_{\Sigma_2}\right)(x^2+y^2)\mathrm{d}S=\iint_{D_{xy}}(x^2+y^2)\mathrm{d}x\mathrm{d}y+\iint_{D_{xy}}\sqrt{2}(x^2+y^2)\mathrm{d}x\mathrm{d}y$$

$$=(1+\sqrt{2})\int_0^{2\pi}\mathrm{d}\theta\int_0^1\rho^3\mathrm{d}\rho=(1+\sqrt{2})\frac{\pi}{2}。$$

(2) $z^2=3(x^2+y^2)$ 被 $z=0$ 和 $z=3$ 所截得的部分有 $z\geqslant 0$，所以 $z=\sqrt{3}\sqrt{x^2+y^2}$ 被截部分在 xOy 面上投影区域为 D_{xy}：$x^2+y^2\leqslant 3$，$\mathrm{d}S=\sqrt{1+\left(\frac{\partial z}{\partial x}\right)^2+\left(\frac{\partial z}{\partial y}\right)^2}\mathrm{d}x\mathrm{d}y=2\mathrm{d}x\mathrm{d}y$，

$$\iint_{\Sigma}(x^2+y^2)\mathrm{d}S=\iint_{D_{xy}}2(x^2+y^2)\mathrm{d}x\mathrm{d}y=2\int_0^{2\pi}\mathrm{d}\theta\int_0^{\sqrt{3}}\rho^3\mathrm{d}\rho=9\pi。$$

例 2　计算下列对面积的曲面积分：$\iint\limits_{\Sigma}(xy+yz+zx)\mathrm{d}S$，其中 Σ 为锥面 $z=\sqrt{x^2+y^2}$ 被柱面 $x^2+y^2=2ax$ 所截得的部分。

解　Σ 的方程：$z=\sqrt{x^2+y^2}$，Σ 在 xOy 面上的投影区域：$x^2+y^2\leqslant 2ax$，

$$\mathrm{d}S=\sqrt{1+\left(\frac{\partial z}{\partial x}\right)^2+\left(\frac{\partial z}{\partial y}\right)^2}\mathrm{d}x\mathrm{d}y=\sqrt{2}\,\mathrm{d}x\mathrm{d}y。$$

因为 Σ 关于 zOx 平面上对称，xy 和 yz 是 y 的奇函数，所以 $\iint\limits_{\Sigma}(xy+yz)\mathrm{d}S=0$。

$$原式=\iint\limits_{\Sigma}zx\,\mathrm{d}S=\iint\limits_{D_{xy}}x\sqrt{x^2+y^2}\sqrt{2}\,\mathrm{d}x\mathrm{d}y=\sqrt{2}\int_{-\frac{\pi}{2}}^{\frac{\pi}{2}}\mathrm{d}\theta\int_0^{2a\cos\theta}\rho\cos\theta\rho\cdot\rho\mathrm{d}\rho$$

$$=\frac{\sqrt{2}}{2}\int_0^{\frac{\pi}{2}}\cos\theta(2a\cos\theta)^4\mathrm{d}\theta=2^3\sqrt{2}a^4\int_0^{\frac{\pi}{2}}\cos^5\theta\mathrm{d}\theta$$

$$=8\sqrt{2}a^4\cdot\left(\frac{4}{5}\cdot\frac{2}{3}\cdot 1\right)=\frac{64\sqrt{2}a^4}{15}。$$

例 3　求均匀曲面 $z=\sqrt{a^2-x^2-y^2}$ 质心的坐标。

解　设面密度 $\mu=1$。由 Σ 的对称性知：$\bar{x}=\bar{y}=0$，$\bar{z}=\dfrac{\iint\limits_{\Sigma}z\,\mathrm{d}S}{\iint\limits_{\Sigma}\mathrm{d}S}$。

Σ 的方程：$z=\sqrt{a^2-x^2-y^2}$，$\mathrm{d}S=\sqrt{1+\left(\frac{\partial z}{\partial x}\right)^2+\left(\frac{\partial z}{\partial y}\right)^2}\mathrm{d}x\mathrm{d}y=\dfrac{a}{\sqrt{a^2-x^2-y^2}}\mathrm{d}x\mathrm{d}y$。

Σ 在 xOy 面上的投影区域：D_{xy}：$x^2+y^2\leqslant a^2$。

$$\iint\limits_{\Sigma}z\,\mathrm{d}S=\iint\limits_{D_{xy}}\sqrt{a^2-x^2-y^2}\,\frac{a}{\sqrt{a^2-x^2-y^2}}\mathrm{d}x\mathrm{d}y=a\iint\limits_{D_{xy}}\mathrm{d}x\mathrm{d}y=\pi a^3,$$

$$\iint\limits_{\Sigma}\mathrm{d}S=S(\Sigma)=\frac{4\pi a^2}{2}=2\pi a^2,$$

故 $\bar{z}=\dfrac{a}{2}$，质心 $\left(0,0,\dfrac{a}{2}\right)$。

例 4　求面密度为 μ_0 的均匀半球壳 $x^2+y^2+z^2=a^2(z\geqslant 0)$ 对于 z 轴的转动惯量。

解　在 Σ 上任取含有 $M(x,y,z)$ 的一小微块 $\mathrm{d}S$，则其质量为 $\mathrm{d}m=\mu_0\mathrm{d}S$，将 $\mathrm{d}m$ 集中在 M 处化为质点 $M(\mathrm{d}m)$，质点 $M(\mathrm{d}m)$ 对 z 轴的转动惯量为 $\mathrm{d}I_z=(x^2+y^2)\mathrm{d}m=\mu_0(x^2+y^2)\mathrm{d}S$，于是 $I_z=\iint\limits_{\Sigma}\mu_0(x^2+y^2)\mathrm{d}S$，$\Sigma$ 的方程：$z=\sqrt{a^2-x^2-y^2}$，$\mathrm{d}S=\sqrt{1+\left(\frac{\partial z}{\partial x}\right)^2+\left(\frac{\partial z}{\partial y}\right)^2}\mathrm{d}x\mathrm{d}y=\dfrac{a}{\sqrt{a^2-x^2-y^2}}\mathrm{d}x\mathrm{d}y$，$\Sigma$ 在 xOy 面上的投影区域：D_{xy}：$x^2+y^2\leqslant a^2$。

$$I_z=\mu_0\int_0^{2\pi}\mathrm{d}\theta\int_0^a\frac{a\rho^3\mathrm{d}\rho}{\sqrt{a^2-\rho^2}}$$

$$=-\mu_0 a\pi\left[\int_0^a-(a^2-\rho^2)^{\frac{1}{2}}\mathrm{d}(a^2-\rho^2)+a^2\int_0^a(a^2-\rho^2)^{-\frac{1}{2}}\mathrm{d}(a^2-\rho^2)\right]$$

$$=\frac{4\pi\mu_0 a^4}{3}。$$

例 5　设半径为 R 的球面 Σ 的球心在定球面 $x^2+y^2+z^2=a^2(a>0)$ 上，问当 R 取何值时，球面 Σ 在定球面内部的那部分面积最大？

解　由对称性不妨设球面 Σ 的球心是 $(0,0,a)$。于是球面 Σ 方程为 $x^2+y^2+(z-a)^2=R^2$。球面 $x^2+y^2+(z-a)^2=R^2$ 与球面 $x^2+y^2+z^2=a^2$ 的交线 Γ 在 xOy 面上的投影柱面为 $x^2+y^2=R^2-\frac{R^4}{4a^2}$，则 Γ 在 xOy 面上的投影区域为 D_{xy}：$x^2+y^2\leqslant R^2-\frac{R^4}{4a^2}$。$\Sigma$ 的方程：$z=a-\sqrt{a^2-x^2-y^2}$，$\mathrm{d}S=\sqrt{1+(z_x)^2+(z_y)^2}\,\mathrm{d}x\mathrm{d}y=\frac{R}{\sqrt{R^2-x^2-y^2}}\mathrm{d}x\mathrm{d}y$。

$$S(R)=\iint_{\Sigma}\mathrm{d}S\left(\text{记 } b^2=R^2-\frac{R^4}{4a^2}\right)$$

$$=R\int_0^{2\pi}\mathrm{d}\theta\int_0^b\frac{\rho\mathrm{d}\rho}{\sqrt{R^2-\rho^2}}=-\pi R\int_0^b(R^2-\rho^2)^{-\frac{1}{2}}\mathrm{d}(R^2-\rho^2)$$

$$=-2\pi R\sqrt{R^2-\rho^2}\Big|_0^b\left(\text{代入 } b^2=R^2-\frac{R^4}{4a^2}\right)=2\pi R^2-\frac{\pi R^3}{a}。$$

$$S'(R)=4\pi R-\frac{3\pi R^2}{a}\overset{\text{令}}{=}0，\text{得 } R=\frac{4a}{3}。$$

又 $S(0)=S(2a)=0$，所以当 $R=\frac{4a}{3}$ 时，$S(R)$ 取最大值。即当 $R=\frac{4a}{3}$ 时，球面 Σ 在定球面内部的那部分面积最大。

例 6　设 S 为椭球面 $\frac{x^2}{2}+\frac{y^2}{2}+z^2=1$ 的上半部分，点 $P(x,y,z)\in S$，π 为 S 在 P 点处的切平面，$\rho(x,y,z)$ 为点 $O(0,0,0)$ 到平面 π 的距离，求 $\iint_S\frac{z}{\rho(x,y,z)}\mathrm{d}S$。

解　在点 P 处 S 的法向量 $\boldsymbol{n}=\{x,y,2z\}$，则切平面 π 的方程：$x(X-x)+y(Y-y)+2z(Z-z)=0$，$xX+yY+2zZ-2=0$。其中 $x^2+y^2+2z^2=2$。

$$\rho(x,y,z)=\frac{|x\cdot 0+y\cdot 0+2z\cdot 0-2|}{|\boldsymbol{n}|}=\frac{2}{\sqrt{x^2+y^2+4z^2}},$$

$$\mathrm{d}S=\sqrt{1+(z_x)^2+(z_y)^2}\,\mathrm{d}x\mathrm{d}y=\frac{\sqrt{x^2+y^2+4z^2}}{2z}\mathrm{d}x\mathrm{d}y。$$

S 在 xOy 面上的投影区域：D_{xy}：$x^2+y^2\leqslant 2$。

$$I=\iint_S\frac{z}{\rho(x,y,z)}\mathrm{d}S=\iint_D\left[\left(\frac{z\sqrt{x^2+y^2+4z^2}}{2}\right)\right]\cdot\left(\frac{\sqrt{x^2+y^2+4z^2}}{2z}\right)\mathrm{d}x\mathrm{d}y$$

$$=\frac{1}{4}\iint_{D_{xy}}(4-x^2-y^2)\mathrm{d}x\mathrm{d}y=\frac{1}{4}\int_0^{2\pi}\mathrm{d}\theta\int_0^{\sqrt{2}}(4-\rho^2)\rho\mathrm{d}\rho$$

$$=\frac{1}{4}\cdot 2\pi\left[2\rho^2-\frac{\rho^4}{4}\right]_0^{\sqrt{2}}=\frac{3\pi}{2}。$$

第五节　对坐标的曲面积分

问题 158　对坐标的曲面积分的物理意义是什么？如何计算？(参见文献[4])

物理意义：设稳定流动的不可压缩液体(假定密度为 1)的速度场由

$$\boldsymbol{v}(x,y,z)=P(x,y,z)\boldsymbol{i}+Q(x,y,z)\boldsymbol{j}+R(x,y,z)\boldsymbol{k}$$

给出，Σ 是速度场中的一片有向曲面，函数 $P(x,y,z)$，$Q(x,y,z)$，$R(x,y,z)$ 都在 Σ 上连续，则 $\iint\limits_{\Sigma}P(x,y,z)\mathrm{d}y\mathrm{d}z+Q(x,y,z)\mathrm{d}z\mathrm{d}x+R(x,y,z)\mathrm{d}x\mathrm{d}y$ 表示流向 Σ 指定侧的液体的质量，或称为流量 $\Phi=\iint\limits_{\Sigma}P\mathrm{d}y\mathrm{d}z+Q\mathrm{d}z\mathrm{d}x+R\mathrm{d}x\mathrm{d}y$。

若 $P(x,y,z)\boldsymbol{i}+Q(x,y,z)\boldsymbol{j}+R(x,y,z)\boldsymbol{k}$ 表示电场或磁场，则 $\iint\limits_{\Sigma}P(x,y,z)\mathrm{d}y\mathrm{d}z+Q(x,y,z)\mathrm{d}z\mathrm{d}x+R(x,y,z)\mathrm{d}x\mathrm{d}y$ 表示为电通量或磁通量。求流量或通量就是计算对坐标的曲面积分 $\iint\limits_{\Sigma}P\mathrm{d}y\mathrm{d}z+Q\mathrm{d}z\mathrm{d}x+R\mathrm{d}x\mathrm{d}y$。

计算方法：对坐标的曲面积分的基本算法是将其化为二重积分计算，必须熟练掌握。有两种方法：

方法一：这种方法是把它分成三项之和，然后逐项进行计算。计算时，先从有向曲面 Σ 的方程中按顺序分别解出 x,y,z，称为"一解"。将其分别代入 $P(x,y,z)$，$Q(x,y,z)$，$R(x,y,z)$ 中去，化为二元函数，称为"二代"。逐项地把有向曲面 Σ 按顺序投影到不同的坐标面 yOz，zOx，xOy 上，称为"三投"。按顺序考虑有向曲面 Σ 的侧，第一项前侧取"+"号，后侧取"−"号；第二项右侧取"+"号，左侧取"−"号；第三项上侧取"+"号，下侧取"−"号，称为"四定号"。简记为"一解、二代、三投、四定号"，则将对坐标的曲面积分化为二重积分。

方法二：这种方法是避开了方法一中从 Σ 的方程中按顺序分别解出 x,y,z 及将有向曲面按顺序分别向 yOz，zOx，xOy 三个不同坐标面投影；同时也避开了投影时涉及有向曲面 Σ 的前后、左右、上下侧的问题。

若将 Σ 向 xOy 面上投影化为二重积分计算简单。则从 Σ 方程中解出 $z=z(x,y)$，并设有向曲面 Σ 在 xOy 面上的投影区域为 D_{xy}，则有公式

$$\iint\limits_{\Sigma}P(x,y,z)\mathrm{d}y\mathrm{d}z+Q(x,y,z)\mathrm{d}z\mathrm{d}x+R(x,y,z)\mathrm{d}x\mathrm{d}y$$

$$=(\pm)\iint\limits_{D_{xy}}\left[P(x,y,z(x,y))\left(-\frac{\partial z}{\partial x}\right)+Q(x,y,z(x,y))\left(-\frac{\partial z}{\partial y}\right)+R(x,y,z(x,y))\right]\mathrm{d}x\mathrm{d}y,\quad(\text{Ⅰ})$$

其中当 Σ 取上侧时式(Ⅰ)右边取"+"号，当 Σ 取下侧时式(Ⅰ)右边取"−"号。称方法二为"公式法"。请读者写出将 Σ 向 xOz 面或 yOz 面投影的"公式法"(参见文献[22])。

例 1　计算下列对坐标的曲面积分：

(1) $\iint\limits_{\Sigma}z\mathrm{d}x\mathrm{d}y+x\mathrm{d}y\mathrm{d}z+y\mathrm{d}z\mathrm{d}x$，其中 Σ 为柱面 $x^2+y^2=1$ 被平面 $z=0$ 及 $z=3$ 所截

得的在第一卦限内的部分的前侧；

(2) $\oiint\limits_{\Sigma} xz\mathrm{d}x\mathrm{d}y + xy\mathrm{d}y\mathrm{d}z + yz\mathrm{d}z\mathrm{d}x$，其中 Σ 为平面 $x=0, y=0, z=0, x+y+z=1$ 所围成的空间区域的整个边界曲面的外侧。

(3) $\iint\limits_{\Sigma}(y^2-z)\mathrm{d}y\mathrm{d}z+(z^2-x)\mathrm{d}z\mathrm{d}x+(x^2-y)\mathrm{d}x\mathrm{d}y$，其中 Σ 为锥面 $z=\sqrt{x^2+y^2}$ $(0\leqslant z\leqslant h)$ 的外侧。

解　(1) 化为标准型：$\iint\limits_{\Sigma} x\mathrm{d}y\mathrm{d}z + y\mathrm{d}z\mathrm{d}x + z\mathrm{d}x\mathrm{d}y$，$P(x,y,z)=x$，$Q(x,y,z)=y$，$R(x,y,z)=z$。

$\iint\limits_{\Sigma} x\mathrm{d}y\mathrm{d}z$：从 Σ 方程 $x^2+y^2=1$ 解出 $x=\sqrt{1-y^2}$（因为是前侧，因此取＋号），Σ 在 yOz 面上的投影域为 D_{yz}：$0\leqslant y\leqslant 1, 0\leqslant z\leqslant 3$。所以

$$\iint\limits_{\Sigma} x\mathrm{d}y\mathrm{d}z = +\iint\limits_{D_{yz}}\sqrt{1-y^2}\,\mathrm{d}y\mathrm{d}z=\int_0^3\mathrm{d}z\int_0^1\sqrt{1-y^2}\,\mathrm{d}y=\frac{3\pi}{4}。$$

$\iint\limits_{\Sigma} y\mathrm{d}z\mathrm{d}x$：$y=\sqrt{1-x^2}$，$\Sigma$ 在 xOz 面上的投影域为 D_{xz}：$0\leqslant x\leqslant 1, 0\leqslant z\leqslant 3$，右侧取＋号。得

$$\iint\limits_{\Sigma} y\mathrm{d}z\mathrm{d}x=\iint\limits_{D_{xz}}\sqrt{1-x^2}\,\mathrm{d}z\mathrm{d}x=\iint\limits_{D_{yz}}\sqrt{1-y^2}\,\mathrm{d}y\mathrm{d}z=\frac{3\pi}{4}。$$

$\iint\limits_{\Sigma} z\mathrm{d}x\mathrm{d}y$：因为 Σ：$x^2+y^2=1$ 垂直于 xOy 面，所以 Σ 在 xOy 面上的投影为圆周曲线，则 $\mathrm{d}x\mathrm{d}y=0$，故

$$\iint\limits_{\Sigma} z\mathrm{d}x\mathrm{d}y=0。$$

$$\iint\limits_{\Sigma} x\mathrm{d}y\mathrm{d}z+y\mathrm{d}z\mathrm{d}x+z\mathrm{d}x\mathrm{d}y=\frac{3\pi}{4}+\frac{3\pi}{4}=\frac{3\pi}{2}。$$

(2) 化为标准型：$\oiint\limits_{\Sigma} xy\mathrm{d}y\mathrm{d}z+yz\mathrm{d}z\mathrm{d}x+xz\mathrm{d}x\mathrm{d}y$，$P(x,y,z)=xy$，$Q(x,y,z)=yz$，$R(x,y,z)=xz$。画出 Σ 的图形（图 11-7）。由图可知：$\Sigma=\Sigma_1+\Sigma_2+\Sigma_3+\Sigma_4$。$\Sigma_1$ 方程：$z=0$，因此 $\iint\limits_{\Sigma_1} xz\mathrm{d}x\mathrm{d}y=0$，$\iint\limits_{\Sigma_1} yz\mathrm{d}z\mathrm{d}x=0$。又 $\Sigma_1\perp yOz$ 平面，因此 $\iint\limits_{\Sigma_1} xy\mathrm{d}y\mathrm{d}z=0$，因此 $\iint\limits_{\Sigma_1} xy\mathrm{d}y\mathrm{d}z+yz\mathrm{d}z\mathrm{d}x+xz\mathrm{d}x\mathrm{d}y=0$。

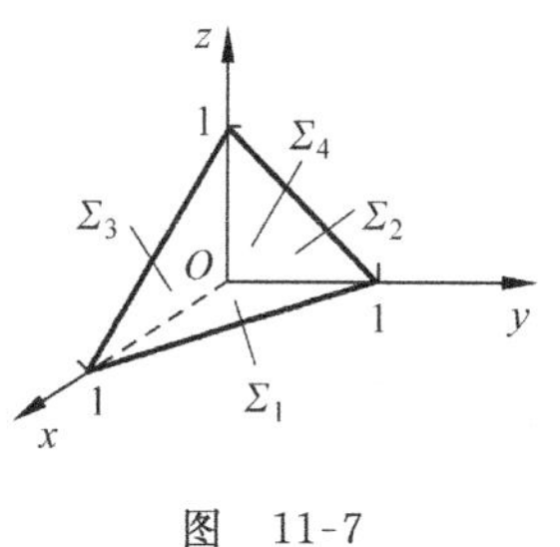

图　11-7

同理可得：$\iint\limits_{\Sigma_2} xy\mathrm{d}y\mathrm{d}z+yz\mathrm{d}z\mathrm{d}x+xz\mathrm{d}x\mathrm{d}y=0$，

$$\iint\limits_{\Sigma_3} xy\mathrm{d}y\mathrm{d}z+yz\mathrm{d}z\mathrm{d}x+xz\mathrm{d}x\mathrm{d}y=0。$$

Σ_4 方程：$x+y+z=1$，所以 $\boldsymbol{n}^\circ=\left\{\frac{1}{\sqrt{3}},\frac{1}{\sqrt{3}},\frac{1}{\sqrt{3}}\right\}\Leftrightarrow$｛前侧，右侧，上侧｝。

$\iint\limits_{\Sigma_4}xy\,\mathrm{d}y\mathrm{d}z$：$x=1-y-z$，$\Sigma_4$ 在 yOz 面上的投影域 D_{yz}：$0\leqslant y\leqslant 1,0\leqslant z\leqslant 1-y$，前侧取＋号，得 $\iint\limits_{\Sigma_4}xy\,\mathrm{d}y\mathrm{d}z=\iint\limits_{D_{yz}}y(1-y-z)\mathrm{d}y\mathrm{d}z$。以此类推，得 $\iint\limits_{\Sigma_4}yz\,\mathrm{d}z\mathrm{d}x=\iint\limits_{D_{zx}}z(1-x-z)\mathrm{d}z\mathrm{d}x$，$\iint\limits_{\Sigma_4}xz\,\mathrm{d}x\mathrm{d}y=\iint\limits_{D_{xy}}x(1-x-y)\mathrm{d}x\mathrm{d}y$。$\Sigma_4$ 在 xOy 面上的投影 D_{xy}：$0\leqslant x\leqslant 1,0\leqslant y\leqslant 1-x$，所以

$$\iint\limits_{\Sigma_4}xy\,\mathrm{d}y\mathrm{d}z+yz\,\mathrm{d}z\mathrm{d}x+xz\,\mathrm{d}x\mathrm{d}y=3\iint\limits_{D_{xy}}x(1-x-y)\mathrm{d}x\mathrm{d}y=3\int_0^1x\mathrm{d}x\int_0^{1-x}(1-x-y)\mathrm{d}y$$

$$=3\int_0^1\left(\frac{x}{2}-x^2+\frac{x^3}{2}\right)\mathrm{d}x=\frac{1}{8}。$$

综上可知，$\oiint\limits_{\Sigma}xy\,\mathrm{d}y\mathrm{d}z+yz\,\mathrm{d}z\mathrm{d}x+xz\,\mathrm{d}x\mathrm{d}y=\frac{1}{8}+0+0+0=\frac{1}{8}$。

(3) 因为 Σ 关于 yOz 平面和 xOz 平面对称，又 $P(x,y,z)=y^2-z$ 是 x 的偶函数，$Q(x,y,z)=z^2-x$ 是 y 的偶函数，考虑曲面的侧，故有 $\iint\limits_{\Sigma}(y^2-z)\mathrm{d}y\mathrm{d}z=0$，$\iint\limits_{\Sigma}(z^2-x)\mathrm{d}z\mathrm{d}x=0$。

$$原式=\iint\limits_{\Sigma}(x^2-y)\mathrm{d}x\mathrm{d}y(\Sigma 在 xOy 面上的投影域为 D_{xy}：x^2+y^2\leqslant h^2)$$

$$=-\iint\limits_{D_{xy}}(x^2-y)\mathrm{d}x\mathrm{d}y\left(由于\iint\limits_{D_{xy}}y\,\mathrm{d}x\mathrm{d}y=0，利用轮换对称性\right)$$

$$=-\frac{1}{2}\iint\limits_{D_{xy}}(x^2+y^2)\mathrm{d}x\mathrm{d}y=-\frac{1}{2}\int_0^{2\pi}\mathrm{d}\theta\int_0^h\rho^3\mathrm{d}\rho=-\frac{\pi}{4}\rho^4\Big|_0^h=-\frac{\pi h^4}{4}。$$

问题 159　两类曲面积分之间有什么联系？什么样的对坐标的曲面积分化为对面积的曲面积分计算简单？

设有向曲面 Σ 由方程 $F(x,y,z)$ 给出，$\boldsymbol{n}^\circ=\{\cos\alpha,\cos\beta,\cos\gamma\}$，是 Σ 的正向单位法向量（即与 Σ 指定侧方向一致的方向），此时，$\mathrm{d}y\mathrm{d}z=\cos\alpha\mathrm{d}S$，$\mathrm{d}z\mathrm{d}x=\cos\beta\mathrm{d}S$，$\mathrm{d}x\mathrm{d}y=\cos\gamma\mathrm{d}S$，则有 $\iint\limits_{\Sigma}P(x,y,z)\mathrm{d}y\mathrm{d}z+Q(x,y,z)\mathrm{d}z\mathrm{d}x+R(x,y,z)\mathrm{d}x\mathrm{d}y=\iint\limits_{\Sigma}(P\cos\alpha+Q\cos\beta+R\cos\gamma)\mathrm{d}S$。

若积分曲面 Σ 为平面或球面时，化为对面积的曲面积分计算简单。这是因为 Σ：$Ax+By+Cz+D=0$，则 $\boldsymbol{n}^\circ=\{\cos\alpha,\cos\beta,\cos\gamma\}$，其中 $\cos\alpha=\frac{A}{\sqrt{A^2+B^2+C^2}}$，$\cos\beta=\frac{B}{\sqrt{A^2+B^2+C^2}}$，$\cos\gamma=\frac{C}{\sqrt{A^2+B^2+C^2}}$。若 Σ 方程：$x^2+y^2+z^2=R^2$，$\forall M(x,y,z)\in\Sigma$，在 M 点处单位法向量 $\boldsymbol{n}^\circ=\left\{\frac{x}{R},\frac{y}{R},\frac{z}{R}\right\}$，即 $\cos\alpha=\frac{x}{R}$，$\cos\beta=\frac{y}{R}$，$\cos\gamma=\frac{z}{R}$。

例 2　把对坐标的曲面积分 $\iint\limits_{\Sigma}P(x,y,z)\mathrm{d}y\mathrm{d}z+Q(x,y,z)\mathrm{d}z\mathrm{d}x+R(x,y,z)\mathrm{d}x\mathrm{d}y$ 化成

对面积的曲面积分，其中：

(1) Σ 是平面 $3x+2y+2\sqrt{3}z=6$ 在第一卦限内的部分的上侧；

(2) Σ 是抛物面 $z=8-(x^2+y^2)$ 在 xOy 面上方的部分的上侧。

解　(1) 因为 Σ 是平面取上侧，所以 $\boldsymbol{n}^\circ=\left\{\frac{3}{5},\frac{2}{5},\frac{2\sqrt{3}}{5}\right\}$，即 $\cos\alpha=\frac{3}{5}$，$\cos\beta=\frac{2}{5}$，$\cos\gamma=\frac{2\sqrt{3}}{5}$。于是 $\iint\limits_{\Sigma}P(x,y,z)\mathrm{d}y\mathrm{d}z+Q(x,y,z)\mathrm{d}z\mathrm{d}x+R(x,y,z)\mathrm{d}x\mathrm{d}y=\iint\limits_{\Sigma}(P\cos\alpha+Q\cos\beta+R\cos\gamma)\mathrm{d}S=\iint\limits_{\Sigma}\left(\frac{3P}{5}+\frac{2Q}{5}+\frac{2\sqrt{3}R}{5}\right)\mathrm{d}S$。

(2) 因为 Σ：$z=8-(x^2+y^2)$ 在 xOy 面上方的部分取上侧，则其单位法向量为 $\boldsymbol{n}^\circ=\frac{\{-z_x,-z_y,1\}}{|\boldsymbol{n}|}=\frac{\{2x,2y,1\}}{|\boldsymbol{n}|}$，所以 $\cos\alpha=\frac{2x}{\sqrt{1+4x^2+4y^2}}$，$\cos\beta=\frac{2y}{\sqrt{1+4x^2+4y^2}}$，$\cos\gamma=\frac{1}{\sqrt{1+4x^2+4y^2}}$。于是 $\iint\limits_{\Sigma}P\mathrm{d}y\mathrm{d}z+Q\mathrm{d}z\mathrm{d}x+R\mathrm{d}x\mathrm{d}y=\iint\limits_{\Sigma}\frac{2xP+2yQ+R}{\sqrt{1+4x^2+4y^2}}\mathrm{d}S$。

例 3　计算下列对坐标的曲面积分：

(1) $\iint\limits_{\Sigma}[f(x,y,z)+x]\mathrm{d}y\mathrm{d}z+[2f(x,y,z)+y]\mathrm{d}z\mathrm{d}x+[f(x,y,z)+z]\mathrm{d}x\mathrm{d}y$，其中 Σ 是平面 $x-y+z=1$ 在第四卦限部分的上侧，$f(x,y,z)$ 为连续函数；

(2) $\iint\limits_{\Sigma}x\mathrm{d}y\mathrm{d}z+y\mathrm{d}z\mathrm{d}x+z\mathrm{d}x\mathrm{d}y$，其中 Σ 为半球面 $z=\sqrt{R^2-x^2-y^2}$ 的上侧。

解　(1) 因为 Σ 是平面，所以化为对面积的曲面积分计算简单。Σ 的方程：$x-y+z=1$，因为取上侧，所以 $\boldsymbol{n}^\circ=\left\{\frac{1}{\sqrt{3}},-\frac{1}{\sqrt{3}},\frac{1}{\sqrt{3}}\right\}$，即 $\cos\alpha=\frac{1}{\sqrt{3}}$，$\cos\beta=-\frac{1}{\sqrt{3}}$，$\cos\gamma=\frac{1}{\sqrt{3}}$。所以

$$\begin{aligned}&\iint\limits_{\Sigma}[f(x,y,z)+x]\mathrm{d}y\mathrm{d}z+[2f(x,y,z)+y]\mathrm{d}z\mathrm{d}x+[f(x,y,z)+z]\mathrm{d}x\mathrm{d}y\\&=\iint\limits_{\Sigma}\{[f(x,y,z)+x]\cos\alpha+[2f(x,y,z)+y]\cos\beta+[f(x,y,z)+z]\cos\gamma\}\mathrm{d}S\\&=\frac{1}{\sqrt{3}}\iint\limits_{\Sigma}(x-y+z)\mathrm{d}S=\frac{1}{\sqrt{3}}\iint\limits_{\Sigma}\mathrm{d}S=\frac{1}{\sqrt{3}}S(\Sigma)=\frac{1}{2}。\end{aligned}$$

$\Bigg($因为 $S(\Sigma)$ 是边长为 $\sqrt{2}$ 的等边三角形面积 $S(\Sigma)=\frac{1}{2}(\sqrt{2})^2\sin 60^\circ=\frac{\sqrt{3}}{2}$ 或 $\mathrm{d}S=\sqrt{3}\,\mathrm{d}x\mathrm{d}y$，所以 $\iint\limits_{\Sigma}\mathrm{d}S=\sqrt{3}\iint\limits_{D_{xy}}\mathrm{d}x\mathrm{d}y=\frac{\sqrt{3}}{2}\Bigg)$，故 $I=\frac{1}{2}$。

(2) 因为 Σ 是球面，所以化为对面积的曲面积分计算简单。因为 $z=\sqrt{R^2-x^2-y^2}$，所以 $\boldsymbol{n}^\circ=\left\{\frac{x}{R},\frac{y}{R},\frac{z}{R}\right\}$，即 $\cos\alpha=\frac{x}{R}$，$\cos\beta=\frac{y}{R}$，$\cos\gamma=\frac{z}{R}$。所以

$$\begin{aligned}&\iint\limits_{\Sigma}x\mathrm{d}y\mathrm{d}z+y\mathrm{d}z\mathrm{d}x+z\mathrm{d}x\mathrm{d}y=\iint\limits_{\Sigma}(x\cos\alpha+y\cos\beta+z\cos\gamma)\mathrm{d}S\\&=\iint\limits_{\Sigma}\left[\frac{x^2}{R}+\frac{y^2}{R}+\frac{z^2}{R}\right]\mathrm{d}S=R\iint\limits_{\Sigma}\mathrm{d}S=R\cdot S(\Sigma)=R\cdot\frac{1}{2}\cdot 4\pi R^2=2\pi R^3。\end{aligned}$$

第六节　高斯公式　*通量与散度

问题 160　在什么条件下，对坐标的非闭曲面积分的三种算法是什么？对坐标的闭曲面积分能有多少种算法？（参见文献[4]）

1. 对坐标的非闭曲面积分的计算方法

在二维单连通区域 G 内恒有 $\frac{\partial P}{\partial x}+\frac{\partial Q}{\partial y}+\frac{\partial R}{\partial z}=0$ 时，至多有三种计算方法：

(1) 基本算法：化为二重积分计算，一解、二代、三投、四定号法（包括化为对面积的曲面积分、公式法）必须掌握；

(2) 定理 1：应用高斯公式（注意条件），化非闭曲面为闭曲面外侧；

(3) 定理 2：自选曲面法（注意自选曲面与原来曲面具有相同的侧），如例 6。

若 $\frac{\partial P}{\partial x}+\frac{\partial Q}{\partial y}+\frac{\partial R}{\partial z}\neq 0$ 时，至多有两种作法，即上面的(1)(2)，但(2)为最佳作法，如例 2。

2. 对坐标的闭曲面积分的计算方法至多有两种做法：

(1) 基本算法是化为二重积分计算（包括化为对面积的曲面积分、公式法、轮换对称性等），必须掌握；

(2) 应用高斯公式计算，这是最佳做法（参见文献[4]）。

例 1　利用高斯公式计算曲面积分：

(1) $\oint\!\!\!\oint_{\Sigma} x^3\mathrm{d}y\mathrm{d}z+y^3\mathrm{d}z\mathrm{d}x+z^3\mathrm{d}x\mathrm{d}y$，其中 Σ 为球面 $x^2+y^2+z^2=a^2$ 的外侧；

(2) $\oint\!\!\!\oint_{\Sigma} xz^2\mathrm{d}y\mathrm{d}z+(x^2y-z^3)\mathrm{d}z\mathrm{d}x+(2xy+y^2z)\mathrm{d}x\mathrm{d}y$，其中 Σ 为上半球体 $0\leqslant z\leqslant\sqrt{a^2-x^2-y^2}$，$x^2+y^2\leqslant a^2$ 的表面的外侧。

解　(1) 因为 $P(x,y,z)=x^3$，$Q(x,y,z)=y^3$，$R(x,y,z)=z^3$ 在 R^3 内具有一阶连续偏导数，Σ 为闭曲面外侧。

$$\text{原式}=\iiint_{\Omega}\left(\frac{\partial P}{\partial x}+\frac{\partial Q}{\partial y}+\frac{\partial R}{\partial z}\right)\mathrm{d}V=\iiint_{\Omega}3(x^2+y^2+z^2)\mathrm{d}V$$

$$=3\int_0^{2\pi}\mathrm{d}\theta\int_0^{\pi}\sin\varphi\mathrm{d}\varphi\int_0^a r^2\cdot r^2\mathrm{d}r=3\cdot 2\pi\cdot 2\cdot\frac{a^5}{5}=\frac{12\pi a^5}{5}。$$

学生作业中常见的错误做法：

原式 $=3\iiint_{\Omega}(x^2+y^2+z^2)\mathrm{d}V=3\iiint_{\Omega}a^2\mathrm{d}V=3a^2V(\Omega)=3a^2\cdot\frac{4\pi a^3}{3}=4\pi a^5$，请指出为什么错？

(2) $P=xz^2$，$Q=(x^2y-z^3)$，$R=2xy+y^2z$，在 R^3 内具有一阶连续偏导数，Σ 为闭曲面外侧。$\frac{\partial P}{\partial x}+\frac{\partial Q}{\partial y}+\frac{\partial R}{\partial z}=z^2+x^2+y^2$。

$$原式=\iiint\limits_{\Omega}(z^2+x^2+y^2)\mathrm{d}V=\int_0^{2\pi}\mathrm{d}\theta\int_0^{\frac{\pi}{2}}\sin\varphi\mathrm{d}\varphi\int_0^a r^4\mathrm{d}r=\frac{2\pi a^5}{5}。$$

例 2　求 $I=\iint\limits_{\Sigma}(x^3+az^2)\mathrm{d}y\mathrm{d}z+(y^3+ax^2)\mathrm{d}z\mathrm{d}x+(z^3+ay^2)\mathrm{d}x\mathrm{d}y$，其中 Σ 为上半球面 $z=\sqrt{a^2-x^2-y^2}$ 的上侧。

解　$P(x,y,z)=x^3+az^2,Q(x,y,z)=y^3+ax^2,R(x,y,z)=z^3+ay^2$ 在 R^3 内具有一阶连续偏导数，但 Σ 为非闭曲面。又化为二重积分计算繁琐，故采用化非闭曲面为闭曲面外侧。为此添加曲面 Σ_1：$z=0$ 取下侧，记 $S=\Sigma+\Sigma_1$ 为闭曲面外侧。

$$\begin{aligned}原式&=\left(\oiint\limits_{S}-\iint\limits_{\Sigma_1}\right)[(x^3+az^2)\mathrm{d}y\mathrm{d}z+(y^3+ax^2)\mathrm{d}z\mathrm{d}x+(z^3+ay^2)\mathrm{d}x\mathrm{d}y]\\&=\iiint\limits_{\Omega}\left(\frac{\partial P}{\partial x}+\frac{\partial Q}{\partial y}+\frac{\partial R}{\partial z}\right)\mathrm{d}V-\iint\limits_{\Sigma_1}=\iiint\limits_{\Omega}3(x^2+y^2+z^2)\mathrm{d}V-\iint\limits_{\Sigma_1},\end{aligned}$$

上式中记 $\iint\limits_{\Sigma_1}=\iint\limits_{\Sigma_1}(x^3+az^2)\mathrm{d}y\mathrm{d}z+(y^3+ax^2)\mathrm{d}z\mathrm{d}x+(z^3+ay^2)\mathrm{d}x\mathrm{d}y$。因为 Σ_1 的方程：$z=0$，取下侧。又 $\Sigma_1\perp yOz$ 面，所以 $\iint\limits_{\Sigma_1}(x^3+az^2)\mathrm{d}y\mathrm{d}z=0$。又 $\Sigma_1\perp xOz$ 面，因此 $\iint\limits_{\Sigma_1}(y^3+ax^2)\mathrm{d}z\mathrm{d}x=0$，而

$$\begin{aligned}\iint\limits_{\Sigma_1}(z^3+ay^2)\mathrm{d}x\mathrm{d}y&=-\iint\limits_{D_{xy}}(0+ay^2)\mathrm{d}x\mathrm{d}y=-\frac{a}{2}\iint\limits_{D_{xy}}(x^2+y^2)\mathrm{d}x\mathrm{d}y（轮换对称性）\\&=-\frac{a}{2}\int_0^{2\pi}\mathrm{d}\theta\int_0^a\rho^3\mathrm{d}\rho=-\frac{\pi a^5}{4}。\end{aligned}$$

$$原式=3\int_0^{2\pi}\mathrm{d}\theta\int_0^{\frac{\pi}{2}}\sin\varphi\mathrm{d}\varphi\int_0^a r^4\mathrm{d}r+\frac{\pi a^5}{4}=\frac{6\pi a^5}{5}+\frac{\pi a^5}{4}=\frac{29\pi a^5}{20}。$$

例 3　求向量 $\boldsymbol{A}=x\boldsymbol{i}+y\boldsymbol{j}+z\boldsymbol{k}$ 通过闭区域 $\Omega=\{(x,y,z)\mid 0\leqslant x\leqslant 1,0\leqslant y\leqslant 1,0\leqslant z\leqslant 1\}$ 的边界曲面流向外侧的通量。

分析　求通量 Φ 就是计算对坐标的曲面积分 $\oiint\limits_{\Sigma}\boldsymbol{A}\cdot\mathrm{d}\boldsymbol{S}=\oiint\limits_{\Sigma}x\mathrm{d}y\mathrm{d}z+y\mathrm{d}z\mathrm{d}x+z\mathrm{d}x\mathrm{d}y$。

解　设 Σ 为 Ω 的整个边界曲面，且取外侧。

$$\begin{aligned}通量\ \Phi&=\oiint\limits_{\Sigma}x\mathrm{d}y\mathrm{d}z+y\mathrm{d}z\mathrm{d}x+z\mathrm{d}x\mathrm{d}y（利用高斯公式计算简单）\\&=\iiint\limits_{\Omega}3\mathrm{d}V=3V(\Omega)=3。\end{aligned}$$

问题 161　什么叫散度？

散度：在空间直角坐标系，设有向量场 $\boldsymbol{A}(x,y,z)=P(x,y,z)\boldsymbol{i}+Q(x,y,z)\boldsymbol{j}+R(x,y,z)\boldsymbol{k}$，则数量函数 $\frac{\partial P}{\partial x}+\frac{\partial Q}{\partial y}+\frac{\partial R}{\partial z}$ 称为向量场 $\boldsymbol{A}(x,y,z)$ 在点 (x,y,z) 处的散度，记为 $\mathrm{div}\boldsymbol{A}=\frac{\partial P}{\partial x}+\frac{\partial Q}{\partial y}+\frac{\partial R}{\partial z}$。

例 4　求下列向量 $\boldsymbol{A}$ 穿过曲面 Σ 流向指定侧的通量：

$\boldsymbol{A}=(2x+3z)\boldsymbol{i}-(xz+y)\boldsymbol{j}+(y^2+2z)\boldsymbol{k}$，$\Sigma$ 是以点$(3,-1,2)$为球心，半径 $R=3$ 的球面，流向外侧。

分析 求向量 $\boldsymbol{A}$ 穿过曲面 Σ 流向指定侧的通量，就是计算对坐标的曲面积分 $\Phi=\iint\limits_{\Sigma}\boldsymbol{A}\cdot\boldsymbol{n}^{\circ}\mathrm{d}S$。

解 通量
$$\Phi=\iint\limits_{\Sigma}\boldsymbol{A}\cdot\mathrm{d}\boldsymbol{S}$$
$$=\iint\limits_{\Sigma}(2x+3z)\mathrm{d}y\mathrm{d}z-(xz+y)\mathrm{d}z\mathrm{d}x+(y^2+2z)\mathrm{d}x\mathrm{d}y$$
(其中 $\mathrm{d}\boldsymbol{S}=\{\mathrm{d}y\mathrm{d}z,\mathrm{d}z\mathrm{d}x,\mathrm{d}x\mathrm{d}y\}$)
$$=\iiint\limits_{\Omega}\left[\frac{\partial}{\partial x}(2x+3z)+\frac{\partial}{\partial y}(-(xz+y))+\frac{\partial}{\partial z}(y^2+2z)\right]\mathrm{d}V=3\iiint\limits_{\Omega}\mathrm{d}V$$
$$=3V(\Omega)=3\cdot\left(\frac{4\pi}{3}\right)3^3=108\pi。$$

例 5 求下列向量场 $\boldsymbol{A}$ 的散度：

(1) $\boldsymbol{A}=y^2\boldsymbol{i}+xy\boldsymbol{j}+xz\boldsymbol{k}$；

(2) $\boldsymbol{A}=xy^2\boldsymbol{i}+y\mathrm{e}^z\boldsymbol{j}+x\ln(1+z^2)\boldsymbol{k}$。

解 (1) $\mathrm{div}\boldsymbol{A}=\dfrac{\partial}{\partial x}(y^2)+\dfrac{\partial}{\partial y}(xy)+\dfrac{\partial}{\partial z}(xz)=2x$。

(2) $\mathrm{div}\boldsymbol{A}=\dfrac{\partial}{\partial x}(xy^2)+\dfrac{\partial}{\partial y}(y\mathrm{e}^z)+\dfrac{\partial}{\partial z}(x\ln(1+z^2))=y^2+\mathrm{e}^z+\dfrac{2xz}{1+z^2}$。

例 6 求 $I=\iint\limits_{\Sigma}2(1-x^2)\mathrm{d}y\mathrm{d}z-4xz\mathrm{d}x\mathrm{d}y+8xy\mathrm{d}z\mathrm{d}x$，其中 Σ 是由曲线$\begin{cases}x=\mathrm{e}^y,\\ z=0\end{cases}$ $(0\leqslant y\leqslant a)$ 绕 x 轴旋转所得的曲面，其指定侧的法线向量与 x 轴正向夹角为钝角。

分析 对坐标的非闭曲面积分，写为标准型：

$I=\iint\limits_{\Sigma}2(1-x^2)\mathrm{d}y\mathrm{d}z+8xy\mathrm{d}z\mathrm{d}x-4xz\mathrm{d}x\mathrm{d}y$，$P(x,y,z)=2(1-x^2)$，$Q(x,y,z)=8xy$，$R(x,y,z)=-4xz$，因为$\dfrac{\partial P}{\partial x}+\dfrac{\partial Q}{\partial y}+\dfrac{\partial R}{\partial z}=0$，因此曲面积分至多有三种作法。

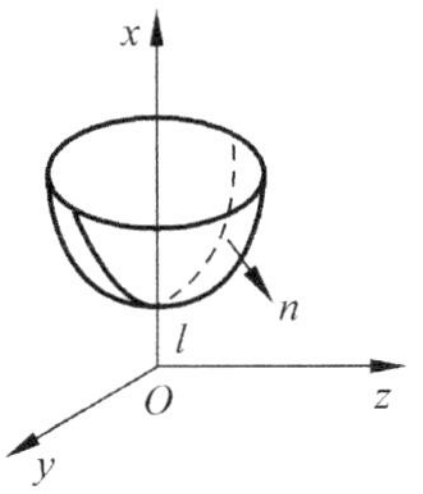

图 11-8

解 方法1 应用高斯公式：先求 Σ 的方程为 $x=\mathrm{e}^{\sqrt{y^2+z^2}}$（因为 $x>1$，所以取“+”），补上曲面 Σ_1：$x=\mathrm{e}^a$，取上侧（就图 11-8 而言），记 $S=\Sigma+\Sigma_1$ 为闭曲面外侧。

$$I=\left[\oint\!\!\!\oint\limits_{S}-\iint\limits_{\Sigma_1}\right]2(1-x^2)\mathrm{d}y\mathrm{d}z+8xy\mathrm{d}z\mathrm{d}x-4xz\mathrm{d}x\mathrm{d}y$$

$$=\iiint\limits_{\Omega}0\mathrm{d}V-\iint\limits_{\Sigma_1}2(1-x^2)\mathrm{d}y\mathrm{d}z+8xy\mathrm{d}z\mathrm{d}x-4xz\mathrm{d}x\mathrm{d}y(\Sigma_1: x=\mathrm{e}^a,\text{上侧取“+”号})$$

$$=-(+)\iint\limits_{D_{yz}}2(1-\mathrm{e}^{2a})\mathrm{d}y\mathrm{d}z+0-0=-2(1-\mathrm{e}^{2a})\iint\limits_{D_{yz}}\mathrm{d}y\mathrm{d}z=-2(1-\mathrm{e}^{2a})S(D_{yz})(D_{yz}: y^2+z^2\leqslant a^2)$$

$$=-2(1-e^{2a})\pi a^2=2\pi a^2(e^{2a}-1)。$$

方法 2　因为$\dfrac{\partial P}{\partial x}+\dfrac{\partial Q}{\partial y}+\dfrac{\partial R}{\partial z}=0$,所以曲面积分与曲面形状无关,故自选曲面,选取$\Sigma_1: x=e^a$,与$\Sigma$侧方向一致,故取下侧(就图 11-8 而言)。

$$I=\iint\limits_{\Sigma_1}2(1-x^2)\mathrm{d}y\mathrm{d}z+8xy\,\mathrm{d}z\mathrm{d}x-4xz\,\mathrm{d}x\mathrm{d}y(\text{下侧取“—”号})$$

$$=(-)\iint\limits_{D_{yz}}2(1-e^{2a})\mathrm{d}y\mathrm{d}z+0-0=(-)2(1-e^{2a})\iint\limits_{D_{yz}}\mathrm{d}y\mathrm{d}z$$

$$=-2(1-e^{2a})S(D_{yz})=2\pi a^2(e^{2a}-1)。$$

自己动手:方法 3　(1)利用“一解、二代、三投、四定号”;(2)用公式法。化为重积分计算。

问题 162　何谓对坐标的曲面积分计算的匹配法?从下题解法可以得出哪些结论和解题经验?

求$I=\oiint\limits_S\dfrac{\boldsymbol{r}\cdot\mathrm{d}\boldsymbol{S}}{r^3}$,其中$r=\sqrt{x^2+y^2+z^2}$,$\mathrm{d}\boldsymbol{S}=\boldsymbol{n}^\circ\mathrm{d}S$,$\boldsymbol{n}^\circ=\{\cos\alpha,\cos\beta,\cos\gamma\}$是曲面$S$的单位外法线向量,$\boldsymbol{r}=\{x,y,z\}$,$S$是不经过原点的任意简单闭曲面,取外侧。

解　化为对坐标的曲面积分$I=\oiint\limits_S\dfrac{x\mathrm{d}y\mathrm{d}z+y\mathrm{d}z\mathrm{d}x+z\mathrm{d}x\mathrm{d}y}{(x^2+y^2+z^2)^{\frac{3}{2}}}$。

(1) S是不经过也不包含原点$O(0,0,0)$的任意简单闭曲面外侧,此时$I=0$;

(2) S是不经过原点但包含原点$O(0,0,0)$。

对(2)进行解答:① 因为未给出S的方程,所以不能化为二重积分计算。设$P(x,y,z)=\dfrac{x}{(x^2+y^2+z^2)^{\frac{3}{2}}}$,$Q(x,y,z)=\dfrac{y}{(x^2+y^2+z^2)^{\frac{3}{2}}}$,$R(x,y,z)=\dfrac{z}{(x^2+y^2+z^2)^{\frac{3}{2}}}$。记$\Omega$表示由$S$所围成的空间区域。因$(0,0,0)\in\Omega$,所以$P,Q,R$在$O(0,0,0)$处无定义,故不能直接应用高斯公式。对坐标的闭曲面积分的两种计算方法都受阻。想到多连通区域高斯公式,为此,采用类似于问题 156 的方法,即用已知曲面方程的闭曲面S_1挖去原点$O(0,0,0)$,记$\Sigma=S+S_1$。在由Σ所围成的空心空间有界闭区域Ω_1上,恒有$\dfrac{\partial P}{\partial x}+\dfrac{\partial Q}{\partial y}+\dfrac{\partial R}{\partial z}=0$。② 因为$P,Q,R$的分母为$(x^2+y^2+z^2)^{\frac{3}{2}}$,因此选取曲面方程各项系数与其分母系数匹配,即选取$S_1: x^2+y^2+z^2=\varepsilon^2$,选取$\varepsilon>0$,使$S_1\subset S$。$S_1$取内侧,则$\Sigma$为闭曲面外侧。于是有

$$\oiint\limits_\Sigma\frac{x\mathrm{d}y\mathrm{d}z+y\mathrm{d}z\mathrm{d}x+z\mathrm{d}x\mathrm{d}y}{(x^2+y^2+z^2)^{\frac{3}{2}}}=\iiint\limits_{\Omega_1}\left(\frac{\partial P}{\partial x}+\frac{\partial Q}{\partial y}+\frac{\partial R}{\partial z}\right)\mathrm{d}V=\iiint\limits_{\Omega_1}0\mathrm{d}V=0,\text{即}\oiint\limits_\Sigma=0,$$

而　$$\oiint\limits_\Sigma=\left[\oiint\limits_{S_{外}}+\oiint\limits_{S_{1内}}\right]\frac{x\mathrm{d}y\mathrm{d}z+y\mathrm{d}z\mathrm{d}x+z\mathrm{d}x\mathrm{d}y}{(x^2+y^2+z^2)^{\frac{3}{2}}}=0,\text{得}$$

$$\oiint\limits_{S_{外}}\frac{x\mathrm{d}y\mathrm{d}z+y\mathrm{d}z\mathrm{d}x+z\mathrm{d}x\mathrm{d}y}{(x^2+y^2+z^2)^{\frac{3}{2}}}=\oiint\limits_{S_{1外}}\frac{x\mathrm{d}y\mathrm{d}z+y\mathrm{d}z\mathrm{d}x+z\mathrm{d}x\mathrm{d}y}{(x^2+y^2+z^2)^{\frac{3}{2}}}=\oiint\limits_{S_{1外}}\frac{x\mathrm{d}y\mathrm{d}z+y\mathrm{d}z\mathrm{d}x+z\mathrm{d}x\mathrm{d}y}{\varepsilon^3}$$

$$=\frac{1}{\varepsilon^3}\iiint\limits_{\Omega_\varepsilon}3\mathrm{d}V=\frac{3}{\varepsilon^3}\cdot\frac{4\pi\varepsilon^3}{3}=4\pi,$$

其中 Ω_ε 为 S_1 围成的空间区域。

在挖去奇点 $O(0,0,0)$ 由两个闭曲面 S_1 与 S 围成的空心区域 Ω_1 内，恒有 $\frac{\partial P}{\partial x}+\frac{\partial Q}{\partial y}+\frac{\partial R}{\partial z}=0$ 的条件下，从本题解法得出如下两个结论：

（Ⅰ）在围绕原点 $O(0,0,0)$ 的任意分段光滑简单闭曲面 S 外侧的曲面积分 $\oiint\limits_S \frac{x\mathrm{d}y\mathrm{d}z+y\mathrm{d}z\mathrm{d}x+z\mathrm{d}x\mathrm{d}y}{(x^2+y^2+z^2)^{\frac{3}{2}}}$ 的值恒为同一常数；

（Ⅱ）$\oiint\limits_S \frac{x\mathrm{d}y\mathrm{d}z+y\mathrm{d}z\mathrm{d}x+z\mathrm{d}x\mathrm{d}y}{(x^2+y^2+z^2)^{\frac{3}{2}}}=\oiint\limits_{S_1} \frac{x\mathrm{d}y\mathrm{d}z+y\mathrm{d}z\mathrm{d}x+z\mathrm{d}x\mathrm{d}y}{(x^2+y^2+z^2)^{\frac{3}{2}}}$（用自己语言表述为闭区域 Ω_1 的外边界曲面 S 外侧的对坐标的曲面积分等于 Ω_1 的内边界曲面 S_1 外侧的对坐标的曲面积分）。而曲面 S_1 的方程是已知的且易计算。因此得如下解题经验：对坐标的曲面积分计算的匹配法：用什么样的曲面 S_ε 将 $O(0,0,0)$ 挖去呢?选取已知曲面 S_ε 的方程的系数应与曲面积分的分母的系数相匹配。如本题分母为 $(x^2+y^2+z^2)^{\frac{3}{2}}$，与分母系数相匹配，应选取曲面 S_ε 方程为 $x^2+y^2+z^2=\varepsilon^2$，且 $S_\varepsilon\subset S$。若分母为 $(4x^2+y^2+z^2)^{\frac{3}{2}}$，应选取 S_ε 方程为 $4x^2+y^2+z^2=\varepsilon^2$，且 $S_\varepsilon\subset S$。

例 7　计算曲面积分 $I=\iint\limits_\Sigma \frac{x\mathrm{d}y\mathrm{d}z+y\mathrm{d}z\mathrm{d}x+z\mathrm{d}x\mathrm{d}y}{(x^2+y^2+z^2)^{\frac{3}{2}}}$，其中 Σ 为曲面 $1-\frac{z}{5}=\frac{(x-2)^2}{16}+\frac{(y-1)^2}{9}\ (z\geqslant 0)$ 的上侧。

解　方法 1　分析：此题是对坐标的非闭曲面积分，直接化为二重积分计算是相当困难的。因此设法应用高斯公式，注意高斯公式条件。考虑到积分分母 $(x^2+y^2+z^2)^{\frac{3}{2}}$，因此设法化非闭曲面为闭曲面外侧，化为闭曲面要求既不经过原点，也不包含原点 $O(0,0,0)$，添加曲面 Σ_1：以原点为球心的上半单位球面 $z=\sqrt{1-x^2-y^2}\ (z\geqslant 0)$，取内侧，显然 $\Sigma_1\subset\Sigma$。添加曲面 Σ_2：$z=0$，其上满足 $\begin{cases} x^2+y^2>1, \\ \frac{(x-2)^2}{4^2}+\frac{(y-1)^2}{3^2}\leqslant 1 \end{cases}$ 的部分下侧。记 $S=\Sigma+\Sigma_{1内}+\Sigma_{2下}$ 为闭曲面外侧，这时的 S 即不经过原点也不包含原点的闭曲面。

$$
\begin{aligned}
I&=\left[\oiint\limits_S-\iint\limits_{\Sigma_{1内}}-\iint\limits_{\Sigma_{2下}}\right]\frac{x\mathrm{d}y\mathrm{d}z+y\mathrm{d}z\mathrm{d}x+z\mathrm{d}x\mathrm{d}y}{(x^2+y^2+z^2)^{\frac{3}{2}}} \\
&=\iiint\limits_\Omega\left(\frac{\partial P}{\partial x}+\frac{\partial Q}{\partial y}+\frac{\partial R}{\partial z}\right)\mathrm{d}V-\iint\limits_{\Sigma_{1内}}\frac{x\mathrm{d}y\mathrm{d}z+y\mathrm{d}z\mathrm{d}x-z\mathrm{d}x\mathrm{d}y}{(x^2+y^2+z^2)^{\frac{3}{2}}}-0 \\
&=\iiint\limits_\Omega 0\mathrm{d}V-\iint\limits_{\Sigma_{1内}}x\mathrm{d}y\mathrm{d}z+y\mathrm{d}z\mathrm{d}x+z\mathrm{d}x\mathrm{d}y-0,
\end{aligned}
$$

所以 $I=-\iint\limits_{\Sigma_{1内}}x\mathrm{d}y\mathrm{d}z+y\mathrm{d}z\mathrm{d}x+z\mathrm{d}x\mathrm{d}y=\iint\limits_{\Sigma_{1外}}x\mathrm{d}y\mathrm{d}z+y\mathrm{d}z\mathrm{d}x+z\mathrm{d}x\mathrm{d}y$

（添加曲面 Σ_3：$z=0\ (x^2+y^2\leqslant 1)$ 下侧）

$$
=\left[\oiint\limits_{\Sigma_{1外}+\Sigma_{3下}}-\iint\limits_{\Sigma_{3下}}\right]x\mathrm{d}y\mathrm{d}z+y\mathrm{d}z\mathrm{d}x+z\mathrm{d}x\mathrm{d}y=3\iiint\limits_\Omega\mathrm{d}V-0=3\cdot\frac{1}{2}\cdot\frac{4\pi^3}{3}=2\pi。
$$

注　因为 $\Sigma_2 \perp yOz$，$\Sigma_2 \perp zOx$ 面，所以 $\iint\limits_{\Sigma_2} P\mathrm{d}y\mathrm{d}z = 0$，$\iint\limits_{\Sigma_2} Q\mathrm{d}z\mathrm{d}x = 0$，又 $\iint\limits_{\Sigma_2} 0\mathrm{d}x\mathrm{d}y = 0$，故 $\oiint\limits_{\Sigma_{2下}} P\mathrm{d}y\mathrm{d}z + Q\mathrm{d}z\mathrm{d}x + R\mathrm{d}x\mathrm{d}y = 0$。

此题由于所给曲面 Σ 的方程各项系数与积分的分母的各项系数不匹配，这是解此题的困难根源。因此应采用最基本方法转换。先考查条件：当 $x^2+y^2+z^2 \neq 0$ 时，恒有 $\dfrac{\partial P}{\partial x}+\dfrac{\partial Q}{\partial y}+\dfrac{\partial R}{\partial z} = \dfrac{3(x^2+y^2+z^2)-3(x^2+y^2+z^2)}{(x^2+y^2+z^2)^{\frac{5}{2}}} = 0$，满足问题 162 的条件，故有 ① 围绕原点的任意光滑或分片光滑的简单闭曲面 Σ 的外侧对坐标的闭曲面积分的值恒为同一常数；② 外边界曲面外侧的曲面积分等于内边界曲面外侧的曲面积分。为此，先化非闭曲面积分为闭曲面积分，添加一个与 Σ 对称的曲面 Σ_1：$1+\dfrac{z}{5} = \dfrac{(x-2)^2}{16}+\dfrac{(y-1)^2}{9}(z \leqslant 0)$，取下侧。记 $S = \Sigma+\Sigma_1$ 为闭曲面外侧。应用问题 162 的结论，即用 Σ_ε：$x^2+y^2+z^2=\varepsilon^2(\varepsilon>0)$ 且 $\Sigma_\varepsilon \subset S$。将原点 $O(0,0,0)$ 挖去，记 $\bar{S} = S+\Sigma_{\varepsilon内}$，由 $\bar{S}$ 所围成的空心区域为 Ω_1，在 Ω_1 上，则有 $\oiint\limits_{\bar{S}} \dfrac{x\mathrm{d}y\mathrm{d}z+y\mathrm{d}z\mathrm{d}x+z\mathrm{d}x\mathrm{d}y}{(x^2+y^2+z^2)^{\frac{3}{2}}} = \iiint\limits_{\Omega_1} 0\mathrm{d}V = 0$，从而得到 $\oiint\limits_{S} \dfrac{x\mathrm{d}y\mathrm{d}z+y\mathrm{d}z\mathrm{d}x+z\mathrm{d}x\mathrm{d}y}{(x^2+y^2+z^2)^{\frac{3}{2}}} = \oiint\limits_{\Sigma_{\varepsilon外}} \dfrac{x\mathrm{d}y\mathrm{d}z+y\mathrm{d}z\mathrm{d}x+z\mathrm{d}x\mathrm{d}y}{(x^2+y^2+z^2)^{\frac{3}{2}}}$。由 Σ 与 Σ_1 的对称性知，$I = \dfrac{1}{2}\oiint\limits_{\Sigma_{\varepsilon外}} \dfrac{x\mathrm{d}y\mathrm{d}z+y\mathrm{d}z\mathrm{d}x+z\mathrm{d}x\mathrm{d}y}{(x^2+y^2+z^2)^{\frac{3}{2}}}$，此积分的解法就多了。只给出几个主要算法。

方法 2　利用高斯公式：

$$I = \frac{1}{2\varepsilon^3}\oiint\limits_{\Sigma_\varepsilon} x\mathrm{d}y\mathrm{d}z+y\mathrm{d}z\mathrm{d}x+z\mathrm{d}x\mathrm{d}y = \frac{3}{2\varepsilon^3}\iiint\limits_{\Omega_\varepsilon}\mathrm{d}V = \left(\frac{3}{2\varepsilon^3}\right)\cdot\left(\frac{4}{3}\right)\cdot\pi\varepsilon^3 = 2\pi。$$

方法 3　因为 Σ_ε：$x^2+y^2+z^2=\varepsilon^2$ 是球面，所以 $\boldsymbol{n}^\circ = \left\{\dfrac{x}{\varepsilon},\dfrac{y}{\varepsilon},\dfrac{z}{\varepsilon}\right\}$，化为对面积的曲面积分计算比较简单，则有 $I = \dfrac{1}{2}\oiint\limits_{\Sigma_\varepsilon}\left(\dfrac{\boldsymbol{r}}{r^3}\cdot\dfrac{\boldsymbol{r}}{r}\right) = \dfrac{1}{2\varepsilon^2}\oiint\limits_{\Sigma_\varepsilon}\mathrm{d}S = \dfrac{1}{2\varepsilon^2}\cdot 4\pi\varepsilon^2 = 2\pi$。

方法 4　因为 Σ_ε：$x^2+y^2+z^2=\varepsilon^2$ 具有轮换对称性，而被积表达式也具有轮换对称性，于是有

$$\begin{aligned}
I &= \frac{3}{2}\oiint\limits_{\Sigma_\varepsilon}\left(\frac{z}{\varepsilon^3}\right)\mathrm{d}x\mathrm{d}y = \frac{3}{\varepsilon^3}\iint\limits_{\Sigma_{\varepsilon上}} z\mathrm{d}x\mathrm{d}y \\
&= (+)\ \frac{3}{\varepsilon^3}\iint\limits_{D_{xy}}\sqrt{\varepsilon^2-x^2-y^2}\,\mathrm{d}x\mathrm{d}y = \frac{3}{\varepsilon^3}\int_0^{2\pi}\mathrm{d}\theta\int_0^\varepsilon\sqrt{\varepsilon^2-\rho^2}\,\rho\mathrm{d}\rho \\
&= \frac{6\pi}{\varepsilon^3}\left[\left(-\frac{1}{2}\right)\left(\frac{2}{3}\right)(\varepsilon^2-\rho^2)^{\frac{3}{2}}\right]_0^\varepsilon = \frac{6\pi}{\varepsilon^3}\cdot\frac{\varepsilon^3}{3^3} = 2\pi。
\end{aligned}$$

方法 5　利用对坐标的曲面积分的物理意义：将单位正电荷放在原点 $O(0,0,0)$ 处，介电常数 $\varepsilon=1$，通过包围原点的任何光滑或分片光滑的简单闭曲面 S 的外侧的电通量为 4π。

即 $I=\dfrac{1}{2}\oiint\limits_{\Sigma_{\varepsilon外}}\dfrac{x\mathrm{d}y\mathrm{d}z+y\mathrm{d}z\mathrm{d}x+z\mathrm{d}x\mathrm{d}y}{(x^2+y^2+z^2)^{\frac{3}{2}}}=\dfrac{1}{2}\cdot 4\pi=2\pi$。

自己动手：请读者应用(1)“一解、二代、三投、四定号”法化为二重积分；(2) 利用给出的公式法化为二重积分计算。

例 8　计算曲面积分 $I=\oiint\limits_{\Sigma}\dfrac{x\mathrm{d}y\mathrm{d}z+y\mathrm{d}z\mathrm{d}x+z\mathrm{d}x\mathrm{d}y}{(x^2+y^2+z^2)^{\frac{3}{2}}}$，其中 Σ 是曲面 $2x^2+2y^2+z^2=4$ 的外侧。

分析　由于其是对坐标的闭曲面积分，故有两种算法。由于所给曲面 Σ 的方程的系数与曲面积分的分母的系数不匹配，因此直接(一解、二代、三投、四定号)化为二重积分或直接代入公式法进行计算都十分困难。又 P,Q,R 在 $O(0,0,0)$ 处无定义，不能直接应用高斯公式计算。闭曲面积分的两种算法均被阻。为此采用曲面积分的匹配法，先将原点 $O(0,0,0)$ 挖去。因曲面积分的分母为 $(x^2+y^2+z^2)^{\frac{3}{2}}$，选取的曲面 Σ_r 的方程的系数与分母的系数相匹配，故选 Σ_r 方程为 $x^2+y^2+y^2=r^2$，且 $\Sigma_r\subset\Sigma$。下面验证条件，记 $S=\Sigma+\Sigma_r$，由 S 所围成的空心有界闭区域为 Ω_1，$\forall(x,y,z)\in\Omega_1$，恒有 $\dfrac{\partial P}{\partial x}+\dfrac{\partial Q}{\partial y}+\dfrac{\partial R}{\partial z}=0$。于是由问题 162 的结论(Ⅱ)有

$$\oiint\limits_{\Sigma}\frac{x\mathrm{d}y\mathrm{d}z+y\mathrm{d}z\mathrm{d}x+z\mathrm{d}x\mathrm{d}y}{(x^2+y^2+z^2)^{\frac{3}{2}}}=\oiint\limits_{\Sigma_r}\frac{x\mathrm{d}y\mathrm{d}z+y\mathrm{d}z\mathrm{d}x+z\mathrm{d}x\mathrm{d}y}{(x^2+y^2+z^2)^{\frac{3}{2}}}。$$

而 $\oiint\limits_{\Sigma_r}\dfrac{x\mathrm{d}y\mathrm{d}z+y\mathrm{d}z\mathrm{d}x+z\mathrm{d}x\mathrm{d}y}{(x^2+y^2+z^2)^{\frac{3}{2}}}$，其中 Σ_r：$x^2+y^2+y^2=r^2$ 取外侧，容易计算。

解　方法 1　因为 Σ_r 的方程：$x^2+y^2+y^2=r^2$ 是球面，因此化为对面积的曲面积分计算简单，这里 $\cos\alpha=\dfrac{x}{r}$，$\cos\beta=\dfrac{y}{r}$，$\cos\gamma=\dfrac{z}{r}$。

$$\oiint\limits_{\Sigma_r}\frac{x\mathrm{d}y\mathrm{d}z+y\mathrm{d}z\mathrm{d}x+z\mathrm{d}x\mathrm{d}y}{(x^2+y^2+z^2)^{\frac{3}{2}}}=\oiint\limits_{\Sigma_r}\frac{x\cos\alpha+y\cos\beta+z\cos\gamma}{r^3}\mathrm{d}S=\frac{1}{r^4}\iint\limits_{\Sigma_r}(x^2+y^2+y^2)\mathrm{d}S$$

$$=\frac{1}{r^2}\iint\limits_{\Sigma_r}\mathrm{d}S=\frac{1}{r^2}\cdot S(\Sigma_r)=\frac{1}{r^2}\cdot 4\pi r^2=4\pi。$$

方法 2　利用高斯公式计算：

$$\oiint\limits_{\Sigma_r}=\frac{1}{r^3}\oiint\limits_{\Sigma_r}x\mathrm{d}y\mathrm{d}z+y\mathrm{d}z\mathrm{d}x+z\mathrm{d}x\mathrm{d}y=\frac{1}{r^3}\iiint\limits_{\Omega_r}3\mathrm{d}V=\frac{3}{r^3}\cdot\frac{4}{3}\pi r^3=4\pi,$$

其中 Ω_r 为 Σ_r 所围区域。

方法 3　化为二重积分计算(公式法)：

因为 Σ_r 关于 yOz 面对称，x 为 x 的奇函数；Σ_r 关于 zOx 面对称，y 为 y 的奇函数；Σ_r 关于 xOy 面对称，z 为 z 的奇函数。考虑侧，从而有

$$\oiint\limits_{\Sigma_r}=2\iint\limits_{\Sigma_{r上}}\frac{x\mathrm{d}y\mathrm{d}z+y\mathrm{d}z\mathrm{d}x+z\mathrm{d}x\mathrm{d}y}{(x^2+y^2+z^2)^{\frac{3}{2}}}=\frac{2}{r^3}\iint\limits_{\Sigma_{r上}}x\mathrm{d}y\mathrm{d}z+y\mathrm{d}z\mathrm{d}x+z\mathrm{d}x\mathrm{d}y$$

$$=(+)\,\frac{2}{r^3}\iint\limits_{D_{xy}}\left[x\left(-\frac{\partial z}{\partial x}\right)+y\left(-\frac{\partial z}{\partial y}\right)+\sqrt{r^2-x^2-y^2}\right]\mathrm{d}x\mathrm{d}y$$

$$=\frac{2}{r^3}\iint\limits_{D_{xy}}\left[\frac{x^2}{\sqrt{r^2-x^2-y^2}}+\frac{y^2}{\sqrt{r^2-x^2-y^2}}+\frac{r^2-x^2-y^2}{\sqrt{r^2-x^2-y^2}}\right]\mathrm{d}x\mathrm{d}y$$

$$= \frac{2}{r}\iint_{D_{xy}} \frac{\mathrm{d}x\mathrm{d}y}{\sqrt{r^2-x^2-y^2}} = \frac{2}{r}\int_0^{2\pi}\mathrm{d}\theta\int_0^r \frac{1}{\sqrt{r^2-\rho^2}}\rho\mathrm{d}\rho = \frac{4\pi}{r}\left(-\frac{1}{2}\right)\int_0^r \frac{\mathrm{d}(r^2-\rho^2)}{\sqrt{r^2-\rho^2}}$$

$$= \left(\frac{-4\pi}{r}\right)\sqrt{r^2-\rho^2}\Big|_0^r = 4\pi。$$

方法 4　利用轮换对称性计算：

因为 Σ_r：$x^2+y^2+y^2=r^2$ 具有轮换对称性，显然 $\oiint\limits_{\Sigma_r} \frac{x\mathrm{d}y\mathrm{d}z+y\mathrm{d}z\mathrm{d}x+z\mathrm{d}x\mathrm{d}y}{(x^2+y^2+z^2)^{\frac{3}{2}}}$ 的被积表达式也具有轮换对称性。从而有

$$\oiint\limits_{\Sigma_r} = 3\oiint\limits_{\Sigma_r} \frac{z\mathrm{d}x\mathrm{d}y}{(x^2+y^2+z^2)^{\frac{3}{2}}}$$（因为 Σ_r 关于 xOy 面对称，z 为 z 的奇函数。）

$$= 6\iint\limits_{\Sigma_{r上}} \frac{z\mathrm{d}x\mathrm{d}y}{(x^2+y^2+z^2)^{\frac{3}{2}}} = \frac{6}{r^3}\iint\limits_{D_{xy}} \sqrt{r^2-x^2-y^2}\,\mathrm{d}x\mathrm{d}y$$

$$= \frac{6}{r^3}\int_0^{2\pi}\mathrm{d}\theta\int_0^r \sqrt{r^2-\rho^2}\,\rho\mathrm{d}\rho = \left(\frac{12\pi}{r^3}\right)\left(-\frac{1}{2}\right)\left(\frac{2}{3}\right)(r^2-\rho^2)^{\frac{3}{2}}\Big|_0^r = 4\pi。$$

方法 5　利用对坐标的曲面积分的物理意义计算：

将单位正电荷放在坐标原点 $O(0,0,0)(\varepsilon=1)$，通过包围原点的任何光滑或分片光滑闭曲面 S 外侧的电通量为 4π，即有

$$I = \oiint\limits_{\Sigma_{r外}} \frac{x\mathrm{d}y\mathrm{d}z+y\mathrm{d}z\mathrm{d}x+z\mathrm{d}x\mathrm{d}y}{(x^2+y^2+z^2)^{\frac{3}{2}}} = 4\pi。$$

第七节　斯托克斯公式　*环流量与旋度

问题 163　在什么条件下，空间对坐标的非闭曲线积分理论上的四种计算方法是什么？空间对坐标的闭曲线积分能有多少种计算方法？（参见文献[4]）

1. 空间对坐标的非闭曲线积分 $\int_\Gamma P\mathrm{d}x+Q\mathrm{d}y+R\mathrm{d}z$ 的计算方法

若在一维单连通区域 G 内，

$$\frac{\partial P}{\partial y}=\frac{\partial Q}{\partial x},\quad \frac{\partial Q}{\partial z}=\frac{\partial R}{\partial y},\quad \frac{\partial R}{\partial x}=\frac{\partial P}{\partial z} \qquad (*)$$

恒成立时，理论上有四种算法，但化空间非闭曲线为闭曲线，其正向与曲面的侧构成右手系，应用斯托克斯公式计算几乎不可能。（注：笔者编写了一个有四种计算方法的例 9，仅此一例！）因此实际上空间对坐标的非闭曲线积分在条件(*)下有三种计算方法：

(1)基本算法化为定积分计算(引参定限法)；(2)自选路径法(最佳计算方法)；(3)凑全微分法(最快计算方法)。

若在 G 内等式(*)不成立时，$\int_\Gamma P\mathrm{d}x+Q\mathrm{d}y+R\mathrm{d}z$ 只有一种算法：化为定积分计算。

2. 空间对坐标闭曲线积分 $\oint_\Gamma P\mathrm{d}x+Q\mathrm{d}y+R\mathrm{d}z$ 的计算方法

由斯托克斯公式及斯托克斯公式的证明，得出如下三种计算方法：

(1) 基本作法化为定积分计算(引参定限法)；(2) 化空间闭曲线为正向平面闭曲线，再利用平面对坐标的闭曲线积分的两种计算方法计算(详见斯托克斯公式的证明)；(3) 应用斯托克斯公式计算(参见文献[4])。

例 1　求 $I=\int_\Gamma yz\mathrm{d}x+zx\mathrm{d}y+xy\mathrm{d}z$，其中 Γ 是从原点沿直线移到曲面 $\frac{x^2}{a^2}+\frac{y^2}{b^2}+\frac{y^2}{c^2}=1$ 的第一卦限部分上的一点。

解　本题是空间对坐标非闭曲线积分 $P(x,y,z)=yz,Q(x,y,z)=zx,R(x,y,z)=xy$。因为 $\frac{\partial P}{\partial y}=\frac{\partial Q}{\partial x},\frac{\partial Q}{\partial z}=\frac{\partial R}{\partial y},\frac{\partial R}{\partial x}=\frac{\partial P}{\partial z}$，所以曲线积分 I 有三种算法。设 $M(X,Y,Z)$ 是曲面第一卦限部分上的点，即 $X>0,Y>0,Z>0$。

方法 1　凑全微分法(最快计算方法)：$I=\int_{(0,0,0)}^{M(X,Y,Z)}\mathrm{d}(xyz)=XYZ$。

方法 2　自选路径法：取起点$(0,0,0)$，终点 $M(X,Y,Z)$，$A(X,0,0)$，$B(X,Y,0)$。

$\Gamma=OA+AB+BM$。

$$I=\int_{OA}+\int_{AB}+\int_{BM}=\int_0^X 0\mathrm{d}x+\int_0^Y 0\mathrm{d}y+\int_0^Z XY\mathrm{d}z=XYZ。$$

方法 3　化为定积分计算(引参定限法)：引参：OM 方程为 $\frac{x}{X}=\frac{y}{Y}=\frac{z}{Z}$，即 $x=Xt,y=Yt,z=Zt$。定限：$O(0,0,0)$对应于 $t=0$，$M(X,Y,Z)$对应于 $t=1$。

$$I=\int_0^1 XYZ3t^2\mathrm{d}t=XYZ。$$

例 2　利用斯托克斯公式计算下列曲线积分：

(1) $\oint_\Gamma y\mathrm{d}x+z\mathrm{d}y+x\mathrm{d}z$，其中 Γ 为圆周 $x^2+y^2+y^2=a^2,x+y+z=0$，若从 x 轴的正向看去，该圆周取逆时针方向；

(2) $\oint_\Gamma 3y\mathrm{d}x-xz\mathrm{d}y+yz^2\mathrm{d}z$，其中 Γ 是圆周 $x^2+y^2=2z,\ z=2$，若从 z 轴正向看去，该圆周取逆时针方向。

点评　因为 Γ 方程中含有平面方程 $x+y+z=0,\boldsymbol{n}^\circ=\left\{\frac{1}{\sqrt{3}},\frac{1}{\sqrt{3}},\frac{1}{\sqrt{3}}\right\}$，所以将对坐标的曲面积分化为对面积的曲面积分。

解　(1) 方法 1　$$\oint_\Gamma y\mathrm{d}x+z\mathrm{d}y+x\mathrm{d}z=\iint_\Sigma\begin{vmatrix}\frac{1}{\sqrt{3}}&\frac{1}{\sqrt{3}}&\frac{1}{\sqrt{3}}\\\frac{\partial}{\partial x}&\frac{\partial}{\partial y}&\frac{\partial}{\partial z}\\y&z&x\end{vmatrix}\mathrm{d}S$$

$$=\iint_\Sigma-\sqrt{3}\mathrm{d}S=-\sqrt{3}\iint_\Sigma\mathrm{d}S=-\sqrt{3}\cdot\pi a^2。$$

方法 2　$$\oint_\Gamma y\mathrm{d}x+z\mathrm{d}y+x\mathrm{d}z=\iint_\Sigma\begin{vmatrix}\mathrm{d}y\mathrm{d}z&\mathrm{d}z\mathrm{d}x&\mathrm{d}x\mathrm{d}y\\\frac{\partial}{\partial x}&\frac{\partial}{\partial y}&\frac{\partial}{\partial z}\\y&z&x\end{vmatrix}=\iint_\Sigma-\mathrm{d}y\mathrm{d}z-\mathrm{d}z\mathrm{d}x-\mathrm{d}x\mathrm{d}y。$$

这里 $P=Q=R=-1$，所以 $\frac{\partial P}{\partial x}+\frac{\partial Q}{\partial y}+\frac{\partial R}{\partial z}=0$，上述对坐标的曲面积分与曲面 Σ 形状无关，故选取在平面 $x+y+z=0$ 上以 Γ 为边界曲线的部分平面为 Σ。因为从 x 轴正向看去，圆周是取逆时针方向，则 Σ 的侧是{前侧，右侧，上侧}，于是

$$I=\iint_{\Sigma}-\mathrm{d}y\mathrm{d}z-\mathrm{d}z\mathrm{d}x-\mathrm{d}x\mathrm{d}y=(+)\iint_{D_{yz}}-\mathrm{d}y\mathrm{d}z+(+)\iint_{D_{zx}}-\mathrm{d}z\mathrm{d}x+(+)\iint_{D_{xy}}-\mathrm{d}x\mathrm{d}y$$

$$=-S(D_{yz})-S(D_{zx})-S(D_{xy}),$$

而在 $x+y+z=0$ 上的圆面积 $S(\Sigma)=\pi a^2$，$S(D_{yz})=S(\Sigma)\cos\alpha$，$S(D_{zx})=S(\Sigma)\cos\beta$，$S(D_{xy})=S(\Sigma)\cos\gamma$，$\cos\alpha=\cos\beta=\cos\gamma=\frac{1}{\sqrt{3}}$，故 $I=-\sqrt{3}\pi a^2$。

(2) 因为 Γ 方程含有平面 $z=2$，$\boldsymbol{n}^{\circ}=\{0,0,1\}$。

方法 1　$\oint_{\Gamma}3y\mathrm{d}x-xz\mathrm{d}y+yz^2\mathrm{d}z=\iint_{\Sigma}\begin{vmatrix}0&0&1\\ \frac{\partial}{\partial x}&\frac{\partial}{\partial y}&\frac{\partial}{\partial z}\\ 3y&-xz&yz^2\end{vmatrix}\mathrm{d}S=-\iint_{\Sigma}(3+z)\mathrm{d}S$。

Σ 的方程为 $z=2$，$\mathrm{d}S=\mathrm{d}x\mathrm{d}y$，$\Sigma$ 在 xOy 面上的投影区域 D_{xy} 为 $x^2+y^2\leqslant 4$。

$$-\iint_{\Sigma}(3+z)\mathrm{d}S=-\iint_{\Sigma}(3+2)\mathrm{d}S=-5\iint_{\Sigma}\mathrm{d}S=-5S(\Sigma)=-5\cdot\pi\cdot 2^2=-20\pi,$$

因此
$$\oint_{\Gamma}3y\mathrm{d}x-xz\mathrm{d}y+yz^2\mathrm{d}z=-20\pi。$$

方法 2　原式 $=\iint_{\Sigma}\begin{vmatrix}\mathrm{d}y\mathrm{d}z&\mathrm{d}z\mathrm{d}x&\mathrm{d}x\mathrm{d}y\\ \frac{\partial}{\partial x}&\frac{\partial}{\partial y}&\frac{\partial}{\partial z}\\ 3y&-xz&yz^2\end{vmatrix}=\iint_{\Sigma}(z^2+x)\mathrm{d}y\mathrm{d}z-0\mathrm{d}z\mathrm{d}x+(-z-3)\mathrm{d}x\mathrm{d}y$。

这里 $P=z^2+x$，$Q=0$，$R=-z-3$，$\frac{\partial P}{\partial x}+\frac{\partial Q}{\partial y}+\frac{\partial R}{\partial z}=0$，所以对坐标的曲面积分与曲面形状无关。自选曲面 Σ 为 $z=2$，$x^2+y^2\leqslant 4$。取上侧 $\boldsymbol{n}^{\circ}=\{0,0,1\}$。因为 Σ：$z=2\perp yOz$ 面，所以 $\iint_{\Sigma}(z^2+x)\mathrm{d}y\mathrm{d}z=0$，从而

$$\iint_{\Sigma}(z^2+x)\mathrm{d}y\mathrm{d}z-(z+3)\mathrm{d}x\mathrm{d}y=-\iint_{\Sigma}5\mathrm{d}x\mathrm{d}y=-(+)\iint_{D_{xy}}5\mathrm{d}x\mathrm{d}y$$

$$=-5S(D_{xy})=-20\pi。$$

例 3　计算 $\int_{(0,0,0)}^{(1,2,3)}\mathrm{e}^{x(x^2+y^2+z^2)}[(3x^2+y^2+z^2)\mathrm{d}x+2xy\mathrm{d}y+2xz\mathrm{d}z]$。

分析　只给出起点和终点的坐标 $A(0,0,0)$ 和 $B(1,2,3)$，没有给出具体的积分路径 Γ 的方程，注意验证定理的使用条件。

解　因为 R^3 是一维单连通区域。设 $P(x,y,z)=\mathrm{e}^{x(x^2+y^2+z^2)}(3x^2+y^2+z^2)$，$Q(x,y,z)=2xy\mathrm{e}^{x(x^2+y^2+z^2)}$，$R(x,y,z)=2xz\mathrm{e}^{x(x^2+y^2+z^2)}$。

$$\frac{\partial P}{\partial y}=2y\mathrm{e}^{x(x^2+y^2+z^2)}[1+x(3x^2+y^2+z^2)],$$

$$\frac{\partial Q}{\partial x}=2y\mathrm{e}^{x(x^2+y^2+z^2)}[1+x(3x^2+y^2+z^2)],$$

$$\frac{\partial Q}{\partial z}=4x^2yz\mathrm{e}^{x(x^2+y^2+z^2)},$$

$$\frac{\partial R}{\partial y}=4x^2yz\mathrm{e}^{x(x^2+y^2+z^2)},$$

$$\frac{\partial R}{\partial x}=2z\mathrm{e}^{x(x^2+y^2+z^2)}[1+x(3x^2+y^2+z^2)],$$

$$\frac{\partial P}{\partial z}=2z\mathrm{e}^{x(x^2+y^2+z^2)}[1+x(3x^2+y^2+z^2)],$$

则有$\frac{\partial P}{\partial y}=\frac{\partial Q}{\partial x},\frac{\partial Q}{\partial z}=\frac{\partial R}{\partial y},\frac{\partial R}{\partial x}=\frac{\partial P}{\partial z}$在$R^3$内恒成立，因此曲线积分与路径无关。自选路径：设$A(1,0,0),B(1,2,0),C(1,2,3)$。

OA方程：$\begin{cases}y=0,\\z=0,\end{cases}$ AB方程：$\begin{cases}x=1,\\z=0,\end{cases}$ BC方程：$\begin{cases}x=1,\\y=2。\end{cases}$

$$I=\int_{OA}+\int_{AB}+\int_{BC}=\int_0^1\mathrm{e}^{x^3}\cdot 3x^2\mathrm{d}x+\int_0^2\mathrm{e}^{1+y^2}\cdot 2y\mathrm{d}y+\int_0^3\mathrm{e}^{5+z^2}\cdot 2z\mathrm{d}z=\mathrm{e}^{14}-1$$

例4　验证下列表达式$P\mathrm{d}x+Q\mathrm{d}y+R\mathrm{d}z$在$G=\{(x,y,z)\mid x>0,y>0,z>0\}$内是某个三元函数$u(x,y,z)$的全微分，并求这样的一个函数$u(x,y,z)$：

(1) $y^2z^3\mathrm{d}x+2xyz^3\mathrm{d}y+3xy^2z^2\mathrm{d}z$；(2) $\frac{3\mathrm{d}x-2\mathrm{d}y+\mathrm{d}z}{3x-2y+z}$。

解　(1) 设　$P(x,y,z)=y^2z^3,Q(x,y,z)=2xyz^3,R(x,y,z)=3xy^2z^2$。

$\frac{\partial P}{\partial y}=2yz^3,\frac{\partial Q}{\partial x}=2yz^3,\frac{\partial Q}{\partial z}=6xyz^2,\frac{\partial R}{\partial y}=6xyz^2,\frac{\partial R}{\partial x}=3y^2z^2,\frac{\partial P}{\partial z}=3y^2z^2$，

则有$\frac{\partial P}{\partial y}=\frac{\partial Q}{\partial x},\frac{\partial Q}{\partial z}=\frac{\partial R}{\partial y},\frac{\partial R}{\partial x}=\frac{\partial P}{\partial z}$在$G$内恒成立。故表达式$P\mathrm{d}x+Q\mathrm{d}y+R\mathrm{d}z$为某个三元函数的全微分。

$$u(x,y,z)=\int_{(1,1,1)}^{(x,y,z)}\mathrm{d}(xy^2z^3)=xy^2z^3-1,$$

或

$$u(x,y,z)=xy^2z^3+C。$$

(2) 设$P=\frac{3}{3x-2y+z},Q=\frac{-2}{3x-2y+z},R=\frac{1}{3x-2y+z}$，

$$\frac{\partial P}{\partial y}=\frac{6}{(3x-2y+z)^2}=\frac{\partial Q}{\partial x},\frac{\partial Q}{\partial z}=\frac{2}{(3x-2y+z)^2}=\frac{\partial R}{\partial y},\frac{\partial R}{\partial x}=\frac{-3}{(3x-2y+z)^2}=\frac{\partial P}{\partial z},$$

在G内恒成立。所以表达式为某个三元函数的全微分。

$$u(x,y,z)=\int_{(1,2,2)}^{(x,y,z)}\mathrm{d}\ln(3x-2y+z)=\ln(3x-2y+z)\Big|_{(1,2,2)}^{(x,y,z)}=\ln(3x-2y+z)。$$

例5　计算曲线积分$\oint_C(z-y)\mathrm{d}x+(x-z)\mathrm{d}y+(x-y)\mathrm{d}z$，其中$C$是曲线$\begin{cases}x^2+y^2=1,\\x-y+z=2,\end{cases}$从$z$轴正向往负向看是顺时针方向。

分析1　题型为空间对坐标的闭曲线积分，至多有三种做法。

分析 2　由于 $C\begin{cases}x^2+y^2=1,\\x-y+z=2\end{cases}$ 中含有平面方程：$x-y+z=2$，因此可以直接化为平面对坐标的闭曲线积分（或消去 z，求 C 在 xOy 面或在某个坐标面上的投影曲线）。见方法 2、方法 3。

解　方法 1　化为定积分计算（引参定限法）。具体化法：

(1) 引参：为此先将空间曲线一般方程 C：$\begin{cases}x^2+y^2=1,\\x-y+z=2\end{cases}$ 化为参数方程 $x=\cos t, y=\sin t, z=2-\cos t+\sin t$；

(2) 定限：因为是顺时针方向，因此起点对应于 $t=2\pi$，终点对应于 $t=0$，所以

$$I=\int_{2\pi}^{0}(2-\cos t+\sin t-\sin t)(-\sin t\mathrm{d}t)+(\cos t-2+\cos t-\sin t)\cos t\mathrm{d}t+(\cos t-\sin t)(\cos t+\sin t)\mathrm{d}t\text{（应用三角函数系正交性）}$$

$$=\int_{2\pi}^{0}(3\cos^2 t-\sin^2 t)\mathrm{d}t=-\int_{0}^{2\pi}2\cos^2 t\mathrm{d}t=-8\int_{0}^{\frac{\pi}{2}}\cos^2 t\mathrm{d}t$$

$$=-8\cdot\left(\frac{1}{2}\right)\cdot\left(\frac{\pi}{2}\right)=-2\pi\text{。}$$

方法 2　$I=\oint_C=\oint_{L_{平}}(2-x+y-y)\mathrm{d}x+(x-2+x-y)\mathrm{d}y+(x-y)(\mathrm{d}y-\mathrm{d}x)$

$$=-\oint_{L_{平+}}(2-2x+y)\mathrm{d}x+(3x-2y-2)\mathrm{d}y=-\iint_D(3-1)\mathrm{d}x\mathrm{d}y=-2\iint_D\mathrm{d}x\mathrm{d}y$$

$$=-2\pi\left(\text{因为}\iint_D\mathrm{d}\sigma=\pi, L_{平}\text{ 为平面闭曲线负向化为正向 }L_{平+}\right)\text{。}$$

方法 3　应用斯托克斯公式：

$$I=\iint_\Sigma\begin{vmatrix}\mathrm{d}y\mathrm{d}z & \mathrm{d}z\mathrm{d}x & \mathrm{d}x\mathrm{d}y\\ \dfrac{\partial}{\partial x} & \dfrac{\partial}{\partial y} & \dfrac{\partial}{\partial z}\\ z-y & x-z & x-y\end{vmatrix}=\iint_\Sigma 0\mathrm{d}y\mathrm{d}z+0\mathrm{d}z\mathrm{d}x+2\mathrm{d}x\mathrm{d}y=\iint_\Sigma 2\mathrm{d}x\mathrm{d}y,$$

其中 $P=0, Q=0, R=2$，因为 $\dfrac{\partial P}{\partial x}+\dfrac{\partial Q}{\partial y}+\dfrac{\partial R}{\partial z}=0$，所以曲面积分 $\iint_\Sigma 2\mathrm{d}x\mathrm{d}y$ 与曲面形状无关，自选曲面：取 Σ_1：$x-y+z=2$，下侧，从而有

$$I=\iint_\Sigma 2\mathrm{d}x\mathrm{d}y=2\iint_{\Sigma_1}\mathrm{d}x\mathrm{d}y=-2\iint_{D_{xy}}\mathrm{d}x\mathrm{d}y=-2\pi\text{（因为取下侧，所以取“—”号）。}$$

例 6　求力 $\boldsymbol{F}=y\boldsymbol{i}+z\boldsymbol{j}+x\boldsymbol{k}$ 沿有向闭曲线 Γ 所作的功，其中 Γ 为平面 $x+y+z=1$ 被三个坐标面所截成的三角形的整个边界，从 z 轴正向看去，沿顺时针方向。

解　$\Gamma=\Gamma_1+\Gamma_2+\Gamma_3$。因为变力 $\boldsymbol{F}$ 大小、方向都在变，求这样力沿曲线 Γ 做功问题就是计算对坐标的闭曲线积分。设 $\mathrm{d}\boldsymbol{S}=\{\mathrm{d}x,\mathrm{d}y,\mathrm{d}z\}$，所以 $W=\oint_\Gamma\boldsymbol{F}\cdot\mathrm{d}\boldsymbol{S}=\oint_\Gamma y\mathrm{d}x+z\mathrm{d}y+x\mathrm{d}z$。

方法 1　化为平面闭曲线积分，将 Γ 向 xOy 面投影，得平面曲线 $C_{平}(OABO)$。

$$W=\oint_{C_{平}}y\mathrm{d}x+(1-x-y)\mathrm{d}y+x\mathrm{d}(1-x-y)=-\oint_{C_{平+}}(y-x)\mathrm{d}x+(1-2x-y)\mathrm{d}y$$

$$=-\iint_{D_{xy}}(-2-1)\mathrm{d}x\mathrm{d}y=3\iint_D\mathrm{d}x\mathrm{d}y=3S(D)=\frac{3}{2}\text{。}\left(\text{因为 }S(D)=\left(\frac{1}{2}\right)\cdot 1^2=\frac{1}{2}\right)$$

方法 2　Γ 含有平面方程 $x+y+z=1$，顺时针方向，则有

$$\boldsymbol{n}^{\circ}=\left\{-\frac{1}{\sqrt{3}},-\frac{1}{\sqrt{3}},-\frac{1}{\sqrt{3}}\right\}。$$

$$W=\oint_{\Gamma} y\mathrm{d}x+z\mathrm{d}y+x\mathrm{d}z=\iint_{\Sigma}\begin{vmatrix} -\frac{1}{\sqrt{3}} & -\frac{1}{\sqrt{3}} & -\frac{1}{\sqrt{3}} \\ \frac{\partial}{\partial x} & \frac{\partial}{\partial y} & \frac{\partial}{\partial z} \\ y & z & x \end{vmatrix}\mathrm{d}S=\iint_{\Sigma}\sqrt{3}\,\mathrm{d}S=\sqrt{3}\,S(\Sigma)=\frac{3}{2},$$

式中 $S(\Sigma)$ 是边长为$\sqrt{2}$ 的等边三角形面积，$S(\Sigma)=\frac{1}{2}\cdot(\sqrt{2})^{2}\sin 60^{\circ}=\frac{\sqrt{3}}{2}$。

方法 3　化为定积分计算：$A(1,0,0)$，$B(0,1,0)$，$C(0,0,1)$。

Γ_1 方程：$\begin{cases}x+y=1,\\ z=0,\end{cases}$ Γ_2 方程：$\begin{cases}x+z=1,\\ y=0,\end{cases}$ Γ_3 方程：$\begin{cases}y+z=1,\\ x=0。\end{cases}$

$$W=\int_{\Gamma_1}+\int_{\Gamma_2}+\int_{\Gamma_3}=\int_0^1(1-x)\mathrm{d}x+\int_0^1(1-z)\mathrm{d}z+\int_0^1(1-y)\mathrm{d}y=3\int_0^1(1-x)\mathrm{d}x=\frac{3}{2}。$$

问题 164　什么叫环流量和旋度？

设有向闭曲线 Γ 的对坐标的曲线积分$\oint_{\Gamma} P\mathrm{d}x+Q\mathrm{d}y+R\mathrm{d}z=\oint_{\Gamma}\boldsymbol{A}\cdot\boldsymbol{z}\mathrm{d}S$ 为向量场 $\boldsymbol{A}$ 沿有向闭曲线 Γ 的环流量。在空间直角坐标系内，设有向量场 $\boldsymbol{A}(x,y,z)=P(x,y,z)\boldsymbol{i}+Q(x,y,z)\boldsymbol{j}+R(x,y,z)\boldsymbol{k}$，向量 $\left(\frac{\partial R}{\partial y}-\frac{\partial Q}{\partial x}\right)\boldsymbol{i}+\left(\frac{\partial P}{\partial z}-\frac{\partial R}{\partial x}\right)\boldsymbol{j}+\left(\frac{\partial Q}{\partial x}-\frac{\partial P}{\partial y}\right)\boldsymbol{k}$ 称为向量场 $\boldsymbol{A}(x,y,z)$ 在点(x,y,z) 处的旋度，记为 $\mathrm{rot}\boldsymbol{A}=\begin{vmatrix}\boldsymbol{i} & \boldsymbol{j} & \boldsymbol{k}\\ \frac{\partial}{\partial x} & \frac{\partial}{\partial y} & \frac{\partial}{\partial z}\\ P & Q & R\end{vmatrix}$。

例 7　求下列向量场 $\boldsymbol{A}$ 的旋度：

(1) $\boldsymbol{A}=(2z-3y)\boldsymbol{i}+(3x-z)\boldsymbol{j}+(y-2x)\boldsymbol{k}$；

(2) $\boldsymbol{A}=(z+\sin y)\boldsymbol{i}-(z-x\cos y)\boldsymbol{j}$；

(3) $\boldsymbol{A}=x^2\sin y\boldsymbol{i}+y^2\sin(xz)\boldsymbol{j}+xy\sin(\cos z)\boldsymbol{k}$。

解　(1) $\mathrm{rot}\boldsymbol{A}=\begin{vmatrix}\boldsymbol{i} & \boldsymbol{j} & \boldsymbol{k}\\ \frac{\partial}{\partial x} & \frac{\partial}{\partial y} & \frac{\partial}{\partial z}\\ 2z-3y & 3x-z & y-2x\end{vmatrix}=2\boldsymbol{i}+4\boldsymbol{j}+6\boldsymbol{k}$。

(2) $\mathrm{rot}\boldsymbol{A}=\begin{vmatrix}\boldsymbol{i} & \boldsymbol{j} & \boldsymbol{k}\\ \frac{\partial}{\partial x} & \frac{\partial}{\partial y} & \frac{\partial}{\partial z}\\ z+\sin y & -(z-x\cos y) & 0\end{vmatrix}=\boldsymbol{i}+\boldsymbol{j}$。

(3) $\mathrm{rot}\boldsymbol{A}=\begin{vmatrix}\boldsymbol{i} & \boldsymbol{j} & \boldsymbol{k}\\ \dfrac{\partial}{\partial x} & \dfrac{\partial}{\partial y} & \dfrac{\partial}{\partial z}\\ x^2\sin y & y^2\sin(xz) & xy\sin(\cos z)\end{vmatrix}$

$=[x\sin(\cos z)-xy^2\cos(xz)]\boldsymbol{i}-y\sin(\cos z)\boldsymbol{j}+[y^2z\cos(xz)-x^2\cos y]\boldsymbol{k}$。

例 8　求下列向量场 $\boldsymbol{A}$ 沿闭曲线 Γ(从 z 轴正向看 Γ 为逆时针方向)的环流量：

(1) $\boldsymbol{A}=-y\boldsymbol{i}+x\boldsymbol{j}+c\boldsymbol{k}$($c$ 为常量)，Γ 为圆周 $x^2+y^2=1,z=0$；

(2) $\boldsymbol{A}=(x-z)\boldsymbol{i}+(x^3+yz)\boldsymbol{j}-3xy^2\boldsymbol{k}$，其中 Γ 为圆周 $z=2-\sqrt{x^2+y^2},z=0$。

分析　求环流量就是求空间对坐标的闭曲线积分。

解　(1) $Q=\oint_\Gamma -y\mathrm{d}x+x\mathrm{d}y+c\mathrm{d}z$，$\Gamma$ 的参数方程：$x=\cos t,y=\sin t,z=0(0\leqslant t\leqslant 2\pi)$。$Q=\int_0^{2\pi}(\sin^2 t+\cos^2 t)\mathrm{d}t=2\pi$。

(2) Γ 的参数方程：$x=2\cos t,y=2\sin t,z=0,0\leqslant t\leqslant 2\pi$。

环流量 $Q=\int_\Gamma (x-z)\mathrm{d}x+(x^3+yz)\mathrm{d}y$(因 $z=0$)

$$=\oint_\Gamma x\mathrm{d}x+x^3\mathrm{d}y=\int_0^{2\pi}(-4\sin t\cos t+16\cos^4 t)\mathrm{d}t=16\int_0^{2\pi}\cos^4 t\mathrm{d}t$$

$$=64\int_0^{\frac{\pi}{2}}\cos^4 t\mathrm{d}t=64\cdot\left(\frac{3}{4}\right)\cdot\left(\frac{1}{2}\right)\cdot\left(\frac{\pi}{2}\right)=12\pi。$$

***例 9**　计算 $I=\int_\Gamma\dfrac{x\mathrm{d}x+y\mathrm{d}y+z\mathrm{d}z}{\sqrt{x^2+y^2+z^2}}$，其中 Γ 为半圆周曲线$\begin{cases}x^2+y^2+z^2=R^2,\\ z=0\end{cases}$ $(y>0,z>0)$，若从 z 轴正向看去此半圆周曲线是取逆时针方向。

分析　是空间对坐标的非闭曲线积分。设 $P(x,y,z)=\dfrac{x}{\sqrt{x^2+y^2+z^2}}$，$Q(x,y,z)=\dfrac{y}{\sqrt{x^2+y^2+z^2}}$，$R(x,y,z)=\dfrac{z}{\sqrt{x^2+y^2+z^2}}$，且$\begin{vmatrix}\boldsymbol{i} & \boldsymbol{j} & \boldsymbol{k}\\ \dfrac{\partial}{\partial x} & \dfrac{\partial}{\partial y} & \dfrac{\partial}{\partial z}\\ P & Q & R\end{vmatrix}=\boldsymbol{0}$。即在 $z>0$ 时的上半空间内有$\dfrac{\partial P}{\partial y}=\dfrac{\partial Q}{\partial x}$，$\dfrac{\partial Q}{\partial z}=\dfrac{\partial R}{\partial y}$，$\dfrac{\partial R}{\partial x}=\dfrac{\partial P}{\partial z}$，所以空间对坐标的非闭曲线积分理论上有 4 种计算方法。

解　方法 1　自选路径法(最佳做法)。

由题设知 Γ 在 xOy 面上的上半圆周如图 11-9 所示。起点 A、终点 B 不变。故选路径为 AB，其方程为 $y=0$，则有

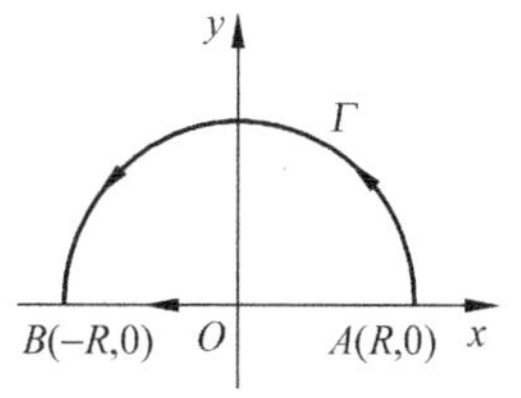

图　11-9

$$I=\int_\Gamma\frac{x\mathrm{d}x+y\mathrm{d}y+z\mathrm{d}z}{\sqrt{x^2+y^2+z^2}}(z=0)$$

$$=\int_R^{-R}\frac{x\mathrm{d}x}{\sqrt{x^2}}=-\int_{-R}^0\frac{x}{-x}\mathrm{d}x-\int_0^R\frac{x}{x}\mathrm{d}x=R-R=0。\left(注：\int_R^{-R}\frac{x}{\sqrt{x^2}}\mathrm{d}x\ 不是广义积分!\right)$$

方法 2　化为定积分计算(引参定限法)：引参 $x=R\cos t,y=R\sin t,z=0$，起点

$A(R,0)$，$R=R\cos t$，$0=R\sin t$，得 $t=0$，终点 B 对应 $t=\pi$。

$$I=\int_0^{\pi}\frac{R\cos t(-R\sin t)\mathrm{d}t+R\sin tR\cos t\mathrm{d}t+0}{(R\cos t)^2+(R\sin t)^2+0}=\int_0^{\pi}0\mathrm{d}t=0。$$

方法 3　凑全微分法：$I=\int_{(R,0,0)}^{(-R,0,0)}\mathrm{d}\sqrt{x^2+y^2+z^2}=\sqrt{x^2+y^2+z^2}\Big|_{(R,0,0)}^{(-R,0,0)}=0$。

方法 4　化非闭曲线为闭曲线，应用斯托克斯公式：添加下半圆周 $x^2+y^2+z^2=R^2$，$y<0$，$z\geqslant 0$。记闭曲线为 C_+：$\begin{cases}x^2+y^2+z^2=R^2,\\ z=0,\end{cases}$ 在 C_+ 上的曲面 Σ 为上半球面 $z=\sqrt{R^2-x^2-y^2}$，且 C_+ 的正向与 Σ 的侧构成右手系。

$$I=\frac{1}{2}\oint_{C_+}\frac{x\mathrm{d}x+y\mathrm{d}y+z\mathrm{d}z}{\sqrt{x^2+y^2+z^2}}=\frac{1}{2}\iint_{\Sigma}\begin{vmatrix}\mathrm{d}y\mathrm{d}z & \mathrm{d}z\mathrm{d}x & \mathrm{d}x\mathrm{d}y\\ \dfrac{\partial}{\partial x} & \dfrac{\partial}{\partial y} & \dfrac{\partial}{\partial z}\\ P & Q & R\end{vmatrix}$$

$$=\frac{1}{2}\iint_{\Sigma}\left[\left(\frac{\partial R}{\partial y}-\frac{\partial Q}{\partial z}\right)\mathrm{d}y\mathrm{d}z+\left(\frac{\partial P}{\partial z}-\frac{\partial R}{\partial x}\right)\mathrm{d}z\mathrm{d}x+\left(\frac{\partial Q}{\partial x}-\frac{\partial P}{\partial y}\right)\mathrm{d}x\mathrm{d}y\right]=0。$$

点评　牛顿-莱布尼茨公式、格林公式、高斯公式、斯托克斯公式，在本质上所反应的是不同维空间的同一个数学关系——内部与边界间的关系。

问题 165　积分是如何分类的？（参见文献[4]）

假设下面涉及的各类函数在其定义域上都是可积的。

1. 一元函数 $y=f(x)$，$x\in[a,b]$，则 $f(x)$ 在$[a,b]$上的积分$\int_a^b f(x)\mathrm{d}x$ 称为定积分。

2. 二元函数 $z=f(x,y)$

(1) 定义域为平面区域 D，则 $f(x,y)$ 在 D 上积分$\iint_D f(x,y)\mathrm{d}x\mathrm{d}y$ 称为二重积分；

(2) 定义域为平面曲线 L，则 $f(x,y)$ 在 L 上对弧长的积分$\int_L f(x,y)\mathrm{d}s$ 或 $\int_L P(x,y)\mathrm{d}x+Q(x,y)\mathrm{d}y$，其中 P，Q 定义在 L 上且可积，称为两类平面曲线积分。

3. 三元函数 $u=f(x,y,z)$

(1) 定义域为空间区域 Ω，则 $f(x,y,z)$ 在 Ω 上的积分$\iiint_{\Omega} f(x,y,z)\mathrm{d}V$，称为三重积分；

(2) 定义域为空间曲面 Σ，则 $f(x,y,z)$ 在 Σ 上对面积的曲面积分$\iint_{\Sigma} f(x,y,z)\mathrm{d}S$ 或 $P(x,y,z)$，$Q(x,y,z)$，$R(x,y,z)$ 定义在 Σ 上且可积，$\iint_{\Sigma} P\mathrm{d}y\mathrm{d}z+Q\mathrm{d}z\mathrm{d}x+R\mathrm{d}x\mathrm{d}y$ 称为两类曲面积分；

(3) 定义域为空间曲线 Γ，则 $f(x,y,z)$ 在 Γ 上对弧长的积分$\int_{\Gamma} f(x,y,z)\mathrm{d}s$ 或 $P(x,y,z)$，$Q(x,y,z)$，$R(x,y,z)$ 定义在 Γ 上且可积，$\int_{\Gamma} P\mathrm{d}x+Q\mathrm{d}y+R\mathrm{d}z$ 称为空间两类曲线积分。

于是，综上所述得出积分的类别是由被积函数的定义域而得名的。由定义域得名为：定积分、二重积分、三重积分、两类曲线积分和两类曲面积分，由于7种积分的被积函数的定义域不同，就决定了它们的计算方法不同，不能混淆。而7种积分的计算方法又都具有凡是有定义的地方必须点点积到的共性。如二重积分算法：$\iint\limits_D f(x,y)\mathrm{d}x\mathrm{d}y=\int_a^b \mathrm{d}x\int_{y_2(x)}^{y_2(x)} f(x,y)\mathrm{d}y$。

上式左端表示 $f(x,y)$ 定义在 D 上且可积，右端表示凡是有定义且可积的地方必须点点积到。画出 D 的图形自己验证。

例 10 设S为曲面$x^2+y^2+z^2=1$的外侧，计算曲面积分$I=\oiint\limits_S x^3\mathrm{d}y\mathrm{d}z+y^3\mathrm{d}z\mathrm{d}x+z^3\mathrm{d}x\mathrm{d}y$。

分析 本题是对坐标的闭曲面积分，至多有两种计算方法：

(1) 应用高斯公式计算(最佳做法)；(2) 化为二重积分计算。

解 利用高斯公式计算：

$$I=3\iiint\limits_\Omega (x^2+y^2+z^2)\mathrm{d}V=3\int_0^{2\pi}\mathrm{d}\theta\int_0^{\pi}\sin\varphi\mathrm{d}\varphi\int_0^1 r^4\mathrm{d}r=\frac{12\pi}{5}。$$

下面是考研试卷考生的错误做法：

$$I=3\iiint\limits_\Omega (x^2+y^2+z^2)\mathrm{d}V\overset{*}{=}3\iiint\limits_\Omega 1\mathrm{d}V(\text{将 } x^2+y^2+z^2=1 \text{ 代入})$$

$$=3V(\Omega)=3\left(\frac{4}{3}\right)\pi 1^3=4\pi。$$

错在何处?错在 $*$ 处将三重积分计算方法与曲面积分计算方法混了，三重积分的被积分函数 $f(x,y,z)=x^2+y^2+z^2$ 是定义在整个闭域 Ω 上，即定义在 $x^2+y^2+z^2\leqslant 1$，Ω 的内部点及边界曲面($x^2+y^2+z^2=1$) 上的点都有定义，而计算三重积分，凡是有定义且可积的点必须点点积到。$x^2+y^2+z^2=1$ 仅是 Ω 上的边界曲面 S 的方程。

$$\iiint\limits_\Omega f(x,y,z)\mathrm{d}V=\int_a^b\mathrm{d}x\int_{y_1(x)}^{y_2(x)}\mathrm{d}y\int_{z_1(x,y)}^{z_2(x,y)} f(x,y,z)\mathrm{d}z。$$

上式左端表明 $f(x,y,z)$ 定义在 Ω 上且可积，右端表明三重积分在 $f(x,y,z)$ 定义域 Ω 内部及边界曲面 S 上点点积到。

国内高校期末试题解析

一、计算下列各题：

1. (上海交通大学，1986 Ⅱ) 计算 $I=\int_C (x^2y+3x\mathrm{e}^x)\mathrm{d}x+\left(\frac{1}{3}x^3-y\sin y\right)\mathrm{d}y$，其中$C$是摆线 $x=t-\sin t, y=1-\cos t$ 从点 $O(0,0)$ 到点 $A(\pi,2)$ 的一段弧。

2. (吉林大学，2001 Ⅱ) 证明曲线积分 $\int_C xy^2\mathrm{d}x+x^2y\mathrm{d}y$ 与路径无关，并计算积分 $\int_{(0,0)}^{(1,1)} xy^2\mathrm{d}x+x^2y\mathrm{d}y$ 的值。

3. (大连理工大学，1992 Ⅱ) 计算 $I=\int_L \frac{x\mathrm{d}y-y\mathrm{d}x}{4x^2+y^2}$，其中 L 是从点 $A(-1,0)$ 经下半单位圆至点 $C(1,0)$，再经直线到点 $B(-1,2)$ 的曲线。

解　1. 设 $P(x,y)=x^2y+3xe^x$，$Q(x,y)=\dfrac{1}{3}x^3-y\sin y$，因为 $\dfrac{\partial P}{\partial y}=x^2=\dfrac{\partial Q}{\partial x}$，在单连通区域 R^2 内恒成立，因此该曲线积分有 4 种计算方法。

方法 1　自选路径法(最佳计算方法)：

设 $B(\pi,0)$，$A(\pi,2)$，OB 方程：$y=0$，$0\leqslant x\leqslant\pi$，BA 方程：$x=\pi$，$0\leqslant y\leqslant\pi$。

$$
\begin{aligned}
I&=\left[\int_{OB}+\int_{BA}\right]\left[(x^2y+3xe^x)dx+\left(\frac{x^3}{3}-y\sin y\right)dy\right]\\
&=\int_0^{\pi}3xe^x dx+\int_0^2\left(\frac{\pi^3}{3}-y\sin y\right)dy=3(x-1)e^x\Big|_0^{\pi}+\left[\frac{\pi^3y}{3}+y\cos y-\sin y\right]_0^2\\
&=3e^{\pi}(\pi-1)+3+\frac{2\pi^3}{3}+2\cos 2-\sin 2。
\end{aligned}
$$

方法 2　凑全微分法(最快计算方法)：利用拆项组合法。

$$
\begin{aligned}
I&=\int_{(0,0)}^{(\pi,2)}\left[x^2ydx+\left(\frac{x^3}{3}\right)dy+3xe^x dx-y\sin y dy\right]\\
&=\int_{(0,0)}^{(\pi,2)}d\left[\frac{x^3y}{3}+3(x-1)e^x+y\cos y-\sin y\right]\\
&=3e^{\pi}(\pi-1)+3+\frac{2\pi^3}{2}+2\cos 2-\sin 2。
\end{aligned}
$$

自己动手：方法 3　化非闭曲线为正向闭曲线，利用格林公式计算；方法 4　化为定积分计算(引参定限法)。

2. 设 $P(x,y)=xy^2$，$Q(x,y)=x^2y$，在单连通区域 R^2 内恒有 $\dfrac{\partial P}{\partial y}=2xy=\dfrac{\partial Q}{\partial x}$，故该曲线积分与路径无关。

方法 1　自选路径法(最佳计算方法)：

选取 OB 方程：$y=0$，$0\leqslant x\leqslant 1$，BA 方程：$x=1$，$0\leqslant y\leqslant 1$。

$$
I=\int_0^1 0dx+\int_0^1 ydy=\frac{1}{2}。
$$

方法 2　凑全微分法(最快计算方法)：$\displaystyle\int_{(0,1)}^{(1,1)}d\left(\frac{x^2y^2}{2}\right)=\frac{x^2y^2}{2}\Big|_{(0,1)}^{(1,1)}=\frac{1}{2}$。

3. 此题是平面对坐标的非闭曲线积分。化为闭曲线，其正向如图 11-10 所示。首先考查 $\dfrac{\partial P}{\partial y}=\dfrac{\partial Q}{\partial x}$，这里 $P(x,y)=\dfrac{-y}{4x^2+y^2}$，$Q(x,y)=\dfrac{x}{4x^2+y^2}$，显然 $P(x,y)$，$Q(x,y)$ 在 $(0,0)$ 处无定义，因此 $P(x,y)$，$Q(x,y)$ 在包含 $(0,0)$ 点的平面区域内不满足格林公式的条件，应用匹配法：将原点 $(0,0)$ 挖去，这样在环形区域 D_1 内有 $\dfrac{\partial Q}{\partial x}=\dfrac{\partial P}{\partial y}=\dfrac{y^2-4x^2}{(4x^2+y^2)^2}$，所以应用曲线积分的匹配法。

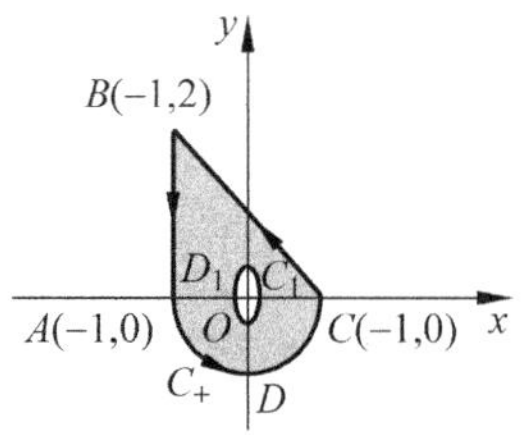

图　11-10

方法 1　应用格林公式：连接点 B 和 A，设 $C_+=ADCBA$ 为闭曲线正向。用 $C_{1+}=4x^2+y^2=\dfrac{1}{16}$，将原点 O 挖去，且在环形区域 D_1 内 $\dfrac{\partial P}{\partial y}=\dfrac{\partial Q}{\partial x}$ 恒成立，故有 $\displaystyle\oint_{C_+}=\oint_{C_{1+}}$，从而 $I=$

$\int_L = \oint_{C_+} - \int_{BA} = \oint_{C_{1+}} - \int_{BA}$。

因为 $P(x,y)$，$Q(x,y)$ 定义在 C_1 上，则有

$$\oint_{C_{1+}} \frac{x\mathrm{d}y - y\mathrm{d}x}{4x^2 + y^2} = 16\oint_{C_{1+}} x\mathrm{d}y - y\mathrm{d}x (\text{利用格林公式})$$

$$= 16\iint_{D_2} 2\sigma = 32S(D_2) = \pi\left(\text{因 } S(D_2) = \pi \cdot \frac{1}{8} \cdot \frac{1}{4} = \frac{\pi}{32}\right)$$

BA 方程：$x = -1$。$\int_{BA} = \int_2^0 \frac{-\mathrm{d}y}{4 + y^2} = \frac{1}{2}\arctan\frac{y}{2}\Big|_0^2 = \frac{\pi}{8}$。

因此 $I = \pi - \int_{BA} = \pi - \frac{\pi}{8} = \frac{7\pi}{8}$。

方法 2　自选路径法：首先要构造单连通区域，设 $G_1 = \{(x,y) \mid y > 0, -\infty < x < +\infty\}$，在单连通区域 G_1 内，$\frac{\partial P}{\partial y} = \frac{\partial Q}{\partial x} = \frac{y^2 - 4x^2}{(4x^2 + y^2)}$ 恒成立。故自选路径，如图 11-11 所示。CE 方程：$x = 1, 0 \leqslant y \leqslant 2$；$EB$ 方程：$y = 2, -1 \leqslant x \leqslant 1$。

$$\int_{CB} = \int_{CE} + \int_{EB}$$

$$= \int_0^2 \frac{\mathrm{d}y}{4 + y^2} + \int_1^{-1} \frac{(-2\mathrm{d}x)}{(4x^2 + 4)} = \frac{3\pi}{8}。$$

选取单连通区域 G_2：$\{(x,y) \mid y < 0, -\infty < x < +\infty\}$。在 G_2 内，$\frac{\partial P}{\partial y} = \frac{\partial Q}{\partial x} = \frac{y^2 - 4x^2}{(4x^2 + y^2)}$ 恒成立。故自选路径，如图 11-12 所示。选取路径 AFC 方程为 $4x^2 + y^2 = 4$。引参：$x = \cos t$，$y = 2\sin t$，定限：起点 $A(-1,0)$ 对应于 $t = \pi$，终点 $C(1,0)$ 对应于 $t = 2\pi$，则

$$\int_{\overset{\frown}{ADC}} = \int_{\overset{\frown}{AFC}} = \int_\pi^{2\pi} \frac{2\cos^2 t + 2\sin^2 t}{4}\mathrm{d}t = \frac{\pi}{2},$$

所以

$$\int_L \frac{x\mathrm{d}y - y\mathrm{d}x}{4x^2 + y^2} = \frac{3}{8}\pi + \frac{\pi}{2} = \frac{7}{8}\pi。$$

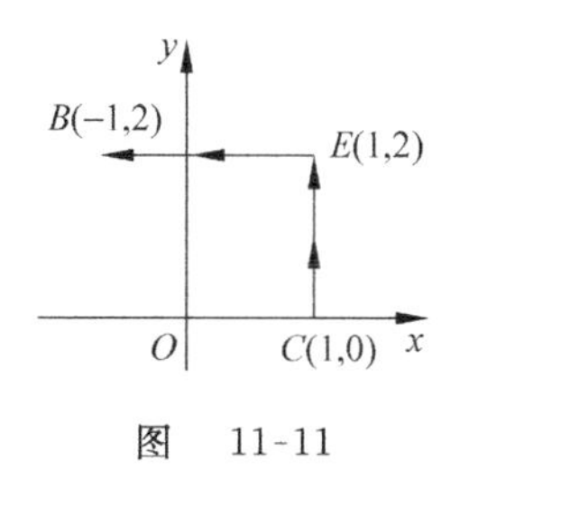

图　11-11

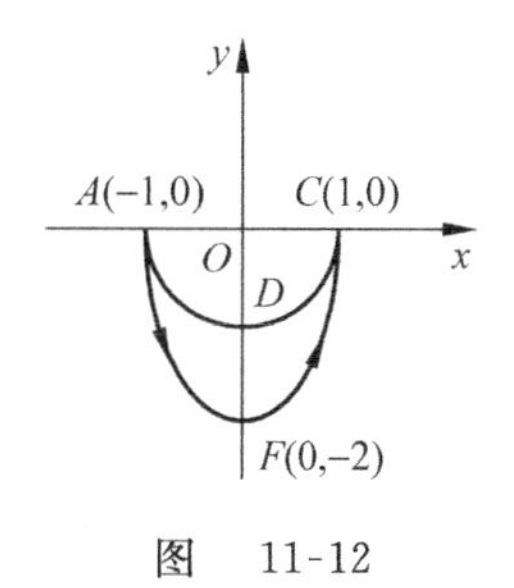

图　11-12

点评　方法 2 告诉我们算题时想利用自选路径法或凑全微分法，首先要自己构造出一个单连通区域上半平面($y > 0$)G_1 和下半平面 G_2。

方法 3　凑全微分法：在单连通区域 G_1 内，有

$$\int_{(1,0)}^{(-1,2)} \frac{x\mathrm{d}y - y\mathrm{d}x}{4x^2 + y^2} = \int_{(1,0)}^{(-1,2)} \frac{1}{2}\mathrm{d}\arctan\left(\frac{y}{2x}\right) = \frac{1}{2}\arctan\left(\frac{y}{2x}\right)\Big|_{(1,0)}^{(-1,2)} = \frac{1}{2}\arctan(-1) = \frac{3\pi}{8}。$$

在 G_2 内，

$\int_{\overset{\frown}{ADC}} \frac{x\mathrm{d}y - y\mathrm{d}x}{4x^2+y^2} = \frac{1}{2}\int_{(-1,0)}^{(1,0)} \mathrm{d}\arctan\left(\frac{y}{2x}\right)$（因为 $D(0,-1)$ 在曲线 ADC 上，该点为被积函数 $\arctan\left(\frac{y}{2x}\right)$ 的无穷间断点，因此是对坐标的无界函数广义曲线积分。）

$$= \frac{1}{2}\left[\lim_{\varepsilon_1\to 0}\int_{(-1,0)}^{(-\varepsilon_1,-1)} \mathrm{d}\arctan\left(\frac{y}{2x}\right) + \lim_{\varepsilon_2\to 0}\int_{(\varepsilon_2,-1)}^{(1,0)} \mathrm{d}\arctan\left(\frac{y}{2x}\right)\right]$$

$$= \frac{1}{2}\left[\lim_{\varepsilon_1\to 0}\arctan\frac{-1}{-2\varepsilon_1} + \lim_{\varepsilon_2\to 0}\left(0 - \arctan\frac{-1}{-2\varepsilon_1}\right)\right]$$

$$= \frac{1}{2}\left[\frac{\pi}{2} + \frac{\pi}{2}\right] = \frac{\pi}{2}。$$

所以　　原式 $=\frac{3\pi}{8}+\frac{\pi}{2}=\frac{7\pi}{8}$。

自己动手：方法 4　化为定积分计算。

二、（大连理工大学，2002Ⅱ）计算曲线积分

$$I = \int_{\overset{\frown}{OmA}} (\varphi(y)\cos x - y)\mathrm{d}x + (\varphi'(y)\sin x - 1)\mathrm{d}y,$$

其中 φ' 连续，$\overset{\frown}{OmA}$ 是位于连接 $O(0,0)$ 与 $A(\pi,\pi)$ 的线段下方的任一光滑曲线，且 $\overset{\frown}{OmA}$ 与 $\overline{OA}$ 所围图形的面积为 2。

分析　本题是平面对坐标的非闭曲线积分，因为没有给出积分路径 $\overset{\frown}{OmA}$ 的方程，因此无法化为定积分计算。又不知 $\varphi(y)$ 的方程无法判断 $\frac{\partial P}{\partial y}=\frac{\partial Q}{\partial x}$ 是否成立。故本题只有一种算法：化非闭曲线为闭曲线正向，利用格林公式计算。

解　添加 AO 直线：AO 方程：$y=x$，$0\leqslant x\leqslant\pi$。如图 11-13 所示。记 $C=\overset{\frown}{OmA}+AO$ 为闭曲线正向。于是，

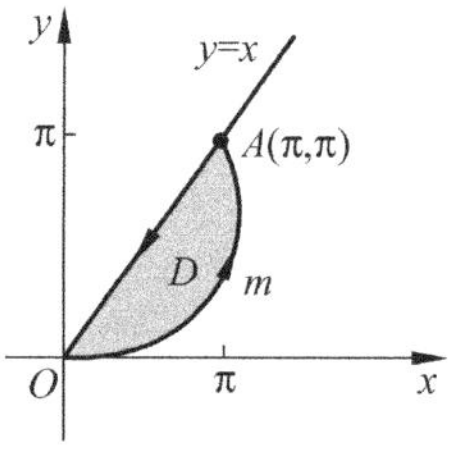

$$I = \left(\oint_C - \int_{AO}\right)(\varphi(y)\cos x - y)\mathrm{d}x + (\varphi'(y)\sin x - 1)\mathrm{d}y$$

$$= \iint_D \left(\frac{\partial Q}{\partial x} - \frac{\partial P}{\partial y}\right)\mathrm{d}x\mathrm{d}y - \int_{\pi}^{0}(\varphi(x)\cos x - x)\mathrm{d}x + (\varphi'(x)\sin x - 1)\mathrm{d}x$$

$$= \iint_D \mathrm{d}x\mathrm{d}y + \int_0^{\pi}(\varphi(x)\cos x + \varphi'(x)\sin x)\mathrm{d}x - \int_0^{\pi}(x+1)\mathrm{d}x$$

$$= 2 + \varphi(x)\sin x\Big|_0^{\pi} + \left(-\frac{x^2}{2} - x\right)\Big|_0^{\pi} = 2 - \frac{\pi^2}{2} - \pi。$$

图　11-13

三、（西安电子科技大学，1994Ⅱ）设函数 $Q(x,y)$ 在 xOy 平面上具有一阶连续偏导数，曲线积分 $\int_L 2xy\mathrm{d}x + Q(x,y)\mathrm{d}y$ 与路径无关，并且对任意 t 恒有 $\int_{(0,0)}^{(t,1)} 2xy\mathrm{d}x + Q(x,y)\mathrm{d}y = \int_{(0,0)}^{(1,t)} 2xy\mathrm{d}x + Q(x,y)\mathrm{d}y$，求 $Q(x,y)$。

解　设 $P(x,y)=2xy$，因为曲线积分与路径无关，所以在单连通区域 xOy 平面上恒有 $\frac{\partial P}{\partial y}=\frac{\partial Q}{\partial x}$，即 $\frac{\partial Q}{\partial x}=2x$，因此 $Q(x,y)=x^2+\varphi(y)$。其中 $\varphi(y)$ 为待定函数。又

$$\int_{(0,0)}^{(t,1)} 2xy\,dx+Q(x,y)\,dy=\int_0^t P(x,0)\,dx+\int_0^1 Q(t,y)\,dy=\int_0^t 0\,dx+\int_0^1 (t^2+\varphi(y))\,dy$$

$$=t^2+\int_0^1 \varphi(y)\,dy, \tag{Ⅰ}$$

$$\int_{(0,0)}^{(1,t)} 2xy\,dx+Q(x,y)\,dy=\int_0^1 2x\cdot 0\,dx+\int_0^t [1^2+\varphi(y)]\,dy$$

$$=t+\int_0^t \varphi(y)\,dy。 \tag{Ⅱ}$$

由式(Ⅰ)(Ⅱ),得

$$t^2+\int_0^1 \varphi(y)\,dy=t+\int_0^t \varphi(y)\,dy。$$

上式两边对 t 求导,得 $2t=1+\varphi(t)$,$\varphi(t)=2t-1$,所以 $\varphi(y)=2y-1$。故 $Q(x,y)=x^2+2y-1$。

四、(上海交通大学,1983Ⅱ)求矢量 $\boldsymbol{r}=x\boldsymbol{i}+y\boldsymbol{j}+z\boldsymbol{k}$ 通过锥面 Σ: $z=4-\sqrt{x^2+y^2}\,(z\geqslant 1)$上侧的通量。

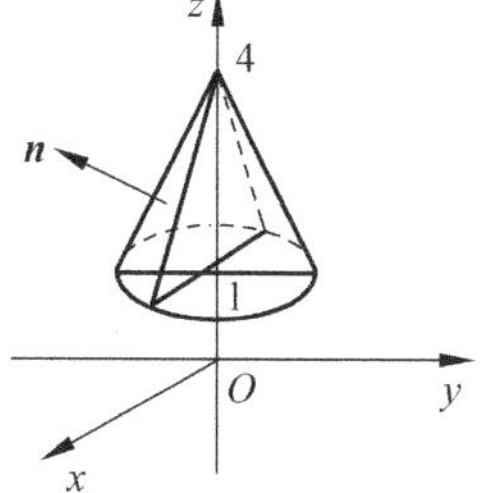

图 11-14

解　求通量就是计算对坐标的曲面积分 $\Phi=\iint\limits_{\Sigma}\boldsymbol{r}\cdot d\boldsymbol{S}=\iint\limits_{\Sigma}x\,dydz+y\,dzdx+z\,dxdy$,添加曲面 Σ_1: $z=1, x^2+y^2\leqslant 3^2$,取下侧。记 $S=\Sigma+\Sigma_1$ 为闭曲面外侧,如图 11-14 所示。Σ_1 在 xOy 面上的投影区域为 D_{xy}: $x^2+y^2\leqslant 3^2$。

$$\Phi=\left(\oiint\limits_{S}-\iint\limits_{\Sigma_1}\right)(x\,dydz+y\,dzdx+z\,dxdy)=\iiint\limits_{\Omega}3\,dV-(-)\iint\limits_{D_{xy}}dxdy$$

$$=3\cdot\left(\frac{\pi}{3}\right)\cdot 3^2\cdot 3+\pi\cdot 3^2=36\pi。$$

五、(西安电子科技大学,1991Ⅱ)计算第二类曲面积分(分两种情况)$I=\oiint\limits_{S}\dfrac{x\,dydz+y\,dzdx+z\,dxdy}{(x^2+y^2+z^2)^{\frac{3}{2}}}$,其中(1)$S$: $x^2+y^2+z^2=\varepsilon^2$,$\varepsilon>0$,外侧;(2)$S$ 是内部不包含原点的光滑闭曲面。

解　(1) 方法 1　因为 S: $x^2+y^2+z^2=\varepsilon^2$ 是球面,所以化为对面积的曲面积分即第一类曲面积分计算简单,$\cos\alpha=\dfrac{x}{\varepsilon}$,$\cos\beta=\dfrac{y}{\varepsilon}$,$\cos\gamma=\dfrac{z}{\varepsilon}$。

$$I=\frac{1}{\varepsilon^3}\oiint\limits_{S}(x\cos\alpha+y\cos\beta+z\cos\gamma)\,dS=\frac{1}{\varepsilon^2}\oiint\limits_{\Sigma}dS=\frac{1}{\varepsilon^2}\cdot 4\pi\varepsilon^2=4\pi。$$

方法 2　
$$I=\frac{1}{\varepsilon^3}\oiint\limits_{S}x\,dydz+y\,dzdx+z\,dxdy$$

$$=\frac{1}{\varepsilon^3}\iiint\limits_{\Omega}3\,dV=\frac{3}{\varepsilon^3}\cdot\frac{4\pi\varepsilon^3}{3}=4\pi。$$

(2) 设 S 所围空间区域为 Ω。因为 $O(0,0,0)\notin\Omega$,记 $\boldsymbol{r}=\{x,y,z\}$,$r=|\boldsymbol{r}|=\sqrt{x^2+y^2+z^2}$,则 $P=\dfrac{x}{r^3}$,$Q=\dfrac{y}{r^3}$,$R=\dfrac{z}{r^3}$,则$\dfrac{\partial P}{\partial x}+\dfrac{\partial Q}{\partial y}+\dfrac{\partial R}{\partial z}=\dfrac{1}{r^3}-\dfrac{3x^2}{r^5}+\dfrac{1}{r^3}-\dfrac{3y^2}{r^5}+\dfrac{1}{r^3}-\dfrac{3z^2}{r^5}=0$。由高斯公式,有 $I=\iiint\limits_{\Omega}\left(\dfrac{\partial P}{\partial x}+\dfrac{\partial Q}{\partial y}+\dfrac{\partial R}{\partial z}\right)dV=0$。

六、(西安电子科技大学,1990Ⅱ) 设 $f(x,y)$ 在 $x^2+y^2\leqslant 1$ 上二次连续可微,且满足$\frac{\partial^2 f}{\partial x^2}+\frac{\partial^2 f}{\partial y^2}=\mathrm{e}^{-(x^2+y^2)}$,试求 $\iint\limits_{x^2+y^2\leqslant 1}\left(x\frac{\partial f}{\partial x}+y\frac{\partial f}{\partial y}\right)\mathrm{d}x\mathrm{d}y$。

解　由被积表达式的特点知,利用极坐标计算:$x=\rho\cos\theta, y=\rho\sin\theta$,则

$$\frac{\partial f}{\partial \rho}=\frac{\partial f}{\partial x}\cos\theta+\frac{\partial f}{\partial y}\sin\theta, \rho\frac{\partial f}{\partial \rho}=\frac{\partial f}{\partial x}\rho\cos\theta+\frac{\partial f}{\partial y}\rho\sin\theta=x\frac{\partial f}{\partial x}+y\frac{\partial f}{\partial y},$$

所以

$$\iint\limits_D\left(x\frac{\partial f}{\partial x}+y\frac{\partial f}{\partial y}\right)\mathrm{d}x\mathrm{d}y=\iint\limits_{\rho\leqslant 1}\rho\frac{\partial f}{\partial \rho}\rho\mathrm{d}\rho\mathrm{d}\theta=\int_0^1\rho\mathrm{d}\rho\int_0^{2\pi}\rho\frac{\partial f}{\partial \rho}\mathrm{d}\theta。\qquad (\text{Ⅰ})$$

而将定积分$\int_0^{2\pi}\rho\frac{\partial f}{\partial \rho}\mathrm{d}\theta$视为由曲线积分$\oint_{x^2+y^2=\rho^2}\frac{\partial f}{\partial n}\mathrm{d}s$化来的。由格林公式得

$$\begin{aligned}\int_0^{2\pi}\rho\frac{\partial f}{\partial \rho}\mathrm{d}\theta&=\oint_{x^2+y^2=r^2}\frac{\partial f}{\partial n}\mathrm{d}s\\&=\iint\limits_{x^2+y^2\leqslant r^2}\left(\frac{\partial^2 f}{\partial x^2}+\frac{\partial^2 f}{\partial y^2}\right)\mathrm{d}x\mathrm{d}y\left(\text{这里利用第二格林公式:}\oint_C\frac{\partial u}{\partial n}\mathrm{d}s=\iint\limits_D\Delta u\mathrm{d}x\mathrm{d}y\right)\\&=\iint\limits_D\mathrm{e}^{-(x^2+y^2)}\mathrm{d}x\,\mathrm{d}y=\int_0^{2\pi}\mathrm{d}\theta\int_0^r\rho\mathrm{e}^{-\rho^2}\mathrm{d}\rho=\pi(1-\mathrm{e}^{-r^2}),\text{代入式(Ⅰ),得}\end{aligned}$$

$$\iint\limits_{x^2+y^2\leqslant 1}\left(x\frac{\partial f}{\partial x}+y\frac{\partial f}{\partial y}\right)\mathrm{d}x\mathrm{d}y=\int_0^1\pi\rho(1-\mathrm{e}^{-\rho^2})\mathrm{d}\rho=\frac{\pi}{2\mathrm{e}}。$$

七、(大连理工大学,2004Ⅱ)设函数 f,g,h 在区域 D: $x^2+y^2\leqslant 1$ 上有二阶连续偏导数。

(1) 证明:积分等式:$\iint\limits_D(f'_xg+f'_yh)\mathrm{d}x\mathrm{d}y=\oint_{\partial D}fg\mathrm{d}y-fh\mathrm{d}x-\iint\limits_D(fg'_x+fh'_y)\mathrm{d}x\mathrm{d}y$,其中 ∂D 为 D 的正向边界;

(2) 若 f 在 D 上满足$\frac{\partial^2 f}{\partial x^2}+\frac{\partial^2 f}{\partial y^2}=1$,试求$\iint\limits_D\left(x\frac{\partial f}{\partial x}+y\frac{\partial f}{\partial y}\right)\mathrm{d}x\mathrm{d}y$。

(1) **证明**　
$$\begin{aligned}\oint_{\partial D}fg\mathrm{d}y-fh\mathrm{d}x&=\iint\limits_D\left[\frac{\partial}{\partial x}(fg)-\frac{\partial}{\partial y}(-fh)\right]\mathrm{d}x\mathrm{d}y\\&=\iint\limits_D[f'_xg+fg'_x+f'_yh+fh'_y]\mathrm{d}x\mathrm{d}y,\end{aligned}$$

移项,得
$$\iint\limits_D[f'_xg+f'_yh]\mathrm{d}x\mathrm{d}y=\oint_{\partial D}fg\mathrm{d}y-fh\mathrm{d}x-\iint\limits_D[fg'_x+fh'_y]\mathrm{d}x\mathrm{d}y。$$

(2) **解**　方法1　仿第六题的运算。现利用第六题的结果:

$$\iint\limits_D\left(x\frac{\partial f}{\partial x}+y\frac{\partial f}{\partial y}\right)\mathrm{d}x\mathrm{d}y=\iint\limits_{\rho\leqslant 1}\rho\frac{\partial f}{\partial \rho}\rho\mathrm{d}\rho\mathrm{d}\theta=\int_0^1\rho\mathrm{d}\rho\int_0^{2\pi}\rho\frac{\partial f}{\partial \rho}\mathrm{d}\theta,\qquad (\text{Ⅰ})$$

$$\int_0^{2\pi}\rho\frac{\partial f}{\partial \rho}\mathrm{d}\theta=\oint_{x^2+y^2=\rho^2}\frac{\partial f}{\partial n}\mathrm{d}s=\iint\limits_{x^2+y^2\leqslant\rho^2}\Delta f\mathrm{d}x\mathrm{d}y(\text{因 }\Delta f=1)=\iint\limits_{x^2+y^2\leqslant\rho^2}\mathrm{d}x\mathrm{d}y=\pi\rho^2。$$

代入式(Ⅰ),得$\iint\limits_D\left(x\frac{\partial f}{\partial x}+y\frac{\partial f}{\partial y}\right)\mathrm{d}x\mathrm{d}y=\int_0^1\rho\pi\rho^2\mathrm{d}\rho=\frac{\pi}{4}$。

方法 2　$\iint\limits_D\left(x\frac{\partial f}{\partial x}+y\frac{\partial f}{\partial y}\right)\mathrm{d}x\mathrm{d}y=\iint\limits_D\left[\frac{\partial}{\partial x}\left(\frac{x^2+y^2}{2}\right)f'_x+\frac{\partial}{\partial y}\left(\frac{x^2+y^2}{2}\right)f'_y\right]\mathrm{d}x\mathrm{d}y$

$$=\int_{\partial D}\left(\frac{(x^2+y^2)}{2}\right)\cdot f'_x\mathrm{d}y-\left(\frac{(x^2+y^2)}{2}\right)\cdot f'_y\mathrm{d}x-\iint\limits_D\left(\frac{(x^2+y^2)}{2}\right)\cdot(f''_{xx}+f''_{yy})\mathrm{d}x\mathrm{d}y$$

$$=\frac{1}{2}\oint_{\partial D}f'_x\mathrm{d}y-f'_y\mathrm{d}x-\iint\limits_D\left(\frac{(x^2+y^2)}{2}\right)\mathrm{d}x\mathrm{d}y$$

$$=\frac{1}{2}\iint\limits_D(f''_{xx}+f''_{yy})\mathrm{d}x\mathrm{d}y-\iint\limits_D\frac{x^2+y^2}{2}\mathrm{d}x\mathrm{d}y$$

$$=\frac{1}{2}\iint\limits_D\mathrm{d}x\mathrm{d}y-\frac{1}{2}\int_0^{2\pi}\mathrm{d}\theta\int_0^1\rho^3\mathrm{d}\rho=\frac{\pi}{4}。$$

八、(大连理工大学,1997Ⅱ)已知二元初等函数 $z=z(x,y)$ 在任意点 (x,y) 处的全增量为 $\Delta z=[\sin x-\varphi(x)]\left(\frac{y}{x}\right)\Delta x+\varphi(x)\Delta y+o(\rho)$,其中 $\rho=\sqrt{\Delta x^2+\Delta y^2}$,$o(\rho)$ 表示当 $\rho\to 0$ 时是比 ρ 高阶无穷小。已知 $\varphi(\pi)=1$,求 $\varphi(x)$ 及曲线积分 $\int_{(1,0)}^{(\pi,\pi)}[\sin x-\varphi(x)]\frac{y}{x}\mathrm{d}x+\varphi(x)\mathrm{d}y$。

解　设 $G=\{(x,y)\mid x>0,-\infty<y<+\infty\}$ 为单连通区域。

因为 $\Delta z=[\sin x-\varphi(x)]\left(\frac{y}{x}\right)\Delta x+\varphi(x)\Delta y+o(\rho)$ 是二元函数 $z=z(x,y)$ 在点 (x,y) 处的可微定义。因此其线性主部为全微分 $\mathrm{d}z=[\sin x-\varphi(x)]\left(\frac{y}{x}\right)\mathrm{d}x+\varphi(x)\mathrm{d}y$。由可微的必要条件知 $\varphi(x)$ 可导,从而由可微的充分必要条件,即由 $\frac{\partial P}{\partial y}=\frac{\partial Q}{\partial x}$,推出 $\varphi'(x)=[\sin x-\varphi(x)]\frac{1}{x}$,即

$$\varphi'(x)+\frac{1}{x}\varphi(x)=\frac{\sin x}{x}。\tag{Ⅰ}$$

方程(Ⅰ)为一阶线性非齐次方程,由通解公式有

$$\varphi(x)=\mathrm{e}^{-\int\frac{\mathrm{d}x}{x}}\left[\int\left(\frac{\sin x}{x}\right)\mathrm{e}^{\int\frac{\mathrm{d}x}{x}}\mathrm{d}x+C\right]=\frac{1}{x}[-\cos x+C],$$

由 $\varphi(\pi)=1$,得 $C=\pi-1$。故 $\varphi(x)=\frac{\pi-1-\cos x}{x}$。

自选路径法:设 $A(1,0)$,$B(\pi,0)$,$C(\pi,\pi)$,AB 方程:$y=0,1\leqslant x\leqslant\pi$,$BC$ 方程:$x=\pi,0\leqslant y\leqslant\pi$。

$$\int_{(1,0)}^{(\pi,\pi)}=\int_{AB}+\int_{BC}=0+\int_0^{\pi}\varphi(\pi)\mathrm{d}y=\int_0^{\pi}\mathrm{d}y=\pi。$$

第十二章　无 穷 级 数

第一节　常数项级数的概念和性质

问题 166　若$\lim\limits_{n\to\infty}u_n=0$,则级数$\sum\limits_{n=1}^{\infty}u_n$必收敛?

不一定。反例有$\sum\limits_{n=1}^{\infty}\frac{1}{n}$,这里$u_n=\frac{1}{n}$,$\lim\limits_{n\to\infty}u_n=\lim\limits_{n\to\infty}\frac{1}{n}=0$,但调和级数发散。这是因为$\lim\limits_{n\to\infty}u_n=0$是级数$\sum\limits_{n=1}^{\infty}u_n$收敛的必要条件而不是充分条件。

例 1　(1) 下述各选项正确的是(　　)。

(A) 若$\sum\limits_{n=1}^{\infty}u_n^2$和$\sum\limits_{n=1}^{\infty}v_n^2$都收敛,则$\sum\limits_{n=1}^{\infty}(u_n+v_n)^2$收敛

(B) 若$\sum\limits_{n=1}^{\infty}|u_nv_n|$收敛,则$\sum\limits_{n=1}^{\infty}u_n^2$与$\sum\limits_{n=1}^{\infty}v_n^2$都收敛

(C) 若正项级数$\sum\limits_{n=1}^{\infty}u_n$发散,则$u_n\geqslant\frac{1}{n}$

(D) 若级数$\sum\limits_{n=1}^{\infty}u_n$收敛,且$u_n\geqslant v_n(n=1,2,\cdots)$,则级数$\sum\limits_{n=1}^{\infty}v_n$也收敛

(2) 设有以下命题:

① 若$\sum\limits_{n=1}^{\infty}(u_{2n-1}+u_{2n})$收敛,则$\sum\limits_{n=1}^{\infty}u_n$收敛。

② 若$\sum\limits_{n=1}^{\infty}u_n$收敛,则$\sum\limits_{n=1}^{\infty}u_{n+1000}$也收敛。

③ 若$\lim\limits_{n\to\infty}\frac{u_{n+1}}{u_n}>1$,则$\sum\limits_{n=1}^{\infty}u_n$发散。

④ 若$\sum\limits_{n=1}^{\infty}(u_n+v_n)$收敛,则$\sum\limits_{n=1}^{\infty}u_n$,$\sum\limits_{n=1}^{\infty}v_n$都收敛。

则以上命题中正确的是(　　)

(A) ①②　　(B) ②③　　(C) ③④　　(D) ①④

解　(1) 由于$\sum\limits_{n=1}^{\infty}u_n^2$和$\sum\limits_{n=1}^{\infty}v_n^2$都收敛,可见$\sum\limits_{n=1}^{\infty}(u_n^2+v_n^2)$收敛。由不等式$|2u_nv_n|\leqslant v_n^2+v_n^2$及比较判别法知:$\sum\limits_{n=1}^{\infty}|2u_nv_n|$收敛,则$\sum\limits_{n=1}^{\infty}2u_nv_n$收敛。因为$(u_n+v_n)^2=u_n^2+v_n^2+2u_nv_n$,所以$\sum\limits_{n=1}^{\infty}(u_n+v_n)^2$收敛。故选(A)。设$u_n=\frac{1}{n^3}$,$v_n=1(n=1,2,\cdots)$,则可知(B)不正确。设

$u_n=\frac{1}{n}-\frac{1}{n^3}(n=1,2,\cdots)$，则可知(C)不正确。设 $u_n=\frac{(-1)^{n-1}}{n}$，$v_n=-\frac{1}{n}(n=1,2,\cdots)$，则可知(D)不正确。

(2) 设 $u_n=(-1)^{n-1}(n=1,2,\cdots)$，于是 $\sum\limits_{n=1}^{\infty}(u_{2n-1}+u_{2n})=\sum\limits_{n=1}^{\infty}(1-1)=0$ 收敛，但 $\sum\limits_{n=1}^{\infty}u_n=\sum\limits_{n=1}^{\infty}(-1)^{n-1}$ 发散。可见命题①不正确。

设 $\sum\limits_{n=1}^{\infty}u_n$ 收敛，$S_n=\sum\limits_{n=1}^{n}u_k$，且有 $\lim\limits_{n\to\infty}S_n=S$，由级数性质知在级数中去掉、加上或改变有限项，不会改变级数的收敛性，因此级数 $\sum\limits_{n=1}^{\infty}u_{n+1000}$ 收敛，可见命题②正确。

若 $\lim\limits_{n\to\infty}\frac{u_{n+1}}{u_n}>1$，则存在自然数 N，当 $n>N$ 时，有 $\frac{u_{n+1}}{u_n}>1$，这表明当 $n>N$ 时，u_n 同号且比值不小于1，无妨设 $u_n>0$，于是有 $0<u_{N+1}\leqslant u_{N+2}\leqslant\cdots\leqslant u_n(n>N)$，即 $\lim\limits_{n\to\infty}u_n\neq 0$，故 $\sum\limits_{n=1}^{\infty}u_n$ 发散，可见命题③正确。

设 $u_n=1$，$v_n=-1(n=1,2,\cdots)$，于是 $\sum\limits_{n=1}^{\infty}(u_n+v_n)=\sum\limits_{n=1}^{\infty}(1-1)=0$ 收敛，但 $\sum\limits_{n=1}^{\infty}u_n$ 与 $\sum\limits_{n=1}^{\infty}v_n$ 都发散，可见命题④不正确。故选(B)。

例2　根据级数收敛与发散的定义判定下列级数的收敛性：

(1) $\sum\limits_{n=1}^{\infty}(\sqrt{n+1}-\sqrt{n})$；

(2) $\frac{1}{1\cdot 3}+\frac{1}{3\cdot 5}+\frac{1}{5\cdot 7}+\cdots+\frac{1}{(2n-1)(2n+1)}+\cdots$；

(3) $\sin\frac{\pi}{6}+\sin\frac{2\pi}{6}+\cdots+\sin\frac{n\pi}{6}+\cdots$；

(4) $\sum\limits_{n=1}^{\infty}\frac{1}{n(n+1)(n+2)\cdots(n+L)}$

点评　设 $S_n=\sum\limits_{k=1}^{n}u_k$，若 $\lim\limits_{n\to\infty}S_n$ 存在，则级数 $\sum\limits_{n=1}^{\infty}u_n$ 收敛，否则发散。

解　(1) $S_n=(\sqrt{2}-\sqrt{1})+(\sqrt{3}-\sqrt{2})+\cdots+(\sqrt{n+1}-\sqrt{n})=\sqrt{n+1}-1\to\infty$（当 $n\to\infty$），故 $\sum\limits_{n=1}^{\infty}(\sqrt{n+1}-\sqrt{n})$ 发散。

(2) 设 $S_n=\frac{1}{2}\left(1-\frac{1}{3}\right)+\frac{1}{2}\left(\frac{1}{3}-\frac{1}{5}\right)+\cdots+\frac{1}{2}\left(\frac{1}{2n-1}-\frac{1}{2n+1}\right)=\frac{1}{2}\left(1-\frac{1}{2n+1}\right)$，因此 $\lim\limits_{n\to\infty}S_n=\frac{1}{2}\lim\limits_{n\to\infty}\left(1-\frac{1}{2n+1}\right)=\frac{1}{2}$。故级数收敛于 $\frac{1}{2}$。

(3) 设
$$S_n=\sum_{k=1}^{n}\sin\frac{k\pi}{6}$$
$$=\frac{1}{2\sin\frac{\pi}{12}}\left[2\sin\frac{\pi}{12}\sin\frac{\pi}{6}+2\sin\frac{\pi}{12}\sin\frac{2\pi}{6}+\cdots+2\sin\frac{\pi}{12}\sin\frac{n\pi}{6}\right]$$

$$=\frac{1}{2\sin\frac{\pi}{12}}\left[\left(\cos\frac{\pi}{12}-\cos\frac{3\pi}{12}\right)+\left(\cos\frac{3\pi}{12}-\cos\frac{5\pi}{12}\right)+\cdots+\left(\cos\frac{(2n-1)\pi}{12}-\cos\frac{(2n+1)\pi}{12}\right)\right]$$

$$=\frac{1}{2\sin\frac{\pi}{12}}\left(\cos\frac{\pi}{12}-\cos\frac{2n+1}{12}\pi\right)。$$

由于$\lim\limits_{n\to\infty}\cos\frac{(2n+1)\pi}{12}$摆动不存在，即$\lim\limits_{n\to\infty}S_n$不存在。故原级数发散。

(4) 设$S_n=\sum\limits_{k=1}^{n}\frac{1}{k(k+1)(k+2)\cdots(k+L)}$，为了寻求解题思路，不妨将问题简化，从$L=1,2,\cdots$等简单的具体情况开始讨论，寻求一般规律。

当$L=1$时，$\frac{1}{k(k+1)}=\frac{1}{k}-\frac{1}{k-1}$，$S_n=1-\frac{1}{n+1}$，$\lim\limits_{n\to\infty}S_n=1$。

当$L=2$时，$\frac{1}{k(k+1)(k+2)}=\frac{1}{k+1}\cdot\frac{1}{k(k+2)}=\frac{1}{2(k+1)}\left(\frac{1}{k}-\frac{1}{k+2}\right)$

$$=\frac{1}{2}\left(\frac{1}{k(k+1)}\right)-\left(\frac{1}{(k+1)(k+2)}\right),$$

因此有　$S_n=\frac{1}{2}\left[\left(\frac{1}{1\cdot2}-\frac{1}{2\cdot3}\right)+\left(\frac{1}{2\cdot3}-\frac{1}{3\cdot4}\right)+\cdots+\left(\frac{1}{n(n+1)}-\frac{1}{(n+1)(n+2)}\right)\right]$

$$=\frac{1}{2}\left[\frac{1}{1\cdot2}-\frac{1}{(n+1)(n+2)}\right],$$

从而$\lim\limits_{n\to\infty}S_n=\frac{1}{2\cdot2!}$。

基于$L=1,2$的讨论，得到解决此题的启发。

和式一般项$u_k=\frac{1}{k(k+1)(k+2)\cdots(k+L)}=\frac{1}{(k+1)(k+2)\cdots(k+L-1)}\cdot\frac{1}{k(k+L)}$

$$=\frac{1}{L}\left[\frac{1}{k(k+1)(k+2)\cdots(k+L-1)}-\frac{1}{(k+1)(k+2)\cdots(k+L)}\right],$$

从而

$$S_n=\frac{1}{L}\left[\frac{1}{L!}-\frac{1}{(n+1)(n+2)\cdots(n+L)}\right],$$

因此$\lim\limits_{n\to\infty}S_n=\frac{1}{L\cdot L!}$，即级数收敛于$\frac{1}{L\cdot L!}$。

第二节　常数项级数的审敛法

问题 167　正项级数收敛的充分必要条件是什么？

当$u_n\geqslant0$时，正项级数$\sum\limits_{n=1}^{\infty}u_n$收敛的充分必要条件是：它的部分和$S_n=\sum\limits_{k=1}^{n}u_k$的数列$\{S_n\}$有界。由此条件可以推导出正项级数的各种审敛法。

思考题：什么样的正项级数比值审敛法失效？

设 $u_n>0$，当 $n\to\infty$ 时，$u_n\sim u_{n+1}$，则正项级数 $\sum\limits_{n=1}^{\infty}u_n$ 比值审敛法失效。

问题 168　判断一个数项级数敛散性时，解题的程序是什么？（参见文献[4]）

判断数项级数敛散性的解题程序见图 12-1 所示。

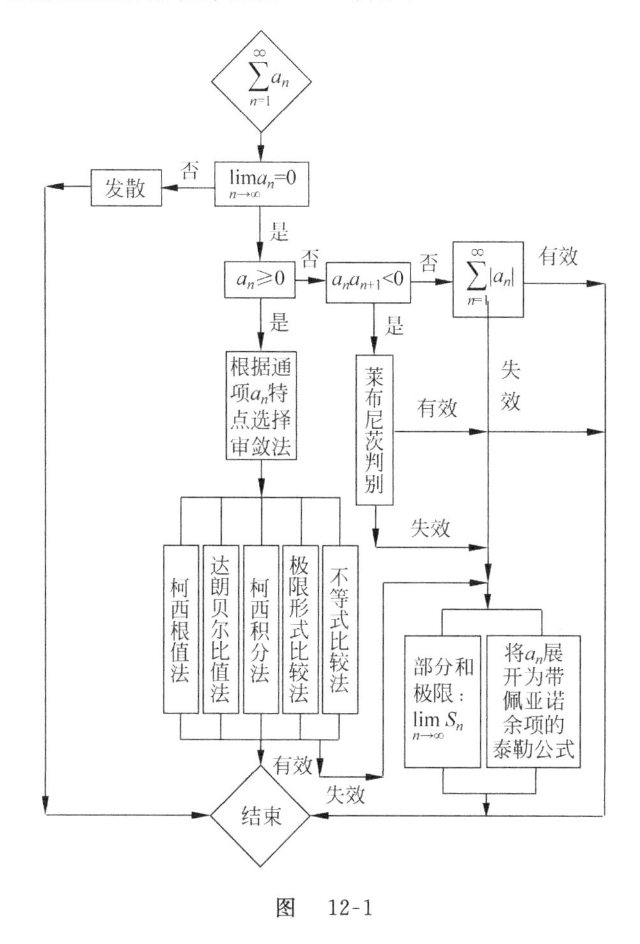

图　12-1

问题 169　如何读懂例题？何谓没有最低阶数的低阶无穷小？何谓没有最高阶数的高阶无穷小？（参见文献[4]）

阅读同济版高等数学（第六版）上册 136 页中例 5　$\lim\limits_{x\to+\infty}\dfrac{\ln x}{x^k}(k>0)$，例 6　$\lim\limits_{x\to+\infty}\dfrac{x^m}{e^{\lambda x}}(\lambda>0,m$ 为正整数）两个求极限的例题后，从中得出哪些结论？有什么应用？

从中得出以下三个结论：

(1) 给出不等式：对充分大 $x>0$，有 $\ln x<x^k(k>0)$，$x^n<e^{\lambda x}$（n 为正整数，$\lambda>0$）。对于充分大的自然数 n，有 $\ln n<n^k(k>0)$，$n^m<e^{\lambda n}$（$\lambda>0$，m 为正整数）。

(2) 当 $x\to+\infty$ 时，给出以下各函数趋于 $+\infty$ 的速度：

$$\xrightarrow[\text{由慢到快}]{\ln x,\ x^k(k>0),\ a^x(a>1),\ x^x}$$

当 $n\to\infty$ 时，

$$\xrightarrow[\text{由慢到快}]{\ln n,\ n^k(k>0),\ a^n(a>1),\ n!,\ n^n}$$

从而有 $\lim\limits_{n\to\infty}\left(\dfrac{\ln n}{n^k}\right)=0(k>0)$，$\lim\limits_{n\to\infty}\left(\dfrac{n^k}{a^n}\right)=0(a>1)$，$\lim\limits_{n\to\infty}\left(\dfrac{a^n}{n!}\right)=0$，$\lim\limits_{n\to\infty}\left(\dfrac{n!}{n^n}\right)=0$，…。

(3) 给出没有最低阶数的低阶无穷小 $\alpha(x)=\dfrac{1}{\ln x}$ 和没有最高阶数的高阶无穷小 $\beta(x)=\dfrac{1}{e^{\lambda x}}(\lambda>0,x\to+\infty)$ 两个概念。

① 因为 $$\lim_{x\to+\infty}\left(\frac{\frac{1}{\ln x}}{\frac{1}{x^k}}\right)(k>0)=\lim_{x\to+\infty}\left(\frac{x^k}{\ln x}\right)=\lim_{x\to+\infty}\left(\frac{kx^{k-1}}{\frac{1}{x}}\right)=k\lim_{x\to+\infty}x^k=+\infty,$$

因此当 $x\to+\infty$ 时，$\alpha(x)=\dfrac{1}{\ln x}$ 是比 $\dfrac{1}{x^k}$ 低阶的无穷小，且 k 可以取任意小的正数。故当 $x\to+\infty$ 时，$\alpha(x)=\dfrac{1}{\ln x}$ 是没有最低阶数的低阶无穷小。对自然数 n 亦有：$\alpha(n)=\dfrac{1}{\ln n}$ 是没有最低阶数的低阶无穷小。

② 因为 $$\lim_{x\to+\infty}\frac{\frac{1}{e^{\lambda x}}}{\frac{1}{x^m}}(\lambda>0,m\text{ 为正整数})=\lim_{x\to+\infty}\left(\frac{mx^{m-1}}{\lambda e^{\lambda x}}\right)=\cdots=\lim_{x\to+\infty}\left(\frac{m!}{\lambda^m e^{\lambda x}}\right)=0,$$

因此当 $x\to+\infty$ 时，$\beta(x)=\dfrac{1}{e^{\lambda x}}(\lambda>0)$ 是比 $\dfrac{1}{x^m}$ 高阶的无穷小，且 m 可以取任意大的正整数，故当 $x\to+\infty$ 时，$\beta(x)=\dfrac{1}{e^{\lambda x}}(\lambda>0)$ 是没有最高阶数的高阶无穷小。同样 $\beta(n)=\dfrac{1}{e^{\lambda n}}(\lambda>0)$ 也是没有最高阶数的高阶无穷小 $(n\to\infty)$。

小结　当 $x\to0$ 时，$x\sin\left(\dfrac{1}{x}\right)$，$x^2\sin\left(\dfrac{1}{x}\right)$，…，$x^m\sin\left(\dfrac{1}{x}\right)$，…，$x\cos\left(\dfrac{1}{x}\right)$，$x^2\cos\left(\dfrac{1}{x}\right)$，…，$x^m\cos\left(\dfrac{1}{x}\right)$，…($m$ 为正整数)；当 $x\to+\infty$ 时，$\dfrac{1}{\ln x}$，$\dfrac{1}{x\ln x}$，…，$\dfrac{1}{x^m\ln x}$，…，$\dfrac{1}{e^{\lambda x}}(\lambda>0)$，$\dfrac{x}{e^{\lambda x}}$，…，$\dfrac{x^m}{e^{\lambda x}}$，…($m$ 为正整数)，这些都是既没有阶数，又是没有等价的无穷小，特别对任何极限过程，“0 都是没有最高阶数的高阶无穷小”。

例 1　判断 $\sum\limits_{n=2}^{\infty}\dfrac{\ln n}{n^k}$ 的敛散性。

解　设 $u_n=\dfrac{\ln n}{n^k}>0$。

① 当 $k\leqslant0$ 时，$u_n\not\to0(n\to\infty)$，因此 $\sum\limits_{n=2}^{\infty}\dfrac{\ln n}{n^k}$ 发散。

② 当 $k=1$ 时，因为 $\dfrac{\ln n}{n^k}>\dfrac{1}{n}$，而 $\sum\limits_{n=2}^{\infty}\dfrac{1}{n}$ 发散，因此 $\sum\limits_{n=2}^{\infty}\dfrac{\ln n}{n^k}$ 发散。

③ 当 $0 < k < 1$ 时，因为 $\frac{\ln n}{n^k} > \frac{\ln n}{n}$，由 ② 知 $\sum_{n=2}^{\infty} \frac{\ln n}{n^k}$ 发散。

④ 当 $k > 1$ 时，由问题169给出的不等式 $\ln n < n^{\lambda}(\lambda > 0)$，取 $\lambda = \frac{k-1}{2} > 0$，则有 $\ln n < n^{\frac{k-1}{2}}$，因此 $\frac{\ln n}{n^k} < \frac{n^{\frac{k-1}{2}}}{n^k} = \frac{1}{n^{\frac{k+1}{2}}}$，而 $\sum_{n=2}^{\infty} \frac{1}{n^{\frac{k+1}{2}}}\left(因为\ p = \frac{k+1}{2} > 1\right)$收敛，因此 $\sum_{n=2}^{\infty} \frac{\ln n}{n^k}$ 收敛。

综上，当 $k \leqslant 1$ 时，$\sum_{n=2}^{\infty} \frac{\ln n}{n^k}$ 发散，当 $k > 1$ 时，$\sum_{n=2}^{\infty} \frac{\ln n}{n^k}$ 收敛。

例 2　求 $\lim_{x \to +\infty} \frac{x^3 + x^2 + 1}{2^x + x^3}(\sin x + \cos x) =$ ________。

解　因为当 $x \to +\infty$ 时，有 $x^m < 2^x (m \in \mathbb{N}^+)$，则有原式 $\lim_{x \to +\infty} \frac{\frac{x^3}{2^x} + \frac{x^2}{2^x} + \frac{1}{2^x}}{1 + \frac{x^3}{2^x}} = 0$，$|\sin x + \cos x| \leqslant 2$ 有界，故填 0。

例 3　设级数 $\sum_{n=1}^{\infty} u_n$ 收敛，则必收敛的级数为(　　)。

(A) $\sum_{n=2}^{\infty} (-1)^n \frac{u_n}{n}$　　(B) $\sum_{n=1}^{\infty} u_n^2$

(C) $\sum_{n=1}^{\infty} (u_{2n-1} - u_{2n})$　　(D) $\sum_{n=1}^{\infty} (u_n + u_{n+1})$

解　采用排除法。假设所有无穷小都有阶，因为 $\sum_{n=2}^{\infty} u_n$ 收敛，所以由收敛级数的必要条件知 $\lim_{n \to \infty} u_n = 0$。即当 $n \to \infty$ 时 u_n 是无穷小，不妨设当 $n \to \infty$ 时 u_n 是 $\frac{1}{n}$ 的 $k > 0$ 阶无穷小，即 $\lim_{n \to \infty} \frac{u_n}{\frac{1}{n^k}} = A \neq 0 (k > 0)$，则 $(-1)^n \frac{u_n}{n}$ 当 $n \to \infty$ 时是 $\frac{1}{n}$ 的 $1+k$ 阶无穷小，因此 $\sum_{n=2}^{\infty} \frac{|u_n|}{n}$ 收敛 $(P = 1+k > 1)$，则(A)入选。又由级数性质知 $\sum_{n=1}^{\infty} (u_n + u_{n+1})$ 收敛，即(D)也入选。这与四个选项只有一项正确矛盾，所以假设所有无穷小都有阶不对。事实上，设 $a_n = \frac{1}{\ln n}$，当 $n \to \infty$ 时，$a_n \to 0$，但此无穷小 $a_n = \frac{1}{\ln n}$ 由问题 169 的(3)知是没有最低阶数的低阶无穷小。

而 $u_n = \frac{(-1)^n}{\ln n}$，应用交错级数的莱布尼茨审敛法不难证明 $\sum_{n=2}^{\infty} \frac{(-1)^n}{\ln n}$ 收敛。$\sum_{n=2}^{\infty} (-1)^n \frac{u_n}{n} = \sum_{n=2}^{\infty} \frac{1}{n\ln n}$。因为 $\frac{1}{n\ln n} > 0$，所以 $\sum_{n=2}^{\infty} \frac{1}{n\ln n}$ 是正项级数。应用正项级数柯西积分审敛法知 $\int_2^{+\infty} \frac{1}{x\ln x} \mathrm{d}x = \ln\ln x \Big|_0^{+\infty} = +\infty$，所以正项级数 $\sum_{n=2}^{\infty} \frac{1}{n\ln n}$ 发散，即 $\sum_{n=2}^{\infty} (-1)^n \frac{u_n}{n}$ 发散。故(A)不能入选。设 $u_n = \frac{(-1)^{n-1}}{\sqrt{n}}$，显然交错级数 $\sum_{n=1}^{\infty} \frac{(-1)^{n-1}}{\sqrt{n}}$ 收敛，而 $\sum_{n=1}^{\infty} u_n^2 = \sum_{n=1}^{\infty} \frac{1}{n}$ 是调和级数发

散，故(B)不能入选。设 $u_n=\dfrac{(-1)^{n-1}}{\sqrt{n}}$，则 $u_{2n-1}-u_{2n}=\dfrac{1}{\sqrt{2n-1}}+\dfrac{1}{\sqrt{2n}}$，而 $\sum\limits_{n=1}^{\infty}\dfrac{1}{\sqrt{2n-1}}$ 和 $\sum\limits_{n=1}^{\infty}\dfrac{1}{\sqrt{2n}}$ 均发散，所以由级数性质知 $\sum\limits_{n=1}^{\infty}(u_{2n-1}-u_{2n})$ 发散，故(C)不能入选。只有选(D)。因为 $\sum\limits_{n=1}^{\infty}u_n$ 与 $\sum\limits_{n=1}^{\infty}u_{n+1}$ 均收敛，由级数性质知 $\sum\limits_{n=1}^{\infty}(u_n+u_{n+1})$ 收敛。

例 4 判断下列正项级数的收敛性：

(1) $\sum\limits_{n=1}^{\infty}\dfrac{1}{(n+1)(n+4)}$；　(2) $\sum\limits_{n=1}^{\infty}\dfrac{2^n n!}{n^n}$；　(3) $\sum\limits_{n=3}^{\infty}\dfrac{1}{n\ln n\cdot\ln\ln n}$；

(4) $\sum\limits_{n=1}^{\infty}\left(\dfrac{n}{3n-1}\right)^{2n-1}$；　(5) $\sum\limits_{n=1}^{\infty}2^n\sin\dfrac{\pi}{3^n}$；　(6) $\sum\limits_{n=1}^{\infty}\sqrt{\dfrac{n+1}{n}}$；

(7) $\sum\limits_{n=1}^{\infty}\dfrac{n^2}{3^n}$；　(8) $\sum\limits_{n=1}^{\infty}\dfrac{n^4}{n!}$；　(9) $\sum\limits_{n=1}^{\infty}\dfrac{n^2+n+1}{\sqrt{n^7-2n+3}}$；

(10) $\sum\limits_{n=1}^{\infty}\dfrac{n}{[5+(-1)^n]^n}$；　(11) $\sum\limits_{n=1}^{\infty}3^{-n-(-1)^n}$。

分析 (1)～(11)都是正项级数，由问题168的图表知：根据通项 a_n 特点选择正项级数审敛法，并判别其收敛性。由问题167的思考题知(1)(3)(9)题比值审敛法失效。

解 (1) 设 $u_n=\dfrac{1}{(n+1)(n+4)}$，比值审敛法和根值法均失效。而比较法有效，故比较法是基本审敛法。

方法1 当 $n\to\infty$ 时，$u_n\sim\dfrac{1}{n^2}$。而 P 级数 $\sum\limits_{n=1}^{\infty}\dfrac{1}{n^2}(P=2)$ 收敛，故原级数收敛。

方法2 因为 $(n+1)(n+4)>n^2$，所以 $\dfrac{1}{(n+1)(n+4)}<\dfrac{1}{n^2}$。而 $\sum\limits_{n=1}^{\infty}\dfrac{1}{n^2}$ 收敛。故原级数收敛。

方法3 柯西积分审敛法：$\displaystyle\int_1^{+\infty}\frac{dx}{(x+1)(x+4)}=\frac{1}{3}\int_1^{+\infty}\left(\frac{1}{x+1}-\frac{1}{x+4}\right)dx=\frac{1}{3}\ln\frac{2}{5}$，故原级数收敛。

(2) 设 $u_n=\dfrac{2^n n!}{n^n}$，因为通项 u_n 中含有指数函数和阶乘，故应用比值法简单。$\lim\limits_{n\to\infty}\dfrac{u_{n+1}}{u_n}=\lim\limits_{n\to\infty}\dfrac{2^{n+1}(n+1)!}{(n+1)^{n+1}}\dfrac{n^n}{2^n n!}=2\lim\limits_{n\to\infty}\dfrac{1}{\left(1+\dfrac{1}{n}\right)^n}=\dfrac{2}{e}<1$，故原级数收敛。

(3) 设 $u_n=\dfrac{1}{n\ln n\cdot\ln\ln n}$，比值法和根值法失效。

柯西积分法：$\displaystyle\int_3^{+\infty}\frac{1}{x\ln x\cdot\ln\ln x}dx=\ln\ln\ln x\Big|_3^{+\infty}=+\infty$，故原级数发散。

(4) 设 $u_n=\left(\dfrac{n}{3n-1}\right)^{2n-1}$，应用根值法简单。$\lim\limits_{n\to\infty}\sqrt[n]{u_n}=\lim\limits_{n\to\infty}\left(\dfrac{n}{3n-1}\right)^{2-\frac{1}{n}}=\dfrac{1}{9}<1$，故原级数收敛。

(5) 方法1　设 $u_n=2^n\sin\frac{\pi}{3^n}\sim\pi\left(\frac{2}{3}\right)^n(n\to\infty)$。而 $\sum\limits_{n=1}^{\infty}\pi\left(\frac{2}{3}\right)^n$ 收敛 $\left(\text{因为 } q=\frac{2}{3}<1\right)$，故原级数收敛。

方法2　$u_n=2^n\sin\frac{\pi}{3^n}\leqslant 2^n\frac{\pi}{3^n}$，余下同方法1。

方法3　$\lim\limits_{n\to\infty}\frac{u_{n+1}}{u_n}=2\lim\limits_{n\to\infty}\frac{\sin\frac{\pi}{3^{n+1}}}{\sin\frac{\pi}{3^n}}=2\lim\limits_{n\to\infty}\frac{\frac{\pi}{3^{n+1}}}{\frac{\pi}{3^n}}=\frac{2}{3}<1$，故原级数收敛。

(6) 设 $u_n=\sqrt{\frac{n+1}{n}}\to 1\neq 0(n\to\infty)$，故原级数发散。

(7) 因为 u_n 中含有指数函数，所以利用比值法简单。

$\lim\limits_{n\to\infty}\frac{u_{n+1}}{u_n}=\lim\limits_{n\to\infty}\left[\frac{(n+1)^2}{3^{n+1}}\cdot\frac{3^n}{n^2}\right]=\frac{1}{3}<1$，故原级数收敛。

(8) 因为含有阶乘，所以应用比值法简单。

$\lim\limits_{n\to\infty}\frac{u_{n+1}}{u_n}=\lim\limits_{n\to\infty}\left[\frac{(n+1)^4}{(n+1)!}\cdot\frac{n!}{n^4}\right]=\lim\limits_{n\to\infty}\left[\left(1+\frac{1}{n}\right)^4\cdot\frac{1}{n+1}\right]=0<1$，故原级数收敛。

(9) 由 u_n 的特点知：比值法与根值法失效，极限形式比较法有效。

$u_n=\frac{n^2+n+1}{\sqrt{n^7-2n+3}}=\frac{n^2\left(1+\frac{1}{n}+\frac{1}{n^2}\right)}{n^{\frac{7}{2}}\sqrt{1-\frac{2}{n^6}+\frac{3}{n^7}}}\sim\frac{1}{n^{\frac{3}{2}}}(n\to\infty)$，而 P 级数 $\sum\limits_{n=1}^{\infty}\frac{1}{n^{\frac{3}{2}}}\left(P=\frac{3}{2}\right)$ 收敛。故原级数收敛。

或 $u_n=\frac{n^2+n+1}{\sqrt{n^7-2n+3}}<\frac{n^2+(\sqrt{3}-1)n^2}{\sqrt{n^7-\frac{n^7}{4}}}=\frac{2}{n^{\frac{3}{2}}}$，而 $\sum\limits_{n=1}^{\infty}\frac{2}{n^{\frac{3}{2}}}$ 收敛。故原级数收敛。

(10) 比值法和根值法的极限都是摆动不存在，这两种审敛法均失效。比较法有效。因为 $u_n=\frac{n}{[5+(-1)^n]^n}<\frac{n}{4^n}$，而 $\sum\limits_{n=1}^{\infty}\frac{n}{4^n}$ 收敛，故原级数收敛。

(11) 比值法的极限摆动不存在，故比值法失效。

根值法 $\lim\limits_{n\to\infty}\sqrt[n]{u_n}=\lim\limits_{n\to\infty}3^{-1-\frac{(-1)^n}{n}}=\frac{1}{3}<1$，故原级数收敛。

点评　此题说明根值法优越于比值法。可以证明若 $\lim\limits_{n\to\infty}\sqrt[n]{u_n}$ 存在，则 $\lim\limits_{n\to\infty}\frac{u_{n+1}}{u_n}$ 必存在。

例5　判定下列级数是否收敛？如果是收敛的，是绝对收敛还是条件收敛？

(1) $\sum\limits_{n=1}^{\infty}(-1)^{n-1}\frac{n}{3^{n-1}}$；　　(2) $\sum\limits_{n=2}^{\infty}\frac{(-1)^n}{\ln n}$；

(3) $\sum\limits_{n=1}^{\infty}(-1)^{n+1}\frac{2^{n^2}}{n!}$；　　(4) $\sum\limits_{n=1}^{\infty}\frac{(-1)^{\frac{n(n+1)}{2}}}{n^2}$。

解　(1) 因为 $u_n=\frac{n}{3^{n-1}}>0$，因此该级数是交错级数。而正项级数 $\sum\limits_{n=1}^{\infty}\frac{n}{3^{n-1}}$，由于含有指数函数，因此应用比值法：$\lim\limits_{n\to\infty}\frac{u_{n+1}}{u_n}=\lim\limits_{n\to\infty}\frac{n+1}{3^n}\cdot\frac{3^{n-1}}{n}=\frac{1}{3}<1$，所以 $\sum\limits_{n=1}^{\infty}\frac{n}{3^{n-1}}$ 收敛，故

$\sum_{n=1}^{\infty}(-1)^{n-1}\frac{n}{3^{n-1}}$ 收敛且绝对收敛。

(2) 因为 $u_n=\frac{1}{\ln n}>0$,所以此级数是交错级数。由于 $\ln n<\ln(n+1)$,所以 $u_n=\frac{1}{\ln n}>u_{n+1}=\frac{1}{\ln(n+1)}$。又 $\lim\limits_{n\to\infty}u_n=\lim\limits_{n\to\infty}\frac{1}{\ln n}=0$,由莱布尼茨审敛法知,$\sum_{n=2}^{\infty}\frac{(-1)^n}{\ln n}$ 收敛,而 $\sum_{n=2}^{\infty}\frac{1}{\ln n}$ 发散。故原级数条件收敛。

(3) 因为 $u_n=\frac{2^{n^2}}{n!}>0$,所以此级数是交错级数。而 $\lim\limits_{n\to\infty}\frac{u_{n+1}}{u_n}=\lim\limits_{n\to\infty}\frac{2^{(n+1)^2}}{(n+1)!}\cdot\frac{n!}{2^{n^2}}=\lim\limits_{n\to\infty}\frac{2\cdot 4^n}{(n+1)}=+\infty$。因为 $\lim\limits_{n\to\infty}u_n\neq 0$,故原级数发散。

(4) 因为 $\sum_{n=1}^{\infty}\frac{(-1)^{\frac{n(n+1)}{2}}}{n^2}=-1-\frac{1}{2^2}+\frac{1}{3^2}+\frac{1}{4^2}-\frac{1}{5^2}-\frac{1}{6^2}+\cdots$ 是非交错的任意项级数,应用绝对审敛法,有 $|u_n|=\left|\frac{(-1)^{\frac{n(n+1)}{2}}}{n^2}\right|=\frac{1}{n^2}$,而 P 级数 $\sum_{n=1}^{\infty}\frac{1}{n^2}$ 收敛,故原级数绝对收敛。

问题 170 无穷小的阶在判别级数收敛性有什么应用?(参见文献[23])

正项级数的极限形式比较审敛法:$u_n>0$,且 $u_n\to 0$,$v_n>0$,$v_n\to 0$,若 $\lim\limits_{n\to\infty}\frac{u_n}{v_n}=l$,则 $\sum_{n=1}^{\infty}u_n$ 与 $\sum_{n=1}^{\infty}v_n$ 具有相同敛散性。这个审敛法的实质是求无穷小 u_n 的同阶无穷小(或等价无穷小)v_n,而无穷小 v_n 的阶数决定级数 $\sum_{n=1}^{\infty}v_n$ 的收敛性。

例 6 设 $\sum_{n=1}^{\infty}a_n$ 为正项级数,下列结论中正确的是( )。

(A) 若 $\lim\limits_{n\to\infty}na_n=0$,则级数 $\sum_{n=1}^{\infty}a_n$ 收敛

(B) 若存在非零常数 λ,使得 $\lim\limits_{n\to\infty}na_n=\lambda$,则级数 $\sum_{n=1}^{\infty}a_n$ 发散

(C) 若级数 $\sum_{n=1}^{\infty}a_n$ 收敛,则 $\lim\limits_{n\to\infty}n^2a_n=0$

(D) 若级数 $\sum_{n=1}^{\infty}a_n$ 发散,则存在非零常数 λ,使得 $\lim\limits_{n\to\infty}na_n=\lambda$

分析 本题实质是正项级数 $\sum_{n=1}^{\infty}a_n$ 的敛散性与无穷小 a_n 的阶数之间的关系问题。

解 (B) 中 $\lim\limits_{n\to\infty}na_n=\lambda$,即 $\lim\limits_{n\to\infty}\frac{a_n}{\frac{1}{n}}$,亦即 a_n 与 $\frac{1}{n}$ 是同阶无穷小,故 $\sum_{n=1}^{\infty}a_n$ 发散。故选(B)。

关于(A),只需知道无穷小 $a_n=\frac{1}{n\ln n}$ 是无阶无穷小,因为 $\sum_{n=2}^{\infty}\frac{1}{n\ln n}$ 发散,而 $\lim\limits_{n\to\infty}a_nn=\lim\limits_{n\to\infty}\frac{1}{\ln n}=0$,所以(A) 不正确。关于(C),反例设 $a_n=\frac{1}{n^{\frac{3}{2}}}$,所以(C) 不正确。关于(D),反例

$a_n=\dfrac{1}{n\ln n}$，$\sum\limits_{n=2}^{\infty}a_n=\sum\limits_{n=2}^{\infty}\dfrac{1}{n\ln n}$发散，但$a_n$是无阶无穷小，谈不上同阶(或等价)。所以(D)不正确。

例 7　判断下列级数的收敛性：

(1) $\sum\limits_{n=1}^{\infty}\arctan\dfrac{1}{\sqrt[4]{n^5}}$；　(2) $\sum\limits_{n=1}^{\infty}\dfrac{n+3}{2n^3+n+3}$；

(3) $\sum\limits_{n=1}^{\infty}\ln\left(1+\dfrac{1}{n^k}\right)(k>0)$；　(4) $\sum\limits_{n=1}^{\infty}\left(1-\cos\dfrac{\alpha}{n}\right)(\alpha\neq 0)$；

(5) $\sum\limits_{n=1}^{\infty}\left(n^{\frac{1}{n^2+1}}-1\right)$；　(6) $\sum\limits_{n=1}^{\infty}\left(\dfrac{1}{n}-\sin\dfrac{1}{n}\right)$；

(7) $\sum\limits_{n=1}^{\infty}\left(\dfrac{1}{\sqrt{n}}-\arctan\dfrac{1}{\sqrt{n}}\right)$；　(8) $\sum\limits_{n=1}^{\infty}\int_0^{\frac{1}{n}}\ln(1+x^2)\mathrm{d}x$。

提示　按第五章第二节给出的无穷小的阶数的三种求法，求$u_n\to 0$的阶数。

解　(1) 当$n\to\infty$时，$\arctan\dfrac{1}{n^{\frac{5}{4}}}\sim\dfrac{1}{n^{\frac{5}{4}}}$，而$\sum\limits_{n=1}^{\infty}\dfrac{1}{n^{\frac{5}{4}}}$收敛，所以原级数收敛。

(2) 当$n\to\infty$时，$\dfrac{n+3}{2n^3+n+3}\sim\dfrac{1}{2n^2}$，而$\sum\limits_{n=1}^{\infty}\dfrac{1}{2n^2}$收敛，所以原级数收敛。

(3) 当$n\to\infty$时，$u_n=\ln\left(1+\dfrac{1}{n^k}\right)\sim\dfrac{1}{n^k}$；当$0<k\leqslant 1$时，$\sum\limits_{n=1}^{\infty}\dfrac{1}{n^k}$发散；当$k>1$时，$P$级数$\sum\limits_{n=1}^{\infty}\dfrac{1}{n^k}$收敛。所以当$0<k\leqslant 1$时，原级数发散；当$k>1$时，原级数收敛。

(4) 当$n\to\infty$时，$1-\cos\dfrac{\alpha}{n}\sim\dfrac{\alpha^2}{2n^2}$，而$\sum\limits_{n=1}^{\infty}\dfrac{\alpha^2}{2n^2}$收敛，所以原级数收敛。

(5) 设$u_n=n^{\frac{1}{n^2+1}}-1=\mathrm{e}^{\frac{\ln n}{n^2+1}}-1\sim\dfrac{\ln n}{n^2+1}\sim\dfrac{\ln n}{n^2}(n\to\infty)$。因为$\ln n<\sqrt{n}$，所以$\dfrac{\ln n}{n^2}<\dfrac{\sqrt{n}}{n^2}=\dfrac{1}{n^{\frac{3}{2}}}$，而$P$级数$\sum\limits_{n=1}^{\infty}\dfrac{1}{n^{\frac{3}{2}}}$收敛。所以原级数收敛。

(6) 设$u_n=\dfrac{1}{n}-\sin\dfrac{1}{n}=\dfrac{1}{n}-\left(\dfrac{1}{n}-\dfrac{1}{3!n^3}+o\left(\dfrac{1}{n^3}\right)\right)=\dfrac{1}{6n^3}+o\left(\dfrac{1}{n^3}\right)\sim\dfrac{1}{6n^3}(n\to\infty)$，而$\sum\limits_{n=1}^{\infty}\dfrac{1}{6n^3}$收敛，所以原级数收敛。

(7) 设$u_n=\dfrac{1}{\sqrt{n}}-\arctan\dfrac{1}{\sqrt{n}}=\dfrac{1}{\sqrt{n}}-\left(\dfrac{1}{\sqrt{n}}-\dfrac{1}{3}\left(\dfrac{1}{\sqrt{n}}\right)^3+o\left(\left(\dfrac{1}{\sqrt{n}}\right)^3\right)\right)=\dfrac{1}{3n^{\frac{3}{2}}}+o\left(\left(\dfrac{1}{\sqrt{n}}\right)^3\right)\sim\dfrac{1}{3n^{\frac{3}{2}}}$，而$\sum\limits_{n=1}^{\infty}\dfrac{1}{3n^{\frac{3}{2}}}$收敛，所以原级数收敛。

(8) 设$u_n=\int_0^{\frac{1}{n}}\ln(1+x^2)\mathrm{d}x$，设$F(x)=\int_0^x\ln(1+t^2)\mathrm{d}t$，$F'(x)=\ln(1+x^2)\sim x^2$，当$x\to 0$时，$F'(x)$是$x$的二阶无穷小，因此当$x\to 0$时，$F(x)$是$x$的三阶无穷小，从而$F\left(\dfrac{1}{n}\right)$是

$\frac{1}{n}$ 的三阶无穷小。因为 $\sum_{n=1}^{\infty}\frac{1}{n^3}$ 收敛，所以 $\sum_{n=1}^{\infty}\int_0^{\frac{1}{n}}\ln(1+x^2)\mathrm{d}x$ 收敛。

问题 171　对于一个数项级数，相应的学过的所有审敛法都失效了，如何判断该数项级数的敛散性？

若对一个正项级数或交错级数，学过的审敛法都失效了，这时应按问题 167 给出的框图中各种审敛法失效时采用的两种方法求解：(1) 按定义求部分和数列 $\{S_n\}$ 的极限；(2) 将级数的通项 a_n 展开为带佩亚诺余项的泰勒公式。

例 8　判别 $\sum_{n=1}^{\infty}\frac{(-1)^n}{\sqrt{n+(-1)^{n-1}}}$ 的敛散性并指出是条件收敛，还是绝对收敛？

解　设 $u_n=\frac{1}{\sqrt{n+(-1)^{n-1}}}>0$，故原级数为交错级数。又 $\lim\limits_{n\to\infty}\frac{1}{\sqrt{n+(-1)^{n-1}}}=0$，$u_{2n-1}=\frac{1}{\sqrt{2n}}$，$u_{2n}=\frac{1}{\sqrt{2n-1}}$，$u_{2n+1}=\frac{1}{\sqrt{2n+2}}$，因此 $\{u_n\}$ 没有单调递减性，故莱布尼茨判别法失效。应用(1) 带佩亚诺余项的泰勒公式；(2) 部分和 S_n 的极限判别。

方法 1　应用带佩亚诺余项的泰勒公式：

$$u_n=\frac{1}{\sqrt{n+(-1)^{n-1}}}=\frac{1}{\sqrt{n}}\cdot\frac{1}{\sqrt{1+\frac{(-1)^{n-1}}{n}}}=\frac{1}{\sqrt{n}}\left(1-\frac{1}{2}\frac{(-1)^{n-1}}{n}+o\left(\frac{1}{n}\right)\right),$$

所以 $(-1)^n\frac{1}{\sqrt{n+(-1)^{n-1}}}=\frac{(-1)^n}{\sqrt{n}}+\frac{1}{2n^{\frac{3}{2}}}+o\left(\frac{1}{n^{\frac{3}{2}}}\right)$，因为 $\sum_{n=1}^{\infty}\frac{(-1)^n}{\sqrt{n}}$ 条件收敛，$\sum_{n=1}^{\infty}\frac{1}{2n^{\frac{3}{2}}}$ 绝对收敛，$\sum_{n=1}^{\infty}o\left(\frac{1}{n^{\frac{3}{2}}}\right)$ 绝对收敛，故级数 $\sum_{n=1}^{\infty}\frac{(-1)^n}{\sqrt{n+(-1)^{n-1}}}$ 条件收敛。

请读者讨论级数 $\sum_{n=2}^{\infty}\frac{(-1)^n}{[n+(-1)^n]^P}$ 是绝对收敛、条件收敛还是发散？

方法 2　部分和 S_n 的极限判别。

设 $S_{2n}=\frac{-1}{\sqrt{2}}+1+\frac{-1}{\sqrt{4}}+\frac{1}{\sqrt{3}}-\cdots-\frac{1}{\sqrt{2n}}+\frac{1}{\sqrt{2n-1}}=\left(1-\frac{1}{\sqrt{2}}\right)+\left(\frac{1}{\sqrt{3}}-\frac{1}{\sqrt{4}}\right)+\cdots+\left(\frac{1}{\sqrt{2n-1}}-\frac{1}{\sqrt{2n}}\right)>0$，易知 $S_{2n}\leqslant S_{2n+2}$，所以 $\{S_{2n}\}$ 单调增加，又 $0\leqslant S_{2n}=1-\left[\left(\frac{1}{\sqrt{2}}-\frac{1}{\sqrt{3}}\right)+\cdots+\left(\frac{1}{\sqrt{2n-2}}-\frac{1}{\sqrt{2n-1}}\right)+\frac{1}{\sqrt{2n}}\right]\leqslant 1$，即数列 $\{S_{2n}\}$ 单调有界，所以 $\lim\limits_{n\to\infty}S_{2n}=S$ 存在，又 $\lim\limits_{n\to\infty}u_n=0$，即 $\lim\limits_{n\to\infty}S_{2n+1}=S$，所以 $\lim\limits_{n\to\infty}S_n=S$，即 $\sum_{n=1}^{\infty}\frac{(-1)^n}{\sqrt{n+(-1)^{n-1}}}$ 收敛。

而 $\sum_{n=1}^{\infty}\frac{1}{\sqrt{n+(-1)^{n-1}}}$ 与 $\sum_{n=1}^{\infty}\frac{1}{\sqrt{n}}$ 具有相同敛散性，$\sum_{n=1}^{\infty}\frac{1}{\sqrt{n}}$ 发散，所以 $\sum_{n=1}^{\infty}\frac{1}{\sqrt{n+(-1)^{n-1}}}$ 发散，故原级数条件收敛。

问题 172　判断下列命题是否正确？

命题 1　判断级数$\sum\limits_{n=1}^{\infty}\frac{1}{n(n+1)}$的敛散性。

学生甲解　$\sum\limits_{n=1}^{\infty}\frac{1}{n(n+1)}=\left(1-\frac{1}{2}\right)+\left(\frac{1}{2}-\frac{1}{3}\right)+\left(\frac{1}{3}-\frac{1}{4}\right)+\cdots=1-\frac{1}{2}+\frac{1}{2}-\frac{1}{3}+\frac{1}{3}-\frac{1}{4}+\cdots=1$，故级数$\sum\limits_{n=1}^{\infty}\frac{1}{n(n+1)}$收敛。

学生乙解　设$S_n=\sum\limits_{k=1}^{n}\frac{1}{k(k+1)}$，因$u_k=\frac{1}{k(k+1)}=\frac{1}{k}-\frac{1}{k+1}$，所以

$S_n=\left(1-\frac{1}{2}\right)+\left(\frac{1}{2}-\frac{1}{3}\right)+\left(\frac{1}{3}-\frac{1}{4}\right)+\cdots+\left(\frac{1}{n}+\frac{1}{n+1}\right)=1-\frac{1}{n+1}$，从而$\lim\limits_{n\to\infty}S_n=1$，所以级数$\sum\limits_{n=1}^{\infty}\frac{1}{n(n+1)}$收敛。问学生甲与学生乙的解法哪个正确？

答　题目是判断级数$\sum\limits_{n=1}^{\infty}\frac{1}{n(n+1)}$的敛散性，就是说事先不知道正项级数$\sum\limits_{n=1}^{\infty}\frac{1}{n(n+1)}$收敛。不知道正项级数收敛之前，学生甲将有限项和的代数运算性质，用在无穷项求和运算上，是错误的。学生甲用了$\sum\limits_{n=1}^{\infty}\frac{1}{n(n+1)}=\sum\limits_{n=1}^{\infty}\left(\frac{1}{n}-\frac{1}{n+1}\right)$，而无穷项求和利用了有限项求和去括号的性质，这是错误的。学生乙应用部分和S_n，因为部分和S_n是有限项求和，可以去括号，故学生乙解法正确。

命题 2　因为$\lim\limits_{n\to\infty}\frac{1}{n\ln n}=0$，所以$\sum\limits_{n=2}^{\infty}\frac{1}{n\ln n}$收敛。

分析　结论错误。因为$\lim\limits_{n\to\infty}u_n=0$是级数收敛的必要条件，并不是充分条件。当$\lim\limits_{n\to\infty}u_n\neq 0$时，级数$\sum\limits_{n=1}^{\infty}u_n$发散，我们所学各类级数所对应的审敛法都是在$\lim\limits_{n\to\infty}u_n=0$的条件下的审敛法。

因为$\int_2^{+\infty}\frac{\mathrm{d}x}{x\ln x}=x\ln x\Big|_2^{+\infty}=+\infty$，即广义积分$\int_2^{+\infty}\frac{1}{x\ln x}\mathrm{d}x$发散，故$\sum\limits_{n=2}^{\infty}\frac{1}{n\ln n}$发散。

命题 3　若正项级数$\sum\limits_{n=1}^{\infty}u_n$收敛，是否必定有$\lim\limits_{n\to\infty}\frac{u_{n+1}}{u_n}=\rho<1$?

答　否。因为正项级数的比值审敛法只是正项级数收敛的充分条件，不是必要条件。例如$\sum\limits_{n=1}^{\infty}\frac{4+(-1)^n}{2^n}$，因为$u_n=\frac{4+(-1)^n}{2^n}>0$，所以$\sum\limits_{n=1}^{\infty}\frac{4+(-1)^n}{2^n}$是正项级数，且当$n\geqslant 1$时，$u_n=\frac{4+(-1)^n}{2^n}<\frac{5}{2^n}$。而无穷等比级数（或称几何级数）$\sum\limits_{n=1}^{\infty}\frac{5}{2^n}$收敛，由正项级数的不等式比较审敛法知$\sum\limits_{n=1}^{\infty}\frac{4+(-1)^n}{2^n}$收敛，但是$\lim\limits_{n\to\infty}\frac{u_{n+1}}{u_n}=\lim\limits_{n\to\infty}\frac{4+(-1)^{n+1}}{2[4+(-1)^n]}$不存在。这表明正项级数$\sum\limits_{n=1}^{\infty}u_n$收敛，可是$\lim\limits_{n\to\infty}\frac{u_{n+1}}{u_n}$不一定存在，因此，不能保证$\lim\limits_{n\to\infty}\frac{u_{n+1}}{u_n}=\rho<1$。

命题 4　设$\frac{a_{n+1}}{a_n} \leqslant \frac{b_{n+1}}{b_n}, n=1,2,\cdots$，其中 $a_n > 0, b_n > 0$。证明：

(1) 若$\sum_{n=1}^{\infty} b_n$ 收敛，则$\sum_{n=1}^{\infty} a_n$ 也收敛；

(2) 若$\sum_{n=1}^{\infty} a_n$ 发散，则$\sum_{n=1}^{\infty} b_n$ 也发散。下面证法正确吗？

证明　(1) 因为$\sum_{n=1}^{\infty} b_n$ 收敛，所以$\lim\limits_{n \to \infty} \frac{b_{n+1}}{b_n} = \rho < 1$，因而也有$\lim\limits_{n \to \infty} \frac{a_{n+1}}{a_n} = \rho < 1$，由此推出$\sum_{n=1}^{\infty} a_n$ 收敛。

(2) 因为$\sum_{n=1}^{\infty} a_n$ 发散，所以$\lim\limits_{n \to \infty} \frac{a_{n+1}}{a_n} = \rho > 1$，因而也有$\lim\limits_{n \to \infty} \frac{b_{n+1}}{b_n} = \rho > 1$，从而推出$\sum_{n=1}^{\infty} b_n$ 也发散。

上述证法是错误的，错误原因是将正项级数比值审敛法是充分条件，误认为是充要条件了。

正确证法　$\frac{a_{n+1}}{a_n} \leqslant \frac{b_{n+1}}{b_n}, \frac{a_n}{a_{n-1}} \leqslant \frac{b_n}{b_{n-1}}, \cdots, \frac{a_3}{a_2} \leqslant \frac{b_3}{b_2}, \frac{a_2}{a_1} \leqslant \frac{b_2}{b_1}$，对上述一系列不等式的两边分别相乘，得到$\frac{a_{n+1}}{a_1} \leqslant \frac{b_{n+1}}{b_1}$，其中 a_1, b_1 是具体的常数，上式变形可得到

$$a_{n+1} \leqslant \left(\frac{a_1}{b_1}\right) b_{n+1}, \tag{Ⅰ}$$

或

$$b_{n+1} \geqslant \left(\frac{b_1}{a_1}\right) a_{n-1}。 \tag{Ⅱ}$$

由式(Ⅰ)(Ⅱ)，根据不等式比较审敛法，命题(1)(2) 得证。

命题 5　检查下列运算是否正确？指出问题在何处？

若级数$\sum_{n=1}^{\infty} a_n$ 与$\sum_{n=1}^{\infty} b_n$ 收敛，且对一切正整数 n 有 $a_n \leqslant c_n \leqslant b_n$，证明$\sum_{n=1}^{\infty} c_n$ 也收敛。

证明　由于 $c_n \leqslant b_n$，且$\sum_{n=1}^{\infty} b_n$ 收敛，由不等式比较审敛法可知$\sum_{n=1}^{\infty} c_n$ 收敛。

分析　上述证明的依据是级数的不等式比较审敛法，但是这个审敛法只适合于正项级数，而题设中没有指明$\sum_{n=1}^{\infty} b_n$ 与$\sum_{n=1}^{\infty} c_n$ 为正项级数，因此上述证明不正确。

要想利用比较审敛法，须构造正项级数，由于 $a_n \leqslant c_n \leqslant b_n$，所以 $b_n - a_n \geqslant c_n - a_n \geqslant 0$，即$\sum_{n=1}^{\infty}(c_n - a_n)$ 与$\sum_{n=1}^{\infty}(b_n - a_n)$ 皆为正项级数。由于$\sum_{n=1}^{\infty} a_n$ 与$\sum_{n=1}^{\infty} b_n$ 都收敛，因此$\sum_{n=1}^{\infty}(b_n - a_n)$ 也收敛，由正项级数的不等式比较审敛法可知$\sum_{n=1}^{\infty}(c_n - a_n)$ 收敛。注意到 $c_n = a_n + c_n - a_n$，由级数性质知$\sum_{n=1}^{\infty} c_n$ 收敛。

第三节　幂级数

问题 173　何谓阿贝尔定理？它有什么应用？（参见文献[4]）

若幂级数 $\sum_{n=0}^{\infty} a_n x^n$ 当 $x = x_0(x_0 \neq 0)$ 时收敛，则当 $|x| < |x_0|$ 时幂级数 $\sum_{n=0}^{\infty} a_b x^n$ 绝对收敛。若 $\sum_{n=0}^{\infty} a_n x^n$ 当 $x = x_1$ 时发散，则当 $|x| > |x_1|$ 时 $\sum_{n=0}^{\infty} a_n x^n$ 发散。

例 1　设幂级数 $\sum_{n=0}^{\infty} a_n (x-1)^n$ 在 $x=-1$ 处收敛，则它在 $x = 2$ 处________。

(A) 绝对收敛　　(B) 条件收敛

(C) 发散　　(D) 敛散性要看具体的 $\{a_n\}$

解　因为 $\sum_{n=0}^{\infty} a_n (x-1)^n$ 在 $x=-1$ 处收敛，由阿贝尔定理知它的收敛半径必定小于等于 2，因此级数在 $|x-1| < |-1-1| = 2$ 内收敛，于是推出收敛区间为 $(-1,3)$，而 $x = 2 \in (-1,3)$，即 $x = 2$ 在收敛区间内部，所以由阿贝尔定理知必收敛且绝对收敛。故应选(A)。

例 2　设幂级数 $\sum_{n=1}^{\infty} a_n (x+1)^n$ 在 $x = 4$ 条件收敛，试问该幂级数的收敛半径 R 为多少？并给出证明。

解　由于幂级数 $\sum_{n=1}^{\infty} a_n (x+1)^n$ 的收敛中心在 $x_0=-1$ 处，且在 $x=4$ 处条件收敛，由阿贝尔定理知 $x = 4$ 为幂级数 $\sum_{n=1}^{\infty} a_n (x+1)^n$ 的收敛区间的端点，从而猜出收敛半径 $R = 5$。

若收敛半径 $R < 5$，则 $x = 4 \notin (-R, R)$，由阿贝尔定理知 $\sum_{n=1}^{\infty} a_n (x+1)^n$ 在 $x = 4$ 发散，这与 $x = 4$ 时幂级数 $\sum_{n=1}^{\infty} a_n (x+1)^n$ 条件收敛相矛盾，所以收敛半径 R 不能小于 5。若 $R > 5$，则 $x = 4 \in (-R, R)$，即 $x = 4$ 是收敛区间的内点，由阿贝尔定理知幂级数 $\sum_{n=1}^{\infty} a_n (x+1)^n$ 在 $x = 4$ 绝对收敛，这与 $x = 4$ 条件收敛相矛盾，所以收敛半径 R 不能大于 5。因此，此敛半径 R 为 5。

例 3　设幂级数 $\sum_{n=1}^{\infty} a_n (x-1)^n$ 在 $x = 0$ 收敛，在 $x = 2$ 发散，试确定该幂级数的收敛域并说明理由。

解　根据阿贝尔定理及原幂级数在 $x=0$ 收敛知，原幂级数在 $|x-1| < |0-1| = 1$ 内都收敛；而由原幂级数在 $x=2$ 发散，可知原幂级数在 $|x-1| > |2-1| = 1$ 处都发散。从而推知原幂级数的收敛域为 $0 \leqslant x < 2$。

问题 174　怎样求幂级数的收敛半径、收敛区间与收敛域？

(1) 应用定理 1：若对于不缺项且收敛中心在原点 $x_0=0$ 的幂级数 $\sum\limits_{n=0}^{\infty}a_nx^n(a_n\neq 0,$ $n=1,2,\cdots)$，且 $\lim\limits_{n\to\infty}\left|\dfrac{a_{n+1}}{a_n}\right|=\rho$，则

① 当 $\rho\neq 0$ 时，收敛半径 $R=\dfrac{1}{\rho}$，收敛区间为 $(-R,R)$；

② 当 $\rho=0$ 时，收敛区间为 $(-\infty+\infty)$，定义收敛半径 $R=+\infty$；

③ 当 $\rho=+\infty$ 时，级数仅在 $x=0$ 处收敛，定义收敛半径 $R=0$。

(2) 对于缺项级数，例如 $\sum\limits_{n=0}^{\infty}a_{2n+1}x^{2n+1}$，其形式可理解为 $a_{2n}=0,(n=0,1,2\cdots)$。可仿不缺项情形推导，化为正项级数后，应用正项级数的比值法或根值法，即求 $\lim\limits_{n\to\infty}\dfrac{|a_{2(n+1)+1}x^{2(n+1)+1}|}{|a_{2n+1}x^{2n+1}|}=\lim\limits_{n\to\infty}\dfrac{|a_{2n+3}|}{|a_{2n+1}|}|x|^2\overset{若}{=}\rho|x^2|$。当 $\rho|x|^2<1$ 时，原级数收敛，当 $\rho|x|^2>1$ 时，原级数发散。因此可知：

① 当 $\rho\neq 0$ 时，收敛半径 $R=\dfrac{1}{\sqrt{\rho}}$，收敛区间为 $(-R,R)$；

② 当 $\rho=0$ 时，收敛区间为 $(-\infty,+\infty)$，定义收敛半径 $R=+\infty$；

③ 当 $\rho=+\infty$ 时，级数仅在 $x=0$ 处收敛，定义收敛半径 $R=0$。

求幂级数收敛半径与收敛区间，必须注意所给幂级数是否缺项，以选择相应的收敛半径的确定准则。

下面给出求收敛半径的一般求法：

不论幂级数是否缺项，一律先化为正项级数，然后应用正项级数的比值法或根值法求收敛半径。

例 4　求下列幂级数的收敛区间：

(1) $\sum\limits_{n=1}^{\infty}\dfrac{x^n}{n\cdot 3^n}$；　　(2) $\sum\limits_{n=1}^{\infty}\dfrac{2n-1}{2^n}x^{2n-2}$；　　(3) $\sum\limits_{n=1}^{\infty}\dfrac{(x-5)^n}{\sqrt{n}}$。

解　(1) 不缺项且收敛中心在原点。化为正项级数，用比值法求解。

$$\lim_{x\to\infty}\left|\frac{u_{n+1}}{u_n}\right|=\lim_{x\to\infty}\left|\frac{x^{n+1}}{(n+1)\cdot 3^{n+1}}\cdot\frac{n\cdot 3^n}{x^n}\right|=\frac{|x|}{3},$$

当 $\dfrac{|x|}{3}<1$ 即 $-3<x<3$ 时，级数收敛；当 $x=-3$ 时，级数 $\sum\limits_{n=1}^{\infty}\dfrac{(-1)^n}{n}$ 收敛；当 $x=3$ 时，级数 $\sum\limits_{n=1}^{\infty}\dfrac{1}{n}$ 发散。因此收敛域为 $[-3,3)$。

(2) 缺奇数项。化为正项级数，用根值法求解。

$$\lim_{n\to\infty}\sqrt[n]{|u_n(x)|}=\lim_{n\to\infty}\sqrt[n]{\frac{(2n-1)}{2^n}\cdot|x|^{2n-2}}=\frac{|x|^2}{2}\left(因\lim_{n\to\infty}\sqrt[n]{2n-1}=1\right),$$

所以当 $\dfrac{|x|^2}{2}<1$，即 $|x|<\sqrt{2}$ 时，级数收敛；当 $\dfrac{|x|^2}{2}>1$，即 $|x|>\sqrt{2}$ 时，级数发散，所以收敛半径 $R=\sqrt{2}$。因为 $|x|=\sqrt{2}$ 时级数发散，因此收敛域为 $(-\sqrt{2},\sqrt{2})$。

(3) 收敛中心不在原点，而在 $x_0=5$ 处，化为正项级数，利用比值法求解。

$$\lim_{n\to\infty}\frac{|u_{n+1}(x)|}{|u_n(x)|}=\lim_{n\to\infty}\frac{|x-5|^{n+1}}{\sqrt{n+1}}\cdot\frac{\sqrt{n}}{|x-5|^n}=|x-5|。$$

当 $|x-5|<1$ 时，即 $4<x<6$ 时，级数收敛；当 $|x-5|>1$ 时，级数发散，因此收敛半径为 $R=1$，收敛区间为(4,6)。当 $x=4$ 时，级数为 $\sum\limits_{n=1}^{\infty}\frac{(-1)^n}{\sqrt{n}}$ 收敛；当 $x=6$ 时，级数为 $\sum\limits_{n=1}^{\infty}\frac{1}{\sqrt{n}}$ 发散。因此收敛域为[4,6)。

例 5 求函数项级数 $\sum\limits_{n=1}^{\infty}\frac{(-1)^n}{n}\left(\frac{x}{2x+1}\right)^n$ 的收敛域。

分析 本题不是幂级数，而是一个函数项级数，因此必须化为正项级数，应用比值法或根值法求之。化为正项级数 $\sum\limits_{n=1}^{\infty}\left|\frac{(-1)^n}{n}\left(\frac{x}{2x+1}\right)^n\right|$。

解 方法 1 应用根值法，$\lim\limits_{n\to\infty}\sqrt[n]{\left|\frac{(-1)^n}{n}\left(\frac{x}{2x+1}\right)^n\right|}=\left|\frac{x}{2x+1}\right|\lim\limits_{n\to\infty}\frac{1}{\sqrt[n]{n}}=\left|\frac{x}{2x+1}\right|$。当 $\left|\frac{x}{2x+1}\right|<1$ 时，原级数收敛；当 $\left|\frac{x}{2x+1}\right|>1$ 时，原级数发散。由 $\left|\frac{x}{2x+1}\right|<1$，推知 $-1<\frac{x}{2x+1}<1$。当 $2x+1>0$ 时，得 $x>-\frac{1}{3}$ 时，原级数收敛；当 $2x+1<0$ 时，得$x<-1$时，原级数收敛；当 $x=-\frac{1}{3}$ 时，原级数变为$\sum\limits_{n=1}^{\infty}\frac{(-1)^n}{n}(-1)^n=\sum\limits_{n=1}^{\infty}\frac{1}{n}$ 发散；当 $x=-1$ 时，原级数变为$\sum\limits_{n=1}^{\infty}\frac{(-1)^n}{n}$ 收敛。因此收敛域为 $x\leqslant-1$ 或 $x>-\frac{1}{3}$。

方法 2 应用比值法，$\lim\limits_{n\to\infty}\left|\frac{u_{n+1}(x)}{u_n(x)}\right|=\left|\frac{x}{2x+1}\right|\lim\limits_{n\to\infty}\frac{n}{n+1}=\left|\frac{x}{2x+1}\right|$。当 $\left|\frac{x}{2x+1}\right|<1$ 时，原级数收敛；当 $\left|\frac{x}{2x+1}\right|>1$ 时，原级数发散。余下同方法 1。

例 6 设幂级数 $\sum\limits_{n=0}^{\infty}a_nx^n$ 的收敛半径为 3，求幂级数 $\sum\limits_{n=1}^{\infty}na_n(x-1)^{n+1}$ 的收敛区间。

解 记 $S(x)=\sum\limits_{n=0}^{\infty}a_nx^n$，它的收敛区间为(−3,3)。由幂级数在收敛区间内的逐项求导性质知，$x^2S'(x)=\sum\limits_{n=1}^{\infty}na_nx^{n+1}$ 的收敛区间仍为(−3,3)，所以$\sum\limits_{n=1}^{\infty}na_n(x-1)^{n+1}$ 的收敛区间为(−2,4)。

下面做法是错误的：

因为 $\sum\limits_{n=0}^{\infty}a_nx^n$ 的收敛半径为 3，所以有$\lim\limits_{n\to\infty}\left|\frac{a_{n+1}}{a_n}\right|=\frac{1}{3}$，从而推知$\lim\limits_{n\to\infty}\left|\frac{(n+1)a_{n+1}}{na_n}\right|=\lim\limits_{n\to\infty}\frac{n+1}{n}\left|\frac{a_{n+1}}{a_n}\right|=\frac{1}{3}$，故 $|x-1|<3$，所以收敛区间为(−2,4)。

点评 若$\lim\limits_{n\to\infty}\left|\frac{a_{n+1}}{a_n}\right|=\rho$，则 $R=\frac{1}{\rho}(\rho\neq0)$ 为收敛半径是充分条件。因此不要以为收敛半径为 3，就有$\lim\limits_{n\to\infty}\left|\frac{a_{n+1}}{a_n}\right|=\frac{1}{3}$，这种思路是错的，也是产生上述错误做法的原因。

例 7　设(1) $\sum\limits_{n=1}^{\infty}a_nx^n=\frac{3}{\sqrt{5}}x+x^2+\left(\frac{3}{\sqrt{5}}\right)^3x^3+\frac{1}{4^2}x^4+\cdots+\left(\frac{3}{\sqrt{5}}\right)^{2n-1}x^{2n-1}+$

$$\frac{1}{4^{2n-2}}x^{2n}+\left(\frac{3}{\sqrt{5}}\right)^{2n+1}x^{2n+1}+\frac{1}{4^{2n}}x^{2n+2}+\cdots$$

(2) $\sum\limits_{n=1}^{\infty}b_nx^n=\frac{\sqrt{5}}{3}x+3^2x^2+\left(\frac{\sqrt{5}}{3}\right)^3x^3+3^4x^4+\cdots+\left(\frac{\sqrt{5}}{3}\right)^{2n-1}x^{2n-1}+3^{2n}x^{2n}+$

$$\left(\frac{\sqrt{5}}{3}\right)^{2n+1}x^{2n+1}+3^{2n+2}x^{2n+2}+\cdots$$

试求幂级数(1)(2)的收敛半径。

分析　显然定理 1 求收敛半径的公式对幂级数(1)(2)都不适用。因为这个公式是充分条件,而非必要条件,那么如何求幂级数(1)(2)的收敛半径呢? 应用幂级数的代数性质求。

解　(1) 因为不能用公式$\lim\limits_{n\to\infty}\left|\frac{a_{n+1}x^{n+1}}{a_nx^n}\right|$求收敛半径,因此利用幂级数的代数性质求。

设 $\sum\limits_{n=1}^{\infty}\bar{a}_nx^{2n-1}=\frac{3}{\sqrt{5}}x+\left(\frac{3}{\sqrt{5}}\right)^3x^3+\cdots+\left(\frac{3}{\sqrt{5}}\right)^{2n-1}x^{2n-1}+\left(\frac{3}{\sqrt{5}}\right)^{2n+1}x^{2n+1}+\cdots,$

$$\sum_{n=1}^{\infty}\bar{\bar{a}}_nx^{2n}=x^2+\frac{1}{4^2}x^4+\cdots+\frac{1}{4^{2n-2}}x^{2n}+\frac{1}{4^{2n}}x^{2n+2}+\cdots。$$

因为
$$\lim_{n\to\infty}\left|\frac{\bar{a}_{n+1}x^{2n+1}}{\bar{a}_nx^{2n-1}}\right|=|x|^2\lim_{n\to\infty}\frac{\left(\frac{3}{\sqrt{5}}\right)^{2n+1}}{\left(\frac{3}{\sqrt{5}}\right)^{2n-1}}=\left(\frac{3}{\sqrt{5}}\right)^2|x|^2,$$

当$\left(\frac{3}{\sqrt{5}}\right)^2|x|^2<1$时,级数收敛,从而有$|x|<\frac{\sqrt{5}}{3}$,所以$\sum\limits_{n=1}^{\infty}\bar{a}_nx^{2n-1}$的收敛半径$R_1=\frac{\sqrt{5}}{3}$,同理得$\sum\limits_{n=1}^{\infty}\bar{\bar{a}}_nx^{2n}$的收敛半径$R_2=2$。由幂级数的代数性质知$\sum\limits_{n=1}^{\infty}a_nx^n$的收敛半径$R=\min\left\{\frac{\sqrt{5}}{3},2\right\}=\frac{\sqrt{5}}{3}$。

(2) 设 $\sum\limits_{n=1}^{\infty}\bar{b}_nx^{2n-1}=\frac{\sqrt{5}}{3}x+\left(\frac{\sqrt{5}}{3}\right)^3x^3+\cdots+\left(\frac{\sqrt{5}}{3}\right)^{2n-1}x^{2n-1}+\left(\frac{\sqrt{5}}{3}\right)^{2n+1}x^{2n+1}+\cdots,$

$$\sum_{n=1}^{\infty}\bar{\bar{b}}_nx^{2n}=3^2x^2+3^4x^4+\cdots+3^{2n}x^{2n}+3^{2n+2}x^{2n+2}+\cdots。$$

因为$\lim\limits_{n\to\infty}\left|\frac{\bar{b}_{n+1}x^{2n+2}}{\bar{b}_nx^{2n}}\right|=\left(\frac{\sqrt{5}}{3}\right)^2|x|^2<1$,从而有$|x|<\frac{3}{\sqrt{5}}$,因此$\sum\limits_{n=1}^{\infty}\bar{b}_nx^{2n-1}$的收敛半径$R_1=\frac{3}{\sqrt{5}}$,同理得$\sum\limits_{n=1}^{\infty}\bar{\bar{b}}_nx^{2n}$的收敛半径$R_2=\frac{1}{3}$。由幂级数的代数性质知$\sum\limits_{n=1}^{\infty}b_nx^n$的收敛半径$R=\min\left\{\frac{3}{\sqrt{5}},\frac{1}{3}\right\}=\frac{1}{3}$。

小结　求幂级数收敛半径的方法:

(1) 若幂级数不缺项且收敛中心为坐标原点,则应用定理 1 求;

(2) 若幂级数缺项或收敛中心不在坐标原点,化为正项级数后,应用比值法或根值法求，如例 4(2)(3)；

(3) 若上述(1)(2)两种方法均失效，则利用幂级数的性质求，如例 7(1)(2)。

点评　若$\lim\limits_{n\to\infty}\dfrac{|a_{n+1}|}{|a_n|}=\rho$，则 $R=\dfrac{1}{\rho}$是充分条件，非必要条件，即已知收敛半径为$\dfrac{1}{3}$，推不出$\lim\limits_{n\to\infty}\dfrac{|a_{n+1}|}{|a_n|}=3$。反之，若$\lim\limits_{n\to\infty}\dfrac{|a_{n+1}|}{|a_n|}=3$，则可以推出收敛半径为$\dfrac{1}{3}$。学习时一定注意定理、法则、公式的条件，弄清楚是充分条件，还是必要条件，或是充分必要条件。

思考题　若 $\sum\limits_{n=0}^{\infty}a_nx^n$ 及 $\sum\limits_{n=0}^{\infty}b_nx^n$ 的收敛半径分别为 R_1 和 R_2，且 $R_1\neq R_2$，记 $R=\min\{R_1,R_2\}$，则$\sum\limits_{n=0}^{\infty}(a_n+b_n)x^n$ 的收敛半径为R，且在$(-R,R)$内绝对收敛。问若 $R_1=R_2\overset{记}{=}\bar{R}$ 时，则$\sum\limits_{n=0}^{\infty}(a_n+b_n)x^n$ 的收敛半径是否一定是$\bar{R}$？

不一定。例如$\sum\limits_{n=1}^{\infty}\left(\dfrac{1}{4^n}-\dfrac{1}{n}\right)x^n$，$\sum\limits_{n=1}^{\infty}\dfrac{x^n}{n}$ 的收敛半径都是$R=1$，但$\sum\limits_{n=1}^{\infty}\left[\left(\dfrac{1}{4^n}-\dfrac{1}{n}\right)+\dfrac{1}{n}\right]x^n=\sum\limits_{n=1}^{\infty}\dfrac{1}{4^n}x^n$ 的收敛半径为$R=4\neq 1$。

第四节　函数展开成幂级数

问题 175　将函数展开成幂级数有几种方法？

将函数展开成幂级数的方法通常有两种方法：(1)直接法；(2)间接法(参见文献[4])。

(1) 直接法：经过五个步骤将函数展开为幂级数的方法，称为直接法，见例 1。下面给出已经应用直接法求出 e^x，$\sin x$，…的麦克劳林级数。显然直接法有两个困难：一是需要求出 $f(x)$的各阶导数，这往往要找出其规律，写出 $f^{(n)}(x)$的通式；二是需要求出余项 $R_n(x)=\dfrac{f^{(n+1)}(\xi)}{(n+1)!}(x-x_0)^{n+1}$，其中 ξ 在 x 与 x_0 之间，并能判定$\lim\limits_{n\to\infty}R_n(x)=0$。一般说来，这两者都有一定的困难。

(2) 间接法：是将函数展开为幂级数的基本方法。此方法的主要理论根据是，若 $f(x)$ 在 $x=x_0$ 处可以展开为幂级数，其展开式必定唯一，也就是说，不论用什么方式展开，答案只有一个。

熟记下面 5 个初等函数的麦克劳林级数：

$$e^x=\sum_{n=0}^{\infty}\frac{1}{n!}x^n,\quad x\in(-\infty,+\infty);$$

$$\sin x=\sum_{n=0}^{\infty}\frac{(-1)^n}{(2n+1)!}x^{2n+1},\quad x\in(-\infty,+\infty);$$

$$\cos x=\sum_{n=0}^{\infty}\frac{(-1)^n}{(2n)!}x^{2n},\quad x\in(-\infty,+\infty);$$

$$\ln(1+x)=\sum_{n=1}^{\infty}\frac{(-1)^{n-1}}{n}x^n,\quad x\in(-1,1];$$

$$(1+x)^m=\sum_{n=0}^{\infty}\frac{m(m-1)\cdots(m-n+1)}{n!}x^n,\quad x\in(-1,1)。$$

间接法是利用上述五个初等函数的幂级数展开式以及幂级数的性质，包括四则运算，逐项求导，逐项求积分等性质，将所给函数展开为幂级数。

例 1　求函数 $f(x)=\cos x$ 的泰勒级数，并验证它在整个数轴上收敛于该函数。

解　直接法：(1)求出 $f(x)=\cos x$ 在 x_0 处各阶导数：

$$f^{(n)}(x)=\cos\left(x+n\frac{\pi}{2}\right)(n=1,2\cdots),$$

$$f^{(n)}(x_0)=\cos\left(x_0+n\frac{\pi}{2}\right)(n=1,2\cdots)。$$

(2) 写出 $f(x)$ 所对应的泰勒公式：

$$\cos x=\cos x_0+\cos\left(x_0+\frac{\pi}{2}\right)(x-x_0)+\cdots+\frac{\cos\left(x_0+\frac{n\pi}{2}\right)}{n!}(x-x_0)^n+\frac{\cos\left(\xi+(n+1)\frac{\pi}{2}\right)}{(n+1)!}(x-x_0)^{n+1},$$ ξ 在 x 与 x_0 之间。

写出泰勒级数：

$$\cos x\sim\cos x_0+\cos\left(x_0+\frac{\pi}{2}\right)(x-x_0)+\cdots+\frac{\cos\left(x_0+\frac{2\pi}{2}\right)}{2!}(x-x_0)^2+\cdots+\frac{\cos\left(x_0+\frac{n\pi}{2}\right)}{n!}(x-x_0)^n+\cdots\qquad(\text{I})$$

(3) 求出式(Ⅰ)的收敛半径，易求得 $R=+\infty$。

(4) 在收敛域 $(-\infty,+\infty)$ 内求 $\lim\limits_{n\to\infty}R_n(x)=?$

由于 $|R_n(x)|=\left|\dfrac{\cos\left(\xi+(n+1)\frac{\pi}{2}\right)}{(n+1)!}(x-x_0)^{n+1}\right|\leqslant\dfrac{|x-x_0|^{n+1}}{(n+1)!}$，利用比值法可以证明：对任何有限数 x，幂级数 $\sum\limits_{n=0}^{\infty}\dfrac{|x-x_0|^{n+1}}{(n+1)!}$ 都收敛，于是由级数收敛的必要条件知：对任何有限数 x 都有 $\lim\limits_{n\to\infty}\dfrac{|x-x_0|^{n+1}}{(n+1)!}=0$，即 $\lim\limits_{n\to\infty}R_n(x)=0$，则在 $(-\infty,+\infty)$ 内泰勒级数 $\sum\limits_{n=0}^{\infty}\dfrac{\cos\left(x_0+\frac{n\pi}{2}\right)}{n!}(x-x_0)^n$ 收敛于 $\cos x$。

(5) $\cos x=\sum\limits_{n=0}^{\infty}\dfrac{\cos\left(x_0+\frac{n\pi}{2}\right)}{n!}(x-x_0)^n$，在整个数轴上该级数收敛于 $\cos x$。

例 2　将下列函数展开成 x 的幂级数，并求展开式成立的区间：

(1) $\ln(a+x)(a>0)$；　(2) a^x；　(3) $\sin^2x$；　(4) $\dfrac{x}{\sqrt{1+x^2}}$。

分析　间接法：利用5个初等函数的展开式及幂级数的性质。间接法的理论根据是：①展开式的唯一性；②函数的本质是对应关系。如$\frac{1}{1-x}=1+x+x^2+\cdots+x^n+\cdots$，求$\frac{1}{1-x^2}$的展开式，就是将$\frac{1}{1-x}$中的$x$换为$x^2$，则有$\frac{1}{1-x^2}=1+x^2+x^4+\cdots+(x^2)^n+\cdots$，$-1<x<1$。

解　(1) $\ln(a+x)=\ln\left[a\left(1+\frac{x}{a}\right)\right]=\ln a+\ln\left(1+\frac{x}{a}\right)=\ln a+\sum\limits_{n=1}^{\infty}\frac{(-1)^{n-1}}{n}\cdot\left(\frac{x}{a}\right)^n$，$x\in(-a,a]$。

(2) $a^x=\mathrm{e}^{x\ln a}=\sum\limits_{n=0}^{\infty}\frac{1}{n!}(x\ln a)^n$，$x\in(-\infty,+\infty)$。

(3) $\sin^2x=\frac{1}{2}-\frac{1}{2}\cos 2x=\frac{1}{2}-\frac{1}{2}\sum\limits_{n=0}^{\infty}\frac{(-1)^n}{(2n)!}(2x)^{2n}$，　$x\in(-\infty,+\infty)$。

(4) $(1+x)^m=\sum\limits_{n=0}^{\infty}\frac{m(m-1)\cdots(m-n+1)}{n!}x^n$，$-1<x<1$，取$m=-\frac{1}{2}$，并将$x$换为$x^2$，有$\frac{x}{\sqrt{1+x^2}}=x\left[1+\sum\limits_{n=1}^{\infty}(-1)^n\frac{(2n)!}{(n!)^2}\left(\frac{x}{2}\right)^{2n}\right]=x+\sum\limits_{n=1}^{\infty}(-1)^n\frac{2(2n)!}{(n!)^2}\left(\frac{x}{2}\right)^{2n+1}$，$x\in[-1,1]$。

提示　$\frac{1}{\sqrt{1+x}}=1-\frac{1}{2}x+\frac{1\cdot 3}{2\cdot 4}x^2-\frac{1\cdot 3\cdot 5}{2\cdot 4\cdot 6}x^3+\cdots=1+\sum\limits_{n=1}^{\infty}(-1)^n\frac{(2n)!}{(n!)^2 2^{2n}}x^n$。

例3　将函数$f(x)=\cos x$展开成$\left(x+\frac{\pi}{3}\right)$的幂级数。

解　间接法：$f(x)=\cos\left[\left(x+\frac{\pi}{3}\right)-\frac{\pi}{3}\right]$

$$=\cos\left(x+\frac{\pi}{3}\right)\cos\left(\frac{\pi}{3}\right)+\sin\left(x+\frac{\pi}{3}\right)\sin\left(\frac{\pi}{3}\right)$$

$$=\frac{1}{2}\sum_{n=0}^{\infty}\frac{(-1)^n}{(2n)!}\left(x+\frac{\pi}{3}\right)^{2n}+\frac{\sqrt{3}}{2}\sum_{n=0}^{\infty}\frac{(-1)^n}{(2n+1)!}\left(x+\frac{\pi}{3}\right)^{2n+1}$$

$$=\frac{1}{2}\sum_{n=0}^{\infty}(-1)^n\left[\frac{\left(x+\frac{\pi}{3}\right)^{2n}}{(2n)!}+\sqrt{3}\,\frac{\left(x+\frac{\pi}{3}\right)^{2n+1}}{(2n+1)!}\right],\ -\infty<x<+\infty。$$

例4　将函数$f(x)=\frac{1}{x^2+3x+2}$展开成$(x+4)$的幂级数。

解　$f(x)=\frac{1}{(x+1)(x+2)}=\frac{1}{x+1}-\frac{1}{x+2}=\frac{1}{x+4-3}-\frac{1}{x+4-2}$

$$=-\frac{1}{3}\frac{1}{1-\frac{1}{3}(x+4)}+\frac{1}{2}\frac{1}{1-\frac{1}{2}(x+4)}$$

$$=-\frac{1}{3}\sum_{n=0}^{\infty}\left(\frac{x+4}{3}\right)^n+\frac{1}{2}\sum_{n=0}^{\infty}\left(\frac{x+4}{2}\right)^n$$

$$=\sum_{n=0}^{\infty}\left(\frac{1}{2^{n+1}}-\frac{1}{3^{n+1}}\right)(x+4)^n,\quad x\in(-6,-2)。$$

下面是学生作业中常见的错误作法：

(1) $f(x)=\cos x$

$$\overset{*}{=}\frac{1}{2}\sum_{n=0}^{\infty}\frac{(-1)^n}{(2n)!}\left(x+\frac{\pi}{3}\right)^{2n}+\frac{\sqrt{3}}{2}\sum_{n=0}^{\infty}\frac{(-1)^n}{(2n+1)!}\left(x+\frac{\pi}{3}\right)^{2n+1},\quad -\infty<x<+\infty;$$

(2) $f(x)=\dfrac{1}{x^2+3x+2}\overset{*}{=}\dfrac{1}{2}\sum_{n=0}^{\infty}\left(\dfrac{x+4}{2}\right)^n-\dfrac{1}{3}\sum_{n=0}^{\infty}\left(\dfrac{x+4}{3}\right)^n,\quad x\in(-6,-2)$。

为什么错？因为泰勒展开式是唯一的，这是间接法的理论基础，也就是说无论用什么方法展开式都是唯一的，唯一是指 $f(x)$的展开系数$\dfrac{f^{(n)}(x_0)}{n!}$唯一。这就要求利用间接法展开后必须写出级数的通项形式，而上面作法在 * 处不是 $f(x)=\dfrac{1}{x^2+3x+2}$在 $x=-4$ 处的展开式，而是两个幂级数的和。

例 5 设 $f(x)=\begin{cases}\dfrac{1+x^2}{x}\arctan x, & x\neq 0,\\ 1, & x=0,\end{cases}$ 试将 $f(x)$ 展开成 x 的幂级数，并求级数 $\sum_{n=1}^{\infty}\dfrac{(-1)^n}{1-4n^2}$ 的和。

考查考点 分段函数展开幂级数。

解 因$\dfrac{1}{1+x^2}=\sum_{n=0}^{\infty}(-1)^n x^{2n},\quad x\in(-1,1)$，

故 $$\arctan x=\int_0^x(\arctan x)'\mathrm{d}x=\sum_{n=0}^{\infty}\int_0^x(-1)^n t^{2n}\mathrm{d}t=\sum_{n=0}^{\infty}\frac{(-1)^n}{2n+1}x^{2n+1},x\in[-1,1]。$$

于是
$$\begin{aligned}f(x)&=1+\sum_{n=1}^{\infty}\frac{(-1)^n}{2n+1}x^{2n}+\sum_{n=0}^{\infty}\frac{(-1)^n}{2n+1}x^{2n+2}\\&=1+\sum_{n=1}^{\infty}\frac{(-1)^n}{2n+1}x^{2n}+\sum_{n=1}^{\infty}\frac{(-1)^{n-1}}{2n-1}x^{2n}\\&=1+\sum_{n=1}^{\infty}\frac{2(-1)^n}{1-4n^2}x^{2n},x\in[-1,1]。\end{aligned}$$

所以
$$\sum_{n=1}^{\infty}\frac{(-1)^n}{1-4n^2}=\frac{1}{2}[f(1)-1]=\frac{\pi}{4}-\frac{1}{2}。$$

问题 176 求幂级数的和函数的三种方法是什么？

分析 求幂级数的和函数需注意：求和函数必须在其收敛区间内进行，从而得求和函数的一般方法：(1)求其收敛区间；(2)在收敛区间内利用幂级数的代数性质及分析性质，将求和幂级数转化为已知初等函数的展开式的“公式”形式(参见文献[4])。

1. 利用无穷等比级数的求和公式，即利用 $\sum_{n=0}^{\infty}x^n=\dfrac{1}{1-x}$ 及 $\sum_{n=0}^{\infty}(-1)^n x^n=\dfrac{1}{1+x}$ 这两个公式求和函数。

例 6 求下列幂级数的和函数：

(1) $\sum_{n=1}^{\infty}\dfrac{2n-1}{2^n}x^{2(n-1)}$； *(2) $\sum_{n=1}^{\infty}\dfrac{(-1)^{n-1}}{2n-1}x^{2n-1}$；

(3) $\sum_{n=1}^{\infty} n(x-1)^n$；　　　*(4) $\sum_{n=1}^{\infty} \frac{x^n}{n(n+1)}$。

分析　(1)～(4) 都是利用 1 的两个公式求和函数的题型。

解　(1) 易求得收敛域为$(-\sqrt{2},\sqrt{2})$，$\forall x\in(-\sqrt{2},\sqrt{2})$，设

$$S(x)=\sum_{n=1}^{\infty}\left[\frac{2n-1}{2^n}\cdot x^{2(n-1)}\right]=\sum_{n=1}^{\infty}\frac{1}{2^n}(x^{2n-1})'=\left(\sum_{n=1}^{\infty}\frac{x^{2n-1}}{2^n}\right)'=\left(\frac{1}{x}\sum_{n=1}^{\infty}\left(\frac{x^2}{2}\right)^n\right)'$$

$$=\left(\frac{\frac{1}{x}\cdot\frac{x^2}{2}}{1-\frac{x^2}{2}}\right)'=\left(\frac{x}{2-x^2}\right)'=\frac{2+x^2}{(2-x^2)^2},\quad x\in(-\sqrt{2},\sqrt{2})。$$

*(2)易求得收敛域为$[-1,1]$，$\forall x\in[-1,1]$，设 $S(x)=\sum_{n=1}^{\infty}\frac{(-1)^{n-1}}{2n-1}x^{2n-1}$。

方法 1　$S(x)=\sum_{n=1}^{\infty}(-1)^{n-1}\int_0^x t^{2n-2}\mathrm{d}t=\int_0^x\left[\sum_{n=1}^{\infty}(-1)^{n-1}(t^2)^{n-1}\right]\mathrm{d}t=\int_0^x\frac{\mathrm{d}t}{1+t^2}=$ $\arctan x, x\in[-1,1]$。

方法 2　$S'(x)=\sum_{n=1}^{\infty}(-1)^{n-1}x^{2n-2}=\sum_{n=1}^{\infty}(-1)^{n-1}(x^2)^{n-1}=\frac{1}{1+x^2}$，

$$S(x)=\int_0^x\frac{\mathrm{d}t}{1+t^2}=\arctan x, x\in[-1,1]。$$

(3) 易求得收敛域为$(0,2)$，$\forall x\in(0,2)$，设 $S(x)=\sum_{n=1}^{\infty}n(x-1)^n$。

方法 1　$S(x)=(x-1)\sum_{n=1}^{\infty}n(x-1)^{n-1}=(x-1)\sum_{n=1}^{\infty}[(x-1)^n]'$

$$=(x-1)\left[\sum_{n=1}^{\infty}(x-1)^n\right]'$$

$$=(x-1)\left(\frac{x-1}{1-(x-1)}\right)'=\frac{(x-1)}{(2-x)^2},\quad x\in(0,2)。$$

方法 2　设 $S(x)=(x-1)S_1(x)$，$S_1(x)=\sum_{n=1}^{\infty}n(x-1)^{n-1}$，余下同解法 1。

方法 3　$S(x)=(x-1)S_1(x)$，$\int_1^x S_1(t)\mathrm{d}t=\sum_{n=1}^{\infty}\int_1^x n(t-1)^{n-1}\mathrm{d}t=\sum_{n=1}^{\infty}(x-1)^n=$ $\frac{x-1}{2-x}$，$S_1(x)=\left(\int_1^x S_1(t)\mathrm{d}t\right)'=\left(\frac{x-1}{2-x}\right)'=\frac{1}{(2-x)^2}$，

所以
$$S(x)=\frac{x-1}{(2-x)^2}, x\in(0,2)。$$

*(4) 易求得收敛域为$[-1,1]$，$\forall x\in[-1,1]$，设 $S(x)=\sum_{n=1}^{\infty}\frac{x^n}{n(n+1)}$。

方法 1　当 $x\neq 0$ 时，

$$S(x)=\frac{1}{x}\sum_{n=1}^{\infty}\frac{x^{n+1}}{n(n+1)}=\frac{1}{x}\sum_{n=1}^{\infty}\frac{1}{n}\int_0^x t^n\mathrm{d}t=\frac{1}{x}\int_0^x\left(\sum_{n=1}^{\infty}\frac{t^n}{n}\right)\mathrm{d}t$$

$$=\frac{1}{x}\int_0^x\left(\sum_{n=1}^{\infty}\int_0^u t^{n-1}\mathrm{d}t\right)\mathrm{d}u=\frac{1}{x}\int_0^x\left(\int_0^u\left(\sum_{n=1}^{\infty}t^{n-1}\right)\mathrm{d}t\right)\mathrm{d}u=\frac{1}{x}\int_0^x\left[\int_0^u\frac{\mathrm{d}t}{1-t}\right]\mathrm{d}u$$

$$=\frac{1}{x}\int_0^x(-\ln(1-u))\mathrm{d}u=\frac{1}{x}(-x\ln(1-x)+x+\ln(1-x))$$

$$=1+\frac{1-x}{x}\cdot\ln(1-x)。$$

当 $x=0$ 时，$S(0)=0$，所以和函数为

$$S(x)=\begin{cases}1+\dfrac{1-x}{x}\ln(1-x), & x\in[-1,0)\cup(0,1],\\ 0, & x=0。\end{cases}$$

方法 2　$(xS(x))''=\dfrac{1}{1-x}$，余下略。

2. 利用五个初等函数 e^x，$\sin x$，$\cos x$，$\ln(1+x)$ 及 $(1+x)^m$ 的麦克劳林级数公式求和函数。

例 7　求幂级数 $\sum\limits_{n=0}^{\infty}\dfrac{n^2+1}{2^n n!}x^n$ 的和函数。

分析　因为分母含有 $n!$，而 5 个初等函数的幂级数展开式中，哪个展开式通项的分母含有 $n!$? 显然有 e^x，$(1+x)^m$ 的展开式通项的分母含有 $n!$。由于 $(1+x)^m$ 的展开式的分子含有 $m(m-1)\cdots(m-n+1)$ 因子，因此本题应该利用 e^x 的展开式。将欲求和函数的幂级数凑成 e^x 展开式的形式。

解　易求得收敛域为 $(-\infty,+\infty)$。当 $x\in(-\infty,+\infty)$ 时，设和函数为

$$S(x)=\sum_{n=0}^{\infty}\frac{n^2+1}{2^n n!}x^n=\sum_{n=0}^{\infty}\frac{n^2}{n!}\left(\frac{x}{2}\right)^n+\sum_{n=0}^{\infty}\frac{1}{n!}\left(\frac{x}{2}\right)^n=\sum_{n=1}^{\infty}\frac{n+1-1}{(n-1)!}\left(\frac{x}{2}\right)^n+e^{\frac{x}{2}}$$

$$=\sum_{n=2}^{\infty}\frac{1}{(n-2)!}\left(\frac{x}{2}\right)^n+\sum_{n=1}^{\infty}\frac{1}{(n-1)!}\left(\frac{x}{2}\right)^n+e^{\frac{x}{2}}$$

$$=\sum_{n=0}^{\infty}\frac{1}{n!}\left(\frac{x}{2}\right)^{n+2}+\sum_{n=0}^{\infty}\frac{1}{n!}\left(\frac{x}{2}\right)^{n+1}+e^{\frac{x}{2}}$$

$$=\left(\frac{x}{2}\right)^2e^{\frac{x}{2}}+\left(\frac{x}{2}\right)e^{\frac{x}{2}}+e^{\frac{x}{2}}=\left(\frac{x^2}{4}+\frac{x}{2}+1\right)e^{\frac{x}{2}}。$$

例 8　求幂级数 $S(x)=1+\sum\limits_{n=1}^{\infty}(-1)^n\dfrac{x^{2n}}{2n}(|x|<1)$ 的和函数 $f(x)$ 及其极值。

分析　幂级数通项分母含有 n，而 5 个初等函数的幂级数展开式中，哪个函数的展开式通项的分母含有 n? 显然是 $\ln(1+x)=\sum\limits_{n=1}^{\infty}\dfrac{(-1)^{n-1}}{n}x^n$。因此本题应用 $\ln(1+x)$ 的展开式求，即将求和函数的幂级数凑成 $\ln(1+x)$ 展开式的形式。本题也可以应用逐项求导方法求之。

解　凑 $\ln(1+x)$ 的公式法。设

$$f(x)=1+\sum_{n=1}^{\infty}\frac{(-1)^n}{2n}x^{2n}=1-\frac{1}{2}\sum_{n=1}^{\infty}\frac{(-1)^{n-1}}{n}(x^2)^n=1-\frac{1}{2}\ln(1+x^2),\ |x|<1,$$

$$f'(x)=-\frac{1}{2}\frac{2x}{1+x^2}=\frac{-x}{1+x^2}\overset{令}{=}0,$$

得驻点 $x=0$。当 $x<0$ 时，$f'(x)>0$，当 $x>0$ 时，$f'(x)<0$，所以 $x=0$ 为极大值点，极大值 $f(0)=1$。

3. 利用解常微分方程初值问题的特解的方法求和函数。

例 9　(1) 验证函数 $y(x)=1+\frac{x^3}{3!}+\frac{x^6}{6!}+\frac{x^9}{9!}+\cdots\frac{x^{3n}}{(3n)!}+\cdots,(-\infty<x<+\infty)$，满足微分方程 $y''+y'+y=\mathrm{e}^x$；

(2) 利用(1)的结果求幂级数 $\sum\limits_{n=0}^{\infty}\frac{x^{3n}}{(3n)!}$ 的和函数。

解　(1) 因为

$$y(x)=1+\frac{1}{3!}x^3+\frac{x^6}{6!}+\frac{x^9}{9!}+\cdots+\frac{x^{3n}}{(3n)!}+\cdots,$$

$$y'(x)=\frac{1}{2!}x^2+\frac{x^5}{5!}+\frac{x^8}{8!}+\cdots+\frac{x^{3n-1}}{(3n-1)!}+\cdots,$$

$$y''(x)=x+\frac{1}{4!}x^4+\frac{x^7}{7!}+\cdots+\frac{x^{3n-2}}{(3n-2)!}+\cdots,$$

所以

$$y''+y'+y=\mathrm{e}^x。\tag{Ⅰ}$$

(2) 显然其收敛域为$(-\infty,+\infty)$，当 $x\in(-\infty,+\infty)$，设和函数 $y(x)=\sum\limits_{n=0}^{\infty}\frac{x^{3n}}{(3n)!}$，由(1) 的结果知 $y(x)$ 是微分方程(Ⅰ)的一个特解，因为常微分方程初值问题，右端函数 $f(x)=\mathrm{e}^x$ 是连续函数，故常微分方程初值问题的解是唯一的。由解的唯一性，求 $\sum\limits_{n=0}^{\infty}\frac{x^{3n}}{(3n)!}$ 的和函数，转化为求微分方程初值问题的特解。方程(Ⅰ)的对应齐次方程的特征方程为 $r^2+r+1=0$，特征根为 $r_{1,2}=\frac{-1}{2}\pm\frac{\sqrt{3}\mathrm{i}}{2}$，对应齐次方程的通解为 $y=\mathrm{e}^{-\frac{1}{2}x}\left(C_1\cos\frac{\sqrt{3}x}{2}+C_2\sin\frac{\sqrt{3}x}{2}\right)$。因为 $f(x)=\mathrm{e}^x,n=0,a=1$，又 $a=1$ 不是特征根，所以 $k=0$。设 $y^*=A\mathrm{e}^x$，代入方程(Ⅰ)得 $A=\frac{1}{3}$，于是 $y^*=\frac{\mathrm{e}^x}{3}$，方程(Ⅰ)的通解为 $y=\mathrm{e}^{-\frac{1}{2}x}\left(C_1\cos\frac{\sqrt{3}x}{2}+C_2\sin\frac{\sqrt{3}x}{2}\right)+\frac{1}{3}\mathrm{e}^x$。由 $y(0)=1$，$y'(0)=0$，得 $C_1=\frac{2}{3}$，$C_2=0$。由微分方程初值问题解的唯一性，可得幂级数 $\sum\limits_{n=0}^{\infty}\frac{x^{3n}}{(3n)!}$ 的和函数为 $y(x)=\frac{2}{3}\mathrm{e}^{-\frac{1}{2}x}\cos\left(\frac{\sqrt{3}x}{2}\right)+\frac{\mathrm{e}^x}{3}$。

点评　应用常微分方程初值问题求幂级数和函数的题型可归纳为：

1) (1) $\sum\limits_{n=0}^{\infty}\frac{x^{2n}}{(2n)!}$；　(2) $\sum\limits_{n=0}^{\infty}\frac{x^{4n}}{(4n)!}$；　(3) $\sum\limits_{n=0}^{\infty}\frac{x^{5n}}{(5n)!},\cdots$。

2) (1) $\sum\limits_{n=0}^{\infty}\frac{1}{(2n+1)!!}x^{2n+1}$；　(2) $\sum\limits_{n=0}^{\infty}\frac{1}{(2n)!!}x^{2n}$ (参见文献[4])。

问题 177　下列命题是否正确？

命题 1　检查下列运算是否正确？指出问题出在何处？

求 $\sum\limits_{n=1}^{\infty}\frac{1}{4^n}x^{2n+1}$ 的收敛半径。

解　由于 $a_n=\frac{1}{4^n},a_{n+1}=\frac{1}{4^{n+1}}$，因此，$\lim\limits_{n\to\infty}\frac{|a_{n+1}|}{|a_n|}=\lim\limits_{n\to\infty}\frac{\frac{1}{4^{n+1}}}{\frac{1}{4^n}}=\frac{1}{4}$。可知所给幂级数的收敛

半径 $R=\frac{1}{\rho}=4$。

分析　注意所给幂级数的通项，便知这是个缺项的幂级数，而运算中采用了定理1的不缺项情形的计算方法，因此上述运算不正确。这类问题正确的求法是将其先化为正项级数，然后利用比值法或根值法求。$\lim\limits_{n\to\infty}\sqrt[n]{|u_n(x)|}=\lim\limits_{n\to\infty}\frac{|x|^{\frac{2n+1}{n}}}{4}=\frac{|x|^2}{4}$，当$\frac{|x|^2}{4}<1$时，原级数收敛，即$\frac{|x|^2}{4}<1$，$|x|<2$，所以所给级数的收敛半径为 $R=2$。

命题 2　下面作法是否正确？

设幂级数 $\sum\limits_{n=1}^{\infty}a_nx^n$ 与$\sum\limits_{n=1}^{\infty}b_nx^n$ 的收敛半径分别为$\frac{\sqrt{5}}{3}$ 与$\frac{1}{3}$，则幂级数$\sum\limits_{n=1}^{\infty}\frac{a_n^2}{b_n^2}x^n$ 的收敛半径为________。

(A) 5　　(B) $\frac{\sqrt{5}}{3}$　　(C) $\frac{1}{3}$　　(D) (A)(B)(C)都不对

解　因为 $\sum\limits_{n=1}^{\infty}a_nx^n$ 与$\sum\limits_{n=1}^{\infty}b_nx^n$ 的收敛半径分别为$\frac{\sqrt{5}}{3}$ 与$\frac{1}{3}$，所以$\lim\limits_{n\to\infty}\frac{|a_{n+1}|}{|a_n|}=\frac{3}{\sqrt{5}}$，$\lim\limits_{n\to\infty}\frac{|b_{n+1}|}{|b_n|}=3$。从而$\lim\limits_{n\to\infty}\frac{\frac{a_{n+1}^2}{b_{n+1}^2}}{\frac{a_n^2}{b_n^2}}=\left(\lim\limits_{n\to\infty}\frac{|a_{n+1}|}{|a_n|}\right)^2\cdot\left(\lim\limits_{n\to\infty}\frac{|b_{n+1}|}{|b_n|}\right)^2=\frac{9}{5}\times\frac{1}{9}=\frac{1}{5}$，因此幂级数$\sum\limits_{n=1}^{\infty}\frac{a_n^2}{b_n^2}x^n$ 的收敛半径为5。故应选(A)。

分析　上述解法是错误的。错在何处呢？错在将 $\lim\limits_{n\to\infty}\frac{|a_{n+1}|}{|a_n|}=\rho$，则 $R=\frac{1}{\rho}$ 是个充分条件误认为充要条件，即由$\sum\limits_{n=1}^{\infty}a_nx^n$ 的收敛半径为$\frac{\sqrt{5}}{3}$，推不出$\lim\limits_{n\to\infty}\frac{|a_{n+1}|}{|a_n|}=\frac{3}{\sqrt{5}}$。由$\sum\limits_{n=1}^{\infty}b_nx^n$ 的收敛半径为$\frac{1}{3}$，推不出$\lim\limits_{n\to\infty}\frac{|b_{n+1}|}{|b_n|}=3$，故前三个选择项(A)(B)(C) 都不对。故选(D)（参见文献[25]）。

第五节　傅里叶级数

问题 178　$f(x)$满足什么条件可以展开为傅里叶级数？若可以展开如何求展开系数？

1. $f(x)$为周期函数才可以展开傅里叶级数，但不是所有周期函数都能展开为傅里叶级数，$f(x)$应满足狄利克雷收敛定理。

狄利克雷收敛定理：设 $f(x)$是周期为 2π(或 $2L$)的周期函数，如果它满足：

(1) 在一个周期内连续或只有有限个第一类间断点；

(2) 在一个周期内至多有有限个极值点，则 $f(x)$的傅里叶级数收敛，并且当 x 是 $f(x)$的连续点时，级数收敛于 $f(x)$，即级数的和函数 $S(x)=f(x)$；当 x 是 $f(x)$的间断点时，级数收敛于$\frac{1}{2}[f(x-0)+f(x+0)]$,即 $S(x)=\frac{1}{2}[f(x-0)+f(x+0)]$。

2. 三角函数系 $1,\sin x,\cos x,\cdots,\sin nx,\cos nx,\cdots$ 在区间$[-\pi,\pi]$是一个正交函数系。借助于三角函数系的正交性,求出 $f(x)$的傅里叶级数的系数公式(简称为傅氏系数公式):

$$\text{A.}\begin{cases}a_0=\dfrac{1}{\pi}\displaystyle\int_{-\pi}^{\pi}f(x)\mathrm{d}x,\\ a_n=\dfrac{1}{\pi}\displaystyle\int_{-\pi}^{\pi}f(x)\cos nx\mathrm{d}x, & n=1,2,\cdots,\\ b_n=\dfrac{1}{\pi}\displaystyle\int_{-\pi}^{\pi}f(x)\sin nx\mathrm{d}x, & n=1,2,\cdots。\end{cases}$$

若 $f(x),x\in(-\infty,+\infty)$,且 $f(x+2\pi)=f(x)$,(Ⅰ)$f(-x)=-f(x)$;(Ⅱ)$f(-x)=f(x)$,则

$$\text{B.}\begin{cases}\text{Ⅰ}\begin{cases}a_0=0,\\ a_n=0,\\ b_n=\dfrac{2}{\pi}\displaystyle\int_0^{\pi}f(x)\sin nx\mathrm{d}x, & n=1,2,\cdots;\end{cases}\\ \text{Ⅱ}\begin{cases}a_0=\dfrac{2}{\pi}\displaystyle\int_0^{\pi}f(x)\mathrm{d}x,\\ a_n=\dfrac{2}{\pi}\displaystyle\int_0^{\pi}f(x)\cos nx\mathrm{d}x, & n=1,2,\cdots,\\ b_n=0, & n=1,2,\cdots。\end{cases}\end{cases}$$

例 1 下列周期函数 $f(x)$的周期为 2π,试将 $f(x)$展开成傅里叶级数,如果 $f(x)$在$[-\pi,\pi)$上的表达式为:

(1) $f(x)=3x^2+1(-\pi\leqslant x<\pi)$;(2) $f(x)=\mathrm{e}^{2x}(-\pi\leqslant x<\pi)$。

解 (1) $a_0=\frac{1}{\pi}\int_{-\pi}^{\pi}(3x^2+1)\mathrm{d}x=\frac{2}{\pi}[x^3+x]_0^{\pi}=2(\pi^2+1)$,

$$\begin{aligned}a_n&=\frac{1}{\pi}\int_{-\pi}^{\pi}(3x^2+1)\cos nx\mathrm{d}x=\frac{2}{\pi}\int_0^{\pi}(3x^2+1)\cos nx\mathrm{d}x\\&=\frac{2}{n\pi}\int_0^{\pi}(3x^2+1)\mathrm{d}\sin nx=\frac{2}{n\pi}\left[(3x^2+1)\sin nx]_0^{\pi}-\int_0^{\pi}6x\sin nx\mathrm{d}x\right]\\&=\frac{12}{n^2\pi}\left[x\cos nx-\frac{1}{n}\sin nx\right]_0^{\pi}=\frac{12}{n^2\pi}[\pi\cos n\pi-0]=(-1)^n\frac{12}{n^2},\end{aligned}$$

$$b_n=\frac{1}{\pi}\int_{-\pi}^{\pi}(3x^2+1)\sin nx\mathrm{d}x=0(n=1,2,\cdots)。$$

因为 $f(x)$在$[-\pi,\pi)$内连续,且 $f(-\pi+0)=f(-\pi-0)=f(\pi-0)=f(\pi+0)=3\pi^2+1$,所以 $f(x)$ 在 $(-\infty,+\infty)$ 内连续,从而 $3x^2+1=\pi^2+1+12\sum_{n=1}^{\infty}\frac{(-1)^n}{n^2}\cos nx,-\infty<x<+\infty$。

(2) $a_0=\frac{1}{\pi}\int_{-\pi}^{\pi}\mathrm{e}^{2x}\mathrm{d}x=\frac{\mathrm{e}^{2\pi}-\mathrm{e}^{-2\pi}}{2\pi}$。

因为 $\frac{1}{\pi}\int_{-\pi}^{\pi}\mathrm{e}^{(2+\mathrm{i}n)x}\mathrm{d}x=\frac{1}{(2+\mathrm{i}n)\pi}\mathrm{e}^{(2+\mathrm{i}n)x}\Big|_{-\pi}^{\pi}=\frac{2-\mathrm{i}n}{(2^2+n^2)\pi}[\mathrm{e}^{(2+\mathrm{i}n)\pi}-\mathrm{e}^{-(2+\mathrm{i}n)\pi}]$

$$=\frac{2-\mathrm{i}n}{(2^2+n^2)\pi}[\mathrm{e}^{2\pi}(\cos n\pi+\mathrm{i}\sin n\pi)-\mathrm{e}^{-2\pi}(\cos n\pi-\mathrm{i}\sin n\pi)]$$

$$=\frac{2-\mathrm{i}n}{(2^2+n^2)\pi}[(-1)^n\mathrm{e}^{2\pi}-(-1)^n\mathrm{e}^{-2\pi}]$$

$$=\frac{(-1)^n}{(2^2+n^2)\pi}[2(\mathrm{e}^{2\pi}-\mathrm{e}^{-2\pi})-\mathrm{i}n(\mathrm{e}^{2\pi}-\mathrm{e}^{-2\pi})],$$

所以 $a_n=\dfrac{(-1)^n2(\mathrm{e}^{2\pi}-\mathrm{e}^{-2\pi})}{(2^2+n^2)\pi},b_n=\dfrac{(-1)^{n+1}n(\mathrm{e}^{2\pi}-\mathrm{e}^{-2\pi})}{(2^2+n^2)\pi},n=1,2,\cdots$。

又 $f(x)$在$(-\pi,\pi)$内连续，且 $f(-\pi+0)\neq f(-\pi-0)$，$f(\pi+0)\neq f(\pi-0)$，所以 $x=(2n+1)\pi$，$(n=0,\pm1,\pm2,\cdots)$是间断点，在这些间断点处傅里叶级数收敛于$\dfrac{\mathrm{e}^{2\pi}+\mathrm{e}^{-2\pi}}{2}$。

所以 $\mathrm{e}^{2x}=\dfrac{\mathrm{e}^{2\pi}-\mathrm{e}^{-2\pi}}{4\pi}+\dfrac{\mathrm{e}^{2\pi}-\mathrm{e}^{-2\pi}}{\pi}\sum\limits_{n=1}^{\infty}\dfrac{(-1)^n}{4+n^2}(2\cos nx-n\sin nx),x\in(-\infty,+\infty)$，但 $x\neq(2k+1)\pi,(k=0,\pm1,\pm2,\cdots)$。

例 2 将下列函数 $f(x)$展开成傅里叶级数：

(1) $f(x)=2\sin\dfrac{x}{3},-\pi\leqslant x<\pi$； (2) $f(x)=\begin{cases}\mathrm{e}^x, & -\pi\leqslant x<0,\\ 1, & 0\leqslant x<\pi。\end{cases}$

解 (1) 因为周期函数才能展开成傅里叶级数，所以先将非周期函数 $f(x)$ 延拓为以 2π 为周期的函数。又在一个周期$[-\pi,\pi]$上 $f(x)$ 是奇函数，$x=-\pi,\pi$ 为延拓后的周期函数的间断点。

$a_n=0\quad(n=0,1,2\cdots)$，

$$b_n=\frac{2}{\pi}\int_0^{\pi}2\sin\left(\frac{x}{3}\right)\sin nx\,\mathrm{d}x=\frac{2}{\pi}\int_0^{\pi}\left[\cos\left(\frac{1}{3}-n\right)x-\cos\left(\frac{1}{3}+n\right)x\right]\mathrm{d}x$$

$$=\frac{2}{\pi}\left[\frac{\sin\left(n-\frac{1}{3}\right)\pi}{n-\frac{1}{3}}-\frac{\sin\left(n+\frac{1}{3}\right)\pi}{n+\frac{1}{3}}\right]$$

$$=\frac{6}{\pi}\left[\frac{-\frac{\sqrt{3}}{2}\cos n\pi}{2(3n-1)}-\frac{\frac{\sqrt{3}}{2}\cos n\pi}{2(3n+1)}\right]=(-1)^{n+1}\frac{18\sqrt{3}n}{(9n^2-1)\pi},$$

所以 $$f(x)=2\sin\frac{x}{3}=\frac{18\sqrt{3}}{\pi}\sum_{n=1}^{\infty}\left(\frac{(-1)^{n+1}n}{9n^2-1}\right)\sin nx,-\pi<x<\pi。$$

(2) 将 $f(x)$延拓为以 2π 为周期的函数，$x=-\pi,\pi$ 是延拓后周期函数的间断点。

$$a_0=\frac{1}{\pi}\int_{-\pi}^{\pi}f(x)\mathrm{d}x=\frac{1}{\pi}\int_{-\pi}^{0}\mathrm{e}^x\mathrm{d}x+\frac{1}{\pi}\int_0^{\pi}\mathrm{d}x=\frac{1}{\pi}(1-\mathrm{e}^{-\pi})+1,$$

$$a_n=\frac{1}{\pi}\left[\int_{-\pi}^{0}\mathrm{e}^x\cos nx\,\mathrm{d}x+\int_0^{\pi}\cos nx\,\mathrm{d}x\right],$$

$$b_n=\frac{1}{\pi}\left[\int_{-\pi}^{0}\mathrm{e}^x\sin nx\,\mathrm{d}x+\int_0^{\pi}\sin nx\,\mathrm{d}x\right]。$$

因为 $$\int_{-\pi}^{0}\mathrm{e}^{(1+\mathrm{i}n)x}\mathrm{d}x=\frac{1}{1+\mathrm{i}n}\mathrm{e}^{(1+\mathrm{i}n)x}\Big|_{-\pi}^{0}=\frac{1-\mathrm{i}n}{1+n^2}[1-\mathrm{e}^{-(1+\mathrm{i}n)\pi}]$$

$$=\frac{1-\mathrm{i}n}{1+n^2}[1-\mathrm{e}^{-\pi}(\cos n\pi-\mathrm{i}\sin n\pi)]$$

$$=\frac{1}{1+n^2}[1-(-1)^n\mathrm{e}^{-\pi}]-\frac{n}{1+n^2}[1+(-1)^n\mathrm{e}^{-\pi}]\mathrm{i},$$

所以 $$a_n=\frac{1}{\pi}\left[\frac{1}{1+n^2}(1-(-1)^n\mathrm{e}^{-\pi})+0\right]=\frac{1}{(1+n^2)\pi}[1-(-1)^n\mathrm{e}^{-\pi}],$$

$$b_n=\frac{1}{\pi}\left[-\frac{n}{1+n^2}(1-(-1)^n\mathrm{e}^{-\pi})+\frac{1}{n}(1-(-1)^n)\right]。$$

$$f(x)=\frac{1}{2}+\frac{1-\mathrm{e}^{-\pi}}{2\pi}+\frac{1}{\pi}\sum_{n=1}^{\infty}\left[\frac{1-(-1)^n\mathrm{e}^{-\pi}}{1+n^2}\cos nx+\left(\frac{-n+(-1)^n n\mathrm{e}^{-\pi}}{1+n^2}+\frac{1}{n}(1-(-1)^n)\right)\sin nx\right],-\pi<x<\pi。$$

例 3　将函数 $f(x)=\cos\frac{x}{2}(-\pi\leqslant x<\pi)$展开成傅里叶级数。

解　将函数 $f(x)$延拓为以 2π 为周期的函数 $F(x)$，延拓后的 $F(x)$在$[-\pi,\pi]$上是偶函数。$b_n=0,\quad n=1,2,3,\cdots$。

$$a_0=\frac{2}{\pi}\int_0^{\pi}\cos\left(\frac{x}{2}\right)\mathrm{d}x=\frac{4}{\pi},$$

$$a_n=\frac{2}{\pi}\int_0^{\pi}\cos\left(\frac{x}{2}\right)\cos nx\,\mathrm{d}x=\frac{2}{\pi}\int_0^{\pi}\left(\frac{1}{2}\right)\left(\cos\left(n+\frac{1}{2}\right)x+\cos\left(n-\frac{1}{2}\right)x\right)\mathrm{d}x$$

$$=\frac{1}{\pi}\left[\frac{\sin\left(n+\frac{1}{2}\right)\pi}{n+\frac{1}{2}}+\frac{\sin\left(n-\frac{1}{2}\right)\pi}{n-\frac{1}{2}}\right]$$

$$=(-1)^{n+1}\frac{4}{(4n^2-1)\pi},\quad n=1,2,\cdots。$$

所以 $$\cos\left(\frac{x}{2}\right)=\frac{2}{\pi}+\left(\frac{4}{\pi}\right)\sum_{n=1}^{\infty}\left(\frac{(-1)^{n+1}}{4n^2-1}\right)\cos nx,\quad -\pi\leqslant x<\pi。$$

例 4　将函数 $f(x)=2x^2(0\leqslant x<\pi)$分别展开成正弦级数和余弦级数。

分析　将定义在$[0,\pi]$上的非周期函数 $f(x)$展开成正弦级数和余弦级数：(1)若展开成正弦级数，先将 $f(x)$进行奇延拓，使其在$[-\pi,\pi]$上为奇函数，再以 2π 为周期进行周期延拓。(2)若展开成余弦级数，先将 $f(x)$进行偶延拓，使其在$[-\pi,\pi]$上为偶函数，再以 2π 为周期进行周期延拓。

解　(1) 将 $f(x)$进行奇延拓，再以 2π 为周期进行周期延拓，得到以 2π 为周期的奇函数 $F(x)$，$x=(2k+1)\pi$，$(k=0,\pm1,\pm2,\cdots)$是 $F(x)$的间断点。在 $x=\pi$ 处收敛于 $\frac{F(\pi-0)+F(\pi+0)}{2}=0$，在$[0,\pi)$上收敛于 $f(x)$。

$$a_n=0,\quad n=0,1,2,\cdots,$$

$$b_n=\frac{2}{\pi}\int_0^{\pi}2x^2\sin nx\,\mathrm{d}x=\frac{2}{\pi}\left[-2x^2\frac{\cos nx}{n}+4x\frac{\sin nx}{n^2}+\frac{4\cos nx}{n^3}\right]_0^{\pi}$$

$$=\frac{4}{\pi}\left[(-1)^{n+1}\frac{\pi^2}{n}+\frac{2}{n^3}((-1)^n-1)\right],\quad n=1,2,3\cdots。$$

所以 $$2x^2=\frac{4}{\pi}\sum_{n=1}^{\infty}\left[(-1)^{n+1}\frac{\pi^2}{n}+\frac{2}{n^3}((-1)^n-1)\right]\sin nx,\quad 0\leqslant x<\pi。$$

(2) 将 $f(x)$进行偶延拓，再以 2π 为周期进行周期延拓，得到以 2π 为周期的偶函数$F(x)$，$F(x)$在$(-\infty,+\infty)$内连续，因此 $F(x)$的余弦级数在$[0,\pi]$上收敛于 $f(x)$。

$$b_n = 0,(n = 1,2,3\cdots),$$

$$a_0 = \frac{2}{\pi}\int_0^{\pi} 2x^2 \mathrm{d}x = \frac{4\pi^2}{3},$$

$$a_n = \frac{2}{\pi}\int_0^{\pi} 2x^2 \cos nx \mathrm{d}x = \frac{4}{n\pi}\left[x^2 \sin nx + \frac{2}{n}x\cos nx - \frac{2}{n^2}\sin nx\right]_0^{\pi}$$

$$= \frac{8(-1)^n}{n^2}, \quad n = 1,2,\cdots。$$

$$2x^2 = \frac{2\pi^2}{3} + 8\sum_{n=1}^{\infty} \frac{(-1)^n}{n^2}\cos nx, \quad 0 \leqslant x \leqslant \pi。$$

例 5　设 $f(x)=\begin{cases}-1, & -\pi\leqslant x<0,\\ 1+x^2, & 0\leqslant x<\pi,\end{cases}$ 则以 2π 为周期的傅里叶级数在点 $x=\pi$ 处收敛于________。

分析　此题是考狄利克雷收敛定理的题型。在 xOy 坐标系内画出展开函数 $f(x)$ 及傅里叶级数的和函数 $S(x)$ 的图形如图 12-2 所示。

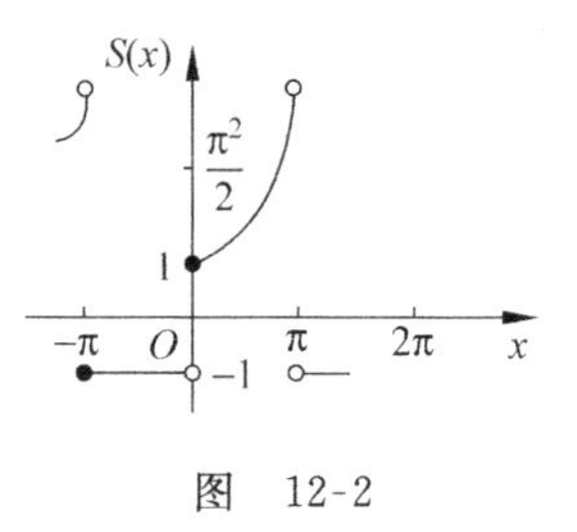

图　12-2

解　$x=\pi$ 是以 2π 为周期的周期函数 $f(x)$ 的间断点，由狄利克雷收敛定理知，在 $x=\pi$ 处，傅里叶级数收敛于 $\frac{[f(\pi+0)+f(\pi-0)]}{2}=\frac{[-1+(1+\pi^2)]}{2}=\frac{\pi^2}{2}$。故填 $\frac{\pi^2}{2}$。

例 6　设 $f(x)=\mathrm{e}^x\cos x(-\pi\leqslant x<\pi)$，试写出 $f(x)$ 在 $[-\pi,\pi]$ 上傅里叶级数的和函数 $S(x)$ 的解析表达式。

分析　此题是考狄利克雷收敛定理的题型。需判断 $f(x)$ 在 $[-\pi,\pi]$ 上的连续性并求出间断点。因为 $f(\pi-0)=-\mathrm{e}^{\pi}$，$f(\pi+0)=-\mathrm{e}^{-\pi}$，同理知 $f(-\pi+0)=-\mathrm{e}^{-\pi}$，$f(-\pi-0)=-\mathrm{e}^{\pi}$，因此 $x=\pm\pi$ 为 $f(x)$ 的第一类间断点。$f(x)$ 在 $(-\pi,\pi)$ 内连续。

解　由上述分析得 $f(x)$ 在 $[-\pi,\pi]$ 上的傅里叶级数的和函数表达式为

$$S(x) = \begin{cases}\mathrm{e}^x\cos x, & -\pi < x < \pi,\\ -\dfrac{(\mathrm{e}^{\pi}+\mathrm{e}^{-\pi})}{2}, & x = \pm\pi。\end{cases}$$

点评　傅里叶级数各种试题出现两种题型：(1)需要展开题型。如例 1～例 4，需要用傅里叶系数公式计算系数，应用分部积分法计算。注意利用欧拉公式计算，如例 1(2)及例 2(2)。(2)不要展开题型，如例 5、例 6，考查狄利克雷展开定理，不需要计算展开系数。

第六节　一般周期函数的傅里叶级数

问题 179　一般周期函数的傅里叶级数的傅里叶系数公式是什么？

一般周期函数的傅里叶系数是：

C. $\begin{cases} a_0 = \dfrac{1}{L}\displaystyle\int_{-L}^{L} f(x)\mathrm{d}x, \\ a_n = \dfrac{1}{L}\displaystyle\int_{-L}^{L} f(x)\cos\dfrac{n\pi x}{L}\mathrm{d}x, \quad n=1,2,\cdots, \\ b_n = \dfrac{1}{L}\displaystyle\int_{-L}^{L} f(x)\sin\dfrac{n\pi x}{L}\mathrm{d}x, \quad n=1,2,\cdots, \end{cases}$

对应于 $2L$ 为周期的奇(偶)函数 $f(x)$ 的傅里叶系数公式：

D. $\begin{cases} \text{I}\begin{cases} a_0 = 0, \\ a_n = 0, \\ b_n = \dfrac{2}{L}\displaystyle\int_0^L f(x)\sin\left(\dfrac{n\pi x}{L}\right)\mathrm{d}x, \quad n=1,2,\cdots; \end{cases} \\ \text{II}\begin{cases} a_0 = \dfrac{2}{L}\displaystyle\int_0^L f(x)\mathrm{d}x, \\ a_n = \dfrac{2}{L}\displaystyle\int_0^L f(x)\cos\left(\dfrac{n\pi x}{L}\right)\mathrm{d}x, \quad n=1,2,\cdots, \\ b_n = 0。 \end{cases} \end{cases}$

例 1　将下列各周期函数展开成傅里叶级数(下面给出函数在一个周期内的表达式)：

(1) $f(x)=1-x^2\left(-\dfrac{1}{2}\leqslant x<\dfrac{1}{2}\right)$；(2) $f(x)=\begin{cases} 2x+1, & -3\leqslant x<0, \\ 1, & 0\leqslant x<3。 \end{cases}$

解　(1) 因为是偶函数，所以 $b_n=0, n=1,2,3\cdots$。又因为 $f\left(-\dfrac{1}{2}\right)=f\left(\dfrac{1}{2}\right)$，所以 $f(x)$ 在 $(-\infty,+\infty)$ 内连续，因此傅里叶级数在 $(-\infty,+\infty)$ 上收敛于 $f(x)$。

$$a_0 = \frac{2}{L}\int_0^L f(x)\mathrm{d}x = 4\int_0^{\frac{1}{2}}(1-x^2)\mathrm{d}x = \frac{11}{6},$$

$$\begin{aligned} a_n &= 4\int_0^{\frac{1}{2}}(1-x^2)\cos(2n\pi x)\mathrm{d}x \\ &= 4\left[\frac{1}{2n\pi}(1-x^2)\sin(2n\pi x) - \frac{x\cos(2n\pi x)}{2n^2\pi^2} + \frac{\sin(2n\pi x)}{4n^3\pi^3}\right]_0^{\frac{1}{2}} \\ &= \frac{(-1)^{n+1}}{n^2\pi^2}, n=1,2,3\cdots。 \end{aligned}$$

$$1-x^2 = \frac{11}{12} + \sum_{n=1}^{\infty}\frac{(-1)^{n+1}}{n^2\pi^2}\cos(2n\pi x), x\in(-\infty,+\infty)。$$

(2) $L=3$，易知 $x=3(2k+1)(k=0,\pm1,\pm2,\cdots)$ 为 $f(x)$ 的间断点。$f(x)$ 的傅里叶级数在连续点 $x(x\neq3(2k+1))$ 处收敛于 $f(x)$，在间断点 $x=3(2k+1)$ 处收敛于 -2。

$$a_0 = \frac{1}{3}\int_{-3}^{3} f(x)\mathrm{d}x = \frac{1}{3}\left[\int_{-3}^{0}(2x+1)\mathrm{d}x + \int_0^3\mathrm{d}x\right] = -1,$$

$$\begin{aligned} a_n &= \frac{1}{3}\int_{-3}^{3} f(x)\cos\left(\frac{n\pi x}{3}\right)\mathrm{d}x \\ &= \frac{1}{3}\left[\int_{-3}^{0}(2x+1)\cos\left(\frac{n\pi x}{3}\right)\mathrm{d}x + \int_0^3\cos\left(\frac{n\pi x}{3}\right)\mathrm{d}x\right] \\ &= \frac{1}{3}\left[\frac{3}{n\pi}(2x+1)\sin\left(\frac{n\pi x}{3}\right) + \frac{18}{n^2\pi^2}\cos\left(\frac{n\pi x}{3}\right)\right]\Bigg|_{-3}^{0} + \left[\frac{3}{n\pi}\sin\left(\frac{n\pi x}{3}\right)\right]_0^3 \end{aligned}$$

$$= \frac{6}{n^2\pi^2}[1-(-1)^n],\quad n=1,2,3,\cdots,$$

$$b_n = \frac{1}{3}\left[\int_{-3}^{0}(2x+1)\sin\left(\frac{n\pi x}{3}\right)\mathrm{d}x + \int_{0}^{3}\sin\left(\frac{n\pi x}{3}\right)\mathrm{d}x\right]$$

$$= \frac{1}{3}\left[\left(\frac{-3}{n\pi}\right)(2x+1)\left(\frac{\cos n\pi}{3}\right)+\left(\frac{18}{n^2\pi^2}\right)\sin\left(\frac{n\pi x}{3}\right)\right]_{-3}^{0} - \left(\frac{3}{n\pi}\right)\cos\left(\frac{n\pi x}{3}\right)\Big|_{0}^{3}\Big]$$

$$= \frac{6(-1)^{n+1}}{n\pi},\quad n=1,2,3,\cdots。$$

$$f(x) = -\frac{1}{2}+\sum_{n=1}^{\infty}\left[\frac{6}{n^2\pi^2}[1-(-1)^n]\cdot\cos\left(\frac{n\pi x}{3}\right)+\frac{6(-1)^{n+1}}{n}\cdot\sin\left(\frac{n\pi x}{3}\right)\right], x\neq 3(2k+1)(k=0,\pm1,\pm2,\cdots)。$$

例 2　将下列函数分别展开成正弦级数和余弦级数：$f(x)=x^2(0\leqslant x\leqslant 2)$。

解　正弦级数：将 $f(x)$ 进行奇延拓，再以 4 为周期进行延拓，得到以 4 为周期的奇函数 $F(x)$。$x=2$ 为 $F(x)$ 的间断点。因此 $F(x)$ 的正弦级数在 $[0,2)$ 内收敛于 $f(x)$。

$$a_n = 0,\quad n=0,1,2,3,\cdots,$$

$$b_n = \frac{2}{2}\int_0^2 f(x)\sin\left(\frac{n\pi x}{2}\right)\mathrm{d}x = \int_0^2 x^2\sin\left(\frac{n\pi x}{2}\right)\mathrm{d}x$$

$$= \left[\left(\frac{-2}{n\pi}\right)x^2\cos\left(\frac{n\pi x}{2}\right)+\left(\frac{8x}{n^2\pi^2}\right)\sin\left(\frac{n\pi x}{2}\right)+\left(\frac{16}{n^3\pi^3}\right)\cos\left(\frac{n\pi x}{2}\right)\right]\Bigg|_0^2$$

$$= \frac{8(-1)^{n+1}}{n\pi}+\frac{16((-1)^n-1)}{n^3\pi^3}。$$

$$f(x) = x^2 = \frac{8}{\pi}\sum_{n=1}^{\infty}\left[\frac{(-1)^{n+1}}{n}+\frac{2[(-1)^n-1]}{n^3\pi^2}\right]\sin\left(\frac{n\pi x}{2}\right),\quad x\in[0,2)。$$

余弦级数：将 $f(x)$ 进行偶延拓，再以 4 为周期进行周期延拓，得到以 4 为周期的偶函数 $F(x)$。$F(x)$ 在 $[0,2]$ 上连续，所以 $F(x)$ 的余弦级数在 $[0,2]$ 上收敛于 $f(x)$。

$$b_n = 0,\quad n=1,2,\cdots,$$

$$a_0 = \frac{2}{2}\int_0^2 x^2\mathrm{d}x = \frac{8}{3},$$

$$a_n = \int_0^2 x^2\cos\left(\frac{n\pi x}{2}\right)\mathrm{d}x$$

$$= \left[\left(\frac{2x^2}{n\pi}\right)\sin\left(\frac{n\pi x}{2}\right)+\left(\frac{8x}{n^2\pi^2}\right)\cos\left(\frac{n\pi x}{2}\right)-\left(\frac{16}{n^3\pi^3}\right)\sin\left(\frac{n\pi x}{2}\right)\right]_0^2$$

$$= \frac{(-1)^n\cdot 16}{n^2\pi^2},\quad n=1,2,3,\cdots。$$

$$f(x) = x^2 = \frac{4}{3}+\frac{16}{\pi^2}\sum_{n=1}^{\infty}\left[\frac{(-1)^n}{n^2}\cos\left(\frac{n\pi x}{2}\right)\right],\quad x\in[0,2]。$$

例 3　设 $f(x)$ 是周期为 2 的周期函数，它在 $[-1,1)$ 上的表达式为 $f(x)=\mathrm{e}^{-x}$，试将 $f(x)$ 展开成复数形式的傅里叶级数。

解　$$C_n = \frac{1}{2}\int_{-L}^{L} f(x)\mathrm{e}^{-\mathrm{i}\frac{n\pi}{L}x}\mathrm{d}x = \frac{1}{2}\int_{-1}^{1}\mathrm{e}^{-x}\mathrm{e}^{-\mathrm{i}n\pi x}\mathrm{d}x = \frac{1}{2}\int_{-1}^{1}\mathrm{e}^{-(1+\mathrm{i}n\pi)x}\mathrm{d}x$$

$$= \frac{-1}{2(1+\mathrm{i}n\pi)}\mathrm{e}^{-(1+\mathrm{i}n\pi)x}\Big|_{-1}^{1} = \frac{-(1-\mathrm{i}n\pi)}{2(1+n^2\pi^2)}[\mathrm{e}^{-1}\cos n\pi - \mathrm{e}\cos n\pi]$$

$$=\frac{(-1)^n(1-\mathrm{i}n\pi)}{1+n^2\pi^2}\mathrm{sh}1。$$

$$f(x)=\mathrm{sh}1\sum_{n=1}^{\infty}(-1)^n\frac{1-\mathrm{i}n\pi}{1+n^2\pi^2}\mathrm{e}^{-\mathrm{i}n\pi x},\quad x\neq 2k+1,\quad k=0,\pm1,\cdots。$$

问题 180　求数项级数 $\sum\limits_{n=1}^{\infty}a_n$ 的和的四种方法是什么?(参见文献[4])

1. 利用部分和 S_n 的极限。

例 4　已知级数 $\sum\limits_{n=1}^{\infty}(-1)^{n-1}a_n=2$, $\sum\limits_{n=1}^{\infty}a_{2n-1}=5$,则级数 $\sum\limits_{n=1}^{\infty}a_n$ 等于(　　)。

(A) 3　　(B) 7　　(C) 8　　(D) 9

解　设 $S_{2n}=\sum\limits_{k=1}^{2n}(-1)^{k-1}a_k=a_1-a_2+a_3-a_4+\cdots+a_{2n-1}-a_{2n}$

$$=(a_1+a_3+\cdots+a_{2n-1})-(a_2+a_4+\cdots+a_{2n})=\sum_{k=1}^{n}a_{2k-1}-\sum_{k=1}^{n}a_{2k},$$

所以
$$\sum_{k=1}^{n}a_{2k}=\sum_{k=1}^{n}a_{2k-1}-S_{2n},\lim_{n\to\infty}\sum_{k=1}^{n}a_{2k}=\lim_{n\to\infty}\left(\sum_{k=1}^{n}a_{2k-1}-S_{2n}\right)=5-2=3,$$

$$T_{2n}=\sum_{i=1}^{2n}a_i=a_1+a_2+\cdots+a_{2n-1}+a_{2n}=\sum_{i=1}^{\infty}a_{2i-1}+\sum_{i=1}^{\infty}a_{2i},$$

$$\sum_{n=1}^{\infty}a_n=\lim_{n\to\infty}T_{2n}=\lim_{n\to\infty}\left(\sum_{i=1}^{n}a_{2i-1}+\sum_{i=1}^{n}a_{2i}\right)=5+3=8。$$

故选(C)。

2. 求出相应的幂级数的和函数 $S(x)$,求该和函数 $S(x)$ 在某点的函数值。

例 5　求下列数项级数的和:

(1) $\sum\limits_{n=1}^{\infty}\frac{n^2}{n!}$;　　(2) $\sum\limits_{n=0}^{\infty}(-1)^n\frac{n+1}{(2n+1)!}$。

解　(1) 因为通项分母含有 $n!$,而五个初等函数的幂级数公式中通项分母含有 $n!$ 的函数有 e^x,$(1+x)^m$,由分子知应利用 e^x 的展开式。

设 $S(x)=\sum\limits_{n=1}^{\infty}\frac{n^2}{n!}x^n,x\in(-\infty,+\infty)$。

$$=\sum_{n=1}^{\infty}\frac{n}{(n-1)!}x^n=\sum_{n=0}^{\infty}\frac{n+1}{n!}x^{n+1}=\sum_{n=0}^{\infty}\frac{n}{n!}x^{n+1}+\sum_{n=0}^{\infty}\frac{1}{n!}x^{n+1}$$

$$=\sum_{n=1}^{\infty}\frac{1}{(n-1)!}x^{n+1}+x\mathrm{e}^x$$

$$=\sum_{n=0}^{\infty}\frac{1}{n!}x^{n+2}+x\mathrm{e}^x=x^2\mathrm{e}^x+x\mathrm{e}^x,$$

所以
$$\sum_{n=1}^{\infty}\frac{n^2}{n!}=S(1)=2\mathrm{e}。$$

(2) 因为通项分母含有 $(2n+1)!$ 和分子含有 $(-1)^n$,从五个初等函数的幂级数展开式知,应利用 $\sin x$ 的展开式。

设$S(x)=\sum_{n=0}^{\infty}(-1)^n\frac{n+1}{(2n+1)!}x^{2n+1},\quad x\in(-\infty,+\infty)$。

$$\begin{aligned}S(x)&=\frac{1}{2}\sum_{n=0}^{\infty}(-1)^n\frac{2n+2}{(2n+1)!}x^{2n+1}=\frac{1}{2}\sum_{n=0}^{\infty}\left((-1)^n\frac{1}{(2n+1)!}x^{2n+2}\right)'\\&=\frac{1}{2}\left(\sum_{n=1}^{\infty}(-1)^n\frac{1}{(2n+1)!}x^{2n+2}\right)'\\&=\frac{1}{2}\left(x\sum_{n=0}^{\infty}\frac{(-1)^n}{(2n+1)!}x^{2n+1}\right)'=\frac{1}{2}(x\sin x)'=\frac{1}{2}(\sin x+x\cos x),\end{aligned}$$

$\sum_{n=0}^{\infty}(-1)^n\frac{n+1}{(2n+1)!}=S(1)=\frac{1}{2}(\sin 1+\cos 1)$。

3. 利用$f(x)$的幂级数展开式。

例 6　将函数$f(x)=\arctan\frac{1-2x}{1+2x}$展开成$x$的幂级数,并求级数$\sum_{n=0}^{\infty}\frac{(-1)^n}{2n+1}$的和。

解　① 因为$f'(x)=\frac{-2}{1+4x^2}=-2\sum_{n=0}^{\infty}(-1)^n4^nx^{2n},x\in\left(-\frac{1}{2},\frac{1}{2}\right]$。又因为$f(0)=\frac{\pi}{4}$,上式从0到$x$两边积分,得

$$\begin{aligned}f(x)&=\frac{\pi}{4}-2\int_0^x\sum_{n=0}^{\infty}(-1)^n4^nt^{2n}\mathrm{d}t=\frac{\pi}{4}-2\sum_{n=0}^{\infty}\int_0^x(-1)^n4^nt^{2n}\mathrm{d}t\\&=\frac{\pi}{4}-2\sum_{n=0}^{\infty}\left[\frac{(-1)^n4^n}{2n+1}\cdot x^{2n+1}\right],x\in\left(-\frac{1}{2},\frac{1}{2}\right]。\end{aligned}$$

② 令$x=\frac{1}{2}$,得$f\left(\frac{1}{2}\right)=0=\frac{\pi}{4}-2\sum_{n=0}^{\infty}\left[\frac{(-1)^n4^n}{2n+1}\cdot\frac{1}{2^{2n+1}}\right]=\frac{\pi}{4}-\sum_{n=0}^{\infty}\frac{(-1)^n}{2n+1}$,

则
$$\sum_{n=0}^{\infty}\frac{(-1)^n}{2n+1}=\frac{\pi}{4}。$$

4. 利用$f(x)$的傅里叶级数展开式。

例 7　将函数$f(x)=1-x^2(0\leqslant x\leqslant\pi)$展开成余弦级数,并求级数$\sum_{n=1}^{\infty}\frac{(-1)^n}{n^2}$的和。

解　因为展开为余弦级数,所以先将$f(x)$作偶延拓后,再以2π为周期进行周期延拓,则有

$$\begin{aligned}b_n&=0,\quad n=1,2,\cdots,\\a_0&=\frac{2}{\pi}\int_0^{\pi}f(x)\mathrm{d}x=\frac{2}{\pi}\int_0^{\pi}(1-x^2)\mathrm{d}x=2-\frac{2\pi^2}{3},\\a_n&=\frac{2}{\pi}\int_0^{\pi}(1-x^2)\cos nx\,\mathrm{d}x=\frac{2}{\pi}\int_0^{\pi}(1-x^2)\mathrm{d}\left(\frac{1}{n}\sin nx\right)\\&=\frac{2}{\pi}\left[(1-x^2)\cdot\frac{1}{n}\sin nx-(-2x)\cdot\left(-\frac{1}{n^2}\cos nx\right)+(-2)\cdot\left(-\frac{1}{n^3}\sin nx\right)\right]\Bigg|_0^{\pi}\\&=\frac{4(-1)^{n+1}}{n^2},\quad n=1,2,\cdots。\end{aligned}$$

$f(x)=\frac{a_0}{2}+\sum_{n=1}^{\infty}a_n\cos nx=1-\frac{\pi^2}{3}+4\sum_{n=1}^{\infty}\frac{(-1)^{n+1}}{n^2}\cos nx,\quad 0\leqslant x\leqslant\pi$。

令 $x=0, f(0)=1-\frac{\pi^2}{3}+4\sum_{n=1}^{\infty}\frac{(-1)^{n+1}}{n^2}$，又 $f(0)=1$，

得
$$\sum_{n=1}^{\infty}\frac{(-1)^{n+1}}{n^2}=\frac{\pi^2}{12}。$$

国内高校期末试题解析

1. 判断下列级数的收敛性：

(1)（大连理工大学，1993 Ⅱ）$\sum_{n=2}^{\infty}\frac{\ln n}{n^{\frac{4}{3}}}$；

(2)（上海交通大学，1981 Ⅱ）设 $a>0$，$\sum_{n=2}^{\infty}\frac{a^n}{\ln(n!)}$。

解　(1) $u_n=\frac{\ln n}{n^{\frac{4}{3}}}>0$。又 $\ln n<n^k(k>0)$，取 $k=\frac{1}{6}$，则有 $\ln n<n^{\frac{1}{6}}$。

$$u_n=\frac{\ln n}{n^{\frac{4}{3}}}<\frac{n^{\frac{1}{6}}}{n^{\frac{4}{3}}}=\frac{1}{n^{\frac{7}{6}}}，而\sum_{n=2}^{\infty}\frac{1}{n^{\frac{7}{6}}}收敛，故原级数收敛。$$

(2) $u_n=\frac{a^n}{\ln(n!)}>0$。① 当 $a>1$ 时，$\frac{a^n}{\ln(n!)}>\frac{a^n}{\ln n^n}$，而 $\lim\limits_{x\to+\infty}\frac{a^x}{\ln x^x}=\lim\limits_{x\to+\infty}\frac{a^x\ln a}{\ln x+1}=\lim\limits_{x\to+\infty}\frac{a^x(\ln a)^2}{\frac{1}{x}}=+\infty\neq 0$，所以 $\sum_{n=2}^{\infty}\frac{a^n}{\ln n^n}$ 发散，故 $\sum_{n=2}^{\infty}\frac{a^n}{\ln(n!)}$ 发散；

② $0<a<1$ 时，$\frac{a^n}{\ln(n!)}<a^n(n>2)$，而 $\sum_{n=2}^{\infty}a^n$ 收敛，所以 $\sum_{n=2}^{\infty}\frac{a^n}{\ln(n!)}$ 收敛；

③ $a=1$ 时，$\sum_{n=2}^{\infty}\frac{1}{\ln(n!)}$，$u_n=\frac{1}{\ln(n!)}>\frac{1}{\ln n^n}=\frac{1}{n\ln n}$。

因为 $\int_2^{+\infty}\frac{1}{x\ln x}\mathrm{d}x=\ln\ln x\Big|_2^{+\infty}=+\infty$，由柯西积分审敛法知 $\sum_{n=2}^{\infty}\frac{1}{n\ln n}$ 发散，故 $\sum_{n=2}^{\infty}\frac{1}{\ln(n!)}$ 发散。综上当 $0<a<1$ 时级数收敛，当 $a\geqslant 1$ 时级数发散。

2. 求下列函数项级数的收敛域：

(1)（西安电子科技大学，1992 Ⅱ）$\sum_{n=1}^{\infty}a_nx^n$，其中 $a_1=\sqrt{2}, a_2=\sqrt{2+\sqrt{2}},\cdots, a_n=\sqrt{2+a_{n-1}},\cdots$。

(2)（上海交通大学，1981 Ⅱ）$\sum_{n=0}^{\infty}\frac{(-1)^n}{\ln(n+2)}x^n(4-x)^n$。

(3)（上海交通大学，1984 Ⅱ）$\sum_{n=0}^{\infty}\frac{\cos nx}{\mathrm{e}^{nx}}$。

解　(1) 由于 $a_1=\sqrt{2}$，设 $a_{k-1}<2$，有 $a_k=\sqrt{2+a_{k-1}}<\sqrt{2+2}=2$，由数学归纳法知：$a_n<2(n=1,2,\cdots)$，又 $a_n<a_{n+1}$，故 $\{a_n\}$ 单调增加有上界，所以极限 $\lim\limits_{n\to\infty}a_n$ 存在。设 $\lim\limits_{n\to\infty}a_n=A$，由 $a_n=\sqrt{2+a_{n-1}}$ 得 $A=\sqrt{2+A}$，解得 $A=2$。级数 $\sum_{n=1}^{\infty}a_nx^n$ 的收敛半径 $R=\frac{1}{\rho}=$

$\lim\limits_{n\to+\infty}\left|\dfrac{a_n}{a_{n+1}}\right|=\dfrac{2}{2}=1$。当 $x=1$ 时，级数为 $\sum\limits_{n=1}^{\infty}a^n$，$\lim\limits_{n\to+\infty}a_n=2\neq 0$，所以 $\sum\limits_{n=1}^{\infty}a^n$ 发散。同理在 $x=-1$ 时，级数也发散，故收敛域为 $(-1,1)$。

(2) 化为正项级数：$\sum\limits_{n=0}^{\infty}\left|\dfrac{(-1)^n}{\ln(n+2)}x^n(4-x)^n\right|$。

$$\lim_{n\to\infty}\left|\frac{u_{n+1}(x)}{u_n(x)}\right|=\lim_{n\to\infty}\left|\frac{(-1)^{n+1}x^{n+1}(4-x)^{n+1}}{\ln(n+3)}\right|\cdot\left|\frac{\ln(n+2)}{(-1)^nx^n(4-x)^n}\right|=|x(4-x)|。$$

当 $|x(4-x)|<1$ 时收敛，由 $|x(4-x)|<1$ 解得 $2-\sqrt{5}<x<2-\sqrt{3}$，$2+\sqrt{3}<x<2+\sqrt{5}$，即当 $2-\sqrt{5}<x<2-\sqrt{3}$，$2+\sqrt{3}<x<2+\sqrt{5}$ 时，级数收敛。当 $x=2\pm\sqrt{3}$ 时，级数为 $\sum\limits_{n=0}^{\infty}\dfrac{(-1)^n}{\ln(n+2)}$(交错级数) 收敛；当 $x=2\pm\sqrt{5}$ 时，级数为 $\sum\limits_{n=0}^{\infty}\dfrac{2}{\ln(n+2)}$ 发散。故收敛域为 $(2-\sqrt{5},2-\sqrt{3}]\cup[2+\sqrt{3},2+\sqrt{5})$。

(3) 因为 $\left|\dfrac{\cos nx}{e^{nx}}\right|<\dfrac{1}{e^{nx}}$，而当 $x>0$ 时，$\lim\limits_{n\to+\infty}\dfrac{e^{nx}}{e^{(n+1)x}}=\dfrac{1}{e^x}<1$，$\sum\limits_{n=0}^{\infty}\dfrac{1}{e^{nx}}$ 收敛，故 $\sum\limits_{n=0}^{\infty}\dfrac{\cos nx}{e^{nx}}$ 绝对收敛；当 $x\leqslant 0$ 时，$\lim\limits_{n\to+\infty}u_n=\lim\limits_{n\to+\infty}\dfrac{\cos nx}{e^{nx}}\neq 0$，所以 $\sum\limits_{n=0}^{\infty}\dfrac{\cos nx}{e^{nx}}$ 发散。故收敛域为 $(0,+\infty)$。

3. 求下列幂级数的和函数：

(1)(大连理工大学，2002 Ⅱ)设有幂级数 $\sum\limits_{n=0}^{\infty}\dfrac{n+1}{n!}x^n$，① 求此幂级数的收敛域；② 求其和函数；③ 求数项级数 $\sum\limits_{n=0}^{\infty}\dfrac{n+1}{2^n n!}$ 的和。

(2)(上海交通大学，1982 Ⅱ)求幂级数 $\sum\limits_{n=1}^{\infty}n^2x^{n-1}$ 的收敛域，并求此级数在该收敛域内的和函数。

(3)(全国"机自专业"评估试题)求级数 $\sum\limits_{n=1}^{\infty}\dfrac{2n+1}{n!}x^{2n}$ 在收敛区间内的和函数。

解　(1) ①易求得收敛域为 $(-\infty,+\infty)$。

② $\forall x\in(-\infty,+\infty)$，设 $S(x)=\sum\limits_{n=0}^{\infty}\dfrac{n+1}{n!}x^n=\sum\limits_{n=0}^{\infty}\left(\dfrac{x^{n+1}}{n!}\right)'=\left(x\sum\limits_{n=0}^{\infty}\dfrac{1}{n!}x^n\right)'=(xe^x)'=(x+1)e^x$。

③ $S\left(\dfrac{1}{2}\right)=\sum\limits_{n=0}^{\infty}\dfrac{n+1}{2^n n!}=\dfrac{3}{2}\sqrt{e}$。

(2) $\lim\limits_{n\to\infty}\left|\dfrac{u_{n+1}}{u_n}\right|=\lim\limits_{n\to\infty}\dfrac{(n+1)^2}{n^2}=1$。当 $|x|=1$ 时，原级数发散，所以收敛域为 $(-1,1)$。$\forall x\in(-1,1)$，设 $S(x)=\sum\limits_{n=1}^{\infty}n^2x^{n-1}$。

方法 1　$S(x)=\sum\limits_{n=1}^{\infty}(nx^n)'=\left(\sum\limits_{n=1}^{\infty}nx^n\right)'=\left(x\sum\limits_{n=1}^{\infty}(x^n)'\right)'=\left(x\left(\sum\limits_{n=1}^{\infty}x^n\right)'\right)'$

$$=\left[x\left(\frac{x}{1-x}\right)'\right]'=\left[\frac{x}{(1-x)^2}\right]'=\frac{1+x}{(1-x)^3}。$$

方法 2　$S(x)=\sum\limits_{n=1}^{\infty}(n+1)nx^{n-1}-\sum\limits_{n=1}^{\infty}nx^{n-1}=\sum\limits_{n=1}^{\infty}(x^{n+1})''-\sum\limits_{n=1}^{\infty}(x^n)'$

$$=\left(\sum_{n=1}^{\infty}x^{n+1}\right)''-\left(\sum_{n=1}^{\infty}x^{n}\right)'$$

$$=\left(\frac{x^2}{1-x}\right)''-\left(\frac{x}{1-x}\right)'=\frac{2}{(1-x)^3}-\frac{1}{(1-x)^2}=\frac{1+x}{(1+x)^3}。$$

(3) 易求得收敛域为$(-\infty,+\infty)$。$\forall x\in(-\infty,+\infty)$,设 $S(x)=\sum\limits_{n=1}^{\infty}\frac{2n+1}{n!}x^{2n}$。

方法 1 $S(x)=\sum\limits_{n=1}^{\infty}\left(\frac{x^{2n+1}}{n!}\right)'=\left(\sum\limits_{n=1}^{\infty}\frac{1}{n!}x^{2n+1}\right)'=\left[x\left(\sum\limits_{n=0}^{\infty}\frac{1}{n!}(x^2)^n-1\right)\right]'$

$$=[x(e^{x^2}-1)]'=(2x^2+1)e^{x^2}-1。$$

方法 2 $\int_0^x S(t)\,dt=\sum\limits_{n=1}^{\infty}\frac{1}{n!}\int_0^x(2n+1)t^{2n}\,dt=\sum\limits_{n=1}^{\infty}\frac{1}{n!}x^{2n+1}$

$$=x\left[\sum_{n=0}^{\infty}\frac{1}{n!}(x^2)^n-1\right]=x(e^{x^2}-1),$$

所以 $S(x)=[x(e^{x^2}-1)]'=(2x^2+1)e^{x^2}-1$。

4. 计算下列各题:

(1) (西安电子科技大学,1994Ⅱ)将函数 $f(x)=\arctan\frac{1+x}{1-x}$展成 x 的幂级数。

(2) (上海交通大学,1979Ⅱ)试用幂级数计算积分 $\int_0^1\frac{x+\ln(1-x)}{x^2}dx$ 的值。

解 (1) 因为 $f(0)=\frac{\pi}{4}$,又 $f'(x)=\frac{1}{1+x^2}=\sum\limits_{n=0}^{\infty}(-1)^n x^{2n}$,$-1<x<1$。

$$f(x)=f(0)+\int_0^x\left(\sum_{n=0}^{\infty}(-1)^n t^{2n}\right)dt=\frac{\pi}{4}+\sum_{n=0}^{\infty}\frac{(-1)^n}{2n+1}x^{2n+1},$$

$$\arctan\frac{1+x}{1-x}=\frac{\pi}{4}+\sum_{n=0}^{\infty}\frac{(-1)^n}{2n+1}x^{2n+1},\quad -1\leqslant x<1。$$

(2) 因为 $\ln(1-x)=-x-\frac{x^2}{2}-\frac{x^3}{3}-\cdots-\frac{x^n}{n}-\cdots$,

所以 $\int_0^1\frac{x+\ln(1-x)}{x^2}dx=-\int_0^1\left(\frac{1}{2}+\frac{1}{3}x+\cdots+\frac{1}{n}x^{n-2}+\cdots\right)dx$

$$=-\left(\frac{1}{1\cdot 2}+\frac{1}{2\cdot 3}+\frac{1}{3\cdot 4}+\cdots+\frac{1}{(n-1)n}+\cdots\right)。$$

设 $S_n=-\left(\frac{1}{1\cdot 2}+\frac{1}{2\cdot 3}+\frac{1}{3\cdot 4}+\cdots+\frac{1}{(n-1)n}\right)$

$$=-\left[\left(1-\frac{1}{2}\right)+\left(\frac{1}{2}-\frac{1}{3}\right)+\left(\frac{1}{3}-\frac{1}{4}\right)+\cdots+\frac{1}{n-1}\right]=\frac{1}{n}-1,$$

则 $\lim\limits_{n\to\infty}S_n=-1$,即 $\int_0^1\frac{x+\ln(1-x)}{x^2}dx=-1$。

5. (天津地区统考题,1989Ⅱ)设函数 $f(x)=\begin{cases}1, & 0\leqslant x<1,\\ 2, & 1\leqslant x\leqslant 2。\end{cases}$

(1) 在$[0,2]$上将 $f(x)$展开成正弦级数;

(2) 求该正弦级数在 $x=5$ 处的值。

解 (1) 将 $f(x)$作奇延拓，再以 4 为周期进行周期延拓，得以 4 为周期的奇函数$F(x)$。$F(x)$在 $x=0,1,2$ 处不连续，故 $F(x)$的正弦级数在$(0,1)$及$(1,2)$内收敛于 $f(x)$。

$$a_n=0,\quad n=0,1,2,\cdots,$$

$$b_n=\frac{2}{2}\int_0^2 f(x)\sin\frac{n\pi x}{2}\mathrm{d}x=\int_0^1\sin\frac{n\pi x}{2}\mathrm{d}x+\int_1^2 2\sin\frac{n\pi x}{2}\mathrm{d}x$$

$$=-\frac{2}{n\pi}\cos\frac{n\pi x}{2}\Big|_0^1-\frac{4}{n\pi}\cos\frac{n\pi x}{2}\Big|_1^2=\frac{2}{n\pi}\left[1+\cos\frac{n\pi}{2}-2(-1)^n\right]。$$

$$f(x)=\frac{2}{\pi}\sum_{n=1}^{\infty}\frac{1}{n}\left[1+\cos\frac{n\pi}{2}-2(-1)^n\right]\sin\frac{n\pi x}{2},\quad 0<x<1,1<x<2。$$

(2) $S(5)=\dfrac{f(5-0)+f(5+0)}{2}=\dfrac{1+2}{2}=\dfrac{3}{2}$。

6.（辽宁省统考题，1990Ⅱ）已知级数 $\sum\limits_{n=1}^{\infty}n(a_n-a_{n-1})$ 收敛，且$\lim\limits_{n\to\infty}na_n=A$（$A$ 为常数），证明级数$\sum\limits_{n=1}^{\infty}a_n$ 收敛。

证明 设 $S_n=\sum\limits_{k=1}^{n}a_k$，

$$\sigma_n=\sum_{k=1}^{n}k(a_k-a_{k-1})$$

$$=(a_1-a_0)+2(a_2-a_1)+\cdots+n(a_n-a_{n-1})$$

$$=-a_0-a_1-a_2-\cdots-a_{n-1}+na_n=-a_0-S_{n-1}+na_n,$$

所以 $S_{n-1}=na_n-a_0-\sigma_n$。因为$\sum\limits_{n=1}^{\infty}n(a_n-a_{n-1})$ 收敛，所以$\lim\limits_{n\to\infty}\sigma_n=\sigma$。

故$\lim\limits_{n\to\infty}S_{n-1}=A-a_0-\sigma\overset{令}{=\!=}S$，即$\lim\limits_{n\to\infty}S_{n-1}$ 存在，故$\sum\limits_{n=1}^{\infty}a_n$ 收敛。

7.（大连理工大学，2002Ⅰ）设 $a_n=\int_0^{\frac{\pi}{4}}(\tan x)^n\mathrm{d}x$。

(1) 求 $\sum\limits_{n=1}^{\infty}\dfrac{1}{n}(a_n+a_{n+2})$ 的值；

(2) 试证：对任意常数 $\lambda>0$，级数$\sum\limits_{n=1}^{\infty}\dfrac{a_n}{n^{\lambda}}$ 收敛。

解 (1) $\dfrac{1}{n}(a_n+a_{n+2})=\dfrac{1}{n}\int_0^{\frac{\pi}{4}}\tan^n x(1+\tan^2 x)\mathrm{d}x=\dfrac{1}{n}\int_0^{\frac{\pi}{4}}\tan^n x\mathrm{d}\tan x$

$$=\frac{1}{n(n+1)}\tan^{n+1}x\Big|_0^{\frac{\pi}{4}}=\frac{1}{n(n+1)},\qquad(\text{Ⅰ})$$

所以 $\sum\limits_{n=1}^{\infty}\dfrac{1}{n}(a_n+a_{n+2})=\sum\limits_{n=1}^{\infty}\dfrac{1}{n(n+1)}$。当 $n\to\infty$ 时，$\dfrac{1}{n(n+1)}\sim\dfrac{1}{n^2}$，而$\sum\limits_{n=1}^{\infty}\dfrac{1}{n^2}$ 收敛，故$\sum\limits_{n=1}^{\infty}\dfrac{1}{n(n+1)}$ 收 敛。

(2) 由式(Ⅰ)得 $a_n+a_{n+2}=\dfrac{1}{n+1}$，$a_n=\dfrac{1}{n+1}-a_{n+2}<\dfrac{1}{n+1}$，$\dfrac{a_n}{n^{\lambda}}<\dfrac{1}{n^{\lambda}(n+1)}<\dfrac{1}{n^{1+\lambda}}$，

而 P 级数 $\sum\limits_{n=1}^{\infty}\frac{1}{n^{1+\lambda}}$ 收敛,故 $\sum\limits_{n=1}^{\infty}\frac{a_n}{n^{\lambda}}$ 收敛。

8.（西安电子科技大学,1991Ⅱ）设 $a_n>0,A_n=\sum\limits_{k=1}^{n}a_k(n=0,1,2,\cdots)$, $\sum\limits_{n=0}^{\infty}a_n$ 发散。$\lim\limits_{n\to\infty}\frac{a_n}{A_n}=0$,证明: $\sum\limits_{n=0}^{\infty}a_nx^n$ 的收敛半径是 1。

证明　$a_n>0$,且 $\sum\limits_{n=0}^{\infty}a_n$ 发散,

$$\lim_{n\to\infty}A_n=\lim_{n\to\infty}\sum_{k=1}^{n}a_k=+\infty,\quad \lim_{n\to\infty}\frac{A_n}{A_{n+1}}=\lim_{n\to\infty}\frac{A_{n+1}-a_{n+1}}{A_{n+1}}=1-\lim_{n\to\infty}\frac{a_{n+1}}{A_{n+1}}=1。$$

当 $|x|<1$ 时,$0\leqslant a_n|x|^n\leqslant A_n|x|^n$,由正项级数比较法知级数 $\sum\limits_{n=1}^{\infty}a_n|x|^n$ 收敛。

当 $|x|=1$ 时,级数 $\sum\limits_{n=1}^{\infty}a_n$ 发散,所以级数 $\sum\limits_{n=0}^{\infty}a_nx^n$ 收敛半径是 1。

参考文献

[1] 同济大学数学系.高等数学[M].6版.北京：高等教育出版社,2007.

[2] 龚冬保,等.高等数学典型题[M].2版.西安：西安交通大学出版社,2000.

[3] 赵振海.高等数学学习指导与习题全解(配同济高数少学时)[M].大连：大连理工大学大学出版社,2008.

[4] 赵振海.高等数学78问——数学考研辅导精编[M].大连：大连理工大学大学出版社,2012.

[5] 赵振海.什么样类型题求一点处的导数必须应用导数定义(三步法则)来求[J].大连理工大学大学《教育与教学研究论文集》,1998,11.

[6] 赵振海.也谈分段函数求导问题[J].中华教育教学论坛,2004：80-81.

[7] 赵振海.由参数方程所确定的函数的求导方法[J].高等数学研究,2001,4,60-62.

[8] 赵振海.高等数学中的构造辅助函数法[J].大连理工大学大学《教育与教学研究论文集》,1998,11.

[9] 赵振海.应用微分中值定理证题时的确定区间法[J].高等数学研究,2000,3(3),28-30.

[10] 赵振海.关于拐点的定义[J].高等数学研究,2002，5(3),25-26.

[11] 赵振海.不定积分的待定系数法[J].数学学习,1992,4,16-17.

[12] 赵振海.分部积分法中的“抵消法”破译[J].高等数学研究,2001,4,111-112.

[13] 赵振海.三角函数的互余性在积分计算中的应用[J].数学学习,1997，4,17-19.

[14] 赵振海.积分变上限函数求导方法及其应用[J].数学学习,1996，4,17-20.

[15] 赵振海.积分变上限函数在运用微分中值定理证题中的应用[J].高等数学研究，1(2),23-25.

[16] 赵振海.这个评分标准值得商榷[J].高等数学研究,2001，4,41-42.

[17] 赵振海.为什么还要讲定积分换元法[J].大连理工大学大学《教育与教学研究论文集》,2000,12,273-276.

[18] 赵振海.孙丽华.关于二元函数极限的定义[J].教材通讯,1986,5,32-33.

[19] 赵振海.多元函数微积分方法在微分方程中的应用举例[J].高等数学研究,2003,6(2),39-41.

[20] 赵振海.三重积分计算时的“先重后单”法[J].数学学习,1996,1,16-17.

[21] 赵振海.空间直角坐标系与球面坐标系、柱面坐标系间换算公式的匹配及其应用[J].中华教育理论与实践,56-58.

[22] 赵振海.对坐标的曲面积分的一题多解[J].数学学习,1998，1,33-36.

[23] 赵振海.无穷小的阶在判断级数敛散性中的应用[J].高等数学研究,2000，3(2),19-21.

[24] 龚冬保.高阶无穷小与低阶无穷小[J].高等数学研究,2000，3(3),16.

[25] 龚冬保.关于2002年考研试卷中的一道级数题[J].高等数学研究,2002，5(2),44.